中国科学技术经典文库

# 物质结构

第二版

徐光宪　王祥云　编著

科学出版社

北京

# 内 容 简 介

本书是在1959年出版的《物质结构》基础上进行修订的,作者根据当前的教学要求和化学学科的发展动向,对第一版内容作了较多的增删,进行了适当的调整。

全书共十五章,即量子力学基础和氢原子的状态函数、原子的电子层结构和原子光谱、双原子分子的结构、分子对称性与群论初步、多原子分子的结构、共轭分子的结构、配位场理论和络合物的结构、原子价和分子结构小结、分子光谱、分子的电性和磁性、晶体结构等。书中对原子价概念的发展不仅总结了国内外学者的成果,并且着重介绍了作者使用($nxc\pi$)四个数来描述包括原子簇在内的无机和有机分子的结构类型,提出了原子价的新概念,在论述现代物质结构实验方法、原理和应用方面,除介绍IR、Raman、NMR、ESR、ESCA等主要方法外,还就如何掌握查阅、分析各种谱的数据和结构作了引导和说明。

本书供综合大学化学专业物质结构课程教学使用,也可供其他各类高等院校化学、化工专业和业余读者参考。

**图书在版编目(CIP)数据**

物质结构 / 徐光宪,王祥云编著.—2版.—北京:科学出版社,2010.10

(中国科学技术经典文库)

ISBN 978-7-03-029035-9

Ⅰ.①物… Ⅱ.①徐…②王… Ⅲ.①物质结构-高等学校-教材 Ⅳ.①O552.5

中国版本图书馆CIP数据核字(2010)第184285号

责任编辑:牛宇锋 / 责任校对:陈玉凤

责任印制:吴兆东 / 封面设计:王 浩

科学出版社出版

北京东黄城根北街16号

邮政编码:100717

http://www.sciencep.com

北京九州迅驰传媒文化有限公司印刷

科学出版社发行 各地新华书店经销

*

2010年10月第 一 版 开本:720×1000 1/16

2025年 3 月第九次印刷 印张:47 1/4

字数:927 000

**定价:198.00元**

(如有印装质量问题,我社负责调换)

# 第二版重印序言

我于1952年在北京大学开始讲授《物质结构》，这是全国没有开设过的新课，因此教育部在1954年暑假委托卢嘉锡、唐敖庆、吴征恺三位著名物理化学教授和我一名副教授为全国举办《物质结构》进修班，培养物质结构师资。

1957年暑假又组织我们四人在青岛编写《物质结构》教材，两个月内共写了一百多万字，还只有大纲的一半内容，想在1958年暑假再继续写，但他们三位都有更重要的工作，再也抽不出时间。因此建议我在北京大学讲授《物质结构》七年所用讲义的基础上经过修改，在1959年出版《物质结构》第一版，此书在出版后的二十几年被全国各校广泛采用为教材，多次重印发行二十几万册。因而在1988年荣获全国优秀教材特等奖，是化学类图书唯一一个特等奖。

1958年我被组织上从化学系调到技术物理系（原子能系）任系副主任，主管放射化学专业本科生和研究生的培养，不再在化学系讲授《物质结构》。1987年我和技术物理系的王祥云教授合作修订第二版，增添修改了二十多年来物质结构的新内容，但因篇幅较大，又因我有二十多年不在化学系讲授这门课，所以未被采用为教材，因此高等教育出版社不再重印。

《物质结构》第二版其实有许多独到的创新内容，例如下面的分子中C、N、F、Ni、Fe、Cr、Be、Cu等原子的共价是多少？在国内外的最新教材中都没有正确回答。

1. $CO$　$NO$　$NO_2$　$N_2O$　$N_2O_3$　$FO$　$NF$　$BF_3$
2. $Ni(CO)_4$　$FeCp_2$　$Cr(C_6H_6)_2$　$Cp_2TiCl$
3. $CpBeCl$　$BeCl_2$　$[BeCl_2]_2$　$[BeCl_2]_n$
4. $[Cu(NMe_2)]_4$　$[Cu(CH_2SiMe_3)]_4$

原子价是化学科学中的重要概念之一，后来分化为共价、电价、氧化值、配位数等概念。自从Pauling提出共价的定义以来，一直被化学家广泛采用。但后来合成许多金属有机化合物、簇合物，难以用Pauling的共价定义来解释。我们对共价提出了新定义及量子化学表达式，及其用密度泛函理论来定量计算共价的方法，在国内外学术期刊上发表了十余篇论文，并在《物质结构》第二版的第八章中详细讨论共价、氧化值、配位数的新定义及其应用。但因后来高等教育出版社没有再版，所以在国内外未被广泛采用。很感谢科学出版社再版此书，希望原子价的新定义能进一步被国内大学和中学教材所采用。我们也准备在国际学报上再发表新的评述性的论文，来推广化学中的重要原子价新概念。书中还提出（$nxc\pi$）规则，可以从原子簇化合物的分子式预见它的结构。在这个意义上，本书也可认为是 21 世纪的新教材。

再次感谢科学出版社的领导和编辑为此书的重印出版作出的努力和他们的远见卓识。

徐光宪

2010 年 9 月 7 日

# 序

《物质结构》修订版的问世，是化学界的一件大喜事。它的第一版，从五十年代到八十年代中期，在培养化学专业本科生和研究生中，起着很重要的作用。它的修订版问世，必将对培养四化建设人才起到更为巨大的作用。

自五十年代以来，化学学科有了很大发展，《物质结构》显得愈来愈重要。为适应这个需要，《物质结构》修订版中，除了在原有章节中删去了一些次要内容，增添了重要的新材料外，还增加了"原子价和分子结构理论小结"、"原子簇化合物"等新的章节。它不仅反映了当代结构化学的前沿，而且也是徐光宪教授近年来科研工作的新成就。

修订版的另一个特点是作者非常重视测定分子结构的实验方法和新技术，对此作了较详尽的论述，我想读者是会非常欢迎的。第一版中的很大特点是对化学键理论的深刻阐明和文笔的通俗流畅与说理的深入浅出。这些优点在修订版中都得到保留，而且有了新的发展。

《物质结构》修订版不仅在国内是一本好书，我想在国际上也是一本优秀著作，它必将得到广大读者的爱好和赏识，为此我谨向作者和高等教育出版社热烈祝贺。

唐敖庆

1987年1月12日

# 新 版 序

自从《物质结构》第一版在五十年代末出版以来，到现在已经历了四分之一个世纪。在这段时间里，化学学科正处在突飞猛进的发展之中。这个发展的特点之一是化学从宏观现象的研究越来越深入到微观本质的探讨，即物质结构的观点更加广泛深入地渗透到化学各分支学科的领域。从而使物质结构的教学在化学系的整个教学计划中的重要性增加了。其次，学科间的相互渗透大大加强了，边缘学科的兴起和发展如雨后春笋，例如：分子生物学，生物无机化学，量子生物化学，星际分子光谱学，微观反应动力学，量子电化学，计算化学，激光化学，表面结构化学，固体材料化学与物理等。在有些边缘学科如金属有机化学和原子簇化学中，无机和有机化合物的界线正在消失。第三，从物质结构学科本身来看，近三十年来涌现了大量新的实验方法和技术，化学键理论和量子化学的计算方法也有很大发展。

《物质结构》在五十年代初版时注意反映了当时化学键理论的最新成就，如 $\pi$ 络合物、夹心化合物以及硼烷中的多中心缺电子键等均有详尽的描述。但到了八十年代的今天，其中许多章节都已是明日黄花，到了必须彻底修订重写的时候了。在国家教委理科化学教材编审委员会物质结构编审组和高等教育出版社的大力支持和鼓励督促下，我们重写《物质结构》一书的工作已经进行了四年，现在终于能和读者见面了。

新版《物质结构》是参照一九八〇年审定的综合大学化学专业《物质结构教学大纲》和八十年代以来化学键理论的新发展编写的。在内容取舍上我们注意到不能只做加法，不做减法。因此在增添三十年来发展起来的许多新内容的同时，我们删去了原书第一章的绪论，第二章与普通物理重复的内容，有关化学键理论的历史叙述，以及其他一些陈旧或不恰当的内容。另一方面，我们也吸取撰写《物质结构简明教程》的教训，对重要内容不吝惜笔墨，不一笔轻轻带过，而尽量给予完整的说明和推导。一九六四年审定的教学大纲，过分强调“少而精”，因而一九六五年编写的《简明教程》对字数压缩又压缩，而许多内容又舍不得放弃，所以写成“压缩饼干”式的教材。实践证明，这样的教材对教师和学生都是不方便的。

原子价是物质结构中的重要概念。自从 Kekulé 在一八五七年提出原子价(Atomigkeit)的概念以来，迄今已有一百三十年的历史，但对原子价还缺乏明确的定义。近二、三十年来，人们发现了大量化合物，目前平均每天合成新化合物达1400种，其中有许多新的键型。国内外学者如 Lipscomb、Wade、Hoffman、唐敖庆等对原子簇的结构规则做了大量研究工作，我们也提出了用四个数($nxc\pi$)来描述包括原子簇在内的无机和有机分子的结构，并提出共价的新定义。这些内容在本书第八章原子价和分子结构小结以及第五章第 5.5 节缺电子分子的结构和原子簇的结构规则作了详细介绍。

在重写《物质结构》的过程中，我们花了很大的力气去搜集或者自己用计算机计算各种原子和分子轨道的能级，尽量使这些能级图定量化，以代替旧版中定性的原子或分子轨道能级图。例如，我们搜集了最新的光电子能谱和光谱数据，绘制出原子序数从 1 到 100 的各原子的从 1*s* 到 7*s*、6*d* 的所有原子轨道的能级图。做这一工作虽然花了不少劳动，但相信对学生正确掌握原子轨道随原子序数的变化规律以及了解原子的核外电子排布是有帮助的。

我们注意到学习《物质结构》课程的目的之一是使学生了解研究物质结构的现代实验方法的基本原理和适用范围，以便将来从事实际科学研究工作时能加以选择和应用。因此本书对红外光谱、拉曼光谱、紫外及可见吸收光谱、核磁共振谱、电子顺磁共振谱、光电子能谱、X 射线衍射及电子衍射等主要实验方法作了比较详细的介绍。此外还对各种结构和各种谱的数据的查阅方法和参考资料作详细介绍，以便学生将来到工作岗位上时可以查阅。

南开大学赖诚明教授曾考虑参加本书的修订，他写了六七万字的补充教材，其大部分内容属于量子化学的推导。为了使本书篇幅不至于太大，拟建议将这部分内容另编参考书。他还曾为本书各章编写了部分习题和参考书目，在此向他表示谢意。

本书脱稿后，唐敖庆教授在百忙中抽出时间审阅全稿，提出了好些宝贵意见，作者深表感谢。高等教育出版社蒋栋成教授对本书的出版一直给予很大的帮助，殷继祖同志担任责任编辑，为本书的出版做了大量细致的编辑工作，作者愿借此机会对他们深致谢意。

徐光宪　王祥云

# 目　　录

# 第一章 量子力学基础和氢原子的状态函数

物质结构是研究物质的微观结构及结构和性能的关系的科学，涉及的是电子、原子、分子等微观物体的运动。在这一章里先介绍微观物体运动的规律——量子力学的基础。这一规律和宏观物体运动所服从的经典力学有很大的不同。人们对于微观物体的运动规律的认识经历了由经典力学到旧量子论和由旧量子论到量子力学两个发展阶段，反映了人的认识由浅入深、由表及里、由感性到理性的不断深化。

## §1-1 从经典力学到旧量子论

### 1. 经典力学的适用范围

科学理论是建筑在实验的基础之上的，它的正确性是根据从它所推出的结论是否和客观的实验事实相一致而进行验证的。实验验证的范围常有一定的限度，因此科学理论也常常有它的适用范围。

举例来说，以牛顿运动定律为中心内容的经典力学的适用范围就是宏观物体的机械运动。说得更具体一点就是：质量比一般分子或原子要大得多的物体在速度要比光速小得多的情况下的运动是服从经典力学的定律的。例如单摆摆动的周期 $T$ 与单摆的长度 $l$ 和重力加速度 $g$ 之间的关系可从经典力学推得

$$T = 2\pi\sqrt{\frac{l}{g}} \tag{1-1}$$

实验证明公式(1-1)是正确的，但进行实验时，对于单摆的长度 $l$ 却有一定的限制。譬如说我们令 $l = 10^{-10}$ m，代入(1-1)式可以求出 $T$ 来；但是这样的计算是毫无意义的，因为我们无法制造一个 $l = 10^{-10}$ m 的单摆来验证计算的结果是否正确。所以(1-1)式可以适用的条件就是 $l$ 不能太小①。

随着科学的进展，人们总是希望把已经确立的科学理论推广到尚未被验证过的领域中去。这样做是可以的，但必须设计新的实验来验证现有理论在新的领域中的正确性。验证的结果不外两者之一：或者肯定了现有理论在新的领域中也是适用的，于是它的适用范围就推广了一步；或者发现现有理论在新的领域中是不适

---

① 当然还有其他的条件，如没有摩擦阻力等，但和我们所要说明的问题无关，所以不提及。

用的，于是新的具有更为普遍意义的理论就可能建立起来。旧的理论中所含有的真实的东西常常就加入到新的理论中去而且在新的理论中得到更深刻的解释。以上两种可能的结果都促使科学得到进一步的发展。

**2. 经典力学向高速度领域的推广导向相对论力学**

经典力学首先被推广到运动速度接近于光速的领域中去，但在上世纪末发现以接近于光速速度而运动的电子并不服从牛顿第二定律，原来电子的质量随着它的速度趋向于光速而无限地增大，而在经典力学中则假定物体的质量是不随它的运动速度而改变的。这一事实以及若干光学的和电磁学的实验结果（如 Fizeau 实验，Michelson-Morley 实验等）引导到建立相对论力学（1905，爱因斯坦）。

按照相对论力学，物体的质量 $m$ 和它的运动速度 $v$（相对于观察者或参考坐标系而言）之间存在着下列关系：

$$m = \frac{m_0}{\sqrt{1-(v/c)^2}} \tag{1-2}$$

在(1-2)式中 $c$ 是光速，$m_0$ 是物体在 $v$ 等于零时的质量，即所谓“静质量”。而运动定律则应写如

$$f = \frac{d}{dt}(mv) = ma + v\frac{dm}{dt} \tag{1-3}$$

在(1-3)式中 $f$ 是作用于物体上的力，$m$ 是物体的质量，$v$ 是它的速度，$a$ 是它的加速度，$t$ 是时间。

由(1-2)式可见，物体的质量随着它的运动速度 $v$ 的增加而增加。当 $v$ 接近于光速 $c$ 时，$m$ 就接近于无限大，这是和实验事实符合的。另一方面，对于宏观物体的机械运动而言，我们能够测量到的最快速度恐怕要算星体的运动速度了。行星和彗星的运动速度大约不超过 $10^5\,\mathrm{m\cdot s^{-1}}$，这比光速 $c=3\times10^8\,\mathrm{m\cdot s^{-1}}$ 要小得多，代入(1-2)式可知 $m$ 非常接近于 $m_0$，代入(1-3)式得到 $f$ 非常接近于 $ma$。换句话说，宏观物体的机械运动是非常精确地服从牛顿定律的。所以经典力学的适用范围要比相对论力学小，它是相对论力学在 $v \ll c$ 时的特殊情况。

爱因斯坦指出，质量为 $m$ 的物体具有的能量 $E$ 为

$$E = mc^2 \tag{1-4}$$

当一个物体相对于参考坐标系的运动速度因受外力作用由 $v=0$ 增加到 $v=v$ 时，它的质量就由 $m_0$ 增加到 $m$，而能量则由 $E_0$。增加到 $E$。由(1-2)式和(1-4)式得

$$E' = E - E_0 = mc^2 - m_0c^2 = m_0c^2[(1-v^2/c^2)^{-\frac{1}{2}} - 1] \tag{1-5}$$

此处增加的能量 $E'$ 就是物体获得的动能。在通常情况下 $v \ll c$，所以(1-5)式中方括号内的部分可用级数法展开

$$E' = m_0c^2[(1-v^2/c^2)^{-\frac{1}{2}} - 1] \approx m_0c^2\left[1+\frac{1}{2}v^2/c^2 - 1\right] = \frac{1}{2}m_0v^2 \tag{1-6}$$

这就是我们熟知的动能公式。

对于以光速运动的粒子(如光子、中微子等),可由(1-2)式和(1-4)式导出其静质量为零

$$m_0 = \sqrt{1-(v/c)^2} \cdot \frac{E}{c^2}$$

由于 $v=c$,$E$ 为有限值,故 $m_0=0$。

应当指出,相对论不仅适用于宏观物体,而且适用于微观物体。

**3. 经典力学向微观领域的推广导向量子论**

其次经典力学又被推广到微观世界,即质量很小的物体如分子、原子、电子等领域中去,而且在那个领域中又碰了一次很大的壁。在经典物理学中我们假定物理量是可以连续变化的,例如某物体所带的电荷可以从 $Q$ 增加到 $Q+dQ$,此处 $dQ$ 代表无穷小的电量。但是根据密立根(R. A. Millikan)在 1911 年所做的“油滴实验”和约飞(А. Ф. Иоффе)在 1912 年所做的“锌粉实验”,我们知道电荷是有一个最小的单位的。这个最小的单位就是一个电子所带的电荷 $e$,它等于 $1.6022\times10^{-19}$C。任何物体所带的电荷 $Q$ 一定是这个最小单位的整数倍①,它只能增减 1 个、2 个、…、$n$ 个($n$ 为整数)$e$,却不能增减任意的无穷小量 $dQ$。所以,物体所带的电荷的增减实际上是跳跃式的而不是连续变化的。在宏观世界中,一个物体所带的电荷 $Q$ 常等于 $e$ 的极大倍数(例如 1 库仑的电荷就含有 $6.24\times10^{18}$ 个 $e$),所以一个一个的 $e$ 的跳跃式的增减可以认为是连续的变化。但在微观世界中的一个物体(例如一个离子)所带的电荷只有一个或少数几个 $e$,那么一个一个的 $e$ 的跳跃式的增减就不能认为是连续变化了。

如果某一物理量的变化是不连续的,而是以某一最小的单位作跳跃式的增减的,我们就说这一物理量是“量子化”了的,而最小的单位就叫做这一物理量的“量子”。上面讲了电是量子化的。在以后各节中将要讨论若干重要的实验,从这些实验中我们知道光能和原子的能量都是量子化的。

上面所讲的“不连续性”或“量子化”是微观世界的特征。如果我们希望经典力学在微观领域中也能适用,我们必须修改一切物理量可以连续变化的假定,而代之以某些物理量必须量子化的假定。经此修改后的经典力学叫做旧量子论。旧量子论解释了一部分实验事实,例如氢原子光谱,但在许多别的实验事实面前还是碰了

---

① 根据 1964 年盖尔曼(M. Gell-Mann)提出的“夸克模型”和 1965 年我国的理论物理学家提出的“层子模型”,层子或夸克是比 $\pi$ 介子、中子、质子等所谓“强子”更深一个层次的粒子,它们带有 $\pm e/3$ 或 $\pm 2e/3$ 的电荷,$e$ 即正文中提到的元电荷。层子有 $u,d,s,c,b$ 五种(人们推测可能还有一种 $t$ 层子存在),例如质子由三个层子 $uud$ 所组成,中子由 $udd$ 所组成等。目前还没有任何理论的或实验的迹象说明任何粒子所带的电荷有比 $e/3$ 更小的。

壁,所以旧量子论不久就被新量子论即量子力学所替代了。在这一节里先讨论旧量子论,在下一节里则讨论量子力学。

**4. 光能的不连续性——光电效应和光子学说**

金属片受光的作用之后放出电子的现象称为光电效应。观察光电效应可用图 1-1所示的简单装置。图中 $K$ 为验电器的金箔,带有负电荷。令紫外光投射于与 $K$ 接触的锌板上,则金箔下垂,表示有负电荷散失。如金箔带有颇多的正电荷,同样令紫外光投射于锌板上,则金箔不下垂,表示正电荷并不能散失。如金箔不带电荷,令紫外光投射于锌板上,则金箔张开,并可验知它带有正电。以上实验证明在紫外光的照射下有负电荷从锌板向空间逸出。进一步的实验证明逸出的负电荷就是电子流。

利用图 1-2 所示的装置可以对光电效应进行定量的研究。紫外光或可见光经过石英窗照射到金属片 $A$。$A$ 经过灵敏电流计 $G$ 和电池组 $S$ 的分压器 $R$ 与另一电极 $B$ 相连。因为 $A$ 和 $B$ 被封闭在高度真空内,且外加于它们之间的电势差通常不是很高(例如 100 V),所以如果 $A$ 不受光照射,则 $A$ 与 $B$ 之间并无电流通过。但如有适当频率的光照射于 $A$ 上时,$A$ 上即有电子发射而出,被正极 $B$ 所吸收,而使电流计的指针偏转。进一步的研究获知下列事实:

(1) 由光电效应产生的电流与光的强度成正比。

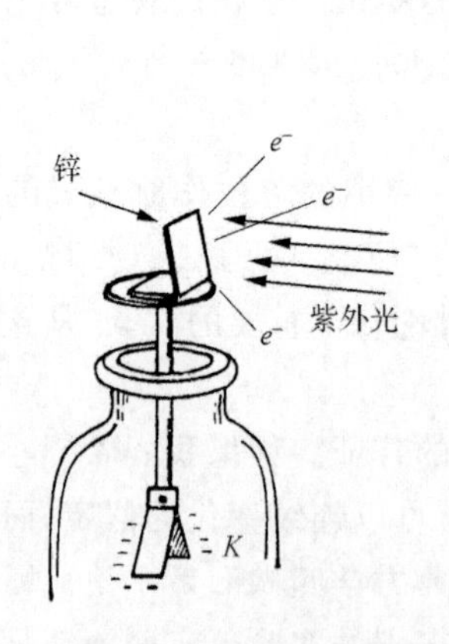


图 1-1　观察光电效应的简单装置

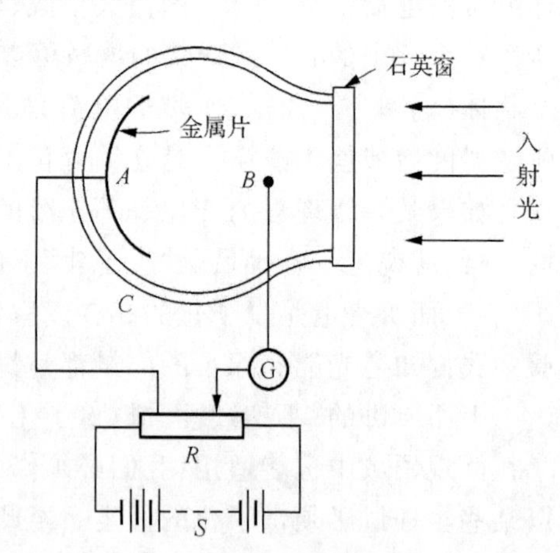


图 1-2　光电效应

(2) 对于一定的金属表面,有一固定的频率 $\nu_0$,如入射光的频率大于 $\nu_0$,则有电子射出,如小于 $\nu_0$ 无论光的强度多大,或照射的时间多久,都不能使电子自金属表面逸出。这一固定的频率称为该金属的临阈频率,例如 Cs 和 Pt 的临阈频率分别是 $4.5\times10^{14}\ s^{-1}$(即 $\lambda=667$ nm)和 $1.5\times10^{15}\ s^{-1}$($\lambda=200$ nm)。临阈频率与金属表面的清洁程度和其上吸附的气体有极大关系，上述数据是指无吸附气体的金属。

(3) 由光电效应产生的电子(即所谓光电子)的动能以直线关系随光的频率增大而增加，而与光的强度毫无关系。

以上实验结果很难用光的波动学说来解释。因为按照波动学说，光的频率只和光的颜色有关，而光的能量是由光的强度即振幅的平方来决定的。光的强度愈大，则能量愈大，所产生的光电子的动能也应该愈大，但是实验的结果却和这些推论完全不符。

为了解释光电效应，爱因斯坦在普朗克(M. Planck)为解释黑体辐射问题而提出的量子假设的基础上，在 1905 年提出了光子学说，其要点如下：

(1) 辐射的能量不是连续变化而是量子化的。辐射能有一最小单位，称为"光的量子"或光子。光子的能量 $E$ 和辐射的频率 $\nu$ 成正比，即

$$E \propto \nu \quad \text{或} \quad E = h\nu \tag{1-7}$$

上式中 $h$ 为比例常数，我们现在叫它为普朗克常数，其值等于

$$h = 6.626176 \times 10^{-34}\ \mathrm{J \cdot s} \tag{1-8}$$

(2) 辐射就是一束以光速行进的光子流，辐射的强度决定于单位体积内光子的数目。

(3) 按照相对论的质能联系定律(1-4)式，具有能量 $E$ 的光子必然具有质量 $m$，它等于

$$m = \frac{E}{c^2} = \frac{h\nu}{c^2} \tag{1-9}$$

我们知道光波的波长 $\lambda$ 乘以频率 $\nu$ 即等于光速 $c$，即

$$\lambda\nu = c \tag{1-10}$$

将(1-10)式代入(1-9)式中得

$$m = \frac{h}{c\lambda} = \frac{2.210}{\lambda} \times 10^{-42}\ \mathrm{kg} \tag{1-11}$$

例如波长等于 500nm 的绿色光的光子的质量等于 $4.420 \times 10^{-36}$ kg。

(4) 光子具有动量 $p$，它等于质量 $m$ 和速度 $c$ 的乘积，由(1-11)及(1-9)式可得

$$p = mc = h/\lambda = h\nu/c \tag{1-12}$$

(5) 光子与电子相碰时服从能量守恒和动量守恒定律。

利用上述假定，光电效应可以解释如下：当频率大于临阈频率的单色光投射到金属片上时，每一被吸收的光子可以打出一个电子来，所以光电流的大小和入射光的强度即单位体积内光子的数目成正比。光子被吸收时，它的全部能量 $h\nu$ 就给予被它所打出来的电子，但电子自金属表面逸出需要一定的最低能量 $E_0$，所以电子可能获得的最大动能只有

$$\frac{1}{2}mv^2 = h\nu - E_0 \tag{1-13}$$

如 $h\nu < E_0$，则光电子无从产生，如 $h\nu = E_0$，则光电子刚刚能够逸出，这时的频率就是上面提到过的临阈频率 $\nu_0$，以 $h\nu_0$ 代替 $E_0$ 则(1-13)式可以写如

$$h\nu = h\nu_0 + \frac{1}{2}mv^2 \tag{1-14}$$

所以光电子的动能以直线关系随光的频率的增大而增加，光电子的动能可用下述方法测定：在 $A$ 与 $B$（图 1-2)间加以电位差 $V$，并令 $B$ 为负极，$A$ 为正极，这样可以减小电子自 $A$ 射出的速度。在电场的势能 $eV$ 等于电子从光子那里得来的动能 $\frac{1}{2}mv^2$ 时，电子的速度就减低到零。换句话说，就是不再有光电流通过。因此只需调整 $V$ 使电流计指针为零，就可测知电子的动能。以 $eV$ 代替 $\frac{1}{2}mv^2$ 则(1-14)式可以写如

$$h\nu = h\nu_0 + eV \tag{1-15}$$

为了检验(1-15)式的正确性，可用不同频率的单色光照射金属片，调整 $V$ 使电流等于零。以 $\nu$ 为纵坐标，$V$ 为横坐标作图，结果得到一条直线，所以(1-15)式是正确的。从直线的斜率 $e/h$ 可以求得 $h$ 值。

光电效应在近代科学技术中有很广泛的应用。

### 5. 康普顿效应

给予光子学说以有力支持的第二种现象便是康普顿(A. H. Compton)效应(1922)。所谓康普顿效应就是 X 射线被原子量较小的元素所组成的物质(例如石墨、石蜡等)散射后波长变长的现象。进一步观察获知波长的改变 $\Delta\lambda$ 与散射角 $\alpha$（参看图 1-3)之间有下列关系：

$$\Delta\lambda = K(1-\cos\alpha) \tag{1-16}$$

在(1-16)式中常数 $K$ 与散射物质的本性无关，与所用 X 光的波长 $\lambda$ 也无关。由(1-16)式中可以看出：$\Delta\lambda$ 随 $\alpha$ 而增加，当 $\alpha=180°$时，即散射光与入射的方向正相反时，$\Delta\lambda$ 最大。散射物质中有电子飞出，它的速度随 $\Delta\lambda$ 增加而增加。

按照光的经典散射或瑞利(Rayleigh)散射理论，散射微粒(它是电偶极子)在光的电场作用下作受迫振动，由此发出的光——散射光与入射光有相同的频率，也就是说散射不应引起光的波长改变，这显然与康普顿观察到的实验事实不符。

现在我们用光子学说来说明这种现象。如图 1-3 所示，具有能量 $h\nu$ 的 X 光光子(图中的○)沿 $x$ 轴的方向向散射物质中的电子(图中的●)撞击。令 $h\nu'$ 为碰撞后光子的能量，$v$ 为碰撞后电子的速度。碰撞后光子与电子进行的方向分别和 $x$ 轴成 $\alpha$ 角和 $\beta$ 角。如 $m$ 为电子的质量，则碰撞后电子的动能为$\frac{1}{2}mv^2$，动量为 $mv$。

根据光子学说的第(5)条假定,光子与电子碰撞时服从能量守恒和动量守恒定律,所以

$$h\nu = h\nu' + \frac{1}{2}mv^2 \tag{1-17}$$

$$\frac{h\nu}{c} = \frac{h\nu'}{c}\cos\alpha + mv\cos\beta \tag{1-18}$$

$$0 = \frac{h\nu'}{c}\sin\alpha - mv\sin\beta \tag{1-19}$$

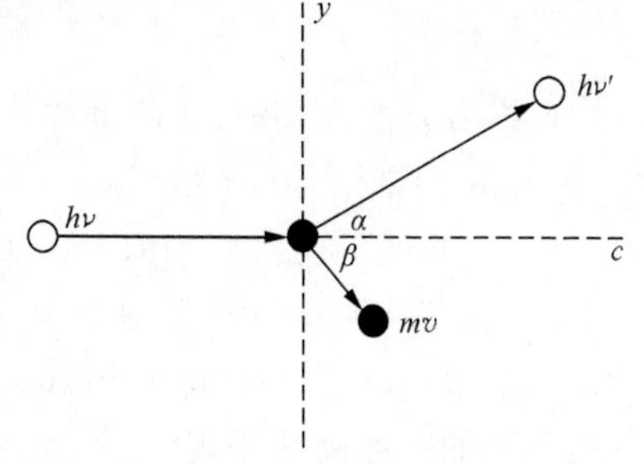


图 1-3　康普顿效应

在(1-17)式中我们忽略了电子自散射物质逸出所需的能量 $E_0$。如果散射物质是由原子量小的元素组成的,那么 $E_0$ 通常只有 X 光光子的能量 $h\nu$ 的几千分之一,所以略去 $E_0$ 是可以的。在(1-18)和(1-19)两式中 $h\nu/c$ 是光子的动量[参看(1-12)式],(1-18)式表示动量沿 $x$ 轴的分量的守恒,(1-19)式表示动量沿 $y$ 轴的分量的守恒。在写出(1-17)—(1-19)式时,我们假定 $v \ll c$。事实上 $v$ 是很大的,所以(1-17)—(1-19)式最好代以相对论的公式

$$h\nu = h\nu' + m_0c^2\left(\frac{1}{\sqrt{1-(v/c)^2}} - 1\right) \tag{1-20}$$

$$\frac{h\nu}{c} = \frac{h\nu'}{c}\cos\alpha + \frac{m_0 v}{\sqrt{1-(v/c)^2}}\cos\beta \tag{1-21}$$

$$0 = \frac{h\nu'}{c}\sin\alpha - \frac{m_0 v}{\sqrt{1-(v/c)^2}}\sin\beta \tag{1-22}$$

从(1-20)—(1-22)式中可以消去 $v$ 和 $\beta$,并注意 $\lambda = c/\nu$,则得

$$\Delta\lambda = \frac{h}{m_0 c}(1 - \cos\alpha) \tag{1-23}$$

比较(1-16)和(1-23)式,得到 $K = \dfrac{h}{m_0 c} = 2.426\ \text{pm}$,这一数值和准确度很高的实验测定结果完全符合。这样,光子学说又得到了一个有力的实验支持。我国物理学家吴有训在康普顿效应方面有重要的贡献。

**6. 原子能量的不连续性——氢原子光谱和玻尔理论**

上面我们讲了光能的不连续性,现在我们要讨论原子能量的不连续性。原子能量的不连续性的实验根据主要是从原子光谱的研究中得来的。

当原子被火焰、电弧、电花或其他方法所激发的时候,能够发出一系列具有一定频率的光谱线,这些光谱线总称为原子光谱。原子光谱中各线的频率有一定的规律性,其中最简单的是氢原子光谱。1885 年巴尔麦(J. J. Balmer)找出氢原子在可见区域的光谱线的频率可用下列公式来表示:

$$\tilde{\nu}=\frac{1}{\lambda}=\frac{\nu}{c}=\tilde{R}\left(\frac{1}{2^2}-\frac{1}{n_2^2}\right) \tag{1-24}$$

式中 $\tilde{\nu}$ 称为波数，即波长 $\lambda$ 的倒数①，$n_2$ 是大于 2 的正整数，$\tilde{R}$ 是一常数，称为里德伯(Rydberg)常数，其值为

$$\tilde{R}=1.09677576\times 10^7\ \mathrm{m}^{-1} \tag{1-25}$$

后来赖曼(T. Lyman)在紫外区域找到一组光谱线，帕邢(F. Paschen)、布喇开(F. S. Brackett)，奋特(H. A. Pfund)等人在红外区域找到若干组光谱线，它们都可以用下列的一般公式来表示：

$$\tilde{\nu}=\tilde{R}\left(\frac{1}{n_1^2}-\frac{1}{n_2^2}\right) \tag{1-26}$$

在(1-26)式中 $n_1$ 和 $n_2$ 都是正整数，且 $n_2>n_1$。当 $n_1=1$ 时表示赖曼线系，$n_1=2$ 时表示巴尔麦线系，$n_1=3$ 时表示帕邢线系……。

为了解释上述实验结果，玻尔(N. Bohr)在 1913 年综合了普朗克的量子论、爱因斯坦的光子学说和卢瑟福(E. Rutherford)的原子模型(1911)，提出关于原子结构的三项基本假定：

(1) 电子围绕原子核而转，作圆形轨道。在一定轨道上运动的电子具有一定的能量，称为在一定的"稳定状态"(stationary state，简称定态)。在定态的原子并不辐射能量。原子可有许多定态，其中能量最低的叫做基态，其余叫做激发态。

(2) 原子可由某一定态突然跳到另一定态，在此过程中放出或吸收辐射，其频率 $\nu$ 由下式决定：

$$h\nu=E''-E' \tag{1-27}$$

在(1-27)式中 $E''>E'$，如 $E''$ 为起始态的能量，则放出辐射，如 $E''$ 为终结态的能量，则吸收辐射。(1-27)式称为玻尔频率公式。

(3) 对于原子的各种可能存在的定态有一限制，即电子的轨道运动的角动量 $L$ 必须等于 $h/2\pi$ 的整数倍。

$$L=nh/2\pi,\ n=1,2,3,\cdots \tag{1-28}$$

(1-28)式称为玻尔的量子化规则，$n$ 称为量子数。

根据以上假定，玻尔计算了氢原子的各个定态的轨道半径和能量，并且圆满地解释了由光谱实验得到的(1-26)式。

如图 1-4 所示，在 H 原子中带有电荷 $-e$ 的电子在半径为 $r$ 的圆形轨道上绕着带有电荷 $+e$ 的原子核而转动。这时有两种力产生：一种是正负电荷间的库仑吸引力($e^2/4\pi\varepsilon_0 r^2$)，另一种是电子做圆周运动的离心力($mv^2/r$)，此处 $v$ 是电子运动的速度。在稳定状态时这两种力必须相等，所以

① 按国际标准化组织(ISO)规定波数符号为 $\sigma$，本书仍用了习惯使用的符号 $\tilde{\nu}$。

$$\frac{mv^2}{r}=\frac{e^2}{4\pi\varepsilon_0 r^2} \tag{1-29}$$

又由(1-28)式得

$$L=mvr=n(h/2\pi),n=1,2,3,\cdots \tag{1-30}$$

在(1-29)和(1-30)两式中消去 $v$ 可得

$$r=\frac{4\pi\varepsilon_0 h^2}{4\pi^2 me^2}n^2,\quad n=1,2,3,\cdots \tag{1-31}$$

当 $n=1$ 时我们得到氢原子的最小轨道的半径如下：

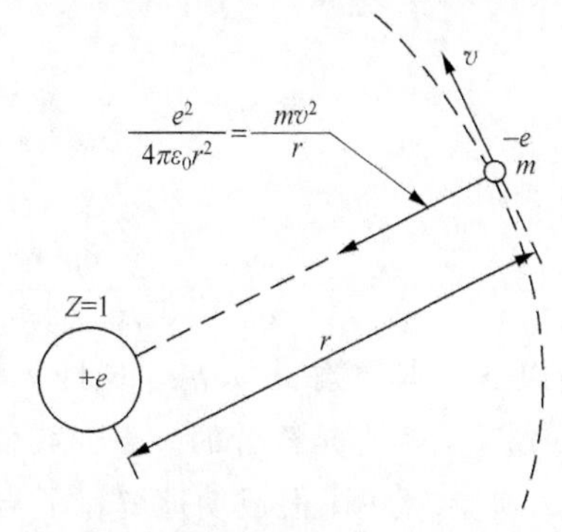


图 1-4　玻尔理论中电子受力的说明

$$r=\frac{4\pi\varepsilon_0 h^2}{4\pi^2 me^2}=5.29177\times10^{-11}\,\mathrm{m}=a_0 \tag{1-32}$$

这一半径通常称为玻尔半径，并用 $a_0$ 来表示。代入(1-31)式得

$$r=a_0 n^2,\quad n=1,2,3,\cdots \tag{1-33}$$

由(1-33)式可知，相当于量子数 $n=1,2,3,\cdots$ 的轨道半径等于 $a_0,4a_0,9a_0,\cdots$。

现在我们来计算氢原子的能量 $E$，它等于势能($-e^2/4\pi\varepsilon_0 r$)和动能 $\frac{1}{2}mv^2$ 的总和，即

$$E=\frac{1}{2}mv^2-\frac{e^2}{4\pi\varepsilon_0 r} \tag{1-34}$$

由(1-29)式得

$$mv^2=\frac{e^2}{4\pi\varepsilon_0 r} \tag{1-35}$$

将(1-35)式代入(1-34)式中得

$$E=-\frac{1}{2}\cdot\frac{e^2}{4\pi\varepsilon_0 r} \tag{1-36}$$

将(1-31)式代入(1-36)式得

$$E=-\frac{2\pi^2 me^4}{(4\pi\varepsilon_0)^2 n^2 h^2}=-R\frac{1}{n^2} \tag{1-37}$$

上式中

$$R=\frac{2\pi^2 me^4}{(4\pi\varepsilon_0)^2 h^2}=2.1799\times10^{-18}\,\mathrm{J}=13.606\,\mathrm{eV} \tag{1-38}$$

由(1-37)式可知，相当于量子数 $n=1,2,3,\cdots$ 的定态的能量是 $-R,-R/4,-R/9,\cdots$。

当原子在定态 $n_1$ 和 $n_2$ ($n_2>n_1$)之间跃迁时放出或吸收的辐射的频率由(1-27)式决定

$$h\nu=E_{n2}-E_{n1}=\left(-R\frac{1}{n_2^2}\right)-\left(-R\frac{1}{n_1^2}\right)$$

所以

$$\tilde{\nu}=\frac{\nu}{c}=\frac{E_{n_2}-E_{n_1}}{hc}=\frac{R}{hc}\left(\frac{1}{n_1^2}-\frac{1}{n_2^2}\right) \tag{1-39}$$

上式中

$$\frac{R}{hc}=\frac{2\pi^2 me^4}{(4\pi\varepsilon_0)^2h^3c}=1.0973731\times10^7\,\mathrm{m}^{-1}=\tilde{R} \tag{1-40}$$

所以从基本常数 $m$、$e$、$h$、$c$ 等计算而得的里德伯常数 $\tilde{R}$ 和实验值 $1.09677576\times10^7\,\mathrm{m}^{-1}$ 基本上是符合的。下面我们还要解释这两个数值稍有出入的原因。

玻尔理论不但成功地解释了当时已知的巴尔麦、帕邢和布喇开线系，并且预测有跳跃到量子数 $n=1$ 的定态存在，又求得这一线系的光谱线的波长应为 $\lambda=121.6$ nm，…等。于是实验物理学家就在技术上很困难的远紫外区域来寻找这一线系，到 1915 年就被赖曼找到了，所以现在叫它作赖曼线系。

玻尔理论不但可以解释氢原子光谱，而且还可以解释类氢离子的光谱，凡是带有 $Z$ 单位正电荷的原子核和一个围绕着核而运动的电子叫做类氢离子，例如 $He^+$ $(Z=2)$，$Li^{2+}$ $(Z=3)$，$Be^{3+}$ $(Z=4)$ 等。对于类氢离子来说，(1-29)式应写如

$$\frac{mv^2}{r}=\frac{Ze^2}{4\pi\varepsilon_0 r^2} \tag{1-41}$$

类似的推导可得类氢离子的能量 $E$ 和轨道的半径 $r$ 的公式如下：

$$E=-R\frac{Z^2}{n^2} \tag{1-42}$$

$$r=a_0\frac{n^2}{Z} \tag{1-43}$$

从(1-42)式可以导出类氢离子的光谱线的一般公式

$$\tilde{\nu}=\tilde{R}Z^2\left(\frac{1}{n_1^2}-\frac{1}{n_2^2}\right) \tag{1-44}$$

(1-44)式基本上和实验结果相符，但精密的测定指出从氢原子光谱测得的里德伯常数 $\tilde{R}_{\mathrm{H}}$ 和从 $He^+$、$Li^{2+}$、…等光谱测得之 $\tilde{R}_{\mathrm{He^+}}$、$\tilde{R}_{\mathrm{Li^{2+}}}$ 等稍有不同：

$$\left.\begin{aligned}\tilde{R}_{\mathrm{H}}&=1.09677576\times10^7\,\mathrm{m}^{-1}\\ \tilde{R}_{\mathrm{He^+}}&=1.09722263\times10^7\,\mathrm{m}^{-1}\\ \tilde{R}_{\mathrm{Li^{2+}}}&=1.09728722\times10^7\,\mathrm{m}^{-1}\end{aligned}\right\} \tag{1-45}$$

这是因为在氢原子或类氢离子中，电子实际上不是绕着原子核而是绕着整个体系的质心而运动的，因此在(1-40)式中的 $m$ 应代以约化质量 $\mu$，即

$$\tilde{R}=\frac{2\pi^2\mu e^4}{(4\pi\varepsilon_0)^2h^3c} \tag{1-46}$$

$$\mu=\frac{mM}{m+M}=m\left(1+\frac{m}{M}\right)^{-1}\cong m\left(1-\frac{m}{M}\right) \tag{1-47}$$

在(1-47)式中 $m$ 和 $M$ 分别代表电子和原子核的质量。从(1-46)式可以求得里德伯常数如下：

$$\left.\begin{aligned}\widetilde{R}_{\mathrm{H}} &= 1.09737\times 10^{7}\left(1-\frac{1}{1836}\right)=1.09677\times 10^{7}\,\mathrm{m}^{-1}\\ \widetilde{R}_{\mathrm{He}^{+}} &= 1.09737\times 10^{7}\left(1-\frac{1}{4\times 1836}\right)=1.09722\times 10^{7}\,\mathrm{m}^{-1}\\ \widetilde{R}_{\mathrm{Li}^{2+}} &= 1.09737\times 10^{7}\left(1-\frac{1}{7\times 1836}\right)=1.09729\times 10^{7}\,\mathrm{m}^{-1}\end{aligned}\right\} \tag{1-48}$$

(1-48)式的计算值和(1-45)式的实验值非常符合。

**7. 旧量子论的衰落**

旧量子论对于氢原子光谱线系的波长虽然作了满意的解释，但推广到多电子原子或分子就完全不适用了。同时由于光子学说的提出，关于光的本性问题，重新引起了究竟光是一种波动呢，还是一束微粒流的矛盾。旧量子论对于这一矛盾是束手无策的，因为旧量子论所遵循的仍旧是经典力学，而按照经典力学运动的微粒不可能有波动性质，不久发现大家公认为微粒的电子也具有波动的性质，这一矛盾就更加尖锐化了。直到新的量子论即量子力学建立以后才完全解决了这一矛盾，并且克服了旧量子论的其他缺点。

## §1-2　从旧量子论到量子力学

在前一节里详细讨论了“量子性”是微观世界的特征。旧量子论反映了这一特征，所以它能够部分成功地解释某些现象。但是旧量子论是不彻底的，因为它仍借用建筑在“连续性”的基础之上的经典力学，只是在经典力学上面加上一些人为的量子化条件。因此旧量子论不可能正确反映微粒运动的客观规律，它的严重缺点已在前面指出来了。

在经典力学和旧量子论中，我们假定微粒在某一瞬间在空间所处的位置和它的运动速度是可以同时测定的。如果作用于该微粒上的外力也是知道的话，我们就可根据牛顿定律计算这一微粒的运动轨迹，犹如用一定的初速和一定的倾斜角发射出来的炮弹，在具有一定的风速和风向的空间中的运动轨迹可以被计算出来一样。以前讨论的氢原子中电子运动的圆形或椭圆形轨道，就是根据这样的假定得来的。事实上没有一个人曾经测定过个别微粒的位置、速度和运动轨迹，人们所做的关于微粒的实验或是对于包含大量微粒的集体进行的，或是对于一个微粒重复多次同样的实验的结果。所以从这些实验中总结出来的规律实际上是微粒运动的统计规律。旧量子论没有注意这一重要事实，所以它失败了。代之而起的是新量子论或叫量子力学。新量子论是建筑在微观世界的量子性和微粒运动规律的统计性这两个基本特征的基础之上的，所以它能够正确反映微粒运动的统计规律，至于个别微粒的行径则根据现阶段的量子力学只能作出几率性的判断。但是人类认识自然界的客观规律的能力是无限的，将来量子力学发展到更高的阶段，我们对于微粒运动的客观规律的认识必将更加深入。

在经典力学和旧量子论中最难解释的现象是光的波动性和微粒性的矛盾。随后公认为微粒的电子也有波动性，于是人们逐渐认识到波动性和微粒性的矛盾统一是微观物质的特征，而量子力学就在认识了这一特征的基础上建立起来。因此作为介绍量子力学的开端，我们先来讨论光的本性问题。

**1. 光的二象性**

17 世纪末以前，由于受生产力水平和科学实验水平的限制，人们对光的观察和研究还只限于几何光学方面。从光的直线传播、反射定律和折射定律出发，对于光的本性问题提出了两种相反的意见——微粒说和波动说。以牛顿为代表的微粒说派认为，光是由光源发出的以等速直线运动的微粒流。微粒种类不同，颜色也不同。在光反射和折射时，表现为刚性弹性球。微粒说能解释当时已知的实验事实。在解释折射现象时，微粒说得出的结论是

$$n_{21}=\frac{n_2}{n_1}=\frac{\sin i_2}{\sin i_1}=\frac{v_2}{v_1} \tag{1-49}$$

波动说以惠更斯(C. Huyghens)为代表，认为光是在媒质中传播的一种波，光的不同颜色是由于光的波长不同引起的。按照惠更斯原理(这一原理对于各种波都普遍适用)可以解释光的直线传播、光的反射和折射定律。在解释折射现象时导出

$$n_{21}=\frac{n_2}{n_1}=\frac{\sin i_2}{\sin i_1}=\frac{v_1}{v_2} \tag{1-50}$$

当时由于还不能准确测量光速，所以无法判断那种说法对。

嗣后，物理光学的一些现象如光的干涉和衍射现象相继发现，这些现象是波的典型性质，而微粒说无法解释。光速的精确测定证实了(1-50)式是对的，(1-49)式不对。光的偏振现象进一步说明光是一种横波。因此在上世纪末、本世纪初的黑体辐射①、光电效应和康普顿散射等现象发现以前，波动说占了优势。为了解释光在真空中传播的媒质问题，提出了“以太”假说。“以太”被认为是一种弥漫于整个宇宙空间、渗透到一切物体之中且具有许多奇妙性质的物质，而光则认为是以“以太”为媒质传播的弹性波。19 世纪 70 年代，麦克斯韦(J. C. Maxwell)建立了电

① 所谓黑体就是能够全部吸收各种波长的辐射的物体。黑体是理想的吸收体，也是理想的辐射体。这就是说把几个物体加热到一定的温度，在这些物体中，黑体放出的能量是最大的。当黑体发出辐射时，辐射的能量在各种波长上的分布有一定的规律。光的电磁波理论不能解释黑体辐射的规律。1900 年普朗克首先提出量子论，满意地解释了黑体辐射定律。

磁场理论，预言了电磁波的存在。不久后赫兹(G. Hertz)通过实验发现了电磁波。麦克斯韦根据光速与电磁波速相同这一事实，提出光是一种电磁波，这就是光的电磁理论。根据麦克斯韦方程组和电磁波理论，光和电磁波无需依靠“以太”作媒质传播，其媒质就是交替变化的电场和磁场本身。所谓“以太”是不存在的。

一束平面电磁波在真空中传播时，其波动方程为

$$\nabla^2 \Psi = \frac{1}{c^2}\frac{\partial^2 \Psi}{\partial t^2} \tag{1-51}$$

上式中 $\Psi$ 代表电场强度 $E$ 或磁场强度 $H$，$c$ 是光速。$\nabla^2$称为拉普拉斯(Laplace)算符，

$$\nabla^2 = \frac{\partial^2}{\partial x^2} + \frac{\partial^2}{\partial y^2} + \frac{\partial^2}{\partial z^2} \tag{1-52}$$

(1-51)式的最简单的解就是大家熟悉的简谐波，它可以写如下式：

$$\left.\begin{aligned} &\Psi = A\cos 2\pi\left(\frac{x}{\lambda} - \nu t\right) \\ \text{或}\quad &\Psi = A\ \exp\left[2\pi i\left(\frac{x}{\lambda} - \nu t\right)\right] \end{aligned}\right\} \tag{1-53}$$

上式表示沿 $x$ 轴正方向传播的平面波，其中 $\nu$ 和 $\lambda$ 分别为频率和波长，$A$ 为振幅($E_0$ 或 $H_0$)。

定义一个矢量 **S**，其方向即波的传播方向，其大小就是单位时间内通过与 **S** 垂直的单位面积的电磁能量。**S** 称为电磁能流密度矢量，又称坡印庭(Poynting)矢量。**S** 与 **E** 和 **H** 的关系为

$$\mathbf{S} \equiv \mathbf{E} \times \mathbf{H} \tag{1-54}$$

**S**、**E** 和 **H** 之间的关系见图 1-5。

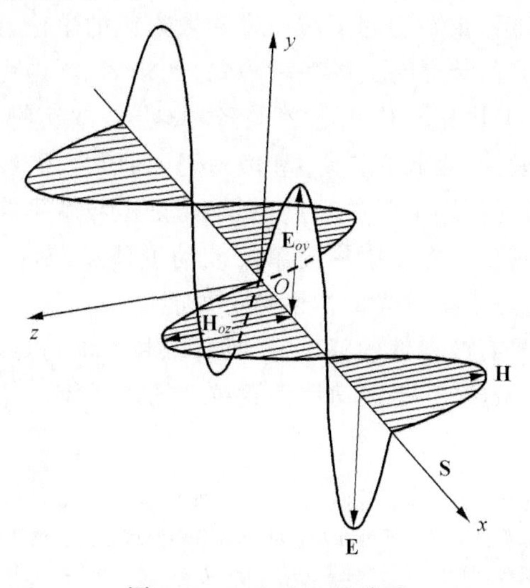


图 1-5　**E**、**H** 和 **S** 的关系

波场中的电能密度 $U_e$ 和磁能密度 $U_m$ 分别为

$$\left.\begin{aligned} U_e &= \frac{1}{2}\varepsilon\varepsilon_0 E_0^2 \\ U_m &= \frac{1}{2}\mu\mu_0 H_0^2 \end{aligned}\right\} \tag{1-55}$$

其中 $\varepsilon$ 和 $\mu$ 分别为介质的介电常数和磁导率，$E_0$ 和 $H_0$ 分别为电矢量和磁矢量振幅，它们的关系是

$$\sqrt{\varepsilon\varepsilon_0 E_0} = \sqrt{\mu\mu_0} H_0$$

在真空中 $\varepsilon=\varepsilon_0, \mu=\mu_0, \varepsilon_0 E_0=\mu_0 H_0$。因此在真空中波场的能量密度为

$$U = U_e + U_m = \frac{1}{2}\varepsilon_0^2 E_0^2 + \frac{1}{2}\mu_0^2 H_0^2 = \varepsilon_0^2 E_0^2 \tag{1-56}$$

由(1-53)式①

$$|\Psi|^2 = \Psi^* \cdot \Psi = A^2 ①$$

若 $\Psi$ 代表电矢量，则 $A = E_0$（对于磁矢量也类似）。于是

$$U = \varepsilon_0^2 |\Psi|^2 \tag{1-57}$$

若能量密度随时间变化，则平均能量密度 $\overline{U}$ 为

$$\overline{U} = \varepsilon_0^2 |\overline{\Psi}|^2 \tag{1-58}$$

可是到了19世纪末，因为光的电磁波学说不能解释黑体辐射现象而碰到了很大的困难。为了解释这个现象，普朗克在1900年发表了他的量子论。接着爱因斯坦推广普朗克的量子论，在1905年发表了他的光子学说，圆满地解释了光电效应，又在1907年在振子能量量子化的基础上解释了固体的比热与温度的关系问题。根据他的意见，光的能量不是连续地分布在空间，而是集中在光子上。这个学说因为康普顿效应的发现再一次得到了实验证明。

光子学说提出以后，重新引起了波动说和微粒说的争论，并且问题比以前更尖锐化了，因为凡是与光的传播有关的各种现象，如衍射、干涉和偏振，必须用波动说来解释，凡是与光和实物相互作用有关的各种现象，即实物发射光（如原子光谱等）、吸收光（如光电效应、吸收光谱等）和散射光（如康普顿效应等）等现象，必须用光子学说来解释。按照形而上学的观点，如果光是微粒就不能是波动，如果是波动就不能是微粒，而客观事实却不能用简单的波动说或微粒说来解释所有现象。这说明从形而上学的观点来了解光的本性是不可能的。

综上所述，光既具有波动性的特点，又具有微粒性的特点，即它具有波、粒二象性(wave-particle duality)，它是波动性和微粒性的矛盾统一体，不连续的微粒性和

---

① 如 $\Psi = f + ig$，此处 $f$ 与 $g$ 是实函数，那么 $\Psi$ 的模数 $|\Psi| = \sqrt{f^2+g^2}$，而模数的平方则等于：$|\Psi|^2 = f^2+g^2$，$|\Psi|^2$ 也等于 $\Psi^*\Psi$，此处 $\Psi^*$ 表示 $\Psi$ 的共轭复函数。所谓共轭复函数就是把 $\Psi$ 中含有 $i$ 的部分前加一负号所得的函数，即 $\Psi^* = f - ig$。所以 $\Psi^*\Psi = (f-ig)\cdot(f+ig) = f^2+g^2 = |\Psi|^2$。

连续的波动性是事物对立的两个方面，它们彼此互相联系，互相渗透，并在一定的条件下互相转化，这就是光的本性。所谓波动和微粒，都是经典物理学的概念，不能原封不动地应用于微观世界。光既不是经典意义上的波，也不是经典意义上的微粒。

光的波动性和微粒性的相互联系特别明显地表现在以下三个式子中：

$$E = h\nu \tag{1-59}$$

$$p = h/\lambda \tag{1-60}$$

$$\rho = k|\Psi|^2 \tag{1-61}$$

在以上三个式子中，等号左边表示微粒的性质即光子的能量 $E$、动量 $p$ 和光子密度 $\rho$，等式右边表示波动的性质，即光波的频率 $\nu$、波长 $\lambda$ 和场强 $\Psi$。(1-61)式是这样导出来的：按照光的电磁波理论，光的强度正比于光波振幅的平方 $|\Psi|^2$［见(1-56)式至(1-58)式］，按照光子学说，光的强度正比于光子密度 $\rho$，所以 $\rho$ 正比于 $|\Psi|^2$ 令比例常数为 $k$，即得到(1-61)式。

按照光子学说，光是一束微粒流，光的微粒——光子具有能量 $E$、动量 $p$ 和质量 $m$，它与实物的电子碰撞时服从能量守恒和动量守恒定律。这些性质都是和牛顿力学中所了解的微粒的性质相一致，所以我们说光具有微粒的性质。但是这种“微粒”的运动却不服从牛顿第二定律：

$$f = ma = m\left(\frac{dv}{dt}\right)$$

因为光在真空中的运动速度是一常数，永远等于 $c$。所以对光子来说，加速度 $a$ 就根本没有意义，那么光子的运动究竟服从什么规律呢？它服从的是一种大量光子运动的统计规律，即光子流或辐射规律。在这一规律中，被描述的并不是个别光子在某一瞬间的坐标和速度，也不是个别光子的运动轨迹。这一规律仅仅告诉我们，在某一瞬间在空间某一点的光子密度 $\rho$ 等于多少。这一密度和伴随着大量光子的运动而产生的电场和磁场强度 $\Psi$ 的平方成正比，而 $\Psi$ 则服从(1-51)式所示的波动方程。所以我们说光是微粒，但和牛顿力学中的微粒概念不尽相同，最大区别在于它的运动规律服从波动方程，即在光的微粒性中渗透着波动性。

同时从另一角度来看，光有波长 $\lambda$，频率 $\nu$ 和磁场强度 $\Psi$，且服从波动方程。这和经典物理中所了解的波动场的概念相一致，但有显著的不同，即波动场的能量和动量不是连续地发出来或被接受，而是一份一份地发出或被接受，它有一最小的单位，即光的量子或光子。换句话说，波动场是量子化的。这就是说在波动性中渗透着微粒性。

如上所述，光是微粒性和波动性的矛盾统一体，但矛盾的主要方面在不同条件下可以相互转化。当光在发射的过程中微粒性比较突出，是矛盾的主要方面，因此关于光的发射过程的诸现象如原子光谱、黑体辐射等要从微粒观点来解释。但光发出以后在空间传播的过程中,矛盾的主要方面转化了,波动性变得比较突出,所以关于光在传播过程中的诸现象如偏振、干涉和衍射等,要从波动观点来解释。当光被实物吸收(如光电效应,吸收光谱[①]等)或与实物相互作用时(如康普顿效应,拉曼光谱[①]等),矛盾的主要方面又向微粒性转化,因而这类现象又要从微粒观点来解释。

现在要问:矛盾的主要方面为什么要这样转化呢?这是因为实物的微粒性显著[②],所以光与实物相互作用(从实物发出或被实物吸收等)时,微粒性就比较突出。但微粒性突出不等于说波动性一点也没有。反之,光在传播运动中遵守波动方程的规律,其波动性比较显著,但也不等于说微粒性一点也没有。总之,光是微粒和波动的矛盾统一体,微粒和波动的矛盾的存在是绝对的。但矛盾的双方可以有主要和次要之分,有时候主要的一方可以占压倒的优势。矛盾的主要方面的相互转化是相对的,是有条件的。

电磁波波长的长短,也影响矛盾的主要方面的转化。波长较长即能量较小的如可见光、红外线、无线电波等的波动性比较突出,波长较短即能量较大的如 $\gamma$ 射线、X 射线等的微粒性就比较突出。例如能量为 5MeV 的 $\gamma$ 光子,其波长约为 0.25pm,质量约为电子的静质量的 10 倍,这样的 $\gamma$ 光子的微粒性的突出就不亚于电子了。

通过上面的讨论,现在我们明白了,过去对光的本性问题难以理解,主要是形而上学的思想方法在作怪。形而上学的逻辑有一条叫"排斥律"即光是波动就不是微粒,是微粒就不是波动,两者相互排斥,只能选取其一。但是按照辩证唯物主义的观点,相反的波粒两性可以共存于一个矛盾统一体中,而实践雄辩地证明辩证唯物主义观点的正确。

### 2. 实物粒子的波动性、德布罗意关系

如前节所述,波动性和微粒性的矛盾的对立统一首先在光的本性的研究上被确定下来。但当时的科学家并不能自觉地运用辩证唯物主义的观点来分析这一问题,只是含混地叫做"波动和微粒的二象性",意思就是说,同时具有波动和微粒的性质。1923—1924 年间,有唯物论倾向的法国物理学家德布罗意(L. de Broglie)提出,这种所谓"二象性"并不特殊地只是一个光学现象,而是具有一般性的意义。他说:"整个世纪来,在光学上,比起波动的研究方法,是过于忽略了粒子的研究方法;在实物理论上,是否发生了相反的错误呢?是不是我们把粒子的图像想得太多,而过分忽略了波的图像"?这就是德布罗意所提出的问题。

---

① 参考第九章和第十章。

② 实物也是波动性和微粒性的统一体,详见下节。

从这样的思想出发，德布罗意假定联系“波、粒”二象性的(1-7)和(1-12)两式也可适用于电子等实物微粒。对于实物微粒来说，(1-12)式中的动量 $p=mv$，$m$ 为微粒的质量，$v$ 是它的运动速度。与此微粒相适应的波长等于

$$\lambda = h/p = h/mv \tag{1-62}$$

上式就是有名的德布罗意关系式。由上式求得的波长称为质量为 $m$ 速度为 $v$ 的微粒的德布罗意波长。

德布罗意的假设在1927年光辉地被戴维逊(C.J.Davisson)和革末(L.S.Germer)的电子衍射实验所证实了。

如图1-6所示，电子射线从发生器 $A$，穿过细晶体粉末 $B$，或者穿过薄金属片(它是小晶体的集合)，而投射在屏 $C$ 上时，可以得到一系列的同心圆。这些同心圆叫做衍射环纹。图1-7是电子射线通过金(Au)晶体时的衍射环纹的照片。

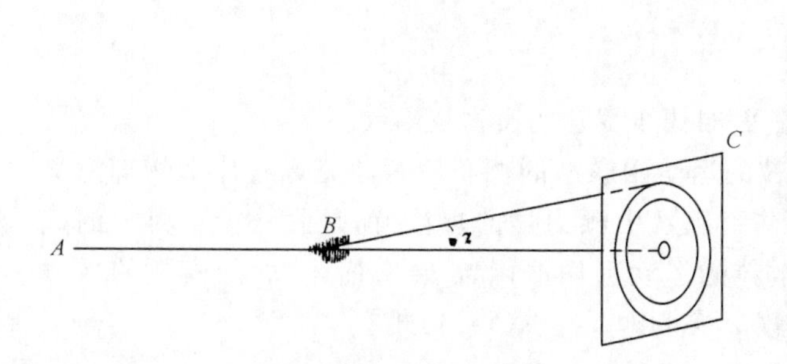


图1-6　电子衍射示意图

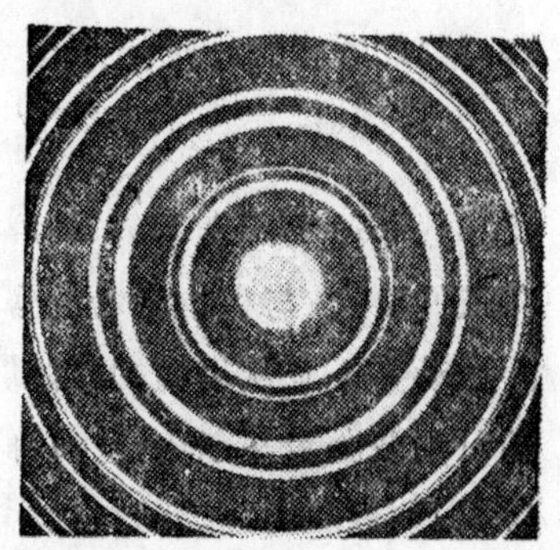

图1-7　Au的电子衍射图样

从衍射环纹的半径和屏 $C$ 与结晶体粉末 $B$ 间的距离可以计算衍射角 $\alpha$，从 $\alpha$ 可用(1-63)式所示的布拉格(Bragg)-乌尔夫(Вулbф)公式，计算电子射线的波长 $\lambda$

$$n\lambda = 2d\sin\frac{\alpha}{2} \tag{1-63}$$

在上式中 $d$ 是晶格距离，$n=1$、2、3、… 分别表示各同心圆，其中最小的同心圆 $n=1$，其次 $n=2$，其余类推。

电子射线可从阴极射线管产生，并使之在电势差等于 $V$ 的电场中加速，使达到速度 $v$。因为电子获得的动能 $\frac{1}{2}mv^2$ 等于它在电场中降落的势能 $eV$，即

$$eV = \frac{1}{2}mv^2 \tag{1-64}$$

所以只要电势 $V$ 知道了，电子运动的速度 $v$ 就可以从(1-64)式计算出来。于是发现电子射线的波长 $\lambda$ 与电子的速度 $v$ 成反比，并求得比例常数恰恰等于 $h/m$，即

$$\lambda \propto \frac{1}{v} \text{ 或 } \lambda = \left(\frac{h}{m}\right)\frac{1}{v} = \frac{h}{mv} = \frac{h}{p} \tag{1-65}$$

这样就从实验上证明了德布罗意关系式。

后来发现质子射线、$\alpha$ 射线、中子射线、原子射线和分子射线都有衍射现象，且都符合(1-65)式。当然，用中性微粒的射线来进行实验，要比用带电的微粒射线做实验复杂得多，因为我们不能够用电场控制它们。但是，实验上的困难终于被科学家们所克服了，而结果告诉我们：德布罗意关于物质波的假设是正确的。这就是说，以一定速度和一定方向运动的微粒流（这样的微粒流称为微粒射线）所产生的衍射花样，和用(1-53)式所表示的平面波相似；同时波长 $\lambda$ 可用关系式(1-65)以微粒的动量表示出来，频率 $\nu$ 可用关系式(1-7)以微粒的动能 $E=\frac{1}{2}mv^2$ 表示出来，因此(1-53)式可以写如

$$\Psi = A\cos\frac{2\pi}{h}(xp - Et) \tag{1-66}$$

(1-66)式也可用复数的形式来表示如下：

$$\Psi = A\exp\left[\frac{i2\pi}{h}(xp - Et)\right] \tag{1-67}$$

(1-66)式和(1-67)式所表示的 $\Psi$ 叫德布罗意的实物波函数。

现在我们要问：与实物微粒的运动相联系的德布罗意波究竟有什么物理意义呢？回答是：实物微粒的运动并不服从牛顿力学的规律，而是服从量子力学的规律。这个规律告诉我们实物微粒的运动可用波函数 $\Psi$ 来描述，$\Psi$ 的模数的平方 $|\Psi|^2$ 与微粒在空间分布的密度 $\rho$ 成正比，[参看(1-61)式]

$$\rho = \frac{dN}{d\tau} = k|\Psi|^2 \tag{1-68}$$

把(1-68)式中的常数 $k$ 吸收到 $\Psi$ 里面去，即令

$$\rho = \frac{dN}{d\tau} = |\Psi|^2 \tag{1-69}$$

由上式得

$$dN = |\Psi|^2 d\tau \tag{1-70}$$

(1-70)式表示：在某一点附近的微体积 $d\tau$ 内的电子数 $dN$ 等于该点的 $|\Psi|^2$ 与 $d\tau$ 的乘积。于是电子的总数 $N$ 等于

$$N = \int dN = \int |\Psi|^2 d\tau$$

以上所讲的是对于含有大量电子的一束电子射线来说的。现在要问：对于一个电子来说，$|\Psi|^2$ 有没有物理意义呢？

从衍射的研究可以证明：衍射环纹照片上感光的深浅虽然和电子射线强度 $I$①

① 电子射线的强度 $I$，即在单位时间内，通过垂直于电子运动方向的单位截面积上的电子数。它等于电子密度 $\rho$ 与运动速度 $v$ 的乘积，即 $I=\rho v$。

及感光时间 $t$ 的乘积成正比，但是照片上各处感光相对深浅却和 $I$ 及 $t$ 无关。在毕柏曼(Л. Биберман)，苏式金(Н. Сушкин)和法布里坎特(В. Фабрикант)的研究中，在电子射线的强度很小的情形下由细小结晶粉末得到衍射环纹的照相，并证明环纹间的距离和电子射线的强度完全无关。在电子射线强度小到两个电子相继来到底片上相隔的时间，超过电子通过仪器的时间约三万倍的情形下，在实验里也得到了衍射环纹。由此可见，一个跟一个地相继来到底片上的电子也能产生衍射环纹。

我们让具有相同速度的电子一个跟一个地通过粉末结晶落在照相底片上。对于每一个电子来说，我们虽然无法知道它究竟在底片上的那一点，因为一个电子在照相底片上所引起的化学作用是如此微小，以至于我们无法用任何宏观仪器去观察它。但是如果有 $N$ 个电子相继落在底片上，只要 $N$ 大到足够使环纹显示出来，那么我们就可以知道落在照相底片上某一点附近的微小体积 $\Delta\tau$ 内的电子数 $\Delta N$，就是说在 $N$ 个电子中有 $\Delta N$ 个落在 $\Delta\tau$ 内。因为这 $N$ 个电子是相同的，所以我们可以说每一个电子落到 $\Delta\tau$ 内的几率 $\Delta P=\frac{\Delta N}{N}$。当 $\Delta\tau$ 趋向于无穷小时，$\Delta N\to dN$，$\Delta P\to dP$，即 $dP=\frac{dN}{N}$。对于一个电子来说，$N=1$，而 $dN=|\Psi|^2 d\tau$[(1-69)式]，所以

$$dP = |\Psi|^2 d\tau \tag{1-71}$$

所以对于单个电子来说，$|\Psi|^2 d\tau$ 是发现电子在 $d\tau$ 内的几率，而 $|\Psi|^2=dP/d\tau$ 则称为几率密度。把单个电子的 $|\Psi|^2$ 看作几率密度的解释是波恩(M. Born)首先提出来的。

对于实物微粒来说，在微粒性中渗透着波动性，这一波动性能否被观察到与这一微粒的德布罗意波长 $\lambda$ 及微粒直径的相对大小有关。如德布罗意波长大于微粒直径则波动性显著，可以被观察出来，如德布罗意波长远小于微粒直径，则波动性即不显著，不能被观察出来，表 1-1 列出具有某些速度的若干粒子的德布罗意波长和粒子直径的比较：

**表 1-1　粒子的德布罗意波长和直径**

| 粒　　子 | $\frac{m}{\text{kg}}$ | $\frac{v}{\text{m}\cdot\text{s}^{-1}}$ | $\frac{\lambda(=h/mv)}{\text{m}}$ | $\frac{\text{粒子直径}}{\text{m}}$ | 波动性 |
|---|---|---|---|---|---|
| 电子 | $9.1\times10^{-31}$ | $1\times10^{6}$ | $7.3\times10^{-10}$ | $2.8\times10^{-15}$ | 较显著 |
| 电子 | $9.1\times10^{-31}$ | $1\times10^{8}$ | $6.9\times10^{-12}$ | $2.8\times10^{-15}$ | 较显著 |
| 氢原子 | $1.6\times10^{-27}$ | $1\times10^{3}$ | $4.1\times10^{-10}$ | $7.4\times10^{-11}$ | 较显著 |
| 氢原子 | $1.6\times10^{-27}$ | $1\times10^{8}$ | $4.1\times10^{-13}$ | $7.4\times10^{-11}$ | 不显著 |
| 枪弹 | $\sim1\times10^{-2}$ | $1\times10^{3}$ | $6.6\times10^{-35}$ | $\sim1\times10^{-2}$ | 基本没有 |

由表中可见，宏观物体的德布罗意波长远小于它的线性尺度，波动性几乎完全没有，因而可以用经典力学来处理。

**3. 测不准关系**

在经典力学中,一个粒子的位置和动量是可以同时确定的,而且知道了某一时刻粒子的位置和动量(即初值),在此以后的任意时刻粒子的位置和动量都可以精确地预言。电子和其他实物粒子的衍射实验证明,粒子束通过的圆孔或单狭缝愈小,产生的衍射花样的中心极大区就愈大。换言之,测量粒子的位置的精确度愈高,测量粒子的动量的精确度就愈低。从实物粒子的德布罗意波函数(1-66)式也可以看出,在一维自由空间运动的微粒如果具有完全确定的动量,因之具有完全确定的能量,则在任意给定的时刻 $t$ 在空间的每一点上的振幅都等于 $A$。按照波函数的统计解释,这意味着粒子在空间每一点 $x$ 上出现的几率密度都相同。这就是说,如果粒子的动量 $p_x$ 完全确定,它的位置 $x$ 就完全不确定。1927 年,海森堡(W. Heisenberg)严格地推导出以下原理:测量一个粒子的位置的不确定范围为 $\Delta q$ 时,那么同时测量其动量也有一个不确定范围 $\Delta p$,$\Delta p$ 与 $\Delta q$ 的乘积总是大于一定的数值,即

$$\Delta p \Delta q \geqslant \frac{\hbar}{2} \tag{1-72}$$

这里 $\hbar = h/2\pi$,$h$ 为普朗克常数。这就是著名的测不准原理。

测不准原理直接来源于物质具有的微粒和波动的二象性。设有电子通过一个狭缝后落在狭缝后的屏幕上,如图 1-8 所示。设缝宽为 $\Delta x$,通过这个狭缝的电子的位置的不确定性为 $\Delta x$。由于电子具有波动性,经过狭缝后会发生衍射,落在屏幕上会显示出衍射花样,其强度变化如图 1-8 所示。这就是说,电子经过狭缝后可能偏离原来方向。可以用偏离角 $\alpha$ 表示偏离大小,落在第一个极小处的电子的偏离角 $\alpha_0 = \sin^{-1}(\lambda/\Delta x)$。这样就在垂直于原前进方向即 $\Delta x$ 的方向产生了一个动量 $\Delta p_x = p\sin\alpha$。如果我们只考虑衍射图样的中间一段的效应,那么 $\Delta p_x$ 的最大值是

$$\Delta p_x = p\sin\alpha_0 = p\frac{\lambda}{\Delta x} = \frac{h}{\Delta x}$$

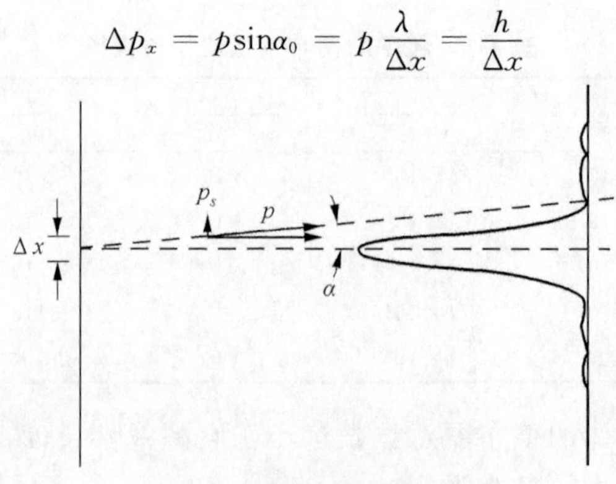


图 1-8 电子的单狭缝衍射

即

$$\Delta p_x \Delta x = h$$

这是从最大的偏转角 $\alpha_0$ 算得的结果。平均的偏转角要小于 $\alpha_0$，因此 $\Delta p_x \Delta x$ 的不确定值还要小一些，海森堡严密推得的是(1-72)式。

测不准关系也存在于能量和时间之间。一个体系处于某一状态，如果时间有一段 $\Delta t$ 不确定(例如平均寿命)，那么它的能量也有一个范围 $\Delta E$(称为能级宽度)不确定，二者的乘积有如下关系：

$$\Delta E \Delta t \geqslant \frac{\hbar}{2} \tag{1-73}$$

这可以推得如下：由(1-2)式和(1-4)式可以导出具有普遍性的相对论能量公式

$$E = mc^2 = [p^2c^2 + m_0^2c^4]^{\frac{1}{2}}$$

由上式

$$dE = [p^2c^2 + m_0^2c^4]^{-\frac{1}{2}} \cdot c^2 p dp = \frac{c^2 p dp}{E} = v dp$$

所以

$$\Delta E = v \Delta p$$

乘以 $\Delta t$

$$\Delta E \Delta t = \Delta p v \Delta t = \Delta p \Delta q \geqslant \frac{\hbar}{2}$$

测不准关系是普遍原理，凡是经典力学中的共轭的动力变量之间都有这个关系。除上面说到的两式外，还有角动量与角移之间的测不准关系。现将各种测不准关系开列在下面，其中动量和位移的关系分为三维的形式

$$\Delta p_x \Delta x \geqslant \frac{\hbar}{2}$$

$$\Delta p_y \Delta y \geqslant \frac{\hbar}{2}$$

$$\Delta p_z \Delta z \geqslant \frac{\hbar}{2}$$

$$\Delta p_\phi \Delta \phi \geqslant \frac{\hbar}{2}$$

$$\Delta E \Delta t \geqslant \frac{\hbar}{2}$$

**4. 量子力学的基本方程——薛定谔方程**

前面讨论了实物微粒也有波动性，同时也知道实物微粒如电子、原子、分子等的运动不能用牛顿力学来处理，那么是否这些微粒的运动也服从波动方程呢？为了回答这一问题，我们首先来讨论一下光波的波动方程，即(1-51)式。如果以

$$c = \lambda\nu$$

代入(1-51)式，则得到

$$\nabla^2 \Psi = \frac{1}{\lambda^2 \nu^2} \frac{\partial^2 \Psi}{\partial t^2} \tag{1-74}$$

现在我们用变数分离法来解这一偏微分方程，即假定 $\Psi$ 可以写作两个函数的乘积，其中一个函数 $\psi$ 只是坐标的函数，另一函数 $\phi$ 只是时间的函数，即

$$\Psi(x,y,z,t) = \psi(x,y,z)\phi(t) \tag{1-75}$$

这一假定的物理意义是：波函数 $\Psi$ 等于零的各点（这种点叫做节点）将不随时间而改变。换句话说，(1-75)式所表示的是驻波的波函数。

将(1-75)式代入(1-74)式中可得

$$\frac{\lambda^2}{\psi} \nabla^2 \psi = \frac{1}{\nu^2 \phi} \frac{d^2 \phi}{dt^2} \tag{1-76}$$

在(1-76)式中等号的左边只是坐标的函数，等号的右边只是时间的函数。如果我们令 $t$ 变，$x$、$y$、$z$ 不变则等号的左边等于常数（令此常数为 $-a^2$），于是等号的右边也必须等于 $-a^2$。换句话说，(1-76)式可以分为两个方程如下：

$$\frac{\lambda^2}{\psi} \nabla^2 \psi = -a^2 \tag{1-77}$$

$$\frac{1}{\nu^2 \phi} \frac{d^2 \phi}{dt^2} = -a^2 \tag{1-78}$$

(1-78)式可以写如

$$\frac{d^2 \phi}{dt^2} + a^2 \nu^2 \phi = 0$$

这一方程的解是大家熟悉的。

$$\phi = e^{-ia\nu t} \tag{1-79}$$

(1-79)式表示一个简谐函数，$\nu$ 是它的频率，所以当 $t=0, t=\frac{1}{\nu}, t=\frac{2}{\nu}, \cdots$ 时，这一函数必须相等，即

$$\phi(0) = \phi\left(\frac{1}{\nu}\right) = \phi\left(\frac{2}{\nu}\right) = \cdots$$

$$1 = e^{-ia} = e^{-i2a} = \cdots \tag{1-80}$$

因为

$$e^{-ia} = \cos a - i\sin a$$

所以为了满足(1-80)式，必须

$$a = 2\pi \tag{1-81}$$

以(1-81)式代入(1-79)式和(1-75)式得

$$\phi = e^{-i2\pi\nu} \tag{1-82}$$

$$\Psi = \psi e^{-i2\pi\nu t} \tag{1-83}$$

以(1-81)式代入(1-77)式得

$$\nabla^2\psi+\left(\frac{2\pi}{\lambda}\right)^2\psi=0 \tag{1-84}$$

(1-84)式叫做驻波的波动方程。

以上的讨论是对光波来说的，对于物质波来说，我们假定实物微粒运动的定态(即具有一定能量的状态)，应该和驻波相联系，这个假定的根据是这样的：微粒运动的定态具有量子化的特征，而在经典波动学中我们知道有量子化特征的只有驻波。

既然假定了定态与驻波相联系，那么只要把(1-83)式中的 $\nu$ 改为 $E/h$，(1-84)式中的 $\lambda$ 改为 $h/p$，就能用来描写物质微粒的运动

$$\Psi=\psi e^{-i\frac{2\pi}{h}Et} \tag{1-85}$$

$$\nabla^2\psi+\left(\frac{2\pi}{h}\right)^2p^2\psi=0 \tag{1-86}$$

在(1-86)式中动量 $p$ 可以写如

$$p^2=(mv)^2=2m\left(\frac{1}{2}mv^2\right)=2m(E-V)$$

在上式中我们把微粒的动能 $\frac{1}{2}mv^2$ 写成微粒的总能量 $E$ 和势能 $V$ 之差。

将上式代入(1-86)式，即得

$$\nabla^2\psi+\frac{8\pi^2m}{h^2}(E-V)\psi=0 \tag{1-87}$$

这就是著名的薛定谔(Schrödinger)方程的第一式，它是用来描写微粒运动的定态的。这一方程是量子力学的最重要的方程，因此我们要进一步说明它的物理意义。

由(1-71)式我们知道在时间 $t$ 发现微粒在点$(x,y,z)$附近的微体积 $d\tau$ 内的几率，即在时间 $t$ 发现微粒的坐标在 $x$ 与 $x+dx$ 间，$y$ 与 $y+dy$ 间，$z$ 与 $z+dz$ 间的几率等于

$$\begin{aligned}dP&=|\Psi(x,y,z,t)|^2d\tau\\&=\Psi^*(x,y,z,t)\Psi(x,y,z,t)d\tau\end{aligned} \tag{1-88}$$

对于定态来说，由(1-85)式得

$$\left.\begin{aligned}&\Psi(x,y,z,t)=\psi(x,y,z)e^{-i\frac{2\pi}{h}Et}\\ \text{而}\quad&\Psi^*(x,y,z,t)=\psi^*(x,y,z)e^{+i\frac{2\pi}{h}Et}\end{aligned}\right\} \tag{1-89}$$

所以

$$dP=\Psi^*\Psi d\tau=\psi^*\psi d\tau=|\psi|^2d\tau \tag{1-90}$$

(1-90)式表示：对于定态即具有一定能量的状态来说，发现微粒在点$(x,y,z)$附近的微体积 $d\tau$ 内的几率是不随时间而改变的，它等于 $|\psi|^2d\tau$。因此微粒运动的定态可用不含时间的波函数 $\psi$ 来描写。

根据上面的讨论,则薛定谔方程[(1-87)式的意义可以表述如下:对于一个质量等于 $m$,在势能等于 $V$ 的势场中运动的微粒来说,有一个与这微粒运动的定态相联系的波函数 $\psi$,这个波函数服从(1-87)式所示的薛定谔方程。这一方程的每一个解 $\psi$,就表示微粒运动的某一定态,与这个解相应的常数 $E$,就是微粒在这一定态的能量。

现在把上面讨论的简单总结一下:电磁场的微粒(光子)和实物微粒(电子、原子、分子等)都是波动性与微粒性的矛盾统一体。它们都有能量、质量和动量,碰撞时都服从能量守恒定律和动量守恒定律,但是它们的运动都不服从牛顿第二定律,而是服从波动方程,其中光子服从的波动方程(1-84)式,为

$$\nabla^2\psi + \left(\frac{2\pi}{\lambda}\right)^2\psi = 0$$

而实物微粒服从的波动方程(1-87)式,为

$$\nabla^2\psi + \frac{8\pi^2 m}{h^2}(E-V)\psi = 0$$

这一实物微粒的波动方程称为薛定谔方程。这两个方程有联系,也有区别,其联系的桥梁是德布罗意关系式:

$$\lambda = h/p = h/mv = h/\sqrt{2m(E-V)} \tag{1-91}$$

通过这一桥梁可使(1-84)式化为(1-87)式,或反过来使(1-87)式化为(1-84)式。其区别是(1-84)式的波动性比较突出,式中 $\psi$ 和 $\lambda$ 都是表示波动性的,而(1-87)式则是微粒性比较突出,式中除 $\psi$ 表示波动性外,$m$、$E$、$V$ 分别表示微粒的质量、能量和势能,这些都表示微粒性。

在(1-84)式中,波函数 $\psi$ 的绝对值的平方 $|\psi|^2$ 表示光子密度 $\frac{dN}{d\tau}$,而 $|\psi|^2 d\tau$ 则表示在微体积 $d\tau$ 内光子的数目。在(1-87)式中,如果被研究的体系是一束电子流,则 $|\psi|^2$ 表示电子密度 $\frac{dN}{d\tau}$,而 $|\psi|^2 d\tau$ 则表示在微体积 $d\tau$ 内电子的数目;如果被研究的体系是一个围绕氢原子核而运动的电子,那么 $|\psi|^2$ 表示电子的几率密度 $\frac{dP}{d\tau}$,而 $|\psi|^2 d\tau$ 则表示发现电子在微体积 $d\tau$ 内的几率。

按照波函数的统计解释,方程(1-87)式的解 $\psi$ 必须满足一定的条件。既然 $|\psi|^2$ 表示空间某一点的几率密度,对于一个体系而言,在时刻 $t$ 这个几率必须是确定的,所以 $\psi$ 必须是单值的和连续的。方程(1-87)式是一个二阶偏微分方程,显然 $\psi$ 及其对坐标的一阶偏微商必须是连续的。在体系只有一个粒子的情况下,$|\psi|^2 d\tau$ 表示在空间某点 $(x,y,z)$ 近傍体积元 $d\tau$ 内发现粒子的几率,在整个空间发现粒子的总几率必定等于 1,即

$$\int |\psi|^2 d\tau = 1 \tag{1-92}$$

(1-92)式称为波函数的归一化条件。由此可知 $\psi$ 必须是平方可积的。因此，$\psi$ 为可以接受的波函数必须满足三个条件：连续、单值和平方可积。这三个条件便称为波函数的标准化条件。合乎这三个条件的函数称为品优函数（well-behaved function）。

此外，电子衍射现象说明实物粒子的德布罗意波也和光波一样服从叠加原理。在声学和光学中我们知道，如果 $\psi_1$ 和 $\psi_2$ 是两个可能的波动过程，则 $\psi_1$ 和 $\psi_2$ 的线性叠加 $a\psi_1+b\psi_2$ 也是一个可能的波动过程。在量子力学中也有类似的定理。因为 $\psi$ 是描写状态的，故称为状态函数。当体系处于 $\psi$ 所描写的状态时，我们称体系处在 $\psi$ 态。量子力学中的叠加原理因此又称为态叠加原理，可叙述如下：如果 $\psi_i(i=1,2,3,\cdots)$ 描写体系的可能状态，则由诸 $\psi_i$ 叠加所得的波函数 $\phi$

$$\phi=\sum_{i=1}^{n}C_i\psi_i \tag{1-93}$$

也是体系的一个可能状态。由于方程(1-87)是一个线性方程，上述定理的成立是不难证明的。

最后应当指出，在许多情况下我们需要用到含时间的薛定谔方程，这只要将薛定谔方程改写为

$$-\frac{h^2}{8\pi^2 m}\nabla^2\psi+V\psi=E\psi$$

或

$$\left(-\frac{h^2}{8\pi^2 m}\nabla^2+V\right)\psi=E\psi$$

将式中的 $\psi$ 乘以 $e^{-i2\pi Et/h}$，并令 $\Psi=\psi e^{-i2\pi Et/h}$，则得

$$\left(-\frac{h^2}{8\pi^2 m}\nabla^2+V\right)\varphi=E\Psi$$

在非定态时，能量 $E$ 将随时间变化，将 $\Psi$ 对 $t$ 求微商，得

$$\frac{\partial\Psi}{\partial t}=(-i2\pi E/h)\Psi$$

或

$$E\Psi=-\frac{h}{2\pi i}\frac{\partial\Psi}{\partial t}$$

从而得到

$$\left(-\frac{h^2}{8\pi^2 m}\nabla^2+V\right)\Psi=-\frac{h}{2\pi i}\frac{\partial\Psi}{\partial t} \tag{1-94}$$

这就是含时间的薛定谔方程，亦称为薛定谔方程的第二式。

**5. 实例——一维方势箱中的粒子**

束缚于一维方势箱中的单粒子是一个最简单的量子力学体系。粒子沿 $x$ 轴

运动，并束缚于 $x=0$ 和 $x=l$ 之间。施加于该粒子的力由势能函数 $V(x)$ 描述，

$$V(x)=\begin{cases}0 & \text{当 } 0\leqslant x\leqslant l \text{ 时}\\ V & \text{当 } x<0 \text{ 时}\\ V & \text{当 } x>l \text{ 时}\end{cases}$$

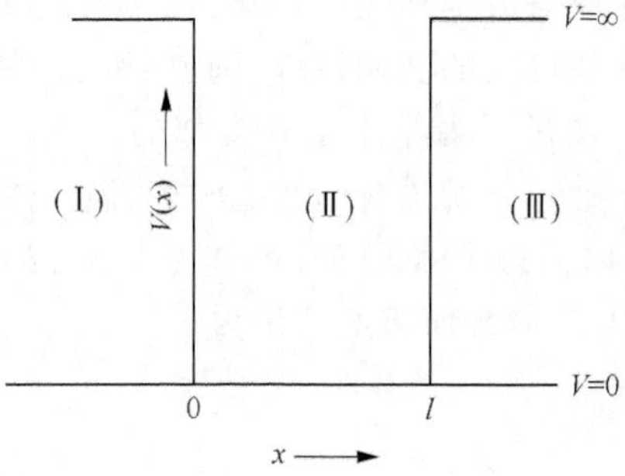

从图 1-9 我们看到，这个势能函数的形状像一口方井，故称方势阱。当 $V=\infty$ 大时，井是无限深的，这种情况讨论起来尤为简单。



图 1-9

用薛定谔方程解决量子力学问题的第一步是写出体系的势能函数，作用在一维无限深方势阱中的粒子的势能函数为

$$V(x)=\begin{cases}0 & \text{当 } 0\leqslant x\leqslant l\\ \infty & \text{当 } x<0\\ \infty & \text{当 } x>l\end{cases}$$

因为在 $x$ 的不同区间，$V(x)$ 不同，我们分成 $(-\infty,0)$、$(0,l)$、$(l,+\infty)$ 三个区间来研究。

在区间（Ⅰ）和（Ⅲ），因为 $V(x)=\infty$，代入薛定谔方程(1-87)式

$$\nabla^2\psi+\frac{8\pi^2 m}{h^2}(E-V)\psi=0$$

中，注意到在一维空间中 $\nabla^2=\dfrac{d^2}{dx^2}$，$E\ll V$，于是

$$\frac{d^2\psi}{dx^2}-\frac{8\pi^2 m}{h^2}V\psi=0$$

或

$$\psi=\frac{h^2}{8\pi^2 m}\frac{1}{V}\frac{d^2\psi}{dx^2}$$

当 $V$ 为无穷大时，$\psi=0$，即

$$\psi_{\mathrm{I}}=0$$

$$\psi_{\mathrm{III}}=0$$

在区间（Ⅱ），$V(x)=0$，代入薛定谔方程得

$$\frac{d^2\psi_{\mathrm{II}}}{dx^2}+\frac{8\pi^2 m}{h^2}E\psi_{\mathrm{II}}=0$$

这一方程的通解为

$$\psi_{\mathrm{II}}(x)=A\cos\left(\sqrt{\frac{8\pi^2 mE}{h^2}}x\right)+B\sin\left(\sqrt{\frac{8\pi^2 mE}{h^2}}x\right)$$

现在我们来决定常数 $A$ 和 $B$。根据波函数的标准化条件，波函数必须是连续、单值和平方可积的，我们有

$$\lim_{x\to 0}\psi_{\mathrm{I}}(x) = \lim_{x\to 0}\psi_{\mathrm{II}}(x)$$
$$\lim_{x\to l}\psi_{\mathrm{III}}(x) = \lim_{x\to l}\psi_{\mathrm{II}}(x)$$

由于

$$\lim_{x\to 0}\psi_{\mathrm{II}}(x) = A$$
$$\lim_{x\to 0}\psi_{\mathrm{I}}(x) = 0$$

所以 $A=0,\psi_{\mathrm{II}}=B\sin\left(\sqrt{\frac{8\pi^2 mE}{h^2}}x\right)$。另一方面

$$\lim_{x\to l}\psi_{\mathrm{II}}(x) = \lim_{x\to l}B\sin\left(\sqrt{\frac{8\pi^2 mE}{h^2}}x\right) = B\sin\left(\sqrt{\frac{8\pi^2 mE}{h^2}}l\right)$$
$$\lim_{x\to l}\psi_{\mathrm{III}}(x) = 0$$

即

$$B\sin\left(\sqrt{\frac{8\pi^2 mE}{h^2}}l\right) = 0$$

因为 $B$ 不能为零,否则 $\psi_{\mathrm{II}}=0$,根据波函数的统计解释,$|\psi|^2$ 代表几率密度,若 $\psi_{\mathrm{II}}=0$,且 $\psi_{\mathrm{I}}=\psi_{\mathrm{III}}=0$,则方势箱内外均无粒子,这与问题的提法有矛盾。因此要求

$$\sin\left(\sqrt{\frac{8\pi^2 mE}{h^2}}l\right) = 0$$

因此

$$\sqrt{\frac{8\pi^2 mE}{h^2}}l = n\pi,\quad n = \pm 1, \pm 2, \cdots$$

这里我们排除了 $n=0$ 的情况,因为若 $n=0$,必有 $E=0$,因此 $\psi_{\mathrm{II}}=0$,这样方势箱又是空的,所以 $n$ 不能为零。这样一来,方势箱中的粒子的能量不能取任意值,只能取下式决定的分立值

$$E = n^2\frac{h^2}{8ml^2},\qquad n = 1,2,3,\cdots$$

常数 $B$ 可以用归一化条件(1-92)式定出

$$\int_{-\infty}^{\infty}|\psi|^2 dx = \int_{-\infty}^{0}|\psi_{\mathrm{I}}|^2 dx + \int_{0}^{l}|\psi_{\mathrm{II}}|^2 dx + \int_{l}^{+\infty}|\psi_{\mathrm{III}}|^2 dx$$
$$= \int_{0}^{l}|\psi_{\mathrm{II}}|^2 dx = 1$$

$$\int_{0}^{l}|\psi_{\mathrm{II}}|^2 dx = \int_{0}^{l}B^2\sin^2\left(\frac{n\pi}{l}x\right)dx = \frac{B^2 l}{2} = 1$$

所以 $B=\sqrt{\frac{2}{l}}$①。于是

$$\psi_{\mathrm{II}} = \sqrt{\frac{2}{l}}\sin\left(\frac{n\pi}{l}\right), \qquad n = 1,2,3,\cdots$$

至此,我们已求出一维无限深方势箱中的粒子的波函数和相应的能量

$$n = 1,\ E = \frac{h^2}{8ml^2}, \qquad \psi_{\mathrm{II}}(x) = \sqrt{\frac{2}{l}}\sin\left(\frac{\pi x}{l}\right)$$

$$n = 2,\ E = \frac{h^2}{8ml^2}\cdot 2^2, \qquad \psi_{\mathrm{II}}(x) = \sqrt{\frac{2}{l}}\sin\left(\frac{2\pi x}{l}\right)$$

$$n = 3,\ E = \frac{h^2}{8ml^2}\cdot 3^2, \qquad \psi_{\mathrm{II}}(x) = \sqrt{\frac{2}{l}}\sin\left(\frac{3\pi x}{l}\right)$$

…

$n=1$ 称为第一能级,$n=2$ 称为第二能级,…。图 1-10 绘出了 $n=1,2,3$ 三个能级的波函数 $\psi$ 和几率密度 $|\psi|^2$。

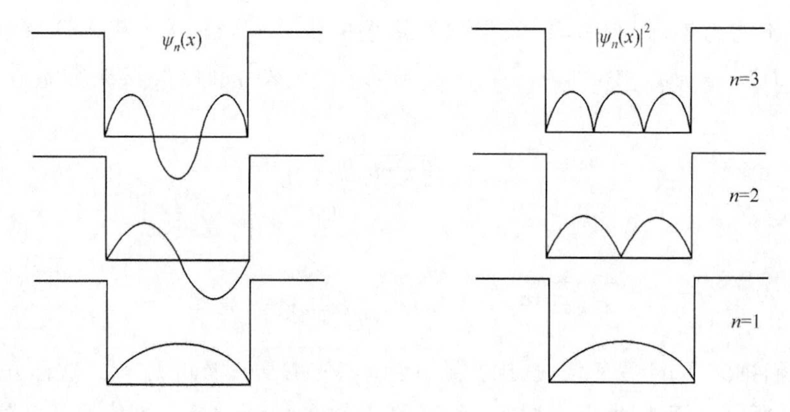


图 1-10 波函数 $\psi_n(x)$ 和几率密度 $|\psi_n(x)|^2$

上面已经说明,波函数 $\psi$ 是归一化的,即 $\int_{-\infty}^{\infty}|\psi_m|^2 d\tau = 1$,$\psi_m$ 为第 $m$ 个能级的波函数。对于不同能级的波函数 $\psi_i$ 和 $\psi_j(i \neq j)$,令 $\psi_i^*$ 为 $\psi_i$ 的复共轭,即

$$\int_{-\infty}^{+\infty}\psi_i^*\psi_j d\tau = \int_0^l \sqrt{\frac{2}{l}}\sin\left(\frac{i\pi x}{l}\right)\cdot\sqrt{\frac{2}{l}}\sin\left(\frac{j\pi x}{l}\right)dx = \frac{2}{\pi}\int_0^n \sin(i\theta)\sin(j\theta)d\theta$$

利用恒等式

① $B$ 的一般表式为 $B=\pm\sqrt{\frac{2}{l}}e^{ia}$($a$ 可为任意值),但因波函数乘以一个常数仍然是体系的波函数,描述的是同一个状态,因此正文中只需取 $B=\sqrt{\frac{2}{l}}$。

$$-2\sin\alpha\sin\beta = \cos(\alpha+\beta) - \cos(\alpha-\beta)$$

容易算出在 $i \neq j$ 时积分为零，$i=j$ 时积分为 1。我们称满足关系式

$$\int \psi_i^* \psi_j d\tau = 0 \qquad (i \neq j)$$

的波函数 $\psi_i$ 和 $\psi_j$ 为互相正交，上式中积分遍及粒子可以到达的空间（称为组态空间）。由此可见，一维方势箱中粒子的波函数是正交归一化的。引入一个符号 $\delta_{ij}$，定义为

$$\delta_{ij} = \begin{cases} 1 & i = j \\ 0 & i \neq j \end{cases}$$

$\delta_{ij}$ 称为克朗尼克（Kronecker）符号。于是正交归一化条件可概括为

$$\int \psi_i^* \psi_j d\tau = \delta_{ij}$$

上述积分遍及整个组态空间。

总结以上讨论，我们看到：

（1）要正确写出体系的薛定谔方程，首先要找出势能函数。薛定谔方程写出后，原则上便可以求解。

（2）为了使一般解成为有确定意义的合理解，受束缚的粒子的能量必定是量子化的，它正确地反映了微观世界的量子化特征。在旧量子论中量子化条件则是人为地引入的。在一维无限深方势阱中粒子的能量取分立值

$$E_n = \frac{n^2 h^2}{8ml^2} \qquad n = 1,2,3,\cdots$$

$E_1$ 为体系处于能量最低的状态时所具有的能量。通常把总能量最低的状态称为基态，不同的状态用量子数表征。本例中 $n=1$ 的状态为基态，不同的状态由量子数 $n$ 表征。

（3）对于每一个由量子数（一个或几个）表征的状态，有相对应的波函数。本例中由量子数 $n$ 表征的状态的波函数为 $\psi_n(x) = \sqrt{\frac{2}{l}}\sin\left(\frac{n\pi x}{l}\right)$，$|\psi_n(x)|^2$ 表示该状态中粒子的几率密度分布情况，$E_n$ 就是该状态下体系的能量。波函数 $\psi_n(x)$ 只是坐标的函数，与时间无关，我们称这种几率密度分布不随时间改变的状态为定态。

（4）波函数 $\psi_n(x)$ 可以为正，也可以为负，但 $|\psi_n(x)|^2$ 总是正的。若某一状态的波函数在空间有正有负，根据波函数必须连续的要求，在空间的某些点（或面）上波函数为零，在这些地方几率密度也为零，我们将这些点（或面）称为节点（或节面）。在本体系中，量子数为 $n$ 的波函数 $\psi_n(x)$ 有 $n-1$ 个节点。在 $r=0$ 和 $r=l$ 处 $\psi_n(x)$ 也等于零，但不叫节点。一般地说，节点（或节面）愈多的状态能量也愈高。因此各状态节面数目的多少可以帮助我们大致判断能级的高低顺序，这在今后了

解分子轨道是很有帮助的。

(5) 波函数具有节面正是微粒运动的波动性的体现。如果把上述体系看作是在直线上的驻波,则很容易理解,节面愈多,波长愈短,频率愈高,所具能量也愈高。事实上,由驻波条件

$$n\cdot\left(\frac{\lambda}{2}\right)=l \qquad n=1,2,3,\cdots$$

及德布罗意关系式(1-62)及粒子能量 $E=\frac{p^2}{2m}$立即可以得到

$$E_n=\frac{n^2h^2}{8ml^2} \qquad (n=1,2,\cdots)$$

与解薛定谔方程所得的结果完全一致。这也说明为什么可以用驻波方程来类比薛定谔定态方程。

(6) 体系的全部合理解 $\psi_n(x)$组成一个正交归一化的完全的函数集合。

(7) 本例中 $\psi_n(x)$只是一个变数的函数,因而只出现一个量子数 $n$。若 $\psi$ 是三个空间坐标的函数 $\psi(x,y,z)$,原则上讲,在用分离变数法求解方程中应该出现三个量子数。例如下面即将讲到的氢原子,其波函数 $\psi(r,\theta,\phi)$是三个球坐标 $r$、$\theta$ 和 $\phi$ 的函数,因而有三个量子数 $n$、$l$ 和 $m$。

(8) 这一模型可以帮助我们理解宏观与微观的联系。因为 $E_n=\frac{\eta^2h^2}{8ml^2}$,所以相邻两能级间的能量差为

$$\Delta E_n=E_{n+1}-E_n=\frac{(n+1)^2h^2}{8ml^2}-\frac{\eta^2h^2}{8ml^2}=\frac{(2n+1)h^2}{8ml^2}$$

若将一个电子($m=9.1095\times10^{-3}\cdot\mathrm{kg}$)束缚于长度 $l=10^{-10}\,\mathrm{m}$ 的无限深方势箱中,能级差为 $\Delta E_n=(2n+1)\times37.60\ \mathrm{eV}$。若将一个质量为 1 g 的物体束缚于 $l=10^{-2}\,\mathrm{m}$ 的无限深方势箱中,能级差为 $\Delta E_n=(2n+1)\times3.43\times10^{-42}\,\mathrm{eV}$。前者的能级分立现象极为明显,后者的能级间隔是如此之小,以至完全可以认为能量变化是连续的。由此可见,量子化是微观世界的特征。

(9) 本体系具有最低能量 $E_1=\frac{h^2}{8ml^2}$,表明了运动的永恒性。这一能量称为"零点能",它是测不准关系的必然结果。

(10) 比较长度 $l$ 不同的势箱中粒子的能量可知,对于给定的 $n$,$l$ 越小。$E_n$ 越小,这种由于粒子活动范围扩大粒子能量降低的效应称为离域效应。

用类似的步骤可以导出,当势阱不是无限深($V$ 取有限值)时,即便粒子的能量 $E<V$,仍有一定的几率出现在势阱之外,即 $x<0$ 和 $x>l$ 的区域,这种现象称为势垒穿透或隧道效应。

在无机化学和有机化学中,有一些体系可以用上述一维方势箱中粒子模型近

似处理。例如一维高导晶体 $K_2[Pt(CN)_4]Br_{0.3}\cdot 3H_2O$(图 1-11)轴向的离域 $d_z^2$ 电子及直链共轭 π 键上的 π 电子。如果不考虑电子间的相互作用及沿链方向势能函数的周期性变化,可以将每一个电子的独立运动粗略地近似为一维方势箱中的

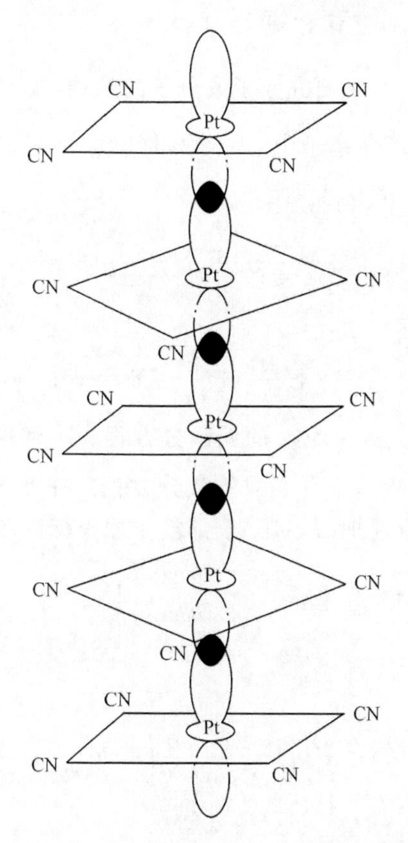


图 1-11　$K_2[Pt(CN)_4]Br_{0.3}\cdot 3H_2O$ 的结构

单粒子。用这种方法计算出的直链共轭多烯、$(CH_3)_2\overset{+}{N}{=}CH(-CH{=}CH)_m-N(CH_3)_2$、$H_5C_2-N$(喹啉环)$=CH-(CH{=}CH)_m-$(喹啉环)$N-C_2H_5$ 等的吸收光谱与实验符合相当好①。

---

① H Kuhn, *Fortschritte der Chermie orgaischer Nalurstoffe*, 17, 404(1959); H Suzuki, *Electronic Absorption Spectra*, Academic Press, 1967

# §1－3 氢原子或类氢离子的状态函数

## 1. 氢原子或类氢离子的薛定谔方程

如前所述,用量子力学来研究原子或分子的结构,第一步就是把它的薛定谔方程写出来。在氢原子或类氢离子中电子绕核运动的势能 $V=-\dfrac{Ze^2}{4\pi\varepsilon_0 r}$,电子的约化质量为 $\mu$,代入薛定谔方程[(1-87)式],得

$$\nabla^2\psi+\frac{8\pi^2\mu}{h^2}\left(E+\frac{Ze^2}{4\pi\varepsilon_0 r}\right)\psi=0 \tag{1-95}$$

其中

$$\nabla^2=\frac{\partial^2}{\partial x^2}+\frac{\partial^2}{\partial y^2}+\frac{\partial^2}{\partial z^2},\ \psi=\psi(x,y,z)$$

(1-94)式是包含三个自变数 $x,y,z$ 的偏微分方程。求解这一方程要用"变数分离法",即把它分为三个各含一个自变数的微分方程。在此式中 $r=\sqrt{x^2+y^2+z^2}$ 不能分离开来,所以我们索性把 $(x,y,z)$ 全部换作球坐标 $(r,\theta,\phi)$

$$\left.\begin{aligned}x&=r\sin\theta\cos\phi\\y&=r\sin\theta\sin\phi\\z&=r\cos\theta\end{aligned}\right\} \tag{1-96}$$

在球坐标中,$\nabla^2$ 等于[①]

$$\nabla^2=\frac{1}{r^2}\frac{\partial}{\partial r}\left(r^2\frac{\partial}{\partial r}\right)+\frac{1}{r^2\sin\theta}\frac{\partial}{\partial\theta}\left(\sin\theta\frac{\partial}{\partial\theta}\right)+\frac{1}{r^2\sin^2\theta}\frac{\partial^2}{\partial\phi^2} \tag{1-97}$$

于是氢原子的薛定谔方程的球坐标形式变为

$$\frac{1}{r^2}\frac{\partial}{\partial r}\left(r^2\frac{\partial\psi}{\partial r}\right)+\frac{1}{r^2\sin\theta}\frac{\partial}{\partial\theta}\left(\sin\theta\frac{\partial\psi}{\partial\theta}\right)+\frac{1}{r^2\sin^2\theta}\frac{\partial^2\psi}{\partial\phi^2}+\frac{8\pi^2\mu}{h_2}\left(E+\frac{Ze^2}{4\pi\varepsilon_0 r}\right)\psi=0 \tag{1-98}$$

其中
$$\psi=\psi(r,\theta,\phi) \tag{1-99}$$

## 2. 氢原子或类氢离子的基态

在求(1-98)式的一般解以前,我们先讨论它的一组比较简单的特殊解。在本题中势能是球形对称的,因而 $\psi$ 也可能是球形对称的,即 $\psi$ 只是 $r$ 的函数,与 $\theta$ 及 $\phi$ 无关,我们称这一组特殊解叫做 $s$ 态,并记为 $\psi_s$

$$\psi=\psi_s(r) \tag{1-100}$$

---

① 关于 $\nabla^2$ 在各种坐标系中的表示请参看郭敦仁编《数学物理方法》,226页,高等教育出版社(1965)。

将(1-100)式代入(1-98)式得到

$$\frac{1}{r^2}\frac{d}{dr}\left(r^2\frac{d\psi_s}{dr}\right)+\frac{8\pi^2\mu}{h^2}\left(E+\frac{Ze^2}{4\pi\varepsilon_0 r}\right)\psi_s=0 \tag{1-101}$$

或

$$\frac{d^2\psi_s}{dr^2}+\frac{2}{r}\frac{d\psi_s}{dr}+\frac{8\pi^2\mu}{h^2}\left(E+\frac{Ze^2}{4\pi\varepsilon_0 r}\right)\psi_s=0 \tag{1-102}$$

(1-102)式的最简单的解是

$$\psi_s=\psi_{1s}=C_1e^{-c_2r} \tag{1-103}$$

其中 $C_1$ 和 $C_2$ 是待定的常数。

对 $r$ 微分(1-103)式，得

$$\left.\begin{aligned}\frac{d\psi_s}{dr}&=-C_1C_2e^{-c_2r}\\ \frac{d^2\psi_s}{dr^2}&=C_1C_2^2e^{-c_2r}\end{aligned}\right\} \tag{1-104}$$

将(1-103)式和(1-104)式代入(1-102)式，并以 $C_1e^{-c_2r}$ 除全式，

$$C_2^2-\frac{2}{r}C_2+\frac{8\pi^2\mu}{h^2}\left(E+\frac{Ze^2}{4\pi\varepsilon_0 r}\right)=0 \tag{1-105}$$

上式中第一项和第三项与 $r$ 无关，第二项和第四项含有 $r^{-1}$，因不论 $r$ 等于什么数值，(1-105)式一定要满足，所以

$$\frac{8\pi^2\mu}{h^2}E+C_2^2=0$$

$$\frac{8\pi^2\mu Ze^2}{4\pi\varepsilon_0h^2}-2C_2=0$$

因此

$$\left.\begin{aligned}C_2&=\frac{4\pi^2\mu Ze^2}{4\pi\varepsilon_0h^2}\\ E&=-\frac{C_2^2h^2}{8\pi^2\mu}=-\frac{2\pi^2\mu e^4Z^2}{(4\pi\varepsilon_0)^2h^2}\end{aligned}\right\} \tag{1-106}$$

如果 $E$ 和 $C_2$ 具有上式所示的数值，则(1-103)式为(1-102)式的一个解，事实上这是相应于最低的 $E$ 值的解(在求一般解时可以证明)，所以(1-103)式表示的 $\psi_{1s}$ 叫做氢原子或类氢离子的基态。比较(1-106)与(1-32)及(1-38)两式，其中 $m$ 换作 $\mu$ 得

$$\left.\begin{aligned}C_2&=Z/a_0\\ E&=-Z^2R=-13.6Z^2\ \mathrm{eV}\end{aligned}\right\} \tag{1-107}$$

代入(1-103)式，得

$$\psi_{1s}=C_1e^{-Zr/a_0} \tag{1-108}$$

现在来讨论 $\psi$ 的意义并决定常数 $C_1$。$\psi^2d\tau$ 表示发现电子在微体积 $d\tau$ 内的几率。

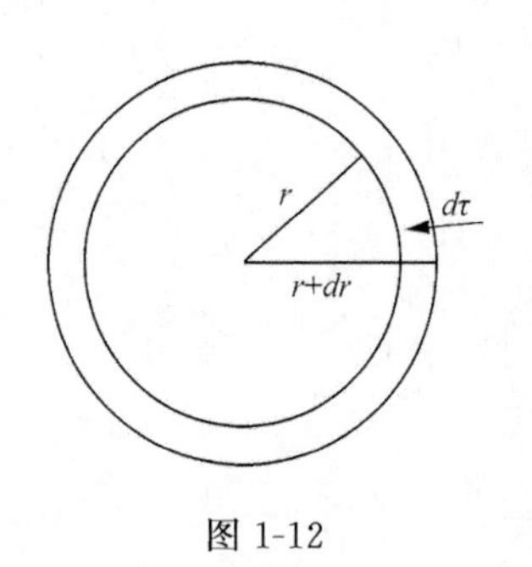

图 1-12

试考虑一半径为 $r$ 厚度为 $dr$ 的球壳(图 1-12)它的体积等于 $4\pi r^2 dr$。发现电子在球壳内的几率亦即发现电子与原子核的距离在 $r$ 与 $r+dr$ 间的几率等于 $\psi^2 d\tau = 4\pi r^2 \psi^2 dr$。所以发现电子在整个空间的几率等于

$$\int_0^\infty 4\pi r^2 \psi_{1s}^2 dr = 4\pi C_1^2 \int_0^\infty r^2 e^{-2Zr/a_0} dr$$
$$= 4\pi C_1^2 (a_0^3/4Z^3) = \pi C_1^2 a_0^3/Z^3$$

因为发现电子在整个空间的几率必须等于 1,所以

$$\pi C_1^2 a_0^3/Z^3 = 1, \text{或 } C_1 = \sqrt{\frac{Z^3}{\pi a_0^3}} \tag{1-109}$$

再代入(1-108)式得到

$$\psi_{1s} = \sqrt{\frac{Z^3}{\pi a_0^3}} e^{-Zr/a_0} \tag{1-110}$$

**3. 表示电子云几率分布的几种方法**

我们可以用几种图解的方法来表示(1-110)式的意义,例如:(1)状态函数 $\psi$ 与 $r$ 的对画图[图 1-13(a)];(2)几率密度 $\psi^2$ 与 $r$ 对画图[图 1-13(a)];(3)等密度面图,在等密度面上各点的 $\psi^2$ 都相等,对于氢原子的基态来说,等密度面是一系列同心的球面如图 1-13(b)所示,图中每一球面所标的数字表示几率密度的相对大小(最大的几率密度作 1);(4)用小黑点表示电子的几率分布如图 1-13(c)所示,小黑点稠密的地方表示几率密度大,小黑点稀疏的地方表示几率密度小。这种小黑点的分布通常叫做“电子云”①,因此电子的几率密度也叫做“电子云密度”;(5) 电子云的界面图,电子云的界面图是一个等密度面,发现电子在此界面之外的几率很小(例如 10%),在界面之内的几率则很大(例如 90%)。通常认为在界面外发现电子的几率可以忽略不计[图 1-13(d)]。如果 $\psi$ 已知,又假定发现电子在界面内的几率是 90%,则界面半径 $R$ 可由下列方程求得

$$\int_0^R 4\pi r^2 \psi_{1s}^2 dr = 0.9;$$

(6) 径向分布函数 $D=4\pi r^2 \psi_{1s}^2$ 与 $r$ 的对画图[图 1-13(e)]。$D$ 表征发现电子处于半径为 $r$ 的单位厚度的球壳内的几率,也就是电子离核远近的分布情况。当 $D$ 为极大时,$\frac{dD}{dr}=0$,所以

$$\frac{dD}{dr} = \frac{4Z^3}{a_0^3} \frac{d}{dr}(r^2 e^{-2Zr/a_0}) = 0$$

① 若对时间求平均,电子的电荷就是分布在原子核附近的空间电荷,电荷密度与 $|\psi_{1s}|^2$ 相对应。空间电荷宛如围绕原子核的电荷云,此即电子云,电荷密度即电子云密度。

$$r = a_0/Z$$

因此，当 $r$ 等于玻尔半径 $a_0$ 被原子核电荷 $Z$ 所除之商时，径向分布函数之值最大。

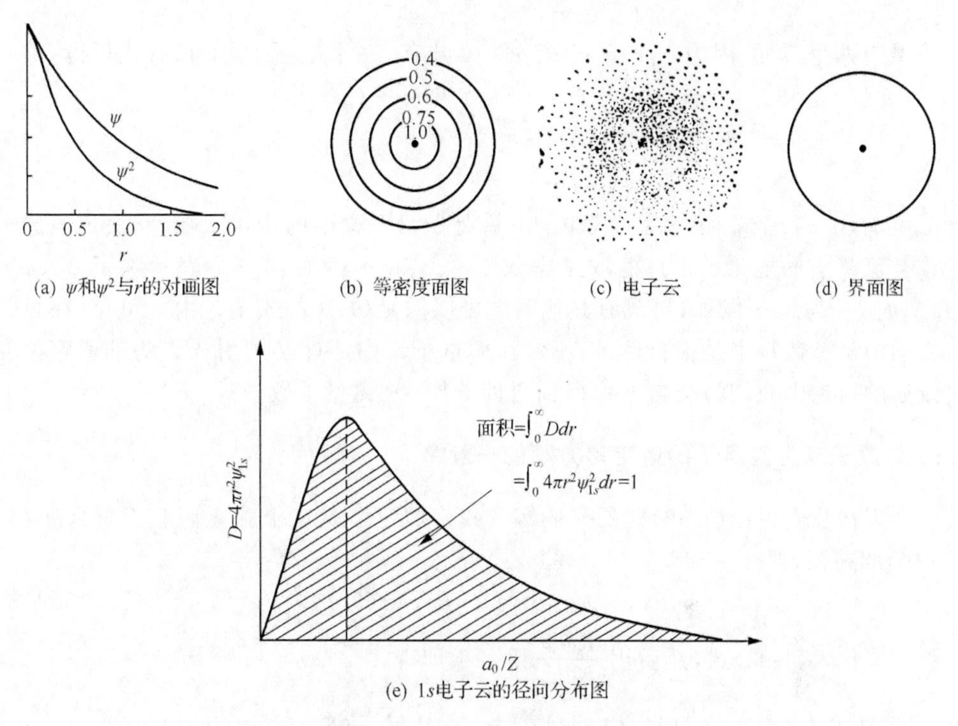


图 1-13　表示电子云分布的几种方法

### 4. 氢原子或类氢离子的其他 s 态

在上面的讨论中我们已经得到(1-102)式的最简解 $\psi_{1s}$，及其相应的能量 $E=E_{1s}=-Z^2R$。其次我们假定

$$\psi_s = \psi_{2s} = (C_1 + C_2 r)e^{-c_3 r} \tag{1-111}$$

用同样的方法可以求得 $C_1$、$C_2$、$C_3$ 和 $E_{2s}$，得到

$$\psi_{2s} = \frac{1}{4}\sqrt{\frac{Z^3}{2\pi a_0^3}}\left(2-\frac{Zr}{a_0}\right)e^{-Zr/2a_0} \tag{1-112}$$

$$E_{2s} = -Z^2R/2^2 \tag{1-113}$$

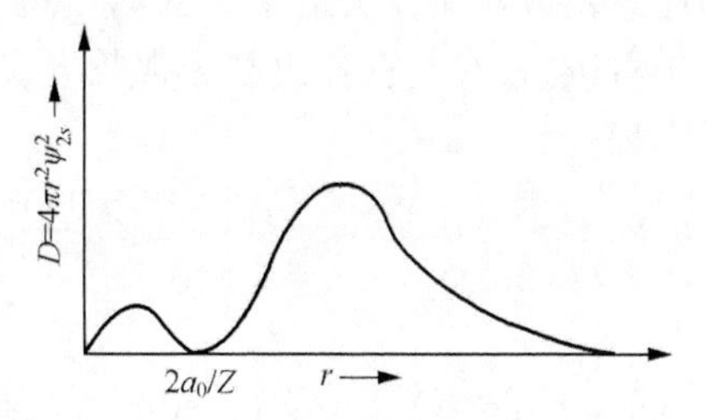


图 1-14　$\psi_{2s}$的径向分布函数

图 1-14 是径向分布函数 $D=4\pi r^2\psi_{2s}^2$ 与 $r$ 的对画图。从(1-112)式可以看出，在半径 $r=2a_0/Z$ 的球面上 $\psi_{2s}$ 都等于 0，这样的面叫做节面，所以 $\psi_{2s}$ 有一个节面。

同样我们可以写出(1-102)式的第三个解

$$\left.\begin{aligned}\psi_{3s} &= (C_1 + C_2 r + C_3 r^2) e^{-c_4 r} \\ E_{3s} &= -Z^2 R/3^2\end{aligned}\right\} \tag{1-114}$$

$\psi_{3s}$共有两个节面,因为$C_1+C_2r+C_3r^2=0$共有二个解。推广(1-114)式可得

$$\left.\begin{aligned}\psi_{ns} &= (C_1 + C_2 r + C_3 r^2 + \cdots + C_n r^{n-1}) e^{-c_{n+1} r} \\ E_{ns} &= -Z^2 R/n^2 \\ n &= 1,2,3,4,\cdots\end{aligned}\right\} \tag{1-115}$$

$\psi_{ns}$共有$(n-1)$个节面。在上式中的$n$就是旧量子论中的主量子数,它决定氢原子或类氢离子的能量。$n$只能取正整数1、2、3、4、…的事实只是表示除了$\psi_{1s}$、$\psi_{2s}$、$\psi_{3s}$、$\psi_{4s}$、…、$\psi_{ns}$、…以外,再没有其他函数可以满足(1-102)式了。由此可见,在量子力学中量子数得来是很自然的,不像在旧量子论中那样必须引入人为的假定。在以后的讨论中我们将会自然地得到角量子数$l$和磁量子数$m$。

**5. 氢原子或类氢离子的薛定谔方程的一般解**

现在我们讨论(1-98)式的一般解。我们假定$\psi$是三个独立函数$R(r)$,$\Theta(\theta)$,$\Phi(\phi)$的乘积,即

$$\psi = \psi(r,\theta,\phi) = R(r)\Theta(\theta)\Phi(\phi) \tag{1-116}$$

将上式代入(1-98)式,然后用$\dfrac{R\Theta\Phi}{r^2\sin^2\theta}$除各项即得

$$\frac{\sin^2\theta}{R}\frac{\partial}{\partial r}\left(r^2\frac{\partial R}{\partial r}\right)+\frac{\sin\theta}{\Theta}\frac{\partial}{\partial\theta}\left(\sin\theta\frac{\partial\Theta}{\partial\theta}\right)+\frac{1}{\Phi}\frac{\partial^2\Phi}{\partial\phi^2}+\frac{8\pi^2\mu r^2\sin^2\theta}{h^2}\left(E+\frac{Ze^2}{4\pi\varepsilon_0 r}\right)=0 \tag{1-117}$$

经重排并将偏微分改为全微分后为:

$$\frac{\sin^2\theta}{R}\frac{d}{dr}\left(r^2\frac{dR}{dr}\right)+\frac{\sin\theta}{\Theta}\frac{d}{d\theta}\left(\sin\theta\frac{d\Theta}{d\theta}\right)+\frac{8\pi^2\mu r^2\sin^2\theta}{h^2}\left(E+\frac{Ze^2}{4\pi\varepsilon_0 r}\right)=-\frac{1}{\Phi}\frac{d^2\Phi}{d\phi^2} \tag{1-118}$$

此式左边各项只决定于$\theta$及$r$,右边一项只决定于$\phi$而与$r$、$\theta$无关。要使左边恒等于右边,只有左右各边都为常数方属可能。此常数用$m^2$表示时,则分别得到两个方程式

$$-\frac{1}{\Phi}\frac{d^2\Phi}{d\phi^2}=m^2 \tag{1-119}$$

及

$$\frac{\sin^2\theta}{R}\frac{d}{dr}\left(r^2\frac{dR}{dr}\right)+\frac{\sin\theta}{\Theta}\frac{d}{d\theta}\left(\sin\theta\frac{d\Theta}{d\theta}\right)+\frac{8\pi^2\mu r^2\sin^2\theta}{h^2}\left(E+\frac{Ze^2}{4\pi\varepsilon_0 r}\right)=m^2 \tag{1-120}$$

用$\sin^2\theta$除(1-120)式,移项后,则得

$$\frac{1}{R}\frac{d}{dr}\left(r^2\frac{dR}{dr}\right)+\frac{8\pi^2\mu r^2}{h^2}\left(E+\frac{Ze^2}{4\pi\varepsilon_0 r}\right)=\frac{m^2}{\sin\theta}-\frac{1}{\Theta\sin\theta}\frac{d}{d\theta}\left(\sin\theta\frac{d\Theta}{d\theta}\right) \tag{1-121}$$

此式左边只决定于 $r$,右边只决定于 $\theta$,要两边相等,两边必须均等于常数,今用 $\beta$ 表示此常数,因而得到两个方程式

$$\frac{m^2}{\sin^2\theta}-\frac{1}{\Theta\sin\theta}\frac{d}{d\theta}\left(\sin\theta\frac{d\Theta}{d\theta}\right)=\beta \tag{1-122}$$

$$\frac{1}{R}\frac{d}{dr}\left(r^2\frac{dR}{dr}\right)+\frac{8\pi^2\mu r^2}{h^2}\left(E+\frac{Ze^2}{4\pi\varepsilon_0 r}\right)=\beta \tag{1-123}$$

现在分别来解方程(1-119)、(1-122)和(1-123)以求得 $\Phi$,$\Theta$ 及 $R$ 三个函数,再将它们相乘即可得到 $\psi$。

(1) $\Phi$ 方程之解　将(1-119)式移项,得

$$\frac{d^2\Phi}{d\phi^2}+m^2\Phi=0 \tag{1-124}$$

我们熟知此微分方程之解为

亦即

$$\left.\begin{aligned}\Phi_m&=Ae^{im\phi}\\ \Phi_m&=A\cos m\phi+iA\sin m\phi\end{aligned}\right\} \tag{1-125}$$

此处 $A$ 是常数。

这里 $\phi$ 是一个“循环坐标”,自 0 改变至 $2\pi$ 为一周期,所以 $\Phi_m(\phi)=\Phi_m(\phi+2\pi)$,否则 $\Phi_m$ 就不是 $\phi$ 的单值函数。代入(1-125)式,得

$$A\cos m\phi+iA\sin m\phi=A\cos m(\phi+2\pi)+iA\sin m(\phi+2\pi)$$

上式只有当 $m$ 是整数,即 $m=0,\pm1,\pm2,\cdots$ 时才能满足,这一整数 $m$ 叫做磁量子数。

要注意的是当 $m$ 的绝对值 $|m|$ 相等时,微分方程相同,均为 $\frac{d^2\Phi}{d\phi^2}+m^2\Phi=0$;相应于此同一方程,可以有 $\Phi=Ae^{+i|m|\phi}$ 及 $\Phi=Ae^{-i|m|\phi}$ 两个解,即

$$\left.\begin{aligned}\Phi_{|m|}&=A\cos|m|\phi+iA\sin|m|\phi=Ae^{i|m|\phi}\\ \Phi_{-|m|}&=A\cos|m|\phi-iA\sin|m|\phi=Ae^{-i|m|\phi}\end{aligned}\right\} \tag{1-126}$$

因为(1-124)式是线性微分方程,线性微分方程如有若干个独立解 $\Phi_1$ 及 $\Phi_2$,它们的任意线性组合如 $\Phi_1+\Phi_2$ 或 $\Phi_1-\Phi_2$ 等也是这一方程的解。所以将(1-126)的两式相加相减所得的

$$\left.\begin{aligned}\Phi&=2A\cos|m|\phi=B\cos|m|\phi\\ \Phi'&=2iA\sin|m|\phi=B'\sin|m|\phi\end{aligned}\right\} \tag{1-127}$$

亦为 $\Phi$ 方程之解,其中 $B$ 及 $B'$ 为积分常数。今将 $m=0,\pm1,\pm2$ 时的 $\Phi$ 函数列表如下,它们都已经归一化。

**表 1-2　函数 $\Phi_m(\phi)$**

| | | |
|---|---|---|
| $\Phi_0(\phi)\ \frac{1}{\sqrt{2\pi}}$ | | |
| $\Phi_1(\phi)=\frac{1}{\sqrt{2\pi}}e^{i\phi}$ | 或 | $\Phi_1(\phi)=\frac{1}{\sqrt{\pi}}\cos\phi$ |
| $\Phi_{-1}(\phi)=\frac{1}{\sqrt{2\pi}}e^{-i\phi}$ | 或 | $\Phi_{-1}(\phi)=\frac{1}{\sqrt{\pi}}\sin\phi$ |
| $\Phi_2(\phi)=\frac{1}{\sqrt{2\pi}}e^{i2\phi}$ | 或 | $\Phi_2(\phi)=\frac{1}{\sqrt{\pi}}\cos2\phi$ |
| $\Phi_{-2}(\phi)=\frac{1}{\sqrt{2\pi}}e^{-i2\phi}$ | 或 | $\Phi_{-2}(\phi)=\frac{1}{\sqrt{\pi}}\sin2\phi$ |

(2) $\Theta$ 方程之解　用 $\Theta$ 乘(1-122)式的各项,移项后得

$$\frac{1}{\sin\theta}\frac{d}{d\theta}\left(\sin\theta\frac{d\Theta}{d\theta}\right)-\frac{m^2}{\sin^2\theta}\Theta+\beta\Theta=0 \tag{1-128}$$

这一微分方程只有当常数 $\beta=l(l+1)$,$l=0,1,2,3,\cdots$且 $l\geqslant|m|$时(常数 $m$ 已由 $\Phi$ 方程规定必须为整数)才能得到收敛的解,这样我们又引进了一个量子数 $l$,$l$ 称为角量子数,如用 $l(l+1)$代替 $\beta$,则(1-128)式变为

$$\frac{1}{\sin\theta}\frac{d}{d\theta}\left(\sin\theta\frac{d\Theta}{d\theta}\right)-\frac{m^2}{\sin^2\theta}\Theta+l(l+1)\Theta=0 \tag{1-129}$$

(1-129)式是有名的"连带勒让德(Legendre)微分方程",它的解称为连带勒让德函数 $p_l^{|m|}(\cos\theta)$,所以

$$\Theta_{lm}(\theta)=CP_l^{|m|}(\cos\theta) \tag{1-130}$$

上式中 $C$ 为常数。表 1-3 列出若干归一化的 $\Theta_{lm}(\theta)$。由于篇幅的限制,不允许我们在这里讨论如何求得 $\Theta_{lm}$,但读者可以将表中所列函数代入(1-129)式中,看它们是不是(1-129)式的解。

**表 1-3　归一化的 $\Theta_{lm}(\theta)$**

| $l$ | $m$ | $\Theta_{lm}(\theta)$ |
|---|---|---|
| 0 | 0 | $\Theta_{00}(\theta)=1/\sqrt{2}$ |
| 1 | 0 | $\Theta_{10}(\theta)=(\sqrt{6}/2)\cos\theta$ |
| | ±1 | $\Theta_{1,\pm1}(\theta)=(\sqrt{3}/2)\sin\theta$ |
| 2 | 0 | $\Theta_{20}(\theta)=(\sqrt{10}/4)(3\cos^2\theta-1)$ |
| | ±1 | $\Theta_{2,\pm1}(\theta)=(\sqrt{15}/2)\sin\theta\cos^{\theta}$ |
| | ±2 | $\Theta_{2,\pm2}(\theta)=(\sqrt{15}/4)\sin^2\theta$ |
| 3 | 0 | $\Theta_{30}(\theta)=(3\sqrt{14}/4)\left(\frac{5}{3}\cos^3\theta-\cos\theta\right)$ |
| | ±1 | $\Theta_{3,\pm1}(\theta)=\mp(\sqrt{42}/8)\sin\theta(5\cos^2\theta-1)$ |
| | ±2 | $\Theta_{3,\pm2}(\theta)=(\sqrt{105}/4)\sin^2\theta\cos\theta$ |
| | ±3 | $\Theta_{3,\pm3}(\theta)=\mp(\sqrt{70}/8)\sin^3\theta$ |

(3) $R$ 方程之解　将 $\beta=l(l+1)$ 代入(1-123)式,移项后得

$$\frac{1}{r^2}\frac{d}{dr}\left(r^2\frac{dR}{dr}\right)+\left\{-\frac{l(l+1)}{r^2}+\frac{8\pi^2\mu}{h^2}\left(E+\frac{Ze^2}{4\pi\varepsilon_0 r}\right)\right\}R=0 \tag{1-131}$$

这一微分方程只有当

$$E=E_n=-\frac{2\pi^2\mu e^4Z^2}{(4\pi\varepsilon_0)^2n^2h^2},\ n=1,2,3,4,\cdots,n>l \tag{1-132}$$

时方能得到收敛的解 $R_{nl}(r)$:

$$R_{nl}(r)=N\exp(-\rho/2)\rho^l L_{n+l}^{2l+1}(\rho),\quad \rho=\frac{2Z}{na_0}r \tag{1-133}$$

上式中 $n$ 称为主量子数,$N$ 是归一化常数,$L_{n+l}^{2l+1}(\rho)$ 是连带拉盖尔(Laguerre)多项式,它是 $\rho$ 的 $n-l-1$ 次多项式。因此 $R_{nl}(r)$ 是 $\exp(-\rho/2)\rho^l$ 乘上 $\rho$ 的 $n-l-1$ 次多项式,表 1-4 列出若干归一化的 $R_{nl}(r)$。

**表 1-4　归一化的 $R_{nl}(r)$, $\rho=\frac{2Zr}{na_0}$**

| $n$ | $l$ | $R_{nl}(r)$ |
|---|---|---|
| 1 | 0 | $R_{10}(r)=(Z/a_0)^{3/2}2e^{-\rho/2}$ |
| 2 | 0 | $R_{20}(r)=(2\sqrt{2})^{-1}(Z/a_0)^{3/2}(2-\rho)e^{-\rho/2}$ |
| | 1 | $R_{21}(r)=(2\sqrt{6})^{-1}(Z/a_0)^{3/2}\rho e^{-\rho/2}$ |
| 3 | 0 | $R_{30}(r)=(9\sqrt{3})^{-1}(Z/a_0)^{3/2}(6-6\rho+\rho^2)e^{-\rho/2}$ |
| | 1 | $R_{31}(r)=(9\sqrt{6})^{-1}(Z/a_0)^{3/2}(4-\rho)\rho e^{-\rho/2}$ |
| | 2 | $R_{32}(r)=(9\sqrt{30})^{-1}(Z/a_0)^{3/2}\rho^2e^{-\rho/2}$ |

(4) $\psi$ 函数　以上分别求得 $R$、$\Theta$ 和 $\Phi$ 以后,现在可以合并起来得到氢原子或类氢离子的定态波函数 $\psi(r,\theta,\phi)$,

$$\psi_{nlm}(r,\theta,\phi)=R_{nl}(r)\Theta_{lm}(\theta)\Phi_m(\phi) \tag{1-134}$$

其中

$$\Phi_m(\phi)=\frac{1}{\sqrt{2\pi}}\exp(im\phi) \tag{1-135}$$

$$\Theta_{lm}(\theta)=(-1)^{\frac{m+|m|}{2}}\sqrt{\frac{(2l+1)(l-|m|)!}{2(l+|m|)!}}P_l^{|m|}(\cos\theta) \tag{1-136}$$

$$R_{nl}(r)=-\sqrt{\left(\frac{2Z}{na_0}\right)^3\frac{(n-l-1)!}{2n\{(n+l)!\}^3}}\exp\left(-\frac{\rho}{2}\right)\rho^l L_{n+l}^{2l+1}(\rho) \tag{1-137}$$

式中

$$\rho=\frac{2Z}{na_0}r \tag{1-138}$$

$$a_0=\frac{h^2}{4\pi^2\mu e^2}=52.9\ \text{pm} \tag{1-139}$$

连带拉盖尔多项式 $L_{n+l}^{2l+1}(\rho)$为

$$L_{n+l}^{2l+1}(\rho)=\sum_{k=0}^{n-l-1}(-1)^{k+1}\frac{[(n+l)!]^2\rho^k}{(n-l-1-k)!(2l+1+k)!k!} \tag{1-140}$$

上面写出的 $\psi_{nlm}(r)$和 $R_{nl}(r)$、$\Theta_{lm}(\theta)$、$\Phi_m(\phi)$都分别是正交归一化的,即

$$\int_0^\infty\int_0^\pi\int_0^{2\pi}\psi_{nlm}^*\psi_{n'l'm'}r^2\sin\theta drd\theta d\phi=\delta_{nn'}\delta_{ll'}\delta_{mm'} \tag{1-141}$$

$$\int_0^{2\pi}\Phi_m^*\Phi_{m'}d\phi=\delta_{mm'} \tag{1-142}$$

$$\int_0^\pi\Theta_{lm}\Theta_{l'm}\sin\theta d\theta=\delta_{ll'} \tag{1-143}$$

$$\int_0^\infty R_{nl}R_{n'l}r^2dr=\delta_{nn'} \tag{1-144}$$

波函数的角度部分 $\Phi_m(\phi)$和 $\Theta_{lm}(\theta)$的乘积以 $Y_{lm}(\theta,\phi)$表示之,称为球谐函数

$$Y_{lm}(\theta,\phi)=\Theta_{lm}(\theta)\Phi_m(\phi) \tag{1-145}$$

量子数 $n,l,m$ 应取下列数值

$$\left.\begin{aligned}n&=1,2,3,4,\cdots\\l&=0,1,2,3,\cdots,n-1\\m&=0,\pm1,\pm2,\cdots,\pm l\end{aligned}\right\} \tag{1-146}$$

通常用符号 $s,p,d,f,g,h,\cdots$等依次代表 $l=0,1,2,3,4,5,6,\cdots$,所以 $n=2,l=0$ 的状态可以写为 $\psi_{2s}$;$n=3,l=2$ 的状态可以写为 $\psi_{3d}$,余类推。$\psi_{nlm}$ 常称为原子轨道函数,或原子轨函,或原子轨道。

表 1-5 列出前几个球谐函数 $Y_{lm}$,表 1-6 列出氢原子和类氢离子的若干波函数。

**表 1-5 波函数的角度部分 $Y_{lm}(\theta,\phi)$**

$$Y_{00}=s=\frac{1}{\sqrt{4\pi}}$$

$$Y_{10}=p_z=\sqrt{\frac{3}{4\pi}}\cos\theta=\sqrt{\frac{3}{4\pi}}\frac{z}{r}$$

$$Y_{1,\pm1}=\begin{cases}p_x=\sqrt{\frac{3}{4\pi}}\sin\theta\cos\phi=\sqrt{\frac{3}{4\pi}}\frac{x}{r}\\p_y=\sqrt{\frac{3}{4\pi}}\sin\theta\sin\phi=\sqrt{\frac{3}{4\pi}}\frac{y}{r}\end{cases}$$

$$Y_{20}=d_z^2=\sqrt{\frac{5}{16\pi}}(3\cos^2\theta-1)=\sqrt{\frac{5}{16\pi}}\frac{1}{r^2}(3z^2-r^2)$$

$$Y_{2,\pm1}=\begin{cases}d_{xz}=\sqrt{\frac{15}{4\pi}}\sin\theta\cos\theta\cos\phi=\sqrt{\frac{15}{4\pi}}\frac{xz}{r^2}\\d_{yz}=\sqrt{\frac{15}{4\pi}}\sin\theta\cos\theta\sin\phi=\sqrt{\frac{15}{4\pi}}\frac{yz}{r^2}\end{cases}$$

$$Y_{2,\pm2}=\begin{cases}d_{xy}=\sqrt{\frac{15}{16\pi}}\sin^2\theta\sin2\phi=\sqrt{\frac{15}{4\pi}}\frac{xy}{r^2}\\d_{x^2-y^2}=\sqrt{\frac{15}{16\pi}}\sin^2\theta\cos2\phi=\sqrt{\frac{15}{16\pi}}\frac{x^2-y^2}{r^2}\end{cases}$$

续表

$$Y_{30}=f_{z}^{3}=\frac{1}{4}\sqrt{\frac{7}{\pi}}(5\cos^{3}\theta-3\cos\theta)=\frac{1}{4}\sqrt{\frac{7}{\pi}}\frac{z}{r^{3}}(5z^{2}-3r^{2})$$

$$Y_{3,\pm1}=\begin{cases}f_{xz^{2}}=\frac{1}{8}\sqrt{\frac{42}{\pi}}\sin\theta(5\cos^{2}\theta-1)\cos\phi=\frac{1}{8}\sqrt{\frac{42}{\pi}}\frac{x(5z^{2}-r^{2})}{r^{3}}\\ f_{yz^{2}}=\frac{1}{8}\sqrt{\frac{42}{\pi}}\sin\theta(5\cos^{2}\theta-1)\sin\phi=\frac{1}{8}\sqrt{\frac{42}{\pi}}\frac{y(5z^{2}-r^{2})}{r^{3}}\end{cases}$$

$$Y_{3,\pm2}=\begin{cases}f_{z(x^{2}-y^{2})}=\frac{1}{4}\sqrt{\frac{105}{\pi}}\sin^{2}\theta\cos\theta\sin2\phi=\frac{1}{4}\sqrt{\frac{105}{\pi}}\frac{z(x^{2}-y^{2})}{r^{3}}\\ f_{zxy}=\frac{1}{4}\sqrt{\frac{105}{\pi}}\sin^{2}\theta\cos\theta\sin2\phi=\frac{1}{2}\sqrt{\frac{105}{\pi}}\frac{zxy}{r^{3}}\end{cases}$$

$$Y_{3,\pm3}=\begin{cases}f_{x(x^{2}-3y^{2})}=\frac{1}{8}\sqrt{\frac{70}{\pi}}\sin^{3}\theta\cos3\phi=\frac{1}{8}\sqrt{\frac{70}{\pi}}\frac{x}{r^{3}}(x^{2}-3y^{2})\\ f_{y(3x^{2}-y^{2})}=\frac{1}{8}\sqrt{\frac{70}{\pi}}\sin3\theta\sin3\phi=\frac{1}{8}\sqrt{\frac{70}{\pi}}\frac{y}{r^{3}}(3x^{2}-y^{2})\end{cases}$$

**表 1-6　类氢原子的波函数 $\psi_{nlm}(r,\theta,\phi)\ \sigma=\frac{n}{2}\rho=Zr/a_0$**

$$n=1,l=0,m=0,\psi_{1s}=\frac{1}{\sqrt{\pi}}\left(\frac{Z}{a_0}\right)^{3/2}e^{-\sigma}$$

$$n=2,l=0,m=0,\psi_{2s}=\frac{1}{4\sqrt{2\pi}}\left(\frac{Z}{a_0}\right)^{3/2}(2-\sigma)e^{-\sigma/2}$$

$$n=2,l=1,m=0,\psi_{2p_z}=\frac{1}{4\sqrt{2\pi}}\left(\frac{Z}{a_0}\right)^{3/2}\sigma e^{-\sigma/2}\cos\theta$$

$$n=2,l=1,m=\pm1,\psi_{2p_x}=\frac{1}{4\sqrt{2\pi}}\left(\frac{Z}{a_0}\right)^{3/2}\sigma e^{-\sigma/2}\sin\theta\cos\phi$$

$$\psi_{2p_y}=\frac{1}{4\sqrt{2\pi}}\left(\frac{Z}{a_0}\right)^{3/2}\sigma e^{-\sigma/2}\sin\theta\sin\phi$$

$$n=3,l=0,m=0,\psi_{3s}=\frac{1}{81\sqrt{3\pi}}\left(\frac{Z}{a_0}\right)^{3/2}(27-18\sigma+2\sigma^{2})e^{-\sigma/2}$$

$$n=3,l=1,m=0,\psi_{3p_z}=\frac{\sqrt{2}}{81\sqrt{\pi}}\left(\frac{Z}{a_0}\right)^{3/2}(6-\sigma)\sigma e^{-\sigma/3}\cos\theta$$

$$n=3,l=1,m=\pm1,\psi_{3p_x}=\frac{\sqrt{2}}{81\sqrt{\pi}}\left(\frac{Z}{a_0}\right)^{3/2}(6-\sigma)\sigma e^{-\sigma/3}\sin\theta\cos\phi$$

$$\psi_{3p_y}=\frac{\sqrt{2}}{81\sqrt{\pi}}\left(\frac{Z}{a_0}\right)^{3/2}(6-\sigma)\sigma e^{-\sigma/3}\sin\theta\sin\phi$$

$$n=3,l=2,m=0,\psi_{3dz^{2}}=\frac{1}{81\sqrt{6\pi}}\left(\frac{Z}{a_0}\right)^{3/2}\sigma^{2}e^{-\sigma/3}(3\cos^{2}\theta-1)$$

$$n=3,l=2,m=\pm1,\psi_{3d_{xz}}=\frac{\sqrt{2}}{81\sqrt{\pi}}\left(\frac{Z}{a_0}\right)^{3/2}\sigma^{2}e^{-\sigma/3}\sin\theta\cos\theta\cos\phi$$

$$\psi_{3d_{yz}}=\frac{\sqrt{2}}{81\sqrt{\pi}}\left(\frac{Z}{a_0}\right)^{3/2}\sigma^{2}e^{-\sigma/3}\sin\theta\cos\theta\sin\phi$$

$$n=3,l=2,m=\pm2,\psi_{3d_{x^{2}-y^{2}}}=\frac{1}{81\sqrt{2\pi}}\left(\frac{Z}{a_0}\right)^{3/2}\sigma^{2}e^{-\sigma/3}\sin^{2}\theta\cos2\phi$$

$$\psi_{3d_{xy}}=\frac{1}{81\sqrt{2\pi}}\left(\frac{Z}{a_0}\right)^{3/2}\sigma^{2}e^{-\sigma/3}\sin^{2}\theta\sin2\phi$$

波函数的角度部分为 $Y_{lm}(\theta,\phi)=\Theta_{lm}(\theta)\Phi_m(\phi)$。$l=1,m=-1,0,1$ 的轨道的角度部分为

$$Y_{1,-1}(\theta,\phi)=\frac{\sqrt{3}}{2\sqrt{2\pi}}\sin\theta e^{-i\phi}$$

$$Y_{1,0}(\theta,\phi)=\frac{\sqrt{3}}{2\sqrt{\pi}}\cos\theta$$

$$Y_{1,1}(\theta,\phi)=\frac{\sqrt{3}}{2\sqrt{2\pi}}\sin\theta e^{i\phi}$$

它们是简并波函数,它们的线性组合仍然是 $p$ 波函数,具有相同的能量。作线性组合

$$\sqrt{\frac{1}{2}}[Y_{1,-1}+Y_{1,1}]=\frac{1}{2}\sqrt{\frac{3}{\pi}}\sin\theta\cos\phi=\frac{1}{2}\sqrt{\frac{3}{\pi}}\frac{x}{r}$$

$$-i\sqrt{\frac{1}{2}}[Y_{1,-1}-Y_{1,1}]=\frac{1}{2}\sqrt{\frac{3}{\pi}}\sin\theta\sin\phi=\frac{1}{2}\sqrt{\frac{3}{\pi}}\frac{y}{r}$$

$$Y_{1,0}=\frac{\sqrt{3}}{2\sqrt{\pi}}\cos\theta=\frac{\sqrt{3}}{2\sqrt{\pi}}\frac{z}{r}$$

就得到常用的 $p_x,p_y$ 和 $p_z$ 的角度部分。因此

$$p_z=p_0,\quad p_x=\sqrt{\frac{1}{2}}(p_1+p_{-1}),\quad p_y=-i\sqrt{\frac{1}{2}}(p_1-p_{-1})$$

$d$ 波函数 $d_{x^2-y^2},d_{xy},d_{yz},d_{xz}$ 和 $d_z^2$ 也是用类似的方法由 $d_0,d_{\pm1},d_{\pm2}$ 组合得到的。

### 6. 氢原子或类氢离子的波函数和电子云的图示

(1) 径向分布　波函数的径向分布有三种表示法:(ⅰ)$\psi$ 的径向部分 $R$ 对 $r$ 作图,如图 1-15。(ⅱ)以 $R^2$ 对 $r$ 作图,此即几率密度(电子云密度)的径向分布图,如图 1-16。在 $n>l+1$ 的情况下,在某个(或某些)$r$ 值处的几率密度为零,通过几率密度为零的 $r$ 所作的球面称为径向节面,共有 $n-l-1$ 个,这是因为 $R_{nl}(r)$ 有因子 $L_{n+l}^{2l+1}(\rho)$,它是 $n-l-1$ 次多项式,共有 $n-l-1$ 个根,值得指出的是,只有 $s$ 轨道在 $r=0$ 处的 $R^2$ 不为零,这意味着处于 $s$ 态的电子有一定的几率出现在原子核内,这正是原子核与穿入核中的电子的电磁相互作用[费米(Fermi)接触作用]的起源。(ⅲ)以 $D=r^2[R_{nl}(r)]^2$ 对 $r$ 作图(图 1-17),此即电子云的径向分布图。电子云径向分布曲线上有 $n-l$ 个极大和 $n-l-1$ 个极小。因为径向分布函数描述电子离核远近的几率分布情况,在 $l$ 相同而 $n$ 不同的情况下(如 1$s$,2$s$ 和 3$s$),$n$ 越大,电子云沿 $r$ 扩展得就越远。当 $n$ 相同时,$l$ 越小峰的数目越多。虽然 $l$ 小者其主要的峰(即离核最远的峰)比 $l$ 大者的主要峰离核更远,但其最小峰却比 $l$ 大者最小的峰离核更近。在讨论多电子原子的屏蔽效应时需要注意这种情况。

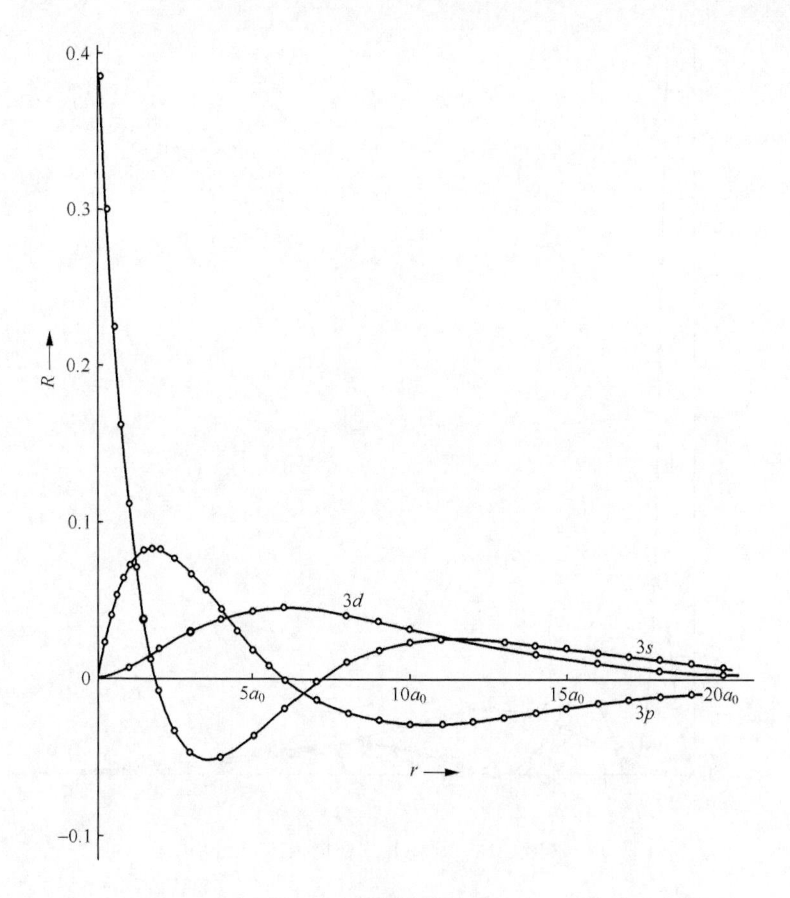


图 1-15　径向波函数 $R_{nl}(r)$

(2) 角度分布　氢原子和类氢离子的波函数的角度部分是球谐函数 $Y_{lm}(\theta,\phi)=\Theta_{lm}(\theta)\Phi_m(\phi)$，与主量子数 $n$ 无关。描写角度分布可用立体极坐标图。先定一原点与 $z$ 轴，从原点引一直线，方向为$(\theta,\phi)$，若取长度为$|Y|$，所有直线的端点在空间形成一个曲面，并在曲面各部分标上 $Y$ 的正、负号，这样的图形称为波函数的角度分布。若取直线的长度为$|Y|^2$，所有直线的端点在空间形成一个曲面，这样的图形称为电子云的角度分布。常常在$|Y|^2$ 的极坐标图上标上 $Y$ 的正、负号。图 1-18 是 $s,p,d$ 状态的角度分布图。$s$ 状态的角度分布是球对称的。$p_2$ 状态的角度分布图是在 $xy$ 平面上下的两个冬瓜形，$xy$ 平面是它的节面，$p_x$、$p_y$ 和 $p_z$ 相似，只是对称轴不同而已。$d_{xz}$ 的角度分布有四个极大值，在方向

$$\begin{cases}\theta=45^\circ\\ \phi=0^\circ\end{cases}\quad\begin{cases}\theta=45^\circ\\ \phi=180^\circ\end{cases}\quad\begin{cases}\theta=135^\circ\\ \phi=0^\circ\end{cases}\quad\begin{cases}\theta=135^\circ\\ \phi=180^\circ\end{cases}$$

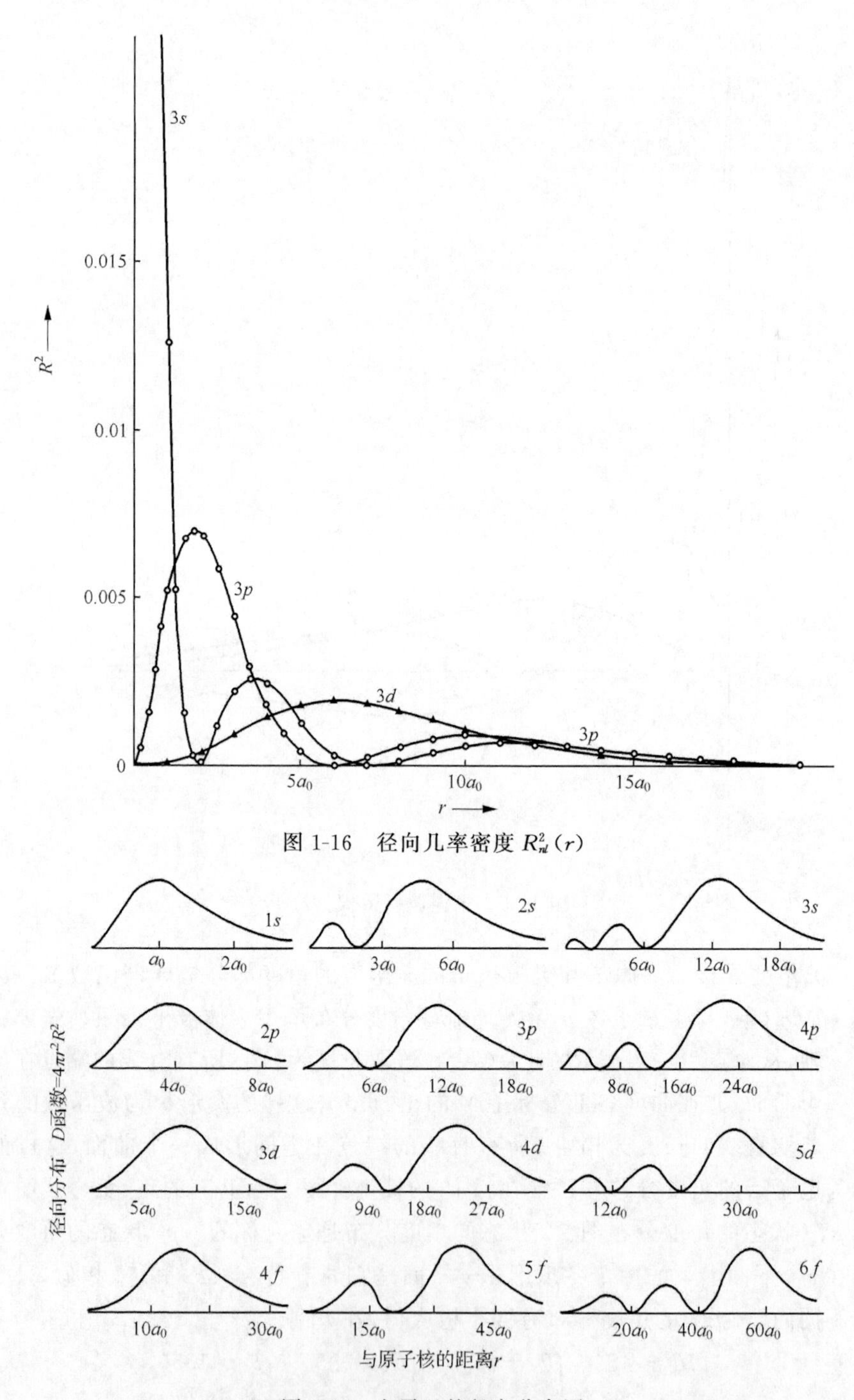


图 1-16　径向几率密度 $R^2_{nl}(r)$



图 1-17　电子云的径向分布图

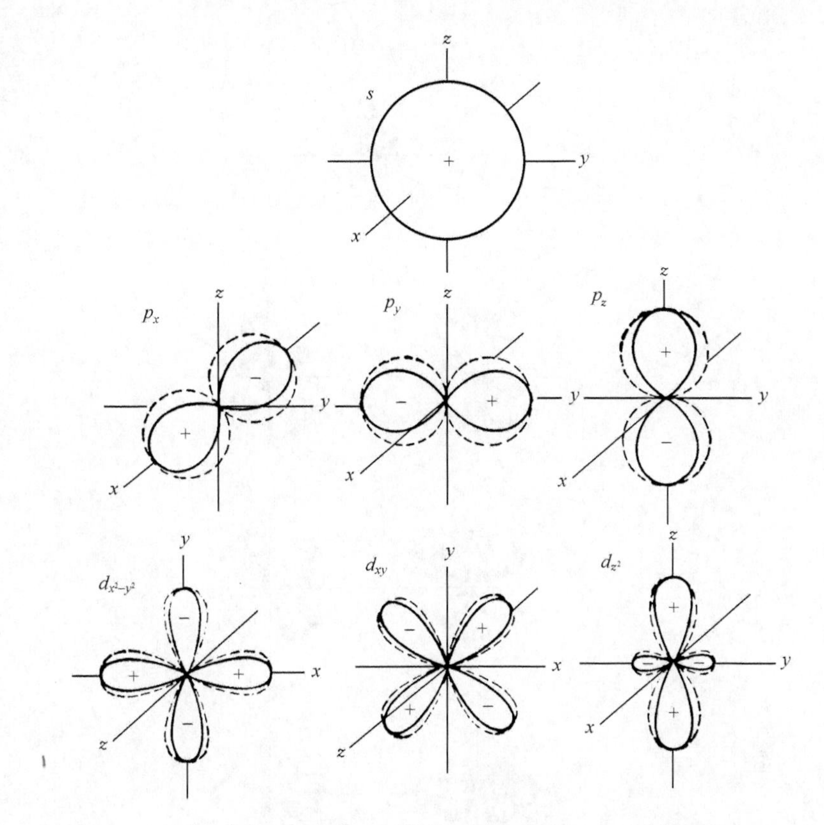


图 1-18　$s$、$p$、$d$ 状态的波函数角度分布(虚线)和电子云角度分布(实线)，$d_{xz}$、$d_{yz}$ 与 $d_{xy}$ 类似，$d_z^2$ 图是 $yz$ 平面的剖面图

处，它有两个节面，即 $xy$ 平面和 $yz$ 平面。一般而言，角度分布的节面数等于角量子数 $l$。所以主量子数为 $n$，角量子数为 $l$ 的状态共有 $n-1$ 个节面，其中有 $l$ 个是平面，其余是球面。图 1-19 示出 $f$ 轨道的角度分布图。

(3) 电子云的空间分布　电子云的空间分布可用等密度面的方法表示。现举 $2p_z$ 电子云为例，详细说明等密度面的作法。由表 1-5 知氢原子的 $2p_z$ 波函数为

$$\psi_{2p_z} = \frac{1}{4\sqrt{2\pi a_0^3}}\left(\frac{r}{a_0}\right)e^{-r/2a_0}\cos\theta = C\left(\frac{r}{a_0}\right)e^{-r/2a_0}\cos\theta$$

相应的几率密度 $\rho$ 等于

$$\rho(r,\theta) = \psi_{2p_z}^2 = C^2\left(\frac{r}{a_0}\right)^2 e^{-r/a_0}\cos^2\theta$$

如 $r$ 相同，则当 $\theta=0°$时，$\rho$ 为最大，以 $\rho_0$ 表示之，即

$$\rho_0 = \rho(r,\theta=0°) = C^2(r/a_0)^2 e^{-r/a_0} \tag{1-147}$$

当 $\theta$ 取其他数值时，$\rho$ 的变化如表 1-7 所示。

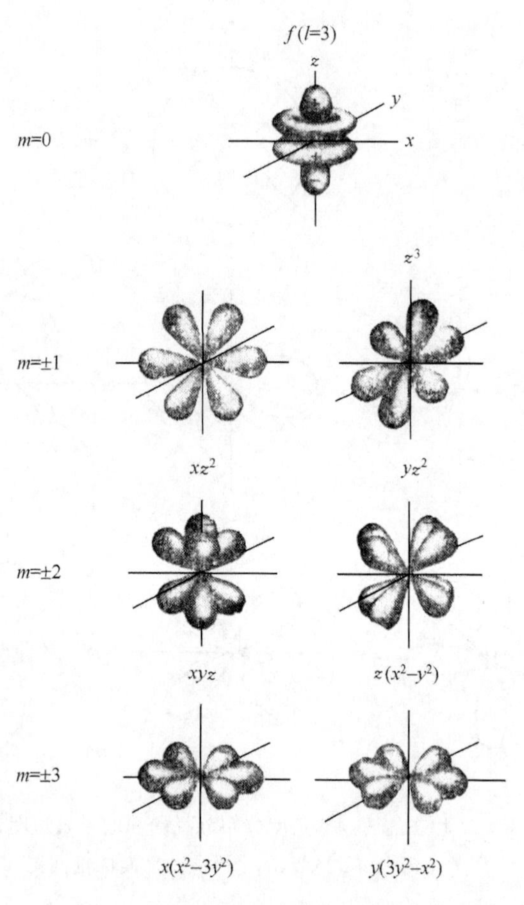


图 1-19　$f$ 轨道的角度分布

**表 1-7　几率密度 $\rho(r,\theta)$ 随 $\theta$ 的变化**

| $\theta$ | $\cos\theta$ | $\rho(r,\theta)$ |
|---|---|---|
| 0°,180° | $\pm1$ | $\rho=\rho_0$ |
| 30°,150° | $\pm\sqrt{3}/2$ | $\rho=3\rho_0/4$ |
| 45°,135° | $\pm\sqrt{2}/2$ | $\rho=\rho_0/2$ |
| 60°,120° | $\pm1/2$ | $\rho=\rho_0/4$ |
| 90° | 0 | $\rho=0$ |

现在讨论 $\rho_0$ 随 $r$ 的变化，微分(1-147)式

$$\frac{d\rho_0}{dr}=\left(\frac{C}{a_0}\right)^2\frac{d}{dr}(r^2e^{-r/a_0})=0$$

或

$$r^2 e^{-r/a_0}\left(-\frac{1}{a_0}+\frac{2}{r}\right)=0$$

或

$$r = 2a_0$$

并且

$$\left.\frac{d^2\rho_0}{dr^2}\right|_{r=2a_0} < 0$$

所以当 $r=2a_0$ 时，$\rho_0$ 为极大，以 $\rho_m$ 表示之

$$\rho_m = \rho_0(r = 2a_0) = 4C^2 e^{-2}$$

当 $r$ 等于其他数值时，$\rho_0$ 的变化可由(1-147)式计算，结果列于表 1-8。

**表 1-8　$\rho_0$ 随 $r$ 的变化**

| $r$ | $\rho_0$ | $\rho_0/\rho_m$ |
|---|---|---|
| 0 | 0 | 0 |
| $0.5a_0$ | $0.25C^2e^{-0.5}$ | $(1/16)e^{1.5}=0.2801$ |
| $a_0$ | $C^2e^{-1}$ | $(1/4)e=0.6796$ |
| $1.5a_0$ | $2.25C^2e^{-1.5}$ | $(2.25/4)e^{0.5}=0.9274$ |
| $2.0a_0$ | $4C^2e^{-2}$ | 1.000 |
| $2.5a_0$ | $6.25C^2e^{-2.5}$ | $(6.25/4)e^{-0.5}=0.9477$ |
| $3a_0$ | $9C^2e^{-3}$ | $(9/4)e^{-1}=0.8277$ |
| $4a_0$ | $16C^2e^{-4}$ | $4e^{-2}=0.5413$ |
| $5a_0$ | $25C^2e^{-5}$ | $(25/4)e^{-3}=0.3112$ |
| $6a_0$ | $36C^2e^{-6}$ | $9e^{-4}=0.1648$ |
| $7a_0$ | $49C^2e^{-7}$ | $(49/4)e^{-5}=0.0825$ |
| $8a_0$ | $64C^2e^{-8}$ | $16e^{-6}=0.0397$ |

利用表 1-7 和表 1-8 可以绘出不同 $\theta$ 角的几率密度 $\rho$ 对 $r$ 的曲线图 1-20。

有了上述准备工作后，现在可以作等密度面了。图 1-21 为 $x$-$z$ 平面，图中作出 $r=2a_0, 4a_0, 6a_0, 8a_0$ 等圆，又作出 $\theta=30°, 45°, 60°, 120°, 135°, 150°$ 等直线。以 $\theta=30°$ 的极坐标线绕 $z$ 轴旋转一周，即得 $\theta=30°$的圆锥面，余类推。这样就可用极坐标表示空间各点的位置。例如 $A$ 点表示 $r=2a_0, \theta=0°$，由图 1-20 读得 $\rho=\rho_m$。在图 1-20 中作

$$\rho = 0.50\rho_m \qquad (\text{即 } \rho/\rho_m = 0.50)$$

的横线。此线与 $\rho$ 曲线交于 $B^1$ 至 $B_5$ 各点，其坐标可由图中读出如下：

$$B_1\begin{cases}\theta=0°\\ r=0.75a_0\end{cases}\quad B_2\begin{cases}\theta=30°\\ r=0.98a_0\end{cases}\quad B_3\begin{cases}\theta=45°\\ r=2a_0\end{cases}\quad B_4\begin{cases}\theta=30°\\ r=3.55a_0\end{cases}\quad B_5\begin{cases}\theta=0°\\ r=4.20a_0\end{cases}$$

根据这些坐标可在图 1-21 中绘出 $B_1$—$B_5$ 各点，连接这些点即得 $\rho=0.5\rho_m$ 的等密度线 $B_1B_2B_3B_4B_5$。将此线绕 $z$ 轴旋转一周，即得 $\rho=0.5\rho_m$ 和等密度面(因 $\rho$ 与 $\phi$

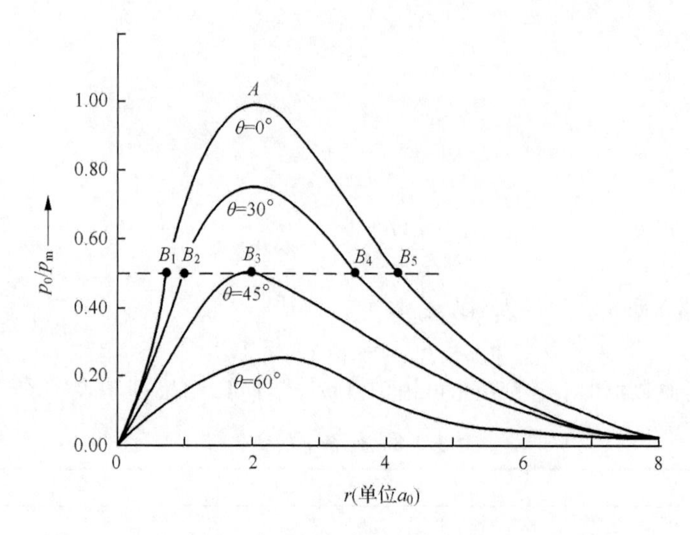


图 1-20 $2p_z$ 电子云在不同角度的几率密度随 $r$ 变化的曲线

无关,故可绕 $z$ 轴旋转)。用同样方法可作 $\rho = 0.1\rho_m$ 等密度面以及其他等密度面。在 $\theta = 90°$ 的平面(即 $x$-$y$ 平面)上,$\rho = 0$,特称节面。$2p_x$ 和 $2p_y$ 的电子云的等密度面与图 1-21 完全相似,只需要把坐标轴相应地换成 $x$ 轴和 $y$ 轴。

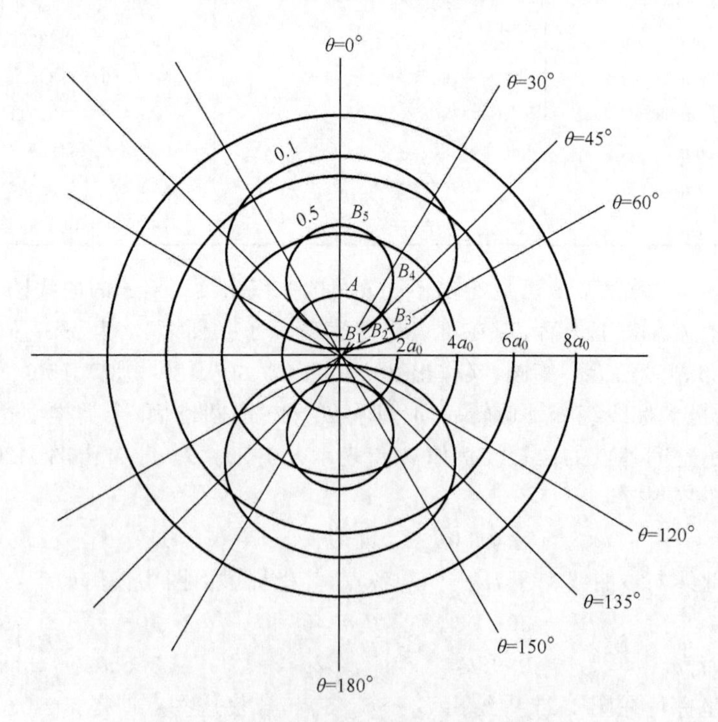


图 1-21 $2p_y$ 电子云的空间分布的等密度线

用上述方法可以绘出氢原子的其他状态的电子云的等密度面如图 1-22 和图 1-23。

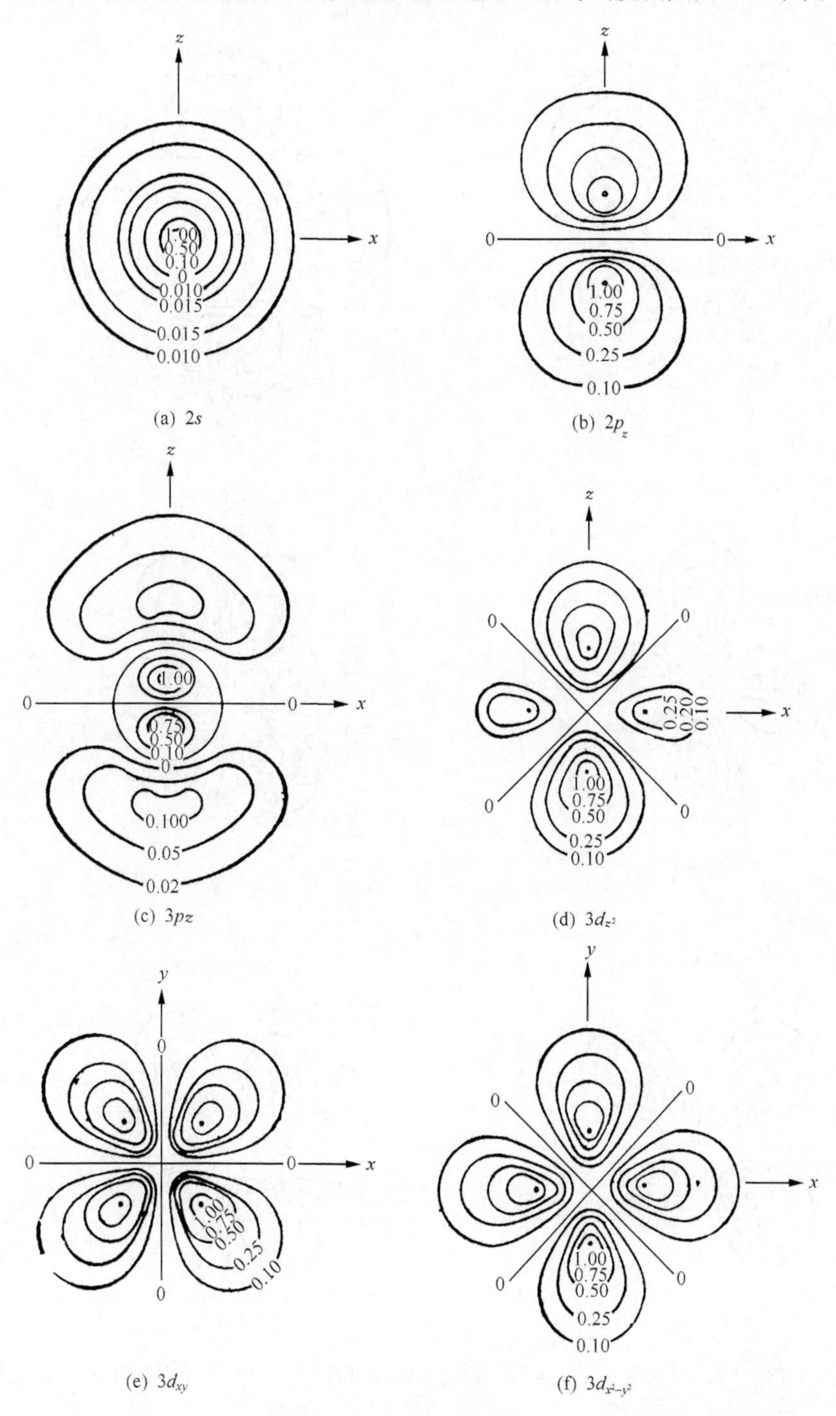


图 1-22　$2s$、$2p_z$、$3p_z$、$3d_{x^2-y^2}$、$3d_{z^2}$ 及 $3d_{xy}$ 的电子云空间分布等密度线

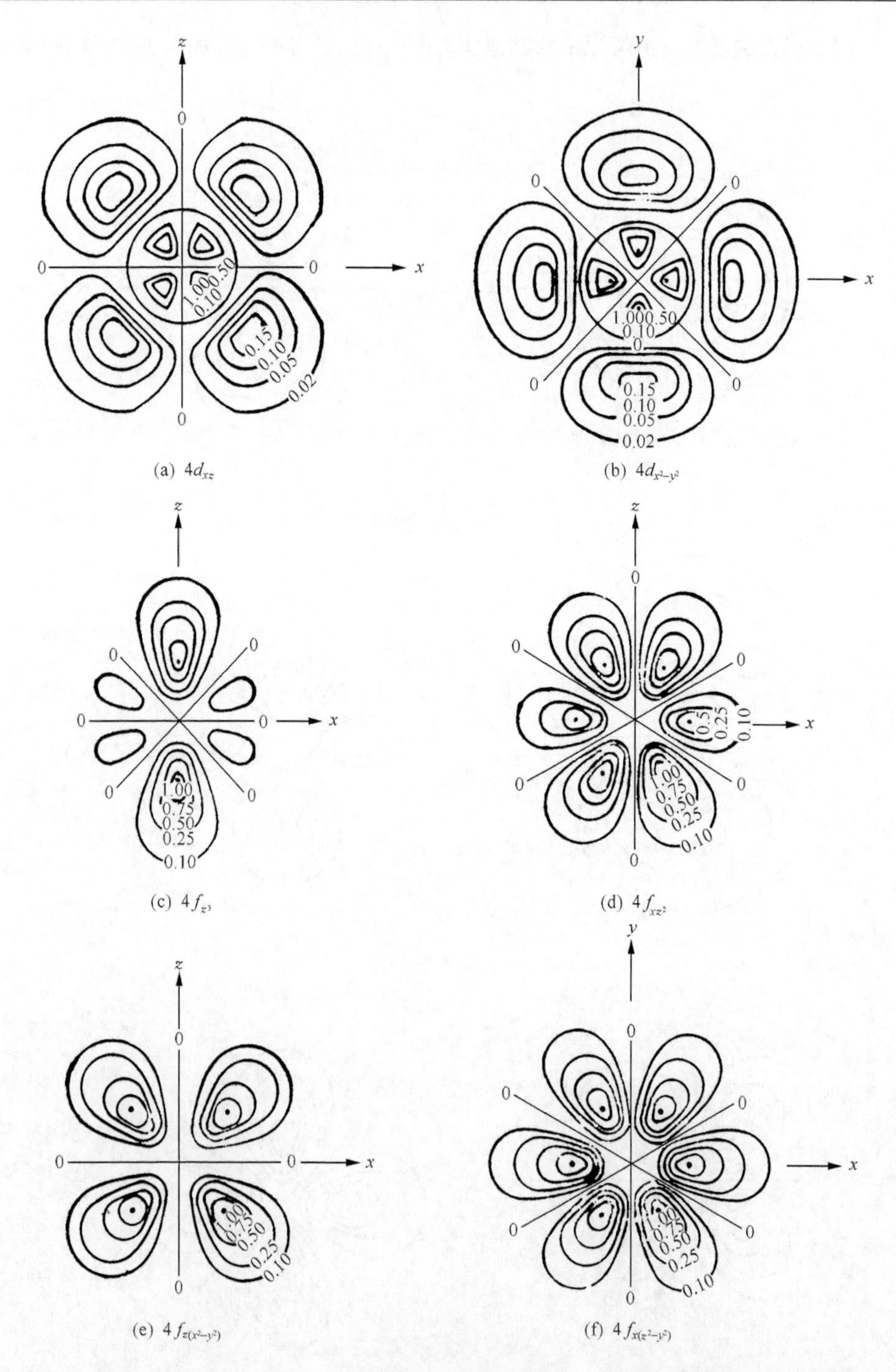


图 1-23 $4d_{xz}$、$4d_{x^2-y^2}$、$4f_{z^3}$、$4f_{xz^2}$、$4f_{z(x^2-y^2)}$及$4f_{x(z^2-y^2)}$的电子云空间分布等密度线

### 7. 氢原子或类氢离子中电子的平均动能和平均势能

电子处在 $\psi_{nlm}$ 所描述的状态时，它在空间一点$(r,\theta,\phi)$近傍体积元 $d\tau = r^2\sin\theta drd\theta d\phi$ 内出现的几率为$|\psi_{nlm}(r,\theta,\phi)|^2 d\tau$，在$(r,\theta,\phi)$点电子的势能为$-Ze^2/4\pi\varepsilon_0 r$，电子的平均势能则为

$$\overline{V}_{nlm} = \iiint\left(-\frac{Ze^2}{4\pi\varepsilon_0 r}\right)|\psi_{nlm}(r,\theta,\phi)|^2 r^2\sin\theta drd\theta d\phi \tag{1-148}$$

或

$$\overline{V}_{nlm} = \iiint\psi_{nlm}^*\left(-\frac{Ze^2}{4\pi\varepsilon_0 r}\right)\psi_{nlm}r^2\sin\theta drd\theta d\phi \tag{1-149}$$

将 $\psi_{nlm}$ 的表达式代入(1-148)式或(1-149)式可得

$$\overline{V}_{nlm} = -\frac{Z^2e^2}{(4\pi\varepsilon_0)a_0n^2} \tag{1-150}$$

我们知道，电子的总能量 $E$ 等于其平均势能与平均动能 $\overline{T}$ 之和，

$$E = \overline{T} + \overline{V}$$

将(1-132)式代入上式得

$$\begin{aligned}\overline{T}_{nlm} &= E_{nlm} - \overline{V}_{nlm} = E_n - \overline{V}_{nlm}\\ &= \frac{1}{2}\cdot\frac{Z^2e^2}{(4\pi\varepsilon_0)a_0n^2}\end{aligned} \tag{1-151}$$

由此可知：在库仑力作用着的质点组中，体系的总能量 $E$ 等于平均势能$\overline{V}$的一半。这一定理称为维里(virial)定理。

### 8. 算符的初步概念

一个体系的定态的薛定谔方程为[(1-87)式]

$$\nabla^2\psi + \frac{8\pi^2m}{h^2}(E-V)\psi = 0$$

记 $\hbar = h/2\pi$，将上式改写为

$$-\frac{\hbar^2}{2m}\nabla^2\psi + V\psi = E\psi$$

令

$$\hat{\mathbf{H}} = -\frac{\hbar^2}{2m}\nabla^2 + V \tag{1-152}$$

$\hat{\mathbf{H}}$称为哈密顿(Hamilton)算符，则定态的薛定谔方程可以写成算符形式

$$\hat{\mathbf{H}}\psi = E\psi \tag{1-153}$$

在这里 $E$ 是体系的总能量，因而哈密顿算符与总能量对应。体系的总能量 $E$ 应等于势能和动能之和，即

$$E = T + V$$

与(1-152)式比较可知,第一项与动能相对应,我们称它是动能算符$\hat{\mathbf{T}}$

$$\hat{\mathbf{T}} = -\frac{\hbar^2}{2m}\nabla^2 \tag{1-154}$$

在量子力学中,不但总能量、动能、势能用算符表示,其他力学量也都是用算符来表示的。

所谓算符,就是一种运算符号。算符作用于一个函数,就是对该函数施行算符所包含的数学运算。若将一个算符作用在一个函数 $f$ 上能满足关系式

$$\hat{\mathbf{G}}f = Gf \tag{1-155}$$

$G$ 为一数值,则称 $f$ 是算符$\hat{\mathbf{G}}$的本征函数,$G$ 为 $\hat{\mathbf{G}}$的本征值,(1-155)式称为本征值方程。例如 $\sin 2x$ 是算符$\frac{d^2}{dx^2}$的本征函数,本征值为—4,但 $\sin 2x$ 不是$\frac{d}{dx}$算符的本征函数。

在量子力学中,坐标、动量、角动量等力学算符的形式如下:
坐标算符 $\hat{\boldsymbol{x}}$、$\hat{\boldsymbol{y}}$、$\hat{\boldsymbol{z}}$

$$\left.\begin{aligned}\hat{\boldsymbol{x}} &= x\\ \hat{\boldsymbol{y}} &= y\\ \hat{\boldsymbol{z}} &= z\end{aligned}\right\} \tag{1-156}$$

动量算符 $\hat{\boldsymbol{p}}_x$、$\hat{\boldsymbol{p}}_y$、$\hat{\boldsymbol{p}}_z$

$$\left.\begin{aligned}\hat{\boldsymbol{p}}_x &= -i\hbar\frac{\partial}{\partial x}\\ \hat{\boldsymbol{p}}_y &= -i\hbar\frac{\partial}{\partial y}\\ \hat{\boldsymbol{p}}_z &= -i\hbar\frac{\partial}{\partial z}\end{aligned}\right\} \tag{1-157}$$

角动量算符 $\hat{\mathbf{M}}_x$,$\hat{\mathbf{M}}_y$,$\hat{\mathbf{M}}_z$,$\hat{\mathbf{M}}^2$①

$$\left.\begin{aligned}\hat{\mathbf{M}}_x &= -i\hbar\left(y\frac{\partial}{\partial z} - z\frac{\partial}{\partial y}\right) = -i\hbar\left(-\sin\phi\frac{\partial}{\partial\theta} - \mathrm{ctg}\theta\cos\phi\frac{\partial}{\partial\phi}\right)\\ \hat{\mathbf{M}}_y &= -i\hbar\left(z\frac{\partial}{\partial x} - x\frac{\partial}{\partial z}\right) = -i\hbar\left(\cos\phi\frac{\partial}{\partial\theta} - \mathrm{ctg}\theta\sin\phi\frac{\partial}{\partial\phi}\right)\\ \hat{\mathbf{M}}_z &= -i\hbar\left(x\frac{\partial}{\partial y} - y\frac{\partial}{\partial x}\right) = -i\hbar\frac{\partial}{\partial\phi}\end{aligned}\right\} \tag{1-158}$$

$$\hat{\mathbf{M}}^2 = \hat{\mathbf{M}}_x^2 + \hat{\mathbf{M}}_y^2 + \hat{\mathbf{M}}_z^2 = -\hbar^2\left[\frac{1}{\sin\theta}\frac{\partial}{\partial\theta}\left(\sin\theta\frac{\partial}{\partial\theta}\right) + \frac{1}{\sin^2\theta}\frac{\partial^2}{\partial\phi^2}\right] \tag{1-159}$$

一般说来,算符相乘(定义为两个算符从右到左相继作用于其后的函数)不满足交

① 本书中轨道角动量算符用$\hat{\mathbf{L}}$表示,自旋角动量算符用$\hat{\mathbf{S}}$表示,广义角动量(可代表$\hat{\mathbf{L}}$或$\hat{\mathbf{S}}$)用$\hat{\mathbf{M}}$表示。

换律，即$\hat{\mathbf{F}}\hat{\mathbf{G}} \neq \hat{\mathbf{G}}\hat{\mathbf{F}}$，例如

$$\hat{x}\hat{p}_x - \hat{p}_x\hat{x} = i\hbar \tag{1-160}$$

$$\hat{\mathbf{M}}_x\hat{\mathbf{M}}_y - \hat{\mathbf{M}}_y\hat{\mathbf{M}}_x = i\hbar\hat{\mathbf{M}}_z \tag{1-161}$$

如果$\hat{\mathbf{F}}\hat{\mathbf{G}} = \hat{\mathbf{G}}\hat{\mathbf{F}}$，则说$\hat{\mathbf{F}}$与$\hat{\mathbf{G}}$对易。例如

$$\hat{\mathbf{M}}^2\hat{\mathbf{M}}_z - \hat{\mathbf{M}}_z\hat{\mathbf{M}}^2 = 0 \tag{1-162}$$

两个算符对易，则它们有共同的本征函数(但并不意味着它们有完全相同的本征函数)。例如我们分别用$\hat{\mathbf{L}}^2$和$\hat{\mathbf{L}}_z$作用于氢原子的波函数$\psi_{nlm}(r,\theta,\phi)$上，

$$\begin{aligned}\hat{\mathbf{L}}_z\psi_{nlm}(r,\theta,\phi) &= -i\hbar\frac{\partial}{\partial\phi}[R_{nl}(r)\Theta_{lm}(\theta)\Phi_m(\phi)] \\ &= R_{nl}(r)\Theta_{lm}(\theta)\left[-i\hbar\frac{\partial}{\partial\phi}\left(\frac{1}{\sqrt{2\pi}}e^{im\phi}\right)\right] = m\hbar\psi_{nlm}(r,\theta,\phi)\end{aligned} \tag{1-163}$$

可以证明

$$\hat{\mathbf{L}}^2\psi_{nlm}(r,\theta,\phi) = l(l+1)\hbar^2\psi_{nlm}(r,\theta,\phi) \tag{1-164}$$

(1-163)式和(1-164)式说明$\psi_{nlm}(r,\theta,\phi)$是$\hat{\mathbf{L}}^2$和$\hat{\mathbf{L}}_z$的共同本征函数。

若体系处于算符$\hat{\mathbf{G}}$的本征状态$\psi$时，$\hat{\mathbf{G}}$对应的力学量有确定值，其值就是由本征值方程(1-155)式规定的本征值$G$。所以处于由$\psi_{nlm}(r,\theta,\phi)$描述的状态的氢原子中的电子，其角动量的平方具有确定值$l(l+1)\hbar^2$，其角动量在$z$方向的分量具有确定值$m\hbar$。量子力学证明，两个力学量同时有确定值的条件是它们对易。$\hat{\mathbf{L}}_z$和$\hat{\mathbf{L}}^2$对易，因此角动量的$z$分量与角动量的平方同时有确定值。$\hat{\mathbf{L}}_z$与$\hat{\mathbf{L}}_x$及$\hat{\mathbf{L}}_y$不对易[(1-161)式]，所以若角动量的z分量有确定值，则$y$分量和$x$分量没有确定值。

在算符表示下，在状态$\psi$中力学量$\hat{\mathbf{F}}$的平均值为

$$\overline{F} = \int\psi^*\hat{\mathbf{F}}\psi d\tau \tag{1-165}$$

例如氢原子中电子的平均势能的表示(1-149)式。同理，处于$\psi_{nlm}(r,\theta,\phi)$状态的电子离开原子核的平均距离为

$$\begin{aligned}\bar{r} &= \iiint[\psi_{nlm}(r,\theta,\phi)]^* r\psi_{nlm}(r,\theta,\phi)r^2\sin\theta drd\theta d\phi \\ &= \frac{n^2a_0}{Z}\left[1+\frac{1}{2}\left\{1-\frac{l(l+1)}{n^2}\right\}\right]\end{aligned} \tag{1-166}$$

## 参考书目

1. 唐敖庆、杨忠志、李前树，《量子化学》，科学出版社，1982.

2. 徐光宪、黎乐民,《量子化学》(上册),科学出版社,1980.
3. 徐光宪、黎乐民、王德民,《量子化学》(中册),科学出版社,1984.
4. 刘若庄等编,《量子化学基础》,科学出版社,1983.
5. 郭敦仁,《量子力学初步》,人民教育出版社,1978.
6. I. N. Levine, *Quantum Chemistry*, 2nd ed., Allyn and Bacon, 1974;中译本:宁世光、佘敬曾、刘尚长译,《量子化学》,人民教育出版社,1981.
7. F. L. Pilar, *Elementary Quantum Chemistry*, McGraw-Hill, 1968.
8. A. Szabo and N. S. Ostlund, *Modern Quantum Chemistry*, MacMillan, 1982.
9. J. P. Lowe, *Quantum Chemistry*, Academic Press, 1978.
10. R. McWeeny and B. T. Sutelifle, *Methods of Molecular Quntum Mechanics*, Academic Press, 1969.
11. H. Eyning, J. Walter, and G. E. Kimball, *Quantum Chemistry*, John Wiley, 1944;中译本:石宝林译,《量子化学》,科学出版社,1981.
12. L. Pauling and E. B. Wilson, Jr., *Introduction to Quantum Mechanics*, McGraw-Hill, 1935;中译本:陈洪生译,《量子力学导论》,科学出版社,1961.
13. W. Kauzmann, *Quantum Chemistry*, Academic Press, 1957.

## 问题与习题

1. 金属钠的逸出功为 2.3 eV,波长 $\lambda=589.0$ nm 的黄色光能否从金属钠上打出光电子?在金属钠上发生光电效应的临阈频率是多少?临阈波长是多少?
2. $^{137}$Cs 发射的 $\gamma$ 射线的能量为 661 keV,计算由这种 $\gamma$ 射线打出的康普顿电子的最大能量。
3. 钠 $D$ 线(波长 589.0 nm 和 589.6 nm)与 $^{60}$Co 的 $\gamma$ 射线(能量为 1.17 MeV 和 1.34 MeV)的光子质量各为多少?
4. 计算速度为 $2\times10^8\ \mathrm{m\cdot s^{-1}}$ 的电子的德布罗意波长。
5. 欲使电子射线和中子束产生的衍射环纹与 Cu 的 $K_\alpha$ 线(波长 154 pm 的单色 X 射线)产生的衍射环纹相同,电子和中子的能量应各为多少?
6. 电子具有波动性,为什么电视显像管中的电子束却能准确地进行扫描?
7. 假定 $\psi=\psi_s(r)$,试证明

$$\nabla^2\psi_s=\frac{d^2\psi_s}{dr^2}+\frac{2}{r}\frac{d\psi_s}{dr}$$

8. 假定 $\psi=(C_1+C_2r)e^{-C_3r}$ 是氢原子的薛定谔方程的一个解,试求 $C_1$、$C_2$、$C_3$ 和 $E$,画出径向分布图。
9. 若氢原子处于基态,计算发现电子在一球面内的区域的几率为 0.90 的球面半径。
10. 试证明

$$\psi=\left(27-18\frac{r}{a_0}+2\frac{r^2}{a_0^2}\right)e^{-r/3a_0}$$

满足氢原子的薛定谔方程,求出相应的能量。
11. 仿照画 $p_z$ 电子云等密度面的方法画出 $3d_{z^2}$ 的电子云等密度面。
12. 计算处于 $\psi_{2s}$ 状态的氢原子的电子的平均动能、平均势能以及总能量,并说明其结果符合维

里定理。

13. 以 $l=2$ 和 $l=3$ 为例验证恩饶定律

$$\sum_{m=-l}^{l} |Y_{l,m}(\theta,\phi)|^2 = \frac{2l+1}{4\pi}$$

14. 用自由电子分子轨道理论(FEMO)处理直链共轭多烯 $H—(CH=CH)_n—H$ 时，将 $2n$ 个 $\pi$ 电子视为在长度 $L=140(k+2)$pm 的一维方势箱中运动，$2n$ 个 $\pi$ 电子占据能量最低的 $n$ 个轨道，处于能量最高的被占据轨道的一个电子跃迁至能量最低的空轨道吸收的光波波长记为 $\lambda$，导出计算 $\lambda$ 的一般公式，计算 $n=1,2,3,4$ 的 $\lambda$，与实验值(见表 10-2)比较。

15. 维生素 $A$ 的结构如下：

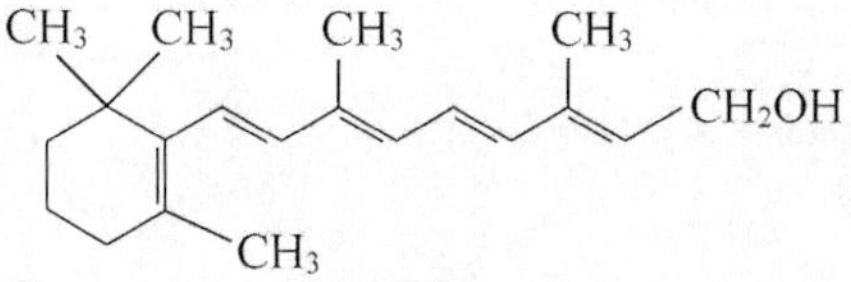

它在 332 nm 处有一强吸收峰，也是长波方向的第一个峰，试估计一维势箱的长度 $L$。

16. 酚酞在酸性溶液中无色，在碱性溶液中呈粉红色，请定性解释其原因。

17. 钠 $D$ 线 589.6 nm 和 589.0 nm 分别对应于 $3^2P_{3/2}\longrightarrow 3^2S_{1/2}$ 和 $3^2P_{1/2}\longrightarrow 3^2S_{1/2}$ 跃迁，钠原子处于 $3^2P_{3/2}$ 及 $3^2P_{1/2}$ 能级的平均寿命为 $1.5\times10^{-8}$s，求这两个能级的宽度。$^{198}$Hg 由第一激发态跃迁至基态发射能量为 411.8 keV 的 $\gamma$ 射线，处于第一激发态的平均寿命为 $3.8\times10^{-11}$s，求该能级的宽度。

18. 若算符 $\hat{\mathbf{F}}$ 满足

$$\hat{\mathbf{F}}(a\phi + b\psi) = a\,\hat{\mathbf{F}}\phi + b\,\hat{\mathbf{F}}\psi$$

则称 $\hat{\mathbf{F}}$ 为线性算符。上式中 $a$、$b$ 为常数，$\phi$ 和 $\psi$ 为任意函数。试问下列算符哪些是线性算符？

$$(1)\ \frac{d}{dx}；(2)\ \nabla^2；(3)\ \hat{\mathbf{q}} = q\cdot；(4)\ \sqrt{\quad}；(5)\ \ln(\text{取自然对数})。$$

19. 若算符满足

$$\int\psi^*\ \hat{\mathbf{F}}\psi d\tau = \int\psi(\hat{\mathbf{F}}\psi)^* d\tau$$

则称 $\hat{\mathbf{F}}$ 为厄米(Hermite)算符。就一维的情况证明位置算符 $\hat{\mathbf{x}}=x\cdot$，势能算符 $\hat{\mathbf{V}}=V(x)\cdot$，动量算符 $\hat{\mathbf{p}}_x=-i\hbar\dfrac{\partial}{\partial x}$ 和动能算符 $\hat{\mathbf{T}}_x=-\dfrac{\hbar^2}{2m}\dfrac{\partial^2}{\partial x^2}$ 等量子力学算符都是线性厄米算符。(提示：应用分部积分公式)

20. 证明厄米算符的本征值必为实数。

21. 证明厄米算符的属于不同本征值的本征函数相互正交。即若有

$$\hat{\mathbf{F}}\psi_1 = b_1\psi_1 \quad \hat{\mathbf{F}}\psi_2 = b_2\psi_2 \quad b_1 \neq b_2$$

且 $\hat{\mathbf{F}}$ 为厄米算符，则有

$$\int\psi_1^*\psi_2 d\tau = 0$$

22. 若 $\Psi_1,\Psi_2,\cdots,\Psi_n$ 是体系的 $n$ 个可能状态，对应于相同的能量 $E$，试证明，它们的任意线性组合

$$a_1\Psi_1+a_2\Psi_2+\cdots+a_n\Psi_n$$

也是体系的一个可能状态，对应于相同的能量 $E$（态叠加原理）。

23. 试由五个 $d$ 轨道 $d_0,d_1,d_{-1},d_2$ 和 $d_{-2}$ 线性组合成 $d_{z^2},d_{xy},d_{xz},d_{yz}$ 和 $d_{x^2-y^2}$ 轨道。

# 第二章　原子的电子层结构和原子光谱

## §2-1　原子单位制

在讨论多电子原子和分子结构之前，我们先介绍一种在量子化学中常用的单位制——原子单位制。在原子单位制中，长度、质量、时间等基本单位及其他导出单位均以原子单位(atomic unit，缩写为a.u.)表示。采用这一单位制后，薛定谔方程及其解变得十分简洁。各种物理量的原子单位定义如下：

(1) 长度　长度的原子单位是氢原子的第一玻尔半径 $a_0$，但计算 $a_0$ 时电子的约化质量要以电子的静质量 $m_e$ 代替，即

$$1\ \text{a.u.}(\text{长度})=a_0=4\pi\varepsilon_0\hbar^2/m_e e^2=0.529177\times10^{-10}\ \text{m}$$

(2) 质量　质量的单位是电子的静质量 $m_e$

$$1\ \text{a.u.}(\text{质量})=m_e=9.109534\times10^{-31}\ \text{kg}$$

(3) 时间　时间的原子单位定义为氢原子的第一玻尔轨道上的电子运行一个 $a_0$ 所需的时间。根据维里定理，氢原子的第一玻尔轨道上的电子的动能等于该电子总能量的负值，即

$$\frac{1}{2}m_e v^2=R=m_e e^4/2(4\pi\varepsilon_0)^2\hbar^2$$

$$v=e^2/4\pi\varepsilon_0\hbar$$

因此

$$1\ \text{a.u.}(\text{时间})=a_0/v=(4\pi\varepsilon_0)^2\hbar^3/m_e e^4=2.418885\times10^{-17}\text{s}$$

显然，速度的原子单位为

$$1\ \text{a.u.}(\text{速度})=e^2/(4\pi\varepsilon_0)\hbar=2.1876906\times10^6\ \text{m}\cdot\text{s}^{-1}$$

在原子单位制中光速 $c$ 为

$$c=\frac{2.99792458\times10^8\ \text{m}\cdot\text{s}^{-1}}{2.1876906\times10^6\ \text{m}\cdot\text{s}^{-1}}=137.036\ \text{a.u.}$$

(4) 电荷　电荷的原子单位就是基本电荷 $e$

$$1\ \text{a.u.}(\text{电荷})=1.6021892\times10^{-19}\ \text{C}$$

(5) 能量　能量的原子单位又称哈特里(Hartree)能量

$$1\ \text{a.u.}(\text{能量})=E_h=m_e e^4/(4\pi\varepsilon_0)^2\hbar^2=4.35981\times10^{-18}\text{J}=27.2116\ \text{eV}$$

(6) 角动量　角动量的原子单位为 $\hbar$

$$1\ \text{a.u.}(\text{角动量})=\hbar=1.0545887\times10^{-34}\ \text{J}\cdot\text{s}$$

采用原子单位制后,氢原子的薛定谔方程就简化为

$$\left(-\frac{1}{2}\nabla^2+\frac{1}{r}\right)\psi=E\psi$$

类氢离子的 $1s$ 轨道为

$$\psi_{1s}=\sqrt{\frac{Z^3}{\pi}e^{-Zr}}$$

类氢离子的轨道能量为

$$E_n=-\frac{1}{2}\frac{Z^2}{n^2}$$

本书以下各章凡涉及原子和分子的薛定谔方程及其解时,将主要采用原子单位制以求简洁。但在用原子单位制下不能清楚地表达方程的物理意义时,仍采用 SI 单位。

## §2-2 原子轨道

在第一章中我们求得了氢原子的薛定谔方程的精确解。现在我们来考虑多电子原子的薛定谔方程的求解问题。氦原子是最简单的多电子原子,它是由一个带两个正电荷($Z=2$)的原子核以及围绕原子核运动的两个电子组成的,如图 2-1 所示。该体系的势能 $V$ 为

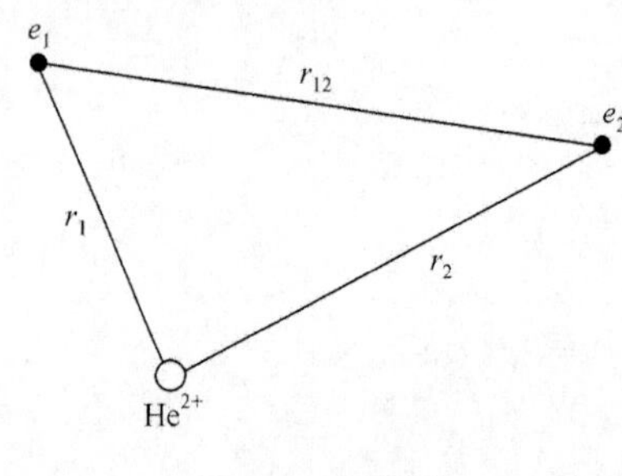


图 2-1 氦原子

$$V=-\frac{Ze^2}{4\pi\varepsilon_0 r_1}-\frac{Ze^2}{4\pi\varepsilon_0 r_2}+\frac{e^2}{4\pi\varepsilon_0 r_{12}} \tag{2-1a}$$

在原子单位制中 $V$ 可以写为

$$V=-\frac{Z}{r_1}-\frac{Z}{r_2}+\frac{1}{r_{12}} \tag{2-1b}$$

(2-1a)及(2-1b)二式中前两项是两个电子受原子核吸引而具有的势能,第三项是两个电子之间的排斥能。描述氦原子中电子运动的薛定谔方程为

$$\left[-\frac{\hbar^2}{2m_e}(\nabla_1^2+\nabla_2^2)-\frac{Ze^2}{4\pi\varepsilon_0}\left(\frac{1}{r_1}+\frac{1}{r_2}\right)+\frac{e^2}{4\pi\varepsilon_0}\frac{1}{r_{12}}\right]\Psi=E\Psi$$

或用原子单位制表示

$$\left[-\frac{1}{2}(\nabla_1^2+\nabla_2^2)-\frac{Z}{r_1}-\frac{Z}{r_2}+\frac{1}{r_{12}}\right]\Psi=E\Psi \tag{2-2}$$

此处 $\Psi$ 是氦原子的电子波函数,它是两个电子的坐标的函数

$$\Psi=\Psi(x_1,y_1,z_1,x_2,y_2,z_2)=\psi(1,2)$$

由于电子之间的排斥能涉及两个电子之间的距离 $r_{12}$

$$r_{12}=\sqrt{(x_1-x_2)^2+(y_1-y_2)^2+(z_1-z_2)^2}$$

又因无论采用什么坐标系都不能将 $1/r_{12}$ 表示成 $f(x_1,y_1,z_1)+g(x_2,y_2,z_2)$ 的形式，所以无法对方程(2-2)进行变量分离，因而也就无法对它精确求解。

显然上述困难在求解多电子原子的薛定谔方程时是普遍存在的。实际上，用量子力学处理多体问题都会遇到这种困难，因此必须借助于近似方法。变分法和微扰理论是量子力学中两个最重要的近似方法，氦原子问题可以用这两个方法进行处理，本节不拟介绍。下面介绍处理多电子原子的一种物理模型——中心场模型，从中引出原子轨道的概念。

### 1. 中心势场模型

为了求得氦原子的薛定谔方程的近似解，让我们对氦原子中两个电子的运动作一分析。

先考虑两种极限情况。设想电子 1 离核很远，电子 2 离核很近，在电子 1 看来，电子 2 的存在抵消了核的一个正电荷，电子 1 感受到的有效核电荷为 $+e$，因此其波函数应当与氢原子的波函数相似。反之，如果电子 1 离核很近，电子 2 离核很远，则电子 2 对于核电荷的抵消作用可以忽略不计，电子 1 感受到的核电荷为 $+2e$，它的波函数应当与氦离子 $He^+$ 的波函数相似。在一般情况下，电子 1 的势能与电子 2 的位置有关，它所受到的力($=-\nabla V_i$)不一定是中心力。如果我们不去深究电子 2 对电子 1 的排斥作用的瞬时效果，而只着眼于这种排斥作用的平均效果，则由于电子 2 在空间的几率分布不随时间改变(定态)，它的运动的平均效果是在空间建立起一个负的空间电荷分布。这一空间电荷分布形成一个叠加在原子核的库仑场上的平均势场。电子 1 就在这两者的合成势场中运动，它的势能只与其自身的位置有关，而与原子 2 的位置无关，它是在上述合成势场中独立运动。如果我们进一步假定电子 2 形成的空间电荷分布相对于原子核呈球形对称分布，则合成势场就是一个球对称势场即中心势场。如果电子 1 恒位于空间电荷区之外，根据静电场的高斯(Gauss)定理，它所感受到的有效核电荷为 $+e$；如果电子 1 恒位于空间电荷之内，它感受到的有效核电荷为 $+2e$。实际情况是介于这两种极限情况之间，它感受到的有效核电荷为 $Z'_e$，$1<Z'<2$。由此可见，若将电子 2 对电子 1 的排斥作用近似看成是电子 2 的运动产生的一个球对称的平均势场对电子 1 的作用，则电子 2 的存在对于电子 1 的运动而言是屏蔽了 $(Z-Z')e=\sigma e$ 数量的核电核，$\sigma$ 称为屏蔽常数。于是电子 1 的薛定谔方程可以写为

$$\left[-\frac{1}{2}\nabla_1^2-\frac{(Z-\sigma)}{r_1}\right]\psi_1(1)=E_1\psi_1(1)$$

显然 $\psi_1(1)$ 就是核电荷为 $Z'e=(Z-\sigma)e$ 的类氢离子的波函数。上述分析同样适

合于电子 2,因此电子 2 的薛定谔方程为

$$\left[-\frac{1}{2}\nabla_2^2-\frac{(Z-\sigma)}{r_2}\right]\psi_2(2)=E_2\psi_2(2)$$

$\psi_2(2)$也是核电荷为 $Z'e=(Z-\sigma)e$ 的类氢离子的波函数。氦原子的波函数可以写成 $\psi_1(1)$与 $\psi_2(2)$的乘积

$$\Psi(1,2)=\psi_1(1)\psi_2(2)$$

在上述推引过程中我们看到,屏蔽常数 $\sigma$ 既与屏蔽电子有关,也与被屏蔽电子有关。对于基态的氦原子,用变分法可以求得 $Z'=1.6875$,因此 $\sigma=0.3125$。于是我们求得基态氦原子的波函数及能量分别为

$$\Psi(1,2)=\sqrt{\frac{(Z')^3}{\pi}}e^{-Z'r_1}\cdot\sqrt{\frac{(Z')^3}{\pi}}e^{-Z'r_2}=\frac{(Z')^3}{\pi}e^{-Z'r_1}e^{-Z'r_2}$$

$$E=E_1+E_2=2E_1=2\times\left[-\frac{1}{2}\frac{(Z')^2}{1^2}\right]=-(Z')^2=-2.8477\ \text{a. u.}$$

$E$ 的实验值为$-2.9037$a. u. 计算值比实验值偏高 2%。

下面讨论多电子原子的一般情况。设原子中有 $N$ 个电子,则其薛定谔方程为

$$\left[-\frac{1}{2}\sum_{i=1}^{N}\nabla_i^2-\sum_{i=1}^{N}\frac{Z}{r_i}+\sum_{i=1}^{N}\sum_{j>i}^{N}\frac{1}{r_{ij}}\right]\Psi=E\Psi \tag{2-3}$$

或将求和限简写,

$$\left[-\frac{1}{2}\sum_{i}\nabla_i^2-\sum_{i}\frac{Z}{r_i}+\sum_{i<j}\sum\frac{1}{r_{ij}}\right]\Psi=E\Psi$$

第 $i$ 个电子的势能为

$$V_i=-\frac{Z}{r_i}+\sum_{j\neq i}\frac{1}{r_{ij}}$$

$V_i$ 是所有电子的坐标的函数。仿照上面处理氦原子的方法,将其余 $N-1$ 个电子对第 $i$ 个电子的排斥作用归结为它们的平均电荷分布产生一个以原子核为中心的球对称平均势场,即

$$\frac{\sigma_i}{r_i}=\overline{\sum_{j\neq i}\frac{1}{r_{ij}}} \tag{2-4}$$

上式右边是对于 $i$ 以外的 $N-1$ 个电子的位置取平均,即既对径向、也对空间所有方向取平均。这样一来,电子 $i$ 的势能

$$V_i=-\frac{Z}{r_i}+\sum_{j\neq i}\frac{1}{r_{ij}}=-\frac{Z-\sigma_i}{r_i}$$

只是电子 $i$ 本身的坐标的函数,而且是球对称的。由此可见,在中心势场模型中,原子中一个电子受到的其余电子的排斥作用,可以归结为其余电子对于核电荷的屏蔽,每个电子都是在有效核电荷为$(Z-\sigma_i)e$ 的中心势场中独立运动,$\sigma_i$ 的大小与

其余电子的运动状态有关。第 $i$ 个电子的薛定谔方程为

$$\left(-\frac{1}{2}\nabla_i^2-\frac{Z-\sigma_i}{r_i}\right)\psi_i(i)=E_i\psi_i(i)$$

每个电子的运动由各自的波函数描写，这些波函数都是类氢离子的波函数，每一波函数由一套量子数表征。原子的波函数可写为各单电子波函数的乘积

$$\Psi(1,2,\cdots,N)=\psi_1(1)\psi_2(2)\cdots\psi_N(N)$$

原子的能量等于各电子的能量之和

$$E=\sum_i E_i$$

在上面的近似处理中，原子中的每个电子由各自的波函数描述，与其他电子无关。这意味着各个电子独立运动，如同氢原子中的一个电子的运动一般。体系的波函数等于各单电子波函数的乘积。我们将原子中的单电子波函数称为原子轨道，将分子中的单电子波函数称为分子轨道。通常将这种近似方法称为“轨道近似”。

关于屏蔽常数的计算和讨论见本节的第 3 小节。

**2. 自洽场方法**

1928 年哈特里(D. R. Hartree)提出了自洽场方法(Self-Consistent-Field，缩写为 SCF)，这一方法是处理多电子原子(后来也用于分子)的最有效的方法。1930 年福克(B. A. Фok)考虑了电子的交换，对哈特里方法作了改进，所得的方程称为哈特利-福克方程。

在多电子原子中，任一电子的势能不只是该电子本身的坐标的函数，而且也是所有其他电子的坐标的函数，即

$$V_i=V_i(1,2,\cdots,N)=-\frac{Z}{r_i}+\sum_{j\neq i}\frac{1}{r_{ij}} \tag{2-5}$$

哈特里指出，任意两个电子间的排斥能，如果对于二者之一的所有位置取平均的话，其平均值(平均排斥能)将只是另一个电子的坐标的函数。例如，电子 $i$ 和电子 $j$ 之间的排斥能

$$V(i,j)=\frac{1}{r_{ij}}$$

如果电子 $j$ 的波函数 $\psi_j(j)$ 已知，将 $V(i,j)$ 对电子 $j$ 的所有位置取平均，则平均排斥能

$$\overline{V(i,j)}=\int\psi_j^*(j)\frac{1}{r_{ij}}\psi_j(j)d\tau_j$$

将只是电子 $i$ 的坐标的函数，与电子 $j$ 的坐标无关。显然，$\overline{V(i,j)}$ 代表了电子 $j$ 作用于电子 $i$ 的平均势场。于是，所有其他电子施加给电子 $i$ 的总平均势场 $V_i^{\mathrm{eff}}$ 应为

每个电子作用于电子 $i$ 的平均势场的叠加，即

$$V_i^{\text{eff}} = \sum_{j\neq i}\int \psi_j^*(j)\,\frac{1}{r_{ij}}\psi_j(j)d\tau_j \tag{2-6}$$

电子 $i$ 的势能(2-5)式可以改写为

$$V_i = V_i(i) = -\frac{Z}{r_i} + \sum_{j\neq i}\int \psi_j^*(j)\,\frac{1}{r_{ij}}\psi_j(j)d\tau_j \tag{2-7}$$

$V_i(i)$只是电子 $i$ 的坐标的函数，与其余 $N-1$ 个电子的位置无关。在作了这种近似之后，可将原子中每个电子的运动看成是它们在原子核势场和其他电子产生的平均势场二者的合成势场中独立运动，每个电子的哈密顿算符为

$$\hat{h}_i = -\frac{1}{2}\nabla_i^2 - \frac{Z}{r_i} + \sum_{j\neq i}\int \psi_j^*(j)\,\frac{1}{r_{ij}}\psi_i(j)d\tau_j \tag{2-8}$$

每个电子的波函数 $\psi_j(i)$满足哈特里方程

$$\left[-\frac{1}{2}\nabla_i^2 - \frac{Z}{r_i} + \sum_{j\neq i}\int \psi_j^*(j)\,\frac{1}{r_{ij}}\psi_j(j)d\tau_j\right]\psi_i(i) = \varepsilon_i\psi_i(i) \tag{2-9}$$

体系的波函数 $\Psi(1,2,\cdots,N)$等于各单电子波函数 $\psi_i(i)$之积，

$$\Psi(1,2,\cdots,N) = \psi_1(1)\psi_2(2)\cdots\psi_N(N) \tag{2-10}$$

在讨论哈特里方程(2-8)式的求解问题之前，还需对 $V_i^{\text{eff}}$ 作一交代。如前所述，$V_i^{\text{eff}}$ 是除电子 $i$ 以外的其余 $N-1$ 个电子施加给电子 $i$ 的平均势场，如果这 $N-1$个电子构成闭壳层结构(即亚层全充满，如 $s^2$，$p^6$，$d^{10}$，$f^{14}$ 等)或半充满结构(即亚层中每一个轨道都有一个电子，如 $s^1$，$p^3$，$d^5$，$f^7$ 等)时，则这 $N-1$ 个电子的运动产生的平均势场是球对称的①。在一般情况下，$V_i^{\text{eff}}$ 不是球对称的。哈特里将 $V_i^{\text{eff}}$ 对空间所有方向取平均，得到一个球对称的势场$\overline{V_i^{\text{eff}}}$

$$\overline{V_i^{\text{eff}}} = (V_i^{\text{eff}})_{\text{对}\theta,\phi\text{取平均}} = \frac{\int_0^{\pi}\int_0^{2\pi} V_i^{\text{eff}}\sin\theta d\theta d\phi}{4\pi}$$

上式等号右边的分母 $4\pi$ 为原子核对整个空间所张的立体角。在作了这种近似之后，便可以将每个电子看成是在原子核势场和其他电子运动的平均势场合成的一个中心势场中独立运动的粒子，于是哈特里方程可以分离变量，$\psi_i(i)$可以写成径向部分和角度部分之积

$$\psi_i(i) = R_i(i)Y_{l_i m_i}(\theta_i,\phi_i) \tag{2-11}$$

---

① 1927 年恩晓(A. Unsöld)曾经提出过如下定理：对给定的 $l$ 值，所有 $m$ 值的几率密度之和为一常数，即

$$\sum_{m=-l}^{l}\Theta_{lm}^*(\theta)\Phi_m^*(\phi)\Theta_{lm}(\theta)\Phi_m(\phi) = \frac{2l+1}{4\pi}$$

因此，对于给定的 $l$ 值，$m$ 不同的轨道上都只有一个电子(半充满)或都有两个电子(全充满)时，$i$ 亚层的电子云呈球形分布。

由此可见,哈特里的自洽场原子轨道(SCF-AO)的角度部分与氢原子及类氢离子的轨道的角度部分完全相同,但径向部分不同。

哈特里方程的求解步骤如下:先选定 $N$ 个尝试波函数 $\psi_1^{(0)}(1),\psi_2^{(0)}(2),\cdots,\psi_N^{(0)}(N)$作为 $N$ 个电子的波函数初值,用它们计算每个电子的$\overline{V_i^{\mathrm{eff}}}$,对每个电子解哈特里方程(2-8),求得各电子的第一次近似波函数 $\psi_i^{(1)}(i)$,它们比 $\psi_i^{(0)}(i)$更接近真实波函数。然后以 $\psi_i^{(1)}(i)$计算每个电子的$\overline{V_i^{\mathrm{eff}}}$,解 $N$ 个方程(2-8)式得到各电子的第二次近似波函数 $\psi_i^{(2)}(i)$,重复上述步骤,直到第 $n$ 次近似波函数与第 $n-1$ 次近似波函数之差对于每个电子都满足预定的误差要求,于是得到该体系的一组自洽解。这一迭代过程所用的势场称为自洽场。

现在考虑体系的总能量。体系的哈密顿算符 $\hat{\mathbf{H}}$ 为

$$\hat{\mathbf{H}}=\sum_i\left(-\frac{1}{2}\nabla_i^2-\frac{Z}{r_i}\right)+\sum_{i<j}\sum\frac{1}{r_{ij}} \tag{2-12}$$

体系的薛定谔方程为

$$\hat{\mathbf{H}}\Psi=E\Psi \tag{2-13}$$

以 $\Psi^*$ 左乘上式两边并积分,得

$$\int\Psi^*\hat{\mathbf{H}}\Psi d\tau=\int\Psi^*E\Psi d\tau=E\int\Psi^*\Psi d\tau$$

若 $\Psi$ 已归一化,则

$$E=\int\Psi\hat{\mathbf{H}}\Psi d\tau$$

以(2-10)和(2-12)式代入上式得

$$E=\int\psi_1^*(1)\psi_2^*(2)\cdots\psi_N^*(N)\Big[\sum_i\left(-\frac{1}{2}\nabla_i^2-\frac{Z}{r_i}\right)+\sum_{i<j}\sum\frac{1}{r_{ij}}\Big]$$
$$\psi_1(1)\psi_2(2)\cdots\psi_N(N)d\tau$$
$$d\tau=d\tau_1d\tau_2\cdots d\tau_N$$

若 $\psi_1(1),\psi_2(2),\cdots,\psi_N(N)$也已归一化,上式可改写为

$$E=\sum_i\int\psi_i^*(i)\left(-\frac{1}{2}\nabla_i^2-\frac{Z}{r_i}\right)\psi_i(i)d\tau_i+\sum_{i<j}\sum\iint\psi_i^*(i)\psi_j^*(j)\frac{1}{r_{ij}}\psi_i(i)\psi_j(j)d\tau_id\tau_j \tag{2-14}$$

上式右边第一项括号中的算符代表忽略电子之间的相互作用下的单电子算符,即

$$\hat{\mathbf{h}}_i^{(0)}=-\frac{1}{2}\nabla_i^2-\frac{Z}{r_i} \tag{2-15}$$

积分

$$\varepsilon_i^{(0)}=\int\psi_i^*(i)\,\hat{\mathbf{h}}_i^{(0)}\psi_i(i)d\tau_i \tag{2-16}$$

代表忽略电子之间的相互作用时电子 $i$ 的能量。(2-14)式右边第二项代表电子之间的排斥能,积分

$$J_{ij}=\iint\psi_i^*(i)\psi_j^*(j)\frac{1}{r_{ij}}\psi_i(i)\psi_j(j)d\tau_i d\tau_j \tag{2-17}$$

代表电子 $i$ 与电子 $j$ 之间的排斥能,因而常称之为库仑积分。

我们考查一下原子总能量与解哈特里方程求得的 $\varepsilon_i$ 之间的关系。以 $\psi_i^*(i)$左乘方程(2-9)式两边并积分,得

$$\begin{aligned}\varepsilon_i&=\int\psi_i^*(i)\left(-\frac{1}{2}\nabla_i^2-\frac{Z}{r_i}\right)\psi_i(i)d\tau_i+\sum_{j\neq i}\iint\psi_i^*(i)\psi_j^*(j)\frac{1}{r_{ij}}\psi_i(i)\psi_j(j)d\tau_i d\tau_j\\&=\varepsilon_i^{(0)}+\sum_{j\neq i}J_{ij}\end{aligned} \tag{2-18}$$

对所有电子求和,得

$$\sum_i\varepsilon_i=\sum_i\varepsilon_i^{(0)}+\sum_i\sum_{j\neq i}J_{ij} \tag{2-19}$$

按照(2-14)式体系的能量为

$$E=\sum_i\varepsilon_i^{(0)}+\sum_i\sum_{j<i}J_{ij} \tag{2-20}$$

比较(2-19)式与(2-20)式,由于

$$\sum_i\sum_{j\neq i}J_{ij}=2\sum_i\sum_{j<i}J_{ij}$$

于是

$$E=\sum_i\varepsilon_i-\sum_i\sum_{j<i}J_{ij} \tag{2-21}$$

上式说明,在哈特里的自洽场方法中,原子的总能量不等于解哈特里方程求得的诸 $\varepsilon_i$ 之和,这是因为电子 $i$ 和 $j$ 之间的排斥能 $J_{ij}$ 在考虑电子 $i$ 时已经计及,在考虑电子 $j$ 时又重复计算了一次。

$\varepsilon_i$ 的物理意义是什么呢?可以证明,$\varepsilon_i$ 近似等于在该自洽场原子轨道上运动的电子的电离能的负值[库普曼斯(T. A. Koopmans)定理],通常称为哈特里轨道能。

一般而言,SCF 方法的计算结果与实验数据符合得很好,但哈特里方程是一个积分微分方程,一般只能求得数值解,因此 SCF AO 通常是以数据表的形式给出。这些轨道也是用量子数 $n,l,m$ 表征的。图 2-2 示出了氩原子的五个充满的亚层($1s,2s,2p,3s,3p$)的径向几率密度的哈特里自洽场方法的计算结果。可以看出,它们与氢原子轨道在形式上是很相似的,主量子数为 $n$、角量子数为 $l$ 的自洽场原子轨道也有 $n-l-1$ 个节面。自洽场原子轨道与氢原子轨道不同的是,自洽场原子轨道的能量不仅与主量子数 $n$ 有关,而且与角量子数 $l$ 有关。

SCF AO 使用起来不太方便,斯莱特(J. C. Slater)用下述形式的函数去近似 SCF AO:

$$\Psi_{nlm} = Nr^{n^*-1}\exp\left(-\frac{Z'r}{n^*a_0}\right)Y_{lm} \tag{2-22}$$

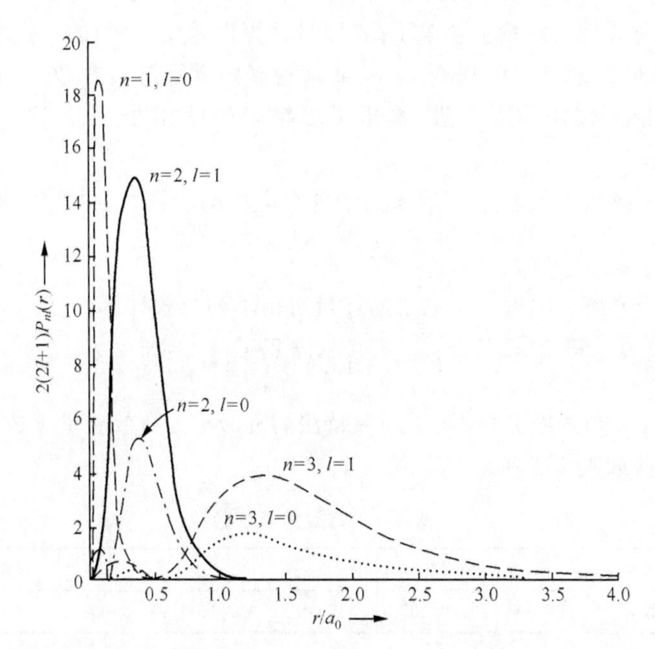


图 2-2　氩原子的五个充满的亚层的径向几率密度的哈特里自洽场方法计算结果

上式中

$$Z' = Z - S_{nl}$$

为有效核电荷，$S_{nl}$ 为屏蔽常数，$n^*$ 为有效主量子数，$N$ 为归一化常数，$a_0$ 为玻尔半径。这一轨道描述电子在中心势场中的运动，势能函数为

$$V(r) = -\frac{Z'e^2}{4\pi\varepsilon_0 r} + \frac{n^*(n^*-1)\hbar^2}{2m_e r^2}$$

斯莱特型轨道(Slater Type Orbital，简称 STO)与 SCF AO 有一个不同点，前者的径向部分无节面，后者有 $n-l-1$ 个节面。STO 与类氢离子轨道相比，角度部分相同，但径向部分的函数形式不同，前者只取了 $R_{nl}$ 的 $r$ 幂次最高的一项，在 $r$ 比较小时二者差别很大，在 $r$ 较大时，二者很相近。此外，各电子的 STO 不是相互正交的，而类氢离子的波函数彼此正交。STO 在计算分子轨道时很有用。

最后还要指出，自洽场方法本质上是一种变分法，如果我们选取 STO 作为变分函数，迭代过程就是逐步改变 $Z'$ 与 $n^*$ 使 $V_i^{\text{eff}}$ 自洽。

**3. 屏蔽常数的计算——改进的斯莱特法**

屏蔽常数是用中心场模型处理多电子原子的关键参数，可以由以下几个方法求得:(1)变分法;(2)自洽场方法;(3)经验方法,即由 X 射线光谱、光学光谱及光电子能谱数据求得。现在已经积累了周期表中大多数元素的中性原子基态各亚层的有效核电荷数据。在精度要求不高(能量计算误差≤10%)的工作中可以使用由斯莱特在 1930 年总结出的规则[①]——斯莱特规则计算屏蔽常数。1956 年徐光宪和赵学庄将斯莱特法作了改进,得出了更精确的计算方法[②]。这一方法的要点如下:

(1) 原子或离子的能量 $E$ 等于它的各个电子的能量 $E_i$ 的总和,即

$$E=\sum_i E_i \tag{2-23}$$

(2) 原子或离子中每一个电子的能量可由下列公式计算

$$E_i=-13.6\left(\frac{Z'_i}{n'_i}\right)^2 \text{eV} \tag{2-24}$$

(3) 在(2-24)式中 $n'$(相当于斯莱特法的 $n^*$)称为有效主量子数,它与主量子数 $n$ 的对应值如表 2-1 所示。

**表 2-1 有效主量子数**

| 主量子数 $n$ | 1 | 2 | 3 | 4 | 5 | 6 | 7 |
|---|---|---|---|---|---|---|---|
| 有效主量子数 $n'$ | 1.00 | 2.00 | 2.60 | 2.85 | 3.00 | 3.05 | 3.30 |

(4) 在(2-24)式中 $Z'$ 称为有效核电荷,它等于原子序数 $Z$ 减去屏蔽常数 $\sigma$,即

$$Z'=Z-\sigma \tag{2-25}$$

(5) 对于原子或离子中任一主量子数为 $n$ 的电子的屏蔽常数 $\sigma$ 可由下列各项之和求得:

(a) 主量子数大于 $n$ 的各电子,其 $\sigma=0$;

(b) 主量子数等于 $n$ 的各电子,其 $\sigma$ 由表 2-2 求得。在表 2-2 中,$np$ 指半充满前的 $p$ 电子($p^1$ 至 $p^3$),$np'$ 指半充满后的 $p$ 电子($p^4$ 至 $p^6$)。

**表 2-2**

| 被屏蔽电子($n\geqslant1$) | 屏蔽电子 | | | | |
|---|---|---|---|---|---|
| | $ns$ | $np$ | $np'$ | $nd$ | $nf$ |
| $ns$ | 0.30 | 0.25 | 0.23 | 0.00 | 0.00 |
| $np$ | 0.35 | 0.31 | 0.29 | 0.00 | 0.00 |
| $np'$ | 0.41 | 0.37 | 0.31 | 0.00 | 0.00 |
| $nd$ | 1.00 | 1.00 | 1.00 | 0.35 | 0.00 |
| $nf$ | 1.00 | 1.00 | 1.00 | 1.00 | 0.39 |

---

① J. C. Slater, *Phys*, *Rev.*, 36, 57(1930).

② 徐光宪、赵学庄,化学学报,22,441(1956).

(c) 主量子数等于 $n-1$ 的各电子，其 $\sigma$ 由表 2-3 求得。

**表 2-3**

| 被屏蔽电子($n \geqslant 2$) | 屏蔽电子 | | | |
|---|---|---|---|---|
| | $(n-1)s$ | $(n-1)p$ | $(n-1)d$ | $(n-1)f$ |
| $ns$ | 1.00* | 0.90 | 0.93 | 0.86 |
| $np$ | 1.00 | 0.97 | 0.98 | 0.90 |
| $nd$ | 1.00 | 1.00 | 1.00 | 0.94 |
| $nf$ | 1.00 | 1.00 | 1.00 | 1.00 |

* $(1s)$对$(2s)$的 $\sigma$ 应等于 0.85

(d) 主量子数等于或小于 $n-2$ 的各电子，其 $\sigma=1.00$。

上述方法可应用于电离能的计算。

**4. 轨道能量**

在氢原子和类氢离子中，由于只有一个电子，不存在电子间的相互作用，因此 $n$ 相同的各亚层(如 $2s$ 和 $2p$, $3s$、$3p$ 和 $3d$ 等)能量是一样的。在多电子原子中，单电子波函数在中心场模型中形式上类似于氢原子的电子波函数，但由于存在着电子间的相互作用，$n$ 相同 $l$ 不同的原子轨道能量并不相同。原子轨道的能量的高低可以从屏蔽效应和钻穿效应两方面来分析。

(1) 屏蔽效应　多电子原子中的每一个电子，不但自身受其他电子的屏蔽，而且也对其他电子起屏蔽作用。电子离核的平均距离越大，它被其他电子屏蔽得越好，而它对其他电子的屏蔽越差。处于量子数为 $n$ 和 $l$ 的轨道上的电子离核的平均距离为[(1-166)式]

$$\bar{r} = \frac{n^2 a_0}{Z}\left[1 + \frac{1}{2}\left\{1 - \frac{l(l+1)}{n^2}\right\}\right]$$

上式说明，$n$ 越大，$\bar{r}$ 也越大。实际上 $n$ 越大，感受到的有效核电荷越小，$\bar{r}$ 比按上式估算的还要大。因此，$l$ 相同时 $n$ 越大，能量越高。例如

$$E_{1s} < E_{2s} < E_{3s} < E_{4s}$$

(2) 钻穿效应　量子数为 $n$ 和 $l$ 的轨道的径向分布函数有 $n-l$ 个极大，$n$ 相同时 $l$ 越小的轨道高峰越多，第一个峰(最小的峰)离核也越近(图 1-17)。这就是说，$n$ 相同时，$l$ 较小者出现在核附近的几率越大。由于离核越近时，感受到的核电荷越大，势能也越低。电子的平均势能为

$$\bar{V}_i = \int \psi_i^* \left(-\frac{Z'}{r_i}\right)\psi_i 4\pi r_i^2 dr_i = \int\left(-\frac{Z'}{r_i}\right)D(r_i)dr_i$$

可见 $\bar{V}$ 主要由电子出现在核附近的几率决定。根据维里定理，$\varepsilon_i = \frac{1}{2}\bar{V}_i$。由此可见，$n$ 相同时 $l$ 愈大者能量愈高，即

$$E_{ns} < E_{np} < E_{nd} < E_{nf}$$

现在要问:如 $n$ 和 $l$ 同时变化,能量的高低应该如何决定呢? 例如 $3d$ 能量比 $3s$ 高,$4s$ 能量也比 $3s$ 高,$3d$ 与 $4s$ 究竟哪一个高呢? 为了回答这个问题,作者从光谱数据归纳得到下列近似规律:[①]

(i) 对于原子的外层电子来说,$(n+0.7l)$越大,则能级越高。

(ii) 对于离子的外层电子来说,$(n+0.4l)$越大,则能级越高。

(iii) 对于原子或离子的较深内层电子来说,能级的高低基本上决定于 $n$。

因此,在研究原子的 X 射线光谱,即原子的内层电子的能级时,把 $n$ 相同的能级合并为一组,如 $K$ 层、$L$ 层、$M$ 层等是很合适的。但在研究原子的光学光谱,即原子的外层电子的能级时,这种分组法就不尽恰当了。例如 $4f$ 和 $4s$ 虽同属 $N$ 层,但前者的能级要比后者高得多,实际上比 $6s$ 的能级还要高些,所以它和 $6s$ 合为一组是更适宜的。

根据以上所述,作者建议把$(n+0.7l)$的第一位数字相同的各能级合为一组,称为"能级组",并按照第一位数字,称为第某能级组。例如 $4s$、$3d$ 和 $4p$ 的$(n+0.7l)$依次等于 4.0、4.4 和 4.7,它们的第一位数字是 4,因此可以合并为一组,称为第 4 能级组。在此组内能级的高低次序一般为

$$E(4s) < E(3d) < E(4p)$$

表 2-4 列出了各电子的$(n+0.7l)$值,它们的分组和组内的状态数。图 2-3 绘出了原子的电子能级示意图,其中每一圆圈表示一个电子状态。

**表 2-4 电子能级分组表**

| 电子状态 | $n+0.7l$ | 能级组 | 组内状态数 |
|---|---|---|---|
| $1s$ | 1.0 | Ⅰ | 1 |
| $2s$<br>$2p$ | 2.0<br>2.7 | Ⅱ | 4 |
| $3s$<br>$3p$ | 3.0<br>3.7 | Ⅲ | 4 |
| $4s$<br>$3d$<br>$4p$ | 4.0<br>4.4<br>4.7 | Ⅳ | 9 |
| $5s$<br>$4d$<br>$5p$ | 5.0<br>5.4<br>5.7 | Ⅴ | 9 |
| $6s$<br>$4f$<br>$5d$<br>$6p$ | 6.0<br>6.1<br>6.4<br>6.7 | Ⅵ | 16 |
| $7s$<br>$5f$<br>$6d$ | 7.0<br>7.1<br>7.4 | Ⅶ | 未完 |

① 参看徐光宪,"一个新的电子能级分组法",化学学报,22,80(1956)。

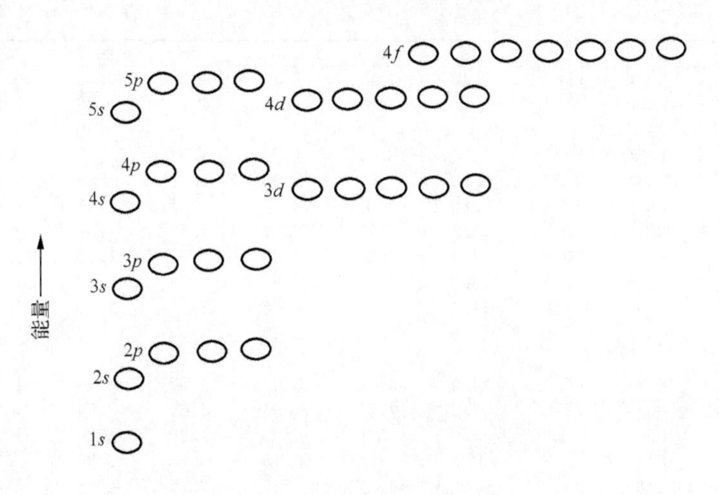


图 2-3　原子的电子能级示意图

值得注意的是，轨道能量的高低顺序不是一成不变的。例如在氢原子中 $E_{4s}>E_{3d}$，在填充 2s 和 2p 轨道过程中 3d 轨道能量基本上保持不变，4s 轨道的能量有所下降，这是因为 3d 轨道受 2s 和 2p 轨道屏蔽比较完全，而 4s 轨道由于钻穿效应屏蔽得不太完全。大约在 $Z=7$ 的 N 原子中 $E_{4s}\sim E_{3d}$，这以后 $E_{4s}<E_{3d}$。从 Na 开始至 Ar 相继填充 3s 和 3p 轨道，基于同样理由 $E_{4s}$ 继续下降，$E_{3d}$ 下降很少。到 $Z=19$ 的 K 时 $E_{4s}$ 比 $E_{3d}$ 低很多，所以先填充 4s。在 4s 填充电子的同时，$E_{3d}$ 急剧下降，这是因为 4s 对 3d 的屏蔽作用基本上为零，3d 感受的有效核电荷迅速增加。到 $Z=21$ 的 Sc 时 3d 轨道的能量已低于 4s。5s 与 4d 的关系与此类似。由于这一原因，第一过渡元素系（填充 3d）延迟至第四周期，第二过渡元素系（填充 4d）延迟至第五周期。

在重元素区，由于存在着很强的自旋角动量和轨道角动量的偶合，不包含自旋-轨道相互作用能的薛定谔方程已不适用。因此，在锕系元素中 5f 和 6d 轨道的相对能级高低对电子填充情况的变化更为灵敏。

表 2-5 列出各元素中性原子中的原子轨道能量，图 2-4(a)表示中性原子的轨道能量随原子序数的变化情况，其中 $Z=1-30$ 的部分放大为图 2-4(b)，由图中可以看出下列规律性①：

（ⅰ）氢原子的轨道能量只决定于主量子数 $n$，而与角量子数 $l$ 无关，$n$ 愈大，$\varepsilon_i$ 愈高。所以，$ns$，$np$，$nd$，$nf$ 等能级是从左边同一点开始的。当 $Z$ 增加时，$ns$ 下降最快，$np$ 次之，$nd$ 又次之。

① 徐光宪，徐佳，王祥云，化学通报，1986(3)，46 页。

**表 2-5　中性原子的原子轨**

| | | 1*s* | 2*s* | 2*p* | 3*s* | 3*p* | 3*d* | 4*s* | 4*p* | 4*d* |
|---|---|---|---|---|---|---|---|---|---|---|
| 1 | H | 13.60 | 3.40 | 3.40 | 1.51 | 1.51 | 1.51 | 0.85 | 0.85 | 0.85 |
| 2 | He | 24.59 | 4.77 | 3.62 | 1.87 | 1.58 | 1.51 | 0.99 | 0.88 | 0.85 |
| 3 | Li | 58.00 | 5.39 | 3.54 | 2.02 | 1.58 | 1.51 | 1.05 | 0.88 | 0.85 |
| 4 | Be | 115.0 | 9.32 | 6.59 | 2.86 | 2.03 | 1.51 | 1.33 | 1.15 | 0.85 |
| 5 | B | 192.0 | 12.9 | 8.30 | 3.33 | 2.23 | 1.51 | 1.47 | 1.25 | 0.85 |
| 6 | C | 288.0 | 16.6 | 11.3 | 3.78 | 2.72 | 1.51 | 1.58 | 1.32 | 0.85 |
| 7 | N | 403.0 | 20.3 | 14.5 | 4.22 | 2.94 | 1.51 | 1.70 | 1.33 | 0.85 |
| 8 | O | 538.0 | 28.5 | 13.6 | 4.47 | 2.88 | 1.54 | 1.78 | 1.33 | 0.85 |
| 9 | F | 694.0 | 37.8 | 17.4 | 4.73 | 3.05 | 1.55 | 1.90 | 1.42 | 0.85 |
| 10 | Ne | 870.0 | 48.5 | 21.6 | 5.05 | 3.28 | 1.63 | 2.00 | 1.51 | 0.85 |
| 11 | Na | 1075 | 66.0 | 34.0 | 5.14 | 3.03 | 1.52 | 1.94 | 1.39 | 0.86 |
| 12 | Mg | 1308 | 92.0 | 54.0 | 7.65 | 4.94 | 1.89 | 2.54 | 1.71 | 1.06 |
| 13 | Al | 1564 | 121.0 | 77.0 | 10.6 | 5.97 | 1.96 | 2.84 | 1.90 | 1.16 |
| 14 | Si | 1844 | 154.0 | 104 | 13.5 | 8.15 | 2.54 | 3.22 | 2.28 | 1.14 |
| 15 | P | 2148 | 191.0 | 134 | 16.2 | 10.5 | 2.25 | 4.03 | 2.87 | 1.18 |
| 16 | S | 2476 | 232.0 | 168 | 20.2 | 10.4 | 1.94 | 3.83 | 2.49 | 1.06 |
| 17 | Cl | 2829 | 277.0 | 206 | 24.5 | 13.0 | 2.01 | 4.09 | 2.73 | 1.16 |
| 18 | Ar | 3206 | 326.5 | 249 | 29.2 | 15.8 | 2.09 | 4.39 | 3.03 | 1.24 |
| 19 | K | 3610 | 381.0 | 296 | 37.0 | 18.7 | 1.67 | 4.34 | 2.73 | 0.94 |
| 20 | Ca | 4041 | 441.0 | 349 | 46.0 | 28.0 | 3.59 | 6.11 | 4.23 | 1.48 |
| 21 | Sc | 4494 | 503.0 | 403 | 55.0 | 33.0 | 8.0 | 6.54 | 4.61 | 1.96 |
| 22 | Ti | 4970 | 567.0 | 459 | 64.0 | 38.0 | 8.0 | 6.82 | 4.87 | 1.73 |
| 23 | V | 5470 | 633.0 | 518 | 72.0 | 43.0 | 8.0 | 6.74 | 4.71 | 1.52 |
| 24 | Cr | 5995 | 702.0 | 580 | 80.0 | 48.0 | 8.25 | 6.77 | 3.88 | 1.56 |
| 25 | Mn | 6544 | 755.0 | 645 | 89.0 | 53.0 | 9.0 | 7.43 | 5.15 | 1.65 |
| 26 | Fe | 7117 | 851.0 | 713 | 98.0 | 59.0 | 9.0 | 7.87 | 5.49 | 1.66 |
| 27 | Co | 7715 | 931.0 | 785 | 107 | 66.0 | 9.0 | 7.87 | 4.94 | 1.72 |
| 28 | Ni | 8338 | 1015 | 860 | 117 | 73.0 | 10 | 7.64 | 4.66 | 1.80 |
| 29 | Cu | 8986 | 1103 | 938 | 127 | 80 | 10.4 | 7.73 | 3.94 | 1.54 |
| 30 | Zn | 9663 | 1198 | 1024 | 141 | 91 | 11.2 | 9.39 | 5.39 | 1.65 |
| 31 | Ga | 10371 | 1302 | 1119 | 162 | 107 | 20.0 | 11.0 | 6.00 | 1.68 |
| 32 | Ge | 11107 | 1413 | 1220 | 184 | 125 | 32.0 | 14.3 | 7.90 | 1.89 |
| 33 | As | 11871 | 1531 | 1327 | 208 | 145 | 45.0 | 17.0 | 9.81 | 2.01 |
| 34 | Se | 12662 | 1656 | 1439 | 234 | 166 | 60 | 20.1 | 9.75 | 1.91 |
| 35 | Br | 13481 | 1787 | 1556 | 262 | 189 | 76 | 23.8 | 11.9 | 1.95 |
| 36 | Kr | 14327 | 1925 | 1678 | 293 | 214 | 93.8 | 27.5 | 14.0 | 2.00 |
| 37 | Rd | 15203 | 2068 | 1807 | 325 | 242 | 114 | 32 | 15.3 | 1.78 |
| 38 | Sr | 16108 | 2219 | 1943 | 361 | 273 | 137 | 40 | 22 | 3.44 |
| 39 | Y | 17041 | 2375 | 2083 | 397 | 304 | 161 | 48 | 29 | 6.38 |
| 40 | Zr | 18002 | 2536 | 2227 | 434 | 335 | 185 | 56 | 33 | 8.61 |
| 41 | Nb | 18990 | 2702 | 2375 | 472 | 367 | 209 | 62 | 38 | 7.17 |
| 42 | Mo | 20006 | 2872 | 2527 | 511 | 399 | 234 | 68 | 42 | 8.56 |
| 43 | Tc | 21050 | 3048 | 2683 | 551 | 432 | 259 | 74 | 45 | 8.6 |
| 44 | Ru | 22123 | 3230 | 2844 | 592 | 466 | 286 | 81 | 49 | 8.50 |
| 45 | Rh | 23225 | 3418 | 3010 | 634 | 501 | 313 | 87 | 53 | 9.56 |
| 46 | Pd | 24357 | 3611 | 3180 | 677 | 537 | 342 | 93 | 57 | 8.34 |
| 47 | Ag | 25520 | 3812 | 3557 | 724 | 577 | 373 | 101 | 63 | 10 |
| 48 | Cd | 26715 | 4022 | 3542 | 775 | 621 | 408 | 112 | 71 | 13 |
| 49 | In | 27944 | 4242 | 3735 | 830 | 669 | 447 | 126 | 82 | 20 |
| 50 | Sn | 29204 | 4469 | 3933 | 888 | 719 | 489 | 141 | 93 | 28 |

**道能量的负值($-\varepsilon_i$)**

| $4f$ | $5s$ | $5p$ | $5d$ | $5f$ | $6s$ | $6p$ | $6d$ | $6f$ | $7s$ |
|---|---|---|---|---|---|---|---|---|---|
| 0.85 | 0.54 | 0.54 | 0.54 | 0.54 | 0.38 | 0.38 | 0.38 | 0.38 | 0.28 |
| 0.85 | 0.61 | 0.56 | 0.54 | 0.54 | 0.42 | 0.39 | 0.38 | 0.38 | 0.30 |
| 0.85 | 0.64 | 0.56 | 0.54 | 0.54 | 0.43 | 0.39 | 0.38 | 0.38 | 0.31 |
| 0.85 | 0.77 | 0.69 | 0.54 | 0.54 | 0.49 | 0.45 | 0.38 | 0.38 | 0.33 |
| 0.85 | 0.84 | 0.70 | 0.54 | 0.54 | 0.52 | 0.46 | 0.38 | 0.38 | 0.34 |
| 0.85 | 0.87 | 0.71 | 0.54 | 0.54 | 0.54 | 0.47 | 0.38 | 0.38 | 0.36 |
| 0.85 | 0.93 | 0.73 | 0.54 | 0.54 | 0.56 | 0.48 | 0.38 | 0.38 | 0.38 |
| 0.85 | 0.96 | 0.75 | 0.55 | 0.54 | 0.58 | 0.49 | 0.38 | 0.38 | 0.40 |
| 0.85 | 0.99 | 0.77 | 0.55 | 0.54 | 0.59 | 0.50 | 0.38 | 0.38 | 0.41 |
| 0.85 | 1.10 | 0.78 | 0.56 | 0.54 | 0.60 | 0.51 | 0.38 | 0.38 | 0.42 |
| 0.85 | 1.02 | 0.79 | 0.60 | 0.54 | 0.63 | 0.51 | 0.38 | 0.38 | 0.43 |
| 0.86 | 1.21 | 0.87 | 0.65 | 0.54 | 0.72 | 0.57 | 0.45 | 0.38 | 0.47 |
| 0.86 | 1.32 | 0.97 | 0.70 | 0.54 | 0.76 | 0.61 | 0.48 | 0.38 | 0.50 |
| 0.86 | 1.43 | 1.16 | 0.73 | 0.54 | 0.80 | 0.65 | 0.49 | 0.38 | 0.52 |
| 0.86 | 1.50 | 1.17 | 0.78 | 0.54 | 0.84 | 0.68 | 0.49 | 0.38 | 0.54 |
| 0.86 | 1.59 | 1.20 | 0.79 | 0.54 | 0.88 | 0.71 | 0.50 | 0.38 | 0.56 |
| 0.86 | 1.72 | 1.31 | 0.80 | 0.54 | 0.97 | 0.75 | 0.50 | 0.38 | 0.58 |
| 0.86 | 1.86 | 1.47 | 0.83 | 0.54 | 1.02 | 0.80 | 0.50 | 0.38 | 0.60 |
| 0.86 | 1.73 | 1.28 | 0.84 | 0.54 | 1.06 | 0.81 | 0.50 | 0.38 | 0.63 |
| 0.86 | 2.20 | 1.58 | 0.85 | 0.54 | 1.09 | 0.82 | 0.51 | 0.38 | 0.64 |
| 0.86 | 2.30 | 1.61 | 0.86 | 0.54 | 1.14 | 0.84 | 0.51 | 0.38 | 0.65 |
| 0.86 | 2.38 | 1.63 | 0.87 | 0.54 | 1.17 | 0.85 | 0.52 | 0.38 | 0.66 |
| 0.86 | 2.14 | 1.58 | 0.87 | 0.54 | 1.18 | 0.87 | 0.52 | 0.38 | 0.67 |
| 0.86 | 2.19 | 1.52 | 0.88 | 0.54 | 1.19 | 0.89 | 0.53 | 0.38 | 0.67 |
| 0.86 | 2.54 | 1.73 | 0.88 | 0.54 | 1.21 | 0.90 | 0.53 | 0.38 | 0.68 |
| 0.86 | 2.58 | 1.75 | 0.89 | 0.54 | 1.22 | 0.91 | 0.53 | 0.38 | 0.68 |
| 0.86 | 2.31 | 1.75 | 0.89 | 0.54 | 1.23 | 0.92 | 0.54 | 0.38 | 0.69 |
| 0.86 | 2.58 | 1.75 | 0.90 | 0.54 | 1.25 | 0.93 | 0.54 | 0.38 | 0.70 |
| 0.86 | 2.38 | 1.60 | 0.90 | 0.54 | 1.27 | 0.94 | 0.55 | 0.38 | 0.70 |
| 0.86 | 2.73 | 1.80 | 0.92 | 0.54 | 1.28 | 0.95 | 0.58 | 0.38 | 0.75 |
| 0.86 | 2.92 | 1.91 | 0.94 | 0.54 | 1.34 | 0.99 | 0.59 | 0.38 | 0.77 |
| 0.86 | 3.26 | 2.20 | 1.02 | 0.54 | 1.43 | 1.09 | 0.60 | 0.38 | 0.81 |
| 0.86 | 3.49 | 1.36 | 1.02 | 0.54 | 1.47 | 1.11 | 0.62 | 0.38 | 0.85 |
| 0.86 | 3.77 | 2.41 | 1.02 | 0.54 | 1.57 | 1.16 | 0.64 | 0.38 | 0.90 |
| 0.86 | 3.94 | 2.54 | 1.05 | 0.54 | 1.61 | 1.20 | 0.66 | 0.38 | 0.92 |
| 0.86 | 4.08 | 2.69 | 1.09 | 0.54 | 1.65 | 1.24 | 0.68 | 0.38 | 0.93 |
| 0.86 | 4.18 | 2.62 | 0.99 | 0.54 | 1.68 | 1.24 | 0.70 | 0.38 | 0.94 |
| 0.86 | 5.70 | 3.92 | 1.39 | 0.54 | 1.80 | 1.50 | 0.77 | 0.38 | 0.96 |
| 0.86 | 6.48 | 5.07 | 1.42 | 0.54 | 2.00 | 1.54 | 0.80 | 0.38 | 0.97 |
| 0.86 | 6.84 | 5.01 | 1.49 | 0.54 | 2.05 | 1.58 | 0.80 | 0.38 | 0.98 |
| 0.86 | 6.88 | 4.15 | 1.53 | 0.54 | 2.10 | 1.62 | 0.81 | 0.38 | 1.00 |
| 0.86 | 7.10 | 3.54 | 1.53 | 0.54 | 2.18 | 1.65 | 0.85 | 0.38 | 1.02 |
| 0.86 | 7.28 | 5.25 | 1.54 | 0.54 | 2.22 | 1.67 | 0.85 | 0.38 | 1.04 |
| 0.86 | 7.37 | 4.10 | 1.55 | 0.54 | 2.25 | 1.69 | 0.86 | 0.38 | 1.06 |
| 0.86 | 7.46 | 4.10 | 1.56 | 0.54 | 2.27 | 1.71 | 0.87 | 0.38 | 1.09 |
| 0.86 | 7.52 | 4.11 | 1.57 | 0.54 | 2.28 | 1.73 | 0.88 | 0.38 | 1.13 |
| 0.86 | 7.58 | 3.92 | 1.58 | 0.55 | 2.30 | 1.75 | 0.89 | 0.38 | 1.17 |
| 0.86 | 8.99 | 5.26 | 1.65 | 0.55 | 2.61 | 1.80 | 0.90 | 0.38 | 1.23 |
| 0.86 | 10 | 5.79 | 1.71 | 0.55 | 2.77 | 1.84 | 0.95 | 0.38 | 1.29 |
| 0.86 | 12 | 7.34 | 1.92 | 0.55 | 3.04 | 1.96 | 0.98 | 0.38 | 1.36 |

| | | 1*s* | 2*s* | 2*p* | 3*s* | 3*p* | 3*d* | 4*s* | 4*p* | 4*d* |
|---|---|---|---|---|---|---|---|---|---|---|
| 51 | Sb | 30496 | 4703 | 4137 | 949 | 771 | 553 | 157 | 104 | 37 |
| 52 | Te | 31820 | 4945 | 4347 | 1012 | 825 | 578 | 174 | 117 | 46 |
| 53 | I | 33176 | 5195 | 4563 | 1078 | 881 | 625 | 193 | 131 | 56 |
| 54 | Xe | 34565 | 5453 | 4787 | 1149 | 941 | 676 | 213 | 146 | 68 |
| 55 | Cs | 35987 | 5717 | 5014 | 1220 | 1000 | 728 | 233 | 164 | 79 |
| 56 | Ba | 37442 | 5991 | 5249 | 1293 | 1063 | 782 | 254 | 181 | 92 |
| 57 | La | 38928 | 6269 | 5486 | 1365 | 1124 | 834 | 273 | 196 | 103 |
| 58 | Ce | 40446 | 6552 | 5726 | 1437 | 1184 | 885 | 291 | 209 | 111 |
| 59 | Pr | 41995 | 6839 | 5968 | 1509 | 1244 | 934 | 307 | 220 | 117 |
| 60 | Nd | 43575 | 7132 | 6213 | 1580 | 1303 | 983 | 321 | 230 | 122 |
| 61 | Pm | 45188 | 7432 | 6464 | 1653 | 1362 | 1032 | 355 | 240 | 127 |
| 62 | Sm | 46837 | 7740 | 6720 | 1728 | 1422 | 1083 | 349 | 251 | 132 |
| 63 | Eu | 48522 | 8056 | 6981 | 1805 | 1484 | 1135 | 364 | 262 | 137 |
| 64 | Gd | 50243 | 8380 | 7247 | 1884 | 1547 | 1189 | 380 | 273 | 143 |
| 65 | Tb | 51999 | 8711 | 7518 | 1965 | 1612 | 1243 | 398 | 285 | 150 |
| 66 | Dy | 53792 | 9050 | 7794 | 2048 | 1678 | 1298 | 416 | 297 | 157 |
| 67 | Ho | 55622 | 9398 | 8075 | 2133 | 1746 | 1354 | 434 | 310 | 164 |
| 68 | Er | 57489 | 9754 | 8361 | 2220 | 1815 | 1412 | 452 | 323 | 172 |
| 69 | Tm | 59393 | 10118 | 8651 | 2309 | 1885 | 1471 | 471 | 336 | 181 |
| 70 | Yb | 61335 | 10490 | 8946 | 2401 | 1956 | 1531 | 490 | 349 | 190 |
| 71 | Lu | 63320 | 10876 | 9250 | 2499 | 2032 | 1596 | 514 | 366 | 202 |
| 72 | Hf | 65350 | 11275 | 9564 | 2604 | 2113 | 1665 | 542 | 386 | 217 |
| 73 | Ta | 67419 | 11684 | 9884 | 2712 | 2197 | 1737 | 570 | 407 | 232 |
| 74 | W | 69529 | 12103 | 10209 | 2823 | 2283 | 1811 | 599 | 428 | 248 |
| 75 | Re | 71681 | 12532 | 10540 | 2937 | 2371 | 1887 | 629 | 450 | 264 |
| 76 | Os | 73876 | 12972 | 10876 | 3054 | 2461 | 1964 | 660 | 473 | 280 |
| 77 | Ir | 76115 | 13422 | 11219 | 3175 | 2554 | 2044 | 693 | 497 | 298 |
| 78 | Pt | 78399 | 13883 | 11567 | 3300 | 2649 | 2126 | 727 | 522 | 318 |
| 79 | Au | 80729 | 14356 | 11923 | 3430 | 2748 | 2210 | 764 | 548 | 339 |
| 80 | Hg | 83108 | 14845 | 12288 | 3567 | 2852 | 2300 | 806 | 579 | 363 |
| 81 | Tl | 85536 | 15350 | 12662 | 3710 | 2961 | 2394 | 852 | 615 | 391 |
| 82 | Pb | 88011 | 15876 | 13041 | 3857 | 3072 | 2490 | 899 | 651 | 419 |
| 83 | Bi | 90534 | 16396 | 13426 | 4007 | 3185 | 2588 | 946 | 687 | 448 |
| 84 | Po | 93106 | 16937 | 13816 | 4161 | 3301 | 2687 | 994 | 724 | 478 |
| 85 | At | 95729 | 17489 | 14212 | 4320 | 3420 | 2788 | 1044 | 761 | 508 |
| 86 | Rn | 98404 | 18055 | 14615 | 4483 | 3542 | 2890 | 1096 | 798 | 538 |
| 87 | Fr | 101134 | 18637 | 15028 | 4652 | 3666 | 2998 | 1152 | 839 | 572 |
| 88 | Ra | 103919 | 19237 | 15449 | 4827 | 3793 | 3111 | 1214 | 884 | 609 |
| 89 | Ac | 106759 | 19850 | 15874 | 5005 | 3921 | 3223 | 1274 | 928 | 645 |
| 90 | Th | 109654 | 20475 | 16303 | 5185 | 4029 | 3335 | 1333 | 970 | 679 |
| 91 | Pa | 112604 | 21112 | 16735 | 5368 | 4178 | 3446 | 1390 | 1011 | 712 |
| 92 | U | 115611 | 21762 | 17171 | 5553 | 4308 | 3557 | 1446 | 1050 | 743 |
| 93 | Np | 118676 | 22427 | 17612 | 5742 | 4440 | 3669 | 1504 | 1089 | 774 |
| 94 | Pu | 121800 | 23109 | 18059 | 5936 | 4574 | 3783 | 1563 | 1128 | 805 |
| 95 | Am | 124984 | 23803 | 18512 | 6135 | 4710 | 3898 | 1623 | 1167 | 836 |
| 96 | Cm | 128261 | 24523 | 18974 | 6313 | 4828 | 4014 | 1664 | 1194 | 864 |
| 97 | Bk | 131586 | 25260 | 19440 | 6523 | 4968 | 4133 | 1729 | 1236 | 898 |
| 98 | Cf | 134967 | 26008 | 19907 | 6733 | 5103 | 4247 | 1789 | 1273 | 925 |
| 99 | Es | 138400 | 26781 | 20383 | 6954 | 5247 | 4369 | 1857 | 1316 | 959 |
| 100 | Fm | 141962 | 27581 | 20872 | 7187 | 5399 | 4498 | 1933 | 1366 | 1000 |

续表

| 4*f* | 5*s* | 5*p* | 5*d* | 5*f* | 6*s* | 6*p* | 6*d* | 6*f* | 7*s* |
|---|---|---|---|---|---|---|---|---|---|
| 0.86 | 15 | 8.64 | 1.99 | 0.55 | 3.28 | 2.15 | 1.00 | 0.38 | 1.43 |
| 0.86 | 17.8 | 9.01 | 2.08 | 0.55 | 3.52 | 2.29 | 1.05 | 0.38 | 1.51 |
| 0.86 | 20.6 | 10.5 | 2.16 | 0.55 | 3.68 | 2.40 | 1.10 | 0.38 | 1.53 |
| 0.86 | 23.4 | 12.1 | 2.24 | 0.55 | 3.81 | 2.55 | 1.15 | 0.38 | 1.57 |
| 0.86 | 25 | 12.3 | 2.09 | 0.55 | 3.89 | 2.50 | 1.25 | 0.38 | 1.60 |
| 0.92 | 31 | 16 | 4.09 | 0.55 | 5.21 | 3.69 | 1.40 | 0.38 | 1.97 |
| 2.49 | 36 | 19 | 5.75 | 0.55 | 5.58 | 3.36 | 1.45 | 0.38 | 1.88 |
| 6 | 39 | 22 | 6 | 0.55 | 5.47 | 3.48 | 1.50 | 0.38 | 1.94 |
| 6 | 41 | 24 | 6 | 0.55 | 5.42 | 3.60 | 1.51 | 0.38 | 2.00 |
| 6 | 42 | 25 | 6 | 0.55 | 5.49 | 3.72 | 1.52 | 0.38 | 2.06 |
| 6 | 43 | 25 | 6 | 0.55 | 5.55 | 3.84 | 1.53 | 0.38 | 2.12 |
| 6 | 44 | 25 | 6 | 0.55 | 5.63 | 3.96 | 1.54 | 0.38 | 2.18 |
| 6 | 45 | 26 | 6 | 0.55 | 5.67 | 4.08 | 1.55 | 0.38 | 2.24 |
| 6 | 46 | 27 | 6 | 0.55 | 6.14 | 4.20 | 1.56 | 0.38 | 2.30 |
| 6 | 48 | 28 | 6 | 0.55 | 5.85 | 4.32 | 1.57 | 0.38 | 2.36 |
| 6 | 50 | 28 | 6 | 0.55 | 5.93 | 4.44 | 1.58 | 0.38 | 2.42 |
| 6 | 52 | 29 | 6 | 0.55 | 6.02 | 4.56 | 1.59 | 0.38 | 2.48 |
| 6 | 54 | 30 | 6 | 0.55 | 6.10 | 4.68 | 1.60 | 0.38 | 2.54 |
| 7 | 56 | 30 | 6 | 0.55 | 6.18 | 4.80 | 1.61 | 0.38 | 2.60 |
| 7 | 58 | 31 | 6 | 0.55 | 6.25 | 4.92 | 1.62 | 0.38 | 2.68 |
| 12 | 62 | 32 | 6.6 | 0.55 | 7.0 | 5.04 | 1.63 | 0.38 | 2.72 |
| 20 | 68 | 35 | 7.0 | 0.55 | 7.5 | 5.66 | 1.64 | 0.38 | 2.75 |
| 28 | 74 | 38 | 8.3 | 0.55 | 7.9 | 5.72 | 1.64 | 0.38 | 2.78 |
| 36 | 80 | 41 | 9.0 | 0.55 | 8.0 | 5.58 | 1.64 | 0.38 | 2.59 |
| 45 | 86 | 45 | 9.6 | 0.55 | 7.9 | 5.53 | 1.64 | 0.38 | 2.59 |
| 54 | 92 | 49 | 9.6 | 0.55 | 8.5 | 5.76 | 1.64 | 0.80 | 2.37 |
| 64 | 99 | 53 | 9.6 | 0.55 | 9.1 | 5.74 | 1.64 | 0.38 | 2.65 |
| 75 | 106 | 57 | 9.6 | 0.55 | 9.0 | 4.96 | 1.64 | 0.38 | 2.50 |
| 87 | 114 | 61 | 11.1 | 0.55 | 9.23 | 4.60 | 1.64 | 0.38 | 2.47 |
| 103 | 125 | 68 | 12 | 0.55 | 10 | 5.76 | 1.64 | 0.38 | 2.70 |
| 123 | 139 | 79 | 19 | 0.55 | 8 | 6.11 | 1.64 | 0.38 | 2.83 |
| 144 | 153 | 90 | 25 | 0.55 | 10 | 7.42 | 1.78 | 0.38 | 3.08 |
| 165 | 167 | 011 | 32 | 0.55 | 12 | 7.29 | 1.85 | 0.38 | 3.25 |
| 187 | 181 | 112 | 38 | 0.55 | 15 | 8.43 | 2.01 | 0.38 | 3.58 |
| 211 | 196 | 123 | 44 | 0.55 | 19 | 9.3 | 2.16 | 0.38 | 3.78 |
| 235 | 212 | 134 | 51 | 0.55 | 24 | 10.7 | 2.33 | 0.38 | .3.98 |
| 260 | 231 | 147 | 61 | 0.56 | 33 | 14 | 2.95 | 0.38 | 4.0 |
| 287 | 253 | 161 | 73 | 0.80 | 40 | 19 | 3.58 | 0.38 | 5.28 |
| 313 | 274 | 174 | 83 | 2.5 | 45 | 22 | 5.17 | 0.38 | 6.3 |
| 338 | 293 | 185 | 91 | 6 | 50 | 25 | 6.08 | 0.38 | 6.1 |
| 362 | 312 | 195 | 97 | 6 | 50 | 24 | 5.89 | 0.38 | 6 |
| 386 | 329 | 203 | 101 | 6 | 52 | 24 | 6.05 | 0.38 | 6.1 |
| 410 | 346 | 211 | 106 | 6 | 54 | 25 | 6 | 0.38 | 6.2 |
| 434 | 356 | 219 | 111 | 6 | 53 | 23 | 6 | 0.38 | 6.06 |
| 452 | 355 | 220 | 112 | 6 | 54 | 26 | 6 | 0.38 | 5.99 |
| 479 | 384 | 239 | 119 | 11 | 60 | 27 | 6 | 0.38 | 6.2 |
| 504 | 401 | 248 | 124 | 12 | 63 | 27 | 6 | 0.38 | 6.23 |
| 529 | 412 | 251 | 129 | 9 | 61 | 25 | 6 | 0.38 | 6.30 |
| 554 | 429 | 260 | 135 | 9 | 63 | 25 | 6 | 0.38 | 6.42 |
| 587 | 453 | 275 | 145 | 15 | 69 | 29 | 6 | 0.38 | 6.50 |

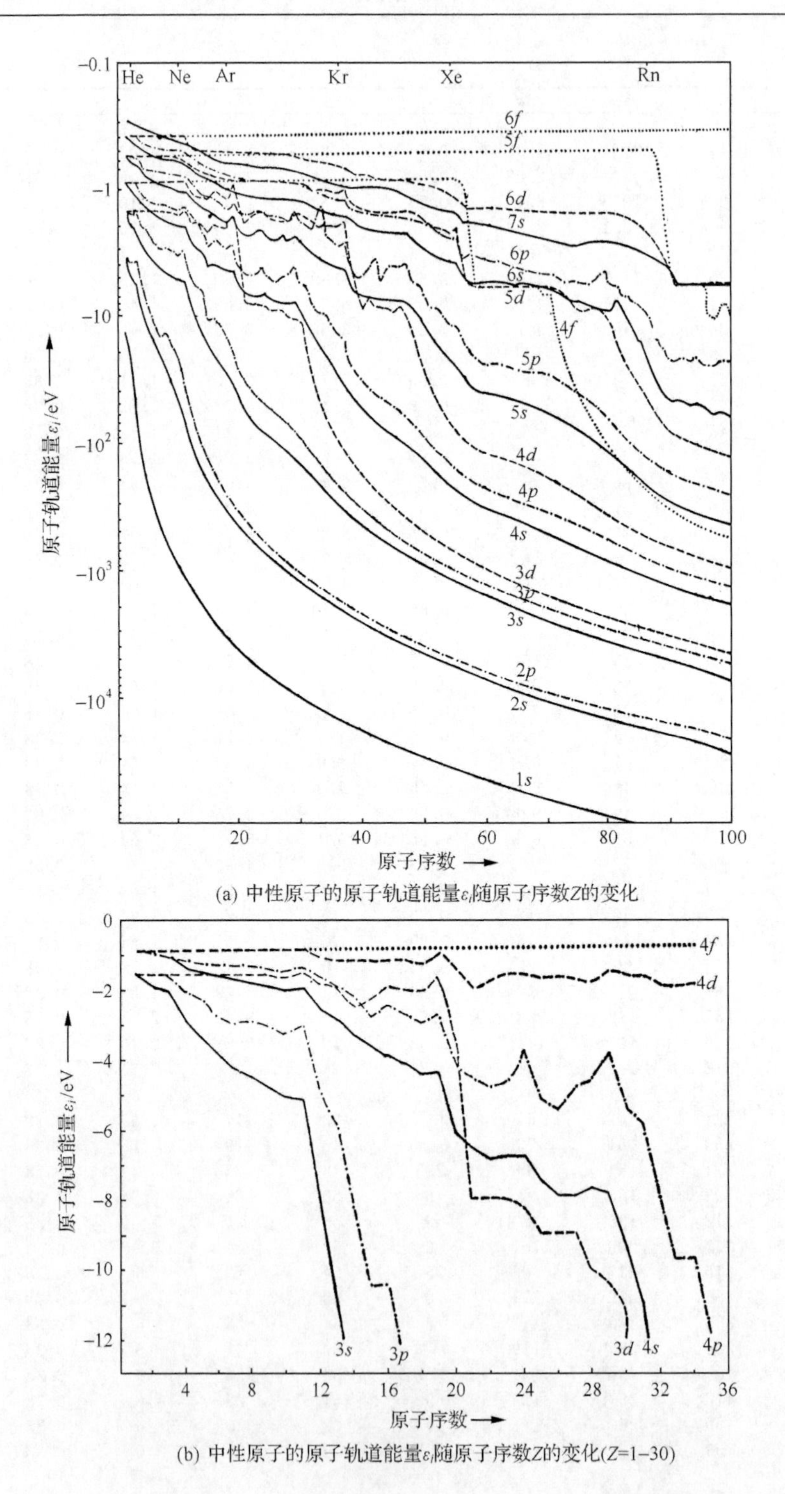


(a) 中性原子的原子轨道能量$\varepsilon_l$随原子序数$Z$的变化

(b) 中性原子的原子轨道能量$\varepsilon_l$随原子序数$Z$的变化($Z$=1–30)

图 2-4

（ⅱ）对于内层轨道，$n$ 愈大者，$\varepsilon_i$ 愈高，当 $n$ 相同时，l 愈大者，$\varepsilon_i$ 愈高。所以，内层轨道的能级顺序是 $1s,2s,2p,3s,3p,3d,4s,4p,4d,4f,\cdots$。

（ⅲ）对于激发态轨道(即能量高于价轨道的轨道)，当价轨道 $ns$ 中填充第一个电子时，$(n+1)s,(n+1)p,nd$ 等轨道的能量略微上升。当 $ns$ 中填充第二个电子时，这些轨道的能量都下降。于是，在每一周期的开始，激发态轨道 $(n+1)s$，$(n+1)p$ 及 $nd$ 的能量出现局部极大。在填充价轨道中的 $(n-1)d$ 或 $(n-2)f$ 时，各激发态轨道的能量大体上保持不变，因而出现平台。在填充价轨道中的 $np$ 轨道时，各激发态轨道的能量都近乎平行地下降。但对于 $f$ 轨道则不然。主量子数为 $n'$ 的 $f$ 轨道在 $(n'+2)s$ 轨道开始填充以前其能量保持不变，在 $(n'+2)s$ 轨道开始填充后急剧下降。因此，$n'f$ 轨道与 $(n'+2)s$，$(n'+1)d$ 及 $(n'+2)p$ 属于同一个能级组。

（ⅳ）对于价轨道，当电子填充其中的 $ns$ 轨道时，$np$、$(n'-1)d$ 及 $(n-2)f$ 轨道的能量急剧下降，下降的速度是 $(n-2)f>(n-1)d>(n-1)p$。因而在填充 $ns$ 后即开始填充 $(n-2)f$ 及 $(n-1)d$，于是出现过渡元素系，镧系及锕系元素。$(n-1)d$ 及 $(n-2)f$ 填满后开始填充 $np$ 轨道，它们的能量迅速下降，一般不再积极参与化学反应。这样一来，在每一周期的后部出现 $p$ 区元素。

（ⅴ）在价轨道 $ns$、$(n-1)d$、$np$ 或 $ns$、$(n-2)f$、$(n-1)d$ 及 $np$ 中，在开始填充 $(n-1)d$ 或 $(n-2)f$ 时，$ns$ 与 $(n-1)d$ 或 $ns$、$(n-1)d$ 及 $(n-2)f$ 的能量比较接近，于是出现交错填充的情况。例如 Cr 的电子组态是 $4s^1 3d^5$，Cu 的电子组态是 $4s^1 3d^{10}$，Nb 的电子组态是 $5d^1 4d^4$，Mo 的电子组态是 $5s^1 4d^5$，Rh 的电子组态是 $5s^1 4d^8$，Pd 的电子组态是 $5s^0 4d^{10}$。La 的电子组态为 $6s^2 5d^1$，而 Ce 的电子组态为 $6s^2 5d^0 4f^2$。在锕系元素中，这种交错填充的情况更多。中性原子的电子组态必然是可能采用的各种组态中能使体系能量最低的一种组态。

# §2-3　电子自旋和泡利原理

## 1. 电子自旋

电子自旋的存在，可以从下述事实得到证明：

(1) 史特思-盖拉赫实验　1922 年史特思(O. Stern)和盖拉赫(W. Gerlach)将基态银原子束通过一个极不均匀的磁场，发现银原子束被分裂成两束。他们又用其他原子束进行类似的实验，观察到在所有的情况下被不均匀磁场分裂成的组分数总是偶数。这与只考虑电子的轨道运动磁矩(参看§2-8)作出的预言矛盾，因为角量子数为 $l$ 的电子的轨道磁矩在磁场中有 $2l+1$ 个可能取向，$2l+1$ 必定是奇数。1927 年有人用基态氢原子束进行上述实验，所得结果特别有意义。因为基态氢原子只有一个 $1s$ 电子，其轨道磁矩为零。实验中观察到氢原子束被不均匀磁场分裂成两束，说明氢原子具有磁矩，在磁场中有两种可能的取向。这一磁矩不可能是氢原子核的磁矩的贡献，因为核磁矩比电子磁矩要小约三个数量级。因此，氢原子的磁矩只可能是电子的固有磁矩的贡献。

(2) 光谱的精细结构　钠原子的 $3P \to 3S$ 跃迁光谱线(即钠 $D$ 线)是由两条靠得很近的谱线 $D_1 = 589.6\text{nm}$ 和 $D_2 = 589.0\text{nm}$ 组成，称为钠 $D$ 线的精细结构。钠 $D$ 线的双线结构说明始态($3P$)和终态($3S$)中有一个发生了能级分裂，如果假定电子有某种内禀角动量存在，钠 $D$ 线的精细结构就可以得到解释。

(3) 塞曼(Zeeman)效应　置于均匀磁场中的原子发射的光谱线与没有磁场时相比发生分裂的现象称为塞曼效应。如果不假定电子具有固有的磁矩，则由塞曼效应引起的谱线分裂的数目和间距就无法解释(详见 § 2－8)。

1925 年荷兰物理学家乌伦贝克(G. Uhlenbeck)和古兹密特(S. A. Goudsmit)为了解释这些现象，提出了电子自旋的假设。电子自旋是与电子的空间坐标 $x, y, z$ 无关的转动，它的大小是电子的固有性质，与电子相对于参考坐标系的运动速度无关。电子的自旋运动具有下述性质：

(ⅰ) 电子自旋角动量在任何方向的投影只能取 $\pm\frac{1}{2}\hbar$ 两个值，因此电子自旋(角动量)量子数 $s = \frac{1}{2}$，自旋磁量子数 $m_s = \pm\frac{1}{2}$。

(ⅱ) 与电子自旋运动相联系的是电子具有固有磁矩，自旋磁矩与自旋角动量之比为 $-\frac{e}{m_e}$。

电子自旋及其性质可以从相对论波动方程[狄拉克(Dirac)方程]导出。

电子的自旋运动有两种状态，分别用波函数 $\alpha$ 和 $\beta$ 描写。若指定处于自旋 $\alpha$ 态的电子的自旋角动量在空间给定方向的投影为 $\frac{1}{2}\hbar$，则处于自旋 $\beta$ 态的电子的自旋角动量在该方向的投影为 $-\frac{1}{2}\hbar$。习惯上用箭号 ↑ 表示处于 $\alpha$ 态的电子，用箭号 ↓ 表示处于 $\beta$ 态的电子。若以 $\hat{\mathbf{S}}^2$ 和 $\hat{\mathbf{S}}_z$ 表示自旋角动量算符，则

$$\left.\begin{aligned}\hat{\mathbf{S}}^2\alpha &= s(s+1)\hbar^2\alpha \\ \hat{\mathbf{S}}^2\beta &= s(s+1)\hbar^2\beta\end{aligned}\right\} \tag{2-26}$$

$$\left.\begin{aligned}\hat{\mathbf{S}}_z\alpha &= \frac{1}{2}\hbar\alpha \\ \hat{\mathbf{S}}_z\beta &= -\frac{1}{2}\hbar\beta\end{aligned}\right\} \tag{2-27}$$

这样一来,电子的运动要用 $n,l,m,m_s$ 四个量子数来刻画。描述电子运动的完全波函数要包含两个部分,即空间部分 $\phi_{nlm}$ 和自旋部分 $\sigma_{m_s}$

$$\psi_{nlmm_s}(x,y,z,\gamma) = \phi_{nlm}(x,y,z)\sigma_{m_s}(\gamma) \tag{2-28}$$

上式中 $\sigma_{m_s}$ 代表 $\alpha$ 或 $\beta$,若 $m_s=\frac{1}{2}$,则 $\sigma_{m_s}=\sigma_{\frac{1}{2}}=\alpha$;若 $m_s=-\frac{1}{2}$,则 $\sigma_{m_s}=\sigma_{-\frac{1}{2}}=\beta$。这种包含空间波函数和自旋波函数的完全波函数称为自旋轨道(spin-orbital)。(2-28)式中的 $\gamma$ 称为自旋坐标或自旋变量。引入自旋坐标只是形式上的。

可以证明,自旋波函数 $\alpha$ 和 $\beta$ 相互正交,习惯上还规定 $\alpha$ 与 $\beta$ 均已归一化,即有

$$\left.\begin{aligned}\int\alpha^*(\gamma)\alpha(\gamma)d\gamma = 1 \\ \int\beta^*(\gamma)\beta(\gamma)d\gamma = 1\end{aligned}\right\} \tag{2-29}$$

$$\int\alpha^*(\gamma)\beta(\gamma)d\gamma = \int\beta^*(\gamma)\alpha(\gamma)d\gamma = 0 \tag{2-30}$$

光子也有固有自旋,其自旋量子数为 1。

## 2. 电子的等同性和泡利原理

在像多电子原子和分子这样的多电子体系中,各个电子是完全等同的,即它们具有完全相同的静质量、电荷和自旋。因此,我们不能利用这些性质来区分它们。由于微观粒子的运动具有统计性质,我们也不能指望通过追踪它们的运动轨迹来辨认它们。在量子力学中,这类体系称为全同粒子体系。

现在我们来讨论全同粒子的不可区分性会给全同粒子体系的波函数带来什么限制。以只包含两个电子的氦原子为例,同时发现第 1 个电子在点$(x_1,y_1,z_1)$附近微体积 $d\tau_1$,内和第 2 个电子在点$(x_2,y_2,z_2)$附近微体积 $d\tau_2$ 内的几率必须等于同时发现第 1 个电子在 $d\tau_2$ 内和第 2 个电子在 $d\tau_1$ 内的几率,即

$$|\phi(1,2)|^2 = |\phi(2,1)|^2$$

所以

$$\phi(1,2) = \phi(2,1) \tag{2-31}$$

或

$$\phi(1,2) = -\phi(2,1) \tag{2-32}$$

(2-31)式所示的函数在交换两个电子的空间坐标后,其值不变,这样的函数称为对称函数;(2-32)式所示的函数在交换两个电子的空间坐标后,其大小不变而符

号改变,这样的函数称为反对称函数。

如果把上面的讨论推广到多电子体系,可以得到这样的结论:由于电子的等同性,多电子体系的波函数在交换其中任意两个电子的空间坐标的情况下,必须是对称的或反对称的。

上面讨论的波函数未包含电子的自旋。仍以氦原子为例,它的自旋状态有以下四种可能性:

$$\chi_1 = \alpha(1)\alpha(2) \tag{2-33}$$

$$\chi_2 = \beta(1)\beta(2) \tag{2-34}$$

$$\chi_3 = \alpha(1)\beta(2) \tag{2-35}$$

$$\chi_4 = \beta(1)\alpha(2) \tag{2-36}$$

上列诸式中,$\alpha(1)\beta(2)$表示第1个电子处于自旋$\alpha$态,第2个电子处于自旋$\beta$态,余类推。$\chi_1$ 和 $\chi_2$ 表示两个电子自旋相同,$\chi_3$ 和 $\chi_4$ 表示两个电子的自旋相反。由于电子的等同性,它们的总的自旋波函数对于交换两个电子的自旋坐标必须是对称的或反对称的。上述四式中,$\chi_1$ 和 $\chi_2$ 是对称的,但 $\chi_3$ 和 $\chi_4$ 是“非对称”的。注意到 $\chi_3$ 和 $\chi_4$ 是等价自旋波函数,可以通过线性组合组成两个新的等价波函数:

$$\chi_5 = \frac{1}{\sqrt{2}}[\alpha(1)\beta(2) + \beta(1)\alpha(2)] \tag{2-37}$$

$$\chi_6 = \frac{1}{\sqrt{2}}[\alpha(1)\beta(2) - \beta(1)\alpha(2)] \tag{2-38}$$

$\chi_5$ 是对称的, $\chi_6$ 是反对称的。

我们同样可以将上述的讨论推广到多电子体系,结论是:由于电子的等同性,多电子体系的波函数在交换其中任意两个电子的自旋坐标的情况下,必须是对称的或反对称的。

在前一小节中曾指出,电子的完全波函数$\psi$是空间波函数$\phi$与自旋波函数$\chi$(对单电子而言是$\sigma$)的乘积。包含空间波函数与自旋波函数的完全波函数对于交换两个电子的坐标(包括空间坐标和自旋坐标,即 $x,y,z,\gamma$)是不是对称的和反对称的都可以呢?这个问题不能用理论而只能用实验来回答。实验告诉我们,包含两个或两个以上的粒子的体系的完全波函数,对于交换体系中任意两个自旋量子数为半奇整数的粒子[即费米子(fermions),如电子、质子,中子等]的坐标和自旋来说,必须是反对称的;对于交换体系中任意两个自旋量子数为整数或零的粒子[即玻色子(bosons),如$\alpha$粒子,光子等]的坐标和自旋来说,必须是对称的。这一结论是首先由泡利(W. Pauli)总结出来的,称为泡利原理。

现在我们来考察氦原子基态。若两个电子都处于 $1s$ 轨道,即

$$\phi_1(1) = \phi_{1s}(1)$$

$$\phi_2(2) = \phi_{1s}(2)$$

氦原子波函数的空间部分只有对称的一种

$$\phi(1,2)=\phi_{1s}(1)\phi_{1s}(2)$$

完全波函数 $\psi$ 还应当包括自旋波函数 $\chi$。按照泡利原理，$\psi=\phi\chi$ 应当是反对称的，所以 $\chi$ 必须是反对称的。这只能是(2-38)式的 $\chi_6$，即

$$\psi(1,2)=\phi(1,2)\chi_6=\frac{1}{\sqrt{2}}\phi_{1s}(1)\phi_{1s}(2)[\alpha(1)\beta(2)-\beta(1)\alpha(2)] \tag{2-39}$$

上式说明，氦原子的两个电子若都处于 $1s$ 轨道，则它们的自旋必须相反。

对于锂原子，它有三个电子，是否可以让三个电子都处于 $1s$ 轨道呢？因为 $\phi(1,2,3)=\phi_{1s}(1)\phi_{1s}(2)\phi_{1s}(3)$ 是对称的，其自旋波函数对于交换某两个电子也一定是对称的，因为自旋态只有 $\alpha$ 和 $\beta$ 两种，电子却有三个，因此其中必有两个电子的自旋相同，交换这两个电子的自旋显然是对称的。由此可以作出结论，锂原子的三个电子不能都处于 $1s$ 态。

通过上面两个例子我们看到，在一个多电子原子中，不允许两个或两个以上的电子具有完全相同的四个量子数 $n,l,m$ 和 $m_s$，或者说，在同一个原子中，最多只能有两个电子处在同一状态（这里指的是由三个量子数 $n,l,m$ 规定的状态），并且这两个电子的自旋必须相反。这是泡利原理的另一种叙述。

(2-39)式可以写成行列式的形式

$$\psi(1,2)=\frac{1}{\sqrt{2}}\begin{vmatrix}\phi_{1s}(1)\alpha(1)\phi_{1s}(2)\alpha(2)\\ \phi_{1s}(1)\beta(1)\phi_{1s}(2)\beta(2)\end{vmatrix}$$

若记 $\psi_i$ 为第 $i$ 个自旋轨道，则含 $N$ 个电子体系的波函数可以写成

$$\psi(1,2,\cdots,N)=\frac{1}{\sqrt{N!}}\begin{vmatrix}\psi_1(1) & \psi_1(2) & \cdots & \psi_1(N)\\ \psi_2(1) & \psi_2(2) & \cdots & \psi_2(N)\\ \cdots & \cdots & \cdots & \cdots\\ \psi_N(1) & \psi_N(2) & \cdots & \psi_N(N)\end{vmatrix} \tag{2-40}$$

由于交换行列式的两行或两列行列式变号，所以上述形式的波函数满足反对称要求。通常称这种行列式为斯莱特行列式波函数。

### 3. 哈特里-福克方程

哈特里的 SCF AO 不满足反对称要求。福克考虑了电子的自旋，将多电子原子的波函数写成斯莱特行列式，所得的单电子薛定谔方程称为哈特里-福克方程。考虑电子的等同性后的单电子算符为

$$\hat{\mathbf{h}}_i=-\frac{1}{2}\nabla_i^2-\frac{Z}{r_i}+\sum_j(\hat{\mathbf{J}}_j-\hat{\mathbf{K}}_j) \tag{2-41}$$

单电子的薛定谔方程即哈特里-福克方程为

$$\left[-\frac{1}{2}\nabla_i^2-\frac{Z}{r_i}+\sum_j(\hat{\mathbf{J}}_j-\hat{\mathbf{K}}_j)\right]\psi_i(1)=\varepsilon_i\psi_i(1) \tag{2-42}$$

(2-41)和(2-42)式中的$\hat{\mathbf{J}}$称为库仑算符，$\hat{\mathbf{K}}$称为交换算符，它们的定义是

$$\hat{\mathbf{J}}_j \equiv \iint \frac{\psi_j^*(2)\psi_j(2)}{r_{12}} d\tau_2 d\gamma_2 = \int \frac{\phi_j^*(2)\phi_j(2)}{r_{12}} d\tau_2 \int \sigma_j^*(2)\sigma_i(2) d\gamma 2$$

$$= \int \frac{\phi_j^*(2)\phi_j(2)}{r_{12}} d\tau_2 \tag{4-43}$$

$$\hat{\mathbf{K}}_j \psi_i(1) \equiv \left[\iint \frac{\psi_j^*(2)\psi_i(2)}{r_{12}} d\tau_2 d\gamma_2\right] \psi_j(1) \tag{4-44}$$

由于电子的等同性，所以上列各式中的电子 1 和电子 2 可以代表其他所有的电子。为了说明 $\hat{\mathbf{J}}$ 和 $\hat{\mathbf{K}}$ 的物理意义，我们用 $\phi_i^*(1)$左乘(2-42)式两边并积分，得

$$\varepsilon_i = \int \phi_i^*(1)\left[-\frac{1}{2}\nabla_i^2 - \frac{Z}{r_i}\right]\phi_i(1) d\tau_1 + \sum_j \iint \frac{\phi_i^*(1)\phi_j^*(2)\phi_i(1)\phi_j(2)}{r_{12}} d\tau_1 d\tau_2$$

$$- \sum_j \left[\iint \frac{\phi_i^*(1)\phi_j^*(2)\phi_i(2)\phi_j(1)}{r_{12}} d\tau_1 d\tau_2\right] \times \int \sigma_i^*(1)\sigma_j(1) d\gamma_1 \times \int \sigma_j^*(2)\sigma_i(2) d\gamma_2$$

上式中第 1 项与第 2 项已用了自旋函数的归一化性质。在第 3 项中，若两个电子自旋相同(或称自旋平行)，即 $\sigma_i = \sigma_j$，则后面两个因子均等于 1；若自旋相反，即 $\sigma_i = \alpha, \sigma_j = \beta$，则后面两个因子均等于零。所以

$$\varepsilon_i = \varepsilon_i^0 + \sum_j J_{ij} - \sum_j^{\uparrow\uparrow} K_{ij} \quad (\uparrow\uparrow \text{ 表示自旋相同}) \tag{2-45}$$

上式中

$$\varepsilon_i^0 = \int \phi_i^*(1)\left[-\frac{1}{2}\nabla_i - \frac{Z}{r_i}\right]\phi_i(1) d\tau_1 \tag{2-46}$$

$$J_{ij} = \iint \frac{\phi_i^*(1)\phi_j^*(2)\phi_i(1)\phi_j(2)}{r_{12}} d\tau_1 d\tau_2 \tag{2-47}$$

$$K_{ij} = \iint \frac{\phi_i^*(1)\phi_j^*(2)\phi_i(2)\phi_j(1)}{r_{12}} d\tau_1 d\tau_2 \tag{2-48}$$

$\varepsilon_i^0$ 表示忽略电子之间的排斥能时处于 $\psi_i$ 轨道上的电子的能量，$J_{ij}$ 表示 $\psi_i$ 与 $\psi_j$ 两个轨道上的电子之间的排斥能，$K_{ij}$ 表示 $\psi_i$ 和 $\psi_j$ 两个轨道上的电子之间的“交换能”。“交换”这一名称的来历是积分(2-48)和积分(2-47)比较前者是由后者的被积函数中交换其中两个轨道中的电子标号。

从上述推引过程我们知道，“交换能”来源于电子的等同性和泡利原理。原来，不仅两个自旋相同的电子在空间同一点上出现的几率为零，而且它们互相靠得很近的几率也是很小的。也就是说，自旋相同的电子趋向于互相回避。这样一来，自旋相同的两个电子之间的排斥能要比自旋相反的两个电子之间的排斥能来得小。这种自旋相同的电子趋向于互相回避的效应称为自旋相关，“交换能”实质上是由于自旋相同的电子之间的自旋相关引起的相互排斥能减少的部分，并不是真的发生了两个电子的交换。

由于自旋相关效应的存在，两个电子在一组等价轨道(如三个 $p$ 轨道，五个 $d$

轨道和七个 $f$ 轨道)上排布时,它们将分占不同的轨道并保持自旋平行。这一规律最初是由洪特(F. Hund)从光谱实验数据总结出来的,称为洪特规则。

从(2-45)式可知,体系的总能量为

$$E = \sum_i \varepsilon_i - \sum_i \left( \sum_{j<i} J_{ij} - \sum_{j<i}^{\uparrow\uparrow} K_{ij} \right) \tag{2-49}$$

# §2-4　核外电子的配布和元素周期表

## 1. 核外电子配布的原则

迄今已经发现或合成的化学元素共有 109 种,从氢开始到最重的元素,随着原子核内质子数的增加(中子数以更快的速度增加),核外电子相应地逐渐填充,元素的性质呈现出周期性的变化。这种周期性是核外电子的配布具有壳层结构的反映。在前两节中我们讨论了原子中各种可能的电子状态和它们的能级高低以及各个电子之间的相关性。现在我们要问:原子的核外电子是怎样地分配在这种状态中? 理论分析和实验事实说明,基态原子的核外电子的配布服从下列三条原则:

(1) 最低能量原理——电子的配布,在不违背泡利原理的条件下,将尽可能地使体系的能量最低。

(2) 泡利原理——在同一原子中,最多只能有两个电子处在同一状态(这里指的是由三个量子数 $n,l,m$ 规定的状态),并且这两个电子的自旋方向必须相反。

(3) 洪特规则——在等价轨道上配布的电子将尽可能分占不同的轨道,而且自旋平行。

在一般情况下,将电子按原子轨道的能级顺序由低到高配布可使体系能量最低。但由于原子轨道的能量随其本身及其他原子轨道的电子占据情况而变化,也就是说,不同的原子或离子的原子轨道能级顺序不尽相同,不存在一个普遍适用的能级顺序。特别值得指出的是,$4s$ 和 $3d$ 轨道,$5s$ 和 $4d$ 轨道,$6s$、$4f$ 和 $5d$ 轨道,以及 $7s$、$5f$ 和 $6d$ 轨道,作为外层轨道时能量相差不多,对于电子填充情况变化很灵敏,有时出现能级交错填充的情况。例如 $4s$ 和 $3d$ 轨道在 Ca 以后是 $E_{4s}>E_{3d}$,似乎在 Sc 以后应先填充 $3d$ 后填充 $4s$。但出现 $E_{4s}>E_{3d}$ 正是 $4s$ 中填充电子造成的。在 Sc 以后如将电子全部填入 $3d$ 轨道,$3d$ 轨道能量将比优先填充 $4s$ 再填充 $3d$ 时要高,整个原子的能量也会升高,除非有别的效应(使 $3d$ 轨道半充满或全充满,见下文)可以抵消这种作用,否则仍是先填充 $4s$,后填充 $3d$。决定基态原子核外电子组态[①]的是体系的总能量而不是轨道能级的高低。

① 当一个原子中的每个电子的量子数 $n$ 和 $l$ 均被指定以后,则称原子具有某一确定的组态。例如 Cr 的电子配布方式为 $1s^2 2p^6 3s^2 3p^6 4s^1 3d^5$,此即 Cr 的电子组态。为简便计,一般只写出价电子,如 Cr 的电子组态可简写成 $4s^1 3d^5$ 或 $s^1 d^5$。

洪特规则不但决定电子在等价轨道中的配布方式，而且也影响电子在能量相近的轨道中的排布。等价轨道半充满比较稳定是洪特规则的一个特例。这是因为等价轨道中的电子彼此之间的屏蔽很差(表 2-2)，因此随着亚层的逐步填充，有效核电荷 $Z'$ 不断增加。另一方面，半充满时自旋平行的电子数目最多，“交换能”的贡献达到最大。在半充满以后，虽然有效核电荷还在增加，但“交换能”的贡献却在减少。综合这两个因素的影响，半充满显得比较稳定。应用洪特规则可以解释 Cr 的电子组态是 $4s^1 3d^5$ 而不是 $4s^2 3d^4$，Nb 的电子组态是 $5s^1 4d^4$ 而不是 $5s^2 4d^3$，Mo 的电子组态是 $5s^1 4d^5$ 而不是 $5s^2 d^4$ 等。

亚层全充满时特别稳定。前面曾经指出，在向同一亚层填充电子时，该亚层上的电子感受到的有效核电荷 $Z'$ 随之增大，全充满时 $Z'$ 达到极大值，因而该亚层的轨道半径取极小值，从该亚层中移走一个电子所需的能量(电离能)达到极大值。全充满以后，下一个电子必须填充到下一个亚层中去。由于亚层之间的能量相差一般比较大[尤其是 $np$ 轨道与 $(n+1)s$ 轨道能量相差很大]，以及电子云呈球对称分布的全充满亚层对这一电子屏蔽得很好，使得该电子能量比较高，容易失去。因此亚层全充满时特别稳定。惰性气体元素、碱金属、锌分族的化学性质均与亚层全充满有密切关系。Cu 的电子组态是 $4s^1 3d^{10}$ 而不是 $4s^2 d^9$，Pd 是 $4d^{10}$ 而不是 $5s^2 4d^8$ 等都可以用亚层全充满特别稳定来解释。

亚层半充满和全充满比较稳定的现象也可以用它们的电子云呈球形分布因而在径向部分没有节面来解释①。量子力学的微扰理论可以对这种现象定量地加以证明。

**2. 原子的电子组态和元素周期表**

按照上面讨论的三条原则，从能量最低的 $1s$ 状态开始，将电子逐渐填充上去，将外层轨道属于同一能级组的元素排在同一周期，将电子组态类似的元素排在同一族，就得到化学元素的周期表。由于外层轨道的能量大体上由 $n+0.7l$ 决定，因此可按 $n+0.7l$ 计算的能级顺序进行填充，例外情况前面已经解释。表 2-6(b)标出了各元素的基态原子的电子组态。除了破、钫及 100 号以后的元素以外，其他元素的电子组态均由原子光谱求得。

第一周期中填充的是 $1s$ 轨道，只包含两个元素。第二、三周期分别填充 $2s$、$2p$ 轨道和 $3s$、$3p$ 轨道，各包含 8 个元素。第四、五周期中填充的轨道分别为 $4s$、$3d$、$4p$ 和 $5s$、$4d$、$5p$，各包含 18 个元素。这两个周期都涉及 $d$ 轨道的填充。中性原子基态或者化学上重要的一个或几个离子态含有未充满的 $d$ 轨道的元素(从 Sc 到 Cu 及从 Y 到 Ag)在物理和化学性质方面表现出很多共性，称为过渡元素，位于第

① 熊慧龄，化学通报，1980 年第 5 期 51 页。

四周期的过渡元素称为第一过渡元素系，位于第五周期的过渡元素称为第二过渡元素系。第六，七周期分别填充 $6s,4f,5d,6p$ 和 $7s,5f,6d,7p$，各包含 32 个元素。第七周期中的最后几个元素还没有制备出来。这两个周期的显著特点是涉及 $f$ 轨道的填充。从 58 号 Ce 开始填充 $4f$ 电子，到 70 号 Yb 填满，71 号 Lu 的电子组态为 $6s^2 4f^{14} 5d^1$。由于 $4f$ 轨道深埋在 $5s$、$5p$ 轨道之内，对成键贡献很小，也很少受环境的影响，从 La 到 Lu 的三价离子具有 $f_x(x=0-14)$ 的组态，化学性质非常相似，称为镧系元素。属于同一族的 Y 的原子半径和 Gd 几乎相等。$Y^{3+}$ 的半径与 $Er^{3+}$ 的几乎相等，化学上与镧系元素相似，通常将 Y 和镧系元素统称为稀土元素。由于 $4f$ 电子对 $4f$ 电子屏蔽作用很小，对 $5s$、$5p$、$5d$ 轨道屏蔽不完全，所以随 $4f$ 轨道中填充电子，$4f$、$5s$、$5p$、$5d$ 轨道上的电子感受的核电荷不断增加，因此原子半径和离子半径逐渐收缩(镧系收缩)。从 72 号 Hf 起开始重新填充 $5d$ 轨道，到 Au 时 $5d$ 轨道充满，形成第三过渡元素系。由于镧系收缩，第三过渡系的元素与第二过渡系中的同族元素半径很相近。第七周期的情况稍有不同。由于 $4f$ 轨道径向分布没有节面，$5f$ 轨道有一个节面，后者比前者的电子云分布更为弥散，参与成键的程度比 $4f$ 轨道要大，例如 Np、Pu 和 Am 的最高氧化态可达 +7。

表 2-6(a)是现代元素周期表，表 2-6(b)给出了各元素基态原子的电子组态。我们可以将周期表中的元素分成五个区域：(1)$s$ 区——包括ⅠA 和ⅡA 族，电子组态是 $s^1$ 和 $s^2$。(2)$p$ 区——包含ⅢA 主ⅦA 族及氧族元素，电子组态是 $s^2p^x$，$x=1-6$。(3)$d$ 区——包括ⅢB 至 Ⅷ族，电子组态为 $s^2d^x$ 或 $s^1d^{x+1}$ 或 $s^0d^{x+2}$，$x=1-8$。(4)$ds$ 区——包括ⅠB 和ⅡB 族，电子组态是 $s^xd^{10}$，$x=1-2$。(5)$f$ 区——包括镧系元素和锕系元素，电子组态为 $s^2d^0f^{x+1}$ 或 $s^2d^1f^x$ 或 $s^2d^2f^{x-1}$，$x=0-14$。

**3. 离子的电子层结构**

由前面的讨论我们知道，Sc 原子的电子组态是 $4s^2 3d^1$ 而不是 $4s^0 3d^2$，这是因为在原子中 $4s$ 的能量低于 $3d$，所以电子先填满 $4s$，然后再填到 $3d$ 上去。现在要问，Sc 原子失去一个电子变成 $Sc^+$ 离子时，失去的是 $3d$ 电子呢？还是 $4s$ 电子？粗看起来，先失去的应是 $3d$ 电子，因为 $3d$ 的能量高，而能量高的电子应先失去。但实验结果表明，最先失去的却是 $4s$ 电子，这是为什么呢？我们先假定有两个电离过程：

$$\mathrm{Sc}(s^2d^1) \longrightarrow \mathrm{Sc}^+\,(s^1d^1) + \mathrm{e}^- \qquad (\mathrm{I})$$

$$\Delta E_{\mathrm{I}} = E[\mathrm{Sc}^+\,(s^1d^1)] - E[\mathrm{Sc}(s^2d^1)]$$

$$\mathrm{Sc}(s^2d^1) \longrightarrow \mathrm{Sc}^+\,(s^2d^0) + \mathrm{e}^- \qquad (\mathrm{II})$$

$$\Delta E_{\mathrm{II}} = E[\mathrm{Sc}^+\,(s^2d^0)] - E[\mathrm{Sc}(s^2d^1)]$$

第Ⅰ过程失去的是 $4s$ 电子，第Ⅱ过程失去的是 $3d$ 电子。如果

$$\Delta E_{\mathrm{I}} - \Delta E_{\mathrm{II}} = E[\mathrm{Sc}^+\,(s^1d^1)] - E[\mathrm{Sc}^+\,(s^2d^0)] < 0$$

# 表 2-6(a) 化学元素

| 族 / 周期 | 轻金属元素 | | 脆性重金属元素 | | | | | 展性重 | |
|---|---|---|---|---|---|---|---|---|---|
| | ⅠA | ⅡA | ⅢB | ⅣB | ⅤB | ⅥB | ⅦB | Ⅷ | |
| 1 | 1<br>H<br>氢<br>1.0079<br>1 | | | | | | | | |
| 2 | 3<br>Li<br>锂<br>6.941 *<br>1, 2 | 4<br>Be<br>铍<br>9.01218<br>2, 2 | | | | | | | |
| 3 | 11<br>Na<br>钠<br>22.98977<br>1, 8, 2 | 12<br>Mg<br>镁<br>24.305<br>2, 8, 2 | | | | | | | |
| 4 | 19<br>K<br>钾<br>39.0983<br>1, 8, 8, 2 | 20<br>Ca<br>钙<br>40.08<br>2, 8, 8, 2 | 21<br>Sc<br>钪<br>44.9559<br>2, 9, 8, 2 | 22<br>Ti<br>钛<br>47.88 *<br>2, 10, 8, 2 | 23<br>V<br>钒<br>50.9415<br>2, 11, 8, 2 | 24<br>Cr<br>铬<br>51.996<br>1, 13, 8, 2 | 25<br>Mn<br>锰<br>54.9380<br>2, 13, 8, 2 | 26<br>Fe<br>铁<br>55.847 *<br>2, 14, 8, 2 | 27<br>Co<br>钴<br>58.9332<br>2, 15, 8, 2 |
| 5 | 37<br>Rb<br>铷<br>85.4678 *<br>1, 8, 18, 8, 2 | 38<br>Sr<br>锶<br>87.62<br>2, 8, 18, 8, 2 | 39<br>Y<br>钇<br>88.9059<br>2, 9, 18, 8, 2 | 40<br>Zr<br>锆<br>91.22<br>2, 10, 18, 8, 2 | 41<br>Nb<br>铌<br>92.9064<br>2, 12, 18, 8, 2 | 42<br>Mo<br>钼<br>95.94<br>1, 13, 18, 8, 2 | 43<br>Tc<br>锝<br>(98)<br>2, 13, 18, 8, 2 | 44<br>Ru<br>钌<br>101.07 *<br>1, 15, 18, 8, 2 | 45<br>Rh<br>铑<br>102.9055<br>1, 16, 18, 8, 2 |
| 6 | 55<br>Cs<br>铯<br>132.9054<br>1, 8, 18, 18, 8, 2 | 56<br>Ba<br>钡<br>137.33<br>2, 8, 18, 18, 8, 2 | 57－71<br>La-Lu<br>镧系 | 72<br>Hf<br>铪<br>178.49 *<br>2, 10, 32, 18, 8, 2 | 73<br>Ta<br>钽<br>180.9479<br>2, 11, 32, 18, 8, 2 | 74<br>W<br>钨<br>183.85 *<br>2, 12, 32, 18, 8, 2 | 75<br>Re<br>铼<br>186.207<br>2, 13, 32, 18, 8, 2 | 76<br>Os<br>锇<br>190.2<br>2, 14, 32, 18, 8, 2 | 77<br>Ir<br>铱<br>192.22 *<br>2, 16, 32, 18, 8, 2 |
| 7 | 87<br>Fr<br>钫<br>(223)<br>1, 8, 18, 32, 18, 8, 2 | 88<br>Ra<br>镭<br>226.0254<br>2, 8, 18, 32, 18, 8, 2 | 89－103<br>Ac-Lr<br>锕系 | 104<br>Rf<br>𬬻 *<br>(261)<br>2, 10, 32, 32, 18, 8, 2 | 105<br>Ha<br>𬭊 *<br>(262)<br>2, 11, 32, 32, 18, 8, 2 | 106<br>Unh<br>(263)<br>2, 12, 32, 32, 18, 8, 2 | 107<br>Uns<br>(264) | 108<br>Uno<br>(265) | 109<br>Une<br>(266) |

| | | | | | | | | |
|---|---|---|---|---|---|---|---|---|
| 57－71<br>镧系元素 | 57<br>La<br>镧<br>138.9055 *<br>2, 9, 18, 18, 8, 2 | 58<br>Ca<br>铈<br>140.12<br>2, 9, 19, 18, 8, 2 | 59<br>Pr<br>镨<br>140.9077<br>2, 8, 21, 18, 8, 2 | 60<br>Nd<br>钕<br>144.24 *<br>2, 8, 22, 18, 8, 2 | 61<br>Pm<br>钷<br>(145)<br>2, 8, 23, 18, 8, 2 | 62<br>Sm<br>钐<br>150.36 *<br>2, 8, 24, 18, 8, 2 | 63<br>Eu<br>铕<br>151.96<br>2, 8, 25, 18, 8, 2 | 64<br>Gd<br>钆<br>157.25 *<br>2, 9, 25, 18, 8, 2 |
| 89－103<br>锕系元素 | 89<br>Ac<br>锕<br>227.0278<br>2, 9, 18, 32, 18, 8, 2 | 90<br>Th<br>钍<br>232.0381<br>2, 10, 18, 32, 18, 8, 2 | 91<br>Pa<br>镤<br>231.0359<br>2, 9, 20, 32, 18, 8, 2 | 92<br>U<br>铀<br>238.0289<br>2, 9, 21, 32, 18, 8, 2 | 93<br>Np<br>镎<br>237.0482<br>2, 9, 22, 32, 18, 8, 2 | 94<br>Pu<br>钚<br>(244)<br>2, 8, 24, 32, 18, 8, 2 | 95<br>Am<br>镅<br>(243)<br>2, 8, 25, 32, 18, 8, 2 | 96<br>Cm<br>锔<br>(247)<br>2, 9, 25, 32, 18, 8, 2 |

** 本表系 1983 年国际原子量表,以$^{12}C=12$为基准,原子量末位数准至±1,有 * 号的准至±3;括号内

# 周　期　表**

| | | | | | | | | 稀有气体 | 电子层 |
|---|---|---|---|---|---|---|---|---|---|
| | | | | | | | | 0 | |
| | | | 非 金 属 元 素 | | | | | 2<br>He<br>氦<br>4.00260<br>2 | *K* |
| | | | ⅡA | ⅣA | ⅤA | ⅥA | ⅦA | | |
| | | | 5<br>B<br>硼<br>10.81<br>3 2 | 6<br>C<br>碳<br>12.011<br>4 2 | 7<br>N<br>氮<br>14.0067<br>5 2 | 8<br>O<br>氧<br>15.9994 *<br>6 2 | 9<br>F<br>氟<br>18.998403<br>7 2 | 10<br>Ne<br>氖<br>20.179<br>8 2 | *L*<br>*K* |
| 金属元素 | | 低熔点重金属元素 | 13<br>AI<br>铝<br>26.98154<br>3 8 2 | 14<br>Si<br>硅<br>28.0855 *<br>4 8 2 | 15<br>P<br>磷<br>30.97176<br>5 8 2 | 16<br>S<br>硫<br>32.06<br>6 8 2 | 17<br>Cl<br>氯<br>35.453<br>7 8 2 | 18<br>Ar<br>氩<br>39.948<br>8 8 2 | *M*<br>*L*<br>*K* |
| | ⅠB | ⅡB | | | | | | | |
| 28<br>Ni<br>镍<br>58.69<br>2 16 8 2 | 29<br>Cu<br>铜<br>63.546 *<br>1 18 8 2 | 30<br>Zn<br>锌<br>65.38<br>2 18 8 2 | 31<br>Ca<br>镓<br>69.72<br>3 18 8 2 | 32<br>Ge<br>锗<br>72.59 *<br>4 18 8 2 | 33<br>As<br>砷<br>74.9216<br>5 18 8 2 | 34<br>Se<br>硒<br>78.96 *<br>6 18 8 2 | 35<br>Br<br>溴<br>79.904<br>7 18 8 2 | 36<br>Kr<br>氪<br>83.80<br>8 18 8 2 | *N*<br>*M*<br>*L*<br>*K* |
| 46<br>Pd<br>钯<br>106.42<br>0 18 18 8 2 | 47<br>Ag<br>银<br>107.869<br>1 18 18 8 2 | 48<br>Cd<br>镉<br>112.41<br>2 18 18 8 2 | 49<br>In<br>铟<br>114.82<br>3 18 18 8 2 | 50<br>Sn<br>锡<br>118.69 *<br>4 18 18 8 2 | 51<br>Sb<br>锑<br>121.75 *<br>5 18 18 8 2 | 52<br>Te<br>碲<br>127.60 *<br>9 18 18 8 2 | 53<br>I<br>碘<br>126.9045<br>7 18 18 8 2 | 54<br>Xe<br>氙<br>131.29 *<br>8 18 18 8 2 | *O*<br>*N*<br>*M*<br>*L*<br>*K* |
| 78<br>Pt<br>铂<br>195.08 *<br>1 17 32 18 8 2 | 79<br>Au<br>金<br>196.9665<br>1 18 32 18 8 2 | 80<br>Hg<br>汞<br>200.59 *<br>2 18 32 18 8 2 | 81<br>Tl<br>铊<br>204.383<br>3 18 32 18 8 2 | 82<br>Pb<br>铅<br>207.2<br>4 18 32 18 8 2 | 83<br>Bi<br>铋<br>208.9804<br>5 18 32 18 8 2 | 84<br>Po<br>钋<br>(209)<br>6 18 32 18 8 2 | 85<br>At<br>砹<br>(210)<br>7 18 32 18 8 2 | 86<br>Rn<br>氡<br>(222)<br>8 18 32 18 8 2 | *P*<br>*O*<br>*N*<br>*M*<br>*L*<br>*K* |

| | | | | | | |
|---|---|---|---|---|---|---|
| 65<br>Tb<br>铽<br>158.9254<br>2 9 26 18 8 2 | 66<br>Dy<br>镝<br>162.50 *<br>2 8 28 18 8 2 | 67<br>Ho<br>钬<br>164.9304<br>2 8 29 18 8 2 | 68<br>Er<br>铒<br>167.26 *<br>2 8 30 18 8 2 | 69<br>Tm<br>铥<br>168.9342<br>2 8 31 18 8 2 | 70<br>Yb<br>镱<br>173.04 *<br>2 8 32 18 8 2 | 71<br>Lu<br>镥<br>174.967 *<br>2 9 32 18 8 2 |
| 97<br>Bk<br>锫<br>(247)<br>2 8 27 32 18 8 2 | 98<br>Cf<br>锎<br>(251)<br>2 8 28 32 18 8 2 | 99<br>Es<br>锿<br>(254)<br>2 8 29 32 18 8 2 | 100<br>Fm<br>镄<br>(257)<br>2 8 30 32 18 8 2 | 101<br>Md<br>钔<br>(258)<br>2 8 31 32 18 8 2 | 102<br>No<br>锘<br>(259)<br>2 8 32 32 18 8 2 | 103<br>Lr<br>铹<br>(260)<br>2 9 32 32 18 8 2 |

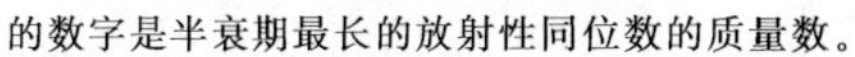
的数字是半衰期最长的放射性同位数的质量数。

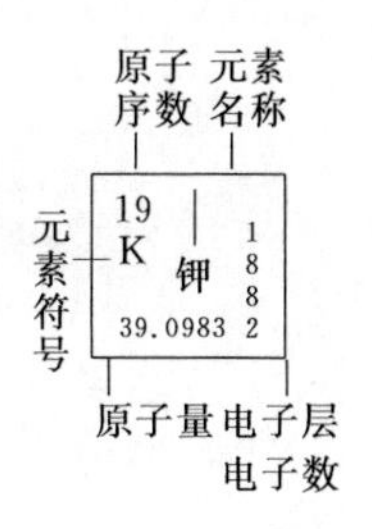

## 表 2-6(b) 外层电子构型

| 周期＼族＼区 | $s$ 区 | | $d$ 区 | | | | | | |
|---|---|---|---|---|---|---|---|---|---|
| | ⅠA | ⅡA | ⅢB | ⅣB | ⅤB | ⅥB | ⅦB | Ⅷ | |
| 1 | H $1s^1$ | | | | | | | | |
| 2 | Li $2s^1$ | Be $2s^2$ | | | | | | | |
| 3 | Na $3s^1$ | Mg $3s^2$ | | | | | | | |
| 4 | K $4s^1$ | Ca $4s^2$ | Sc $3d^1 4s^2$ | Ti $3d^2 4s^2$ | V $3d^3 4s^2$ | Cr $3d^5 4s^1$ | Mn $3d^5 4s^2$ | Fe $3d^6 4s^2$ | Co $3d^7 4s^2$ |
| 5 | Rb $5s^1$ | Sr $5s^2$ | Y $4d^1 5s^2$ | Zr $4d^2 5s^2$ | Nb $4d^4 5s^1$ | Mo $4d^5 5s^1$ | Tc $4d^5 5s^2$ | Ru $4d^7 5s^1$ | Rh $4d^8 5s^1$ |
| 6 | Cs $6s^1$ | Ba $6s^2$ | La $5d^1 6s^2$ | Hf $5d^2 6s^2$ | Ta $5d^3 6s^2$ | W $5d^4 6s^2$ | Re $5d^5 6s^2$ | Os $5d^6 6s^2$ | Ir $5d^7 6s^2$ |
| 7 | Fr $7s^1$ | Ra $7s^2$ | Ac $6d^1 7s^2$ | Rf $(6d^2 7s^2)$ | Ha $(6d^3 7s^2)$ | Unh $(6d^4 7s^2)$ | Uns $(6d^5 7s^2)$ | Uno | Une $6f^7 7s^2$ |

| | | | | | | | |
|---|---|---|---|---|---|---|---|
| $f$ 区 | Ce $4f^1 5d^1 6s^2$ | Pr $4f^3 6s^2$ | Nd $4f^4 6s^2$ | Pm $4f^5 6s^2$ | Sm $4f^6 6s^2$ | Eu $4f^7 6s^2$ | Gd $4f^7 5d^1 6s^2$ |
| | Th $6d^2 7s^2$ | Pb $5f^2 6d^1 7s^2$ | U $5f^3 6d^1 7s^2$ | Np $5f^4 6d^1 7s^2$ | Pu $5f^6 7s^2$ | Am $5f^7 7s^2$ | Cm $5f^7 6d^1 7s^2$ |

* 有括弧的是可能的外层电子构型。

# 和 周 期 表 的 分 区*

| | *ds* 区 | | *p* 区 | | | | | |
|---|---|---|---|---|---|---|---|---|
| | ⅠB | ⅡB | ⅢA | ⅣA | ⅤA | ⅥA | ⅦA | 0 |
| | | | | | | | | He<br>$1s^2$ |
| | | | B<br>$2s^2 2p^1$ | C<br>$2s^2 2p^2$ | N<br>$2s^2 2p^3$ | O<br>$2s^2 2p^4$ | F<br>$2s^2 2p^5$ | Ne<br>$2s^2 2p^6$ |
| | | | Al<br>$3s^2 3p^1$ | Si<br>$3s^2 3p^2$ | P<br>$3s^2 3p^3$ | S<br>$3s^2 3p^4$ | Cl<br>$3s^2 3p^5$ | Ar<br>$3s^2 3p^6$ |
| Ni<br>$3d^8 4s^2$ | Cu<br>$3d^{10} 4s^1$ | Zn<br>$3d^{10} 4s^2$ | Ga<br>$4s^2 4p^1$ | Ge<br>$4s^2 4p^2$ | As<br>$4s^2 4p^3$ | Se<br>$4s^2 4p^4$ | Br<br>$4s^2 4p^5$ | Kr<br>$4s^2 4p^6$ |
| Pd<br>$4d^{10}$ | Ag<br>$4d^{10} 5s^1$ | Cd<br>$4d^{10} 5s^2$ | In<br>$5s^2 5p^1$ | Sn<br>$5s^2 5p^2$ | Sb<br>$5s^2 5p^3$ | Te<br>$5s^2 5p^4$ | I<br>$5s^2 5p^5$ | Xe<br>$5s^2 5p^6$ |
| Pt<br>$5d^9 6s^1$ | Au<br>$5d^{10} 6s^1$ | Hg<br>$5d^{10} 6s^2$ | Tl<br>$6s^2 6p^1$ | Pb<br>$6s^2 6p^2$ | Bi<br>$6s^2 6p^3$ | Po<br>$6s^2 6p^4$ | At<br>$6s^2 6p^5$ | Rn<br>$6s^2 6p^6$ |

| | | | | | | |
|---|---|---|---|---|---|---|
| Tb<br>$4f6s^2$ | Dy<br>$4f^{10} 6s^2$ | Ho<br>$4f^{11} 6s^2$ | Er<br>$4f^{12} 6s^2$ | Tm<br>$4f^{13} 6s^2$ | Yb<br>$4f^{14} 6s^2$ | Lu<br>$4f^{14} 5d^1 6s^2$ |
| Bk<br>$5f^9 7s^2$ | Cf<br>$5f^{10} 7s^2$ | Es<br>$(5f^{11} 7s^2)$ | Em<br>$(5f^{12} 7s^2)$ | Md<br>$(5f^{13} 7s^2)$ | No<br>$(5f^{14} 7s^2)$ | Lr<br>$(5f^{14} 6d^1 7s^2)$ |

过程就按照(I)式进行,否则就按(Ⅱ)式进行。所以电离先后的次序决定于离子中而不是原子中电子能级的高低。离子中电子的能级决定于$(n+0.4l)$的大小。所以在$Sc^+$离子中 4$s$ 的能量高于 3$d$。即 $E[Sc^+(s^2d^0)]>E[Sc^+(s^1d^1)]$,因此先失去的是 4$s$ 电子。一般说来,在原子的最外能级组中如同时有 $ns$、$np$、$(n-1)d$ 和 $(n-2)f$ 电子,那么按照$(n+0.4l)$规则可得电离先后次序如下:

$$np\text{ 先于 }ns, ns\text{ 先于 }(n-1)d, (n-1)d\text{ 先于 }(n-2)f$$

举例来说,As 的最外层能级组的结构是 $3d^{10}4s^24p^3$。它电离时先失去三个 4$p$ 电子成为 $As^{3+}$,再失去二个 4$s$ 电子成为 $As^{5+}$,只有在极大的能量激发下能再失去 3$d$ 电子。

周期表中的 $s$ 区元素的电子组态是 $s^x$,$x=1$ 或 2,电离时就失去 $x$ 个 $s$ 电子成为 $x$ 价正离子。$p$ 区元素的电子组态是 $s^2p^x$ 或 $d^{10}s^2p^x$ 或 $f^{14}d^{10}s^2p^x$,$x=1$ 至 6。当 $x=6$ 时能级组恰好充满形成稳定的惰性气体原子。当 $x=1$ 至 5 时,它们可以获得$(6-x)$个电子成为$(6-x)$价负离子,或失去 $x$ 个 $p$ 电子成为 $x$ 价正离子,或再失去 2 个 $s$ 电子成为$(x+2)$价正离子。它们的 $d$ 或 $f$ 电子一般不电离。$d$ 区元素的电子组态是 $s^2d^x$ 或 $s^1d^{x+1}$或 $s^0d^{x+2}$,$x=1$ 至 8。它们电离时失去 2 个 $s$ 电子和数目不等的 $d$ 电子,这是 $d$ 区元素常常呈变价的原因。$ds$ 区元素的电子组态是 $s^xd^{10}$,$x=1$ 或 2。它们一般先失去 $x$ 个 $s$ 电子变成 $x$ 价正离子,但有时也可再失去 1 至 2 个 $d$ 电子成为$(2x+1)$价(如 $Cu^{2+}$)或$(x+2)$价(如 $Au^{3+}$)的正离子。$f$ 区元素的电子组态为 $s^2d^0f^{x+1}$ 或 $s^2d^1f^x$ 或 $s^2d^2f^{x-1}$,$x=0-14$。对于镧系元素来说,4$f$ 与 5$d$ 能量差别比较大,一般先失去 2 个 $s$ 和 1 个 $d$ 电子或 1 个 $f$ 电子成为 3 价正离子,但也有少失去或多失去 1 个 $f$ 电子形成 2 价和 4 价正离子的情况,这多半与形成 $f^0$、$f^7$、$f^{14}$ 等稳定结构有关。例如 $Ce^{4+}(f^0)$、$Eu^{2+}(f^7)$、$Tb^{4+}(f^7)$、$Yb^{2+}(f^{14})$。对锕系元素而言,5$f$ 和 6$d$ 电子能量差别比较小,且 5$f$ 电子参与成键倾向较大(介于 $d$ 轨道与 4$f$ 轨道之间),因而锕系元素的头几个成员可失去 2 个 7$s$ 电子,1 至 2 个 6$d$ 电子以及若干个 $f$ 电子,形成 2－7 价正离子。但锎$(Z=98)$以后的锕系元素一般只有+3 价。

## §2-5 原子的电离能、电子亲和能和电负性

原子的第一电离能 $I_1$ 就是气态原子失去一个电子成为气态的一价正离子所需的能量,第二电离能 $I_2$ 就是一价正离子再失去一个电子成为二价正离子所需的能量,余类推。即

$$A \longrightarrow A^+ + e^-$$

$$\Delta E_1 = I_1 = E(A^+) - E(A)$$

$$A^+ \longrightarrow A^{2+} + e^-$$

$$\Delta E_2 = I_2 = E(A^{2+}) - E(A^+)$$

表 2-7 列出原子的第一电离能的周期变化。

原子的电子亲和能 $Y$ 是原子获得一个自由电子成为一价负离子所放出的能量，即

$$A + e^- \longrightarrow A^-$$

$$\Delta E = -Y = E(A^-) - E(A)$$

表 2-8 列出某些元素的电子亲和能。因为电子亲和能测定比较困难，所以表中数据的准确度要比电离能小得多。

原子的电负性是用以比较各种原子形成负离子或正离子的倾向。试考虑原子 $A$ 和 $B$，从 $A$ 取去一个电子，使之和 $B$ 结合

$$A + B \longrightarrow A^+ + B^-$$

要完成上述过程所需的能量 $\Delta E_1$ 为

$$\Delta E_1 = I_A - Y_B$$

式中 $I_A$ 及 $Y_B$ 分别表示 $A$ 的电离能和 $B$ 的电子亲和能。

如果从 B 取走一个电子，使之和 A 结合

$$A + B \longrightarrow A^- B^+$$

则所需的能量 $\Delta E_2$ 为

$$\Delta E_2 = I_B - Y_A$$

式中 $I_B$ 及 $Y_A$ 分别为 B 的电离能和 A 的电子亲和能。如果

$$\Delta E_1 = \Delta E_2$$

即

$$I_A - Y_B = I_B - Y_A$$

$$I_A + Y_A = I_B + Y_B$$

那么由中性原子 A 和 B 生成 $A^+B^-$ 和 $A^-B^+$ 的倾向恰巧相等，这种情况我们称 A 和 B 的电负性相等。如果

$$\Delta E_1 > \Delta E_2$$

即

$$I_A - Y_B > I_B - Y_A$$

$$I_A + Y_A > I_B + Y_B$$

那么由 A 和 B 生成 $A^+B^-$ 所需的能量较生成 $A^-B^+$ 所需的能量为多，这说明生成 $A^-B^+$ 的倾向比生成 $A^+B^-$ 的倾向大。在这种情况下我们说 A 的电负性比 B 的电负性大。由上可知，A 的电负性较 B 的电负性大时，则

$$I_A + Y_A > I_B + Y_B$$

因此，慕利肯(R. S. Mulliken)建议以元素的电离能和电子亲和能的平均值 $0.5(I+Y)$（以 eV 为单位）作为元素电负性 $\chi$ 的度量。例如 H 的 $I=13.598$ eV，$Y=0.756$ eV，其电负性 $\chi=0.5(13.598+0.756)$ eV$=7.177$ eV。需要指出，实验测得的是基态原子的电离能和电子亲和能，计算电负性时必须使用原子处于价态(valence state)的电离能 $I_v$ 和电子亲和能 $Y_v$，即

$$\chi_M = 0.5(I_v + Y_v)$$

## 表 2-7　原子的第一

| 区 / 周期 \ 族 | s 区 | | d 区 | | | | | | |
|---|---|---|---|---|---|---|---|---|---|
| | ⅠA | ⅡA | ⅢB | ⅣB | ⅤB | ⅥB | ⅦB | Ⅷ | |
| 1 | H 13.598 | | | | | | | | |
| 2 | Li 5.393 | Be 9.323 | | | | | | | |
| 3 | Na 5.139 | Mg 7.645 | | | | | | | |
| 4 | K 3.342 | Ca 6.113 | Sc 6.54 | Ti 6.82 | V 6.74 | Cr 6.766 | Mn 7.435 | Fe 7.871 | Co 7.86 |
| 5 | Rb 4.177 | Sr 5.695 | Y 6.38 | Zr 6.84 | Nb 6.88 | Mo 7.100 | Tc 7.28 | Ru 7.37 | Rh 7.46 |
| 6 | Cs 3.894 | Ba 5.212 | La—Lu 镧系 | Hf 6.78 | Ta 7.89 | W 7.98 | Re 7.88 | Os 8.7 | Ir 9.1 |
| 7 | Fr | Ra 5.280 | Ac—Lr 锕系 | 104 Rf | 105 Ha | 106 Unh | 107 Uns | 108 Uno | 109 Une |

| | | | | | | | | |
|---|---|---|---|---|---|---|---|---|
| 镧系元素 | La 5.577 | Ce 5.47 | Pr 5.42 | Nd 5.49 | Pm 5.56 | Sm 5.63 | Eu 5.67 | Gd 6.14 |
| 锕系元素 | Ac 5.1 | Th 6.1 | Pa 5.9 | U 6.1 | Np 6.2 | Pu 6.06 | Am 5.99 | Cm 6.02 |

## 电离能　　　　（单位 eV）

| | *ds* 区 | | *p* 区 | | | | | |
|---|---|---|---|---|---|---|---|---|
| | ⅠB | ⅡB | ⅢA | ⅣA | ⅤA | ⅥA | ⅦA | 0 |
| | | | | | | | | He<br>24.587 |
| | | | B<br>8.298 | C<br>11.260 | N<br>14.534 | O<br>13.619 | F<br>17.422 | Ne<br>21.565 |
| | | | Al<br>5.986 | Si<br>8.152 | P<br>10.487 | S<br>10.360 | Cl<br>12.967 | Ar<br>15.760 |
| Ni<br>7.635 | Cu<br>7.727 | Zn<br>9.394 | Ga<br>5.999 | Ge<br>7.900 | As<br>9.78 | Se<br>9.752 | Br<br>11.814 | Kr<br>13.999 |
| Pd<br>8.34 | Ag<br>7.576 | Cd<br>8.993 | In<br>5.786 | Sn<br>7.344 | Sb<br>8.619 | Te<br>9.010 | I<br>10.451 | Xe<br>12.130 |
| Pt<br>9.0 | Au<br>9.225 | Hg<br>10.437 | Tl<br>6.108 | Pb<br>7.416 | Bi<br>7.289 | Po<br>8.42 | At | Rn<br>10.748 |
| | | | | | | | | |

| | | | | | | |
|---|---|---|---|---|---|---|
| Tb<br>5.85 | Dy<br>5.93 | Ho<br>6.02 | Er<br>6.10 | Tm<br>6.184 | Yb<br>6.254 | Lu<br>5.426 |
| Bk<br>6.23 | Cf<br>6.30 | Es<br>6.42 | Fm<br>6.50 | Md<br>6.58 | No<br>6.65 | Lr |

## 表 2-8 原子的电子

| 周期＼族＼区 | s 区 | | d 区 | | | | | | |
|---|---|---|---|---|---|---|---|---|---|
| | ⅠA | ⅡA | ⅢB | ⅣB | ⅤB | ⅥB | ⅦB | Ⅷ | |
| 1 | H<br>0.756 | | | | | | | | |
| 2 | Li<br>0.620 | Be<br>(−2.49) | | | | | | | |
| 3 | Na<br>0.548 | Mg<br>(−2.38) | | | | | | | |
| 4 | K<br>0.502 | Ca<br>(−1.62) | Sc | Ti<br>(0.39) | V<br>(0.94) | Cr<br>0.65 | Mn | Fe<br>(0.58) | Co<br>(0.936) |
| 5 | Rb<br>0.486 | Sr | Y | Zr | Nb | Mo<br>0.99 | Tc | Ru | Rh |
| 6 | Cs<br>0.471 | Ba<br>(−0.54) | La—Lu<br>镧系 | Hf | Ta<br>0.83 | W<br>0.52 | Re<br>0.16 | Os | Ir |
| 7 | Fr<br>0.456 | Ra | Ac—Lr<br>锕系 | 104<br>Rf | 105<br>Ha | 106<br>Unh | 107<br>Uns | 108<br>Uno | 109<br>Une |

| | | | | | | | | |
|---|---|---|---|---|---|---|---|---|
| 镧系元素 | La | Ce | Pr | Nd | Pm | Sm | Eu | Gd |
| 锕系元素 | Ac | Th | Pa | U | Np | Pu | Am | Cm |

注：括号内的数据为计算值。

## 亲和能　　　　（单位：eV）

| | *ds* 区 | | *p* 区 | | | | | |
|---|---|---|---|---|---|---|---|---|
| | ⅠB | ⅡB | ⅢA | ⅣA | ⅤA | ⅥA | ⅦA | 0 |
| | | | | | | | | He<br>(−0.22) |
| | | | B<br>0.24 | C<br>1.26 | N<br>(−0.60) | O<br>1.46 | F<br>3.34 | Ne<br>(−0.30) |
| | | | Al<br>0.46 | Si<br>1.24 | P<br>0.77 | S<br>2.077 | Cl<br>3.614 | Ar<br>(−0.36) |
| Ni<br>1.15 | Cu<br>1.27 | Zn<br>(−0.90) | Ga<br>0.37 | Ge<br>1.20 | As<br>0.80 | Se<br>2.02 | Br<br>3.363 | Kr<br>(−0.40) |
| Pd | Ag | Cd<br>(−1.30) | In<br>0.35 | Sn<br>1.25 | Sb<br>1.05 | Te<br>1.970 | I<br>3.06 | Xe<br>(−0.41) |
| Pt<br>2.128 | Au<br>2.308 | Hg | Tl<br>0.52 | Pb<br>1.04 | Bi<br>1.04 | Po<br>(1.87) | At<br>(2.80) | Rn<br>(−0.41) |
| | | | | | | | | |

| | | | | | | |
|---|---|---|---|---|---|---|
| Tb | Dy | Ho | Er | Tm | Yb | Lu |
| Bk | Cf | Es | Em | Md | No | Lr |

# 表 2-9 原 子 的

（元素符号下第 1 列数字为泡令电负性标度，

| 区 / 周期 族 | s 区 | | d 区 | | | | | | |
|---|---|---|---|---|---|---|---|---|---|
| | ⅠA | ⅡA | ⅢB | ⅣB | ⅤB | ⅥB | ⅦB | Ⅷ | |
| 1 | H<br>2.20<br>2.20 | | | | | | | | |
| 2 | Li<br>0.98<br>0.97 | Be<br>1.57<br>1.47 | | | | | | | |
| 3 | Na<br>0.93<br>1.03 | Mg<br>1.31<br>1.23 | | | | | | | |
| 4 | K<br>0.82<br>0.91 | Ca<br>1.00<br>1.04 | Sc<br>1.36<br>1.20 | Ti<br>(Ⅱ)1.54<br>1.32 | V<br>(Ⅱ)1.63<br>1.45 | Cr<br>(Ⅱ)1.66<br>1.56 | Mn<br>(Ⅱ)1.55<br>1.60 | Fe<br>(Ⅱ)1.83<br>1.64 | Co<br>(Ⅱ)1.88<br>1.70 |
| 5 | Rb<br>0.82<br>0.89 | Sr<br>0.89<br>0.97 | Y<br>1.22<br>1.11 | Zr<br>(Ⅱ)1.33<br>1.22 | Nb<br>1.60<br>1.23 | Mo<br>(Ⅱ)2.16<br>1.30 | Tc<br>1.90<br>1.36 | Ru<br>2.20<br>1.42 | Rh<br>2.28<br>1.45 |
| 6 | Cs<br>0.79<br>0.86 | Ba<br>0.89<br>0.97 | La—Lu<br>镧系 | Hf<br>1.30<br>1.23 | Ta<br>1.50<br>1.33 | W<br>2.36<br>1.40 | Re<br>1.90<br>1.46 | Os<br>2.20<br>1.52 | Ir<br>2.20<br>1.55 |
| 7 | Fr<br>0.7<br>0.86 | Ra<br>0.9<br>0.97 | Ac—Lr<br>锕系 | 104<br>Rf | 105<br>Ha | 106<br>Unh | 107<br>Uns | 108<br>Uno | 109<br>Une |

| | La | Ce | Pr | Nd | Pm | Sm | Eu | Gd |
|---|---|---|---|---|---|---|---|---|
| 镧系元素 | La<br>1.10<br>1.08 | Ce<br>1.12<br>1.08 | Pr<br>1.13<br>1.07 | Nd<br>1.14<br>1.07 | Pm<br><br>1.07 | Sm<br>1.17<br>1.07 | Eu<br><br>1.01 | Gd<br>1.20<br>1.11 |
| 锕系元素 | Ac<br>1.1<br>1.00 | Th<br>1.3<br>1.11 | Pa<br>1.5<br>1.14 | U<br>1.7<br>1.22 | Np<br>1.3<br>1.22 | Pu<br>1.3<br>1.22 | Am<br>1.3<br>(1.2) | Cm<br>1.3<br>(1.2) |

# 电　负　性

第 2 列数字为阿尔里德-罗乔电负性标度）

| | *ds* 区 | | *p* 区 | | | | | |
|---|---|---|---|---|---|---|---|---|
| | ⅠB | ⅡB | ⅢA | ⅣA | ⅤA | ⅥA | ⅦA | 0 |
| | | | | | | | | He<br><br>3.2 |
| | | | B<br>2.04<br>2.01 | C<br>2.55<br>2.50 | N<br>3.04<br>3.07 | O<br>3.44<br>3.50 | F<br>3.98<br>4.10 | Ne<br><br>5.1 |
| | | | Al<br>1.61<br>1.47 | Si<br>1.90<br>1.74 | P<br>2.19<br>2.06 | S<br>2.58<br>2.44 | Cl<br>3.16<br>2.83 | Ar<br><br>3.3 |
| Ni<br>(Ⅱ)1.91<br>1.75 | Cu<br>(Ⅰ)1.90<br>1.75 | Zn<br>1.65<br>1.66 | Ga<br>(Ⅲ)1.81<br>1.82 | Ge<br>(Ⅳ)2.01<br>2.02 | As<br>(Ⅲ)2.18<br>2.20 | Se<br>2.55<br>2.48 | Br<br>2.96<br>2.74 | Kr<br>2.9<br>3.1 |
| Pd<br>2.20<br>1.35 | Ag<br>1.93<br>1.42 | Cd<br>1.69<br>1.46 | In<br>1.78<br>1.49 | Sn<br>(Ⅱ)1.80<br>1.72 | Sb<br>2.05<br>1.82 | Te<br>2.10<br>2.01 | I<br>2.66<br>2.21 | Xe<br>2.6<br>2.4 |
| Pt<br>2.28<br>1.44 | Au<br>2.54<br>1.42 | Hg<br>2.00<br>1.42 | Tl<br>(Ⅰ)1.62<br>1.44 | Pb<br>(Ⅱ)1.87<br>1.5 | Bi<br>2.02<br>1.67 | Po<br>2.0<br>1.76 | At<br>2.2<br>1.90 | Rn<br><br>1.90 |
| | | | | | | | | |

| Tb | Dy | Ho | Er | Tm | Yb | Lu |
|---|---|---|---|---|---|---|
| <br>1.10 | 1.22<br>1.10 | 1.23<br>1.10 | 1.24<br>1.11 | 1.25<br>1.11 | <br>1.06 | 1.27<br>1.14 |
| Bk<br>1.3<br>(1.2) | Cf<br>1.3<br>(1.2) | Es<br>1.3<br>(1.2) | Fm<br>1.3<br>(1.2) | Md<br>1.3<br>(1.2) | No<br>1.3<br>(1.2) | Lr |

上式中 $\chi_M$ 为以慕利肯标度表示的电负性。例如，$F$ 原子的 $I_v$ 是指下述过程吸收的能量

$$F(1s^2 2s^2 2p_x^2 2p_y^2 2p_z^1) \longrightarrow F^+(1s^2 2s^2 2p_x^2 2p_y^2 2p_z^0) + e^-$$

实验测得的 F 的第一电离能是指下述过程吸收的能量

$$F(1s^2 2s^2 2p_x^2 2p_y^2 2p_z^1) \longrightarrow F\ (1s^2 2s^2 2p_x^2 2p_y^1 2p_z^1) + e^-$$

显然，这两个过程吸收的能量是不同的，后一过程吸收的能量较前一过程吸收的能量要少(洪特规则)。

电负性概念最初是由泡令(L. Pauling)引入的，用以量度“分子中一个原子将电子拉向自己一边的能力”。设 A 和 B 的电负性分别为 $\chi_A$ 和 $\chi_B$，则

$$(\chi_A - \chi_B)^2 = E_{AB} - \sqrt{E_{AA}E_{BB}} \tag{2-50}$$

上式中 $E_{AB}$、$E_{AA}$ 和 $E_{BB}$ 分别为化学键 A—B、A—A 和 B—B 的键能(以 eV 为单位)。泡令指定 F 的电负性为 4，其他元素的电负性便可从热力学数据计算出来。将电负性的慕利肯标度换算成泡令标度的关系式为

$$\chi = 0.336\chi_M - 0.207 = 0.168(I_v + Y_v - 1.23)$$

阿尔里德(A. L. Allred)和罗乔(E. G. Rochow)定义电负性为原子核对于价电子施加的静电力，按下式计算

$$\chi_{AR} = 3590Z'/r^2 + 0.744$$

上式中 $Z'$ 为有效核电荷，按斯莱特规则计算，$r$ 为原子半径，以 pm 为单位。阿尔里德-罗乔标度的电负性目前用得比较多(表 2-9)。

电负性不是孤立原子的性质，与该原子所处的化学环境有关，在使用电负性概念时这一点是需要注意的。

## §2-6 原子的量子数、能级图和原子光谱项

### 1. 单电子原子的量子数

总结以上所述，表示氢原子或类氢离子的运动状态的量子数共有四个，即

(1) 主量子数 $n$，它决定体系的能量

$$E = -\frac{Z^2}{n^2}R \tag{2-51}$$

其数值为 1,2,3,4,…。

(2) 角量子数 $l$，它决定体系的角动量

$$p_l = \sqrt{l(l+1)}\hbar \tag{2-52}$$

其数值为 0,1,2,…,$(n-1)$。

(3) 磁量子数 $m$，它决定角动量沿磁场方向的分量

$$p_z = m\hbar \tag{2-53}$$

其值为 $0, \pm 1, \pm 2, \cdots, \pm l$。

(4) 自旋量子数 $m_s$，它决定自旋角动量沿磁场方向的分量

$$p_{sz} = m_s\hbar \tag{2-54}$$

其数值只有二个，即 $\pm\frac{1}{2}$。自旋角动量的绝对值则等于

$$p_s = \sqrt{s(s+1)}\hbar \tag{2-55}$$

此处 $s = |m_s| = \frac{1}{2}$，ε 与 $m_s$ 的关系和 $l$ 与 $m$ 相似。

电子有轨道运动的角动量 $\mathbf{p}_l$，又有自旋角动量 $\mathbf{p}_s$，两者的矢量和是电子运动的总角动量 $\mathbf{p}_j$，

$$\mathbf{p}_j = \mathbf{p}_l + \mathbf{p}_s \tag{2-56}$$

根据量子力学的结果，在矢量加和时 $\mathbf{p}_l$ 和 $\mathbf{p}_s$ 间的夹角只能取一定的几个数值，使 $\mathbf{p}_j$ 的绝对值为

$$p_j = \sqrt{j(j+1)}\hbar \tag{2-57}$$

上式中 $j$ 叫做总角动量量子数或内量子数，它等于

$$j = l + s, j = |l - s|$$

因为 $s = \frac{1}{2}$，所以当 $l \neq 0$ 时，量子数 $j$ 就可以有两个不同的数值，$l \pm \frac{1}{2}$；而在 $l = 0$ 时，$j$ 就只能有一个数值，即 $j = \frac{1}{2}$。这种加法，也可以用矢量图解来表示。例如，图 2-5(a)里所示的情况就是 $l = 2$ 时的结果，图中长度单位取为 $\hbar$，而令 $s^* = \sqrt{s(s+1)}, l^* = \sqrt{l(l+1)}, j^* = \sqrt{j(j+1)}$。所以，当 $l = 2, s = \frac{1}{2}$ 时，$l^* = \sqrt{6}, s^* = \sqrt{3}/2$。相加时只有两个可能，即 $j = \frac{5}{2}$ 和 $j = \frac{3}{2}$，$j = \frac{5}{2}$ 时得 $j^* = \sqrt{35}/2$，$j = 3/2$ 时得 $j^* = \sqrt{15}/2$。有时我们把这一加法简化地用 $\mathbf{j} = \mathbf{l} + \mathbf{s}$ 来表示，如图 2-5(b)所示。

最后还有一个量子数 $m_j$，它决定总角动量沿磁场的分量

$$\mathbf{p}_{jz} = m_j\hbar \tag{2-58}$$

其数值为 $\pm\frac{1}{2}, \pm\frac{3}{2}, \cdots, \pm j$。

**2. 自旋-轨道相互作用**

电子既有轨道运动，又有自旋运动，这两种运动之间存在相互作用，这种相互作用实质上是电子的自旋磁矩与电子的轨道运动产生的内部磁场的相互作用。

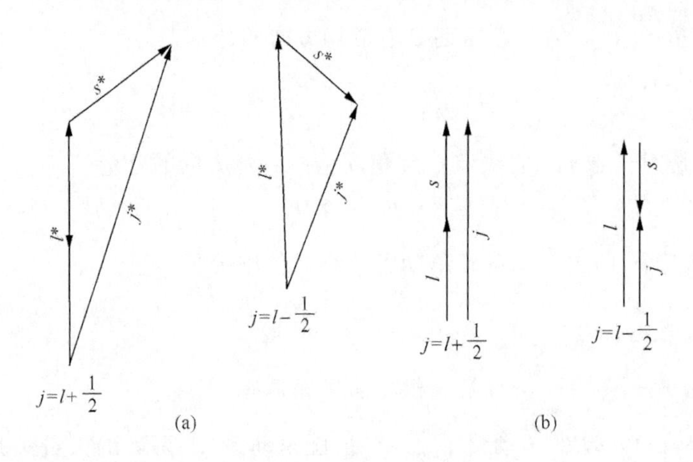


图 2-5

电子绕核作轨道运动。若将参考坐标系置于电子上,则电子不动而核绕电子运动,于是电子置于环电流中。核相对于电子的运动在电子所在点产生一个磁场 **B**,电子的自旋运动产生自旋磁矩 $\boldsymbol{\mu}_s$,$\boldsymbol{\mu}_s$ 与 **B** 的作用能为

$$\Delta E = -\boldsymbol{\mu}_s \cdot \mathbf{B} \tag{2-59}$$

可以证明[①],自旋-轨道相互作用的能量平均值为

$$\overline{\Delta E} = \frac{1}{2m_e^2c^2}\overline{\frac{1}{r}\frac{dV(r)}{dr}}\mathbf{p}_s \cdot \mathbf{p}_l \tag{2-60}$$

在有些书上将上式写为

$$\Delta E = \xi(r)\mathbf{s} \cdot \mathbf{l} \tag{2-61}$$

$\xi(r)$称为自旋-轨道偶合常数,**s** 和 **l** 分别代表以 $\hbar$ 为单位的电子自旋和轨道角动量。因

$$\mathbf{p}_j = \mathbf{p}_s + \mathbf{p}_l$$

则

$$\begin{aligned}\mathbf{p}_j \cdot \mathbf{p}_j &= (\mathbf{p}_s + \mathbf{p}_l) \cdot (\mathbf{p}_s + \mathbf{p}_l)\\ &= \mathbf{p}_s \cdot \mathbf{p}_s + \mathbf{p}_l \cdot \mathbf{p}_l + 2\mathbf{p}_s \cdot \mathbf{p}_l\end{aligned}$$

利用(2-52)、(2-55)和(2-57)式,得

$$\mathbf{p}_s \cdot \mathbf{p}_l = \frac{j(j+1) - s(s+1) - l(l+1)}{2}\hbar^2 \tag{2-62}$$

代入(2-60)式得

---

① R. Eisberg and R. Resnick, *Quantum Physics of Atoms, Molecules, Solids, Nuclei, and Particles*, pp. 302—305, 309—313, John Wiley & Sons(1974).

$$\overline{\Delta E} = \frac{\hbar^2}{4m_e^2c^2}[j(j+1)-l(l+1)-s(s+1)]\overline{\frac{1}{r}\frac{dV(r)}{dr}} \tag{2-63}$$

$j$ 只能取两个值，当 $j=l+\frac{1}{2}$ 时

$$\overline{\Delta E}_{l+\frac{1}{2}} = \frac{\hbar^2 l}{4m_e^2c^2}\overline{\frac{1}{r}\frac{dV(r)}{dr}} \tag{2-64}$$

当 $j=l-\frac{1}{2}$ 时

$$\overline{\Delta E}_{l-\frac{1}{2}} = -\frac{\hbar^2(l+1)}{4m_e^2c^2}\overline{\frac{1}{r}\frac{dV(r)}{dr}} \tag{2-65}$$

由此可见，由于存在自旋-轨道相互作用，角量子数 $l\neq 0$ 的状态发生分裂，$j=l+\frac{1}{2}$ 的状态能量较高，$j=l-\frac{1}{2}$ 的状态能量较低，二者的能量差为

$$\varepsilon = \frac{\hbar^2}{4m_e^2c^2}(2l+1)\overline{\frac{1}{r}\frac{dV(r)}{dr}} \tag{2-66}$$

自旋-轨道相互作用使类氢离子的 $n$ 和 $l$ 相同的能级发生分裂，分裂程度与 $\overline{\frac{1}{r}\frac{dV(r)}{dr}}$ 有关。对氢原子，$\overline{\Delta E}\simeq 10^{-4}$ eV。在多电子原子中也存在自旋-轨道相互作用。一般而言，对轻元素和中等元素的外层电子，自旋-轨道相互作用能比较小；对于重元素的外层电子以及所有元素的内层电子，自旋-轨道作用能比较强。碱金属的 $\varepsilon$ 值列于表 2-10 中。

**表 2-10　碱金属原子的自旋-轨道相互作用引起的分裂能 $\varepsilon$**

| 元素 | Li | Na | K | Rb | Cs |
|---|---|---|---|---|---|
| 亚层 | $2p$ | $3p$ | $4p$ | $5p$ | $6p$ |
| $\varepsilon$/eV | $0.42\times10^{-4}$ | $21\times10^{-4}$ | $72\times10^{-4}$ | $295\times10^{-4}$ | $687\times10^{-4}$ |

在单电子原子中，当自旋-轨道相互作用可以忽略不计时，轨道角动量 $\mathbf{p}_l$ 和自旋角动量 $\mathbf{p}_s$ 彼此独立，它们都各自绕 $z$ 轴旋进[图 2-6(a)]，轨道角动量的大小 $p_l$ 及其在 $z$ 方向的分量 $p_{lz}$ 和自旋角动量的大小 $p_s$ 及其在 $z$ 方向的分量 $p_{sz}$ 都有确定值，它们分别由量子数 $l,m,s,m_s$ 所规定，在这种情况下我们称 $l$、$m$、$s$、$m_s$ 为好量子数。当自旋-轨道相互作用不能忽略时，轨道角动量 $\mathbf{p}_l$ 和自旋角动量 $\mathbf{p}_s$ 合成总角动量 $\mathbf{p}_j$ 并绕 $\mathbf{p}_j$ 旋进，$\mathbf{p}_j$ 则绕 $z$ 轴旋进[图 2-6(b)]。因此，轨道角动量和自旋角动量的大小 $p_l$ 和 $p_s$ 以及总角动量的大小 $p_j$ 及其在 $z$ 方向的分量 $p_{jz}$ 均有确定值，它们分别由 $l$、$s$、$j$、$m_j$ 规定，它们是好量子数。此种情况下 $p_{lz}$ 和 $p_{sz}$ 均无确定值，因而 $m$ 和 $m_s$，都不是好量子数。

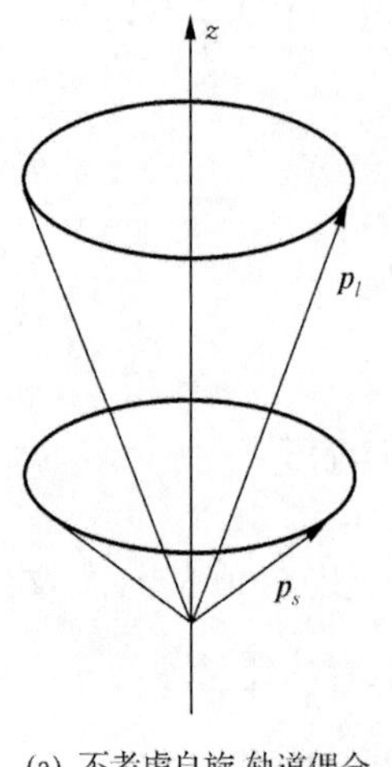


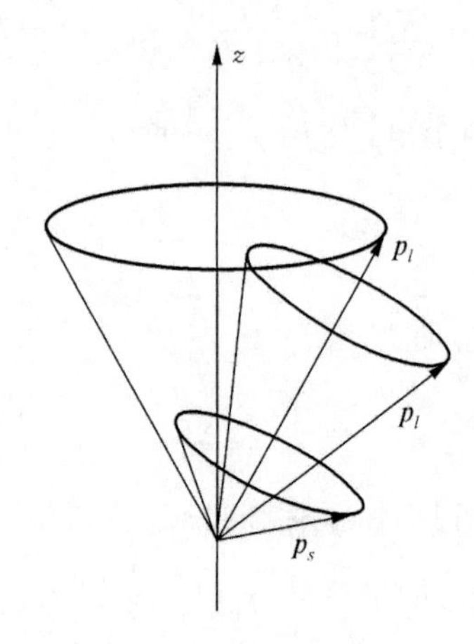


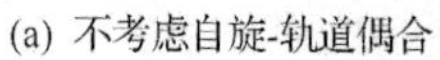
(a) 不考虑自旋-轨道偶合

(b) 考虑自旋-轨道偶合

图 2-6　单电子原子的角动量

一个电子的自旋运动与其他电子的轨道运动的相互作用可以忽略不计[①]。

**3. 多电子原子的量子数**

多电子原子的运动状态可以用下列量子数表示：

(1) 自旋量子数 $S$　由于各个电子之间存在着自旋相关，各电子的自旋角动量 $\mathbf{s}_i$[②]($i=1,2,\cdots,N$)不是独立的，它们要绕总自旋角动量 **S** 旋进。总自旋角动量 **S** 是各电子自旋角动量 $\mathbf{s}_i$ 的矢量和

$$\mathbf{S} = \sum_i \mathbf{s}_i \tag{2-67}$$

**S** 的大小 $|\mathbf{S}|$ 由自旋量子数 $S$ 刻画，

$$|\mathbf{S}| = \sqrt{S(S+1)}\hbar \tag{2-68}$$

**S** 沿磁场方向($z$ 方向)的分量等于 $M_S\hbar$，$M_S$ 可取 $0,\pm1,\pm2,\cdots,\pm S$(如 $S$ 为整数)或 $\pm\frac{1}{2},\pm\frac{3}{2},\cdots,S$(如 $S$ 为半整数)，共有 $2S+1$ 个。$M_S$ 称为自旋磁量子数。

(2) 角量子数 $L$　由于各电子的轨道角动量 $\mathbf{l}_i$ 之间也存在相互作用，它们也不是独立的，它们要绕总轨道角动量 **L** 旋进。总轨道角动量 **L** 是各电子的轨道角动量 $\mathbf{l}_i$ 的矢量和：

---

① 对于组态为 $1s2p$ 的激发态氦原子，$1s$ 电子的自旋与 $2p$ 电子的轨道运动的相互作用的强度与 $2p$ 电子本身的自旋-轨道作用的强度相近。

② 在上节中我们用 **p** 表示角动量，为简明计，本节以 **S**,**s**,**L**,**l**,**J**,**j** 表示角动量。

$$\mathbf{L} = \sum_i \mathbf{l}_i \tag{2-69}$$

**L** 的大小$|\mathbf{L}|$由角量子数 $L$ 刻划，

$$|\mathbf{L}| = \sqrt{L(L+1)}\hbar \tag{2-70}$$

**L** 沿磁场方向的分量等于 $M_L\hbar$，$M_L$ 可取 $0,\pm1,\pm2,\cdots,\pm L$，共有 $2L+1$ 个，$M_L$ 称为磁量子数。

(3) 总角动量量子数(内量子数)$J$　总自旋角动量 **S** 和总轨道角动量 **L** 之间还存在自旋-轨道相互作用，它们也不是独立的，而是绕总角动量 **J** 旋进。**J** 等于 **L** 和 **S** 的矢量和

$$\mathbf{J} = \mathbf{S} + \mathbf{L} \tag{2-71}$$

**J** 的大小由内量子数 $J$ 刻画，

$$|\mathbf{J}| = \sqrt{J(J+1)}\hbar \tag{2-72}$$

如 $L \geqslant S$，$J$ 可取 $L+S, L+S-1, \cdots, L-S$ 共$(2S+1)$个值；如 $L \leqslant S$，$J$ 可取值 $S+L, S+L-1, \cdots, S-L$ 共$(2L+1)$个值。例如 $L=2, S=1$，则 $J$ 可取 3,2,1 三个数值，如图 2.7 所示：

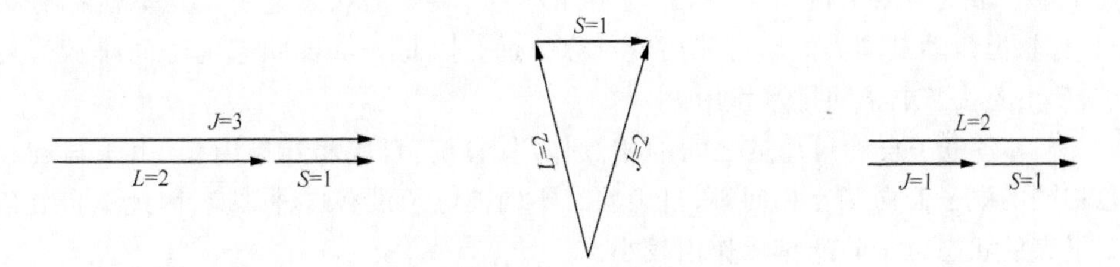


图 2.7　角动量相加的矢量模型

**J** 沿磁场的分量等于 $M_J\hbar$，其数值为 0 或$\pm\frac{1}{2}$到$\pm J$ 共$(2J+1)$个。

以上把每一个电子的 **s** 合并成 **S**，**l** 合并成 **L**，然后再将 **S** 和 **L** 合并成 **J** 的处理法叫 $L$-$S$ 偶合，或叫罗素(Russell)-桑德斯(Saunders)偶合。$L$-$S$ 偶合方案适合于轻元素和中等元素。另一种偶合方案是先把每一个电子的 **s** 和 **l** 偶合成 **j**，再把各 **j** 合并成 **J**，这种处理方法叫 $j$-$j$ 偶合。$j$-$j$ 偶合适合于重元素。

**4. 多电子原子中的剩余相互作用**

在中心势场模型中，我们将一个电子受核和其他电子的作用近似为一个球对称的平均势场 $V_i(r_i)$。实际上电子间的作用 $\sum\limits_{i>j}\sum \frac{e^2}{r_{ij}}$ 不可能完全包括在 $\sum\limits_i V_i(r_i)$ 中，剩余的部分叫剩余(库仑)相互作用，记作 $\sum\limits_{i>j}\sum U(r_{ij})$。由于扣去了

并入平均场的部分，剩余相互作用比电子间原来的相互作用 $\sum_{i>j}\sum \frac{e^2}{r_{ij}}$ 小，可作微扰处理①。于是多电子原子的哈密顿算符可写为

$$\hat{\mathbf{H}} = \sum_i \left(-\frac{1}{2}\nabla_i^2 - \frac{Z}{r_i}\right) + \sum_{i>j}\sum \frac{1}{r_{ij}} = \hat{\mathbf{H}}^0 + \hat{\mathbf{H}}'$$

$$\hat{\mathbf{H}}^0 = \sum_i \left[-\frac{1}{2}\nabla_i^2 + V_i(r_i)\right]$$

$$\hat{\mathbf{H}}' = \sum_{i>j}\sum U(r_{ij})$$

在忽略 $\hat{\mathbf{H}}'$ 时解薛定谔方程就得到体系无微扰时的波函数 $\Phi^{(0)}$ 和能量 $E^{(0)}$，$\Phi^{(0)}$ 可以写成单电子波函数的乘积，$E^{(0)}$ 可以写成各电子的能量之和。每个电子的运动可以用 $n$、$l$、$m$、$m_s$ 描述，$n$、$l$ 相同的轨道能量相同。由于无电子之间的关联，每个电子独立运动，其轨道角动量、自旋角动量及它们沿 $z$ 方向的分量都有确定值。

剩余相互作用有两种：

(1) 各电子轨道角动量之间的相互作用（轨道-轨道相互作用） 比如说两个处于量子数为 $n$ 和 $l$ 的轨道中，总轨道角动量 $L=0$ 的状态电子云是球对称分布的，总轨道角动量越大的状态偏离球对称越远。因此 $L$ 大的状态电子间排斥作用小，$L$ 小的状态电子间排斥作用大。

(2) 各电子自旋角动量之间的相互作用（自旋-自旋相互作用） 由于自旋状态相同的电子倾向于互相回避，自旋状态不同的电子没有这种效应，因此总自旋角动量大的状态电子间的排斥作用较小。

由于上述两种剩余相互作用的存在，电子的轨道运动和自旋运动都会受到一个来自其他电子的力矩，它们分别绕总轨道角动量和总自旋角动量旋进。总轨道角动量和总自旋角动量之间还存在着自旋-轨道相互作用，二者绕总角动量旋进。体系中只有总角动量 $\mathbf{J}$ 和它在 $z$ 方向的分量是守恒量。

剩余相互作用中，自旋-自旋相互作用比轨道-轨道相互作用要强。自旋-轨道相互作用与剩余相互作用的相对强弱与元素的原子序数有关。对于轻元素和中等元素是剩余相互作用＞自旋-轨道相互作用，因此先考虑前者，后考虑后者，这就是 $L$-$S$ 偶合。对于重元素是剩余相互作用＜自旋-轨道相互作用，因此先考虑后者，后考虑前者，这就是 $j$-$j$ 偶合。

**5. 原子光谱项**

多电子原子的运动状态可用量子数 $S$，$L$，$J$ 和 $M_J$ 来表示。通常我们用符号

① 参考§7-1。

$S,P,D,F,G,H,\cdots$ 来依次表示 $L=0,1,2,3,4,5,\cdots$，正像以前用 $s,p,d,f,g,h,\cdots$ 表示 $l=0,1,2,3,4,5,\cdots$ 一样。我们又把 $2S+1$ 的数值写在表示 $L$ 的符号的左上角，例如 $^1P$ 代表 $L=1,S=0$；$^3P$ 代表 $L=1,S=1$；$^2D$ 代表 $L=2,S=\frac{1}{2}$ 等。这样的符号叫做光谱项。$(2S+1)$ 叫做光谱项的多重性或多重态。$2S+1=1,2,3,\cdots$ 的项分别称为单重态(独态)，二重态，三重态，…。通常我们把 $J$ 值注在光谱项的右下角，例如 $^3P_2$，$^3P_1$，$^3P_0$ 依次表示 $J=2,1,0$；$^2D_{5/2}$，$^2D_{3/2}$ 依次表示 $J=\frac{5}{2},\frac{3}{2}$。这样的符号叫光谱支项。$L>S$ 的光谱项有 $(2S+1)$ 个光谱支项；$L<S$ 的光谱项有 $(2L+1)$ 个光谱支项。每一支光谱支项还包括 $(2J+1)$ 状态，相应于不同的 $M_J$ 值。在无外加磁场时，它们的能级是相同的，只有在磁场中，它们才分裂为不同的能级。

现在讨论如何从原子的电子组态推算光谱项。

(1) 氢原子的基态电子组态是 $1s^1$，所以 $S=\frac{1}{2}$，$L=0$，光谱项是 $^2S$，其中只有一个光谱支项 $^2S_{\frac{1}{2}}$，相应于 $J=\frac{1}{2}$。锂原子的基态的电子组态是 $1s^22s^1$。它的光谱项和氢一样，因为对于充满了的 $1s^2$ 层来说，$L=0$，$S=0$，所以锂的 $L$ 和 $S$ 是由外层的 $2S^1$ 电子决定的。同样，其他ⅠA族原子的基态的外层结构都是 $s^1$，所以光谱项都和氢一样。

(2) 氦原子基态的电子组态是 $1s^2$，所以 $S=0$，$L=0$，光谱项是 $^1S$；$J$ 只取一个值 0，故光谱支项是 $^1S_0$。其他ⅡA族元素的基态的外电子层都是 $s^2$，所以光谱项都和氦一样。此外，$\rho$ 族元素的光谱也是这样。

(3) 硼原子基态的电子组态是 $1s^22s^22p^1$，所以 $S=\frac{1}{2}$，$L=1$，光谱项是 $^2P$，其中有两个光谱支项 $^2P_{3/2}$，$^2P_{1/2}$，相应于 $J=1+\frac{1}{2}=\frac{3}{2}$ 和 $J=1-\frac{1}{2}=\frac{1}{2}$。其余ⅢA族的元素基态原子的外电子层结构都是 $p^1$，所以光谱项都和硼一样。

(4) 碳原子基态的电子组态是 $1s^22s^22p^2$，所以 $l_1=1$，$l_2=1$，$s_1=\frac{1}{2}$，$s_2=\frac{1}{2}$。因为 $\mathbf{L}=\sum_i \mathbf{l}_i$，所以

$$M_L=\sum_i m_i$$

同理

$$M_S=\sum_i m_{si}$$

因 $m_1$ 和 $m_2$ 可取 0,±1,$m_{s1}$ 和 $m_{s2}$ 可取 $\pm\frac{1}{2}$,所以 $M_L$ 可取 0,±1,±2,$M_S$ 可取 0,±1,我们将所有的微观状态列成表(表 2-11)。表中($1^+$,$1^-$)表示 $m_1=1,m_{s1}=\frac{1}{2},m_2=1,m_{s2}=-\frac{1}{2}$。由于电子的不可区分性,($1^+$,$0^-$)和($0^-$,$1^+$)表示相同的微观状态。由于泡利原理的限制,此处 $n$ 和 $l$ 相同,因此 $m_1=m_2,m_{s1}=m_{s2}$ 的微观状态是不允许的。例如($1^+$,$1^+$),($-1^-$,$-1^-$)均不允许。

**表 2-11　$p^2$ 组态的微观状态**

| $M_L$ \ $M_S$ | 1 | 0 | −1 |
|---|---|---|---|
| 2 | | ($1^+$,$1^-$) | |
| 1 | ($1^+$,$0^+$) | ($1^+$,$0^-$)(1,$0^+$) | ($1^-$,$0^-$) |
| 0 | ($1^+$,$-1^+$) | ($1^+$,$-1^-$)($0^+$,$0^-$)($1^-$,$-1^+$) | ($1^-$,$-1^-$) |
| −1 | ($-1^+$,$0^+$) | ($-1^+$,$0^-$)($-1^-$,$0^+$) | ($-1^-$,$0^-$) |
| −2 | | ($-1^+$,$-1^-$) | |

由表 2-11 可知,最高的 $M_L=2$,其 $M_S=0$,因此必然有光谱项 $^1D$,它共有 $(2S+1)(2L+1)=1\times5=5$ 个微观状态,应从 $M_S=0$ 的列中每行划去一个微观状态。剩下的微观状态的最高 $M_L=1$,其 $M_S=0,\pm1$,因此必然有光谱项 $^3P$,它共有 $3\times3=9$ 个微观状态,应从 $M_S=1,0,-1$ 的列中划去 $M_L=1,0,-1$ 各行中的一个微观状态。最后只剩下一个微观状态,$M_L=0,M_S=0$,显然是属于光谱项 $^1S$ 的。由此,碳原子的光谱项为 $^1D$,$^3P$ 和 $^1S$。$^1D$ 有一个光谱支项 $^1D_2$,包含 $2J+1=5$ 个状态;$^1S$ 也只有一个光谱支项 $^1S_0$,包含 $2J+1=1$ 个状态;$^3P$ 有三个光谱支项:$3P_2$(5 个状态),$^3P_1$(3 个状态)和 $^3P_0$(1 个状态)。

观察表 2-11 可以看出,该表对于 $M_S=0$ 的列是对称的,对于 $M_L=0$ 的行也是对称的。因此我们只需列出 $M_L=2,1,0$ 和 $M_S=1,0$ 的这一部分就可以了。

一个更简单的办法可以用表 2-12 来说明。该表中最上一行列出第一个电子的 $m$ 的可能值,最右一列列出第二个电子的 $m$ 的可能值,表中方框内的每个数字代表可能的 $M_L$ 值,它是所在行的 $m_2$ 值与所在列的 $m_1$ 值的代数和。属于同一个 $L$ 的 $M_L$ 用虚线条框标出。凡涉及对角线上的元素的 $L$ 只能有 $S=0$,不涉及对角线上的元素的 $L$ 可以有 $S=0,S=1$,这是因为对角线上的元素意味着 $m_1=m_2$。由此可知,由 $d^2$ 组态(例如 Ti,$1s^22s^22p^63s^23d^2$)派生的光谱项有 $^1S$,$^1D$,$^1G$,$^3P$,$^3F$。

**表 2-12**

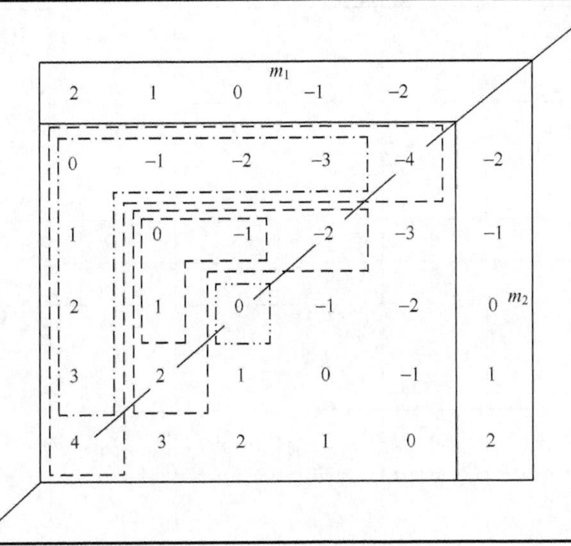


读者可以证明,$N$ 个主量子数为 $n$、角量子数为 $l$ 的电子组成的体系的微观状态数为

$$C_{2(2l+1)}^{N} = \prod_{k=1}^{N} \frac{2(2l+1)-k+1}{k} \tag{2-73}$$

若两个电子的主量子数不同,则不必考虑泡利原理带来的限制。例如,碳的激发态 $1s^2 2s^2 2p^1 3p^1$ 的情况就是这样。因 $l_1=1, l_2=1, s_1=1/2, s_2=1/2$,所以按矢量加法得 $L=2,1,0;S=1,0$。两者相互组合可得光谱 $^3D, ^1D, ^3P, ^1P, ^3S, ^1S$,它们都是允许的光谱项。

表 2-13 列出了主族元素的光谱项。表 2-14 和表 2-15 总结了各种电子组态推算出来的光谱项。从表 2-14 可以看出,对于未充满的亚层,该亚层可填充 $2l$ 个电子,则亚层上有 $x$ 个电子和亚层上有 $2l-x$ 个电子的组态产生的光谱项相同。例如 $d^2$ 和 $d^8$ 派生的光谱项是一样的。

读者可能要问,在表 2-11 中,同一个 $M_L$ 和同一个 $M_S$ 的几个微观状态中[例如 $M_L=0, M_S=0$ 的$(1^+, -1^-)$,$(0^+, 0^-)$和$(1^-, -1^+)$],究竟哪一个微观状态属于 $^1D$(或 $^3P$、$^1S$)? 回答是:单独哪一个都不是,而是三者的线性组合。这是因为考虑剩余相互作用后,体系的运动状态要用谱项波函数 $\Psi(L, S, M_L, M_S)$来描写,而不能用不考虑剩余相互作用的波函数 $\Phi(m_1, m_{s1}; m_2, m_{s2})$来描写。但根据量子力学的微扰理论,前者可写为后者适当的线性组合。

**表 2-13　主族元素基态的光谱项**

| 电子层结构*** | $S$ | $L$ | 光谱项 | $J$ | 光谱支项** | 例* | 周期族 |
|---|---|---|---|---|---|---|---|
| $s^1$ | $\frac{1}{2}$ | 0 | $^2S$ | $\frac{1}{2}$ | $^2S_{\frac{1}{2}}$ | H,Li,Na | IA |
| $s^2$ | 0 | 0 | $^1S$ | 0 | $^1S_0$ | He,Be,Mg | ⅡA |
| $p^1$ | $\frac{1}{2}$ | 1 | $^2p$ | $\frac{3}{2}$ | $^2P_{\frac{3}{2}}$ | B,Al | ⅢA |
| | | | | $\frac{1}{2}$ | $^2P_{\frac{1}{2}}$ | | |
| $p^2$ | 0 | 2 | $^2D$ | 2 | $^1D_2$ | C,Si | ⅣA |
| | 0 | 0 | $^1S$ | 0 | $^1S_0$ | | |
| | 1 | 1 | $^3p$ | 2 | $^3p_2$ | | |
| | | | | 1 | $^3p_1$ | | |
| | | | | 0 | $^3p_0$ | | |
| $p^3$ | $\frac{3}{2}$ | 0 | $^4S$ | $\frac{3}{2}$ | $^4S_{\frac{3}{2}}$ | N,P | ⅤA |
| | $\frac{1}{2}$ | 2 | $^2D$ | $\frac{5}{2}$ | $^2D_{\frac{5}{2}}$ | | |
| | | | | $\frac{3}{2}$ | $^2D\,\frac{3}{2}$ | | |
| | $\frac{1}{2}$ | 1 | $^2P$ | $\frac{3}{2}$ | $^2P_{\frac{3}{2}}$ | | |
| | | | | $\frac{1}{2}$ | $^2P_{\frac{1}{2}}$ | | |
| $p^4$ | 同 $p^2$ | | | | | O,S | ⅥA |
| $p^5$ | 同 $p^1$ | | | | | F,CI | ⅦA |
| $p^6$ | 0 | 0 | $^1S$ | 0 | $^1S_o$ | Ne,Ar | 0 |

*　这里指的是这些原子的基态。

**　每一光谱的支项包含$(2J+1)$个状态。

***　每一电子支层充满者如$(ns)^2(np)^6(nd)^{10}$或$(nf)^{14}$，它们的$L=0,S=0$，所以充满的电子支层可以不计算。

**表 2-14　等价电子产生的光谱项($n,l$ 相同)***

| 电子组态 | 光　谱　项 |
|---|---|
| $s^2$ | $S$ |
| $p^1,p^5$ | $^2P$ |
| $p^2,p^4$ | $^1S,{}^1D,{}^3P$ |
| $p^3$ | $^2P,{}^2D,{}^4S$ |
| $d^1,d^9$ | $^2D$ |
| $d^2,d^8$ | $^1S,{}^1D,{}^1G,{}^3P,{}^3F$ |
| $d^3,d^7$ | $^2P,{}^2D(2),{}^2F,{}^2G,{}^2H,{}^4P,{}^4F$ |
| $d^4,d^6$ | $^1S(2),{}^1D(2),{}^1F,{}^1G(2),{}^1I,{}^3P(2),{}^3D,{}^3F(2),{}^3G,{}^3H,{}^5D$ |
| $d^5$ | $^2S,{}^2P,{}^2D(3),{}^2F(2),{}^2G(2),{}^2H,{}^2I,{}^4P,{}^4D,{}^4F,{}^4G,{}^6S$ |

* 关于等价电子产生的光谱项的推引，请参看：唐作华，化学通报，1982(11)，57；廖代正，胡龙桥，化学通报，1984(4)，54；赵令雯，化学通报，1984(5)，47。

**表 2-15　不等价电子($n$ 不同)产生的光谱项**

| 电子组态 | 光　谱　项 |
|---|---|
| $ss$ | $^1S,^3S$ |
| $sp$ | $^1P,^3P$ |
| $sd$ | $^1D,^3D$ |
| $pp$ | $^1S,^1P,^1D,^3S,^3P,^3D$ |
| $pd$ | $^1P,^1D,^1F,^3P,^3D,^3F$ |
| $dd$ | $^1S,^1P,^1D,^1F,^1G,^3S,^3P,^3D,^3F,^3G$ |
| $sss$ | $^2S(2),4S$ |
| $ssp$ | $^2P(2),^4P$ |
| $ssd$ | $^2D(2),^4D$ |
| $spp$ | $^2S(2),^2P(2),^2D(2),^4S,^4P,^4D$ |
| $spd$ | $^2P(2),^2D(2),^2F(2),^4P,^4D,^4F$ |
| $ppp$ | $^2S(2),^2P(6),^2D(4),^2F(2),^4S,^4P(3),^4D(2),^4F$ |
| $ppd$ | $^2S(2),^2P(4),^2D(6),^2F(4),^2G(2),^4S,^4P(2),^4D(3),^4(F),^4G$ |
| $pdf$ | $^2S(2),^2P(4),^2D(6),^2F(6),^2G(6),^2H(4),^2I(2),^4S,^4P(2),^4D(3),^4F(3),^4G(3),^4H(2),^4I$ |

### 6. 原子能级图和洪特规则

上面讨论了如何从已知电子组态推导出光谱项,现在讨论各光谱项能级的高低。从原子光谱的大量实验材料中,洪特总结了以下的规律:

由同一电子组态导出的各光谱项中,其中 $S$ 最大者能级最低;如 $S$ 相同则 $L$ 最大者能级最低。这一规律叫做洪特第一规律。在本节第 4 小节中我们已扼要说明了洪特第一规律的量子力学基础。

如 $S$ 和 $L$ 相同,则对于正光谱项而言,$J$ 最小者能级最低;对于反光谱项而言,$J$ 最大者能级最低。所谓正光谱项是指由未充满到半充满的电子组态如 $p^1$,$p^2$,$p^3$ 等导出的光谱项,所谓反光谱项是指由半充满以后的电子组态如 $p^4$,$p^5$ 等导出的光谱项。这一规律叫做洪特第二规律。

一般而言,多重性不同的谱项之间能量相差比较大,多重性相同 $L$ 不同的谱项能量相差比较小。这是因为前者起源于相互作用较强的自旋相关效应,后者起源于相互作用较弱的轨道-轨道相互作用。

谱项的能量可用斯莱特-康登(Condon)参量表示。例如对于 $p^2$ 组态导出的谱项为

$$E(^1S) = F_0 + 10F_2$$
$$E(^1D) = F_0 + F_2$$
$$E(^3P) = F_0 - 5F_2$$

对于 $d^2$ 组态导出的谱项为

$$E(^1S) = F_0 + 14F_2 + 126F_4$$
$$E(^3P) = F_0 + 7F_2 - 84F_4$$
$$E(^1D) = F_0 - 3F_2 + 36F_4$$
$$E(^3F) = F_0 - 8F_2 - 9F_4$$
$$E(^1G) = F_0 + 4F_2 + F_4$$

$F_0$、$F_2$、$F_4$ 即斯莱特-康登参量,它们是表示电子之间相互作用的一些积分,也可将它们作经验参数处理,具体数值可从光谱数据获得。对于 $d^n$ 组态导出的谱项,也可以用拉卡(Racah)参量表示,拉卡参量与斯莱特-康登参量的关系为

$$\left.\begin{aligned} A &= F_0 - 49F_4 \\ B &= F_2 - 5F_4 \\ C &= 35F_4 \end{aligned}\right\} \tag{2-74}$$

由 $d^2$ 导出的谱项的能量用拉卡参量表示则为

$$E(^3F) = A - 8B$$
$$E(^3P) = A + 7B$$
$$E(^1G) = A + 4B + 2C$$
$$E(^1D) = A - 3B + 2C$$
$$E(^1S) = A + 14B + 7C$$

实验发现 $C \simeq 4B$。对于不同的元素有不同的 $A,B,C$ 值。

总结以上讨论可知,在没有外磁场时,多电子原子的每一个光谱支项就是一个能级。在有外磁场存在时,每个光谱支项还要分裂成($2J + 1$)个状态,能量各不相同。图 2-8 示出组态为 $p^2$ 的原子的能级结构。

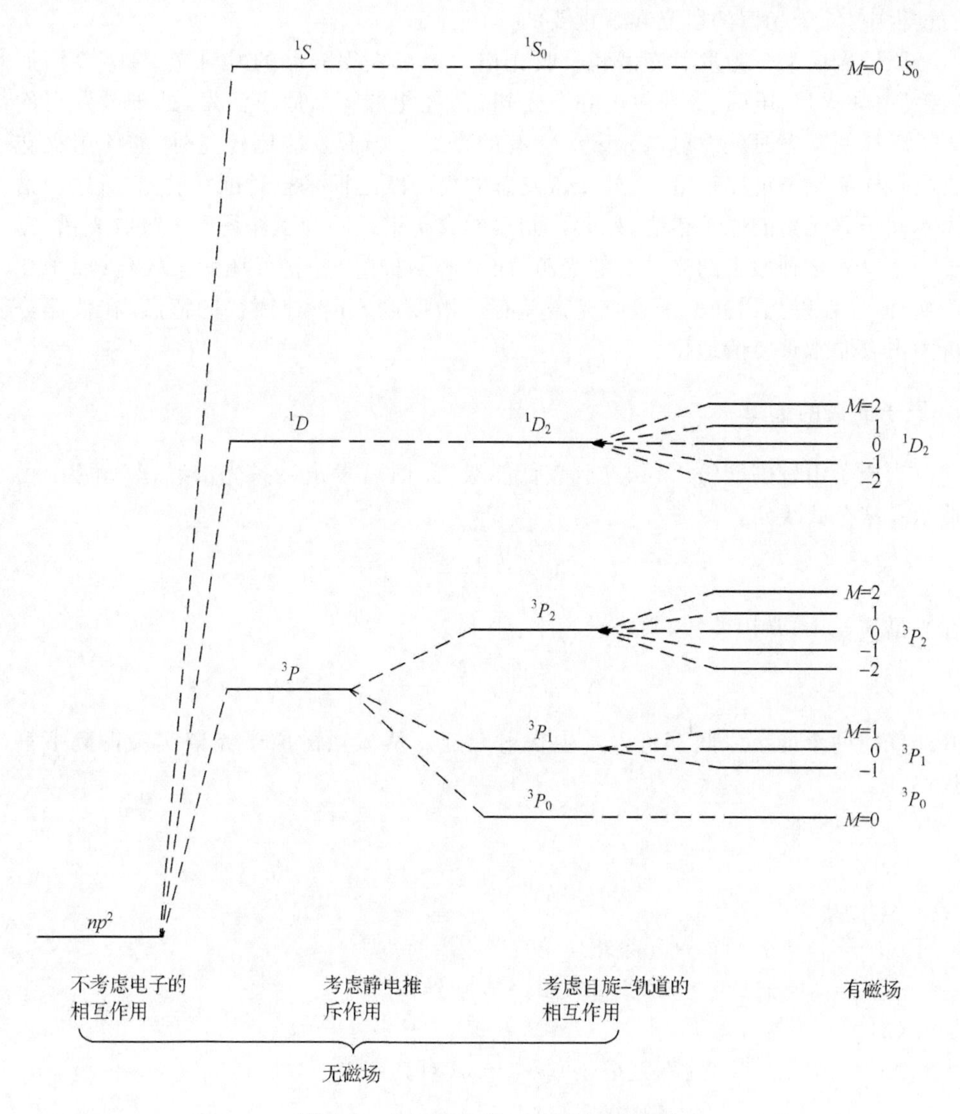


图 2-8　电子组态为 $p^2$ 的能级示意图

## §2－7　原子光谱

不同原子的能级图各不相同，由能级之间的跃迁产生的光谱也各不相同。因此利用原子光谱的不同可以鉴别不同的元素，从光谱线的强度还可以知道各元素含量的多少。

研究原子光谱是获得原子中电子层结构的重要手段。在创立和发展量子理论的过程中，原子光谱的研究起了重要的作用。

原子光谱又分为发射光谱和吸收光谱。为了获得样品的发射光谱，需要用适当手段(如火焰、电弧、火花放电和激光)将已气化的样品原子激发，处于激发态的原子跃迁回基态时就发射该元素所特有的谱线。当激发能比较高时(如使用火花放电)，样品原子可以被电离，处于激发态的离子跃迁回基态时也发射光子，这种谱线不同于该元素的原子谱线，称为该元素的离子谱线。为了获得原子吸收光谱，需要一个发射该种原子的光谱线的光源(如空心阴极灯)并将待测元素气化(原子化器)。原子发射光谱和原子吸收光谱具有灵敏度高、分析速度快的特点，在仪器分析中占有非常重要的地位。

**1. 原子光谱的选律**

当原子由较高能级 $E_2$ 跃迁到较低能级 $E_1$ 时就发出一条光谱线，其频率 $\nu$ 由玻尔频率公式决定，

$$\nu = \frac{E_2 - E_1}{h}$$

在光谱实验中，常用波数$\tilde{\nu}$来表示频率，

$$\tilde{\nu} = \frac{1}{\lambda} = \frac{E_2 - E_1}{hc}$$

并非任何两个能级之间都可以发生辐射跃迁。从大量的原子光谱实验得到下列规律：

(1) $L$-$S$ 偶合

$\Delta S = 0$

$\Delta L = \pm 1$

$\Delta J = 0, \pm 1$　($0 \rightarrow 0$ 除外)

$\Delta M_J = 0, \pm 1$①　(对$\nabla J = 0, 0 \rightarrow 0$ 除外)

(2) $j = j$ 偶合

$\Delta j = 0, \pm 1$　(对跃迁电子)，$\Delta j = 0$(对其余电子)

$\Delta J = 0, \pm 1$　($0 \rightarrow 0$ 除外)

$\Delta M_J = 0, \pm 1$①(对 $\Delta J = 0, 0 \rightarrow 0$ 除外)

以上规律称为原子光谱的选律。用量子力学理论可以证明原子光谱的选律，这是量子力学的很大成功，而旧量子论则无法解释光谱选律。

**2. 碱金属原子的光谱**

表 2-16 列出钠原子的基态和激发态的各光谱项。图 2-9 给出了钠原子的能

---

① 外加磁场时。

级图。

**表 2-16　钠原子基态和激发态的光谱项**

| 电子组态 | 最外层电子的主量子数 | 光　谱　项 |
|---|---|---|
| $1s^22s^22p^63s^1$ | 3 | $^2S_{1/2}$ |
| $1s^22s^22p^63p^1$ | 3 | $^2P_{1/2}$，$^2P_{3/2}$ |
| $1s^22s^22p^63d^1$ | 3 | $^2D_{3/2}$，$^2D_{5/2}$ |
| $1s^22s^22p^64s^1$ | 4 | $^2S_{1/2}$ |
| $1s^22s^22p^64p^1$ | 4 | $2P_{1/2}$，$^2P_{3/2}$ |
| $1s^22s^22p^64d^1$ | 4 | $^2D_{3/2}$，$^2D_{5/2}$ |
| $1s^22s^22p^64f^1$ | 4 | $^2F_{5/2}$，$^2F_{7/2}$ |
| … … … … | … | …… |

从钠原子的能级图和选律，可以推算出钠原子光谱应包括下列各系光谱线：

(1) 主系　$nP \longrightarrow 3S$　$\lambda$/nm

$3P \longrightarrow 3S$　589.59，589.00 即两重钠 $D$ 线

$4P \longrightarrow 3S$　330.29，330.23

$5P \longrightarrow 3S$　285.30，285.28

… … … …　　…　　…

$\infty P \longrightarrow 3S$　245.5(5.138 eV，第一电离能，主系的极限)

(2) 锐系　$nS \longrightarrow 3P$　$\lambda$/nm

$4S \longrightarrow 3P$　1140.4，1138.2

$5S \longrightarrow 3P$　616.1，615.4

$6S \longrightarrow 3P$　515.4，514.9

… … … …　　…　　…

$\infty S \longrightarrow 3P$　407.8，407.6(锐系的两个极限)

(3) 漫系　$nD \longrightarrow 3P$　$\lambda$/nm

$3D \longrightarrow 3P$　819.5(2)，818.3(1)

$4D \longrightarrow 3P$　568.8(2)，568.3(1)

$5D \longrightarrow 3P$　498.3(2)，497.9(1)

… … … …　　…　　…

$\infty D \longrightarrow 3P$　407.8(2)，407.6(1)(漫系的极限＝锐系的极限＝$3p$ 电子的电离能)

(4) 基系　$nF \longrightarrow 3D$　$\lambda$/nm

$4F \longrightarrow 3D$　1846.0(3)

$5F \longrightarrow 3D$　1267.8(3)

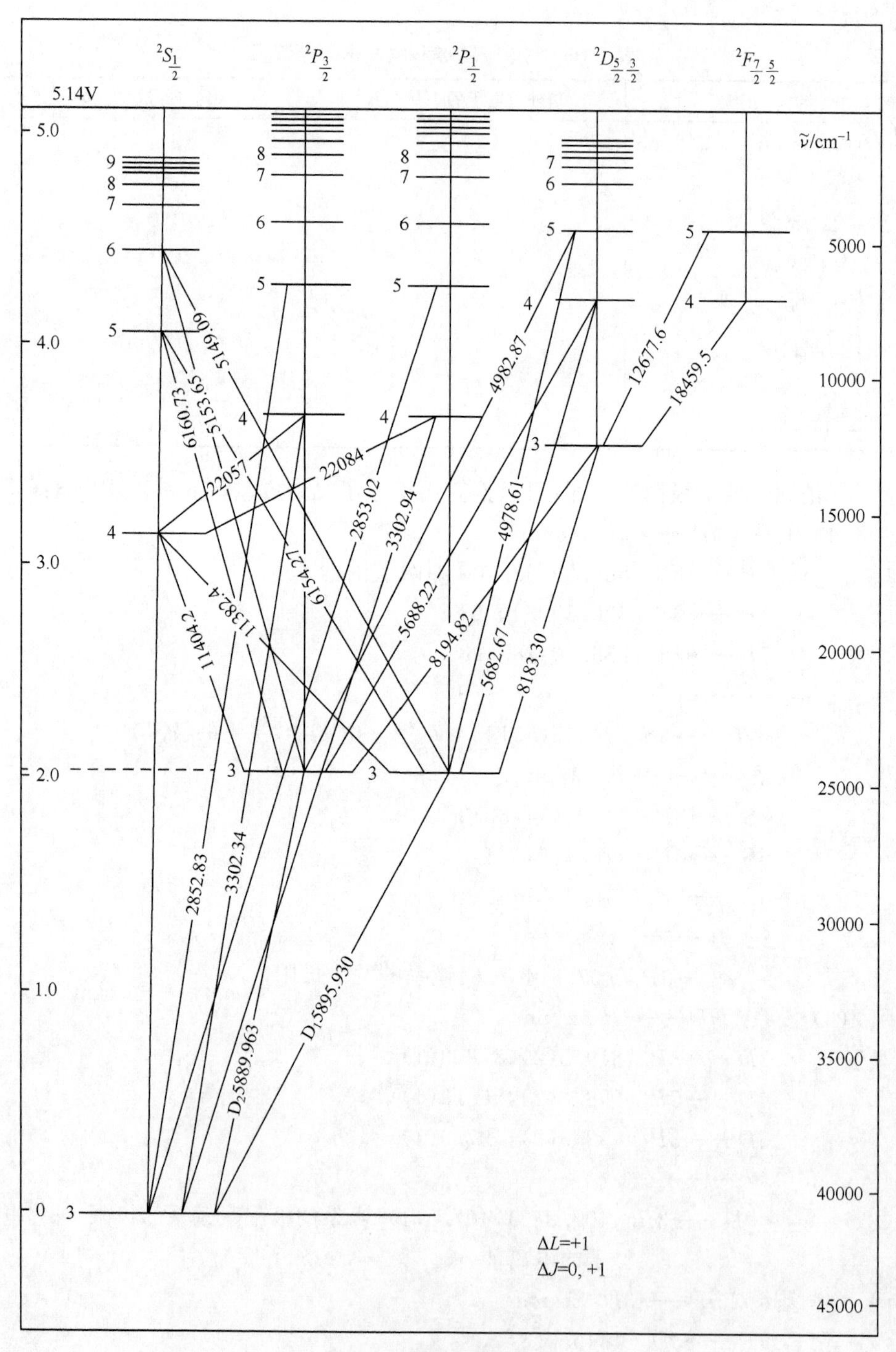


图 2-9　钠原子的能级图

（图中的波长用 Å 表示，1 Å＝$10^{-10}$ m＝0.1 nm）

…………　　…

$\infty F \longrightarrow 3D$　814.9(3)(基系的极限)

碱金属的原子光谱项的能量可用下列经验公式来表示：

$$E(nS) = -R\frac{1}{(n-s)^2}, n \geqslant 3 (R = 13.6\ \text{eV})$$

$$E(nP) = -R\frac{1}{(n-p)^2}, n \geqslant 3$$

$$E(nD) = -R\frac{1}{(n-d)^2}, n \geqslant 3$$

$$E(nF) = -R\frac{1}{(n-f)^2}, n \geqslant 3$$

以上各式相当于表示原子电子能级的一般公式 $E=-R\left(\frac{Z'}{n'}\right)^2$ 其中有效核电荷 $Z'=1$，有效主量子数 $n'=n-s$ 或 $n-p$，…等，$s$、$p$、$d$、$f$ 等均为常数，称为"量子数的亏损值"，其数值如表 2-17 所示。

**表 2-17　量子数亏损值**

| 原　子 | $s$ | $p$ | $d$ | $f$ |
|---|---|---|---|---|
| Li | 1.46 | 1.05 | 0 | 0 |
| Na | 1.37 | 0.88 | 0.01 | 0 |
| Cs | 2.07 | 1.60 | 0.45 | 0.02 |

因此各线系的波数可表示如下：

主系 $\tilde{\nu}=\frac{1}{hc}\{E(nP)-E(3S)\}=\frac{R}{hc}\left\{\frac{1}{(3-s)^2}-\frac{1}{(n-p)^2}\right\}, n\geqslant 3$

锐系 $\tilde{\nu}=\frac{1}{hc}\{E(nS)-E(3P)\}=\frac{R}{hc}\left\{\frac{1}{(3-p)^2}-\frac{1}{(n-s)^2}\right\}, n\geqslant 4$

漫系 $\tilde{\nu}=\frac{1}{hc}\{E(nD)-E(3P)\}=\frac{R}{hc}\left\{\frac{1}{(3-p)^2}-\frac{1}{(n-d)^2}\right\}, n\geqslant 3$

基系 $\tilde{\nu}=\frac{1}{hc}\{E(nF)-E(3D)\}=\frac{R}{hc}\left\{\frac{1}{(3-d)^2}-\frac{1}{(n-f)^2}\right\}, n\geqslant 4$

$$\frac{R}{hc} = 109677\ \text{cm}^{-1}$$

例如 Na 的主系的 $D$ 线的波长可以计算如下：

$$\tilde{\nu}=\frac{1}{hc}\{E(3P)-E(3S)\}$$

$$=109677\left\{\frac{1}{(3-1.37)^2}-\frac{1}{(3-0.88)^2}\right\}$$

$$= 16930\ \mathrm{cm}^{-1}$$

$$\lambda = \frac{1}{\tilde{\nu}} = 591.0\ \mathrm{nm}。$$

实验值为 589.6 和 589.0 nm。

图 2-10 为钠原子光谱图，其中的波长是用 Å 表示的。

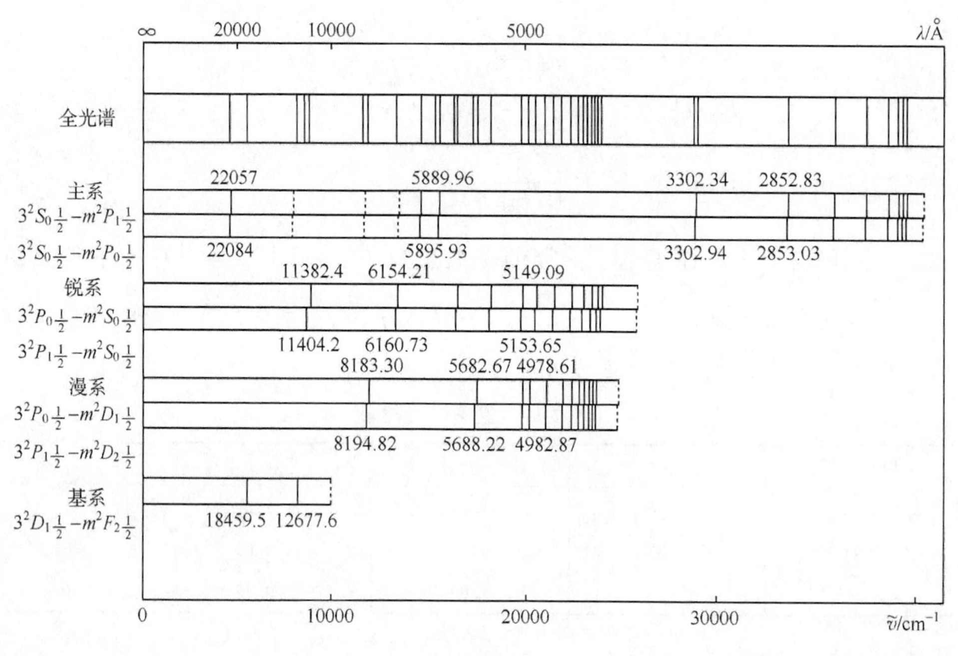


图 2-10　钠原子光谱

**3. 原子光谱的超精细结构**

用分辨力很低的光谱仪观察原子光谱，尽能得到原子光谱的粗结构，在粗结构光谱中每一谱线相当于光谱项之间的跃迁。例如氢原子光谱的 $H_\alpha$ 线相应于从 $3^2P \to 2^2S$，钠原子光谱的 $D$ 线相应于从 $3^2P \to 2^2S$。如用分辨力较强的光谱仪观察，则粗结构中的一条谱线实际上常常是由几条支线组成的。例如 $H_\alpha$ 是由两条支线组成的，分别相应于从光谱支项 $3^2P_{3/2}$ 和 $3^2P_{1/2}$ 到 $2^2S_{1/2}$。又如钠 $D$ 线也是由两条支线组成的，分别相应于从 $3^2P_{3/2}$ 和 $3^2P_{1/2}$ 到 $3^2S_{1/2}$，波长为 589.6 nm 和 589.0 nm，这种支线叫做光谱线的多重结构或精细结构，它是电子自旋运动与轨道运动相互作用的结果。

若用分辨力很强的大型摄谱仪观察精细结构内的一条支线，发现线纹还不是单纯的。这种更精细的结构叫做超精细结构，它是由原子核的效应引起的。原子核的效应有两种。

(1) 同位素效应　天然的氢元素是氢和氘的混合物,前者占 99.985%,后者占 0.015%。氢和氘的质量比是 1∶2,因此它们的里德伯常数分别为[见(1-46)至(1-48)三式]

$$\widetilde{R}_{\mathrm{H}} = 1.09737 \times 10^7 \left(1 - \frac{1}{1836}\right) = 1.09677 \times 10^7 \ \mathrm{m}^{-1}$$

$$\widetilde{R}_{\mathrm{D}} = 1.09737 \times 10^7 \left(1 - \frac{1}{1836 \times 2}\right) = 1.09707 \times 10^7 \ \mathrm{m}^{-1}$$

所以

$$\lambda(\mathrm{H}_\alpha) = \frac{1}{1.09677 \times 10^7 \left(\frac{1}{2^2} - \frac{1}{3^2}\right)} = 656.28 \ \mathrm{nm}$$

$$\lambda(\mathrm{D}_\alpha) = \frac{1}{1.09707 \times 10^7 \left(\frac{1}{2^2} - \frac{1}{3^2}\right)} = 656.10 \ \mathrm{nm}$$

即 $\Delta\lambda_\alpha = 0.180$ nm。同样可以算出 $\Delta\lambda_\beta = 0.133$ nm,$\Delta\lambda_\gamma = 0.119$ nm,$\Delta\gamma_\delta = 0.112$ nm。尤莱(H. C. Urey)用人工方法浓集氘,然后拍摄光谱,结果发现氘的巴尔麦线系 $\mathrm{D}_\alpha$,$\mathrm{D}_\beta$,$\mathrm{D}_\gamma$,$\mathrm{D}_\delta$ 的波长分别较 $\mathrm{H}_x$,$\mathrm{H}_\beta$,$\mathrm{H}_\gamma$,$\mathrm{H}_\delta$ 为短,差值依次等于 0.179 nm,0.133 nm,0.119 nm 和 0.112 nm,与理论计算符合。氘的存在最初就是这样被证实的。

利用同位素谱线的强弱可以进行同位素丰度的分析。例如铀的光谱线 424.437 nm,用分辨力很大的摄谱仪可以观察到它是由两条线组成的,一条属 $^{235}$U 在 424.4126 nm,一条属 $^{238}$U 在 424.4372 nm,利用 $^{235}$U 谱线的强弱,可以分析铀中 $^{235}$U 的含量。

(2) 核自旋　谱线的超精细结构不能完全用同位素效应来解释,因为谱线分裂的条数往往比同位素的数目来得多。有些只含有一种同位素的原子,它的谱线也有超精细结构。如果假定原子核也和电子一样本身具有角动量的话,谱线的超精细结构就能得到满意的解释。关于核自旋是如何引起精细结构内一条支线进一步分裂的,我们在下一节中还要详细讨论。

#### 4. X 射线光谱

若用适当方法从原子内层打出一个电子,处于较高能级的电子将跃迁到该轨道上去填补这一“空穴”并发出相应于两能级差的波长的辐射。这种辐射的波长在 $10^{-2}$ 至 $10^1$ nm($10^5$—$10^2$ eV)范围,落在电磁波谱的 X 射线波段。

在研究 X 射线光谱时,使用原子的 X 射线能级图是很方便的。原子的内层电子轨道上失去一个电子,相当于在该轨道创造了一个空穴,外层电子填补这一空穴的过程就相当于空穴由原子的内层跃迁到外层。若失去的内层电子的量子数是

$n$、$l$、$j$，则相应的空穴的量子数也是 $n$、$l$、$j$。若取原子基态能量为零，则空穴的能量为正。X射线能级图描述的就是空穴的能级。图 2-11 绘出了铀原子的 X 射线能级图，其中包括了 $n \leqslant 4$ 的所有 X 射线能级及允许的跃迁。

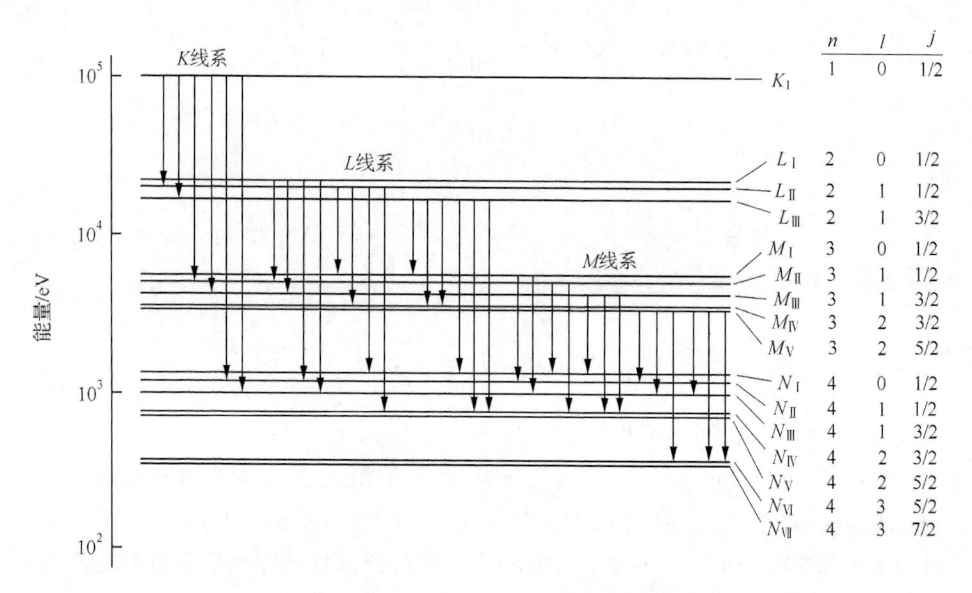


图 2-11　铀原子的 X 射线能级图及允许跃迁

在§2-2中曾经提到，原子的内层电子的能量主要由主量子数 $n$ 决定，能级组用 $K,L,M,N,\cdots$ 等表示，相应于 $n=1,2,3,4\cdots$。内层电子的自旋-轨道相互作用很强，因此每一个角量子数为 $l$ 的亚层都分裂为 $j=l+s=l+\frac{1}{2}$ 和 $j=l-s=l-\frac{1}{2}$ 的两个能级，$l=0$ 的亚层不分裂。在 X 射线能级图中常用 $K_{\mathrm{I}}$，$L_{\mathrm{I}}$，$L_{\mathrm{II}}$，$L_{\mathrm{III}}$，$M_{\mathrm{I}}$，$M_{\mathrm{II}}$，…表示空穴能级，它们与 $n,l,j$ 的关系为

$$n=1 \quad l=0 \quad j=\frac{1}{2} \quad K_{\mathrm{I}}$$

$$n=2 \quad l=0 \quad j=\frac{1}{2} \quad L_{\mathrm{I}}$$

$$n=2 \quad l=1 \quad j=\frac{1}{2} \quad L_{\mathrm{II}}$$

$$n=2 \quad l=1 \quad j=\frac{3}{2} \quad L_{\mathrm{III}}$$

$$n=3 \quad l=0 \quad j=\frac{1}{2} \quad M_{\mathrm{I}}$$

$$n=3 \quad l=1 \quad j=\frac{1}{2} \quad M_{\mathrm{II}}$$

$$n = 3 \quad l = 1 \quad j = \frac{3}{2} \quad M_{\text{III}}$$

$$n = 3 \quad l = 2 \quad j = \frac{3}{2} \quad M_{\text{IV}}$$

$$n = 3 \quad l = 2 \quad j = \frac{5}{2} \quad M_{\text{V}}$$

……

在§2-6中曾经指出，对于电子而言，$j=l-\frac{1}{2}$的能级比$j=l+\frac{1}{2}$的能级低。对于空穴而言顺序恰好相反，即$j$较大者能量较低。

空穴在能级间跃迁要满足以下选律：

$$\Delta n \neq 0$$
$$\Delta l = \pm 1$$
$$\Delta j = 0, \pm 1$$

空穴由$K$层出发跃迁到其他能级的一组X射线称为K线系，由$L$层出发跃迁到其他能级发射的一组X射线称为$L$线系，余类推。$K \rightarrow L$跃迁的X射线称$K_\alpha$线，其中$K \rightarrow L_{\text{II}}$的$K_\alpha$线称为$K_{\alpha 1}$线，$K \rightarrow L_{\text{III}}$的$K_\alpha$线称为$K_{\alpha 2}$线。$K \rightarrow M$跃迁的X射线称$K_\beta$线，$K_\beta$线包含$K_{\beta 1}$和$K_{\beta 2}$两条线，相应于$K \rightarrow M_{\text{II}}$和$K \rightarrow M_{\text{III}}$跃迁，余类推。

X射线谱随$Z$的变化没有简单的周期性关系，这点与外层电子光谱（光学光谱）是不同的，后者对于同一族元素是相似的。

代表X射线能级的理论公式首先由索末菲（A. Sommerfeld）按轨道理论推得，后来戈登（W. Gordon）用量子力学方法也获得同样的结论。他们推得的各能级的谱项公式为

$$T = \frac{R(Z-\sigma)^2}{n^2} + \frac{R\alpha^2(Z-S)^4}{n^4}\left(\frac{n}{k} - \frac{3}{4}\right) + \frac{R\alpha^4(Z-S)^6}{n^6}\left(\frac{n^3}{4k^3} + \frac{3n^2}{4k^2} - \frac{3n}{2k} + \frac{5}{8}\right) + \\ + \frac{R\alpha^6(Z-S)^8}{n^8}\left(\frac{n^5}{8k^5} + \frac{3n^4}{8k^4} + \frac{n^3}{8k^3} - \frac{15n^2}{8k^2} + \frac{15n}{8k} - \frac{35}{64}\right) + \cdots \tag{2-75}$$

上式中$R$为里德伯常数，$\sigma$为非相对论屏蔽常数，$\alpha$为精细结构常数

$$\alpha = \frac{e^2}{4\pi\varepsilon_0 \hbar c} = \frac{1}{137.036}$$

$S$为相对论屏蔽常数，$k$一律等于$j+\frac{1}{2}$。$\sigma$随$Z$增加逐渐增加，$S$对各种原子有共同值：

| 能级 | $L_{\text{I}}$ | $L_{\text{II,III}}$ | $M_{\text{I}}$， | $M_{\text{II,III}}$， | $M_{\text{IV,V}}$ | $N_{\text{I}}$ | $N_{\text{II}}N_{\text{III}}$ |
|---|---|---|---|---|---|---|---|
| $S$ | 2.0 | 3.60 | 6.8 | 8.6 | 13 | 14 | 17 |

略去(2-75)式中的相对论效应各项,对于各元素的 $K_\alpha$ 线近似取 $\sigma=1.13$,得

$$\sqrt{\frac{\tilde{\nu}}{R}} \approx \left(\frac{1}{1^2}-\frac{1}{2^2}\right)^{\frac{1}{2}}(Z-1.13) \tag{2-76}$$

上式说明 $\sqrt{\frac{\tilde{\nu}}{R}}$ 对 $Z$ 作图近似为线性关系。这一关系是 1913 年莫塞莱(H. G. Moseley)发现的。

如前所述,不同元素发出的 X 射线具有不同的能量。由于内层电子受化学环境影响比较小,因此可以通过测定元素受激发射的 X 射线进行定性和定量分析,这种方法称为 X 射线荧光分析。X 射线荧光分析又可根据激发方法不同而分为 X 射线激发的 X 射线荧光分析,同位素激发 X 射线荧光分析和质子激发 X 射线荧光分析等。亦可用荷电重离子做激发源。高速电子也可以做激发源。因为高速电子很容易用电子透镜系统聚焦成很细的电子束,最适合于材料表面的逐点分析,微区分析及物相分析,这种分析技术称为电子探针。

## §2-8 原子的磁矩和塞曼效应

### 1. 电子的轨道磁矩

电子的轨道运动产生轨道磁矩。因为电子带负电,所以其轨道磁矩 $\boldsymbol{\mu}_l$ 与轨道角动量 $\mathbf{p}_l$ 的方向相反。理论分析和实验结果表明

$$\boldsymbol{\mu}_l=-\frac{e}{2m_e}\mathbf{p}_l$$

通常将上式改写成

$$\boldsymbol{\mu}_l=-\frac{g_l\mu_B}{\hbar}\mathbf{p}_l \tag{2-77}$$

$\mu_B$ 为原子磁矩的天然单位,称为玻尔磁子

$$\mu_B=\frac{e\hbar}{2m_e}=9.274078\times10^{-24}\ \mathrm{A\cdot m^2} \tag{2-78}$$

(2-77)式中 $gl$ 称为电子轨道运动的朗德(Laudé)$g$ 因子,且

$$g_l=1$$

在外加磁场时,电子轨道磁矩 $\boldsymbol{\mu}_l$ 沿磁场方向的分量 $\mu_{lz}$ 只取分立值

$$\mu_{lz}=-\frac{g_l\mu_B}{\hbar}p_{lz}=-\frac{g_l\mu_B}{\hbar}\cdot m\hbar=-g_lm\mu_B \tag{2-79}$$

$$m=0,\pm1,\pm2,\cdots,\pm l$$

### 2. 电子的自旋磁矩

电子的自旋运动产生自旋磁矩。自旋磁矩 $\boldsymbol{\mu}_s$ 与自旋角动量 $\mathbf{p}_s$ 的方向也是相

反的

$$\boldsymbol{\mu}_s = -\frac{g_s\mu_B}{\hbar}\mathbf{p}_s \tag{2-80}$$

$g_s$ 为电子运动的 $g$ 因子，狄拉克理论导出 $g_s=2$，实验测得自由电子的 $g_s$ 为

$$g_s = 2.00229$$

在外加磁场时，电子的自旋磁矩沿磁场方向的分量只能取两个值

$$\mu_{sz} = -\frac{g_s\mu_B}{\hbar}p_{sz} = -\frac{g_s\mu_B}{\hbar}\cdot m_s\hbar = -g_s m_s\mu_B \tag{2-81}$$

$$m_s = \pm\frac{1}{2}$$

**3. 单电子原子的磁矩**

虽然原子核也有磁矩，但其数值比电子磁矩要小约三个数量级（见后），所以原子的磁矩主要是电子磁矩的贡献。图 2-12 表示单电子原子中的电子的轨道角动量、自旋角动量、总角动量同有关磁矩的关系。由于自旋运动与轨道运动的 $g$ 因子不同，所以由 $\boldsymbol{\mu}_l$ 和 $\boldsymbol{\mu}_s$ 合成的总磁矩 $\boldsymbol{\mu}$ 不在总角动量 $\mathbf{p}_j$ 的延长线上。但 $\mathbf{p}_l$ 和 $\mathbf{p}_s$ 是绕 $\mathbf{p}_j$ 旋进的，因此 $\mu_l$、$\mu_s$ 和 $\boldsymbol{\mu}$ 都绕 $\mathbf{p}_j$ 的延线旋进。$\boldsymbol{\mu}$ 不是一个有定向的量，把它分解成两个分量：一个沿 $\mathbf{p}_j$ 的延线，称作 $\boldsymbol{\mu}_j$，这是有定向的量；另一个是垂直于 $\mathbf{p}_j$ 的，它绕着 $\mathbf{p}_j$ 转动，对外平均的效果全抵消了。因此对外发生效果的是 $\mathbf{p}_j$，我们把它称作原子总磁矩。

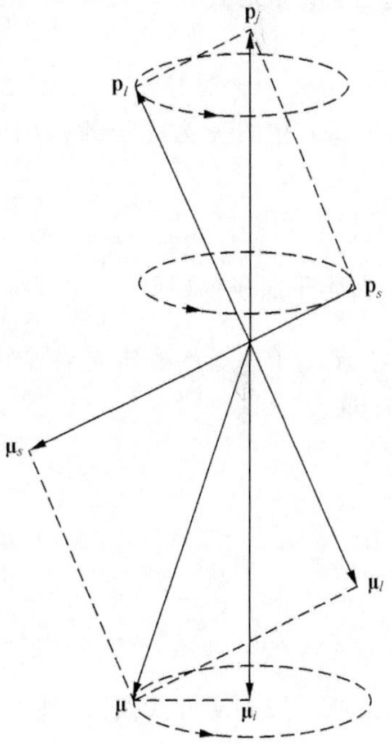

图 2-12　电子磁矩同角动量的关系

要计算 $\boldsymbol{\mu}_j$，只需把 $\boldsymbol{\mu}_l$ 和 $\boldsymbol{\mu}_s$ 在 $\mathbf{p}_j$ 延线上的分量相加就可以。所以

$$\mu_j = \mu_l\cos(jl) + \mu_s\cos(js)$$

$(jl)$和$(js)$分别代表 $\boldsymbol{\mu}_l$ 与 $\boldsymbol{\mu}_j$ 之间和 $\boldsymbol{\mu}_s$ 与 $\boldsymbol{\mu}_j$ 之间的夹角。利用(2-77)和(2-80)式可得

$$\boldsymbol{\mu}_i = [g_l p_l \mathrm{cos}l(jl) + g_s p_s\cos(js)]\frac{\mu_B}{\hbar}$$

$$= [p_l\cos(jl) + 2p_s\cos(js)]\frac{\mu_B}{\hbar}$$

$(jl)$和$(js)$也分别是 $\mathbf{p}_j$ 与 $\mathbf{p}_s$ 和 $\mathbf{p}_j$ 与 $\mathbf{p}_s$ 之间的夹角。由余弦定理得

$$p_l\cos(jl) = \frac{p_j^2 + p_l^2 - p_s^2}{2p_j}$$

$$p_s\cos(js) = \frac{p_j^2 - p_l^2 + p_s^2}{2p_j}$$

于是

$$\mu_j = \left(\frac{p_j^2 + p_l^2 + p_s^2}{2p_j} + 2\,\frac{p_j^2 - p_l^2 + p_s^2}{2p_j}\right)\frac{\mu_B}{\hbar} = \left(1 + \frac{p_j^2 - p_l^2 + p_s^2}{2p_j^2}\right)\frac{\mu_B}{\hbar}p_j$$

将 $p_j^2=j(j+1)\hbar^2$，$p_l^2=l(l+1)\hbar^2$ 和 $p_s^2=s(s+1)\hbar^2$ 代入上式，得

$$\mu_j = \left[1 + \frac{j(j+1) - l(l+1) + s(s+1)}{2j(j+1)}\right]\frac{\mu_B}{\hbar}p_j = g\,\frac{\mu_B}{\hbar}p_j$$

或写成矢量形式

$$\boldsymbol{\mu}_j = -\frac{g\mu_B}{\hbar}\mathbf{p}_j \tag{2-82}$$

以上二式中的 $g$ 为原子的 $g$ 因子

$$g = 1 + \frac{j(j+1) - l(l+1) + s(s+1)}{2j(j+1)} \tag{2-83}$$

**4. 多电子原子的磁矩**

多电子原子的磁矩是各个电子的轨道运动的磁矩和自旋运动的磁矩的矢量和，即

$$\begin{aligned}\boldsymbol{\mu} &= \sum_i \boldsymbol{\mu}_{li} + \sum_i \boldsymbol{\mu}_{si} \\ &= \frac{\mu_B}{\hbar}\left(g_l \sum_i \mathbf{p}_{li} + g_s \sum_i \mathbf{p}_{si}\right) \\ &= -\frac{\mu_B}{\hbar}\left(\sum_i \mathbf{p}_{li} + 2\sum_i \mathbf{p}_{si}\right)\end{aligned}$$

如果原子按 ***L*-*S*** 方式偶合，则

$$\boldsymbol{\mu} = -\frac{\mu_B}{\hbar}(\mathbf{p}_L + 2\mathbf{p}_s)$$

仿照单电子原子的磁矩的推导过程可得原子的总磁矩 $\boldsymbol{\mu}_J$（即 $\boldsymbol{\mu}$ 在 $\mathbf{p}_L$ 延线上的分量）为

$$\boldsymbol{\mu}_J = -\frac{g\mu_B}{\hbar}\mathbf{p}_J \tag{2-84}$$

其中

$$g = 1 + \frac{J(J+1) - L(L+1) + S(S+1)}{2J(J+1)} \tag{2-85}$$

上式说明，当 $L=0$ 时，$g=2$；当 $S=0$ 时，$g=1$。所以 $g$ 介于 1 和 2 之间。

### 5. 塞曼效应

原子既然有总磁矩 $\boldsymbol{\mu}_J$，处在磁场中就要受场的作用，其效果是磁矩 $\boldsymbol{\mu}_J$ 绕磁场 $\mathbf{H}$ 的方向旋进。原子受磁场作用而旋进的附加能量为

$$\Delta E = -\boldsymbol{\mu}_J \cdot \mathbf{B}$$

将(2-84)式代入上式，得

$$\Delta E = \frac{g\mu_B}{\hbar}\mathbf{p}_J \cdot \mathbf{B} = \frac{g\mu_B}{\hbar}p_J B\cos\beta$$

上式中 $\beta$ 为 $\mathbf{p}_j$ 与 $\mathbf{B}$ 间的夹角。显然，$p_J\cos\beta$ 即 $\mathbf{p}_J$ 在磁场 $\mathbf{B}$ 方向的分量，它应等于 $M_J\hbar$（$M_J$ 为磁量子数）。所以

$$\Delta E = M_J g\mu_B B \tag{2-86}$$

$$M_J = J, J-1, \cdots, -J$$

由此可知，在磁场作用下，原先总角动量量子数为 $J$ 的能级分裂分 $(2J+1)$ 个能级。例如光谱支项 $^2P_{3/2}$ 共包含 $2J+1=4$ 个状态，在没有磁场时，它们是简并的。在磁场作用下，$^2P_{3/2}$ 分裂成四个能量不同的状态，每个状态的能量由相应的量子数 $M_J$ 规定，$M_J$ 愈小者能量愈低。

这样一来，在没有磁场时的一条光谱线在磁场作用下将分裂为若干条。例如钠 $D$ 线对应的跃迁是

$$3^2P_{3/2} \longrightarrow 3^2S_{1/2} \quad \lambda = 588.996\ \text{nm}$$

$$3^2P_{1/2} \longrightarrow 3^2S_{1/2} \quad \lambda = 589.593\ \text{nm}$$

若将钠原子置于强磁场中，则 $^2P_{3/2}$ 分裂成四个能级，$^2P_{1/2}$ 和 $^2S_{1/2}$ 均分裂成两个能级，如图 2-13 所示。

对于塞曼跃迁的选律为

$$\Delta M_J = 0, \pm 1\ (\text{当}\ \Delta J = 0\ \text{时}\ 0 \rightarrow 0\ \text{除外})$$

不难看出，589.6 nm 的线分裂为 4 条线，589.0 nm 的线分裂为 6 条线。

这种在没有磁场时的一条光谱线在磁场中有时可以分裂为几条的现象称为塞曼效应。

### 6. 核自旋和核磁矩

原子核是由质子和中子组成的。质子和中子在核中既有轨道运动，也有自旋运动。轨道角动量和自旋角动量分别由量子数 $l$ 和 $s$ 规定。$s=\dfrac{1}{2}$，因此质子和中子都是费米子。核中存在很强的自旋-轨道偶合。核的总角动量 $\mathbf{p}_I$ 及其在 $z$ 方向的投影为

$$p_I = |\mathbf{p}_I| = \sqrt{I(I+1)}\hbar \tag{2-87}$$

$$p_{IZ} = M_I \hbar \tag{2-88}$$

$$M_I = I, I-1, \cdots, -I$$

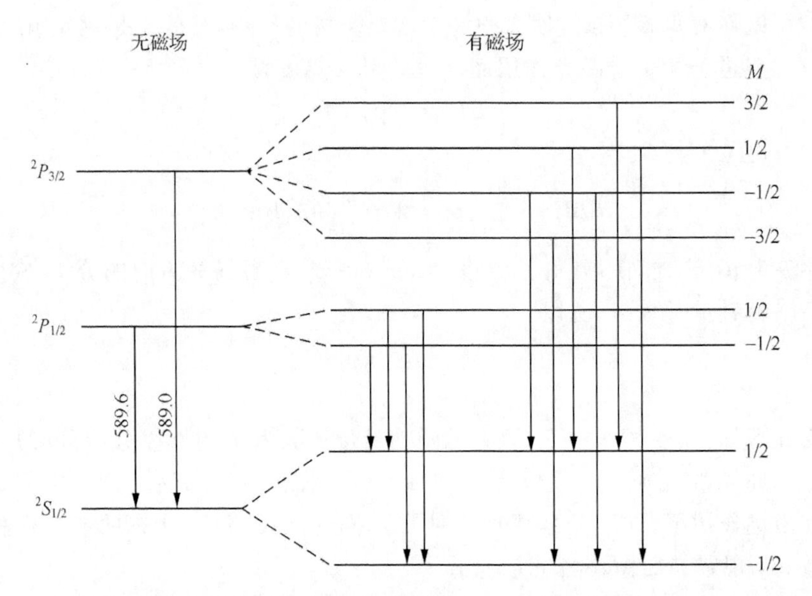


图 2-13 钠的$^2S_{1/2}$、$^2P_{1/2}$和$^2P_{3/2}$在磁场中的分裂

原子核的角动量称为核自旋,因此 $I$ 为核的自旋量子数,$M_I$ 为核的自旋磁量子数。一般将 $\mathbf{p}_I$ 在 $z$ 方向的最大分量 $I\hbar$ 称为核自旋。如以 $\hbar$ 为单位,核自旋就等于 $I$。

如果原子核的质子数 $Z$ 与中子数 $N$ 都为偶数(偶-偶核),则核自旋为零(如 $^{12}C$,$^{16}O$,$^{20}Ne$ 等);如果质量数 $A=Z+N$ 为奇数(奇 $A$ 核),则核自旋为半整数,其值通常在$\frac{1}{2}-\frac{9}{2}$之间,如$^7Li\left(I=\frac{3}{2}\right)$、$^{19}F\left(I=\frac{1}{2}\right)$等;如 $Z$ 和 $N$ 均为奇数(奇-奇核)则 $I$ 为整数,通常在 1−7 之间,如$^2H(I=1)$、$^{138}La(I=5)$等。

核自旋不为零的原子核也有磁矩,称为核磁矩。核磁矩 $\boldsymbol{\mu}_I$ 及其在磁场方向的分量 $\boldsymbol{\mu}_{Iz}$ 为

$$\boldsymbol{\mu}_I = \frac{g\mu_N}{\hbar}\mathbf{p}_I \tag{2-89}$$

$$\boldsymbol{\mu}_{Iz} = \frac{g\mu_N}{\hbar}p_{Iz} = gM_I\mu_N \tag{2-90}$$

以上两式中的 $\mu_N$ 为核磁矩的自然单位,称为核磁子

$$\mu_N = \frac{e\hbar}{2m_p} = 5.050824 \times 10^{-27}\ \text{A} \cdot \text{m}^2 \tag{2-91}$$

可见核磁矩与电子磁矩相比要小三个数量级。原子核的 $g$ 因子都是由实验测得的。中子和质子的 $g$ 因子为

$$g_{\mathrm{p}} = 5.586$$

$$g_{\mathrm{n}} = -3.826$$

中子的 $g_{\mathrm{n}}$ 为负值表示中子的磁矩与核自旋方向相反。

核磁矩与核外电子的磁相互作用使电子能级进一步分裂。因为核磁矩比电子磁矩小得多，所以这种相互作用引起的能级分裂是很小的，比起电子的自旋-轨道相互作用引起的能级分裂要小得多。由于存在着这种相互作用，核自旋 $\mathbf{p}_I$ 与核外电子的角动量 $\mathbf{p}_J$ 合成总角动量 $\mathbf{p}_F$

$$\mathbf{p}_F = \mathbf{p}_I + \mathbf{p}_J \tag{2-92}$$

$$p_F = |\, p_F \,| = \sqrt{F(F+1)}\hbar \tag{2-93}$$

量子数 $F$ 可取 $J+I, J+I-1, \cdots, |J-I|$ 共 $(2J+1)$ 个值（若 $J<I$）或 $(2I+1)$ 个值（若 $J>I$）。$J$ 相同 $F$ 不同的状态能量微有不同，这就是同位素谱线具有超精细结构的原因。如 $J>I$，则某一同位素的电子能级就分裂为 $(2I+1)$ 个能级。钠 $D$ 线的超精细结构的成因可自图 2-14 得到说明。此例中 $I=\frac{3}{2}$，${}^2S_{1/2}$ 的能级分裂为 $F=1$ 和 $F=2$ 两个能级，${}^2P_{3/2}$ 和 ${}^2P_{1/2}$ 也分裂，但分裂非常小，可以忽略不计。

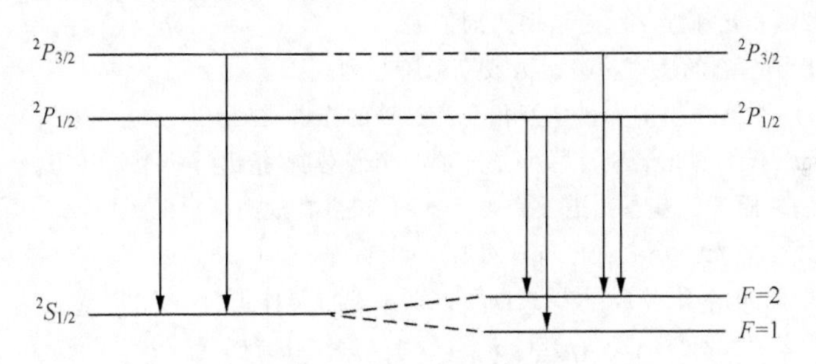


图 2-14　钠 $D$ 线的超精细结构

## 参考书目

1. G. Herzberg, *Atomic Spectra and Atomic Structure*, 2 nd ed., Dover, 1944；中译本：汤拒非译，《原子光谱与原子结构》，科学出版社，1959.

2. J. C. Slater, *Quantum Theory of Atomic Structure*, V01. Ⅰ, V01. Ⅱ, McGraw-Hill, 1960；中译本：《原子结构的量子理论》，第一卷，杨朝潢译，上海科学技术出版社，1981；第二卷，宋汝安译，上海科学技术出版社，1983.

3. E. U. Condon and G. H. Shortley, *The Theory of Atomic Spectra*, Cambridge, 1935.

4. E. U. Condon and H. Odabasi, *Atomic Structure*, Cambridge, 1980.

5. R. D. Cowan, *The Theory of Atomic Structure and Spectra*, University of California Press, 1981.

6. I. Lindgren and J. Morrison, *Atomic Many-Body Theory*, Springer, 1982.

7. D. R. Hartree, *The Calculation of Atomic Structure*, Wiley, 1957.
8. 诸圣麟，《原子物理学》，人民教育出版社，1979.

## 问题与习题

1. 写出锂原子的薛定谔方程，该体系的电子波函数的平方 $|\Psi(x_1, y_1, z_1, x_2, y_2, z_2, x_3, y_3, z_3)|^2$ 的物理意义是什么？
2. 简述中心势场模型的要点，并说明为什么在多电子原子中 $n$ 相同 $l$ 不同的轨道能量不同。
3. 何谓轨道近似？何谓自洽场？
4. 试用改进的斯莱特方法计算硼的第一电离能并与实验值(8.295 eV)比较。
5. 试用改进的斯莱特方法计算硅的 X 射线光谱的 $K$ 线系极限(即使 Si 原子的 $1s$ 电子电离所需的能量)。
6. 讨论周期表中各原子的电离能的变化规律并解释其原因。
7. 从上题得到的规律性估计第 84 号和第 85 号元素的第一电离能。
8. 将下列原子按第一电离能的大小排列起来，并说明为什么这样排列的理由：Ar, Fr, Al, Ca, K。
9. 写出下列原子或离子的电子层结构，并说明你根据什么原则来决定电子配布的：(1)N；(2)S；(3)Ca；(4)$Cu^+$；(5)Cr；(6)Ag。

   [注] 在做第 8 题和第 9 题时请勿用周期表。
10. 写出 He 原子基态的反对称波函数或斯莱特行列式。
11. 写出由 $p^1 f^1$ 组态派生的光谱项及每个光谱项的光谱支项。
12. 写出 $f^2$ 组态派生的光谱项及每个光谱项的光谱支项，指出哪一个是基态。
13. 写出碳、氮、氧原子的基态光谱项和光谱支项，按洪特规则画出能级图。
14. 写出下列原子的光谱基项：(1)Be；(2)Si；(3)C1；(4)Ni；(5)K。
15. 基态钇原子的光谱项为 $^2D_{3/2}$，试判断下列两种配布哪种正确：

    (1) $(1s)^2(2s)^2(2p)^6(3s)^2(3p)^6(3d)^{10}(4s)^2(4p)^6(4d)^2(5s)^1$

    (2) $(1s)^2(2s)^2(2p)^6(3s)^2(3p)^6(3d)^{10}(4s)^2(4p)^6(4d)^1(5s)^2$
16. 扼要说明中性锂原子的 $(1s)^2(2s)^1(2S_{1/2})$ 态与 $(1s)^2(2p)^1(2P_{1/2})$ 态的能级差很大(14904 $cm^{-1}$)，而 $Li^{2+}$ 的 $(2s)^1(^2S_{1/2})$ 态与 $(2p)^1(^2P_{1/2})$ 态实际上是简并的(只差 2.4 $cm^{-1}$)的理由。

# 第三章　双原子分子的结构

化学键是指分子或晶体中两个或多个原子(或离子)之间的强烈的、吸引的相互作用。化学键有多种不同类型,现已明确知道的有三种,即电价键、共价键和金属键。此外在液体分子之间以及分子型晶体的分子之间还存在着一种较弱的吸引的相互作用,叫做范德华引力。在分子与分子之间或分子内的某些基团之间有时候还能形成氢键,它是具有方向性和饱和性的范德华引力,其性质介乎化学键和范德华引力之间。

共价键可分为双原子共价键和多原子共价键。共价键理论是建筑在量子力学的近似处理法的基础上的。最常用的近似方法有两种,即分子轨道法(MO)和电子配对法或称价键法(VB)。分子轨道法是用线性变分法解氢分子离子的推广,电子配对法是海特勒(W. Heitler)和伦敦(F. London)处理氢分子的结果的推广。基于以上理由,本章以氢分子离子和氢分子的量子力学近似处理作为开始,介绍 MO 法和 VB 法的要点,在此基础上系统讨论双原分子的结构。多原子分子的结构以及离子键、金属键和弱化学键将在本书以后各章陆续讨论。

## §3-1　氢分子离子的近似解——线性变分法

氢分子离子 $H_2^+$ 是所有分子中最简单的一个,它是由两个氢原子核和一个电子组成的。$H_2^+$ 的存在是从光谱中得到证实的。它的基态势能曲线(图 3-2)有一个最低点,在最低点的核间距离是 106pm,使它离解为 $H^+ + H$ 需要 2.7928 eV (269.48 kJ·mol$^{-1}$)的能量。$H_2^+$ 的薛定谔方程是可以严格求解的,它的解的性质,特别是解的对称性质,对于其他复杂的双原子分子的处理极为重要。在这方面,$H_2^+$ 所起的作用与氢原子在原子结构问题中所起的作用相似。此外,由于 $H_2^+$ 结构简单,有准确的实验数据和精确的计算结果可资比较,为各种近似处理方法的准确性提供了一个最方便、最直接的检验。

### 1. 氢分子离子的薛定谔方程

图 3-1 是 $H_2^+$ 的坐标图。图中 $a$ 及 $b$ 表示氢原子核,它们间的距离是 $R$,e 表示电子,它与 $a$ 及 $b$ 的距离分别为 $r_a$ 及 $r_b$。随着电子的运动,$r_a$ 及 $r_b$ 在不断改变。

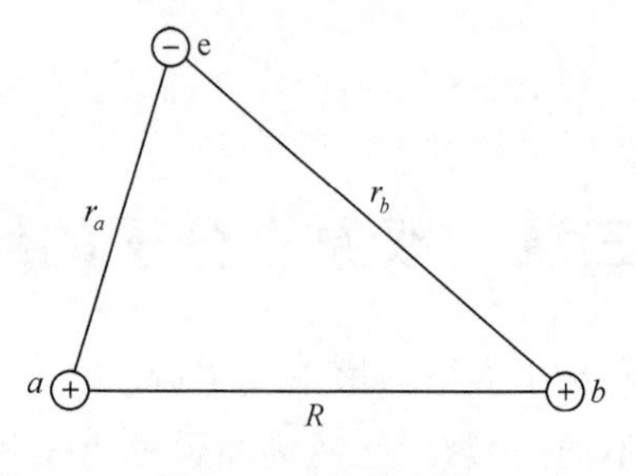


图 3-1　$H_2^+$ 的坐标

按照波恩-奥本海默(J. R. Oppenheimer)近似[1],两个氢原子核可以假定是固定不动的,它们之间的距离 $R$ 可以认为是一个给定的参数,电子 e 的哈密顿算符 $\hat{\mathbf{H}}$为

$$\hat{\mathbf{H}} = -\frac{\hbar^2}{2m_e}\nabla^2 - \frac{e^2}{4\pi\varepsilon_0 r_a} - \frac{e^2}{4\pi\varepsilon_0 r_b} + \frac{e^2}{4\pi\varepsilon_0 R} \tag{3-1}$$

若采用原子单位制,(3-1)式就简化为

$$\hat{\mathbf{H}} = -\frac{1}{2}\nabla^2 - \frac{1}{r_a} - \frac{1}{r_b} + \frac{1}{R} \tag{3-2}$$

于是 $H_2^+$ 的薛定谔方程为

$$\hat{\mathbf{H}}\psi \mathrel{\hat{=}} \left(-\frac{1}{2}\nabla^2 - \frac{1}{r_a} - \frac{1}{r_b} + \frac{1}{R}\right)\psi = E\psi \tag{3-3}$$

### 2. 氢分子离子的线性变分法处理

$H_2^+$ 的薛定谔方程是可以精确求解的[2]。由于绝大多数分子的薛定谔方程都是不能精确求解的,因此我们的着眼点是寻找一种近似方法去处理 $H_2^+$ 问题,所得的结果可以推广到其他更复杂的分子中去。下面我们尝试用变分法来处理 $H_2^+$ 问题。

变分法的原理可以简单说明如下:

任意选定一个符合状态函数条件的函数 $\phi$,把下面的积分值求出来

---

① 严格说来,$H_2^+$ 是包含三个质点即两个原子核和一个电子的体系。但因电子的质量要比原子核的质量小得多,前者的运动要比后者快得多,所以在讨论电子的运动时可以近似地假定原子核是固定不动的,这样,任何分子可以当作在固定的原子核势场中运动的多电子体系来处理,在多电子体系的薛定谔方程式中,原子核的坐标仅以参数的形式出现。这种处理法叫做"固定原子核的近似处理法"。因此 $H_2^+$ 可以作为单电子体系来处理。关于这种处理法的量子力学讨论,可以参看 Born and Oppenheimer;*Ann. der physik*,84,457,(1927)。由于这种近似处理法引入的误差非常小,在计算 $H_2^+$ 的电子能量时误差约为 0.02%(J. H. Van Vleck;*J. Chem. phys.*,4.327,(1936);V. A. Johnson;*Phys. Rev.*,60,373(1941),所以一般尽可忽略不计。

② 参见附录 6。

$$\varepsilon = \frac{\int \phi^* \hat{\mathbf{H}} \phi d\tau}{\int \phi^* \phi d\tau} \tag{3-4}$$

那么 $\varepsilon$ 的数值一定要比体系的最低能量 $E_0$ 来得大(证明从略)

$$E_0 = \frac{\int \psi_0^* \hat{\mathbf{H}} \psi_0 d\tau}{\int \psi_0^* \psi d\tau}$$

此处 $\psi_0$ 是体系的基态波函数。我们可以任意选择函数 $\phi_0$、$\phi_1$、…、$\phi_i$、…,求得相应的 $\varepsilon_0$、$\varepsilon_1$、$\varepsilon_2$、…、$\varepsilon_i$…。在这些 $\varepsilon$ 中最小的 $\varepsilon_0$ 一定最接近于 $E_0$,这个 $\varepsilon_0$ 就被认为是体系基态的近似能量,而与 $\varepsilon_0$ 相适应的 $\phi_0$ 就被认为是体系的近似基态波函数。

通常我们在选择函数 $\phi$ 时,使它包含若干个参数 $c_1$、$c_2$、…,那么由(3-4)式求得的 $\varepsilon$ 将是这些参数的函数,即

$$\varepsilon = \varepsilon(c_1、c_2、\cdots)$$

将 $\varepsilon$ 对 $c_1$、$c_2$、…等求偏微商并使之等于零,即

$$\frac{\partial \varepsilon}{\partial c_1} = \frac{\partial \varepsilon}{\partial c_2} = \cdots = 0 \tag{3-5}$$

即可求得 $\varepsilon$ 最小时[①] $c_1$、$c_2$、…应采取那些数值。

指定函数 $\phi$ 时,可以采取已知函数的线性组合形成,即

$$\phi = c_1 f_1 + c_2 f_2 + \cdots$$

式中 $f_1$、$f_2$、…是任意指定的函数,$c_1$、$c_2$、…等是参数。如果变分函数采取线性组合的形式,那么这种变分法就叫做线性变分法。

经过变分法确定了参数 $c_1$、$c_2$、…以后,函数 $\phi$ 就可以粗略地表示体系的近似状态,但是函数 $f_1$、$f_2$、…等却是任意指定的,它们并不是体系的近似状态。

下面我们转入讨论如何具体用变分法来解氢分子离子的问题。

用变分法解薛定谔方程式的第一步是选择合适的变分函数。究竟选择什么样的函数作为我们的变分函数呢?它应该包含多少个参数?虽然原则上讲,只要满足波函数的一般条件的任何函数都可以作为变分函数,但实际上选择变分函数的形式与所得结果的优劣很有关系。所选择的变分函数愈接近真实波函数,则计算结果也愈好。至于参数的多寡,一般地说,参数愈多结果愈好,但计算也愈繁复。

为了适当地选择变分函数,我们来研究一下(3-3)式。如果原子核 $b$ 在很远的地方,则(3-3)式中$\left(-\frac{1}{r_b}+\frac{1}{R}\right)$两项可以忽略不计,于是(3-3)式变为

① 严格地说,(3-5)式是 $\varepsilon$ 的驻定值(极大或极小)时必须满足的条件。线性变分法的一般理论证明:如果变分函数是由 $n$ 个被加项组成的,那么 $\varepsilon$ 就有 $n$ 个驻定值,与 $\varepsilon$ 的每一驻定值相适应的 $\phi$ 都是体系的近似状态。在这些 $\varepsilon$ 中最低的 $\varepsilon$,是最低能级,其余为较高能级。

$$\left(-\frac{1}{2}\nabla^2-\frac{1}{r_a}\right)\psi=E\psi \tag{3-6a}$$

这就是氢原子 $a$ 的薛定谔方程，它的基态是

$$\psi=\psi_a=\frac{1}{\sqrt{\pi}}e^{-r_a} \tag{3-6b}$$

反之，如果原子核 $a$ 在很远的地方，那么 $\left(-\frac{1}{r_a}+\frac{1}{R}\right)$ 两项可以忽略不计，于是(3-3)式近似为

$$\left(-\frac{1}{2}\nabla^2-\frac{1}{r_b}\right)\psi=E\psi \tag{3-7a}$$

这就是氢原子 $b$ 的薛定谔方程，它的基态是

$$\psi=\psi_b=\frac{1}{\sqrt{\pi}}e^{-r_b} \tag{3-7b}$$

事实上 $a$ 与 $b$ 相距很近，因此(3-3)式中没有一项可以忽略不计，无论 $\psi_a$ 和 $\psi_b$ 都不是(3-3)式的解，但我们不妨采取它们的线性组合作为变分函数 $\phi$，即

$$\phi=c_1\psi_a+c_2\psi_b \tag{3-8}$$

其中 $c_1$ 及 $c_2$ 是调整参数。

**3. 氢分子离子的两种状态**

将(3-8)式代入能量的期望值表达式[(3-4)式]中，得

$$\begin{aligned}\varepsilon&=\frac{\int\phi^*\ \hat{\mathbf{H}}\phi d\tau}{\int\phi^*\phi d\tau}\\&=\frac{\int(c_1\psi_a+c_2\psi_b)\ \hat{\mathbf{H}}(c_1\psi_a+c_2\psi_b)d\tau}{\int(c_1\psi_a+c_2\psi_b)^2d\tau}\\&=\frac{c_1^2\int\psi_a\ \hat{\mathbf{H}}\psi_a d\tau+c_2^2\int\psi_b\ \hat{\mathbf{H}}\psi_b d\tau+2c_1c_2\int\psi_a\ \hat{\mathbf{H}}\psi_b d\tau}{c_1^2\int\psi_a^2 d\tau+c_2^2\int\psi_b^2 d\tau+2c_1c_2\int\psi_a\psi_b d\tau}\end{aligned} \tag{3-9}$$

在(3-9)式中我们用了下面的关系

$$\int\psi_a\ \hat{\mathbf{H}}\psi_b d\tau=\int\psi_b\ \hat{\mathbf{H}}\psi_a d\tau \tag{3-10}$$

这是因为在哈密顿算符中把 $a$ 与 $b$[即在(3-3)式中的 $r_a$ 与 $r_b$]交换一下其值不变的缘故。

为书写简便起见，令

$$\left.\begin{aligned} H_{aa} &= \int \psi_a \hat{\mathbf{H}} \psi_a d\tau, & H_{bb} &= \int \psi_b \hat{\mathbf{H}} \psi_b d\tau \\ H_{ab} &= \int \psi_a \hat{\mathbf{H}} \psi_b d\tau, & S_{aa} &= \int \psi_a^2 d\tau \\ S_{bb} &= \int \psi_b^2 d\tau, & S_{ab} &= \int \psi_a \psi_b d\tau \end{aligned}\right\} \tag{3-11}$$

引进这些符号后，(3-9)式可定为

$$\varepsilon = \frac{c_1^2 H_{aa} + c_2^2 H_{bb} + 2c_1 c_2 H_{ab}}{c_1^2 S_{aa} + c_2^2 S_{bb} + 2c_1 c_2 S_{ab}} \tag{3-12}$$

根据变分原理，参数 $c_1$ 和 $c_2$ 的选择应使 $\varepsilon$ 最小。因此可令

$$\frac{\partial \varepsilon}{\partial c_1} = \frac{\partial \varepsilon}{\partial c_2} = 0$$

即

$$\left.\begin{aligned} c_1(H_{aa} - ES_{aa}) + c_2(H_{ab} - ES_{ab}) = 0 \\ c_1(H_{ab} - ES_{ab}) + c_2(H_{bb} - ES_{bb}) = 0 \end{aligned}\right\} \tag{3-13}$$

在(3-13)式中我们用了 $E$ 代替 $\varepsilon$，这是因为 $\varepsilon$ 取极小值时，它已经不是一个没有物理意义的数值，而是体系的近似能量了。

从方程组(3-13)可以解出能量 $E$ 和参数比值 $c_1/c_2$。根据线性代数中关于齐次线性方程组的理论，方程组(3-13)有非零解的条件是系数行列式为零

$$\begin{vmatrix} H_{aa} - ES_{aa} & H_{ab} - ES_{ab} \\ H_{ab} - ES_{ab} & H_{bb} - ES_{bb} \end{vmatrix} = 0 \tag{3-14}$$

形如(3-13)式的方程组常常称为久期方程①。该方程左边的行列式称为久期行列式。将久期行列式展开可得

$$(H_{aa} - ES_{aa})(H_{bb} - ES_{bb}) - (H_{ab} - ES_{ab})^2 = 0 \tag{3-15}$$

因为 $H_2^+$ 的两个原子核 $a$ 和 $b$ 是等同的，所以

$$H_{aa} = H_{bb} \tag{3-16}$$

又因 $\psi_a$ 和 $\psi_b$ 是归一化了的波函数，所以

$$S_{aa} = S_{bb} = 1 \tag{3-17}$$

将(3-16)式和(3-17)式代入(3-15)式中，得到

① 久期方程(secular equations)这一名词是从天体物理学引来的，因为求解天体的久期运动时，出现类似的方程组。

$$(H_{aa}-E)^2-(H_{ab}-ES_{ab})^2=0 \tag{3-18}$$

从(3-18)式可以得到能量 $E$ 的两个解 $E_{\mathrm{I}}$ 和 $E_{\mathrm{II}}$

$$E_I=\frac{H_{aa}+H_{ab}}{1+S_{ab}} \tag{3-19}$$

$$E_{II}=\frac{H_{aa}-H_{ab}}{1-S_{ab}} \tag{3-20}$$

将 $E_I$ 代入(3-13)式得 $c_2/c_1=1$,而(3-8)式化为

$$\phi=\psi_I=c_1(\psi_a+\psi_b) \tag{3-21}$$

将 $E_{II}$ 代入(3-13)式得 $c_2/c_1=-1$,而(3-8)式化为

$$\phi=\psi_{II}=c'_I(\psi_a-\psi_b) \tag{3-22}$$

在(3-21)和(3-22)两式中,我们用 $\psi_I$ 和 $\psi_{II}$ 代替了 $\phi$,因为经变分法确定了参数比 $c_2/c_1$ 后,它们已经是氢分子离子的近似波函数而不是任意的变分函数了。近似波函数 $\psi_I$ 与近似能量 $E_I$ 相对应,$\psi_{II}$ 与 $E_{II}$ 相对应。另外,在(3-21)式中的 $c_1$ 不一定和(3-22)式中 $c_1$ 相等,所以我们用 $c_1'$ 来表示后者。$c_1$ 和 $c_I'$ 可以分别从 $\psi_I$ 和 $\psi_{II}$ 的归一化条件求得

$$\int\psi_I^2d\tau=c_1^2\int(\psi_a+\psi_b)^2d\tau=c_1^2\left(\int\psi_a^2d\tau+\int\psi_b^2d\tau+2\int\psi_a\psi_bd\tau\right)$$

$$=c_1^2(2+2S_{ab})=1$$

所以

$$c_1\ \frac{1}{\sqrt{2+2S_{ab}}} \tag{3-23}$$

同样方法可以得到

$$c_1'=\frac{1}{\sqrt{2-2S_{ab}}} \tag{3-24}$$

将(3-23)和(3-24)式分别代入(3-21)和(3-23)式中,得

$$\psi_I=\frac{1}{\sqrt{2+2S_{ab}}}(\psi_a+\psi_b) \tag{3-25}$$

$$\psi_{II}=\frac{1}{\sqrt{2-2S_{ab}}}(\psi_a-\psi_b) \tag{3-26}$$

这样,我们已经得到了 $H_2^+$ 的两个近似波函数 $\psi_I$ 和 $\psi_{II}$,以及和这两种状态相应的能量 $E_I$ 和 $E_{II}$。下面我们先讨论 $H_2^+$ 的能量,然后再讨论 $H_2^+$ 的波函数。

**4. 氢分子离子的能量曲线**

$H_2^+$ 的能量已由(3-19)和(3-20)两式表示出来,但为了明了这两个式子的意义,我们必须回过头来研究一下 $H_{aa}$、$H_{ab}$ 和 $S_{ab}$ 等积分代表的是什么。为此将(3-2)式代入(3-21)式中,得到

$$H_{aa} = \int \psi_a \left( -\frac{1}{2} \nabla^2 - \frac{1}{r_a} - \frac{1}{r_b} + \frac{1}{R} \right) \psi_a d\tau \tag{3-27}$$

$$H_{ab} = \int \psi_a \left( -\frac{1}{2} \nabla^2 - \frac{1}{r_a} - \frac{1}{r_b} + \frac{1}{R} \right) \psi_b d\tau \tag{3-28}$$

由(3-4)和(3-6)两式得到

$$\left( -\frac{1}{2} \nabla^2 - \frac{1}{r_a} \right) \psi_a = E_a^0 \psi_a \tag{3-29}$$

$$\left( -\frac{1}{2} \nabla^2 - \frac{1}{r_b} \right) \psi_b = E_b^0 \psi_b \tag{3-30}$$

此处 $E_a^0$ 和 $E_b^0$ 分别表示氢原子 $a$ 和 $b$ 的基态能量，即

$$E_a^0 = E_b^0 = \frac{e^2}{2(4\pi\varepsilon_0)a_0} = -\frac{1}{2}\text{a. u.} = -13.6\ \text{eV} \tag{3-31}$$

将(3-29)和(3-30)式分别代入(3-27)和(3-28)式中

$$H_{aa} = E_a^0 + J \tag{3-32}$$

$$H_{ab} = E_a^0 S_{ab} + K \tag{3-33}$$

此处

$$J = \frac{1}{R} - \int \frac{\psi_a^2}{r_b} d\tau \tag{3-34}$$

$$K = \frac{1}{R} S_{ab} - \int \frac{\psi_a \psi_b}{r_a} d\tau \tag{3-35}$$

将(3-32)及(3-33)式代入(3-19)和(3-20)式中可得

$$E_I = E_a^0 + \frac{J + K}{1 + S_{ab}} \tag{3-36}$$

$$E_{II} = E_a^0 + \frac{J - K}{1 - S_{ab}} \tag{3-37}$$

积分 $J$、$K$ 和 $S_{ab}$ 可以在以 $a$ 和 $b$ 为焦点的共焦椭圆坐标系中求得[①]，其结果如下

$$J = \left( 1 + \frac{1}{R} \right) e^{-2R} \tag{3-38}$$

$$K = -\left( \frac{2R}{3} - \frac{1}{R} \right) e^{-R} \tag{3-39}$$

$$S_{ab} = \left( 1 + R + \frac{R^2}{3} \right) e^{-R} \tag{3-40}$$

所有这些积分值都是核间距离 $R$ 的函数，所以 $E_I$ 和 $E_{II}$ 也是 $R$ 的函数。表 3-1 列出了在不同距离 $R$ 时积分 $S_{ab}$、$J$、$K$、$H_{aa}$、$H_{ab}$ 及 $E_I$ 和 $E_{II}$ 的值，其中除 $S_{ab}$ 没有单位外，其余都以原子单位表示。

① 共焦椭圆坐标系的定义见附录 5，$J$、$K$ 和 $S_{ab}$ 的计算可参看 K. Pitzer, *Quantum Chemistry*, Prentice-Hall, Inc., Englewood Cliffs, N. J., 1953.

表 3-1 $H_2^+$ 的近似计算法中的各种能量积分值

| $R/a_0$ | $R$/pm | $S_{ab}$ | $J$ | $K$ | $H_{aa}$ | $H_{ab}$ | $E_I$ | $E_{II}$ | $E_I-E_a^0$ | $E_{II}-E_a^0$ |
|---|---|---|---|---|---|---|---|---|---|---|
| 0.00 | 0.00 | 1.000 | +∞ | +∞ | +∞ | +∞ | +∞ | +∞ | +∞ | +∞ |
| 1.00 | 52.9 | 0.858 | +0.271 | +0.132 | −0.229 | −0.297 | −0.283 | +0.480 | +0.217 | +0.980 |
| 2.00 | 106 | 0.586 | +0.027 | −0.114 | −0.473 | −0.407 | −0.555 | −0.159 | −0.055 | +0.341 |
| 3.00 | 159 | 0.349 | +0.003 | −0.084 | −0.497 | −0.258 | −0.561 | −0.367 | −0.061 | +0.133 |
| 4.00 | 212 | 0.190 | 0 | −0.045 | −0.500 | −0.140 | −0.538 | −0.445 | −0.038 | +0.055 |
| 5.00 | 265 | 0.097 | 0 | −0.022 | −0.500 | −0.070 | −0.520 | −0.477 | −0.020 | +0.023 |
| 6.00 | 318 | 0.047 | 0 | −0.009 | −0.500 | −0.019 | −0.516 | −0.483 | −0.016 | +0.017 |
| ∞ | ∞ | 0 | 0 | 0 | −0.500 | 0 | −0.500 | −0.500 | 0 | 0 |

根据表 3-1 可以绘出 $H_2^+$ 的能量曲线，如图 3-2 所示。图中也绘出了实验测得的能量曲线以资比较。

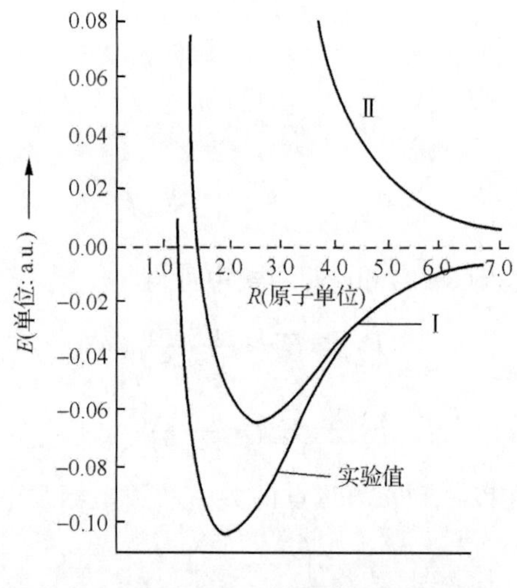


图 3-2 $H_2^+$ 的能量曲线

从图中可以得出下面的结论：

(1) 与 $\psi_I=c_I(\psi_a+\psi_b)$ 相对应的能量曲线 $E_I$ 有一最低点，这说明为什么 H 与 $H^+$ 能够结合成 $H_2^+$。

(2) 计算而得的能量曲线 $E_I$ 的形状和从实验得到的能量曲线的形状相似，这说明上述处理 $H_2^+$ 的方法基本上是正确的。

(3) 最低点的能量与离解产物(在此为 $H+H^+$)的能量之差称为电子离解能，以 $D_e$ 表示之。由图中求得 $H_2^+$ 的电子离解能为 $D^e$(计算值)＝0.0654 a.u.＝171.71 kJ · mol$^{-1}$。实验测得 $H_2^+$ 的离解能 $D_0$＝2.6524 eV＝255.92 kJ · mol$^{-1}$，

零点振动能 $\varepsilon_0 = 0.1404\ \text{eV} = 13.55\ \text{kJ}\cdot\text{mol}^{-1}$①，所以实验测得的电子离解能等于

$$D_e(\text{实验值}) = D_0 + \varepsilon_0 = 2.7928\ \text{eV} = 269\cdot 48\ \text{kJ}\cdot\text{mol}^{-1}$$

最低点的核间距离由图中求得 $R_0 = 132$ pm，而实验值为 106 pm。所以从定量方面来看，计算值的误差是相当大的。鉴于所用的变分函数是如此简单，这样的误差是在我们意料中的。

(4) 与 $\psi_{II} = c'(\psi_a - \psi_b)$ 相对应的能量曲线 $E_{II}$ 没有最低点，所以处在该状态的 $H_2^+$ 是不稳定的，它将自动地离解为 $H + H^+$ 并放出能量。这种不稳定的状态叫做推斥态。

**5. 氢分子离子的波函数**

讨论了 $H_2^+$ 的基态 $\psi_I$ 和推斥态 $\psi_{II}$ 的能量曲线后，现在我们来讨论这两种状态的电子云分布。为此目的，可将(3-7a)和(3-7b)式代入(3-25)和(3-26)式中，于是

$$\psi_I = \frac{1}{\sqrt{\pi(2+2S_{ab})}}(e^{-r_a} + e^{-r_b}) \tag{3-41}$$

$$\psi_{II} = \frac{1}{\sqrt{\pi(2-2S_{ab})}}(e^{-r_a} - e^{-r_b}) \tag{3-42}$$

所以基态和推斥态的电子云密度分别为

$$\psi_I^2 = \frac{1}{\pi(2+2S_{ab})}(e^{-2r_a} + e^{-2r_b} + 2e^{-r_a}e^{-r_b}) \tag{3-43}$$

$$\psi_{II}^2 = \frac{1}{\pi(2-2S_{ab})}(e^{-2r_a} + e^{-2r_b} - 2e^{-r_a}e^{-r_b}) \tag{3-44}$$

根据(3-43)和(3-44)可以分别计算基态和推斥态的电子云在空间任何一点的密度。图 3-3 绘出了 $\psi^2$ 等于常数时的轨迹的截面，即电子云的等密度线。这此线绕着键轴 $ab$ 回转 360°就成为 $\psi^2$ 等于常数时的轨迹，即电子云在空间分布的等密度面，线上所注的数字粗略地表示电子云密度的大小。图 3-4 表示沿键轴各点的几率密度 $\psi^2$。

从图 3-3 和 3-4 可以看出：(1) 基态和推斥态的电子云分布都是圆柱形对称的，对称轴就是键轴 $ab$；(2)电子云 $\psi_I^2$ 在两原子核之间比较密集，$\psi_{II}^2$ 则相反，在两原子核间的密度特别小，在通过键轴的中点且垂直于键轴的平面上 $\psi_{II}^2$ 等于零；当然，$\psi_{II}$ 也等于零。此平面称为“节面”，在节面之左右 $\psi_{II}$ 的符号相反(当然，$\psi_{II}^2$ 是一

---

① $D_e$ 称为光谱学离解能，$D_0$ 称为化学离解能，$D_e = E_H + E_{H^+} - E_{H_2^+}$。$D_0$ 与 $D_e$ 的关系为 $D_0 = D_e - \varepsilon_0$，$\varepsilon_0$ 为 $H_2^+$ 的零点振动能。实验测得 $H_2^+$ $\varepsilon_0 = 1133\ \text{cm}^{-1}$，见 G. Herzberg, *Spectra of Diatomic Molecules*, D. Van Nostrand Co., 1950。

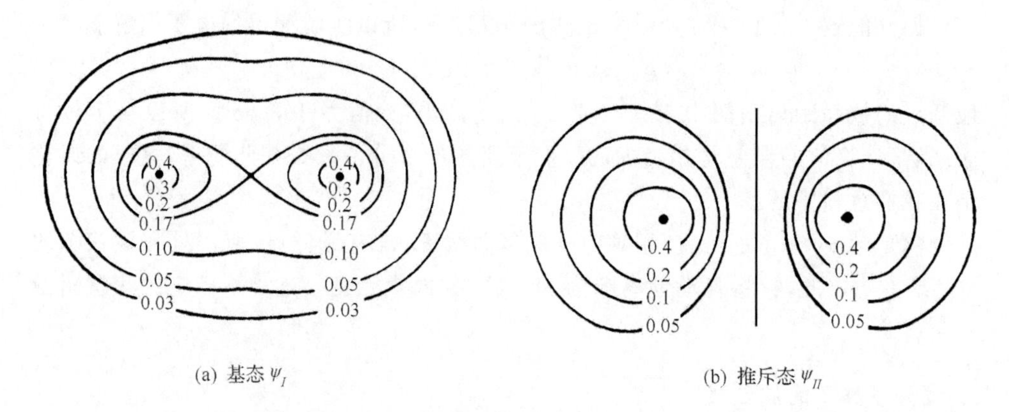


图 3-3　$H_2^+$ 的两种状态的电子云分布的等密度线

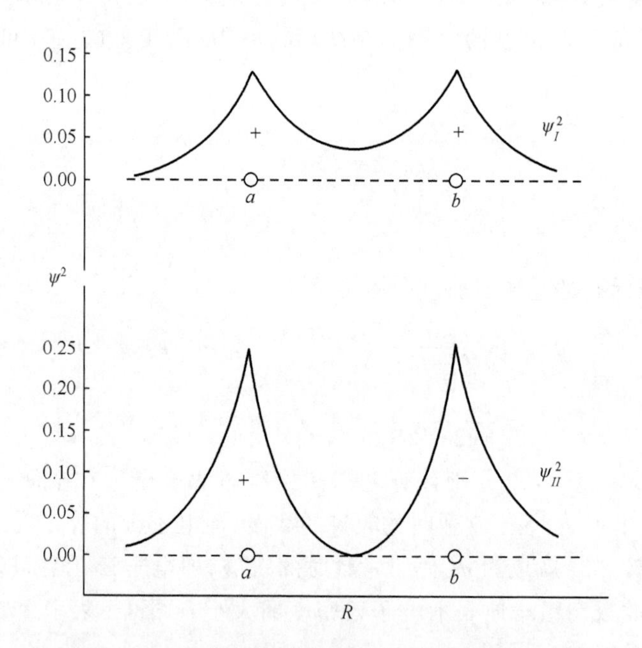


图 3-4　$H_2^+$ 的两种状态沿键轴各点的几率密度 $\psi^2$

样的)。我们常常在 $\psi^2$ 的图上加"+""-"号以表示 $\psi$ 的符号,如图 3-4 所示;(3)对于交换原子核 $a$ 和 $b$ 来说,$\psi_I$ 是对称的,$\psi_{II}$ 是反对称的,即

$$\psi_I(a,b)=\psi_I(b,a) \tag{3-45}$$

$$\psi_{II}(a,b)=-\psi_{II}(b,a) \tag{3-46}$$

所以 $\psi_I$ 和 $\psi_{II}$ 常常分别称为对称和反对称函数,反对称函数一定有一节面。

## 6. 氢分子离子的高级近似解

前面我们处理 $H_2^+$ 的结果从定量方面来看还不很满意，这是因为采用的变分函数太简单的缘故。如果在变分函数中引入较多的参数，或者采用其他适当的变分函数形式，则所得结果可以大大改进。表 3-2 总结了用不同方法处理 $H_2^+$ 问题所得的结果。

**表 3-2　用不同方法处理 $H_2^+$ 问题所得的结果**

| 方法 | 变　分　函　数 | 参数 | $D_e$/eV | $R$/pm |
|---|---|---|---|---|
| Ⅰ | $\phi=c_1\dfrac{1}{\sqrt{\pi}}e^{-r_a}+c_2\dfrac{1}{\sqrt{\pi}}e^{-r_b}$ | $c_1/c_2$ | 1.78 | 132 |
| Ⅱ | $\phi=\sqrt{\dfrac{Z^3}{\pi}}e^{-Zr_a}+\sqrt{\dfrac{Z^3}{\pi}}e^{-Zr_b}$ | $Z$ | 2.25 | (106) |
| Ⅲ | $\phi=e^{-\delta}\mu(1+c\nu^2)\mu=\dfrac{r_a+r_b}{R},\nu=\dfrac{r_a-r_b}{R}$ | $\delta,c$ | 2.79 | (106) |
| Ⅳ | 用椭圆坐标精确地解薛定谔方程式 | | 2.7928 | (106) |
| | 实验值 | | 2.793 | 106 |

表中第Ⅰ法就是我们前面详细讨论过的，用氢原子的状态函数的线性组合作为变分函数的方法。第Ⅱ法考虑到在 $H_2^+$ 中的电子同时受二个 $H^+$ 的吸引。电子云的分布应该比 H 原子更为紧密，因此引入有效电荷 $Z$ 作为参数，$Z$ 之值经变分法决定为 1.24，所得结果比第Ⅰ法有显著改进。第Ⅲ法充分考虑了 $H_2^+$ 的电子是在二中心的势场中运动的事实，根本放弃了采用原子状态函数的线性组合的方法，而用标志着二中心势场的椭圆坐标 $\mu$ 和 $\nu$，所得结果比前法都好。这说明用原子状态函数的线性组合来描写分子的状态函数并不是必要的。又在此法中 $R_0$ 是采取已知的数值，而不是计算得来的。所以在表中 $R_0$ 的数值放在括弧内。第Ⅳ法是把 $H_2^+$ 的薛定谔方程式用椭圆坐标精确地解出来，所得结果和实验值完全符合。这说明用量子力学处理 $H_2^+$ 问题是完全正确的，并且可能有希望用类似的方法来处理其他的分子结构问题。

## 7. 积分 $S_{ab}$、$H_{aa}$ 和 $H_{ab}$ 的意义

在用线性变分法计算 $H_2^+$ 的能量时，引入并计算了 $S_{ab}$、$H_{aa}$ 和 $H_{ab}$ 等积分。类似于这样的积分在用线性变分法处理其他分子时也会遇到。因此，讨论一下它们的意义，对于进一步了解线性变分法的结果是有帮助的。

首先考虑积分 $S_{ab}$，由(3-11)式知道它所代表的是

$$S_{ab}=\int\psi_a\psi_b d\tau$$

根据表 3-1 的数据，可以绘出 $S_{ab}$ 以及 $H_{aa}$、$H_{ab}$、$E_I$ 和 $E_{II}$ 随 $R$ 变化的曲线(图 3-5)。从该图可以看出，当原子核 $a$ 和 $b$ 相距很远时，$S_{ab}\sim 0$；当 $a$ 和 $b$ 渐渐接近时，即原子轨道 $\psi_a$ 和 $\psi_b$ 的"重叠"增加时，$S_{ab}$ 也渐渐增大；至 $R=0$ 时，即 $a$ 和 $b$ 重合时(这只是一个假想过程)，原子轨道 $\psi_a$ 和 $\psi_b$ 也完全"重叠"，$S_{ab}=1$。所以 $S_{ab}$ 常常称为"重叠积分"。

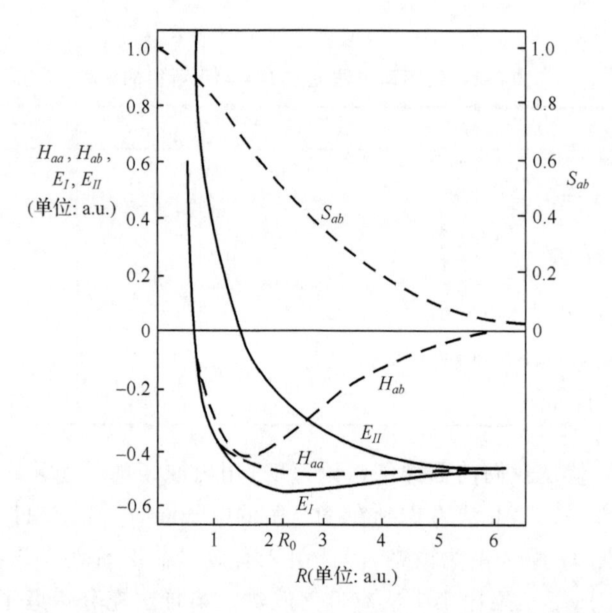


图 3-5　线性变分法处理 $H_2^+$ 所得 $S_{ab}$，$H_{aa}$，$H_{ab}$，$E_I$ 和 $E_{II}$ 与 $R$ 的关系

重叠积分 $S_{ab}$ 的值和互相重叠的两个原子轨道的符号有很大的关系。当重叠部分中两个原子轨道具有相同的符号时，$S_{ab}>0$，重叠的结果使体系的能量降低，这就是成键的情况。当重叠部分两个原子轨道符号相反，重叠积分为负，即 $S_{ab}<0$，重叠的结果使体系能量升高，这就是反键的情况。当重叠部分中两个原子轨道有一部分符号相同，有一部分相反，且积分的结果 $S_{ab}=0$，此时重叠的结果不改变体系的能量，我们称这种重叠为非键重叠。图 3-6 以 $s$ 轨道和 $p$ 轨道为例，说明三种重叠情况。

凡是和乘积 $\psi_a\psi_b$ 有关的积分，例如

$$H_{ab}=\int\psi_a\,\hat{\mathbf{H}}\psi_b d\tau$$

与原子轨道重叠区大小的关系和上述情况相似。从图 3-5 可以看出，当 $R>R_0$($R_0$ 为平衡核间距)时，$H_{ab}$ 随 $R$ 变化的情况与 $S_{ab}$ 随 $R$ 变化的情况相似，只是符号相反。由于 $H_{ab}$ 一般不易计算，在定性的分子轨道理论中通常认为 $H_{ab}$ 与 $S_{ab}$ 成正比。从下面的讨论中将会看到，$H_{ab}$ 的大小在线性变分法的近似计算中是决定分子结

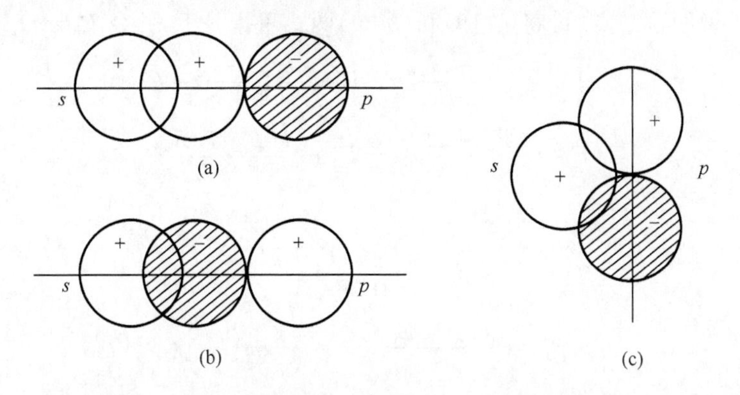


图 3-6　原子轨道的重叠(a)$S_{ab}>0$,(b)$S_{ab}<0$,(c)$S_{ab}=0$

合能大小的一个最重要的因素。由此可知,原子轨道重叠积分的大小在线性变分法的近似计算中是非常重要的。

其次考虑积分 $H_{aa}$,从(3-32)和(3-34)两式

$$H_{aa} = E_a^0 + J$$

$$J = \frac{1}{R} - \int \frac{\psi_a^2}{r_b} d\tau$$

可以看出积分 $J$ 包含两项,第一项 $\frac{1}{R}$ 表示原子核 $a$ 和 $b$ 的静电推斥的势能,第二项 $-\int \frac{\psi_a^2}{r_b} d\tau$ 表示电子云 $\psi_a^2$ 与原子核 $b$ 的静电吸引的势能,积分 $H_{aa}$ 则等于孤立的氢原子的能量 $E_a^0$ 加 $J$。因为 $J$ 中第一项与第二项符号相反,所以 $J$ 的数值一般很小。例如当 $R=2$ a. u. $=106$ pm 时,$J=+0.027$(见表 3-1),只有 $E_a^0$ 的 5%,因此在粗略的估算中,可以认为 $H_{aa} \approx E_a^0$。由于这个缘故,我们常常不很严格地称 $H_{aa}$ 为"原子 $a$ 在分子 $a$-$b$ 中的能量",并用 $E_a$ 表示之,即

$$E_a = H_{aa} = E_a^0 + J \approx E_a^0 \tag{3-47}$$

严格地说,"原子 $a$ 在分子 $a$-$b$ 中的能量"这句话是没有物理意义的,因为在分子 $a$-$b$ 中,原子 $a$ 根本失去了独立存在的意义。这句话的意思无非是想表明这样一个物理概念:在用线性变分法近似计算分子 $a$-$b$ 的能量时,会产生一个积分项 $H_{aa}$,这个积分项的数值与原子 $a$ 的能量 $E_a^0$ 大致相等,而又稍有不同,所以我们把它叫做原子 $a$ 在分子 $a$-$b$ 中的能量。$H_{aa}$ 也常称为原子 $a$ 在分子 $a$-$b$ 中的"库仑积分"。事实上 $H_{aa}$ 是一个能量积分,在表示能量的哈密顿算符中虽然包含库仑引力或斥力产生的势能,但也包含电子运动的动能。所以库仑积分这一名词是不恰当的。由于历史的原因,这个名词在文献中还用得很多。$H_{aa}$ 在久期行列式中出现在对角元素中,有些书中用 $\alpha_{mm}$ 或 $\alpha$ 表示。

最后考虑积分 $H_{ab}$。上面已提到积分 $H_{ab}$ 和分子的结合能的大小有最密切的

关系，为了说明这一点，可将(3-19)和(3-20)两式重排一下，并令 $E_a = H_{aa}$，得

$$E_I = \frac{E_a + H_{ab}}{1 + S_{ab}} = E_a + \frac{H_{ab} - E_a S_{ab}}{1 + S_{ab}} \tag{3-48}$$

$$E_{II} = \frac{E_a - H_{ab}}{1 - S_{ab}} = E_a - \frac{H_{ab} - E_a S_{ab}}{1 - S_{ab}} \tag{3-49}$$

令

$$\beta = \frac{H_{ab} - E_a S_{ab}}{1 + s_{ab}} \tag{3-50}$$

$$\beta^* = \frac{H_{ab} - E_a S_{ab}}{1 - s_{ab}} = \left(\frac{1 + S_{ab}}{1 - S_{ab}}\right)\beta \tag{3-51}$$

因为对 $H_2^+$ 有 $S_{ab} > 0$，由(3-51)式可知，$|\beta^*| > |\beta|$。将(3-50)及(3-51)式分别代入(3-48)及(3-49)式，得到

$$E_I = E_a + \beta \tag{3-52}$$

$$E_{II} = E_a - \beta^* \tag{3-53}$$

在处理比 $H_2^+$ 和 $H_2$ 复杂的分子时，因为计算的困难，常常将 $S_{ab}$ 略去不计，于是(3-50)和(3-51)式变为

$$\beta = \beta^* = H_{ab} \tag{3-54}$$

而(3-52)和(3-53)式近似为

$$E_I = E_a + H_{ab} \tag{3-55}$$

$$E_{II} = E_a - H_{ab} \tag{3-56}$$

因为 $\beta, \beta^*$ 或 $H_{ab}$ 之值为负的，所以 $E_I < E_a$，$E_{II} > E_a$，换句话说，$\psi_I$ 是基态，$\psi_{II}$ 是推斥态。又因为 $\beta$ 或(近似地) $H_{ab}$ 之值表示 $E_I$ 与 $E_a$ 之差，即 $H_2^+$ 的结合能 $D_e$，所以具有特别重要的意义。在化学文献和教科书中，$\beta$ 或 $H_{ab}$ 常常称作“共振积分”，这一名称是从“共振”概念引申出来的。由于这个积分在文献中常常用 $\beta$ 代表，故可称为“$\beta$ 积分”，亦可称之为“键积分”以强调它在成键中的作用。

总结以上所述，积分 $S_{ab}$，$H_{aa}$ 和 $H_{ab}$ 是在用线性变分法的近似计算中产生的一些数学项，这些数学项，尤其是其中的 $H_{ab}$，在线性变分法的近似计算中，具有特别重要的意义。

## §3-2 氢分子的结构

### 1. 氢分子的薛定谔方程式和海特勒-伦敦解法[①]

氢分子是含有两个氢原子核 $a$ 及 $b$ 和两个电子 1 及 2 的体系，它们之间的距

① W. Heitler and M. London, *Z. Phys.*, 44, 467(1927).

离如图 3-7 所示。这一体系的势能(用原子单位表示)为

$$V=-\frac{1}{r_{a1}}-\frac{1}{r_{a2}}-\frac{1}{r_{b1}}-\frac{1}{r_{b2}}+\frac{1}{r_{12}}+\frac{1}{R} \tag{3-57}$$

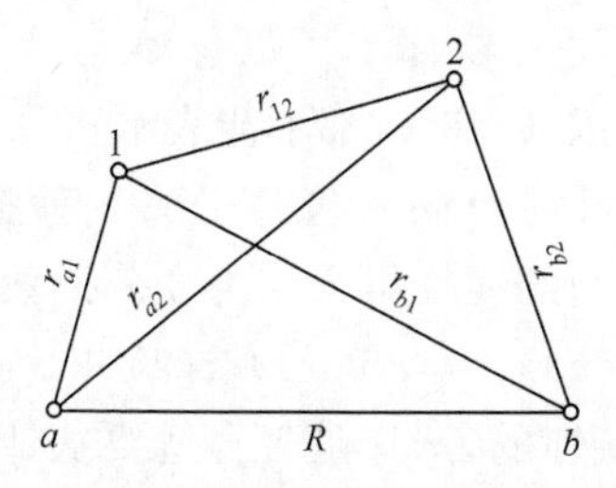


图 3-7　氢分子的坐标

在玻恩-奥本海默近似下,氢分子的薛定谔方程为

$$\hat{\mathbf{H}}\psi=\left\{-\frac{1}{2}(\nabla_1^2+\nabla_2^2)-\frac{1}{r_{a1}}-\frac{1}{r_{a2}}-\frac{1}{r_{b1}}-\frac{1}{r_{b2}}+\frac{1}{r_{12}}+\frac{1}{R}\right\}\psi=E\psi \tag{3-58}$$

1927 年海特勒和伦敦首先用变分法来求上述方程的解。为了选择适宜的变分函数,他们假定基态氢分子是由两个基态氢原子组成的,第一个氢原子 $H_{a1}$ 包含原子核 $a$ 和电子 1,第二个氢原子 $H_{b2}$ 包含原子核 $b$ 和电子 2。如果 $H_{a1}$ 和 $H_{b2}$ 没有相互作用,即在(3-58)式中忽略$\frac{1}{r_{a2}}$、$\frac{1}{r_{b1}}$、$\frac{1}{r_{12}}$和$\frac{1}{R}$等四项,那么氢分子的波函数将是两个独立的氢原子的波函数的乘积,即

$$\psi_I=\psi_a(1)\psi_b(2) \tag{3-59}$$

在上式中 $\psi_a(1)$和 $\psi_b(2)$分别为氢原子 $H_{a1}$ 和 $H_{b2}$ 的波函数,它们是已知的,即

$$\left.\begin{aligned}\psi_a(1)&=\frac{1}{\sqrt{\pi}}e^{-r_{a1}}\\ \psi_b(2)&=\frac{1}{\sqrt{\pi}}e^{-r_{b2}}\end{aligned}\right\} \tag{3-60}$$

同样,也可以假定第一个氢原子包含原子核 $a$ 和电子 2,第二个氢原子包含原子核 $b$ 和电子 1,并假定 $H_{a2}$ 和 $H_{b1}$ 之间没有相互作用,即在(3-58)式中忽略$\frac{1}{r_{a1}}$、$\frac{1}{r_{b2}}$、$\frac{1}{r_{12}}$和$\frac{1}{R}$等四项,那么氢分子的波函数将是

$$\psi_{II}=\psi_a(2)\psi_b(1) \tag{3-61}$$

此处

$$\left.\begin{aligned}\psi_a(2)&=\frac{1}{\sqrt{\pi}}e^{-r_{a2}}\\ \psi_b(1)&=\frac{1}{\sqrt{\pi}}e^{-r_{b1}}\end{aligned}\right\} \tag{3-62}$$

由于电子的等同性，波函数 $\psi_I$ 与 $\psi_{II}$ 是等价的，它们的不同在于交换了电子。这种由交换电子而得到一组等价波函数的现象称为交换简并性。

事实上，当两个氢原子互相接近形成氢分子时，两个氢原子之间有密切的相互作用，这时(3-58)式中的任何一项都不可以忽略不计，而所谓氢原子 $H_{a1}$、$H_{b2}$ 或 $H_{a2}$、$H_{b1}$ 已经没有意义。所以 $\psi_I$ 和 $\psi_{II}$ 都不能表示氢分子的状态。尽管如此，它们都满足波函数的一般条件，并且反映了氢分子的某种臆想的情况，即核间距 $R$ 很大的情况，所以不妨采取它们的线性组合作为变分函数，即

$$\phi = c_1\psi_I + c_2\psi_{II} = c_1\psi_a(1)\psi_b(2) + c_2\psi_a(2)\psi_b(1) \tag{3-63}$$

变分函数的选择是带有尝试性的，选择是否合适要从计算结果来判断。

决定了变分函数的形式后，就可以用处理 $H_2^+$ 问题的同样方法决定 $c_1$ 及 $c_2$，求得 $H_2$ 的两个近似波函数 $\psi_S$ 及 $\psi_A$ 以及它们的近似能量 $E_S$ 及 $E_A$。计算结果如下：

$$\psi_S = \frac{1}{\sqrt{2+2S_{I\,II}}}(\psi_I + \psi_{II}) = \frac{1}{\sqrt{2+2S_{I\,II}}}\{\psi_a(1)\psi_b(2) + \psi_a(2)\psi_b(1)\} \tag{3-64}$$

$$E_S = \frac{H_{II} + H_{I\,II}}{1 + S_{I\,II}} \tag{3-65}$$

$$\psi_A = \frac{1}{\sqrt{2+2S_{I\,II}}}(\psi_I - \psi_{II}) = \frac{1}{\sqrt{2-2S_{I\,II}}}\{\psi_a(1)\psi_b(2) - \psi_a(2)\psi_b(1)\} \tag{3-66}$$

$$E_A = \frac{H_{II} - H_{I\,II}}{1 - S_{I\,II}} \tag{3-67}$$

在以上各式中积分 $S_{I\,II}$、$H_{II}$ 和 $H_{I\,II}$ 的意义和(3-11)式所代表的相似，即

$$\begin{aligned} S_{I\,II} &= \int \psi_I\psi_{II}d\tau = \iint \psi_a(1)\psi_b(2)\psi_a(2)\psi_b(1)d\tau_1 d\tau_2 \\ &= \left\{\int \psi_a(1)\psi_b(1)d\tau_1\right\}\left\{\int \psi_a(2)\psi_b(2)d\tau_2\right\} = S^2 \end{aligned} \tag{3-68}$$

此处 $S$ 和(3-11)式中的 $S_{ab}$ 相同。

为了计算 $H_{II}$ 和 $H_{I\,II}$，将 $H_2$ 的哈密顿算符改写成三项之和

$$\hat{\mathbf{H}} = \hat{\mathbf{H}}_a(1) + \hat{\mathbf{H}}_b(2) + \hat{\mathbf{H}}' \tag{3-69}$$

其中

$$\hat{\mathbf{H}}_a(1) = -\frac{1}{2}\nabla_1^2 - \frac{1}{r_{a1}}$$

$$\hat{\mathbf{H}}_b(2) = -\frac{1}{2}\nabla_2^2 - \frac{1}{r_{b2}}$$

$$\hat{\mathbf{H}}' = -\frac{1}{r_{a2}} - \frac{1}{r_{b1}} + \frac{1}{r_{12}} + \frac{1}{R}$$

因此

$$H_{II}=\int\psi_I\,\hat{\mathbf{H}}\psi_I d\tau=\iint\psi_a(1)\psi_b(2)[\hat{\mathbf{H}}_a(1)+\hat{\mathbf{H}}_b(2)+\hat{\mathbf{H}}']\psi_a(1)\psi_b(2)d\tau_1 d\tau_2$$

$$=\int\psi_a(1)\,\hat{\mathbf{H}}_a(1)\psi_a(1)d\tau_1+\int\psi_b(2)\psi_b(2)d\tau_2+\int\psi_a(1)\psi_a(1)d\tau_1\int\psi_b(2)\,\hat{\mathbf{H}}_b(2)\psi_b(2)d\tau_2$$

$$+\iint\psi_a(1)\psi_b(2)\,\hat{\mathbf{H}}'\psi_a(1)\psi_b(2)d\tau_1 d\tau_2 \qquad (3\text{-}70)$$

由于 $\psi_a(1)$和 $\psi_b(2)$都是氢原子的基态的波函数，所以

$$\int\psi_a(1)\psi_a(1)d\tau=\int\psi_b(2)\psi_b(2)d\tau=1$$

$$\int\psi_a(1)\,\hat{\mathbf{H}}_a(1)\psi_a(1)d\tau=\int\psi_b(2)\,\hat{\mathbf{H}}_b(2)\psi_b(2)d\tau=-\frac{1}{2}\text{a. u.}$$

(3-70)式等号右边第三项是(价键理论的)库仑积分，记为 $Q$，运用(3-34)式，则

$$Q\equiv\iint\psi_a(1)\psi_b(2)\,\hat{\mathbf{H}}\psi_a(1)\psi_b(2)d\tau_1 d\tau_2$$

$$=2J-\frac{1}{R}+\iint\psi_a(1)\psi_b(2)\frac{1}{r_{12}}\psi_a(1)\psi_b(2)d\tau_1 d\tau_2 \qquad (3\text{-}71)$$

于是

$$H_{II}=Q-1 \qquad (3\text{-}72)$$

类似地有

$$H_{I\,II}=A-S^2 \qquad (3\text{-}73)$$

上式中 $A$ 称为(价键理论的)交换积分，

$$A\equiv\iint\psi_a(1)\psi_b(2)\,\hat{\mathbf{H}}'\psi_a(2)\psi_b(1)d\tau_1 d\tau_2$$

$$=S\left(2K-\frac{1}{R}S\right)+\iint\psi_a(1)\psi_b(2)\frac{1}{r_{12}}\psi_a(2)\psi_b(1)d\tau_1 d\tau_2 \qquad (3\text{-}74)$$

上式中的 $K$ 的含义与(3-35)式相同。积分

$$\iint\psi_a(1)\psi_b(2)\frac{1}{r_{12}}\psi_a(2)\psi_b(1)d\tau_1 d\tau_2$$

是一个双中心，双电子积分，在上述这些积分中，这个积分最难计算，需要在共焦椭圆坐标系中将$\frac{1}{r_{12}}$展开，该积分值对 $H_2$ 为负值。

将(3-72)和(3-73)式代入(3-65)和(3-67)式中，得

$$E_s=-1+\frac{Q+A}{1+S^2} \qquad (3\text{-}75)$$

$$E_A=-1+\frac{Q-A}{1-S^2} \qquad (3\text{-}76)$$

因为 $S_{I\,II}$、$H_{II}$和 $H_{I\,II}$都是核间距离 $R$ 的函数，所以 $E_S$ 和 $E_A$ 也是 $R$ 的函数。图 3-8 中实线表示计算所得的能量曲线 $E_S$ 和 $E_A$，虚线表示实验的能量曲线。

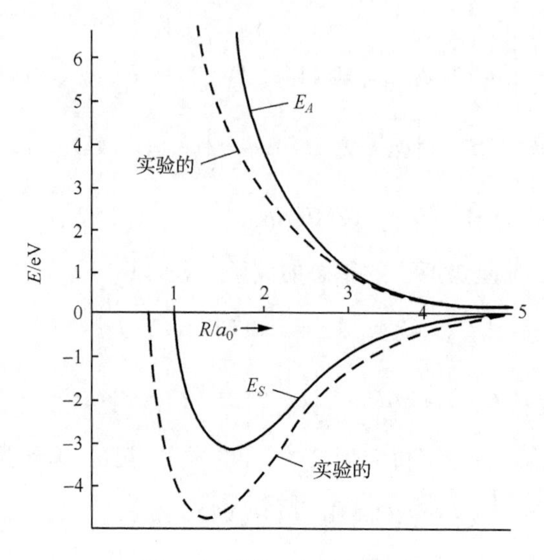


图 3-8　氢分子的能量曲线

从图 3-8 可以看出：

(1) 与波函数 $\psi_S$ 相对应的能量曲线 $E_S$ 有一最低点，所以 $H_2$ 能够稳定地存在。曲线 $E_S$ 和 $E_A$ 的形状和实验的能量曲线相似，所以海特勒和伦敦处理 $H_2$ 的方法基本上是正确的。

(2) 最低点的坐标是

$$R_0 = 1.65\ \text{a. u.} = 87\ \text{pm}$$

$$D_e = 3.14\ \text{eV} = 303\ \text{kJ} \cdot \text{mol}^{-1}$$

而实验值为

$$R_0 = 1.40\ \text{a. u.} = 74\ \text{pm}$$

$$D_e = 4.75\ \text{eV} = 458\ \text{kJ} \cdot \text{mol}^{-1}$$

所以定量地讲，误差是很大的。

(3) 与波函数 $\psi_A$ 相应的能量曲线 $E_A$ 没有最低点，所以 $\psi_A$ 状态的 $H_2$ 是不稳定的，它将自动地离解为两个氢原子。$\psi_S$ 和 $\psi_A$ 分别称为基态和推斥态。图 3-9 给出了基态和推斥态的等密度线。$H_2$ 的电子云分布和 $H_2^+$ 很相似，不论 $\psi_S^2$ 还是 $\psi_A^2$ 都是圆柱形对称的，但 $\psi_S^2$ 在核间比较密集，$\psi_A^2$ 则否。如果将等密度线绕键轴旋转 360°，就得到电子云空间分布的等密度面。图中线上所注数字并不是定量的，只能借它们比较各等密度线上的电子云密度的相对大小，如注有 2 字的线上的密度比注 1 字的线上的密度大，余类推。

从 $H_2$ 的光谱知道，相当于 $\psi_S$ 的光谱项是 $^1\Sigma_g$，相当于 $\psi_A$ 的是 $^3\Sigma_u$。所以在基态 $\psi_S$ 的一对电子的自旋是反平行的。

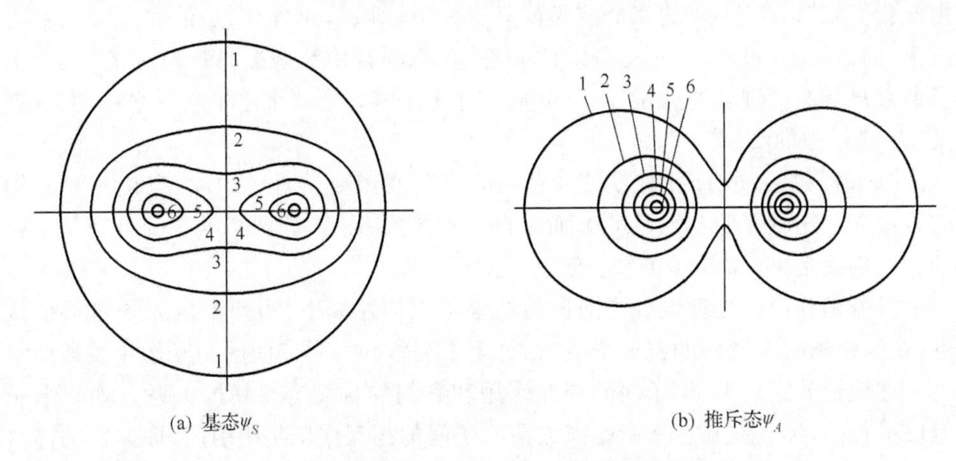


图 3-9　$H_2$ 的两种状态的电子云分布和等密度线

**2. 氢分子的波函数，$^1\Sigma_g$ 和 $^3\Sigma_u$ 态**

由(3-64)式和(3-66)式可以看出，对于交换两个电子而言，$\psi_S$ 是对称的，$\psi_A$ 是反对称的。根据泡利原理，描述电子运动的完全波函数(即自旋轨道)对于交换两个电子必须是反对称的。因此，描述氢分子基态的两个电子的自旋运动的波函数只能是反对称的，描述氢分子激发态的两个电子的自旋运动的波函数必须是对称的。与在§2-3讨论过的氦原子中两个电子的自旋波函数的情况类似，描述两个电子的自旋运动的反对称波函数为

$$\chi_1 = \sqrt{\frac{1}{2}}[\alpha(1)\beta(2) - \alpha(2)\beta(1)] \tag{3-77}$$

描述两个电子自旋运动的对称波函数为

$$\left.\begin{aligned} \chi_2 &= \alpha(1)\alpha(2) \\ \chi_3 &= \sqrt{\frac{1}{2}}[\alpha(1)\beta(2) + \alpha(2)\beta(1)] \\ \chi_4 &= \beta(1)\beta(2) \end{aligned}\right\} \tag{3-78}$$

所以，氢分子基态的完全波函数为

$$\psi_I = \psi_S[\alpha(1)\beta(2) - \alpha(2)\beta(1)]/\sqrt{2} \quad M_S = \Sigma m_s = 0, S = 0, \uparrow\downarrow \tag{3-79}$$

氢分子激发态的完全波函数为

$$\left.\begin{aligned} &\psi_{II} = \psi_A[\alpha(1)\alpha(2)] && M_S = \Sigma m_s = 1 \\ &\psi_{III} = \psi_A[\alpha(1)\beta(2) + \alpha(2)\beta(1)]/\sqrt{2} && M_S = \Sigma m_s = 0 \\ &\psi_{IV} = \psi_A[\beta(1)\beta(2)] && M_S = \Sigma m_s = -1 \end{aligned}\right\} S = 1, \uparrow\uparrow \tag{3-80}$$

由此我们知道,含有 $\psi_S$ 的完全波函数只有一个,即 $\psi_I$,而含有 $\psi_A$ 的完全波函数有三个,即 $\psi_{II}$、$\psi_{III}$ 和 $\psi_{IV}$。$\psi_I$ 是 $H_2$ 的基态,基态的自旋波函数是反对称的,二个电子的总自旋 **S** 沿键轴的分量 $M_S=0$,而 **S** 亦等于零。即两个电子是反平行的,这就是 $H_2$ 光谱中的 $_I\Sigma_g$ 态。

$\psi_{II}$、$\psi_{III}$ 和 $\psi_{IV}$ 是 $H_2$ 的推斥态,它们的自旋波函数是对称的,总自旋 **S** 沿键轴的分量 $M_S$ 分别等于 1,−1 和 0,而总自旋量子数 $S=1$,即两个电子的自旋是平行的。它们就是 $H_2$ 光谱中的 $^3\Sigma_u$ 态。

海特勒和伦敦处理氢分子问题的结果可以简述如下:当两个氢原子自远处接近(在远距离时有微弱的范德华引力,见第十五章)时,它们间的相互作用就渐渐增大。在较近的距离下,原子间的相互作用和它们的自旋有密切的关系。如果电子是反平行的,那么在到达平衡距离之前原子间的相互作用是吸引的,即体系的能量随 $R$ 的减小而不断降低。在达到平衡距离以后,则体系的能量将随 $R$ 的减小而迅速增高。因此 $H_2$ 可以振动于平衡距离的左右而稳定地存在,这就是 $H_2$ 的基态。

如果两个氢原子的自旋是平行的,那么原子间的相互作用永远是推斥的(图 3-8 中的 $E_A$ 线),因此不可能形成稳定的分子。这就是 $H_2$ 的推斥态。

如将(3-64)和(3-66)式中的归一化因数略去,则基态和推斥态的波函数分别为

$$\psi_S = \psi_a(1)\psi_b(2) + \psi_a(2)\psi_b(1) \tag{3-81}$$

$$\psi_A = \psi_a(1)\psi_b(2) - \psi_a(2)\psi_b(1) \tag{3-82}$$

$\psi_S$ 是对称的,它的电子云分布在核间比较密集;$\psi_A$ 是反对称的,它的电子云分布在核间比较稀疏。

## §3-3 价键理论和分子轨道理论要点

在前两节中介绍了用量子力学处理 $H_2^+$ 和 $H_2$ 问题,说明了用量子力学是可以处理化学问题的。但是我们注意到即使像 $H_2^+$ 和 $H_2$ 那么简单的体系,要把它们的薛定谔方程解出来已经很困难了。对于一般的分子来说,它们的结构要复杂得多,定量的计算也要困难得多,因此不得不更多地依赖于近似方法。处理分子结构问题的近似方法中最常用的有两种,即电子配对法和分子轨道法。

电子配对法是海特勒和伦敦处理 $H_2$ 问题所得结果的推广,它假定分子是由原子组成的,原子在未化合之前含有未成对电子,这些未成对的电子如果自旋是反平行的,可以两两偶合构成"电子对"。每一对电子的偶合就生成一个共价键,所以电子配对法也叫做价键法或价键理论。

分子轨道法或分子轨道理论是原子轨道理论的自然推广。这一理论假定分子中的电子独立运动于原子核势和其他电子平均势场合成的有效单电子势场(自洽

势场)中。每个电子的运动可由单电子波函数描写,整个分子的波函数是各个单电子波函数的乘积①。这种分子中的单电子波函数就称为分子轨道,犹如原子中的单电子波函数称为原子轨道一样。

价键理论和分子轨道理论是从不同的角度去探索分子结构的真理。在许多问题上这两个理论得出的定性结论是一致的。但在另外一些问题上,两种理论各有其优缺点。所以在更完善的分子结构理论建立起来以前,这两种理论均不可偏废。

价键理论的假定是与化学家所熟知的价键概念一致的,所以发展较早。分子轨道理论的假定着眼在分子的整体上,而价键概念不明显,因此发展较晚。后来价键理论在解释某些双原子分子如 $O_2$、$B_2$、NO 等和某些多原子分子如 $SO_2$、$SO_3$、$NO_2$、$O_3$、$CO_3^{2-}$、$BF_3$、$B_2H_6$、$XeF_2$ 等,以及许多有机共轭分子的结构时有缺点,于是分子轨道理论才重新受到重视并迅速发展起来。尤其是随着电子计算机的广泛应用,出现了各种分子轨道理论近似方法和从头计算法,使分子轨道理论有了很大的发展。

在这一节中将先介绍价键理论的要点,然后介绍分子轨道理论的要点,但以后者为重点。在下面两节中讨论双原子分子的结构时应用分子轨道理论。在第五章讨论多原子分子结构时除应用分子轨道理论以外,将较详细地介绍电子配对法的杂化轨道理论。在第六章中讨论共轭分子的结构时则以分子轨道理论为重点。这样做的目的是希望把分子结构的轮廓,在现有理论的水平上,尽可能简单明了地介绍给读者。

**1. 价键理论的要点**

价键理论假定海特勒和伦敦处理 $H_2$ 问题的结果可以定性地推广到双原子和多原子分子,其要点如下:

(1) 假定原子 A 和原子 B 各有一未成对电子且自旋相反,则可互相配对构成共价单键。如 A 和 B 各有两个或三个未成对电子,则能两两配对构成共价双键或三键,例如:

(ⅰ) Li—Li(锂蒸气的分子)是以单键结合的,因为 Li 原子虽然含有三个电子,但未成对的只有一个,所以只能构成共价单键。

(ⅱ) N≡N 分子是以三键结合的,因为 N 原子含有三个未成对电子,因此可以构成共价三键。

① 泡利原理要求多电子体系的波函数是反对称的,因此分子的总的波函数应当写成单电子自旋轨道的乘积的线性组合——斯莱特行列式。

(ⅲ) H—Cl 是以单键结合的,因为 H 有一个未成对电子( $1s$),Cl 也有一个未成对电子($3p$),它们可以配对构成单键。

(ⅳ) 两个 He 原子互相接近时不能构成共价键,因为 He 原子没有未成对电子。

(2) 如果 A 有两个未成对的电子,B 只有一个,那么 A 就能和两个 B 化合成 $AB_2$ 分子,例如 $H_2O$。关于这种包含两个以上原子的分子将在第五,六和七章中讨论。在很多情况下,一个原子所含未成对电子的数目就是它的原子价数。但须注意,这句话不是在一切情况下都适用,关于这一点以后还要讨论。

(3) 一个电子与另一个电子配对以后就不能再与第三个原子配对。例如二个 H 原子各有一未成对电子,它们能够配对构成 $H_2$ 分子,如有第三个 H 原子趋近 $H_2$,就不能再化合成 $H_3$ 分子,除非 $H_2$ 中的电子对被破坏以后,才能形成新的 $H_2$ 分子,如下式所示:

$$H + H - H \longrightarrow H - H + H$$

这种性质叫做共价键的饱和性。

(4) 电子云最大重叠原理　如果电子云的重叠愈多,所形成的共价键就愈稳固。在主量子数相同的原子轨道中,$p$ 轨道的电子云密集在它的对称轴的方向较 $s$ 轨道为大,所以一般说来,$p$ 轨道形成的共价键较 $s$ 轨道形成者为稳固。

假定原子轨道的径向部分相同,那么 $s,p,d$ 和 $f$ 轨道的角度部分是

$$\left.\begin{aligned}\psi_s &= \frac{\sqrt{1/\pi}}{2}\\ \psi_{p_z} &= \frac{\sqrt{3/\pi}}{2}\cos\theta\\ \psi_{d_{z2}} &= \frac{\sqrt{5/\pi}}{4}(3\cos^2\theta - 1)\\ \psi_{f_{z3}} &= \frac{\sqrt{7/\pi}}{4}(5\cos^3\theta - 3\cos\theta)\end{aligned}\right\} \tag{3-83}$$

泡利把 $\psi$ 在极坐标上的最大值叫做成键能力,并以 $f$ 表示之。所以 $s$、$p$、$d$ 和 $f$ 轨道的相对成键能力依次为 1、$\sqrt{3}$、$\sqrt{5}$和$\sqrt{7}$,即

$$f_s = 1, f_p = \sqrt{3}, f_d = \sqrt{5}, f_f = \sqrt{7} \tag{3-84}$$

成键能力较大的轨道形成的共价键较为稳固。对于主量子数相同的原子轨道的共价键来说,$p$—$p$ 键一般比 $s$—$s$ 键稳固。例如 F—F($2p$—2 键)的键能是 155 kJ · $mol^{-1}$,而 Li—Li($2s$—$2s$ 键)的键能是 105 kJ · $mol^{-1}$。但应指出,成键能力和键能之间没有严格的定量关系。

严格说来,两个原子轨道 $\psi_i$ 与 $\psi_j$ 之间的成键能力决定于它们之间的键积分

$H_{ij}$[例如(3-14)式中的 $H_{ab}$]的绝对值的大小,或粗略地决定于重叠积分 $S_{ij}$[例如(3-14)式中的 $S_{ab}$]的大小。重叠积分 $S_{ij}$ 的大小又决定于原子 $i$ 和 $j$ 之间的距离、以及 $\psi_i$ 和 $\psi_j$ 的径向分布函数和角度分布函数。如果径向分布函数相同,则原子轨道可由(3-83)式表示,由此可以导出(3-84)式表示相对成键能力。当径向分布函数大致相同时,(3-84)式才近似成立。当径向分布函数相差很大时,(3-84)式就没有意义。

例如镧系原子的价电子轨道包括 $4f$,$5d$,$6s$ 和 $6p$,它们的成键能力究竟哪一个大,特别是 $4f$ 电子是否参与成键,是一个长期争论的问题。为了解决这个问题,我们对镧系化合物进行了大量的量子化学计算。结果表明,$4f$ 电子并不参与成键,$4f$ 轨道的成键能力实际上等于零,成键能力最大的是 $5d$,其次是 $6s$ 和 $6p$。这是因为这四个轨道的主量子数并不相同,主量子数小的轨道的径向分布函数收缩在内层,$4f$ 轨道与配体原子轨道几乎没有重叠,即重叠积分几乎等于零,所以成键能力也等于零。重叠积分 $S_{ij}$ 的大小顺序如下

$$S_{ij}(6p) > S_{ij}(6s) > S_{ij}(5d) > S_{ij}(4f) \sim 0$$

但键积分 $H_{ij}$ 的绝对值的大小次序却是

$$|S_{ij}(5d)| > H_{ij}(6s)| \sim |H_{ij}(6p)| \gg |H_{ij}(4f)| \sim 0$$

这是因为 $|H_{ij}|$ 的大小不仅与 $S_{ij}$ 有关,而且和原子轨道 $\psi_i$ 及 $\psi_j$ 的能量差值 $\Delta = E_i - E_j$ 成反比。因为 $E_i(5d) < E_i(6s) < E_i(6p)$,$E_j$ 通常是氧或氮的 $2s$ 和 $2p$ 轨道,通常低于 $E_i(5d)$,所以

$$\Delta(5d) < \Delta(6s) < \Delta(4f)$$

同时考虑 $\Delta$ 和 $S_{ij}$ 对 $|H_{ij}|$ 的影响,就得到上述的 $|H_{ij}|$ 的次序,而成键能力实际上是由 $|H_{ij}|$ 决定的。

在稀土化合物特别是稀土金属有机化合物中,$4f$ 电子不参与成键是比较肯定的,但在锕系化合物中,$5f$ 电子是否参与成键还有待于研究。有种种迹象表明,在氧化态为 $+6$ 的铀氧化合物中,$5f$ 轨道可能参与成键。

上面的讨论表明,在教科书中常常要对一些规律性的东西作简要的陈述,以便同学们能抓住要点。但这些简要的陈述只有在一定的条件下才成立,条件变了,这些陈述就得修正。这就要求我们从实际情况出发去分析问题,而实际情况往往是比较复杂的。同学们在学习物质结构课程时会发现普通化学课本中某些陈述是不够确切的,以后学了量子化学以后又会发现物质结构书中的某些陈述是不够严谨的。同学们毕业后不断学习、研究和实践,还会发现书本和文献中所讲的和事实不尽相符,或者会遇到许多文献中找不到答案的问题,这就要我们开展研究,提高我们的认识水平,推动科学的发展。

根据电子云最大重叠原理,共价键的形成在可能范围内一定采取电子云密度

大的方向，这就是共价键有方向性的根据。图 3-10 示出氢的($1s$)电子云与氯的($3p_z$)电子云的三种重叠情况：(a) H 沿 $z$ 轴向 Cl 接近，结合而成稳固分子；(b) H 沿另一方向向 Cl 接近，电子云重叠较少，结合不稳固，H 有移向 $z$ 轴的倾向；(c) H 沿 $x$ 轴向 Cl 接近，电子云没有重叠，因而 H 与 Cl 在这个方向不能结合。

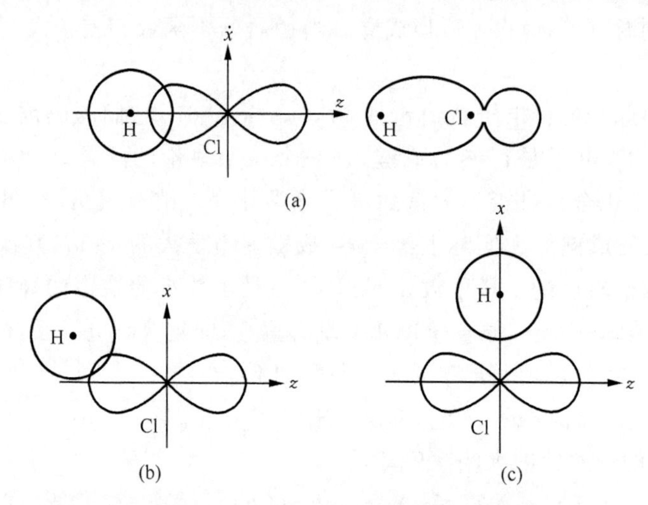


图 3-10　$S$ 和 $p$ 电子云的三种重叠情况

(5) 若原子 **A** 有孤对电子，原子 **B** 有能量合适的空轨道，原子 **A** 的孤对电子所占据的原子轨道和原子 **B** 的空轨道能有效地重叠，则原子 **A** 的孤对电子可以拿出来供原子 **A** 和 **B** 共享，这样形成的共价键称为共价配键，或简称配键，以符号 **A→B**表示。原子 **A** 称为给电子体，原子 **B** 称为受电子体，箭头方向表示电子配给的方向。

(6) 杂化轨道理论(详见 § 5－2)。

在定量方面，如果两个电子配对构成共价单键，对于这对共用电子的运动可以用海特勒-伦敦型价键波函数

$$\Psi(1,2) = N[\psi_a(1)\psi_b(2) + \psi_a(2)\psi_b(1)][\alpha(1)\beta(2) - \alpha(2)\beta(1)] \tag{3-85}$$

来描述。上式还可以改写成行列式的形式

$$\Psi(1,2) = N\left\{\begin{vmatrix} \psi_a(1)\alpha(1) & \psi_b(1)\beta(1) \\ \psi_a(2)\alpha(2) & \psi_b(2)\beta(2) \end{vmatrix} - \begin{vmatrix} \psi_a(1)\beta(1) & \psi_b(1)\alpha(1) \\ \psi_a(2)\beta(2) & \psi_b(2)\alpha(2) \end{vmatrix}\right\} \tag{3-86}$$

为书写简便，可引入以下记号代表行列式

$$|\ \bar{\psi}_a\bar{\psi}_b\ | = \begin{vmatrix} \psi_a(1)\alpha(1) & \psi_b(1)\beta(1) \\ \psi_a(2)\alpha(2) & \psi_b(2)\beta(2) \end{vmatrix} \tag{3-37}$$

于是(3-86)可改写为

$$\Psi(1,2) = N\{|\ \psi_a\bar{\psi}_b\ | - |\ \bar{\psi}_a\psi_b\ |\} \tag{3-88}$$

(3-85)、(3-86)和(3-88)式中的 $N$ 为归一化常数①。

对于异核双原子分子，如 HCl 分子，价键理论认为它不是纯共价键，而带有若干离子键成分，即 HCl 的价键结构是下述三种结构的混合

$$\mathrm{H-Cl} \longleftrightarrow \mathrm{H^+Cl^-} \longleftrightarrow \mathrm{H^-Cl^+} \tag{3-89}$$

因此 HCl 的价键波函数应写为

$$\begin{aligned}\Psi &= \mu\psi(\mathrm{H-Cl}) + \nu\psi(\mathrm{H^+Cl^-}) + \lambda\psi(\mathrm{H^-Cl^+}) \\ &= \mu\{|\phi_{\mathrm{H}}\bar{\phi}_{\mathrm{Cl}}| - |\bar{\phi}_{\mathrm{H}}\phi_{\mathrm{Cl}}|\} + \nu|\phi_{\mathrm{Cl}}\bar{\phi}_{\mathrm{Cl}}| + \lambda|\phi_{\mathrm{H}}\bar{\phi}_{\mathrm{H}}|\end{aligned}$$

因为 Cl 的电负性远大于 H，所以 $\lambda \sim 0$。对于同核双原子分子，也可以写出(3-89)式类似的“共振”结构，但必定 $\nu=\lambda$。$\mu$、$\nu$ 和 $\lambda$ 等系数的值由变分法确定。

对于多原子分子，随着原子数的增加，可以写出的共振结构的数目急剧增加。虽然可以根据化学直觉判断那些结构贡献大，那些可以忽略，但共振结构的数目还是相当多，使得在定量计算方面出现很大的困难。

按价键理论，任何基态分子的电子都是配对的，因此应该是自旋单重态。$O_2$ 的基态却是三重态，价键理论不能解释，而分子轨道理论却能给出满意的解释。

## 2. 分子轨道理论的要点

分子轨道理论可以看做是线性变分法处理 $H_2^+$ 的结果的推广，其要点如下：

(1) 假设分子中每一个电子的运动状态可以用单电子波函数 $\psi\sigma$ 来描写。单电子波函数的空间部分 $\psi$ 称为分子轨道，$\psi^2 d\tau$ 表示该电子在微体积 $d\tau$ 内出现的几率，而 $\psi^2$ 则为几率密度(或称电子云密度)，$\sigma$ 为自旋部分。

(2) 分子轨道 $\psi$ 可以近似地用原子轨道的线性组合(缩写为 LCAO)表示，组合系数可用变分法或其他方法确定。用 LCAO 表示分子轨道的方法叫做原子轨道线性组合的分子轨道法(缩写为 LCAO MO)。

(3) 假设每一分子轨道 $\psi_i$ 有一相应的能量 $E_i$，$E_i$ 近似地表示处于该分子轨道上的电子的电离能(库普曼斯定理)。分子中的电子按照泡利原理和最低能量原理

---

① 分子中如果有 $n$ 个共价键，则要用 $n$ 个(3-88)式型的价键波函数的乘积来描写。考虑到各对电子之间的交换性，$n$ 个共价键要用 $2^n$ 个 $2n$ 阶行列式来描写。例如 $O_2$ 的价键波函数为

$$\begin{aligned}\Psi = N\{&|(2p_x)(\overline{2p'_x})(2p_y)(\overline{2p'_y})| - |(\overline{2p_x})(2p'_x)(2p_y)(\overline{2p'_y})| - \\ &-|(2p_x)(\overline{2p'_x})(\overline{2p_y})(2p'_y)| + |(\overline{2p_x})(2p'_x)(\overline{2p_y})(2p'_y)|\}\end{aligned}$$

而 $N_2$ 的价键波函数为

$$\begin{aligned}\Psi = N\{&|(2p_x)(\overline{2p'_x})(2p_y)(\overline{2p'_y})(2p_z)(\overline{2p'_z})| - |(\overline{2p_x})(2p'_x)(2p_y)(\overline{2p'_y})(2p_z)(\overline{2p'_z})| \\ &-|(2p_x)(\overline{2p'_x})(\overline{2p'_y})(2p'_y)(2p_z)(\overline{zp'_z})| - |(2p_x)(\overline{2p'_x})(2p_y)(\overline{2p'_y})(\overline{2p_z})(2p'_z)| \\ &+|(\overline{2p_x})(2p'_x)(\overline{2p_y})(2p'_y)(2p_z)(\overline{2p'_z})| + |(\overline{2p_x})(2p'_x)(2p_y)(\overline{2p'_y})(\overline{2p_z})(2p'_z)| \\ &+|(2p_x)(\overline{2p'_x})(\overline{2p_y})(2p'_y)(\overline{2p_z})(2p'_z)| - |(\overline{2p_x})(2p'_x)(\overline{2p_y})(2p'_y)(\overline{2p_z})(2p'_z)|\}\end{aligned}$$

参与成键的原子轨道也可以是杂化原子轨道(见 §5-2)。

排布在诸分子轨道上。

(4) 为了有效地组成分子轨道,参与组成该分子轨道的原子轨道必须满足:(ⅰ)能量相近条件;(ⅱ)对称性匹配条件;(ⅲ)轨道最大重叠条件。

上述四条中,第一条和第三条实际上是原子轨道概念和原子结构的建造原理的推广。需要指出,原子轨道是建立在中心场近似的基础上,而分子中的电子受到的势场不是中心场,因而没有与类氢轨道系相应的分子轨道系可资利用。下面主要讨论第二条和第四条。

用原子轨道的线性组合组成分子轨道是基于以下理由:分子中的电子的运动尽管可以伸展到整个分子,但它们并不是等几率地出现在空间各点上。处在某分子轨道上的电子如果大部分时间靠近某个原子核运动,或者说受某个原子核控制,则这个分子轨道必定接近于该原子的原子轨道。以双原子分子为例,设该分子中有一占据了的分子轨道 $\psi$

$$\psi = c_1\psi_1 + c_2\psi_2 \tag{3-90}$$

上式中 $\psi_1$ 和 $\psi_2$ 是原子 1 和 2 的归一化原子轨道,$\Psi$ 也是归一化的,即

$$\int\psi^* \psi d\tau = c_1^2 + c_2^2 + 2c_1c_2S_{12} = 1$$

此处 $S_{12}$ 为重叠积分[(3-11)式]。设在分子轨道 $\psi$ 上有 $n$ 个电子,$n=0,1$ 或 2,则电子密度为

$$n\psi^2 = nc_1^2\psi_1^2 + 2nc_1c_2\psi_1\psi_2 + nc_2^2\psi_2^2$$

积分上式得

$$n = nc_1^2 + 2nc_1c_2S_{12} + nc_2^2 \tag{3-91}$$

(3-91)式可解释为在分子轨道 $\psi$ 上电子的布居(population)情况:第一项 $nc_1^2$ 和第三项 $nc_2^2$ 分别表示在分子轨道 $\psi$ 中属于原子轨道 $\psi_1$ 和 $\psi_2$ 的电子数目(分数),第二项 $2nc_1c_2S_{12}$ 可理解为属于原子轨道 $\psi_1$ 和 $\psi_2$ 的重叠区域的电子数目(也是分数)。在文献中常称 $nc_i{}^2$ 为原子轨道 $\psi_i$ 的布居数,$2nc_ic_jS_{ij}$ 称为原子轨道 $\psi_i$ 和 $\psi_j$ 的重叠区域的布居数。将分子轨道中的电子分成原子轨道的布居数和重叠区布居数的做法称为布居数分析。这种划分只是定性的,因为分子中不可能严格地区分出原始的原子。在(3-90)式中如果 $c_1 \gg c_2$,则分子轨道 $\psi$ 就近似地等于原子轨道 $\psi_1$。

组合系数 $c_1$ 和 $c_2$ 决定于什么呢?相应于(3-90)式的久期方程式为

$$\left.\begin{aligned} c_1(H_{11}-E)+c_2(H_{12}-ES_{12})=0 \\ c_1(H_{12}-ES_{12})+c_2(H_{22}-E)=0 \end{aligned}\right\} \tag{3-92}$$

上述方程组有非零解的条件是久期行列式为零,于是

$$(H_{11}-E)(H_{22}-E) = (H_{12}-ES_{12})^2 \tag{3-93}$$

若将 $S_{12}$ 忽略不计,则 $H_{12}-ES_{12} \simeq H_{12}$。令 $H_{11}=E_1$,$H_{22}=E_2$,(3-93)式可化为

$$E^2 - (E_1+E_2)E + (E_1E_2 - H_{12}^2) = 0$$

解得

$$E=\frac{E_1+E_2}{2}\pm\sqrt{\left(\frac{E_1-E_2}{2}\right)^2+H_{12}^2} \tag{3-94}$$

设 $E_1<E_2$,并令

$$B=\sqrt{\left(\frac{E_1-E_2}{2}\right)^2+H_{12}^2}-\frac{E_2-E_1}{2} \tag{3-95}$$

于是(3-94)式的两个根为

$$\left.\begin{aligned}E_I&=E_1-B\\E_{II}&=E_2+B\end{aligned}\right\} \tag{3-96}$$

因为 $B>0$,故有

$$E_I<E_1<E_2<E_{II} \tag{3-97}$$

由(3-92)式可得

$$\frac{c_1}{c_2}=-\frac{H_{12}-ES_{12}}{H_{11}-E}\simeq\frac{H_{12}}{E-E_1} \tag{3-98}$$

(3-97)式说明,两个原子轨道 $\psi_1$ 和 $\psi_2$ 线性组合得到两个分子轨道,其中一个是成键分子轨道,其能量 $E_I$ 比原子轨道中能量较低的轨道的能量还低;另一个是反键轨道,其能量 $E_{II}$ 比两个原子轨道中能量较高的轨道的能量还要高。分子轨道与原子轨道的能量关系如图 3-11 所示。

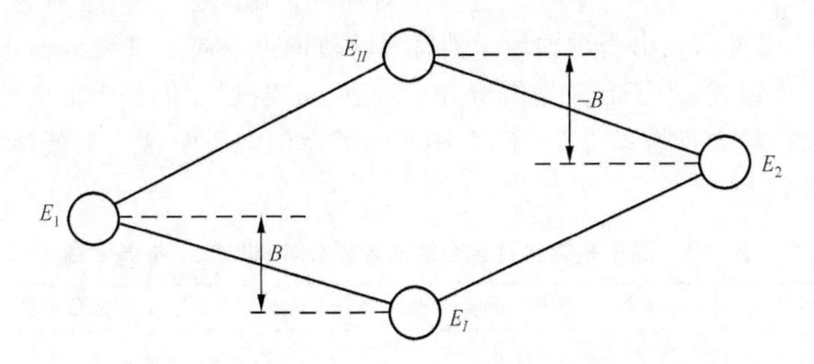


图 3-11　能量不同的原子轨道组成分子轨道时的近似能量关系

$B$ 值的大小不但与 $H_{12}$ 有关,而且与 $E_1$ 和 $E_2$ 的差值有关。由(3-95)式可知,当 $E_1=E_2$ 时(例如在同核双原子分子中),$B$ 值最大,$B=|H_{12}|$,$c_1=c_2$。当 $E_1$ 与 $E_2$ 的差值增大时,$B$ 值下降。当 $E_2-E_1\gg|H_{12}|$ 时,$B\simeq0$,$E_I\simeq E_1$,$E_{II}\simeq E_2$。对 $\psi_I$ 有 $c_1\gg c_2$,即 $\psi_I\simeq\psi_1$。对 $\psi_{II}$ 有 $c_1\ll c_2$,$\psi_{II}\simeq\psi_2$。此时的分子轨道近似地就是原子轨道。这说明,当参与成键的原子轨道能量相近 时,可以有效地组成分子轨道;当两个原子轨道能量相差悬殊时,不能有效地组成分子轨道。这一条件称为"能量相近条件"。

(3-95)和(3-96)式还说明,键积分 $H_{12}=\int\psi_1{}^*\hat{\mathbf{H}}\psi_2 d\tau$ 的绝对值越大,则成键分

子轨道的能量降低越多。由(3-33)式可知 $H_{12}$ 近似地正比于重叠积分 $S_{12}$。由此可知,为了有效地组成分子轨道,参与成键的两个原子轨道重叠愈多愈好。这一条件常称为"轨道最大重叠条件"。除 $s$ 轨道外,其他原子轨道的角度部分都不是球形对称的。形成分子轨道时要求原子轨道最大重叠决定了共价键的方向性。

有时候原子轨道虽然重叠,但也可使重叠积分 $S_{12}$ 或 $\beta$ 积分为零。例如在图 3-12 中 $\psi_1$ 是 $s$ 轨道,$\psi_2$ 是 $p_y$ 轨道,键轴为 $z$ 轴的情况。重叠区由两部分组成

$$S_{12}=\int\psi_1\psi_2 d\tau=\int_{(I)}\psi_1\psi_2 d\tau+\int_{(II)}\psi_1\psi_2 d\tau$$

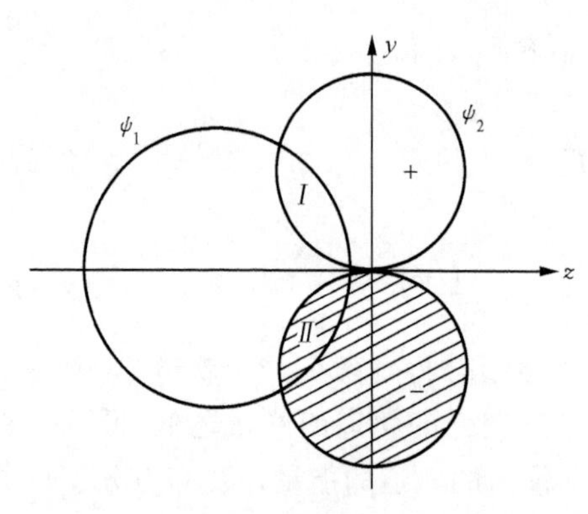


图 3-12　不同对称性的轨道重叠

在区域 $I$ $\psi_1$ 和 $\psi_2$ 同号重叠,积分 $\int_{(I)}\psi_1\psi_2 d\tau>0$;在区域 $II$ $\psi_1$ 和 $\psi_2$ 异号重叠,积分 $\int_{(II)}\psi_1\psi_2 d\tau<0$。这两个积分大小相等,符号相反,$S_{12}=0$。$\beta$ 积分也等于零。在下一章中我们将证明,积分

$$\int\psi_1\hat{\mathbf{H}}\psi_2 d\tau$$

不为零的条件是原子轨道 $\psi_1$ 与 $\psi_2$ 对称性匹配,以保证 $\psi_1$ 和 $\psi_2$ 同号重叠。为了有效地组成分子轨道,要求原子轨道的对称性匹配,这一条件称为"对称性条件"。表 3-3 中可以找出当键轴为 $z$ 轴时哪些轨道可以或不可以组成分子轨道。

总结以上所述,为了有效地组成分子轨道,需要满足"能量近似条件"、"对称性条件"和"轨道最大重叠条件"。下以 HCl 分子为例来说明这三个条件的应用。Cl 的电子组态是

**表 3-3　原子轨道线性组合的对称性条件(键辖 $a-b$ 是 $z$ 轴)**

| $\psi_a$ | 可与 $\psi_a$ 组成分子轨道的 $\psi_b$ | 不可与 $\psi_a$ 组成分子轨道的 $\psi_b$ |
|---|---|---|
| $s$ | $s, p_z, d_{z^2}$ | $p_x, p_y, d_{xy}, d_{yz}, d_{xz}, d_{x^2-y^2}$ |
| $p_x$ | $p_x, d_{xz}$ | $s, p_y, p_z, d_{xy}, d_{yz}, d_{x^2-y^2}, d_{z^2}$ |
| $p_y$ | $p_y, d_{yz}$ | $s, p_x, p_z, d_{xy}, d_{xz}, d_{x^2-y^2}, d_{z^2}$ |
| $p_z$ | $s, p_z, d_{z^2}$ | $p_x, p_y, d_{xy}, d_{yz}, d_{xz}, d_{x^2-y^2}$ |
| $d_{xy}$ | $d_{xy}$ | $s, p_x, p_y, p_z, d_{xz}, d_{yz}, d_{x^2-y^2}, d_{z^2}$ |
| $d_{yz}$ | $p_y, d_{yz}$ | $s, p_x, p_z, d_{xy}, d_{xz}, d_{x^2-y^2}, d_{z^2}$ |
| $d_{xz}$ | $p_x, d_{xz}$ | $s, p_y, p_z, d_{xy}, d_{yz}, d_{x^2-y^2}, d_{z^2}$ |
| $d_{x^2-y^2}$ | $d_{x^2-y^2}$ | $s, p_x, p_y, p_z, d_{xy}, d_{xz}, d_{yz}, d_{z^2}$ |
| $d_{z^2}$ | $s, p_z, d_{z^2}$ | $p_x, p_y, d_{xy}, d_{yz}, d_{xz}, d_{x^2-y^2}$ |

$$\mathrm{Cl}(1s)^2(2s)^2(2p)^6(3s)^2(3p_x)^2(3p_y)^2(3p_z)^1$$

其中(1$s$)、(2$s$)、(2$p$)、(3$s$)等轨道的能量比 H 的(1$s$)轨道能量低得多，所以根据第1条件不能有效地和 H 的(1$s$)组成分子轨道①。外层的($3p_x$)、($3p_y$)、($3p_z$)的能量和 H 的(1$s$)的能量差不多(Cl 和 H 的第一电离能分别为 13.01 和 13.6 eV)，但从表 3-3 中知道，$s$ 轨道不能和 $p_x$、$p_y$ 轨道组合，可能组合的只有 H 的(1$s$)和 Cl 的($3p_z$)，所以 HCl 的分子轨道式可以写为

$$\mathrm{HCl}\{\mathrm{Cl}(1s)^2(2s)^2(2p)^6(3s)^2(3p_x)^2(3p_y)^2\}\{\mathrm{H}(1s)+\lambda\mathrm{Cl}(3p_z)\}^2$$

在上式中第一括弧内的 16 个电子表示基本上仍在 Cl 的原子轨道上运动，第二括弧的两个电子表示在分子轨道上运动，这个分子轨道是由 H 的(1$s$)和 Cl 的($3p_z$)组成的，而 $\lambda$ 则为线性组合系数。

### 3. σ 轨道与 σ 键

根据前面的讨论我们知道，从 H 原子的(1$s$)轨道 $\psi_a$ 和 $\psi_b$ 的线性组合可以得到两个分子轨道②

$$\left.\begin{aligned}\psi_I&=\psi_a+\psi_b=\frac{1}{\sqrt{\pi}}(e^{-r_a}+e^{-r_b})\\ \psi_{II}&=\psi_a-\psi_b=\frac{1}{\sqrt{\pi}}(e^{-r_a}-e^{-r_b})\end{aligned}\right\}\qquad(3\text{-}99)$$

这两个分子轨道的电子云分布是圆柱形对称的，对称轴就是联结两个原子核的直线，即键轴。

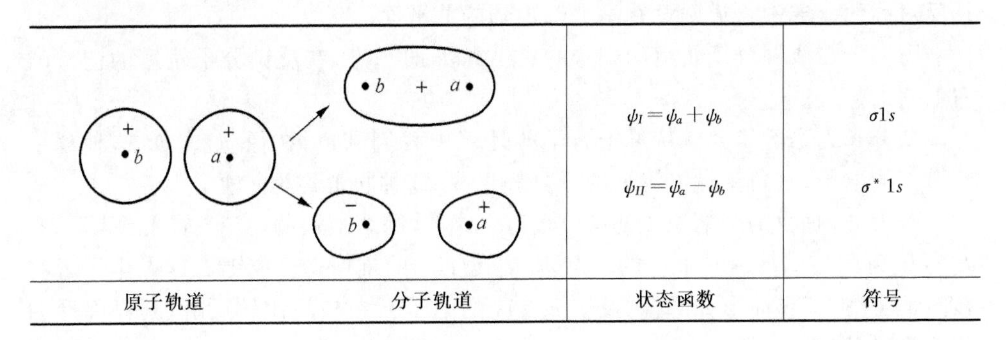


图 3-13　$\sigma_g 1s$ 和 $\sigma_u^* 1s$ 轨道

在相对于键轴中点 $o$ 的反演操作下，空间一点($x,y,z$)变换到($-x,-y,-z$)，

① Cl 的 (3$s$)轨道的能量与 H 的(1$s$)轨道的能量相差并不很大，而它们对称性又相同，所以(3$s$)也可能参与组成 HCl 的分子轨道(参看表 2-5)。

② 为简明计，从原子轨道组合成分子轨道时归一化常数常略而不定，这是因为用常数去乘一个波函数并不改变该波函数数所描述的状态。

该点到 $a$ 及 $b$ 的距离 $r_a$、$r_b$ 以及方位角 $\theta_a$、$\theta_b$、$\phi_a$、$\phi_b$ 的变换关系为

$$r_a \longrightarrow r_b, \qquad r_b \longrightarrow r_a,$$
$$\theta_a \longrightarrow \pi - \theta_b, \qquad \theta_b \longrightarrow \pi - \theta_a$$
$$\phi \longrightarrow \phi + \pi$$

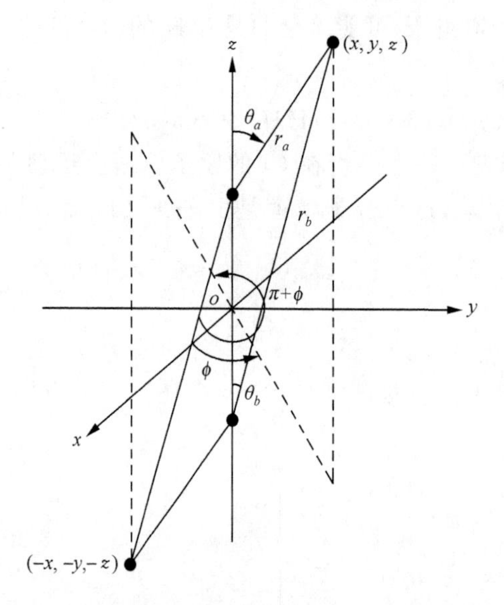


图 3-14　$H_2^+$ 中电子的坐标在反演操作下的变换情况

如图 3-14 所示。(3-99)式的 $\psi_I$ 在反演操作下不变，因此是中心对称的，或说 $\psi_I$ 是 $g$ 型轨道($g$ 来自德文 gerade，意即偶的)。分子轨道 $\psi_{II}$ 在反演操作下变号，因而是中心反对称的，或说 $\psi_{II}$ 是 $u$ 型轨道(来自德文ungerade，意为奇的)。

前面已经指出，$H_2{}^+$ 的反键轨道 $\psi_{II}$ 有一个垂直平分键轴的节面，$\psi_{II}$ 相对于这一节平面是反对称的，成键轨道 $\psi_I$ 没有这样的节面。其他同核双原子分子的反键和成键分子轨道也有同样的性质。异核双原子分子(如 HCl)的反键轨道也有一个垂直于键轴的节平面，但该节平面不平分键轴，因而反键轨道对于该节平面也不是反对称的。成键轨道则没有垂直于键轴的节平面。

习惯上在成键分子轨道的记号的右上角不加 * 号，在反键分子轨道的记号的右上角加 * 号。

从分子光谱的研究或从量子力学的计算中我们卸道，在像 $\psi_I$ 或 $\psi_{II}$ 这种分子轨道上的电子，其角动量沿键轴的分量等于零，这种轨道称为 $\sigma$ 轨道。

$\psi_I$ 和 $\psi_{II}$ 是由两个氢原子的($1s$)轨道生成的，综合上面的讨论，$\psi_I$ 可记为 $\sigma_g 1s$，$\psi_{II}$ 可记为 $\sigma_u{}^* 1s$，前者是 $H_2^+$ 的基态，后者是 $H_2^+$ 的推斥态。成键 $\sigma_g 1s$ 的电子云在核间最密集，其界面形如橄榄；反键 $\sigma_u{}^* 1s$ 的电子云在核间比较稀疏，其界面形如双鸡蛋，如图 3-13 所示。

在 $\sigma$ 轨道上的电子称为 $\sigma$ 电子，在成键 $\sigma$ 轨道上的电子称为成键 $\sigma$ 电子，在反键 $\sigma$ 轨道上的电子称为反键 $\sigma$ 电子。成键电子使分子稳定，反键电子使分子有离解的倾向。由 $\sigma$ 电子的成键作用构成的共价键称为 $\sigma$ 键。由一个 $\sigma$ 电子构成的叫做单电子 $\sigma$ 键，如 $H_2^+$。由一对 $\sigma$ 电子构成的键最常见，称为 $\sigma$ 键或单键，如 $H_2$。由一对 $\sigma$ 电子和一个 $\sigma^*$ 电子构成的键叫做三电子 $\sigma$ 键，如 $He_2^+$。以上举的三个例子的电子组态可以写为

$$H_2^+(\sigma_g 1s)^1$$
$$H_2(\sigma_g 1s)^2$$
$$He_2^+(\sigma_g 1s)^2(\sigma_u{}^* 1s)^1$$

像这样的电子结构式叫做分子轨道式。它们的价键结构式可以写为

$$(\mathbf{H \cdot H})^+, \mathbf{H - H}, (\mathbf{He \vdots He})^+$$

一对 $\sigma$ 电子和一对 $\sigma^*$ 电子在一起不可能构成共价键,因为它们的总能量反而比原子轨道的总能量略高。所以对于构成共价键的能力来说,附有 * 号的电子和没有 * 号的电子大致抵消,这就是我们把带 * 号的电子称为反键电子的原因。一般地说,双电子 $\sigma$ 键比单电子和三电子 $\sigma$ 键稳定,其键长也较短。表 3-4 列出 $H_2^+$、$H_2$ 和 $He_2^+$ 的键长和键能以资比较。

**表 3-4　三种 $\sigma$ 键的键能和键长**

| 体　系 | 键　型 | 键能/kJ · mol⁻¹ | 键长/pm |
|---|---|---|---|
| $H_2{}^+$ | 单电子 $\sigma$ 键 | 269.5 | 106 |
| $H_2$ | $\sigma$ 键 | 458.0 | 74 |
| $He_2{}^+$ | 三电子 $\sigma$ 键 | 300 | 108 |

以上关于分子轨道的 $u$ 型和 $g$ 型分别仅对同核双原子分子才有意义,对于异核双原子分子,因为无中心对称性可言,下标 $g$ 和 $u$ 自然不必写。

$\sigma_g 1s$ 和 $\sigma_u{}^* 1s$ 是能量最低的两个分子轨道。比它们能量高的是 $\sigma_g 2s$ 和 $\sigma_u{}^* 2s$ 轨道,它们是由 $2s$ 原子轨道组成的,例如 $Li_2$ 分子的结构可以写为

$$Li(1s)^2(2s)^1 + Li(1s)^2(2s)^1 \longrightarrow Li_2(\sigma_g 1s)^2(\sigma_u{}^* 1s)^2(\sigma_g 2s)^2$$

在 $Li_2$ 分子中成键的$(\sigma_g 1s)^2$ 与反键的$(\sigma_u{}^* 1s)^2$ 相抵消,余下来只有一对成键的 $\sigma$ 电子,构成共价单键,所以 $Li_2$ 的价键结构式可以写作 Li—Li。

比 $Li_2$ 含有更多电子的分子都将含有$(\sigma 1s)^2$ 和$(\sigma^* 1s)$这四个内层电子,它们的总的电子云密度是

$$\begin{aligned}\rho &= 2(\psi_{\sigma 1s}^2 + \psi_{\sigma * 1s}^2) \\ &= 2\left(\frac{\psi_a + \psi_b}{\sqrt{2 + 2S_{ab}}}\right)^2 + 2\left(\frac{\psi_a - \psi_b}{\sqrt{2 - 2S_{ab}}}\right)^2 \\ &= \frac{2}{1 - S_{ab}^2}(\psi_a{}^2 + \psi_b^2 - 2S_{ab}\psi_a\psi_b)\end{aligned} \tag{3-100}$$

重叠积分 $S_{ab}$ 对于 $H_2$ 为 0.68,但对 $Li_2$ 来说,由于 $2s$ 电子的存在,使 $1s$ 轨道的重叠大为减少,计算结果是 $S_{ab} = 0.01$。对于金刚石中二个 C 原子的 $1s$ 轨道的重叠积分 $S_{ab} = 10^{-5}$。所以对 $Li_2$ 或比 $Li_2$ 更复杂的分子来说,(3-100)式可简化为

$$\rho = 2(\psi_a{}^2 + \psi_b{}^2)$$

即等于 $a$ 的 $1s$ 轨道上的两个电子和原子 $b$ 上的 $1s$ 轨道上的两个电子的电子云密

度的总和。同时因 $S_{ab}=0$,$H_{ab}$ 也接近于零。所以 $E(\sigma 1s)\simeq E_a$,$E(\sigma^* 1s)\simeq E_b$(若 $E_a<E_b$)。也就是说分子轨道的能量基本上等于原子轨道的能量。由此可以得出重要结论:原子的内层电子在形成分子时不发生相互作用,它们基本上在原来的原子轨道上。当然,人们早已在化学的实践中知道这个结论,这里只不过是一个量子力学证明而已①。

根据上面的讨论,Li 的分子轨道可以写为

$$Li_2\ KK\ (\sigma_g 2s)^2$$

此处每一个 $K$ 字表示在 $K$ 层原子轨道上的两个电子。同理,$Na_2$ 的分子轨道式可以写为

$$Na_2 KKLL(\sigma_g 3s)^2$$

此处 $K$ 字的意义与前同,每一个 $L$ 字表示在 $L$ 层的 4 个原子轨道上的 8 个电子。

以上讨论的是由 $s$ 轨道导出的分子轨道,现在我们要讨论由 $p$ 轨道导出的分子轨道。如果选定键轴 $ab$ 为 $z$ 轴,则 $a$ 原子的 $p_z$ 轨道和 $b$ 原子的 $p_z$ 轨道沿着它们的对称轴重叠可以构成两个分子轨道,如图 3-15 所示。设参与成键的是 $2p_z$ 轨道,分子轨道为

$$\psi_I = c(r_a e^{-\frac{z_a}{2}r_a}\cos\theta_a - r_b e^{-\frac{z_b}{2}r_b}\cos\theta_b)$$

$$\psi_{II} = c'(r_a e^{-\frac{z_a}{2}r_a}\cos\theta_a + r_b e^{-\frac{z_b}{2}r_b}\cos\theta_b)$$

$\psi_I$ 与 $\psi_{II}$ 均不包含 $\phi$,所以它们相对于键轴 $ab$ 是圆柱对称的,其上的电子的轨道角动量在键轴上的投影为零②,均属 $\sigma$ 轨道。$\psi_I$ 没有垂直于键轴的节面,是成键轨道,记为 $\sigma 2p$;$\psi_{II}$ 有一个垂直于键轴的节面,是反键轨道,记为 $\sigma^* 2p$。对同核双原子分子,$\psi_I$ 是中心对称的,可记为 $\sigma_g 2p$;$\psi_{II}$ 是中心反对称的,可记为 $\sigma_u{}^* 2p$。

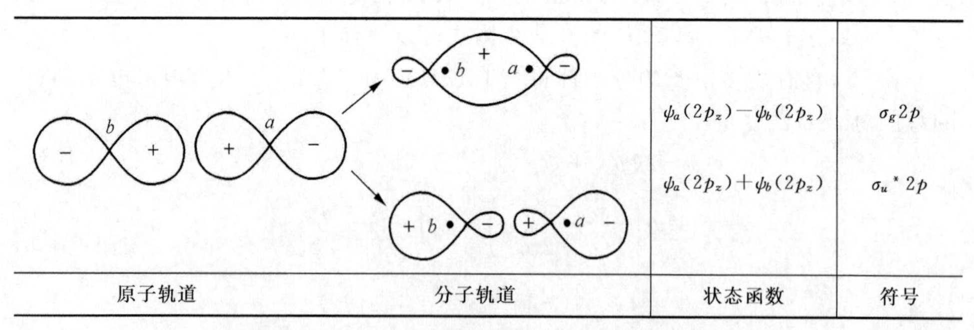


图 3-15 $\sigma_g 2p$ 和 $\sigma_u^* 2p$ 轨道(键轴 $a-b$ 是 $z$ 轴)

① 内层电子虽然不积极参与成键,但其奖态仍受化学环境的影响,现代光电子谱仪和穆斯堡尔谱仪给出了大量证据。

② 双原子分子的分子轨道可写为 $\psi=F(r,\theta)e^{\pm i\lambda\phi}$,以 $\hat{L}_z=-i\hbar\frac{\partial}{\partial\phi}$ 作用于 $\psi$ 可得轨道角动量在键轴上的投影为 $L_z=m\hbar\cdot m=\pm\lambda$。按 $\lambda=0,1,2,\cdots$ 而将分子轨道区分为 $\sigma,\pi,\delta,\cdots$ 等,详见附录 6。

$\sigma$ 轨道也可由 $s$ 及 $p$ 轨道组成，例如 HCl 中的分子轨道即是 $\psi_{1s}(\mathrm{H})\pm\lambda\psi_{3p_z}(\mathrm{Cl})$，分子轨道记号在本节第 5 部分讨论，其电子云分布如图 3-10(a)所示。

**4. $\pi$ 轨道与 $\pi$ 键**

当选定键轴为 $z$ 轴时，两个 $p_z$ 轨道可以构成 $\sigma$ 轨道，两个 $p_y$ 轨道和两个 $p_x$ 轨道能否构成分子轨道呢？查表 3-3 可知它们可以分别组成分子轨道。为了分析这样组成的分子轨道的性质，我们先讨论两个 $2p_{+1}$（或两个 $2p_{-1}$）轨道组成分子轨道的情况，它们组合成的分子轨道为

$$\psi_I = c(r_a e^{-\frac{z_a}{2}r_a} + r_b e^{-\frac{z_b}{2}r_b})e^{i\phi}$$

$$\psi_{II} = c'(r_a e^{-\frac{z_a}{2}r_a} - r_b e^{-\frac{z_b}{2}r_b})e^{i\phi}$$

这两个分子轨道都包含 $\phi$，因此都不是圆柱对称的。处于这两个轨道上的电子的轨道角动量在键轴上的投影为 $\hbar$，即 $m=+1$。凡轨道角动量在键轴上的投影为 $\pm\hbar$的分子轨道称为 $\pi$ 轨道。显然 $\psi_I$ 是成键的，可记为 $\pi 2p_{+1}$；$\psi_{II}$ 有一个垂直于键轴的节面，因此是反键的，可记为 $\pi^* 2p_{+1}$。若为同核双原子分子，即 $Z_a=Z_b$，注意到坐标反演下 $e^{i(\phi+\pi)}=-e^{i\phi}$，$\psi_I$ 是中心反对称的，为 $u$ 型轨道，即 $\pi_u 2p_{+1}$；$\psi_{II}$ 是中心对称的，为 $g$ 型轨道，即 $\pi_g{}^* 2p_{+1}$。

同理，由 $2p_{-1}$ 轨道出发，可组成 $\pi_u 2p_{-1}$ 和 $\pi_g^* 2p_{-1}$ 轨道。$\pi_u 2p_{+1}$ 与 $\pi_u 2p_{-1}$ 是简并的，由它们线性组合可得 $\pi_u 2p_x$ 和 $\pi_u 2p_y$；$\pi_g^* 2p_{+1}$ 和 $\pi_g^* 2p_{-1}$ 也是简并的，由它们线性组合可得 $\pi_g^* 2p_x$ 和 $\pi_g^* 2p_y$。图 3-16 示出 $\pi_u 2p_y$ 和 $\pi_g^* 2p_y$ 轨道的电子云分布，由图可以看出，$\pi_u 2p_y$ 有一个节面，即 $xz$ 平面；$\pi_g^* 2p_y$ 有两个节面，即 $xz$ 平面和 $xy$ 平面（键轴的垂直平分面）。

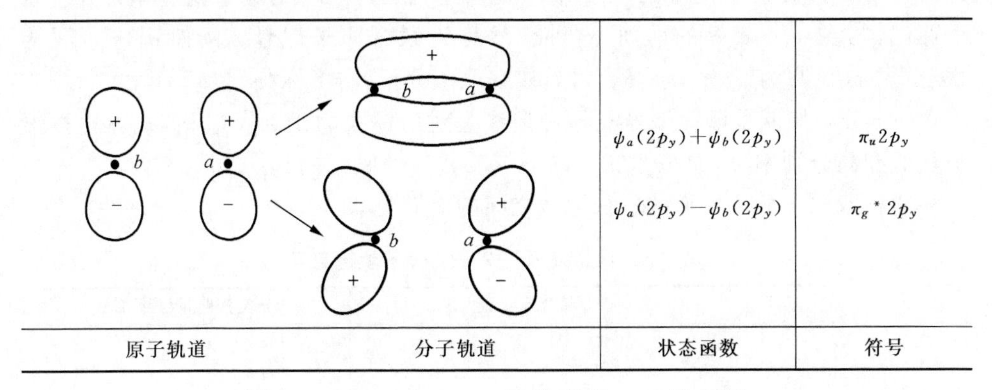


图 3-16　$\pi_u 2p_y$ 和 $\pi_g^* 2p_y$ 轨道（键轴 $a-b$ 是 $z$ 轴）

在 $\pi$ 轨道上的电子称为 $\pi$ 电子，由 $\pi$ 电子的成键作用构成的共价键称为 $\pi$ 键。由一个 $\pi$ 电子构成的 $\pi$ 键叫单电子 $\pi$ 键；由一对 $\pi$ 电子构成的 $\pi$ 键叫双电子 $\pi$ 键，简称 $\pi$ 键；由一对 $\pi$ 电子和一个 $\pi^*$ 电子构成的叫三电子 $\pi$ 键。一对 $\pi$ 电子和一对

$\pi^*$ 电子不能构成共价键。

此外两个对称性匹配的 $d$ 轨道也可以形成 $\pi$ 键，如图 3-17(a)所示。对称性匹配的 $p$ 轨道和 $d$ 轨道组成的 $\pi$ 键称为 $d$-$p\pi$ 键，如图 3-17(b)所示。这两种 $\pi$ 健在络合物和含氯酸中会遇到。

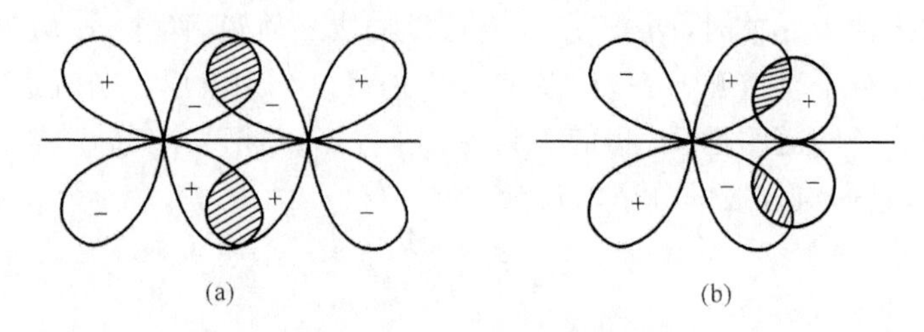


图 3-17 (a)$d$-$d$ $\pi$ 键，(b)$p$-$d$ $\pi$ 键

## 5. 分子轨道的符号

目前文献中主要使用三种分子轨道记号，简单介绍如下：

(1) 分离原子记号　如果将一个分子拆开，也就是说令核间距 $R\to\infty$，分子就拆成为“分离原子”，分子轨道就还原为原来进行线性组合的原子轨道。以“分离原子”的原子轨道作为分子轨道标记的符号系统称为分离原子记号。我们前面使用的就是这种记号。

(2) 联合原子记号　假想一个过程，使得分子中的两个原子“融合”在一起，所得的原子称为“联合原子”，与此同时，原先的分子轨道就过渡到“联合原子”的原子轨道。以 $\sigma_g 1s$ 和 $\sigma_u{}^* 1s$ 轨道为例，当 $R\to 0$ 时，$\sigma_g 1s$ 就过渡到“联合原子”的 $1s$ 轨道，$\sigma_u{}^* 1s$ 则过渡到“联合原子”的 $2p$ 轨道。用“联合原子”的原子轨道作为分子轨道标记，写在 $\sigma$、$\pi$、$\delta$ 等的前面，这种记号称为联合原子记号。例如 $\sigma_g 1s$ 可写为 $1s\sigma_g$，$\sigma_u{}^* 1s$ 可写为 $2p\sigma_u^*$，等等。对异核双原子分子，右下标“$g$”、“$u$”不写。

(3) 分类按能量顺序编号　这种记法是对每一类轨道($\sigma_g$，$\sigma_u$，$\pi_g$，$\pi_u$，…)按能量从低到高分别编号，如 $1\sigma_g$，$2\sigma_g$，$3\sigma_g$，…；$1\sigma_u$，$2\sigma_u$，$3\sigma_u$，…，$1\pi_u$，$2\pi_u$，$3\pi_u$，…。

同核双原子分子轨道的三种记号之间的对照见表 3-5。

表 3-5　同核双原子分子的分子轨道记号

| 分离原子记号 | 联合原子记号 | 分类按能量顺序编号 |
| --- | --- | --- |
| $\sigma_g 1s$ | $1s\sigma_g$ | $1\sigma_g$ |
| $\sigma_u{}^* 1s$ | $2p\sigma_u{}^*$ | $1\sigma_u$ |
| $\sigma_g 2s$ | $2s\sigma_g$ | $2\sigma_g$ |
| $\sigma_u{}^* 2s$ | $3p\sigma_u{}^*$ | $2\sigma_u$ |
| $\pi_u 2p$ | $2p\pi_u$ | $1\pi_u$ |
| $\sigma_g 2p$ | $3s\sigma_g$ | $3\sigma_g$ |
| $\pi_g{}^* 2p$ | $3d\pi_g{}^*$ | $1\pi_g$ |
| $\sigma_u{}^* 2p$ | $4p\sigma_u{}^*$ | $3\sigma_u$ |

### 6. 分子轨道和原子轨道的相关图

为了进一步了解分子轨道的性质，我们可以从两个不同的观点。即“分离原子”观点和“联合原子”观点来看分子轨道。从增加核间距离 $R$ 至无穷大来看分子轨道变化的极限情况的观点叫做“分离原子”观点。从减小 $R$ 至零来看分子轨道变化的极限情况的观点叫做“联合原子”观点。将分子拆开成原子是实验上可以做到的，而将分子中的两个组成原子“融合”为一个联合原子至少在现阶段是一个不能在实验上实现的假想过程。

利用分离原子和联合原子两种不同的观点，可以把分子轨道的性质随着 $R$ 变化的情况，用图定性地表达出来。这样的图叫做分子轨道和联合原子轨道及分离原子轨道的相关图，简称相关图。图 3-18 示出同核双原子分子 $O_2$ 的相关图。图中纵坐标能量 $E$ 应为负值，但为简便计，负号略去不写。

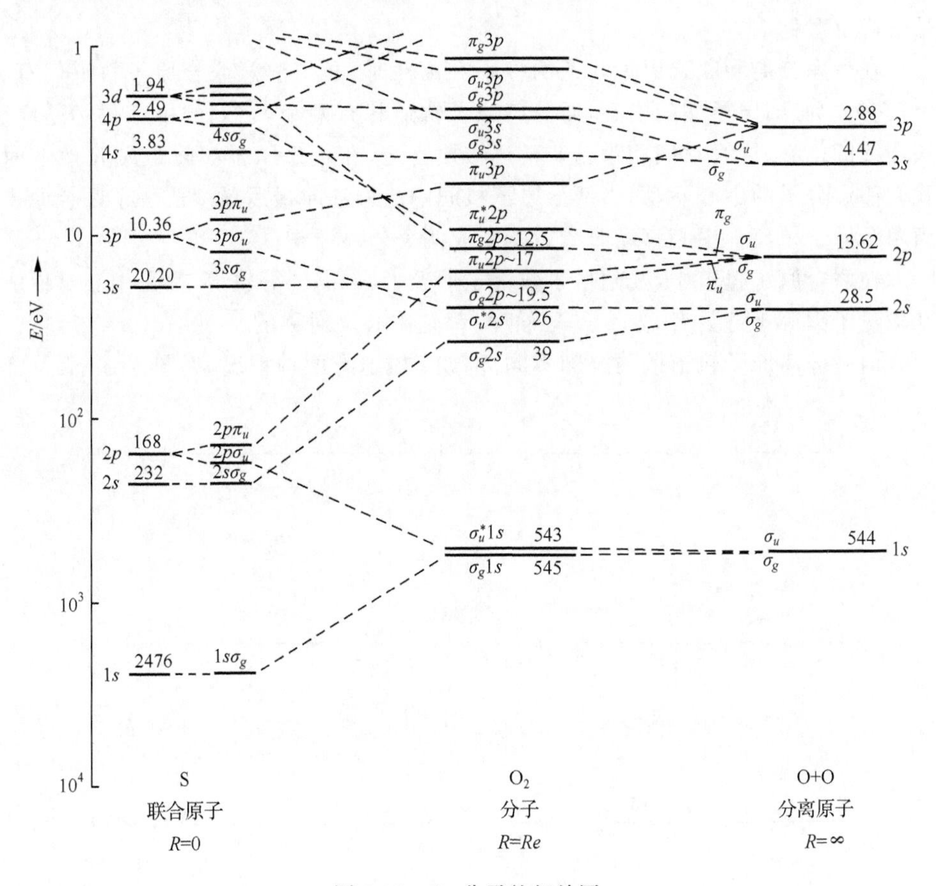


图 3-18　$O_2$ 分子的相关图

在相关图中纵坐标定性地表示能量的高低,横坐标定性地表示核间距离 $R$ 的大小。在左端为联合原子轨道,($R=0$),右端为分离原子轨道($R=\infty$)。相关图的绘制根据下面三个原则:

(1) 当 $R$ 渐渐增大或减小时,分子轨道的对称性不改变。因此具有 $\sigma$ 或 $\pi$,$g$ 或 $u$ 对称性的分子轨道必须和具有同样对称性的原子轨道相关联。

(2) 具有同样对称性的轨道的能量曲线(即 $E$ 与 $R$ 对画的曲线)决不相交,此即分子光谱学中的不相交原理。

(3) 一个原子轨道只能和一个分子轨道相关联。如果一个原子轨道能够和两个分子轨道相关联,而两个分子轨道可以容纳 4 个电子,当 $R\to 0$ 时,它们将趋向同一原子轨道,这是和泡利原理相违背的。

分子轨道的对称性已如上述,即 $\sigma$(包括 $\sigma^*$)轨道对键轴是圆柱形对称的,$\pi$(包括 $\pi^*$)轨道有一过键轴的节面,相对于这一节面是反对称的。$g$ 是中心对称的,$u$ 是中心反对称的。

在考虑分离和联合原子轨道的中心对称性时,必须注意联合原子轨道仅有一个,它的中心即原子核的中心,而分离原子轨道却有两个,它们的中心仍然是原子核连线的中心,尽管它们相距已非常远。换言之,在考虑原子核间距离 $R$ 改变时,我们假定分子的中心不动,当两个原子核间中心移动时最后就变成一个联合原子,当两个原子核离开中心移动时最后就变成两个分离原子。

在联合原子轨道中,凡角量子数等于偶数者,如 $s$、$d$ 等轨道,都是中心对称的,凡角量子数等于奇数者,如 $p$、$f$ 等轨道,都是中心反对称的。

但是分离原子轨道的情况却不同,例如 $s$ 轨道有两种情况,如图 3-19(a)及(b)

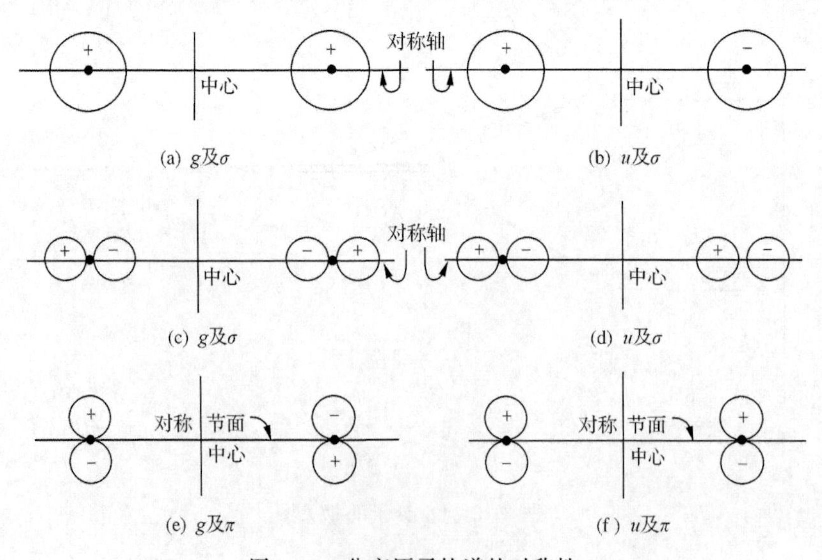


图 3-19　分离原子轨道的对称性

所示，$p$ 轨道则有四种情况，如图 3-19(c)、(d)、(e)，(f)所示。

联合原子轨道和分离原子轨道的中心对称性不相同，已如上述。但是它们对于“退化分子轴”的对称性却是相同的。所谓“退化分子轴”的意义是这样：令双原子分子的分子轴(即键轴)为 $z$ 轴，当两个原子核沿 $z$ 轴分离为分离原子时，或沿 $z$ 轴接近为联合原子时，$z$ 轴仍然是有意义的。此时的 $z$ 轴称为联合原子的退化分子轴或分离原子的原子核连线。上面说的‘退化分子轴”同时包含分离原子的原子核连线的意义在内。

联合或分离原子轨道对于“退化分子轴”的对称性可以简述如下：

(1) 凡是磁量子数 $m$(磁轴即退化分子轴)等于零的原子轨道，如 $s$、$p_\sigma$、$d_\sigma$ 等都是 $\sigma$ 对称的(即对于退化分子轴是圆柱形对称的，其中球形对称是圆柱形对称的特殊情形)，此处 $p_\sigma$，$d_\sigma$ 中的脚注 $\sigma$ 即表示 $m=0$。

(2) 凡是 $m=\pm1$ 的原子轨道如 $p_\pi$、$d_\pi$ 等都是 $\pi$ 对称的(即有一个通过退化分子轴的节面，相对于它为反对称)，此处脚注 $\pi$ 即表示 $m=\pm1$。

(3) 凡是 $m=\pm2$ 的原子轨道如 $d_\delta$、$f_\delta$ 都是 $\delta$ 对称的(即有两个通过退化分子轴的节面，相对于它们是反对称的)，此处脚注 $\delta$ 即表示 $m=\pm2$。

根据以上所述，$\sigma_g 1s$ 轨道一定和联合原子 $1s$ 轨道相关联，因为它们都是能量最低的轨道，而对称性又同属 $\sigma$ 及 $g$。$\sigma_u^* 1s$ 轨道则必须和 $2p_\sigma$ 轨道相关联，因为它们同属 $\sigma$ 及 $u$。同理 $\sigma_g 2s$ 和 $2s$ 相关联，$\sigma_u^* 2s$ 和 $3p_\sigma$ 相关联。$\sigma_g 2p$ 的对称性虽然和 $2s$ 相同，但因 $2s$ 业已和 $\sigma_g 2s$ 相关联，所以 $\sigma_g 2p$ 不得不和能量较高的 $3s$ 相关联。$\pi_u 2p$ 和 $2p_\pi$ 同属于 $\pi$ 及 $u$，又同为二重简并轨道，故互相关联。$\pi_g^* 2p$ 的对称性是 $\pi$ 及 $g$，具有这种对称性而能量最低的联合原子轨道是 $3d_\pi$，它们又都是二重简并的，故互相关联。$\sigma_u^* 2p$ 的对称性是 $\sigma$ 和 $u$，具有这种对称性的联合原子轨道是 $np_\sigma$，但 $2p_\sigma$ 业已和 $\sigma_u^* 1s$ 相关联，$3p_\sigma$ 业已和 $\sigma_u^* 2s$ 相关联，所以 $\sigma_u^* 2p$ 不得不和 $4p_\sigma$ 相关联。其余轨道的互相关联可依此类推。

在相关图中还可以注意到，具有相同对称性的轨道的能量曲线决不相交，具有不同对称性的轨道的能量曲线可以相交也可不相交。例如 $\sigma_u^* 2s$ 和 $\sigma_u^* 2p$ 具有相同的对称，所以它们的能量曲线决不相交。换言之，不管 $R$ 如何改变，$\sigma_u^* 2s$ 的能量总比 $\sigma_u^* 2p$ 的低。又如 $\sigma_g 2p$ 和 $\pi_u 2p$ 具有不同的对称性，它们的能量曲线是相交的。在交点之右方，即 $R$ 大于交点的横坐标时，$E(\sigma_g 2p) < E(\pi_u 2p)$；在交点之左方，即 $R$ 小于交点的横坐标时，$E(\sigma_g 2p) > E(\pi_u 2p)$；在交点时 $E(\sigma_g 2p) = E(\pi_u 2p)$。由此可见，分子轨道的能量顺序不是一成不变的。

图 3-20 示出异核双原子分子的相关图，图中能量也应为负值。读者如了解了图 3-18 以后，当不难利用同样的三个原则来了解图 3-20，但有两点须加以注意：第一，异核双原子分子没有对称中心，所以 $g$-$u$ 对称性不存在，仅需考虑 $\sigma$-$\pi$ 对称性；第二，两种分离原子轨道的能量不同，例如 NO 的 $\sigma 2s(3\sigma)$ 与 O 的 $2s$ 相关联，

$\sigma^* 2s(4\sigma)$与 N 的 2$s$ 相关联,这是因为 O 对于 2$s$ 电子的有效核电荷较 N 为大,所以它的 2$s$ 轨道能量较低,应和能量较低的分子轨道 $\sigma 2s$ 相关联。

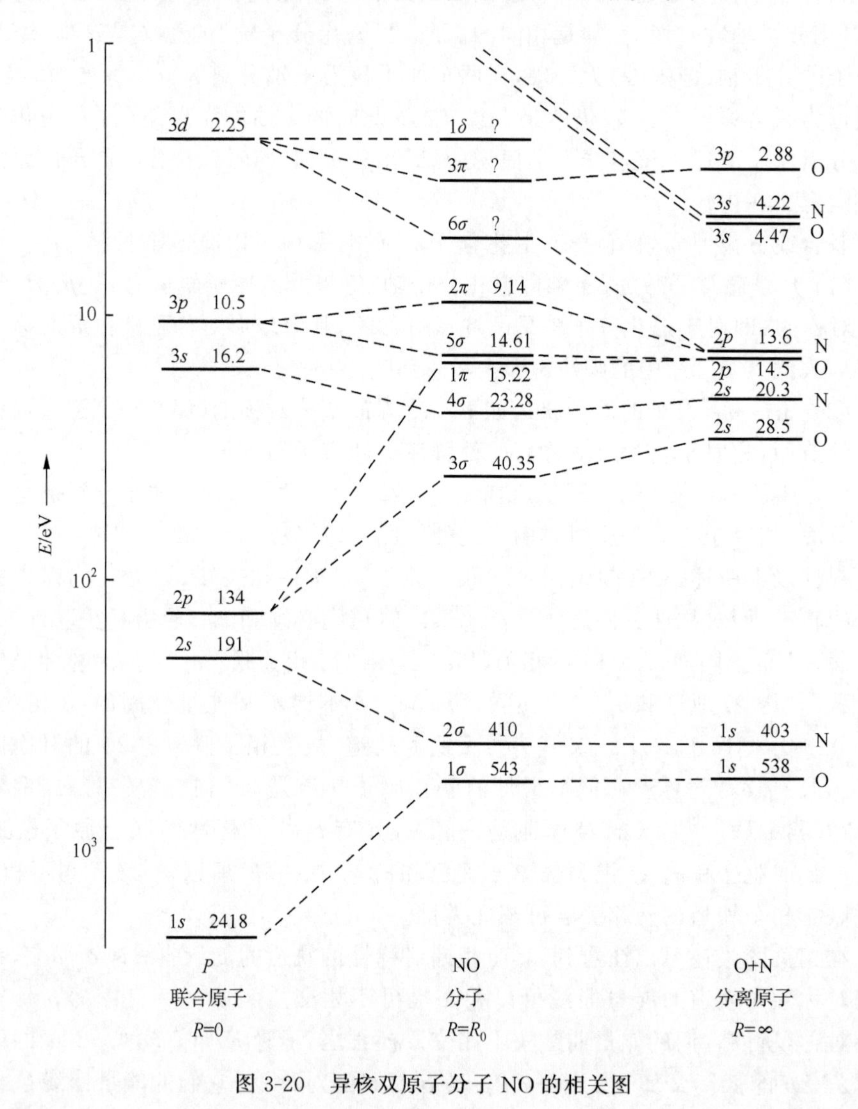


图 3-20 异核双原子分子 NO 的相关图

# §3-4 同核双原子分子的结构

**1. 分子轨道的能级顺序**

分子轨道的能量与参与组合的原子轨道的能量及它们的重叠程度有关。原子轨道能量愈低，由它们组合成的分子轨道能量也愈低。因此由 $1s$ 轨道导出的 $\sigma_g 1s$ 和 $\sigma_u 1s$ 能量最低，其次是由 $2s$ 轨道导出的 $\sigma_g 2s$ 和 $\sigma_u^* 2s$。由 $2p$ 导出的 $\sigma_g 2p$、$\sigma_u^* 2p$、$\pi_u 2p_x$、$\pi_u 2p_y$、$\pi_g^* 2p_x$、$\pi_g^* 2p_y$，因形成 $\sigma$ 轨道重叠积分比形成 $\pi$ 轨道时大，所以成键 $\sigma$ 轨道比成键 $\pi$ 轨道能量低，反键 $\sigma^*$ 轨道比反键 $\pi^*$ 轨道能量高。根据光电子能谱和分子光谱的研究，$O_2$ 和 $F_2$ 分子中的分子轨道能量顺序为

$$\sigma_g 1s < \sigma_u^* 1s < \sigma_g 2s < \sigma_u^* 2s < \sigma_g 2p < \pi_u 2p_x = \pi_u 2p_y < \pi_g^* 2p_x = \pi_g^* 2p_y < \sigma_u^* 2p \quad (3\text{-}101)$$

图 3-21 示出 $O_2$ 的分子轨道与导出它们的原子轨道的能级图。

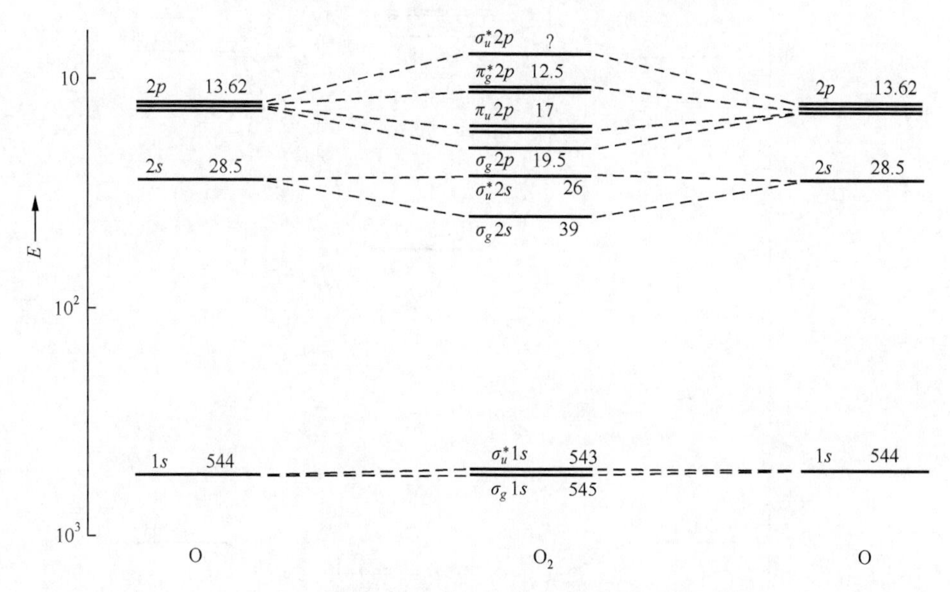


图 3-21　$O_2$ 分子轨道与导出它们的原子轨道能级图
（能量为对数标度，横线上所注数字为轨道能量，单位 eV）

但是对于第二周期 $N_2$ 及其以前的同核双原子分子，实验测得分子轨道顺序与(3-101)式略有不同，如下式所示：

$$\sigma_g 1s < \sigma_u^* 1s < \sigma_g 2s < \sigma_u^* 2s < \pi_u 2p_x = \pi_u 2p_y < \sigma_g 2p < \pi_g^* 2p_x = \pi_g^* 2p_y < \sigma_u^* 2p \quad (3\text{-}102)$$

图 3-21 给出 $N_2$ 的分子轨道与导出它们的原子轨道的能级图。

比较(3-101)和(3-102)式可知，$N_2$ 以前和 $O_2$ 以后分子轨道 $\sigma_g 2p$ 与 $\pi_u 2p$ 顺序颠倒，造成这种现象的原因可解释如下：$2s$ 轨道与 $2p$ 轨道能量相差不多，$s$ 与 $p_z$ 轨道对称匹配（假定键轴为 $z$ 轴），因此一个原子的 $2s$ 轨道不但可与另一原子的 $2s$ 轨道重叠，而且可与其 $2p_z$ 轨道重叠，对 $2p$ 轨道亦然。其结果，$\sigma 2s$ 中包含有若干 $2p$ 成分，$\sigma 2p$ 中也包含有若干 $2s$ 成分。这样一来，由 $n=2$ 的原子轨道组成的 $\sigma$ 分

子轨道应当写成

$$\left.\begin{aligned}\sigma_g &= c_1[(2s)_a + (2s)_b] + c_2[(2p_z)_a - (2p_z)_b] \\ \sigma_u^* &= c_1'[(2s)_a - (2s)_b] + c_2'[(2p_z)_a + (2p_z)_b]\end{aligned}\right\} \tag{3-103}$$

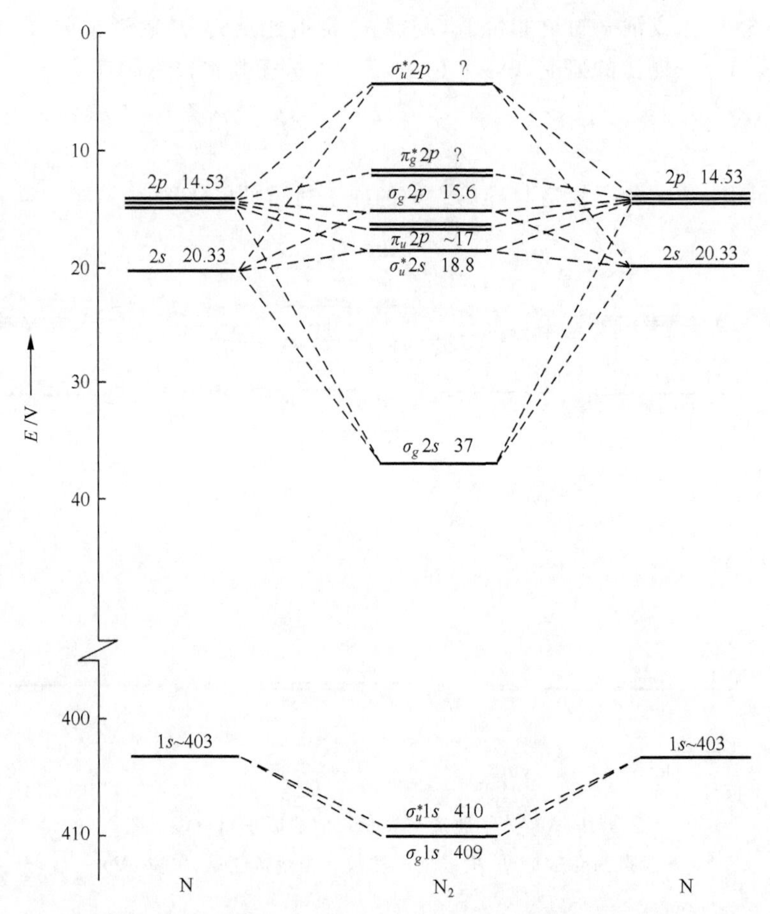


图 3-22　$N_2$ 的分子轨道与导出它们的原子轨道能级图(能量值为负,“—”号已略去。横线上所注数字为轨道能量,单位 eV)

对 $\sigma_g 2s$ 有 $c_1 > c_2$,对 $\sigma_g 2p$ 有 $c_2 > c_1$。根据量子力学的微扰理论,原子轨道 $2s$ 与 $2p_z$ 的混合导致 $\sigma_g 2s$ 和 $\sigma_u^* 2s$ 的能量降低,$\sigma_g 2p$ 和 $\sigma_u^* 2p$ 能量升高,这种效应随 $2s$ 和 $2p$ 轨道能量差的增大而变小。表 3-6 列出第 2 周期从 Li 到 F 的 $E(2p) - E(2s)$,该差值对 O 和 F 很大,$2p_z$ 混入 $\sigma_g 2s$ 中较少,不足以影响 $\sigma_g 2p$ 与 $\pi_u 2p$ 的能量顺序。但 $N_2$ 以前,由于这种效应使 $\sigma_g 2p$ 能量升高到比 $\pi_u 2p$ 还高,于是出现如(3-102)式所示的顺序。

**表 3-6　2$p$ 轨道和 2s 轨道的能量差 $\Delta E=E(2p)-E(2s)$**

| | Li | Be | B | C | N | O | F |
|---|---|---|---|---|---|---|---|
| eV | 1.85 | 2.73 | 4.60 | 5.3 | 5.8 | 17.9 | 20.4 |
| $kJ\cdot mol^{-1}$ | 178 | 263 | 444 | 511 | 560 | 143s | 1968 |

由此可见,分子轨道能量顺序不是固定不变的。这和原子轨道的情况很相似。

## 2. 第二周期各元素的同核双原子分子的结构

从 Li 到 F,除了 $Be_2$ 的光谱尚未知外,其余的同核双原子分子从光谱学上讲都是稳定的,但从化学上讲,只有 $Li_2$、$N_2$、$O_2$ 和 $F_2$。是稳定的或比较稳定的,$B_2$、$C_2$、$N_2^+$、$O_2^+$ 等分子是很不稳定的,它们的存在以及键长和离解能数据都是从光谱学实验推断出来的,但是由于它们的化学结合与其他分子不同,又为了使周期表中除过渡元素以外的每一族都有一个代表起见,所以特别提出来加以讨论。

在讨论上述分子的结构时将以分子轨道为重点,但同时也提到电子配对法,以资比较。

在讨论原子结构时曾提到,只要我们知道原子轨道能量的高低,就很容易按照泡利原理和最低能量原理,写出原子的结构。同样,如果我们知道了分子轨道能量的高低,就可以按照同样的原理,写出分子的电子结构。

(1) 氟分子($F_2$) F 原子含有一个未成对的电子,所以按照电子配对法,$F_2$ 是以单键结合起来的,它的价键结构式可以写为

$$:\ddot{\underset{..}{F}}-\ddot{\underset{..}{F}}: \quad 或 \quad F-F$$

(Ⅰ)　　　　(Ⅱ)

其中短划表示构成单键的电子对,其余 6 个圆点表示 6 个"未共享的电子对"或"孤对电子"。未共享的电子对可以略去不写,如(Ⅱ)式所示。

以上是电子配对法对于 $F_2$ 分子的描写。按照分子轨道法,两个 F 原子形成 $F_2$ 分子的过程可以写为

$$2F[(1s)^2(2s)^2(2p)^5]\longrightarrow$$

$$F_2[KK(\sigma_g 2s)^2(\sigma_u^* 2s)^2(\sigma_g 2p)^2(\pi_u 2p_x)^2(\pi_u 2p_y)^2(\pi_g^* 2p_x)^2(\pi_g^* 2p_y)^2]$$

在上式中"$\longrightarrow$"号右面的部分称为 $F_2$ 分子的电子结构式(电子组态)或分子轨道式。

在 $F_2$ 分子中,$(\sigma_g 2s)^2$ 的成键作用与$(\sigma_u^* 2s)^2$ 的反键作用大致抵消,4 个 $\pi_u 2p$ 电子的成键作用和 4 个 $\pi_g^* 2p$ 的反键作用也大致抵消。所以在此分子中虽然有 14 个价电子,但实际成键的只有一对 $\sigma_g 2p$ 电子。因为成键的一对电子是 $\sigma$ 电子,所以我们说 $F_2$ 是以 $\sigma$ 键或单键结合的。

虽然按照分子轨道法和电子配对法同样得出 $F_2$ 是以单键结合的结论，但有一点却是不相同的，即分子轨道法认为积极参加形成 $F_2$ 分子的价电子有 14 个（只有 4 个 $KK$ 电子在形成 $F_2$ 分子时没有动员起采，它们基本上仍在各自的原子轨道上），其中 8 个电子促成分子的形成，6 个电子反对分子的形成，所以促成分子的形成的净的力量约等于 2 个电子；而电子配对法则认为参与形成 $F_2$ 分子的就是 2 个价电子，它一般也不考虑在原子状态时业已成对的电子。

以上两种观点我们认为分子轨道法比较接近于真实的情况，但在讨论分子的结合能力（键能）时，这两个观点并没有很大的分歧。在分子轨道法中“净的成键电子数”与电子配对法中的“价电子数”相当。

电子配对法所用的结构式，也就是化学家久已习用的价键结构式。这种结构式比起分子轨道式来要简单便利得多。因此，我们建议在分子轨道法中也应该尽可能地使用这种结构式，不过对于短划和圆点所代表的意义应有不同的了解，即短划代表一对（$\sigma 2p$）电子，而六对圆点则代表 $(\sigma_g 2s)^2(\sigma_u^* 2s)^2(\pi_u 2p_x)^2(\pi_u 2p_y)^2(\pi_g^* 2p_x)^2(\pi_g^* 2p_y)^2$。

（2）氮分子（$N_2$） $N$ 原子 $[(1s)^2(2s)^2(2p_x)^1(2p_y)^1(2p_z)^1]$ 含有三个未成对的电子，所以按照电子配对法，$N_2$ 是以三重键结合起来的。因为三个未成对的 $2p$ 电子的对称轴是互相垂直的，其中只能有一个可以沿着对称轴的方向偶合而构成 $\sigma$ 键，其余两个只能沿着横的方向即垂直于对称轴的方向偶合而构成 $\pi$ 键。所以三重键是由一个 $\sigma$ 键和两个 $\pi$ 键组成的。

从上面的讨论可以看出：两个原子之间不可能有多于 1 个的 $\sigma$ 键，也不可有多于 2 个的 $\pi$ 键。

现在我们按照分子轨道法来描写由两个 N 原子化合而成 $N_2$ 的过程：

$$2N[(2s)^2(2s)^2(sp)^3] \longrightarrow$$

$$N_2[KK(\sigma_g 2s)^2(\sigma_u^* 2s)^2(\pi_u 2p_x)^2(\pi_u 2p_y)^2(\sigma_g 2p)^2]$$

这里有 10 个价电子，其中 $(\sigma_g 2s)^2$ 的成键作用与 $(\sigma_u^* 2s)^2$ 的反键作用大致抵消，所以实际上成键的只有6 个电子，即 $(\pi_u 2p_x)^2(\pi_u 2p_y)^2(\sigma_g 2p)^2$，它们构成一个 $\sigma$ 键和两个 $\pi$ 键。

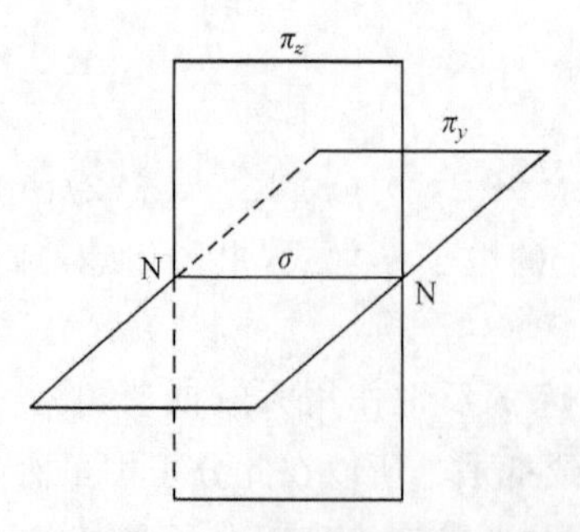

图 3-23 $N_2$ 分子中三重键的示意图

如果我们拿 $\sigma$ 轨道的对称轴作为 $\sigma$ 键的方向，垂直于 $\pi$ 轨道的节面的轴作为 $\pi$ 键的方向，那么三重键中的三个键是互相垂直的（图 3-23）。

分子轨道法关于两个原子之间不能有多于 1 个的 $\sigma$ 键和多于 2 个的 $\pi$ 键的解释如下：由主量子数等于 2 的原子轨道组成

的分子轨道共有 8 个,即

$$(\sigma_g 2s)(\sigma_u^* 2s)(\sigma_g 2p)(\sigma_u^* 2p)(\pi_u 2p_x)(\pi_u 2p_y)(\pi_g^* 2p_x)(\pi_g^* 2p_y)$$

在这 8 个轨道中成键的 $\pi$ 轨道只有两个,所以至多只能构成两个 $\pi$ 键。成键的 $\sigma$ 轨道虽然也有两个,但如要构成两个 $\sigma$ 键,则电子层结构是 $(\sigma_g 2s)^2(\sigma_u^* 2s)^0(\sigma_g 2p)^2$,这是不可能的。所以在两个原子间至多有一个 $\sigma$ 键、二个 $\pi$ 键和一个 $\delta$ 键[①]。

$N_2$ 的价键结构式可以写作

:N≡N:　　或　　N≡N　　或　　[· ·] :N—N: [· ·]

(Ⅰ)　　　　　　(Ⅱ)　　　　　　(Ⅲ)

在(Ⅰ)式中 4 个圆点表示 $(\sigma_g 2s)^2(\sigma_u^* 2s)^2$,三短划表示三对成键电子,即 $(\pi_u 2p_x)^2(\pi_u 2p_y)^2(\sigma_g 2p)^2$;在(Ⅱ)式中只列出三对净的成键电子;在(Ⅲ)式中则把 $\sigma$ 键和 $\pi$ 键区别开来,即短划表示 $\sigma$ 键,两个长方框表示 $\pi_x$ 和 $\pi_y$ 轨道,方框内的圆点表示 $\pi$ 电子,所以 [·　·] 表示双电子 $\pi$ 键。

第(Ⅲ)种写法是作为我们的初步建议提出来的;这种写法没有像(Ⅱ)式来得简便,只有必要时(如 $B_2$、$C_2$ 等分子)才使用它。

(3) 铍分子($Be_2$) Be 的电子组态为 $(1s)(2s)^2$,两个 Be 原子共有 4 个价电子,如果能形成 $Be_2$ 分子,其电子组态将为

$$KK(\sigma_g 2s)^2(\sigma_u^* 2s)^2$$

因 $(\sigma_g 2s)^2$ 的成键作用与 $(\sigma_u^* 2s)^2$ 的反键作用大致抵消,净成键电子数为零,故 $Be_2$ 是极不稳定的分子。

(4) 碳分子($C_2$) C 的电子组态为 $(1s)^2(2s)^2(2p)^2$,两个 C 原子共有 8 个价电子,按分子轨道的能量顺序[(3-102)式],$C_2$ 的电子组态为[②]

$$KK(\sigma_g 2s)^2(\sigma_u^* 2s)^2(\pi_u 2p_x)^2(\pi_u 2p_y)^2$$

$C_2$ 中的净成键电子数为 4,它们组成两个双电子 $\pi$ 键,其价键结构式为

[· ·]
:C—C:
[· ·]

这是一个只有 $\pi$ 键而没有 $\sigma$ 键的有趣分子。而根据电子配对法,$C_2$ 应包含一个 $\sigma$ 键和一个 $\pi$ 键,尽管二者都得出 $C_2$ 以双键相连的结论,但电子配对法的解释与 $C_2$ 的光谱项为 $^1\Sigma_g^+$ 不符。

按上面的讨论,$C_2$ 应该是一个稳定的分子,但 C 还有更稳定的结合方式——形成 4 个键,$C_2$ 分子是很不稳定的。

---

① 参看 §5-1,§5-5。

② 以前认为 $C_2$ 的基态为 $(\pi_u 2p_x)^2(\pi_u 2p_y)^1(\sigma_g 2p_z)^1$,1959 年证实 $C_2$ 的基态为 $(\pi_u 2p_x)^2(\pi_u 2p_y)^2$,两者能量相差 0.1 eV。

我们已知讨论过的 $F_2$、$N_2$、$Be_2$、$C_2$、$H_2$ 及 $He_2$（其中 $Be_2$ 和 $He_2$ 均不存在）分子都是反磁性分子，分子的总自旋量子数 $S=0$。下面讨论顺磁性分子的结构。

(5) 氧分子（$O_2$）按(3-101)式所示的能级高低顺序，可将两个 O 原子生成 $O_2$ 分子的过程写为

$$2O[(1s)^2(2s)^2(2p)^4] \longrightarrow$$

$$O_2[KK(\sigma_g 2s)^2(\sigma_u^* 2s)^2(\sigma_g 2p)^2(\pi_u 2p_z)(\pi_u 2p_y)^2(\pi_g^* 2p_x)^1(\pi_g^* 2p_y)^1]$$

这里因 $\pi_g^* 2p_x$ 和 $\pi_g^* 2p_y$ 是简并分子轨道，根据洪特规则，两个电子应分占这两个轨道，并保持自旋平行。注意到 $O_2$ 分子的其他轨道不是全占满，就是全空着，对分子的总自旋贡献为零，我们可以得出结论，$O_2$ 的总自旋角动量量子数 $S=1$，在磁场中有三种可能取向，即 $M_s=1,0,-1$，对应于三个能级。也就是说，基态 $O_2$ 分子是一个顺磁性分子，为自旋三重态。因分子中有未配对电子是自由基的特征，在这个意义上讲，$O_2$ 分子是一个稳定的自由基。$O_2$ 分子的顺磁性测定证实了分子轨道理论的结论。

在 $O_2$ 分子中，成键的 $(\sigma_g 2s)^2$ 和反键的 $(\sigma_u^* 2s)^2$ 大致抵消，成键的 $(\sigma_g 2p)^2$ 构成一个 $\sigma$ 键，成键的 $(\pi_u 2p_x)^2$ 与反键的 $(\pi_g^* 2p_x)^1$ 构成一个三电子 $\pi$ 键，成键的 $(\pi_u 2p_y)^2$ 与反键的 $(\pi_g^* 2p_y)^1$ 构成另一个三电子 $\pi$ 键。所以 $O_2$ 是由一个 $\sigma$ 键和两个三电子 $\pi$ 键构成的，这三个键互相垂直。三电子键中只有一个净成键电子，所以它的键能约为单键键能的一半。因此我们可以说 $O_2$ 分子是以双键结合的。

按照电子配对法，$O_2$ 是由一个 $\sigma$ 键和一个 $\pi$ 键结合起来的，全部电子均配对，因此应该是反磁性分子，这点与实验不符，VB 理论在解释其他顺磁性分子也遇到同样的困难。按 VB 理论，任何基态分子都应该是自旋单重态（$S=0$）。

$O_2$ 分子的价键结构式可以写为

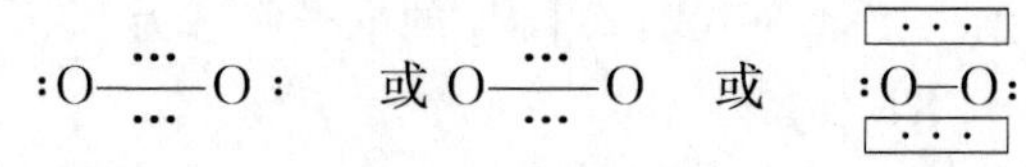

:O—(···/···)—O:　　或 O—(···/···)—O　　或 [···] :O—O: [···]

（Ⅰ）　　　　（Ⅱ）　　　　（Ⅲ）

在（Ⅰ）式中 4 个圆点表示 $(\sigma_g 2s)^2(\sigma_u^* 2s)^2$，横线表示 $\sigma$ 键，···表示三电子 $\pi$ 键。在（Ⅱ）式中把 4 个圆点略去。在（Ⅲ）中用 [···] 表示三电子 $\pi$ 键。

(6) 氧分子离子（$O_2^+$）氧分子如果失掉一个电子就构成氧分子离子（$O_2^+$）。它的分子轨道式只要从 $O_2$ 的分子轨道式中去掉一个 $\pi_g^* 2p$ 电子即可

$$KK(\sigma_g 2s)^2(\sigma_u^* 2s)^2(\sigma_g 2p)^2(\pi_u 2p_x)^2(\pi_u 2p_y)^2(\pi_g^* 2p_x)^1$$

这里有 11 个阶电子，除了 $(\sigma_g 2s)^2(\sigma_u^* 2s)^2$ 外，它们构成一个 $\sigma$ 键，一个 $\pi$ 键和一个三电子 $\pi$ 键，净成键电子数为 5 个。按赫兹伯(G. Herzberg)的建议，双原子分子中的“净成键电子数”的一半叫做键级。$O_2^+$ 的键级为 2.5。其价键结构式可写为

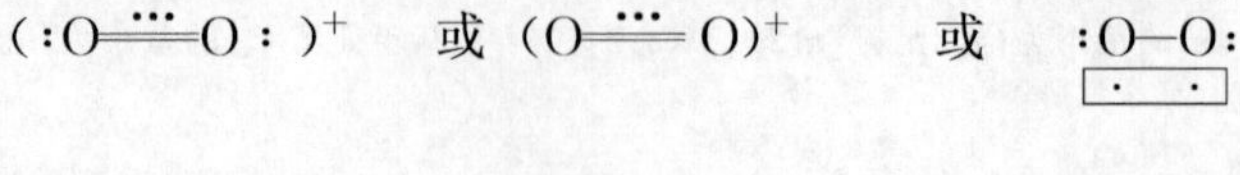

(:O═(···)═O:)$^+$　　或 (O═(···)═O)$^+$　　或 [···] :O—O: [· ·]

(7) 氮分子离子($N_2^+$)$N_2$ 分子失掉一个电子就成为氮分子离子($N_2^+$)。在 $N_2$ 中能量较高的是 $\sigma_g 2p$ 和 $\pi_u 2p$ 电子,因为这两个轨道的能量相差不多(图 3-22),在电离时究竟先失去哪一个电子,只能由实验来决定。根据光谱实验,我们知道电离掉的是 $\sigma_g 2p$ 电子,所以 $N_2^+$ 的分子轨道式为

$$KK(\sigma_g 2s)^2(\sigma_u^* 2s)^2(\pi_u 2p_x)^2(\pi_u 2p_y)^2(\sigma_g 2p)^1$$

这里有 9 个价电子,净成键电子数为 5,键级为 2.5。一般而言,单电子键和三电子键的键强差不多,对键级贡献约为 0.5。另外,由等价电子(如 N 的三个 $2p$ 电子)构成 $\sigma$ 键和 $\pi$ 键时,$\sigma$ 键的强度比 $\pi$ 键强一些。

$N_2^+$ 的价键结构式为

(:N≡̇N:)$^+$　或　(N≡̇N)$^+$　或　:N·N: (上下各有含两个圆点的方框)

(Ⅰ)　　(Ⅱ)　　(Ⅲ)

第(Ⅲ)种定法是比较优越的,它指出了 $\sigma$ 键是单电子键,而(Ⅰ)(Ⅱ)两种写法没有指出一个圆点是单电子 $\sigma$ 键呢?还是单电子 $\pi$ 键?

(8) 硼分子($B_2$)B 的电子组态是$(1s)^2(2s)^2(2p)^1$,两个 B 原子共有 6 个价电子,按(3-102)式可以写出 $B_2$ 的电子组态为①

$$KK(\sigma_g 2s)^2(\sigma_u^* 2s)^2(\pi_u 2p_x)^1(\pi_u 2p_y)^1$$

其中净成键电子数为 2,组成两个单电子 $\pi$ 键,键级为 1。其价键结构式为

:B　B: (上下各有含一个圆点的方框)

显然,只有以上这种写法才能使 $B_2$ 分子的结合情况正确地描写出来。$B_2$ 分子是一个顺磁性分子。

$B_2$ 分子还提供了在两个原子间没有 $\sigma$ 键而只有单电子 $\pi$ 键的特殊例子。

表 3-7 列出我们讨论过的同核双原子分子的电子组态,净成键电子数,磁性,基态的光谱项,键能与键长。

**表 3-7　若干同核双原子分子的基态**

| 分　子 | 电子组态 | 净成键电子数 | 磁　性 | 基态的光谱项 | 离解能/$kJ \cdot mol^{-1}$ | 键长/pm |
|---|---|---|---|---|---|---|
| $H_2^+$ | $(\sigma_g 1s)^1$ | 1 | 顺 | $^2\Sigma_g^+$ | 255.92 | 106 |
| $H_2$ | $(\sigma_g 1s)^2$ | 2 | 反 | $^1\Sigma_g^+$ | 432.00 | 74.2 |
| $He_2^+$ | $(\sigma_g 1s)^2(\sigma_u{}^* 1s)^1$ | 1 | 顺 | $^2\Sigma_u^+$ | ~300 | 108 |
| $He_2$ | $(\sigma_g 1s)^2(\sigma_u{}^* 1_s)^2$ | 0 | 反 | $^1\Sigma_g^+$ | — | — |

① $B_2$ 分子的基态尚不能肯定,因为还发现有能量很低的五重态。

续表

| 分 子 | 电子组态 | 净成键电子数 | 磁 性 | 基态的光谱项 | 离解能/$kJ \cdot mol^{-1}$ | 键长/pm |
|---|---|---|---|---|---|---|
| $Li_2$ | $KK(\sigma_g 2s)^2$ | 2 | 反 | ${}^1\Sigma_g{}^+$ | 105 | 267.2 |
| $Be_2$ | $KK(\sigma_g 2s)^2(\sigma_u{}^* 2g)^2$ | 0 | 反 | ${}^1\Sigma_g{}^+$ | — | — |
| $B_2$ | $[Be_2](\pi_u 2p)^2$ | 2 | 顺 | $({}^3\Sigma_g{}^-)$ | 290 | 159 |
| $C_2$ | $[Be_2](\pi_u 2p)^4$ | 4 | 反 | ${}^1\Sigma_g{}^-$ | 604.6 | 124 |
| $N_2$ | $[Be_2](\pi_u 2p)^4(\sigma_g 2p)^2$ | 6 | 反 | ${}^1\Sigma_g{}^+$ | 941.69 | 109.8 |
| $N_2{}^+$ | $[Be_2](\pi_u 2p)^4(\sigma_g 2p)^1$ | 5 | 顺 | ${}^2\Sigma_g{}^{++}$ | 841.0 | 112 |
| $O_2$ | $[Be_2](\sigma_g 2p)^2(\pi_u 2p)^4(\pi_g{}^* 2p)^2$ | 4 | 顺 | ${}^3\Sigma_g{}^-$ | 493.6 | 120.7 |
| $O_2{}^+$ | $[Be_2](\sigma_g 2p)^2(\pi_u 2p)^4(\pi_g{}^* 2p)^1$ | 5 | 顺 | ${}^2\Pi_g$ | 644.0 | 112 |
| $F_2$ | $[Be_2](\sigma_g 2p)^2(\pi_u 2p)^4(\pi_g{}^* 2p)^4$ | 2 | 反 | ${}^1\Sigma_g{}^+$ | 155.3 | 141.8 |

# §3-5 异核双原子分子的结构

用 **LCAO MO** 近似处理异核双原子分子在原则上与处理同核双原子分子相似,但要注意以下几点:

1. 异核双原子分子的两个原子的相应原子轨道(如 $2s_a$ 和 $2s_b$,$2p_a$ 和 $2p_b$ 等等)具有不同的能量,只有对称性匹配且能量又相近的轨道才能有效地组合成分子轨道。

2. 组成分子轨道的原子轨道线性组合的系数不能由对称性决定,需要用变分法求出。

3. 异核双原子分子没有对称中心,因此分子轨道没有 $g$ 和 $u$ 的区别。

4. 异核双原子分子的分子轨道并不一定由两个原子的相应原子轨道线性组合而成,因此使用分类按能量顺序编号的分子轨道记号比较合适。

下面以 CO、NO 和 HF 为例说明之。

(1) 一氧化碳分子(CO) 按照电子配对法,C 原子$[(1s)^2(2s)^2(2p_x)^1(2p_z)^1]$和 O 原子$[(1s)^2(2s)^2(2p_x)^1(2p_y)^2(2p_z)^1]$各含有两个未成对的电子,其中 $2p_z$ 电子沿 $z$ 轴偶合构成 $\sigma$ 键,$2p_x$ 电子沿 $z$ 轴偶合成 $\pi$ 键,$2p_y$ 电子则因业已成对,所以仍在 O 的原子轨道上。由此,CO 是以$(\sigma+\pi)$即双键结合起来的,它的价键结构式可以写为

$$:C=\ddot{O}:$$

此处C旁的两圆点表示它的$2s$电子，O旁的四圆点表示它的$(2s)$和$(2p_y)$电子。上式奉示的CO结构与下列实验事实矛盾：

(a) C—O单键的正常键长是143 pm左右(如$CH_3$—O—$CH_3$中C—O键长为142±3pm，$CH_3$—O—N=O中C—O键长为144±2 pm)，C=O双键的正常键长是121pm左右(如HCHO中C=O键长是121±1pm，$CH_3CHO$中C=O键长是122±2 pm)，而一氧化碳分子中的键长则为112.9 pm。

一般而论，在同样两个原子间的键长大致存在着下面的关系：即双键的正常键长约为单键的正常键长的85—90%，三重键的正常键长约为单键的正常键长的75—80%。例如C=C的正常键长(133 pm)为C—C键长(154 pm)的86.5%。C≡C的正常键长(121 pm)为C—C键长的78.5%。

现在在羰基中C=O双键的平均键长(121 pm)等于C—O键长(143 pm)的85%，这是合乎上面的规律的。但是一氧化碳分子中的键长(112.9 pm)只有C—O键长的79%。所以根据键长来判断CO是应该以三重键结合起来的。

(b) C—O(醚等)和C=O(羰基)的键能约为358和738 kJ·mol$^{-1}$，而CO分子的离解能(亦即CO中的C—O键能)为1071.9±0.4 kJ·mol$^{-1}$。所以按键能来判断也应该是以三重键结合起来的。

(c) C—O(醚等)，C=O(羰基)，CO(一氧化碳)的力常数分别是$4.5\times10^2$，$12.3\times10^2$和$18.9\times10^2$ N·m$^{-1}$，按照一般的规律，单键的力常数约为$5\times10^2$ N·mI$^{-1}$左右，双键约在$9\times10^2$至$14\times10^2$ N·m$^{-1}$之间，三重键约在$15\times10^2$至$20\times10^2$ N·m$^{-1}$之间。所以根据力常数来判断也应该是以三重键结合的。

(d) C=O(羰基)的偶极矩很大($\mu=7.67\times10^{-30}$C·m)，而一氧化碳的偶极矩几乎等于零($\mu=0.33\times10^{-30}$C·m)，所以一氧化碳的结合和羰基中的双键结合不同。

由于以上的矛盾，于是有人提出三重键的结构式如下：

$$:\overset{-}{C}\equiv\overset{+}{O}\qquad\text{或}\qquad :C\overleftarrow{\equiv}O:$$

(Ⅰ)　　　　(Ⅱ)

此处←—表示配键，即成键的一对电子是由O原子单独提供的。(Ⅰ)式的正负号并不表示分子的极性，而是一种没有物理意义的“形式电荷”，这种写法现已不用。

按照分子轨道法，CO的形成过程可写为

$$C[(1s)^2(2s)^2(2p)^2]+O[(1s)^2(2s)^2(2p)^4]\longrightarrow$$
$$CO[(1\sigma)^2(2\sigma)^2(3\sigma)^2(4\sigma)^2(1\pi)^4(5\sigma)^2]$$

自洽场分子轨道理论计算①表明，$1\sigma$轨道主要由O的$1s$构成，$2\sigma$主要由$C$的$1s$构

① W. M. Huo, *J. Chem. Phys.*, 43, 624(1965).

成，二者基本上属原子轨道，不参与成键。$3\sigma$ 可视为 O 上的孤对电子，有微弱的成键特性，$5\sigma$ 可视为 C 上的孤对电子，有微弱的反键特性，它是最高占据轨道。$4\sigma$ 和 $1\pi$ 是成键轨道。光电子能谱的数据[①]证实了上述描述。由此可以得出结论：CO 是以 $\sigma+\pi+\pi$ 键结合的，键级为 3。因为在分离原子状态时 O 比 C 多两个电子，所以三重键中有一对电子完全是从 O 原子来的，CO 的价键结构式可写为

$$:C\overset{\leftarrow}{\equiv}O:\quad 或\quad C\overset{\leftarrow}{\equiv}O\quad 或\quad \begin{array}{c}\boxed{\cdot\ \ \cdot}\\ :C{-}O:\\ \boxed{\ \ \cdot\cdot}\end{array}$$

$\boxed{\ \ \cdot\cdot}$表示 $\pi$ 配键。由于这种配键的存在，CO 的极性很小，实验测得 CO 的偶极为 $C^-O^+$。

与 $N_2$ 的分子轨道式比较，可见 CO 和 $N_2$ 结构很相似，这种电子总数相同的分子称为等电子分子。

CO 的分子轨道能级图示于图 3-24。

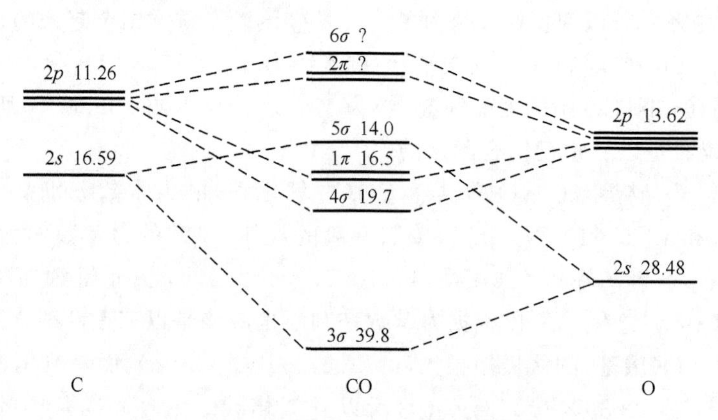


图 3-24 CO 的分子轨道能级图(能量单位：eV)

(2) 一氧化氮分子(NO) NO 和 $O_2^+$ 是等电子分子，按照图 3-20 所示的 NO 分子轨道的能级图不难写出其电子组态

$$(1\sigma)^2(2\sigma)^2(3\sigma)^2(4\sigma)^2(1\pi)^4(5\sigma)^2(2\pi)^1$$

其中$(1\sigma)^2$ 的成键作用与$(2\sigma)^2$ 的反键作用大致抵消，$(3\sigma)^2$ 的成键作用与$(5\sigma)^2$ 的反键作用大致抵消，$(4\sigma)^2$ 构成一个 $\sigma$ 轨道，4 个成键 $1\pi$ 电子与 1 个反键 $2\pi$ 电子构成一个 $\pi$ 键和一个三电子 $\pi$ 键，净成键电子数为 5，键级为 2.5。若 NO 失去一个 $2\pi$ 电子，形成 $NO^+$，键级为 3。NO 和 $NO^+$ 的价键结构式可写为

$$NO:\quad :N\overset{\cdots}{=}O:或\quad N\overset{\cdots}{=}O\quad 或\quad \begin{array}{c}\boxed{\cdot\ \cdot\ \cdot}\\ :N{-}O:\\ \boxed{\cdot\ \ \cdot}\end{array}$$

① D. W. Turner, *et al.*, *Molecular Photoelectron Spectroscopy*, John Wiley and Sons, New York (1970).

$NO^+$：$(:N\equiv O:)^+$ 或 $(N\equiv O)^+$ 或 $\{:N—O:\}^+$

(3) 氟化氢分子(HF)根据能量近似原则，H 的 $1s$ 轨道(能量为－13.6 eV)与氟的 $2p$ 轨道(能量－17.4 eV)能量接近，可以线性组合成一个 $\sigma$ 轨道

$$\psi = c_1(1s)_H + c_2(2p_\sigma)_F$$

因氟的电负性大，故 $c_2 > c_1$。HF 是一个极性分子，其电子组态可写为

$$K(2s)^2(2p_x)^2(2p_y)^2(\sigma)^2$$

上式中 $K$ 是内层电子，其余 8 个是价电子，其中二个 $\sigma$ 电子是成键电子，其余 6 个电子基本上在 F 的原子轨道上，不参与成键，它们是非键电子，没有反键电子。对于其他分子中的电子，也可以这种区分，即

分子中的电子
- 内层电子
- 价电子
  - 成键电子
  - 反键电子
  - 非键电子

兹将双原子分子中共价键的各种类型总结于表 3-8。

**表 3-8　双原子分子中共价键的各种类型**

| 键型 | | 符号 | 键级 | 未成对电子数 | 实例 | | | 备注 |
|---|---|---|---|---|---|---|---|---|
| | | | | | 分子式 | 结构式(Ⅰ) | 结构式(Ⅲ) | |
| $\sigma$ 键 | 单电子 $\sigma$ 键 | $\sigma_1$ | $\frac{1}{2}$ | 1 | $H_2{}^+$ | $(H\cdot H)^+$ | $(H\cdot H)^+$ | |
| | 双电子 $\sigma$ 键(即单键) | $\sigma$ | 1 | 0 | $H_2$ | H—H | H—H | |
| | 三电子 $\sigma$ 键 | $\sigma_3$ | $\frac{1}{2}$ | 1 | $He_2{}^+$ | $(He \vdots He)^+$ | $(He \vdots He)^+$ | |
| $\pi$ 键 | 单电子 $\pi$ 键 | $\pi_1$ | $\frac{1}{2}$ | 1 | $B_2{}^+$(?) | | [·] :B B: | ① |
| | 两个单电子 $\pi$ 键 | $\pi_1+\pi_1$ | 1 | 2 | $B_2$ | | [·] :B B: [·] | |
| | (双电子)$\pi$ 键 | $\pi$ | 1 | 0 | 无 | | | |
| | 两个(双电子 $\pi$ 键) | $\pi+\pi$ | 2 | 0 | $C_2$ | | [· ·] :C C: [· ·] | |
| | 三电子 $\pi$ 键 | $\pi_3$ | $\frac{1}{2}$ | 1 | 无 | | | |

续表

| 键型 | | 符号 | 键级 | 未成对电子数 | 实例 | | | 备注 |
|---|---|---|---|---|---|---|---|---|
| | | | | | 分子式 | 结构式(I) | 结构式(Ⅲ) | |
| 复键 | 双键 | $\sigma+\pi$ | 2 | 0 | $C_2H_4$ | $CH_2=CH_2$ | 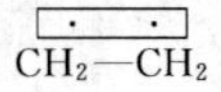 $CH_2—CH_2$ | ② |
| | 三重键 | $\sigma+\pi+\pi$ | 3 | 0 | $N_2$ | :N≡N: | 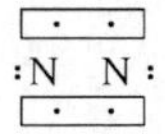 :N N: | ③ |
| | 四重键 | $\sigma+\pi+\pi+\delta$ | 4 | 0 | $Re_2Cl_8^{2-}$ | $(Cl_4Re≡ReCl_4)^{2-}$ | | ④ |
| | 氧键 | $\sigma+\pi_3+\pi_3$ | 2 | 2 | $O_2$ | :O—O: | 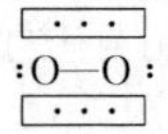 :O—O: | ③ |
| | (无名) | $\sigma+\pi+\pi_3$ | $2\frac{1}{2}$ | 1 | NO | :N═O: | 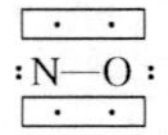 :N—O: | ③ |
| | (无名) | $\sigma_1+\pi+\pi$ | $2\frac{1}{2}$ | 1 | $NO_4^+$ | $(:N\dot{=}N:)^+$ | 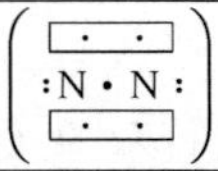 (:N · N:) | ③ |
| | (无名) | $\sigma+\pi_1+\pi_1$ | 2 | 2 | $Si_2$ | | 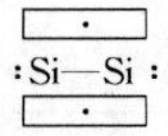 :Si—Si: | |

① 单电子 $\pi$ 键可能存在于 $B_2^+$ 中,但 $B_2^+$ 是否存在尚未证实,所以标"?"号。

② 没有已知的双原子分子是由($\sigma+\pi$)双键结合起来的,所以这里举了一个多原分子的例子。

③ 未成键的孤对电子也可以略去不写,如:N≡N:简写为 N≡N。

④ 没有已知的双原子分子是由($\sigma+\pi+\pi+\delta$)四重键结合起来的,所以这里举了一个多原子分子的例子。

## 参 考 书 目


1. C. A. 柯尔逊著,陆浩等译,《原子价》,科学出版社,1966.
2. J. N. 默雷尔、S. F. A. 凯特尔、J. M. 特德著,文振冀、姚惟馨等译,《原子价理论》,科学出版社,1978.
3. H. 艾林、J. 沃尔特、G. E. 金布尔著,石宝林译,《量子化学》,科学出版社,1981.
4. I. N. 赖文著,宁世光等译,《量子化学》,人民教育出版社,1981.
5. M. Karplus and R. N. Porter, *Atoms and Molecules*, Cambridge, 1971.
6. H. F. Hameka, *Quantum Theory of the Chemical Bond*, Hafner Press, 1975.
7. R. L. Dekock and H. B. Gray, *Chemical Structure and Bonding*, Benjamin, 1980.
8. E. 卡特迈尔、G. W. A. 富勒斯著,宁世光译,《原子价与分子结构》,人民教育出版社,1981.
9. J. C. Slater, *Quantum Theory of Moleeules and Solid*, Vol. I, McGraw-Hill, 1963.


## 问题与习题

1. 什么是变分法?采用线性变分法有什么优点?对 $H_2^+$ 根据什么原则来选择它的变分函数?

2. 应用线性变分法处理 $H_2^+$ 得到的公式计算 $R=1.32\text{Å}$ 时的积分值 $S_{ab}$，$H_{aa}$，$H_{ab}$ 以及能量 $E_I$，$E_{II}$，$E_I-E_a^0$，$E_{II}-E_a^0$。说明 $E_I-E_a^0$ 和 $E_{II}-E_a^0$ 的物理意义。
3. 重叠积分 $S_{ab}$ 的大小是结合能大小的一个重要标志，形成有效的化学键的 $S_{ab}$ 的典型值为 0.2—0.3，试计 算氢分子中两个 $1s$ 轨道间的重叠积分，并讨论其在结构上的特点(取核间距 $R=0.74\text{Å}$)。
4. $H_2^+$ 的基态波函数为 $\psi_s=(2+2S_{ab})^{-\frac{1}{2}}(\psi_a+\psi_b)$，式中 $\psi_a$ 和 $\psi_b$ 分别为氢原子 $a$ 和 $b$ 的 $1s$ 波函数，若 $R=1.32\text{Å}$，计算原子 $a$、$b$ 上的布居数和重叠区的布居数。
5. 画出 $H_2^+$ 的基态波函数 $\psi_s$ 以及第一激发态波函数 $\psi_A$ 的几率密度 $\psi_S^2$、$\psi_A^2$ 的等密度面图。
6. 从 $H_2$ 的海特勒-伦敦电子配对法波函数，对基态 $\psi_S$

$$\psi_S=[(2+2s_{\text{Ⅲ}})]^{-\frac{1}{2}}(\psi_a(1)\psi_b(2)+\psi_a(2)\psi_b(1))$$

如何能得到空间几率密度图形？
7. 画出 $C_2$ 分子的分子轨道与原子轨道的相关图。
8. 用三种分子轨道记号写出 $O_2$ 的分子轨道式。
9. 用联合原子记号写出 NO 的分子轨道式。
10. 解释 $S_2$ 分子为什么是顺磁性的？
11. $N_2$ 的键能(7 37eV)比 $N_2^+$ 的键能(6.34 eV)要大，但 $O_2$ 的键能(5.08 eV)却比 $O_2^+$ 的键能(6.48 eV)小，这个事实如何解释？
12. CO 的键长为 1.129Å，$CO^+$ 的键长为 1.115Å，试解释其原因(提示：参见图 3-24)
13. NO 容易氧化成 $NO^+$，解释其原因。
14. CO 与许多过渡金属能生成羰基络合物，而与它电子数相等的 $N_2$ 却不易生成类似的络合物，解释其原因。
15. 讨论 $CN^-$ 的结构，写出其分子轨道式。

# 第四章　分子对称性与群论初步

由本书前三章可知，写出一个微观体系的薛定谔方程并不困难，能精确求解的体系却为数不多。对于化学工作者最感兴趣的分子体系几乎全都要依靠近似方法。然而对于绝大多数实验化学工作者来说，没有必要对他们遇到的分子都进行繁复的量子化学计算。实践证明，运用量子化学的基本原理对分子的某些重要性质（如能级的数目和高低顺序，能级的简并情况及在外场作用下简并的消除，能级间跃迁的选择定则等）作出定性的说明更有用处。在这方面，群论是一个重要的工具。

在这一章中，我们将对分子对称性及群论作一简单介绍。

## §4-1　对称操作

许多分子具有一定的对称性。以平面等边三角形构型的 $BF_3$ 分子为例，三个氟原子占据等边三角形的三个顶点，硼原子位于三角形的重心。若将氟原子编号[图 4-1(a)]，以垂直于分子平面并通过硼原子的直线为旋转轴，沿反时针方向旋转 120°，则三个氟原子依次换位[图 4-1(b)]。由于氟原子编了号，我们可以将(b)和(a)区别开。事实上给氟原子编号完全是人为的。如果取消编号，(b)和(a)便不能区分。我们称这种不可区分的构型为等价构型。在不改变分子中任意两个原子之间的距离的前提下能使分子进入等价构型的操作称为对称操作。分子或有限图形的对称操作有旋转、反映，反演，象转和恒等操作五种。置分子或有限图形于不动显然也使分子进入其等价构型。这种什么也不做的“操作”称为恒等操作或不动操作。将恒等操作列入对称操作之中主要是数学上的考虑。对称操作依赖的几何要素（点、线、面等）叫做对称元素。例如旋转所依赖的轴叫旋转轴。反映所依赖的面叫镜面，反演所依赖的点叫对称中心或反演中心，象转所依赖的轴叫象转轴①。兹分述如下：

### 1. 恒等操作

如前所述，恒等操作就是维持分子不动的操作，常用 $\boldsymbol{E}$ 表示。

---

① 旋转在有些书上又称为真转动（proper rotation），相应的轴称为真轴。象转又称为非真转动（improper rotation），相应的轴称为非真轴。

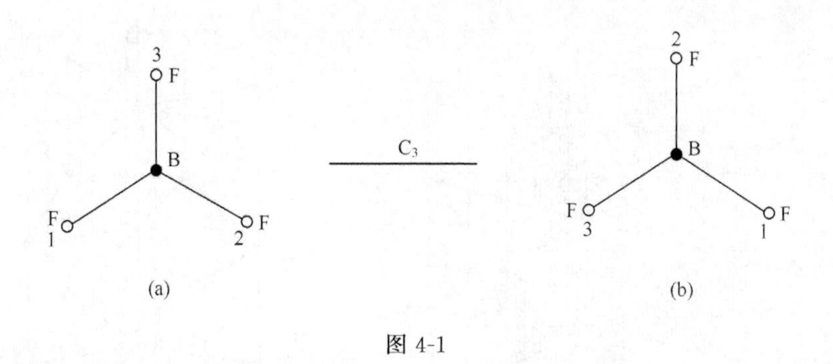


图 4-1

**2. 旋转和旋转轴**

一个分子如能沿某一轴旋转$\frac{360°}{n}$($n$=1,2,3,…等整数)后进入其等价构型,则说分子具有$n$次对称轴或简称$n$次轴,$n$次轴以$C_n$表示之。例如图 4-2(a)$H_2O_2$和(c)$H_2O$含有$C_2$轴;(d)$NH_3$含有$C_3$轴;(e)$BrF_5$和(g)$PtCl_4^{2-}$含有$C_4$轴;(h)环戊二烯阴离子$C_5H_5^-$含有$C_5$轴;(i)$C_6H_6$含有$C_6$轴;(f)HCN和(j)$CO_2$等直线分子含有$C_\infty$轴。所谓$C_\infty$轴即旋转任何微小的角度,分子均能复原。

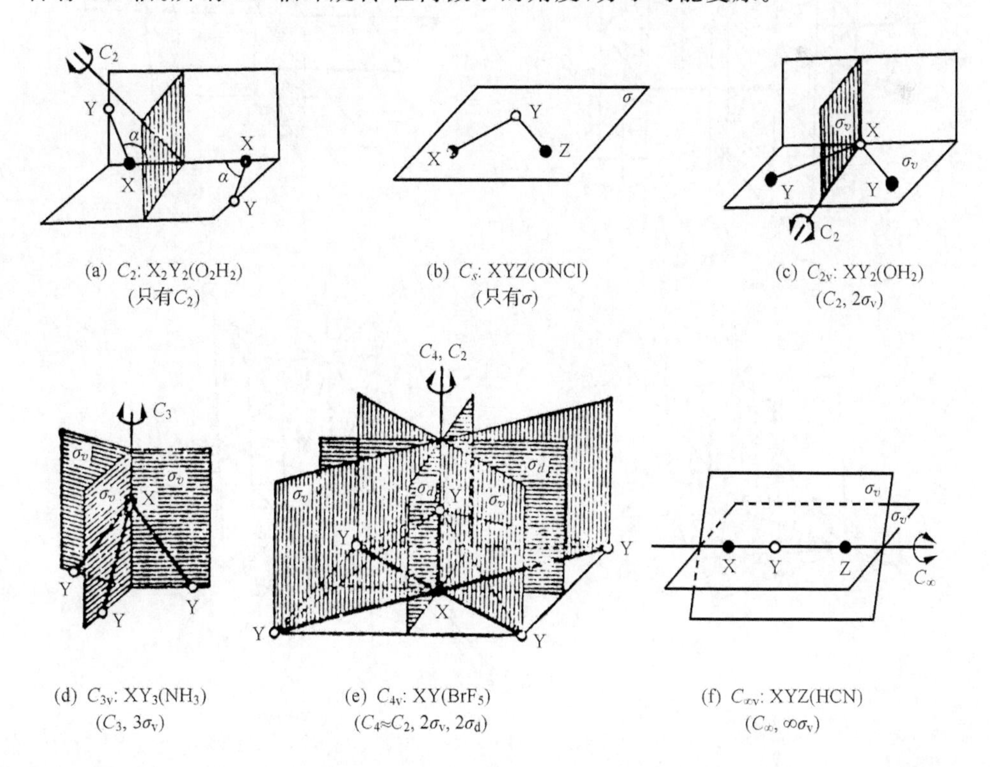


(a) $C_2$: $X_2Y_2(O_2H_2)$ (只有$C_2$)　(b) $C_s$: XYZ(ONCl) (只有$\sigma$)　(c) $C_{2v}$: $XY_2(OH_2)$ ($C_2$, $2\sigma_v$)

(d) $C_{3v}$: $XY_3(NH_3)$ ($C_3$, $3\sigma_v$)　(e) $C_{4v}$: $XY(BrF_5)$ ($C_4 \approx C_2$, $2\sigma_v$, $2\sigma_d$)　(f) $C_{\infty v}$: XYZ(HCN) ($C_\infty$, $\infty\sigma_v$)

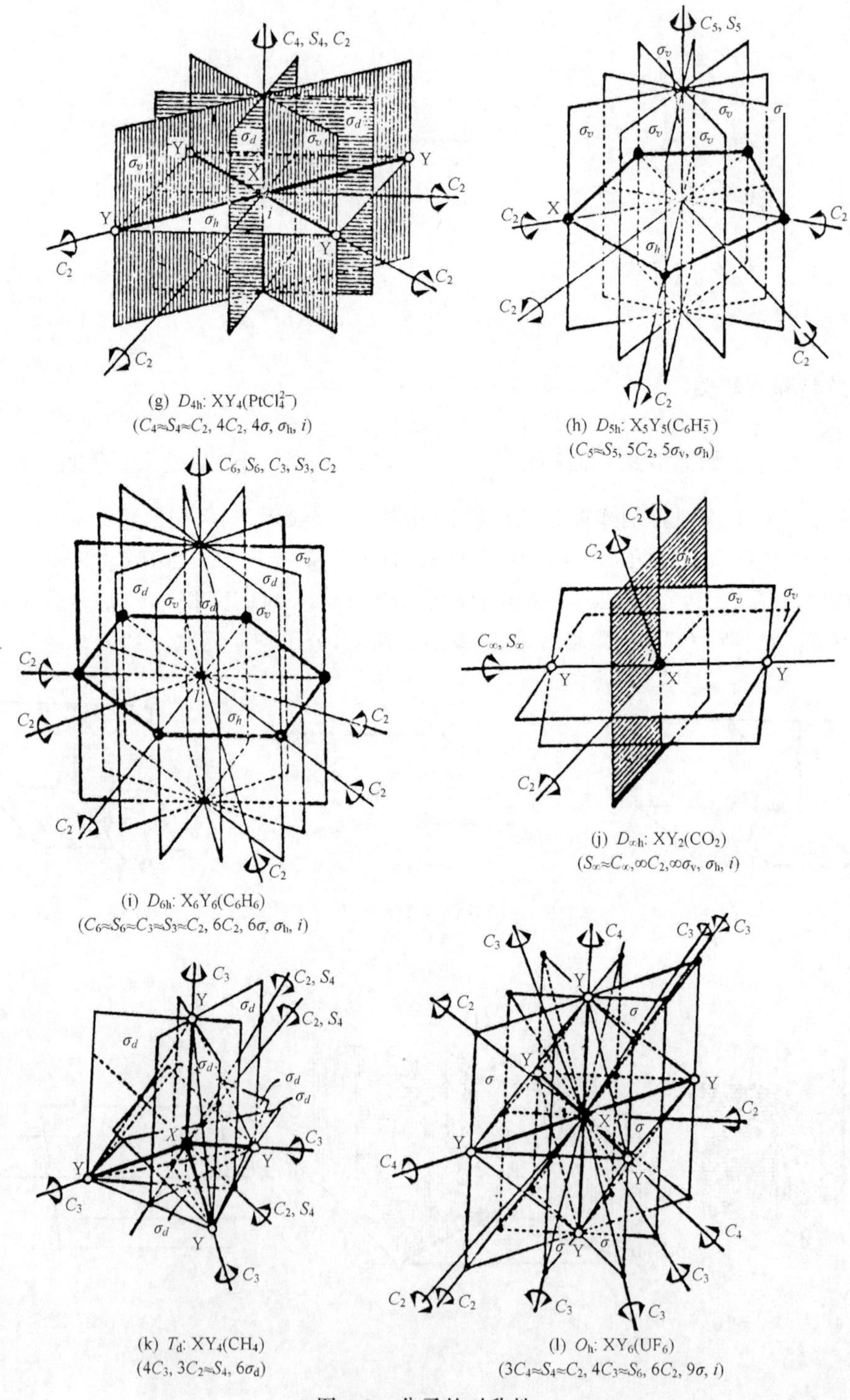


(g) $D_{4h}$: $XY_4(PtCl_4^{2-})$
($C_4\approx S_4\approx C_2$, $4C_2$, $4\sigma$, $\sigma_h$, $i$)

(h) $D_{5h}$: $X_5Y_5(C_6H_5^-)$
($C_5\approx S_5$, $5C_2$, $5\sigma_v$, $\sigma_h$)

(i) $D_{6h}$: $X_6Y_6(C_6H_6)$
($C_6\approx S_6\approx C_3\approx S_3\approx C_2$, $6C_2$, $6\sigma$, $\sigma_h$, $i$)

(j) $D_{\infty h}$: $XY_2(CO_2)$
($S_\infty\approx C_\infty$, $\infty C_2$, $\infty\sigma_v$, $\sigma_h$, $i$)

(k) $T_d$: $XY_4(CH_4)$
($4C_3$, $3C_2\approx S_4$, $6\sigma_d$)

(l) $O_h$: $XY_6(UF_6)$
($3C_4\approx S_4\approx C_2$, $4C_3\approx S_6$, $6C_2$, $9\sigma$, $i$)

图 4-2 分子的对称性

在有些分子中对称轴往往不止一个。以图 4-1 中的 $BF_3$ 分子为例，它含有垂直于分子平面，通过 B 原子的 $C_3$ 轴，还有三个位于分子平面上，通过 B 原子和一个 F 原子的 $C_2$ 轴。我们称 $n$ 最大者为分子的主轴，$n$ 较小者为副轴。这样，$BF_3$ 的主轴为 $C_3$ 轴，苯分子的主轴为 $C_6$ 轴。

相应于 $n$ 次轴的对称操作共有 $n$ 个，即旋转 $\alpha = \dfrac{360°}{n}, 2\alpha, 3\alpha, \cdots, n\alpha = 360°$，依次以 $C_n, C_n^2, C_n^3, \cdots, C_n^n$ 表示之。其中 $C_n^n$ 表示旋转 360°，实际上等于不旋转。因此

$$C_n^n = E$$

沿 $C_6$ 轴旋转两次，即旋转 $2\times60°=120°$，正好等于沿 $C_3$ 轴（它与 $C_6$ 轴重合）旋转一次，所以 $C_6^2 = C_3$。同理 $C_6^3 = C_2, C_6^4 = C_3^2$。一般而言，如果 $n$ 和 $m$ 有公因子 $q$，则

$$C_n^m = C_{n/q}^{m/q}$$

$C_n$ 轴的存在对于分子中原子的种类和数目施加了限制。假如有某种原子位于 $C_n$ 轴之外，必然还有 $(n-1)$ 个同种原子位于 $C_n$，轴之外，这 $n$ 个同种原子必须分布在彼此等价的位置上。位于 $C_n$ 轴上的原子，其数目不受这种限制。

**3. 反映和镜面**

一个分子如相对于某一平面进行反映后能进入其等价构型，则称该分子具有镜面。对称操作“反映”和进行反映所依赖的“镜面”都用 $\sigma$ 表示。凡镜面与主轴垂直者称为水平镜面，以 $\sigma_h$ 表示之（h 表示 horizotal）。凡镜面包含主轴者称为垂直镜面，以 $\sigma_v$ 表示之（v 表示 vertical）。凡等分两个相邻的副轴的镜面称为等分镜面，以 $\sigma_d$ 表示之（d 表示 diagonal）。例如，图 4-2(b)ONCl 分子有 1 个 $\sigma$；(c)$H_2O$ 有 2 个 $\sigma_v$；(d)$NH_3$ 有 3 个 $\sigma_v$；(e)$BrF_5$ 有 2 个 $\sigma$ 和 2 个 $\sigma_d$；(f)HCN 有无穷多个 $\sigma_v$，即包含 $C_\infty$ 轴的任何平面都是镜面；(g)$PtCl_4^{2-}$ 有 2 个 $\sigma_v$，2 个 $\sigma_d$ 和 1 个 $\sigma_h$；(h)$C_5H_5^-$ 有 5 个 $\sigma_v$ 和 1 个 $\sigma_h$；(i)$C_6H_6$ 有 3 个 $\sigma_v$，3 个 $\sigma_d$ 和 1 个 $\sigma_h$；(j)$CO_2$ 有无穷多个 $\sigma_v$，中 1 个 $\sigma_h$。

相对于同一镜面进行两次或偶数次反映等于不动操作，进行奇数次反映等于一次反映，即

$$\sigma^{2n} = \sigma^2 = E, \quad \sigma^{2n+1} = \sigma$$

镜面的存在，要求镜面外的原子成对出现且位于镜面之两侧，如分子中某种原子只有一个，它必须位于镜面上。

**4. 象转和象转轴**

象转是旋转和反映的复合操作。一个分子如果沿某一轴旋转 $\dfrac{360°}{n}$，然后相对

于与此轴垂直的某一镜面反映后能进入等价构型,则称此分子有 $n$ 次象转轴,以 $S_n$ 表示之。象转操作也以 $S_n$ 表示。根据定义

$$S_n = C_n\sigma_h = \sigma_h C_n$$

上式表示象转是旋转和反映的复合操作,其中 $C_n\sigma_h$ 表示先反映后旋转,$\sigma_h C_n$ 表示先旋转后反映,等号表示两者的结果相同。

图 4-2 中(k)$CH_4$ 分子有 3 个 4 次象转轴 $S_4$;(e)$UF_6$ 分子有 3 个 $S_4$ 和 4 个 $S_6$。

只有偶次象转轴才是独立的对称元素。奇次象转轴 $S_{2n+1}$ 不是独立的对称元素,它等于 $C_{2n+1}+\sigma_h$。因为象转操作 $S_{2n+1}$ 进行$(2n+1)$次后即等于一次反映

$$S_{2n+1}^{2n+1} = (C_{2n+1}^{2n+1})(\sigma_h^{2n+1}) = E\sigma_h = \sigma_h$$

这样含有 $S_{2n+1}$ 的分子必然含有 $\sigma_h$,而 $S_{2n+1}$ 轴也就变成了 $C_{2n+1}$ 轴了。

**5. 反演和对称中心**

二次象转($S_2$)这一对称操作(即旋转$\frac{360^\circ}{2}=180^\circ$后进行反映)特称作反演。实际上,当坐标原点取于分子中的某一点时,若将每个原子的坐标进行反演,即将原子的坐标$(x,y,z)$变换成$(-x,-y,-z)$可使分子进入等价构型,则说该分子具有反演对称性。原点所在的点称为对称中心或反演中心。反演操作和反演中心都以 $i$ 表示。和反映操作类似,我们有

$$i^{2n} = E, \quad i^{2n+1} = i$$

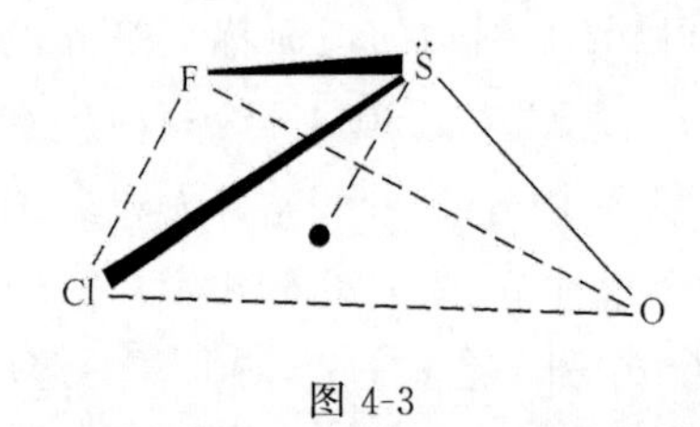

图 4-3

不同的分子对称性高低很不相同。有的分子,如 FClSO(图 4-3)完全没有对称性,除恒等操作外任何其他对称操作都不能使分子复原。有的分子对称性很高,如图 4-2(i)的 $UF_6$。一般而言,分子的对称元素可能不止一个,能使分子复原的对称操作更多。分子所具有的对称操作并不是彼此无关的。以 $BF_3$ 分子为例,它有一个 $C_3$ 轴,三个与 $C_3$ 轴垂直的 $C_2$ 轴,三个通过 $C_3$ 轴的垂直镜面 $\sigma_v$ 和一个垂直于 $C_3$,轴的水平镜面 $\sigma_h$。因此,它具有的对称操作有 $E,C_3,C_3^2,C_2,C_2',C_2'',\sigma_v,\sigma_v',\sigma_v''$ 和 $\sigma_h$。如果我们定义两个操作的乘积

$$Z = XY$$

为相继进行操作 $Y$ 和 $X$,不难看出,任意两个操作的乘积一定等价于第三个对称操作。每一操作的逆操作或者等于该操作自身,或者等于另一操作,例如 $C_3$ 的逆操作 $C_3^{-1} = C_3^2$,$\sigma_v$ 或 $\sigma_h$ 的逆操作等于其自身。具有这种特性的操作集合构成数学上的群,它们是群论的研究对象。

# §4-2　群的概念和点群

## 1. 群的定义

设元素 $A$、$B$、$C$、…属于集合 $G$，在 $G$ 中定义有称为“乘法”的运算，如果满足以下条件，则称集合 $G$ 构成群：

(1) 设 $P$ 和 $Q$ 为集合 $G$ 的任意两个元素，$P$ 和 $Q$ 的乘积为 $R$

$$R = PQ$$

则 $R$ 必是集合 $G$ 的元素。

(2) 集合 $G$ 包含有恒等元素 $E$，$E$ 满足

$$RE = ER = R$$

上式中 $R$ 为集合 $G$ 中的任一元素。

(3) 对集合 $G$ 的元素，乘法的结合律成立，即

$$(RP)Q = R(PQ)$$

但乘法的交换律不一定成立，即一般 $PQ \neq QR$，如果满足 $PQ = QP$，则称 $G$ 为阿贝尔群(Abelian group)。

(4) 集合 $G$ 中的每一元素 $R$ 都有其逆元素 $R^{-1}$，满足

$$R^{-1}R = RR^{-1} = E$$

并且 $R^{-1}$ 是 $G$ 的成员。

群的元素的数目可以是有限个，也可以是无限个，前者称为有限群，后者称为无限群。群元素的数目称为群的阶，常用 $h$ 表示。

容易证明，全部实数对于数的加法构成群。在这个群中，“乘法”被定义为初等代数的相加。显然，两个实数相加还是实数，恒等元素是 0，实数的相加满足结合律，任一实数 X 的逆元素 $-$X 仍是实数。我们称这个群为实数加法群。在实数域中，数的数目是无限的，因此实数加法群是一个无限群。因为实数相加满足交换律，即 $A+B=B+A$，所以这是一个阿贝尔群。

若将 0 排除在外，则全部实数对于乘法也构成群，此时恒等元素为 1，数 X 的逆元素为 $\frac{1}{X}$。这个实数乘法群也是一个无限群而且是阿贝尔群。

按照群的定义，一个分子或有限图形的全部对称操作也构成群。例如 $NH_3$ 分子的对称操作 $E$、$C_3$、$C_3^2 = C_3^{-1}$、$\sigma_v$、$\sigma_v'$、$\sigma_v''$构成一个六阶群。

## 2. 点群

考察分子或有限图形的对称元素可以看出，所有的对称元素都通过一个公共

点，或者说，在分子或有限图形中至少有一个点在所有的对称操作下是不动的。我们称这类群为点群。常见的点群有以下几种：

(1) $C_n$ 点群　$C_n$ 点群是最简单的点群，它的对称元素只有 $C_n$ 轴。$C_n$ 点群的对称操作共有 $n$ 个，即 $C_n$、$C_n^2$、$C_n^3$、…、$C_n^n = E$，所有这 $n$ 个对称操作构成一个群，阶数等于 $n$。分子中常见的 $C_n$ 点群有 $C_1$、$C_2$ 和 $C_3$。$C_1$ 点群是没有任何对称元素的点群，它的唯一对称操作就是恒等操作 $E$。例如甲烷($CH_4$)中三个 H 分别为 F、Cl，Br 取代，所得分子 CHFClBr 就没有任何对称性。$C_2$ 的例子是 $H_2O_2$[图 4-2(a)]，$C_3$ 的例子是 C—C 轴部分扭转的 $H_3C—CCl_3$。

(2) $C_{nh}$点群　在 $C_n$ 点群含有的对称元素的基础上，如果再有一个垂直于 $C_n$ 轴的镜面 $\sigma_h$，就得 $C_{nh}$点群。因为 $\sigma_h C_n = S_n$，所以 $C_{nh}$有对称元素 $S_n$。当 $n$ 为偶数时还有对称中心 $i$。$C_{nh}$点群的对称操作共有 $2n$ 个，即

$$E, C_n, C_n^2, \cdots, C_n^{n-1}, \sigma_h, \sigma_h C_n, \sigma_h C_n^2, \cdots, \sigma_h C_n^{n-1}$$

所以它的阶等于 $2n$。分子中常见的 $C_{nh}$ 点群有 $C_{1h}$ 及 $C_{2h}$。$C_{1h}$ 只有一个镜面 $\sigma$，没有其他对称元素。凡是没有其他对称元素的平面型分子如 ONCl[图 4-2(b)]，叠氮酸 $HN_3$ 等属于 $C_{1h}$。$C_{1h}$是 $C_{nh}$中的一个特例，通常用符号 $C_s$ 表示，$s$ 即代表镜面。$C_{2h}$的对称元素有 $E, C_2, \sigma_h$ 和 $i(=s_2)$。属于 $C_{2h}$点群的分子有

```
H         Cl        C          B              B
 >C = C<             >A — A<             A — A/
Cl         H        B          C          /
                                         B
```

等。

(3) $C_{nv}$ 点群　在 $C_n$ 点群包含的对称元素的基础上，如果再有 $n$ 个通过主轴 $C_n$ 的镜面 $\sigma_v$，就得到 $C_{nv}$ 点群。$C_{nv}$ 点群的对称操作共有 $2n$ 个，即 $n$ 个旋转和 $n$ 个反映，所以它的阶等于 $2n$。分子中常见的 $C_{nv}$，点群有 $C_{2v}$、$C_{3v}$、$C_{4v}$ 及 $C_{\infty v}$。$H_2O$、HCHO、$CH_2X_2$(X = 卤素)等分子属于 $C_{2v}$[图 4-2(c)]。$AB_3$(A 为氮族元素，B 为 H 或卤素)、$CH_3X$、$CHX_3$(X = 卤素)等分子属于 $C_{2v}$[图 4-2(d)]。$BrF_5$ 等分子属于 $C_{4v}$[图 4-2(e)]。没有对称中心的直线型分子如 HX(X = 卤素)、NO、CO、HCN 等属于 $C_{\infty v}$[图 4-2(f)]。因为沿直线型分子的轴旋转任意小的角度 $\alpha$，分子都能复原，由 $\alpha = \frac{360°}{n}$，得 $n = \lim_{\alpha \to 0}(360°/\alpha) = \infty$。

(4) $D_n$ 点群　在 $C_n$ 点群包含的对称元素的基础上，如果再有 $n$ 个垂直于主轴 $C_n$ 的 $C_2$ 轴，就得到 $D_n$ 点群。$D_n$ 点群的对称操作共有 $2n$ 个，即 $n$ 个沿主轴的旋转和 $n$ 个沿 $C_2$ 轴的旋转(每一个 $C_2$ 轴有一个对称操作，因为不动操作已经计入沿 $C_n$ 轴的旋转中，这里就不能重复计算了)，所以它的阶等于 $2n$。分子中常见的 $D_n$ 点群有

$D_3$，例如正八面体构型的[$Co(NH_2CH_2CH_2NH_2)_3$]$^{3+}$[①]。

(5) $D_{nh}$ 群　在 $D_n$ 点群包含的对称元素的基础上，如果再有一个垂直于主轴 $C_n$ 的镜面 $\sigma_h$，从而自然地得到 $n$ 个通过 $C_n$ 的 $\sigma_v$，这样就得到 $D_{nh}$ 点群。$D_{nh}$ 点群的阶为 $4n$。分子中常见的 $D_{nh}$ 点群有 $D_{2h}$、$D_{3h}$、$D_{4h}$、$D_{5h}$、$D_{6h}$ 和 $D_{\infty h}$。平面型的 $B_2A{-}AB_2$（例如 $H_2C=CH_2$）属 $D_{2h}$，平面三角形的 $B_2A{-}B$（例如 $F{-}BF_2$）属 $D_{3h}$，平面正四方形的 $AB_4$[例如 $PtCl_4^{2-}$，见图 4-2(g)]属 $D_{4h}$，平面正五边形的 $C_5H_5^-$[图 4-2(h)]属 $D_{5h}$，平面正六边形的 $C_6H_6$[图 4-2(i)]属 $D_{6h}$，具有对称中心的直线型分子如 $H_2$、$Cl_2$、$O_2$、$CO_2$、$CS_2$、$CH\equiv CH$ 等属于 $D_{\infty h}$[图 4-2(j)]。

(6) $D_{nd}$ 点群　在 $D_n$ 点群包含的对称元素的基础上，如果再有 $n$ 个 $\sigma_d$（从而必然有 $S_{2n}$，证明从略），这样就形成 $D_{nd}$ 点群，它的阶是 $4n$。分子中常见的 $D_{nd}$ 点群有 $D_{2d}$、$D_{3d}$ 和 $D_{4d}$。$H_2C=C=CH_2$ 属 $D_{2d}$，交错构型的 $H_3C{-}CH_3$ 属 $D_{3d}$，$S_8$ 分子属 $D_{4d}$，交错构型的二茂铁属 $D_{5d}$。

(7) $S_{2n}$ 点群　含有对称元素 $S_{2n}$ 的点群叫 $S_{2n}$ 点群，它的阶为 $2n$。分子中常见的 $S_{2n}$ 点群有 $S_2$、$S_4$ 及 $S_6$，$S_2$ 点群只有一个对称中心 $i$（即 $S_2$），没有任何其他对称元素，例如反式的 CHClBr—CHClBr。1,3,5,7-四甲基环辛四烯属 $S_4$ 点群。$S_6$ 点群含有对称元素 $S_6$、$C_3(=S_6^2)$ 和 $i(=S_6^3)$，例如椅式的环己烷（$C_6H_{12}$）。

(8) $T_d$ 点群　具有正四面体构型的 $AB_4$ 分子[例如 $CH_4$，$CCl_4$，$SiH_4$ 等，见图 4-2(k)]属 $T_d$ 点群，它的对称元素有 $4C_3$，$3C_2$，$3S_4$ 和 $6\sigma_d$，阶为 24。此外还有 $T$ 点群和 $T_h$ 点群。前者的对称元素是 $4C_3$ 和 $3C_2$，阶为 12；后者是在前者的基础上再加对称中心 $i$，阶为 24。$T$ 和 $T_h$ 点群在分子结构中很少遇到。

(9) $O_h$ 点群　具有正八面体构型的 $AB_6$ 分子[例如 $SF_6$，$UF_6$，$PtCl_6^{2-}$，$Fe(CN)_6^{4-}$，$Fe(CN)_6^{3-}$ 等，见图 4-2(l)]属 $O_h$ 点群，它的对称元素有 $3C_4$，$4C_3$，$6C_2$，$i$，$3S_4$，$3\sigma_h$，$4S_6$，$6\sigma_d$，阶为 48。此外还有 $O$ 点群，它的对称元素有 $3C_4$，$4C_3$，$6C_2$，阶为 24，在分子结构中不常见。

分子结构中常见的点群和它们包含的对称元素总结于表 4-1 中。

---

① 乙二胺与 $Co^{2+}$ 生成的螯合环有 $\lambda$ 和 $\delta$ 两种构象，正文中指的是三个螯环具有相同构象的情况。

表 4-1　分子结构中常见的点群和它们所包含的对称元素

| 点群 | 对称元素 | 阶 |
|---|---|---|
| | 恒等元素 $E$ 加上： | |
| $C_s$ | 一个对称面 | 2 |
| $C_n$ | 一个 $C_n$ 轴 | $n$ |
| $C_{nh}$ | 一个 $C_n$ 轴加上一个垂直于该轴的对称面 $\sigma_h$ | $2n$ |
| $C_{nv}$ | 一个 $C_n$ 轴加上 $n$ 个通过该轴的对称面 $\sigma_v$ | $2n$ |
| $D_n$ | 一个 $C_n$ 轴加上 $n$ 个垂直于该轴的 $C_2$ 轴 | $2n$ |
| $D_{nh}$ | $D_n$ 的所有元素再加上垂直于 $C_n$ 的对称面 $\sigma_h$ | $4n$ |
| $D_{nd}$ | $D_n$ 的所有元素再加上 $n$ 个平分二次轴夹角的 $\sigma_d$ | $4n$ |
| $S_n$ | ($n$ 为偶数) 一个 $S_n$ 轴 | $n$ |
| $T_d$ | 正四面体的所有对称元素 | 24 |
| $O_h$ | 正八面体的所有对称元素 | 48 |

**3. 群的乘法表**

群具有封闭性，即任意两个群元素的乘积仍然是群元素，因而我们可以将群元素的乘积排成一个表，称为群的乘法表。$h$ 阶群的乘法表由 $h$ 行和 $h$ 列构成，首先将 $h$ 个元素按一定的顺序排列在表的上方，并称它们为列元素，再将这 $h$ 个元素按与上面相同的顺序排在乘法表的左方，并称它们是行元素。在列元素的下面画一横线，在行元素的右面画一竖线，这两条线将行元素和列元素与乘积元素分开。乘法表中的第 $i$ 行、第 $j$ 列的位置上填入第 $i$ 行的行元素乘第 $j$ 列的列元素所得的积。由于群元素的乘法不一定满足交换律，故规定乘法按行元素乘列元素的顺序进行。以 $H_2O_2$ 分子所属的点群 $C_2$ 为例，它只有两个元素，即 $E$ 和 $C_2$，其乘法表为

| $G(C_2)$ | $E$ | $C_2$ |
|---|---|---|
| $E$ | $E$ | $C_2$ |
| $C_2$ | $C_2$ | $E$ |

$C_3$ 点群包含三个元素，即 $E$,$C_3$ 和 $C_3^2$，其乘法表为

| $G(C_3)$ | $E$ | $C_3$ | $C_3^2$ |
|---|---|---|---|
| $E$ | $E$ | $C_3$ | $C_3^2$ |
| $C_3$ | $C_3$ | $C_3^2$ | $E$ |
| $C_3^2$ | $C_3^2$ | $E$ | $C_3$ |

$NH_3$ 分子所属 $C_{3v}$ 群有六个元素，即 $E$,$C_3$,$C_3^2$,$\sigma_1$,$\sigma_2$,$\sigma_3$。若我们规定转动是绕轴按

逆时针方向进行，从图 4-4 可以验证 $C_3\sigma_1 = \sigma_3$，$\sigma_1 C_3 = \sigma_2$，可见 $C_3\sigma_1 \neq \sigma_1 C_3$。表 4-2 是 $C_{3v}$ 群的乘法表。

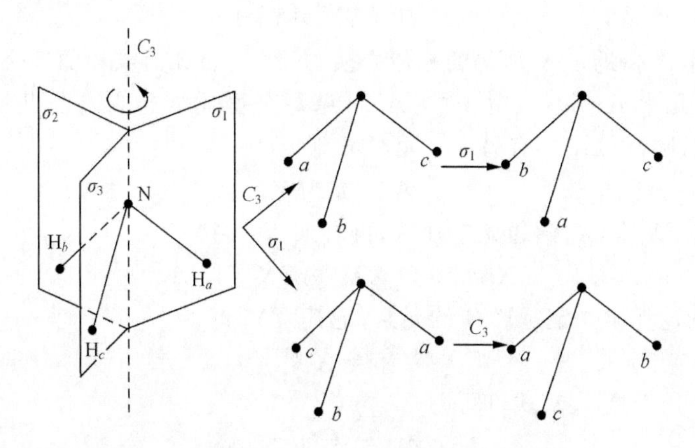


图 4-4　相继施行旋转和反映（$\sigma_1 C_3$）与相继施行反映和旋转（$C_3\sigma_1$）的效果

**表 4-2　$C_{3v}$ 群的乘法表**

| $G(C_{3v})$ | $E$ | $C_3$ | $C_3^2$ | $\sigma_1$ | $\sigma_2$ | $\sigma_3$ |
|---|---|---|---|---|---|---|
| $E$ | $E$ | $C_3$ | $C_3^2$ | $\sigma_1$ | $\sigma_2$ | $\sigma_3$ |
| $C_3$ | $C_3$ | $C_3^2$ | $E$ | $\sigma_3$ | $\sigma_1$ | $\sigma_2$ |
| $C_3^2$ | $C_3^2$ | $E$ | $C_3$ | $\sigma_2$ | $\sigma_3$ | $\sigma_1$ |
| $\sigma_1$ | $\sigma_1$ | $\sigma_2$ | $\sigma_3$ | $E$ | $C_3$ | $C_3^2$ |
| $\sigma_2$ | $\sigma_2$ | $\sigma_3$ | $\sigma_1$ | $C_3^2$ | $E$ | $C_3$ |
| $\sigma_3$ | $\sigma_3$ | $\sigma_1$ | $\sigma_2$ | $C_3$ | $C_3^2$ | $E$ |

从上述三个群的乘法表可以看出，每一个群元素在乘法表的每一行和每一列中出现一次而且只出现一次。由此可见，乘法表中不可能有两行是相同的，也不可能有两列是相同的，每一行和每一列都是群元素的重新排列。这一关于群的乘法表的重要定理称为重排定理。

**4. 子群、共轭类和群的同构**

分析 $C_{3v}$ 群的乘法表（见表 4-2）可知，这个六阶群包含有较小的群。$E$ 本身就是一个群，事实上任何群都包含一阶群 $E$。群 $C_{3v}$ 的 $E$、$C_3$、$C_3^2$ 三个元素构成 $C_3$ 群，事实上 $C_3$ 群的乘法表是 $C_{3v}$ 群的乘法表的一部分。我们称这种较大的群包含的较小的群为子群。群和它的子群必须具有相同的乘法。容易证明，有限群的阶一定能被它的子群的阶整除（拉格朗日定理），换言之，子群的阶 $g$ 一定是群的阶 $h$ 的整数因子。例如，子群 $C_3$ 的阶（$h = 3$），是群 $C_{3v}$ 的阶（$h = 6$）的整数因子。

还有另外一个方法将较大的群元素进行分组，每一个这样的小组称为一个共轭类。在给共轭类下定义之前,需要引进相似变换的概念。

若 $A$ 和 $X$ 是群 $G$ 的两个元素,则 $X^{-1}AX$ 将等于群的某一元素 $B$,我们有

$$B = X^{-1}AX \tag{4-1}$$

我们说,$B$ 是 $A$ 借助于 $X$ 所得的相似变换,并称 $A$ 和 $B$ 是共轭的。令 $X=E$,则对于任一个群元素 $A$ 都有 $X^{-1}AX=A$,可见每个群元素与它自身共轭。其次,若 $B=X^{-1}AX$,则群 $G$ 中必有另一个元素 $Y$,使得

$$A = Y^{-1}BY$$

这是因为 $B=X^{-1}AX$,两边先左乘 $X$,再右乘 $X^{-1}$,得

$$XBX^{-1} = XX^{-1}AXX^{-1} = A \tag{4-2}$$

群元素 $X$ 的逆元素一定是群 $G$ 的元素,记其为 $Y$,即

$$Y = X^{-1}$$

显然 $X=Y^{-1}$,于是(4-2)式可写为

$$A = Y^{-1}BY$$

由此可见,若 $B$ 与 $A$ 共轭,则 $A$ 也与 $B$ 共轭。读者不难证明,若 $A$ 与 $B$ 共轭,$B$ 与 $C$ 共轭,则 $A$ 与 $C$ 共轭。

由此可见,相互共轭的元素彼此之间存在着相似变换的关系。我们称群中这种相互共轭的元素集合为共轭类,或简称类。

应用 $C_{3v}$ 群的乘法表,注意到 $C_3^{-1}=C_3^2, \sigma_v^{-1}=\sigma_v$,可以看出,恒等元素 $E$ 自成一类,$C_3$ 和 $C_3^2$ 构成一个二阶的类,$\sigma_1$、$\sigma_2$ 和 $\sigma_3$,构成一个三阶类。1、2 和 3 都是群的阶 6 的整数因子,共轭类中元素的数目必是群的阶的整数因子。

最后介绍一下两个群的同构问题。设 $R_1$、$R_2$、…、$R_n$ 是群 $G$ 的元素,$R'_1$、$R'_2$、…、$R'_n$ 是群 $G'$ 的元素,如果这两个群的元素存在着一一对应的关系,使得如果在群 $G$ 中有 $R_jR_k=R_l$,则在群 $G'$ 中必然有 $R'_jR'_k=R'_l$,反之亦然,则称这两个群是同构的。很显然,两个同构的群具有相同的阶,而且有相同的乘法表。

如果把上述同构的条件放宽一些,把一对一放宽到多对一,即群 $G$ 的一组元素 $\{g_p\}$ 对应于群 $G'$ 的一个元素 $g'_p$,设 $\{g_i\}\to g'_i$,$\{g_j\}\to g'_j$,$\{g_k\}\to g'_k$,在 $G$ 中如有 $g_ig_j=g_k$,则 $G'$ 中有 $g'_ig'_j=g'_k$,则说群 $G'$ 是群 $G$ 的一个同态映象,或简单地说 $G'$ 与 $G$ 同态,并称 $g'_i$ 是 $\{g_i\}$ 在 $G'$ 的映象,而称 $\{g_i\}$ 是 $g'_i$ 在群 $G$ 中的原象。如果 $\{g_i\}$ 中只有一个元素,$G$ 和 $G'$ 就同构了。所以同构可以看成是同态的一个特例。

## §4-3 群的表示和特征标

在解析几何中,图形可以用代数方程表示。如果对称操作也用数学式子表示,讨论各种对称操作之间的关系就方便多了。更重要的是,在量子力学中分子的物理和化学性质都是通过数学式子表达出来的(物理量是算符的期望值),要把分子

的几何对称性与分子的其他物理和化学性质联系起来，就一定要将对称操作用数学式子表示出来，这就是群的表示理论要讨论的问题。

对物体施行对称操作，就是将物体中的各点按一定的规律变动。因为对称操作不改变物体中任意两点间的距离，所以是一种线性变换[①]。在讨论群的表示之前，先扼要叙述一下 $n$ 维矢量空间的线性变换的若干重要定理。

**1. $n$ 维矢量空间的线性变换**

现实空间是三维的，在坐标系选定之后，空间中任一点 $P$ 由三个坐标 $(x,y,z)$ 唯一地确定，矢径 **OP** 则可表示为

$$\mathbf{OP} = x\mathbf{i} + y\mathbf{j} + z\mathbf{k} \tag{4-3}$$

上式中 **i**, **j**、**k** 为沿三个坐标轴正方向的单位矢量，我们称它们是三维空间中的一组基矢量，简称基。因为它们相互正交，所以这是一组正交归一的基。也可以选用非正交的基。

上述关于三维矢量空间的基矢量的概念可以推广到 $n$ 维矢量空间。$n$ 维矢量空间的基矢量的定义如下：

设 $L^{(n)}$ 是 $n$ 维矢量空间，而 $\mathbf{e}_1,\mathbf{e}_2,\cdots,\mathbf{e}_n$ 都属于 $L^{(n)}$，如果

(1) $\mathbf{e}_1,\mathbf{e}_2,\cdots,\mathbf{e}_n$ 线性无关，即找不到 $n$ 个不全为零的常数 $\lambda_1,\lambda_2,\cdots,\lambda_n$ 使得 $\sum\limits_{i=1}^{n}\lambda_i\mathbf{e}_i = 0$；

(2) $L^{(n)}$ 中的任一矢量 $a$ 都是 $\mathbf{e}_1,\mathbf{e}_2,\cdots,\mathbf{e}_n$ 的线性组合，则称 $\mathbf{e}_1,\mathbf{e}_2,\cdots,\mathbf{e}_n$ 是 $n$ 维矢量空间中的一组基。

在基矢量选定以后，对于矢量空间进行某个线性变换 $T$，空间中一点 $P(x_1,x_2,\cdots,x_n)$ 就移到了另一点 $P'(x'_1,x'_2,\cdots,x'_n)$，新坐标与旧坐标有什么关系呢？

由于在 $n$ 维矢量空间中，当基矢量选定以后，任一矢量都可以用基矢量的线性组合表示，而且这种表示是唯一的。因此只要确定在变换 $T$ 下基矢量变换到何处，任一矢量经变换后的新坐标与旧坐标的关系就可以确定了。

设 $\mathbf{e}_1,\mathbf{e}_2,\cdots,\mathbf{e}_n$ 为空间 $L^{(n)}$ 的一组基，经线性变换 $T$ 后变换到 $T\mathbf{e}_1,T\mathbf{e}_2,\cdots,T\mathbf{e}_n$，它们仍在 $L^{(n)}$ 中，可以用 $\mathbf{e}_1,\mathbf{e}_2,\cdots,\mathbf{e}_n$ 线性地表示

$$\left.\begin{aligned} T\mathbf{e}_1 &= a_{11}\mathbf{e}_1 + a_{21}\mathbf{e}_2 + \cdots + a_{n1}\mathbf{e}_n \\ T\mathbf{e}_2 &= a_{12}\mathbf{e}_1 + a_{22}\mathbf{e}_2 + \cdots + a_{n2}\mathbf{e}_n \\ &\cdots \\ T\mathbf{e}_n &= a_{1n}\mathbf{e}_1 + a_{2n}\mathbf{e}_2 + \cdots + a_{nn}\mathbf{e}_n \end{aligned}\right\} \tag{4-4}$$

---

① 若在 $n$ 维矢量空间 $L^{(n)}$ 中给定一个变换 $T$，使任何 $\mathrm{a}\in L^{(n)}$ 都有 $T\mathrm{a}\in L^{(n)}$ 与之对应，并且对于任何 $\mathrm{a},\mathrm{b}\in L^{(n)}$ 都有 $T(\mathrm{a}+\mathrm{b})=T\mathrm{a}+T\mathrm{b}$ 及 $T(\lambda\mathrm{a})=\lambda T\mathrm{a}$，则称 $T$ 是空间 $L^{(n)}$ 中的一个线性变换。

上式可以写成矩阵形式(习惯上将基矢量写成行矩阵,坐标写成列矩阵)

$$\begin{aligned} T(\mathbf{e}_1 \quad \mathbf{e}_2 \cdots \mathbf{e}_n) &= (T\mathbf{e}_1 \quad T\mathbf{e}_2 \quad \cdots T\mathbf{e}_n) \\ &= (\mathbf{e}_1 \quad \mathbf{e}_2 \quad \cdots \mathbf{e}_n) D(T) \end{aligned} \tag{4-5}$$

其中

$$D(T) = \begin{bmatrix} a_{11} & a_{12} \cdots & a_{1n} \\ a_{21} & a_{22} \cdots & a_{2n} \\ \cdot & \cdot \cdots & \cdot \\ a_{n1} & a_{n2} \cdots & a_{nn} \end{bmatrix} \tag{4-6}$$

称为变换 $T$ 在基 $\mathbf{e}_1, \mathbf{e}_2, \cdots, \mathbf{e}_n$ 下的矩阵。

由此可见,在 $n$ 维矢量空间中当选定基以后,线性变换对基的作用可以用一个矩阵 $D(T)$表示,即一个线性变换在给定基的条件下与一个矩阵相对应。下面我们还将证明,矩阵 $D(T)$实际上也刻画了在选定的基下一切矢量变换前后的情况。

在变换 $T$ 下,点 $P$ 变换到点 $P'$,也就是说矢量 $\mathbf{OP}$ 变换到了 $\mathbf{OP}'$,$\mathbf{OP}$ 及$\mathbf{OP}' = T\mathbf{OP}$ 均在 $L^{(n)}$ 中,因此都可以用基矢量的线性组合表示

$$\mathbf{OP} = x_1\mathbf{e}_1 + x_2\mathbf{e}_2 + \cdots + x_n\mathbf{e}_n \tag{4-7}$$

$$\begin{aligned} T\mathbf{OP} &= x'_1\mathbf{e}_1 + x'_2\mathbf{e}_2 + \cdots + x'_n\mathbf{e}_n \\ &= (\mathbf{e}_1 \quad \mathbf{e}_2 \cdots \mathbf{e}_n) \begin{pmatrix} x'_1 \\ x'_2 \\ \vdots \\ x'_n \end{pmatrix} \end{aligned} \tag{4-8}$$

$$\begin{aligned} T\mathbf{OP} &= T(x_1\mathbf{e}_1 + x_2\mathbf{e}_2 + \cdots + x_n\mathbf{e}_n) = x_1 T\mathbf{e}_1 + x_2 T\mathbf{e}_2 + \cdots + x_n T\mathbf{e}_n \\ &= (T\mathbf{e}_1 \ T\mathbf{e}_2 \cdots T\mathbf{e}_n) \begin{pmatrix} x_1 \\ x_2 \\ \vdots \\ x_n \end{pmatrix} \end{aligned} \tag{4-9}$$

将(4-5)式代入(4-9)式得

$$T\mathbf{OP} = (\mathbf{e}_1 \quad \mathbf{e}_2 \cdots \mathbf{e}_n) D(T) \begin{pmatrix} x_1 \\ x_2 \\ \vdots \\ x_n \end{pmatrix} \tag{4-10}$$

比较(4-8)式和(4-10)式可知

$$\begin{pmatrix} x'_1 \\ x'_2 \\ \vdots \\ x'_n \end{pmatrix} = D(T) \begin{pmatrix} x_1 \\ x_2 \\ \vdots \\ x_n \end{pmatrix} \tag{4-11}$$

上式就是在线性变换 $T$ 下矢量变换的规律，也就是点的坐标的变换规律。

一个线性变换在给定的基的条件下与一个矩阵相对应，如果给定不同的基，则同一线性变换将对应不同的矩阵。这些矩阵之间存在什么关系呢？

设 $L^{(n)}$ 中线性变换 $T$ 在两组基 $\mathbf{e}_1, \mathbf{e}_2, \cdots, \mathbf{e}_n$ 和 $\mathbf{f}_1, \mathbf{f}_2, \cdots, \mathbf{f}_n$ 下的矩阵分别为 $B$ 和 $C$，即

$$(T\mathbf{e}_1 \quad T\mathbf{e}_2 \cdots T\mathbf{e}_n) = (\mathbf{e}_1 \quad \mathbf{e}_2 \cdots \mathbf{e}_n)B \tag{4-12}$$

$$(T\mathbf{f}_1 \quad T\mathbf{f}_2 \cdots T\mathbf{f}_n) = (\mathbf{f}_1 \quad \mathbf{f}_2 \cdots \mathbf{f}_n)C \tag{4-13}$$

显然基 $\mathbf{f}_1, \mathbf{f}_2, \cdots, \mathbf{f}_n$ 的每一成员都可用 $\mathbf{e}_1, \mathbf{e}_2$、$\cdots \mathbf{e}_n$ 基的线性组合，因此我们有

$$(\mathbf{f}_1 \quad \mathbf{f}_2 \quad \cdots \quad \mathbf{f}_n) = (\mathbf{e}_1 \quad \mathbf{e}_2 \quad \cdots \quad \mathbf{e}_n)A \tag{4-14}$$

于是

$$\begin{aligned}(T\mathbf{f}_1 \quad T\mathbf{f}_2 \quad \cdots \quad T\mathbf{f}_n) &= T(\mathbf{f}_1 \quad \mathbf{f}_2 \quad \cdots \quad \mathbf{f}_n) = T\{(\mathbf{e}_1 \quad \mathbf{e}_2 \quad \cdots \quad \mathbf{e}_n)A\} \\ &= \{T(\mathbf{e}_1 \quad \mathbf{e}_2 \quad \cdots \quad \mathbf{e}_n)\}A = (\mathbf{e}_1 \quad \mathbf{e}_2 \quad \cdots \quad \mathbf{e}_n)BA \\ &= (\mathbf{f}_1 \quad \mathbf{f}_2 \quad \cdots \quad \mathbf{f}_n)A^{-1}BA\end{aligned}$$

将上式与(4-13)式比较得

$$C = A^{-1}BA \tag{4-15}$$

(4-15)式说明，同一个线性变换 $T$ 在不同的基下的矩阵不同，它们之间存在着相似变换的关系。正是由于一个线性变换在不同的基下对应的矩阵不同，所以我们若能选择一组比较好的基，就有可能使变换具有比较简单的矩阵形式。

**2. 群的表示**

综上所述，$n$ 维矢量空间的线性变换可以用一个矩阵来表示，这个矩阵是一个 $n \times n$ 的方阵[见(4-6)式]。对称操作既然属于线性变换，也可以用矩阵来表示。若在给定的一组基下将对称操作群的所有对称操作的表示矩阵都求出来，这一组矩阵也构成群，它与相应的对称操作群同态，我们称前者是后者在给定基下的表示。下面以 $C_{3v}$ 群为例予以说明。

$C_{3v}$ 群包含的对称操作有六个，即 $E, C_3, C_3^2 = C_3^{-1}, \sigma_v^{(1)}, \sigma_v^{(2)}, \sigma_v^{(3)}$。$NH_3$ 属于 $C_{3v}$ 群，我们就以它为对象进行讨论。坐标系的选择如图 4-5 所示。通过考察基 $\mathbf{i}, \mathbf{j}, \mathbf{k}$ 或空间中任意一点在各对称操作下的变换性质，利用(4-5)式或(4-11)式便可写出相应的表示矩阵。

首先考虑 $\mathbf{k}$ 的变换性质。由于 $C_{3v}$ 群的所有对称操作都置 $\mathbf{k}$ 于不动，即

$$R\mathbf{k} = \mathbf{k}$$

换言之，空间中任一点的坐标 $z$ 在 $C_{3v}$ 群的任一操作 $R$ 下都不变，即

$$z' = z$$

可见 $\mathbf{k}$ 构成 $C_{3v}$ 群的一维表示的基，六个对称操作的表示矩阵都是(1)。我们记这个一维表示 $\Gamma_1$。

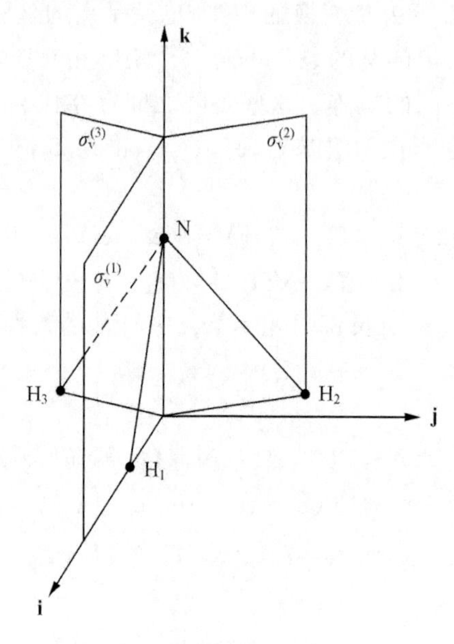


图 4-5

用同样的方法研究 **i** 和 **j** 的变换性质就会发现

$$R\mathbf{i} = f(\mathbf{i},\mathbf{j})$$
$$R\mathbf{j} = g(\mathbf{i},\mathbf{j})$$

可见 **i** 和 **j** 都不能单独地作为 $C_{3v}$ 群的一维表示的基,因为对称操作的结果越出了由 **i** 或 **j** 决定的一维空间。现在来看 **i** 和 **j** 两个矢量合起来是否能构成 $C_{3v}$ 的二维表示的基。我们立即会发现,在 $C_{3v}$ 群的对称操作的作用下,位于 $xy$ 平面的任一矢量仅在 $xy$ 平面内变换,而不会越出这个平面,也就是说,变换后的矢量仍然可以用 **i** 和 **j** 的线性组合表示,显然 **i** 和 **j** 可以作为 $C_{3v}$ 群的二维表示的基。

因此若选用 **i**,**j** 为基,我们只需考虑平面 $xy$ 上的点 $P(x,y)$ 在对称操作下的变换情况。设 **a**=**OP**,**a** 与 $x$ 轴的夹角为 $\phi$,则

$$\left.\begin{aligned} x &= |\mathbf{a}| \cos\phi \\ y &= |\mathbf{a}| \sin\phi \end{aligned}\right\}$$

在 $C_3$ 的作用下,**a** 与 $x$ 轴的夹角变为 $\phi+120°$,故变换后的坐标为

$$\left.\begin{aligned} x' &= |\mathbf{a}| \cos(\phi+120°) = -\frac{1}{2}x - \frac{\sqrt{3}}{2}y \\ y' &= |\mathbf{a}| \sin(\phi+120°) = \frac{\sqrt{3}}{2}x - \frac{1}{2}y \end{aligned}\right\}$$

写成矩阵形式就是

$$\begin{pmatrix} x' \\ y' \end{pmatrix} = \begin{pmatrix} -\frac{1}{2} & -\frac{\sqrt{3}}{2} \\ \frac{\sqrt{3}}{2} & -\frac{1}{2} \end{pmatrix} \begin{pmatrix} x \\ y \end{pmatrix}$$

与(4-11)式比较可知,等号右边的 2 阶方阵就是 $C_3$ 的矩阵表示

$$D(C_3) = \begin{pmatrix} -\frac{1}{2} & -\frac{\sqrt{3}}{2} \\ \frac{\sqrt{3}}{2} & -\frac{1}{2} \end{pmatrix}$$

同理可证

$$D(C_3^2) = \begin{pmatrix} -\frac{1}{2} & \frac{\sqrt{3}}{2} \\ -\frac{\sqrt{3}}{2} & -\frac{1}{2} \end{pmatrix}$$

由于 $x$ 轴位于 $\sigma_v^{(1)}$ 内,在 $\sigma_v^{(1)}$ 作用下 **i** 不变,**j** 变成-**j**,即

$$\sigma_v^{(1)} \mathbf{i} = \mathbf{i}$$

$$\sigma_v^{(1)} \mathbf{j} = -\mathbf{j}$$

写成矩阵形式就是

$$(\sigma_v^{(1)} \mathbf{i} \quad \sigma_v^{(1)} \mathbf{j}) = (\mathbf{i} \quad \mathbf{j}) \begin{pmatrix} 1 & 0 \\ 0 & -1 \end{pmatrix}$$

与(4-5)式比较可知

$$D(\sigma_v^{(1)}) = \begin{pmatrix} 1 & 0 \\ 0 & -1 \end{pmatrix}$$

$\sigma_v^{(2)}$ 与 $\sigma_v^{(1)}$ 间的二面角为 120°,**a** 与 $\sigma_v^{(2)}$ 的夹角为 $120° - \phi$,经相对于 $\sigma_v^{(2)}$ 的反映后,**a** 与 $x$ 轴的夹角变为 $\phi + 2 \times (120° - \phi) = 240° - \phi$,因此有

$$x' = |\mathbf{a}| \cos(240° - \phi) = -\frac{1}{2} x - \frac{\sqrt{3}}{2} y$$

$$y' = |\mathbf{a}| \sin(240° - \phi) = -\frac{\sqrt{3}}{2} x + \frac{1}{2} y$$

即

$$\begin{pmatrix} x' \\ y' \end{pmatrix} = \begin{pmatrix} -\frac{1}{2} & -\frac{\sqrt{3}}{2} \\ -\frac{\sqrt{3}}{2} & \frac{1}{2} \end{pmatrix} \begin{pmatrix} x \\ y \end{pmatrix}$$

于是

$$D(\sigma_{\mathrm{v}}^{(2)})=\begin{pmatrix}-\dfrac{1}{2} & -\dfrac{\sqrt{3}}{2}\\ -\dfrac{\sqrt{3}}{2} & \dfrac{1}{2}\end{pmatrix}$$

同理可证

$$D(\sigma_{\mathrm{v}}^{(3)})=\begin{pmatrix}-\dfrac{1}{2} & \dfrac{\sqrt{3}}{2}\\ \dfrac{\sqrt{3}}{2} & \dfrac{1}{2}\end{pmatrix}$$

对于恒等操作 $E$ 显然有 $x'=x,y'=y$,因此

$$D(E)=\begin{pmatrix}1 & 0\\ 0 & 1\end{pmatrix}$$

至此我们找出了以 **i**,**j** 为基的二维空间中 $C_{3\mathrm{v}}$ 群各对称操作的表示矩阵,并总结于表 4-3中,我们记这个二维表示为 $\Gamma_{3c}$利用矩阵的乘法规则可以验证这六个二维矩阵构成群,该群与 $C_{3\mathrm{v}}$ 群有相同的乘法表,二者存在一一对应的关系。所以 $\Gamma_3$ 与 $C_{3\mathrm{v}}$ 同构。

**表 4-3　$C_{3\mathrm{v}}$ 群的矩阵表示**

| | $E$ | $C_3$ | $C_3^2$ | $\sigma_{\mathrm{v}}^{(1)}$ | $\sigma_{\mathrm{v}}^{(2)}$ | $\sigma_{\mathrm{v}}^{(3)}$ |
|---|---|---|---|---|---|---|
| $\Gamma_1$ | (1) | (1) | (1) | (1) | (1) | (1) |
| $\Gamma_2$ | (1) | (1) | (1) | (−1) | (−1) | (−1) |
| $\Gamma_3$ | $\begin{pmatrix}1 & 0\\ 0 & 1\end{pmatrix}$ | $\begin{pmatrix}-\frac{1}{2} & -\frac{\sqrt{3}}{2}\\ \frac{\sqrt{3}}{2} & -\frac{1}{2}\end{pmatrix}$ | $\begin{pmatrix}-\frac{1}{2} & \frac{\sqrt{3}}{2}\\ -\frac{\sqrt{3}}{2} & -\frac{1}{2}\end{pmatrix}$ | $\begin{pmatrix}1 & 0\\ 0 & -1\end{pmatrix}$ | $\begin{pmatrix}-\frac{1}{2} & -\frac{\sqrt{3}}{2}\\ -\frac{\sqrt{3}}{2} & \frac{1}{2}\end{pmatrix}$ | $\begin{pmatrix}-\frac{1}{2} & \frac{\sqrt{3}}{2}\\ \frac{\sqrt{3}}{2} & \frac{1}{2}\end{pmatrix}$ |

$\Gamma_3$ 的表示矩阵具有以下特点:

$$\sum_{j=1}^{n} a_{jk}^{*}a_{jk}=1 \tag{4-16a}$$

$$\sum_{k=1}^{n} a_{jk}^{*}a_{jk}=1 \tag{4-16b}$$

$$\sum_{j=1}^{n} a_{jk}^{*}a_{jl}=0 \tag{4-16c}$$

$$\sum_{k=1}^{n} a_{jk}^{*}a_{ik}=0 \tag{4-16d}$$

也就是说,若以这样的矩阵的同一行(或列)元素作为矢量的分量,所得的 $n$ 个矢量是一组正交归一的矢量。具有这种性质的矩阵称为酉方阵。以酉方阵作为群的对

称操作的表示矩阵称为酉表示。本例中因为所有的矩阵元素都是实数,因此这些酉方阵还是正交方阵。利用对称操作不改变物体中任意两点间的距离,因而也不改变两个矢量的标积(内积)的性质,容易证明:凡是以一组正交归一的矢量为基矢量的表示矩阵都是正交方阵。换言之,以一组正交归一的矢量为基矢量的表示都是酉表示。若采用非正交基,所得的表示就不是酉表示。这种表示矩阵与同空间的酉表示的矩阵存在着相似变换的关系,它们是酉表示的等价表示。因为在 $n$ 维矢量空间中非正交归一的基矢量可以取任意多组,但独立的正交归一基矢量只有一组,所以在这一空间群的表示有无限多个,但它们都等价于一个酉表示。

不但矢量可以作为对称操作的基,函数也可以作为对称操作的基。我们先引入函数空间和基函数概念。

设函数集合 $F$ 满足

(1) 若函数 $f_i, f_j \in F$,$\lambda_1$ 和 $\lambda_2$ 为两个任意常数,则函数 $\lambda_1 f_1 + \lambda_2 f_2 \in F$;

(2) 定义有函数标量积 $\int f_i^* f_j d\tau$,积分遍及自变量的整个变化范围;

(3) 任何函数 $\psi \in F$ 可以用 $n$ 个线性无关的函数 $\phi_1, \phi_2, \cdots, \phi_n$ 的线性组合表示,即

$$\psi = \sum_{i=1}^{n} a_i \phi_i$$

则称 $F$ 是 $n$ 维函数空间,$\phi_1, \phi_2, \cdots, \phi_n$ 是该函数空间的一组基函数。满足 $\int \phi_i^* \phi_j d\tau = \delta_{ij}$ 的一组基函数称为正交归一化基函数。

容易证明,体系的一组简并波函数满足基函数的定义。例如氢原子的五个 $d$ 波函数 $d_2, d_1, d_0, d_{-1}$ 及 $d_{-2}$ 可作为五维函数空间的一组基函数,而且是正交归一的,任何一个主量子数相同的 $d$ 波函数(如 $d_{xy}$)可以用它们的线性组合来表示。

对称操作 $R$ 将空间的点 $P$ 移到点 $P'$,函数形式也由原来的 $f$ 变为 $f' = Rf$,$f'$ 在 $P'$ 的值应等于 $f$ 在 $P$ 点的值,这是因为在空间定义一个函数 $f$ 就等于在空间规定了一个场,对称操作 $R$ 作用于 $f$ 等于场的变换。这样一来,$P$ 点移到了 $P'$ 点,函数值并未变。例如将正八面体络合物绕 $z$ 轴(主轴 $C_4$ 与它重合)逆时针转 45°,$d_{x^2-y^2}$ 轨道就变成了 $d_{xy}$ 轨道,函数形式变了,但 $d_{xy}$ 在 $(r, \theta, \phi + 45°)$ 的值等于 $d_{x^2-y^2}$ 在 $(r, \theta, \phi)$ 的值。于是

$$Rf(P') = f(P) \tag{4-17}$$

因为

$$P' = RP$$

所以(4-17)式又可以写成

$$Rf(P) = f(R^{-1}P) \tag{4-18}$$

**例 1**　$d_{x^2-y^2}$ 波函数的$\Phi(\phi)$部分可写为$\sqrt{\frac{1}{2}}(e^{i2\phi}+e^{-i2\phi})$，若绕 $z$ 轴逆时针方向转动$\frac{\pi}{4}$，求转动以后函数形式。

**解**　将分子绕 $z$ 轴转动 $\alpha=\frac{\pi}{4}$ 后，$\phi$ 就变成$\phi+\frac{\pi}{4}$，即

$$RP(r,\theta,\phi)=P\left(r,\theta,\phi+\frac{\pi}{4}\right)$$

$$R^{-1}P(r,\theta,\phi)=P\left(r,\theta,\phi-\frac{\pi}{4}\right)$$

所以

$$R\sqrt{\frac{1}{2}}(e^{i2\phi}+e^{-i2\phi})=\sqrt{\frac{1}{2}}[e^{i2(\phi-\frac{\pi}{4})}+e^{-i2(\phi-\frac{\pi}{4})}]$$

$$=\sqrt{\frac{1}{2}}[e^{-i\frac{\pi}{2}}e^{i2\phi}+e^{i\frac{\pi}{2}}e^{i2\phi}]=-i\sqrt{\frac{1}{2}}(e^{i2\phi}-e^{-i2\phi})$$

这就是说，若将分子绕 $z$ 轴沿逆时针方向转动$\frac{\pi}{4}$角（即 $C_4$ 操作），函数$\sqrt{\frac{1}{2}}(e^{i2\phi}+e^{-i2\phi})$就变成$-i\sqrt{\frac{1}{2}}(e^{i2\phi}-e^{-i2\phi})$，后者就是 $d_{xy}$ 波函数的$\Phi(\phi)$。同理

$$R\left[-i\sqrt{\frac{1}{2}}(e^{i2\phi}-e^{-i2\phi})\right]=-\sqrt{\frac{1}{2}}(e^{i2\phi}+e^{-i2\phi})$$

综合起来就是

$$R\begin{pmatrix}d_{x^2-y^2}\\d_{xy}\end{pmatrix}=\begin{pmatrix}d_{xy}\\-d_{x^2-y^2}\end{pmatrix}$$

显然

$$\begin{pmatrix}0&1\\-1&0\end{pmatrix}\begin{pmatrix}d_{x^2-y^2}\\d_{xy}\end{pmatrix}=\begin{pmatrix}d_{xy}\\-d_{x^2y^2}\end{pmatrix}$$

所以对称操作 $C_4$ 在以 $d_{x^2-y^2}$ 和 $d_{xy}$ 为基函数时的表示矩阵就是$\begin{pmatrix}0&1\\-1&0\end{pmatrix}$。

**例 2**　求函数 $x^2-y^2$ 和 $xy$ 在 $C_{3v}$ 群的对称操作 $C_3$ 的作用下的变换性质。

**解**　由表 4-3 知

$$D(C_3)=\begin{pmatrix}-\frac{1}{2}&-\frac{\sqrt{3}}{2}\\\frac{\sqrt{3}}{2}&-\frac{1}{2}\end{pmatrix}$$

因此

$$D(C_3^{-1})\begin{pmatrix}-\frac{1}{2} & -\frac{\sqrt{3}}{2}\\ \frac{\sqrt{3}}{2} & -\frac{1}{2}\end{pmatrix}^{-1}=\begin{pmatrix}-\frac{1}{2} & \frac{\sqrt{3}}{2}\\ -\frac{\sqrt{3}}{2} & -\frac{1}{2}\end{pmatrix}$$

$$D(C_3^{-1})\begin{pmatrix}x\\ y\end{pmatrix}=\begin{pmatrix}-\frac{1}{2}x+\frac{\sqrt{3}}{2}y\\ -\frac{\sqrt{3}}{2}x-\frac{1}{2}y\end{pmatrix}$$

由(4-18)式得

$$C_3(x^2-y^2)=\left(-\frac{1}{2}x+\frac{\sqrt{3}}{2}y\right)^2-\left(-\frac{\sqrt{3}}{2}x-\frac{1}{2}y\right)^2$$
$$=-\frac{1}{2}(x^2-y^2)-\sqrt{3}xy$$

同理

$$C_3(xy)=\frac{\sqrt{3}}{4}(x^2-y^2)-\frac{1}{2}xy$$

由此可见，$x^2-y^2$ 与 $xy$ 均不能单独构成$C_{3v}$群的基函数，但是$(x^2-y^2,2xy)$合起来可以构成 $C_{3v}$ 的二维表示的基函数（$xy$ 前引入因子 2 是出于正交归一化的考虑）。读者不难验证，以函数 $x^2-y^2$ 和 $2xy$ 为基的表示与以 **i**，为基的表示相同。

微分转动算符是一类常用的基函数，它们的定义是

$$\left.\begin{aligned}R_x&=y\frac{\partial}{\partial z}-z\frac{\partial}{\partial y}\\ R_y&=z\frac{\partial}{\partial x}-x\frac{\partial}{\partial z}\\ R_z&=x\frac{\partial}{\partial y}-y\frac{\partial}{\partial x}\end{aligned}\right\}\tag{4-19}$$

$R_x$、$R_y$ 和 $R_z$ 可视为沿 $x$、$y$ 和 $z$ 轴的三个转动，如图 4-6 所示。沿任何轴的转动可以分解成沿 $x$、$y$、$z$ 轴的三个转动的矢量和。

若以 $C_{3v}$ 群的对称操作作用于 $R_z$，容易看出，操作 $E$,$C_3$,$C_3^2$ 置 $R_z$ 于不变，而操作 $\sigma_v^{(1)}$、$\sigma_v^{(2)}$、$\sigma_v^{(3)}$ 使 $R_z$ 变号，即反向，因此 $R_z$ 可以作为 $C_{3v}$ 群的另一个一维表示的基，相应于$E$,$C_3$,$C_3^2$,$\sigma_v^{(1)}$,$\sigma_v^{(2)}$,$\sigma_v^{(3)}$ 的表示矩阵为(1),(1),(1),(−1),(−1),(−1)，我们记这个表示为 $\Gamma_2$。可以证明，$(R_x,R_y)$ 构成 $C_{3v}$ 群的另一个二维表示的基，这个二维表示与以(**i**,**j**) 为基的二维表示 $\Gamma_3$ 等价。

### 3. 不可约表示

现在考虑$C_{3v}$群的三维表示。取 **i**,**j**,**k** 为基，因为 **k** 单独变换，**i** 和 **j** 牵连在一起，

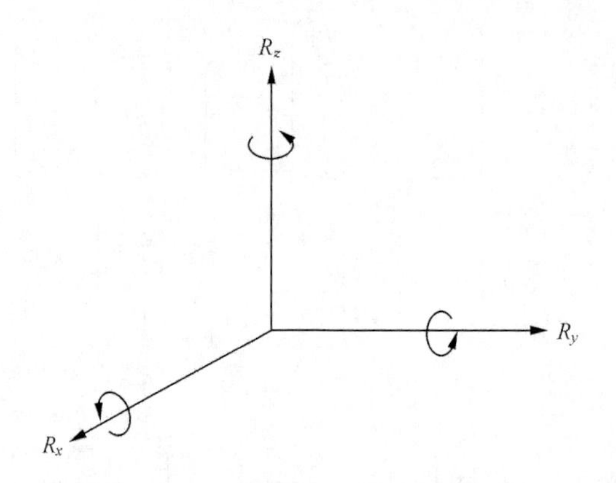


图 4-6 转动函数 $R_x$、$R_y$ 和 $R_z$

所以变换方程必为

$$(R\mathbf{i} \quad R\mathbf{j} \quad R\mathbf{k}) = (\mathbf{i} \quad \mathbf{j} \quad \mathbf{k})\begin{pmatrix} a_{11} & a_{12} & 0 \\ a_{21} & a_{22} & 0 \\ 0 & 0 & a_{33} \end{pmatrix}$$

所有操作的表示矩阵都有如下的准对角结构

$$\left(\begin{array}{cc:c} a_{11} & a_{12} & 0 \\ a_{21} & a_{22} & 0 \\ \hdashline 0 & 0 & a_{33} \end{array}\right) \tag{4-20}$$

就是说,矩阵中主对角线上有维数较低的方阵,其余元素都是零。我们记这一表示为 $\Gamma_4$。$\Gamma_4$ 表示矩阵的分块结构中,二维子方阵就是 $\Gamma_3$ 的表示矩阵,一维方阵就是 $\Gamma_1$ 的表示矩阵,亦即 $\Gamma_4$ 是由 $\Gamma_1$ 和 $\Gamma_3$ 构成的,我们称 $\Gamma_4$ 是 $\Gamma_1$ 和 $\Gamma_2$ 的直和,并记为

$$\Gamma_4 = \Gamma_1 \oplus \Gamma_3 \tag{4-21}$$

同理,若以 $R_x, R_y, R_z$ 为基,所得的三维表示 $\Gamma_5$,也有类似的形式,且

$$\Gamma_5 = \Gamma_2 \oplus \Gamma_3$$

若一个维数较高的表示可以分解为维数较低的表示的直和,则称它是一个可约表示,若不能再分解,则称它是不可约表示。

一般而言,对于任意给定的基,矩阵表示不具有准对角形式,但可以通过相似变换准对角化。若能经过相同的相似变换将群的所有操作的表示矩阵同时准对角化,且各表示矩阵准对角化后具有相似的分块结构,原矩阵就是可约的,否则就是不可约的。

群的可约表示可以有无穷多个,但不可约表示的数月却有限(等于群中共轭类的数目)。这种情况类似于 $n$ 维矢量空间中的矢量。在这个空间中可以有无限多个矢量,但只有 $n$ 个正交归一化的基矢量。如同我们可以将任意矢量表示成基矢

量的线性组合一样，我们也可以将群的任一个表示约化成不可约表示的直和。

**4. 特征标和特征标表**

一个方阵的对角元素之和称为方阵的迹，记为 $\chi$

$$\chi = \sum_{i=1}^{n} a_{ii} \tag{4-22}$$

一般来说，矩阵的乘法不满足交换律，即 $AB \neq BA$，但是两个方阵的乘积的迹 $\chi_{AB}$ 却与相乘的次序无关，即

$$\chi_{AB} = \chi_{BA} \tag{4-23}$$

利用上式容易证明，相似变换不改变方阵的迹，即

$$\chi_A = \chi_{C^{-1}AC} \tag{4-24}$$

方阵的迹具有这种与相似变换无关的性质，可以作为一个方阵的特征，因此 $\chi$ 又称为方阵的特征标。

如前所述，任何表示可以等价于一个酉表示。将一个表示经相似变换后化成一个酉表示的过程中，特征标不会改变。因此等价表示具有相同的特征标。

设可约表示 $\Gamma$ 可以约化为几个不可约表示的直和

$$\Gamma = a_1\Gamma_1 \oplus a_2\Gamma_2 \oplus a_3\Gamma_3 \oplus \cdots$$

则

$$\chi_\Gamma = a_1\chi_{\Gamma_1} + a_2\chi_{\Gamma_2} + a_3\chi_{\Gamma_3} + \cdots \tag{4-25}$$

这是因为将可约表示约化成准对角方阵的过程中特征标不变。

这样一来，对于一个群，只要找出它的不可约表示就够了，而且一般不需要知道这些不可约表示的矩阵元素，它们的特征标就可以刻画该表示的特征。将不可约表示的特征标按一定的规格列成表，称为群的特征标表。下面以 $C_{3v}$ 群的特征标表(表 4-4)为例，说明特征标表的结构。

**表 4-4　$C_{3v}$ 群的特征标表**

| $C_{3v}$ | $E$ | $2C_3$ | $3\sigma_v$ | | |
|---|---|---|---|---|---|
| $A_1$ | 1 | 1 | 1 | $z$ | $x^2+y^2, z^2$ |
| $A_2$ | 1 | 1 | −1 | $R_z$ | |
| $E$ | 2 | −1 | 0 | $(x,y),(R_x,R_y)$ | $(x^2-y^2,xy),(xz,yz)$ |

表的左上角是群的熊夫里(A. M. Schönflies)记号①。表的第一栏是不可约表示的名字，用 $A$，$B$ 标记一维不可约表示，对于绕主轴的旋转 $C_n$ 是对称的，则用 $A$，

① 本章使用点群的熊夫里记号，另外还有一种符号系统，称为国际符号。前者在讨论分子结构和分子光谱时用得较多，后者在讨论晶体结构中用得较多。

否则用 $B$。用 $E,T$(或 $F$),$U$(或 $G$),$W$(或 $H$)分别标记二、三、四、五维不可约表示。如果有对称中心,则用"$g$"或"$u$"标记对反演是对称的或反对称的。如果有水平镜面 $\sigma_h$,则用一撇和二撇表示对于 $\sigma_h$ 的反映是对称的或反对称的。若同时有对称中心和水平镜面时,优先用前者。用这些标记还不足以区分全部表示时,再加下标 1,2,…。对于一维表示 $A$ 和 $B$,下标 1 和 2 分别标记对垂直于主轴的 $C_2$ 轴是对称的或反对称的。如果没有二重轴,就标记对垂直镜面 $\sigma_v$ 的反映是对称的或反对称的。对于三维表示 $T$,下标 1 和 2 分别标记对四重轴($C_4$ 或 $S_4$)的特征标为 $+1$或$-1$。对于二维表示 $E$ 的下标数字的来历,因涉及以三角函数为基函数,就不拟讨论了。

表的第二栏是对称操作的矩阵表示的特征标。由于属于同一类的所有群元素有相同的特征标,因此不必列出该类的全部元素,而只标出这个共轭类的阶数。例如 $\sigma_v^{(1)},\sigma_v^{(2)},\sigma_v^{(3)}$ 属于同一共轭类,共有三个元素,就用 $3\sigma_v$ 表示。恒等元素的特征标总是等于该表示的维数。任何群必有一个在所有对称操作下都是对称的一维表示,称为全对称表示或主表示。$C_{3v}$群的 $A_1$ 表示就是全对称表示。

表的第三栏是不可约表示的基,计有 $\mathbf{i},\mathbf{j},\mathbf{k},R_x,R_y,R_z$。因函数 $x,y,z$ 在对称操作下分别和 $\mathbf{i},\mathbf{j},\mathbf{k}$ 具有相同的变换性质,就用前者代替后者。

表的第四栏列出了一些坐标的平方或二元积函数。表 4-4 中在不可约表示 $E$ 这一行的第四栏里列入了$(x^2-y^2,xy)$和$(xz,yz)$,说明这两组函数在 $C_{3v}$的对称操作下按不可约表示 $E$ 变换,或者说它们属于不可约表示 $E$,它们都可以充当不可约表示 $E$ 的基函数。标出这些函数是很有用的。因为 $d_z^2,d_{x^2-y^2},d_{xy},d_{yz},d_{xz}$ 分别和 $z^2,x^2-y^2,xy,yz,xz$ 具有相同的变换性质,所以 $d_z^2$ 属 $A_1$,表示,$(d_{x^2-y^2},d_{xy})$和$(d_{\tau z},d_{yz})$属于 $E$ 表示。同理 $p_z$ 属 $A_1$,表示,$(p_x,p_y)$属 $E$ 表示。

常见点群的特征标表列于本书附录Ⅱ中。

### 5. 不可约表示的性质

群的不可约表示有以下几个重要性质①:

(1) 由 $h$ 阶群的每个不可约表示的特征标为分量构成的"特征标矢量"的长度为$\sqrt{h}$,任意两个不同的不可约表示的"特征标矢量"相互正交,即

$$\sum_{j=1}^{h}[\chi^{(\mu)}(R_j)]^*\chi^{(\nu)}(R_j)=h\delta_{\mu\nu} \tag{4-26}$$

上式中 $\mu$ 和 $\nu$ 代表群的第 $\mu$ 个和第 $\nu$ 个不可约表示,$R_j$ 代表第 $j$ 个群元素。如果令 $m_k$ 为群的第 $k$ 个共轭类(其代表性对称操作记为 $R_k$)的阶(即元素数目),则(4-26)式可写为

① 关于(1)和(2)的证明请参看本章末所列的参考书。

$$\sum_k [\chi^{(\mu)}(R_k)]\chi^{(\nu)}(R_k)m_k = h\delta_{\mu\nu} \tag{4-27}$$

(2) 由 $h$ 阶群的同一类操作在不同的不可约表示中的特征标为分量可以组成另一类“特征标矢量”，其长度为$\sqrt{\dfrac{h}{m_k}}$，$m_k$ 为该共轭类的阶。不同共轭类的“特征标矢量”相互正交，即

$$\sum_\mu [\chi^{(\mu)}(R_k)]^* \chi^{(\mu)}(R_l) = \frac{h}{\sqrt{m_k \cdot m_l}}\delta_{kl} \tag{4-28}$$

上式中 $k$ 和 $l$ 为群的第 $k$ 个和第 $l$ 个共轭类。

(3) $h$ 阶群的任一不可约表示的特征标的平方和等于 $h$，即

$$\sum_{j=1}^{h} [\chi^{(\mu)}(R_j)]^2 = h \tag{4-29}$$

实际上，令(4-26)式的 $\mu=\nu$，就得到(4-29)式。

(4) 群的不可约表示的维数的平方和等于群的阶 $h$，即

$$\sum_\mu l_\mu^2 = l_1^2 + l_2^2 + \cdots = h \tag{4-30}$$

这是因为每个群必然有恒等元素 $E$，$E$ 的表示矩阵一定是个单位矩阵，其特征标就等于不可约表示的维数。

(5) 群的不可约表示的数目等于群的共轭类的数目。

读者可以表 4-4$C_{3v}$，群的特征标表为例验证上述结论的正确性。

利用不可约表示的上述性质可以写出任何对称操作群的特征标表。以 $C_{3v}$ 群为例，它有三个共轭类，因此预计有三个不可约表示。根据性质(4)，只有 $l_1=1$，$l_2=1$，$l_3=2$ 一种可能，因为 $1^2+1^2+2^2=6$。每一个群必然有一个全对称表示，指定第一个一维表示 $\Gamma_1$ 为全对称表示，它的特征标必然是 $1(E)$，$1(2C_3)$，$1(3\sigma_v)$。每个群必然有对称元素 $E$，它的表示矩阵的特征标等于不可约表示的维数，所以 $\chi^{(1)}(E)=1$，$\chi^{(2)}(E)=1$，$\chi^{(3)}(E)=2$。最后利用性质(1)和(2)，就可以找出其他的特征标。按照前面讲的不可约表示的记号规则可以确定 $\Gamma_1$ 是 $A_1$，$\Gamma_2$ 是 $A_2$，$\Gamma_3$ 是 $E$。

利用“特征标矢量”的性质可以计算出在一个可约表示 $\Gamma$ 中含某一不可约表示 $\Gamma_\mu$ 的数目 $a_\mu$。设在可约表示 $\Gamma$ 中对应于第 $j$ 个对称操作的表示矩阵的特征标为$\chi(R_j)$，由(4-25)式可知

$$\chi(R_j) = \sum_\nu a_\nu \chi \quad (R_j)$$

上式两边左乘$[\chi^{(\mu)}(R_j)]^*$，并对 $j$ 求和，

$$\sum_j [\chi^{(\mu)}(R_j)]^* \chi(R_j) = \sum_j \sum_\nu a_\nu [\chi^{(\mu)}(R_j)]^* \chi^{(\nu)}(R_j)$$

$$= \sum_{\nu} a_{\nu} \sum_{j} [\chi^{(\mu)}(R_j)]^* \chi^{(\nu)}(R_j)$$

$$= \sum_{\nu} a_{\nu} h\delta_{\mu\nu} = a_{\mu}h$$

所以

$$\sigma_{\mu} = \frac{1}{h}\sum_{j}[\chi^{(\mu)}(R_j)]^* \chi(R_j) \quad (4\text{-}31)$$

用群论解决化学问题经常碰到的一个问题是将可约表示约化成不可约表示的直和,下面还是以 $C_{3v}$ 群为例,说明如何用(4-31)式进行约化。表 4-5 列出两个可约表示 $\Gamma_a$ 和 $\Gamma_b$ 的特征标。

**表 4-5**

| $C_{3v}$ | $E$ | $2C_3$ | $3\sigma_v$ |
|---|---|---|---|
| $A_1$ | 1 | 1 | 1 |
| $A_2$ | 1 | 1 | −1 |
| $E$ | 2 | −1 | 0 |
| $\Gamma_a$ | 5 | 2 | −1 |
| $\Gamma_b$ | 7 | 1 | −3 |

对于 $\Gamma_a$ 有

$$a_1 = \frac{1}{6}[1\times 5\times 1 + 1\times 2\times 2 + 1\times(-1)\times 3] = 1$$

$$a_2 = \frac{1}{6}[1\times 5\times 1 + 1\times 2\times 2 + (-1)\times(-1)\times 3] = 2$$

$$a_3 = \frac{1}{6}[2\times 5\times 1 + (-1)\times 2\times 2 + 0\times(-1)\times 3] = 1$$

所以

$$\Gamma_a = A_1 \oplus 2A_2 \oplus E$$

对于 $\Gamma_b$ 有

$$a_1 = \frac{1}{6}[1\times 7\times 1 + 1\times 1\times 2 + 1\times(-3)\times 3] = 0$$

$$a_2 = \frac{1}{6}[1\times 7\times 1 + 1\times 1\times 2 + (-1)\times(-3)\times 3] = 3$$

$$a_3 = \frac{1}{6}[2\times 7\times 1 + (-1)\times 1\times 2 + 0\times(-3)\times 3] = 2$$

所以

$$\Gamma_b = 3A_2 \oplus 2E$$

### 6. 波函数作为不可约表示的基

对称操作使分子进入等价构型，分子的能量不变。由此可见，分子的哈密顿算符属于分子所属点群的全对称表示。

若 $\psi_i$ 是体系的一个非简并本征函数，在对称操作下变为 $\psi_i'$。因为对称操作不改变体系的能量，所以 $\psi_i'$ 与 $\psi_i$ 描述的是同一个状态，它们之间必有 $\psi_i'=k\psi_i$。归一化要求 $k=\pm1$。由此可见，非简并本征函数构成体系所属点群的一维表示的基，每个对称操作的表示矩阵都等于 1 或 $-1$。一维表示是不可约的。

若 $\psi_i, \psi_2, \cdots, \psi_f$ 是分子的一组 $f$ 重简并本征函数，在对称操作下变为 $\psi_1'$，$\psi_2', \cdots, \psi_f'$，它们仍然简并，对应的本征值 $E$ 不变。因此，它们中间的每一个必定是 $\psi_1, \psi_2, \cdots, \psi_f$ 的某个线性组合（态叠加原理）。根据基函数的定义，这 $f$ 个简并本征函数 $\psi_1, \psi_2, \cdots, \psi_f$ 可以作为分子所属点群的 $f$ 维表示的基。这个 $f$ 维表示一定是不可约的。否则对称操作可以将这 $f$ 个本征函数分成若干组，每组单独变换，可以对应于不同的能量，这与简并的前提相矛盾。

因此我们可以得出结论：一个分子的本征函数是该分子所属点群的不可约表示的基，属于同一本征能量的所有本征函数必定属于同一个不可约表示，属于不同的不可约表示的本征函数能量必定不同。但属于同一不可约表示的几组波函数分属不同的能级。

### 7. 直积

两个方阵相乘可以按两种方法进行。两个 $m$ 维方阵 $A$ 和 $B$ 按一般的矩阵乘法规则相乘得到 $m$ 维方阵 $C$，即 $G$ 的矩阵元素 $C_{ij}$ 为

$$C_{ij} = \sum_{k=1}^{m} a_{ik} b_{kj}$$

称 $C$ 是 $A$，$B$ 的内积。一个 $m$ 维方阵 $P$ 与一个 $n$ 维方阵 $Q$ 可以通过“直接相乘”（即 $P$ 的每一个元素都乘以方阵 $Q$）的方法得到一个 $(m\times n)$ 维方阵 $R$，$R$ 称为 $P$ 与 $Q$ 的直积，记为

$$R = P \otimes Q \tag{4-32}$$

例如

$$P = \begin{pmatrix} p_{11} & p_{12} \\ p_{21} & p_{22} \end{pmatrix}, \quad Q = \begin{pmatrix} q_{11} & q_{12} \\ q_{21} & q_{22} \end{pmatrix}$$

$$P \otimes Q = \begin{pmatrix} p_{11}Q & p_{12}Q \\ p_{21}Q & p_{22}Q \end{pmatrix} = \begin{pmatrix} p_{11}q_{11} & p_{11}q_{12} & p_{12}q_{11} & p_{12}q_{12} \\ p_{11}q_{21} & p_{11}q_{22} & p_{12}q_{21} & p_{12}q_{22} \\ p_{21}q_{11} & p_{21}q_{12} & p_{22}q_{11} & p_{22}q_{12} \\ p_{21}q_{21} & p_{21}q_{22} & p_{22}q_{21} & p_{22}q_{22} \end{pmatrix}$$

若将 $R$ 写成如下形式

$$R = \begin{pmatrix} r_{1111} & r_{1112} & r_{1121} & r_{1122} \\ r_{1211} & r_{1212} & r_{1221} & r_{1222} \\ r_{2111} & r_{2112} & r_{2121} & r_{2122} \\ r_{2211} & r_{2212} & r_{2212} & r_{2222} \end{pmatrix}$$

显然

$$r_{ii'jj'} = p_{ij} q_{i'j'} \tag{4-33}$$

直积一般不满足交换律，即

$$P \otimes Q \neq Q \otimes P \tag{4-34}$$

直积方阵的迹等于单个方阵的迹的乘积，即

$$\chi_{P\otimes Q} = \chi_P \chi_Q \tag{4-35}$$

这是因为直积方阵的对角元素是 $r_{ijij} = p_{ii} q_{jj}$

$$\chi_{P\otimes Q} = \sum_{i=1}^{m} \sum_{j=1}^{m} p_{ii} q_{jj} = \sum_{i=1}^{m} p_{ii} \sum_{j=1}^{m} q_{jj} = \chi_Q \sum_{i=1}^{m} p_{ii} = \chi_P \chi_Q$$

设 $R$ 是分子所属点群的一个对称操作，$\alpha_1, \alpha_2, \cdots, \alpha_m$ 和 $\beta_1, \beta_2, \cdots, \beta_n$ 是分子两组简并波函数(允许两组等同)，如前所述，它们构成该点群的 $m$ 维和 $n$ 维不可约表示的基。设 $R$ 在这两个不可约表示中的表示矩阵分别为 $P_\alpha$ 和 $R_\beta$，则

$$(R\alpha_1 R\alpha_2 \cdots R\alpha_m) = (\alpha_1 \alpha_2 \cdots \alpha_m) R_\alpha$$

$$(R\beta_1 R\beta_2 \cdots R\beta_n) = (\beta_1 \beta_2 \cdots \beta_m) R_\beta$$

因此

$$R\alpha_i = \sum_{j=1}^{m} (R_\alpha)_{ji} \alpha_j \quad R\beta_k = \sum_{l=1}^{n} (R_\beta)_{lk} \beta_l \tag{4-36}$$

考虑乘积波函数 $\alpha_i\beta_k$(一共有 $m\times n$ 个)在 $R$ 操作下的变换

$$\begin{aligned} R\alpha_i\beta_k = R\alpha_i R\beta_k &= \sum_{j=1}^{m} (R_\alpha)_{ji} \alpha_j \sum_{l=1}^{n} (R_\beta)_{lk} \beta_l \\ &= \sum_{j=1}^{m} \sum_{l=1}^{n} (R_\alpha)_{ji} (R_\beta)_{lk} \alpha_j \beta_l \\ &= \sum_{j=1}^{m} \sum_{l=1}^{n} (R_\gamma)_{jl,ik} \alpha_i \beta_l \end{aligned} \tag{4-37}$$

与(4-33)式比较可知，方阵 $R_\gamma$ 是方矩 $R_\alpha$ 和 $R_\beta$ 的直积

$$R_\gamma = R_\alpha \otimes R_\beta \tag{4-38}$$

上式说明，两组简并波函数 $\alpha_1, \alpha_2, \cdots, \alpha_m$ 和 $\beta_1, \beta_2, \cdots, \beta_n$ 的乘积波函数 $\alpha_1\beta_1$, $\alpha_1\beta_2, \cdots, \alpha_1\beta_n, \alpha_2\beta_1, \cdots, \alpha_2\beta_n, \cdots, \alpha_m\beta_1, \cdots, \alpha_m\beta_n$ 构成分子所属点群的一组 $m\times n$ 维表示的基，它是以 $\alpha_1, \alpha_2, \cdots, \alpha_m$ 为基的不可约表示与以 $\beta_1, \beta_2, \cdots, \beta_n$ 为基的不可约表示的直积。直积表示一般是可约表示。(4-35)式说明，直积表示的特征标等于单

个表示的特征标的乘积。利用(4-35)式和(4-31)式可以将直积表示约化为不可约表示的直和。以 $C_{3v}$ 群为例，$A_1 \otimes A_2 = A_2$，$A_1 \otimes E = A_2 \otimes E = E$，$E \otimes E = A_1 \oplus A_2 \oplus E$。

直积表示在计算分子积分时特别有用。例如在用变分法处理氢分子离子时要计算重叠积分 $\int \psi_a^* \psi_b d\tau$ 及键积分 $\int \psi_a^* \hat{\mathbf{H}} \psi_b d\tau$，在决定两个状态 $\psi_i$ 和 $\psi_f$ 间跃迁几率时要计算矩阵元 $\int \psi_i^* x \psi_f d\tau$。利用直积定理可以判断在什么条件下上述类型的积分有非零值。

要使积分 $\int_{-\infty}^{+\infty} f(x) dx$ 有非零值，$f(x)$ 必须是偶函数，或者当 $f(x)$ 等于若干项之和时，其中至少有一项是偶函数。换言之，当进行坐标反演 $x \rightarrow -x$ 时，仅当 $f(x)$ 是对称的，或者包含有对称项的和时，上述积分才有非零值。如将这一概念推广到积分

$$\int \psi_a \psi_b d\tau \tag{4-39}$$

很明显，只有 $\psi_a \psi_b$ 在所有的对称操作下不变或包含有不变项的和时，或者说 $\psi_a \psi_b$ 是全对称的，或者展并项中包含有全对称项时，积分(4-39)才有非零值。这意味着 $\psi_a \psi_b$ 或者是分子所属点群的全对称表示的基，或者展开项中包含有全对称表示的基。前面已经指出，以 $\psi_a \psi_b$ 为基的直积表示 $\Gamma_{ab}$ 可以作为不可约表示的直和

$$\Gamma_{ab} = C_1 \Gamma_1 \oplus C_2 \Gamma_2 \oplus \cdots \tag{4-40}$$

只有上式右边含有全对称表示 $\Gamma_1$（即要求 $C_1 \neq 0$）时，积分(4-39)才有非零值。下面我们证明，只有不可约表示 $\Gamma_a$ 和 $\Gamma_b$。相等($a=b$)时，直积表示 $\Gamma_{ab}$ 才包含全对称表示。

根据(4-31)式，全对称表示 $\Gamma_1$ 在直积表示 $\Gamma_{ab}$ 出现的次数为

$$C_1 = \frac{1}{h} \sum_j [\chi^{(1)}(R_j)]^* \chi^{(ab)}(R_j) = \frac{1}{h} \sum_j \chi^{(ab)}(R_j)$$

这是因为全对称表示的所有特征标都是1。根据直积表示的特征标等于单个表示的特征标的乘积[(4-35)式]，得

$$C_1 = \frac{1}{h} \sum_j \chi^{(a)}(R_j) \chi^{(b)}(R_j) \tag{4-41}$$

利用“特征标矢量”的正交性质[(4-26)式]

$$C_1 = \delta_{ab}$$

由此可见，只有 $a=b$ 时，$C_1 \neq 0$。于是得出结论：只有 $\psi_a$ 和 $\psi_b$ 属于同一个不可约表示时，积分 $\int \psi_a \psi_b d\tau$ 才有非零值。

同理，若 $\hat{\mathbf{F}}$ 是一个量子力学算符，积分

$$\int \psi_a^* \hat{\mathbf{F}} \psi_b d\tau$$

有非零值的条件是 $\Gamma_a \otimes \Gamma_b$ 包含有 $\Gamma_{\hat{F}}$。

**8. 对称性匹配函数和投影算符**

在分子轨道理论中，分子轨道是原子轨道的线性组合。例如苯分子的 $\pi$ 轨道是由垂直于分子平面的六个 $p$ 轨道线性组合构成的。前面曾经指出，分子轨道（即分子波函数）应该是分子所属点群的不可约表示的基，因此要求这些原子轨道的线性组合满足分子点群不可约表示的基的要求，或者说属于分子点群的不可约表示。在两个原子间生成化学键时，要求参与成键的原子轨道具有相同的对称性，即属于分子的同一个不可约表示，否则键积分 $\int \psi_a^* \hat{\mathbf{H}} \psi_b d\tau$ 为零。我们称按分子点群不可约表示变换的波函数或波函数的线性组合为对称性匹配函数。以 $\mathbf{NH_3}$ 为例（图 4-4），三个 **H** 原子的三个 $\sigma$ 轨道 $\sigma_1, \sigma_2, \sigma_3$，和 **N** 的原子轨道组成分子轨道。为了找出对称性匹配的线性组合[①]，首先用 $\sigma_1, \sigma_2, \sigma_3$ 为基，求出分子所属点群 $C_{3v}$ 的表示的特征标。恒等操作置 $\sigma_1, \sigma_2, \sigma_3$ 于不变，因此 $\chi(E)=3$。操作 $C_3$ 使它们互换位置，因此 $\chi(C_3)=0$。相对于任一垂直镜面反映置镜面内的一个 $\sigma$ 轨道于不变，另外两个互换位置，因此 $\chi(\sigma_v)=1$。因为 $C_{3v}$ 群的不可约表示的最高维数是 2，显然这是一个可约表示 $\Gamma$。利用(4-31)式可将 $\Gamma$ 约化为 $A_1 \oplus E$。这就是说，用三个 $\sigma$ 轨道组合，其中有一个必须属于 $A_1$，另外两个属于 $E$。为了找出这些线性组合，可以使用投影算符技术。第 $j$ 个不可约表示（这里指 $A_1$ 或 $E$）的投影算符的主要部分（即不包括系数）$\hat{\mathbf{P}}^{(j)}$ 为

$$\hat{\mathbf{P}}^{(j)} \sim \sum_R \chi^{(j)}(R) \hat{\mathbf{R}} \tag{4-42}$$

以 $\hat{\mathbf{P}}^{(j)}$ 作用于可约表示 $\Gamma$ 的一个基，便可以将其中包含的不可约表示 $\Gamma_j$ 的基“投影”出来。例如对于不可约表示 $A_1$ 有

$$\begin{aligned} \hat{\mathbf{P}}^{(A_1)} \sim & \chi^{(A_1)}(E)\hat{\mathbf{E}} + \chi^{(A_1)}(C_3)\hat{\mathbf{C}}_3 + \chi^{(A_1)}(C_3^2)\hat{\mathbf{C}}_3^2 \\ & + \chi^{(A_1)}(\sigma_v^{(1)})\hat{\sigma}_v^{(1)} + \chi^{A_1}(\sigma_v^{(2)})\hat{\sigma}_v^{(2)} + \chi^{(A_1)}(\sigma_v^{(3)})\hat{\sigma}_v^{(3)} \end{aligned}$$

以 $\hat{\mathbf{P}}^{(A_1)}$ 作用于 $\sigma_1$ 得

$$\hat{\mathbf{P}}^{(A_1)}\sigma_1 \sim \sigma_1 + \sigma_3 + \sigma_2 + \sigma_1 + \sigma_3 + \sigma_2$$

归一化后得到对称性匹配函数 $\phi_{A_1}$

$$\phi_{A_1} = \sqrt{\frac{1}{3}}(\sigma_1 + \sigma_2 + \sigma_3)$$

① symmetry-adapted linear combinations，简称 SALC。

同理，对不可约表示 $E$ 有

$$\hat{\mathbf{P}}^{(E)}\sigma_1 \sim 2\sigma_1 - \sigma_3 - \sigma_2$$

归一化后得到属于 $E$ 的一个对称性匹配函数 $\phi_E^{(1)}$

$$\phi_E^{(1)} = \sqrt{\frac{1}{6}}(2\sigma_1 - \sigma_2 - \sigma_3)$$

为了找出另一个属于 $E$ 的对称性匹配函数 $\phi_E^{(2)}$，我们用 $C_3$ 作用于 $\phi_E^{(1)}$，因为 $\phi_E^{(1)}$ 与 $\phi_E^{(2)}$ 为 $E$ 的基，因此对称操作的结果或者将 $\phi_E^{(1)}$ 变为它自身，或变为 $\phi_E^{(1)}$ 与 $\phi_E^{(2)}$ 的某个线性组合。暂时不考虑归一化因子，

$$\hat{\mathbf{C}}_3\phi_E^{(1)} \sim 2\sigma_3 - \sigma_1 - \sigma_2 = \frac{3}{2}(\sigma_3 - \sigma_2) - \frac{1}{2}(2\sigma_1 - \sigma_2 - \sigma_3)$$

所以 $\phi_E^{(2)} \sim \sigma_3 - \sigma_2$，归一化以后得

$$\phi_E^{(2)} = \sqrt{\frac{1}{2}}(\sigma_2 - \sigma_3)$$

至此，我们找出了三个 **H** 原子的 $\sigma$ 轨道的对称性匹配的线性组合。

利用投影算符技术求对称性匹配的线性组合的实质就在于：由原先的函数 $\sigma_1, \sigma_2, \sigma_3$ 变换成它们的线性组合 $\phi_{A_1}, \phi_E^{(1)}, \phi_E^{(2)}$ 是函数空间中基的变换。在新的基函数 $\phi_{A_1}, \phi_E^{(1)}, \phi_E^{(2)}$ 下，原先的基函数 $\sigma_1, \sigma_2, \sigma_3$ 可以表示成为它们的线性组合。换言之，它们都是这个空间的向量。用投影算符作用于它们，就相当于把一个向量向基向量投影，其结果求得了它们的分量。

## 参 考 书 目

1. 唐有祺，《对称性原理》(一)，科学出版社，1977。(二)，科学出版社，1979.
2. 徐光宪，黎乐民，《量子化学》(上册)，科学出版社，1981.
3. F. A. 科顿著，刘春万、游效曾、赖伍江译，《群论在化学中的应用》，科学出版社，1975.
4. D. M. 毕晓普著，新民，胡文海等译，《群论与化学》，高等教育出版社，1983.
5. H. 艾林、J. 沃尔特，G. E. 金布尔著，石宝林译，《量子化学》，科学出版社，1981.
6. C. D. H. 奇泽姆著，汪汉卿、王银桂译，《量子化学中的群论方法》，科学出版社，1981.
7. R. McWeeny, *Symmetry*, Pergamon, 1973.
8. H. H. Jaffe and M. Orchin, *Symmetry in Chemistry*, Wiley, 1967.
9. M. Hamermesh, *Group Theory ant its Application to Physical Problems*, Addison-Wesley, 1962.

## 问题与习题

1. 写出下列分子所属的点群：

(1) 二氯甲烷　$CH_2Cl_2$

(2) 反式二氯乙烯　*trans*-HClC=CHCl

(3) 乙烯　$H_2C=CH_2$

(4) 丙二烯　$H_2C=C=CH_2$

(5) 五氟合铀酰阴离子　$[UO_2F_5]^{3-}$(五角双锥)

(6) 氯苯　$C_6H_5Cl$

(7) 七氟化碘　$IF_7$(五角双锥)

(8) 1,3,5-三氯代苯

(9) 氰化氢　HCN

(10) 二氧化碳　$CO_2$

(11) 过氧化氢　$H_2O_2$

(12) 船式和椅式环己烷

(13) 正硼酸单体　$H_3BO_3$(平面型)

(14) 二(氯代环戊二烯基)合铁(Ⅱ)　$Fe(C_5H_4Cl)_2$(交错构型)

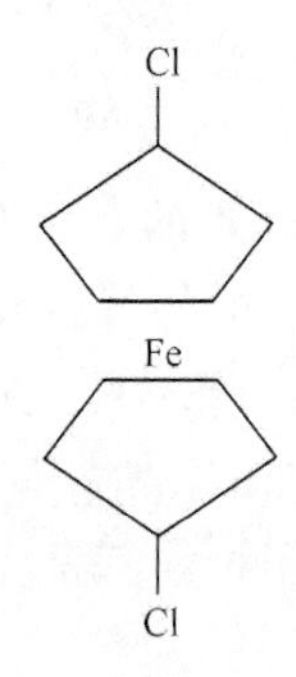


(15) 反-氯,溴,四氨合钴(Ⅲ)离子　*trans*-$[CoBrCl(NH_3)_4]$

2. 写出五阶群 $G_5$ 的乘法表。

3. 证明 $h$ 阶群的任意子群,它的阶 $g$ 必为 $h$ 的整数因子。

4. 证明 $h$ 阶群的任意共轭类,它的阶 $l$ 必为 $h$ 的整数因子。

5. 证明素数阶群的各个元素自成一类,这种群一定是阿贝尔群。

6. 六阶群的乘法表是否是唯一的?写出其所有可能的乘法表。

7. 从下列各个点群中增加或减少某对称元素,得到的群是什么?

(1) $C_3$ 群加 $i$

(2) $C_3$ 群加 $\sigma_h$

(3) $C_{3v}$ 加 $\sigma_h$

(4) $C_{\infty v}$ 加 $\sigma_h$

(5) $T_d$ 加 $i$

(6) $D_{3h}$ 减 $S_3$

(7) $O_h$ 减 $i$

(8) $S_4$ 群加 $i$

(9) $D_{3d}$ 减 $S_6$

(10) $O_h$ 减 $3C_3$

8. 证明 $C_{2v}$ 群与 $C_{2h}$ 群同构。

9. 写出 $D_{3h}$ 群的全部对称元素和对称操作，将对称操作分成共轭类，指出它所包含的子群。

10. 根据不可约表示的性质写出 $C_{2h}$ 群的特征标表。

11. $H_2O$ 分子属于 $C_{2v}$ 点群，指出在 $C_{2v}$ 群的对称操作作用下，氧原子上的 $2s$，$2p_x$，$2p_y$，$2p_z$ 的变换性质。

12. 对 $D_{6h}$ 群，写出下列直积表示的特征标，并将它们分解成不可约表示的直和。

(1) $A_{1g} \otimes A_{1g}$

(2) $A_{1u} \otimes A_{1u}$

(3) $E_{1g} \otimes E_{2u}$

(4) $E_{1g} \otimes B_{2g} \otimes A_{2u} \otimes E_{1u}$

13. 对于甲烷分子 $CH_4$，请用四个 H 的 $1s$ 轨道组成与C原子的 $2s$，$2p_x$，$2p_y$，$2p_z$ 对称性匹配的线性组合。

14. 在 $H_2^+$ 中，电子从 $\sigma_g 1s$ 轨道至 $\sigma_u^* 1s$ 轨道的光谱跃迁是否允许？在NO中，电子从 $2\pi$ 轨道至 $6\sigma$ 轨道的光谱跃迁是否允许？

# 第五章　多原子分子的结构

在第三章中我们介绍了价键理论和分子轨道理论的要点，并且用这两种理论解释了双原子分子的结构。本章将继续应用这两种理论讨论多原子分子的结构。

## §5-1　非共轭多原子分子的成键原理

### 1. σ 键的形成和原子的共价

具有 $n$ 个未成对电子的原子 A 可以和 $n$ 个具有一个未成对电子的原子 B 化合而成 $AB_n$ 分子。例如 O 原子有两个未成对电子，H 原子有一个未成对电子，所以 O 原子可以和两个 H 原子化合生成 $H_2O$ 分子。在化合时，两对电子分别耦合起来构成两个共价单键（σ 键），如下式所示：

$$H\uparrow + \downarrow \ddot{\underset{\cdot\cdot}{O}} \downarrow + \uparrow H \longrightarrow H—\ddot{\underset{\cdot\cdot}{O}}—H$$

一个原子与其邻近原子形成正常共价键的键级之和称为该原子的共价[①]。原子的共价决定于它在价态(valence state)时未成对电子的数目。所谓价态，是指若将分子中与该原子键合的其他原子取走该原子所处的状态。H 原的价态与基态相同，O 原子的价态和基态的未成对电子数目相同（两个），但前者的两个未成对电子的自旋取向是随机的，后者的两个未成对电子的自旋是平行的，因此价态 O 比基态 O 能量要高。$CH_4$ 中 C 所处的价态是 $V_4$，电子组态是 $sp^3$，有四个未成对电子，作随机取向，因此 C 的共价是 4。基态 C 的电子组态是 $s^2p^2$，谱项是 $^3P_0$，有两个未成对电子，若不发生电子激发，只能生成两个共价键。但是如果把一个 $2s$ 电子激发到 $2p$ 轨道中去，形成 $sp^3$ 组态，未成对电子数就增加到四个，可以构成四个共价键了。C 从基态 $^3P_0$ 激发到价态 $V_4$ 需要消耗能量，但因为在价态可以多构成两个共价键，由此放出的能量抵偿激发能而有余。光谱法测得的数据如下：

$$C(s^2p^2) \longrightarrow C(sp^3) \quad \Delta E_1 = 4.19\ \text{eV}$$
$$C(sp^3) \longrightarrow C(V^4) \quad \Delta E_2 = 2.39\ \text{eV}$$
$$\underline{4H + C(V_4) \longrightarrow CH_4 \quad \Delta E_3 = -23.73\ \text{eV}}$$
$$4H + C(s^2p^2) \longrightarrow CH_4 \quad \Delta E = -17.16\ \text{eV}$$

结果使体系更趋稳定，所以 C 原子的正常共价等于 4，例如 $CCl_4$、$CHCl_3$、$CH_3NH_2$

---

① 关于共价的定义在第八章 §8-1 的第 6 节中还要详细讨论。

等。表 5-1 列出周期表中各原子的共价和它们的基态与激发态的电子组态。

**表 5-1　原子的共价**

| 周期 | 原子 | 基态(Ⅰ) | 激发态(Ⅱ) | 价态 | 价态的未成对电子数即共价 | 例 |
|---|---|---|---|---|---|---|
| 1 | H | $(1s)^1$ | — | (Ⅰ) | 1 | $HCl, H_2$ |
| | He | $(1s)^2$ | — | (Ⅰ) | 0 | 无化合物 |
| 2 | Li | $(2s)^1$ | — | (Ⅰ) | 1 | $LiH, Li_2$ |
| | Be | $(2s)^2$ | $(2s)^1(2p)^1$ | (Ⅱ) | 2 | $BeH_2$ |
| | B | $(2s)^2(2p)^1$ | $(2s)^1(2p)^2$ | (Ⅱ) | 3 | $BCl_3$ |
| | C | $(2s)^2(2p)^2$ | $(2s)^1(2p)^3$ | (Ⅱ) | 4 | $CH_4, CCl_4$ |
| | N | $(2s)^2(2p)^3$ | — | (Ⅰ) | 3 | $NH_3, NF_3$ |
| | O | $(2s)^2(2p)^4$ | — | (Ⅰ) | 2 | $H_2O, F_2O$ |
| | F | $(2s)^2(2p)^5$ | — | (Ⅰ) | 1 | $HF, F_2$ |
| | Ne | $(2s)^2(2p)^6$ | — | (Ⅰ) | 0 | 无化合物 |
| 3 | Na | $(3s)^1$ | — | (Ⅰ) | 1 | $NaH, Na_2$ |
| | Mg | $(3s)^2$ | $(3s)^1(3p)^1$ | (Ⅱ) | 2 | R-Mg-Cl |
| | Al | $(3s)^2(3p)^1$ | $(3s)^1(3p)^2$ | (Ⅱ) | 3 | $AlF_3$ |
| | Si | $(3s)^2(3p)^2$ | $(3s)^1(3p)^3$ | (Ⅱ) | 4 | $SiH_4, SiCl_4$ |
| | P | $(3s)^2(3p)^3$ | $(3s)^1(3p)^3(3d)^1$ | (Ⅱ) | 5 | $PCl_5$($PH_5$ 不存在) |
| | | | | (Ⅰ) | 3 | $PH_3, PCl_3$ |
| | S | $(3s)^2(3p)^4$ | (Ⅱ)$(3s)^2(3p)^3(3d)^1$ | (Ⅱ) | 4 | $SF_4$ |
| | | | (Ⅲ)$(3s)^1(3p)^3(3d)^2$ | (Ⅲ) | 6 | $SF_6$($SH_6$ 不存在) |
| | | | | (Ⅰ) | 2 | $H_2S, SCl_2$ |
| | Cl | $(3s)^2(3p)^5$ | (Ⅱ)$(3s)^2(3p)^3(3d)^1$ | (Ⅱ) | 3 | $ClF_3$ |
| | | | | (Ⅰ) | 1 | $ClF, HCl, Cl_2$ |
| | Ar | $(3s)^2(3p)^6$ | $(3s)^2(3p)^4(3d)^2$ | (Ⅱ) | 4 | ($ArF_4$)有可能存在但尚未合成 |
| 4 | Br | $(4s)^2(4p)^5$ | (Ⅱ)$(4s)^2(4p)^4(4d)^1$ | (Ⅱ) | 3 | $BrF_3$ |
| | | | (Ⅲ)$(4s)^2(4p)^3(4d)^2$ | (Ⅲ) | 5 | $BrF_5$ |
| | | | | (Ⅰ) | 1 | $HBr, Br_2, BrCl$ |
| 5 | I | $(5s)^2(5p)^5$ | (Ⅱ)$(5s)^2(5p)^4(5d)^1$ | (Ⅰ) | 3 | $ICl_3$ |
| | | | (Ⅲ)$(5s)^2(5p)^3(5d)^2$ | (Ⅲ) | 5 | $IF_5$ |
| | | | (Ⅳ)$(5s)^1(5p)^3(5d)^3$ | (Ⅳ) | 7 | $IF_7$ |
| | | | | (Ⅰ) | 1 | $HI, I_2, ICl$ |
| | Xe | $(5x)^2(5p)^6$ | (Ⅱ)$(5s)^2(5p)^5(5d)^1$ | (Ⅱ) | 2 | $XeF_2$ |
| | | | (Ⅲ)$(5s)^2(5p)^4(5d)^2$ | (Ⅲ) | 4 | $XeF_4$ |
| | | | (Ⅳ)$(5s)^2(5p)^3(5d)^3$ | (Ⅳ) | 6 | $XeF_6$ |

注：第三周期以后原子不一一列举，只举一些例子。$d$ 区元素的价态问题见第七章。

由表 5-1 可见，不存在共价等于 5 的氮化合物。通常说的 5 价氮的化合物，如硝酸和硝酸盐，实际上是指在这些化合物中氮的氧化态（oxidation state）[①]等于 +5。在 $HNO_3$、$NF_3$、$N_2$、$NH_2—NH_2$、$NH_2OH$、$NH_3$ 中氮的氧化数依次等于 +5、+3、0、−2、−1、−3，但是它们的共价都等于 3，所以氧化数与共价是截然不同的概念。

P 与 N 在周期表中虽然同属ⅤA 族，但情况却有些不同。因为 P 原子的基态是 $3s^2 3p^3 3d^0$，它有空的 $3d$ 轨道，其能量虽然比 $3s$ 高，但相差还不十分远，符号基态至价态的激发能小于多生成的两个共价键能的条件。因此一个 $3s$ 电子可以激发到 $3d$，形成具有五个未成对电子的激发态 $3s^1 3p^3 3d^1$。这样 P 的共价可以等于 3 和 5，分别与基态和激发态的未成对电子数相等。例如，$PCl_3$、$PH_3$ 中的 P 的共价为 3，$PCl_5$ 中的 P 的共价为 5。

上述的激发与成键是同时进行的，并不是先有激发后有成键。实际上价态是一个假想的状态。

此外，离子的共价与电子组态相同的原子的共价相同。例如，$N^+$ 的电子组态与 C 相同，所以 $N^+$ 的共价等于 4，如 $NH_4^+$；$P^-$ 的电子组态与 S 相同，所以 $P^-$ 的共价等于 6，如 $PCl_6^-$；$O^+$ 的电子组态和 N 相同，所以 $O^+$ 的共价等于 3，如 $H_3O^+$。

**2. σ 配键的形成**

(1) σ 配键的形成　两个原子中若一个有孤对电子，另一个有空的价电子轨道，这一对电子在化合后可以占据成键轨道，形成 σ 配键。配键用 A→B 表示，其中 A 是电子授体，B 是电子受体。例如

```
    H    Cl              H   Cl
    |    |               |   |
H—N: +B—Cl ——→ H—N→B—Cl
    |    |               |   |
    H    Cl              H   Cl
```

(2) 缺电子原子和多电子原子　凡是在价电子层中含有空轨道的原子，即价电子数少于价电子轨道数的原子称为缺电子原子，如 Li、Be、B、Al 以及稀土和钛原子等。凡是价电子数等于价电子轨道数的原子称为等电子原子，如 H、C、Si 等。凡是价电子多于价电子轨道数的原子，即含有孤对电子的原子，称为多电子原子，如 N、O、S、Cl 等。

在 σ 配键 B→A 中原子 B 和 A 的价如何计算的问题将在§8-1的第 6 节讨论。

**3. π 键的形成**

多原子分子中邻近的两个原子中间形成 σ 键后，如还各有一个未成对的 $p$ 电

① oxidation state 与 oxidation number 同义，后者译为氧化数或氧化值。

子，它们在横的方向重叠而生成 $\pi$ 键。这种 $(\sigma+\pi)$ 的组合成为双键，以 A ═B 表示之。例如 $H_2C═CH_2$。如果形成 $\sigma$ 键后还各有二个未成对 $p$ 电子（如键轴是 $z$ 轴，这两个 $p$ 电子分别是 $p_x$ 和 $p_y$）则可以生成两个 $\pi$ 键。这种 $(\sigma+\pi+\pi)$ 的组合称为叁键，以 A≡B 表示之，如 HC≡CH。

由 $p$ 轨道与 $p$ 轨道重叠形成的 $\pi$ 键称为 $p$-$p\pi$ 键，由 $p$ 轨道和 $d$ 轨道重叠形成的 $\pi$ 键称为 $p$-$d\pi$ 键，由 $d$ 轨道和 $d$ 轨道重叠形成的 $\pi$ 键称为 $d$-$d\pi$ 键，如图 5-1 所示。

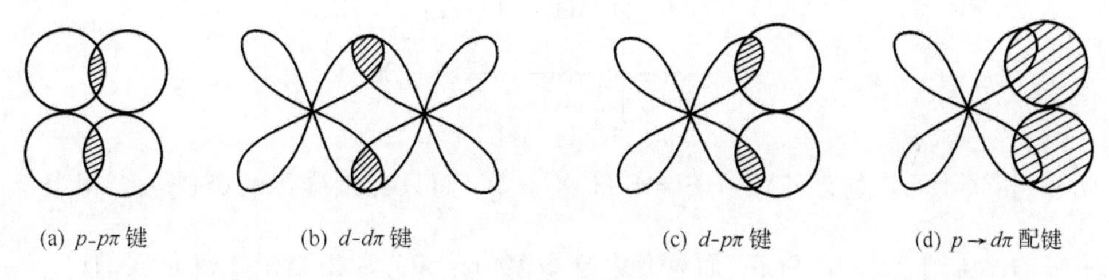

(a) $p$-$p\pi$ 键　(b) $d$-$d\pi$ 键　(c) $d$-$p\pi$ 键　(d) $p\rightarrow d\pi$ 配键

图 5-1　几种不同类型的 $\pi$ 键

$p$-$p\pi$ 键的形成一般只限于 $2p$-$2p$ 轨道之间，例如 C═C，C≡C，N═N，N≡N，O $\overset{\cdots}{\underset{\cdots}{—}}$ O，C═N，C≡N，C═O，C $\overset{=}{\leftarrow}$ O，N $\overset{\cdots}{≡}$ O 等，间或存在于 $2p$-$3p$ 轨道之间，如 C═S，S═O 等，且其中 $d$ 轨道已可能参与成键。至于

$H_3PO_4$（HO—P(OH)(OH)↛O），$H_2SO_4$（HO—S(OH)(↛O)↛O），$HClO_4$（H—O—Cl(↛O)(↛O)↛O）

等分子中的 P ↛O，S ↛O，Cl ↛O 等键是 $\sigma$ 键加 $p$-$d\pi$ 键（见下节），而不是通常的双键（$\sigma$ 键＋$p$-$p\pi$ 键）。至于 $np$-$n'p$ $(n,n'\geqslant 3)$ 之间一般不能生成 $\pi$ 键。

$p$-$p\pi$ 键的生成限于主量子数为 2 的价电子层之间的原因，是由于在这种情况下内层电子只有 $1s^2$，所以两个原子能充分接近而使 $p$ 轨道在横的方向重叠。如果价电子层的主量子数为 3 或 3 以上，则内层电子为 $1s^2 2s^2 2p^6$ 或更多，两个原子就不能充分接近，这从第二周期与第三周期元素的键长对比中可以明显地看出来（表 5-2）。

**表 5-2　第二周期和第三周期键长的比较**（单位：pm）

| 键 | 键长 | 键 | 键长 | 键 | 键长 | 键 | 键长 |
|---|---|---|---|---|---|---|---|
| C—C | 154 | N—N | 147 | O—O | 147 | F—F | 142 |
| Si—Si | 234 | P—P | 220 | S—S | 208 | Cl—Cl | 198 |

因此，$np$-$np$ $(n\geqslant 3)$ 电子云在横的方向的重叠程度就不不，不能形成稳定的

$p$-$p\pi$ 键，它们宁愿多生成一些 $\sigma$ 键，因为 $p$ 电子云沿它的对称轴伸展要比在横的方向(即垂直于对称轴的方向)上伸展得广，所以生成 $\sigma$ 键可以得到较大程度的重叠，而且还可以形成杂化轨道(§5－3)，进一步加大重叠程度。如果分子中没有足够多的原子形成 $\sigma$ 键，就会通过单分子的聚合来形成 $\sigma$ 键。例如相当于甲烷有硅甲烷 $SiH_4$ 及其衍生物 $RSiH_3$、$R_2SiH_2$、$R_3SiH$、$R_4Si$、$Si_2H_6$、$R_3Si—SiR_3$、$Si_3H_8$、$Si_4H_{10}$、…等($R=C_nH_{2n+1}$ 或 $C_6H_5$)，但相当于乙烯分子的($H_2Si=SiH_2$ 或 $R_2Si=SiR_2$)不存在，只有固态的聚硅乙烯$(SiH_2)_n$，其结构如下：

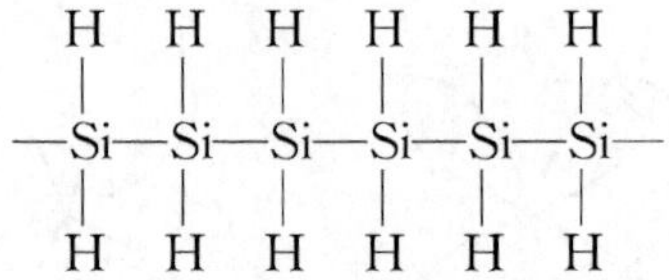

```
   H    H    H    H    H    H
   |    |    |    |    |    |
 —Si—Si—Si—Si—Si—Si—
   |    |    |    |    |    |
   H    H    H    H    H    H
```

同样，相当于乙炔的硅乙炔($HSi\equiv SiH$)不存在，而只有聚硅乙炔$(SiH)_n$。相当于甲醛的$\left(\begin{array}{c}H\\|\\H—Si=O\end{array}\right)$不存在，而只有聚硅甲醛$(H_2SiO)_n$，相当于二氧化碳的($O=Si=O$)不存在，而只有完全以 $\sigma$ 键结合的二氧化硅晶体(即石英，见§14－6)。

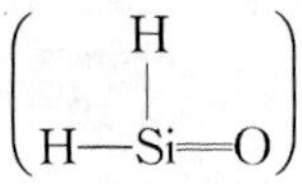

第三周期元素原子 A 不易生成 $p$-$p\pi$ 键而在其余原子 B 不够的情况下倾向于自相聚合形成 A—A 键的规律，可以解释多硫离子 $S_2^{2-}$、$S_3^{2-}$、$S_4^{2-}$、$S_5^{2-}$、$S_6^{2-}$、$S_2O_3^{2-}$ 等存在而相应的多氧离子(除过氧离子 $O_2^{2-}$ 等少数例外)不存在的原因。

$p$-$d\pi$ 键研究得不如 $p$-$p\pi$ 键透彻，一般认为在以下几类化合物中有 $p$-$d\pi$ 键：

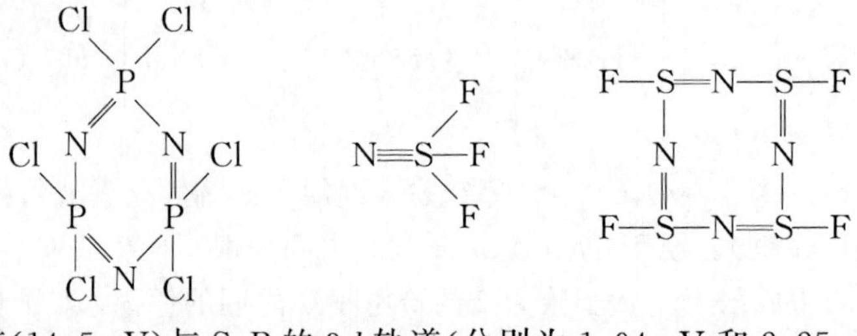

```
      Cl    Cl                                F—S═N—S—F
        \  /                 F                  |     ‖
         P                  /                   N     N
       // \              N≡S—F                  ‖     |
  Cl  N    N  Cl             \                F—S—N═S—F
    \ |    ‖ /                F
      P    P
      |\\ /|
     Cl  N  Cl
```

N 的 $2p$ 轨道(14.5 eV)与 S、P 的 $3d$ 轨道(分别为 1.94 eV 和 2.25 eV)能量相差比较多，且 $d$ 轨道电子云比较扩散，对于形成 $\pi$ 键不利。但因 S、P 原子与电负性很大的原子(如 F、O、Cl)结合，$3d$ 轨道的能量可以下降，电子云趋于紧缩，有利于与 N 的 $2p$ 轨道生成 $p$-$d\pi$ 键。

$d$-$d\pi$ 键不如 $p$-$p\pi$ 键稳固。科顿(F. A. Cotton)认为在 $Re_2Cl_8^{2-}$ 中的 Re≣Re 四重键中包含两个 $d$-$d\pi$ 键(见本节第 5 小节)。

**4. $p\rightarrow d\pi$ 配键的形成和无机含氧酸的结构**

关于无机含氧酸如 $H_3PO_4$、$H_2SO_4$ 等的结构，现在还没有统一的说法。如以 $H_3PO_4$ 为例，最早提出来的结构有两种：

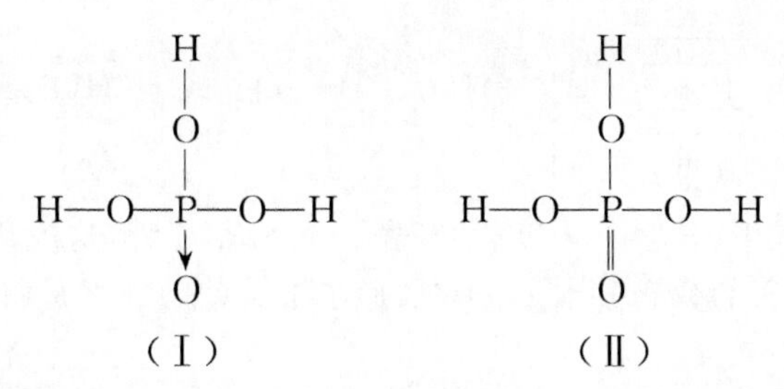


从化学键理论的观点来看,P原子的价电子层有四个能量较低的轨道(3*s*和3*p*),3*d*虽处于同一电子层,但要比3*p*能量高得多。如果3*d*轨道不参与成键,那么结构式(Ⅰ)是正确的,但泡令和布罗克韦(L. O. Brockway)[①]则认为(Ⅱ)式是比较正确的,主要理由是无机含氧酸中实测键长比共价半径之和来得短(表5-3)。皮策(K. S. Pitzer)[②]则反对泡令和布罗克韦的见解,认为(Ⅰ)式是比较正确的。实测键长比共价半径之和为短的原因有二:

(1) 中心原子X的共价单键半径是由X—X键长的一半计算的,在X—X键中由于内层电子的斥力使X—X键长增加,由此求得的共价半径偏大。

(2) X与O的电负性不同也可以使键长缩短。

**表5-3　某些无机含氧酸离子中的键长**(单位:pm)

| 键 | $SiO_4^{2-}$中的Si—O | $PO_4^{3-}$中的P—O | $SO_4^{2-}$中的S—O | $ClO_4^-$中的Cl—O |
|---|---|---|---|---|
| 实验值 | 161 | 156 | 150 | 150 |
| 共价半径之和 | 183 | 176 | 170 | 165 |
| 差值 | −22 | −20 | −20 | −15 |

我们认为实际的情况可能是这样[③]:磷原子首先用$sp^3$杂化轨道与氧原子生成P→O配键(令P→O键轴为$x$轴),但在氧原子的$p_y$轨道上有孤对电子,而磷原子则有空的$d_{xy}$轨道,两者的对称性相同,可以重叠形成配键。同样,氧原子的$p_z$轨道上的孤对电子与磷原子的空$d_{xz}$轨道也可以形成配键。这种配键可以称为$p\rightarrow d\pi$配键[图5-1(d)]。

因为磷原子的3*d*轨道要比氧原子的2*p*轨道在能量上高出颇多,所以由3*d*和2*p*组成的分子轨道是不很有效的。换句话说,$p\rightarrow d\pi$配键是很弱的键,两个$p\rightarrow d\pi$配键可能还抵不上半个$p$-$p\pi$键。

根据以上讨论,P—O键的结合方式可以表示如下:

---

① L. Pauling and L. O. Brockway, *J. Am. Chem. Soc.*, 53, 13(1937).

② K. S. Pitzer, *J. Am. Chem. Soc.*, 70, 2140(1948).

③ 徐光宪、吴瑾光,北京大学学报(自然科学)489(1956年第四期)。

$$(HO)_3\,\boxed{\cdot\cdot}\,P\rightarrow O\,\boxed{\cdot\cdot} \quad 或 \quad (HO)_3P \xrightarrow[\leftarrow]{\leftarrow} O \quad 或 \quad (HO)_3P \leftrightarrow O$$

(Ⅲ)　　　　(Ⅳ)　　　　(Ⅴ)

在(Ⅲ)式和(Ⅳ)式中的"$\boxed{\cdot\,\cdot}$"或"←"表示 $p\rightarrow d\pi$ 配键,这里用短箭头表示这种配键很弱,且电子云的分布基本上仍在氧原子上。(Ⅴ)式则是(Ⅳ)式的缩写,如再缩写为 P→O 亦可。

总的来说,P—O 键是由一个从 P 到 O 的 $\sigma$ 配键和两个由 O 到 P 的 $p\rightarrow d\pi$ 配键组成的。从键的数目来说,它是三重键;从键能和键长来说,它们介乎单键和双键之间;从电荷分布来说,键偶极矩颇大(P ↔ O 键为 $9.0\times10^{-30}$ C · m,S ↔ O 键为 $9.3\times10^{-30}$C · m);从氧原子带负电来说,它又接近于 P→O 配键;因此我们用结构式(Ⅰ)或(Ⅴ)表示含氧酸中的这种特殊配键。

在无机含氧酸 $H_aXO_b$ 中,含氧酸配键 X ↔ O 的数目愈多则酸性愈强,因为这种键有较大的极性,使 O 荷负电,X 荷正电,因此增加了 X 从 O—H 基吸引电子的能力而使氢易于电离,受电子配键 X← 的影响适相反。我们建议用下列经验公式来粗略地估计无机含氧酸的电离常数:

$$pK_m = 2 - 5(N - m)$$

上式中 $K_m$ 是无机含氧酸的第 $m$ 级电离常数,$N$ 为正值表示含氧酸配键的数目,$N$ 为负值表示中心原子的空轨道或受电子配键 X← 的数目。根据 $N$ 的数值可把无机含氧酸的强弱程度分为若干类型。如表 5-4 所示。

**表 5-4　无机含氧酸的各种类型**

| $N$ | $pK_1$ | 酸性强弱 | 例 | |
|---|---|---|---|---|
| 3 | −8 | 很强 | $HClO_4$ | |
| 2 | −3 | 强 | $HClO_3$ | $H_2SO_4$ |
| 1 | 2 | 尚强 | $H_2SO_3$ | $HClO_2$ |
| 0 | 7 | 弱 | $H_2CO_3$ | $H_6TeO_6$ |
| −1 | 12 | 很弱 | $H_3BO_3$ | $Al(OH)_3$ |
| −2 | 17 | 很很弱 | $Zn(OH)_2$ | $H_2BeO_2$ |

### 5. $\delta$ 键的形成

氧化态为 3 的 Re(Ⅲ)化合物 $Re_2Cl_8^{2-}$ 有三个显著的特点:(1) Re—Re 键能特别大,键长特别短。Re—Re 键的键能高达 480—540 kJ · mol$^{-1}$,是除 C≡C 键(键能 835 kJ · mol$^{-1}$)和 N≡N 键(键能 942 kJ · mol$^{-1}$)以外所有同核键中键能最大的。Re—Re 键长只有 224pm,比金属 Re 中的 Re—Re 距离(275 pm)及 $Re_3Cl_9$ 中 Re—Re 的距离(248 pm)短得多。(2)$Re_2Cl_8^{2-}$ 中一个 Re 原子连结的四个 Cl

原子与另一个 Re 原子连结的四个 Cl 原子取重叠构型，而不是交错构型[图 5-2(a)]，这种构型的 Cl—Cl 距离(332 pm)小于范德华半径之和(360 pm)。(3) $Re_2Cl_8^{2-}$ 是反磁性的，对于具有 $d^4$ 组态的过渡金属络合物来说是罕见的。科顿认为[①] $Re_2Cl_8^{2-}$ 中的 Re—Re 键是包含一个 $\sigma$ 键，两个 $d$-$d\pi$ 键和一个 $\delta$ 键的四重键。他的解释如下：

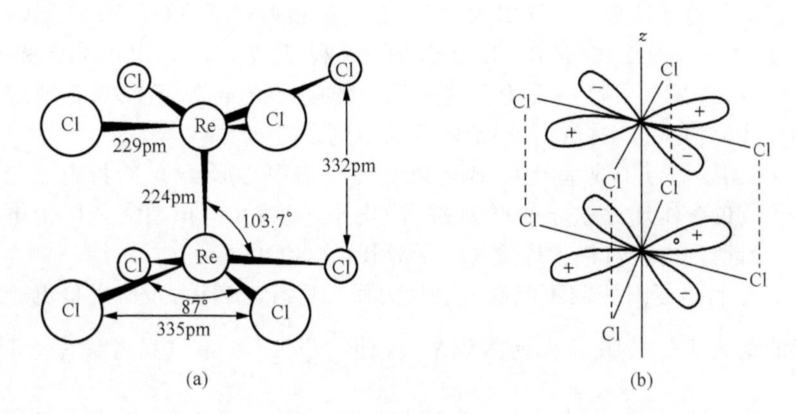


图 5-2　$Re_2Cl_8^{2-}$ 的结构(a)和其中的 $\delta$ 键(b)

取 Re—Re 键轴为 $z$ 轴，每个 Re 原子以其 $6s$、$6p_x$、$6p_y$ 及 $5d_{x^2-y^2}$ 轨道杂化成四个 $dsp^2$ 轨道，指向四个 Cl 原子，Re(Ⅲ)与四个 $Cl^-$ 生成四个 $\sigma$ 配键(电子由 $Cl^-$ 提供)，四个 Cl 原子位于正方形四个顶点，该平面至 Re 原子的距离 50 pm。Re 的 $p_z$ 轨道与 $d_{z^2}$ 轨道杂化成两个 $pd$ 轨道，一个 $pd$ 轨道指向另一个 Re 原子，与后者的 $pd$ 轨道重叠形成一个 $\sigma$ 键，各提供一个 $d$ 电子。另一个 $pd$ 轨道指向 Re—Re 键的反方向，这是一个空轨道。两个 Re 原子的 $d_{xz}$ 轨道互相重叠组成一个 $d$-$d\pi$ 轨道，两个 Re 原子的 $d_{yz}$ 轨道互相重叠组成另一个 $d$-$d\pi$ 轨道，每一个 $d$-$d\pi$ 轨道由每个 Re 原子提供一个 $d$ 电子。两个 Re 原子的 $d_{xy}$ 轨道面对面重叠组成一个 $\delta$ 轨道[图 5-2(b)]，各提供一个 $d$ 电子。由此可见，Re—Re 键是一个包含 $\sigma+\pi+\pi+\delta$ 的肆键(即四重键)。因为两个 Re(Ⅲ)的八个 $d$ 电子均已配对，所以 $Re_2Cl_8^{2-}$ 是反磁性的。虽然，为了生成两个 $d$-$d\pi$ 轨道与一个 $\delta$ 轨道，$Re_2Cl_8^{2-}$ 必须采取重叠构象，尽管这种构象的 Cl—Cl 间斥力比较大。

通过上面的讨论我们可以得出结论，$\delta$ 轨道只能由两个成键原子的对称性匹配的 $d$ 轨道面对面重叠才能形成，这种轨道有两个通过键轴的节面，处于这种轨道的电子的轨道角动量在键轴上的投影为 $\pm 2\hbar$，即 $\lambda=2$。

除 $Re_2Cl_8^{2-}$ 外，$Mo_2Cl_8^{4-}$、$Re_2(RCOO)_4X_2$、$Re_2(RCOO)_2X_4L_2$ 和 $M_o(RCOO)_4$

---

① F. A. Cotton and C. B. Harris, *Inorg. Chem.*, 4330(1965).

等都含有肆键。

## §5-2 非共轭多原子分子的几何构型——价层电子对互斥理论[1]

价层电子对互斥理论(VSEPR 理论)最初是由西奇威克(N. V. Sidgwick)和鲍威尔(H. M. Powell)在 1940 年提出的,吉利斯皮(R. J. Gillespie)和尼霍姆(R. S. Nyholm)发展了这一理论。这一理论的假设很简单,但能满意地解释许多化合物的几何构型。现将这一理论的要点举例说明如下:

1. 在 $AB_n$ 型分子或基团中(B 可以不同),如中心原子 A 的价电子层不含 $d$ 电子($d^0$)或仅含作球对称分布的 $d^5$ 或 $d^{10}$ 电子,则其几何构型完全由价电子对数所决定。所谓价电子对包括成键 $\sigma$ 电子对和孤对电子。

2. 由于价电子对之间不但有库仑斥力而且还有泡利斥力,所以价电子对的中心之间的距离应保持最远。具体说来,应使 $\sum\limits_i\sum\limits_j \frac{1}{(r_{ij})^2}$(只考虑库仑斥力)或 $\sum\limits_i\sum\limits_j \frac{1}{(r_{ij})^n}$(也考虑泡利斥力,$n$ 为较大的方次,如 8 或 10)为极小。此处 $r_{ij}$ 为任何两个价电子对中心 $i$ 与 $j$ 之间的距离。吉利斯皮假定价电子对的中心与原子 A 的距离都是 $R$,则价电子对的中心就在以 $R$ 为半径的球面上分布,根据立体几何可以证明:

(1) 在球面上相距最远的两点是通过球心的直径的两端。

(2) 在球面上相互之间相距最远的三点是通过球心的平面上的内接三角形的三个顶点。

(3) 在球面上相互之间相距最远的四点是球的内接正四面体的四个顶点。

(4) 在球面上相互之间相距最远的五点是内接三角双锥的五个顶点。

(5) 在球面上相互之间相距最远的六点是内接正八面体的六个顶点。

以上不论使 $\sum\limits_i\sum\limits_j \frac{1}{(r_{ij})^2}$ 极小或 $\sum\limits_i\sum\limits_j \frac{1}{(r_{ij})^n}$ 极小,结论是相同的。但在七对价电子的情况,则两种处理法得到不同的结果。

(6) 在球面上相互之间相距最远的七点是内接五角双锥的七个顶点 $\left(使\sum\limits_i\sum\limits_j \frac{1}{(r_{ij})^2}极小\right)$,或不规则的正八面体的 6 个顶点,第 7 点则正对八面体中一个面的中心 $\left(使\sum\limits_i\sum\limits_j \frac{1}{(r_{ij})^n}极小\right)$。

根据这一规律,可以预测 $AB_n$ 型分子的几何构型如表 5-5 和图 5-3 所示。预

---

① 参看严成华:价层电子对互斥理论,化学通报 1977 年第 4 期,第 60 页。

测与实验结果完全符合。

**表 5-5　$AB_n$ 型分子的几何构型**

| 价电子对数 | 价电子的空间分布 | 孤对电子对数 | 成键电子对数 | 分子组成 | 分子构型 | 实　例 |
|---|---|---|---|---|---|---|
| 2 | 直线型 | 0 | 2 | $AB_2$ | 直线型 | $HgCl_2$, $HgBr_2$, $HgI_2$, $CdCl_2$, $CdBr_2$, $CdI_2$, $ZnI_2$, $Zn(CH_3)_2$, $Cd(CH_3)_2$, $Hg(CH_3)_2$, $Ag(CN)_2^-$, $Au(CN)_2^-$ |
| 3 | 三角形 | 0 | 3 | $AB_3$ | 三角形 | $BF_3$, $BCl_3$, $BI_3$, $B(CH_3)_2F$, $GaI_3$, $In(CH_3)_3$ |
| | | 1 | 2 | $AB_2$ | V 形 | $SnCl_2$, $SnBr_2$, $SnI_2$, $PbCl_2$, $PbBr_2$, $PbI_2$ |
| 4 | 四面体 | 0 | 4 | $AB_4$ | 正四面体 | $BeF_4^{2-}$, $BX_4^-$, $CX_4$, $NX_4^+$, $Al_2Cl_6$, $Al_2(CH_3)_6$, $SiX_4$, $GeX_4$, $SnX_4$, $PbX_4$, $AsX_4^+$, $ZnX_4^{2-}$, $HgX_4^{2-}$, $TiCl_4$, $TiBr_4$, $ZrCl_4$, $ThCl_4$, $FeCl_4^-$,(X＝H,F,Cl,Br,I 或其他一价基团,下同) |
| | | 1 | 3 | $AB_3$ | 三角锥体 | $NX_3$, $OH_3^+$, $PX_3$, $AsX_3$, $SbX_3$ |
| | | 2 | 2 | $AB_2$ | V 形 | $OX_2$, $SX_2$, $SeX_2$, $TeX_2$ |
| 5 | 三角双锥体 | 0 | 5 | $AB_5$ | 三角双锥　体 | $PCl_5$, $PF_5$, $PF_3Cl_2$, $SbCl_5$, $Sb(CH_3)_3Cl_2$, $NbCl_5$, $NbBr_5$, $TaCl_5$, $TaBr_5$, Zn(三联吡啶)$Cl_2$ |
| | | 1 | 4 | $AB_4$ | 不规则四面体 | $SF_4$, $SeF_4$, $R_2SeCl_2$, $R_2SeBr_2$, $R_2TeCl_2$, $R_2TeBr_2$, $TeCl_4$, $SbF_4^-$(R 为一价有机基团) |
| | | 2 | 2 | $AB_3$ | T 形 | $ClF_3$, $BrF_3$, $C_6H_5ICl_2$ |
| | | 3 | 2 | $AB_2$ | 直线型 | $ICl_2^-$, $XeF_2$, $I_3^-$ |
| 6 | 八面体 | 0 | 6 | $AB_6$ | 正八面体 | $SF_6$, $SeF_6$, $TeF_6$, $MoF_6$, $WF_6$, $Te(OH)_6$, $PCl_6^-$, $PF_6^-$, $Sb(OH)_6^-$, $SbF_6^{2-}$, $SbCl_6$, $AsF_6^-$, $SiF_6^{2-}$, $Sn(OH)_6^{2-}$, $SnCl_6^{2-}$, $PbCl_6^{2-}$, $AlF_6^{3-}$, $TaF_6^-$, $NbF_6^-$, $VF_6^-$, $TiCl_6^{2-}$, $FeF_6^{3-}$ |
| | | 1 | 5 | $AB_5$ | 正四方角锥　体 | $BrF_5$, $IF_5$ |
| | | 2 | 4 | $AB_4$ | 正方形 | $ICl_4^-$, $BrF_4^-$, $ISbCl_3^-$, $XeF_4$ |
| 7 | 五角双锥体或不规则八面体 | 0 | 7 | $AB_7$ | 五角双锥　体 | $IF_7$, $UF_7^{2-}$ |
| | | 1 | 6 | $AB_6$ | 不规则八面体 | $SbBr_6^{3-}$, $SeBr_6^{2-}$ |

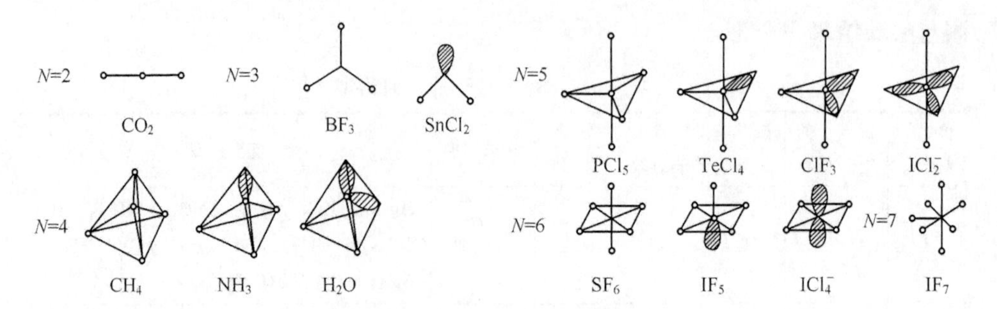


图 5-3 $AB_n$型分子的几何构型

($N$=价电子对数=$n$+孤对电子对数)

3. 对于含有双键或叁键的分子,价电子对互斥理论仍能适用,但双键或叁键作为一个电子对计算。例见表 5-6。

**表 5-6 包含 $\pi$ 键的分子的几何构型**

| 价电子对数($\pi$电子不计) | 价电子的空间分布 | 孤对电子对数 | $\sigma$电子对数 | 分子组成 | 分子构型 | 实例 |
|---|---|---|---|---|---|---|
| 2 | 直线型 | 0 | 2 | $AB_2$ | 直线型 | O=C=O, S=C=S, $H_2C=C=CH_2$ |
| 3 | 三角形 | 0 | 3 | $AB_3$ | 三角形 | $O=CX_2$, $X_2C=CX_2$, $O_2N-X$, $(O_2N=O)^-$, $O_2S=O$ (X=H, F, Cl, Br, I或其他一阶基团) |
| | | 1 | 2 | $AB_2$ | V形 | $X-\ddot{N}=O$, $(O-\ddot{N}=O)^-$, $F-\ddot{N}=\ddot{N}-F$, $O-\ddot{S}-O$, $O-\ddot{O}-O$ |
| 4 | 四面体 | 0 | 4 | $AB_4$ | 四面体 | $SO_4^{2-}$, $PO_4^{3-}$, $POCl_3$, $AsO_4$, $H_2SO_4$, $H_3PO_4$ |
| | | 1 | 3 | $AB_3$ | 三角锥体 | $O=\ddot{S}Cl_2$, $O=\ddot{Se}Cl_2$, $IO_3^-$, $ClO_3^-$, $XeO_3$ |
| | | 2 | 2 | $AB_2$ | V形 | $(\ddot{Cl}O_2)^-$ |
| 5 | 三角双锥体 | 0 | 5 | $AB_5$ | 三角双锥体,不规则四面体 | $O=SF_4$, $:IO_2F_2$ |
| | | 1 | 4 | $AB_4$ | | |
| 6 | 八面体 | 0 | 6 | $AB_6$ | 八面体 | $O=I(OH)_5$ |
| | | 1 | 5 | $AB_5$ | 四方角锥体 | $O=\ddot{Se}Py_2Cl_2$, $O=\ddot{Xe}F_4$ (Py=吡啶基团) |

4. 在定性地推测分子的大致构型时,我们忽略孤对电子和成键电子以及单键和重键的区别,但在了解分子中键角的细节问题时应考虑这些区别。一般而言,成键电子对受两个原子核的吸引,所以电子云比较紧缩,孤对电子只受到中心原子的吸引,电子云比较“肥大”,对邻近电子对的斥力较大。所以电子对之间斥力大小的顺序如下:

孤对电子与孤对电子>孤对电子与成键电子>成键电子与成键电子

至于重键和单键的区别则因重键包含的电子较多,所以斥力大小的次序是:

叁键>双键>单键

由此可以解释下列事实:

(1) $CH_4$,$NH_3$,$H_2O$ 分子中键角依次递减的事实(109°28′,107.3°,104.5°)。因为在 $CH_4$ 中没有孤对电子,所以键角等于正四面体构型应有的夹角,在 $H_2O$ 中有两对孤对电子,它们间的斥力较大,所以孤对电子云的对称轴之间的夹角大于109°28′,从而把成键电子对之间的夹角压缩到104.5°,在 $NH_3$ 中只有一对孤对电子,所以夹角介乎两者之间。

(2) $X_2C=O$ 型分子属于三角形构型,正常的夹角是120°,但因双键的斥力大于单键,所以含有双键的夹角∠XCO应大于120°,不含双键的夹角应小于120°。同样在 $X_2C=CX_2$ 型分子中,∠XCC应大于120°,∠XCX应小于120°(表5-7)。

**表5-7　某些含有双键的 $AB_3$ 型分子的键角**

| $X_2C=O$ | | | $X_2C=CX_2$ * | | |
|---|---|---|---|---|---|
| 分子式 | ∠XCX | ∠XCO | 分子式 | ∠XCX | ∠XCC |
| $F_2C=O$ | 112.5° | 123.2° | $(CH_3)_2C=C(CH_3)_2$ | 109° | 125° |
| $Cl_2C=O$ | 111.3° | 124.3° | $(CH_3)_2C=CH_2$ | 109° | 125° |
| $H_2C=O$ | 118° | 121° | | | |
| $(H_2N)_2C=O$ | 118° | 121° | * 把 $X_2C=CX_2$ 看作 $AB_3$ 型分子,是把其中一个 $CX_2$ 看作B | | |

5. 当原子B的电负性增加时,A—B成键电子将愈来愈偏向B,从而减少成键电子对之间的斥力,所以键角也将相应减小。例如 $OF_2$ 的键角(103.2°)比 $OH_2$(104.5°)小,$NF_3$(102°)比 $NH_3$(107.3°)小等。

如B相同,中心原子A的电负性增大时,则键角将增加。例如 $NH_3$(107.3°),$PH_3$(93.3°),$AsH_3$(91.8°),$SbH_3$(91.3°)。

此外,价电子对互斥理论也可以解释键长的规律性。价电子对的相邻电子对越多,所受斥力就越大。相邻电子对数目最多的价电子对被“挤”得离原子核或原子实越远,也就是说生成的键越长。$AB_2$、$AB_3$、$AB_4$ 和 $AB_6$ 分子是高度对称的,因此所有的键长都相同。但 $AB_5$ 的情况却不同。在这种分子中,每个位于分子轴的电子对都有三个与它成 90°角的相邻电子对，而赤道平面的三个电子对中每个有两个与它成 90°角、两个与它成 120°角的相邻电子对。因为两个成 90°角的电子对间的斥力要比两个成 120°角的电子对间的斥力大得多，显然位于分子轴向的电子对所受的总斥力大于赤道面上的电子对所受的斥力，所以键长要长一些，$PF_5$ 就是一个很好的例子(图 5-4)。

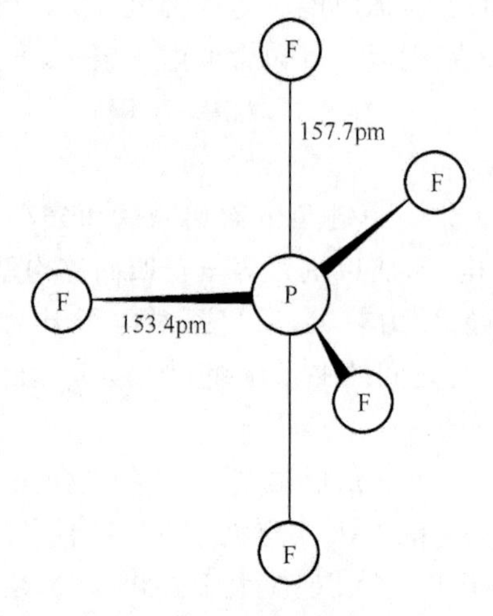


图 5-4 $PF_5$ 的结构

价电子对互斥理论成功地解释了大量多原子分子的大体的几何形状及键长和键角的规律性，迄今为止例外的情况是非常少的。

## §5-3 杂化轨道理论

在上一节中我们用价层电子对互斥理论讨论了多原子分子的几何构型问题，现在我们从另外一个角度，即价键理论中的杂化轨道理论来讨论多原子分子的几何构型问题。价键理论的中心思想，是成键原子通过电子配对形成共价键。处于价态 $V_4$ 的 C 原子有四个未成对电子，可以通过电子配对形成四个共价键。但是这四个轨道不是等价的，当 C 与四个同种原子(如 H)生成的四个共价键应当有所不同。以甲烷 $CH_4$ 为例，其中三个 H 原子通过与 C 的三个 $2p$ 轨道上的电子配对可以形成三个彼此垂直的 C—H 键，第四个 H 原子与 C 原子 $2s$ 轨道上的电子配对生成的 C—H 键本来是可以指向任何方向的，但由于这个 H 原子受其余三个 H 原子的排斥作用，仅当这个 C—H 键与其余三个 C—H 键成 125°16′的角度时能量最低。这样一来，$CH_4$ 的几何构型就不是正四面体。另外，由于 $s$ 轨道的成键能力比 $p$ 轨道弱，因此 $CH_4$ 中应该有三个键比较稳定，另一个则比较不稳定。但是上面的推测却是和事实相矛盾的。无论从化学方面还是从振动-转动光谱或偶极矩的测定，都证明甲烷分子的四个 C—H 键是完全等同的，它们的方向指向正四面体的四角，键间的夹角等于 $109°28'$。

上述矛盾迫使我们假定在四价碳的化合物中，成键的轨道不是纯粹的 $2s$，$2p_x$、$2p_y$、$2p_z$，而可能是由它们“混合”起来重新组成的新轨道，其中每一新轨道含有$\frac{1}{4}s$ 和$\frac{3}{4}p$ 的成分。这样的新轨道叫做“杂化轨道”，而若干不同类型的原子轨道“混合”起采重新组成一组新轨道的过程叫做原子轨道的“杂化”。假如这个假设对的话，那么甲烷中碳的四个价键完全等同的事实就可以得到解释了。

**1. 杂化轨道理论的要点**

杂化轨道理论是泡令[①]和斯莱特[②]于 1931 年提出来的。这一理论不但可以解释甲烷的正四面体结构，而且还可以解释乙烯分子的平面型结构、乙炔分子的直线型结构以及其他许多分子的几何构型问题。泡令还把 $d$ 轨道组合进去，得到 $s$-$p$-$d$ 杂化轨道，用以解释络合物的结构问题。后来唐敖庆等[③④⑤⑥]提出造一般键函数的矩阵变换法，并把群论分析方法推广到包含 $s$-$p$-$d$-$f$ 的杂化轨道。现把杂化轨道理论的要点介绍一下。

(1) 原子轨道为什么能够杂化？由一组能量为 $E$ 的简并轨道 $\psi_1,\psi_2,\cdots,\psi_n$ 线性组合成的一个新轨道

$$\psi = \sum_{i=1}^{n} C_i\psi_i$$

仍然是一个简并轨道，这点是很容易证明的，因为

$$\hat{\mathbf{H}}\psi_i = E\psi_i$$

且$\hat{\mathbf{H}}$是一个线性算符，所以

$$\hat{\mathbf{H}}\psi = \hat{\mathbf{H}}\Big(\sum_{i=1}^{n} C_i\psi_i\Big) = \sum_{i=1}^{n} C_i\,\hat{\mathbf{H}}\psi_i = \sum_{i=1}^{n} C_iE\psi_i$$
$$= E\sum_{i=1}^{n} C_i\psi_i$$

即

$$\hat{\mathbf{H}}\psi = E\psi$$

---

① L. Pauling, *J. Am. Chem. Soc.*, 53, 1367(1931).

② J. C. Slater, *Phys. Rev.*, 37, 481(1931).

③ 唐敖庆、卢锡锟，中国化学会志，17，251(1950)。

④ 唐敖庆，中国化学会志，18，15(1951)。

⑤ 唐敖庆、刘若庄，中国化学会志，18，53(1951)。

⑥ 唐敖庆、戴树珊，东北人民大学自然科学学报，2，215(1956)。

上式说明，$\psi$ 也是 $\hat{\mathbf{H}}$ 的一个本征函数，具有本征值 $E$。我们可以将 $\psi$ 归一化，即令

$$\int \psi^* \psi d\tau = 1$$

若诸 $\psi_i$ 是正交归一化的，可以得到

$$C_1^2 + C_2^2 + \cdots + C_n^2 = 1$$

由此可见，一组简并轨道可以任意线性组合，得到的新轨道仍然是一个简并轨道。在第一章中我们曾经指出，$\hat{\mathbf{H}}$ 原子的三个 $p$ 轨道 $p_0$、$p_{+1}$、$p_{-1}$ 可以通过线性组合得到 $p_x$、$p_y$、$p_z$ 轨道，后一组 $p$ 轨道与前一组 $p$ 轨道是完全等价的，只是空间取向不同而已。

读者不难证明，在孤立原子中 $s$ 轨道与主量子数相同而能量稍高的 $p$ 轨道不能通过线性组合得到新轨道。也就是说，在孤立原子中，不同类型的轨道不能"混合"起来组成新轨道。

但是，在分子中的"原子"情况就不同了。由于共价键的形成改变了原子的状态。这种由于外力使原来的状态发生改变的作用在量子力学中叫做"微扰"。由于共价键的形成产生的这种微扰作用，本来不是简并的原子轨道（如 $s$ 轨道和 $p$ 轨道）可以"混合"（即线性组合）起来组成新的原子轨道——"杂化轨道"。由 $s$ 轨道和 $p$ 轨道组合成的杂化轨道称为 $s$-$p$ 杂化轨道，由 $s$ 轨道、$p$ 轨道和 $d$ 轨道组合成的杂化轨道称为 $s$-$p$-$d$ 杂化轨道，等等。

(2) 什么样的原子轨道可以杂化？一个原子有很多原子轨道，是不是什么样的原子轨道都可以杂化即线性组合起来形成杂化轨道呢？根据量子力学的微扰理论和群论可以导出以下两条原则：

(a) 参与构成一组杂化轨道的诸原子轨道必须是以该组杂化轨道为基的、该分子所属点群的可约表示分解成的不可约表示的基。例如 $CH_4$ 属于 $T_d$ 点群，为了构成四个指向正四面体四个顶点的杂化轨道，可以取这四个杂化轨道为基，所得表示是一个可约表示，可约化为 $A_1 \oplus T_2$，属于 $A_1$ 表示的原子轨道只有 $s$ 轨道，属于 $T_2$ 表示的有 $(p_x, p_y, p_z)$ 轨道和 $(d_{xy}, d_{xz}, d_{yz})$ 轨道，因而可能的杂化方式是 $sp^3$ 和 $sd^3$。关于这一点下面我们还要详细讨论。

(b) 参与杂化的原子轨道应当具有相近的能量。对于上例的 C 原子，$2s$ 轨道与 $2p$ 轨道能量接近，与 $3p$ 及 $3d$ 轨道能量相差甚远，所以参与杂化的是 $2s$、$2p_x$、$2p_y$ 及 $2p_z$ 轨道。

(3) 原子轨道为什么要杂化？在§3-3中曾经提到，原子轨道的角度部分的最大值可以作为它的成键能力的量度。下面我们以 $s$-$p$ 杂化轨道为例，说明原子轨道经过杂化以后可以增加成键能力，使体系更加稳定。

$s$-$p$ 杂化轨道的一般形式可以写为

$$\psi = a\psi_s + b\psi_p \tag{5-1}$$

因为 $\psi_p$ 可以是 $\psi_{p_x}$、$\psi_{p_y}$ 和 $\psi_{p_z}$ 的任何线性组合，所以(5-1)式表示的实际上是 $\psi_s$ 与 $\psi_{p_x}$、$\psi_{p_y}$、$\psi_{p_z}$ 的任何线性组合。换句话说，$\psi$ 是 $s$-$p$ 杂化轨道的一般形式。$\psi$ 满足归一化条件

$$\int |\psi|^2 d\tau = \int |a\psi_s + b\psi_p|^2 d\tau = a^2 + b^2 = 1 \tag{5-2}$$

(5-2)式中的 $a^2$ 称为杂化轨道 $\psi$ 中的 $s$ 成分，常以 $\alpha$ 表示之，$b^2$ 称为 $\psi$ 中的 $p$ 成分，常以 $\beta$ 表示之。由(5-2)式得

$$\alpha + \beta = 1 \tag{5-3}$$

或

$$\beta = 1 - \alpha$$

代入(5-1)式中，得

$$\psi = \sqrt{\alpha}\psi_s + \sqrt{1-\alpha}\psi_p \tag{5-4}$$

由(5-4)式可知，$\psi$ 在 $\psi_p$ 的对称轴上有最大值，即 $\sqrt{\alpha}f_s + \sqrt{1-\alpha}f_p$，这就是它的成键能力 $f$，

$$\begin{aligned} f &= \sqrt{\alpha}f_s + \sqrt{1-\alpha}f_p \\ &= \sqrt{\alpha} + \sqrt{3(1-\alpha)} \end{aligned} \tag{5-5}$$

从表 5-8 可以看出，当杂化轨道的 $s$ 成分在 0 与 $\frac{3}{4}$ 之间时，$\psi$ 的成键能力要比纯粹的 $p$ 轨道的成键能力大。成键能力增加使分子更加稳定，这就是原子轨道为什么要杂化的原因。

**表 5-8　$s$-$p$ 杂化轨道的 $s$ 成分与成键能力的关系**

| $\alpha$ | 轨道名称 | 成键能力 $f=\sqrt{\alpha}+\sqrt{3(1-\alpha)}$ |
|---|---|---|
| 0 | $p$ | $\sqrt{3}=1.732=f_p$ |
| $\frac{1}{4}$ | $sp^3$ | 2(最大) |
| $\frac{1}{3}$ | $sp^2$ | 1.991 |
| $\frac{1}{2}$ | $sp$ | 1.933 |
| $\frac{3}{4}$ | — | $\sqrt{3}=1.732$ |
| 1 | $s$ | $1=f_s$ |

杂化可以增大成键能力可以用图 5-5 来说明，该图说明，与纯 $s$ 轨道和纯 $p$ 轨道相比，杂化轨道具有更强的方向性，即电子云向一个方向聚集，若以该方向与另一原子的适当轨道重叠，显然比没有方向性的 $s$ 轨道与方向性不强的 $p$ 轨道更加有效，因而有利于生成稳固的共价键。

(4) 杂化轨道间的夹角　为了解释分子的几何构型，必须知道杂化轨道间的

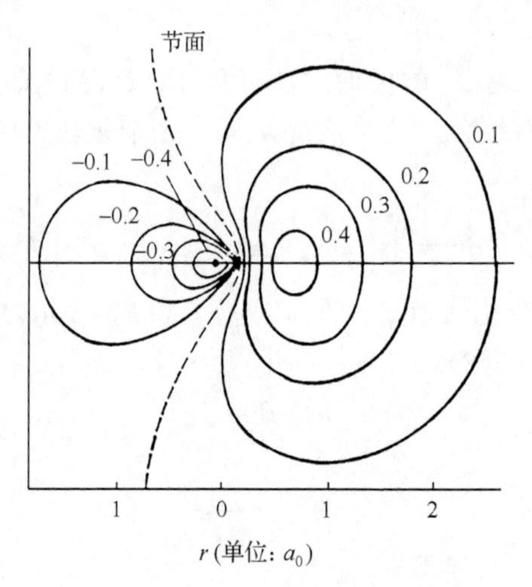


图 5-5 $sp^3$ 杂化轨道的等密度线

夹角。令 $\psi_i$ 和 $\psi_j$ 为两个 $s$-$p$ 杂化轨道,$\alpha_i$ 和 $\alpha_j$ 分别为它们所含的 $s$ 成分,由(5-4)式

$$\left.\begin{aligned}\psi_i &= \sqrt{\alpha_i}\psi_s + \sqrt{1-\alpha_i}\psi_{p_i} \\ \psi_j &= \sqrt{\alpha_j}\psi_s + \sqrt{1-\alpha_j}\psi_{p_j}\end{aligned}\right\} \tag{5-6}$$

(5-6)式中 $\psi_{p_i}$ 和 $\psi_{p_j}$ 是 $p_x$、$p_y$、$p_z$ 的线性组合

$$\left.\begin{aligned}\psi_{p_i} &= x_ip_x + y_ip_y + z_ip_z \\ \psi_{p_j} &= x_ip_x + y_jp_y + z_jp_z\end{aligned}\right\} \tag{5-7}$$

$p$ 轨道可以用矢量 $\boldsymbol{\psi}_p$ 来表示,矢量的方向即对称轴的方向,矢量的长度 $|\boldsymbol{\psi}_p|$ 即轨道角度部分沿对称轴方向的值。若以 $\mathbf{p}_x$、$\mathbf{p}_y$,$\mathbf{p}_z$ 为单位矢量,$(x_i, y_i, z_i)$ 即 $\boldsymbol{\psi}_{p_i}$ 的方向余弦(因归一化要求 $x_i^2+y_i^2+z_i^2=1$),$(x_j, y_j, z_j)$ 即 $\boldsymbol{\psi}_{p_j}$ 的方向余弦。从 $\psi_i$ 和 $\psi_j$ 的正交条件可得

$$\sqrt{\alpha_i\alpha_j} + \sqrt{(1-\alpha_i)(1-\alpha_j)}\int\psi_{p_i}\psi_{p_j}d\tau = 0 \tag{5-8}$$

利用(5-7)式可得

$$\int\psi_{p_i}\psi_{p_j}d\tau = x_ix_j + y_iy_j + z_iz_j = \cos\theta_{ij} \tag{5-9}$$

$\theta_{ij}$ 即 $\boldsymbol{\psi}_{p_i}$ 与 $\boldsymbol{\psi}_{p_j}$ 间的夹角,也就是杂化轨道 $\psi_i$ 与 $\psi_j$ 间的夹角。由(5-8)式及(5-9)式求得两个杂化轨道之间的夹角的余弦为

$$\cos\theta_{ij} = -\sqrt{\frac{\alpha_i\alpha_j}{(1-\alpha_i)(1-\alpha_j)}} \tag{5-10}$$

(5-10)式也适用于未杂化的 $p$ 轨道,因为 $p$ 轨道只是(5-7)式中 $\alpha=0$ 的极限情况。

(5) 轨道数守恒 由 $n$ 个正交归一的原子轨道可以造出多少个正交归一的杂化轨道呢?$n$ 个正交归一的原子轨道可以看做是 $n$ 维函数空间中的一组基函数,原子轨道的杂化则相当于该空间的线性变换。代数学中证明了,线性变换不改变基

函数的数目。由此可以推知，$n$ 个正交归一的原子轨道经线性组合可以而且只能构成 $n$ 个正交归一的杂化轨道。换句话说，原子轨道进行杂化时，轨道数目是守恒的。

下面以一个 $s$ 轨道和一个 $p_x$ 轨道的杂化为例说明这一原则。由(5-4)式，若设杂化轨道之一是 $\psi_1$

$$\psi_1 = \sqrt{\alpha_1}\psi_s + \sqrt{1-\alpha_1}\psi_{p_x}$$

则与 $\psi_1$ 正交的归一化杂化轨道应取以下形式

$$\psi_2 = \sqrt{\alpha_2}\psi_s - \sqrt{1-\alpha_2}\psi_{p_x}$$

$$\psi_3 = \sqrt{\alpha_3}\psi_s - \sqrt{1-\alpha_3}\psi_{p_x}$$

……

这些轨道应满足

$$\begin{aligned}\int\psi_1^* \psi_i d\tau &= \int(\sqrt{\alpha_1}\psi_s + \sqrt{1-\alpha_1}\psi_{p_x})(\sqrt{\alpha_i}\psi_s - \sqrt{1-\alpha_i}\psi_{p_x})d\tau \\ &= \sqrt{\alpha_1\alpha_i} - \sqrt{(1-\alpha_1)(1-\alpha_i)} \\ &= 0 \qquad (i = 2,3,\cdots)\end{aligned}$$

对其中的任意两个轨道 $\psi_i$ 和 $\psi_j$ 满足

$$\sqrt{\alpha_1\alpha_i} - \sqrt{(1-\alpha_1)(1-\alpha_i)} = 0$$

$$\sqrt{\alpha_1\alpha_j} - \sqrt{(1-\alpha_1)(1-\alpha_j)} = 0$$

即

$$\alpha_i = 1-\alpha_1,\ \alpha_j = 1-\alpha_1$$

或

$$\alpha_i = \alpha_j$$

所以 $\psi_i = \psi_j$。由此可见，满足正交归一条件的 $s$-$p_x$ 杂化轨道只有两个，即

$$\left.\begin{aligned}\psi_1 &= \sqrt{\alpha}\psi_s + \sqrt{1-\alpha}\psi_{p_x} \\ \psi_2 &= \sqrt{1-\alpha}\psi_s - \sqrt{\alpha}\psi_{p_x}\end{aligned}\right\} \tag{5-11}$$

不难证明，$\psi_1$ 和 $\psi_2$ 与另外两个未杂化的 $\psi_{p_y}$ 和 $\psi_{p_z}$ 也是相互正交的。

若杂化轨道的一般形式为

$$\psi_i = C_{i1}\phi_1 + C_{i2}\phi_2 + \cdots + C_{in}\phi_n \qquad (i = 1,2,\cdots,n)$$

则第 $\mu$ 个原子轨道 $\phi_\mu$ 在所有杂化轨道中的系数的平方等于 1，即

$$\sum_{i=1}^{n} C_{i\mu}^2 = 1$$

(6) 等性杂化和不等性杂化　现在考虑 $s$-$p_x$ 杂化轨道 $\psi_1$ 和 $\psi_2$[(5-11)式]的成键能力 $f_1$ 和 $f_2$ 随 $\alpha$ 变化的情况。

$$f_1 = \sqrt{\alpha}f_s + \sqrt{1-\alpha}f_p$$

$$f_2 = \sqrt{1-\alpha}f_s + \sqrt{\alpha}f_p$$

平均成键能力为

$$\overline{f} = \frac{1}{2}(f_1 + f_2) = \frac{1}{2}(\sqrt{\alpha} + \sqrt{1-\alpha})(f_s + f_p)$$

令

$$\frac{d\overline{f}}{d\alpha} = \frac{1}{4}\left(\frac{1}{\sqrt{\alpha}} - \frac{1}{\sqrt{1-\alpha}}\right)(f_s + f_p) = 0$$

得 $\alpha = \frac{1}{2}$ 时 $\overline{f}$ 取极大值 $f = 1.933$。将 $\alpha = \frac{1}{2}$ 代入(5-11)式,得

$$\left.\begin{aligned} \psi_1 &= \frac{1}{\sqrt{2}}(\psi_s + \psi_{p_x}) \\ \psi_2 &= \frac{1}{\sqrt{2}}(\psi_s - \psi_{p_x}) \end{aligned}\right\} \tag{5-12}$$

上式说明,对于 $s$ 和 $p_x$ 组成的两个杂化轨道,当它们含有相同的 $s$ 成分(因而必然含有相同的 $p$ 成分)时,成键能力相等,平均成键能力最大。这种由原子轨道线性组合成一组等价杂化轨道的杂化现象称为等性杂化;如果各杂化轨道并不完全等价,则称不等性杂化。

用类似的方法可以证明,上述结论同样适用于 $sp^2$ 及 $sp^3$ 杂化轨道,即:为了使平均成键能力最大,杂化轨道必须是等性的。

等性杂化轨道间的夹角的余弦可在(5-10)式中令 $\alpha_i = \alpha_j$ 求得,如将 $\alpha$ 及 $\theta$ 的角标略去,则

$$\cos\theta = \frac{\alpha}{1-\alpha} \tag{5-13}$$

**2. 原子轨道杂化的对称性要求**

上一小节中指出,参与杂化的原子轨道要满足对称性合适和能量相近两个要求。所谓对称性要求,是指为了组成具有一定取向的杂化轨道,参与杂化的原子轨道必须满足一定的对称性,对称性要求可以从群论导出。下面以三角双锥构型的 $AB_5$(例如 $PF_5$)为例予以说明。

$AB_5$ 分子的坐标和 B 原子的标号见图 5-6。令 A 至 B($i$)的键为 $\psi_i$,这一组共五个杂化轨道组成分子 $AB_5$ 所属点群 $D_{3h}$ 的一个可约表示的基。在中心原子 A 中,不可约表示的基是原子轨道。所以只要知道可约表示基(杂化轨道)如何分解为不可约表示基(原子轨道),也就知道如何由原子轨道构造杂化轨道了。$D_{3h}$ 群的对称操作分为六类:$E, 2C_3, 3C_2, \sigma_h, 2S_3, 3\sigma_v$,每一个共轭类的表示矩阵的特征标相同,所以每一类中只要算其中任一对称操作的表示矩阵的特征标就可以了。显然有

$$E\begin{pmatrix}\psi_1\\\psi_2\\\psi_3\\\psi_4\\\psi_5\end{pmatrix}=\begin{pmatrix}\psi_1\\\psi_2\\\psi_3\\\psi_4\\\psi_5\end{pmatrix}=\begin{pmatrix}1&0&0&0&0\\0&1&0&0&0\\0&0&1&0&0\\0&0&0&1&0\\0&0&0&0&1\end{pmatrix}\begin{pmatrix}\psi_1\\\psi_2\\\psi_3\\\psi_4\\\psi_5\end{pmatrix},\ \chi(E)=5$$

$$C_3\begin{pmatrix}\psi_1\\\psi_2\\\psi_3\\\psi_4\\\psi_5\end{pmatrix}=\begin{pmatrix}\psi_2\\\psi_3\\\psi_1\\\psi_4\\\psi_5\end{pmatrix}=\begin{pmatrix}0&1&0&0&0\\0&0&1&0&0\\1&0&0&0&0\\0&0&0&1&0\\0&0&0&0&1\end{pmatrix}\begin{pmatrix}\psi_1\\\psi_2\\\psi_3\\\psi_4\\\psi_5\end{pmatrix},\ \chi(C_3)=2$$

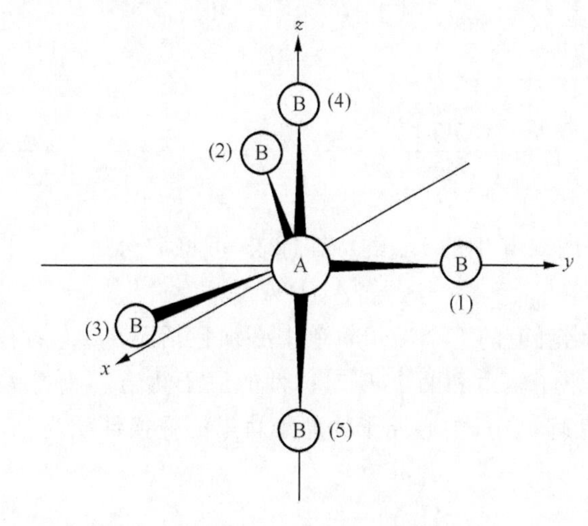


图 5-6　$AB_5$ 分子的坐标

取通过 A 和 B(3)的直线为 $C_2$ 轴，

$$C_2\begin{pmatrix}\psi_1\\\psi_2\\\psi_3\\\psi_4\\\psi_5\end{pmatrix}=\begin{pmatrix}\psi_2\\\psi_1\\\psi_3\\\psi_5\\\psi_4\end{pmatrix}=\begin{pmatrix}0&1&0&0&0\\1&0&0&0&0\\0&0&1&0&0\\0&0&0&0&1\\0&0&0&1&0\end{pmatrix}\begin{pmatrix}\psi_1\\\psi_2\\\psi_3\\\psi_4\\\psi_5\end{pmatrix},\ \chi(C_2)=1$$

$$\sigma_h\begin{pmatrix}\psi_1\\\psi_2\\\psi_3\\\psi_4\\\psi_5\end{pmatrix}=\begin{pmatrix}\psi_1\\\psi_2\\\psi_3\\\psi_5\\\psi_4\end{pmatrix}=\begin{pmatrix}1&0&0&0&0\\0&1&0&0&0\\0&0&1&0&0\\0&0&0&0&1\\0&0&0&1&0\end{pmatrix}\begin{pmatrix}\psi_1\\\psi_2\\\psi_3\\\psi_4\\\psi_5\end{pmatrix},\ \chi(\sigma_h)=3$$

$$S_3\begin{pmatrix}\psi_1\\\psi_2\\\psi_3\\\psi_4\\\psi_5\end{pmatrix}=\begin{pmatrix}\psi_2\\\psi_3\\\psi_1\\\psi_5\\\psi_4\end{pmatrix}=\begin{pmatrix}0&1&0&0&0\\0&0&1&0&0\\1&0&0&0&0\\0&0&0&0&1\\0&0&0&1&0\end{pmatrix}\begin{pmatrix}\psi_1\\\psi_2\\\psi_3\\\psi_4\\\psi_5\end{pmatrix},\ \chi(S_3)=0$$

对过 B(3)的 $\sigma_v$ 有

$$\sigma_v\begin{pmatrix}\psi_1\\\psi_2\\\psi_3\\\psi_4\\\psi_5\end{pmatrix}=\begin{pmatrix}\psi_2\\\psi_1\\\psi_3\\\psi_4\\\psi_5\end{pmatrix}=\begin{pmatrix}0&1&0&0&0\\1&0&0&0&0\\0&0&1&0&0\\0&0&0&1&0\\0&0&0&0&1\end{pmatrix}\begin{pmatrix}\psi_1\\\psi_2\\\psi_3\\\psi_4\\\psi_5\end{pmatrix},\ \chi(\sigma_v)=3$$

于是

| $D_{3h}$ | $E$ | $2C_3$ | $3C_2$ | $\sigma_h$ | $2S_3$ | $3\sigma_v$ |
|---|---|---|---|---|---|---|
| $\Gamma$ | 5 | 2 | 1 | 3 | 0 | 3 |

利用公式(4-31)及附录Ⅱ中的 $D_{3h}$群特征标表,可将 $\Gamma$ 分解

$$\Gamma = 2A_1' \oplus A_2'' \oplus E'$$

可见,组成五个杂化轨道的五个原子轨道中必须包括两个 $A_1'$ 对称性的原子轨道,一个 $A_2''$ 对称性的原子轨道和两个 $E'$对称性的原子轨道。查看 $D_{3h}$群的特征标表可知,在 $D_{3h}$对称性环境中,中心原子的原子轨道的变换性质为

$$A_1' : s, d_{z^2}$$

$$A_2'' : p_z$$

$$E' : (p_x, p_y)(d_{x^2-y^2}, d_{xy})$$

所以可用的杂化方式为

(a) $ns, (n+1)s, p_z, d_{x^2-y^2}, d_{xy}$;

(b) $ns, (n+1)s, p_z, p_x, p_y$;

(c) $nd_{z^2}, (n+1)d_{z^2}, p_z, d_{x^2-y^2}; d_{xy}$;

(d) $nd_{z^2}, (n+1)d_{z^2}, p_z, p_x$、$p_y$;

(e) $s, d_{z^2}, p_z, d_{x^2-y^2}, d_{xy}$;

(f) $s, d_{z^2}, p_z, p_x, p_y$。

由于 $ns$ 和$(n+1)s$ 及 $nd$ 和$(n+1)d$ 能量相差太大,所以(a)—(d)组合方式的采用可能性极小。对 $PF_5$ 而言,P 的 $3s$,$3p$ 和 $3d$ 能量比较接近,采用(f)就比较合适,简记为 $sp^3d$ 杂化。对于 $MoCl_5$ 而言,Mo 的 $5s$,$5p$ 和 $4d$ 能量比较接近,可能采用(e)(简记为 $d^3sp$ 杂化)和(f)的某种混合。

$sp^3d$ 杂化轨道可视为 $sp^2$ 和 $pd$ 两组杂化轨道的组合。若按图 5-6 选取坐标系，则五个杂化轨道为

$$\psi_1 = \sqrt{\frac{1}{3}}(\psi_s + \sqrt{2}\psi_{p_y})$$

$$\psi_2 = \sqrt{\frac{1}{3}}\left(\psi_s - \sqrt{\frac{1}{2}}\psi_{p_y} + \sqrt{\frac{3}{2}}\psi_{p_x}\right)$$

$$\psi_3 = \sqrt{\frac{1}{3}}\left(\psi_s - \sqrt{\frac{1}{2}}\psi_{p_y} - \sqrt{\frac{3}{2}}\psi_{p_x}\right)$$

$$\psi_4 = \sqrt{\frac{1}{2}}(\psi_{p_z} + \psi_{d_{z^2}})$$

$$\psi_5 = \sqrt{\frac{1}{2}}(\psi_{p_z} - \psi_{d_{z^2}})$$

### 3. *sp* 杂化轨道及有关分子的结构

$s$ 和 $p$ 轨道杂化的方式最普通的有三种。第一种方式是两个 $p$ 轨道不杂化，只有一个 $p$ 轨道和一个 $s$ 轨道杂化，构成两个 $sp$ 杂化轨道，第二种方式是一个 $p$ 轨道不杂化，其余两个 $p$ 轨道和 $s$ 轨道杂化，构成三个 $sp^2$ 杂化轨道。第三种方式是三个 $p$ 轨道和 $s$ 轨道完全杂化，构成四个 $sp^3$ 杂化轨道。我们先讨论 $sp$ 杂化轨道。

为明确起见，令参与杂化的 $p$ 轨道是 $p_x$，根据前面的讨论，一个 $s$ 和一个 $p$ 轨道可以组成两个正交归一的 $sp$ 杂化轨道(5-12)式：

$$\left.\begin{aligned}\psi_1 &= \frac{1}{\sqrt{2}}(\psi_s + \psi_{p_x})\\ \psi_2 &= \frac{1}{\sqrt{2}}(\psi_s - \psi_{p_x})\end{aligned}\right\}$$

这两个杂化轨道与另外两个未参与杂化的 $p$ 轨道 $p_y$ 及 $p_z$ 也是正交的。$\psi_1$ 与 $\psi_2$ 间的夹角可用(5-13)式求出 $\theta=180°$。因此 $sp$ 杂化轨道又称为直线型杂化轨道。

$\psi_1$ 与 $\psi_2$ 和它们所用以组成的 $\psi_s$ 与 $\psi_{p_x}$ 的电子云分布如图 5-7 所示。

如果把 $\psi_1$ 和 $\psi_2$ 合绘在一张图上，则得图 5-8，为了看起来清楚，$\psi_1$ 和 $\psi_2$ 分别用虚线和实线表示。

在周期表中ⅡB族的元素 Zn，Cd，Hg 的电子组态为 $d^{10}s^2$。在此状态时它们的原子价应等于零。但如果有一个 $s$ 电子激发到 $p$ 轨道形成 $d^{10}s^1p^1$，那么就有两个未成对电子，可以构成两个共价键了，共价键形成时放出的能量可以补偿电子由 $s$ 激发到 $p$ 所需的能量而有余。为了增加成键能力，Zn、Cd、Hg 的两个共价键将是由 $sp$ 杂化轨道构成的。下面列出这些元素的若干共价化合物：

双烷基锌　如 $H_3C—Zn—CH_3$

双芳基锌　如 Φ—Zn—Φ

双烷基镉　如 $H_3C—Cd—CH_3$

三氯乙酸亚汞　$Cl_3C—C(=O)—O—Hg—Hg—O—C(=O)—CCl_3$

双烷基汞　如 $H_3C—Hg—CH_3$

卤化汞　　$X—Hg—X(X=Cl,Br,I)$

氰化汞　　$N\equiv C—Hg—C\equiv N$

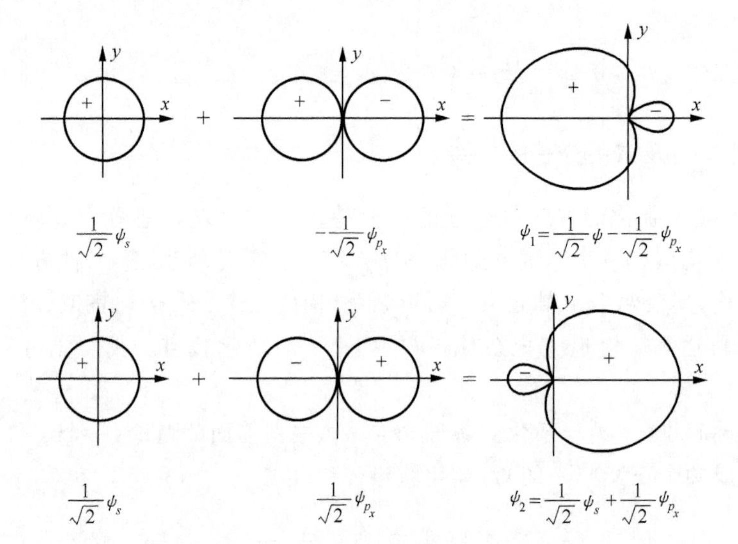


图 5-7　$\psi_s$、$\psi_{p_x}$、$\psi_1$ 和 $\psi_2$ 的电子云分布图

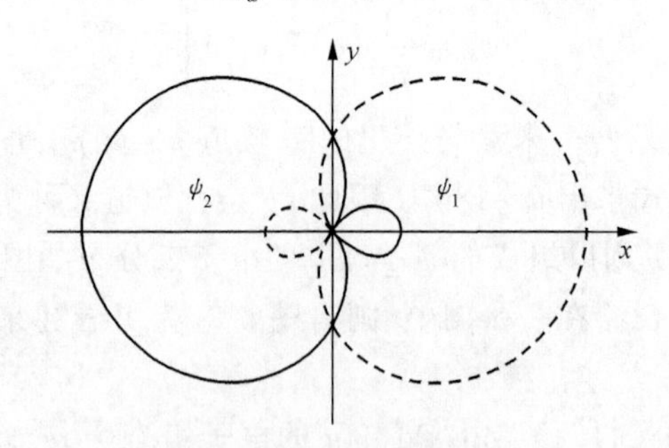


图 5-8　$sp$ 杂化轨道

在上述共价化合物中，实验证明中心原子和相邻的两个原子都在同一直线上。这是和杂化轨道理论相一致的。

除ⅡB族元素外，碳原子的四个键如果是两个 $\sigma$ 键和两个 $\pi$ 键，那么这两个 $\sigma$

键就是由 $sp$ 杂化轨道构成的。因为两个 $\pi$ 键用去了两个纯粹的 $p$ 轨道，剩下来就只有一个 $p$ 轨道可以和 $s$ 轨道杂化了。

用两个 $\sigma$ 键和两个 $\pi$ 键的碳原子，可以而且只能和两个旁的碳原子或其他原子结合，每一结合用去一个 $\sigma$ 键，形成 A—C—B。这些分子都是直线型的，故碳原子用的是 $sp$ 杂化轨道。碳原子的两个 $\pi$ 键可以加在一个 $\sigma$ 键上，形成 A≡C—B，也可以加在两个 $\sigma$ 键上，形成 A ═C ═B。前者的例子如 H—C≡N，H—C≡C—H 等，后者的例子如 $H_2C$ ═C ═$CH_2$。实验测得这些分子的几何构型是和理论预测相一致的。

图 5-9 示出 CH≡CH 和 $CH_2$ ═C ═$CH_2$ 的立体结构。在 $CH_2$ ═C ═$CH_2$ 中只有中间的 C 原子用 $sp$ 杂化轨道，旁边二个 C 原子用的是 $sp^2$ 杂化轨道

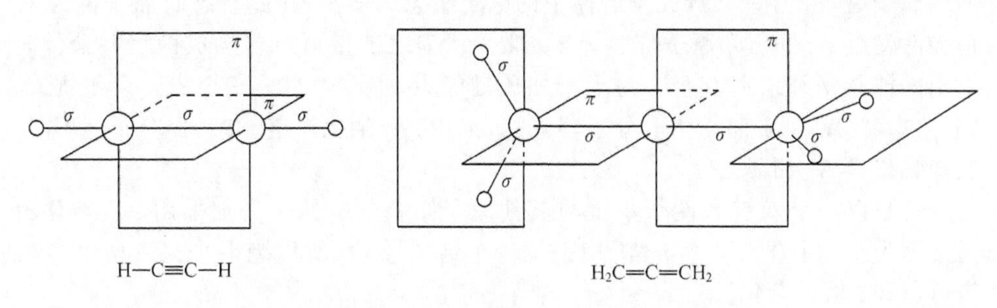


图 5-9　CH≡CH 和 $CH_2$ ═C ═$CH_2$ 的立体结构式

根据以上所述可知：凡是用 $sp$ 杂化轨道的碳原子一定以三重键或聚集双键与其他原子相结合，反之，凡是以三重键或聚集双键与其他原子相结合的碳原子也一定用 $sp$ 杂化轨道。

### 4. $sp^2$ 杂化轨道及有关分子的结构

现在我们讨论第二种杂化方式，即 $s$ 轨道和两个 $p$ 轨道（例如 $p_x$ 和 $p_y$）杂化而成的 $sp^2$ 轨道。这里参加杂化的有三个原子轨道，所以可以得到三个正交归一的 $sp^2$ 轨道。为了使这三个杂化轨道的平均成键能力最大，它们必须含有相同的成分，即 $\frac{1}{3}s$ 和 $\frac{2}{3}p$。以 $\alpha=\frac{1}{3}$ 代入（5-13）式可以算出键角为 $\theta=120°$。三个 $sp^2$ 轨道的对称轴在同一平面上指向正三角形的三角，所以 $sp^2$ 杂化轨道也可以叫做正三角形杂化轨道。图 5-10示出了 $sp^2$ 杂化轨道的角度分布，另

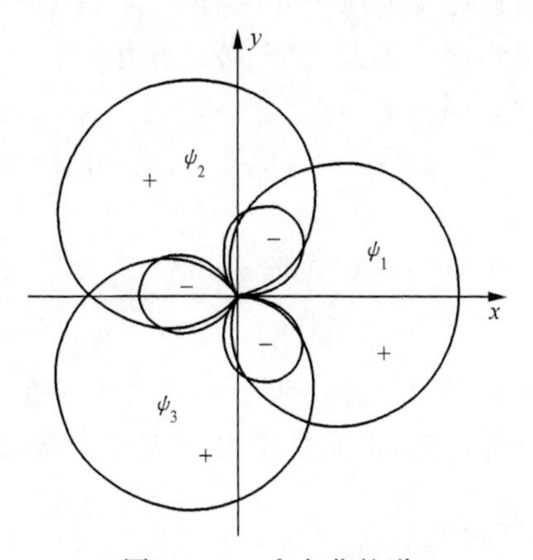


图 5-10　$sp^2$ 杂化轨道

有一个未杂化的 $p$ 轨道与此平面垂直。

由表 5-8 知，$sp^2$ 杂化轨道的成键能力 $f=1.991$。

$sp^2$ 杂化轨道可以写如

$$\left.\begin{aligned}\psi_1 &= \sqrt{\frac{1}{3}}\psi_s + \sqrt{\frac{2}{3}}\psi_{p_x} \\ \psi_2 &= \sqrt{\frac{1}{3}}\psi_s - \sqrt{\frac{1}{6}}\psi_{p_x} + \sqrt{\frac{1}{2}}\psi_{p_y} \\ \psi_3 &= \sqrt{\frac{1}{3}}\psi_s - \sqrt{\frac{1}{6}}\psi_{p_x} - \sqrt{\frac{1}{2}}\psi_{p_y}\end{aligned}\right\} \tag{5-14}$$

可以验证(5-14)式所示的三个轨道是相互正交归一的。

属于周期表中ⅢB族元素的原子的电子组态为 $s^2p^1$，在此状态时原子价为 1。但如激发至 $s^1p_x^1p_y^1$，则原子价等于 3。激发所需之能量可由多构成两个共价键时放出的能量来补偿而有余。为了增加成键能力，$s^1p_x^1p_y^1$ 组成三个 $sp^2$ 杂化轨道。$BF_3$ 和 $BCl_3$ 都是平面三角形分子，其中 B 采用 $sp^2$ 杂化轨道。$AlCl_3$ 分子则不同，它却二聚成 $Al_2Cl_6$（见后）。

凡是以一个双键和两个单键与其他原子结合的碳原子一定采用 $sp^2$ 杂化轨道。因为双键中含有一个 $\pi$ 键，用去了一个纯 $p$ 轨道，所以剩下来只有两个 $p$ 轨道可以和 $s$ 轨道杂化。

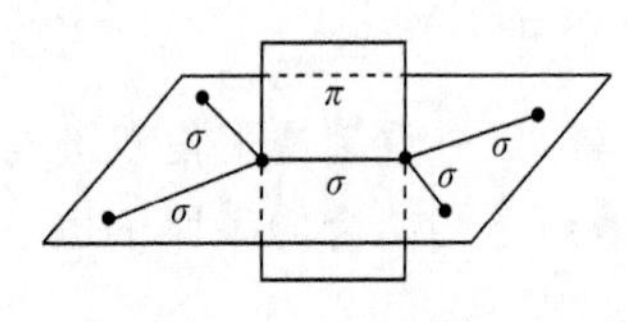


图 5-11　$CH_2{=}CH_2$ 分子的结构

图 5-11 示出了 $CH_2{=}CH_2$ 分子的立体结构式。在 $C_2H_4$ 分子中，$C_1$ 用它的 $sp^2$ 杂化轨道与 $H_1$、$H_2$ 及 $C_2$ 以 $\sigma$ 键相连结，键角是 120°，这四个原子必须在同一平面上。同样，$C_2$ 用它的 $sp^2$ 杂化轨道与 $H_3$、$H_4$ 及 $C_1$ 以 $\sigma$ 键相连结，键角也是 120°，这四个原子也必须在一个平面上。

此外，$C_1$ 还有一个电子在垂直于 $H_1H_2C_1C_2$ 平面的 $p_{z_1}$ 轨道上，$C_2$ 也有一个自旋相反的电子在垂直于 $H_3H_4C_1C_2$ 平面的 $p_{z_2}$ 轨道上。为了使 $p_{z_1}$ 和 $p_{z_2}$ 得到最大程度的重叠，它们必须互相平行。换言之，$H_1$、$H_2$、$H_3$、$H_4$、$C_1$ 和 $C_2$ 六个原子必须在同一平面上。

如果要把 $H_3H_4C_1C_2$ 平面沿 $C_1C_2$ 轴回转 180°，如下式所示：

$$\begin{matrix} H_1 & & H_3 \\ & C_1{-}C_2 & \\ H_2 & & H_4 \end{matrix} \xrightarrow{\text{回转 }180^\circ} \begin{matrix} H_1 & & H_4 \\ & C_1{-}C_2 & \\ H_2 & & H_3 \end{matrix}$$

那么必须经过这两个平面的相互垂直的状态。此时 $p_{z_1}$ 和 $p_{z_2}$ 也互相垂直，即完全不能重叠，也就是说把 $\pi$ 键完全破坏了。这就是说双键不能自由旋转。因此，像

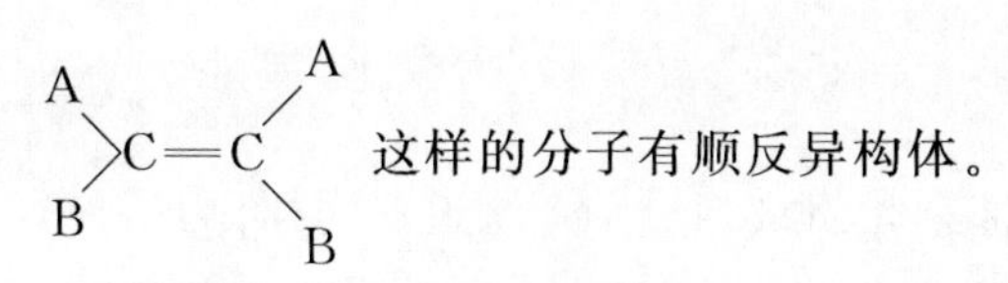

这样的分子有顺反异构体。

兹将若干包含双键的碳化物的实际键角列于表 5-9。所有数据都接近于 120°。

**表 5-9　含有双键的碳化物的键角**

| 分　子 | 几何构型 | 键　角 |
| --- | --- | --- |
| $H_2C=CH_2$ | (H)(H)C=C(H)(H)，α | 121.3° |
| $H_2C=CF_2$ | (H)(H)C=C(F)(F)，α | 125.4° |
| $H_2C=CCl_2$ | (H)(H)C=C(Cl)(Cl)，α | 119° |
| $Cl_2C=CCl_2$ | (Cl)(Cl)C=C(Cl)(Cl)，α | 123.4° |
| $(CH_3)_2C=C(CH_3)_2$ | (C)(C)C=C(C)(C)，α | 124° |
| $(CH_3)_2C=CH_2$ | (C)(C)C=C(H)(H)，α | 124° |
| $COCl_2$ | (Cl)(Cl)C=O，α | 117° |
| $CSCl_2$ | (Cl)(Cl)C=S，α | 116° |
| $CH_3CHO$ | (C)(H)C=O，α | 122° |
| HCOOH | (H—O)(H)C=O，α | 125° |
| $NH_2CH_2COOH$ | (H—O)(C)C=O，α | 122° |
| COOH–COOH · $2H_2O$ | (H—O)(C)C=O，α | 124° |

**5. $sp^3$ 杂化轨道及有关分子的结构**

现在讨论 $s$ 轨道和三个 $p$ 轨道全部杂化组成四个 $sp^3$ 轨道。同样，为了使这四个杂化轨道的平均成键能力最大，它们必须含有相同的成分，即$\frac{1}{4}s$ 和$\frac{3}{4}p$，即 $\alpha=1/4$。由表 5-8 知道，当 $\alpha=\frac{1}{4}$时，每个键的成键能力也最大，即 $f=2$。以 $\alpha=\frac{1}{4}$ 代入(5-13)式，求得两个键之间的夹角为 109°28′。四个 $sp^3$ 杂化轨道的对称轴指向正四面体的四角。因此 $sp^3$ 轨道也叫正四面体杂化轨道。

如果选择坐标轴使四个 $sp^3$ 杂化轨道指向立方体的相间的四个角顶，三个坐标轴与三个 $S_4$ 轴重合，则四个 $sp^3$ 杂化轨道可以写为

$$\left.\begin{aligned}\psi_1 &= \frac{1}{2}(\psi_s+\psi_{p_x}+\psi_{p_y}+\psi_{p_z}\\ \psi_2 &= \frac{1}{2}(\psi_s+\psi_{p_x}-\psi_{p_y}-\psi_{p_z})\\ \psi_3 &= \frac{1}{2}(\psi_s-\psi_{p_x}+\psi_{p_y}-\psi_{p_z})\\ \psi_4 &= \frac{1}{2}(\psi_s-\psi_{p_x}-\psi_{p_y}+\psi_{p_z})\end{aligned}\right\}\qquad(5\text{-}15)$$

(5-15)式不是表示一组 $sp^3$ 轨道的唯一方式，随着选择坐标轴方向的不同，可以用不同的一组函数来表示。

四个 $sp^3$ 杂化轨道的角度分布如图 5-12 所示

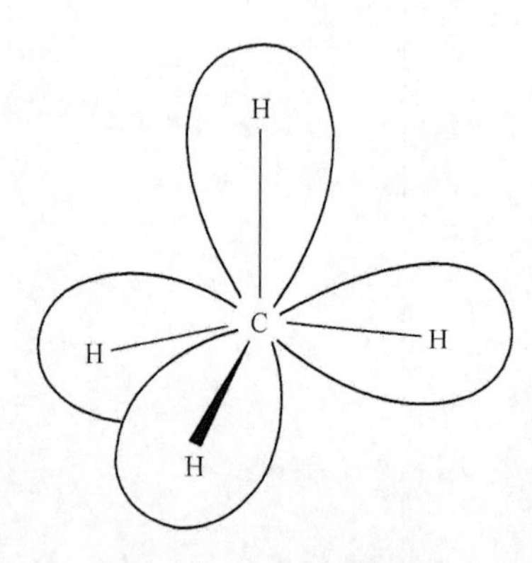

图 5-12 $sp^3$ 杂化轨道

$CH_4$ 中的 C 原子是以 $sp^3$ 杂化轨道与周围四个 H 原子以 $\sigma$ 键相连结的典型例子。此外，$SiH_4$、$GeX_4$、$SnX_4$、$PbX_4$ 中的 Si、Ge、Sn、Pb 都是以 $sp^3$ 杂化轨道与其他原子键合的。表 5-10 给出了若干饱和碳化物和类似的硅化物中的键角的实测数据，它们都接近 109°28′。

兹将上述三种等性杂化轨道和未杂化的 $p$ 轨道的要点总结在表 5-11 中。

**表 5-10　若干饱和碳化物和硅化物的键角**

| 分　子 | 键　角 | 实验值 |
| --- | --- | --- |
| $CH_4$ | HCH | 109°28′ |
| $CH_3—CH_3$ | HCH | 109°28′ |
| $CH_3—CH_2—CH_3$ | CCC | 111°30′±3° |
| $(CH_3)_2CH—CH_3$ | CCC | 111°30′±3° |
| $(CH_3)_4C$ | CCC | 109°28′ |
| $(CH_3)_3CCl$ | CCC | 110°30′±2° |
| $(CH_3)_3CBr$ | CCC | 110°30′±2° |
| $C_2H_5Cl$ | CCCl | 110°30′±2° |
| $(CH_3)_2CHCl$ | CCCl | 109°±3° |
| $(CH_3)_2CHBr$ | CCBr | 109°30′±3° |
| $CH_3CCl_3$ | CCCl | 109°±2° |
| $CH_2F_2$ | FCF | 110°±1° |
| $CH_2Cl_2$ | ClCCl | 112°±2° |
| $CH_2FCl$ | FCCl | 110°±2° |
| $CHCl_3$ | ClCCl | 112°±2° |
| $CH_2Br_2$ | BrCBr | 112°±2° |
| $SiHCl_3$ | ClSiCl | 110°±2° |
| $SiHBr_3$ | BrSiBr | 110°±2° |

**表 5-11　*p* 轨道和等性 *s-p* 轨道比较**

| 轨道名称 | $\alpha$ | $\theta$ | $f$ | 几何构型 | 附　注 |
| --- | --- | --- | --- | --- | --- |
| $p^3$ | 0 | 90° | 1.732 | 三角锥 | |
| $sp^3$ | $\frac{1}{4}$ | 109°28′ | 2 | 正四面体 | |
| $sp^2$ | $\frac{1}{3}$ | 120° | 1.991 | 正三角形 | 尚有一 $p$ 轨道与三角形平面垂直 |
| $sp$ | $\frac{1}{2}$ | 180° | 1.932 | 直线形 | 尚有两个互相垂直且垂直于 $sp$ 轨道的 $p$ 轨道 |

## 6. 不等性的 *s-p* 杂化轨道及有关分子的结构

若不采用杂化轨道，按价键理论，O 原子（组态 $s^2p^4$）有两个未成对电子，可与两个 H 结合成 $H_2O$，因参与成键的是两个 $p$ 轨道，因此 $H_2O$ 分子中的两个 O—H 键的夹角应为 90°，实验值为 105°。同样，$NH_3$ 分子的三个 N—H 键间的夹角也不是 90°,而是 107°。固然 $H_2O$ 分子中的两个 H 及 $NH_3$ 分子中的三个 H 互相排斥会使键角增加,但有人计算过,这种作用只能使 $H_2O$ 分子的键角增加 5°。

杂化轨道理论的建立以及它在解释硼和碳化合物几何构型方面的成功,人们自然会联想到:在氮原子和氧原子中,原子轨道是不是也杂化呢?

原子成键时是否采用杂化轨道和采用什么样的杂化轨道是由能量因素和分子的几何构型决定的。令 $E_s$ 和 $E_p$ 分别为 $s$ 和 $p$ 轨道的能量,假定杂化轨道[$\alpha s+(1-\alpha)p$]的能量为[$\alpha E_s+(1-\alpha)E_p$]。那么 C 原子的 4 个外层电子在状态Ⅰ(未杂化)和状态Ⅱ($sp^3$ 杂化)的总能量都等于($E_s+3E_p$),如图 5-13 所示。

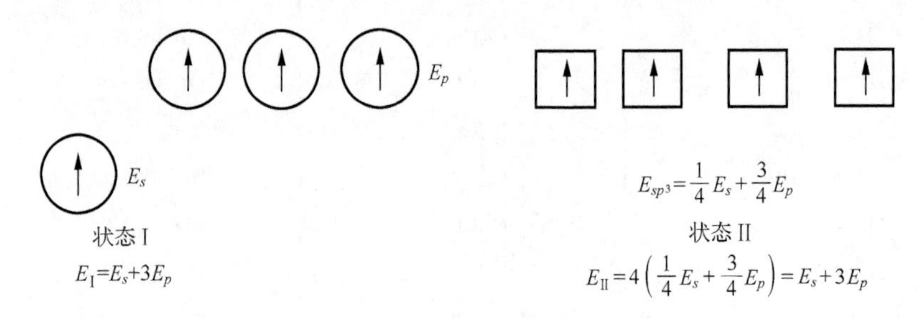


图 5-13　C 原子的外层电子的总能量

但是氮原子的五个价电子在未杂化状态和杂化状态的总能量却不相等(图 5-14)。由此可知,在杂化状态的氮原子的外层电子的总能量 $E_Ⅱ$ 大于在未杂化状态的总能量,两者之差等于$\frac{3}{4}(E_p-E_s)$,即一个电子从 $s$ 轨道激发到 $p$ 轨道所需能量的$\frac{3}{4}$。

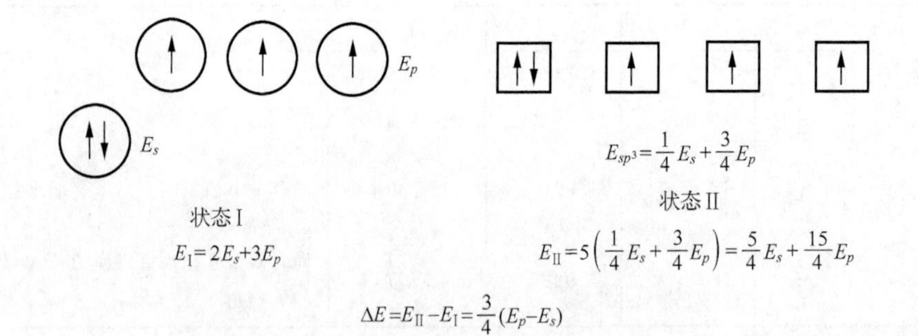


图 5-14　N 原子的外层电子的总能量

一般地说,对于含有孤对电子的原子如氮、氧等,$E_Ⅱ>E_Ⅰ$;对于不含孤对电子的原子如硼、碳等,$E_Ⅱ=E_Ⅰ$。

因此,未含有孤对电子的原子如硼、碳等的原子轨道是一定要杂化的(如要构

成 $\pi$ 键，则须留下它所需要的 $p$ 轨道，但其余仍杂化。）因为杂化可以增加成键能力。

但是，对于含有孤对电子的原子，如氮，氧等来说，却有两个相反的因素在影响着：(1)为了使成键能力最大，原子轨道必须杂化；(2)为了避免 $s$ 电子的激发，原子轨道最好不要杂化(即在成键轨道中 $\alpha=0$)。

在这两个相反的因素的影响之下，最好构成不等性杂化轨道。对于氮原子来说，其中三个杂化轨道是相同的，含有 $s$ 成分 $\alpha$，另一杂化轨道则不同，含有 $s$ 成分 $(1-3\alpha)$，因为在四个轨道中 $s$ 成分的总和必须等于 1。由此可知，从状态Ⅰ到状态Ⅲ(图 5-15)的激发能等于从 $s$ 到 $p$ 的激发能的 $3\alpha$ 倍。所以，为了使激发能尽量小，$\alpha$ 要愈小愈好，但为了使成键能力最大，$\alpha$ 要等于 1/4 才好。

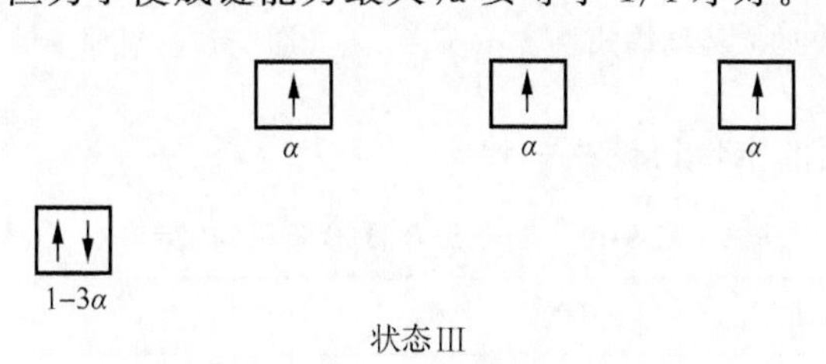


$$E_{\text{III}}=2E_{1-3\alpha}+3E_{\alpha}=2[(1-3\alpha)]E_s+3\alpha E_p]+3[\alpha E_s+(1-\alpha)E_p]$$
$$=(2-3\alpha)E_s+(3+3\alpha)E_p$$

$$\Delta E'=E_{\text{III}}-E_{\text{I}}=3\alpha\,(E_p-E_s)$$

图 5-15　N 原子的外层电子在不等性杂化状态时的总能量

此外，还有第三个因素，即前面曾经讨论过的 H 原子之间的互相推斥。为了使推斥力最小，$NH_3$ 最好采取平面结构，即相当于 $\alpha=\frac{1}{3}$。

所以，最好的情况是，$\alpha$ 采取自 0 至$\frac{1}{3}$的某一适当数值。但是，这个最适当的 $\alpha$ 值不能从上面的定性讨论中得到。

现在来看一看在这三个 $s$ 成分等于 $\alpha$ 的杂化轨道之间的夹角应该等于多少。如果我们把 $NH_3$ 的实测键角 107°代入(5-13)式，则得

$$\alpha=0.226$$

这个介于 0 与$\frac{1}{3}$之间的数值是和上面的讨论一致的，所以氮原子在成键的时候可能采用像图 5-16 所示的不等性的杂化轨道。表 5-12 列出若干具有三角锥形结构的分子及其键角。

同样，氧原子在成键的时候也将采用不等性的杂化轨道，如图 5-17 所示。如果我们把 $H_2O$ 的实测键角 105°代入(5-13)式，则得

$$\alpha=0.206$$

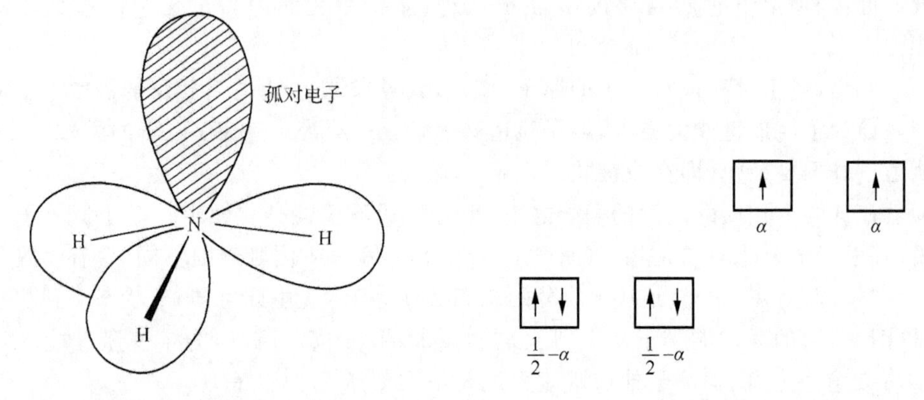


图 5-16　$NH_3$ 的立体结构式　　　　图 5-17　氧原子的不等性杂化状态

这个数值也与上面的定性讨论相一致。

**表 5-12　若干三角锥形分子的键角**

| 分子 | | 键角 | 测定法 |
|---|---|---|---|
| $NH_3$ | (气) | 107° | 光谱 |
| $NF_3$ | (气) | 102.5° | 电子衍射 |
| $PH_3$ | (气) | 93.5° | 光谱 |
| $PF_3$ | (气) | 104° | 电子衍射 |
| $PCl_3$ | (气) | 101° | 电子衍射 |
| $PBr_3$ | (气) | 100° | 电子衍射 |
| $PI_3$ | (气) | 98° | 电子衍射 |
| $AsH_3$ | (气) | 92° | 电子衍射 |
| $AsCl_3$ | (气) | 103° | 电子衍射 |
| $AsI_3$ | (气) | 100° | 电子衍射 |
| $SbH_3$ | (气) | 91.5° | 电子衍射 |
| $SbCl_3$ | (气) | 104° | 电子衍射 |
| $SbI_3$ | (气) | 98° | 电子衍射 |

具有与 $H_2O$ 分子相似结构的分子叫做等腰三角形分子，表 5-13 列出若干等腰三角形分子及其键角。

**表 5-13　若干等腰三角形分子及其键角**

| 分　　子 | 键　角 | 测定法 |
|---|---|---|
| $H_2O$（气） | 105° | 光　谱 |
| $F_2O$（气） | 100° | 电子衍射 |
| $Cl_2O$（气） | 115° | 电子衍射 |
| $H_2S$（气） | 92° | 光　谱 |
| $SCl_2$（气） | 103° | 电子衍射 |
| $H_2Se$（气） | 90° | 光　谱 |

## 7. 具有张力的分子

在环丙烷中碳原子采用不等性的杂化轨道，其中一组的 $s$ 成分等于 $\alpha$，用来和其余两个碳原子构成 $\sigma$ 键，另一组的 $s$ 成分等于 $\frac{1}{2}-\alpha$，用来和两个氢原子构成 $\sigma$ 键。第一组的两个杂化轨道间的夹角 $\theta$ 的余弦 $\mathrm{coe}\theta=-\frac{\alpha}{1-\alpha}$，$\theta$ 的数值至少是 90°（相当于 $\alpha=0$），而碳原子间的夹角则为 60°，所以在这样的分子中，杂化轨道的对称轴和键轴之间有一偏角 $\phi=\frac{1}{2}(\theta-60°)$，如图 5-18 所示。图中

$$\angle HCH = 118° \pm 2°$$
$$\angle HCC = 116° \pm 2°$$
$$C—C = 154\ \mathrm{pm}$$
$$C—H = 108\ \mathrm{pm}$$

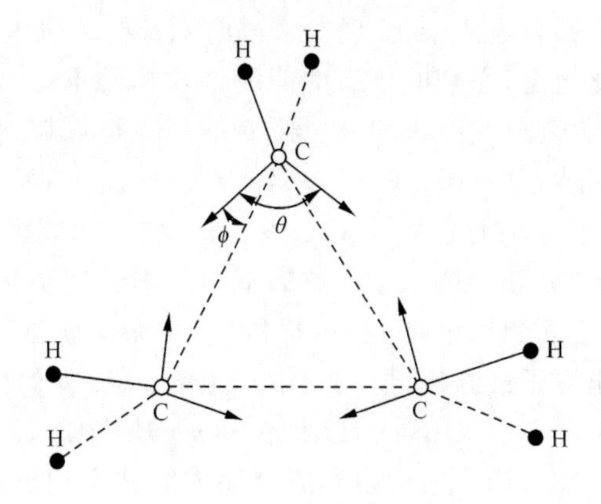


图 5-18　环丙烷的结构

偏角 $\phi$ 的存在使电子云不能得到最大程度的重叠，因而在环丙烷中 C—C 键的键能要比正常的 C—C 键的键能小些，这种由于成环的几何限制而使电子云不

能沿着对称轴方向重叠的分子叫做具有张力的分子。环丙烷由于这种张力而损失的结合能根据柯尔孙(C. A. Coulson) 和莫菲特(W. E. Moffitt)的计算[1]为 6 eV,这一数值经若干次要因素的校正后与由热化学方法测定的数据颇为接近。

为了使成键能力最大,$\theta$ 应等于 $109°28'\left(\alpha=\frac{1}{4}\right)$,为了使张力最小,$\theta$ 应等于 $90°(\alpha=0)$,最好的 $\theta$ 数值应在 90°与 109°28′之间,柯尔孙和莫菲特求得 $\theta=104°$,相当于偏角 $\phi=22°$,$\alpha=0.195$。由此可以算出与氢原子相结合的杂化轨道的 $s$ 成分等于 $0.5-\alpha=0.305$,相当于∠HCH 等于 116°,而实验值则为 118°±2°。

在 $P_4$ 分子中每一 P 原子用它的 3 个 $p$ 轨道和其余 3 个 P 原子以 $\sigma$ 键相结合,P 的孤对电子则在 $s$ 轨道上。但 P—P—P 的夹角为 60°,从简单的几何关系可以算出 $p$ 轨道的对称轴与键轴的偏角 $\phi=19\frac{1}{2}°$,$\left(注意不是\frac{1}{2}(90-60)=15°\right)$所以 $P_4$ 分子也是有张力的分子,这个张力使每一个 P—P 键的键能损失 0.165eV,或整个分子的结合能损失 $6\times0.165\text{eV}=0.99\text{eV}$ (95.5kJ · $\text{mol}^{-1}$)。$P_4$ 分子的结构参看图 5-19。$P_4$ 分子也可能采用 $pd^2$ 杂化轨道,这样就没有张力,但必须消耗能量把电子激发到 $d$ 轨道上去,其结果仍和有张力相似。

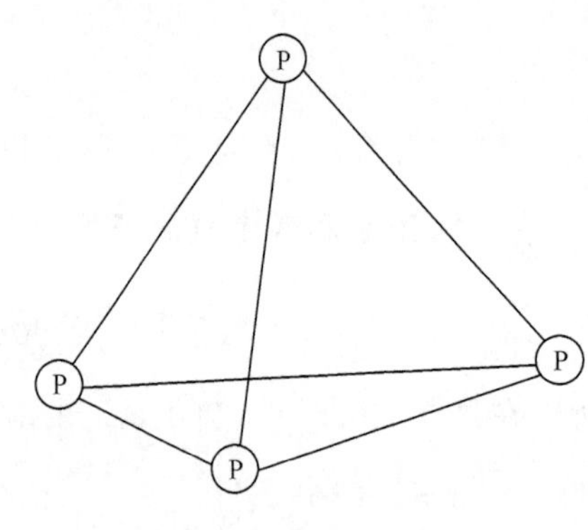

图 5-19　$P_4$ 分子的结构

**8. *d-s-p* 杂化轨道**

上面讨论了 $s$ 和 $p$ 轨道的杂化,现在来讨论 $s$、$p$ 和 $d$ 轨道的杂化。一般地说,为了构成有效的杂化轨道,原来的轨道的能级必须相差不远。对于周期系中的过渡元素来说,$(n-1)d$ 轨道的能级和 $ns$ 及 $np$ 的能级很近似(例如 Ni 的 $3d$、$4s$ 和 $4p$ 三个轨道的能级分别为 −10 eV、−7.64 eV 和 −4.66 eV)所以它们可以构成 $d$-$s$-$p$ 杂化轨道。对于 $p$ 区元素来说,$ns$、$np$ 和 $nd$ 轨道的能级比较近似,它们可以构成 $s$-$p$-$d$ 杂化轨道。$d$ 轨道的主量子数的不同并不影响杂化轨道的几何构型和相对成键能力,所以下面的讨论对于 $d$-$s$-$p$ 和 $s$-$p$-$d$ 杂化轨道都是适用的。有时候我们为了便于表达出电子层结构,把$(n-1)d$ 轨道写在 $s$-$p$ 的前面,$nd$ 的轨道写在 $s$-$p$ 的后面,例如 $d^2sp^3$ 表示系由$(n-1)d$、$ns$ 和 $np$ 所组成,而 $sp^3d^2$ 则表示由 $ns$、$np$ 和 $nd$ 所组成。但在讨论几何构型和成键能力时并不加以区分,而且在一般文献中也没有这种区分。

① C. A. Coulson and W. E. Moffitt: *Phil. Mag.*, 40, 1(1949).

哈尔特格林(R. Hultgren)从杂化轨道互相正交的关系得知等性 $d$-$s$-$p$ 杂化轨道之间的夹角遵循下列公式：

$$\alpha+\beta\cos\theta+\gamma\left(\frac{3}{2}\cos^2\theta-\frac{1}{2}\right)=0 \tag{5-16}$$

在上式中 $\alpha$、$\beta$ 和 $\gamma$ 依次表示杂化轨道的 $s$、$p$ 和 $d$ 成分，显然

$$\alpha+\beta+\gamma=1 \tag{5-17}$$

当 $\gamma=0$ 时，(5-16)式还原为(5-13)式。

因为 $s$、$p$ 和 $d$ 轨道的成键能力分别等于 1、$\sqrt{3}$和$\sqrt{5}$，所以杂化轨道的成键能力等于

$$f=\sqrt{\alpha}+\sqrt{3\beta}+\sqrt{5\gamma} \tag{5-18}$$

重要的 $d$-$s$-$p$ 杂化轨道有下列几种：

(1) 配位数等于 6 的 $d^2sp^3$ 杂化轨道　$d^2sp^3$ 杂化轨道有 6 个，由 2 个 $d$、1 个 $s$ 和 3 个 $p$ 轨道组合而成，其中每一轨道的 $s$、$p$ 和 $d$ 成分依次等于

$$\alpha=\frac{1}{6},\ \beta=\frac{3}{6}=\frac{1}{2},\ \gamma=\frac{2}{6}=\frac{1}{3} \tag{5-19}$$

所以

$$\psi_{d^2sp^3}=\frac{1}{\sqrt{6}}\psi_s+\frac{1}{\sqrt{2}}\psi_p+\frac{1}{\sqrt{3}}\psi_d \tag{5-20}$$

它的极坐标图如图 5-20 所示。

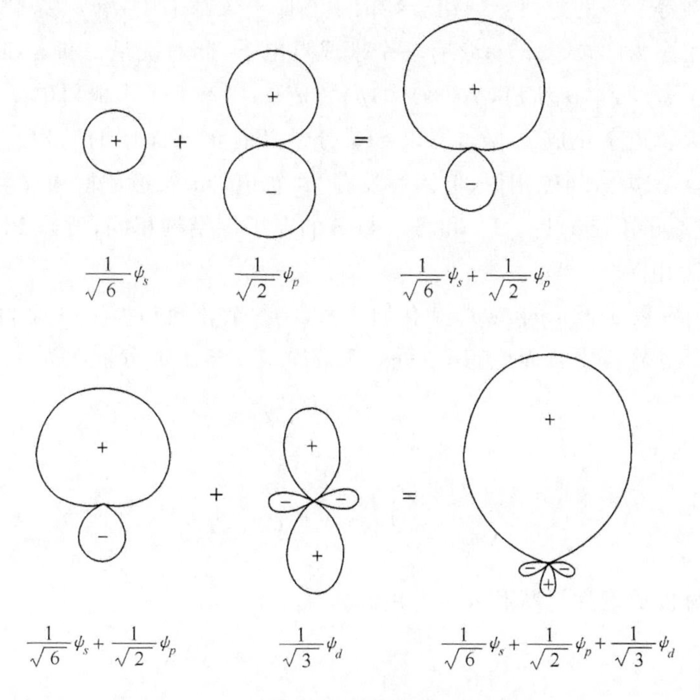


图 5-20　$d^2sp^3$ 杂化轨道的极坐标图

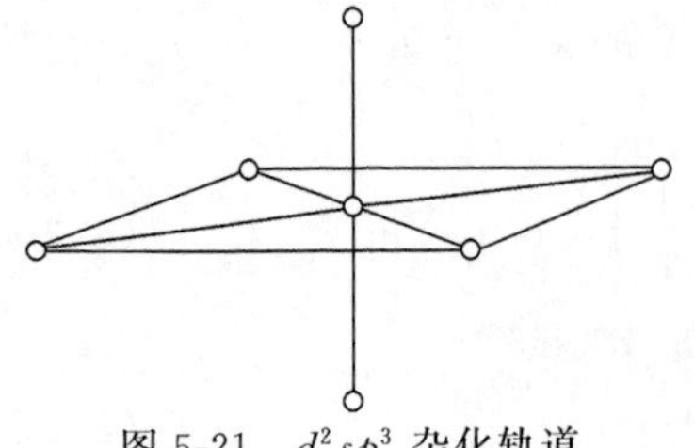
图 5-21　$d^2sp^3$ 杂化轨道

将(5-19)式代入(5-18)式得 $f=2.923$，所以 $d^2sp^3$ 是成键能力很强的杂化轨道。将(5-19)式代入(5-16)式解之，得 $\theta=90°$或 $120°$。如果这六个轨道指向正八面体的六角，如图 5-21 所示，那么轨道间夹角正好等于 90°和 180°，所以 $d^2sp^3$ 又叫做正八面体杂化轨道。六个杂化轨道为

$$\psi_1=\sqrt{\frac{1}{6}}(\psi_s+\sqrt{2}\psi_{d_{z^2}}+\sqrt{3}\psi_{p_z})$$

$$\psi_2=\sqrt{\frac{1}{6}}\left(\psi_s-\sqrt{\frac{1}{2}}\psi_{d_{z^2}}+\sqrt{\frac{3}{2}}\psi_{d_{x^2-y^2}}+\sqrt{3}\psi_{p_x}\right)$$

$$\psi_3=\sqrt{\frac{1}{6}}\left(\psi_s-\sqrt{\frac{1}{2}}\psi_{d_{z^2}}-\sqrt{\frac{3}{2}}\psi_{d_{x^2-y^2}}+\sqrt{3}\psi_{p_y}\right)$$

$$\psi_4=\sqrt{\frac{1}{6}}\left(\psi_s-\sqrt{\frac{1}{2}}\psi_{d_{z^2}}+\sqrt{\frac{3}{2}}\psi_{d_{x^2-y^2}}-\sqrt{3}\psi_{p_x}\right)$$

$$\psi_5=\sqrt{\frac{1}{6}}\left(\psi_s-\sqrt{\frac{1}{2}}\psi_{d_{z^2}}-\sqrt{\frac{3}{2}}\psi_{d_{x^2-y^2}}-\sqrt{3}\psi_{p_y}\right)$$

$$\psi_6=\sqrt{\frac{1}{6}}(\psi_s+\sqrt{2}\psi_{d_{z^2}}-\sqrt{3}\psi_{p_z})$$

配位数等于 6 的过渡金属络合物的中心原子大都采用 $d^2sp^3$ 杂化轨道。硫原子的电子组态为$(3s)^2(3p)^4$，含有 2 个未成对电子，此时硫呈二价，如 $H_2S$。但如把 2 个电子激发到 $3d$ 轨道，成$(3s)^1(3p)^3(3d)^2$，则有 6 个未成对电子，此时硫呈 6 价。这六个轨道杂化成 $sp^3d^2$，所以 $SF_6$ 分子具有正八面体的结构。氧的价电子结构是$(2s)^2(2p)^4$，和硫相似，但因为没有 $2d$ 轨道，$3d$ 轨道的能级又和 $2p$ 相差太大，所以氧原子不是 6 价。$P^-$ 和 $Si^{2-}$ 与 S 的电子层结构相同，所以 $PF_6^-$、$SiF_6^{2-}$ 的结构和 $SF_6$ 相同。

(2) 配位数等于 4 的 $dsp^2$ 杂化轨道　$dsp^2$ 杂化轨道共有 4 个，由 1 个 $d$、1 个 $s$ 和 2 个 $p$ 轨道组合而成，其中每一轨道的 $s$、$p$ 和 $d$ 成分依次为

$$\alpha=\frac{1}{4},\ \beta=\frac{1}{2},\ \gamma=\frac{1}{4} \tag{5-21}$$

所以

$$\psi_{dsp^2}=\frac{1}{2}\psi_s+\frac{1}{\sqrt{2}}\psi_p+\frac{1}{2}\psi_d \tag{5-22}$$

它的极坐标图的定性形状和 $d^2sp^3$ 相似。

具体计算得到 $f=2.694$[①]，所以 $dsp^2$ 轨道的成键能力比 $d^2sp^3$ 略弱，但较 $sp^3$ 为强。$\theta=90°$或 $180°$，所以 $dsp^2$ 轨道的四个键指向平面正方形的四个角，如图 5-22 所示。四个杂化轨道为

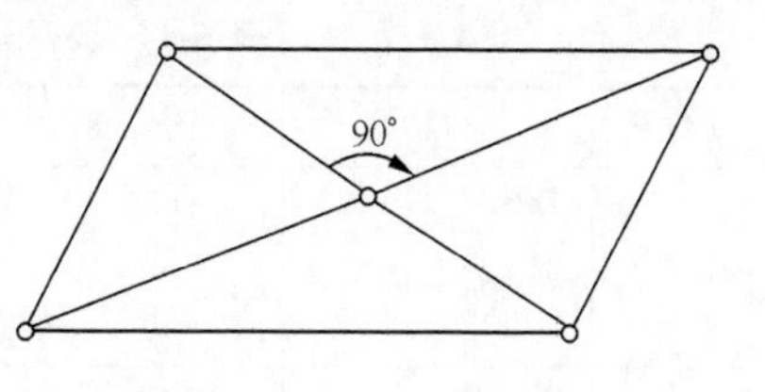


图 5-22　$dsp^2$ 杂化轨道

$$\psi_1=\frac{1}{2}(\psi_s+\psi_{d_{x^2-y^2}}+\sqrt{2}\psi_{p_x})$$

$$\psi_2=\frac{1}{2}(\psi_s-\psi_{d_{x^2-y^2}}+\sqrt{2}\psi_{p_y})$$

$$\psi_3=\frac{1}{2}(\psi_s+\psi_{d_{x^2-y^2}}-\sqrt{2}\psi_{p_x})$$

$$\psi_4=\frac{1}{2}(\psi_s-\psi_{d_{x^2-y^2}}-\sqrt{2}\psi_{p_y})$$

配位数等于 4 的过渡金属平面正方形络合物中，中心原子采用 $dsp^2$ 杂化轨道。

其他类型的 $d$-$s$-$p$ 杂化轨道还有很多，兹不详述[②]。表 5-14 列出了若干杂化轨道。表 5-15 根据不包含 $\pi$ 电子对数来判断分子中不同价态的原子采用的杂化轨道，从而可以推测分子的几何构型。

### 9. *f-d-s-p* 杂化轨道

唐敖庆等(见本书 221 页脚注⑥)推广了赫尔脱格林的夹角公式，使之适用于包含 $f$ 的杂化轨道，其结果如下：

(1) 对于等性 $f$-$d$-$s$-$p$ 杂化轨道而言，如 $s$、$p$、$d$、$f$ 的成分依次为 $\alpha$、$\beta$、$\gamma$、$\delta$。则夹角 $\theta$ 符合下列方程式：

$$\alpha+\beta\cos\theta+\gamma\left(\frac{3}{2}\cos^2\theta-\frac{1}{2}\right)+\delta\left(\frac{5}{2}\cos^3\theta-\frac{3}{2}\cos\theta\right)=0 \tag{5-23}$$

(2) 对于不等性 $f$-$d$-$s$-$p$ 杂化轨道而言，如第一组轨道的成分为 $\alpha$、$\beta$、$\gamma$、$\delta$，第二组的成分为 $\alpha'$、$\beta'$、$\gamma'$、$\delta'$，则

$$\sqrt{\alpha\alpha'}+\sqrt{\beta\beta'}\cos\theta+\sqrt{\gamma\gamma'}\left(\frac{3}{2}\cos^2\theta-\frac{1}{2}\right)+\sqrt{\delta\delta'}\left(\frac{5}{2}\cos^3\theta-\frac{3}{2}\cos\theta\right)=0 \tag{5-24}$$

(3) 成键能力为

$$f=\sqrt{\alpha}+\sqrt{3\beta}+\sqrt{5\gamma}+\sqrt{7\delta} \tag{5-25}$$

---

① (5-16)式对 $dsp^2$ 杂化轨道不适用，见唐敖庆、卢锡锟，中国化学会志，17，251(1950)。

② 参阅本章参考书目 5。

**表 5-14　若干杂化轨道的构成及几何构型**

| 配位数 | 几何构型 | 杂化轨道 | 参与杂化的原子轨道① | 实例② |
|---|---|---|---|---|
| 2 | 直线 ($D_{\infty h}$) | $sp$ | $s, p_z$ | $BeF_2$ |
| | | $sd$ | $s, d_{z^2}$ | $Hg(CN)_2$ |
| | | $pd$ | $p_z, d_{z^2}$ | 在 $Re_2Cl_8^{2-}$ 中 |
| 3 | 正三角形 ($D_{3h}$) | $sp^2$ | $s, p_x, p_y$ | $BCl_3$ |
| | | $sd^2$ | $s, d_{xy}, d_{x^2-y^2}$ | |
| | | $dp^2$ | $d_{z^2}, p_x, p_y$ | |
| 4 | 正四面体 ($T_a$) | $sp^3$ | $s, p_x, p_y, p_z$ | $CH_4$ |
| | | $sd^3$ | $s, d_{xy}, d_{yz}, d_{xy}$ | $MnO_4^-$ |
| | 正方形($D_{4h}$) | $dsp^2$ | $s, d_{x^2-y^2}, p_x, p_y$ | $PtCl_4^{2-}$ |
| 5 | 三角双锥 ($D_{3h}$) | $dsp^3$ | $d_{z^2}, s, p_x, p_y, p_z$ | $PF_5$ |
| | | $d^3sp$ | $d_{z^2}, d_{x^2-y^2}, d_{xy}, s, p_z$ | $MoCl_5$ |
| | 四 方 锥 ($C_{4v}$) | $dsp^3$ | $d_{x^2-y^2}, s, p_x, p_y, p_z$ | $Ni(PEt_3)_2Br_3$ |
| | | $d^2sp^2$ | $d_{x^2-y^2}, d_{z^2}, s, p_x, p_y$ | |
| 6 | 正八面体($O_h$) | $d^2sp^3$ | $d_{x^2-y^2}, d_{z^2}, s, p_x, p_y, p_x$ | $Co(NH_3)_6^{3+}$ |
| | 三角棱柱($D_{3h}$) | $d^4sp$ | $d_{x^2-y^2}, d_{xy}, d_{yz}, d_{xz}, s, p_z$ | |
| 7 | 五角双锥($D_{5h}$) | $d^3sp^3$ | $d_{z^2}, d_{x^2-y^2}, d_{xy}, s, p_x, p_y, p_z$ | $ZrF_7^{3-}$ |
| 8 | 十二面体($D_{2d}$) | $d^4sp^3$ | $d_{z^2}, d_{xy}, d_{yz}, d_{xz}, s, p_x, p_y, p_z$ | $Mo(CN)_8^{4-}$ |
| | 四方反棱柱 ($D_{4d}$) | $d^5p_3$ | $d_{z^2}, d_{x^2y^2}, d_{xy}, d_{yz}, d_{xz}, p_x, p_yp_z$, | $TaF_8^{3-}$ |
| | | $sp^3d^4$ | $s, p_x, p_y, p_z, d_{x^2-y^2}, d_{xy}, d_{yz}, d_{xz}$ | |
| | 正立方体 ($O_h$) | $d^3fsp^3$ | $d_{xy}, d_{yz}d_{yz}, d_{zz}, f_{xyz}, s, p_x, p_y, p_z$ | |
| | | $d^3f^4s$ | $d_{xy}, d_{yz}, d_{xz}, f_{xyz}, f_{x^3}, f_{y^3}, f_{z^3}, s$ | |

**表 5-15　不同价态的原子采用的杂化轨道**

| 周期表内族别 | 原　　子 | 价电子对　数 | 杂化轨道 | 几何构型 | 例　　子 |
|---|---|---|---|---|---|
| ⅠA | Li— | 1 | $s$ | | Li—H，Li—Li；又如 Na—H，Na—Na |
| ⅠB | →$Ag^+$← | 2 | $sp$ | 直线 | $Ag(CN)_2^-$，$Ag(NH_3)_2^+$；又如 $Au(CN)_2^-$，$CuCl_2^-$ |
| ⅡA | —Be— | 2 | $sp$ | 直线 | $Be(C_2H_5)_2$，$BeH_2$ |
| | ↓<br>—Be—<br>↑ | 4 | $sp^3$ | 四面体 | $Be(CH_3—\overset{O}{\overset{\Vert}{C}}—CH═\overset{O—}{\overset{\Vert}{C}})_2$，—$(BeCl_2)_n$ |

① 取主轴为 $z$ 轴。

② 在所举的例子中，有些例子是同一几何构型两种杂化方案的混合。

续表

| 周期表内族别 | 原子 | 价电子对数 | 杂化轨道 | 几何构型 | 例子 |
|---|---|---|---|---|---|
| ⅡB | —Zn— | 2 | $sp$ | 直线 | $ZnR_2$(R=烷基或芳香基,下同) |
| | —Cd— | 2 | $sp$ | 直线 | $CdR_2$,$CdX_2$(X=Cl,Br,I,下同) |
| | —Hg— | 2 | $sp$ | 直线 | $HgR_2$,$HgX_2$,$Hg(CN)_2$ |
| | —Hg—Hg—(亚汞) | 2 | $sp$ | 直线 | $Cl_3C-C(=O)-O-Hg-Hg-O-C(=O)-CCl_3$ |
| | →$Zn^{2+}$← | 4 | $sp^3$ | 正四面体 | $Zn(NH_3)_4{}^{2+}$,$ZnCl_4{}^{2-}$ |
| ⅢA | —B— | 3 | $sp^2$ | 正三角形 | $BF_3$,$BCl_3$,$BI_3$ |
| | —B—(↑) | 4 | $sp^3$ | 四面体 | $H_3N\rightarrow BF_3$ |
| | [—B—] | 4 | $sp^3$ | 正四面体 | $BF_4{}^-$,$B(OH)_4{}^-$ |
| | —Al—(↑) | 4 | $sp^3$ | 四面体 | $Al_2Cl_6$ |
| | $Al^{3+}$ | 6 | $sp^3d^2$ | 正八面体 | $AlF_6{}^-$ |
| | —Ga— | 3 | $sp^2$ | 正三角形 | $GaI_3$ |
| | —In— | 3 | $sp^2$ | 正三角形 | $In(CH_3)_3$ |
| ⅣA | —C— | 4 | $sp^3$ | 正四面体 | $CH_4$,$CH_3Cl$,$CH_3CH_2OH$ |
| | —C= | 3 | $sp^2$ | 三角形 | $CH_2=CH_2$,$CH_2=CHCl$,RCHO,RCOR,RCOOH,RCOCl |
| | —C⟨(芳香) | 3 | $sp^2$ | 三角形 | $C_6H_6$ |

续表

| 周期表内族别 | 原子 | 价电子对数 | 杂化轨道 | 几何构型 | 例子 |
|---|---|---|---|---|---|
| ⅣA | —C· (三键连) | 3 | $sp^2$ | 三角形 | $\Phi_3C\cdot$(三苯基甲基自由基,未成对电子是π电子) |
| | ═C═ | 2 | $sp$ | 直线 | $H_2C=C=CH_2$, $H_2C=C=O$ |
| | —C≡ | 2 | $sp$ | 直线 | HC≡CH, H—C≡N, N≡C—C≡N |
| | ⇉C: | 2 | $p$ | | :O⇉C:, R—N⇉C(按电子对互斥理论,C应采取 $sp$ 轨道,但如采用纯 $p$ 轨道形成σ键,虽然键能较低,但孤对电子在 $2s$ 轨道上可以不激发,对分子的稳定是有利的) |
| | —Si— | 4 | $sp^3$ | 正四面体 | $Si(CH_3)_4$, $SiH_4$ |
| | —Ge— | 4 | $sp^3$ | 正四面体 | $GeX_4$ |
| | —Sn— | 4 | $sp^3$ | 正四面体 | $SnX_4$ |
| | —Pb— | 4 | $sp^3$ | 正四面体 | $PbX_4$ |
| ⅤA | —N: | 4 | $sp^3$ | 四面体 | $NH_3$, $NF_3$, $CH_3NH_2$, $NH_2OH$ |
| | —$\ddot{N}$═ | 3 | $sp^2$ | 三角形 | $C_6H_5N=NC_6H_5$, $C_5H_5N$(吡啶) |
| | $[—N—]^+$ | 4 | $sp^3$ | 正四面体 | $NH_4^+$ |
| | —N:($p$) | 3 | $sp^2$ | 三角形 | $CO(NH_2)_2$(N的孤对电子参与形成大π键时) |
| | :N·(p) | 3 | $sp^2$ | 三角形 | $NO_2$ |
| | ═$\overset{+}{N}$═ | 2 | $sp$ | 直线 | $N_2C$ |

续表

| 周期表内族别 | 原子 | 价电子对数 | 杂化轨道 | 几何构型 | 例子 |
|---|---|---|---|---|---|
| ⅤA | ≡N：(s) | 2 | $p$ | | :N≡N：，：N≡O：(参看⇀C：后面的注) |
| | —P：(三键) | 4 | $sp^3$ | 四面体 | $PX_3$，$P_4$，$P_4O_6$，$P_4O_{10}$ |
| | —P(五键) | 5 | $sp^3d$ | 三角双锥 | $PX_5$ |
| | —P—(六键) | 6 | $sp^3d^2$ | 正八面体 | $PF_6^-$ |
| | —As： | 4 | $sp^3$ | 四面体 | $AsH_3$，$AsX_3$ |
| | —Sb： | 4 | $sp^3$ | 四面体 | $SbH_3$，$SbX_3$ |
| ⅥA | —Ö— | 4 | $sp^3$ | 四面体 | $H_2O$，ROH，ROR′ |
| | [—Ö—]$^+$ | 4 | $sp^3$ | 四面体 | $H_3O^+$ |
| | ⇐O： | 2 | $p$ | | ：C⇐O：(参看：C⇐后面的注) |
| | ⋯O： | 2 | $p$ | | :O⋯O:(参看：C⇐后面的注) |
| | —S̈— | 4 | $sp^3$ | 四面体 | $H_2S$，HSH，RSR′ |
| | ：S：($p$) | 3 | $sp^2$ | 三角形 | $SO_2$ |
| | —S—(六键) | 6 | $sp^3d^2$ | 正八面体 | $SF_6$ |
| ⅦA | —F̤̈： | 4 | $sp^3$(?) | (?) | H—F |
| | ：Cl： | 5 | $sp^3d$ | 五角双键 | (分子成T形)$ClF_3$ |
| | —Br： | 6 | $sp^3d^2$ | 八面体 | $BrF_5$ |
| | —I—(七键) | 7 | $sp^3d^3$ | | $IF_7$ |

在 $UO_2(NO_3)_3^-$ 离子中 U 原子可能用 $f^2d^3sp^2$ 不等性杂化轨道，其中第一组杂化轨道共二个，成分是 $fd^ns^{1-n}$，构型是直线型；第二组杂化轨道共六个，成分是 $fd^{3-n}s^np^2$，构型是与第一组杂化轨道垂直的平面六角形，如图 5-23(a)所示。在原子能燃料铀的提炼过程中，用磷酸三丁酯[$(C_4H_9)_3PO_4$]来萃取硝酸铀酰具有十分重要的意义。它们形成的络合物[$UO_2(NO_3)_2$]·$2(C_4H_9)_3PO_4$ 具有如图 5-23(b)所示的结构。

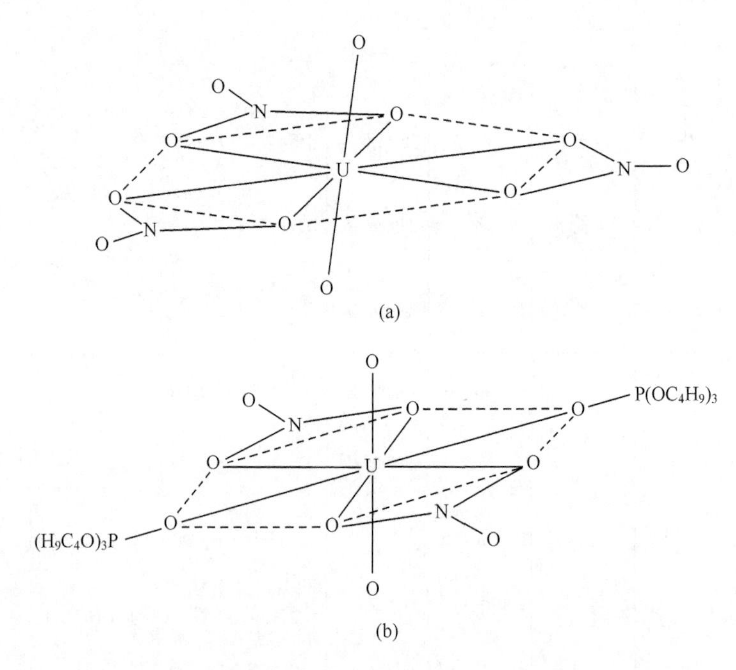


图 5-23 (a) $UO_2(NO_3)_3^-$ 离子的结构；(b) $UO_2(NO_3)_2 \cdot 2[(C_4H_9)_3PO_4]$结构

最后还要说明一点，近年来杂化轨道理论逐渐地被分子轨道理论所代替。在分子轨道理论中，分子轨道是由原子轨道的线性组合表示的，同一原子的不同轨道自然地“混合”到分子轨道中去。虽然如此，用杂化轨道代替部分原子轨道去造分子轨道有时能使分子轨道法的计算简化。因此在分子轨道理论中也常用到杂化轨道。另外，在有机化学中杂化轨道理论目前还用得比较多。

## §5-4 非定域分子轨道

按照上节讨论的杂化轨道理论，即饱和多原子分子的价键理论，通常认为成键电子定域在相邻两原子之间，构成所谓“定域键”。例如甲烷分子就含有四个定域的等价的 C—H 键。饱和多原子分子的许多物理化学性质具有加和性，例如分子的生成热,摩尔折射度、反磁磁化率、偶极矩向量等可用相应的键的物理化学性质加和得到近似的估计值,与实验值相当接近。这些事实为定域键理论提供了一些根据。

但当我们进一步考察分子的光谱或光电子能谱性质时,情况不完全如此。从分子的紫外光电子能谱(参见§11-5)可以得到分子的外层价电子轨道的电离能。如果甲烷分子确实包含四个等价的C—H键,那么它的紫外光电子能谱应该只有一个峰,相应于C—H键成键电子的电离能。但实际测得甲烷的紫外光电子能谱(图5-24)却有明显的两个峰,每个峰又各有一些小峰,这是由于振动能级的不同及其他原因引起的精细结构,这里暂不讨论。这两个峰的面积比为3∶1,它们的重心的电离能分别为14.35 eV和22.91 eV。这说明甲烷分子的四对价电子中有三对的能量较高,等于−14.35 eV,另一对价电子的能量低得多,等于−22.91 eV。下面我们用分子轨道理论来解释这一实验事实。

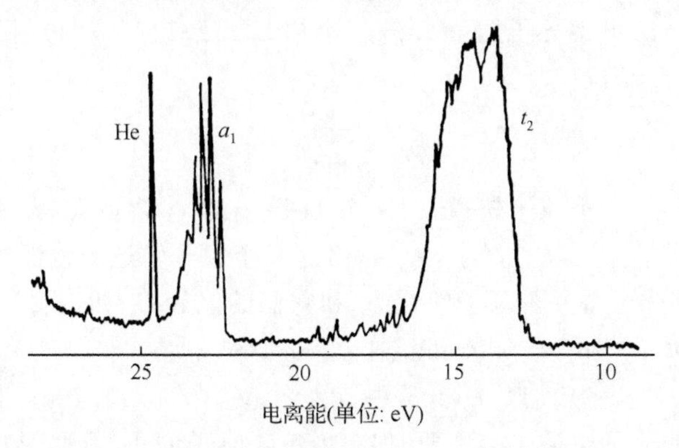


图5-24　甲烷的紫外光电子能谱(光子能量为41 eV,图中24.6 eV的信号是He的)

按照分子轨道理论,分子中所有的电子应在整个分子的范围内运动。分子中电子运动的状态可由状态函数$\psi$来描写。$\psi$叫做分子轨道,通常假定它由原子轨道$\phi_i$的线性组合(Linear combination of atomic orbitals,缩写LCAO)来表示,即

$$\psi = \sum_{i=1}^{n} c_i \phi_i \tag{5-26}$$

式中$n$为分子中原子轨道的总数。这种处理方法叫做LCAO分子轨道法。线性组合的系数$c_i$可由变分法得到。与第三章中处理氢分子或其他双原子分子的变分法相似,要使分子的总能最低,系数$c_i$必须满足下列方程组:

$$\left.\begin{array}{l}
(H_{11}-ES_{11})c_1+(H_{12}-ES_{12})c_2+\cdots+(H_{1n}-ES_{1n})c_n=0 \\
(H_{21}-ES_{21})c_1+(H_{22}-ES_{22})c_2+\cdots+(H_{2n}-ES_{2n})c_n=0 \\
\cdots\cdots\cdots\cdots\cdots\cdots\cdots\cdots\cdots\cdots\cdots\cdots\cdots\cdots\cdots \\
(H_{n1}-ES_{n1})c_1+(H_{n2}-ES_{n2})c_2+\cdots+(H_{nn}-ES_{nn})c_n=0
\end{array}\right\} \tag{5-27}$$

要使这一齐次线性方程组有非零解,必须使久期行列式等于零

$$\begin{vmatrix} (H_{11}-ES_{11}) & (H_{12}-ES_{12}) & \cdots & (H_{1n}-ES_{1n}) \\ (H_{21}-ES_{21}) & (H_{22}-ES_{22}) & \cdots & (H_{2n}-ES_{2n}) \\ \cdots & \cdots & \cdots & \cdots \\ (H_{n1}-ES_{n1}) & (H_{n2}-ES_{n2}) & \cdots & (H_{nn}-ES_{nn}) \end{vmatrix} = 0 \qquad (5\text{-}28)$$

式中

$$\left.\begin{aligned} H_{ii} &= \int \phi_i^* \hat{\mathbf{H}} \phi_i d\tau \quad (\text{库仑积分}) \\ H_{ij} &= \int \phi_i^* \hat{\mathbf{H}} \phi_i d\tau \quad (\text{键积分}) \\ S_{ij} &= \int \phi_i^* \phi_j d\tau \qquad (\text{重叠积分}) \end{aligned}\right\} \qquad (5\text{-}29)$$

解久期方程(5-28)可得分子能量 $E$ 的 $n$ 个根 $E_j(j=1,2,\cdots,n)$,相应于每一个 $E_j$ 有一个对应的分子轨道 $\psi_j$①

$$\psi_j = \sum_{i=1}^{n} c_i^{(j)} \phi_i \qquad (5\text{-}30)$$

甲烷分子共有 9 个原子轨道,即 4 个 H 原子的 1$s$ 轨道 $\phi_1,\phi_2,\phi_3,\phi_4$ 和 C 原子的 5 个原子轨道 $\phi_{1s},\phi_{2s},\phi_{2p_x},\phi_{2p_y},\phi_{2p_z}$。由这 9 个原子轨道的线性组合用从头计算法或近似计算法①可得 9 个分子轨道 $\psi_j$ 和它们的能量 $E_j$ 如下:

$$\left.\begin{aligned} \psi_1 &= 1a_1 = 0.9965\phi_{1s} + 0.0084(\phi_1+\phi_2+\phi_3+\phi_4) \\ E_1 &= -11.11 \text{ a.u.} = -302.2 \text{ eV} \end{aligned}\right\} \qquad (5\text{-}31)$$

这一能量最低的分子轨道 $1a_1$ 主要是定域于 C 原子的 1$s$ 轨道,与 4 个 H 原子的 1$s$ 轨道几乎不成键(系数 0.0084 接近于零),它的能量与 C 原子的 1$s$ 电离能 288 eV(见表 2-5)的负值相接近。

$$\left.\begin{aligned} \psi_2 &= 2a_1 = 0.8751\phi_{2s} + 0.1594(\phi_1+\phi_2+\phi_3+\phi_4) \\ E_2 &= -0.9281 \text{ a.u.} = -25.24 \text{ eV} \end{aligned}\right\} \qquad (5\text{-}32)$$

分子轨道 $2a_1$ 主要由 C 原子的 2$s$ 轨道与对称性匹配的 4 个 H 原子的群轨道($\phi_1+\phi_2+\phi_3+\phi_4$)相互重叠而成键,它的能量−25.24 eV 与紫外光电子能谱观察到的第二峰的电离能 22.91 eV 的负值相接近。

$$\left.\begin{aligned} \psi_3 &= 1t_2(z) = 0.5930\phi_{2p_z} + 0.2807(\phi_1+\phi_2-\phi_3-\phi_4) \\ \psi_4 &= 1t_2(x) = 0.5930\phi_{2p_x} + 0.2807(\phi_1+\phi_3-\phi_2-\phi_4) \\ \psi_5 &= 1t_2(y) = 0.5930\phi_{2p_y} + 0.2807(\phi_1+\phi_4-\phi_2-\phi_3) \\ E_3 &= E_4 = E_5 = -0.5389 \text{ a.u.} = -14.6 \text{ eV} \end{aligned}\right\} \qquad (5\text{-}33)$$

① 严格的处理应该用分子的自洽场计算法,请参见徐光宪、黎乐民、王德民编著的《量子化学》中册,第十三章,科学出版社,1985。

分子轨道 $1t_2$ 是三重简并的，它们是由 C 原子的三个 $2p$ 轨道分别与对称性匹配的 4 个 H 原子的群轨道重叠成键。它们的能量的计算值 −14.6 eV 与紫外光电子能谱的第一峰的电离能实验值 14.35 eV 的负值很接近。图 5-25 绘出 $2a_1$ 和 $1t_2$ 四个分子轨道的示意图。以上 5 个分子轨道正好容纳甲烷的 10 个电子，它们是被填充的轨道。还有四个未被填充的轨道就不写出来了。图 5-26 绘出分子轨道 $2a_1$ 和 $1t_2$ 与原子轨道的相关图。

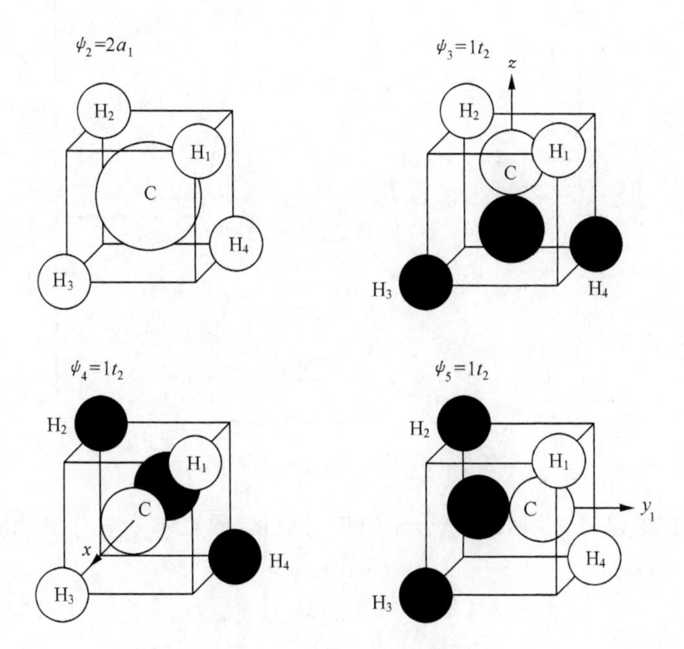


图 5-25　$CH_4$ 的分子轨道示意图

上面讨论的分子轨道称为正则(canonical)或离域或非定域(delocalized)分子轨道。它们是标准的本征值方程的解，有明确的数字定义。它们是分子所属对称点群的不可约表示的基，具有正确的变换性质，因此用正则分子轨道讨论分子光谱和光电子能谱性质特别方便。

因此，甲烷分子的电子组态可以写为

$$\psi_1^2\psi_2^2\psi_3^2\psi_4^2\psi_5^2 = (1a_1)^2(2a_1)^2(1t_2)^6$$

甲烷分子总的波函数 $\Psi$ 可用斯莱特行列式来表示

$$\Psi = \frac{1}{\sqrt{10_!}} \mid \psi_1\alpha(1)\psi_1\beta(2)\psi_2\alpha(3)\psi_2\beta(4)\psi_3\alpha(5)\psi_3\beta(6)\psi_4\alpha(7)\psi_4\beta(8)\psi_5\alpha(9)\psi_5\beta(10) \mid \tag{5-34}$$

(5-34)式是一个 10×10 的行列式的简便表示式。

正则分子轨道是哈特利-福克方程的一组解，但不是唯一解。通过一定的变

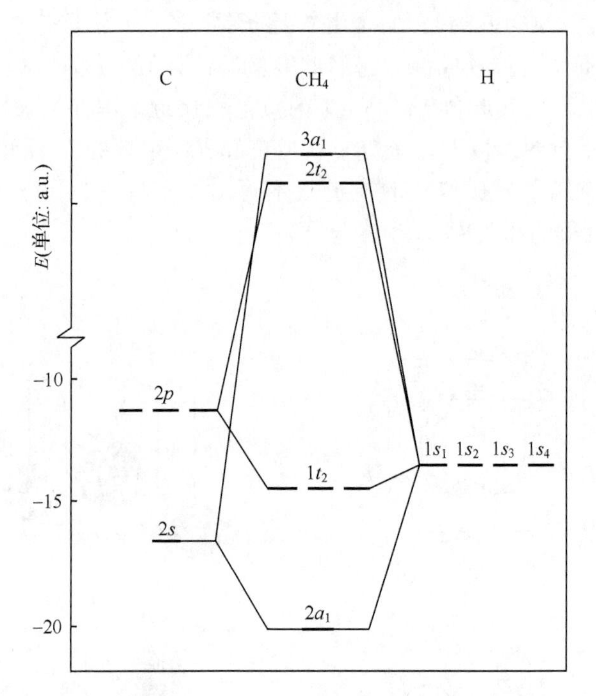


图 5-26 $CH_4$ 的分子轨道相关图

换方式,我们可以将正则或离域分子轨道定域化,即把 $\psi_1$、$\psi_2$、$\psi_3$、$\psi_4$ 和 $\psi_5$ 转变为

$$\psi_1' = \psi_1$$

$$\left.\begin{aligned}\psi_2' &= \lambda_1(\phi_{2s} + \phi_{2p_x} + \phi_{2p_y} + \phi_{2p_z}) + \lambda_2\phi_1\\ \psi_3' &= \lambda_1(\phi_{2s} - \phi_{2p_x} - \phi_{2p_y} + \phi_{2p_z}) + \lambda_2\phi_2\\ \psi_4' &= \lambda_1(\phi_{2s} + \phi_{2p_x} - \phi_{2p_y} - \phi_{2p_z}) + \lambda_2\phi_3\\ \psi_5' &= \lambda_1(\phi_{2s} - \phi_{2p_x} + \phi_{2p_y} - \phi_{2p_z}) + \lambda_2\phi_4\end{aligned}\right\} \qquad (5\text{-}35)$$

上式中 C 原子的四个轨道的线性组合相当于 $sp^3$ 杂化轨道,$\psi_2'$、$\psi_3'$、$\psi_4'$、$\psi_5'$ 相当于定域的四个 C—H 键的分子轨道。把离域分子轨道变为定域分子轨道的过程叫做"定域化"。但不是所有的离域分子轨道都能定域化,例如共轭分子中的离域 $\pi$ 分子轨道就不能定域化,详见第六章。

## §5-5 缺电子分子的结构和原子簇的结构规则

### 1. 缺电子原子的化合物

缺电子原子的化合物可以分为三类:

(1) 配键化合物 缺电子原子与多电子原子化合,后者的孤对电子可以容纳到前者的空轨道中,形成配键化合物。若多电子原子和缺电子原子分别属于不同的化合物,则通过配键生成分子加合物;若多电子原子与缺电子原子属于同一化合物,则生成多聚分子。下面举出一些络离子以外的配键化合物的例子。

(i) 含有缺电子原子的分子如 $BF_3$、$AlCl_3$、$BeCl_2$、$SnCl_4$ 等和含多电子原子的分子如 $R_2O$、RCN、$RNH_2$、$R_2CO$、$H_2S$ 等互相化合,可以生成分子加合物,如表 5-16所示。

**表 5-16　配键化合物的偶极矩**　　(单位: $10^{-30}$ C · m)

| 含多电子原子的分子 A | 含缺电子原子的分子 B | 配键化合物 A→B | $\mu$(A→B) | $\mu$(A) |
|---|---|---|---|---|
| $(CH_3)_2O$ | $BF_3$ | $(CH_3)_2O\to BF_3$ | 14.5 | 4.30 |
| $(C_2H_5)_2O$ | $BF_3$ | $(C_2H_5)_2O\to BF_3$ | 16.4 | 3.94 |
| $(C_2H_5)_2O$ | $BCl_3$ | $(C_2H_5)_2O\to BCl_3$ | 19.9 | 3.94 |
| $CH_3CN$ | $BCl_3$ | $CH_3-C\equiv N\to BCl_3$ | 25.5 | 13.1 |
| $(C_2H_5)_2O$ | $AlCl_3$ | $(C_2H_5)_2O\to AlCl_3$ | 21.8 | 3.94 |
| $C_2H_5NH_2$ | $AlCl_3$ | $C_2H_5-\underset{H}{\overset{H}{N}}\to AlCl_3$ | 22.9 | 4.57 |
| $(C_6H_5)_2CO$ | $AlCl_3$ | $(C_6H_5)_2CO\to AlCl_3$ | 29.1 | 10.4 |
| $H_2S$ | $AlBr_3$ | $H_2S\to AlBr_3$ | 17.1 | 3.10 |
| $(C_2H_5)_2O$ | $BeCl_2$ | $(C_2H_5)_2O\searrow$<br>$BeCl_2$<br>$(C_2H_5)_2O\nearrow$ | 22.8 | 3.94 |
| $(CH_3)_2CO$ | $SnCl_4$ | $(CH_3)_2CO\searrow$<br>$SnCl_4^*$<br>$(CH_3)_2CO\nearrow$ | 25.7 | 9.84 |

* Sn 用 $sp^3d^2$ 轨道。

这类化合物有以下三个特点:(a)偶极矩比较大。(b)生成热比较小,如 $(CH_3)_2O$ 与 $BF_3$ 化合时只放出 58.2 kJ · $mol^{-1}$ 的能量,$NH_3$ 与 $AlCl_3$ 化合生成 $H_3N\to AlCl_3$ 时只放出 157 kJ · $mol^{-1}$ 的能量。(c)分子 A 的构型基本上不变,分子 B 的构型改变,且往往使原来的键长增加。如在 $(CH_3)_2O\to BF_3$ 分子中 B—F 的键长是 141 pm,而在 $BF_3$ 分子中只有 130 pm。这是因为在形成配键的时候,缺电子原子的杂化轨道有所改变,如 B 原子的杂化轨道由 $sp^2$ 变为 $sp^3$,这一变化产生如下的结果:首先 $BF_3$(或 $BCl_3$)中的 $\Pi_4^6$ 键被破坏了,因此 B—F(或 B—Cl)键减弱了,它们的键长就相应增加。其次在形成 O→B 配键时放出能量,但在破坏 $\Pi_4^6$ 键时吸收能量,前者减去后者,所以生成 $(CH_3)_2O\to BF_3$ 时只放出 58.2kJ · $mol^{-1}$ 的能量。如果前者小于后者,就不能生成配键化合物。第三,三个氟原子不再和硼原子在同一平面上,因此三个 B—F 键的偶极矩的矢量和不等于零,而正常

$(CH_3)_2O \rightarrow BF_3$ 分子的偶极矩则等于三部分之和

$$\vec{\mu}[(CH_3)_2O \rightarrow BF_3] = \vec{\mu}_1[(CH_3)_2O] + \vec{\mu}_2[O \rightarrow B] + \vec{\mu}_3[—BF_3]$$

以上$\vec{\mu}_2$ 和$\vec{\mu}_3$ 的方向是一致的，$\vec{\mu}_1$ 的方向因氧尚有孤对电子的关系与$\vec{\mu}_2$ 成一偏角，但偏角不大，所以整个配键分子的偶极矩就比较大了。

(ii) 某些三价金属的卤素化合物如 $AlCl_3$、$AlBr_3$、$AlI_3$、$GaCl_3$、$InCl_3$、$AuCl_3$、$AuBr_3$、$FeCl_3$ 一般不以单分子 $MX_3$ 存在，而生成二聚分子 $M_2X_6$，其中 $Al_2Cl_6$ 分子曾由电子衍射法测得其结构如下：

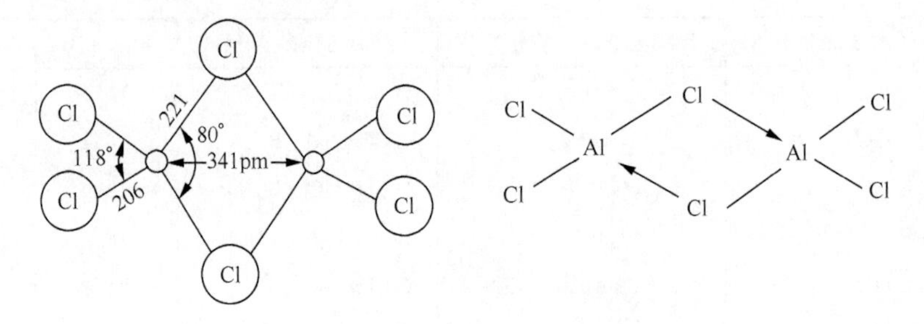


图 5-27 $Al_2Cl_6$ 分子的结构

在此分子中缺电子的铝采用不等性杂化轨道与多电子的氯形成配键如图 5-27 右边的结构式所示。$Al_2Br_6$，$Al_2I_6$、$Ga_2Cl_6$、$In_2Cl_6$ 的结构与 $Al_2Cl_6$ 相似，但 $Au_2Cl_6$ 和 $Au_2Br_6$ 分子是平面的，因为三价 Au 的电子层结构式是$(5d)^8(6s)^0(6p)^0$，它可采用成键能力极强的平面正方形杂化轨道($dsp^2$)如下：

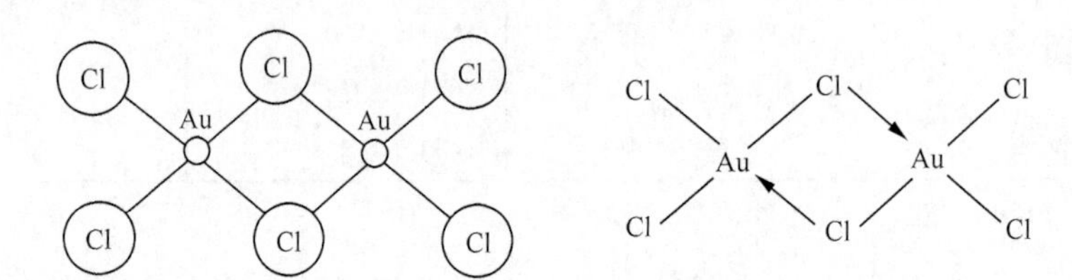


图 5-28 $Au_2Cl_6$ 分子的结构

铍原子有两个空轨道，可以生成两个配键，所以二氯化铍是链状多聚分子，它的结构如下：

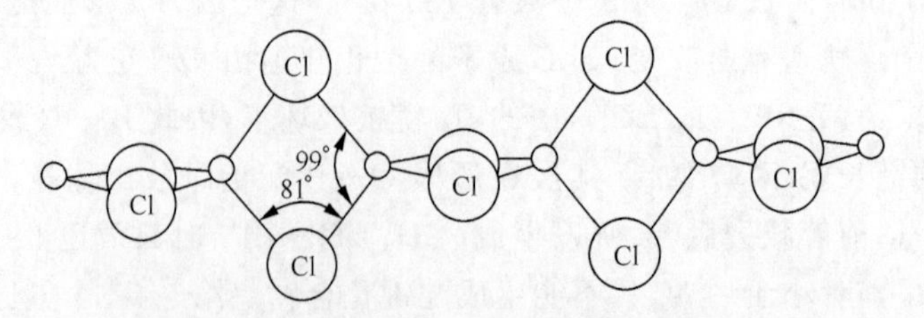


图 5-29 链状多聚二氯化铍分子的结构

(iii) $B_3N_3H_6$(Borazole)是苯的等电子分子(即电子数目相同的分子),它的结构也和苯相似,因此有“无机苯”之称,在成环的六个原子中三个硼原子各有一个空的 $p$ 轨道,三个氮原子各有一个 $p$ 轨道和一对 $p$ 电子,共计六个 $p$ 轨道和六个 $p$ 电子,形成 $\Pi_6^6$ 键如下式所示。$B_3O_3(CH_3)_3$ 的结构也与它相似。

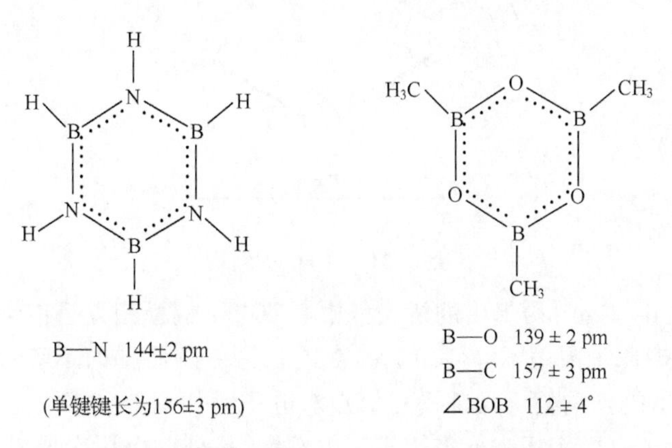


图 5-30　$B_3N_3H_6$ 和 $B_3O_3(CH_3)_3$ 的结构

(2) 缺电子分子　缺电子原子与等电子原子互相化合,所得分子的价电子数目少于价键数目的二倍,如用经典的结构式来描述,电子不敷分配,这样的分子叫做缺电子分子。例如 $B_2H_6$ 共有 12 个价电子,需要形成七个共价键,每个键需要两个配对的价电子,还缺两个价电子。此外,在三甲基铝以及其他缺电子分子中都有类似的困难。这些分子的结构和化学键的本质将是本节所要讨论的内容。

(3) 缺电子原子和缺电子原子形成的化合物　这类化合物的性质已经逐渐向金属键过渡。

**2. 乙硼烷的结构和三中心双电子键**

乙硼烷的结构是一个争执很久而又饶有兴趣的问题。这一问题包含两个方面:(1)分子的几何构型问题;(2)化学键的性质问题。关于这一分子的几何构型,曾经提出两种建议如下:

H　　　H　　　　H　　H　　H
H—B—B—H　　　　B　　　B
H　　　H　　　　H　　H　　H

(Ⅰ)乙烷式构型　　(Ⅱ)乙烯桥式构型

利用电子衍射和 X 射线衍射分别测定气体和晶体中 $B_2H_6$ 的结构,证实 $B_2H_6$ 为桥式结构,如图 5-31 所示。

$B_2H_6$ 中的化学键的性质非常有趣,对此提出过不少模型。朗奎特-希金斯

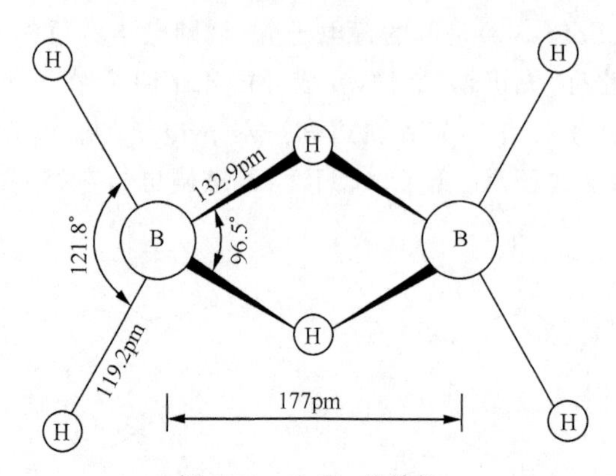


图 5-31　$B_2H_6$ 的结构

(H. C. Longuet-Higgins)提出的桥式三中心双电子键模型是目前认为最满意的模型。$B_2H_6$ 中硼原子采用不等性的 $sp^3$ 轨道和另一硼原子的不等性 $sp^3$ 轨道及氢原子的 1$s$ 轨道交互重叠生成桥式三中心双电子键如图 5-32 所示。每一个硼原子的四个 $sp^3$ 轨道有两个用来形成桥式三中心键,另外两个用来形成 B—H$\sigma$ 键。下面讨论三中心双电子键的理论基础。

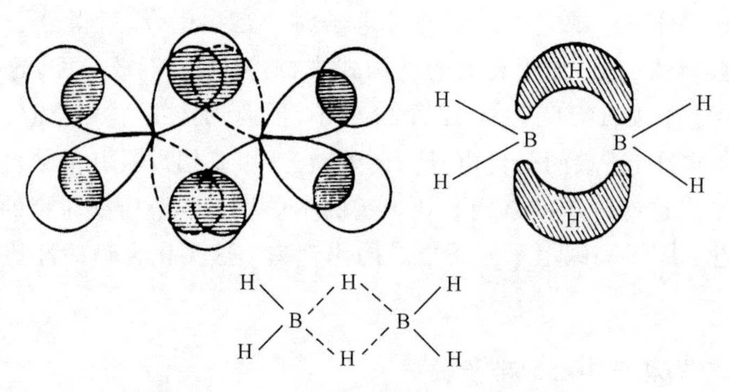


图 5-32　$B_2H_6$ 分子的桥式三中心键模型

设有 A、B、C 三个原子,每一个原子各有一轨道 $\psi_a$、$\psi_b$ 和 $\psi'_a$,它们的线性组合可得分子轨道如下:

$$\psi = c_a\psi_a + c_b\psi_b + c'_a\psi'_a \tag{5-36}$$

相应的久期方程式是

$$\begin{vmatrix} E_a - E & \beta & \gamma \\ \beta & E_b - E & \beta \\ \gamma & \beta & E_a - E \end{vmatrix} = 0 \tag{5-37}$$

在上式中 $E$ 是分子轨道的能量,$E_a$ 和 $E_b$ 分别表示 A 和 B 的库仑积分,它们近似地等于 $\psi_a$ 和 $\psi_b$ 的能量,$\beta$ 是 $\psi_a$ 和 $\psi_b$ 的键积分,$\gamma$ 是 $\psi_a$ 和 $\psi'_a$ 的键积分。

如假定 $E_a = E_b$,则由(5-37)式可以解得分子轨道的能量 $E_1$、$E_2$ 和 $E_3$ 如下:

$$\left.\begin{aligned} E_1 &= E_a + \frac{\gamma}{2} + \beta\sqrt{b^2+2},\ b = \gamma/2\beta \\ E_2 &= E_a - \gamma \\ E_3 &= E_a + \frac{\gamma}{2} - \beta\sqrt{b^2+2} \end{aligned}\right\} \tag{5-38}$$

因为$\beta$和$\gamma$都是负值，所以$E_1 < E_a < E_3$，$E_a < E_2$，即$\psi_1$是成键分子轨道，$\psi_2$和$\psi_3$是反键分子轨道。如在此三原子上原有二个电子，则成键后将占据$\psi_1$轨道，生成三中心双电子键，其键能为

$$\Delta E = 2E_a - 2E_1 = -\gamma - 2\beta\sqrt{b^2+2} \tag{5-39}$$

三中心双电子键可简写为(3c2e)键。如果这两个电子在A和B间生成普通的双中心双电子键，而让另一A原子上的轨道空着，则其键能

$$\Delta E' = -2\beta \tag{5-40}$$

比较(5-39)和(5-40)两式，可知$\Delta E > \Delta E'$，即三中心双电子键比双中心双电子键为稳定，如把这一处理法推广一下，可以得到下述重要结论：在轨道数目多于电子数目的分子(即缺电子分子)中，形成缺电子的多中心键可使分子趋向稳定。这一结论是解决所有缺电子分子的结构问题的关键，当轨道数目与电子数目相等时，则形成等电子多中心键是不一定有利的，例如三中心三电子键的第三个电子不得不占据反键轨道$\psi_2$，从而减少从$\psi_1$轨道上的成键电子获得的键能。下面讨论三中心双电子键的两个特例：

(1) 开放式三中心键或桥式三中心键　如果我们假定两端的原子轨道$\psi_a$和$\psi'_a$的键积分$\gamma=0$，则(5-38)式化为

$$\left.\begin{aligned} E_1 &= E_a + \sqrt{2}\beta \\ E_2 &= E_a \\ E_3 &= E_a - \sqrt{2}\beta \end{aligned}\right\} \tag{5-41}$$

即$\psi_1$为成键轨道，$\psi_2$为非键轨道，$\psi_3$为反键轨道。相应于$E_1$的分子轨道$\psi_1$为

$$\psi_1 = \frac{1}{2}(\psi_a - \sqrt{2}\psi_b + \psi'_a) \tag{5-42}$$

它的电子云沿着 A—B—A（B 在上，两侧斜线连接两端的 A）分布，形如香蕉或拱桥，所以叫做桥式三中心键或香蕉键，用 A⋯B⋯A（B 在上，两侧点线连接两端的 A）符号来表示。由(5-42)式知在两端的A原子上各有半个电子，在中间的B原子上有一个电子。前面讨论的$B_2H_6$分子

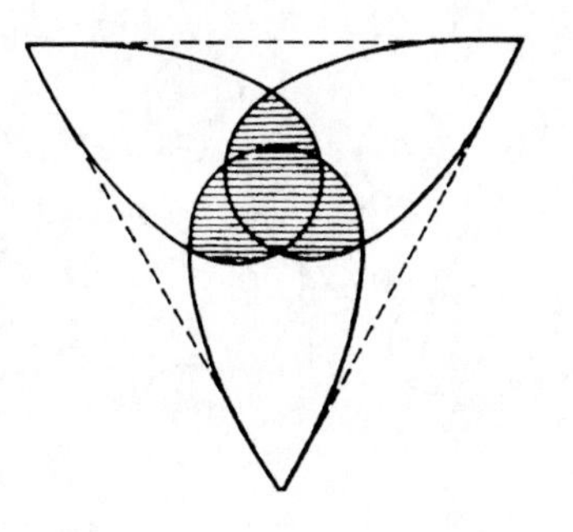

图 5-33　向心三中心键

中的 B⋰H⋱B 键就是桥式三中心键的一个例子。

(2) 关闭式三中心键或向心式三中心键　如果三个原子都是 A，且组成一等边三角形，则 $\gamma=\beta$，代入(5-38)式得到

$$E_1 = E_a + 2\beta$$
$$E_2 = E_3 = E_a - \beta$$

与 $E_1$ 相应的 $\psi_1$ 为

$$\psi_1 = \frac{1}{\sqrt{3}}(\psi_a + \psi_b + \psi'_a)$$

它的电子云沿着等边三角形均匀分布，在三角形的中心最为密集(上图)，所以叫做向心式三中心键用 A/A\A（Y 形）的符号来表示，例如下面将要讨论的 $B_5H_{11}$ 分子中的 B/B\B（Y 形）键就是向心式三中心键的例子。

**3. 金属的甲基化合物**

金属有机化合物中的二甲基铍和三甲基铝也是缺电子分子，在这些分子中形成甲基桥键，兹分述如下：

(1) 三甲基铝在气体状态或在溶液中都是二聚分子，它的结构和三中心键的电子云重叠情况如图 5-34 所示。

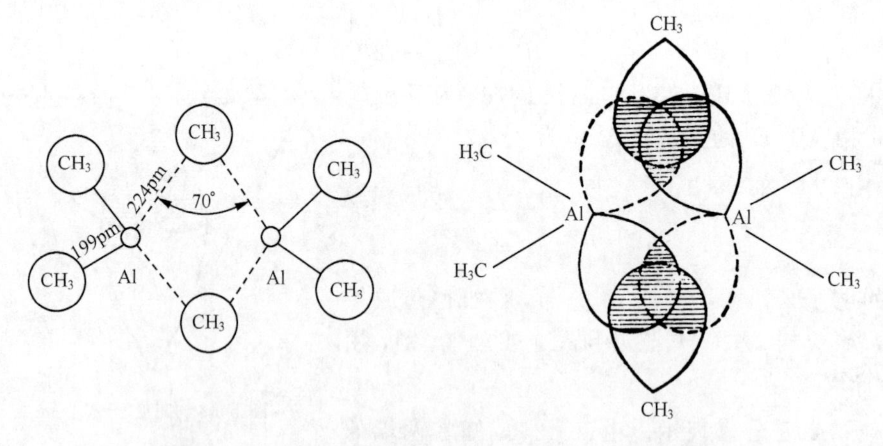


图 5-34　$Al_2(CH_3)_6$ 的结构和三中心键的电子云重叠情况

(2) 二甲基铍的蒸汽主要是二聚分子,也有小部分单分子和三聚分子,它们的结构如图 5-35 所示。

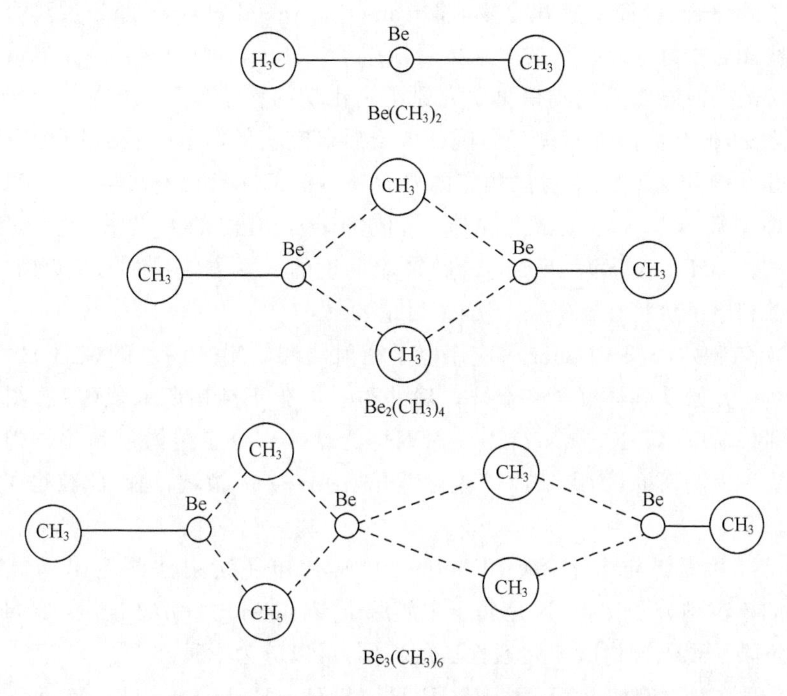


图 5-35　$[Be(CH_3)_2]_n$ 的结构

原先一直认为是缺电子分子的"四甲基铂"不久前已被证明不是缺电子分子,早先的 X 射线衍射数据有错,它实际上是三甲基氢氧化物的四聚体,含有桥式羟基。

**4. 原子簇化合物**

原子簇(clusters)这一名词是科顿在 1966 年提出来的。按照他的定义,原子簇是具有金属-金属键的多核化合物①。近年来美国化学文摘(CA)的索引中,有"原子簇化合物(cluster compounds)"这一标题,它的说明是"原子簇化合物是含有三个或三个以上互相键合或极大部分互相键合的金属原子的配位化合物"。按照这两个定义,硼烷和碳硼烷都不能算在原子簇化合物之内,因为它们不含金属-金属键。但实际上硼烷是较早研究的一类原子簇,只是没有用原子簇的名词而已。原子簇的结构规则的研究实际上是从硼烷的结构规则开始的。为了把硼烷、碳硼烷、金属碳硼烷和金属原子簇等都包括在内,我们建议把原子簇或原子簇化合物定

① F. A. Cotton, *Quarterly Review*, *Chemical Society*, 20, 389(1966).

义为“以三个或三个以上的有限原子直接键合组成多面体或缺顶多面体骨架为特征的分子或离子”①。卢嘉锡教授最先把 cluster 译为原子簇,将 cluster compound 译为原子簇化合物,简称簇化合物,将 transition metal cluster 译为过渡金属簇合物。这些译名很好,因此就被大家接受使用了。cluster 和 cluster compound 实际上是同义的。卢嘉锡是我国最早研究原子簇化学的科学家②。早在三十年代和四十年代之交,他在美国加州理工学院任博士后研究员的时候,就接触到 Sturdivant 和 Rundle③ 应用 X 射线衍射法测定的 $Pt_4Me_{12}(\mu_3\text{-Cl})_4$ 和 $Pt_4Me_{12}(\mu_3\text{-OH})_4$ 二个类立方烷型簇合物。这是最早测定晶体和分子结构的簇合物之一。当时把 $Pt_4Me_{12}(\mu_3\text{-OH})_4$ 误认为 $Pt_4Me_{16}$,后来才更正的。立方烷型的簇合物的结构及其化学键和原子价将在§8-2节详细讨论。

1937 年鲍尔(S. H. Bauer)④应用电子衍射法测定出来的乙硼烷 $B_2H_6$ 的类乙烷分子结构开始受到怀疑,终于被正确的类乙烯分子结构所取代(参看图 5-38)。特别是利普斯康(W. N. Lipscomb)⑤对硼烷的晶体和分子结构及其化学键理论进行了系统深入的研究,为硼的原子簇化学开拓了一个新领域,他因此获得了诺贝尔化学奖。

1943 年卢嘉锡与多诺休(J. Donohue)⑥应用电子衍射法测定出四氮化四硫($S_4N_4$)的雄黄型分子结构,这是属于主族原子簇(main group clusters)的新类型。

按照原子簇化合物所含元素性质的不同,可以分为七种类型:

(1) 硼烷型　例如 $B_5H_9$,$B_6H_{10}$,$B_4H_{10}$,$B_5H_{11}$,$B_{10}H_{16}$,$B_{20}H_{16}$,$B_6H_6^{2-}$ 等。

(2) 碳硼烷型　例如 $C_2B_3H_5$,$C_2B_5H_7$,$C_3B_5H_7$ 等。

(3) 金属硼烷型　例如 $B_4H_8Fe(CO)_3$。

(4) 金属碳硼烷型　例如$(B_9C_2H_{11})_2Co^-$。

(5) 过渡金属原子簇　例如 $Fe_3(CO)_{12}$,$Fe_5(CO)_{15}C$,$Os_3(CO)_{10}C_2R_2$,$Pt_4(CH_3)_{12}(\mu_3-Cl)_4$,$Re_3Cl_{12}^{3-}$,$Mo_6Cl_8^{4+}$ 等。

(6) 主族原子簇　例如 $S_4N_4$,$P_4$,$As_7^{3-}$,$Te_6^{4+}$ 等。

(7) 纯金属原子簇　例如 $Pb_5^{2-}$,$Sn_9^{4-}$,$Bi_9^{5+}$,$Ge_9^{2-}$,$Ge_9^{4-}$,$Sb_7^{3-}$ 等。

---

① 徐光宪,(a) *Naw Frontiers in Organometallic and Inorganic Chemistry* (*Proc. Second China-Japan-USA Trilateral Seminar on Organometallic and Inorganic Chemistry*, June, 1982, Edited by Huang Yaozeng, A. Yamamoto and B. K. Teo, pp. 73—82). (b)高等学校化学学报,1982,专刊,114—123。

② 卢嘉锡,物质结构研究所通讯,1979(1),1—42。

③ R. L. Rundle and J. H. Sturdivant, *J. A. C. S.*, 69, 1561 (1947)。另参见:G. R. Hoff and C. H. Brubaker, *Inorg. Chem.*, 7, 1655(1968); M. H. Hoechsteller and C. H. Brubaker, *ibid*, 8, 400(1969).

④ S. H. Bauer, *J. A. C. S.*, 59, 1096(1937); 另外见 . *Chem. Rev.*, 31, 46(1942).

⑤ W. N. Lipscomb, *Boron Hydrides*, Benjamin, New York, 1963.

⑥ C. S. Lu(卢嘉锡) and J. Donohue, *J. A. C. S.*, 66, 818(1944).

**5. 利普斯康关于硼烷结构的 *styx* 分析**

利普斯康在五十年代中期提出硼烷结构的 $styx$ 分析法，其要点如下：

(1) 硼烷分子 $B_nH_{n+m}$ 中每一个 B 原子至少有一个外向的 B—H 键，共有 $n$ 个外向的 B—H 键。

(2) 除 $n$ 个外向 B—H 键外，另外还有四种类型的键：

(a) 三中心双电子 B…H…B 键，它的数目以 $s$ 表示；

(b) 三中心双电子（B、B、B 三中心）键，它的数目以 $t$ 表示；

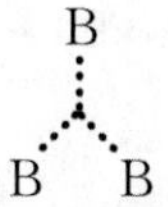

(c) 双中心 B—B 单键，它的数目以 $y$ 表示；

(d) 除 $n$ 个外向 B—H 键以外的额外的 B—H 键，它的数目以 $x$ 表示。

(3) 根据硼烷的分子式 $B_nH_{n+m}$ 可以得到四个未知数 $s,t,y,x$ 必须满足的一组方程：

$$n = s + t \tag{5-43}$$

$$m = s + x \tag{5-44}$$

$$2n + m = 2(s + t + x + y) \tag{5-45}$$

硼有 4 个轨道 3 个电子，它是缺电子原子。$B_nH_{n+m}$ 分子共有 $(5n+m)$ 个轨道和 $(4n+m)$ 个电子，它是缺电子分子，共缺少 $n$ 个电子。缺电子分子中每生成一个三中心双电子键可以节省一个电子（因为它包含三个轨道，但只有二个电子）。所以 $B_nH_{n+m}$ 的缺电子总数 $n$ 必须等于三中心键的总数，即 $(s+t)$，这就是(5-43)式。

在 $B_nH_{n+m}$ 分子中，除 $n$ 个外向 B—H 键外，多余的 $m$ 个 H 原子必须等于 $(s+x)$，这就是(5-44)式。

(5-45)式是由价电子数的平衡得到的。因为 $s$、$t$、$y$、$x$ 四种键各包含二个电子，总数是 $2(s+t+x+y)$，$n$ 个外向 **B—H** 键共有 $2n$ 个价电子，所以

$$4n + m = 2n + 2(s + t + x + y)$$

这就是(5-45)式。

以上四个未知数只有三个方程式，所以是不定方程组，有几种可能的解。(5-45)式除以 2 减去(5-44)式得

$$t + y = n - (m/2) \tag{5-46}$$

因为 $t$ 和 $y$ 是零或正整数，所以 $m$ 必须是偶数，由此可得 B—B 键的数目 $y$ 必须满足下列不等式：

$$0 \leqslant y \leqslant n - m/2 \tag{5-47}$$

由(5-46)式得

$$t = n - (m/2) - y \tag{5-48}$$

由(5-43)式得

$$s = n - t = (m/2) + y \tag{5-49}$$

由(5-44)式得

$$x = m - s = (m/2) - y \tag{5-50}$$

(4) $styx$ 分析法应用举例(一)$B_2H_6$($n=2, m=4$)

由(5-46)至(5-49)式得一组唯一解，

$$y = 2—4/2 = 0,\ t = 0,\ s = 2,\ x = 2;\ styx = 2002$$

即 $B_2H_6$ 分子应包含 2 个 B…H…B 三中心双电子键和($n+w$)=4 个 B—H 键,它的结构如图 5-32 所示。

(5) $styx$ 分析法应用举例(二) $B_4H_{10}$($n=4, m=6$)

由(5-47)至(5-50)式,可得二组解：

$$y = 0,\ t = 1,\ s = 3,\ x = 3;\ styx = 3103$$

$$y = 1,\ t = 0,\ s = 4,\ x = 2;\ styx = 4012$$

其中第二组解与实验符合,即 $B_4H_{10}$ 含有一个 B—B 键,四个 B…H…B 键和($n+x$)=6 个 B—H 键,它的结构如图 5-36 所示。

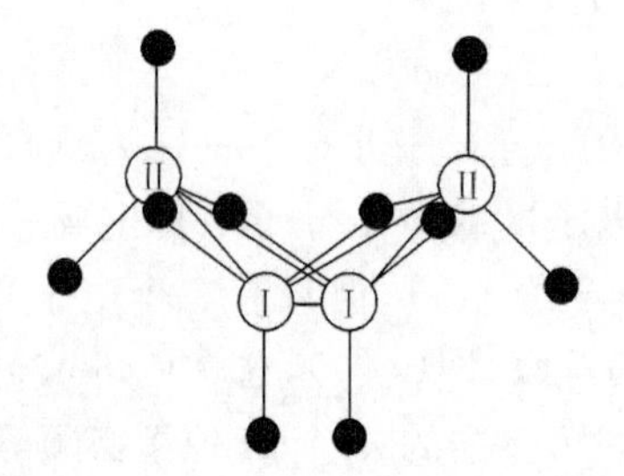


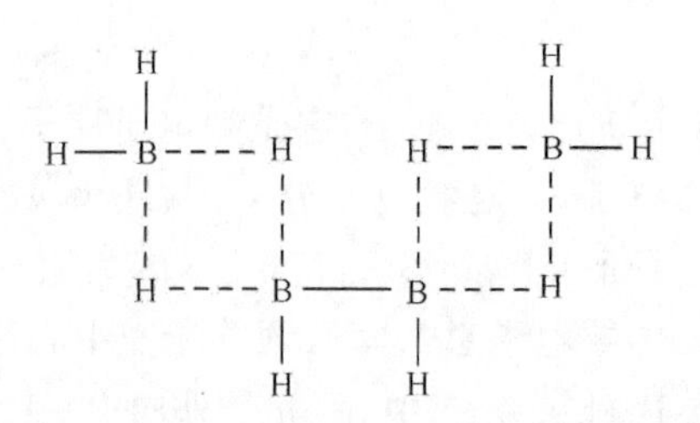


| $B_I—B_{II}$ | 175 pm | $B_I—B_{II}$ | 185 pm |
|---|---|---|---|
| B—H | 119 pm | $B_I$……H | 133 pm |
| $B_{II}$…H | 143 pm | $\angle B_{II}B_IB_{II}$ | 98° |

| 键型 | 键的数目 | 所用轨道数 | 所用电子数 |
|---|---|---|---|
| B—H | 6 | 12 | 12 |
| B…H…B | 4 | 12 | 8 |
| B—B | 1 | 2 | 2 |
| 总计 | 11 | 26 | 22 |

图 5-36 $B_4H_{10}$ 分子的结构($styx$=4012)

(6) $styx$ 分析法应用举例(三) $B_5H_{11}$($n=5, m=6$)

由(5-46)至(5-49)式可得三组解：

$$y = 0,\ t = 2,\ s = 3,\ x = 3;\ styx = 3203$$

$$y = 1,\ t = 1,\ s = 4,\ x = 2;\ styx = 4112$$

$$y = 2,\ t = 0,\ s = 5,\ x = 1;\ styx = 5021$$

其中第一组解与实验符号，即 $B_5H_{11}$ 分子含有二个 $\begin{matrix}B\\ \vdots\\ B\quad B\end{matrix}$ 键，三个 B…H…B 键，$n+x=8$ 个 B—H 键，它的结构如 5-37 所示。

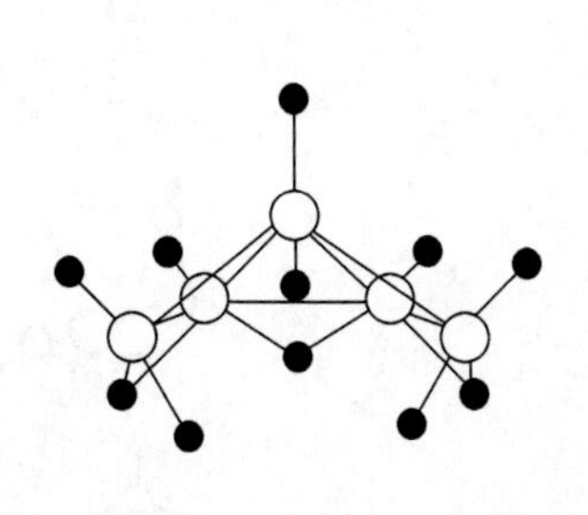

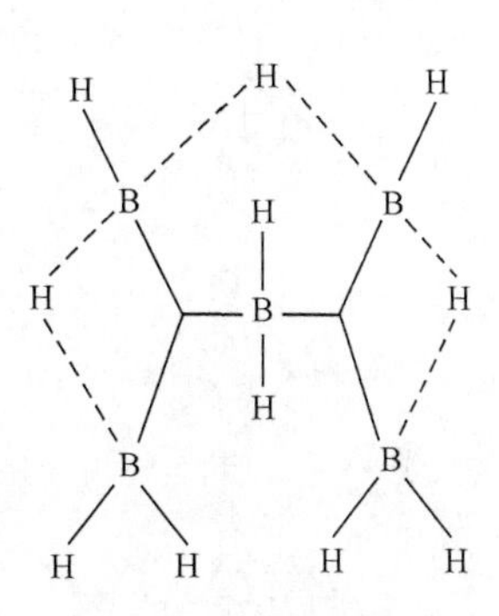


| $B_{Ⅰ}—B_{Ⅲ}$ | 186 pm | $B_{Ⅰ}—B_{Ⅱ}$ | 174 pm |
|---|---|---|---|
| B…H | 107 pm | $B_{Ⅱ}—B_{Ⅱ}$ | |
| B…H | 124 pm | $B_{Ⅱ}—B_{Ⅲ}$ | |

| 键型 | 键的数目 | 所用轨道数 | 所用电子数 |
|---|---|---|---|
| B—H | 8 | 16 | 16 |
| $\begin{matrix}H\\ B\quad B\end{matrix}$ (B…H…B) | 3 | 9 | 6 |
| $\begin{matrix}B\\ \vert\\ \cdot\\ B\quad B\end{matrix}$ | 2 | 6 | 4 |
| 总计 | 13 | 31 | 26 |

图 5-37　$B_5H_{11}$ 分子的结构（$styx=3203$）

（7）因为 $m$ 必须是偶数，所以硼烷有下列通式：$B_nH_{n+2}$，$B_nH_{n+4}$，$B_nH_{n+6}$，$B_nH_{n+8}$，…。硼烷通式也可写成 $(BH)_p(BH_3)_q$，$p$ 为零或正整数，$q=0,1,2,3,\cdots$。符合上述通式的硼烷分子有些尚未合成出来。$styx$ 分析法也可以推广到通式为 $[B_nH_{n+m-c}]^{c-}$ 的硼烷阴离子。利用 $styx$ 分析法可以推测硼烷和硼烷阴离子的可能结构。在几种可能的结构中，有一种与实验符合。利普斯康总结了一些经验规则，可以帮助我们从几种可能的结构中挑选出最可能的结构。$styx$ 分析法不适用闭式结构的硼烷 $B_nH_{n+2}$、$B_nH_{n+c}{}^{-}$ 及 $B_nH_n{}^{2-}$，所以为惠特的骨架电子对理论所代替。

### 6. 惠特的三角多面体骨架电子对理论

七十年代初英国化学家惠特（K. Wade）等提出三角多面体骨架电子对理论，其要点如下：

（1）硼烷和碳硼烷的分子构型是以八种 $n$ 顶点的三角多面体（$n=5$ 至 12）为基础。根据分子构型的闭合度，可分为三种：(a) 闭式（closo）即完整的三角多面体。(b)巢式(nido)即缺一个顶点的三角多面体。(c)网式(arachno)即缺二个顶点的三角多面体。从图 5-38 可以看出这三类多面体分子构型之间的关系。

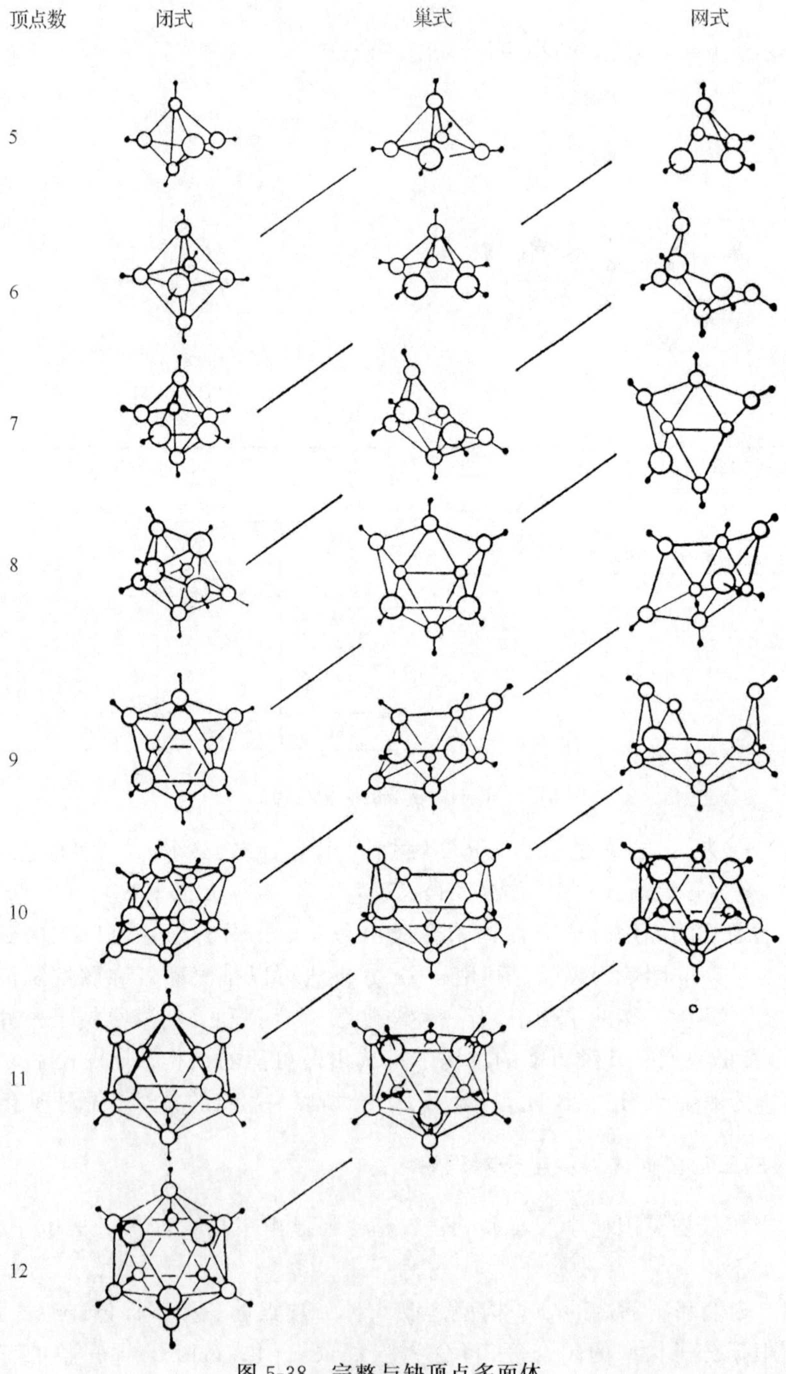


图 5-38　完整与缺顶点多面体

(2) 硼烷和碳硼烷的分子通式可写如

$$[(BH)_{n-a}(CH)_a H_b]^c$$

式中 $n$ 为三角多面体的顶点数。这一分子的价电子总数 $N$ 等于

$$N = 4(n-a) + 5a + b + c = 4n + a + b + c \quad (5\text{-}51)$$

除了每一个顶点各有一个外向的 B—H 键或 C—H 键,它们用去 $2n$ 个价电子外,其余的价电子称为骨架成键电子(cluster valence electrons),它们的数目等于

$$CVE = N - 2n = 2n + a + b + c \quad (5\text{-}52)$$

(3) 骨架成键电子 $CVE$ 的多少决定分子的几何构型。

(a) $CVE=2n+2$,即 $a+b+c=2$,为闭式多面体;

(b) $CVE=2n+4$,即 $a+b+c=4$,为巢式多面体;

(c) $CVE=2n+6$,即 $a+b+c=6$,为网式多面体;

(d) $CVE=2n$,　即 $a+b+c=0$,为加帽闭式多面体。

上述四式称为惠特规则。

(4) 表 5-17 至表 5-19 列出一些闭式、巢式和网式硼烷和碳硼烷的例子。

**表 5-17　一些闭式硼烷和碳硼烷的结构**

| 多面体顶点数 $n$ | 价电子总数 $N=4n+2$ | 骨架电子数 $CVE=2n+2$ | 分子构型 | 例子 |
|---|---|---|---|---|
| 5 | 22 | 12 | 三角双锥体 | $C_2B_3H_5$ |
| 6 | 26 | 14 | 正八面体 | $B_6H_6^{2-}$, $CB_5H_7$, $C_2B_4H_6$ |
| 7 | 30 | 16 | 五角双锥体 | $B_7H_7^{2-}$, $C_2B_5H_7$ |
| 8 | 34 | 18 | 十二面体 | $B_8H_8^{2-}$, $C_2B_6H_8$, $C_3B_5H_7$ |
| 9 | 38 | 20 | 三帽三角棱柱体 | $B_9H_9^{2-}$, $C_2B_7H_9$ |
| 10 | 42 | 22 | 二帽四方反棱柱体 | $B_{10}H_{10}^{2-}$, $CB_9H_{10}^-$, $C_2B_8H_{10}$ |
| 11 | 46 | 24 | 十八面体 | $B_{11}H_{11}^{2-}$, $CB_{10}H_{11}^-$, $C_2B_9H_{11}$ |
| 12 | 50 | 26 | 正二十面体 | $B_{12}H_{12}^{2-}$, $CB_{11}H_{12}^-$, $C_2B_{10}H_{12}$ |

**表 5-18　一些巢式硼烷和碳硼烷的结构**

| 多面体顶点数 $n$ | 价电子总数 $N=4n+4$ | 骨架电子数 $CVE=2n+4$ | 分子构型 | 例子 |
|---|---|---|---|---|
| 5 | 24 | 14 | 四方锥体 | $B_5H_9$, $C_2B_3H_7$ |
| 6 | 28 | 16 | 五角锥体 | $B_6H_{10}$, $B_6H_{11}^+$, $C_xB_{6-x}H_{10-x}$ $(x=1-4)$ |
| 7 | 32 | 18 |  | 尚未合成 |
| 8 | 36 | 20 | 见图 5-38 | $B_8H_{12}$, $C_2B_6H_{10}$ |
| 9 | 40 | 22 | 见图 5-38 | $B_9H_{12}^-$, $C_2B_7H_{11}$ |
| 10 | 44 | 24 | 十八面体去一顶 | $B_{10}H_{14}$, $CB_9H_{13}$, $C_2B_8H_{12}$ |
| 11 | 48 | 26 | 正二十面体去一顶 | $CB_{10}H_{13}^{2-}$, $C_2B_9H_{11}^{2-}$, $C_4B_7H_{11}$ |

**表 5-19 一些网式硼烷和碳硼烷的结构**

| 多面体顶点数 $n$ | 价电子总数 $N=4n+6$ | 骨架电子数 $CVE=2n+6$ | 分子构型 | 例子 |
|---|---|---|---|---|
| 3 | 18 | 12 | 三角形 | $B_3H_3^-$ |
| 4 | 22 | 14 | 蝴蝶形 | $B_4H_{10}$ |
| 5 | 26 | 16 | 见图 5-38 | $B_5H_{11}$ |
| 6 | 30 | 18 | 见图 5-38 | $B_6H_{12}$ |
| 7 | 34 | 20 | | 尚未合成 |
| 8 | 38 | 22 | 见图 5-38 | $B_8H_{14}$ |
| 9 | 42 | 24 | 见图 5-38 | $B_9H_{15}$，$C_2B_7H_{13}$ |
| 10 | 46 | 26 | 见图 5-38 | $B_{10}H_{15}^-$，$B_{10}H_{14}^{2-}$ |

(5) 硼烷和碳硼烷$[(BH)_{n-a}(CH)_aH_b]^{c-}$中的顶点单元(BH)或(CH)可被过渡金属元素 M 及若干配体 $L$ 组成的($ML_p$)单元所替代，生成金属硼烷或金属碳硼烷，其通式为

$$[(BH)_{n-a-m}(CH)_a(ML_p)_mH_b]^{c-}$$

它的价电子总数为

$$N=4(n-a-m)+5a+14m+b+c=4n+10m+a+b+c \quad (5\text{-}53)$$

除了($n-m$)个外向的 B—H 和 C—H 键用去 $2(n-m)$个价电子和 $m$ 个 $ML_p$ 单元用去 $12m$ 个价电子外，得骨架电子数 $CVE$ 为

$$CVE=N-2(n-m)-12m=N-2n-10m=2n+a+b+c \quad (5\text{-}54)$$

所以金属硼烷或金属碳硼烷的 $CVE$ 与未被取代的硼烷或碳硼烷的 $CVE$ 相同，惠特规则也同样适用。例如

$$B_5H_9+Fe(CO)_5 \longrightarrow B_4H_8Fe(CO)_3$$

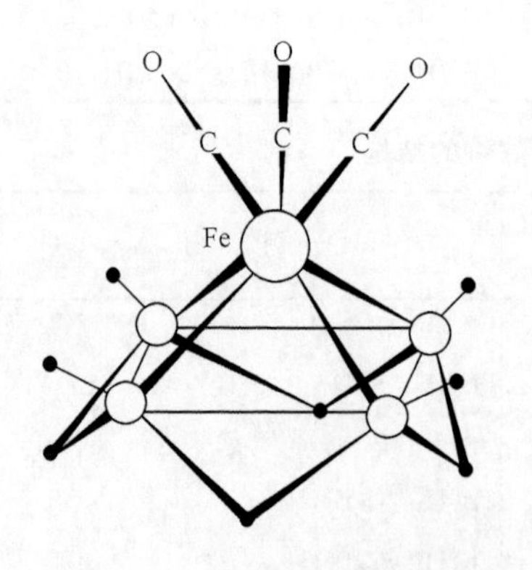

图 5-39 $B_4H_8Fe(CO)_3$ 的结构

这一金属硼烷的分子式可写如$(BH)_4[Fe(CO)_3]H_4$，所以

$$N=4\times4+14+4=34$$

$$CVE=2\times5+4=14=2n+4$$

所以它是巢式结构，如图 5-39 所示。

(6) 惠特规则解决了 $styx$ 规则不适用于闭式构型的问题，并推广到了金属碳硼烷，因而被广泛引用。但随着原子簇化学的发展，发现不能用惠特规则说明的例外情况愈来愈多。例如，(a)对含多重键的原子簇化合物不适用。(b)对非三角面多面体的簇化合物，如立方烷型

和类立方烷型簇化合物不适用。(c)对某些主族原子簇不适用。如 $P_4$ 和 $Sn_4^{2-}$ 同样具有正四面体构型,但骨架成键电子数却不同,$P_4$ 为 $2n+4$,符合惠特规则;$Sn_4{}^{2-}$ 为 $2n+2$,不符合惠特规则。(d)对 $Rh_8(CO)_{19}C$,$Os_6(CO)_{19}$,$Nb_6Cl_{12}^{2+}$,$Ta_6Cl_{12}^{2+}$,$Mo_6Cl_8^{4+}$,…不适用。不适用的例子还可以举出很多,详见第八章。

**7. 唐敖庆关于硼烷结构的拓扑规则①②**

(1) 如果硼烷的结构为一完整多面体,则将它加上一个顶点,使之成为戴帽多面体[图 5-40(a)]。

(2) 如果硼烷的结构为不完整多面体,则加上一个或多个顶点,使之成为完整的多面体[图 5-40(b)]。

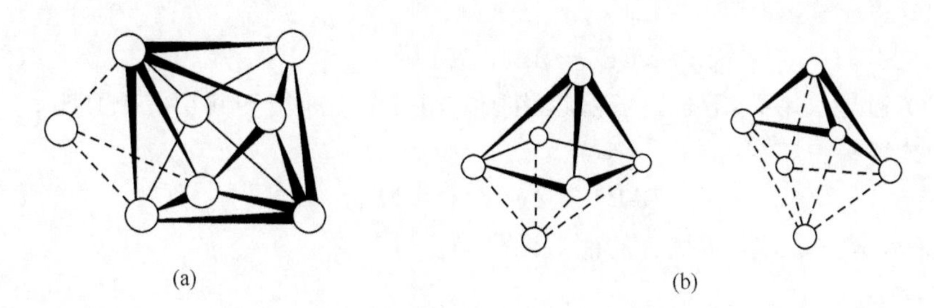


图 5-40

(3) 设硼烷中硼原子数为 $n$,戴帽或加顶点使之完整化后的硼骨架多面体的三角形面数为 $f$,所加的顶点数为 $s$,则成键分子轨道数为

$$BMO = 4n - [f - 3(s-1)] = 4n - F \tag{5-55}$$

利用这个规则可以解释闭式,巢式和网式的全部结构。

(4) 当两个多面体骨架各用一个成键分子轨道相作用形成 B—B 键时,将同时产生一个成键与一个反键分子轨道。因此,当两个多面体骨架通过 $\nu$ 个 B—B 键连结生成稠合型硼烷时,必须从原有的 $BMO$ 中减去生成的反键轨道数 $\nu$,于是得到

$$BMO = 4n - (F_1 + F_2) - \nu \tag{5-56}$$

式中 $n$ 为硼原子总数,$F_1$ 和 $F_2$ 分别为两个硼骨架多面体的 $F$ 值。图 5-41 示出 B—B 稠合型硼烷的硼骨架。

(5) 对于共用 $\mu$ 个顶点相稠合的硼烷,唐敖庆推导出

$$BMO = 4n - (F_1 + F_2) + \mu \tag{5-57}$$

(6) 对于共用边相稠合的硼烷,由于共用一条边相当于共用二个顶点,所以由

① 唐敖庆:《近年来我国量子化学的进展》,中国化学会五十周年纪念大会报告,1982 年 9 月。

② 唐敖庆,李前树,吾榕之,化学学报,42(5),427—433(1984)。

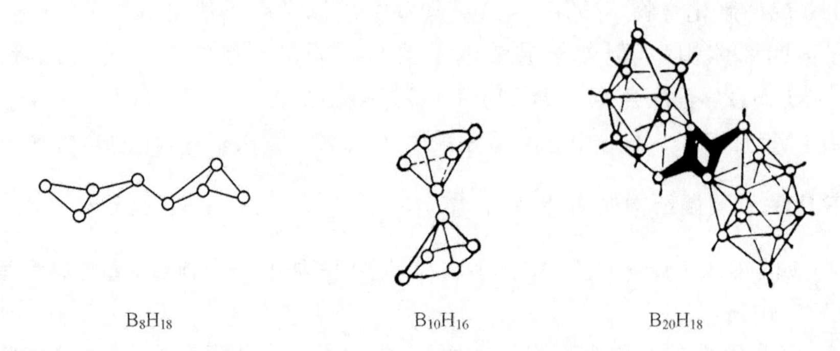


图 5-41 一些 B—B 稠合型硼烷的硼骨架

(5-57)式得

$$BMO = 4n - (F_1 + F_2) + 2 \tag{5-58}$$

(7) 通过共用面相稠合的硼烷，由于共用一个面相当于共用三个顶点，所以由(5-57)式得

$$BMO = 4n - (F_1 + F_2) + 3 \tag{5-59}$$

图 5-42 示出一些共用边稠合的硼烷的骨架。

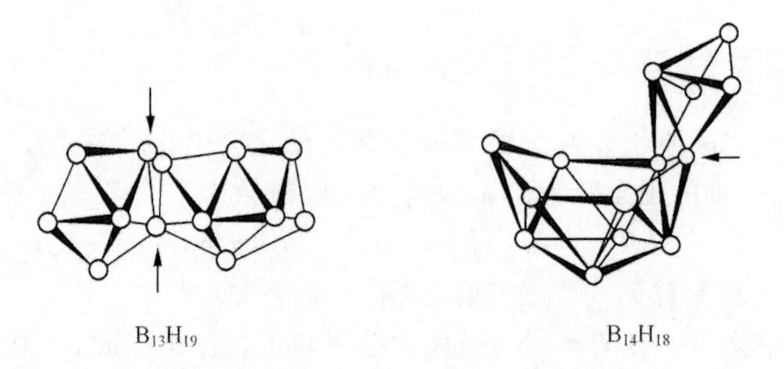


图 5-42 一些共边稠合型硼烷的硼骨架

(8) 推广到由 $m$ 个多面体骨架构成的稠合型硼烷，令其中编号为 $i$ 和 $j$ 的两个多面体共用 $\mu_{ij}$ 个顶点，并有 $\nu_{ij}$ 个 B—B 连结键，则该稠合型硼烷的成键轨道数为

$$BMO = 4n - \sum_{i=1}^{m} F_i + \sum_{i<j} \mu_{ij} - \sum_{i<j} \nu_{ij} \tag{5-60}$$

对于简单型硼烷，拓扑规则与惠特规则等效。但前者可适用于稠合型硼烷和碳硼烷，应用范围更广。表 5-20 和 5-21 分别列出 B—B 键稠合和共边稠合型硼烷的 $BMO$ 的计算值，它恰好等于实际分子的价电子数 $N$ 的两倍。

表 5-20　B—B 键耦合型硼烷的 *BMO*

| 硼　　烷 | 被连结的多面体 | | | | $\nu$ | *BMO* | 价电子数 $N=2(BMO)$ |
|---|---|---|---|---|---|---|---|
| | 多面体结构 | $F_1$ | 多面体结构 | $F_2$ | | | |
| $B_8H_{18}$ | 网型 $B_4$ | 5 | 网型 $B_4$ | 5 | 1 | 21 | 42 |
| $B_{10}H_{16}$ | 巢型 $B_5$ | 8 | 巢型 $B_5$ | 8 | 1 | 23 | 46 |
| $B_{20}H_{26}$ | 巢型 $B_{10}$ | 18 | 巢型 $B_{10}$ | 18 | 1 | 43 | 86 |
| $B_{20}H_{18}^{4-}$ | 封闭型 $B_{10}$ | 19 | 封闭型 $B_{10}$ | 19 | 1 | 41 | 82 |
| $B_{20}H_{18}^{2-}$ | 封闭型 $B_{10}$ | 19 | 封闭型 $B_{10}$ | 19 | 2 | 40 | 80 |

表 5-21　共边耦合型硼烷的 *BMO*

| 硼　　烷 | 被连结的多面体 | | | | *BMO* | 价电子数 $N=2(BMO)$ |
|---|---|---|---|---|---|---|
| | 多面体结构 | $F_1$ | 多面体结构 | $F_2$ | | |
| $B_{13}H_{19}$ | 网型 $n$-$B_9$ | 15 | 巢型 $B_6$ | 10 | 29 | 58 |
| $B_{14}H_{18}$ | 巢型 $B_{10}$ | 18 | 巢型 $B_6$ | 10 | 30 | 60 |
| $B_{16}H_{20}$ | 巢型 $B_{10}$ | 18 | 巢型 $B_8$ | 14 | 34 | 68 |
| $B_{18}H_{22}$ | 巢型 $B_{10}$ | 18 | 巢型 $B_{10}$ | 18 | 38 | 76 |

图 5-43 绘出了共点耦合型硼烷 $B_{15}H_{23}$ 的结构图。按 $B_{15}H_{23}$ 分子式计算，它有价电子 68 个，即成键轨道数为 34，它的骨架是由巢式 $B_9$ 和网式 $B_7$ 骨架通过共用顶点 4 连结而成，由(5-57)式立即得

$$BMO = 4\times 15-(16+11)+1 = 34$$

可见(5-57)式对 $B_{15}H_{23}$ 是适用的。

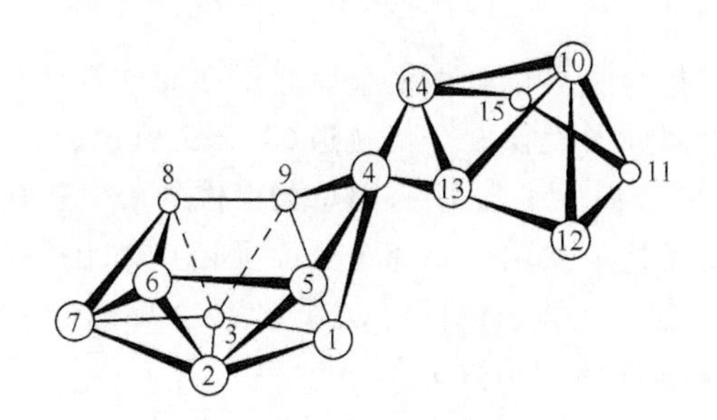


图 5-43　$B_{15}H_{23}$ 的硼骨架

图 5-44 绘出了 $B_{20}H_{16}$ 的结构图。其骨架是由闭式 $B_{12}$ 和巢式 $B_{11}$ 骨架通过三个顶点 9，10，11，以及 7—12 和 6—12 这两个 B—B 键耦合所构成。应用(5-60)式得

$$BMO = 4\times 20-(23+20)+3-2 = 38$$

这恰与按分子式推得价电子数 76，亦即 *BMO* 为 38 相一致。由于共用顶点和共面

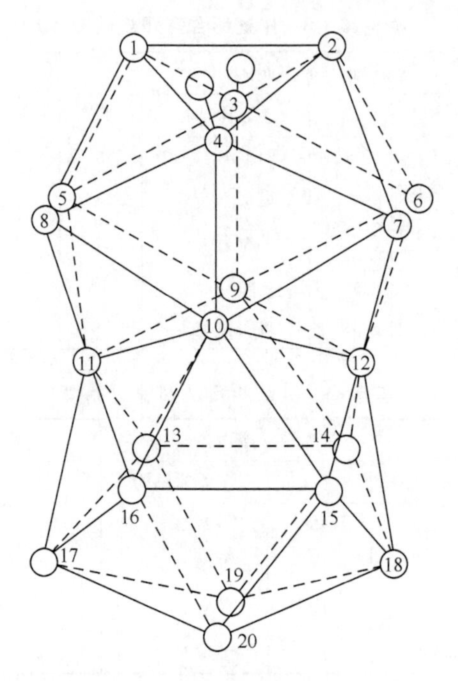


图 5-44　$B_{20}H_{16}$的硼骨架

连结的稠合型硼烷目前为数尚少，因此公式(5-60)式还有待今后进一步加以验证。

### 8. 唐敖庆关于过渡金属簇化合物的(9*n*−*L*)规则[①②]

按照硼烷中成键分子轨道数完全由骨架确定的思想，对于金属原子簇化合物，唐敖庆提出下列规则：

(1) 金属原子簇化合物可以看做是金属原子多面体骨架与配位体结合而成。

(2) 每个过渡金属原子提供 9 个价轨道(5 个 $d$ 轨道、1 个 $s$ 轨道和 3 个 $p$ 轨道)。设多面体骨架的金属原子数为 $n$，则总共提供的价轨道数为 $9n$。

(3) 多面体的每条边反映两个相邻金属原子相互作用成键。由于两个价轨道相互作用产生一个成键骨架轨道的同时，必产生一个反键骨架轨道，因此在骨架中反键骨架轨道数等于多面体的边数 $L$。

(4) 金属原子多面体与任一配位体各提供一个轨道成键时，产生一个成键轨道和一个反键轨道。

(5) 因此，金属原子簇化合物的成键与非键分子轨道总数为

$$BMO + NBMO = 9n - L \tag{5-61}$$

① 唐敖庆：《近年来我国量子化学的进展》，中国化学会五十周年纪念大会报告，1982 年 9 月。

② 唐敖庆，李前树，科学通报，1983(1)，25。

而原子簇的价电子数应为上式的两倍，即

$$N = \text{原子簇的价电子总数} = 2(9n - L) \qquad (5\text{-}62)$$

表 5-22 列出某些金属原子簇化合物按$(9n-L)$规则预测的价电子总数和实际价电子总数的比较。由该表可见，除少数例子差 2 个电子外，符合情况是比较好的。

**表 5-22 金属原子簇化合物的$(9n-L)$规则**

| 骨架构型 | 顶点数 $n$ | 边数 $L$ | $9n-L$ | 实例 | 价电子总数 | |
|---|---|---|---|---|---|---|
| | | | | | $N=2(9n-L)$ | 实际 $N$ |
| 单核 | 1 | 0 | 9 | $Ni(CO)_4$ | 18 | 18 |
| 双核 | 2 | 1 | 17 | $[(C_5H_5—Ni)_2C_5H_5]^+$ | 34 | 34 |
| 三角形 | 3 | 3 | 24 | $M_3(CO)_{12}$, M=Fe,Ru,Os | 48 | 48 |
| 四面体 | 4 | 6 | 30 | $M_4(CO)_{12}$, M=Co,Rh,Ir | 60 | 60 |
| 蝴蝶形 | 4 | 5 | 31 | $Re_4(CO)_{16}{}^{2-}$ | 62 | 62 |
| 四边形 | 4 | 4 | 32 | $Pt_4(CH_3COO)_8$ | 64 | 64 |
| 三角双锥 | 5 | 9 | 36 | $Os_5(CO)_{16}$ | 72 | 72 |
| 四角锥 | 5 | 8 | 37 | $Fe_5(CO)_{15}C$ | 74 | 74 |
| 双帽四面体 | 6 | 12 | 42 | $Os_6(CO)_{18}$ | 84 | 84 |
| | | | | $Ru_9(CO)_{17}C$ | 84 | 86 |
| 八面体 | 6 | 12 | 42 | $Cu_6H_6(PPh_3)_6$ | 84 | 84 |
| | | | | $Rh_6(CO)_{16}$ | 84 | 86 |
| | | | | $Co_6(CO)_{15}{}^{2-}$ | 84 | 86 |
| 三棱柱体 | 6 | 9 | 48 | $[Rh_6(CO)_{15}C]^{2-}$ | 90 | 90 |
| 单帽四面体 | 7 | 15 | 48 | $Rh_7(CO)_{16}{}^{3-}$ | 98 | 98 |
| 四方反棱柱体 | 8 | 1 | 56 | $[Co_8(CO)_{18}C]^{2-}$ | 112 | 114 |
| 六面体 | 8 | 12 | 60 | $Ni_8(PPh_3)_6(CO)_{18}$ | 120 | 120 |

$(9n-L)$规则的应用范围很广。它的局限是：(a)不适用于小于 9 个价轨道成键的金属原子簇化合物；(b)对于 $n\geqslant 6$ 的闭式原子簇化合物多数不适用；(c)对于有多重键的原子簇不适用。

### 9. $(nxc\pi)$结构规则

关于原子簇及有关化合物，作者之一曾提出$(nxc\pi)$结构规则，详见第八章。

## 参 考 书 目

1. L. 鲍林著，卢嘉锡等译，《化学键的本质》，科学出版社，1962.
2. C. A. 柯尔逊著，陆浩等译，《原子价》，科学出版社，1966.

3. H. F. Hameka, *Quantum Theory of the Chemical Bond*, Hafner Press, 1975.

4. J. A. 波普尔、D. L. 贝弗里奇著，江元生译，《分子轨道近似方法理论》，科学出版社，1976.

5. H. 艾林、J. 沃尔特、G. E. 金布尔著，石宝林译，《量子化学》，科学出版社，1981.

6. E. 卡特迈尔、G. W. A. 富勒斯著，宁世光译，《原子价与分子结构》，人民教育出版社，1981.

7. R. L. Dekock and H. B. Gray, *Chemical Structure and Bonding*, Benjamin/Cummings, 1980.

8. W. N. Lipscomb, *Boron Hydrides*, W. A. Benjamin, Inc., 1963.

9. K. Wade, *Electron Deficient Compounds*, Nelson, 1971; *Adv. Inorg. Chem. Radiochem.*, 18, 1 (1976).

10. B. F. G. Johnson, ed., *Transition Metal Clusters*, Wiley, 1979.

11. R. J. Gillespie and J. Passmore, *Adv. Inorg. Chem.*, *Radiochem.*, 17, 49(1975).

12. J. K. Burdett, *Molecular Shape*, Wiley, 1980.

## 问题与习题

1. 对于 $d^2sp^3$ 杂化轨道中的一个

$$\psi_{d^2sp^3} = \frac{1}{\sqrt{6}}\psi_s + \frac{1}{\sqrt{2}}\psi_{p_z} + \frac{1}{\sqrt{3}}\psi_{d_{z^2}}$$

若假定各原子轨道的径向部分相同，试画出该轨道的角度分布图形。

2. 为了说明 $sp$ 杂化轨道的成键能力增加(电子云偏于成键区侧)，试计算通过中心原子且垂直于键轴的平面两侧区域电子几率的相对大小。

3. 实验测得甲烷的氟化产物的键角为

| 分子 | ∠H—C—H | ∠F—C—F |
|---|---|---|
| $CH_3F$ | 110°—112° | — |
| $CH_2F_2$ | 111.9±0.4° | 108.3±0.1° |
| $CHF_3$ | — | 108.8±0.75° |

试计算上述三个分子中碳原子用于生成 C—H 键和 C—F 键的 $sp$ 杂化轨道的 $s$ 成分是多少？

4. 已知 $BrF_5$ 为四角锥形结构，$P_4$ 为正四面体结构，试用杂化轨道理论讨论其中的化学键。

5. 杂化轨道是否是角动量平方算符 $\hat{M}^2$ 的本征函数？它有无确定的角动量值？

6. 预测下列化合物的几何构型

$HgCl_2$，$SnCl_2$，$OF_2$，$H_2S$，$CO_2$，$SO_2$，$ICl_2^-$，$CdBr_2$，$Ag(NH_3)_2^+$，$Au(CN)_2^-$，$Zn(CH_3)_2$，$BF_3$，$NF_3$，$PCl_3$，$SF_4$，$PCl_5$，$SF_6$，$IF_7$，$P_4O_{10}$，$Al_2Cl_6$，$N\equiv C—C\equiv N$，$Fe(CN)_6^{4-}$，$H_3PO_4$，$TaCl_5$，$AlF_6^{3-}$，$SO_4^{2-}$，$SO_3$，$CO_3^{2-}$，$NO_3^-$，$XeF_4$，$NO_2$，$NO_2^-$，$NO_2^+$，$(C_6H_5)_3C^+$，$COCl_2$。

7. 用群论符号写出水分子(属 $C_{2v}$ 点群)的由价轨道形成的分子轨道、基态电子组态与状态。

8. 用上题所得结果，说明为什么 $CH_2$ 的基态是三重态而 $CF_2$ 却是单重态？

9. 写出氨分子(属 $C_{3v}$ 点群)的由价轨道形成的分子轨道和基态电子组态与状态。

10. 推测 $BeCl_2$ 分子的构型。若 Be 以 $2s$，$2p$ 与两个 Cl 原子的 $3p_z$ 形成分子轨道，试定性画出分子轨道能级图并说明分子稳定存在。

11. 详述甲醛分子成键情况的分子轨道处理，可以假定氧原子的 $2s$ 轨道不参与成键。

12. 写出 $H_2S$,$PCl_3$ 分子的定域分子轨道形式。

13. 用分子轨道理论讨论惰性气体化合物 $XeF_2$ 的结构。

14. 在乙硼烷中(1)假定两端 B 原子用不等性 $sp^3$ 杂化轨道成 H₂B(H)₂BH₂ 键,则三中心键 B—H—B 中硼的杂化轨道 $s$ 成分是多少?已知实验得到的桥键键角$\angle H_aBH_b=97°$ (2)用分子轨道理论讨论三中心缺电子键 B⋯H⋯B 的生成条件。

15. 用 $styx$ 分析法讨论 $B_3H_9$ 分子的结构。

16. 在本章§5-5第5节中讲到,根据硼烷分子式推算 $styx$ 数,常有几组可能解。下列经验规则可以帮助我们选择最可能的结构:(1)所有已知的硼烷分子至少有一个对称镜面 $\sigma$ 或对称中心 $i$ 或二重对称轴 $C_2$。(2)如果有一个 B 原子与 5 个 B 原子邻近,则此 B 原子只能有一个外向 B—H 键,不能有 B⋯H⋯B 键。(3)如有一个 B 原子与 4 个 B 原子邻近,则此 B 原子至多能有一个 B⋯H⋯B 键。(4)如有一个 B 原子只与 2 个 B 原子相连,则此 B 原子至少含有一个 B⋯H⋯B 键。(a)推导 $B_4H_{10}$ 的 $styx$ 数;(b)画出各组 $styx$ 的结构;(c)其中哪一个结构是最可能的?

17. 指出下列分子和离子的可能结构:$B_4H_9^-$,$B_6H_{11}^-$,$B_7H_{12}^-$,$B_4C_2H_6$,$B_{10}CH_{11}P$,$NB_8H_{13}$,$NC_2B_8H_{11}$。

# 第六章 共轭分子的结构

共轭分子是有机分子中一类极为重要的分子,在无机分子中也有一些是共轭分子。共轭分子以分子中有离域的 $\pi$ 键(大 $\pi$ 键)为特征。离域 $\pi$ 键的存在使共轭分子具有许多不同于只含定域 $\pi$ 键(小 $\pi$ 键)的非共轭分子的特殊性质。长期以来,人们对于共轭分子进行了大量的研究,积累了丰富的实验数据,量子化学的各种处理方法对于共轭分子的计算已达到相当高的精度。在各种处理方法中,以 1931 年由休克尔 (E. Hückel)引入的,现在被称为休克尔分子轨道法(HMO)的近似处理方法最为简单和直观。HMO 法虽然比较粗略,但在定性和半定量解释共轭分子的结构和性质方面取得了很大的成功。本章以休克尔分子轨道法为重点,讨论共轭分子的结构与性质。

## §6-1 休克尔分子轨道法

### 1. 共轭体系与共轭效应

分子中含有交替排列的双键和单键(双键数不少于两个)是 $\pi,\pi$-共轭体系的特征;具有孤对电子的原子通过单键与某原子相连,而后者又以不饱和键与其他原子相连则是 $p,\pi$-共轭体系的特征。共轭分子的性质不是它包含的各单个双键和孤对电子的性质的简单加和,它们之间的相互影响使得参与共轭的双键与孤对 $p$ 电子在不同程度上表现为一个整体,因此出现一些只含孤立双键和聚集双键的非共轭分子所没有的性质,这就是我们称它们是共轭体系的理由。

共轭体系的显著特点之一是“键的平均化”现象,即双键和单键键长差别的缩小。例如氯乙烯中的 C ═C 键长(138 pm)比一般双键(134 pm)长,C—Cl 键长(169 pm)比一般 C—Cl 键(177 pm)短。在苯中这点特别明显,苯的六个 C—C 键键长相等,都是 139.7 pm,介于正常单键键长和双键键长之间。

共轭体系的另一特点是它的整体性。例如 1,3-丁二烯的 1,4 加成和苯环上取代反应的定位效应。在磁场中苯分子呈现出相当大的反磁磁化率,说明在苯分子中有电子在磁场中作环流运动。苯分子晶体的反磁磁化率的各向异性也说明了这一点。

共轭分子比相应的非共轭分子稳定。例如 1,3-丁二烯的生成热比计算值(按键能计算,不考虑共轭)要多 21.3 kJ · $mol^{-1}$,苯的生成热比按 1,3,5-环己三烯计算的生成热要多 181 kJ · $mol^{-1}$。

共轭分子的上述以及其他不同于非共轭分子的特性统称为共轭效应，这些性质显然与共轭分子中存在着活动范围不是局限于双键连接的两个原子之间而是遍及整个共轭体系的 $\pi$ 电子体系有关，我们有理由将共轭体系的 $\pi$ 电子与 $\sigma$ 电子分离开来单独处理。

一个共轭体系涉及的 $p\pi$ 轨道彼此平行，这是因为共轭体系涉及的碳原子和杂原子都是共面的。

休克尔在解决苯的生成热比按环己三烯预期的生成热要多这一异常现象时，把握住共轭体系生成离域 $\pi$ 键而非定域 $\pi$ 键这一本质的东西，将那些虽然重要但属次要的因素作了简化或忽略，建立了休克尔分子轨道法。

**2. 休克尔分子轨道法要点**

休克尔分子轨道法是一个适用于共轭 $\pi$ 电子体系的简单分子轨道理论，其基本假定是：

(i) 在共轭分子中，$\pi$ 电子与 $\sigma$ 电子是互相独立的，即 $\pi$ 电子是在 $\sigma$ 电子、内层电子和原子核所形成的刚性分子实的势场中运动。

(ii) 各个碳原子的库仑积分相同，都等于 $\alpha$。

(iii) 键连碳原子的 $\pi$ 原子轨道(即 $p$ 轨道)的键积分相等，都等于 $\beta$，非键连碳原子的 $\pi$ 原子轨道的键积分都为零。

(iv) 所有 $\pi$ 原子轨道间的重叠积分均为零。

根据假定(i)，单个 $\pi$ 电子的哈密顿算符 $\hat{\mathbf{H}}(i)$ 可以写为

$$\hat{\mathbf{H}}(i) = -\frac{1}{2}\nabla_i^2 + U_{\text{实}}(i) + \sum_{j\neq i}\left(\frac{1}{r_{ij}}\right)_{\text{对}j\text{平均}} \tag{6-1}$$

上式中右边第1项为 $\pi$ 电子 $i$ 的动能，第2项是 $\pi$ 电子 $i$ 在分子实势场中的势能，第3项是 $\pi$ 电子 $i$ 与其他 $\pi$ 电子间的排斥能，因为已对其他诸 $\pi$ 电子的位置取平均，所以 $\hat{\mathbf{H}}(i)$ 只是 $\pi$ 电子 $i$ 的坐标的函数。在休克尔分子轨道理论中并不使用上述单电子哈密顿算符的明晰形式，而只是一般地假设存在一个有效的单电子哈密顿算符 $\hat{\mathbf{H}}_{\text{eff}}(i)$，于是 $\pi$ 电子体系的哈密顿算符 $\hat{\mathbf{H}}_\pi$ 可以写成

$$\hat{\mathbf{H}}_\pi = \sum_i \hat{\mathbf{H}}_{\text{eff}}(i) \tag{6-2}$$

$\pi$ 电子体系的总波函数 $\Psi$ 可以写成

$$\Psi = \psi_1(1)\psi_2(2)\cdots\psi_n(n) \tag{6-3}$$

上式右边的单电子波函数(分子轨道)满足单电子哈密顿方程

$$\hat{\mathbf{H}}_{\text{eff}}(i)\psi_i(i) = E_i\psi_i(i) \tag{6-4}$$

$E_i$ 为分子轨道 $\psi_i$ 的能量。若在 $\psi_i$ 有 $n_i$ 个电子($n_i$=0，1 或 2)，则 $\pi$ 电子体系的总能量(总 $\pi$ 能)为

$$E_\pi = \sum_i n_i E_i \tag{6-5}$$

将 $\psi$ 表示成各 $\pi$ 原子轨道的线性组合

$$\psi_i = \sum_{\mu} C_{i\mu} \phi_{\mu} \tag{6-6}$$

$\phi_{\mu}$ 为第 $\mu$ 个碳原子的归一化 $p$ 轨道，系数 $C_{i\mu}$ 和 $E_i$ 由解以下方程组求得

$$\left.\begin{aligned} &\sum_{\mu} C_{\mu}(H_{\nu\mu} - ES_{\nu\mu}) = 0 \\ &\nu = 1,2,3,\cdots,n \end{aligned}\right\} \tag{6-7}$$

记 $\nu \rightarrow \mu$ 为碳原子 $\nu$ 和 $\mu$ 相键连，$\rho$ 镉 $\mu$ 为碳原子 $\rho$ 与 $\mu$ 不相键连，按假定(ii)、(iii)、(iv)有

$$H_{\mu\mu} = \alpha \tag{6-8}$$

$$H_{\nu\rightarrow\mu} = \beta \tag{6-9}$$

$$H_{\rho 镉 \mu} = 0 \tag{6-10}$$

$$S_{\nu\mu} = \delta_{\nu\mu} \tag{6-11}$$

将(6-8)式至(6-11)式代入(6-7)式得

$$C_{\mu}(\alpha - E) + \sum_{\nu\rightarrow\mu} C_{\nu}\beta = 0,\ \mu = 1,2,\cdots,n \tag{6-12}$$

令

$$\chi = -\frac{\alpha - E}{\beta} \tag{6-13}$$

(6-12)式可简化为

$$\chi C_{\mu} - \sum_{\nu\rightarrow\mu} C_{\nu} = 0,\ \mu = 1,2,\cdots,n \tag{6-14}$$

**3. 休克尔分子轨道法应用实例**

下面以 1,3-丁二烯和苯为例，说明 HMO 法的应用。

(1) 1,3-丁二烯　1,3-丁二烯是一个平面分子，具有 $C_{2h}$ 的对称性(反式)，其几何构型如图 6-1 所示。

从图中可以看出，所有键角都接近于 120°，所以碳原子采用的是 $sp^2$ 杂化轨道，共构成三个 C—C$\sigma$ 键和六个 C—H $\sigma$ 键。此外每一碳原子剩余一个 $p$ 轨道和一个 $p$ 电子，这四个 $p$ 轨道垂直于通过原子核的平面，所以互相平行，现在我们用 HMO 法计算 $\pi$ 分子轨道。按(6-14)式，相应的方程为

$$\left.\begin{aligned} \chi C_1 - C_2 \qquad\qquad\qquad &= 0 \\ -C_1 + \chi C_2 - C_3 \qquad\quad &= 0 \\ -C_2 + \chi C_3 - C_4 &= 0 \\ -C_3 + \chi C_4 &= 0 \end{aligned}\right\} \tag{6-15}$$

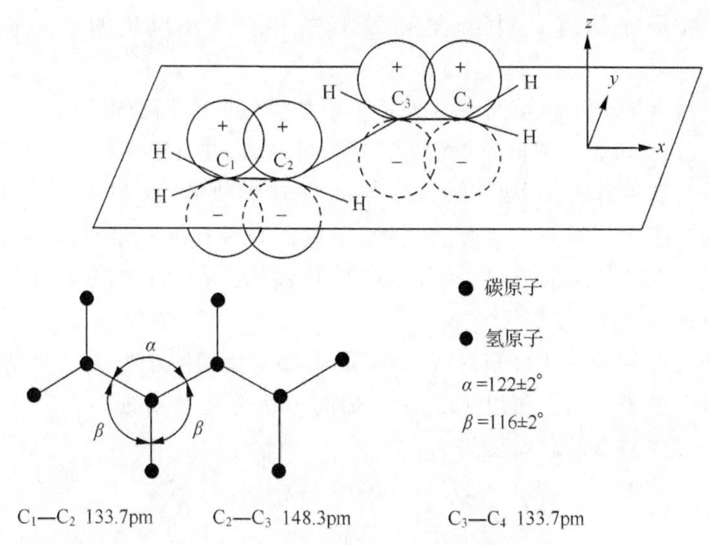


图 6-1　1,3-丁二烯分子的几何构型

方程组(6-15)有非零解的条件是久期行列式为零,即

$$\begin{vmatrix} \chi & -1 & 0 & 0 \\ -1 & \chi & -1 & 0 \\ 0 & -1 & \chi & -1 \\ 0 & 0 & -1 & \chi \end{vmatrix} = 0 \tag{6-16}$$

展开此行列式得

$$\chi^4 - 3\chi^2 + 1 = 0$$

解得

$$\chi = \pm 1.618, \pm 0.618$$

取 $\chi=1.618$,代入方程组(6-15)中并利用归一化条件

$$C_1^2 + C_2^2 + C_3^2 + C_4^2 = 1$$

求得

$$C_{11} = 0.372,\ C_{12} = 0.601,$$
$$C_{13} = 0.601,\ C_{14} = 0.372$$

由(6-13)式得

$$E = \alpha + \chi\beta = \alpha + 1.618\beta$$

同样,以 $\chi=0.618,-0.618,-1.618$ 分别代入方程组(6-15)及(6-13)式,可以求出相应的分子轨道系数和能量,结果如下:

$$\left.\begin{aligned} \psi_1 &= 0.372\phi_1 + 0.601\phi_2 + 0.601\phi_3 + 0.372\phi_4,\ E_1 + \alpha + 1.618\beta \\ \psi_2 &= 0.601\phi_1 + 0.372\phi_2 - 0.372\phi_3 + 0.601\phi_4,\ E_2 = \alpha + 0.618\beta \\ \psi_3 &= 0.601\phi_1 - 0.372\phi_2 - 0.372\phi_3 + 0.601\phi_4\ E_3 = \alpha - 0.618\beta \\ \psi_4 &= 0.372\phi_1 - 0.601\phi_2 + 0.601\phi_3 - 0.372\phi_4,\ E_4 = \alpha - 1.618\beta \end{aligned}\right\} \tag{6-17}$$

图 6-2 按分子轨道 $\psi_i$ 中组合系数 $C_{i\mu}$ 的相对大小画出四个分子轨道的示意图。

图 6-2 所示的分子轨道与一维方势箱中粒子的状态函数很相似。$\psi_1$、$\psi_2$、$\psi_3$ 和 $\psi_4$ 分别有 0、1、2 和 3 个节面，节面愈多者能量愈高，即 $E_1 < E_2 < E_3 < E_4$，这与键积分 $\beta$ 为负值是一致的。由此可见，$\psi_1$ 与 $\psi_2$ 是成键轨道，$\psi_3$ 和 $\psi_4$ 是反键轨道。1,3-丁二烯的基态电子组态为 $\psi_1^2\psi_2^2$。对照 $C_{2h}$ 群的特征标表不难看出，$\psi_1$ 属于 $A_u$ 表示，$\psi_2$ 属于 $B_g$ 表示，$\psi_3$ 属于 $A_u$ 表示，$\psi_4$ 属于 $B_g$ 表示。因此，1,3-丁二烯的基态电子组态也可以表示成 $(1a_u)^2(1b_g)^2$。

从分子轨道的表达式可知，任一个 $\pi$ 电子都不是局限于哪两个碳原子之间，而是活动于整个分子范围。所以 1,3-丁二烯的 $\pi$ 轨道是离域的。

1,3-丁二烯基态的总 $\pi$ 能为

$$E_\pi = 2E_1 + 2E_2 = 4\alpha + 4.472\beta$$

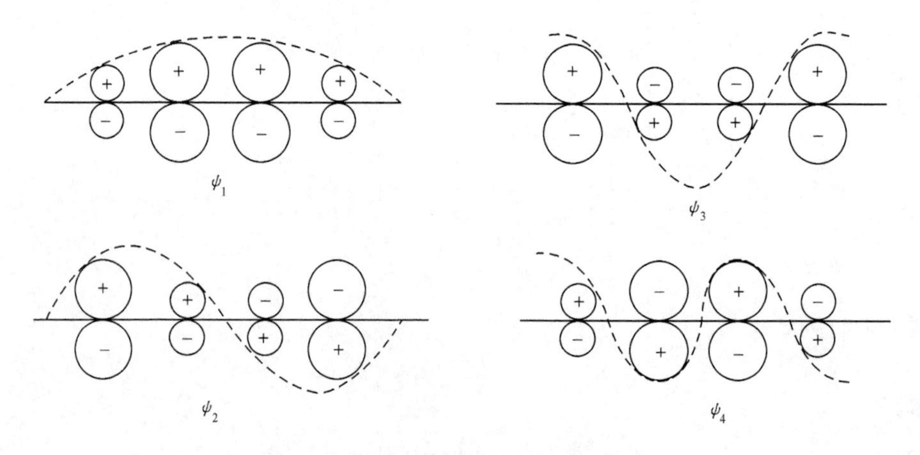


图 6-2　1,3-丁二烯的分子轨道示意图

如果四个 $p$ 轨道两两耦合成两个定域 $\pi$ 键，总 $\pi$ 能应为 $4\alpha+4\beta$。我们将生成离域 $\pi$ 键的总 $\pi$ 能与设想只生成定域 $\pi$ 键的总 $\pi$ 能之差称为离域能(Delocalization Energy)，记为 $DE$，则 1,3-丁二烯的离域能

$$DE = (4\alpha + 4.472\beta) - (4\alpha + 4\beta) = 0.472\beta$$

1,3-丁二烯还有顺式异构体(对称性 $C_{2v}$)，但 HMO 法计算结果反映不出顺反异构体能量上的差异，因为该法仅考虑 $\pi$ 电子的分布，不涉及分子骨架。

(2) 苯分子　衍射实验证明，苯是一个正六边形平面分子(对称性 $D_{6h}$)，C—C 键长 139.7 pm，C—H 键长 108 pm，所有键角均为 120°，所以各碳原子以 $sp^2$ 杂化。现在我们利用垂直于分子平面的六个 $p$ 轨道组成分子轨道。

应用群论方法可以计算出分子轨道及相应的能量，但比较麻烦。下面介绍一种只利用分子对称性而不必进行正规的群论推演确定分子轨道系数的方法。该法

的原理如下：

分子的对称性质必然反映在分子的波函数上。设 $\sigma$ 是分子的一个对称平面，分子的电子云分布对此对称面而言必定是对称的，因此，处于等同位置的原子的 $p$ 轨道对于分子轨道的贡献（$|C_{i\mu}|$值）必须相等，而处于该对称面上的原子对于相对于该平面为反对称的分子轨道的贡献必为零。

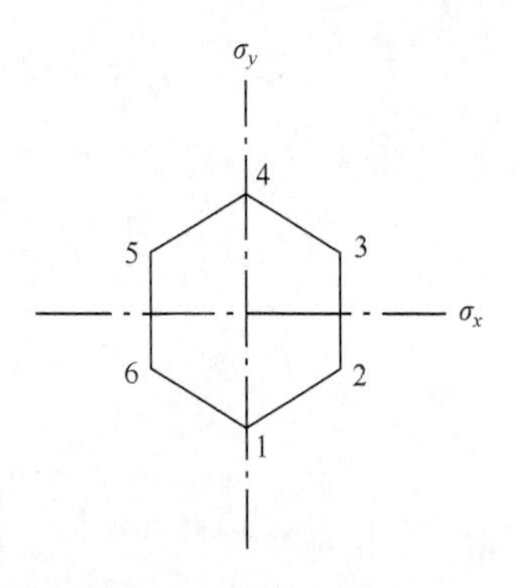

图 6-3　苯分子的两个 $\sigma_v$

苯分子中各碳原子编号如图 6-3 所示，取过碳原子 1,4 的平面为 $\sigma_y$，垂直此平面且平分 $C_5$—$C_6$ 和 $C_2$—$C_3$ 键的平面为 $\sigma_x$，下面我们用分子轨道相对于这两个平面的对称性质来分解久期方程。苯的久期方程为

$$\left.\begin{aligned}
\chi C_1 - C_2 \qquad\qquad\qquad\qquad - C_6 &= 0\\
-C_1 + \chi C_2 - C_3 \qquad\qquad\qquad &= 0\\
-C_2 + \chi C_3 - C_4 \qquad\qquad &= 0\\
-C_3 + \chi C_4 - C_5 \qquad &= 0\\
-C_4 + \chi C_5 - C_6 &= 0\\
-C_1 \qquad\qquad\qquad - C_5 + \chi C_6 &= 0
\end{aligned}\right\} \tag{6-18}$$

我们可以按分子轨道相对于此二平面是对称的还是反对称的而分成四类：$S_xS_y$，$S_xA_y$，$A_xS_y$，$A_xA_y$。$S_xS_y$ 表示对 $\sigma_x$ 和 $\sigma_y$ 均为对称的，$S_xA_y$ 表示对 $\sigma_x$ 是对称的，对 $\sigma_y$ 是反对称的，余类推。于是有

$S_xS_y$：$C_1=C_4$，$C_2=C_3=C_5=C_6$，可选 $C_1$ 及 $C_2$ 为独立变数。

$S_xA_y$：$C_1=C_4=0$，$C_2=C_3=-C_5=-C_6$，可选 $C_2$ 为独立变数。

$A_xS_y$：$C_1=-C_4$，$C_2=-C_3=-C_5=C_6$，可选 $C_1$ 及 $C_2$ 为独立变数。

$A_xA_y$：$C_1=C_4=0$，$C_2=-C_3=C_5=-C_6$，可选 $C_2$ 为独立变数。

将各类对称性的分子轨道的系数间的关系分别代入久期方程(6-18)中可得两个二元方程组和两个一元方程。例如对 $S_xS_y$ 对称性

$$\left.\begin{aligned}
\chi C_1 - 2C_2 &= 0\\
-C_1 + (\chi - 1)C_2 &= 0
\end{aligned}\right\}$$

该方程组有非零解的条件是系数行列式为零，即

$$\begin{vmatrix} \chi & -2 \\ -1 & \chi - 1 \end{vmatrix} = 0$$

于是得到 $x=2$ 及 $x=-1$。将它们分别代入原方程并利用归一化条件可得

$$\psi_1 = \frac{1}{\sqrt{6}}(\phi_1 + \phi_2 + \phi_3 + \phi_4 + \phi_5 + \phi_6),\ E_1 = \alpha + 2\beta$$

$$\psi_4 = \frac{1}{\sqrt{12}}(2\phi_1 - \phi_2 - \phi_3 + 2\phi_4 - \phi_5 - \phi_6),\ E_4 = \alpha - \beta$$

最后结果为

$$\left.\begin{aligned}
&\psi(A_{2u}) = \frac{1}{\sqrt{6}}(\phi_1 + \phi_2 + \phi_3 + \phi_4 + \phi_5 + \phi_6),\ E = \alpha + 2\beta \\
&\left.\begin{aligned}
&\psi(E_{1g}a) = \frac{1}{2}(\phi_2 + \phi_3 - \phi_5 - \phi_6) \\
&\psi(E_{1g}b) = \frac{1}{\sqrt{12}}(2\phi_1 + \phi_2 - \phi_3 - 2\phi_4 - \phi_5 + \phi_6)
\end{aligned}\right\} E = \alpha + \beta \\
&\left.\begin{aligned}
&\psi(E_{2u}a) = \frac{1}{\sqrt{12}}(2\phi_1 - \phi_2 - \phi_3 + 2\phi_4 - \phi_5 - \phi_6) \\
&\psi(E_{2u}b) = \frac{1}{2}(\phi_2 - \phi_3 + \phi_5 - \phi_6)
\end{aligned}\right\} E = \alpha - \beta \\
&\psi(B_{2g}) = \frac{1}{\sqrt{6}}(\phi_1 - \phi_2 + \phi_3 - \phi_4 + \phi_5 - \phi_6),\ E = \alpha - 2\beta
\end{aligned}\right\} \tag{6-19}$$

此处我们已采用分子所属点群的不可约表示的符号来标记分子轨道。

苯有六个 $\pi$ 电子,正好填满三个成键轨道 $\psi(A_{2u})$、$\psi(E_{1g}a)$ 及 $\psi(E_{1g}b)$,电子组态为 $(a_{2u})^2(e_{1g})^4$,总 $\pi$ 能为 $6\alpha+8\beta$。若只生成三个孤立双键,则总 $\pi$ 能为 $6\alpha+6\beta$。苯的离域能为 $2\beta$。由此可见,生成大 $\pi$ 键给苯带来的稳定能是比较大的

**4. 共轭直链多烯**

包含 $n$ 个碳原子的直链共轭多烯 $CH_2 = CH—(CH = CH)_{(n-4)/2}—CH = CH_2$ 的久期行列式是 $n$ 阶的,直接展开比较麻烦。我们考察它的第 $j$ 个分子轨道 $\psi_j = \sum_{\mu} C_{j,\mu}\phi_\mu$,系数 $C_{j,\mu}$ 应满足的方程为

$$-C_{j,\mu-1} + \chi_j C_{j,\mu} - C_{j,\mu+1} = 0 \tag{6-20}$$

且应满足

$$C_{j,0} = C_{j,n+1} = 0 \tag{6-21}$$

如前所述,1,3-丁二烯的 $\pi$ 分子轨道与一维方势箱中粒子的本征函数类似,我们设想共轭直链多烯 $C_nH_{n+2}$ 的 $\pi$ 分子轨道也类似于一维方势箱中粒子的本征函数,我们不妨设

$$C_{j,\mu} = A\cos(\mu\theta_j) + B\sin(\mu\theta_j) \tag{6-22}$$

应用条件(6-21)得

$$A = 0,\ (n+1)\theta_j = k\pi$$

注意到一维方势箱中粒子的第 $j$ 个波函数在势箱两端位相相差 $j\pi$,得 $k=j$。所以

$$\theta_j = j\pi/(n+1)$$

于是

$$C_{j,\mu} = B\sin(\mu\theta_j) = B\sin[\mu j\pi/(n+1)] \tag{6-23}$$

常数 $B$ 可由归一化条件 $\sum\limits_{\mu} C_{j,\mu}^2 = 1$ 求出，

$$B = \sqrt{2/(n+1)}$$

将(6-23)式代入(6-20)式中，得

$$-B\sin[(\mu-1)\theta_j] + \chi_j B\sin(\mu\theta_j) - B\sin[(\mu+1)\theta_j] = 0$$

从中解出

$$\chi_j = 2\cos\theta_j = 2\cos[j\pi/(n+1)]$$

从而得到第 $j$ 个 $\pi$ 分子轨道及相应的能量为

$$\left.\begin{aligned} \psi_j &= \sum_{\mu} \sqrt{2/(n+1)}\sin[\mu j\pi/(n+1)]\phi_\mu \\ E_j &= \alpha + 2\beta\cos[j\pi/(n+1)] \end{aligned}\right\} \tag{6-24}$$

因为

$$\chi_{n-j+1} = 2\cos[(n-j+1)\pi/(n+1)] = -2\cos[j\pi/(n+1)] = -\chi_j$$

所以

$$E_{n-j+1} = \alpha - 2\beta\cos[j\pi/(n+1)] \tag{6-25}$$

上式说明，共轭直链多烯 $C_nH_{n+2}$ 的能级是成对出现的，相对于 $E=\alpha$ 呈对称分布。若 $n$＝偶数，成键轨道与反键轨道各占一半；若 $n$＝奇数，如 $CH_2=CH-CH_2$，必有一个非键轨道，即第 $(n+1)/2$ 个分子轨道，$E=\alpha$。图 6-4 绘出了共轭直链多烯的分子轨道能级图。

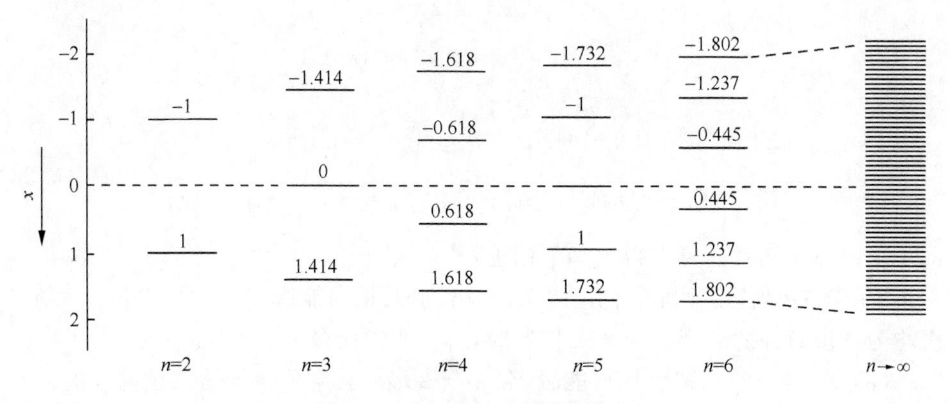


图 6-4　共轭直链多烯的 $\pi$ 能级

**5. 共轭环多烯**

由 $n$ 个 CH 单元组成的环烯烃称为共轭环多烯或轮烯，其久期行列式为

$$\begin{vmatrix} \chi & -1 & 0 & \cdots & -1 \\ -1 & \chi & -1 & \cdots & 0 \\ 0 & -1 & \chi & \cdots & 0 \\ -1 & 0 & 0 & \cdots & \chi \end{vmatrix} = 0$$

分子轨道中的系数满足(6-20)式

$$-C_{j,\mu-1} + \chi_j C_{j,\mu} - C_{j,\mu+1} = 0$$

由于是一个闭环体系，显然应有

$$C_{j,0} = C_{j,n}, \ C_{j,n+1} = C_{j,1} \tag{6-26}$$

设系数为

$$C_{j,\mu} = Ae^{i\mu\theta_j}$$

代入(6-26)式得

$$\theta_j = \frac{2j\pi}{n} \quad (j = 0,1,2,\cdots,n-1)$$

所以

$$C_{j,\mu} = Ae^{i\mu\theta_j} = \sqrt{\frac{1}{n}}e^{i\mu\frac{2j\pi}{n}} \quad (j = 0,1,2,\cdots,n-1) \tag{6-27}$$

此处已用了归一化条件 $\sum_{\mu=1}^{n} C_{j,\mu}^{*} C_{j,\mu} = 1$。将上式代入(6-20)式得到

$$\chi_j = 2\cos\left(\frac{2j\pi}{n}\right) \quad (j = 0,1,2,\cdots,n-1)$$

显然

$$\chi_0 = 2$$

$$\chi_{n-j} = \chi_j \quad (j = 1,2,\cdots,n-1)$$

于是

$$\left.\begin{aligned} &E_0 = \alpha + 2\beta \\ &E_j = E_{n-j} = \alpha + 2\beta\cos\left(\frac{2j\pi}{n}\right) \quad (j = 1,2,\cdots,n-1) \end{aligned}\right\} \tag{6-28}$$

从(6-28)式我们可以得出如下结论：

(i) 若 $n$=偶数，则除最低能级 $E_0=\alpha+2\beta$ 及最高能级 $E_{n/2}=\alpha-2\beta$ 外，其余能级均为二重简并的。当 $n$ 为 4 的倍数时，有一非键能级 $E_{n/4}=E_{3n/4}=\alpha$。

(ii) 若 $n$=奇数，则除最低能级 $E_0=\alpha+2\beta$ 外，其余能级均为二重简并的。

最低能级的分子轨道为

$$\psi_0 = \sqrt{\frac{1}{n}}\sum_{\mu=1}^{n}\phi_\mu \tag{6-29a}$$

其余的能级的分子轨道为

$$\psi_j = \sqrt{\frac{1}{n}}\sum_{\mu=1}^{n} e^{i\mu\frac{2j\pi}{n}}\phi_\mu \quad (j = 1,2,\cdots,n-1)$$

因为 $\psi_j$ 和 $\psi_{n-j}(j=1,2,\cdots,n-1)$ 为简并分子轨道，我们可以通过线性组合获得如下的实波函数

$$\left.\begin{aligned}\psi_j &= \sqrt{\frac{2}{n}}\sum_{\mu=1}^{n}\sin\left(\mu\frac{2j\pi}{n}\right)\phi_\mu \\ \psi_j' &= \sqrt{\frac{2}{n}}\sum_{\mu=1}^{n}\cos\left(\mu\frac{2j\pi}{n}\right)\phi_\mu\end{aligned}\right\} \tag{6-29b}$$

当 $n$ 为偶数时，$\psi_{n/2}$ 要用下式计算

$$\psi_{n/2} = \sqrt{\frac{1}{n}}\sum_{\mu=1}^{n}(-1)^\mu\phi_\mu \tag{6-29c}$$

兹将 $n=4,5,6,7$ 的共轭环多烯的分子轨道能级图示于图 6-5。由该图和(6-28)式可知，当 $n=4N+2$ 时，成键轨道与反键轨道各占一半，这样的分子有 $4N+2$ 个电子，恰好填入 $2N+1$ 个成键轨道。$n=4N$ 时有两个电子分占两个非键轨道(自旋三重态)，$n=4N+1$ 和 $n=4N+3$ 的分子为自由基。因此，只有 $n=4N+2$ 的环多烯化学上有可能比较稳定。这一规则称为休克尔 $4n+2$ 规则。事实上，$C_4H_4$、$C_5H_5\cdot$ 和 $C_7H_7\cdot$ 都不稳定，只有 $C_6H_6$ 是稳定的。从图 6-5 可以明了 $C_5H_5^-$ 阴离子和 $C_7H_7^+$ 阳离子比较稳定的原因。按照休克尔 $4n+2$ 规则，$C_{10}H_{10}$ 和 $C_{14}H_{14}$ 应当与苯相似，比较稳定并具有芳香性。实际上并非如此，这是由于环内氢原子过分拥挤因而存在斥力，使这两个分子很不稳定。$C_{18}H_{18}$，已制备出来，因环内空间较大，斥力能比较小，化学上比较稳定且具有典型的芳香烃性质。

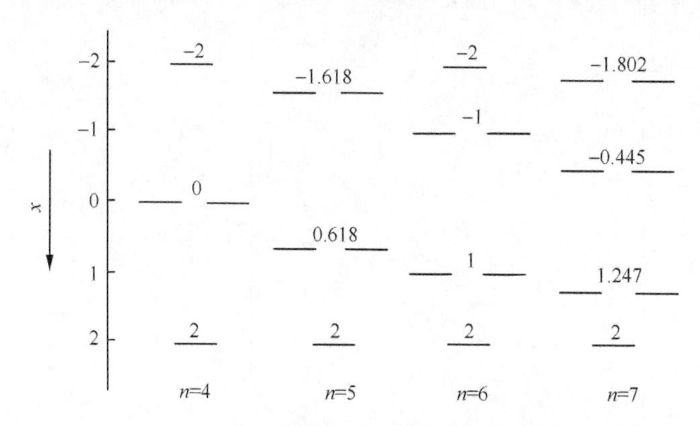


图 6-5　环多烯的分子轨道能级图

总之，利用离域能来判断分子的稳定性时需要考虑用来进行 HMO 计算的几何构型对于 $\sigma$ 骨架有无张力，非键连原子间有无排斥作用。此外，分子稳定性是相比较而言的，仅当相对于所有有化学反应途径相沟通的其他化合物比较是稳定的

情况下,它才比较稳定。例如庚搭烯的离域能高达 3.62$\beta$,但因其最高占据轨道是一个非键轨道,故容易被氧化。

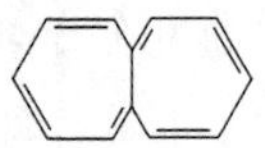

**6. 含杂原子的共轭体系**

当共轭体系中含有某些杂原子如 F、Cl、O、N 等时,由于这些原子与 C 原子电负性不同,它们的库仑积分(记为 $H_{XX}$)和与键连碳原子间的键积分(记为 $H_{CX}$)将与前述情况不同。为了校正这种差异,引入杂原子参数 $\delta_X$ 和 $\eta_X$,定义如下:

$$\left.\begin{aligned} H_{XX} &= \alpha_X = \alpha + \delta_X\beta \\ H_{CX} &= \beta_{C-X} = \eta_X\beta \end{aligned}\right\} \tag{6-30}$$

$\delta_X$ 与 $\eta_X$ 均为正数。在精确一些的计算中还应考虑杂原子对邻接原子的诱导效应。表 6-1 列出取自不同作者(以 *S*、*P* 和 *Y* 标记)的杂原子参数。

**表 6-1 杂原子参数**

| 杂原子 | $\delta_X$ | | | $\eta_X$ | | |
|---|---|---|---|---|---|---|
| | *S* | *P* | *Y* | *S* | *P* | *Y* |
| $\dot{N}$ | 0.5 | 0.4 | 0.6 | 1 | 1 | 1 |
| $\ddot{N}$ | 1.5 | 1 | 1 | 0.8 | 0.9 | 1 |
| $\dot{N}^+$ | 2 | 2 | | | 1 | |
| $\dot{O}$ | 1 | 1.2 | 2 | 1 | 2 | $\sqrt{2}$ |
| $\ddot{O}$ | 2 | 2 | 2 | 0.8 | 0.9 | 0.6 |
| $\dot{S}$ | | 0 | 0.9 | | 1.2 | 1.2 |
| $\ddot{S}$ | | 0 | 0.9 | | 0.6 | 0.5 |
| $\ddot{F}$ | 3 | | 2.1 | 0.7 | | 1.25 |
| $\ddot{Cl}$ | 2 | | 1.8 | 0.4 | | 0.8 |
| $\ddot{Br}$ | 1.5 | | 1.4 | 0.3 | | 0.7 |
| $\ddot{I}$ | | | 1.2 | | | 0.6 |
| $\ddot{N}H_2$ | | | 0.4 | | | 0.6 |
| $\ddot{O}H$ | | | 0.6 | | | 0.7 |
| $\ddot{O}CH_3$ | | | 0.5 | | | 0.6 |
| $\ddot{S}H$ | | | 0.55 | | | 0.6 |

注:*S*:引自 A. Streitwieser,Jr. ,*Molecular Orbital Theory for Organic Chemists*,John Wiley and Sons,New York(1961).

*P*:引自 B. Pullman and A. Pullman,*Quantum Biochemistry*,Interscience,New York(1963).

*Y*:引自米沢贞次郎,永田亲义,加藤博史,今村诠,诸熊奎治"量子化学入门(改订)",化学同人,京都(1969)。

下面以氯乙烯为例说明含杂原子共轭体系的 HMO 计算。本例中杂原子参数为

$$\alpha_{Cl} = \alpha + \delta_{Cl}\beta$$

$$\beta_{C-Cl} = \eta_{Cl}\beta$$

当考虑氯原子对相连的碳原子 C* 的影响时，还应取

$$\alpha^* = \alpha + \delta_{C^*}\beta$$

通常取 $\delta_{C^*}=0\sim\frac{1}{3}$，称为辅助诱导参量。于是可以写出久期行列式

$$\begin{vmatrix} \alpha_{Cl}-E & \beta_{C-Cl} & 0 \\ \beta_{C-Cl} & \alpha^*-E & \beta \\ 0 & \beta & \alpha-E \end{vmatrix} = \begin{vmatrix} \alpha+\delta_{Cl}\beta-E & \eta_{Cl}\beta & 0 \\ \eta_{Cl}\beta & \alpha+\delta_{C^*}\beta-E & \beta \\ 0 & \beta & \alpha-E \end{vmatrix}$$

各项除以 $\beta$，并令 $\chi=-\frac{\alpha-E}{\beta}$，上式简化为

$$\begin{vmatrix} \chi-\delta_{Cl} & -\eta_{Cl} & 0 \\ -\eta_{Cl} & \chi-\delta_{C^*} & -1 \\ 0 & -1 & \chi \end{vmatrix} = 0$$

通常取 $\delta_{Cl}=1.8$，$\eta_{Cl}=0.8$，$\delta_{C^*}=0$，于是得到氯乙烯的 $\pi$ 分子轨道及相应能量为

$$\psi_1 = 0.889\phi_1 + 0.415\phi_2 + 0.191\phi_3, E_1 = \alpha + 2.174\beta$$

$$\psi_2 = 0.410\phi_1 - 0.543\phi_2 - 0.732\phi_3, E_2 = \alpha + 0.742\beta$$

$$\psi_3 = 0.200\phi_1 - 0.730\phi_2 + 0.654\phi_3, E_3 = \alpha - 1.116\beta$$

$\psi_1$、$\psi_2$ 为成键轨道，$\psi_3$ 为反键轨道，四个 $\pi$ 电子填入两个成键轨道，电子组态为 $\psi_1^2\psi_2^2$。图 6-6 示出原子轨道和分子轨道能级相关图，由此可计算出氯乙烯的离域能为 $0.232\beta$。

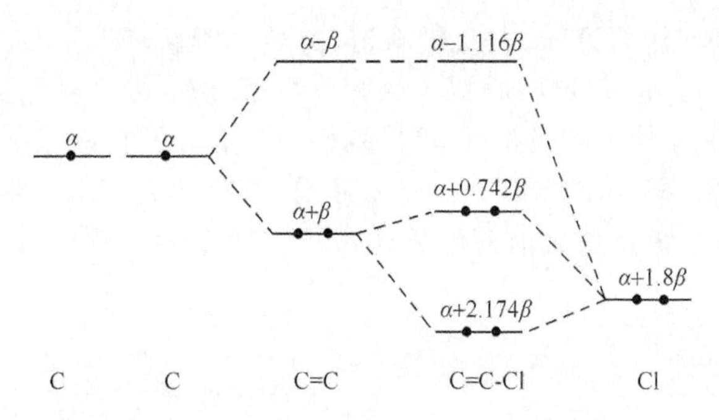


图 6-6　氯乙烯的 $\pi$ 原子轨道与 $\pi$ 分子轨道能级相关图

**7. 无机共轭分子**

HMO 法原则上也可以用来处理无机共轭分子，但需注意库仑积分与键积分

不同于有机共轭分子的 $\alpha$ 和 $\beta$。若无机共轭体系中含不同元素，或虽然是同一元素但化学环境很不相同时，可参照含杂原子的有机共轭分子的处理方法进行。下面仅举 $AB_2$ 型的无机共轭分子（如 $NO_2$、$CO_2$ 等）一例予以说明。

在 $AB_2$ 型分子中，如中心原子采用 $sp^2$ 杂化轨道，则可有一组平行的 $p$ 轨道（如 $NO_2$）。如采用 $sp$ 杂化轨道，则可有两组平行的 $p$ 轨道（如 $CO_2$）。由每组平行的 $p$ 轨道 $\phi_b$、$\phi_a$、$\phi'_b$ 的线性组合得分子轨道：

$$\psi = C_b\phi_b + C_a\phi_a + C'_b\phi'_b$$

相应的久期方程式为

$$\left.\begin{aligned} C_b(E_b - E) + C_a\beta \qquad\qquad\qquad\qquad &= 0 \\ C_b\beta \qquad + C_a(E_a - E) + C'_b\beta \qquad &= 0 \\ C_a\beta \qquad + C'_b(E_b - E) &= 0 \end{aligned}\right\}$$

上式中 $E_a$ 和 $E_b$ 分别为 A 和 B 的库仑积分，$\beta$ 为 A 和 B 的键积分。久期行列式为

$$\begin{vmatrix} E_b - E & \beta & 0 \\ \beta & E_a - E & \beta \\ 0 & \beta & E_b - E \end{vmatrix} = 0$$

按前述步骤解得

$$\psi_1 = \frac{1}{\sqrt{2 + y_1^2}}(\phi_b - y_1\phi_a + \phi'_b), E_1 = \frac{1}{2}(E_a + E_b) + \beta\sqrt{x^2 + 2}$$

$$\psi_2 = \frac{1}{\sqrt{2}}(\phi_b - \phi'_b), \qquad E_2 = E_b$$

$$\psi_3 = \frac{1}{\sqrt{2 + y_3^2}}(\phi_b - y_3\phi_a + \phi'_b), E_3 = \frac{1}{2}(E_a + E_b) - \beta\sqrt{x^2 + 2}$$

$$x = \frac{E_b - E_a}{2\beta}, y_1 = x - \sqrt{x^2 + 2}, y_3 = x + \sqrt{x^2 + 2}$$

因 $\beta < 0$，故 $\psi_1$ 是成键轨道，$\psi_3$ 是反键轨道，$\psi_2$ 为非键轨道。

在 $AB_3$ 型分子中，假定中心原子采用 $sp^2$ 杂化轨道，可有一组四个平行的 $p$ 轨道 $\phi_a$、$\phi_{b_1}$、$\phi_{b_2}$、$\phi_{b_3}$，如果能级相近，可以线性组合成分子轨道。令 $E_a$ 和 $E_b$ 分别为原子 $a$ 和 $b$ 的库仑积分，$\beta$ 为 A 和 B 的键积分，三个 B 原子相互距离较远，假定它们间的键积分等于零。仿照前面的方法可求得四个归一化的分子轨道和相应的能量：

$$\psi_1 = \frac{1}{\sqrt{3 + y_1^2}}[(\phi_{b_1} + \phi_{b_2} + \phi_{b_3}) - y_1\phi_a], \quad E_1 = \frac{E_a + E_b}{2} + \beta\sqrt{x^2 + 3}$$

$$\psi_2 = \frac{1}{\sqrt{2}}(\phi_{b_1} - \phi_{b_2}) \qquad E_2 = E_b$$

$$\psi_3 = \frac{1}{\sqrt{2}}(\phi_{b_2} - \phi_{b_3}) \qquad E_3 = E_b$$

$$\psi_4 = \frac{1}{\sqrt{3+y_3^2}}[(\phi_{b_1}+\phi_{b_2}+\phi_{b_3})+y_3\phi_a], \quad E_4=\frac{E_a+E_b}{2}-\beta\sqrt{x^2+3}$$

其中 $x=\frac{E_b-E_a}{2\beta}$，$y_1=x-\sqrt{x^2+3}$，$y_3=x+\sqrt{x^2+3}$因为 $\beta$ 是负值，$E_a$ 和 $E_b$ 近似等于原子 A 和 B 上 $p$ 电子的能量，而一般情况下 $E_a>E_b$，所以 $E_1<E_2=E_3=E_b<E_4$，$\psi_1$ 是成键轨道，$\psi_2$ 和 $\psi_3$ 是非键轨道，$\psi_4$ 是反键轨道。

若一组平行的 $p$ 轨道上有 6 个电子，它们要占据成键的 $\psi_1$ 轨道和非键的 $\psi_2$ 及 $\psi_3$ 轨道。若有 8 个电子，则总的键能等于零，不能生成大 $\pi$ 键。

# §6-2　大 $\pi$ 键的生成条件和类型

## 1. 大 $\pi$ 键的生成条件

根据上节的讨论和对许多有机和无机共轭分子的详细分析，我们知道在三个或三个以上用 $\sigma$ 键连接起来的原子之间，如果满足下列三条件，就可以生成大 $\pi$ 键：(i)这些原子都在同一个平面上；(ii)每一个原子有一个 $p$ 轨道且互相平行；(iii)$p$ 电子的数目小于 $p$ 轨道数目的两倍。前两个条件是为了保证 $p$ 轨道有最大限度的重叠，第(iii)条是因为 $n$ 个原子轨道的线性组合可以得到 $n$ 个分子轨道，其中一半是成键的一半是反键的，如 $n$ 为奇数，则有一个是非键的，如果电子数目 $m=2n$，则成键轨道和反键轨道都将占满，净的成键电子数等于零，不能生成大 $\pi$ 键。

包含 $m$ 个电子和 $n$ 个原子的大 $\pi$ 键可以用符号 $\Pi_n^m$ 表示，此处 $\Pi$ 是 $\pi$ 的大写。1,3-丁二烯中的大 $\pi$ 键是 $\Pi_4^4$ 键，苯中的是 $\Pi_6^6$ 键，氯乙烯中的是 $\Pi_3^4$ 键。

## 2. 大 $\pi$ 键的分类

大 $\pi$ 键 $\Pi_n^m$ 一般可按照电子数 $m$ 等于、大于或小于原子 $n$ 而分为三种类型。

(1) 正常大 $\pi$ 键，$m=n$ $\pi$ 电子数和原子数相等的大 $\pi$ 键叫做正常大 $\pi$ 键，大多数的有机共轭分子中的大 $\pi$ 键都属于这一类型。例如苯($C_6H_6$)含有 $\Pi_6^6$ 键，萘($C_{10}H_8$)含有 $\Pi_{10}^{10}$ 键，丙烯醛($CH_2=CH—CH=O$)含有 $\Pi_4^4$ 键，丁二炔($CH≡C—C≡CH$)含有两个 $\Pi_4^4$ 键，三苯甲基[$(C_6H_5)_3C$·]含有 $\Pi_{19}^{19}$ 键，二苯乙烯($C_6H_5—CH=CH—C_6H_5$)含有 $\Pi_{14}^{14}$ 键，二氧化氮($NO_2$)含有 $\Pi_3^3$ 键等。$NO_2$ 的结构如下式所示：

```
       ..
       |
       N          ,    Π³₃       [ ·   ·   · ]
      / \                        :O—N—O:
   :O    O:                       ..  ..  ..
    ..   ..
     (Ⅰ)                            (Ⅱ)
```

(I) 式的优点是可以把几何构型表示出来，式中可以看出 N 用 $sp^2$ 轨道，N 的孤对电子即在 $sp^2$ 轨道上，此外三个原子各有一个 $p$ 轨道和一个 $p$ 电子，形成 $\Pi_3^3$ 键。(Ⅱ)式的优点是可以把大 $\pi$ 键用长方框表示出来，但几何构型不明显。只要记住只有一个长方框的分子表示只用去一个 $p$ 轨道，所以中心原子一定是 $sp^2$ 杂化，分子应成 V 形。记住这一点后，用(Ⅱ)式表示无机共轭分子是很方便的。

(2) 多电子大 $\pi$ 键，$m>n$　$\pi$ 电子数 $m$ 超过原子数目 $n$ 的大 $\pi$ 键叫做多电子大 $\pi$ 键。凡双键旁边有带有孤对电子的原子，如 Cl、O、N、S 等，就具有这种多电子大 $\pi$ 键，例如氯乙烯含有 $\Pi_3^4$ 键，它的结构式可以写如

$$CH_2\text{┄}CH\text{┄}Cl,\quad \Pi_3^4 \quad 或 \quad \boxed{\cdot\quad\cdot\quad\cdot\cdot}\ CH_2—CH—\ddot{Cl}: \quad 或 \quad CH_2═CH—\ddot{\underset{\cdot\cdot}{Cl}}:$$

又如硝基苯含有 $\Pi_9^{10}$ 键；氨基乙烯含有 $\Pi_3^4$键；脂肪酸根（$RCOO^-$）和酰胺（$R—\overset{\overset{O}{\|}}{C}—NH_2$）也都含有 $\Pi_3^4$键等。

在无机分子中也有不少含有多电子大 $\pi$ 键，其中 $AB_2$ 型分子如表 6-2 所示。凡价电子数 $N=16$ 至 19 者都满足形成大 $\pi$ 键的条件。

**表 6-2　$AB_2$ 型分子的结构和性质**

| N | 分　子 | 键角 | | 键长/pm | | | 偶极矩 / $10^{-30}$C·m | 磁性 | 大 $\pi$ 键 |
|---|---|---|---|---|---|---|---|---|---|
| | | 实验值 | 理论值 | 实验值 | 理论值 单键 | 理论值 双键 | | | |
| 20 | F—O—F | 103°18′ | 90—120° | 140.9 | 140 | | 0.99 | 反 | 无 |
| | Cl—O—Cl | 110.9° | 90—120° | 171 | 168 | | 2.60 | 反 | 无 |
| | Cl—S—Cl | 103 | 90—120° | 200 | 199 | | 2.00 | 反 | 无 |
| 18 | :O—O—O: | 116°49′ | 120° | 127.8 | 146 | 121 | 1.77 | 反 | $\Pi_3^4$ |
| 16 | :O—C—O: | 180° | 180° | 116.2 | 143 | 122 | 0 | 反 | $2\Pi_3^4$ |
| | S—C—S | 180° | 180° | 155.4 | 183 | 162 | 0 | 反 | $2\Pi_3^4$ |
| | $[:N—N—N:]^-$ | 180° | 180° | 116 | 148 | 124 | — | 反 | $2\Pi_3^4$ |
| | $[:O—N—O:]^+$ | 180° | 180° | 115 | 143 | 119 | — | 反 | $2\Pi_3^4$ |
| | :N—N—O: | 180° | 180° | NN 112.9<br>NO 118.8 | NN 148<br>NO 143 | 124<br>119 | 0.55 | 反 | $2\Pi_3^4$ |

$AB_3$ 型无机分子或离子含有大 $\pi$ 键者有 $CO_3^{2-}$、$NO_3^-$、$SO_3$、$BF_3$、$BCl_3$、$BBr_3$ 等，它们含有 $\Pi_4^6$ 键，结构式如下：

$$\left[\begin{matrix} & O & \\ & C & \\ O & & O \end{matrix}\right]^{2-} \quad \left[\begin{matrix} & O & \\ & N & \\ O & & O \end{matrix}\right]^{-} \quad \begin{matrix} & O & \\ & S & \\ O & & O \end{matrix}$$

$$\begin{matrix} & F & \\ & B & \\ F & & F \end{matrix} \quad \begin{matrix} & Cl & \\ & B & \\ Cl & & Cl \end{matrix} \quad \begin{matrix} & Br & \\ & B & \\ Br & & Br \end{matrix}$$

但 T 形分子 $ClF_3$ 中无大 $\pi$ 键。

$AB_2C$ 型的 $NO_2F$ 与 $NO_2Cl$ 中也有 $\Pi_4^6$ 键。

(3) 缺电子大 $\pi$ 键，$m<n$　$\pi$ 电子数 $m$ 小于原子数 $n$ 的大 $\pi$ 键称为缺电子大 $\pi$ 键，例如丙烯阳离子$[CH_2=CH—CH_2]^+$含有 $\Pi_3^2$ 键，它的结构式可写为

$$[CH_2 \overset{\cdots\cdots}{—} CH \overset{\cdots\cdots}{—} CH_2]^+,\ \Pi_3^2 \quad 或 \quad \overset{\boxed{\ \cdot\ \ \cdot\ }}{CH_2—CH—CH_2}$$

又如三苯甲基阳离子$(C_6H_5)_3C^+$含有 $\Pi_{19}^{18}$ 键。

### 3. 特种大 $\pi$ 键和超共轭效应

甲烷分子中的 C—H$\sigma$ 键电子云的界面图如图 6-7 所示，从图上可以看出，与其说电子云分布在 C—H 之间，倒不如说 $H^+$ 嵌在 $\sigma$ 键的电子云中。在这种意义上，$CH_4$ 的电子云分布可以与 Ne 的电子云相类比，它们都包含 10 个电子(2 个 $K$ 电子和 8 个外层电子)，所不同的是 $CH_4$ 电子云里面包含五个原子核，而 Ne 只有一个，我们可称 $CH_4$ 是一个准原子。同样，甲基—$CH_3$可与—$\ddot{\underset{..}{F}}$:相类比，—$CH_2$—可与—$\ddot{\underset{..}{O}}$—相类比，$\underset{|}{—CH—}$可与$\underset{|}{—\ddot{N}—}$相类比。许多实验显示—$CH_3$、—$CH_2$—和$\underset{|}{—CH—}$也能与 $\pi$ 键相互作用构成大 $\pi$ 键，用 $^*\Pi$ 表示之。例如甲苯中有 $^*\Pi_6^6$ 键，丙炔中有 $^*\Pi_{y2}^2$、$^*\Pi_{z2}^2$ 等。

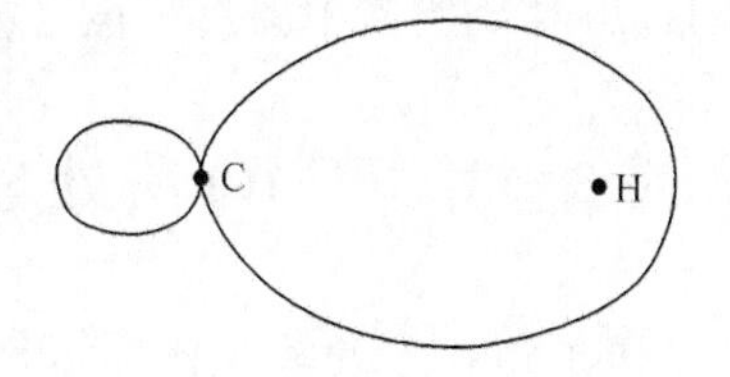

图 6-7　C—H 键的电子云界面图

下面以甲苯为例说明特种大 $\pi$ 键的形成。按照慕利肯的意见，具有 $C_{3v}$ 对称性的甲基—$CH_3$ 的三个 H 的 $s$ 轨道可以组合成三个对称性匹配函数

$$G_\sigma = \frac{1}{\sqrt{3}}(s_1 + s_2 + s_3)$$

$$G_\pi = \frac{1}{\sqrt{6}}(2s_1 - s_2 - s_3)$$

$$G'_\pi = \frac{1}{\sqrt{2}}(s_2 - s_3)$$

$G_\sigma$ 具有 C—$C_6H_5$ 键的 $\sigma$ 对称性，$G_\pi$ 和 $G'_\pi$ 具有相对于该键的 $\pi$ 对称性。甲基碳原子可采用 $sp$ 杂化，得两个具有 $\sigma$ 对称性的原子轨道 $sp\sigma$ 和 $sp\sigma'$，留下两个具有 $\pi$ 对称性的 $p$ 轨道 $p\pi$ 和 $p\pi'$，令苯环上与甲基邻接的碳原子的一个指向甲基的 $sp^2$ 轨道为 $\sigma_\phi$，于是可以组成下列四个键轨道

$$G_\sigma + \lambda_1 sp\sigma, G_\pi + \lambda_2 p\pi$$
$$G'_\pi + \lambda_2 p\pi', sp\sigma' + \lambda_3\sigma_\phi$$

其中 $G_\pi + \lambda p\pi$ 型的两个 $\pi$ 对称性轨道中的一个可以与苯环的六个 $p$ 轨道形成 $\pi$ 分子轨道

$$\pi_j = \sum_{\mu=1}^{\sigma} C_{j\mu}\phi_\mu + C_{j7}(G_\pi + \lambda_2 p\pi)$$

由此可见，甲基的作用可以与—$\ddot{\underset{..}{\text{Cl}}}$: 相类比，因此我们称它为准原子。由于这种特种大 $\pi$ 键的生成使 $\pi$ 电子体系的离域范围扩大。甲苯和二甲苯的紫外吸收峰分别比苯向红(长波方向)移 8 nm 和 16 nm 左右。

C—H 键不但可以与 $\pi$ 键产生超共轭作用，而且可以与相邻原子的 $p$ 轨道发生超共轭作用，前者称为 $\sigma$-$\pi$ 超共轭，后者称为 $\sigma$-$p$ 超共轭。叔丁基阳碳离子 $(CH_3)_3C^+$ 比甲基阳碳离子稳定可以用 $\sigma$-$p$ 超共轭作用来解释。

## §6-3 HMO 法处理结果与共轭分子的性质间的关系

在§6-1 中介绍了休克尔分子轨道理论的要点，重点说明了如何计算分子轨道及相应的能量。求得了分子轨道及轨道能以后，可以进而讨论共轭分子的结构与性能的关系问题。

### 1. 布居分析和分子图(population analysis and molecular diagrams)

布居分析或电子集居数分析是指用分子轨道理论计算分子中各原子的电荷密度、相邻原子间的键序以及原子的自由价。将以上三者的计算值表示在分子结构式上所得的图形称为分子图。现分述如下：

(1) $\pi$ 电荷密度　设第 $j$ 个分子轨道为

$$\psi_j = \sum_\mu C_{j\mu} \phi_\mu$$

其中原子轨道 $\phi_\mu$ 和分子轨道 $\psi_j$ 都已归一化。以 $\psi_j$ 描述的一个电子在空间微体积 $d\tau$ 中出现的几率是 $\psi_j^* \psi_j d\tau$，若对空间积分则给出总的几率 1。在忽略重叠积分时

$$\int \psi_j^* \psi_j d\tau = \int \Big( \sum_\mu C_{j\mu}^* \phi_\mu^* \Big) \Big( \sum_\mu C_{j\mu} \phi_\mu \Big) d\tau = \sum_\mu C_{j\mu}^* C_{j\mu} = 1 \qquad (6\text{-}31a)$$

若采用实波函数，上式可写为

$$\int \psi_j^2 d\tau = \sum_\mu C_{j\mu}^2 = 1 \qquad (6\text{-}31b)$$

(6-31a)式和(6-31b)式说明，$\psi_j$ 上的一个电子出现在原子 $\mu$ 附近的几率是 $C_{j\mu}^2$。因电子带一个单位的负电荷，所以第 $j$ 个分子轨道上的一个电子对原子 $\mu$ 附近的电荷密度的贡献就是 $C_{j\mu}^2$。若 $\psi_j$ 上有 $n_j$ 个电子($n_j = 0, 1, 2$)，则全部占据轨道在原子 $\mu$ 附近形成的总 $\pi$ 电荷密度为

$$q_\mu = \sum_j n_j C_{j\mu}^2 \qquad (6\text{-}32)$$

以 1,3-丁二烯为例，占据轨道为 $\psi_1$ 和 $\psi_2$，每个轨道上有两个电子，所以各碳原子上的 $\pi$ 电荷密度为

$$q_1 = 2C_{11}^2 + 2C_{21}^2 = 2 \times 0.372^2 + 2 \times 0.601^2 = 1$$

$$q_2 = 2C_{12}^2 + 2C_{22}^2 = 2 \times 0.601^2 + 2 \times 0.372^2 = 1$$

$$q_3 = 2C_{13}^2 + 2C_{23}^2 = 2 \times 0.601^2 + 2 \times (-0.372)^2 = 1$$

$$q_4 = 2C_{14}^2 + 2C_{24}^2 = 2 \times 0.372^2 + 2 \times (-0.601)^2 = 1$$

即 1,3-丁二烯中各碳原子上的 $\pi$ 电荷密度都是 1。这点不是偶然的，可以证明，交替烃①中所有碳原子上的 $\pi$ 电荷密度都是 1。

富烯是一个非交替烃，其结构和碳原子编号如下：

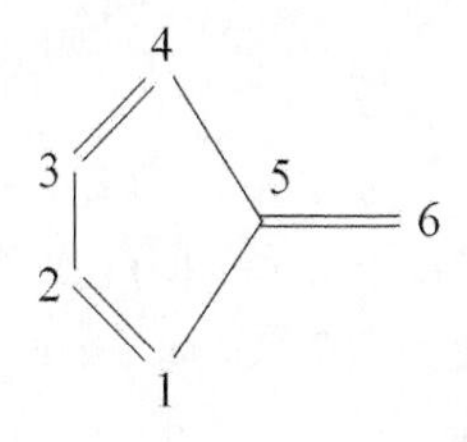


① 将共轭烯烃中的碳原子每隔一个标一 * 号，若所有带 * 号的碳原子都只和不带 * 号的碳原子相连，则称之为交替烃，如苯（*, *, *）即是。否则就是非交替烃。非交替烃一定含有奇元环。

用 HMO 法计算出分子轨道及能量为

$\psi_1 = 0.429\phi_1 + 0.385\phi_2 + 0.385\phi_3 + 0.429\phi_4 + 0.523\phi_5 + 0.247\phi_6$, $E_1 = \alpha + 2.115\beta$

$\psi_2 = 0.500(\phi_2 + \phi_3 - \phi_5 - \phi_6)$, $E_2 = \alpha + \beta$

$\psi_3 = 0.602\phi_1 + 0.372\phi_2 - 0.372\phi_3 - 0.602\phi_4$, $E_3 = \alpha + 0.618\beta$

$\psi_4 = -0.351\phi_1 + 0.208\phi_2 + 0.280\phi_3 - 0.351\phi_4 - 0.190\phi_5 + 0.749\phi_6$, $E_4 = \alpha - 0.254\beta$

$\psi_5 = 0.372\phi_1 + 0.602\phi_2 - 0.602\phi_3 + 0.372\phi_4$, $E_5 = \alpha - 1.618\beta$

$\psi_6 = -0.439\phi_1 + 0.153\phi_2 + 0.153\phi_3 - 0.439\phi_4 + 0.664\phi_5 - 0.357\phi_6$, $E_6 = \alpha - 1.861\beta$

由上述分子轨道系数求得各碳原子上的 $\pi$ 电荷密度为

$$q_1 = q_4 = 1.092$$
$$q_2 = q_3 = 1.073$$
$$q_5 = 1.047$$
$$q_6 = 0.623$$

可见环上的碳原子具有较大的 $\pi$ 电荷密度，亚甲基上的 $\pi$ 电荷密度比较小。

设共轭分子的第 $\mu$ 个碳原子供给整个 $\pi$ 体系的电子数为 $K_\mu$，$K_\mu$ 与 $q_\mu$ 之差称为原子 $\mu$ 上的净 $\pi$ 电荷密度，记为 $\xi_\mu$

$$\xi_\mu = K_\mu - q_\mu \tag{6-33}$$

$\xi_\mu$ 反映了原子 $\mu$ 与电中性的偏差。富烯各碳原子的净 $\pi$ 电荷密度为

$$\xi_1 = \xi_4 = -0.092$$
$$\xi_2 = \xi_3 = -0.073$$
$$\xi_5 = -0.047$$
$$\xi_6 = 0.377$$

可见环上的碳原子有负的净 $\pi$ 电荷密度，亚甲基碳原子上有正的净 $\pi$ 电荷密度。在讨论共轭分子的偶极矩时要用到净 $\pi$ 电荷密度。

(2) 键序(bond order)　分子轨道 $\psi_j$ 中的一个电子对于两相邻原子 $\mu$ 和 $\nu$ 间成键的贡献与系数 $C_{j\mu}$ 和 $C_{j\nu}$ 有关。柯尔逊定义部分活动键序 $p_{\mu\nu}^{(j)}$ 为

$$p_{\mu\nu}^{(j)} = \frac{C_{j\mu}^{*} C_{j\nu} + C_{j\mu} C_{j\nu}^{*}}{2} \tag{6-34a}$$

当系数为实数时

$$p_{\mu\nu}^{(j)} = C_{j\mu} C_{j\nu} \tag{6-34b}$$

若 $p_{\mu\nu}^{(j)}$ 为正，表明 $\psi_j$ 中的电子在原子 $\mu$ 和 $\nu$ 间起成键作用；若 $p_{\mu\nu}^{(j)}$ 为负即 $C_{j\mu}$ 和 $C_{j\nu}$ 符号相反时，表明在原子 $\mu$ 和 $\nu$ 间 $\psi_j$ 有一节面，故 $\psi_j$ 上的电子在原子 $\mu$ 和 $\nu$ 间起反键作用；当 $C_{j\mu}$ 和 $C_{j\nu}$ 二者之一为零时，$\psi_j$ 上的电子在原子 $\mu$ 和 $\nu$ 间不起键合作用。

若 $\psi_j$ 中有 $n_j$ 个电子，则原子 $\mu$ 和 $\nu$ 间的 $\pi$ 键序定义为

$$p_{\mu\nu} = \sum_j p_{\mu\nu}^{(j)} = \sum_j n_j C_{j\mu} C_{j\nu} \tag{6-35}$$

对于基态共轭分子 $\pi$ 键序恒为正。

以 1,3-丁二烯为例

$p_{12}=n_1C_{11}C_{12}+n_2C_{21}C_{22}=2\times0.372\times0.601+2\times0.601\times0.372=0.894$

$p_{23}=n_1C_{12}C_{13}+n_2C_{22}C_{23}=2\times0.601\times0.601+2\times0.372\times(-0.372)=0.446$

$p_{34}=n_1C_{13}C_{14}+n_2C_{23}C_{24}=2\times0.601\times0.372+2\times(-0.372)\times(-0.601)=0.894$

(3) 自由价(free valence)　分子轨道 $\psi_j$ 的能量 $E_j$ 为

$$E_j=\int\psi_j\,\hat{\mathbf{H}}_\pi\psi_j d\tau=\int\Big(\sum_\mu C_{j\mu}\phi_\mu\Big)\hat{\mathbf{H}}_\pi\Big(\sum_\nu C_{j\nu}\phi_\nu\Big)d\tau$$

$$=\sum_\mu C_{j\mu}^2\alpha_\mu+2\sum_{\nu\to\mu}C_{j\mu}C_{j\nu}\beta_{\mu\nu}$$

若 $\psi_j$ 中有 $n_j$ 个电子,则分子的总 $\pi$ 能为

$$E_\pi=\sum_j n_jE_j=\sum_\mu\alpha_\mu\Big(\sum_j n_jC_{j\mu}^2\Big)+\sum_{\nu\to\mu}\beta_{\mu\nu}\Big(\sum_j n_jC_{j\mu}C_{j\nu}\Big)$$

将(6-32)和(6-35)式代入上式,得

$$E_\pi=\sum_\mu q_\mu\alpha_\mu+2\sum_{\nu\to\mu}p_{\mu\nu}\beta_{\mu\nu}\tag{6-36}$$

上式表示了共轭分子的总 $\pi$ 能与各原子上的电荷密度及各键的 $\pi$ 键级之间的关系。如果一个原子与其邻近各原子之间的键序和越大,则它对于分子的总 $\pi$ 能贡献也越大,这样的原子被牢固地结合在分子中,不易起反应。反之则反应性较高。为此柯尔逊定义一个反应活性指标叫做自由价。原子 $\mu$ 的自由价 $F$ 定义为

$$F_\mu=N_{\max}-N_\mu=N_{\max}-\sum_{\nu\to\mu}p_{\mu\nu}\tag{6-37}$$

上式中 $N_{\max}$是碳原子可能达到的最大键序和。所以自由价是一个碳原子最大可能的 $\pi$ 成键程度与实际的 $\pi$ 成键程度的差值。通常取三亚甲基甲烷$(CH_2)_3C$(一个假想分子)的中心碳原子的键序和为 $N_{\max}$,计算表明它等于$\sqrt{3}$,即

$$N_{\max}=1.732,$$

1,3-丁二烯中各碳原子的自由价为

$$F_1=F_4=1.732-p_{12}=0.838$$

$$F_2=F_3=1.732-(p_{12}+p_{23})=0.392$$

(4) 分子图　将用 HMO 法算得的电荷密度、键序和自由价都标出来的分子结构式叫做分子图。分子图概括了对分子轨道进行布居分析所获得的最重要的信息,对于了解分子的性质很有用。

分子图的写法是:将分子的结构式写出来,在碳原子附近标上电荷密度,键上标明键序,自由价标在由该碳原子引出的箭头上。一般只需画出碳原子和杂原子构成的分子骨架,氢原子可以不写。等价的碳原子及等价的键只需标其中的一个。交替烃的每个碳原子上的 $\pi$ 电荷密度都是 1,可以不标明。有时因为参数太多,都标在一张图上势必拥挤不堪,就用两张甚至三张图分别标出电荷密度、键序和自由价,以求明晰。图 6-8 给出 1,3-丁二烯、苯胺,萘和蒽的分子图。

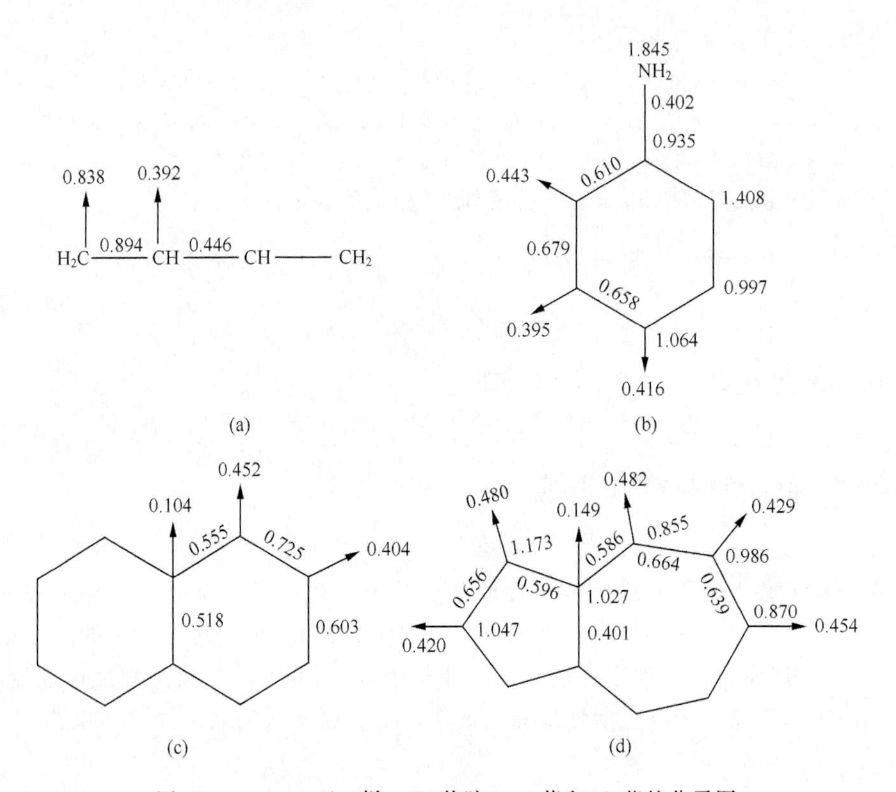


图 6-8　(a)1,3-丁二烯；(b)苯胺；(c)萘和(d)薁的分子图

**2. 共轭分子的静态性质与有机化合物的同系线性规律**

HMO 法算得的 $\pi$ 键序是两原子间生成 $\pi$ 键程度的指标，凡与 $\pi$ 成键程度有关的物理量，如键长，键的力常数、红外光谱的伸缩振动频率及键能等，与键序之间必然存在着函数关系。各原子上的 $\pi$ 电荷密度反映了分子中 $\pi$ 电子的电荷分布，凡与分子中 $\pi$ 电子的电荷分布有关的物理量，如偶极矩、核磁共振化学位移等，与 $\pi$ 电荷密度(或净 $\pi$ 电荷密度)一定相关联。共轭分子的 $\pi$ 能级的能量与共轭体系包含的原子数目及能级序号间有确定的函数关系，凡与能级或能级差有关的分子性质，如电子光谱，光电子能谱，电离势，电子亲和势、氧化还原电位等，在同系物中必然出现规律性的递变。

(1) 键序与键的性质

(a) 键长　键长反映了键的强度，与键序有关。实验发现共轭分子的碳—碳键长与键序有线性关系：

$$r_{\mu\nu}(150.6-16.78p_{\mu\nu})\text{pm} \tag{6-38}$$

图 6-9 绘出键长与键序关系的曲线，在键长测量误差范围内($\pm 2$ pm)符合(6-38)式。

(b) 键的力常数及伸缩振动频率　$C_2H_6$、$C_5H_6$、$C_2H_4$ 及 $C_2H_2$ 的 $\pi$ 键序分别

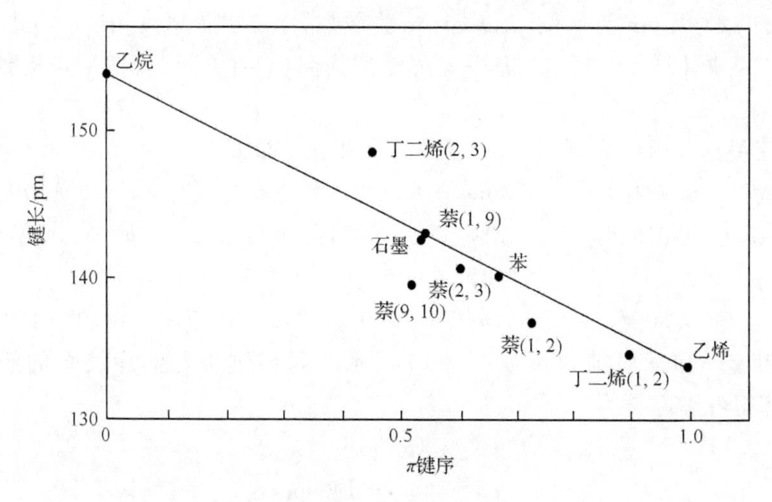


图 6-9　碳—碳键长与 π 键序的关系

为 0、0.667、1、2，碳—碳键的振动力常数分别为 $4.57\times10^2$、$7.62\times10^2$、$9.57\times10^2$ 及 $15.8\times10^2\ \mathrm{N\cdot m^{-1}}$，力常数 $k$（以 $10^{-2}\mathrm{N\cdot m^{-1}}$ 为单位）的平方根与 π 键序 $p_{\mu\nu}$ 间存在良好的线性关系（相关系数 $r=0.9995$）：

$$\sqrt{k}=2.162+0.9145p_{\mu\nu}$$

键的伸缩振动频率 $\omega=\dfrac{1}{2\pi}\sqrt{\dfrac{k}{\mu}}$（$\mu$ 为约化质量），因此同一类键的红外光谱伸缩振动吸收峰波数 $\tilde{\nu}$ 与 $p_{\mu\nu}$ 有直线关系。实验发现，许多结构上很不相同的羰基化合物的 C═O 键的伸缩振动吸收峰波数 $\tilde{\nu}$ 与 C═O 键的键序有良好的线性关系。

(c) 键能　有人以碳—碳键的键能对 π 键序作图，也得到一条很好的直线。

(2) π 电荷密度分布与分子的性质

(a) 偶极矩　共轭分子的偶极矩近似等于分子骨架的偶极矩 $\boldsymbol{\mu}_\sigma$（它由 σ 键的极化产生）和 π 电子分布不均产生的偶极矩 $\boldsymbol{\mu}_\pi$ 的矢量和。当共轭烯烃的所有键角都接近 120°时，$\boldsymbol{\mu}_\sigma$ 近似等于零，分子的偶极矩由 $\boldsymbol{\mu}_\pi$ 决定。由于交替烃的每个碳原子上的 π 电荷密度都等于 1，交替烃的偶极矩为零。实验测定表明，凡不包含奇元环的共轭分子的偶极矩或者为零，或者非常小。$\boldsymbol{\mu}_\pi$ 可按下式计算：

$$\boldsymbol{\mu}_\pi=\boldsymbol{\mu}_{\pi x}+\boldsymbol{\mu}_{\pi y}+\boldsymbol{\mu}_{\pi z} \tag{6-39}$$

由每个碳原子上的净 π 电荷密度、键长和键角数据就可计算出 $\boldsymbol{\mu}_\pi$ 的三个分量。如令第 $\mu$ 个原子的坐标为 $x_\mu, y_\mu, z_\mu$，则

$$\left.\begin{aligned}\mu_{\pi x}&=-1.602\times10^{-31}\sum_\mu\xi_\mu x_\mu\\ \mu_{\pi y}&=-1.602\times10^{-31}\sum_\mu\xi_\mu y_\mu\\ \mu_{\pi z}&=-1.602\times10^{-31}\sum_\mu\xi_\mu z_\mu\end{aligned}\right\} \tag{6-40}$$

上式中 $x$、$y$、$z$ 以 pm 为单位，$\mu$ 以 C·m 为单位，净 $\pi$ 电荷密度用(6-32)式计算，键长用(6-38)式计算。等号右边加"—"号是因为偶极矩的方向规定从正极到负极的缘故。

以亚甲基环丙烯为例，其 $\pi$ 分子轨道和相应的能量为

$$\psi_1 = 0.2816\phi_1 + 0.6116\phi_2 + 0.5227(\phi_3 + \phi_4),\ E_1 = \alpha + 2.170\beta$$

$$\psi_2 = 0.8152\phi_1 + 0.2538\phi_2 - 0.3681(\phi_3 + \phi_4),\ E_2 = \alpha + 0.311\beta$$

$$\psi_3 = 0.7071\phi_1 - 0.7071\phi_2 \qquad E_3 = \alpha - \beta$$

$$\psi_4 = 0.506\phi_1 - 0.7494\phi_2 + 0.302(\phi_3 + \phi_4) \qquad E_4 = \alpha - 1.481\beta$$

由此算得键序和 $\pi$ 电荷密度如图 6-10 所示。利用键长与键序关系的经验公式(6-38)算得各键键长为

$$r_{12} = 138\ \text{pm}$$

$$r_{23} = r_{24} = 143\ \text{pm}$$

$$r_{34} = 137\ \text{pm}$$

取分子平面为 $xy$ 平面，分子轴为 $x$ 轴，显然，$\mu_{\pi y} = \mu_{\pi z} = 0$，于是

$$x_3 = x_4 = 0$$

$$x_2 = \sqrt{143^2 - (137/2)^2} = 126\ \text{pm}$$

$$x_1 = x_2 + r_{12} = 264\ \text{pm}$$

$$\mu_{\pi x} = -1.602 \times 10^{-31}[2 \times (1 - 0.817) \times 0 + (1 - 0.877) \times 126 + (1 - 1.488) \times 264]$$
$$= 18.2 \times 10^{-30}\ \text{C·m}$$

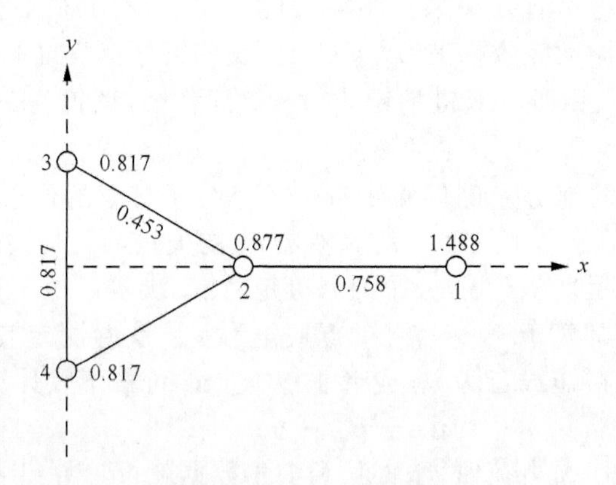


图 6-10　亚甲基环丙烯

由此可见，亚甲基环丙烯是一个极性分子，$\boldsymbol{\mu}$ 的方向与 $x$ 轴正方向，即由环丙烯基指向亚甲基，环是偶极的正端。

由于 HMO 法作了过多的简化，对偶极矩的估算不可能很准确。例如薁[图 6-8(d)]，按 HMO 法算得其偶极矩为 $23 \times 10^{-30}$ C·m，实测为 $3.35 \times 10^{-3}$ C·m，

误差是相当大的。但 HMO 法预言了薁是一个偶极分子，五元环一侧是偶极的负端，从定性的意义上讲是对的。对碳氢化合物而言，像薁这样有 $3.35\times10^{-30}$ C · m 的偶极矩是一个很大的数值。

(b) 核磁共振的化学位移　与共轭体系的一个碳原子连接的质子的核磁共振化学位移 $\tau$ 值与这个碳原子上的净 $\pi$ 电荷密度有线性关系。例如单碳烯烃阳离子

$$[Me_2C=CH-(CH=CH)_n-CH=CH_2]^+$$

中，甲基质子与烯碳质子与相连接的碳原子上的净 $\pi$ 电荷密度有很好的直线关系。

### 3. 共轭分子的化学性质

用 HMO 理论解释和预言共轭分子的化学性质是一个很困难的任务，这是因为化学反应很少是一步完成的，反应常常是分步进行的，反应进程中生成中间产物及过渡态，而这些中间产物和过渡态的结构目前了解甚少，有的甚至全然不知。在这种情况下不得不更多地依靠近似方法。

描述反应进行程度的坐标称为反应坐标。按照化学热力学，体系自由能 $F$ 随着反应进程而减小，因此可以将体系的自由能表示为反应坐标 $\xi$ 的函数 $F=F(\xi)$。例如取代反应

$$A+BC=\!=\!=AB+C$$

在这个反应中，B—C 键断裂，生成 A—B 键。当 B—C 键伸展时，A 仅有一个位置使体系能量最小。因此反应坐标 $\xi$ 可以与 B—C 键长和 A—B 键长对应起来。$\xi=0$ 表示无反应，$\xi=1$ 表示反应完成，作 $F=F(\xi)$ 曲线，就得到反应图，反应图表示了体系自由能随反应进程的变化情况。图 6-11 示出了一个理想的两步反应的反应图，反应进程中经历一个过渡态生成一个中间产物。

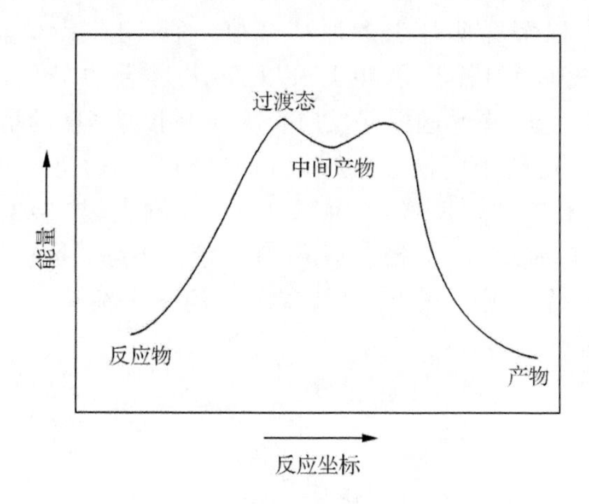


图 6-11　两步反应的反应图

根据反应涉及的不同状态对反应进行解释和预言的常用近似处理方法有以下四种：①始态法，即从反应物的性质（如电荷分布）预言反应的进程和反应产物的方法。②终态法，即根据反应产物的稳定性判断反应性的方法。③中间产物法，即根据比较可能的几种中间产物判断反应性的方法。④微扰法，即考察在一个反应物对另一个反应物的进攻下，体系能量变化情况的方法。

(1) 始态法：这一方法假定进攻试剂在接近被进攻分子并引起微扰之前对被进攻分子的某些位置具有选择性。以薁为例，它可能为三种试剂——亲电试剂、亲核试剂和自由基——所进攻。考察薁的分子图就可以对这三种反应作出预言。薁中各碳原子的编号如下

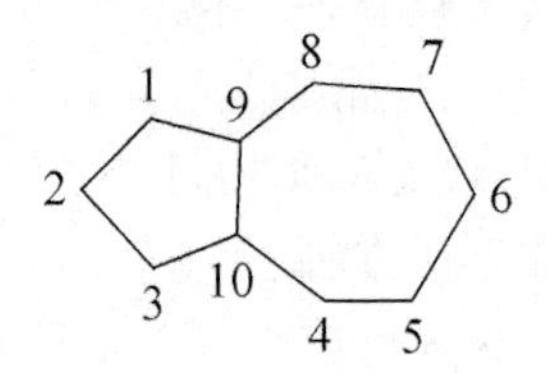


亲电试剂（如 $NO_2^+$）将进攻分子中电荷密度最高的位置，由图 6-8(d)可知，薁中 1 和 3 位的电荷密度最高，因此可以预料，1 和 3 位上最容易进行亲电取代。例如进行硝化时，1-硝基薁将是主要产物。与此相反，亲核试剂（如 $CN^-$）将进攻分子中电荷密度最低的位置。薁中第 4、8 位置上 $\pi$ 电荷密度最低，6 位次之。因此可以预言，亲核取代主要将发生在 4、8 两个位置，其次是第 6 位。对于自由基反应，进攻试剂是自由基。因此，自由价的高低应当是反应活性的指标，自由价高的地方，自由基易结合上去。薁中各碳原子除架桥的 9、10 以外的自由价大体上相同，可以预料，薁上的自由基取代反应对位置的选择性不明显。以上这些预言均与实验事实相符。

应用始态法可以解释苯环上的取代规律。邻、对位定位基（如—$CH_3$、—F、—Cl、—Br、—I、—OH 等）接到苯环上去以后，苯环上的 $\pi$ 电荷密度增高（—F、—Cl除外），使苯环活化，更易起取代反应。苯环上电荷密度的增加不是均匀的，而是在它们的邻、对位电荷密度最高[参看图 6-8(b)]，因此进一步取代的主要产物是邻位和对位的取代产物。F 与 Cl 由于电负性特别大，与苯环共轭后，它们从苯环上拉电子，使得苯环上的电荷密度下降，反应活性下降。间位定位基（如—$NO_2$，—CHO，—COOH）连接到苯环上以后，苯环上的 $\pi$ 电荷密度下降，反应性钝化。从苯甲醛的分子图

H
O 1.497
C 0.646
1.023
0.936
1.002
0.943

可以看出，醛基的引入使苯环带有净的正电荷，苯环变得更不活泼。电荷密度数值说明，苯甲醛的进一步亲电取代主要发生在间位上。以上这些论断和实验事实相符。

根据电荷密度判断反应性能不适用于交替烃，因为交替烃的所有碳原子的电荷密度均为1。对于交替烃，自由价可以作为反应性的辅助指标。如1,3-丁二烯的1,4位碳原子的自由价比2,3位碳原子高，亲电和亲核反应主要发生在1,4位上。萘的$\alpha$位的自由价比$\beta$位高，萘的取代优先发生在$\alpha$位上。

(2) 终态法：当反应图不出现相交(见下图)时，可以利用反应产物的相对稳定性判断什么产物是主要的，以狄尔斯-阿尔德(Diels-Alder)双烯加成反应为例，共轭烯烃可以作为双烯与顺丁烯二酸酐发生加成反应，苯在起反应之前的总$\pi$能为$6\alpha+8\beta$，加成产物的总$\pi$能为$4\alpha+4\beta$，加成反应使总$\pi$能减少$2\alpha+4\beta$。对于一个给定的共轭烯烃，如果有几个位置上可以进行双烯加成，并且假定加成后生成$\sigma$键基本上是相同的，则使总$\pi$能减少最小的那个加成反应将有较高的产率。例如蒽与顺丁烯二酐的加成反应可能发生在9、10位上，也可能发生在1、4位上，两个反应的总$\pi$能变化如下：

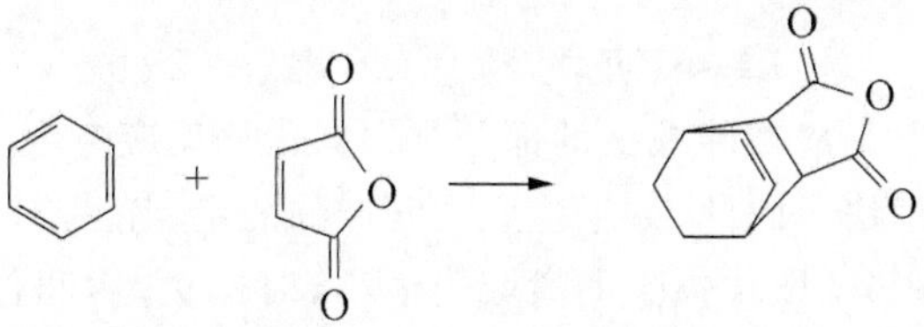

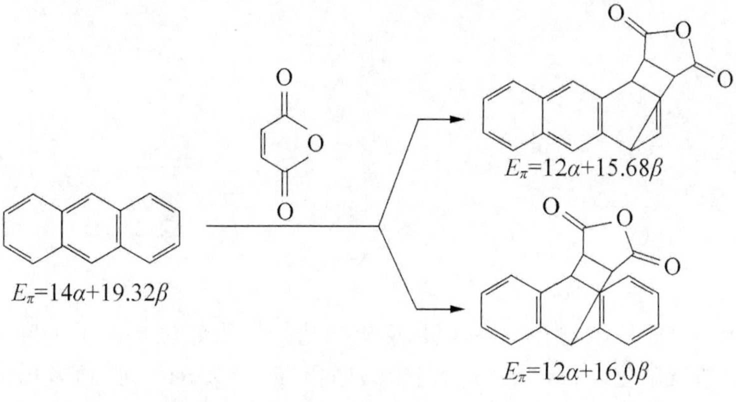

$E_\pi=14\alpha+19.32\beta$

$E_\pi=12\alpha+15.68\beta$

$E_\pi=12\alpha+16.0\beta$

9、10位加成的总$\pi$能减少比1、4位加成的总$\pi$能减少要少，9、10位加成应该更有利，这与实验事实相符。不同分子(如不同的芳香烃)与同一试剂(如顺丁烯二酸酐进行同一反应(如双烯加成反应)的反应活性也可以根据总$\pi$能减少的多寡而互相进行比较。

(3) 中间产物法：如果反应的中间产物的结构已知且由反应物生成中间产物的反应速度控制整个反应速度的话，我们可以根据反应物和中间产物的总$\pi$能的变化来预测几个可能的平行反应的相对速度。以苯的硝化为例，进攻离子是$NO_2^+$，中间产物是一个$\sigma$络合物，H—与$NO_2$—分别位于环的上下两侧，这个中间

$E_\pi=6\alpha+8\beta$ $E_\pi=4\alpha+5.46\beta$

产物常称为惠兰德(Wheland)中间态。惠兰德中间态的生成是苯环提供出两个$\pi$电子形成一个$\sigma$配键的结果，总$\pi$能原先是$6\alpha+8\beta$，中间态共轭体系变小了，总$\pi$能只有$4\alpha+5.46\beta$。假定$\sigma$键的生成不影响库仑积分，提供出来的两个电子仍具有能量$2\alpha$，定义

$$L_r^+=(E_\pi)_{苯}-[(E_\pi)_{中间态}+2\alpha]$$

为定域能，它实际上是离域能减少的部分。根据化学反应速度的过渡态理论，活化能越小，反应速度越快。因此，如果生成中间产物的定域能越小，则反应速度越快。以苯酚的硝化为例邻位取代损失的离域能最小，对位次之，间位最多，如果不考虑

$L_r^+=2.371\beta$

$L_r^+=2.541\beta$

$L_r^+=2.401\beta$

邻位取代的空间位阻，则苯酚的硝化反应的选择性为邻位$\simeq$对位$\gg$间位。此外比较苯酚的邻位硝化($L_r^+=2.371\beta$)与苯的硝化($L_r^+=2.54\beta$)可见，苯酚的硝化比苯容易得多。

根据反应中间产物由于离域能的部分定域化而损失的能量多少判断反应性能的理论称为定域理论。

当两个平行反应的反应图没有交叉时(如图6-12A)定域理论与始态法预言相同。如果反应图有交叉(如图6-12B)时，两个方法给出相反的预言，此时若无其他理由，很难从二者作出选择。

有些反应的中间产物或反应最终产物比反应物具有更大(负)的离域能,则可根据离域能增加的多少判断反应的性质,这一方法称为离域理论。如氯代丙烷与氯代丙烯比较,氯代丙烯解离掉 $Cl^-$ 以后,生成丙烯正离子[$CH_2=CH—CH_2^+$],其中有 $\Pi_3^2$ 键,$DE=0.83\beta$,氯代丙烷解离掉 $Cl^-$ 以后离域能不变,所以氯代丙烯中的氯比氯代乙烷中的氯活泼。乙烯与溴水反应很容易

$$CH_2=CH_2+Br_2 \longrightarrow CH_2Br—CH_2Br$$

因为生成两个 $\sigma$ 键释放的能量比破坏一个 $\pi$ 键要大得多,但四苯乙烯与溴水不起反应,这是因为四苯乙烯有 $\Pi_{26}^{26}$ 键,如果与溴反应,虽然生成了两个 $\sigma$ 键,但 $\Pi_{26}^{26}$ 键被肢解成 4 个 $\Pi_6^6$ 键,损失的离域能太大。所以从能量的观点来看是不利于加成反应的。

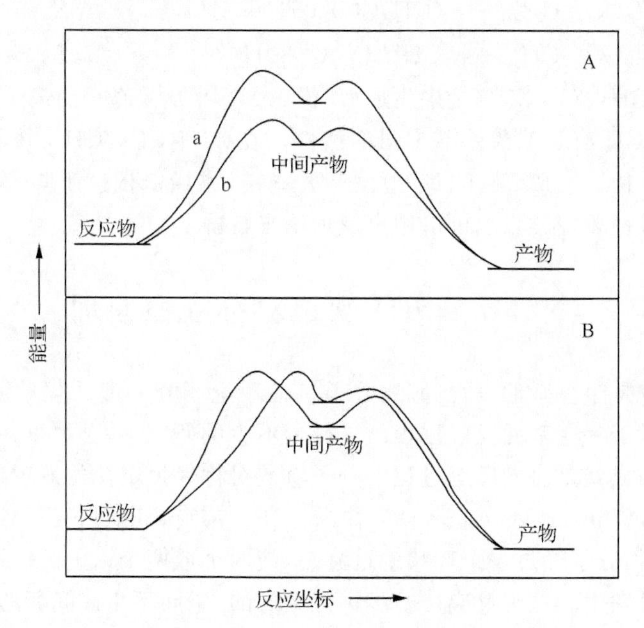


图 6-12　平行反应的两种情况

A——能量曲线没有交叉

B——能量曲线有交叉

另一方面,四苯乙烯可以与金属钠作用,如下式所示,而乙烯则否。

$$(C_6H_5)_2C=C(C_6H_5)_2 + 2Na \longrightarrow \left[(C_6H_5)_2\ddot{C}—\ddot{C}(C_6H_5)_2\right]^{2-} + 2Na^+$$

这是因为四苯乙烯阴离子中多的两个电子可以加在$\Pi_{26}^{26}$键上形成$\Pi_{26}^{28}$键，四苯乙烯有 $4\times6+2$ 个电子，正好充满 26 个成键轨道，外加电子进入最低反键轨道，但 $\pi$ 体系越大，最低反键轨道越接近于 $E=\alpha$，这一能量的升高可由晶格能和溶剂化能抵偿而有余。在乙烯中，多加进两个电子使 $\pi$ 键级为 0(两个成键，两个反键)，这是不稳定的。

利用离域理论可以解释某些有机化合物的酸性。例如 $CH_4$ 的酸离解常数非常小，$K_a$ 只有 $10^{-50}$，但 H 如被 $CH_3CO^-$ 取代以后，则酸性大为增加，如下式所示。

$$CH_4 \longrightarrow CH_3^- + H^+ \qquad pK_a = 50$$

$$CH_3COCH_3 \longrightarrow CH_3COCH_2^- + H^+ \qquad pK_a = 20$$

$$(CH_3CO)_2CH_2 \longrightarrow (CH_3CO)_2CH^- + H^+ \qquad pK_a = 9.3$$

$$(CH_3CO)_3CH \longrightarrow (CH_3CO)_3C^- + H^+ \qquad pK_a = 5.9$$

这是因为在$(CH_3CO)_3C^-$离子中生成$\Pi_7^8$ 键，大大增加了这一阴离子的稳定性，因而$(CH_3CO)_3CH$ 有和醋酸差不多强的酸性。在$(CH_3CO)_2CH^-$ 中含有 $\Pi_5^6$ 键，在 $CH_3COCH_2^-$ 中含有 $\Pi_3^4$ 键，$CH_3^-$ 中没有大 $\pi$ 键，离域能依次下降，酸性也依次下降。酚类的酸性较醇类强也可以用离域理论来解释。

## §6-4 分子轨道对称守恒原理

化学反应是很复杂的过程，应用分子轨道理论研究一般的化学反应目前还比较困难。但对于一些基元反应过程已进行了不少的研究，并已取得一定的成果，其中比较突出的成就是协同反应过程中分子轨道对称守恒定律的发现。

协同反应(concerted reaction)又称为周环反应(pericyclic reaction)。在这种反应中，反应物分子经过一个环状的过渡态，使两个或两个以上的旧键的断裂和新键的生成同时发生。这类反应是一步进行到底的，中间不生成间断的(即寿命比较长的)中间产物，它们不受任何试剂的影响，只要在光照或加热下就可以进行。有机化学中的电环化反应、环加成反应、$\sigma$ 键迁移反应等都属于协同反应。有些无机反应也是以协同反应机制进行的。

伍德沃德(R. B. Woodward)和霍夫曼(R. Hoffmann)利用反应物与生成物的分子轨道能级相关图分析研究了协同反应的选律，于 1965 年提出了协同反应的分子轨道对称守恒原理。协同反应的规律还可以从别的角度出发进行解释，这就是前线轨道理论和芳香型过渡态理论。70 年代以来，皮尔逊(R. G. Pearson)等人将分子轨道对称守恒原理表示为键对称守恒规律，用于研究许多无机反应。我国学者唐敖庆等人在发展分子轨道对称守恒原理方面做了出色的工作。

## 1. 协同反应的选律

协同反应中随参与形成环状过渡态的 $\pi$ 电子数目的不同对于反应赖以进行的条件(加热或光照)表现出很强的选择性,而且产物的立体化学往往具有专一性,这种规律称为协同反应的选律。

(1) 电环化反应(electrocyclic reaction):一个链状共轭多烯的两端与双键连接的碳原子之间生成一个单键的反应及其逆过程称为电环化反应①。1,3-丁二烯环合成环丁烯的反应就是电环化反应的最简单的例子。

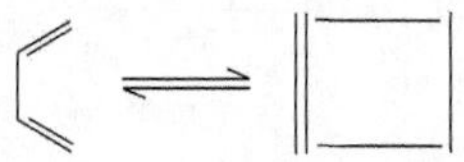

实验发现,电环化反应具有高度的立体特异性,反应产物的立体构型随进行电环化的共轭体系的 $\pi$ 电子数目及反应条件而不同。例如反,反,-2,4-己二烯在加热时环合成反-3,4-二甲基环丁烯。

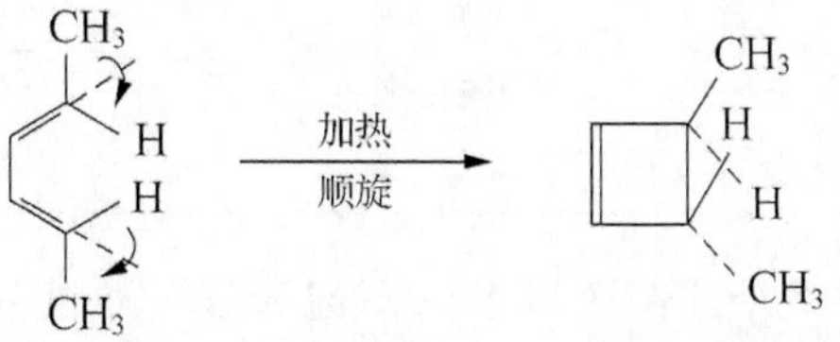

加热
顺旋

产物中两个甲基位于分子平面的两侧,这是反应物两端的双键都作同方向旋转(例如都作顺时针旋转)进行闭环的结果。这种反应方式称为顺旋。但同样是这个分

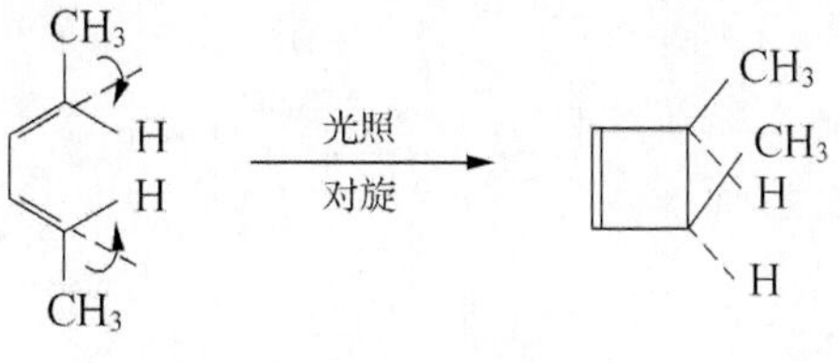

光照
对旋

子,在光照条件下反应却生成顺-3,4-二甲基环丁烯,此时两个甲基位于产物分子平面的同一侧,这是反应物分子两端的双链作相反方向旋转进行闭环的结果。这种反应方式称为对旋。

己三烯及其衍生物的电环化反应的规律与丁二烯及其衍生物的电环化反应的规律不同。例如反,顺,反-2,4,6-辛三烯在加热时发生对旋闭环,生成顺-5,6-二甲

① 在中文命名中,有时我们把前者称为电环合反应,后者称为电开环反应。但在英文命名中不加区分,统称 Electro-cyclic 反应(电环化反应)。

基-1,3-环己三烯,而在光照条件下则发生顺旋闭环,生成反-5,6-二甲基-1,3-环己二烯。

$CH_3$ $CH_3$ 加热 对旋 $CH_3$ $CH_3$

$CH_3$ $CH_3$ 光照 顺旋 $CH_3$ $CH_3$

从大量电环化反应的实验事实中可以总结出如表 6-3 所列的规律。

**表 6-3　直链共轭多烯电环化反应的规律**

| π 电子数 | 反应条件 | |
|---|---|---|
| | 加　热 | 光　照 |
| $4N$ | 顺　旋 | 对　旋 |
| $4N+2$ | 对　旋 | 顺　旋 |

(2)环加成反应：两个或两个以上的不饱和分子通过分子间加成合环的反应称为环加成反应。实验发现,如果参与环加成反应的两个共轭体系分别含有 $m$ 个和 $n$ 个 $\pi$ 电子,当它们的两端碳原子环合成 $m+n$ 元环时,若 $m+n=4N+2$,则环加成反应在加热下可以进行;若 $m+n=4N$,则环加成反应在光照下可以进行。例如

光照

加热

加热

狄尔斯-阿尔德反应是环加成反应的一个特例。反应物一方是共轭双烯,另一方是一个亲双烯试剂,这个试剂一般具有 $CH_2=CH-CRO$(R$=$H、OH,OR、卤原子)或 $CH_2=CHX$(X 为吸电子基团)的结构。产物一般都具有六元环,这类反应在加热下就可以进行,例如

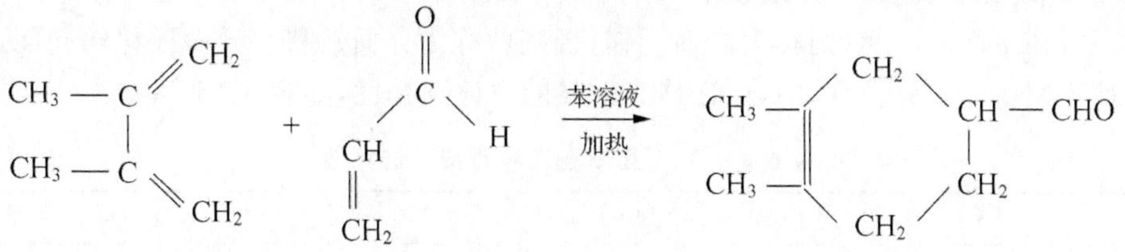

这里 $m+n=4+2$，与上面所说的规律一致。

(3) $\sigma$ 键迁移反应：$\sigma$ 键迁移反应是指在不使用催化剂的条件下，一个和 $\pi$ 电子体系相连接的 $\sigma$ 键在分子内部发生迁移的反应。如果 $\sigma$ 键原来在原子 $1,1'$ 之间，经过迁移连接到原子 $i,j$ 之间，我们就称它是 $[i,j]$ 迁移。

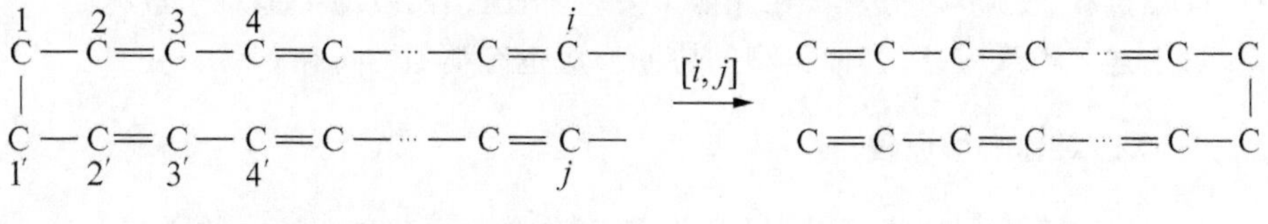

例如 1,5-二烯类的柯普(Cope)重排反应

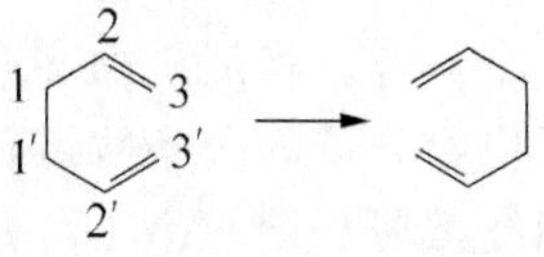

及烯丙基苯基醚类的克莱森(Claisen)重排反应

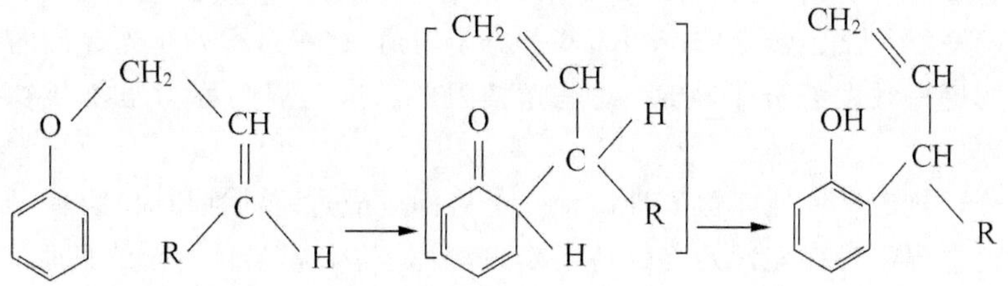

都属于[3,3]迁移反应。若连接在第 1 个原子上的 H 迁移到第 $j$ 个原子上，则称为 $[1,j]$ 迁移，因此时 $1'$ 和 $i$ 就是这个氢原子本身。例如

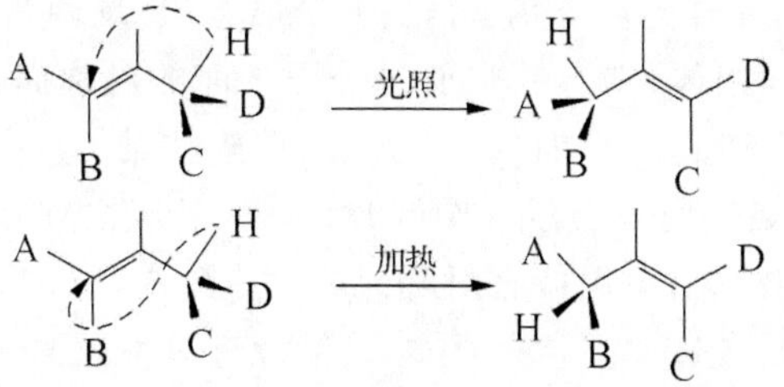

是[1,3]迁移。在[1,$j$]力迁移中,若 H 原子在迁移过程中始终在 $\pi$ 电子体系的碳原子所在平面的一侧,则称为同面迁移,否则就称为异面迁移。异面迁移比同面迁移难于发生。实验发现,[1,$j$]迁移有很强的立体选择性,如表 6-4 所示。

**表 6-4 [1,$j$]型 $\sigma$ 键迁移反应的选择性**

| $1+j$ | 加热反应 | 光照反应 |
|---|---|---|
| $4N$ | 异面迁移 | 同面迁移 |
| $4N+2$ | 同面迁移 | 异面迁移 |

由此可见,[1,3]、[1,7]等迁移在加热下只能发生异面过程,反应一般很困难,在光照下发生同面过程,反应易于进行。与此相反,[1,5]、[1,9]等迁移在加热下发生同面过程,反应易于进行,在光照下发生异面过程,反应一般难于进行。

除上述三类反应外,其他类型的协同反应也有类似的选律。

### 2. 分子轨道对称守恒原理

上述协同反应的选律可以用分子轨道对称守恒原理进行统一的说明。这一原理的中心思想可表述如下:如协同反应过程中整个体系始终保持有一个或几个对称元素,这些对称元素决定一个点群。将反应物和产物分子的分子轨道都按该点群的不可约表示分类,则由反应物分子的分子轨道转变成产物的分子轨道时始终保持自己的对称性不变,即始终都属于同一个不可约表示。如果反应物基态的分子轨道变成的是产物基态的分子轨道,那么该反应就是热允许的,如果变成的是产物的激发态的分子轨道,就是热禁阻的。如果反应物受光激发后有电子占据的分子轨道(激发态轨道)转变成产物的基态分子轨道,这一过程就是光允许的,若转变成产物的更高激发态分子轨道,就是光禁阻的。这一规则称为伍德沃德-霍夫曼规则。

用分子轨道对称性守恒原理讨论一个协同反应过程的性质时,第一,要明确在反应过程中哪些对称元素始终保持不变,也就是整个体系自始至终所属的共同点群是什么;第二,弄清楚反应物和产物的分子轨道按这一点群的不可约表示分类的情况以及它们的能级顺序;第三,找出反应物和产物分子轨道之间的相互关系,从而判断过程是允许的还是禁阻的。现在举例说明。

(1) 1,3-丁二烯环合为环丁烯:1,3-丁二烯有顺、反两种异构体,在电环化反应中只需考虑顺式异构体,它有一个通过分子平面的对称面 $\sigma_v$、一个垂直于 $\sigma_v$ 且平分 $C_2$—$C_3$ 键的 $\sigma'_v$ 和此二平面的交线即二重旋转轴 $C_2$,因此属于 $C_{2v}$点群[图 6-13(a)]。产物环丁烯也属 $C_{2v}$点群[图 6-13(c)]。若经由顺旋闭环,则反应过程中对称元素 $\sigma_v$ 和 $\sigma'_v$ 均消失,只保持有对称元素 $C_2$[图 6-13(b)]。若经由对旋闭环,则反应过程中对称元素 $\sigma_v$ 和 $C_2$ 均消失,只保持有对称元素 $\sigma'_v$[图 6-13(b′)]。由此可见，顺旋闭环反应自始至终保持的对称元素是 $C_2$，共同点群是 $C_2$；对旋闭环反应自始至终保持的对称元素是 $\sigma'_v$，共同点群 $C_s$。我们对顺旋和对旋应分别按 $C_2$ 点群和 $C_s$ 点群对于反应物和产物的分子轨道进行分类。

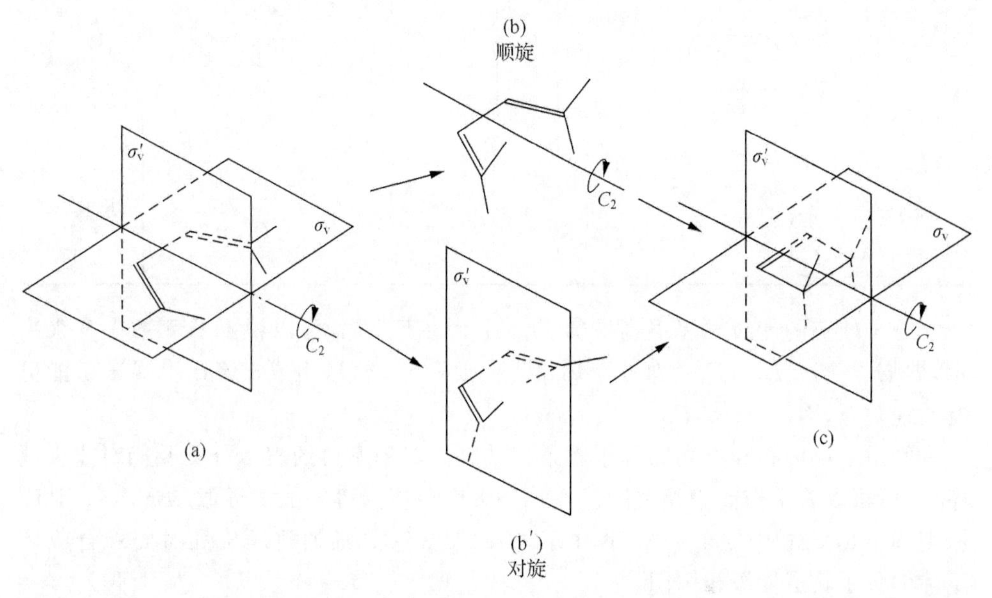


图 6-13　1,3-丁二烯顺旋闭环(a)→(b)→(c)和对旋闭环(a)→(b')→(c)过程中分子对称性的变化

在对反应物和产物的分子轨道进行分类时，只需考虑那些在反应中涉及的分子轨道，在反应中大体上维持不变的轨道则不必考虑。在 1,3-丁二烯中积极参与反应的分子轨道是 $\pi$ 轨道，在产物环丁烯中 $C_1$ 与 $C_4$ 间新生成的 $\sigma$ 键与 $C_2$ 和 $C_3$ 间新生成的 $\pi$ 键是反应涉及的分子轨道。为了决定分子轨道所属的不可约表示，可根据分子轨道系数的符号画出各原子上的 $p$ 轨道的位相，分类结果列于表 6-5。

**表 6-5　1,3-丁二烯和环丁烯的轨道分类**

| 分子轨道 | 各 $p$ 轨道相位 | 分类 | | 分子轨道 | 各 $p$ 轨道相位 | 分类 | |
|---|---|---|---|---|---|---|---|
| | | $C_2$ 群 | $C_s$ 群 | | | $C_2$ 群 | $C_s$ 群 |
| $\psi_1$ | | $B$ | $A'$ | $\psi_3$ | | $B$ | $A'$ |
| $\psi_2$ | | $A$ | $A''$ | $\psi_4$ | | $A$ | $A''$ |

续表

| 分子轨道 | 各 $p$ 轨道相位 | 分　类 | | 分子轨道 | 各 $p$ 轨道相位 | 分　类 | |
|---|---|---|---|---|---|---|---|
| | | $C_2$ 群 | $C_s$ 群 | | | $C_2$ 群 | $C_s$ 群 |
| $\sigma$ | | $A$ | $A'$ | $\pi^*$ | | $A$ | $A''$ |
| $\pi$ | | $B$ | $A'$ | $\sigma^*$ | | $B$ | $A''$ |

分子轨道的能级顺序很容易确定。对1,3-丁二烯,可以根据节面数多寡来决定,即 $E_1 < E_2 < E_3 < E_4$。对环丁烯,考虑到两个 $p$ 轨道生成 $\sigma$ 键比生成 $\pi$ 键能更有效地重叠,因此 $E_\sigma < E_\pi < E_{\pi^*} < E_{\sigma^*}$。

知道了反应物和产物的分子轨道按共同点群的不可约表示分类及相对能级顺序后,就可以着手作能级相关图。在作相关图上应当遵守能量近似原则,一一对应原则和不相交规则(§3-3)。图6-14绘出1,3-丁二烯通过顺旋和对旋环合成环丁烯的分子轨道能级相关图。

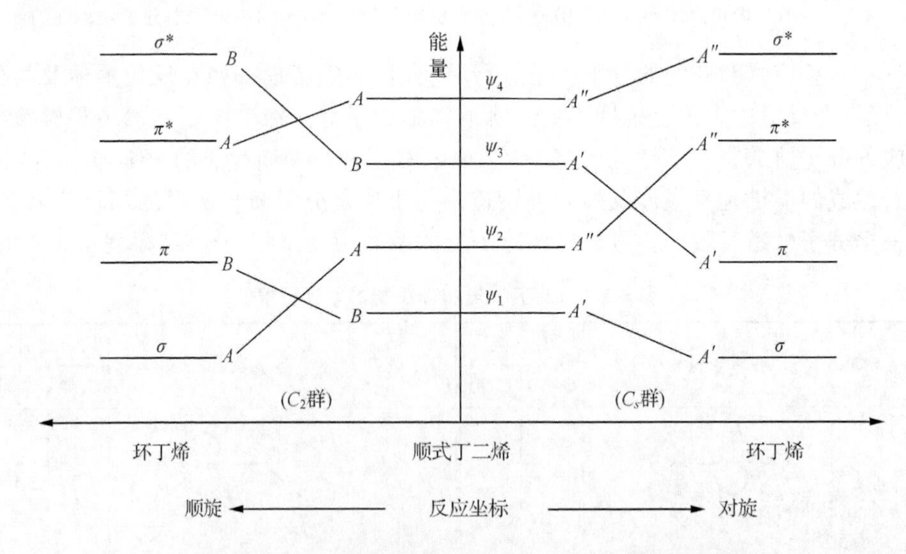


图6-14　1,3-丁二烯经顺旋和对旋环合为环丁烯的能级相关图

由图6-14可知,如果顺式1,3-丁二烯分子原来处于基态,电子占据成键轨道 $\psi_1$($B$ 或 $A'$)和 $\psi_2$($A$ 或 $A''$),当顺旋时,得到的产物环丁烯分子也处于基态[$\sigma(A)$,

$\pi(B)$]，这种反应途径活化能很低，所以是热允许的；当对旋时，得到的产物环丁烯分子处于激发态[$\sigma(A')$，$\pi^*(A'')$]，活化能很高，所以是热禁阻的。反之，如果顺式 1,3-丁二烯分子因受光照而处于激发态，电子占据 $\psi_1(B,A')$ 和 $\psi_3(B,A')$，则当对旋时产物处于基态[$\sigma(A')$，$\pi(A')$]，是光允许过程；而当顺旋时产物处于激发态[$\pi(B)$，$\sigma^*(B)$]，是光禁阻过程。

当 1,3-丁二烯的 1,4 位有取代基时，我们仍可以按上述方法进行分析并得出相同的结论，只是顺旋和对旋结果生成立体异构体。需要指出，在考察分子属于何种点群时可将取代基当作 H 看待，即认为它和未取代的 1,3-丁二烯具有完全相同的对称性，这是因为取代基在反应中不发生变化。

(2) 1,3,5-己三烯环合为 2,4-环己二烯：应用上例相同的步骤不难绘出能级相关图(图 6-15)。需要注意的是 2,4-环己二烯有 $\Pi_4^4$ 键，1,3,5-己三烯的分子轨道系数符号可由(6-24)式求出。

由图 6-15 可见，1,3,5-己三烯顺旋闭环是光允许的，对旋闭环是热允许的。

上述二例的结论与表 6-3 的实验规律一致。

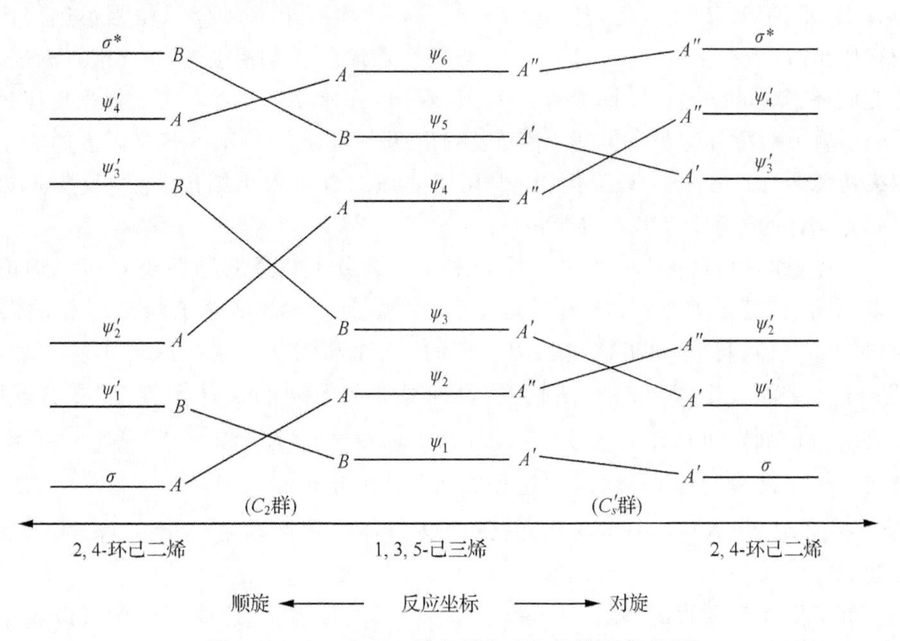


图 6-15　1,3,5-己三烯电环化反应的能级相关图

(3) 两个乙烯分子加成为环丁烷：当两个乙烯分子合环形成环丁烷，可以把反应设想为：当两个乙烯分子互相接近时，分子平面保持与 $xy$ 平面平行，C—C $\sigma$ 键的中心沿 $z$ 轴移动，最终形成环丁烷。如果两个乙烯分子互相接近时严格保持分子平面和 C—C$\sigma$ 键都互相平行，整个体系就始终属于 $D_{2h}$ 群(图 6-16)。但产

物环丁烷不是平面分子，属于 $D_{2d}$ 群，也就是两个乙烯分子的 C—C$\sigma$ 键轴不能始终保持平行。所以只有三个互相垂直的 $C_2$ 轴是始终保持着的，所以体系始终所属的共同点群是 $D_2$。

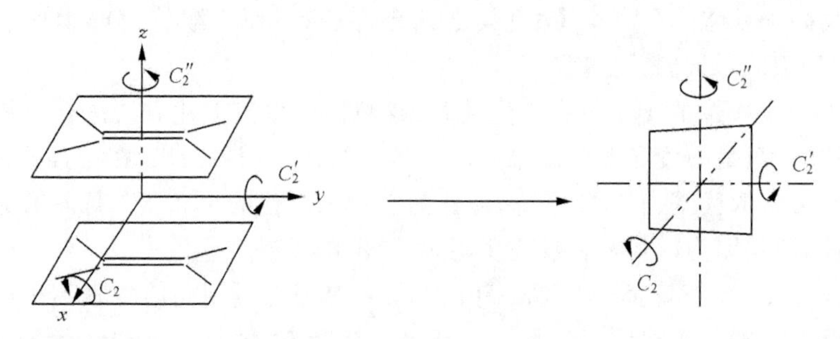


图 6-16 两个乙烯分子环化为环丁烷

这个反应的总结果是两个乙烯分子的 $\pi$ 键变成了环丁烷中的两个 $\sigma$ 键，其他键大体上不变，可以不考虑。一对乙烯分子的 $\pi$ 键组合成体系的本征函数有四种方式，分属 $D_2$ 群的 $A$、$B_1$、$B_2$、$B_3$ 表示[图 6-17(a)]。当两个乙烯分子相距很远因而无相互作用时，应有 $E_1=E_2<E_3=E_4$。当两个乙烯分子互相接近时，$\pi$ 键逐渐破坏，转变成环丁烷的 $\sigma$ 键。从图 6-17(b)可以看出，$E_1'<E_2'<E_3'<E_4'$。根据反应过程中分子轨道对称性守恒的要求，就可以得出两个乙烯分子合环形成环丁烯的轨道能级相关图(图 16-8)。基于例(1)中相同的理由可以得出结论，这一反应是热禁阻而光允许的过程，与实验结果相符。

至此，读者可能要问，在协同反应中为什么分子轨道对称性要守恒？理论上可以证明，在满足玻恩-奥本海默近似、夫兰克-康登近似(电子跃迁时核间距不变，见 § 9－4)、自旋-轨道偶合可以忽略时，该原理成立。这一原理实质上就是：当一个化学反应中保持的成键越多，反应就越容易进行。从图 6-17 可以看出，如果轨道对称性可以不守恒，譬如 $\psi_2(B_1)$ 可以与 $\chi_2(B_1)$ 相关联，势必一开始就要同时打开两个 $\pi$ 键，显然这种途径的活化能一定很高。当满足轨道对称性守恒的条件下[如 $\psi_1(\mathrm{A})\longrightarrow\chi_1(A)$]，旧键的断裂和新键的生成同时进行，活化能比较低。

由于化学反应的每个基元步骤都是一种协同过程，上述原则无疑可以应用于每个基元步骤，在这个意义上讲，分子轨道对称守恒原理势必可以应用于一切化学反应。但由于化学反应的复杂性，对于大部分反应，目前我们并不清楚其基元步骤如何，因此对于每一基元反应中所保持的对称元素是什么更无从谈起。因此，这一原理的适用范围目前只限于各类协同反应。

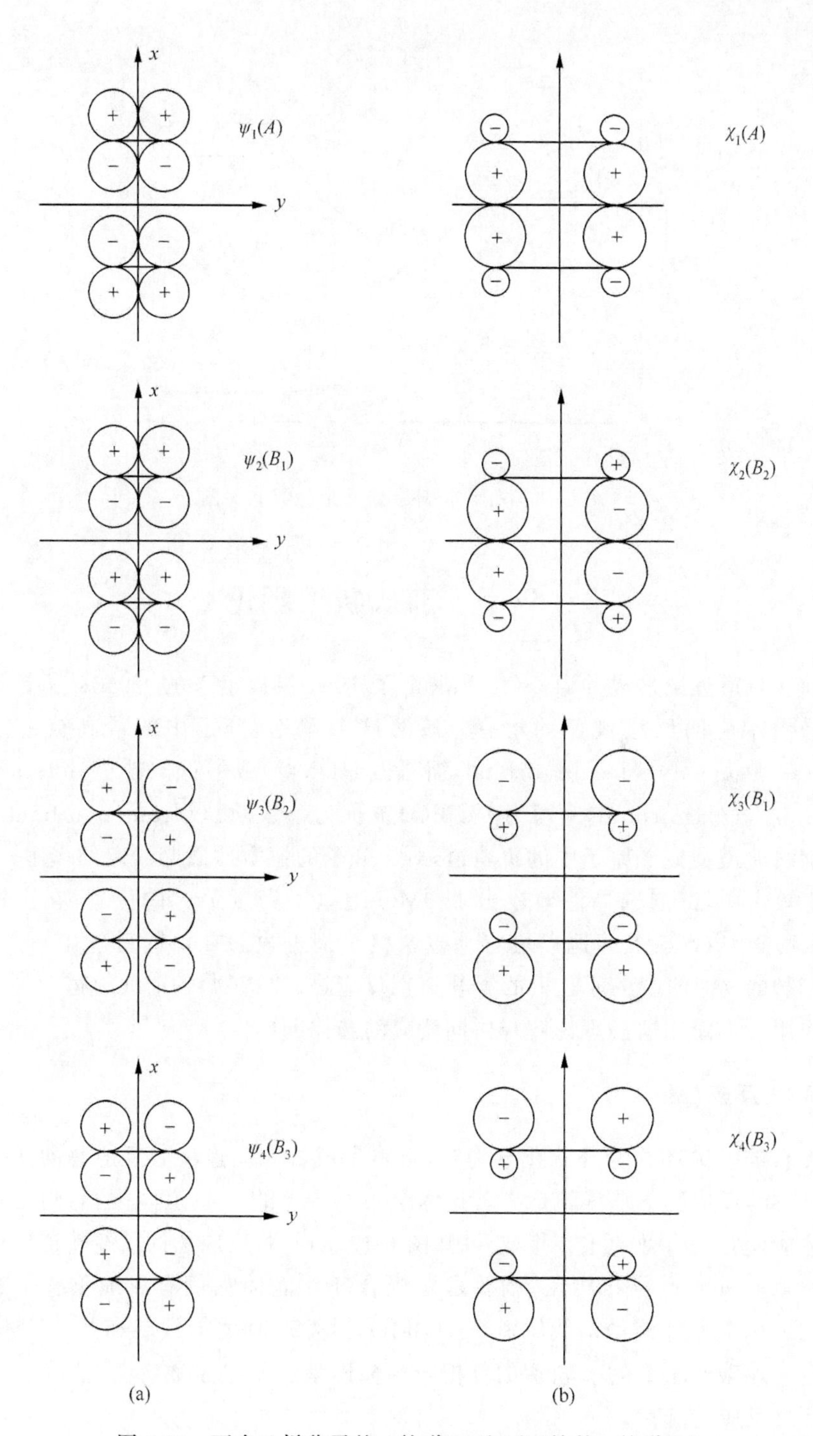


图 6-17　两个乙烯分子的 $\pi$ 轨道(a)和环丁烷的 $\sigma$ 轨道(b)

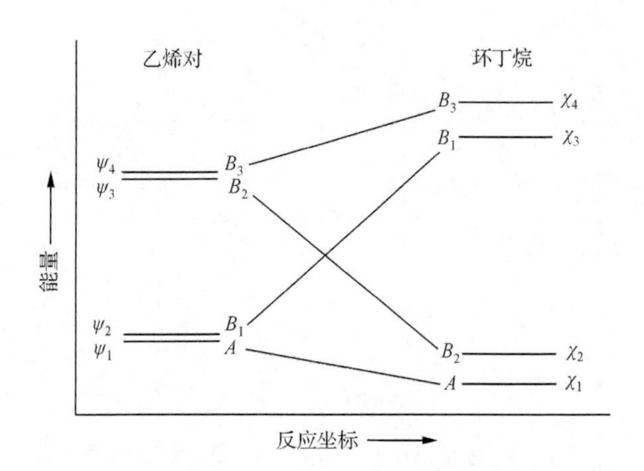


图 6-18 乙烯对-环丁烷轨道能级相关图

# §6-5 前线轨道理论

前线轨道理论是福井谦一(K. Fukui)于 1951 年提出来的,首先被伍德沃德和霍夫曼用于协同反应规律的解释。按照这个理论,分子中的最高被占据轨道(highest occupied molecular orbital,缩写为 HOMO)或最低空轨道(lowest unoccupied molecular orbital,缩写为 LUMO)被称为前线轨道(frontier orbitals)。分子的前线轨道类似于原子中的价轨道,对于分子的化学性质起决定的作用。例如,在亲电攻击中,试剂选择性地攻击 HOMO 中电子密度最大的位置;在亲核攻击中,LUMO 中 $C_\mu^2$ 最大的地点最容易被亲核试剂进攻。在协同反应中,行将生成(或断裂)的 $\sigma$ 键两端的原子上的 $p$ 轨道在反应物(或产物)的前线轨道中的相位起决定作用。下面用这一理论解释协同反应的选律问题。

**1. 电环化反应**

在直链多烯环合为环状化合物时,行将生成的 $\sigma$ 键连接着反应物的两个端碳原子,因此,反应物的前线轨道中若这两个碳原子上的 $p$ 轨道同位相,则要求对旋合环才能使它们有效地重叠生成 $\sigma$ 键[图 6-19(a)],若反应物的前线轨道中这两个碳原子上的 $p$ 轨道位相相反,则要求顺旋合环才能使它们有效地重叠生成 $\sigma$ 键[图 6-19(b)]。基态时的前线轨道是 HOMO,激发态时的前线轨道是 LUMO。前线轨道中端碳原子上的 $p$ 轨道的位相与共轭体系的 $\pi$ 电子数有关,这样就可以导出电环合反应的选律。

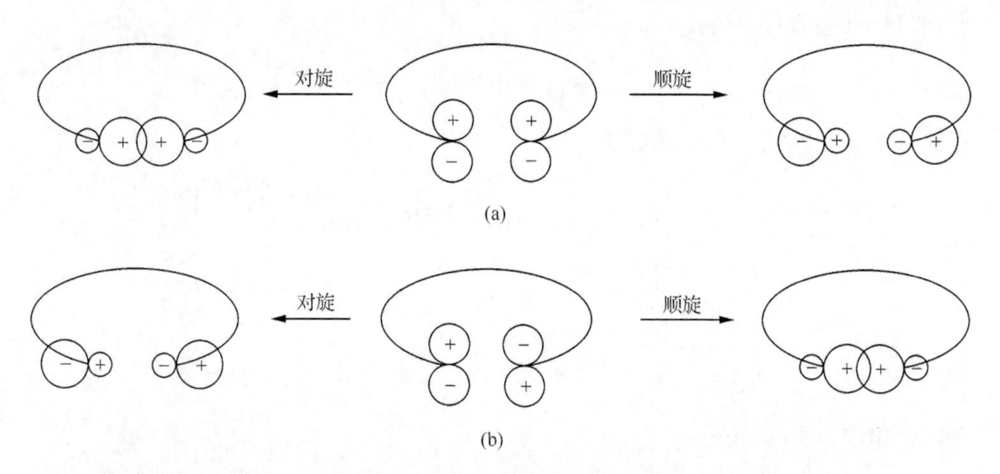


图 6-19　端碳原子上的 $p$ 轨道位相相同(a)与位相相反(b)对旋转方式的要求

一般说来,凡 $\pi$ 电子数为 $4N$ 的直链共轭分子的基态的 HOMO 即其前线轨道,它是 $4N$ 个能量由低到高排列的分子轨道中的第 $2N$ 个,有 $2N$—1 个节面,因之两端碳原子上的 $p$ 轨道位相相反,只有顺旋才能生成 $\sigma$ 键而闭环,所以在加热条件下顺旋闭环是允许的,对旋闭环是禁阻的。在光照条件下,这类分子的 HOMO 中有一个电子被激发到 LUMO 中去,前线轨道是 LUMO,它是第 $2N+1$ 个分子轨道,有 $2N$ 个节面,因之两端 $p$ 轨道同位相,只有对旋才能生成 $\sigma$ 键而闭环。可见这类分子在光照条件下对旋闭环是允许的,顺旋闭环是禁阻的。凡 $\pi$ 电子数为 $4N+2$ 的直链共轭多烯的基态 HOMO 是第 $2N+1$ 个分子轨道,有 $2N$ 个节面,而端 $p$ 轨道位相相同,因此这类分子在加热下可以对旋闭环。在光照下,HOMO 中的电子被激发到 LUMO 中去,这是第 $2N+2$ 个轨道,有 $2N+1$ 个节面,两端 $p$ 轨道位相相反,可以顺旋闭环。这种分析与表 6-3 总结的实验规律完全一致。

**2. σ 键迁移反应**

在[1,$j$]迁移中,氢原子从链的一端迁移到另一端,过渡态由氢原子和残基组成

$$\underset{\mathrm{H}}{\mathrm{R_2C}} - (\mathrm{CH}=\mathrm{CH})_N - \mathrm{CH}=\mathrm{CR'_2} \longrightarrow \left[ \mathrm{R}-\overset{\mathrm{R}}{\mathrm{C}}\cdot \quad \mathrm{H}\cdot \quad \overset{\mathrm{R'}\ \ \mathrm{R'}}{\mathrm{C}} \atop (\mathrm{CH}=\mathrm{CH})_N - \mathrm{CH} \right]$$

显然残基是一个奇交替烃($\pi$ 电子数为 $2N+3$ 个),它的前线轨道是第 $N+2$ 个轨

道，能量为[参看(6-24)式]

$$E_{N+2}=\alpha+2\beta\cos\left[(N+2)\frac{\pi}{(2N+3)+1}\right]=\alpha$$

这是一个非键轨道。其波函数为

$$\begin{aligned}\psi_{NBMO}=\psi_{N+2}&=\sqrt{\frac{2}{(2N+3)+1}}\sum_{\mu=1}^{2N+3}\sin\left[\mu\cdot\frac{(N+2)\pi}{(2N+3)+1}\right]\phi_{\mu}\\&=\sqrt{\frac{1}{N+2}}\sum_{\mu=1}^{2N+3}\sin\left(\mu\cdot\frac{\pi}{2}\right)\phi_{\mu}\\&=\sqrt{\frac{1}{N+2}}[\phi_1+0\cdot\phi_2-\phi_3+0\cdot\phi_4-\cdots+(-1)^{N+1}\phi_{2N+3}]\end{aligned}$$

它可以用图 6-20 表示。

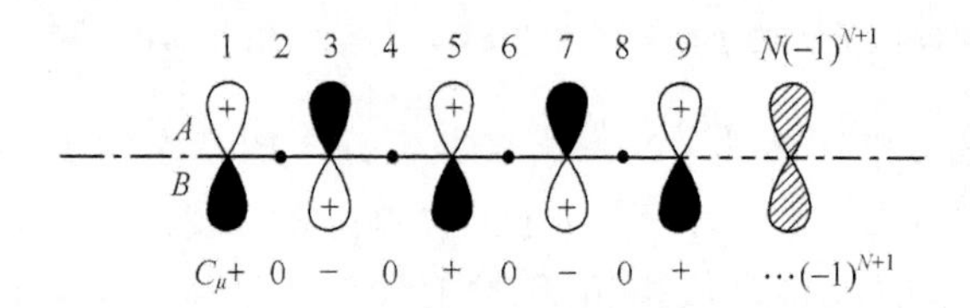


图 6-20　链状奇交替烃的非键轨道

在这个共轭体系中，两端原子的 $p$ 轨道如果与氢原子连接形成 C—H 键，则成为 $sp^3$ 杂化轨道，如果氢原子转移了，就成为 $sp^2$ 杂化轨道。在图 6-20 中假定碳原子都位于与纸平面垂直的平面 $M$ 上，$M$ 平面的上侧称为 $A$，下侧称为 $B$。这样，1 位上的氢原子如果原来与 $p$ 轨道的“+”部分成键(即在 $A$ 侧)，则转移后也必须和另一碳原子的 $p$ 轨道的“+”的部分成键。

在[1,3]迁移中，氢原子需要由 $A$ 部分穿过所有 $p$ 轨道的共同节面转向 $B$ 部分才能成键，这样我们就称它为异面迁移过程。如果发生[1,5]迁移，则氢原子可以直接在节面的一侧转移($A\rightarrow A$)，这就是同面迁移过程。[1,7]迁移又是一个异面迁移过程，[1,9]迁移则是一个同面迁移过程。通常在加热条件下异面迁移过程不易发生，而同面迁移过程很易发生，因此在加热条件下，[1,5]迁移和[1,9]迁移是对称性允许的，[1,3]迁移和[1,7]迁移是对称性禁阻的。

在光照条件下，残基的一个电子可以由非键轨道激发到反键轨道上去，于是最低反键轨道为前线轨道。可以证明，最低反键轨道中末端碳原子的 $p$ 轨道的位相与非键轨道的正好相反，因此，在光照条件下的选律必定与加热条件下的选律相反，即[1,3]、[1,7]迁移是光允许的，[1,5]和[1,9]迁移是光禁阻的。

# §6-6　HMO 法的改进与同系线性规律

## 1. 同系物与 HMO 法的同系规律

凡可用通用分子式 $XA_nY$ 表示的一组化合物称为同系物，式中 A 为重复单元，$n=1,2,3,\cdots$，称为同系序数，X 与 Y 称为端基。例如最简单的共轭多烯是乙烯的同系物 H—(CH═CH)$_n$—H，烷烃 $C_nH_{2n+2}$ 是甲烷的同系物 H—($CH_2$)$_n$—H，直链醇 $C_nH_{2n+1}$，OH 是甲醇的同系物 H—($CH_2$)$_n$—OH 等。按照这一定义，高分子化学中的单体、二聚体、…、低聚物、…、高聚物也是同系物。

有机化学中的同系物 $XA_nY$ 的物理化学性质 $P$ 是同系序数 $n$ 的函数。自十九世纪后半期以来，人们分析了大量共轭多烯同系物 X—(CH═CH)$_n$—Y 的性能数据，并不断寻求 $n$ 的某一函数 $F(n)$，使 $P$ 对 $F(n)$ 作图是一直线，即

$$P = a + bF(n) \tag{6-41}$$

按照休克尔分子轨道理论，多烯烃 H—(CH═CH)$_n$—H 的分子轨道能级 $E(n,k)$ 可用下式表示：

$$\left.\begin{aligned} E(n,k) &= \alpha + 2\beta x(n,k) \\ x(n,k) &= \cos\left(\frac{n-k+1}{2n+1}\right)\pi \end{aligned}\right\} \tag{6-42}$$

上式中 $k=1$ 为最高占据轨道，$k=n$ 为最低占据轨道(LOMO)。对于其他同系物，有的也能推导出类似的 $x(n,k)$ 表示式。于是，与分子轨道能级有关的物理化学性质 $P$ 就可以表示为

$$P = a + bx(n,k) \tag{6-43}$$

以大量同系物的实验数据如电子光谱的吸收峰波数 $\tilde{\nu}$，极谱半波电势 $E_{1/2}$ 等与 $x(n,k)$ 作图，可得近似直线，但线不很直。*

$F(n)$ 也有选用自由电子分子轨道法的能级差值者

$$F(n) = \Delta E = k\,\frac{2n+1}{(n+1)^2} \tag{6-44}$$

## 2. 同系线性规律

我国化学家蒋明谦[1a][1b][1c][1d]提出用一经验函数 $F(n,\alpha)$ 代替 $x(n,k)$，得到

*[1a] 蒋明谦，中国科学，1977 年，第 6 期，547 页。

[1b] 蒋明谦，中国科学，1978 年，第 1 期，38 页。

[1c] 蒋明谦，化学通报，1977 年，第 4 期，17 页。

[1d] 蒋明谦，《有机化合物的同系线性规律》，科学出版社，1980。

$$E = a + bF(n,\alpha) \tag{6-45}$$

$$F(n,\alpha) = \left(\frac{1}{\alpha}\right)^{2/n} \qquad \alpha = k + 1 = 2,3,\cdots \tag{6-46}$$

$F(n,\alpha)$称为同系因子，其中 $\alpha=2$ 表示最高占据轨道(HOMO)，$\alpha=3$ 表示次高占据轨道……。轨道间的能级差值可以表示为

$$\Delta E = a' + b'\left(\frac{1}{\alpha}\right)^{2/n} \tag{6-47}$$

而同系物的许多性质 $P$ 常为 $\Delta E$ 的函数，因此

$$P = a'' + b''\left(\frac{1}{\alpha}\right)^{2/n} \tag{6-48}$$

以上二式称为同系线性规律。用(6-48)式并取 $\alpha=2$ 来联系同系物的性质 $P$ 与同系序数 $n$ 的关系，其精确度、专一性和广泛适用性都比前人提出过的其他 $F(n)$ 函数好。至于其他能级的同系因子 $\alpha=3,4,5,\cdots$ 与同系物性质 $P$ 的线性关系还很少经过检验。

蒋明谦还提出，如果同系物 $XA_nY$ 的端基 X 和 Y 与连接链有共轭作用，则必须将端基中与链单位共轭的双键数也包括在同系序数之中，这个数目叫端基当量，以 $t$ 表示。考虑端基的影响以后，同系因子中的 $n$ 要用 $N=n+t$ 代替。文献[①]对于 38 个结构类型的 20 种性能，包括 235 个数据检验了(6-48)式，线性相关性属于优的(相关系数 $r \geqslant 0.99$)占 83.0%，属于良的($0.99 > r \geqslant 0.95$)占 14.4%，属于中的($0.95 > r \geqslant 0.90$)占 2.6%，属于差的($r < 0.90$)没有。在解释电子光谱方面，文献[②]用了 159 组电子光谱的吸收峰波数来检验(6-48)式，属于优的占 86.2%，属于良的占 13.2%，属于中的占 0.6%。这一结果比文献中提出的其他 $F(n)$ 函数都好。

### 3. HMO 法和同系线性规律的改进

在蒋明谦的文章发表以后，徐光宪和黎乐民 注意到 HMO 法推导出(6-42)式有量子化学近似计算的理论基础。蒋氏提出的(6-46)式是从经验总结出来的，但为什么后者与同系物性质 $P$ 的线性关联都比前者好？我们最初力图为蒋氏提出的同系线性规律找到量子化学的根据，即希望找到一种量子化学近似处理法来处理多烯烃 $H(CH=CH)_nH$，使它的波函数的本征值等于(6-45)和(6-46)两式的联合。但是所有这些尝试都失败了，最后我们回到改进 HMO 法的路上来。用

---

① ①，②见 315 页脚注ⓐⓑ。

徐光宪、黎乐民，中国科学，1980 年，第 2 期，136 页。

孙玉坤、徐光宪、黎乐民，高等学校化学学报，3(1)，119(1982)；3(3)，390(1982)。

HMO 法处理 $H(CH=CH)_nH$，假定相邻原子间的键积分 $\beta$ 为常数。但共轭偶多烯中长键(C—C)与短键(C=C)是交替出现的，比如丁二烯中两者的键长分别为 148.3 pm 和 133.7 pm，它们的 $\beta$ 积分也不应相等。因此我们假定长、短键的 $\beta$ 积分分别为 $\beta_2=\beta(C—C)$ 和 $\beta_1=\beta(C=C)$，并令它们的比值为

$$\eta=\beta_2/\beta_1<1 \tag{6-49}$$

为了求得长短键多烯烃的本征多项式，我们推导了图论的一条辅助定理[2d]，从而求得考虑长短键的 HMO 的 $H(CH=CH)_nH$ 的本征多项式

$$X(n,k)=\sqrt{1+\eta^3-2\eta\cos\frac{(2k-1)\pi}{2n+1}} \tag{6-50}$$

来代替不考虑长短键差别的 HMO 本征值 $x(n,k)$[(6-42)式]。

为了简化(6-50)式，我们又根据 $\eta$ 值随 $n$ 增加而逐渐趋近于 1 的事实，假定

$$\eta=\frac{\beta_2}{\beta_1}=\cos\frac{\pi}{2n+1} \tag{6-51}$$

将(6-51)式代入(6-50)式，并令 $k=1$(即 HOMO)，则得

$$X_1=X(n,k=1)=\sin\frac{\pi}{2n+1}[\text{对 } H(CH=CH)_nH] \tag{6-52}$$

我们称 $X_1$ 为同系能级因子。对于其他同系物 $X—(CH=CH)_n—Y$，用 $N=n+t$ 来代替(6-52)式中的 $n$，即

$$X_1=\sin\frac{\pi}{2N+1}\quad N=n+t\quad[\text{对于 } X—(CH=CH)_n—Y] \tag{6-53}$$

用 $X_1$ 作为一个新的 $F(n)$ 函数，代入(6-41)式，得

$$P=a+bX_1=a+b\sin\frac{\pi}{2N+1}\quad N=n+t \tag{6-54}$$

在蒋氏同系因子 $\left(\frac{1}{\alpha}\right)^{2/N}$ 的基础上发展起来的向系能级因子 $X_k$ 有三点改进：(1)在精确度方面，同系因子已经比前人提出的任何 $F(n)$ 函数都好，但同时能级因子又略有提高。例如同样用 159 组电子光谱数据，以同系能级因子处理的线性相关系数属于优的由 86.2%提高到 89.3%，属于良的由 13.2%减为 10.7%，属于中的由 0.6%减到 0%。(2)最高与最低占据轨道的能级差值 $\Delta X(N,k)$ 随 $N$ 增大而增大，当 $N\to\infty$ 时，$\Delta X$ 趋向于 HMO 的极限 $2\beta$，这是合理的。但最高与最低占据轨道的能级差 $\Delta F(N,\alpha)$ 开始时随 $N$ 增大而增加，到 $n=6$ 时有极大值，以后随 $N$ 大而减小。当 $N\to\infty$ 时，$\Delta F(N,\alpha)\to 0$，即最高与最低轨道合并，这是不合理的。因此，对于前线轨道($\alpha=2$)，同系因子 $\left(\frac{1}{2}\right)^{2/N}$ 与同系能级因子 $X_1=\sin\frac{\pi}{2N+1}$ 之间有很好的线性关联：

$$\left(\frac{1}{2}\right)^{2/N}=1\ 0002-0.8606\sin\frac{\pi}{2N+1},N=1\text{ 至 }10$$

$$r = 0.9999$$

但对其他较深能级，随着 $\alpha$ 值增加，这种关联越来越差。(3)同系能级因子是和改进的 HMO 分子轨道理论联系起来的，物理意义明确。换言之，同系能级因子线性规律为同系因子线性规律提供了量子化学基础，而后者又为前者提供了广泛的实验验证。

对于涉及较深能级的光电子能谱数据，研究表明[①]，同系因子线性规律的常数 $a'$ 和 $b'$ 变化幅度大，表现为经验参数，不易探讨其规律。但用同系能级因子线性规律回归，$\alpha$ 的值比较稳定，大体上等于碳原子的库仑积分 $\alpha_C$，物理意义比较明确。

杨忠志等[②]把同系能级因子(6-42)式作为零级项，用泰勒级数展开的方法得到一级校正项，发现采用校正后的同系能级因子可以把不同能级的光电子能谱数据回归为同一条直线。这进一步说明了同系线性规律的本质在于有机物分子轨道能级之间的同系线性关系。

有趣的是，通常认为没有 $\pi$ 键，更没有共轭 $\pi$ 键的饱和烷烃及其衍生物也符合同系能级线性规律，且线性相关性更好。吾榕之等[③]用基轨道线性组合(linear combination of group orbitals，缩写为 LCGO)近似论证了同系能级线性规律不仅适合于共轭体系，也适用于非共轭体系。

由量子化学计算可以知道，饱和烃内同样存在 $\pi$ 型轨道[④]。根据 LCGO 近似，饱和烃以 $CH_2$ 为同系列单元，在每一个 $CH_2$ 单元中，碳原子的垂直于碳链平面的 $2p$ 轨道和两个氢原子的 $1s$ 轨道组合成两个基轨道，然后由这些基轨道构成饱和烃中的 $\pi$ 型轨道，由此可以得到这些 $\pi$ 型轨道所满足的本征方程。叶元杰[⑤]等用差分方程方法求解本征方程，得出饱和烃的 $\pi$ 型轨道的同系能级因子为

$$F(N,k) = \sqrt{1 + \eta^2 \cos^2 \frac{k\pi}{N+1}} - \eta\cos\frac{k\pi}{N+1} \tag{6-55}$$

其中，$\eta$ 为半径验参量，由烷烃的光电子能谱数据算得 $\eta=0.363$。

用以上公式可以得到饱和烃中的 $\pi$ 型轨道的同系线性规律，与光电子能谱实验数据符合得很好。而且所得结果表明，端基对饱和烃的影响和对共轭烃的影响有所不同。

由于饱和烃的前线分子轨道中既有 $\pi$ 型轨道，又有 $\sigma$ 型轨道，有时还有孤对电子的轨道，情况比较复杂，所以还要进行深入的研究。

---

① 见 316 页脚注⑥。

② 杨忠志、叶元杰、唐敖庆，高等学校化学学报，7(6)，535(1986)。

③ 徐光宪、黎乐民、吾榕之，自然杂志，5(6)，474(1982)；吾榕之、徐光宪、黎乐民，科学通报，1983 年，第 8 期，469 页。

④ W. L. Jorgenson and L. Salem, *The Organic Chemist's Book of Orbitals*, Academic Press, 1973.

⑤ 叶元杰、吾榕之、徐光宪，分子科学与化学研究，4(3)，303(1984)。

同系线性规律的提出和 HMO 法的改进引起了许多科学家的关注。李向平教授①提出分子轨道的差分方程法，邓从豪教授②从哈特利-福克方程出发近似地得到了共轭多烯分子的 HMO 能级为

$$E_1 = \alpha + 2\beta\left\{1 + \frac{a}{2n+1} + \frac{b}{(2n+1)^2} + \cdots\right\}\sin\frac{\pi}{2(2n+1)} \tag{6-56}$$

特别是吉林大学唐敖庆教授和他的共同工作者对同系线性规律作了深入的理论探索，并把它推广到高分子化学领域，取得了突出的进展。因有些材料尚未发表，这里不一一介绍了。

## 参考书目


1. 唐敖庆、江元生、鄢国森、戴树珊著，《分子轨道图形理论》，科学出版社，1980.
2. 张乾二、林连堂、王南欣著，《休克尔矩阵图形方法》，科学出版社，1981.
3. 福井谦一著，廖代伟译，《图解量子化学》，化学工业出版社，1981.
4. R. B. 伍德沃德、R. 霍夫曼著，王志中、杨忠志译，《轨道对称性守恒》，科学出版社，1978.
5. 福井谦一著，李荣森译，《化学反应与电子轨道》，科学出版社，1985.
6. E. 海尔布伦纳、H. 博克著，王宗睦、陈荫遗译，《休克尔分子轨道模型及其应用》，第一卷，基础和操作，科学出版社，1982；第二卷，习题和题解，科学出版社，1983.
7. A. Streitwiset, Jr. , *Molecular Orbital Theory for Organic Chemists*, Wiley, 1961.
8. L. Salem, *The Molecular Orbital Theory of Conjugated Systems*, Benjamin, 1966.
9. 飛田満彦，《有機量子化学入门(基礎编)》，学会出版ヤンター，1981.
10. M. J. S. 杜瓦著，戴树珊、刘有德译，《有机化学分子轨道理论》，科学出版社，1977.
11. J. N, 默雷尔、S. P. A. 凯勒尔、J. M. 特德著，文振翼、姚惟馨等译，《原子价理论》，科学出版社，1978.
12. 朱永、韩世纲、朱平仇著，《量子有机化学》(上)，上海科学技术出版社，1983.
13. I. G. 克赛兹梅狄雅著，戴乾圜译，《有机分子轨道计算的理论与实践》，科学出版社，1980.
14. I. Fleming, *Frontier Orbitals and Organic Chemical Reactions*, Wiley, 1976.
15. K. Yates, *Hückel Molecular Orbital Theory*, Academic Press, 1978.


## 问题与习题

1. 下面的分子中，哪些是共轭分子？若是，写出 $\Pi_n^m$。

   $C_2H_4$，$CH_2=C=CH_2$，$CH_2=CHCl$，$(CH_3)_2CCH_2$，$CH_2=C=O$，$BF_3$，$PCl_3$，$C_6H_5NNC_6H_5$，$SO_2$，$SO_3$，$SO_3^{2-}$，$HgCl_2$，$Hg_2Cl_2$

2. 试比较下列化合物中氯的活泼性并说明理由：

   $CH_3CH_2Cl$，$CH_2=CHCl$，$CH_2=CHCH_2Cl$，$C_5H_5Cl$，$C_6H_5CH_2Cl$，$(C_6H_5)_2CHCl$，$(C_6H_5)_3CCl$

3. 试比较 ROH，$C_6H_5OH$，RCOOH，$CH=CHOH$，$O=CH(CH=CH)_nOH$ 的酸性并说明理由。

---

① 李向平，化学学报，38(4)，305(1980)；39(4)，293(1981)。

② 邓从豪、赵玉亭，分子科学与化学研究，3(2)，11(1983)。

4. 为什么 HC≡CH 中的三重键很活泼，能起加成反应，而：N≡N：中的三重键却很稳定？

5. 试比较下列氯化物的偶极矩和 C—Cl 键键长的大小，并说明理由。

$CH_3Cl$，$CH_2$ ═CHCl，CH≡CCl

6. 试比较 $CO_2$、CO 和 RCOR′中 CO 键的键长大小并说明理由。

7. 用 HMO 法计算环丁二烯的 $\pi$ 分子轨道能量，并解释它为什么没有芳香性？

8. 用 HMO 法计算结果说明为什么环戊二烯 $C_5H_6$ 容易生成负离子 $C_5H_5^-$，而环庚三烯 $C_7H_8$ 容易生成正离子 $C_7H_7^+$？为什么分子薁和富烯均具有较大的偶极矩？

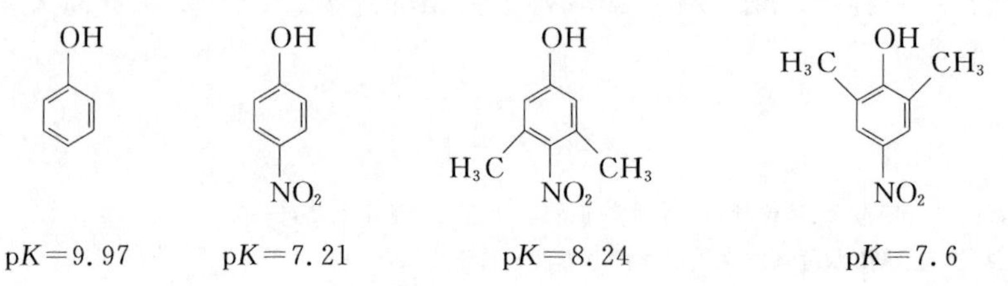


9. 指出烯丙基的成键情况，指出该分子所属的点群，用 HMO 法计算它的 $\pi$ 能级和波函数，讨论它的正离子、自由基和负离子的稳定性。

10. 试用前线轨道理论讨论乙烯的加氢反应。

11. 试用前线轨道理论讨论为什么萘分子的亲电、亲核及自由基反应均发生在 $\alpha$ 位？

12. 试用前线轨道理论说明，反应

(1) $H_2 + Br_2 \longrightarrow 2HBr$

(2) $C_2H_4 + Cl_2 \longrightarrow C_2H_4Cl_2$

均不可能是基元反应。

13. 用 HMO 法计算所谓莫比乌斯(M öbius)环结构(即碳环中首尾共轭 $p$ 轨道间反相位重叠)的能量(取$H_{1,n} = -\beta$)，并说明当原子数为 $4N$ 时具有稳定结构(反芳香性)。

14. 用 HMO 法讨论 $O_3$ 分子的结构。

15. 用 HMO 法讨论 $CO_2$ 的成键情况(设 $\alpha_O = \alpha_C + k\beta_{CO}$)，画出能级图并说明为什么能稳定存在。

# 第七章　配位场理论和络合物的结构

凡是由含有孤对电子或π键的分子或离子(称为配体)与具有空的价电子轨道的原子或离子(统称中心原子)按一定的组成和空间构型结合成的结构单元叫做络合单元。络合单元有带电荷的,如$[Fe(CN)_6]^{4-}$、$[Co(NH_3)_6]^{3+}$等,也有不带电荷的,如$[Ni(CO)_4]$、$[PtCl_2(NH_3)_2]$等。带有电荷的络合单元叫做络离子。络离子与带有异性电荷的离子组成的化合物叫做络合物,如$K_4[Fe(CN)_6]$、$[Co(NH_3)_6]Cl_3$等。不带电荷的络合单元本身就是中性化合物,所以也叫络合物。络合物这一名词有时也用作络合单元的同义词。本章所述的络合物化学键理论主要是指络合单元的化学键理论。

## §7-1　晶体场理论

络合物的化学键理论主要有价键理论(VBT)、晶体场理论(CFT)、分子轨道理论(MOT)和配位场理论(LFT),其中配位场理论是晶体场理论与分子轨道理论相结合发展起来的。

价键理论与晶体场理论均诞生于本世纪三十年代,前者是泡令提出来的,后者是贝特(H. Bethe)和范夫利克(J. H. van Vleck)提出来的。五十年代以前化学家主要采用价键理论,这一理论在解释中心原子的配位数、络合物的几何构型、络合物的磁性等方面取得了很大的成功,晶体场理论只被物理学家所应用。五十年代以后,由于衍射技术、光谱技术、磁共振技术和激光技术的迅速发展,人们对于络合物的结构和性质有了更多、更深入的了解。价键理论在解释络合物的电子光谱、振动光谱以及络合物的许多热力学和动力学性质方面遇到了困难,一度处于停顿状态的晶体场理论又重新受到了人们的重视。这一理论认为中心原子与配体之间的相互作用是纯静电性的(与离子晶体中的正、负离子之间的相互作用力类似),在配体的静电场作用下中心原子原来简并的$d$轨道会发生能级分裂,在此基础上用群论方法探讨具有$d^n$组态的中心原子的行为。晶体场理论的物理模型虽然过于简化,但它使用的数学方法十分严谨,在解释络合物的结构和性质方面取得了巨大的成功。晶体场理论由于完全忽略了中心原子与配体之间的共价成键作用,对于络合物化学中的某些重要实验事实(如光谱化学序列、电子云扩展效应等)仍然不能解释,定量的计算结果与实际情况往往相差甚远。

近二十年来分子轨道理论有了很大的发展。目前分子轨道理论原则上已能对络合物的化学键进行定量处理,但由于对络合物的非经验的分子轨道法处理计算工作十分繁复,半经验的分子轨道法处理又遇到参量化方面的困难。因此,络合物的分子轨道理论在实际使用起来还有不少困难。

鉴于上述情况,人们以晶体场理论为基础,将分子轨道理论中认为中心原子与配体之间生成共价键的思想包括进去,这种经过改进的晶体场理论称为配位场理论。目前配位场理论已取代了价键理论原先在络合物化学键理论中的地位。尽管如此,价键理论在推动络合物化学的发展中所起过的作用是不容置疑的。

**1. 晶体场模型**

现在我们来考虑过渡金属络合物中中心原子的 $d$ 电子的运动。$d$ 电子受到原子核及全充满的内壳层上的电子的库仑作用,这种作用力是一种中心力。如果我们将原子核和内层电子称为原子实,则 $d$ 电子受原子实的库仑作用的势能可写为 $-Z^*/r_i$,此处 $r_i$ 为第 $i$ 个 $d$ 电子与原子核之间的距离,$Z^*$ 为有效核电荷,即核电荷 $Z$ 减去内层电子对第 $i$ 个 $d$ 电子的屏蔽常数。$d$ 电子不止一个时,$d$ 电子之间还存在排斥作用,$d$ 电子 $i$ 和 $j$ 的作用势能为 $1/r_{ij}$。$d$ 电子受到的第三种作用力来自配体,作用势能为 $V(\mathbf{r}_i)$,$\mathbf{r}_i$ 为 $d$ 电子 $i$ 的位置向量。此外,$d$ 电子 $i$ 的自旋运动和轨道运动之间还存在相互作用,作用能为 $\xi_i(r_i)\mathbf{s}_i \cdot \mathbf{l}_i$,此处 $\xi_i(r_i)$ 为自旋-轨道偶合常数,$\mathbf{s}_i$ 为自旋角动量,$\mathbf{l}_i$ 为偶道角动量。因此,描述 $d$ 电子运动的薛定谔方程为

$$\left\{\sum_i\left(-\frac{1}{2}\nabla_i^2-\frac{Z^*}{r_i}\right)+\sum_i\sum_{j>i}\frac{1}{r_{ij}}+\sum_i V(\mathbf{r}_i)+\sum_i\xi_i(r_i)\hat{\mathbf{s}}_i\cdot\hat{\mathbf{l}}_i\right\}\Psi = E\Psi \quad (7\text{-}1)$$

在晶体场模型中,中心原子与配体之间的相互作用被视为纯静电力,中心原子轨道与配体原子轨道之间的重叠完全被忽略。在这种近似下,$d$ 电子与配体之间的相互作用为静电排斥作用。晶体场模型还进一步将配体近似为点电荷(对阴离子配体)或点偶极(对极性分子配体),这样一来,如果知道络合物的几何构型,$d$ 电子与配体之间的作用势能 $V(\mathbf{r}_i)$就可以写出来。

在中性原子和自由离子中,$n$ 和 $l$ 相同的原子轨道是简并的。在络合物中,配体施加于中心离子的势场称为晶体场。由于中心离子周围的配体的数目是有限的,晶体场都不是球对称势场。我们知道,中心离子的价电子轨道除 $s$ 轨道以外都有一定的空间取向。简并轨道的空间取向不同,受配体排斥作用的程度可能不同。这样一来,一组原先简并的原子轨道在配体势场的影响下有可能发生能级的分裂。晶体场理论正是从分析过渡金属离子的 $d$ 轨道在具有各种对称性的晶体场中的能级分裂入手讨论过渡金属络合物的结构和性质。

方程(7-1)不能精确求解,采用量子力学的微扰理论可以求得该方程的近似解。

**2. 在化学环境中能级和谱项的分裂**

在第四章中曾经说明，体系的哈密顿量属于体系所属对称群的全对称表示。体系的本征函数是体系所属的对称群的不可约表示的基。属于同一本征能量的本征函数的全体属于同一不可约表示，属于不同的不可约表示的本征函数能量不同，属于同一不可约表示的几组本征函数能量不同。因此，体系的本征函数要按体系所属对称群的不可约表示分类。假定体系的哈密顿量可以表示为

$$\hat{\mathbf{H}} = \hat{\mathbf{H}}_0 + \hat{\mathbf{H}}'$$

$\hat{\mathbf{H}}_0$具有较高的对称性，属于群 $G_0$ 的全对称表示，$\hat{\mathbf{H}}'$是一种微扰，属于群 $G$ 的全对称表示。$G$ 是 $G_0$ 的子群，整个$\hat{\mathbf{H}}$属于群 $G$ 的全对称表示。根据上面的讨论，只要知道保持哈密顿量不变的对称群是什么，马上就可以说出能量的可能简并态。对于一个满壳层外只有一个电子的离子，如果它处于未络合状态（自由离子状态），这个电子是在一个球对称的势场中运动，这个离子具有球对称性。凡具有球对称性的物体属于三维旋转-反演群 $R_{3i}$。体系的哈密顿量$\hat{\mathbf{H}}_0$ 属于 $R_{3i}$群的全对称表示。具有相同的 $n$ 和 $l$ 的原子轨道是简并的，属于 $R_{3i}$ 群的$(2l+1)$维不可约表示。若将这一离子置于对称性为 $O_h$ 的化学环境中，$O_h$ 群是 $R_{3i}$群的一个子群，微扰$\hat{\mathbf{H}}'=V(\mathbf{r}_i)$属于 $O_h$ 群的全对称表示。此时保持体系哈密顿量$\hat{\mathbf{H}}=\hat{\mathbf{H}}_0+\hat{\mathbf{H}}'$不变的对称群是 $O_h$ 群。体系的本征函数要按 $O_h$ 群的不可约表示分类。$O_h$ 群的不可约表示的维数最高是 3，所以所有简并度大于 3 的原子轨道（如 $d$、$f$、$g$ 轨道）都要发生能级分裂。

为了求得一组简并的原子轨道在某一对称性环境中的分裂情况，我们可以取这组原子轨道为基函数，利用化可约表示为不可约表示的直和的方法进行约化。直和中包含的不可约表示的数目就是这组原子轨道在该种化学环境中分裂成的能级的数目。下面以单电子 $d$ 轨道在正八面体环境中的分裂情况为例予以说明。

正八面体属于点群 $O_h$。$O_h$ 群等于它的纯转动子群 $O$ 加上对称操作 $i$①。已知 $d$ 轨道在反演操作 $i$ 下是对称的。因此只需求出五个 $d$ 轨道按 $O$ 群的不可约表示的分类情况，在 $O_h$ 群中的分类情况也就知道了。$O$ 群的对称操作共有 24 个，分为五个共轭类：$E$，$6C_4$，$3C_2(=C_4^2)$，$8C_3$，$6C_2$。因为属于同一共轭类的对称操作的矩阵表示的特征标相同，为简便计，我们取全部的转动操作都绕同一根转动轴（例如 $z$ 轴）进行。

---

① $O_h$ 群的对称操作共有 48 个，除 $O$ 群有的 $E$，$6C_4$，$3C_2(=C_4^2)$，$8C_3$ 及 $6C_2$ 外，尚有 $i$，$6S_4$，$3\sigma_h$ 和 $6\sigma_d$。但 $S_4=iC_4$，$S_6=iC_3$，$\sigma_h=iC_2$，$\sigma_d=iC'_2$。由此可见，$O_h=O\otimes C_i$。

多电子原子的原子轨道可以写为[参见(2-11)及(2-28)式]

$$\begin{aligned}\psi_{nlmm_s}(r,\theta,\varphi,\gamma) &= \phi_{nlm}(r,\theta,\varphi)\sigma_{m_s}(\gamma)\\ &= R_{nl}(r)Y_{lm}(\theta,\varphi)\sigma_{m_s}(\gamma)\\ &= R_{nl}(r)\Theta_{lm}(\theta)\Phi_m(\varphi)\sigma_{m_s}(\gamma)\end{aligned}$$

因为对称操作不直接作用于自旋波函数 $\sigma_{m_s}(\gamma)$，所以只需考虑波函数 $\psi_{nlmm_s}(r,\theta,\varphi,\gamma)$的空间部分 $\phi_{nlm}(r,\theta,\varphi)$在对称操作下的变换性质。径向函数 $R_{nl}(r)$不包含方向变量 $\theta$、$\varphi$，显然旋转操作不改变它的值。如果我们取全部旋转操作绕同一根轴转动，则 $\theta$ 是不变的，因而函数 $\Theta_{lm}(\theta)$在旋转操作下也是不变的。由此可见，在旋转操作下唯一改变的是 $\Phi_m(\varphi)$。由(1-135)式，

$$\Phi_m(\varphi) = e^{im\varphi} / \sqrt{2\pi}$$

对于五个 $d$ 轨道，$m$ 值分别取 2，1，0，−1，−2。于是，考察五个 $d$ 轨道作基函数在 $O_h$ 群的对称操作下的变换性质，只需考虑以 $e^{i2\varphi}$，$e^{i\varphi}$，1，$e^{-i\varphi}$，$e^{-i2\varphi}$在 $O$ 群的对称操作下的变换性质就可以了。

在旋转 $\alpha$ 角的操作 $C(\alpha)$下，函数由 $e^{im\varphi}$变为 $e^{im(\varphi+\alpha)}$，即

$$C(\alpha)\begin{bmatrix} e^{i2\varphi} \\ e^{i\varphi} \\ 1 \\ e^{-i\varphi} \\ e^{-i2\varphi} \end{bmatrix} = \begin{bmatrix} e^{i2(\varphi+\alpha)} \\ e^{i(\varphi+\alpha)} \\ 1 \\ e^{-i(\varphi+\alpha)} \\ e^{-i2(\varphi+\alpha)} \end{bmatrix} = \begin{bmatrix} e^{i2\alpha} & 0 & 0 & 0 & 0 \\ 0 & e^{i\alpha} & 0 & 0 & 0 \\ 0 & 0 & 1 & 0 & 0 \\ 0 & 0 & 0 & e^{-i\alpha} & 0 \\ 0 & 0 & 0 & 0 & e^{-i2\alpha} \end{bmatrix} \begin{bmatrix} e^{i2\varphi} \\ e^{i\varphi} \\ 1 \\ e^{-i\varphi} \\ e^{-i2\varphi} \end{bmatrix}$$

显然，对称操作 $C(\alpha)$的表示矩阵为

$$D[C(\alpha)] = \begin{bmatrix} e^{i2\alpha} & 0 & 0 & 0 & 0 \\ 0 & e^{i\alpha} & 0 & 0 & 0 \\ 0 & 0 & 1 & 0 & 0 \\ 0 & 0 & 0 & e^{-i\alpha} & 0 \\ 0 & 0 & 0 & 0 & e^{-i2\alpha} \end{bmatrix}$$

$D[C(\alpha)]$的特征标为

$$\chi(\alpha) = e^{i2\alpha} + e^{i\alpha} + 1 + e^{-i\alpha} + e^{-i2\alpha} = 1 + 2\cos\alpha + 2\cos2\alpha$$

于是

$$\chi(E) = 5$$

$$\chi(C_4) = -1$$

$$\chi(C_3) = -1$$

$$\chi(C_2 = C_4^2) = 1$$

$$\chi(C_2) = 1$$

应用化可约表示为不可约表示的直和的公式(4-31)及 $O$ 群的特征标表，求得以五

个 $d$ 轨道为基函数的 $O$ 群的表示 $\Gamma_d$ 的约化关系为

$$\Gamma_d = E \oplus T_2$$

在 $O_h$ 群中，由于 $d$ 波函数对于反演操作的固有的 $g$ 性质，所以有

$$\Gamma_d = E_g \oplus T_{2g}$$

到此为止我们已经证得，在自由原子或自由离子中（更确切地说是在球对称的化学环境中）简并的一组五个 $d$ 波函数，当原子或离子置于 $O_h$ 对称性的化学环境中时，它们就不再是简并的了，而是分解为两组，其中一组是三重简并的 $T_{2g}$，另一组是二重简并的 $E_g$。

查看 $O_h$ 群的特征标表可知，$d_{z^2}$ 和 $d_{x^2-y^2}$ 轨道属于 $E_g$ 不可约表示，$d_{xy}$，$d_{yz}$，$d_{xz}$ 轨道属于 $T_{2g}$ 不可约表示，习惯上就用 $e_g$ 和 $t_{2g}$ 来称呼这两组轨道。①

角量子数 $l$ 等于其他值的原子轨道，在正八面体场中的分裂情况也可以按上面的步骤求出。结果总结于表 7-1 中。

**表 7-1　在正八面体环境中单电子能级的分裂**

| $l$ | 能级类型 | 在 $O_h$ 群中的分裂情况 |
| --- | --- | --- |
| 0 | $s$ | $a_{1g}$ |
| 1 | $p$ | $t_{1u}$ |
| 2 | $d$ | $e_g + t_{2g}$ |
| 3 | $f$ | $a_{2u} + t_{1u} + t_{2u}$ |
| 4 | $g$ | $a_{1g} + e_g + t_{1g} + t_{2g}$ |
| 5 | $h$ | $e_u + 2t_{1u} + t_{2u}$ |
| 6 | $i$ | $a_{1g} + a_{2g} + e_g + t_{1g} + 2t_{2g}$ |

用类似的方法可以求出单电子能级在其他对称性环境（如 $T_d$，$D_{4h}$，$D_{2d}$ 和 $C_{2v}$）中的分裂情况。利用 $O_h$ 群的相关表（表 7-2）可以不进行任何推引获得所需的结果。相关表指出了当对称性改变或降低时，$O_h$ 群的表示如何改变或分解成它的子群的表示。

对于多电子原子，体系的状态要用包含量子数 $L, S, M_L, M_S$ 的状态函数 $\Psi(L, S, M_L, M_S)$ 来描写，$\Psi$ 包括空间部分和自旋部分，因为对称操作不直接作用于电子自旋，所以由一特定谱项分裂出来的全部状态具有和原来谱项相同的自旋多重性。$\Psi$ 的空间部分也包括径向部分和角度部分，角度部分是球谐函数 $Y_{LM_L}(\theta, \varphi)$。由此可见，角量子数为 $L$ 的谱项在化学环境中的分裂情况与角量子数为 $l$ 的单电子能级在该化学环境中的分裂情况是一样的，即 $S, P, D, F, G \cdots$ 谱项的分裂情况分别与单电子轨道 $s, p, d, f, g \cdots$ 的分裂情况一样。例如 $d$ 轨道在 $O_h$ 群中分裂成为

① 在有些书上称 $e_g$ 轨道为 $d_\gamma$（或 $\gamma_3$）轨道，称 $t_{2g}$ 轨道为 $d_\varepsilon$（或 $\gamma_5$）轨道。

两组，即 $e_g$ 和 $t_{2g}$，谱项 $D$ 在 $O_h$ 群中也分裂成两组状态，即 $E_g$ 和 $T_{2g}$。当体系有反演中心时，由谱项 $^{2s+1}L$ 分裂成的几组状态的下标 $g$ 和 $u$ 由派生出谱项 $^{2s+1}L$ 的单电子轨道的 $g$、$u$ 对称性决定。由 $d^n$ 组态派生的所有谱项在具有反演中心的化学环境中分裂出的全部状态都具有 $d$ 轨道固有的 $g$ 对称性。例如由组态 $d^2$ 派生出的谱项有 $^1S$，$^1D$，$^1G$，$^3P$，$^3F$。$^3F$ 谱项在正八面体场中分裂为 $^3A_{2g}+{}^3T_{1g}+{}^3T_{2g}$，$^3P$ 谱项不分裂，为 $^3T_{1g}$，它们都保留 $d$ 轨道的固有的 $g$ 对称性，这与 $p$，$f$ 轨道分裂成的能级具有 $u$ 对称性是不同的（见表 7-1）。

**表 7-2　$O_h$ 群的相关表**

| $O_h$ | $O$ | $T_d$ | $D_{4h}$ | $D_{2d}$ | $C_{4v}$ | $C_{2v}$ | $D_{3d}$ | $D_3$ | $C_{2h}$ |
|---|---|---|---|---|---|---|---|---|---|
| $A_{1g}$ | $A_1$ | $A_1$ | $A_{1g}$ | $A_1$ | $A_1$ | $A_1$ | $A_{1g}$ | $A_1$ | $A_g$ |
| $A_{2g}$ | $A_2$ | $A_2$ | $B_{1g}$ | $B_1$ | $B_1$ | $A_2$ | $A_{2g}$ | $A_2$ | $B_g$ |
| $E_g$ | $E$ | $E$ | $A_{1g}+B_{1g}$ | $A_1+B_1$ | $A_1+B_1$ | $A_1+A_2$ | $E_g$ | $E$ | $A_g+B_g$ |
| $T_{1g}$ | $T_1$ | $T_1$ | $A_{2g}+E_g$ | $A_2+E$ | $A_2+E$ | $A_2+B_1+B_2$ | $A_{2g}+E_g$ | $A_2+E$ | $A_g+2B_g$ |
| $T_{2g}$ | $T_2$ | $T_2$ | $B_{2g}+E_g$ | $B_2+E$ | $B_2+E$ | $A_1+B_1+B_2$ | $A_{1g}+E_g$ | $A_1+E$ | $2A_g+B_g$ |
| $A_{1u}$ | $A_1$ | $A_2$ | $A_{1u}$ | $B_1$ | $A_2$ | $A_2$ | $A_{1u}$ | $A_1$ | $A_u$ |
| $A_{2u}$ | $A_2$ | $A_1$ | $B_{1u}$ | $A_1$ | $B_2$ | $A_1$ | $A_{2u}$ | $A_2$ | $B_u$ |
| $E_u$ | $E$ | $E$ | $A_{1u}+B_{1u}$ | $A_1+B_1$ | $A_2+B_2$ | $A_1+A_2$ | $E_u$ | $E$ | $A_u+B_u$ |
| $T_{1u}$ | $T_1$ | $T_2$ | $A_{2u}+E_u$ | $B_2+E$ | $A_1+E$ | $A_1+B_1+B_2$ | $A_{2u}+E_u$ | $A_2+E$ | $A_u+2B_u$ |
| $T_{2u}$ | $T_2$ | $T_1$ | $B_{2u}+E_u$ | $A_2+E$ | $B_1+E$ | $A_2+B_1+B_2$ | $A_{1u}+E_u$ | $A_1+E$ | $2A_u+B_u$ |

群论分析可以告诉我们单电子能级及谱项在化学环境中的分裂情况，但光凭群论还不能得到分裂成的能级的高低顺序，解决这一问题需要物理模型。在无机化学课中，我们从分析八面体场中 $e_g$ 轨道（$d_{z^2}$ 和 $d_{x^2-y^2}$）与 $t_{2g}$ 轨道（$d_{xy}$，$d_{xz}$ 和 $d_{yz}$）的角度分布与配体的空间位置的关系得出了 $e_g$ 能量高于 $t_{2g}$ 的能量（前者为 6$D$q，后者为 $-4D$q），下面我们将用晶体场模型导出这一结果。

### 3. 微扰理论

设有一个定态体系，其薛定谔方程不能精确求解，但该体系的哈密顿算符 $\hat{\mathbf{H}}$ 与另一体系的哈密顿算符 $\hat{\mathbf{H}}_0$ 相差很少，后者是可以精确求解的，我们可以将不能精确求解的体系看成是外界对于可以精确求解的体系的一种微小扰动——微扰——的结果，称前者为微扰体系，称后者为无微扰体系，称这两个体系的哈密顿算符的差

$$\hat{\mathbf{H}}' = \hat{\mathbf{H}} - \hat{\mathbf{H}}_0 \tag{7-2}$$

为微扰。既然 $\hat{\mathbf{H}}$ 与 $\hat{\mathbf{H}}_0$ 很接近，我们自然可以认为微扰体系的本征函数与本征值和

无微扰体系的本征函数和本征值有密切关系。微扰理论就是从无微扰的已知体系出发求微扰体系的本征函数和本征值的一种方法。

为了导出微扰体系的本征函数和本征值与无微扰体系的本征函数和本征值之间的关系,我们设想微扰是分步进行的,每一步都非常微小,以至于可以认为是连续变化,亦即

$$\hat{\mathbf{H}} = \hat{\mathbf{H}}_0 + \lambda\,\hat{\mathbf{H}}' \tag{7-3}$$

若 $\lambda=0$,就是无微扰体系,$\lambda$ 增加,微扰随之增大,当 $\lambda=1$ 时,即过渡到微扰体系。

首先导出无微扰体系没有简并的情况。设无微扰体系的波函数为 $\Psi_n^{(0)}$,相应的能量为 $E_n^{(0)}$,微扰体系的波函数为 $\Psi_n$,相应的能量为 $E_n$,则微扰体系的薛定谔方程为

$$(\hat{\mathbf{H}}_0 + \lambda\,\hat{\mathbf{H}}')\Psi_n = E_n\Psi_n \tag{7-4}$$

我们将 $\Psi_n$ 和 $E_n$ 分别在 $\Psi_n^{(0)}$ 和 $E_n^{(0)}$ 附近展开成 $\lambda$ 的幂级数

$$\Psi_n = \Psi_n^{(0)} + \lambda\Psi_n^{(1)} + \lambda^2\Psi_n^{(2)} + \cdots \tag{7-5}$$

$$E_n = E_n^{(0)} + \lambda E_n^{(1)} + \lambda^2 E_n^{(2)} + \cdots \tag{7-6}$$

以上二式中的 $\Psi_n^{(k)}$ 称为 $\Psi_n^{(0)}$ 的 $k$ 级修正值,$E_n^{(k)}$ 称为 $E_n^{(0)}$ 的 $k$ 级修正值。若以上两级数收敛,则只要取少数几项就可以得到 $\Psi_n$ 和 $E_n$ 的很好的近似值。将(7-5)式和(7-6)式代入(7-4)式并令两边 $\lambda$ 的同次幂的系数相等得到

$$\hat{\mathbf{H}}_0\Psi_n^{(0)} = E_n^{(0)}\Psi_n^{(0)} \tag{7-7}$$

$$\hat{\mathbf{H}}_0\Psi_n^{(1)} + \hat{\mathbf{H}}'\Psi_n^{(0)} = E_n^{(0)}\Psi_n^{(1)} + E_n^{(1)}\Psi_n^{(0)} \tag{7-8}$$

$$\hat{\mathbf{H}}_0\Psi_n^{(2)} + \hat{\mathbf{H}}'\Psi_n^{(1)} = E_n^{(0)}\Psi_n^{(2)} + E_n^{(1)}\Psi_n^{(1)} + E_n^{(2)}\Psi_n^{(0)} \tag{7-9}$$

……

(7-7)式就是无微扰体系的薛定谔方程,(7-8)式和(7-9)式分别是一级和二级近似的方程,若讨论的问题要求准确到一级时,只需解方程(7-7)和(7-8),这种处理方法称为一级微扰。若要精确到二级时,则还需解方程(7-9),这种处理方法称为二级微扰。对于一级微扰,只需求出一级波函数修正 $\Psi_n^{(1)}$ 和一级能量修正 $E_n^{(1)}$,为此我们将 $\Psi_n^{(1)}$ 展开成 $\Psi_n^{(0)}$ 的线性组合,

$$\Psi_n^{(1)} = \sum_m a_m\Psi_m^{(0)} \tag{7-10}$$

将(7-10)式代入方程(7-8)中,整理后得

$$\sum_m E_m^{(0)}a_m\Psi_m^{(0)} + \hat{\mathbf{H}}'\Psi_n^{(0)} = \sum_m E_n^{(0)}a_m\Psi_m^{(0)} + E_n^{(1)}\Psi_n^{(0)}$$

用 $\Psi_l^{(0)*}$ 左乘上面方程的两边并对整个组态空间求积分,注意到 $\hat{\mathbf{H}}_0$ 的本征函数的正交归一性,得

$$\sum_m E_m^{(0)} a_m \delta_{lm} + \mathbf{H}'_{ln} = \sum_m E_n^{(0)} a_m \delta_{lm} + E_n^{(1)} \delta_{ln}$$

即

$$E_l^{(0)} a_l + H'_{ln} = E_n^{(0)} a_l + E_n^{(1)} \delta_{ln} \tag{7-11}$$

其中

$$H'_{ln} = \int \Psi_l^{(0)*} \ \hat{\mathbf{H}}' \Psi_n^{(0)} d\tau \tag{7-12}$$

称为微扰矩阵元。在(7-11)式中令 $l=n$,得

$$E_n^{(1)} = H'_{nn} = \int \Psi_n^{(0)*} \ \hat{\mathbf{H}}' \Psi_n^{(0)} d\tau \tag{7-13}$$

上式说明,一级能量修正等于微扰算符对于无微扰体系波函数的平均值。由(7-11)式求得(7-10)式中的系数

$$a_m = \frac{H'_{mn}}{E_n^{(0)} - E_m^{(0)}} \ (m \neq n) \tag{7-14}$$

可以证明 $a_n=0$。兹将一级微扰的计算公式总结如下:

$$\hat{\mathbf{H}} = \hat{\mathbf{H}}_0 + \hat{\mathbf{H}}'$$

$$\Psi_n = \Psi_n^{(0)} + \Psi_n^{(1)}$$

$$\Psi_n^{(1)} = \sum_m a_m \Psi_m^{(0)}$$

$$E_n = E_n^{(0)} + E_n^{(1)}$$

$$E_n^{(1)} = E'_{nn} = \int \Psi_n^{(0)*} \ \hat{\mathbf{H}}' \Psi_n^{(0)} d\tau$$

$$a_m = \begin{cases} 0 \quad (m = n) \\ \dfrac{H'_{mn}}{E_n^{(0)} - E_m^{(0)}} \quad (m \neq n) \end{cases}$$

对于无微扰体系的能级有简并的情况,上面给出的结果是不适用的。在这种情况下,我们首先考虑微扰对于简并能级的影响。令 $\Psi_1^{(0)}, \Psi_2^{(0)}, \cdots, \Psi_s^{(0)}$ 是对应于同一本征值 $E_s^{(0)}$ 的 $s$ 个简并本征函数,则当微扰撤除以后,微扰体系的本征函数不一定趋近于 $\Psi_1^{(0)}, \cdots, \Psi_s^{(0)}$ 中的某一个,而可能是它们的某个线性组合 $\Psi_n^{(0)}$

$$\Psi_n^{(0)} = \sum_{i=1}^{s} C_i \Psi_i^{(0)} \tag{7-15}$$

我们仍将一级波函数修正 $\Psi_n^{(1)}$ 写成无微扰体系的全部波函数 $\Psi_1^{(0)}, \Psi_2^{(0)} \cdots$ 的线性组合

$$\Psi_n^{(1)} = \sum_{k=1}^{\infty} a_k \Psi_k^{(0)} \tag{7-16}$$

并且指定诸 $\Psi_k^{(0)}$ 中的前 $s$ 个是简并能级 $E_s^{(0)}$ 的 $s$ 个本征函数。将(7-15)式和(7-16)式代入(7-8)式中

$$\hat{\mathbf{H}}_0 \sum_{k=1}^{\infty} a_k \Psi_k^{(0)} + \hat{\mathbf{H}}' \sum_{i=1}^{s} C_i \Psi_i^{(0)} = E_s^{(0)} \sum_{k=1}^{\infty} a_k \Psi_k^{(0)} + E_n^{(1)} \sum_{i=1}^{s} C_i \Psi_i^{(0)}$$

整理后得

$$\sum_{k=1}^{\infty} a_k (E_k^{(0)} - E_s^{(0)}) \Psi_k^{(0)} = \sum_{i=1}^{s} C_i (\hat{\mathbf{H}}' - E_n^{(1)}) \Psi_i^{(0)}$$

上式两边左乘 $\Psi_j^{(0)*}$，然后对空间积分，得

$$\sum_{k=1}^{\infty} a_k (E_k^0 - E_s^{(0)}) S_{jk} = \sum_{i=1}^{s} C_i (H'_{ji} - E_n^{(1)} S_{ji}) \tag{7-17}$$

上式中

$$S_{jk} = \int \Psi_j^{(0)*} \Psi_k^{(0)} d\tau$$

$$S_{ji} = \int \Psi_j^{(0)*} \Psi_i^{(0)} d\tau$$

$$H'_{ji} = \int \Psi_j^{(0)*} \hat{\mathbf{H}}' \Psi_i^{(0)} d\tau$$

考虑 $1 \leqslant j \leqslant s$，即 $\Psi_j^{(0)}$ 是 $s$ 个简并波函数中的一个，将(7-17)式等号右边的求和拆成两部分

$$\sum_{k=1}^{s} a_k (E_k^{(0)} - E_s^{(0)}) S_{jk} + \sum_{k=s+1}^{\infty} a_k (E_k^{(0)} - E_s^{(0)}) S_{jk}$$

$$= \sum_{i=1}^{s} C_i (H'_{ji} - E_n^{(1)} S_{ji})$$

因为当 $1 \leqslant k \leqslant s$ 时，$E_k^{(0)} = E_s^{(0)}$，上式中等号左边第1项为零；当 $k \geqslant s+1$ 时 $\Psi_k^{(0)}$ 属于另外能级的波函数，根据波函数的正交性质，$S_{jk}=0$，因而上式等号左边第二项为零，因此

$$\sum_{i=1}^{s} C_i (H'_{ji} - E_n^{(1)} S_{ji}) = 0 \tag{7-18}$$

$$(j = 1, 2, 3, \cdots, s)$$

(7-18)式是一个含 $s$ 个未知数 $C_i$ 的齐次方程组，有非零解的条件是系数行列式为零，得久期方程

$$|(H'_{ji} - E_n^{(1)} S_{ji})| = 0, \tag{7-19}$$

$$i, j = 1, 2, \cdots, n$$

方程(7-19)左边的行列式即久期行列式。由此可解出 $E_n^{(1)}$，代回(7-18)式中即可求出诸 $C_i$，由此即得到正确的零级波函数。解方程(7-19)式时可能出现三种情况：(1)若 $E_n^{(1)}$ 只有一个，即 $s$ 重重根，这种情况相应于微扰未能消除原先的简并；(2)若 $E_n^{(1)}$ 有 $r$ 个根，其中 $r<s$，则微扰的结果使原先 $S$ 重简并的状态部分地消除了简并；(3)若解出 $s$ 个全不相同的 $E_n^{(1)}$，说明微扰使原先的 $s$ 重简并全部消除了。

**4. 弱场和强场**

在方程(7-1)中,$d$ 电子之间的相互作用,$d$ 电子与晶体场之间的相互作用以及自旋-轨道相互作用与 $d$ 电子和原子实之间的相互作用相比是比较小的,我们可以将它们作为微扰处理。令

$$\hat{\mathbf{H}}_0 = \sum_i \left(-\frac{1}{2}\nabla_i^2 - \frac{Z^*}{r_i}\right) \tag{7-20}$$

$$\hat{\mathbf{H}}' = \sum_i \sum_{j>i} \frac{1}{r_{ij}} + \sum_i V(\mathbf{r}_i) + \sum_i \xi_i(r_i)\mathbf{s}_i \cdot \mathbf{l}_i \tag{7-21}$$

无微扰体系的解就是由类氢离子波函数组成的斯莱特行列式

$$\Phi_0 = | \phi_{01}\bar{\phi}_{02}\phi_{03}\bar{\phi}_{04}\cdots\phi_{0N} |$$

上式中 $N$ 为 $d$ 电子数目。$\Phi_0$ 满足无微扰方程

$$\hat{\mathbf{H}}_0\Phi_0 = E_0\Phi_0$$

此处

$$E_0 = N\varepsilon_{0d}$$

$\varepsilon_{0d}$ 为无微扰体系的单电子 $d$ 轨道能量,满足单电子方程

$$\left(-\frac{1}{2}\nabla_i^2 - \frac{Z^*}{r_i}\right)\phi_{0i} = \varepsilon_{0d}\phi_{0i}$$

现在我们对上述体系引入微扰。一般而言 $\hat{\mathbf{H}}'$ 包含的三种微扰大小不一定相同,我们可以根据这三种微扰的大小分别进行处理。首先考虑最强的微扰而暂不考虑其他两种较弱的微扰,利用微扰理论求得近似解。其次,将已求解的体系作为无微扰体系,将次强的相互作用视为对它的一种微扰,暂时忽略更弱的相互作用,求得精确一些的近似解。最后,以刚求得近似解的体系作为无微扰体系,将最弱的相互作用作为一种微扰,求得更精确的近似解。根据 $\hat{\mathbf{H}}'$ 中包含的三种相互作用的相对大小,可以区分为三种情况:

(1) 弱场极限:若 $d$ 电子与配体之间的相互作用与 $d$ 电子之间的相互作比很弱,即三种微扰的相对强弱顺序是:

$d$ 电子之间的相互作用 > $d$ 电子与配体之间的相互作用 > 自旋-轨道偶合

此时我们在无微扰体系[哈密顿算符为(7-20)式]的基础上首先考虑 $d$ 电子之间的相互作用,求得 $d^N$ 组态的各谱项 $^{2s+1}L$,然后再考虑 $d$ 电子与配体之间的相互作用,求得每一个谱项分裂成的一个或几个能级,如下式所示:

| $d^N$ | $^{2s+1}L$ | $^{2s+1}\Gamma$ |
| --- | --- | --- |
| 不考虑 $d$ 电子间的相互作用 | 考虑 $d$ 电子间的相互作用 | 考虑 $d$ 电子与配体场的相互作用 |

(2) 强场极限:若 $d$ 电子与配体之间的相互作用比 $d$ 电子之间的相互作用及

自旋-轨道偶合都强，即

$d$ 电子与配体之间的相互作用＞$d$ 电子之间的相互作用＞自旋-轨道偶合

在这种情况下我们在无微扰体系的基础上首先考虑 $d$ 电子与配体间的相互作用，由不考虑 $d$ 电子之间相互作用的自由离子的组态 $d^N$ 导出在晶体场中中心离子的组态(如在正八面体场中的 $t_{2g}^x e_g^{N-x}$)，然后考虑 $d$ 电子之间的相互作用，得出络合物中中心离子的 $d$ 电子能级 $^{2s+1}\Gamma$，如下式所示：

| $d^N$ | $t_{2g}^x e_g^{N-x}$ | $^{2s+1}\Gamma$ |
|---|---|---|
| 不考虑 $d$ 电子间的相互作用 | 考虑 $d$ 电子与配体间的相互作用 | 考虑 $d$ 电子间的相互作用 |

在上述两种情况下假定自旋-轨道偶合很弱，可以忽略不计。

(3) 强自旋-轨道偶合情况　对于重过渡元素，单个 $d$ 电子的自旋-轨道偶合作用比其他两种相互作用都强，这种情况本章不作讨论。

**5. $d^1$ 组态**

络合物中的中心原子只有一个 $d$ 电子的情况特别简单。在忽略自旋-轨道偶合时，微扰算符(7-21)式成为

$$\hat{\mathbf{H}}' = V(\mathbf{r})$$

无微扰体系的波函数就是有效核电荷为 $Z^*$ 的类氢离子 $d$ 波函数，为五重简并，能量记为 $\varepsilon_{0d}$。我们以 $\phi_1, \phi_2, \phi_3, \phi_4$ 和 $\phi_5$ 分别代表实波函数 $d_{z^2}, d_{x^2-y^2}, d_{xy}, d_{yz}$ 和 $d_{xz}$，以 $d_m$ 代表磁量子数为 $m$ 的 $d$ 波函数，即有

$$\left.\begin{aligned}
\phi_1 &= d_{z^2} = d_0 \\
\phi_2 &= d_{x^2-y^2} = \sqrt{\frac{1}{2}}(d_2 + d_{-2}) \\
\phi_3 &= d_{xy} = -i\sqrt{\frac{1}{2}}(d_2 - d_{-2}) \\
\phi_4 &= d_{yz} = -i\sqrt{\frac{1}{2}}(d_1 - d_{-1}) \\
\phi_5 &= d_{xz} = \sqrt{\frac{1}{2}}(d_1 + d_{-1})
\end{aligned}\right\} \tag{7-22}$$

这些波函数是正交归一化的，即

$$S_{ij} = \int \phi_i^* \phi_j d\tau = \delta_{ij}$$

久期方程式(7-19)就成为

$$\begin{bmatrix} H'_{11}-E^{(1)} & H'_{12} & H'_{13} & H'_{14} & H'_{15} \\ H'_{21} & H'_{22}-E_{(1)} & H'_{23} & H'_{24} & H'_{25} \\ H'_{31} & H'_{32} & H'_{33}-E^{(1)} & H'_{34} & H'_{35} \\ H'_{41} & H'_{42} & H'_{43} & H'_{44}-E^{(1)} & H'_{45} \\ H'_{51} & H'_{52} & H'_{53} & H'_{54} & H'_{55}-E^{(1)} \end{bmatrix} = 0 \quad (7\text{-}23)$$

为了求得一级能量修正值 $E^{(1)}$，需要计算各微扰矩阵元 $H'_{ij}=\int \phi_i^* V\phi_j d\tau$，这就需要知道配位场势能函数 $V$。在晶体场模型中，配体近似为点电荷(电荷为 $-q$)或点偶极(偶极矩为 $\mu$)，设配体位于多面体的顶点，配体与中心原子之间的距离为 $R$，可以导出[1]作用于 $d$ 电子上的有效势能为：

$$\text{正八面体}\quad V_{O_h}=\frac{3}{\sqrt{\pi}}a_0Y_{0,0}+\frac{21}{4\sqrt{\pi}}a_4r^4\left[Y_{4,0}+\sqrt{\frac{5}{14}}(Y_{4,4}+Y_{4,-4})\right] \quad (7\text{-}24)$$

$$\text{正四面体}\quad V_{T_d}=\frac{2}{\sqrt{\pi}}a_0Y_{0,0}-\frac{7}{3\sqrt{\pi}}a_4r^4\left[Y_{4,0}+\sqrt{\frac{5}{14}}(Y_{4,4}+Y_{4,-4})\right] \quad (7\text{-}25)$$

以上两式中的 $Y_{l,m}$ 为球谐函数，$a_0$，$a_4$ 为常数，

$$a_0=\begin{cases} -4\pi\dfrac{q}{R}(\text{对点电荷}) \\ -4\pi\dfrac{\mu}{R^2}(\text{对点偶极}) \end{cases}$$

$$a_4=\begin{cases} -\dfrac{4\pi}{9}\dfrac{q}{R^5}(\text{对点电荷}) \\ -\dfrac{20\pi}{9}\dfrac{\mu}{R^6}(\text{对点偶极}) \end{cases}$$

下面就正八面体络合物与正四面体络合物两种情况分别进行讨论。

(1) 正八面体络合物：在正八面体环境中，$d_{z^2}$ 和 $d_{x^2-y^2}$ 属 $E_g$ 表示，$d_{xy}$，$d_{yz}$，$d_{xz}$ 属 $T_{2g}$ 表示，由于 $\hat{\mathbf{H}}'$ 属于全对称表示，积分

$$\int \phi_i^* \ \hat{\mathbf{H}}'\phi_j d\tau$$

仅当 $\phi_i$ 和 $\phi_j$ 属于分子点群的同一不可约表示时才可能不为零，这是因为只有在 $\phi_i$ 和 $\phi_j$ 属于同一不可约表示时直积表示 $\phi_i^* \ \hat{\mathbf{H}}'\phi_j$ 才能出现全对称表示。因此行列式(7-22)中

$$H'_{13}=H'_{14}=H'_{15}=H'_{23}=H'_{24}=H'_{25}=H'_{31}=H'_{32}=H'_{41}=H'_{42}=H'_{51}=H'_{52}=0$$

于是该行列式具有对角线分块结构，可以分解为两个阶数较低的行列式

① 参考书目4，第二部分，3.2节。

$$\begin{vmatrix} H'_{11}-E^{(1)} & H'_{12} \\ H'_{21} & H'_{22}-E^{(1)} \end{vmatrix} = 0$$

$$\begin{vmatrix} H'_{33}-E^{(1)} & H'_{34} & H'_{35} \\ H'_{43} & H'_{44}-E^{(1)} & H'_{45} \\ H'_{53} & H'_{54} & H'_{55} \end{vmatrix} = 0$$

还可以证明上述两个行列式的非对角元都等于零①,即

$$H'_{12} = H'_{21} = 0$$

$$H'_{34} = H'_{35} = H'_{43} = H'_{45} = H'_{53} = H'_{54} = 0$$

由于属于同一不可约表示轨道具有相同的能量,所以 $E^{(1)}$ 有两组重根,一组二重根 $E^{(1)}(E_g)$,一组三重根 $E^{(1)}(T_{2g})$,

$$E^{(1)}(E_g) = H'_{11} = H'_{22}$$

$$E^{(1)}(T_{2g}) = H'_{33} = H'_{44} = H'_{55}$$

将配位场势能 $V_{Oh}$ 的表达式(7-24)及 $\phi$ 的复波函数表达式代入相应的积分中,利用球谐函数的积分性质可以导出,

$$E^{(1)}(E_g) = -\frac{3}{2\pi}a_0\bar{r}^0 - \frac{9}{4\pi}a_4\bar{r}^4 \tag{7-26}$$

$$E^{(1)}(E_{2g}) = -\frac{3}{2\pi}a_0\bar{r}^0 + \frac{3}{2\pi}a_4\bar{r}^4 \tag{7-27}$$

令

$$\varepsilon_0 = -\frac{3}{2\pi}a_0\bar{r}^0 \quad (>0) \tag{7-28}$$

$$1Dq = -\frac{3}{8\pi}a_4\bar{r}^4 \quad (>0) \tag{7-29}$$

则

$$E^{(1)}(E_g) = \varepsilon_0 + 6D_q \tag{7-30}$$

$$E^{(1)}(T_{2g}) = \varepsilon_0 - 4D_q \tag{7-31}$$

(7-26)式至(7-29)式中的 $\bar{r}^k$ 为

$$\bar{r}^k = \int_0^\infty R^*_{n,2}(r)r^kR_{n,2}(r)r^2dr$$

---

① 定理:若 $\hat{\mathbf{H}}$ 是体系的哈密顿算符,$\phi_1$、$\phi_2$、…、$\phi_n$ 是体系所属对称群的某一 $n$ 维不可约表示的一组基,则

$$\int\phi_i^*\ \hat{\mathbf{H}}\phi_i d\tau = \int\phi_j^*\ \hat{\mathbf{H}}\phi_j d\tau \quad (i,j=1,2,\cdots,n)$$

$$\int\phi_i^*\ \hat{\mathbf{H}}\phi_j d\tau = 0 \qquad (若\ i\neq j)$$

比较(7-28)式及(7-29)式我们可以得出以下结论：

(a) 两式均含 $\varepsilon_0$ 项，该项起源于 $V_{O_h}$ 中与角度无关的部分，其物理意义是：如果将六个配体的电荷均匀分布于一个半径为 $R$ 的球面上，将中心原子引入这一球对称势场中，则五个 $d$ 轨道的能量都要升高，升高的数值相同，都等于 $\varepsilon_0$。

(b) 在正八面体环境中，五个 $d$ 轨道分裂成为两组，$d_{z^2}$ 和 $d_{x^2-y^2}$ 为一组，称为 $e_g$ 轨道，它们的能量比 $\varepsilon_0$ 高 $6Dq$，另一组为 $t_{2g}$ 轨道，包括 $d_{xy}$，$d_{yz}$，$d_{xz}$，能量较低，比 $\varepsilon_0$ 低 $4Dq$。其物理意义是：若将均匀分布在半径为 $R$ 的球面上的六个配体的电荷均摊于正八面体的六个顶点，则由于五个 $d$ 轨道的空间伸展方向不同，指向配体的 $d_{z^2}$ 和 $d_{x^2-y^2}$ 轨道能量较高，指向正八面体各棱的 $d_{xy}$，$d_{yz}$，$d_{xz}$ 轨道能量较低。

$Dq$ 称为场强参数，它是晶体场理论中的重要参数。正八面体场使单电子 $d$ 能级分裂成两个能级，$e_g$ 轨道与 $t_{2g}$ 轨道的能级差称为配位场分裂能，记为 $\Delta$，显然

$$\Delta = 10Dq$$

图 7-1 示出了 $d^1$ 体系在正八面体环境中的能级分裂情况。

(2) 正四面体络合物：$d^1$ 组态的中心离子在正四面体环境中的能级分裂情况与在正八面体的情况相似，$d$ 轨道分裂为两组，即 $e$ 轨道和 $t_2$ 轨道。因为正四面体没有对称中心，所以不可约表示没有 $g$ 和 $u$ 的区分。$d_{z^2}$ 和 $d_{x^2-y^2}$ 属于 $e$ 轨道，$d_{xy}$，$d_{yz}$ 和 $d_{xz}$ 属于 $t_2$ 轨道。用正四面体晶体场势能函数(7-25)式作为微扰算符计算微扰矩阵元 $H'_{11}$(或 $H'_{22}$)和 $H'_{33}$(或 $H'_{44}$，$H'_{55}$)，得

$$E^{(1)}(E) = -\frac{1}{\pi}a_0\bar{r}^0 + \frac{1}{\pi}a_4\bar{r}_4 \tag{7-32}$$

$$E^{(1)}(T_2) = -\frac{1}{\pi}a_0\bar{r}^0 - \frac{2}{3\pi}a_4\bar{r}^4 \tag{7-33}$$

令

$$\varepsilon_0 = -\frac{1}{\pi}a_0\bar{r}^0 \quad (>0) \tag{7-34}$$

$$1Dq = -\frac{1}{6\pi}a_4\bar{r}^4 \quad (>0) \tag{7-35}$$

则

$$E^{(1)}(E) = \varepsilon_0 - 6Dq \tag{7-36}$$

$$E^{(1)}(T_2) = \varepsilon_0 + 4Dq \tag{7-37}$$

(7-36)式和(7-37)式说明，在正四面体环境中属于 $E$ 表示的 $d_{z^2}$ 和 $d_{x^2-y^2}$ 能量较低，属于 $T_2$ 表示的 $d_{xy}$，$d_{yz}$ 和 $d_{xz}$ 能量较高，能级顺序与正八面体环境中的情况正好相反。比较(7-34)式与(7-28)式及(7-35)式与(7-29)式可知，当配体与中心离子间的距离 $R$ 相同且每个配体的电荷 $q$ 相等时

$$\varepsilon_{0\text{正四面体}} = \frac{2}{3}\varepsilon_{0\text{正八面体}} \tag{7-38}$$

$$\Delta_{\text{正四面体}} = \frac{4}{9}\Delta_{\text{正八面体}} \tag{7-39}$$

图 7-1 也示出了 $d^1$ 体系在正四面体环境中的能级分裂情况。

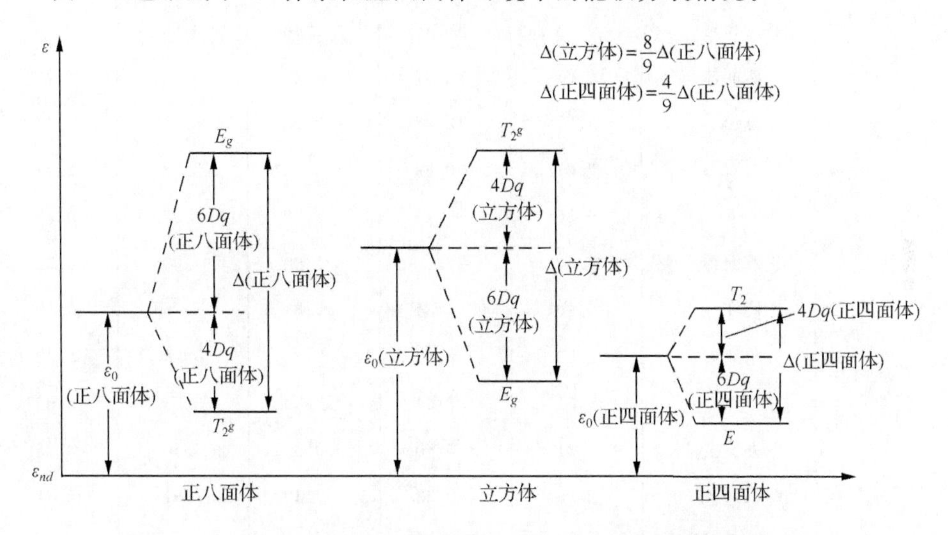


图 7-1　单电子 $d$ 能级在正八面体、立方体及正四面体环境中的分裂

(3) 其他几何构型的络合物：表 7-3 总结了 $d^1$ 组态的中心原子在各种几何构型的络合物中的能级分裂情况，能级高低用正八面体场的 $Dq$ 表示，能量参考点为各自的 $\varepsilon_0$。

### 6. $d^2$ 组态的弱场方案处理

我们先讨论正八面体场中的情况。在弱配位场中，中心原子的 $d$ 电子之间的相互作用比 $d$ 电子与配位场之间的作用要强，因此暂时忽略后者，将前者作为微扰处理，于是由组态 $d^2$ 派生出谱项 $^3F$、$^1D$、$^3P$、$^1G$ 和 $^1S$(见表 2-13)。然后，我们考虑配位场的微扰，这时已经求得的谱项波函数就是无微扰体系的波函数。

谱项在化学环境中的分裂情况可以用群论求出，这点在前面我们已经讨论过了。查看表 7-1 可以立即写出上述五个谱项在正八面体环境中的分裂情况

$$^3F \longrightarrow {}^3A_{2g} \oplus {}^3T_{1g} \oplus {}^3T_{2g}$$

$$^1D \longrightarrow {}^1E_g \oplus {}^1T_{2g}$$

$$^3P \longrightarrow {}^3T_{1g}$$

$$^1G \longrightarrow {}^1A_{1g} \oplus {}^1E_g \oplus {}^1T_{1g} \oplus {}^1T_{2g}$$

$$^1S \longrightarrow {}^1A_{1g}$$

**表 7-3　$d$ 轨道在不同对称性的环境中的能级分裂**

| 配位数 | 几何构型 | $d_{z^2}$ | $d_{x^2-y^2}$ | $d_{xy}$ | $d_{xz}$ | $d_{yz}$ |
|---|---|---|---|---|---|---|
| 1 | 直线[b] | 5.14 | −3.14 | −3.14 | 0.57 | 0.57 |
| 2 | 直线[b] | 10.28 | −6.28 | −6.28 | 1.14 | 1.14 |
| 3 | 正三角形[c] | −3.21 | 5.46 | 5.46 | −3.86 | −3.86 |
| 4 | 正四面体 | −2.67 | −2.67 | 1.78 | 1.78 | 1.78 |
| 4 | 正方形[c] | −4.28 | 12.28 | 2.28 | −5.14 | −5.14 |
| 5 | 三角双锥[d] | 7.07 | −0.82 | −0.82 | −2.72 | −2.72 |
| 5 | 四方锥[d] | 0.86 | 9.14 | −0.86 | −4.57 | −4.57 |
| 6 | 正八面体 | 6.00 | 6.00 | −4.00 | −4.00 | −4.00 |
| 6 | 三棱柱 | 0.96 | −5.84 | −5.84 | 5.36 | 5.36 |
| 7 | 五角双锥 | 4.93 | 2.82 | 2.82 | −5.28 | −5.28 |
| 8 | 立方体 | −5.34 | −5.34 | 3.56 | 3.56 | 3.56 |
| 8 | 四方反棱柱 | −5.34 | −0.89 | −0.89 | 3.56 | 3.56 |
| 9 | $ReH_9$ 结构 | −2.25 | −0.38 | −0.38 | 1.51 | 1.51 |
| 12 | 正二十面体 | 0.00 | 0.00 | 0.00 | 0.00 | 0.00 |

注：a—能量均以正八面体场的 $D_q$ 为单位。b—配体位于 $z$ 轴。c—配体位于 $x_y$ 平面。d—锥体底面位于 $xy$ 平面。

谱项$^{2S+1}L$ 包含$(2S+1)(2L+1)$个状态。上述五个谱项中，除了$^1S$ 外都是简并的(不考虑自旋-轨道偶合)，因此要用简并轨道的微扰理论进行处理。下面以基态谱项$^3F$ 为例说明如何求算由它分裂成的三个子项$^3A_{2g}$、$^3T_{1g}$和$^3T_{2g}$的能级。

$^3F$ 有 21 个状态，每个状态用波函数 $\Psi(L,S,M_L,M_S)$描写。由于电子自旋与配位场无关，所以我们只需考虑$^3F$ 谱项中自旋相同(例如取 $M_S=1$)的一组(七个)波函数

$$\psi_1 = \Psi(3,1,3,1)$$
$$\psi_2 = \Psi(3,1,-1,1)$$
$$\psi_3 = \Psi(3,1,-3,1)$$
$$\psi_4 = \Psi(3,1,1,1)$$
$$\psi_5 = \Psi(3,1,2,1)$$
$$\psi_6 = \Psi(3,1,-2,1)$$
$$\psi_7 = \Psi(3,1,0,1)$$

微扰算符即 $V_{O_h}$[参看(7-24)式]。为了解久期方程式(7-19),需要计算所有的微扰矩阵元 $H'_{ij}$。$H'_{ij}$ 的计算比较复杂,我们以 $H'_{11}$ 为例说明其梗概。因为 $\psi_1$ 的 $M_L=3$,要求一个电子的 $m=2$,另一个电子的 $m=1$。我们以 $\psi(l,m)$ 表示单电子波函数,$\psi_1$ 是这两个单电子轨道的斯莱特行列式,即

$$\psi_1=\sqrt{\frac{1}{2}}[\psi(2,2)_1\psi(2,1)_2-\psi(2,2)_2\psi(2,1)_1]$$

角标 1,2 表示电子 1 和电子 2。于是

$$\begin{aligned}H'_{11}&=\int\psi_1^*[V_{O_h}(1)+V_{O_h}(2)]\psi_1 d\tau\\&=\int\psi(2,2)_1^*V_{O_h}(1)\psi(2,2)_1d\tau_1+\int\psi(2,1)_2^*V_{O_h}(2)\psi(2,1)_2d\tau_2\\&=\frac{1}{10}\Delta-\frac{2}{5}\Delta=-\frac{3}{10}\Delta\end{aligned}$$

在最后一步计算中要用到球谐函数的积分性质,我们将具体过程省略了。上面的计算中能量参考点取为 $2\varepsilon_0$。

将所有的微扰矩阵元求得后,久期行列式为

$$\begin{vmatrix}-\frac{3}{10}\Delta-E^{(1)} & \sqrt{\frac{3}{20}}\Delta & 0 & 0 & 0 & 0 & 0\\ \sqrt{\frac{3}{20}}\Delta & -\frac{1}{10}\Delta-E^{(1)} & 0 & 0 & 0 & 0 & 0\\ 0 & 0 & -\frac{3}{10}\Delta-E^{(1)} & \sqrt{\frac{3}{20}}\Delta & 0 & 0 & 0\\ 0 & 0 & \sqrt{\frac{3}{20}}\Delta & -\frac{1}{10}\Delta-E^{(1)} & 0 & 0 & 0\\ 0 & 0 & 0 & 0 & \frac{7}{10}\Delta-E^{(1)} & \frac{1}{2}\Delta & 0\\ 0 & 0 & 0 & 0 & \frac{1}{2}\Delta & \frac{7}{10}\Delta-E^{(1)} & 0\\ 0 & 0 & 0 & 0 & 0 & 0 & -\frac{3}{5}\Delta-E^{(1)}\end{vmatrix}=0$$

解得(以 $2\varepsilon_0$ 为能量参考点)

$$E^{(1)}=-\frac{3}{5}\Delta\quad(\text{三重根})$$

$$E^{(1)}=\frac{1}{5}\Delta\quad(\text{三重根})$$

$$E^{(1)}=\frac{6}{5}\Delta\quad(\text{单根})$$

将永得的根代回方程组(7-18)式中便可求得相应的零级波函数,根据零级波函数在 $O_h$ 群的对称操作下的变换性质便可判断所属的不可约表示,结果总结于表 7-4中。

表 7-4　$^3F(d^2)$谱项在正八面体场中分裂出的配位场谱项

| 配位场谱项 | 一级能量修正 | 零级波函数($M_S=1$) |
| --- | --- | --- |
| $^3T_{1g}$ | $2\varepsilon_0-\frac{3}{5}\Delta$ | $\Psi(3,1,0,1)$<br>$\sqrt{\frac{3}{8}}\Psi(3,1,-1,1)+\sqrt{\frac{5}{8}}\Psi(3,1,3,1)$<br>$\sqrt{\frac{3}{8}}\Psi(3,1,1,1)+\sqrt{\frac{5}{8}}\Psi(3,1,-3,1)$ |
| $^3T_{2g}$ | $2\varepsilon_0+\frac{1}{5}\Delta$ | $\sqrt{\frac{5}{8}}\Psi(3,1,-1,1)-\sqrt{\frac{3}{8}}\Psi(3,1,3,1)$<br>$\sqrt{\frac{5}{8}}\Psi(3,1,1,1)-\sqrt{\frac{3}{8}}\Psi(3,1,-3,1)$<br>$\sqrt{\frac{1}{2}}\Psi(3,1,2,1)+\sqrt{\frac{1}{2}}\Psi(3,1,-2,1)$ |
| $^3A_{2g}$ | $2\varepsilon_0+\frac{6}{5}\Delta$ | $\sqrt{\frac{1}{2}}\Psi(3,1,2,1)-\sqrt{\frac{1}{2}}\Psi(3,1,-2,1)$ |

图 7-2 示出$^3F(d^2)$在 $O_h$ 场中的分裂情况及配位场谱项的能量与场强参数的关系。

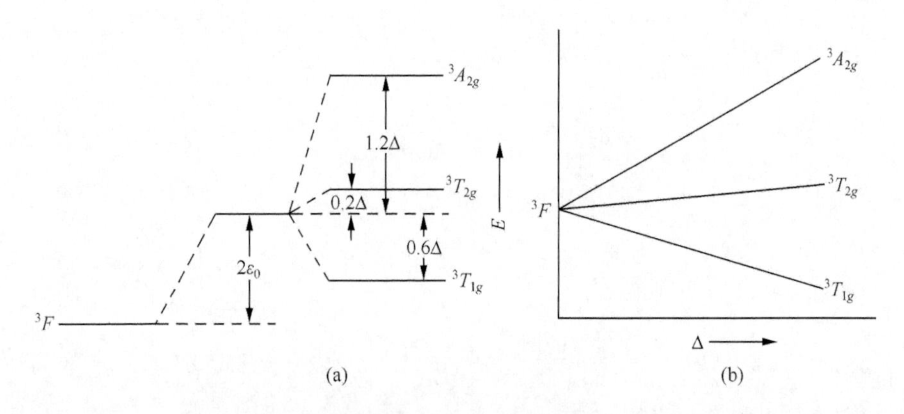


图 7-2　$^3F(d^2)$谱项在正八面体场中的分裂

用同样的方法可以求得 $d^2$ 在弱 $O_h$ 场中的其他各子谱项的一级能量修正值如下：

$$^3T_{1g}(^3P)\quad E^{(1)}=2\varepsilon_0$$

$$^1A_{1g}(^1S)\quad E^{(1)}=2\varepsilon_0$$

$$^1E_g(^1D)\quad E^{(1)}=2\varepsilon_0+\frac{24}{70}\Delta$$

$$^1T_{2g}(^1D)\quad E^{(1)}=2\varepsilon_0-\frac{16}{70}\Delta$$

$$^1A_{1g}(^1G) \quad E^{(1)} = 2\varepsilon_0 + \frac{2}{5}\Delta$$

$$^1E_g(^1G) \quad E^{(1)} = 2\varepsilon_0 + \frac{4}{70}\Delta$$

$$^1T_{1g}(^1G) \quad E^{(1)} = 2\varepsilon_0 + \frac{1}{5}\Delta$$

$$^1T_{2g}(^1G) \quad E^{(1)} = 2\varepsilon_0 - \frac{26}{70}\Delta$$

用弱场方案处理$d^N$组态时，$d$电子之间的相互作用与$d$电子和配位场之间的相互作用是分开考虑的。更精确的做法是将它们一起考虑，即将二者都包含在微扰算符中。这样处理的结果表明，属于点群同一个不可约表示且自旋多重性相同的谱项间存在相互作用，结果使能量较高的谱项能量升高，能量较低的谱项能量降低，即它们互相排斥。由于$O_h$场不分裂$^3P$谱项，后者在配位场中成为$^3T_{1g}$，它与$^3F$分裂出的子项$^3T_{1g}(^3F)$属于同一个不可约表示，都是自旋三重态，二者间存在相互作用。考虑谱项相互作用后二者的能量从解下式求出：

$$\begin{vmatrix} \int \Psi^*(^3T_{1g}|^3F)\,\hat{\mathbf{H}}'\Psi(^3T_{1g}|^3F)d\tau - x & \int \Psi^*(^3T_{1g}|^3F)\,\hat{\mathbf{H}}'\Psi(^3T_{1g}|^3P)d\tau \\ \int \Psi^*(^3T_{1g}|^3P)\,\hat{\mathbf{H}}'\Psi(^3T_{1g}|^3F)d\tau & \int \Psi^*(^3T_{1g}|^3P)\,\hat{\mathbf{H}}'\Psi(^3T_{1g}|^3P)d\tau - x \end{vmatrix} = 0$$

上式中$\hat{\mathbf{H}}'$是包含$d$电子之间相互作用与$d$电子和配位场之间的相互作用在内的微扰算符。积分$\int \Psi^*(^3T_{1g}|^3F)\hat{\mathbf{H}}'\Psi(^2T_{1g}|^3F)d\tau$就是不考虑谱项相互作用时$^3T_{1g}(^3F)$的能量$E(^3T_{1g}|^3F)$

$$E(^3T_{1g}|^3F) = E(^3F) + E^{(1)}(^3T_{1g}|^3F) = A - 8B + 2\varepsilon_0 - \frac{3}{5}\Delta$$

上式中$A-8B$为以拉卡参数表示的自由离子的$^3F$谱项的能量（参看$\xi$2-6），同理

$$E'(^3T_{1g}|^3P) = E(^3P) + E^{(1)}(^3T_{1g}|^3P) = A + 7B + 2\varepsilon_0$$

积分$\int \Psi^*(^3T_{1g}|^3F)\hat{\mathbf{H}}'\Psi(^3T_{1g}|^3P)d\tau = \int \Psi^*(^3T_{1g}|^3P)\hat{\mathbf{H}}'\Psi(^3T_{1g}|^3F)d\tau$经计算等于$\frac{2}{5}\Delta$。将这些数值代入后解得

$$x_1 = A - 0.5B + 2\varepsilon_0 - 0.3\Delta + \frac{1}{2}\sqrt{225B^2 + \Delta^2 + 18\Delta B}$$

$$x_2 = A - 0.5B + 2\varepsilon_0 - 0.3\Delta - \frac{1}{2}\sqrt{225B^2 + \Delta^2 + 18\Delta B}$$

$x_1$和$x_2$分别为考虑谱项相互作用后$^3T_{1g}(^3P)$和$^3T_{1g}(^3F)$的能量。表7-5列出$d^2$组态在正八面体场中的三重态谱项的能量，能量参考点取在$E(^3T_{1g}|^3F)$，拉卡参

数用 $B'$ 表示，以区别于自由离子的 $B$。

**表 7-5　$d^2$ 组态在 $O_h$ 场中的三重态谱项的能量**[取 $E(^3T_{1g}|^3F)=0$]

| 谱　项 | 能　量 |
|---|---|
| $^3T_{1g}(3P)$ | $\sqrt{225(B')^2+18B'\Delta+\Delta^2}$ |
| $^3A_{2g}(^3F)$ | $\frac{1}{2}[3\Delta-15B'+\sqrt{225(B')^2+18B'\Delta+\Delta^2}]$ |
| $^3T_{2g}(^3F)$ | $\frac{1}{2}[\Delta-15B'+\sqrt{225(B')^2+18B'\Delta+\Delta^2}]$ |
| $^3T_{1g}(^3F)$ | 0 |

图 7-3 表示出谱项相互作用对于 $^3T_{1g}(^3F)$ 和 $^3T_{1g}(^3P)$ 能级的影响。

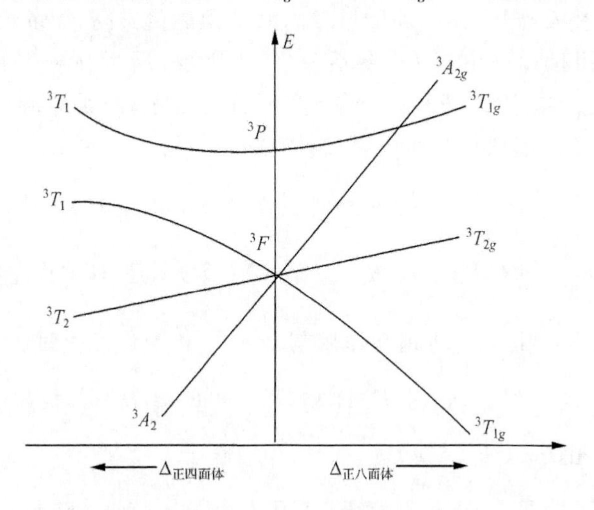


图 7-3　$d^2$ 组态的欧格尔(Orgel)图

$d^2$ 组态在正四面体环境中的情况也可以按上述步骤处理。结果表明，谱项分裂情况与在正八面体环境相同，只是不带角标 $g$，得自同一谱项的三个子谱的能级顺序则相反(图 7-3)。由于 $^3T_1(^3F)$ 与 $^3T_1(^3P)$ 能量更接近，谱项之间相互作用更强。

**7. $d^2$ 组态的强场方案处理**

在强配位场中，$d$ 电子之间的相互作用弱于 $d$ 电子与配位场之间的相互作用，因此我们暂时忽略前者，将后者作为微扰算符，无微扰体系的能量为 $2\varepsilon_{0d}$，无微扰体系的波函数就是两个电子的波函数(单电子 $d$ 波函数)的斯莱特行列式。这样进行微扰法处理的结果无异于将两个 $d$ 电子排布在 $e_g$ 和 $t_{2g}$ 轨道中去，有三组排法，即 $e_g^2, e_gt_{2g}, t_{2g}^2$。若以 $2\varepsilon_{0d}$ 作为能量参考点，不考虑 $d$ 电子之间的相互作用时，三种配位场组态的能量为

$$t_{2g}^2 \qquad E = 2\left(\varepsilon_0 - \frac{2}{5}\Delta\right) = 2\varepsilon_0 - \frac{4}{5}\Delta$$

$$t_{2g}e_g \qquad E = \varepsilon_0 - \frac{2}{5}\Delta + \varepsilon_0 + \frac{3}{5}\Delta = 2\varepsilon_0 + \frac{1}{5}\Delta$$

$$e_g^2 \qquad E = 2\left(\varepsilon_0 + \frac{3}{5}\Delta\right) = 2\varepsilon_0 + \frac{6}{5}\Delta$$

如同自由离子的一个组态包含有若干个状态(如 $d^2$ 组态包含 45 个状态)一样,每个配位场组态①也包含若干状态。以 $t_{2g}^2$ 为例,$t_{2g}$ 轨道有三个:$d_{xy}$,$d_{yz}$,$d_{xz}$,即轨道简并度是 3。电子在每个轨道上可以有两种可能的自旋取向 $\alpha$ 和 $\beta$,即自旋简并度是 2。这样一来共有的微观状态数为

$$\text{自旋简并度} \times \text{轨道简并度} = 2 \times 3 = 6$$

只要两个电子分占不同的微观状态就不会违背泡利原理,共有

$$C_6^2 = \frac{6 \times 5}{2} = 15$$

种排法。因此 $t_{2g}^2$ 组态包含 15 种状态,每种状态的波函数是两个电子的反对称化乘积波函数。现在我们要问,若以这 15 个波函数为基函数,所得的表示(可约表示)包含哪些不可约表示?利用群论的直积表示定理很容易解决这个问题。在§4-3中曾经证明,以两个表示 $\Gamma_\alpha$ 和 $\Gamma_\beta$ 的基函数$\{\alpha\}$和$\{\beta\}$的乘积$\{\alpha\beta\}$为基函数的表示 $\Gamma_{\alpha\beta}$ 是 $\Gamma_\alpha$ 和 $\Gamma_\beta$ 的直积 $\Gamma_\alpha \otimes \Gamma_\beta$。以 $t_{2g}^2$ 组态的 15 个波函数为基的表示就是直积表示 $T_{2g} \otimes T_{2g}$,它可以化成不可约表示的直和

$$T_{2g} \otimes T_{2g} = A_{1g} \oplus E_g \oplus T_{1g} \oplus T_{2g}$$

上式说明 $t_{2g}^2$ 组态的 15 个状态分属于 $A_{1g}$、$E_g$、$T_{1g}$、$T_{2g}$ 四个不可约表示,但自旋多重性待定,我们不妨设它们分别是 $a$、$b$、$c$ 和 $d$。因为总的状态数应为 15,所以 $a$、$b$、$c$、$d$ 应满足方程

$$1 \times a + 2 \times b + 3 \times c + 3 \times d = 15$$

且它们只能是 1 或 3(两个电子若自旋相同,$S=1$;若自旋相反,$S=0$),这只有以下三种可能:

(1) ${}^1A_{1g} \oplus {}^1E_{1g} \oplus {}^1T_{1g} \oplus {}^3T_{2g}$

(2) ${}^1A_{1g} \oplus {}^1E_{1g} \oplus {}^3T_{1g} \oplus {}^1T_{2g}$

(3) ${}^3A_{1g} \oplus {}^3E_{1g} \oplus {}^1T_{1g} \oplus {}^1T_{2g}$

对于 $t_{2g}^1e_g^1$ 组态也可做类似的分析。$t_{2g}$ 轨道的简并度是 $2\times3=6$,$e_g$ 轨道的简并度是 $2\times2=4$,两个电子分占 $t_{2g}$ 和 $e_g$ 两套轨道共有

---

① 由于 $e_g$、$t_{2g}$ 等是按配位场对称群分类的中心原子的原子轨道,组态 $t_{2g}^x e_g^{N-x}$ 称为配位场组态。

$$C_6^1 \times C_4^1 = 6 \times 4 = 24$$

种方式,每种方式就是一种状态。这 24 个状态分属的不可约表示由直积表示 $E_g \otimes T_{2g}$求出,

$$T_{2g} \otimes E_g = T_{1g} \oplus T_{2g}$$

在自旋多重性只能等于 1 和 3 的限制下,满足总状态数为 24 只有一种可能,即

$$^3T_{1g} \oplus {}^3T_{2g} \oplus {}^1T_{1g} \oplus {}^1T_{2g}$$

$e_g^2$ 组态包含 $C_4^2=6$ 个状态,分属的不可约表示为

$$E_g \otimes E_g = A_{1g} \oplus A_{2g} \oplus E_g$$

可能的自旋多重性为

(1) $^3A_{1g} \oplus {}^1A_{2g} \oplus {}^1E_g$

(2) $^1A_{1g} \oplus {}^3A_{2g} \oplus {}^1E_g$

为了最后决定各个派生谱项的自旋多重性,可以使用两个方法:降低对称性方法[①]和利用相关图。用相关图决定强场谱项自旋多重性的原则是:(1)改变场强参数不改变谱项的对称性和自旋多重性,即弱场谱项与强场谱项存在一一对应关系。(2)自旋相同且对称性相同的谱项连线决不相交(不相交规则)。这样一来,在上述各种可能性中只有图 7-4 所示的一种可能性满足要求。

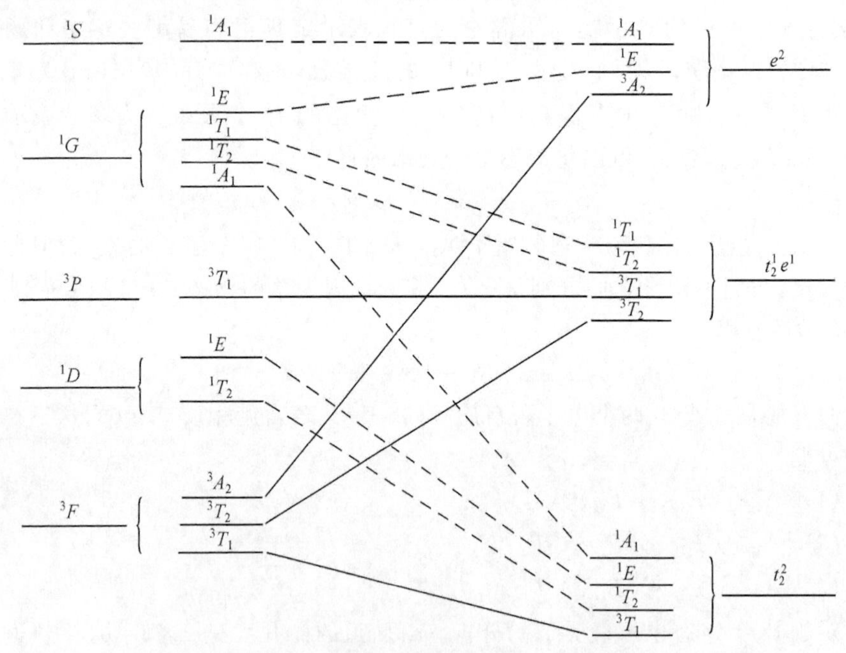


图 7-4 在正八面体场中 $d^2$ 组态的谱项能级相关图(角标 $g$ 已省略)

① 参看 F. A. 科顿著,刘春万、游效曾、赖伍江译,《群论在化学中的应用》,262 页,科学出版社(1975)。

最后，按照一定的规则用 45 个反对称化的乘积波函数造出各谱项的波函数，然后以 $\sum_{i}\sum_{j>i}\frac{1}{r_{ij}}$ 作微扰算符计算出各谱项的能量。对于自旋多重性相同且对称性相同的谱项，还需考虑谱项的相互作用。因为计算工作很繁，不作详细讨论。

**8. 能级图、Δ 和 $B'$**

对于 $d^3-d^9$ 组态也按上述方法进行处理，将所得结果绘在$\frac{E}{B'}-\frac{\Delta}{B'}$图上，就得到能级图。因 Δ 和 $B'$随金属离子和配体而异，为了不失去普遍性，将纵坐标 $E$ 和横坐标 Δ 都除以 $B'$。在这种能级图上，能量参考点取在基态上，即能量最低的谱项上。取基态谱项的能量在任何 Δ 值时都是零，这对络合物光谱的讨论非常方便。图的上方给出了常见过渡金属离子处于自由离子态时的拉卡参数 $B$ 的值。$d^4-d^7$ 组态的基态谱项与场强有关，弱场时为高自旋态，强场时为低自旋态，因此在某一临界场强时基态谱项会发生改变。

图 7-5 给出在正八面体场中 $d^2-d^8$ 组态的能级图，在下一节中我们将介绍它们的应用。

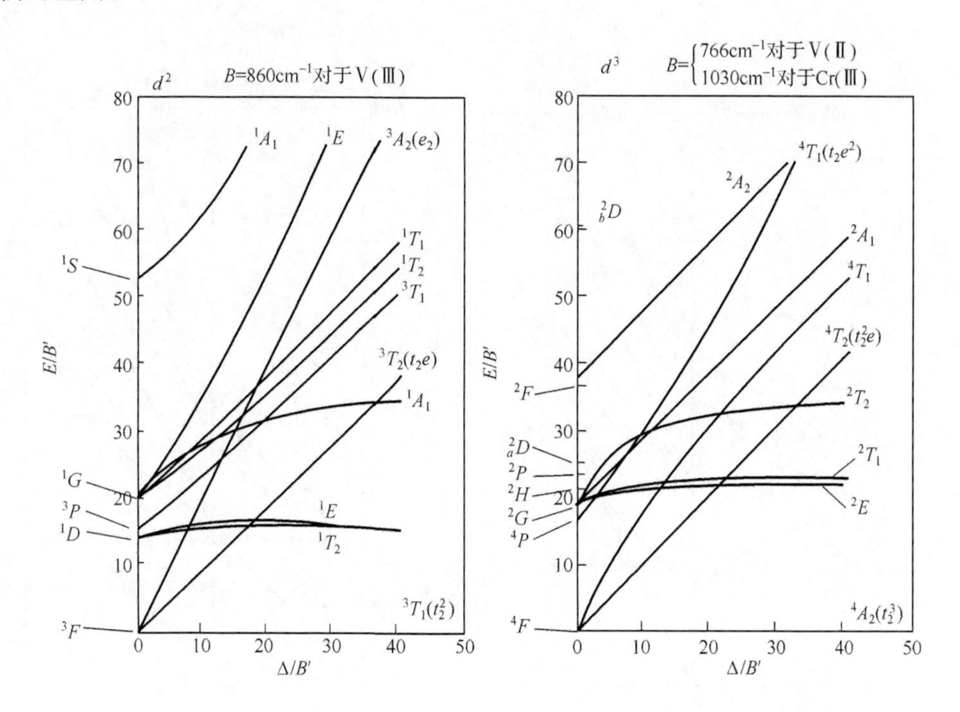

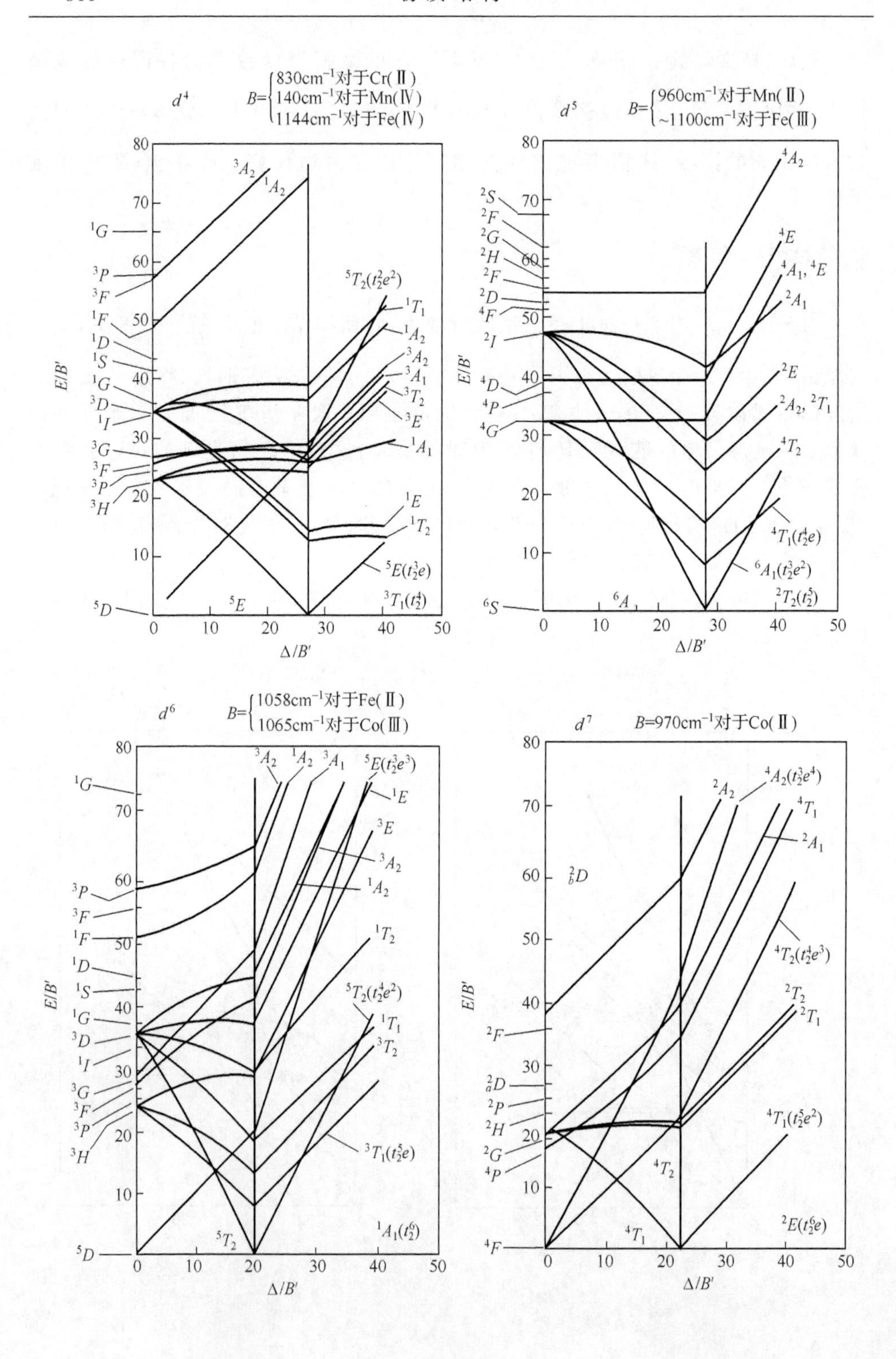
$d^4$
$B=\begin{cases}830cm^{-1}对于Cr(Ⅱ)\\140cm^{-1}对于Mn(Ⅳ)\\1144cm^{-1}对于Fe(Ⅳ)\end{cases}$
$d^5$
$B=\begin{cases}960cm^{-1}对于Mn(Ⅱ)\\\sim1100cm^{-1}对于Fe(Ⅲ)\end{cases}$
$d^6$
$B=\begin{cases}1058cm^{-1}对于Fe(Ⅱ)\\1065cm^{-1}对于Co(Ⅲ)\end{cases}$
$d^7$
$B=970cm^{-1}$对于Co(Ⅱ)
$E/B'$
$\Delta/B'$
$^5T_2(t_2^2e^2)$
$^5E(t_2^3e)$
$^3T_1(t_2^4)$
$^4A_2$
$^4A_1, {}^4E$
$^2A_2, {}^2T_1$
$^4T_1(t_2^4e)$
$^6A_1(t_2^3e^2)$
$^2T_2(t_2^5)$
$^5E(t_2^3e^3)$
$^5T_2(t_2^4e^2)$
$^3T_1(t_2^5e)$
$^1A_1(t_2^6)$
$^4A_2(t_2^3e^4)$
$^4T_2(t_2^4e^3)$
$^4T_1(t_2^5e^2)$
$^2E(t_2^6e)$
$^2_bD$
$^2_aD$

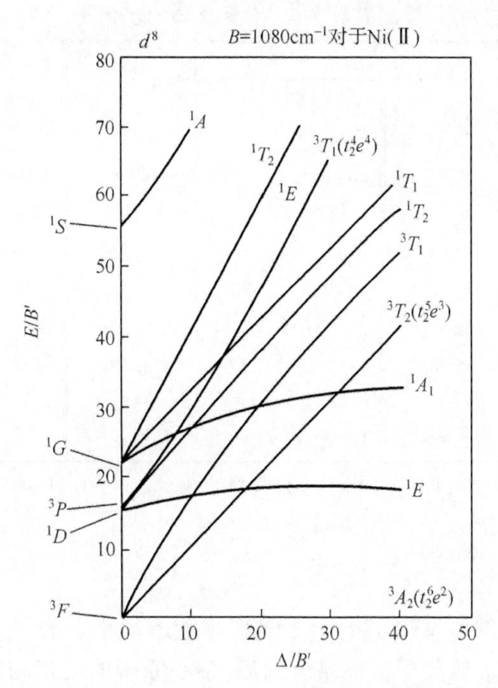


图 7-5　在八面体场中 $d^2-d^3$ 组态的能级图

晶体场(配位场)分裂参数 Δ 与金属离子及配体有关，约根逊(C. K. Jψrgensen)发现 Δ 可以写成表征金属离子的因子 $g$ 和表征配体的因子 $f$ 的乘积

$$\Delta = f \times g \tag{7-39}$$

若干过渡金属离子的 $g$ 值列于表 7-6，常见配体的 $f$ 值列于表 7-7。将配体按 $f$ 值由小到大的顺序排列起来，所得序列称为光谱化学序列。

**表 7-6　若干金属离子的 g 因子**　(单位：cm$^{-1}$)

| 组态 | 金属离子 | $g$ | 组态 | 金属离子 | $g$ |
|---|---|---|---|---|---|
| $3d^5$ | Mn(Ⅱ) | 8000 | $4d^6$ | Ru(Ⅱ) | 20000 |
| $3d^8$ | Ni(Ⅱ) | 8700 | $3d^3$ | Mn(Ⅳ) | 23000 |
| $3d^7$ | Co(Ⅱ) | 9000 | $4d^6$ | Rh(Ⅲ) | 27000 |
| $3d^3$ | V(Ⅱ) | 12000 | $4d^3$ | Tc(Ⅳ) | 30000 |
| $3d^5$ | Fe(Ⅲ) | 14000 | $5d^6$ | Ir(Ⅲ) | 32000 |
| $3d^3$ | Cr(Ⅲ) | 17400 | $5d^6$ | Pt(Ⅳ) | 36000 |
| $3d^6$ | Co(Ⅲ) | 18200 | | | |

表 7-7 常见配体的 $f$ 因子

| 配体 | $f$ | 配体 | $f$ | 配体 | $f$ |
|---|---|---|---|---|---|
| $Br^-$ | 0.72 | $CH_3COO^-$ | 0.94 | $CH_3C\underline{N}$ | 1.22 |
| $SCN^-$ | 0.73 | $C_2H_5OH$ | 0.97 | $C_5H_5\underline{N}$ | 1.23 |
| $Cl^-$ | 0.78 | dmf | 0.98 | $NH_3$ | 1.25 |
| $dsep^-$ | 0.8 | $C_2O_4^{2-}$ | 0.99 | $\underline{N}H_2CH_2CH_2\underline{N}H_2$ | 1.28 |
| $N_3^-$ | 0.83 | $H_2O$ | 1.00 | $\underline{N}H(CH_2CH_2NH_2)_2$ | 1.29 |
| $dtp^-$ | 0.83 | $\underline{N}CS^-$ | 1.02 | $\underline{N}H_2OH$ | 1.30 |
| $F^-$ | 0.9 | $p-CH_3C_6H_4NH_2$ | 1.15 | dipy | 1.33 |
| $dtc^-$ | 0.90 | $\underline{N}C^-$ | 1.15 | phen | 1.34 |
| dmso | 0.91 | $CH_3NH_2$ | 1.17 | $CN^-$ | ～1.7 |
| $(NH_2)_2CO$ | 0.92 | $H_2NCH_2COO^-$ | 1.18 | | |

注：$dsep^- = (C_2H_5O)_2P\underline{Se_2}^-$，$dtp^- = (C_2H_5O)_2PS_2^-$，$dtc^- = (C_2H_5)_2NCS_2^-$，dmso$=(CH_3)_2SO$

dmf= H—C(=O)—N$(CH_3)_2$， dipy= （2,2′-联吡啶结构式）。

拉卡参量 $B$ 的值反映了电子之间排斥能的大小。表 7-8 列出若干过渡金属自由离子的 $B$ 值。金属离子生成络合物后，中心原子的轨道与配体的轨道有某种程度的重叠，这导致中心原子电子云的扩展，减小了 $d$ 电子之间的排斥作用。因此，络合物中心原子的 $B$ 值(以 $B'$表示)比相应的自由离子的 $B$ 值要小。$B'$按下式计算：

$$B' = \beta B = (1 - h \times k)B \tag{7-40}$$

上式中 $h$ 与配体有关(表 7-9)，$k$ 与中心原子有关(表 7-10)。将配体按电子排斥参量降低(即按 $M—L$ 键共价性增高)的顺序排列成的序列称为电子云扩展序列。

经验公式(7-39)和(7-40)在计算络合物的光谱时有用。

表 7-8 一些自由金属离子的 $B$ 值 (单位：$cm^{-1}$)

| 组态 | 金属离子 | $B$ | 组态 | 金属离子 | $B$ |
|---|---|---|---|---|---|
| $3d^2$ | V(Ⅲ) | 860 | $4d^3$ | Mo(Ⅲ) | (610) |
| $3d^3$ | V(Ⅱ) | 750 | $4d^3$ | Tc(Ⅳ) | (700) |
| $3d^3$ | Cr(Ⅲ) | 920 | $4d^6$ | Rh(Ⅲ) | (720) |
| $3d^3$ | Mn(Ⅳ) | 1060 | $5d^3$ | Re(Ⅳ) | (640) |
| $3d^5$ | Mn(Ⅱ) | (895) | $5d^3$ | Ir(Ⅵ) | (810) |
| $3d^5$ | Fe(Ⅲ) | (1090) | $5d^4$ | Os(Ⅳ) | (670) |
| $3d^6$ | Fe(Ⅱ) | (940) | $5d^4$ | Pt(Ⅵ) | (840) |
| $3d^6$ | Co(Ⅲ) | (1100) | $5d^6$ | Ir(Ⅲ) | (660) |
| $3d^7$ | Co(Ⅱ) | 980 | $5d^6$ | Pt(Ⅳ) | (750) |
| $3d^8$ | Ni(Ⅱ) | 1040 | | | |

注：括号中的数字是外推值(假定 $3d$,$4d$ 和 $5d$ 离子的 $B$ 值之比等于 1∶0.66∶0.60)。

表 7-9 若干配体的 $h$ 因子

| 配 体 | $h$ | 配 体 | $h$ |
| --- | --- | --- | --- |
| $F^-$ | 0.8 | $Cl^-$ | 2.0 |
| $H_2O$ | 1.0 | $CN^-$ | 2.1 |
| dmf | 1.2 | $Br^-$ | 2.3 |
| $(NH_2)_2CO$ | 1.2 | $N_3^-$ | 2.4 |
| $NH_3$ | 1.4 | $I^-$ | 2.7 |
| $NH_2CH_2CH_2NH_2$ | 1.5 | $dtp^-$ | 2.8 |
| $C_2O_4^{2-}$ | 1.5 | $dsep^-$ | 3.0 |

表 7-10 若干金属离子的 $k$ 因子

| 组态 | 金属离子 | $k$ | 组态 | 金属离子 | $k$ |
| --- | --- | --- | --- | --- | --- |
| $3d^5$ | Mn(Ⅱ) | 0.07 | $5d^6$ | Ir(Ⅲ) | 0.28 |
| $3d^3$ | V(Ⅱ) | 0.1 | $4d^3$ | Tc(Ⅳ) | 0.3 |
| $3d^8$ | Ni(Ⅱ) | 0.12 | $3d^6$ | Co(Ⅲ) | 0.33 |
| $4d^3$ | Mo(Ⅲ) | 0.15 | $3d^3$ | Mn(Ⅳ) | 0.5 |
| $3d^3$ | Cr(Ⅲ) | 0.20 | $5d^6$ | Pt(Ⅳ) | 0.6 |
| $3d^5$ | Fe(Ⅲ) | 0.24 | $4d^6$ | Pd(Ⅳ) | 0.7 |
| $4d^6$ | Rh(Ⅲ) | 0.28 | $3d^6$ | Ni(Ⅳ) | 0.8 |

# §7-2 络合物的结构和性质

## 1. 紫外-可见吸收光谱

含有 $d^1$ 至 $d^9$ 的金属离子的络合物一般是有颜色的，这主要是由络合物中心原子的 $d$-$d$ 跃迁引起的。除此之外，电子由基本上属于中心原子的轨道跃迁至基本上属于配体的轨道或相反过程(电荷转移)在某些情况下也是过渡金属络合物呈现颜色的原因。图 7-6 示出 $[Al(C_2O_4)_3]^{3-}$ 和 $[Cr(C_2O_4)_3]^{3-}$ 的吸收光谱。由该图可见，非过渡金属络合物 $[Al(C_2O_4)_3]^{3-}$ 在可见光区($\nu=25000\sim12500cm^{-1}$，$\lambda=400\sim800nm$)无吸收峰，仅在紫外区($\nu>25000cm^{-1}$)有强吸收峰，这是配体内的 $n\rightarrow\pi^*$ 及 $\pi\rightarrow\pi^*$ 跃迁的结果(见第十章)。过渡金属络合物 $[Cr(C_2O_4)_3]^{3-}$ 在可见光区有两个宽峰和一个肩峰，摩尔吸光度 $\varepsilon$ 比较小，约为 $10^0\sim10^2$，它们起源于 $d$-$d$ 跃迁。在紫外区，由于配位体内部的电子跃迁及荷移跃迁产生强吸收峰。在过渡金属络合物的吸收光谱中 $[Cr(C_2O_4)_3]^{3-}$ 吸收光谱是很典型的。下面我们首先讨论 $d$-$d$ 跃迁。

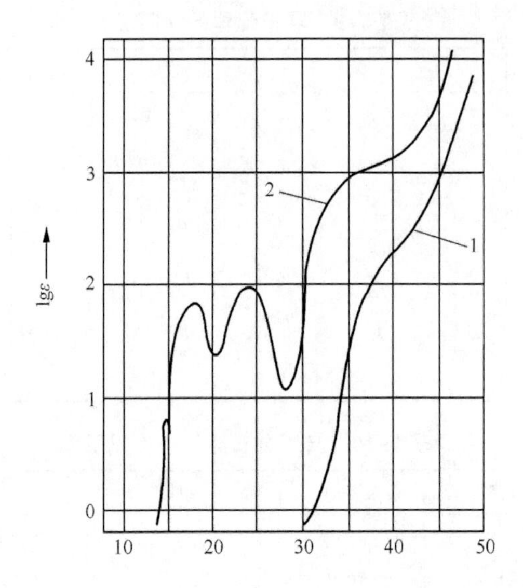


图 7-6　$[Al(C_2O_4)_3]^{3-}$ 和 $[Cr(C_2O_4)_3]^{3-}$ 的吸收光谱 1——$[Al(C_2O_4)_3]^{3-}$，2——$[Cr(C_2O_4)_3]^{3-}$

(1) *d-d* 跃迁产生的吸收峰强度：电子在能级间跃迁要服从一定的光谱选律，满足光谱选律的跃迁其几率比较大，称为允许跃迁，不满足光谱选律的跃迁几率很小，称为禁阻跃迁。*d-d* 跃迁应服从的光谱选律有两条：(*a*) $\Delta S=0$，即电子只能在自旋多重性相同的能级间跃迁。电子在不同的自旋多重性的能级间的跃迁称为系间窜跃(intersystem crossing)，这种跃迁是自旋禁阻的。(*b*) $g\longleftrightarrow u$，但 $g \leftarrow\mid\rightarrow g$，$u \leftarrow\mid\rightarrow u$，也就是说，如果体系存在着反演中心，电子只有在反演对称性(称为宇称)不同的能级间跃迁才是允许的，电子在宇称相同的能级间的跃迁是禁阻的，这一规则常称为拉波特(Laporte)选择定则。

自旋允许和宇称允许的跃迁强度很大，ε 一般在 $10^3 \sim 10^5$ 之间。自旋允许但宇称禁阻的跃迁几率较小，ε 在 $10^1 \sim 10^2$ 之间。自旋禁阻和宇称禁阻的跃迁几率非常小，ε 约在 $10^{-2} \sim 10^0$ 之间。

在具有反演中心的络合物(如正八面体络合物)中，由 $d^N$ 组态派生的全部配位场谱项都保留原先 *d* 轨道所固有的 *g* 对称性，因此 *d-d* 跃迁是宇称禁阻的。但是络合物中存在着电子运动与振动的偶合，某些振动方式会使络合物暂时失去反演中心，因此在这些瞬间的 *d-d* 跃迁是宇称允许的。这种偏离中心对称的状态只能维持于瞬间，因此 *d-d* 跃迁的强度是不大的。没有反演中心的络合物的 *d-d* 跃迁不受宇称选择定则的限制，这就是正四面体络合物的颜色往往比正八面体络合物颜色浓的原因。例如 Co(Ⅱ)在非络合性的水溶液中主要以 $[Co(H_2O)_6]^{2+}$ 存在，呈粉红色，当它被二(2-乙基己基)磷酸萃取到煤油溶液中后则显深蓝色，此时它以四面体络合物存在。

自旋禁阻的跃迁一般不会发生。但若存在较强的自旋-轨道偶合时，$S$ 不再是严格的好量子数，此时 $\Delta S=0$ 的系间窜跃也能发生，但几率非常小。$[Mn(H_2O)_6]^{2+}$ 除基态（$^6A_{1g}$）是自旋六重态以外，所有的激发态都不是自旋六重态，Mn（Ⅱ）水溶液呈浅粉红色就是系间窜跃引起的，所有吸收峰的 $\varepsilon<0.04$。

（2）$d$-$d$ 跃迁产生的吸收峰的波长：电子跃迁吸收的光子的能量等于终态和始态的能级差，即

$$h\nu = E_f - E_i$$

测得了络合物的紫外-可见吸收光谱以后，根据该络合物中心原子的配位场能级公式便可算出配位场参数 $\Delta$ 和拉卡参数 $B'$，现以 V（Ⅲ）络合物为例加以说明。

V（Ⅲ）的电子组态是 $d^2$，由表 7-5 知道其基态是 $^3T_{1g}(^3F)$，自旋允许的跃迁（从基态出发）有三个，即 $^3T_{1g}(^3F)\longrightarrow {^3T_{2g}}(^3F)$，$^3T_{1g}(^3F)\longrightarrow {^3T_{1g}}(^3P)$ 和 $^3T_{1g}(^3F)\longrightarrow {^3A_{2g}}(^3F)$。令三个跃迁的频率分别为 $\nu_1$、$\nu_2$ 和 $\nu_3$，$\Delta$ 和 $B'$ 可从解以下方程组求出

$$\left.\begin{aligned} \nu_2 - 2\nu_1 &= 15B' - \Delta \\ \nu_2 &= \sqrt{225(B')^2 + 18B'\Delta + \Delta^2} \end{aligned}\right\}$$

实验测得 $[V(H_2O)_6]^{3+}$ 的 $\nu_1=17100\ \mathrm{cm^{-1}}$，$\nu_2=25200\ \mathrm{cm^{-1}}$，$[V(C_2O_4)_3]^{3-}$ 的 $\nu_1=16500\ \mathrm{cm^{-1}}$，$\nu_2=23500\ \mathrm{cm^{-1}}$，由此算得

$$[V(H_2O)_6]^{3+} \qquad \Delta = 18400\ \mathrm{cm^{-1}} \quad B' = 627\ \mathrm{cm^{-1}}$$

$$[V(C_2O_4)_3]^{3-} \qquad \Delta = 16000\ \mathrm{cm^{-1}} \quad B' = 600\ \mathrm{cm^{-1}}$$

利用能级图可以解决光谱的指认（即找出谱中的吸收峰对应的跃迁）问题。以图 7-6 为例，$[Cr(C_2O_4)_3]^{3-}$ 在可见光区有三个吸收峰，$\nu_1=14350\ \mathrm{cm^{-1}}$，$\nu_2=17500\ \mathrm{cm^{-1}}$，$\nu_3=24000\ \mathrm{cm^{-1}}$，我们想知道每个吸收峰所对应的跃迁。查表 7-6 至表 7-10，利用公式（7-39）及（7-40）可以算出 $[Cr(C_2O_4)_3]^{3-}$ 的 $\Delta=17200\ \mathrm{cm^{-1}}$，$B'=644\ \mathrm{cm^{-1}}$，因此 $\Delta/B'=26.7$。查看图 7-5 中 $d^3$ 组态的能级图可以看出，Cr（Ⅲ）的基态是 $^4A_{2g}$，自旋允许的跃迁有 $^4A_{2g}\longrightarrow {^4T_{2g}}$，$^4A_{2g}\longrightarrow {^4T_{1g}}(^4F)$ 及 $^4A_{2g}\longrightarrow {^4T_{1g}}(^4P)$，能量最低的自旋禁阻跃迁是 $^4A_{2g}\longrightarrow {^2E_g}$，$^2T_{1g}$（一般难于分辨）。在横坐标上 $\Delta/B'=26.7$ 处作一垂直线，该直线与诸谱项的交点对应的纵坐标 $E/B'$ 表示了以 $B'$ 为单位在场强 $\Delta=26.7B'$ 时的能量，结果如下：

$$^2E_{2g}, \qquad E/B' = 22.5 \quad E = 14490\ \mathrm{cm^{-1}}$$

$$^4T_{2g}, \qquad E/B' = 27.5 \quad E = 17710\ \mathrm{cm^{-1}}$$

$$^4T_{1g}(^4F) \qquad E/B' = 38.3 \quad E = 24665\ \mathrm{cm^{-1}}$$

$$^4T_{2g}(^4P) \qquad E/B' = 65.2 \quad E = 42000\ \mathrm{cm^{-1}}$$

根据这些数据可作如下指认：

$$\nu_1: \quad {}^4A_{2g} \longrightarrow {}^2E_{2g}, {}^2T_{1g}$$

$$\nu_2: \quad {}^4A_{2g} \longrightarrow {}^4T_{2g}$$

$$\nu_3: \quad {}^4A_{2g} \longrightarrow {}^4T_{1g}({}^4F)$$

从峰的强度看，$\nu_1$ 为自旋禁阻跃迁，$\nu_2$、$\nu_3$ 为自旋允许跃迁，上述指认与此相符。从图 7-6 还可以看出，还有一个 $\nu_4 = 42000\ \text{cm}^{-1}$ 的峰被强的荷移峰所掩盖。

通过上面的讨论可以得出结论：对于给定的过渡金属离子生成的络合物，若用 $f$ 值大的配体取代 $f$ 值小的配体（即用光谱化学序列中后面的配体取代前面的配体），与同一跃迁相对应的吸收峰向短波方向移动。例如，Cr(Ⅲ)与 $H_2O$，$NH_3$，en 及 $CN^-$ 生成的络合物的 ${}^4A_2 \longrightarrow {}^4T_2$ 跃迁能量分别为 $17400\ \text{cm}^{-1}$，$21500\ \text{cm}^{-1}$，$21900\ \text{cm}^{-1}$ 及 $26600\ \text{cm}^{-1}$。

(3) $d$-$d$ 跃迁产生的吸收峰的半宽度：吸收峰的半宽度就是吸收峰在 $\varepsilon = \frac{1}{2}\varepsilon_{\max}$ 处的宽度。我们知道，络合物本身在永不停息地振动，金属离子与配体间的距离 $R$ 在不断改变，$\Delta$ 是随 $R$ 的增加而减小的。因此，$\Delta$ 是围绕某一平均值 $\Delta_e$（与 $R$ 的平衡值 $R_e$ 对应）起伏的，激发态与基态的能级差 $E$ 也围绕某一平均值涨落，最后导致吸收频率 $\nu$ 围绕某一中心频率 $\nu_0$ 起伏。显然激发态的能量曲线（即 $\frac{E}{B'}-\frac{\Delta}{B'}$ 曲线）斜率越大，与之对应的跃迁的吸收峰就越宽。在 $[Cr(C_2O_4)_3]^{3-}$ 光谱中，与 $\nu_1$ 对应的跃迁是 ${}^4A_{2g} \longrightarrow {}^2E_g, {}^2T_{1g}$，这两个谱项的能级与 $\Delta$ 几乎无关，因此吸收峰很窄。比较吸收峰的宽度与能级图常有助于峰的指认。

温度升高，分子的振动加剧。降低温度常常可以达到提高光谱分辨的目的。

**2. 络合物的磁性**

在正八面体络合物中，$d$ 轨道分裂成 $t_{2g}$ 和 $e_g$ 两组，现在我们来讨论 $d$ 电子在这两组轨道中的配布问题。当 $d$ 电子数 $N=1,2,3,8,9,10$ 时满足最低能量原理和洪特规则的配布方式都只有一种，分别为 $t_{2g}^1$，$t_{2g}^2$，$t_{2g}^3$，$t_{2g}^6e_g^2$，$t_{2g}^6e_g^3$ 和 $t_{2g}^6e_g^4$。但当 $d$ 电子数 $N=4,5,6,7$ 时，电子配布方式各有两种。第一种配布方式是 $d$ 电子尽量占据能量较低的 $t_{2g}$ 轨道，相应的配位场组态将是 $t_{2g}^4(S=1)$，$t_{2g}^5(S=\frac{1}{2})$，$t_{2g}^6(S=0)$ 和 $t_{2g}^6e_g^1(S=\frac{1}{2})$。第二种配布方式是 $d$ 电子尽量分占各轨道，使得自旋多重性最大，相应的配位场组态将是 $t_{2g}^3e_g^1(S=2)$，$t_{2g}^3e_g^2(S=\frac{5}{2})$，$t_{2g}^4e_g^2(S=2)$ 和 $t_{2g}^5e_g^2(S=\frac{3}{2})$。究竟采取哪一种方式取决哪一种方式配布能使体系能量最低。前面一种配

布方式自旋多重性较低，称为低自旋络合物。后面一种配布方式自旋多重性较高，称为高自旋络合物。$d^1$、$d^2$、$d^3$、$d^8$、$d^9$ 和 $d^{10}$ 的配位场组态都只有一种，所以无高、低自旋之分。

下面以 $d^4$ 组态为例，分析影响中心原子自旋态的因素。若以球对称势场中 $d^4$ 的能量作参考点，则高自旋态的能量为

$$E(t_{2g}^3 e_g^1) = 3 \times (-4Dq) + 1 \times 6Dq = -6Dq$$

在低自旋态中，四个 $d$ 电子填充三个 $t_{2g}$ 轨道，其中必然有两个电子占据同一轨道且自旋相反，这就增加了一个电子与另一个电子的库仑能，损失了一个电子与另外三个电子的交换能。因此迫使电子成对能量会升高。令迫使一对电子成对升高的能量为Ⅱ，则低自旋态的能量为

$$E(t_{2g}^4) = 4 \times (-4Dq) + \text{Ⅱ} = -16Dq + \text{Ⅱ}$$

若

$$E(t_{2g}^3 e_g^1) < E(t_{2g}^4)$$

或

$$\Delta < \text{Ⅱ}$$

则生成高自旋络合物。若

$$E(t_{2g}^3 e_g^1) > E(t_{2g}^4)$$

或

$$\Delta > \text{Ⅱ}$$

则生成低自旋络合物。

我们粗略地假定每两个自旋平行的电子贡献出一个相等的交换能 $-K$，两个自旋相反的电子处于同一轨道增加的库仑能为 $\Delta J$，可以粗略地算出 $d^4 \sim d^7$ 组态的成对能Ⅱ（表 7-11）。

**表 7-11　正八面体场中的成对能Ⅱ**

| 组态 | 高自旋 | | 低自旋 | | 成对能Ⅱ | |
|---|---|---|---|---|---|---|
| | 交换能 | 库仑能 | 交换能 | 库仑能 | 用 $K$，$\Delta J$ 表示 | 用 $B$，$C$ 表示 |
| $d^4$ | $-6K$ | 0 | $-3K$ | $\Delta J$ | $3K+\Delta J$ | $6B+5C$ |
| $d^5$ | $-10K$ | 0 | $-4K$ | $2\Delta J$ | $3K+\Delta J$ | $7.5B+5C$ |
| $d^6$ | $-10K$ | $\Delta J$ | $-6K$ | $3\Delta J$ | $2K+\Delta J$ | $2.5B+4C$ |
| $d^7$ | $-11K$ | $2\Delta J$ | $-9K$ | $3\Delta J$ | $2K+\Delta J$ | $4B+4C$ |

对于同一周期的过渡金属络合物 $\Delta J$ 基本上相近，表 7-11 说明 $d^6$ 和 $d^7$ 组态的金属离子生成低自旋络合物的倾向比 $d^4$、$d^5$ 要高。利用 $\Delta$ 和Ⅱ相等时高自旋

基态谱项(对 $d^4$ 为$^5E_g$)与低自旋基态谱项(对 $d^4$ 为$^3T_{1g}$)能量相等的关系及这两个谱项能量表达式可以导出以拉卡参数 $B$ 和 $C$ 表示的成对能Ⅱ(表 7-11 最末一列)。近似取 $C\sim4B$ 并认为各组态的 $B$ 相等,可以看出形成低自旋络合物的倾向按以下次序递降:

$$d^6>d^7>d^4>d^5$$

对于同一族过渡金属离子,周期增加,$d$ 电子云越扩展,$d$ 电子之间的排斥作用能越小,即 $B$ 逐渐减小,所以形成低自旋络合物的倾向是

$$5d^N>4d^N>3d^N$$

配位场分裂能 Δ 与配位体及金属离子有关。对同一配体、同一周期、同氧化态的过渡金属离子络合物的 Δ 仅在不大的幅度范围内变化,其中以 $d^5$ 络合物的 Δ 为最小。周期相同、电子组态相同的过渡金属子,氧化态高者 Δ 大,一般 M(Ⅲ)比 M′(Ⅱ)的 Δ 高 40%～80%。对于同一族过渡金属离子且组态相同时,由第一过渡周期($3d^N$)到第二过渡周期($4d^N$),Δ 约增加 40%～50%,由第二过渡周期到第三过渡周期,Δ 约增加 20%～25%。配体性质对于 Δ 的影响已如前述。

综合以上诸因素可以理解下述实验规律:

(1) 在八面体络合物中,第一过渡元素系的高自旋络合物与低自旋络合物一样普遍,但对于第二、三过渡元素系来说,低自旋络合物很普遍,高自旋络合物是例列。

(2) 组态为 $4d^6$ 和 $5d^6$ 的过渡金属络合物全部是低自旋的,组态为 $3d^6$ 的 Co(Ⅲ)络合物除$[Co(H_2O)_3F_3)^{3-}$和$[CoF_6]^{3-}$外也都是低自旋的。Fe(Ⅱ)只有 $CN^-$,phen,CNR 等络合物才是低自旋的。

(3) 所有 $F^-$ 络合物都是高自旋的,大部分水络合物也都是高自旋的[$4d^6$ 和 $5d^6$ 离子以及 Co(Ⅲ)水合物除外]。

(4) 所有 $CN^-$、RNC、phen 等的络合物都是低自旋的。

(5) 所有已知的四面体络合物都是高自旋的。

络合物自旋的高低可以通过磁矩的测定来判断。当 $d$ 电子的轨道运动对于磁矩没有贡献时,络合物的有效磁矩(见第十一章)与未成对电子数 $n$ 的关系为

$$\mu_{\mathrm{eff}}=\sqrt{n(n+2)}\mu_{\mathrm{B}}$$

这一公式称为仅自旋公式。表 7-12 列出第一过渡元素系正八面体络合物的磁矩。

由表 7-12 可以看出,高自旋的 $d^6$、$d^7$ 和低自旋的 $d^4$、$d^5$ 络合物的磁矩实测值比计算值要高,这是电子轨道运动的磁矩造成的。

**表 7-12　第一过渡元素系络合物的磁矩**　（单位:玻尔磁子）

| 离子 | $d$ 电子数 | 高自旋 | | | 低自旋 | | |
|---|---|---|---|---|---|---|---|
| | | 未成对电子数 | 磁矩 | | 未成对电子数 | 磁矩 | |
| | | | 计算值 | 实验值 | | 计算值 | 实验值 |
| $Ti^{3+}$ | 1 | 1 | 1.73 | 1.65—1.79 | | | |
| $V^{3+}$ | 2 | 2 | 2.83 | 2.75—2.85 | | | |
| $Cr^{3+}$ | 3 | 3 | 3.87 | 3.70—3.90 | | | |
| $Cr^{2+}$ | 4 | 4 | 4.90 | 4.75—4.90 | 2 | 2.83 | 3.20—3.30 |
| $Fe^{3+}$ | 5 | 5 | 5.92 | 5.70—6.0 | 1 | 1.73 | 1.80—2.10 |
| $Co^{3+}$ | 6 | 4 | 4.90 | 5.10—5.70 | 0 | 0 | 0 |
| $Co^{2+}$ | 7 | 3 | 3.87 | 4.30—5.20 | 1 | 1.73 | 1.8 |
| $Ni^{2+}$ | 8 | 2 | 2.83 | 2.80—3.50 | | | |
| $Cu^{2+}$ | 9 | 1 | 1.73 | 1.70—2.20 | | | |

过渡金属络合物的磁矩 $\boldsymbol{\mu}$ 是由于中心原子的 $d$ 电子的轨道运动和自旋运动产生的，

$$\boldsymbol{\mu} = \boldsymbol{\mu}_L + \boldsymbol{\mu}_S$$

轨道磁矩 $\boldsymbol{\mu}_L$ 与轨道角动量 $\mathbf{L}$ 及自旋磁矩 $\boldsymbol{\mu}_S$ 与自旋角动量的 $\mathbf{S}$ 的关系为

$$\boldsymbol{\mu}_L = -\mathbf{L}\mu_B \quad \mu_L = \sqrt{L(L+1)}\mu_B$$

$$\boldsymbol{\mu}_S = -2\mathbf{S}\mu_B \quad \mu_S = 2\sqrt{S(S+1)}\mu_B$$

自旋磁矩受化学环境的影响很小，但轨道磁矩受化学环境影响很大。仅当轨道角动量的平均值不为零时，轨道运动才对总磁矩有贡献。设中心原子的基态为 $^{2S+1}\Gamma$，其波函数取实数 $\Psi(^{2S+1}\Gamma)$，根据量子力学，$\mathbf{L}$ 的平均值为

$$\bar{\mathbf{L}} = \int \Psi(^{2S+1}\Gamma)\hat{\mathbf{L}}\Psi(^{2S+1}\Gamma)d\tau$$

由第四章我们知道，仅当 $\hat{\mathbf{L}}$ 和 $\Psi(^{2S+1}\Gamma)$ 的直积表示等于或包含 $\Psi(^{2S+1}\Gamma)$ 所属的不可约表示时，此积分才不等于零。在第一章中曾经指出，角动量算符的三个分量为

$$\hat{\mathbf{L}}_x = -i\hbar\left(y\frac{\partial}{\partial z} - z\frac{\partial}{\partial y}\right)$$

$$\hat{\mathbf{L}}_y = -i\hbar\left(z\frac{\partial}{\partial x} - x\frac{\partial}{\partial z}\right)$$

$$\hat{\mathbf{L}}_z = -i\hbar\left(x\frac{\partial}{\partial y} - y\frac{\partial}{\partial x}\right)$$

与(4-21)式比较，$L_x$、$L_y$ 和 $L_z$ 和转动微分算符 $R_x$，$R_y$ 和 $R_z$ 有相同的变换性质。查看 $O_h$ 群的特征标表可知，$\hat{\mathbf{L}}_x$，$\hat{\mathbf{L}}_y$ 和 $\hat{\mathbf{L}}_z$ 属于 $T_{1g}$ 表示。容易验证，仅当 $\Psi(^{2S+1}\Gamma)$

属于 $T_{1g}$ 或 $T_{2g}$ 表示时，直积表示

$$T_{1g} \otimes T_{1g} = A_{1g} \oplus E_g \oplus T_{1g} \oplus T_{2g}$$

$$T_{1g} \otimes T_{2g} = A_{2g} \oplus E_g \oplus T_{1g} \oplus T_{2g}$$

才包含 $\Psi(^{2S+1}\Gamma)$ 所属的不可约表示。由此可知，在高自旋的八面体络合物中，中心原子组态为 $d^1$（基态 $^2T_{2g}$）、$d^2$（基态 $^3T_{1g}$）、$d^6$（基态 $^5T_{2g}$）和 $d^7$（基态 $^4T_{1g}$）的金属离子的轨道磁矩对总磁矩有贡献。在低自旋的八面体络合物中，中心原子组态为 $d^4$（基态 $^3T_{1g}$）和 $d^5$（基态 $^2T_{2g}$）时其轨道磁矩对总磁矩有贡献。在其他情况下络合物总磁矩就等于自旋磁矩。

同理可以推知，在正四面体络合物中，下列情况轨道磁矩对总磁矩有贡献：

$d^3$（基态 $^4T_1$），$d^4$（基态 $^5T_2$）

$d^8$（基态 $^3T_1$），$d^9$（基态 $^2T_2$）

### 3. 立体化学

在过渡金属络合物 $ML_x$ 中，八面体构型最常见，四面体构型比较少，主要见之于电子组态为 $d^0$、$d^5$ 和 $d^{10}$ 的离子的络合物，生成平面正方形络合物则是电子组态为 $d^8$ 的过渡金属离子的特征。利用晶体场理论可以对几何构型的选择性作出定性解释。

由于配位势场的非球对称性质，$d$ 轨道要产生能级的分裂，中心离子的 $d$ 电子将以能使体系能量最低的方式排布于诸 $d$ 轨道上，其结果使体系的能量比 $d$ 轨道如果不发生能级分裂的能量要低，我们将这种由配位场效应获得的额外的稳定化能量称为配位场稳定化能。在正八面体场中，若忽略成对能（即强场极限），则组态为 $t_{2g}^x e_g^{N-x}$ 的离子的稳定化能为

$$LFSE = -[x \times (-4) + (N - x) \times 6]Dq$$

利用表 7-3，读者不难导出适用于其他构型的公式。表 7-13 列出各种离子的 $LFSE$。

由表 7-13 可见，正方形构型的稳定化能大于八面体构型，但正方形构型只有四个键，八面体构型有六个键，所以总键能前者小于后者。因此只有两者的稳定化能差值最大时才能形成正方形构型。在弱场下差值最大的是 $d^4$ 及 $d^9$ 组态，在强场下是 $d^8$ 组态。例如弱场 $d^9$ 组态的 $Cu^{2+}$ 形成正方形的 $CuCl_2 \cdot 2H_2O$、$(NH_4)_2CuCl_4$ 和 $Cu(acac)_2$（acac＝乙酰丙酮根）等。强场 $d^8$ 组态的 $Ni^{2+}$ 形成 $Ni(CN)_4^{2-}$、$Ni(dmg)_2$（dmg＝丁二酮二肟）等，$\mathbf{Pt^{2+}}$、$\mathbf{Pd^{2+}}$、$\mathbf{Au^{3+}}$、$\mathbf{Rh^{+}}$、$\mathbf{Ir^{+}}$ 形成的络合物绝大多数都是正方形的。$d^4$ 组态的 $Cr^{2+}$ 的正方形络合物尚未找到。其他组态的离子也可以生成正方形络合物，如[Zn(glycinyl)$_2$]、叶绿素以及某些酞菁络合物，这多半与配体的张力有关。

由表 7-13 还可以看到正八面体的稳定化能都大于正四面体，只有 $d^0$、$d^{10}$ 和弱

场 $d^5$ 时两者相等，这三种组态的金属离子在条件合适时可生成四面体络合物，例如 $d^{10}$ 的 $[Zn(NH_3)_4]^{2+}$、$[Cd(CN)_4]^{2-}$、$[CdCl_4]^{2-}$、$[Hg(SCN)_4]^{2-}$、$[HgI_4]^{2-}$，$d^0$ 的 $TiCl_4$、$ZrCl_4$ 和弱场 $d^5$ 的 $[FeCl_4]^-$ 等。空间因素有重要的影响，配体大、中心原子小有利于生成四面体络合物。

**表 7-13　离子的稳定化能**　（单位：$Dq$）

| $d^n$ | 弱场 | | | | | 强场 | | | | |
|---|---|---|---|---|---|---|---|---|---|---|
| | 正方形(1) | 正八面体(2) | 正四面体(3) | (1)减(2) | (2)减(3) | 正方形(1) | 正八面体(2) | 正四面体(3) | (1)减(2) | (2)减(3) |
| $d^0$ | 0 | 0 | 0 | 0 | 0 | 0 | 0 | 0 | 0 | 0 |
| $d^1$ | 5.14 | 4 | 2.67 | 1.14 | 1.33 | 5.14 | 4 | 2.67 | 1.14 | 1.33 |
| $d^2$ | 10.28 | 8 | 5.34 | 2.28 | 2.66 | 10.28 | 8 | 5.34 | 2.28 | 2.66 |
| $d^3$ | 14.56 | 12 | 3.56 | 2.56 | 8.44 | 14.56 | 12 | 8.01 | 2.56 | 3.99 |
| $d^4$ | 12.28 | 6 | 1.78 | 6.28 | 4.22 | 19.70 | 16 | 10.68 | 3.70 | 5.32 |
| $d^5$ | 0 | 0 | 0 | 0 | 0 | 24.84 | 20 | 8.90 | 4.48 | 11.10 |
| $d^6$ | 5.14 | 4 | 2.67 | 1.14 | 1.33 | 29.12 | 24 | 6.12 | 5.12 | 16.88 |
| $d^7$ | 10.28 | 8 | 5.34 | 2.28 | 2.66 | 26.84 | 18 | 5.34 | 8.84 | 12.66 |
| $d^8$ | 14.56 | 12 | 3.56 | 2.56 | 8.44 | 24.56 | 12 | 3.56 | 12.56 | 8.44 |
| $d^9$ | 12.28 | 6 | 1.78 | 6.28 | 4.22 | 12.28 | 6 | 1.78 | 6.28 | 4.22 |
| $d^{10}$ | 0 | 0 | 0 | 0 | 0 | 0 | 0 | 0 | 0 | 0 |

在配位数为 6 的八面体络合物中，凡 $t_{2g}$ 和 $e_g$ 轨道全空、全满或半满者，则 $d$ 壳层的电子云分布是对称的，最稳定的构型呈正八面体（表 7-14）。

**表 7-14　对称 $d$ 壳层的络离子（正八面体）**

| $d$ 电子数和自旋 | $d$ 壳层结构 | 例 |
|---|---|---|
| $d^0$ | $t_{2g}^0e_g^0$ | $TiCl_6^{2-}$，$MoF_6$，$WCl_6$，$VF_6^-$，$NbF_6^-$ $TaF_6^-$ |
| $d^3$ | $t_{2g}^3e_g^0$ | $Cr(NH_3)_6^{3+}$，$Cr(H_2O)_6^{3+}$ |
| $d^5$ 高自旋 | $t_{2g}^3e_g^2$ | $FeF_6^{3-}$，$Mn(H_2O)_6^{2+}$ |
| $d^6$ 低自旋 | $t_{2g}^6e_g^0$ | $Co(NH_3)_6^{2+}$，$Fe(CN)_6^{4-}$，$Fe(dpy)_3^{2+}$ |
| $d^8$ | $t_{2g}^6e_g^2$ | $Ni(H_2O)_6^{2+}$，$Ni(NH_3)_6^{2+}$ |
| $d^{10}$ | $t_{2g}^6e_g^4$ | $Zn(NH_3)_6^{2+}$，$Hg(en)_3^{2+}$，$SnCl_6^{2-}$，$PbCl_6^{2-}$ |

如 $d$ 壳层不呈对称，则正八面体构型将有变形，产生长键与短键之别，这一现象称为姜-泰勒(Jahn-Teller)效应。例如具有 $d^9(t_{2g}^6e_g^3)$ 壳层的 $Cu^{2+}$ 离子，距球对称的 $d^{10}$ 壳层少一个 $e_g$ 电子，这一欠缺的 $e_g$ 电子可以是 $d_{x^2-y^2}$，也可以是 $d_{z^2}$。如果欠缺一个 $d_{x^2-y^2}$ 电子，则在 $xy$ 平面上的电子云密度小于全满状态下的电子云密

度,所以对 $xy$ 平面上的四个配体的吸引力大于对 $z$ 轴上的两个配体的吸引力,使前四个配体比后两个配体更靠近中心原子,形成四个短键和两个长键,使八面体变成拉长的四角双锥体。反之,如欠缺的是 $d_{z^2}$ 电子,则将形成两个短键和四个长键,使八面体变成压短的四角双锥体。实验证明,所有 $Cu^{2+}$ 的络合物晶体的几何构型都是四角双锥形,其中绝大部分是四个短键、两个长键,只有在 $K_2CuF_4$ 中是两个短键、四个长键。

产生姜-泰勒畸变的原因可以用图 7-7 来说明。当环境的对称性由正八面体($O_h$ 群)降低到四角双锥($O_{4h}$群)时,$T_{2g}$能级分裂为 $B_{2g}$ 和 $E_g$ 能级,$E_g$ 能级分裂为 $A_{1g}$ 和 $B_{1g}$ 能级。由简并轨道的微扰理论可以证明,当一组简并轨道分裂为两组(或多组)轨道时,能级重心不变。

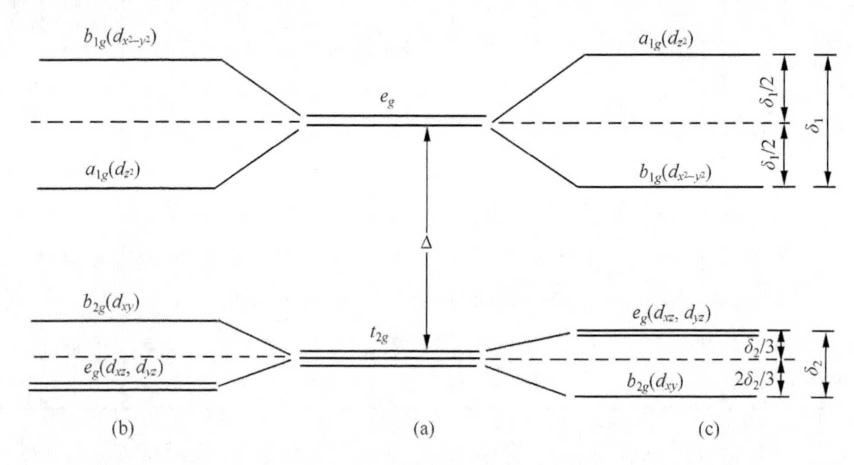


图 7-7　姜-泰勒畸变与 $d$ 能级的分裂

(a) 正八面体;(b) 拉长的八面体;(c) 压短的八面体

因此 $e_g$ 轨道分裂成的两个轨道 $a_{1g}$ 和 $b_{1g}$ 应满足

$$\Delta E(A_{1g}) + \Delta E(B_{1g}) = 0$$

所以

$$|\Delta E(A_{1g})| = \Delta E(B_{1g})| = \frac{\delta_1}{2}$$

同理

$$|\Delta E(B_{2g})| = \frac{2}{3}\delta_2 \qquad |\Delta E(E_g)| = \frac{1}{3}\delta_2$$

根据 $d$ 轨道的角度分布可以判断八面体被拉长和被压短时各轨道能级的高低,并可得出 $\delta_2 \ll \delta_1$ 的结论。与配位场分裂能 $\Delta$ 相比,$\delta_1$ 与 $\delta_2$ 要小得多,与成对能 Ⅱ 相比,$\delta_1$ 和 $\delta_2$ 也要小得多。因为与配位场效应和 $d$ 电子之间的相互作用相比,姜-泰勒效应是一种二级效应。当 $e_g$ 和 $t_{2g}$ 轨道不是全空、半满和全满时,姜-泰畸变必然获得额外的稳定化能。以 $d^9$ 为例，$t_{2g}$ 轨道上 6 个电子虽然分为两组，但没有净的能量变化，但 $e_g$ 轨道上的三个电子有两个填入能量较低的轨道，一个填入能量较高的轨道，姜-泰勒畸变可以增加 $\delta_1/2$ 的稳定化能。

正四面体络合物也受姜-泰勒效应影响。

姜-泰勒效应不但引起几何构型的变化，而且也影响到络合物的紫外可见吸收光谱，这是很显然的。

### 4. 络合物的热力学和动力学性质

晶体场理论可以解释过渡金属离子的半径、水化能、络合物稳定性、晶格能等热力学性质，还可以解释络合物配体取代反应的活性，因限于篇幅，不再详述。

晶体场理论在定性解释络合物的许多性质上很成功，但仍有很多性质不能解释。例如在光谱化学序列中，为什么既不带负电荷，极性又很小的联吡啶、邻菲罗啉、一氧化碳产生的场比 $F^-$、$H_2O$ 要强得多？为什么 $B'<B$？还有若干实验事实（如 $IrCl_6^{2-}$ 的顺磁共振谱，$V(acac)_3$ 的核磁共振谱等）也不能解释。

晶体场理论主要着眼于中心原子的 $d$ 轨道在配位场影响下发生能级分裂，但忽略了配体与中心原子的共价结合。配位场理论吸取了分子轨道理论的优点，适当考虑了这种共价结合，特别是 $\pi$ 键结合，同时基本上仍用晶体场理论的计算方法，上述晶体场理论不能解释的实验现象就可以得到圆满的解释。

## §7-3　分子轨道理论与配位场理论

### 1. 分子轨道理论的要点

分子轨道理论认为络合物的中心原子与配体间的化学键是共价键。当配体接近中心原子时，中心原子的价轨道与能量相近、对称性匹配的配体轨道（群轨道）可以重叠组成分子轨道。

以正八面体络合物为例，中心原子的价轨道是 $(n-1)d$、$np$、$ns$，共九个轨道，六个配体的价轨道是 $n's$、$n'p$，共 24 个轨道。有些配位原子（如 $P$、$S$）的 $n'd$ 轨道及一些含有反键 $\pi^*$ 轨道的分子（如 $CN^-$，CO）也参与成键。我们首先讨论前一种情况。中心原子和配体共 33 个轨道，久期行列式是 33 阶的，利用群论可以对这种久期行列式进行分解。查看 $O_h$ 群的特征标表可知中心原子的九个价轨道所分属的不可约表示如下：

$$A_{1g}:s$$
$$E_g:d_{z^2},d_{x^2-y^2}$$
$$T_{2g}:d_{xy},d_{yz},d_{xz}$$
$$T_{1u}:p_x,p_y,p_z$$

为了由六个配体的 24 个价轨道构成与中心原子对称性匹配的群轨道,可以应用在第五章和第六章中介绍过的方法。络合物 $ML_6$ 的坐标系如图 7-8 所示。

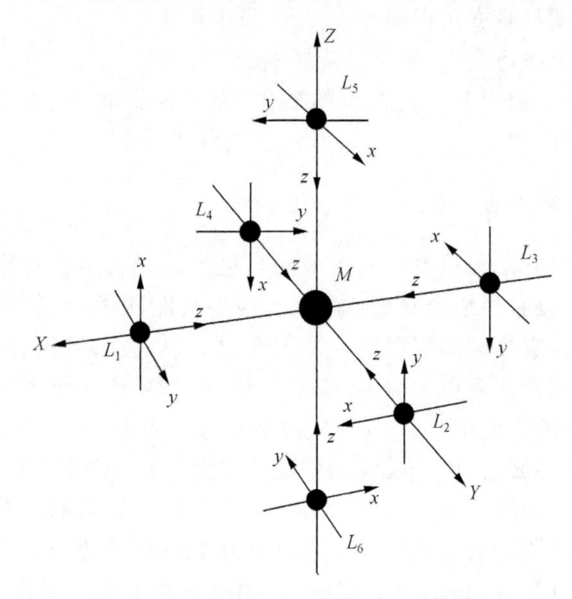


图 7-8　正八面体络合物 $ML_6$ 的坐标

在群 $O_h$ 的 48 个对称操作的作用下,配体的 24 个原子轨道被分成三个集合,诸原子轨道只在本集合内变换,而不会变换到另一集合中去,这些集合是

集合 1：六个 $s$ 轨道

集合 2：六个 $p_z$ 轨道

集合 3：六个 $p_x$ 轨道和六个 $p_y$ 轨道显然,每一集合构成群 $O_h$ 的一个可约表示的基组。应用公式(4-31)

$$a_\mu = \frac{1}{h}\sum_j [\chi^{(\mu)}(R_j)]^* \chi(R_j)$$

可以将这些可约表示约化为不可约表示

集合 1：$T_{s\sigma} = A_{1g} \oplus E_g \oplus T_{1u}$

集合 2：$T_{p\sigma} = A_{1g} \oplus E_g \oplus T_{1u}$

集合 3：$T_{p\sigma} = T_{1g} \oplus T_{2g} \oplus T_{1u} \oplus t_{2u}$

比较中心原子的价轨道与配体价轨道所属的不可约表示就可以知道,我们不必将配体能够组合成的全部对称性匹配函数求出来,只要将中心原子的价轨道所属的不可约表示的对称性匹配函数求出来就可以了。正规的作法是应用投影算符技术,但是我们可以观察中心原子的价轨道的空间取向写出这些对称性匹配函数。$A_{1g}$是全对称表示,利用从第五章和第六章取得的经验,我们可以立即写出群轨道 $\psi_{A_{1g}}$,

$$\psi_{A_{1g}} = \frac{1}{\sqrt{6}}(\phi_1 + \phi_2 + \phi_3 + \phi_4 + \phi_5 + \phi_6)$$

$$\phi_i = s_i \text{ 或}(p_z)_i$$

为了构成属于 $T_{1u}$ 表示的三个群轨道，只要注意到中心原子 $p_x$、$p_y$ 和 $p_z$ 的空间取向就很容易得到，$p_x$ 轨道的取向是 $x$ 轴正方向为正，$x$ 轴负方向为负，对应的群轨道是 $\phi_1 - \phi_3$，同理，与 $p_y$ 轨道对应的群轨道是 $\phi_2 - \phi_4$ 与 $p_z$ 轨道对应的群轨道是 $\phi_5 - \phi_6$，此外 $\phi_i = s_i$ 或 $(p_z)_i$。归一化以后得

$$\psi_{T_{1u}} = \begin{cases} \frac{1}{\sqrt{2}}(\phi_1 - \phi_3) & \text{与 } p_x \text{ 匹配} \\ \frac{1}{\sqrt{2}}(\phi_2 - \phi_4) & \text{与 } p_y \text{ 匹配} \\ \frac{1}{\sqrt{2}}(\phi_5 - \phi_6) & \text{与 } p_z \text{ 匹配} \end{cases}$$

属于 $E_g$ 表示的 $d_{z^2}$ 和 $d_{x^2-y^2}$ 的空间取向比 $p$ 轨道稍微复杂一点。$d_{x^2-y^2}$ 在 $\pm x$ 方向的瓣是正的，在 $\pm y$ 方向的瓣是负的，由此我们可以将与之匹配的群轨道写成如下形式：

$$\phi_1 - \phi_2 + \phi_3 - \phi_4$$

以前我们指出过，$d_{z^2}$ 是 $d_{2z^2-x^2-y^2}$ 的缩写，它由两部分组成，哑铃状的两个瓣指向 $\pm z$ 方向，相位为正，位于 $xy$ 平面附近的环相位为负，因此与之匹配的群轨道应为

$$2\phi_5 + 2\phi_6 - \phi_1 - \phi_2 - \phi_3 - \phi_4$$

将这两个属于 $E_g$ 表示的群轨道归一化得

$$\psi_{E_g} = \begin{cases} \frac{1}{\sqrt{12}}(2\phi_5 + 2\phi_6 - \phi_1 - \phi_2 - \phi_3 - \phi_4) & \text{与 } d_{z^2} \text{ 匹配} \\ \frac{1}{2}(\phi_1 - \phi_2 + \phi_3 - \phi_4) & \text{与 } d_{x^2-y^2} \text{ 匹配} \end{cases}$$

用同样的方法也可以造出属于 $T_{2g}$ 不可约表示的三个群轨道（$\pi$ 轨道）。例如 $d_{xy}$ 轨道的四个瓣是在 $xy$ 平面中沿坐标的角平分线取向，在1、3象限的两瓣为正，在2、4象限的两瓣为负，由此与之匹配的群轨道可写为

$$p_{y1} + p_{x2} + p_{x3} + p_{y4}$$

其他两个属于 $T_{2g}$ 的群轨道可同样求得

$$p_{x1} + p_{x6} + p_{y3} + p_{y5}$$
$$p_{y2} + p_{x5} + p_{x4} + p_{y6}$$

归一化后得

$$\psi_{T_{2g}} = \begin{cases} \frac{1}{2}(p_{y1} + p_{x2} + p_{x3} + p_{y4}) \text{ 与 } d_{xy} \text{ 匹配} \\ \frac{1}{2}(p_{x1} + p_{x6} + p_{y3} + p_{y5}) \text{ 与 } d_{xz} \text{ 匹配} \\ \frac{1}{2}(p_{y2} + p_{x5} + p_{x4} + p_{y6}) \text{ 与 } d_{yz} \text{ 匹配} \end{cases}$$

现在我们可以着手绘制络合物的分子轨道的能级图。实验表明，主要的相互作用发生在配体的几个最高的被占据轨道与中心原子的 $d$ 轨道以及空的 $s$ 和 $p$ 轨道之间。在配体没有可以利用的 $\pi$ 轨道（包括 $p$、$d$ 和 $\pi^*$）的情况下，中心原子与配体之间只生成 $\sigma$ 键。氨络合物就是一个典型例子。分子轨道能级图如图 7-9 所示。参与成键的配体 $\sigma$ 轨道可以是纯 $s$ 轨道、纯 $p$ 轨道或 $sp^n$ 杂化轨道。这六个配体 $\sigma$ 轨道上有 12 电子，中心原子有 $x(x=1-10)$ 个电子，总共 $12+x$ 个电子，其中 12 个电子占据成键轨道 $a_{1g}$，$t_{1u}$，$e_g$，其余电子填入 $t_{2g}$ 和 $e_{g^*}$ 中去。在不考虑 $p\pi$ 成键时，$t_{2g}$ 是非键轨道，$e_{g^*}$ 是最低反键轨道。反键轨道 $a_{1g}^*$ 和 $t_{1u}^*$ 的相对高低不太确定，不过我们最关心的是 $t_{2g}$ 和 $e_g^*$ 轨道。这两个轨道的能量差为

$$\Delta = E(e_g^*) - E(t_{2g})$$

$\Delta$ 恰好就是晶体场理论中的分裂能。

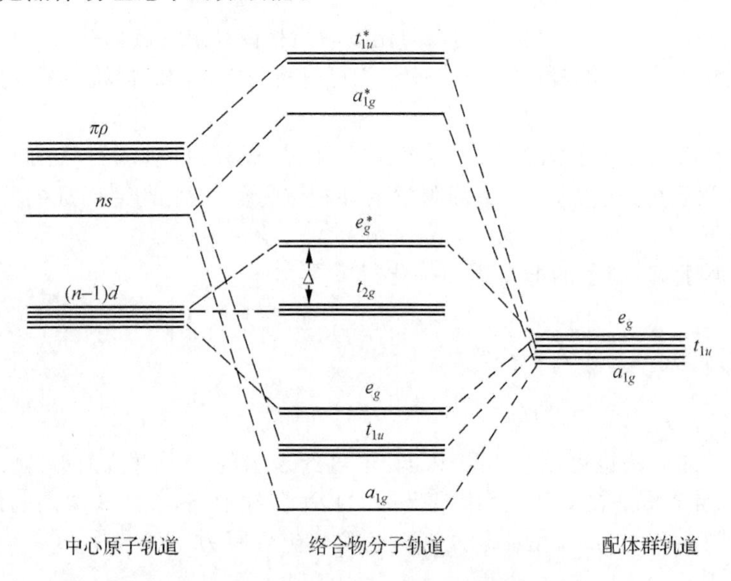


图 7-9 正八面体络合物的分子轨道（不考虑 $\pi$ 成键）

由此可见，尽管晶体场理论和分子轨道理论的出发点大不相同，但引出的结论却是相同的，即络合物的 $t_{2g}$ 和 $e_g$（在 MO 理论中是 $e_{g^*}$）轨道及它们的能量差 $\Delta$ 对络合物的性质起着关键性的作用。前面关于 $\Delta$ 及 Ⅱ 的讨论也适用于分子轨道理论。

仿照上面的方法可以画出正四面体和正方形络合物的分子轨道的能级图（图 7-10、图 7-11）。

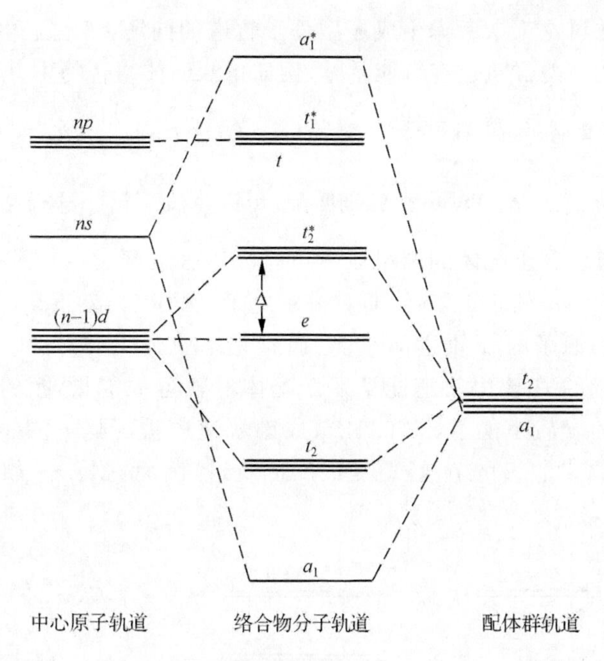


图 7-10　正四面体络合物的分子轨道(不考虑 $\pi$ 成键)

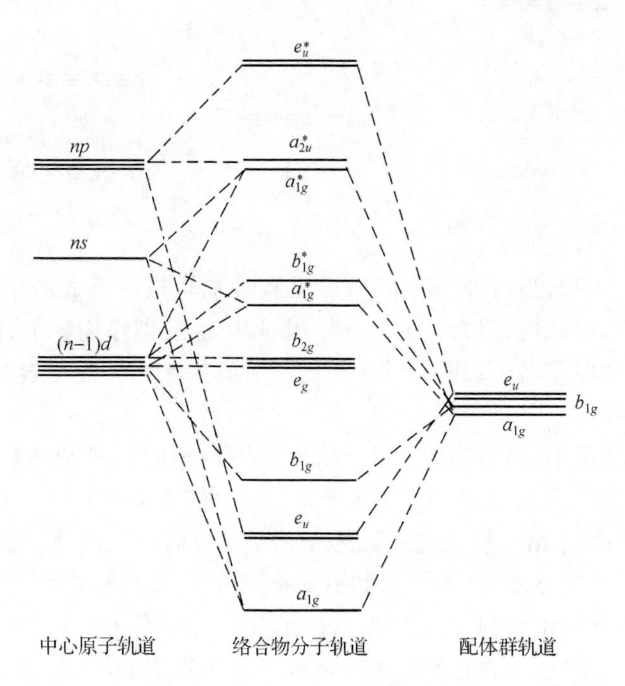


图 7-11　正方形络合物的分子轨道能级图(不考虑 $\pi$ 成键)

迄今为止的讨论都未考虑生成$\pi$型分子轨道的问题，事实上中心原子的原子轨道与配位体的$\pi$型群轨道有可能重叠，例如正八面体络合物中，中心原子的$d_{xz}$、$d_{yz}$和$d_{xy}$轨道和配体$t_{2g}$群轨道$\frac{1}{2}(p_{x1}+p_{x6}+p_{y3}+p_{y5})$、$\frac{1}{2}(p_{y2}+p_{x5}+p_{x4}+p_{y6})$和$\frac{1}{2}(p_{y1}+p_{x2}+p_{x3}+p_{y4})$对称性分别匹配，可以生成$\pi$键。这样络合物中$t_{2g}$轨道不再是非键轨道。分析配体的情况以后可将配体分成两类：(1)配体的$t_{2g}$群轨道能量比中心原子的$d$轨道能量低，且填满了电子，例如$F^-$离子。(2)配位的$t_{2g}$群轨道能量比中心原子的$d$轨道能量高，而且是空轨道，例如$CN^-$离子。在第一种情况下组合成的成键$t_{2g}$轨道能量低于配体群轨道的能量，反键$t_{2g^*}$轨道能量高于中心原子的$d$轨道能量(图 7-12)，成键轨道中被配体$t_{2g}$中的电子所填满，净的效果是使原先非键的$t_{2g}$轨道变成反键轨道，因而它与$e_{g^*}$轨道的能量差$\Delta$变小。

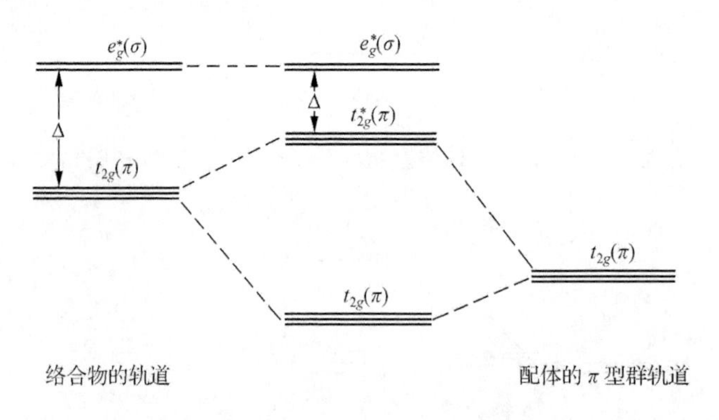


图 7-12　$[CoF_6]^{3-}$中$\pi$能级图

从图 7-12 可知，当络合物的$t_{2g}$轨道充满时$\pi$轨道的生成的净效果是使$\sigma$成键产生的稳定作用减弱，因为$\pi$的成键作用与$\pi^*$的反键作用抵消，而分裂能$\Delta$却变小了。这种情况相当于光谱化学序列的最前面的配体生成络合物的情况，这种配体是弱场配体。

在第二种情况下，络合物的非键$\pi$轨道$t_{2g}$与配体的$t_{2g}$轨道组合成的成键$\pi$分子轨道低于中心原子的$d$轨道，而反键$\pi^*$轨道的能量高于配体的$t_{2g}$类$\pi$轨道(图 7-13)，原先处于络合物非键$\pi$轨道$t_{2g}$的电子此时进入成键$\pi$轨道，反键$\pi^*$轨道空着，净效果是使$\Delta$变大，使络合物更加稳定。

我们知道，如果络合物中只生成$\sigma$键，则由于配体的电子的离域作用会使中心原子附近的电荷密度升高，它限制了配体进一步接近中心原子。但当配体有能量较高的空$\pi$轨道时，中心原子$d$轨道上的电子(非键轨道$t_{2g}$上的电子)由于生成$\pi$键而离域，致使中心原子上的电荷密度转移一部分到配体上去，由于中心原子移走

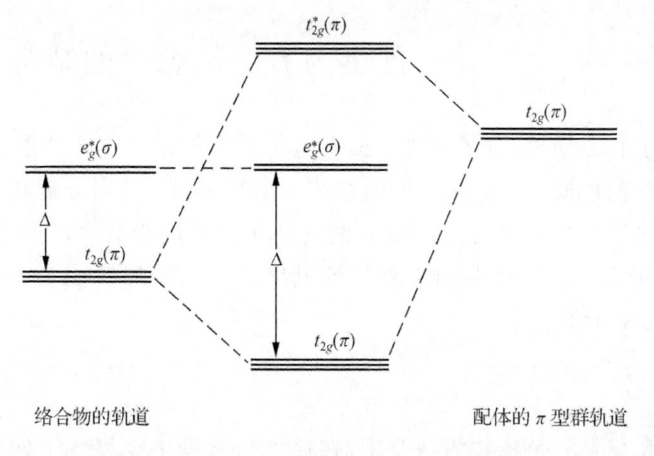


图 7-13　含 $p$、$s$ 的配体或 CO 与过渡金属生成的络合物中的 π 能级

了一部分电荷，可以通过 σ 键从配体接受电子，配体由于通过 σ 键移走了一部分电荷而能更好地通过 π 键接受金属原子的电荷密度，这是一个正反馈过程。因此我们称络合物中的这种 π 键为反配位键或反馈键。这就解释了为什么不带电荷且极性很小($\mu=0.374\times10^{-30}$ C·m)的 CO 位于光谱化学序列的最高端。这一类配体称为强场配体。

**2. 配位场理论简介**

从图 7-10 可以看出，在分子轨道理论中，如只考虑 σ 成键，非键轨道 $t_{2g}$ 就是中心原子的 $d$ 轨道，反键轨道 $e_{g^*}$ 虽然有一定成分的配体轨道，但基本上仍然是金属离子的 $d$ 轨道。在一级近似下，可以将 $e_{g^*}$ 和 $t_{2g}$ 都看做是中心原子的 $d$ 轨道，只是在配位场的影响下发生了能级的分裂，这正是晶体场理论从静电模型导出来的结论。但是晶体场理论很难对于络合物的性质给出定量的解释，因为它完全忽略了中心原子与配体间的共价成键。分子轨道理论能够给出更为合理的解释，但要作精确的、非经验的理论处理却碰到了数学上的困难。在这种情况下，一种解决办法是在晶体场理论的基础上，将共价成键作用容纳进去，而且引进描述晶体场参数 Δ，电子静电相互作用的参数 $B$ 和 $C$，及自旋-轨道偶合常数等几个经验参数，它们的数值可以调整。这种经过修改的晶体场理论称为配位场理论，显然它是晶体场理论和分子轨道理论的结合。对于定性解释络合物的性质的目的来说，了解简单的晶体场理论和定性的分子轨道理论就够了。关于配位场理论的细节不拟详细介绍，有兴趣的读者可参阅有关专著。

# §7－4　σ-π 配键与有关络合物的结构

按照分子轨道理论，分子中既含孤对电子又有能量高于中心原子的 $d$ 轨道的空 $\pi$ 型轨道的配体能与中心原子同时生成 $\sigma$ 键和 $\pi$ 键。这种 $\sigma$ 键和 $\pi$ 键由于彼此协同使络合物稳定性显著加强。通常把这种 $\sigma$ 和 $\pi$ 配键合在一起称为 $\sigma$-$\pi$ 配键，亦称电子授受键。金属的羰化物、亚硝酰基络合物、膦($R_3P$)络合物、胂($R_3As$)络合物中都含 $\sigma$-$\pi$ 配键。

**1. 金属羰化物**

金属羰化物是一类特殊的络合物，在这类络合物中金属原子处于反常的低氧化态。例如四羰基镍 $Ni(CO)_4$ 中的镍的氧化数是零，$HCo(CO)_4$ 中 Co 的氧化数为－1，与一般的含氧配体不同，CO 以其 C 端与金属原子连接，而不是以 O 端与金属原子连接。CO 按连接到金属原子的方式可分为两大类，一类是端式连接，如图 7-14(a)所示。另一类是桥式连接，即一个 CO 与两个或三个金属原子连接，在多核羰基化合物中起着架桥的作用，如图 7-14(b)至(e)所示。

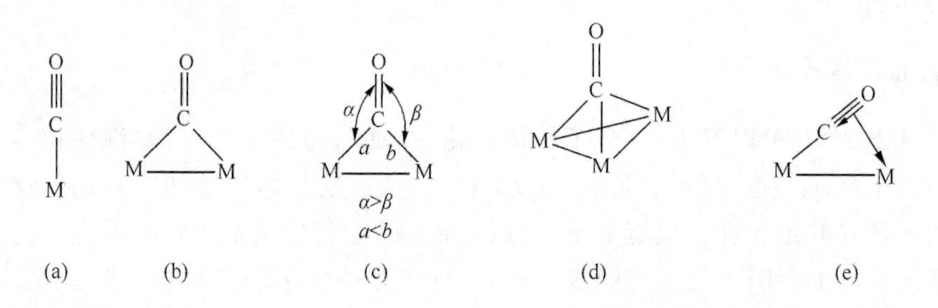


图 7-14　CO 在金属羰化物中的键合方式

在金属羰化物中，金属原子的价电子层的空轨道全部被羰基的孤对电子所填满，构成具有 18 个电子的惰性气体结构。若金属原子的价电子数 $N$ 为偶数，则单核羰化物中的羰基数目 $n=9-\frac{N}{2}$；若 $N$ 为奇数，则有一未成对电子，此时往往聚合成双核或多核羰化物。由此可见，金属羰化物一般都是全部电子配对的反磁性分子，只有个别例外，例如 $V(CO)_6$ 有未配对电子，是顺磁性的。表 7-15 列出了已知的单核金属羰化物。

表 7-15　单核金属羰化物*

| 羰 化 物 | 金属 M 的价电子数 | 颜　色 | 熔　点（单位：℃） | 沸　点（单位：℃） | 几何构型 |
|---|---|---|---|---|---|
| $V(CO)_6$ | 5 | 蓝 | 70(分解) | | 正八面体 |
| $Cr(CO)_6$ | 6 | 白 | 130(分解) | | 正八面体 |
| $Mo(CO)_6$ | 6 | 白 | | 升华 | 正八面体 |
| $W(CO)_6$ | 6 | 白 | | 升华 | 正八面体 |
| $Fe(CO)_5$ | 8 | 黄 | −20.5 | 103 | 三角双锥 |
| $Ru(CO)_5$ | 8 | 无色 | −22 | | 三角双锥 |
| $Os(CO)_5$ | 8 | 无色 | −15 | | 三角双锥 |
| $Ni(CO)_4$ | 10 | 无色 | −19.3 | | 正四面体 |

* $Pd(CO)_4$ 已被证实可存在于 20K 左右时的惰性气体基质中。

从表 7-15 可知单核金属羰化物是典型的共价化合物，其 $\sigma$-$\pi$ 配键如图 7-15 所示。

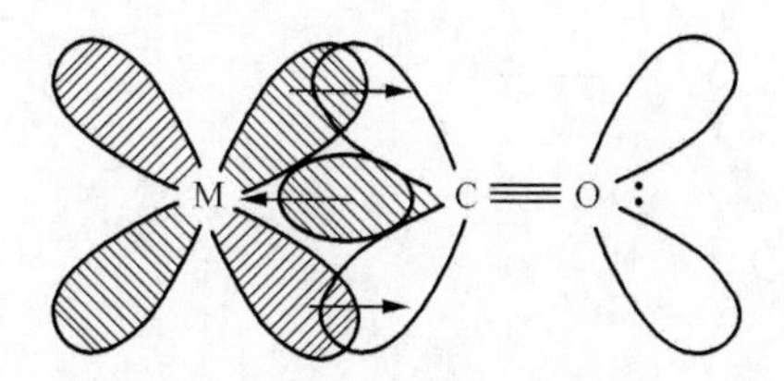


图 7-15　羰基络物合物中的 $\sigma$-$\pi$ 配键（画线部分为已占原子或分子轨道，不画线部分为空轨道，箭头指示电子授给方向）

其中 C$\overset{\leftarrow}{\equiv}$O 键长（～116 pm）比自由 CO 分子的键长（112.8 pm）要长，M—C 键长比 M 与 C 的共价半径之和要短（表 7-16）。

表 7-16　单核羰化物中 M—C 键的键长　　（单位：pm）

| $M(CO)_n$ | 键长(M—C) | 共价半径之和 | 键长缩短值 |
|---|---|---|---|
| $Ni(CO)_4$ | 183.8 | 191 | 7.2 |
| $Fe(CO)_5$ | 181.0(轴间)<br>183.3 | 195 | 11.5—14 |
| $Cr(CO)_6$ | 191.3 | 202 | 10.7 |
| $Mo(CO)_6$ | 206 | 232 | 26 |
| $W(CO)_6$ | 206 | — | — |

价电子数为奇数的过渡元素除 V 外都生成多核羰化物，价电子数为偶数的过渡元素也可生成多核羰化物。已知的双核羰化物有 $Mn_2(CO)_{10}$，$Tc_2(CO)_{10}$，$Re_2(CO)_{10}$，$Fe_2(CO)_9$，$CO_2(CO)_8$，$Ru_2(CO)_9$，$Os(CO)_6$；已知的三核羰化物有 $Fe_3(CO)_{12}$，$Ru_3(CO)_{12}$，$Os_3(CO)_{12}$，$FeRu_2(CO)_{12}$，$Fe_2Os(CO)_{12}$ 等；四核羰化物有 $Rh_4(CO)_{12}$，$Ir_4(CO)_{12}$，$Co_4(CO)_{12}$ 及异核型 $M_xM'_{4-x}(CO)_{12}$ 等；五核以上的有 $Os_5(CO)_{16}$，$Rh_6(CO)_{16}$，$Ir_6(CO)_{16}$，$Co_6(CO)_{16}$，$Os_6(CO)_{18}$，$Os_7(CO)_{21}$，$Os_8(CO)_{23}$ 等。在这些多核羰化物中，有些只依靠 M—M 键完成聚合作用，如 $Mn_2(CO)_{10}$，$Tc_2(CO)_{10}$，$Re_2(CO)_{10}$ 等，有些则除了 M—M 键以外，还有架桥的羰基，$Fe_2(CO)_9$ 是其中的一个最简单的例子。图 7-16 示出了 $Mn_2(CO)_{10}$ 和 $Fe_2(CO)_9$ 的结构。桥基 CO 一般位于两个被桥联的金属原子的垂直平分线上，也发现有不对称的 CO 桥基，如(bipy)$(CO)_2Fe(\mu\text{-}CO)_2Fe(CO)_3$ 的一个羰基桥及$(\eta\text{-}C_5H_5)(CO)Mo(\mu\text{-}RC{\equiv}CR)(\mu\text{-}CO)Mo(CO)_3$ 中的羰基桥，这种桥称为半桥，如图 7-14(c)所示。

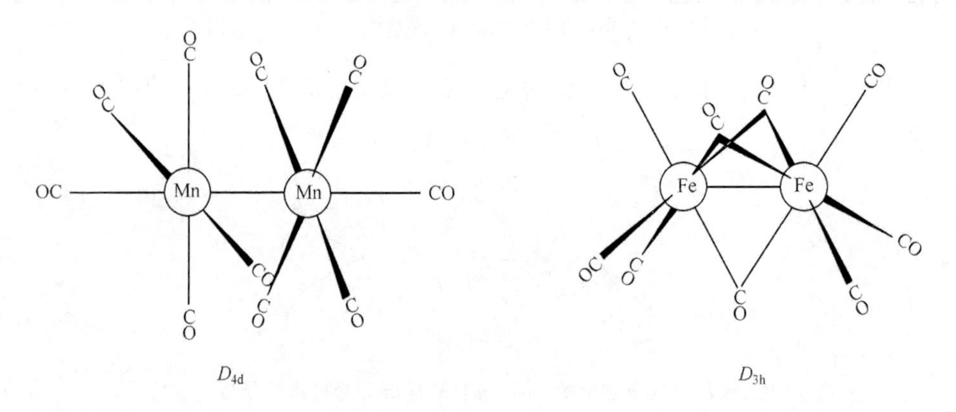


图 7-16　$Mn_2(CO)_{10}$ 和 $Fe_2(CO)_9$ 的结构示意图

区别这两种聚合方式的最可靠的方法是 X 射线衍射分析。$^{13}C$ 核磁共振和红外光谱也能给出佐证。端接的羰基的 C—O 伸缩振动频率约为 1850—2125 $cm^{-1}$，而架桥羰基的振动频率较低，约为 1700—1860 $cm^{-1}$。

用适当的还原剂将金属羰化物还原得金属羰化物阴离子，如

$$Fe_3(CO)_{12}+6Na \rightarrow 6Na^+ + 3[Fe(CO)_4]^{2-}$$

$[Fe(CO)_4]^{2-}$ 与 $Ni(CO)_4$ 是等电子分子，它们的结构也相似。

金属羰化物阴离子与酸作用，生成羰基金属氢化物，如下式所示：

$$Co(CO)_4{}^- + H_3O^+ \longrightarrow HCo(CO)_4 + H_2O$$

$$Fe(CO)_4{}^{2-} + 2H_3O^+ \longrightarrow H_2Fe(CO_4)_4 + 2H_2O$$

这类氢化物是酸，$HCo(CO)_4$ 是很强的酸，$H_2Fe(CO)_4$ 表现为二元酸($pK_1 \approx 4.4$，$pK_2 \approx 14$)，第二级电离常数与第一级电离常数相差悬殊说明这两个氢连接在同一

个 Fe 原子上。核磁共振数据表明，$H_2Fe(CO)_4$ 的两个质子埋在金属的电子云中，由于电子密度很高，它们的化学位移 $\tau$ 高达 21.1。

**2. 金属亚硝酰络合物**

NO 配位到过渡金属原子上通常有三种键合方式：(1)直线式端配位。此时 N 以 $sp$ 杂化，向金属原子提供一对 $\sigma$ 电子形成 $M \leftarrow NO\sigma$ 配键，还提供一个 $\pi$ 电子和两个 $\pi^*$ 轨道形成 $M \rightarrow NO\pi$ 配键，表现为三电子配体，因此 $Ni(CO)_4$，$Co(CO)_3(NO)$，$Fe(CO)_2(NO)_2$，$Mn(CO)(NO)_3$，$Cr(NO)_4$ 为等电子分子。(2)弯式端配位。此时 N 采用 $sp^2$ 杂化，向金属原子提供一个电子，形成 $\sigma$ 键，键角 MNO 约为 120°，如$[IrCl(CO)(PPh_3)_2(NO)]^+$中的 NO。(3)充当桥基。此时 N 采用 $sp^2$(连接两个金属原子)或 $sp^3$ 杂化(连接三个金属原子)，表现为三电子配体，生成两个或三个 $\sigma$ 键。

**3. 金属的膦和胂络合物**

膦($R_3P$)和胂($R_3As$)除含有孤对电子外，还有空的外 $d$ 轨道，即 $nd$ 轨道。这些 $nd$ 轨道的能量高于过渡金属原子的 $d$ 轨道的能量，但又不是太高，因而可以与过渡金属生成 $\sigma$-$\pi$ 配键络合物。金属羰化物中的 CO 能被膦或胂取代。$R_2P(CH_2)_nPR_2$($n$=2 或 3)型的二膦兼有生成螯环和 $\sigma$-$\pi$ 配键两种功能，因而是很强的络合剂。当用卤素取代烷基时，所得三卤化磷 $PX_3$(X=卤素)是一个更好的配体，此时由于 X 的电负性比烷基高，使得 $PX_3$ 的 P 上的孤对电子的给予性能下降，但空的 $3d$ 轨道接受电子的能力却有增加，而且后一效应比前一效应更显著，因此像 $PF_3$ 这类的卤化磷比 $P(CH_3)_3$ 形成更稳定的络合物。

**4. 分子氮络合物**

$N_2$ 分子与 CO，$CN^-$，$NO^+$ 及 $C_2H_2$ 等分子是等电子分子。CO、$CN^-$ 和 $NO^+$ 几乎能与所有的过渡金属生成络合物，$C_2H_{22}$ 与 Pt(Ⅱ)、Pd(Ⅱ)、Ag(Ⅰ)、Cu(Ⅰ)、Hg(Ⅱ)的络合物都很容易制备，而分子氮络合物却迟至 1965 年才首次被制备出来。分子氮络合物的稳定性比相应的 CO 络合物的稳定性低，其原因可以从下面两方面来解释：第一，作为 $\sigma$ 授体，$N_2$ 分子比 CO 分子的授电子能力要低得多，这是因为前者的孤对电子所在的分子轨道是弱成键轨道(图 3-22)，后者的孤对电子所在的分子轨道是弱反键轨道(图 3-24)。第二，作为 $\pi$ 授体，$N_2$ 分子的反键 $\pi$ 轨道从金属离子的 $d$ 轨道中接受电子的能力比 CO 要低得多，这点可以从 $N_2$ 和 CO 在相同的的配位环境下红外光谱吸收频率减小的百分数大致相同这一事实(自由分子：$\nu_{N\text{-}N}=2331\ cm^{-1}$，$\nu_{c\text{-}o}=2143\ cm^{-1}$；端配位分子：$\nu_{N\text{-}N}=1930—2230\ cm^{-1}$，$\nu_{c\text{-}o}=1850—2125\ cm^{-1}$)推断出来。由于 M—CO 及 $M—N\equiv N$ $\sigma$-$\pi$ 配键的生成，

C—O 及 N—N 的键级减小，键长增加，伸缩振动频率减小。对于 CO 而言，M←C 方向的 $\sigma$ 授与对 M→C 方向的 $\pi$ 接收对于 C—O 键的减弱起抵消作用。对于 $N_2$ 而言，M←C 方向的 $\sigma$ 授与和 M→C 方向的 $\pi$ 接受对于 N—N 键的作用都是减弱，显然 $N_2$ 作为 $\pi$ 受体一定比 CO 要差。

$N_2$ 分子与金属离子配位通常有以下三种方式：

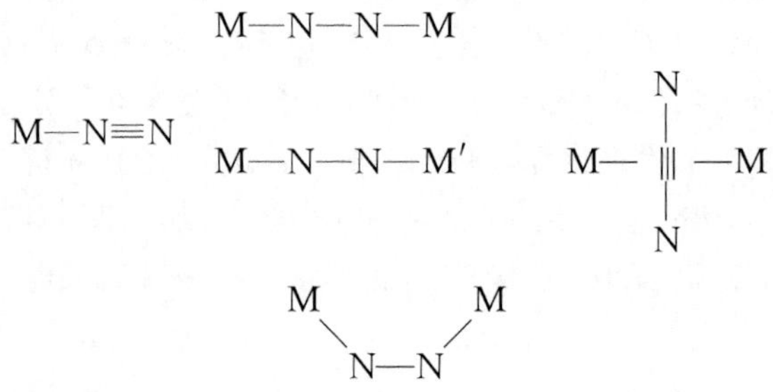

M—N≡N

M—N—N—M

M—N—N—M′

M—N—N—M（M、M 分别与两个 N 相连，N—N 桥连）

M— N≡N —M（N≡N 垂直于 M…M 连线，侧面配位）

端配位　　桥基配位　　侧配位

后面两种配位方式是 CO 分子没有的。

## §7-5　多原子 $\pi$ 键络合物的结构

### 1. 金属离子和不饱和烃类的络合物

1831 年蔡塞(Zeise)将乙烯通入四氯合铂酸钾水溶液，分离出一种组成为 $K[PtCl_3(C_2H_4)]\cdot H_2O$ 的黄色结晶，人们将这一络合物称为蔡塞氏盐(Zei-se′s salt)。1954 年用 X 射线衍射法测定了它的结构，如图 7-17 所示。在这一络合物中，乙烯作为一个配体取代了一个 $Cl^-$。有趣的是乙烯以侧面与金属离子结合，两个 C 原子对称地分布于 $Pt^{2+}$ 与三个 $Cl^-$ 所在的平面，整个分子具有 $C_{2v}$ 的对称性。这一络合物相当稳定，显然乙烯分子不可能只通过 $\sigma$ 键与金属原子结合，因为乙烯是一个很弱的 $\sigma$ 配位体，它与诸如 $BF_3$ 这样强的电子接受体都不能生成稳定的加合物。由此推知 $C_2H_4$ 与金属原子间的 $\pi$ 键结合可能起了很大的作用。分析乙烯的分子轨道可知它与金属羰化物中的 CO 有某些相似之处，成键 $\pi$ 轨道相对于金属原子的对称性与金属羰化物中 CO 的参与成键的 $\sigma$ 轨道的对称性相似，乙烯的反键 $\pi$ 轨道与 CO 的反键 $\pi^*$ 轨道相对于中心离子的对称性也相似。目前普遍的看法是：$Pt^{2+}$ 用它的空 $\sigma$ 轨道与 $C_2H_4$ 的成键 $\pi$ 轨道相互作用生成三中心键；而 $Pt^{2+}$ 中已充满的对称性匹配的 $d$ 轨道与 $C_2H_4$ 的反键 $\pi^*$ 轨道生成另一个三中心键。在前一个三中心键中电子由 $C_2H_4$ 提供，在后一个三中心键中电子由 $Pt^{2+}$ 提供，如图 7-18 所示。

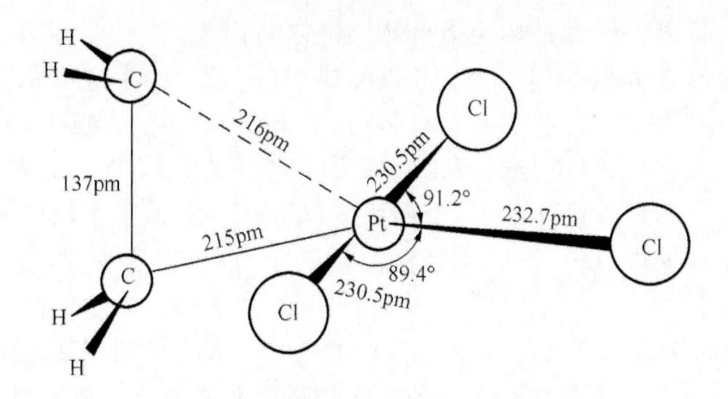


图 7-17　$[PtCl_3(C_2H_4)]^-$ 的结构

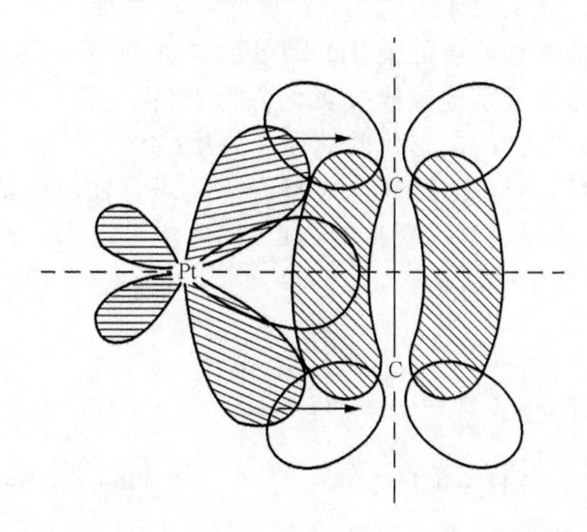


图 7-18　$[PtCl_3(C_2H_4)]$中的 Pt 与 $C_2H_4$ 间的化学键

由此可见，$C_2H_4$ 与 $Pt^{2+}$ 络合后，虽然其上的电荷密度没有变化，但 $C_2H_4$ 中的 C═C 键削弱了，这是因为配位与反配位的净效果是 $C_2H_4$ 的一部分电荷由成键 $\pi$ 轨道挪到反键 $\pi^*$ 轨道上，C═C 的键级变小了，这样一来，$C_2H_4$ 变得更为活泼。

除乙烯外，其他烯烃也能发生类似的反应。例如，1,5-己二烯与$[PtCl_4]^{2-}$形成带有螯环的络合物，这个络合物比反式双乙烯络合物稳定。

能与烯类生成上述类型络合物的过渡金属必须有比较多的 $d$ 电子，并且处于低氧化态。Fe、Co、Ni、Cu、Ru、Rh、Pd、Ag、Os、Ir、Pt 和 Au 可望生成烯烃络合物，事实上这些金属离子的大量烯烃络合物已经制备出来。

炔烃也能形成类似的络合物，例如乙炔与[$PtCl_4^{2-}$]生成类似于蔡塞氏盐的K[$PtCl_3(C_2H_2)$]·$H_2O$。

总之，烯烃和炔烃可以与过渡元素族后半部分的金属离子生成络合物。在这类络合物中不饱和烃提供$\pi$电子，金属原子(或离子)提供空$\sigma$轨道形成$\sigma$键，而金属原子(或离子)提供电子，不饱和烃提供反键$\pi^*$轨道形成$\pi$键，这样的络合物统称为$\pi$络合物。

$\pi$络合物的生成在石油工业中有重要的应用。例如利用银盐或铜盐与不饱和烃形成络合物这一性质可将不饱和烃从饱和烃中分离出来。这一性质也可以用于色层分离。如前所述，$\pi$络合物的生成可以削弱双键(或三键)，使不饱和烃活化，这一性质可用于不饱和烃反应的催化。著名的齐格勒(Ziegler)-纳塔(Natta)催化剂就是利用$\alpha$型 $TiCl_3$(或其他过渡金属化合物)制得的。加入烷基铝的作用是维持催化剂表面有一定数量的烷基化的钛原子，$\alpha$烯烃 $RCH{=}CH_2$ 配位于 Ti 近旁的空位上，这一络合物不稳定，$RCH{=}CH_2$ 与 Ti 络合使双键活化，这两个因素促使双键打开，产生加成反应并出现新的空位，如此继续下去实现链的增长，最终得到$\alpha$烯烃的聚合物，如下式所示：

$$\overset{R'}{\overset{|}{-Ti}} + RCH{=}CH_2 \longrightarrow \overset{R'}{\overset{|}{-Ti}}-\overset{CHR}{\underset{CH_2}{\|}} \longrightarrow -Ti-CH_2-CHRR'$$

$$\xrightarrow{CH_2{=}CHR} \overset{CH_2{=}CHR}{\overset{|}{-Ti}}-CH_2-CHRR' \longrightarrow \overset{CH_2-CHR-CH_2-CHRR'}{\overset{|}{-Ti}} \longrightarrow \cdots$$

$$\longrightarrow -Ti-(CH_2-CHR)_nR'$$

例如以 $Al(C_2H_5)_3$ 和 $TiCl_4$ 在庚烷中反应制得的棕色悬浮物可以在常温常压下吸收大量 $C_2H_4$，生成熔点为 130—135℃的链状聚乙烯。含 S 和 P 的杂质可以与过渡金属络合而占据配位的空位，使催化剂失去活性，这一现象被称为催化剂的中毒。

**2. 金属夹心化合物**

环戊二烯基

能够和某些二价过渡元素离子形成一系列有趣的络合物，它们的化学式是$(C_5H_5)_2M$，M=Fe(Ⅱ)、Co(Ⅱ)、Ni(Ⅱ)、Mn(Ⅱ)和Cr(Ⅱ)等。如果金属离子是三价的，则生成$[(C_5H_5)_2M]^+$，四价的则生成$[(C_5H_5)_2M]^{2+}$，表7-17列出这类化合物中的一些例子。

**表7-17　金属离子和环戊二烯基的络合物**($Cp=C_5H_5$)

| 金属离子 | $d$电子数 | 络合物 | 颜色 | 熔点/℃ | 磁矩（玻尔磁子） | 未成对电子数 |
|---|---|---|---|---|---|---|
| Cu(Ⅱ) | 9 | | | | | |
| Ni(Ⅱ) | 8 | $Cp_2Ni$ | 绿 | 173 | 2.86 | 2 |
| Co(Ⅱ) | 7 | $Cp_2Co$ | 紫 | 173 | 1.76 | 1 |
| Fe(Ⅱ) | 6 | $Cp_2Fe$ | 橙 | 173 | 0 | 0 |
| Mn(Ⅱ) | 5 | $Cp_2Mn$ | 粉红 | 173 | 5.9 | 5 |
| Cr(Ⅱ) | 4 | $Cp_2Cr$ | 深红 | 173 | 2.84 | 2 |
| V(Ⅱ) | 3 | $Cp_2V$ | 紫 | 168 | 3.82 | 3 |
| Ti(Ⅱ) | 2 | $Cp_2Ti$ | 绿 | >130 | 0 | 0 |
| Ni(Ⅲ) | 7 | $Cp_2Ni^+$ | 黄 | | 1.75 | 1 |
| Co(Ⅲ) | 6 | $Cp_2Co^+$ | 黄 | | 0 | 0 |
| Fe(Ⅲ) | 5 | $Cp_2Fe^+$ | 蓝 | | 2.25 | 1 |
| Cr(Ⅲ) | 3 | $Cp_2Cr^+$ | 绿 | | 3.81 | 3 |
| V(Ⅲ) | 2 | $Cp_2V^+$ | 紫 | | 2.86 | 2 |
| Ti(Ⅲ) | 1 | $Cp_2Ti^+$ | 绿 | | 2.3 | 1 |
| V(Ⅳ) | 1 | $Cp_2V^{2+}$ | | | | 1 |
| Ti(Ⅳ) | 0 | $Cp_2Ti^{2+}$ | 红 | | 0 | 0 |

最早制得的环戊二烯络合物是$(C_5H_5)_2Fe$，X射线研究证明它的结构是夹心面包式的，Fe原子在两个环戊二烯环的中间。气相$(C_5H_5)_2Fe$是覆盖式构型(图7-19(a))，固相$(C_5H_5)_2Fe$是交错式构型(图7-19(b))，说明环戊二烯基环基本上可以自由转动，两种异构体能量差为4± 1kJ/mol。

环戊二烯基铁可以看做是环戊二烯负离子与$Fe^{2+}$离子生成的络合物，也可以看做是环戊二烯自由基与Fe原子生成的络合物。量子化学的从头计算法算出Fe

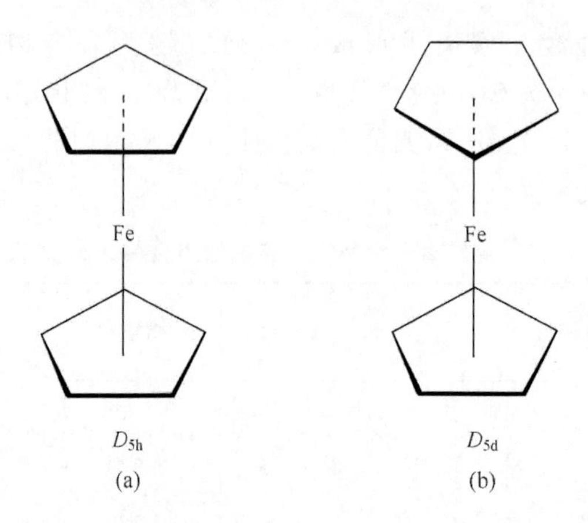


图 7-19　环戊二烯基铁$(C_5H_5)_2Fe$的立体结构

(a)覆盖构型；(b)交错构型

上的净电荷为$+1.23e$，介于二者之间。莫菲特[①]认为在两个环戊二烯自由基的影响下铁原子的 $4s$ 轨道与 $3d_{z^2}$ 轨道杂化，得到两个不等性的 $3d$ 轨道，一个是$(sd)_1$，能量比 $3d$ 轨道低；另一个是$(sd)_2$ 轨道，能量稍高，接近 $4p$ 轨道。因此铁原子的组态是$(sd)_1^2(d_{x^2-y^2})^2(d_{xy})^2(d_{xz})^1(d_{yz})^1(sd)_2{}^0(4p_y)^0(4p_y)^0(4p_z)^0$。根据休克尔分子轨道理论，环戊二烯自由基能量最低的 $\pi$ 轨道是 $\psi_1$，没有过 $C_5$ 轴的节面，$\psi_2$ 和 $\psi_3$ 是两个简并轨道，有两个过 $C_5$ 轴的节面，如图 7-20 所示。

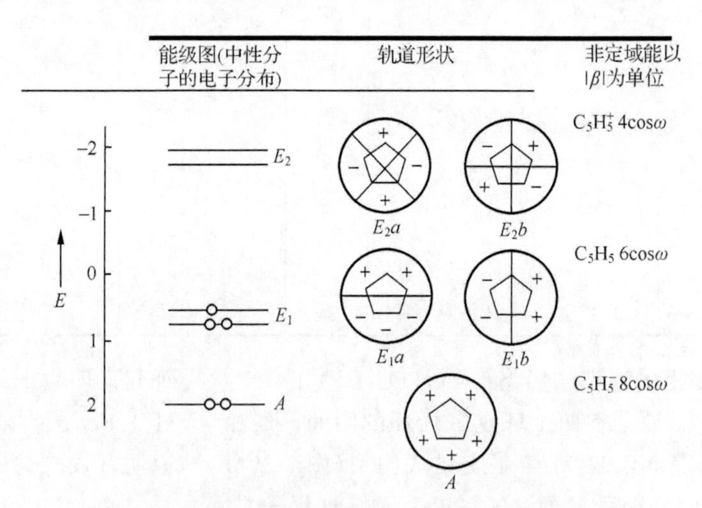


图 7-20　环戊二烯自由基的分子轨道和近似能级图

① W. Moffit, *J. Amer. Chem. Soc.*, 76, 3386(1954).

Fe 的 $d_{xz}$ 和 $d_{yz}$ 轨道与 $\psi_2$ 或 $\psi_3$ 对称性匹配,因此这两个半充满的 $d$ 轨道与两个环戊二烯基中半充满的分子轨道 $\psi_2$ 或 $\psi_3$ 可以构成共价键。这个解释与磁矩的数值是相符合的。$(C_5H_5)_2Fe$ 是反磁性物质,没有未成对电子。在 $(C_5H_5)_2Co$ 中,有一个 $3d$ 电子激发到 $4p$ 或 $(sd)_2$ 轨道;而相应的 Mn 络合物比 $(C_5H_5)_2Fe$ 少一个电子,因而有一个半充满的 $d$ 轨道,二者的未成对电子数都是 1,这都与磁矩测量结果符合。

分子轨道法处理 $(C_5H_5)_2Fe$ 的步骤是以两个环戊二烯基的 10 个 $p$ 轨道为基,组成 $D_{5d}$(交错构型)或 $D_{5h}$(覆盖构型)群的群轨道,以交错构型为例,以 10 个 $p$ 轨道为基的可约表示可约化成 $A_{1g}\oplus A_{2u}\oplus E_{1g}\oplus E_{1u}\oplus E_{2g}\oplus E_{2u}$,由于每个环上的 $\pi$ 分子轨道是已知的,它们分属 $A$、$E_1$ 和 $E_2$ 不可约表示,我们不必再从原子轨道开始组成群轨道,而只需将两个环的 $\pi$ 分子轨道按对称性匹配要求进行组合得到 10 个群轨道,它们是

$$\begin{cases}\psi(A_{1g})=\dfrac{1}{\sqrt{2}}[\psi_1(A)+\psi_2(A)]\\[2ex]\psi(A_{2u})=\dfrac{1}{\sqrt{2}}[\psi_1(A)-\psi_2(A)]\end{cases}$$

$$\begin{cases}\psi(E_{1ga})=\dfrac{1}{\sqrt{2}}[\psi_1(E_{1a})+\psi_2(E_{1a})]\\[2ex]\psi(E_{1gb})=\dfrac{1}{\sqrt{2}}[\psi_1(E_{1b})+\psi_2(E_{1b})]\end{cases}$$

$$\begin{cases}\psi(E_{1ua})=\dfrac{1}{\sqrt{2}}[\psi_1(E_{1a})-\psi_2(E_{1a})]\\[2ex]\psi(E_{1ub})=\dfrac{1}{\sqrt{2}}[\psi_1(E_{1b})-\psi_2(E_{1b})]\end{cases}$$

$$\begin{cases}\psi(E_{2ga})=\dfrac{1}{\sqrt{2}}[\psi_1(E_{2a})+\psi_2(E_{2a})]\\[2ex]\psi(E_{2gb})=\dfrac{1}{\sqrt{2}}[\psi_1(E_{2b})+\psi_2(E_{2b})]\end{cases}$$

$$\begin{cases}\psi(E_{2ua})=\dfrac{1}{\sqrt{2}}[\psi_1(E_{2a})-\psi_2(E_{2a})]\\[2ex]\psi(E_{2ub})=\dfrac{1}{\sqrt{2}}[\psi_1(E_{2b})-\psi_2(E_{2b})]\end{cases}$$

查 $D_{5d}$ 群的特征标表可知 Fe 的 9 个价轨道所属的不可约表示为

$$A_{1g}:4s,3d_{z^2}$$

$$E_{1g}:(3d_{xz},3d_{yz})$$

$$E_{2g}：(3d_{xy},3d_{x^2-y^2})$$

$$A_{2u}：4p_z$$

$$E_{1u}：(4p_x,3p_y)$$

利用上述结果可将 19×19 阶久期行列式分解，求得环戊二烯基铁的分子轨道和轨道能量。图 7-21 示出环戊二烯基铁的能级图。可以看出，9 个成键轨道恰好被 18 个电子(铁的 8 个价电子和两个环戊二烯基的 10 个 $\pi$ 电子)所充满，显然这是一个反磁性分子。

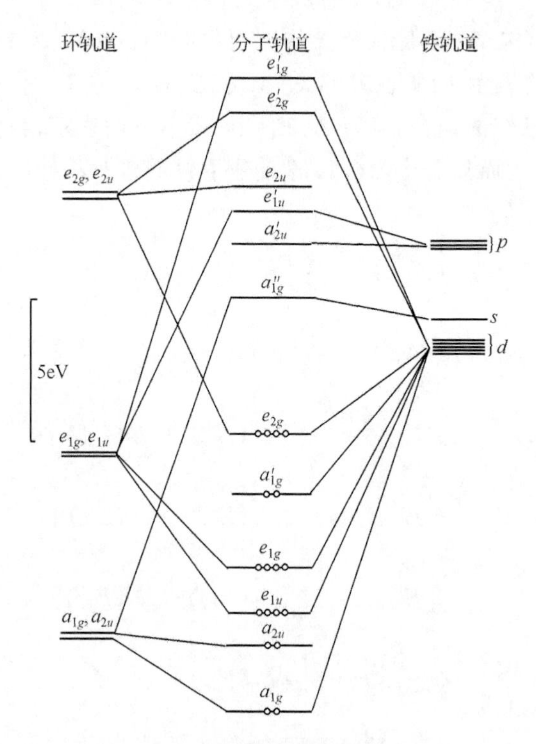


图 7-21 环戊二烯基铁的能级图

能生成金属夹心化合物的不限于环戊二烯基，苯和环辛四烯基$(C_8H_8)^{2-}$的金属夹心化合物如二苯铬$(C_6H_6)_2Cr$、环辛四烯基铀(Ⅳ)$(C_8H_8)_2U$ 就是例子。60 年代末合成了一种非常有趣的金属夹心化合物——金属的碳硼烷络合物，例如$[(B_9C_2H_{11})_2Fe]^{2-}$。

图 7-22 示出了$[(B_9C_2H_{11})_2Fe]^{2-}$的结构。$B_9C_2H_{11}{}^{2-}$离子的底面和 $C_5H_5{}^-$是等电子结构，故其络合物中的化学键也很可能相似。事实上$[(B_9C_2H_{11})_2Fe]^{2-}$中的一个 $B_9C_2H_{11}{}^{2-}$离子可以被 $C_5H_5{}^-$取代，生成$[(B_9C_2H_{11})Fe(C_5H_5)]^-$。到目前为止已经合成出很多这种类型的化合物。

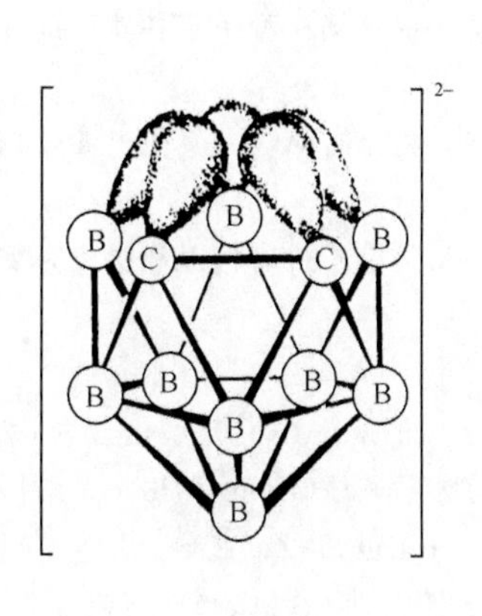


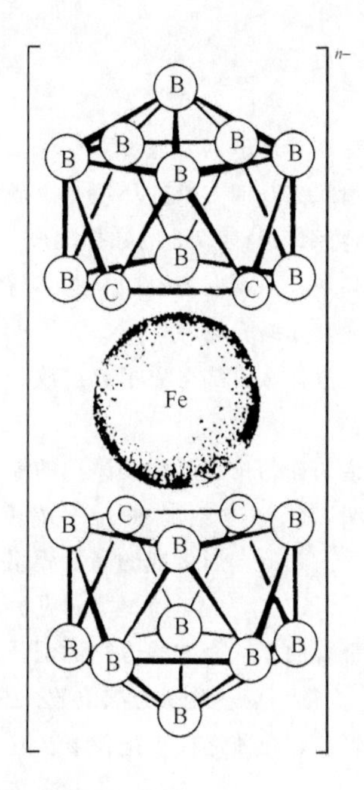


图 7-22　$[(B_9C_2H_{11})_2F_e]^{2-}$的结构

## 参 考 书 目


1. F. A. Cotton and G. Wilkinson, *Advanced Inorganic Chemistry, A Comprehensive Text*, 4th ed., John Wiley & Sons, 1980.
2. F. A, Cotton, *Chemical Applications of Group Theory*, 2nd ed., Wiley, 1971；中译本：刘春万，游效曾、赖伍江译，《群论在化学中的应用》，科学出版社，1975.
3. L. Orgel, *An Introduction to Transition Metal Chemistry*, 2nd ed., Wiley, 1966；中译本：游效曾等译，《过渡金属化学导论》，科学出版社，1966.
4. C. J. Bullhausen, *Introduction to Ligand Field Theory*, McGraw-Hill, 1962.
5. H. L. Schläfer and G. Gliemann, *Basic Principles of Ligand Field Theory*, *Wiley*, 1969；中译本：曾成、王国雄等译，《配位场理论基本原理》，江苏科学技术出版社，1982.
6. 格里菲斯著，黄武汉、林福成译，《过渡金属离子理论》，科学出版社，1965.
7. M. E. 加特金娜著，朱龙根译，《分子轨道理论基础》，人民教育出版社，1978.
8. G. E, Coates, M. L. H. Green, P. Powell and K. Wade, *Principles of Organometallic Chemistry*, Methuen, 1971.
9. F. E. Mabb and D. J. Machin, *Magnetic and Transition Metal Complexes*, Chapman and Hall, 1973.
10. C. K. Jørgensen, *Absorption Spectra and Chemical Bonding in Complexes*, Pergamon, 1962.
11. D. Sutton, *Electronic Spectra of Transition Metal Complexes*, McGraw-Hill, 1968.
12. A. B. P. Lever, *Incorganic Electronic Spectroscopy*, 2nd ed., Elsevier, 1984.
13. F. Calderazzo, R. Ercoli and G. Natta, *Metal Carbonyls: Preparation, Structure and Properties*, *in Organic Syntheses via Metal Carbonyls*, Interscience, 1968.

## 问题与习题

1. 试述晶体场理论的要点。
2. 在三角双锥及四方锥的环境中 $d$ 轨道将如何分裂？应用晶体场模型决定各轨道的能量高低顺序，将结果与表 7-3 的数据比较。
3. 何谓强场？何谓弱场？同一配体与甲离子生成强场络合物是否对任一其他过渡金属离子乙也生成强场络合物？
4. 人们通过什么方法可以了解过渡金属络合物的中心原子的电子排布情况和决定是弱场还是强场？
5. 定性说明如何推求晶体场谱项的能量和波函数。
6. 试证明，对于一个给定的、位于光谱化学序列中 $\mathbf{H_2O}$ 之后的配体 $\mathbf{L}$，它与氧化态为 +2 的第一过渡元素系的金属生成的高自旋络合物的稳定常数有如下顺序(Irving-Williams 顺序)：

$$\mathbf{Mn(II) < Fe(II) < Co(II) < Ni(II) < Cu(II) > Zn(II)}$$

7. 过渡金属的正八面体络合物的配体取代反应大都按解离机理(D 机理)或解离交换机理($\mathbf{I_d}$ 机理)进行。设过渡态为配位数为 5 的四方锥构型，定义基态的配位场稳定化能与过渡态的配位场稳定化能之差为配位场活化能($LFAE$)，即

$$LFAE = LFSE(\text{基态}) - LFSE(\text{过渡态})$$

$LFAE$ 越大，配体取代反应速度越慢。试计算组态为 $d^x$ $(x=0-10)$ 的过渡金属离子的八面体络合物的 $LFAE$(对 $x=4-7$ 应分高低自旋两种情况计算)。
8. 应用上题的结果，解释水合金属离子的水交换反应

$$M(H_2O)_6^{z+} + H_2{}^{18}O \underset{k_{-1}}{\overset{k_1}{\rightleftharpoons}} M(H_2O)_5(H_2{}^{18}O)^{z+} + H_2O$$

的以下实验事实：

(1) 对于第一过渡元素系氧化数为 +2 的金属离子 $M^{2+}$，水交换反应速度常数 $k_1$ 如下($k_1$ 单位为 $s^{1-}$)：

| $M^{2+}$ | $V^{2+}$ | $Cr^{2+}$ | $Mn^{2+}$ | $Fe^{2+}$ | $Co^{2+}$ | $Ni^{2+}$ | $Cu^{2+}$ |
|---|---|---|---|---|---|---|---|
| $\lg k_1$ | 2.0 | 8.5 | 7.5 | 6.5 | 6.0 | 4.3 | 8.5 |

(2) 组态为 $d^3$ 和 $d^6$(低自旋)的氧化数为 +3 的过渡金属离子 $Cr^{3+}$、$Co^{3+}$、$Rh^{3+}$，$Ir^{3+}$ 的水交换反应速度很慢[$k_1$：$Cr^{3+}$ $5.8\times10^{-7}$(25℃)，$Rh^{3+}$ $2.2\times10^{-5}$(64.4℃)]。
9. 在每对下列络合物中，其中哪一个有较低能量的 $d$-$d$ 跃迁？

(1) $Co(NH_3)_5F^{2+}$，$Co(NH_3)_5I^{2+}$

(2) $Co(NH_3)_5Cl^{2+}$，$Co(NH_3)_5(NO_2)^{2+}$

(3) $Pt(NH_3)_4^{2+}$，$Pd(NH_3)_4^{2+}$

(4) $Co(CN)_6^{3-}$，$Ir(CN)_6^{3-}$

(5) $Co(CN)_5(H_2O)^{2-}$，$Co(CN)_5I^{2-}$

(6) $V(H_2O)_6^{2+}$，$Cr(H_2O)_6^{3+}$

(7) $RhCl_6^{3-}$，$Rh(CN)_6^{3-}$

(8) $Ni(H_2O)_6^{2+}$，$Ni(NH_3)_6^{2+}$

10. 用价电子对互斥理论推测 $Ni(CO)_4$ 的几何构型，用晶体场理论说明它的基态电子结构。能否观察到 $d$-$d$ 跃迁？

11. 在硅胶干燥剂中常加入 $CoCl_2$（蓝色），吸水后变成 $CoCl_2 \cdot 6H_2O$，呈粉红色，试用配位场理论解释其原因。

12. 实验测得 $Ni^{2+}$ 的下列络合物的紫外及可见吸收光谱的吸收峰位置，据此计算 $B'$ 和 $Dq$ 值。

| 络合物 | $\nu_1(cm^{-1})$ | $\nu_2(cm^{-1})$ | $\nu_3(cm^{-1})$ |
|---|---|---|---|
| $[Ni(H_2O)_6]^{2+}$ | 8500 | 15400 | 26000 |
| $[Ni(NH_3)_6]^{2+}$ | 10750 | 17500 | 28200 |
| $[Ni(dmso)_6]^{2+}$ | 7728 | 12970 | 24038 |
| $[Ni(dma)_6]^{2+}$ | 7576 | 12738 | 23809 |

13. $Ir(H_2O)_6^{3+}$ 是 1976 年制备出来的，鉴定它的方法是测定它的紫外可见吸收光谱，与理论值进行比较。请用图 7-5 及表 7-6 至表 7-9 的数据计算它的 $d$-$d$ 跃迁能量。

14. 工业上用二-(2-乙基己基)磷酸酯(HDEHP)或 2-乙基己基膦酸 2-乙基己基酯(HEHEHP)萃取法分离 Co 和 Ni。Co(Ⅱ)在水相中呈粉红色，萃取到有机相后呈蓝紫色，试解释这一现象。

15. 何谓姜-泰勒效应？姜-泰勒效应对于某些过渡金属络合物的紫外-可见吸收光谱、络合物的热力学稳定性及配体取代反应动力学活性产生什么影响？

16. 试对络合物的晶体场理论、分子轨道理论和配位场理论作一比较，三者有何联系和区别？

17. 试用分子轨道理论解释光谱化学序列。

18. Fe(Ⅲ)的 N,N-二烷基二硫代甲酸根络合物 $[Fe(R_2NCS_2)_2]$ 的 $^2T_{2g}$ 能级比 $^6A_{1g}$ 能级只低 50—250$cm^{-1}$。若低 100 $cm^{-1}$，忽略轨道运动对磁矩的贡献，请绘制 $T$=70—300K 该络合物的磁矩随温度变化的曲线。

# 第八章　原子价和分子结构小结

在前面七章中我们讨论了量子力学基础，原子和分子结构的理论。在这一章中我们将对原子价概念的发展和分子结构规则作一小结。

## §8-1　原子价概念的发展

**1. 历史的回顾**①

原子价或化合价(Valence)是化学中最重要的概念之一，但迄今仍缺乏严格的定义。通常原子价有两种意义。第一种意义泛指分子中原子间的相互作用。在这种意义上，原子价概念的提出应追溯到瑞典化学家柏采留斯(J. J. B. Berzelius, 1779—1848)他在1812年发表著名的“二元学说”。根据这个学说，任何元素可分为正负两种，每一化合物都是由电性相异的两部分组成，例如

$$\overset{(+)(-)}{K_2O} \qquad \overset{(+)(-)}{SO_3} \qquad \overset{(+)}{K_2O}\cdot\overset{(-)}{SO_3}\text{(硫酸钾)}$$

这种意义上的“原子价”，后来发展为化学键理论。例如著名量子化学家柯尔孙写的《Valence》一书，其含义就是化学键理论。

原子价的第二种意义就是我们现在通常理解的原子价。在这种意义上，原子价概念的提出应追溯到英国化学家富兰克兰特(E. P. Frankland, 1825—1899)他在1852年提出：金属或其他元素的每一个原子在化合时具有一种特殊的性质，叫做“饱和能力”，即倾向于和一定数目的其他原子相结合。德国化学家凯库勒(F. A. Kekulé, 1831—1892)和柯尔培(A. W. H. Kolbe)以及英国化学家古柏(A. S. Couper, 1831—1892)发展了富兰克兰特的见解，把各种元素的化合力以“原子数(Atomigkeit)”或“亲和力单位(Affinity unit)”来表示，并认为碳的“原子数”等于4，不分正负。接着凯库勒在1858年提出碳链学说，即碳原子与碳原子可以互相结合，形成链状。在1865年又提出芳香族化合物中具有环状结构，并注意到有单键，双键和三重键。俄国化学家布特列洛夫(A. M. Бутлеров, 1828—1886)则在1861年创立著名的“化学结构理论”。1864年德国化学家曼尔(J. L. Meyer, 1830—1895)建议以“原子价(Valence)”这一术语代替“原子数”或“亲和力单位”。以上这些开创性的工作为有机物的价键理论奠定了基础。

---

① L. Pauling, *J. Molecular Science*(分子科学学报·英文版), 1982, 2(4), 1。

**2. 原子价概念的分裂**

1973年版英国百科全书①对原子价所下的定义是:"化学中的原子价是一种元素的性质,它决定该元素的一个原子与其他原子化合的能力。……为了对原子价的性质有更清楚的了解,原子价这一概念已分裂为下列几个新概念:(1)共价(covalence),(2)离子价(ionic valence),(3)配位数(coordination number,缩写C. N.),(4)氧化数或氧化态(oxidation number或oxidation state)等"。

在这些概念中,离子价比较容易定义,这就是在离子型晶体或分子中,或在溶液或融熔盐中,离子所带的电荷。例如NaCl晶体是由$Na^+$离子和$Cl^-$离子组成,它们的离子价分别等于+1和-1。

但在这个定义中也有一个问题,即如何确认晶体是离子型的。例如ZnS、NiAs、$CdI_2$等晶体通常认为是离子型晶体,但有种种实验事实和理论计算结果表明它们是由带极性的共价键结合起来的。这一问题在§8-2第7节中还要详细讨论。

**3. 氧化态的定义**

氧化态和氧化值或氧化数完全同义。氧化态的概念起源于柏采留斯的二元学说。通常规定H和O的氧化态分别为+1和-2,单质分子中原子的氧化态为零,中性分子中各原子的氧化态的代数和等于零。根据这些规定,可以计算其他原子的氧化态。但这些规定也有矛盾,例如LiH中H的氧化态是-1而不是+1,$H_2O_2$中O的氧化态是-1而不是-2。

由此可见,氧化态的定义带有一定的人为性,但它仍不失为一个重要而且有用的概念。我们考虑把氧化态定义如下:当分子中原子之间的共享电子对被指定属于电负性较大的原子后,各原子所带的形式电荷(formal charge)分别称为它们的氧比态。例如:

(1)　$H—O—H \longrightarrow 2H^+ \quad + \quad O^{2-}$

　　　　$H(+Ⅰ) \qquad O(-Ⅱ)$

上式括号内的罗马数字表示氧化态。

(2)　$H—O—O—H \longrightarrow 2H^+ \quad + \quad [O—O]^{2-}$

　　　　$H(+Ⅰ) \qquad O(-Ⅰ)$

两个相同原子A—A间的共享电子对不拆离,或平分拆离,即每一个原子各带一个电子,$A—A \longrightarrow 2A$。

(3)　$LiH \longrightarrow Li^+ \quad + \quad H^-$

　　　　$Li(+Ⅰ) \qquad H(-Ⅰ)$

---

① *Encyclopeadia Britanica*, 1973, 22, p847.

这是因为 H 的电负性大于 Li

(4) $HMn(CO)_5 \longrightarrow H^- \quad + \quad Mn^+ \quad + \quad 5CO$

$\qquad\qquad H(-\text{I}) \qquad\qquad Mn(+\text{I})$

在上式中，中性配体 CO 分子还可进一步分拆它们共享的电子对如下：

$$:C \overset{\leftarrow}{\equiv} O: \quad \longrightarrow C^{2+} \quad + \quad O^{2-}$$

$$C(+\text{II}) \quad O(-\text{II})$$

但通常我们只考虑中心原子 Mn 的氧化态时，就不必把配体分子中共享的电子对再拆开。

在金属有机化合物中，通常 H 和 C 的电负性大于金属原子的电负性，所以 H 的氧化态为(－Ⅰ)，烷基 R 的氧化态也是(－Ⅰ)，如

$$CH_3Mn(CO)_5 \longrightarrow CH_3(-\text{I}) + Mn(+\text{I}) + 5CO$$

(5) $Mn(CO)_3(NO)(PPh_3) \longrightarrow Mn(-\text{I}) + 3CO + NO(+\text{I}) + PPh_3$

NO 分子的结构为 $:\overset{\boxed{\cdot\ \cdot\ \cdot}}{N=O}:$，它有一个反键 $\pi^*$ 电子，很容易转移给金属原子，使 Mn 的氧化态为－Ⅰ，而它本身变为以三重键结合的$(N\equiv O)^+$离子。但在文献中，也有认为分拆后的配体是中性的 NO 分子，这样 Mn 的氧化态为零。所以氧化态的定义带有一定的人为性。我们认为把 NO 看作提供三个电子的配体 $L^3$，以区别于提供二个电子的配体 $L^2$ 如 CO、$P\phi_3$、$NH_3$ 等，这样处理比较合理①。

(6) 在二茂金属夹心化合物中，金属原子的氧化态作为(＋Ⅱ)：

$$Fe(C_5H_5)_2 \longrightarrow Fe(+\text{II}) + 2C_5H_5^- \text{（环戊二烯阴离子）}$$

(7) $KO_2 \longrightarrow K(+\text{I}) + O_2^-$

在 $O_2^-$ 中 O 原子的氧化态为(－1/2)。所以氧化态可以有分数值。

(8)
```
H—O     S
    \  ↗
     S      ⟶ 2H⁺ + 2O²⁻ + S²⁻ + S⁶⁺ + O²⁻
    /  ↘
H—O     O
```

$$\longrightarrow 2H^+ + 2O^{2-} + S^{2-} + S^{6+} + O^{2-}$$

在硫代硫酸分子中，中心 S 原子的氧化态为(＋Ⅵ)，边上 S 原子的氧化态为(－Ⅱ)。

**4. 氧化态规则**

(1) 规则一：中性分子中各原子的氧化态的代数和等于零。络离子中各原子的氧化态的代数和等于络离子所带的电荷。

---

① 这一规定和 F. A. Cotton 的规定一致，例如他把 $Mn(NO)_3CO$ 分子中 Mn 的氧化态规定为(－Ⅲ)，参见 F. A. Cotton and G. Wilkinson: *Adv. Inory. Chem.*, 4th Ed., p737, Table 21—D—1, John Wiley & Sons, 1980。

(2) 规则二：主族元素的氧化态的变化范围。

含有 $j$ 个价电子的主族元素的氧化态的最高值为 $+j$，即 $j$ 个价电子完全丢失，最低值为 $-(8-j)$，即获得 $(8-j)$ 个电子，使 $sp^3$ 的价轨道完全充满。所以主族元素的氧化态的最大变化范围≤8(表 8-1)。

**表 8-1　某些主族元素氧化态的变化范围**

| C ($j=4$) | | N ($j=5$) | | O ($j=6$) | | Cl ($j=7$) | |
|---|---|---|---|---|---|---|---|
| 氧化态 | 分子 | 氧化态 | 分子 | 氧化态 | 分子 | 氧化态 | 分子 |
| +4 | $CCl_4$ | +5 | $HNO_3$ | +2 | $F_2O$ | +7 | $HClO_4$ |
| +3 | $Cl_3C—CCl_3$ | +4 | $NO_2$ | +1 | FO | +7 | $FClO_3$ |
| +2 | $HCCl_3$ | +3 | $HNO_2$ | 0 | $O_2$ | +7，+5 | $Cl_2O_6$* |
| +1 | $Cl_2CH—CHCl_2$ | +2 | NO | −1/2 | $KO_2$ | +5 | $HClO_3$ |
| 0 | C，$CH_2Cl_2$ | +1 | $N_2O$ | −1 | $H_2O_2$ | +5 | $FClO_2$ |
| −1 | $HC≡CH$ | 0 | $N_2$ | −2 | $H_2O$ | +4 | $ClO_2$ |
| −2 | $CH_3Cl$ | −1 | $NH_2OH$，$N_2H_2$ | | | +3 | $ClF_3$ |
| −3 | $H_3C—CH_3$ | −2 | $H_2N—NH_2$ | | | +2 | $ClF_2$ |
| −4 | $CH_4$ | −3 | $NH_3$ | | | +1 | HOCl |
| | | | | | | 0 | $Cl_2$ |
| | | | | | | −1 | HCl |

* 晶体结构为$(ClO_2^+)(ClO_4^-)$，即氧化态为+5与+7。

(3) 规则三：副族元素的氧化态的变化范围。

含有 $j$ 个价电子的过渡金属元素的氧化态的最高值为 $+j$，通常最低值为 $-(10-j)$，即获得 $(10-j)$ 个电子，使 $(n-1)d$ 轨道完全充满，而 $(ns)(np)^3$ 轨道则通常用来与配位体成键，所以过渡金属元素的氧化态的通常变化范围≤10(表 8-2)，但也有少数>10 的(表 8-2 中虚线下面的两个例子)。

**表 8-2　某些副族元素的氧化态的变化范围**

| Cr ($j=6$) | | Mn ($j=7$) | | Fe ($j=8$) | |
|---|---|---|---|---|---|
| 氧化态 | 分子或离子 | 氧化态 | 分子或离子 | 氧化态 | 分子或离子 |
| +6 | $CrO_4^{2-}$，$CrO_3$ | +7 | $MnO_4^-$，$MnO_3F$ | +8 | $FeO_4$(?)，$OsO_4$ |
| +5 | $CrOF_5^{2-}$，$CrF_5$ | +6 | $NnO_4^{2-}$ | +7 | $FeOF_5$(?) |
| +4 | $CrO_2$，$CrF_6^{2-}$ | +5 | $MnO_4^{3-}$ | +6 | $FeO_4^{2-}$ |
| +3 | $Cr(H_2O)_6^{3+}$ | +4 | $MnO_2$ | +5 | $FeOF_5^{2-}$(?) |

续表

| Cr ($j=6$) | | Mn ($j=7$) | | Fe ($j=8$) | |
|---|---|---|---|---|---|
| 氧化态 | 分子或离子 | 氧化态 | 分子或离子 | 氧化态 | 分子或离子 |
| +2 | $Cr(NH_3)_6{}^{2+}$ | +3 | $Mn(CN)_6{}^{3-}$ | +4 | $[Fe(diars)_2Cl_2]^{2+}$ |
| +1 | $Cr(CO)_5(NCS)$ | +2 | $Mn(H_2O)^{2+}$ | +3 | $FeCl_3, Fe(CN)_6{}^{3-}$ |
| 0 | $Cr(C_6H_6)_2$ | +1 | $Mn(CN)_6{}^{5-}$ | +2 | $FeS, Fe(CN)_6{}^{4-}$ |
| −1 | $Cr(dipy)_3{}^{-}$ | 0 | $Mn_2(CO)_{10}$ | +1 | $Fe(C_8Me_6)^+ pF_6^-$ |
| −2 | $Cr(dipy)_3{}^{2-}$ | −1 | $Mn(dipy)_3{}^{-}$ | 0 | $Fe(terpy)_2, Fe(CO)_5$ |
| −3 | $cr(dipy)_3{}^{3-}$ | −2 | $Mn(phthalocyanine)^{2-}$ | −1 | $K_2Fe_2(CO)_8$ |
| −4 | $Cr(NO)_4$ | −3 | $Mn(dipy)_3{}^{3-}$ | −2 | $K_2Fe(CO)_4, Fe(CO)_2(NO)_2$ |
| −6 | $Cr(dipy)_3{}^{6-}$ | −4 | $Mn(dipy)_3{}^{4-}$ | | |

(4) 应用。

**例 1** 在 $NO_3F$ 分子中,如指定 O 的氧化态为(−2),F 为(−1),则由规则一,N 的氧化态为(+7),但由规则二,N 的最高氧化态为(+5)。所以在 $NO_3F$ 分子中必须含有一个过氧基(—O—O—),其中 O 的氧化态为(−1),第三个 O 原子的氧化态为(−2),这样就同时满足规则一和规则二。

**例 2** 在 $Na_3CrO_8$ 中,如指定 O 的氧化态为(−2),则由规则一,Cr 的氧化态为(+13),超过规则二的最高值(+6),所以在此化合物中 8 个 O 必须以 4 个过氧基的形式与 Cr 结合,其中 O 的氧化态为(−1),而由规则一得 Cr 的氧化态为(+5)。

### 5. 电中性原理

从表 8-2 可见,过渡金属原子的氧化态可以有很大幅度的变化范围,但原子的氧化态是把分子中共享的电子对按一定的人为规律拆开后所带的“形式电荷”,而不是分子中原子所带的真实电荷。

泡令①曾经指出:在稳定络合物或络离子中,中心金属原子所带的电荷实际上接近中性,即在+1 与−1 之间。这一原理称为电中性原理。为了验证这一原理,我们②用简单的量子化学近似方法估算某些络离子中中心金属原子所带的实际电荷如表 8-3 所示。

---

① L. Pauling,《化学键的本质》,p. 266,卢嘉锡等译,上海科技出版社,1966。

② 叶学其,万秋生,鲁崇贤,徐光宪,北京大学学报,1985(1),47—52。

**表 8-3　某些络离子 $ML_n$ 中金属原子 $M$ 所带的实际电荷（单位：电子电荷）**

| $ML_n$ | $M$ 的氧化态 | $M$ 的实际电荷 | $ML_n$ | $M$ 的氧化态 | $M$ 的实际电荷 |
|---|---|---|---|---|---|
| $MnO_4^-$ | +7 | +0.24 | $CrO_4^{2-}$ | +6 | +0.06 |
| $MnO_4^{2-}$ | +6 | +0.02 | $CrO_3F_2$ | +6 | +0.61 |
| $MnO_4^{3-}$ | +5 | −0.22 | $CrO_4^{4-}$ | +4 | −0.51 |
| $MnOF_3$ | +5 | +0.41 | $CrCl_6^{2-}$ | +4 | +0.18 |
| $MnF_6^{2-}$ | +4 | +0.35 | $Cr(CN)_6^{3-}$ | +3 | +1.10 |
| $MnCl_6^{2-}$ | +4 | +0.06 | $CrF_6^{3-}$ | +3 | +0.25 |
| $MnF_4^-$ | +3 | +0.40 | $CrF_4^{2-}$ | +2 | +0.24 |
| $Mn(CN)_6^{3-}$ | +3 | +0.01 | $Cr(CO)_6$ | 0 | +0.41 |
| $MnF_3^-$ | +2 | +0.30 | $VOCl_3$ | +5 | +0.44 |
| $MnF_6^{4-}$ | +2 | −0.02 | $VCl_4$ | +4 | +0.57 |
| $MnCl_4^{2-}$ | +2 | −0.01 | $VF_6^{3-}$ | +3 | +1.00 |
| $Mn(CN)_6^{4-}$ | +2 | −0.06 | $VCl_6^{3-}$ | +3 | +0.58 |
| $Mn(CO)_6^+$ | +1 | +0.92 | $V(CO)_6^-$ | 0 | +0.48 |
| $Mn_2(CO)_{10}$ | 0 | +0.32 | $V(CO)_6^-$ | −1 | +0.40 |
| $HMn(CO)_5$ | +1 | +0.32 | $FeCl_4^-$ | +3 | +0.34 |
| | | | $CoCl_4^{2-}$ | +2 | +0.33 |
| | | | $NiCl_4^{2-}$ | +2 | +0.21 |

由表 8-3 可见络离子中金属原子所带的实际电荷确实是在 ±1 之间，而与氧化态所表示的“形式电荷”没有直接联系。

## 6. 配位数的定义

络合物(complexes)或金属有机化合物中金属原子的配位数是众所周知的概念，例如 $Ag(NH_3)_2^+$、$CuCl_3^-$、$Ni(CO)_4$、$Fe(CO)_5$，$Fe(CN)_6^{4-}$ 的中心金属原子的配位数依次为 2、3、4、5、6。但仔细推敲起来，配位数的定义却很不好下。我们查阅了许多教科书、专著和文献，也没有找到满意的定义。许多书上避而不下定义，似乎这个概念是不言而喻的，但其实不然。例如二苯铬中铬的配位数等于多少？这个问题可有三个答案，相应于三个不同的定义：

(1) 配位数是与中心原子相结合的配体(Ligands)的数目：按照这个定义，则二苯铬中铬的配位数等于 2，二茂铁中铁的配位数也是 2[①]。

---

① 把 $(\eta^5-C_5H_5)_2ZrCl_2$ 中 Zr 的配位数作为 4，即茂环提供的配位数是 1，但 bipy 配体提供的配位数是 2，参见 . F. A. Cotton，G. Wilkinson，*Adv. Inorg. Chem.*，4th Ed.，p693，Table 21—A—1，John Wiley & Sons，1980。

(2) 配位数是与中心原子最接近的配体原子的数目。按照这个定义,则二苯铬中铬的配位数应为 12,因有 12 个 C 原子与 Cr 最接近。同样二茂铁中铁的配位数应为 10。

(3) 配位数是与中心原子相结合的配键(dative bonds)的数目。这个定义有两个问题:(a)在络合物和金属有机化合物中中心原子与配体结合的方式不一定是配键。例如在 $HMn(CO)_5$ 中 CO 与 Mn 是以配键结合的,但 H—Mn 是共价键而不是配键。又如在 $TiCl_4$ 分子中,把它看做是 4 个 $Cl^-$ 与 $Ti^{4+}$ 以配键相结合,不如看作 4 个 Cl 原子与 Ti 原子以极性共价键相结合更符合事实。(b)苯和茂环的配键等于多少也是一个问题。

我们考虑把配位数定义如下:络合物或金属有机化合物或分子片(参见§8-4)的中心原子的配位数是指与它结合的配体原子或 $\pi$ 电子对数,后者是指 $\eta^x-\pi$ 配体而言,例如 $CH_2=CH_2$、$CH_2=CH—CH=CH_2$、$C_6H_6$、$Cp^-$(环戊二烯阴离子)、$C_8H_8^{2-}$(环辛四烯阴离子)向中心原子提供的配位数依次为 1,2,3,3,5。下面举一些例子说明如何确定配位数 *C. N.* 。

(1) Zeise 盐 $Pt(CH_2=CH_2)Cl_3^-$ 中 Pt 的 *C. N.* $=4$

(2) $Fe(C_5H_5)_2$ 中 Fe 的 *C. N.* $=6$

(3) $MnO_4^-$ 中 Mn 的 *C. N.* $=4$

(4) 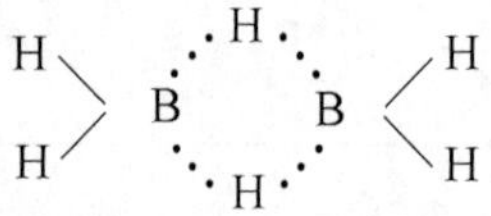 $H_2B(\mu\text{-}H)_2BH_2$ 中 B 的 *C. N.* $=4$

(H 与 B 的桥式结构:两个 B 原子各连两个端 H,并以两个桥 H 相连)

(5) $U(BH_4)_4$ 中 U 的 *C. N.* $=3\times4=12$,因为每一个 $BH_4$ 与 U 结合如下

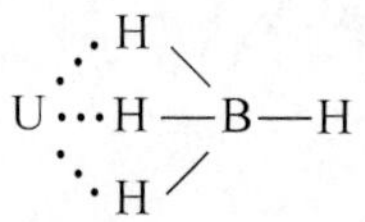

U···H—B—H(三个 H 以虚线与 U 相连,并以实线与 B 相连)

其中 U···H···B 为三中心二电子键(3c 2e bond)。

(6) $U(C_8H_8)_2$ 中 U 的 *C. N.* $=10$,因为按照芳香性的 $4n+2$ 规则,只有 6 个($n=1$)或 10 个($n=2$)的 $\pi$ 电子体系才能成为同平面的稳定共轭体系,所以 $C_8H_8$ 要从 U 原子获得二个电子,形成 10 个电子的 $C_8H_8^{2-}$,然后以 $U^{4+}$ 的空轨道配位形成 $\eta^{10}-\pi$ 配键。

(7) $Ce(NO_3)_6^{2-}$ 中 Ce 的 *C. N* $=12$,因为每一个 $NO_3^-$ 有二个氧原子与 Ce 配位。

(8) $Mo_2Cl_8^{4-}$ 的结构如下:

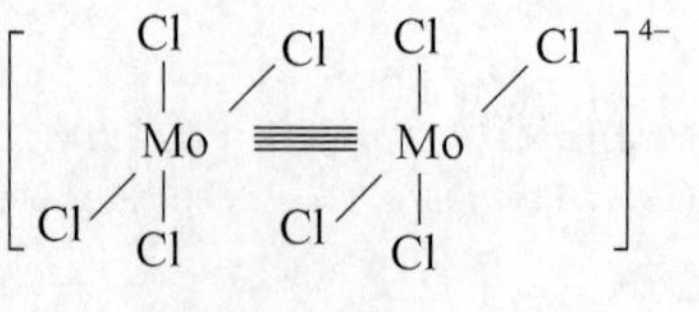

$$\left[Cl_4Mo\equiv MoCl_4\right]^{4-}$$

其中 Mo 的 $C.N=5$，因为与它结合的原子数为 5，其中 Mo≡Mo 虽以四重键结合，但计算配位数时仍作为 1。

(9) $Cp_2ZrCl_2$ 中 Zr 的 $C.N.=8$，其中 Cp 代表环戊二烯($C_5H_5$)。

(10) $HMn(CO)_5$ 中 Mn 的 $C.N.=6$

(11) $H_3Mn(CO)_4$ 中 Mn 的 $C.N.=7$

**7. 泡令的原子价(共价)定义**

泡令在他 1975 年版的《化学》[①]中为共价所下的定义是：一个元素的原子价(按：即指共价)是指它的一个原子和其他原子形成的共价键数。即原子 $A^j$ 的共价 $V_j$ 等于

$$V_j=\Sigma\text{键级} \tag{8-1}$$

上式中 $\Sigma$ 表示对 $A^j$ 与所有邻近原子的键级的加和。例如在 H—C≡N 中，$V_C=1+3=4$，$V_H=1$，$V_N=3$。

另外，泡令还提出共价 $V_j$ 的另一定义如下：

$$V_j=\text{原子在“价态(valence state)”时的未成对电子数} \tag{8-2}$$

例如 C 原子的基态为 $(2s)^2(2p)^2$，它的价态为 $(2s)^1(2p)^3$，共有 4 个未成对电子，所以 $V_C=4$。由(8-2)式定义的共价有时称为自旋价(spin valence)。

泡令的上述二个定义在有机化学中是非常适用的，但在今天蓬勃发展中的金属有机化学、原子簇化学与无机化学中，要用泡令定义来确定原子的共价就遇到许多困难，例如：

(1) 在双原子分子 AB 中，按照泡令的定义 A 和 B 的共价应相等，且等于它们之间的键级。现在要问：在 NO 分子中 N 和 O 的共价是多少？如果说都是二价，对 N 就反常。如果说都是三价，对 O 就反常。如果说 NO 中 N 和 O 的共价都等于它的键级 2.5，似乎也不能为大家所接受。又如 CO 分子中 C 和 O 原子的共价等于多少？FO 分子中 F 和 O 的共价等于多少？

(2) 在下列 N 的化合物中，氧化态由(−3)到(+5)之间变化，但 N 的共价却是守恒的，都等于 3。

$NH_3$ (H—N—H with H above N), $N_2H_4$ (H—N—N—H, each N bearing H), $NH_2OH$ (H—N—O—H with H above N), N≡N, $N_2O$,
(−3)　(−2)　(−1)　(0)　(+1)

NO，$N_2O_3$，$HNO_2$，$NO_2$，$N_2O_4$　$N_2O_5$，$HNO_3$
(+2)　(+3)　(+3)　(+4)　(+4)　(+5)　(+5)

① L. Pauling and P. Pauling: *Chemistry*, 1985, p141.

现在的问题是如何计算 $N_2O$,NO,$N_2O_3$,$HNO_2$,$NO_2$,$N_2O_4$,$N_2O_5$,$HNO_3$ 等分子中 N 原子的共价?

(3) 1964 年合成了 $K_2^+[ReH_9^{2-}]$和 $K_2^+[TeH_9^{2-}]$的晶体,并测定了前者的晶体和络离子 $ReH_9^{2-}$ 的结构。现在要问在此络离子 $ReH_9^{2-}$ 中 Re 原子的共价等于多少?因为量子化学计算表明这个络离子不是由 $Re^{7+}$ 离子和 9 个 $H^-$ 离子以离子键结合,而是由 Re 原子与 9 个 H 原子以共价键结合,外加二个电子分布在整个络离子中。

(4) $Ni(CO)_4$,$Fe(CO)_5$,$Cr(CO)_6$,$Fe(C_5H_5)_2$,$Cr(C_6H_6)_2$,$HMn(CO)_5$,$H_3Mn(CO)_4$,$H_5Mn(PR_3)_3$,$Mn_2(CO)_{10}$,……等金属有机化合物已由量子化学计算证明金属原子与配体是以共价键(包括共价配键)相结合的。在这些分子中金属原子的共价应如何计算?

(5) 在乙硼烷 $B_2H_6$,$Al_2(CH_3)_6$,$Li_4(CH_3)_4$,$CLi_6$ 等缺电子分子中,原子 B、A1、Li、C 的共价应如何计算?

(6) 在原子簇化合物如 $Os_5(CO)_{17}$,$Os_6(CO)_{18}$,$Os_6(CO)_{21}$:$Os_7(CO)_2$,$Mn_3(CO)_{14}^-$,$FeCo_2(CO)_9S$,……等分子中金属原子的共价应如何计算?

(7) 在 ZnS,$CdI_2$ 等通常所谓"离子型"的晶体中,实际上是以极性共价键相结合的。例如 ZnS 晶体中 Zn 和 S 的配位数都是 4,采取四面体构型,这是由共价键的方向性和饱和性决定的。如用离子键结合,这种低配位数的结构是不稳定的。又如 $CdI_2$ 采取层形分子的结构,也不是用离子键理论能解释的。在这些无机化合物中,通常认为 Zn 是+2 价,S 是−2 价,Cd 是+2 价,I 是−1 价,但这是指它们的氧化态,而不是它们的共价。那么这些原子的共价究竟应如何计算呢?

**8. 原子价(共价)的量子化学定义**

1983 年 Gopinathan① 等提出原子价的量子化学定义如下:

$$V_A = \sum_a^A W_a = \sum_a^A \sum_{B\neq A} \sum_b^B p_{ab}^2 \tag{8-3}$$

上式中 $V_A$ 为原子 A 的原子价(即共价),$W_a$ 为 A 的原子轨道 $a$ 的键级(bond index),$\sum\limits_a^A$ 表示对 A 的所有价轨道 $a$ 加和,$p_{ab}$ 表示 A 原子的价轨道 $a$ 和邻近的 B 原子的价轨道 $b$ 之间的密度矩阵元(density matrix)。按照这一定义,用从头计算法进行计算,得到某些正常有机分子中 C 的共价如下:

$CH_4$　　$V_C=4.00$

$H_2C=CH_2$　　$V_C=3.99$

① M. S. Gopinathan and K. Jug, *Theoretica Chimica Acta*(*Berl.*) 63,497—509,511—527(1983).

$C_6H_6$(苯)　　$V_C=3.98$

$HC\equiv CH$　　$V_C=3.97$

这些结果与4价C的传统观念很符合。但对$CO$,$NO$,$O_2$,$O_3$,$NO_2$等分子计算的结果则与传统的原子价不符：

$CO$　　$V_C=V_O=2.57$

$NO$　　$V_N=V_O=2.13$

$O_2$　　$V_O=1.50$

$O_3$　　$V_O$(中间)$=2.80$,$V_O$(两端)$=1.75$

$NO_2$　　$V_N=3.04$,$V_O=1.78$

另外,这一定义不适于过渡金属原子,且需要繁复的量子化学计算,不便于推广。

## 9. 十八电子规则

目前在化学文献中,通常对金属有机化合物或络合物中金属原子的共价问题避而不谈,而说这些化合物满足"十八电子规则",即在过渡金属原子周围的非键和共享价电子的总数等于18。从表8-4中可以看出有许多分子是满足十八电子规则的,但也有许多例外。因此在过渡金属化合物中,用十八电子规则来代替共价概念是不够的。

**表8-4　十八电子规则及其例外**

| 化合物 | 非键和共享价电子数 | 化合物 | 非键和共享价电子数 |
|---|---|---|---|
| $HMn(CO)_5$ | 18 | $Mn(CO)_3(PPh_3)_2$ | 17 |
| $H_5Mn(PR_3)_3$ | 18 | $Mn(CN)_6{}^{3-}$ | 16 |
| $Ni(CO)_4$ | 18 | $MnF_6{}^{2-}$ | 15 |
| $Fe(CO)_5$ | 18 | $MnCl_5{}^{2-}$ | 14 |
| $Cr(C_6H_6)_2$ | 18 | $Mn(CH_3COO)_2$ | 13 |
| $Cr(CO)_6$ | 18 | $Cp_2ZrCl_2$ | 16 |
| $Fe(C_5H_5)_2$ | 18 | $Mn(C_5H_5)_2$ | 17 |
| $Ir(CO)_3(PPh_3)_2{}^+$ | 18 | $Ni(C_5H_5)_2$ | 20 |
| $CoCp(CO)_2$ | 18 | $CoCl(NO)_2$ | 16 |
| $Co(H_2O)_6{}^{3+}$ | 18 | $CoF_3{}^-$ | 13 |
| $Fe(CN_3)_6^{4-}$ | 18 | $Fe(CN)_6{}^{3-}$ | 17 |
| Sm(indenyl)$_3$ | 18 | $CeCp_4$ | 24 |
| $Nd(H_2O)_9{}^{3+}$ | 18 | $U(C_8H_8)_2$ | 20 |

## §8-2 共价的定义和原子价规则

从富兰克兰特、凯库勒到泡令发展起来的共价概念，对有机化学的发展起了巨大的推动作用。如果设想我们现在还不认识C、N、O、H的共价依次为4、3、2、1，则对目前已知的几百万有机化合物的分子式和结构将无法理解。

现在把共价概念应用到新发展起来的金属有机化学、原子簇化学和现代无机化学，遇到了一些困难，如果因此把共价概念在无机化学中摒弃不用，我们认为是十分可惜的。反之，如果在无机化学中，严格确立共价的定义，则对配位化学、金属有机化学和原子簇化学的发展将起一定的推动作用。

近十年来作者在探索共价定义的过程中，给自己规定了下面几个条件：(1)在有机化学中C、N、O、卤素，H的共价依次为4、3、2、1、1，它们用得如此成功，因此在新的定义中，这些原子的共价一定不能改变，即传统的共价定义中好的合理的内容一定要保留。(2)传统共价定义不能解决的问题，在新的共价定义中要能圆满解决。(3)新的共价定义要尽可能适用于所有已知的几百万种以共价键结合的有机和无机化合物，包括ZnS、BN、$CdI_2$等固体化合物。(4)利用新的共价定义应能简单明确地计算分子中各原子的共价，而不需要繁复的量子化学计算，这样就便于推广应用。(5)如化合物的分子式已知，利用确切的共价定义及由此推导出的一些定量规则，应能预见它的可能结构及可能存在的新分子，从而推动合成化学的发展。

在上述思想指导下，我们搜集了大量新化合物的结构材料，通过量子化学计算了解某些新型化学键的成键情况。在此基础上提出共价的新定义如下，并由此推导出一些定量的规则[①②③④]。

### 1. 共价的新定义

分子中某一原子$A^j$的共价$V_j$可定义为它在形成分子时所接受的有效共享成键电子数，即

$$V_j = \text{原子 } A^j \text{ 接受的有效共享电子数} \tag{8-4}$$

所谓有效的共享电子数即成键电子数减去反键电子数的差值。

按照这一定义，就可解决在§8-1，7节中提出的所有问题。例如：C$\overset{\leftarrow}{=}$O分

① 徐光宪，*The Proceedings of the Second China-Japan-USA Symposium on Organometallic and Inorganic Chemistry*，Shanghai，June 1982，p101.

② 徐光宪，高等学校化学学报，1982，3，专刊，114。

③ 徐光宪，分子科学与化学研究，1983，2；43；*Journal of Molecular Science*，1983，1(1)1。

④ 徐光宪，中国科学(B)，1987，待发表。

子中C和O的共价问题，这一问题难于处理的关键在于含有共价配键。正常共价键与共价配键的形成过程是

$$A\cdot + \cdot B \longrightarrow A—B \tag{8-5}$$

$$A + : B \longrightarrow A \leftarrow B \tag{8-6}$$

在(8-5)式中，A·和·B各有一个价电子，形成A—B分子后有一对共享电子，所以A从B接受一个共享电子，B也从A接受一个共享电子，于是由(8-4)式，

$$V_A = V_B = 1$$

在(8-6)式中，A和∶B形成A←B分子时，A从B接受2个共享电子，但B只提供电子没有接受电子，所以由(8-4)式

$$V_A = 2, V_B = 0$$

这样在∶C$\overleftarrow{=}$O∶分子中，$V_C=4$，$V_O=2$就和传统的共价概念一致了。另外∶C$\overleftarrow{=}$O∶分子中共有3对共享电子，所以键级$B^0$等于3，即$B^0 = \frac{1}{2}(V_C+V_O) = 3$。这样就比较合理地解决了CO分子中的共价和键级问题。至于§8-1,7节中提出的其他问题将在以后各节中讨论。

**2. 原子价规则一：分子总价和键级的关系**

分子的总价$V^0$等于分子中各原子的共价$V_j$的总和。根据共价的定义[(8-4)式]，$V^0$等于分子中所有有效的共享成键电子的总数。每一对有效的共享成键电子(简称共享电子)就是一个共价键，所以分子中所有共价键的总数$B^0$等于共享电子总数的一半，即

$$B^0 = \frac{1}{2}V^0 = \frac{1}{2}\Big(\sum_j^{\text{原子}} V_j\Big) = \frac{1}{2}(\text{共享电子总数}) \tag{8-7}$$

对于双原子分子AB来说，(8-7)式简化为

$$B^0 = \frac{1}{2}\Big(\sum_j V_j\Big) = \frac{1}{2}(V_A + V_B) \tag{8-8}$$

所以双原子AB的键级$B^0$等于A和B的共价$V_A$和$V_B$的平均值。

**3. 原子价规则二：从结构式计算共价的规则**

从共价定义[(8-4)式]可以推导出从已知分子的结构式来计算分子中某一原子$A^j$的共价$V_j$如下式所示：

$$V_j = \sum_i^{A^j} n_i a_i + q \tag{8-9}$$

式中：$n_i$—— 与$A^j$相连的第$i$种共价键的数目；

$a_i$ ——每一个第$i$种共价键向$A^j$提供的有效共享成键电子数；

$q$—— 中心原子在形成络离子时所接受的电子数。

下面举例说明 $a_i$ 应取的数值。

(1) 对于正常共价键 B—A(包括带极性的共价键)，$a_i$(对 B)$= a_i$(对 A)$=1$。

(2) 对于共价配键 B→A，$a_i=2$(对 A)，$a_i=0$(对 B)。例如：

(a) $C\overset{\leftarrow}{\equiv}O$：，　$V_C = 2\times1+1\times2 = 4$，

$V_O = 2\times1+1\times0 = 2$，　$B^0 = (V_C+V_O)/2 = 3$

(b) $Ni(\leftarrow CO)_4$，　$V_{Ni}=4\times2=8$

(c) $H—Mn(\leftarrow CO)_5$，　$V_{Mn}=1+5\times2=11$

(d) $H_3Mn(\leftarrow CO)_4$，　$V_{Mn}=3\times1+4\times2=11$

(e) $H_5Mn(\leftarrow PR_3)_3$，　$V_{Mn}=5\times1+3\times2=11$

在(c)(d)(e)三个分子中 Mn 的配位数依次等于 6、7、8；Mn 的氧化态依次等于(＋1)、(＋3)，(＋5)；但共价却是守恒的，都等于 11，即等于它在价轨道层($d^5sp^3$)中的空位数。在这三个分子中，每减少一个 $M\leftarrow L$ 配键，要由二个 H—$M$ 共价键来替代。这也说明在 $M\leftarrow L$ 配键中把 $M$ 的共价定为 2 是合理的。

$M(\leftarrow CO)$配键的结构式可写如下

$$M\leftarrow C\overset{\leftarrow}{\equiv}O\text{:} \quad 或 \quad M=C=\ddot{O}\text{:}$$

(a)　　(b)

这是因为 $M$ 原子的充满电子的 $d$ 轨道可以与 CO 分子的反键 $\pi^*$ 的空轨道重叠。这种电子由金属原子向配体转移的现象叫反馈(back donation)，由此形成 $d\rightarrow\pi^*$ 反馈键(back donation bond)。因而像 CO 这样的配体 $L$ 叫做 $\sigma$ 给予体($\sigma$-donor)和 $\pi$ 接受体($\pi$-acceptor)，它与 $M$ 形成 $M\leftrightarrows L$ 键，即由 $L$ 到 $M$ 的 $\sigma$ 配键加上由 $M$ 到 $L$ 的 $\pi$ 反馈键，这样 $M$ 和 $L$ 各提供二个共享电子也各接受二个共享电子，因此也可简写为 $M=L$。另一方面，由于 $C\overset{\leftarrow}{\equiv}O$ 配体分子中反键的 $\pi^*$ 轨道被填充，它就抵消一个成键的 $\pi$ 轨道，从而使配体分子变为双键结合 C＝O，这就是(b)式描写的情况。这种由(a)式向(b)式过渡的现象在实验上应表现为 $M\leftarrow C\overset{\leftarrow}{\equiv}O$ 中 $M\leftarrow C$ 的键长应比正常单键的键长缩短，CO 的键长应比自由一氧化碳分子中的 CO 键长为长，络合物 $M(CO)_x$ 中 CO 的红外振动频率 $\nu_{CO}$应比自由一氧化碳分子中的 $\nu_{CO}$的波数为小。第七章表 7-16 所列数据证实了以上推测。例如 $Ni(CO)_4$ 中 Ni—C 键的键长为 183.8 pm 比共价单键半径之和 191 pm 缩短 7.2 pm，而 CO 键长为 116 pm，比自由一氧化碳分子中的 CO 键长 112.8 pm 增加 3.2 pm。在有机化学中双键键长一般要比单键键长缩短 10%至 20%，三重键键长比双键缩短 5%至 10%，但在金属羰化物中，键长的变化没有那么大，这说明反馈键是比较弱的。所以 $M(CO)_x$ 的结构用(a)式或(b)式来表示都可以。在这两个式子中 $M$ 的共价

都是 2,C 的共价都是 4,O 的共价都是 2,这也说明我们把受电子配键的共价定为 2 是合理的。

(3) 对于单电子配键 B ⇢ A, $a_i=1$(对 A), $a_i=0$(对 B)。由于单电子配键(single electron dative bond)的名称尚未见国内外文献报导,故特举数例说明如下:

(a) H·　＋　$H^+$ ⟶ H ⇢ $H^+$ 或 $H_2^+$

$$V_{H}=0, V_{H^+}=1, B=\frac{1}{2}(V_{H}+V_{H^+})=0.5$$

(b) He:　＋　·$He^+$ ⟶ He ⇢ $He^+$ 或 $He_2^+$

$$V_{He}=0, V_{He^+}=1, B=\frac{1}{2}(V_{He}+V_{He^+})=0.5$$

(c) :N·(·)　＋　·O:(··) ⟶ :N=O: 或 N⇠═O

$$V_{N}=1+1+1=3,\qquad V_{O}=1+1=2,\qquad B=\frac{1}{2}(V_{N}+V_{O})=2.5$$

(d) :F·(··)　＋　·O:(··) ⟶ :F—O: 或 :F ⇢— O:

$$V_{F}=1,\ V_{O}=1+1=2,\ B=\frac{1}{2}(V_{F}+V_{O})=1.5$$

(e) :O·(··)　＋　·O:(··) ⟶ :O—O: 或 :O ⇄— O:

$$V_{O}=1+1=2, V_{O}=1+1=2, B=\frac{1}{2}(V_{O}+V_{O})=2$$

(4) $\eta^x$-$\pi$ 配键($M \leftarrow \eta^x L$),$\alpha_i$(对 $M$)$=x$

$\alpha_i$(对 $L$)$=0$(如 $L$ 为 $C_2H_4$,$C_6H_6$,$C_5H_5^-$,$C_8H_8^{2-}$)

$=1$(如 $L$ 为 $C_5H_5$)

$=2$(如 L 为 $C_8H_8$(环辛四烯))

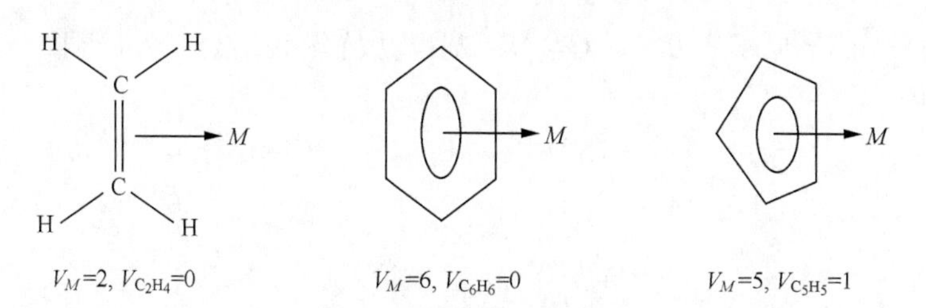


图 8-1　若干 $\pi$ 配体的 $a_i$ 值

(5) 对于 p 中心双电子(pc 2e)键,$a_i=1/(p-1)$,例如 $B_2H_6$ 中的 B…H…B 为(3c 2e)键,$a_i=1/2$;$Li_4(CH_3)_4$ 中的 $CLi_3$ 键为(4c 2e)键,$a_i=1/3$ 等。

例如

(a) $B_2H_6$

$$V_B = 2\times 1 + 2\times 1/2 = 3$$

$$V_{H(桥)} = 2\times 1/2 = 1$$

(b) $Li_4(CH_3)_4$

$$V_{Li} = 3\times 1/3 = 1, Vc = 3\times 1 + 3\times 1/3 = 4$$

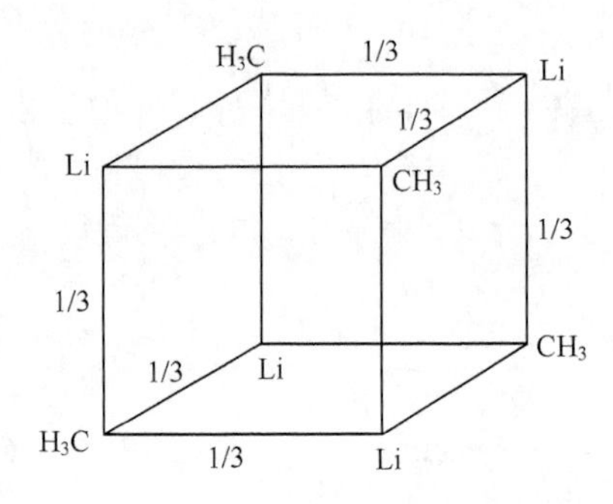


图 8-2　$Li_4(CH_3)_4$ 的结构示意图

(6) 对于络离子或荷电分子片,(8-9)式中的 $q\neq 0$。$q$ 是中心原子在形成络离子或荷电分子片时所接受的电子数,如中心原子失去电子,则 $q$ 为负值。例如

(a) $Fe(CO)_4{}^{2-}$　　$V_{Fe}=\sum n_i a_i + q = 4\times 2 + 2 = 10$

(b) $Fe(\leftarrow OH_2)_6{}^{2+}$　　$V_{Fe}=\sum n_i a_i + q = 6\times 2 - 2 = 10$

(c) $Fe(CN)_6{}^{4-}$　　这一络离子可以看作由下式形成:

$$Fe^{2+} + 6(:C\equiv N:)^- \longrightarrow Fe^{2+}(\leftarrow C\equiv N:^-)_6$$

则在(8-9)式中 $a_i=2, q=-2$,所以

$$V_{Fe} = \sum n_i a_i + q = 6\times 2 - 2 = 10$$

它也可看作由 Fe 原子和 6 个 $\cdot C\equiv N:$ 基以共价键相结合,另外再接受 4 个额外的电子,即

$$Fe + 6\cdot C\equiv N + 4e \longrightarrow [Fe(-C\equiv N:)_6]^{4-}$$

则在(8-9)式中 $a_i=1, q=4$,所以

$$V_{Fe} = \Sigma n_i a_i + q = 6\times 1 + 4 = 10$$

**4. 原子价规则三:共价与价轨道数及未成对电子数的关系**

原子的共价 $V_j$ 与它的价轨道数 $O_j$,价电子数 $j$,未成对的 $d$ 电子数 $N_s$ 和成键轨道中短缺的电子数 $N_{def}$ 之间的关系如下:

$$V_j = 2O_j - j - N_s - N_{def} \tag{8-10}$$

如果分子中不包含缺电子的 p 中心双电子(pc 2e)键,则 $N_{def}=0$,(8-10)式简化为

$$V_j = 2O_j - j - N_s \tag{8-11}$$

如果分子或络离子中既不包含 p 中心双电子键,又未包含未成对的 $d$ 电子,则(8-10)式简化为

$$V_j = 2O_j - j \tag{8-12}$$

即原子的共价等于它的价轨道层中的空位数。

原子的价电子数 $j$ 是指它在形成分子时积极参与成键的电子以及能量与成键电子相差不多的非键电子(nonbonding electrons)。表 8-5 列出 $j$ 与原子在周期表中的位置之间的关系。

**表 8-5　周期表中元素的族号和原子的价电子数 $j$**

| 族 | ⅠA | ⅡA | ⅢB | ⅣB | ⅤB | ⅣB | ⅦB | Ⅷ | | | ⅠB | ⅡB | ⅢA | ⅥA | ⅤA | ⅥA | ⅦA | 0 |
|---|---|---|---|---|---|---|---|---|---|---|---|---|---|---|---|---|---|---|
| 元素 | K | Ca | Sc | Ti | V | Cr | Mn | Fe | Co | Ni | Cu | Zn | Ga | Ge | As | Se | Br | Kr |
| $j$ | 1 | 2 | 3 | 4 | 5 | 6 | 7 | 8 | 9 | 10 | 11 | 12 | 13 | 14 | 15 | 16 | 17 | 18 |

关于周期表中元素的族号国际上通用两种惯例:把从 Sc($s^2d^1$)到 Zn($s^2d^{10}$)称为过渡金属元素或副族元素或 B 族元素,其余称为主族或 A 族元素,如表 8-5 所示。另一种惯例是把 K 到 Mn 称为 A 族,Fe、Co、Ni 称 VⅢ族不分 A、B,从 Cu 到 Br 称为 B 族,Kr 为 0 族。在国际纯粹和应用化学协会(IUPAC)的无机化学命名委员会上多次讨论这一问题,未能统一起来。八族的命名法是以老式的短周期表为基础的,其中 Fe、Co、Ni 三族元素合并为 VⅢ族也有不方便的地方,现代周期表一般采用长表,所以有人提出从 K 到 Kr 索性命名为第 1 至 18 族,即和原子的价电子数 $j$ 一致,这一建议得到 IUPAC 命名委员会的赞赏,但还未形成决议采用。

对于ⅢB 族的 Sc、Y、镧系和锕系元素,$j$ 等于它们的氧化态。例如 Lu(+Ⅲ)的 $j=3$,Eu(+Ⅱ)的 $j=2$,这是因为 Eu 的电子结构为$(4f)^7(6s)^2$,其中 $4f$ 电子是不参与成键的,所以不计在价电子数 $j$ 之内。同样 Ce(+Ⅳ)的 $j=4$,Ce(+Ⅲ)的 $j=3$,Yb(+Ⅱ)的 $j=2$,Th(+Ⅳ)的 $j=4$,U(+Ⅵ)的 $j=6$。

原子的价轨道是指它在形成分子时积极参与成键的轨道,包括能量相近的非键原子轨道。例如在 $Ni(CO)_4$ 分子中,Ni 的 4 个空的 $sp^3$ 杂化轨道正好容纳 4 个 CO 配体的 4 对孤对电子,形成 4 个共价配键,这 4 个是参与成键的轨道。另外 Ni 的价电子数 $j=10$,这 10 个价电子容纳在 5 个非键的 $d$ 轨道上,所以 Ni 的价轨道数 $O_j=4+5=9$。

同一原子在形成不同类型分子时可以采用不同数目的价轨道。例如 S 原子在 $H_2S$、RSH、$R_2S$ 等分子中,采用 4 个 $sp^3$ 杂化轨道,所以

$$O_j = 4, V_j = 2O_j - j = 2 \times 4 - 6 = 2$$

在 $SF_4$ 分子中，S 采用 5 个 $sp^3d$ 杂化轨道，其中 4 个与 F 原子生成共价单键，1 个容纳 S 的一对非键孤对电子，所以

$$O_j = 5, V_j = 2O_j - j = 2 \times 5 - 6 = 4$$

**表 8-6 副族元素的原子在某些反磁性分子中的共价、氧化态和配位数**

| 周期表族号 | 原子 $A^j$ | 价电子数 $j$ | 价轨道数 $O_j$ | 共价 $V_j$ | 氧化态 $O.S.$ | 配位数 $C.N.=(V_j+O.S.)/2$ | 例子 |
|---|---|---|---|---|---|---|---|
| ⅥB | Cr | 6 | 9 | 12 | 0 | 6 | $Cr(C_6H_6)_2$，$Cr(CO)_6$，$Cr(NH_3)_3(CO)_3$，$Cr(terpy)_2$ |
| | Mo | 6 | 9 | 12 | +4 | 8 | $H_2MoCp_2$ |
| ⅦB | Mn | 7 | 9 | 11 | +1 | 6 | $HMn(CO)_5$，$[Mn(NH_3)_3(CO)_3]^+$ |
| | | | | | −3 | 4 | $Mn(NO)_3(CO)$ |
| | Re | 7 | 9 | 11 | +3 | 7 | $HReCp_2$，$Re(CN)_7{}^{4-}$ |
| | | | | | +7 | 9 | $ReH_9{}^{2-}$ |
| Ⅷ | Fe | 8 | 9 | 10 | +2 | 6 | $FeCp_2$，$Fe(CN)_6{}^{4-}$，$Fe(H_2O)_6{}^{2+}$ |
| | | | | | −2 | 4 | $Fe(CO)_4{}^{2-}$ |
| | Os | 8 | 9 | 10 | +4 | 7 | $H_4Os(PR_3)_3$ |
| | Co | 9 | 9 | 9 | +3 | 6 | $Co(NH_3)_6{}^{3+}$ |
| | Rh | 9 | 9 | 9 | +1 | 5 | $RhH_5{}^{4-}$ |
| | Ir | 9 | 9 | 9 | +1 | 5 | $Ir(NO)(PPh_3)_2Cl_2$ |
| | Ni | 10 | 9 | 8 | 0 | 4 | $Ni(CO)_4$ |
| | | | | | +4 | 6 | $NiF_6{}^{2-}$ |
| | Pd | 10 | 9 | 8 | +4 | 6 | $PdF_6{}^{2-}$ |
| | Pt | 10 | 9 | 8 | +4 | 6 | $PtCl_6{}^{2-}$，$Pt(Py)(NH_3)Br_4$，$Pt(NH_3)_6{}^{4+}$ |
| IB | Ag | 11 | 7 | 3 | +1 | 2 | $Ag(NH_3)_2{}^+$ |
| | Au | 11 | 9 | 7 | +1 | 4 | $Au(Me_2\ddot{A}sC_6H_4\ddot{A}sMe_2)_2{}^+$ |
| ⅡB | Zn | 12 | 9 | 6 | +2 | 4 | $Zn(NH_3)_4{}^{2+}$ |
| | | 12 | 7 | 2 | +2 | 2 | R—Zn—R(R=烷基) |
| | Hg | 12 | 7 | 2 | +2 | 2 | R—Hg—R |

续表

| 周期表族号 | 原子 $A^j$ | 价电子数 $j$ | 价轨道数 $O_j$ | 共价 $V_j$ | 氧化态 O.S. | 配位数 C.N.=($V_j$+O.S.)/2 | 例　子 |
|---|---|---|---|---|---|---|---|
| ⅢB | Ln | 3 | 3 | 3 | +3 | 3 | $L_n[N(SiMe_3)_2]_3$($L_n$=镧系元素) |
| | | 3 | 4 | 5 | +3 | 4 | $L_n$(dimethylphenyl)$_4^-$ |
| | | 3 | 5 | 7 | +3 | 5 | $L_nCl_3$(phen) |
| | | 3 | 7 | 11 | +3 | 7 | $TbF_7^{4-}$,$LnCl_3$(phen)$_2$ |
| | | 3 | 8 | 13 | +3 | 8 | $LaF_8^{5-}$,$Er(H_2O)_8^{3+}$,$Cp_2NdCl_2^-$ |
| | | 3 | 9 | 15 | +3 | 9 | Sm(indenyl)$_3$, $Nd(H_2O)_9^{3+}$, $Cp_3Gd$ |
| | Yb | 2 | 6 | 10 | +2 | 6 | · THFYbCp$^2$ |
| ⅣB | Ti | 4 | 4 | 4 | +4 | 4 | $TiCl_4$ |
| | | 4 | 8 | 12 | +4 | 8 | $Cp_2TiCl_2$ |
| | | 4 | 9 | 14 | −2 | 6 | Ti(bipy)$_3^{2-}$ |
| | | 4 | 8 | 12 | +4 | 8 | $Cp_2ZrCl_2$ |
| | Zr | 4 | 9 | 14 | −4 | 6 | Zr(bipy)$_3^{2-}$ |
| VB | V | 5 | 5 | 5 | +5 | 5 | $VF_5$ |
| | | 5 | 6 | 7 | +5 | 6 | $VF_6^-$ |
| | | 5 | 6 | 7 | +3 | 5 | $VCl_3(NR_3)_2$ |
| | | 5 | 7 | 9 | +3 | 6 | $V(C_2O_4)_3^{3-}$ |
| | | 5 | 9 | 13 | +1 | 7 | $CpV(CO)_4$ |
| | | 5 | 9 | 13 | −1 | 6 | $V(CO)_6^-$,V(bipy)$_3^-$ |
| | Ta | 5 | 9 | 13 | +5 | 9 | $H_3TaCp_2$ |

在 $SF_6$ 分子中,S 采用 6 个 $sp^3d^2$ 杂化轨道,所以

$$O_j = 6, V_j = 2O_j - j = 2\times 6 - 6 = 6$$

Ni 的 $3d$ 轨道能(−10 eV)与 $4s$(−7.46 eV)和 $4p$(−4.46 eV)轨道能接近,所以这 9 个轨道都是价轨道,即 $O_j=9$,但 S 的 $3d$ 轨道能(−1.94 eV)明显地比 $3p$(−10.4 eV)和 $3s$(−20.2 eV)高,所以 $3d$ 轨道有时不参与成键,有时有一或两个 $3d$ 轨道参与成键,它们需要的激发能由多生成二个或四个共价键的键能来补偿。

**5. 规则三的应用(一) 由元素在周期表中的位置预测反磁性化合物的共价**

对于未含缺电子多中心键(即 $N_{def}=0$)的反磁性化合物(即 $N_s=0$),可由(8-12)式计算原子的共价,其结果与由(8-9)式求得的共价完全一致。表 8-6 列出副族元素的原子在某些反磁性单核络合物或金属有机化合物中的共价、氧化态和配位数。表 8-7 列出 Mn,Tc、Re 在一些多核络合物中的共价是守恒的,都等于

$$V_j = 2O_j - j = 2\times 9 - 7 = 11$$

根据共价守恒的要求，可以确定金属-金属间是否成键，以及金属键的键级，其结果和实验测定的键长数据一致，即键级越高，键长越短。

**表 8-7　Mn、Tc、Re 在一些多核络合物中的共价 $O_j=9, N_s=0, V_j=11$**

| 多核络合物 | $M$—$M$ 键长/pm | |
|---|---|---|
| $H_4(PR_3)_2Re{\equiv}Re(PR_3)_2H_4$ | Re≡Re | — |
| $(RCOO)_2ClRe{\equiv}ReCl(RCOO)_2$ | Re≡Re | 224 |
| $(CO)_5Re—Re(CO)_5$ | Re—Re | — |
| $(CO)_5Mn—Mn(CO)_5$ | Mn—Mn | — |
| $(CO)_4Mn{\equiv}Mn(CO)_4$ | | |
| $(CO)(NO)_2Mn{\equiv}Mn(NO)_2(CO)$ | Mn≡Mn | — |
| 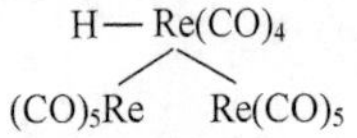 H—$Re(CO)_4$ 与 $(CO)_5Re$、$Re(CO)_5$ 相连 | Re—Re | 329 |
| | Re—Re | 303 |
| H—$Re(CO)_4$ 与 $^{-}(CO)_3Re{=}Re(CO)_3^{-}$ 相连 | Re=Re | 278 |
| 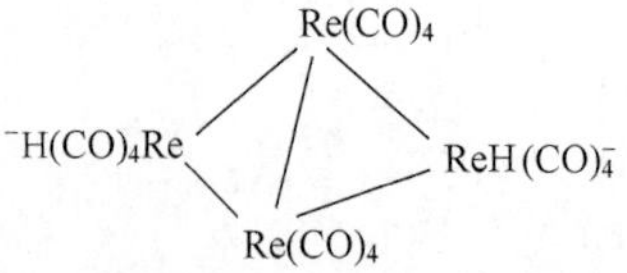 $Re(CO)_4$、$^{-}H(CO)_4Re$、$ReH(CO)_4^{-}$、$Re(CO)_4$ 四核环状结构 | Re—Re | 299 |

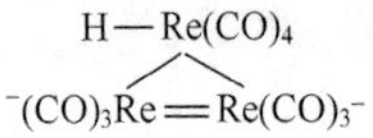

从表 8-6 和表 8-7 可以看出，大部分中间的过渡金属元素如 Cr，Mo，W；Mn，Tc，Re；Fe，Ru，Os；Co，Rh，Ir；Ni，Pd，Pt 采用价轨道数 $O_j=9$ 的例子较多；而对于后过渡元素如 Cu，Ag，Au；Zn，Cd，Hg 和前过渡元素如 Sc，Y，Ln；Ti，Zr，Hf；V，Nb，Ta 则有不少 $O_j\neq 9$ 的例子。

表 8-8 列出主族元素的原子在某些反磁性分子中的共价。

**表 8-8　主族元素的原子在某些反磁性分子中的共价**

| 周期表族号 | 原子 $A^j$ | 价电子数 $j$ | 价轨道数 $O_j$ | 共价 $V_j$ | 例子 |
|---|---|---|---|---|---|
| IA | Li | 1 | 1 | 1 | LiH，LiR（R＝烷基） |
| | | | 3 | 5 | $Ph_3CLi(Me_2NCH_2CH_2NMe_2)$ |
| | K | 1 | 1 | 1 | KH |
| | | | 3 | 5 | $K_4(\mu^3—OSiMe_3)_4$ |
| ⅡA | Be | 2 | 2 | 2 | 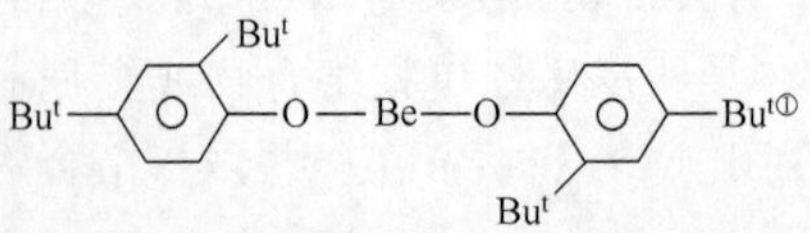 $Bu^t$—⌬($Bu^t$)—O—Be—O—⌬($Bu^t$)—$Bu^t$① |

续表

| 周期表族号 | 原子 $A^j$ | 价电子数 $j$ | 价轨道数 $O_j$ | 共价 $V_j$ | 例子 |
|---|---|---|---|---|---|
| ⅡA | | | 3 | 4 | $Me_2Be \leftarrow NMe_3$, 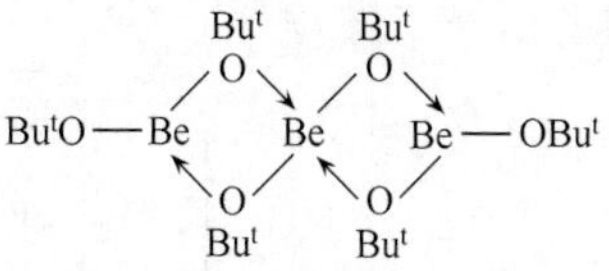 $Bu^tO—Be(\mu\text{-}OBu^t)_2Be(\mu\text{-}OBu^t)_2Be—OBu^t$ |
| | | | 4 | 6 | $Be(\eta^1\text{-}C_5H_5)(\eta^5\text{-}C_5H_5)$, $(Me_3SiOBeMe)_4$, $Be_4O(OOCR)_6$[②] |
| | Mg | 2 | 3 | 4 | 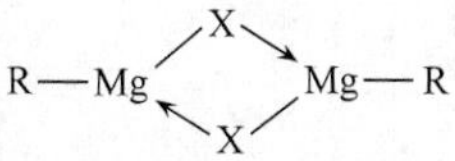 $R—Mg(\mu\text{-}X)_2Mg—R$ |
| ⅢA | B | 3 | 3 | 3 | $BF_3$ |
| | | | 4 | 5 | $R_3N \rightarrow BF_3$, $(C_2H_5)_2O \rightarrow BF_3$ |
| | In | 3 | 4 | 5 | InCp, 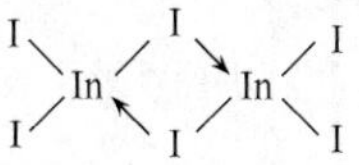 $I_2In(\mu\text{-}I)_2InI_2$, $(InCl_3)_2$ |
| | Tl | 3 | 4 | 5 | TlCp |
| ⅥA | C | 4 | 4 | 4 | $CH_4$, $CH_3OH$, $CCl_4$, $C_6H_6$, CO, HCN |
| | Si | 4 | 4 | 4 | $SiH_4$, $SiCl_4$ |
| | | | 6 | 8 | $SiF_6{}^{2-}$ |
| | | | 8 | 12 | $Si(bipy)_3$ |
| | Ge | | 4 | 4 | $GeCl_4$, $GeR_4$ |
| | | | 6 | 8 | $GeCl_4Py_2$ |
| | Sn | 4 | 4 | 4 | $SnCl_4$, $Me_3SnCl$ |
| | | | 5 | 6 | $Me_3SnCl(Me_2CO)$ |
| | | | 6 | 8 | $SnCl_6{}^{2-}$ |
| | Pb | 4 | 4 | 4 | $Pb(C_2H_5)_4$ |
| | | | 6 | 8 | $PbCl_6{}^{2-}$ |
| VA | N | 5 | 4 | 3 | $NH_3$, $NH_2NH_2$, $NH_2OH$, $N_2$, $N_2O$, NO, $N_2O_3$, $N_2O_4$, $N_2O_5$, $HNO_3$ |
| | P | 5 | 4 | 3 | $PCl_3$, $PH_3$, $PPh_3$, $PR_3$ |
| | | | 5 | 5 | $PCl_5$, $R_3PO$, $POCl_3$ |
| | | | 6 | 7 | $PF_6{}^-$ |
| | As | 5 | 4 | 3 | $AsH_3$, $AsR_3$, $AsCl_3$ |
| | | | 5 | 5 | $AsF_5$ |
| | Sb | 5 | 4 | 3 | $SbH_3$, $SbR_3$, $SbCl_3$ |
| | | | 5 | 5 | $SbF_5$, $SbF_4{}^-$ |
| | | | 9 | 13 | $Cp_2SbMe_3$ |

续表

| 周期表族号 | 原子 $A^j$ | 价电子数 $j$ | 价轨道数 $O_j$ | 共价 $V_j$ | 例子 |
|---|---|---|---|---|---|
| ⅥA | O | 6 | 4 | 2 | $H_2O$, $O_2$, ROH, $H_3O^+$ |
| | S | 6 | 4 | 2 | $H_2S$, RSH |
| | | | 5 | 4 | $SF_4$, $R_2SO$ |
| | | | 6 | 6 | $SF_6$, $N\equiv SF_3$ |
| | Se | 6 | 4 | 2 | $H_2Se$, $SeR_2$ |
| | | | 9 | 12 | $Cp_2SeMe_2$ |
| ⅦA | F | 7 | 4 | 1 | HF, $F_2$ |
| | Cl | 7 | 4 | 1 | HCl, $CH_3Cl$, $Cl_2$, $H-O-\underset{\underset{O}{\downarrow}}{\overset{\overset{O}{\uparrow}}{Cl}}-O$, $H-O-\overset{\overset{O}{\uparrow}}{Cl}-O$, $HO-Cl\rightarrow O$ |
| | I | 7 | 4 | 1 | HI, ICl, $I_2$ |

① 这是现在已知的唯一的共价为 2 的 Be 的单核分子，其他 $Be(OR)_2$，$BeR_2$ 等分子都是多聚的，共价为 4 或 6。这一分子由于叔丁基很大，阻碍了它的聚合（参见：F. A. Cotton and G. Wilkinson, *Adv. Inorg. Chem.*, 4th Ed., p275）；

② 参见同上，p278。

## 6. 规则三的应用(二)预测顺磁性络合物中未成对电子数 $N_s$

将(8-11)式改写为

$$N_s = 2O_j - j - V_j \tag{8-13}$$

由(8-9)式可计算 $V_j$，代入(8-13)式，即得 $N_s$。顺磁络合物的磁矩 $\mu_m$ 由电子自旋磁矩和电子轨道运动磁矩两部分偶合产生，前者可由下式计算

$$\mu_m = \sqrt{N_s(N_s + 2)}\text{（单位：玻尔磁子）} \tag{8-14}$$

因电子自旋运动对磁矩的贡献是主要的，故实测磁矩和按(8-14)式计算的值接近。以 Mn，Tc，Re；$C_r$，Mo，W 的一些络合物为例，由(8-13)式和(8-14)式计算的磁矩与实验值比较见表 8-9。

表 8-9 中有些 $\mu_m$ 的实验值与计算值相差较大，其原因在于忽略了电子轨道运动产生的磁矩。

**表 8-9　预测络合物的未成对电子数**

| 分　子 | $V_j$ | $N_s$ | 磁　矩 | | 分　子 | $V_j$ | $N_s$ | 磁　矩 | |
|---|---|---|---|---|---|---|---|---|---|
| | | | 计算值 | 实验值 | | | | 计算值 | 实验值 |
| $Mn(CO)_3(PPh_3)_2$ | 10 | 1 | 1.73 | 1.81 | $CrCl(NO)(diars)_2{}^+ClO_4{}^-$ | 11 | 1 | 1.73 | 1.70 |
| $Mn(CN)_6{}^{3-}$ | 9 | 2 | 2.83 | 3.01 | $ReCl_3(bipy)(NO)$ | 10 | 1 | 1.73 | 2.19 |
| $MnCl_4(bipy)$ | 8 | 3 | 3.87 | 3.82 | $MnF_6{}^{2-}$ | 8 | 3 | 3.87 | 3.84 |
| $MnCl_3(bipy)$ | 7 | 4 | 4.90 | 4.25 | $MnCl_2Py_2$ | 6 | 5 | 5.92 | 6.24 |
| $Mn(CH_3COO)_2$ | 6 | 5 | 5.92 | 5.90 | $Mn(NCS)_4{}^{2-}$ | 6 | 5 | 5.92 | 5.93 |
| $Mn(acac)_2$ | 6 | 5 | 5.92 | 5.68 | $Cr(CO)_2(NO)Cp$ | 12 | 0 | 0 | 0 |
| $MnCl_5{}^{2-}$ | 7 | 4 | 4.90 | 4.88 | $Cr(HCOO)_2(CH_3OH)$ | 8 | 4 | 4.90 | 4.75 |
| $Cr(bipy)_3{}^+ClO_4{}^-$ | 11 | 1 | 1.73 | 2.05 | $CrF_6{}^{3-}$ | 9 | 3 | 3.87 | 4.3 |
| $Cr(CO)_5NCS$ | 11 | 1 | 1.73 | 1.65 | $Cr(CO)_5CN$ | 11 | 1 | 1.73 | 2.52 |

注：表中磁矩单位为玻尔磁子。

### 7. 规则三的应用(三)固体化合物中原子的共价与磁矩

上节所述预测磁矩的方法也可用于固体合物。许多所谓“离子型晶体”如ZnS,MnS,CdS BN 等其实是以带极性的共价键结合的。那么在这些化合物中原子的共价应当如何计算呢？例如在 ZnS 晶体中,通常我们说 Zn 是＋2 价,S 是－2价,这是指的氧化态。如由(8-12)式计算 Zn 的共价：

$$V_{zn} = 2O_j - j = 2\times 9 - 12 = 6$$

$$V_S = 2O_j - j = 2\times 4 - 6 = 2$$

现在要问,如何从共价定义(8-4)式或由此导出的(8-9)式来得到 $V_{zn}=6, V_s=2$ 的结果,这对提出的定义是否合理是一个严峻的考验。

(1) ZnS 型晶体①

(i) 无论是立方或六方 ZnS 晶体,Zn 和 S 的配位数都是 4,如下式所示：

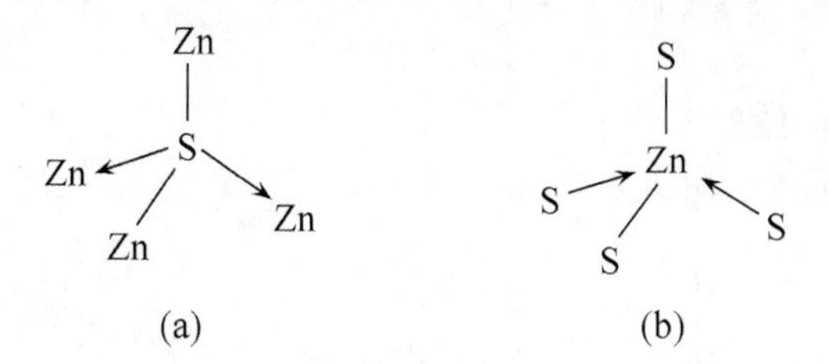


在(a)式中 S 以 2 个共价键和 2 个配键与 4 个 Zn 原子结合,由(8-9)式和(8-13)式得

$$V_j = V_s = 2\times 1 + 2\times 0 = 2$$

$$N_s = 2O_j - j - V_j = 2\times 4 - 6 - 2 = 0$$

① 参看周公度,《无机结构化学》,314 页,科学出版社,1982。

同样由(b)式，因 S→Zn 配键中 Zn 是接受电子的，故

$$V_j = V_{Zn} = 2 \times 1 + 2 \times 2 = 6$$

$$N_s = 2O_j - j - V_j = 2 \times 9 - 12 - 6 = 0$$

所以 ZnS 是反磁性的。

(ii) 现在讨论 MnS，它的晶体结构与 ZnS 相同，

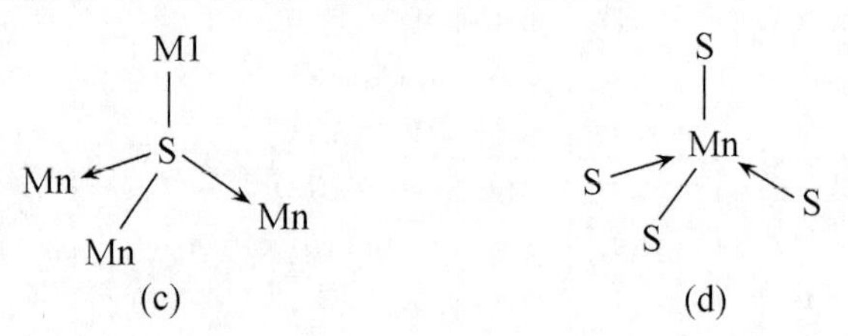


所以由(8-9)式得　　$V_j = V_{Mn} = 6$

而由(8-13)式得　　$N_s = 2O_j - j - V_j = 2 \times 9 - 7 - 6 = 5$

所以 MnS 是顺磁性的，含有 5 个未成对电子，$\mu_m$(计算值)＝5.92 玻尔磁子，$\mu_m$(实验值)＝5.61 玻尔磁子。

(iii) BN 的晶体结构也属于 ZnS 型：

但由于 N 的共价电子数 $j=5$，不同于 S，所以 N 用 3 个共价键和 1 个配键与 4 个 B 结合如(e)式，故由(8-9)式得

$$V_N = 3, V_B = 5$$

而由(8-13)式得　　$N_s(N) = 0, N_s(B) = 0$

故 BN 晶体是反磁性的。

(iv) CuF 的晶体结构也属于 ZnS 型：

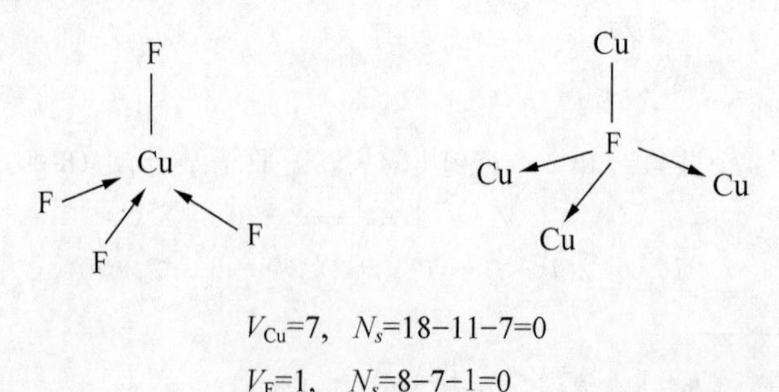


$V_{Cu}=7,\ N_s=18-11-7=0$

$V_F=1,\ N_s=8-7-1=0$

故 CuF 晶体是反磁性的。

(2) FeS 型晶体

FeS 属于 NiAs 晶型①,Fe 和 S 的配位数都是 6,如下式所示:

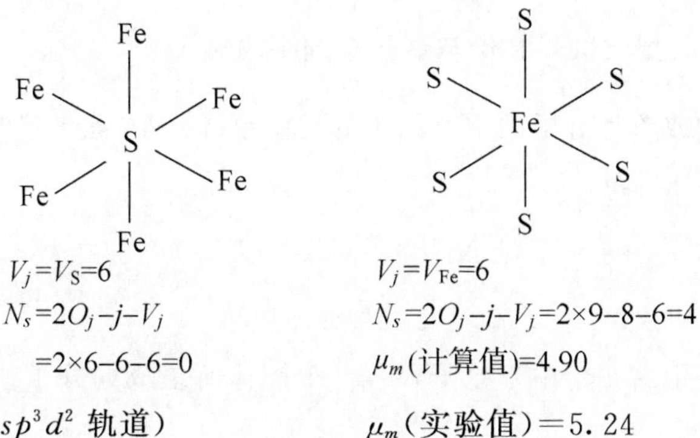


$V_j=V_S=6$　　　　　　$V_j=V_{Fe}=6$

$N_s=2O_j-j-V_j$　　　　$N_s=2O_j-j-V_j=2\times9-8-6=4$

$=2\times6-6-6=0$　　　　$\mu_m$(计算值)=4.90

(这里 S 用 $sp^3d^2$ 轨道)　　　　$\mu_m$(实验值)=5.24

(3) $CdI_2$ 型晶体②

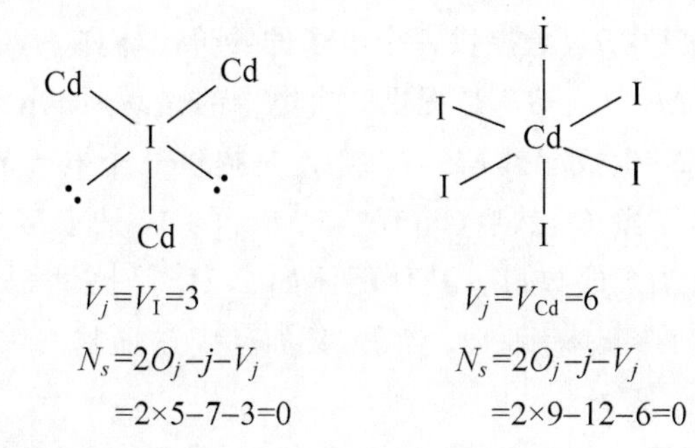


$V_j=V_I=3$　　　　　　$V_j=V_{Cd}=6$

$N_s=2O_j-j-V_j$　　　　$N_s=2O_j-j-V_j$

$=2\times5-7-3=0$　　　　$=2\times9-12-6=0$

(I 用 $sp^3d$ 轨道)

故 $CdI_2$ 晶体是反磁性的。

(4) $(BeCl_2)_n$

固体 $BeCl_2$ 是链状分子,结构如下:

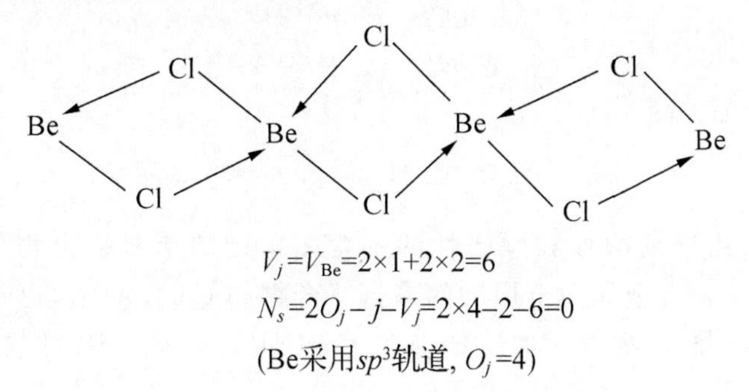


$V_j=V_{Be}=2\times1+2\times2=6$

$N_s=2O_j-j-V_j=2\times4-2-6=0$

(Be采用$sp^3$轨道, $O_j=4$)

① 参看周公度,《无机结构化学》,316 页,科学出版社,1982。

② 同上,319 页。

故固体$(BeCl_2)_n$是反磁性的。

在不少 Be 的化合物如 $BeF_4^{2-}$，$BeCl_2(\leftarrow OEt_2)_2$，$Be(OH_2)_4^{2+}$ 等中，Be 的共价都等于 6。

**8. 原子价规则四：配位数是共价与氧化态的平均值**

单核络合物或单片分子的中心原子的配位数($C.N.$)等于它的共价 $V_j$ 和氧化态($O.S.$)的平均值，即

$$C.N. = \frac{1}{2}(V_j + O.S.) \tag{8-15}$$

(8-15)式可证明如下：

单片分子是指由一个中心原子和若干个配体所组成的分子或络离子，它们的通式可以表示为

$$ML_a^1 L_b^2 L_c^3 \tag{8-16}$$

上式不包含多重键，其中 $L^1$ 是提供一个电子的共价配体如 H、Cl、烷基 R 等，它们与 $M$ 生成共价单键 $M—L^1$。$L^2$ 是提供二个电子的路易斯碱配体如：$NH_3$、CO、：$PR_3$、$Cl^-$ 等，它们与 $M$ 生成配键 $M\leftarrow L^2$。$L^3$ 是提供三个电子的配体如 NO，它先把一个反键的 $\pi^*$ 电子给 $M$，然后$(NO)^+$与 $M^-$ 再生成配键 $M^-\leftarrow(NO)^+$。$a,b,c$ 依次等于配体 $L^1,L^2,L^3$ 的数目。其他配体如 $C_6H_6$ 是提供 6 个电子的 $\eta^6-\pi$ 配体，它可以看作三个 $L^2$ 配体，即 $L^6=L_3^2$。又如环戊二烯基 $C_5H_5$ 是 $\eta^5$-$\pi$ 配体，它可看作 $L^5=L^1L_2^2$。

由(8-16)式可以看出，中心原子 $M$ 的共价 $V_j$ 等于

$$V_j = a + 2b + 3c \tag{8-17}$$

按氧化态与配位数的定义，它们分别等于

$$O.S. = a - c \tag{8-18}$$

$$C.N. = a + b + c \tag{8-19}$$

联合以上三式即得(8-15)式

$$C.N. = (V_j + O.S.)/2$$

这一关系式适用于反磁性和顺磁性的不含多重键的单核络合物，如表 8-10 所示，但不适用于含有金属一金属键的多核络合物如 $Co_4(CO)_{12}$，也不适用于包含多重键的单核络合物如 $Cl(CO)_4W\equiv C—CH_3$。表 8-6 所列数据也都符合(8-15)式。

**表 8-10 规则四(8-15)式的验证**

| 单核络合物 | 价电子数 $j$ | 价轨道数 $O_j$ | 共价 $V_j$ | 未成对电子数 $N_s$ | 氧化态 $O.S.$ | 配位数 $C.N.=\dfrac{V_j+O.S.}{2}$ |
|---|---|---|---|---|---|---|
| $ReH_9^{2-}$ | 7 | 9 | 11 | 0 | +7 | 9 |
| $HReCp^2$ | 7 | 9 | 11 | 0 | +3 | 7 |
| $HMn(CO)_5$ | 7 | 9 | 11 | 0 | +1 | 6 |
| $MnCl_4(bipy)$ | 7 | 9 | 8 | 3 | +4 | 6 |
| $Mn(CO)_3(PPh_3)_2$ | 7 | 9 | 10 | 1 | 0 | 5 |
| $Fe(CO)_5$ | 8 | 9 | 10 | 0 | 0 | 5 |
| $Cr(CO)_5NCS$ | 6 | 9 | 11 | 1 | +1 | 6 |
| $Cr(terpy)_2$ | 6 | 9 | 12 | 0 | 0 | 6 |
| $H_3TaCp_2$ | 5 | 9 | 13 | 0 | +5 | 9 |
| $MnCl_2Py_2$ | 7 | 9 | 6 | 5 | +2 | 4 |
| $ReCl_3(bipy)(NO)$ | 7 | 9 | 10 | 1 | +2 | 6 |

## 9. 原子价规则五:H,C,N,O,F 五元素的共价不变性

在这五个元素中的任何一个或几个元素组成的稳定分子中,它们的原子价(共价)是恒定不变的,即

$$V_H=1,\ V_c=4,\ V_N=3,\ V_o=2,\ V_F=1 \tag{8-20}$$

这是因为在这些元素中,除了价电子数 $j$ 恒定外,价轨道数 $O_j$ 也是恒定的,即 $O_j$(H)=1,$O_j$(C,N,O,F)=4,所以由(8-12)式立即得到(8-20)式。

利用这一规则,可以从分子式预测它们的可能结构式,现在举例如下:

(1) $N_2O$。这一分子的中间原子可能是 O 或 N,如 O 居中间如下式

$$\cdot\ddot{N}—\ddot{\underset{\cdot\cdot}{O}}—\ddot{N}\cdot$$

就不能满足 $V_N=3$ 的要求。要同时满足 $V_N=3,V_O=2$ 的要求,只有下列三种结构式:

(a) :O: 与两个 N 相连,:N═N:(环状) (b) $:N\equiv N\rightarrow \ddot{\underset{\cdot\cdot}{O}}:$ (c) $:\ddot{N}\leftarrow N═\ddot{O}:$

(a) (b) (c)

在(a)式中,键角只有 60°,而 $p$ 轨道的夹角为 90°,电子云不能有效重叠,即张力太大,所以(a)式是不稳定的。

在(b)式和(c)式中,中间的 N 原子必须留出二个 $p$ 轨道来形成二个 $\pi$ 键,剩下二个 $sp$ 杂化轨道与二个边上原子形成 $\sigma$ 键。因此 N—N—O 必须是直线型分子。在(b)式中,中间原子与边上原子形成的键级为 3 与 1,在(c)式中为 2 与 2。在这两个结构式中,通常以具有均匀分布的键级者较为稳定。例如 $CO_2$ 的结构是

:Ö═C═Ö: 而不是 :O≡C→Ö:

所以 $N_2O$ 分子的结构是(c)式而不是(b)式。事实上,$N_2O$ 和 $CO_2$ 是等电子分子,它们的结构是类似的,$\pi$ 键与邻近的孤对 $p$ 电子可以有 $\pi$-$p$ 共轭作用,形成 $\Pi_3^4$ 大 $\pi$ 键。实验测定 $N_2O$ 的构型和键长如下

$$N \xrightarrow{112.6\ \text{pm}} N \xrightarrow[118.6\ \text{pm}]{} O$$

它符合(c)式结构。

(2) $N_2O_3$

满足 N 三价,O 二价的结构式只有下列五种:

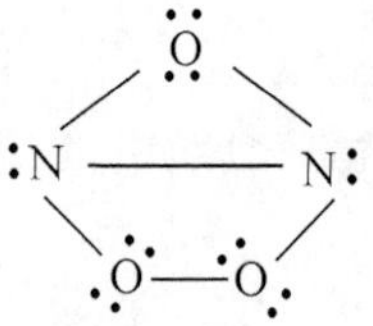

(a) 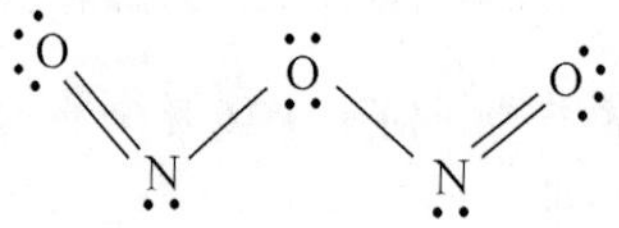　　(b)

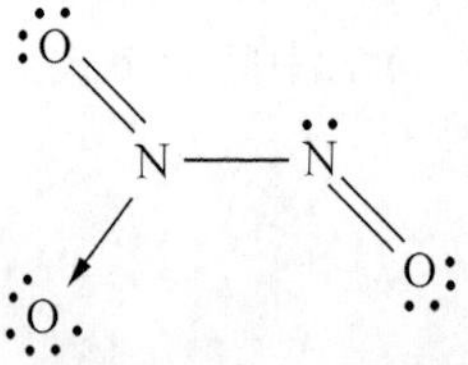

(c) 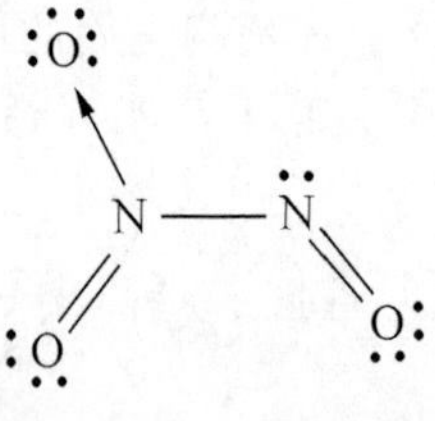　　(d) 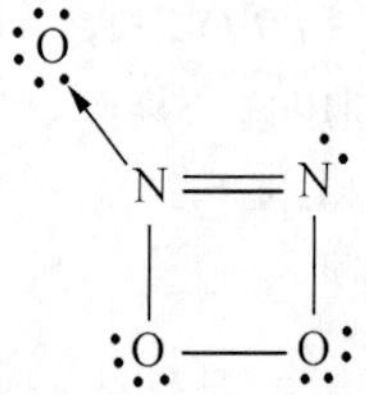　　(e)

一般而言,对于第二周期的元素来说,链式含有多重键的结构比三元环或四元环的结构稳定。(a)式含有三元环,张力很大。(e)式含有四元环,键角为 90°,故 N 原子要用三个 $p$ 轨道来成环及构成 N═N 双键,这样只能用 $2s$ 轨道来形成 N→Ö: 配键。由于 $2s$ 轨道是球对称的,没有方向性,它的轨道能又较低,所以形成配键的能力很弱。这样就排除了(a)和(e)两式。(c)和(d)两式含有共轭双键,即 $\Pi_4^4$ 大 $\pi$ 键,所以比两个孤立双键的(b)式稳定。(c)式是反式的共轭双键,比顺式共轭双键

的(d)式又稳定一些，但两者能量相差很小，在常温下可以互相转变。所以(c)式是$N_2O_3$最可能的结构。这一结论和电子衍射实验测定的结果相符。

对于第三周期来说，$3p$-$3p\ \pi$键远比$2p$-$2p\ \pi$键为弱，所以第三周期元素之间很少形成双键，而倾向于形成环状结构。例如$N_2$分子为三重键：N≡N：结构，但$P_2$不取：P≡P：结构，而是二聚成四面体结构$P_4$[(*f*)式]。与此类似，$P_2O_3$不取(c)或(d)式结构，而是二聚成$P_4O_6$，它的结构为(*g*)式。

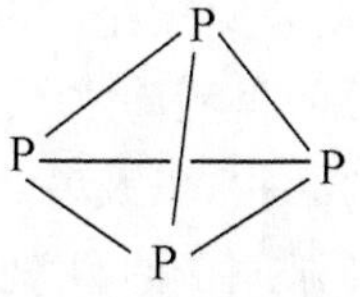

(f) $P_4$ 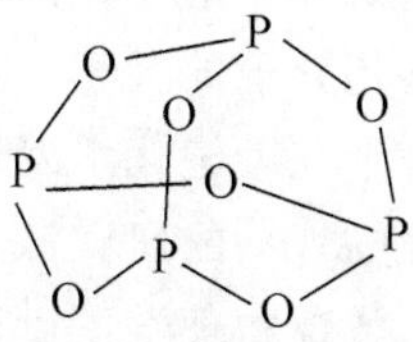　　(g) $P_4O_6$

在$P_4O_6$分子中，每一个P原子生成三个P—O—P键，但P…P不直接成键，所以P仍为三价。

同样可以预测$N_2O_4$，$HNO_3$和$HNO_2$的结构应分别为(*h*)，(*i*)和(*j*)式。

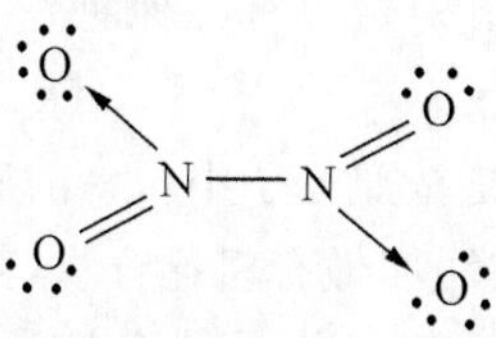

(h) $N_2O_4$ 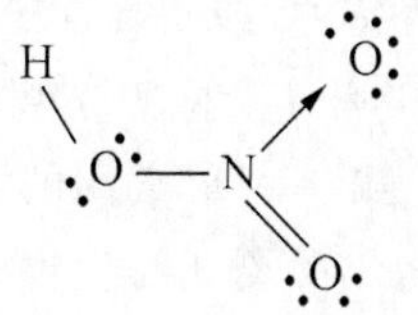　　(i) HNO 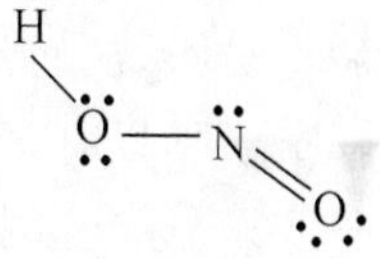　　(j) $HNO_2$

(3) $NO_3F$

如前所述，因N的氧化态不能超过(+5)，所以此分子必须含有过氧基—O—O—，同时又要满足N三价、O二价、F一价的要求，可能的结构式只有二个

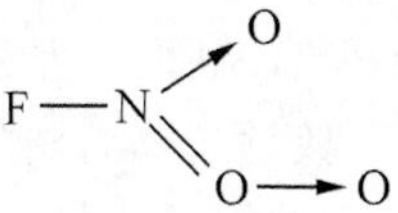

(a) 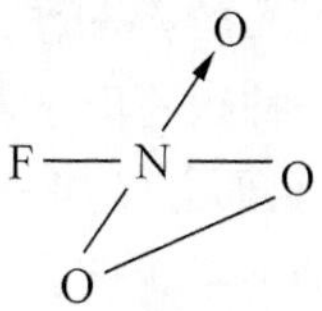　　(b)

其中(b)式含三元环，张力太大，所以结构式应为(a)式，这与电子衍射实验测定的结果符合。

# §8-3 分子的分类和($nxc\pi$)结构规则

## 1. 引言——对数以百万计的分子进行分类的必要性

从历史发展看,在十九世纪,物理学被认为是研究物理变化即分子不变的科学,化学被认为是研究化学变化即原子不变的科学。因此,恩格斯说过,化学是原子的科学,物理学是分子的科学。1802 年道尔顿发表原子论,1869 年门捷列夫提出元素周期律,是十九世纪化学发展史上几个重要的里程碑之二。到了二十世纪,物理学有了重大进展,它的研究深入到原子内部的结构,以及基本粒子和夸克等更深的层次。因此,微观物理学可以说是研究原子和亚原子的科学,而化学却是研究分子及其变化的科学。化学元素已发现 109 种,今后还可能发现若干种。但新元素的发现已不再是化学研究的重点,因为这些新元素的寿命非常短,数目非常非常少,对于人类的重要性也就大大减小了。今天化学研究的重点已转移到合成千千万万种具有特殊性能的新分子和新化合物。截至 1986 年,化学文摘联机服务(CAS Online)登记的已知分子、化合物、高分子、合金和矿物数目已达 700 余万种,平均每年增加 50 多万种新品种,或每天 1400 种。因此对数以百万种的分子进行科学分类,从而预见新分子的任务,就显得越来越重要了。

分子可以有多种分类法。第一种最常用的分类法就是按照分子中包含的原子的种类来分类。例如把碳氢化合物及其衍生物分为一大类,叫做有机化合物,其余都叫做无机化合物。有机化合物再分为脂肪族和芳香族,每一族又分为烃类、醇类,醚类、胺类、醛类,酮类、酸类等。无机化合物再分为主族元素化合物和副族元素化合物,进一步细分为元素周期表中各族元素的化合物。百余年来的有机化学与无机化学大体上是按照这种分类法进行教学的。这种分类法和植物学及动物学中的门、钢、目、科的分类法相似,可以叫做"树枝型分类法"。它无疑对化学和生物学的发展起了很大的推动作用,直到今天还是一种最重要的分类法。

分类法是一种很重要的科学方法,它的作用至少有三种:①帮助人们分类归纳大量实验事实,从而总结出一些规律性的结论,这对教学工作即将知识从这一代向下一代传递是必不可少的。②突出事物的主要矛盾、共性和个性,导致对于事物的本质的深入了解,从而提出或发展理论。③预见新事物。后二点对于知识的发展是非常重要的。

鉴于分子数目的众多和增长的迅速,为了更多更快地合成性能好的新分子,我们企图从分子结构类型的不同对分子进行分类,作为对上述"树枝型分类法"的一种补充。这种分类法可以叫做"多维分类法",因为它采用若干个参数(我们采用的是 $n,x,c,\pi$ 四个参数)来表征分子的结构类型,正像门捷列夫的元素周期表是对元素进行“二维分类法”(即周期和族这两个参数)一样。这种分类法还不太成熟,有待于老师和同学们来共同探讨、改正和提高。但我们认为教学中只讲十分成熟的、已经解决了的化学问题,给读者造成一种一切问题都解决了的错觉,这不是启发式的教学方法,也不利于科学的发展。

已知的700余万种分子和化合物是由109种原子组成的。在分子与原子这两个层次之间如果插入一个“分子片”的层次,这对了解分子的结构类型从而进行分类将会方便得多。好比房屋是由砖,木、金属、水泥等材料组成的,在房屋与材料两者之间插入一个“预制件”(如门,窗,屋架,墙壁、屋顶,甚至标准间等)的层次,这对房屋的设计和建造也是方便的。分子片或类似的概念在化学文献中早有人提出来,如有机化学中的功能团(functional group)和合成子(synthon,即用计算机来设计有机合成路线时使用的合成化学中的单元),高分子化学中的单体(monomer)。霍夫曼对分子片(molecular fragment)做了大量研究工作,并提出等叶片相似性(isolobal analogy)原理。

下面介绍分子的四维分类法和($nxc\pi$)结构规则的要点。

## 2. 分子由分子片所组成

(1) 数以百万计的有机和无机分子均可看作由分子片 $M^i$ 所组成。

(2) 分子片 $M^i$ 是由中心原子 $A^j$ 和若干配体 $L$ 所组成,记为

$$M^i = A^j L^k \tag{8-21}$$

式中 $i$ 为分子片的价电子数,$j$ 为中心原子的价电子数,$L$ 表示各种配体的总和,$k$ 为各种配体的价电子数的总和,且

$$i = j + k \tag{8-22}$$

分子所含价电子的总数 $N$ 等于

$$N = \Sigma i = \Sigma j + \Sigma k \tag{8-23}$$

例如:

$$CH_3 = A^4 L^3 = M^7,\ OH = A^6 L^1 = M^7,$$

$$CoCp = A^9 L^5 = M^{14},\ Mn(CO)_4^- = A^7 L^9 = M^{16}$$

下图表示由原子组成分子片,又由分子片组成分子这样三个层次:

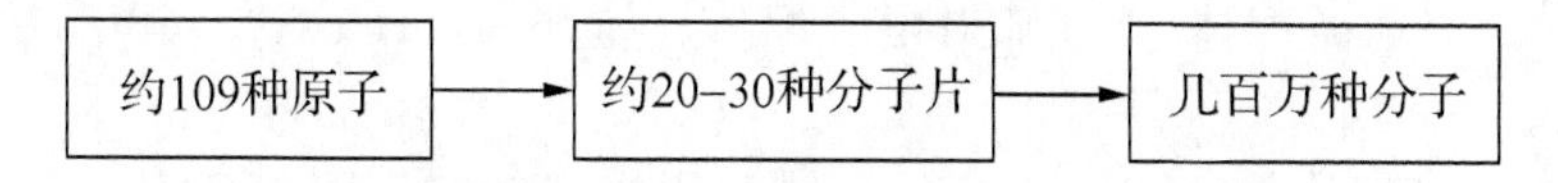


例如

$$CH_3CH_2OH = (CH_3)(CH_2)(OH) = M^7 M^6 M^7,\ N = 20$$

$$C_2B_2H_4Co_2Cp_2 = (CH)_2(BH)_2(CoCp)_2 = M_2^5 M_2^4 M_2^{14},\ N = 46$$

$$Os_6(CO)_{21} = [Os(CO)_4]_3[Os(CO)_3] = M_3^{16} M_3^{14},\ N = 90$$

### 3. 配体的分类和决定配体价电子数的规则

(1) 配体是指与中心原子相联结的原子或原子集团。这一定义比通常配位化学中配体的定义为广。例如，$SF_6$、$SF_4$、$CH_4$、$Ni(CO)_4$ 等由一个分子片组成的分子(称为单片分子，mono-fra-gment molecule)中，F、H、CO 等都叫做配体。

(2) 配体 $L^l$ 所含的价电子数 $l$ 是指它与中心原子 $A^j$ 结合成分子片时所提供的价电子数。

(3) 配体有几种基本类型，即：

(a) 路易斯酸配体 $L^0$，它与 $A^j$ 结合时不提供价电子，但有一个空的价轨道，可以接受中心原子 $A^j$ 的一对孤对电子。例如在单片分子 $Cp(CH_2=CH_2)Rh\rightarrow SO_2$ 中，Rh 为中心原子，$SO_2$ 即路易斯酸配体 $L^0$，它的结构是

(S 上带孤对电子和一个空轨道，S=O 双键两个)

其中 S 原子采用 $sp^3d^2$ 六个价轨道，除四个用于成键，一个容纳孤对电子外，还有一个空轨道，可以接受 Rh 的成对 $d$ 电子，形成 $Rh\rightarrow SO_2$ 配键。

(b) 共价配体(covalent ligand)$L^1$，例如 ·H、·$\ddot{\underset{..}{Cl}}$：、·$\ddot{\underset{..}{F}}$：、·$CH_2CH_3$、·$\ddot{\underset{..}{O}}$—H、…等。它们与 $A^j$ 结合时提供一个共享电子，$A^j$ 也提供一个电子，形成正常共价键。例如 $CH_4$、$SF_6$，$B(CH_2CH_3)_3$、$M$—Cl、$M$—OH 等。

缺电子多中心桥联配体也属于 $L^1$ 类型，例如

$H_2B(\mu\text{-}H)_2BH_2$，$(H_3C)_2Al(\mu\text{-}CH_3)_2Al(CH_3)_2$

等分子中桥联的 H 和 $CH_3$ 也是提供一个电子的 $L^1$ 配体。

(c) 双电子配体 $L^2$，即向中心原子提供一对电子的配体，$L^2$ 又可分为四类：

(i) 路易斯碱配体，即 $\sigma$ 孤对电子配体。如：$NH_3$，$H_2o$:，$X^-$(卤素阴离子)，$HO^-$ 等。

(ii) 两性配体(可以译为 amphoteric ligand)，即 $\sigma$ 孤对电子配体，但同时兼有 $\pi$-受体的作用。如 CO，$PR_3$，Py(吡啶)等。

(iii) $\eta^2$-$\pi$ 配体，如 $CH_2=CH_2$ 等。

(iv) 最近的研究表明，邻近缺电子中心原子(如 Ti、稀土原子等)的 C—H$\sigma$ 键或其他 $\sigma$ 键也能向中心原子配位，所以 $\sigma$ 键也是一种 $L^2$ 配体，但这种配体的结合

能力比 $\eta^2$-$\pi$ 配体弱。

(d) 三电子配体 $L^2$，如 NO 等。

(4) 除上述四种基本配体外，还有多种复合配体。复合配体可视为由上述四种基本配体组合而成。复合配体有下述三种类型：

(a) $\eta^x$-$\pi$ 配体，例如

$$Cp = \eta^5\text{-}C_5H_5 = L^5 = L^1L_2^2$$

$$\eta^6\text{-}C_6H_6 = L^6 = L_3^2$$

$$\eta^4\text{-}CH_2 = CH—CH = CH_2 = L^4 = L_2^2$$

(b) 螯合配体

$$\text{乙二胺} = \text{en} = L^4 = L_2^2$$

$$\text{联吡啶} = \text{bipy} = L^4 = L_2^2$$

$$\text{三联吡啶} = \text{terpy} = L^6 = L_3^2$$

$$\text{羧酸基}RCOO\cdot = R—C\langle{}^{O}_{O}\rangle = L^3 = L^1L^2$$

(c) 桥联($\mu^{x}$-)配体，即联结 $x$ 个中心原子的配体，例如

卤素原子桥 $\mu^2$　$\leftarrow \ddot{\underset{..}{X}} — L^3 = L^1L^2$

$\mu^3$　$\leftarrow \ddot{X} — L^5 = L^1L_2^2$（X 下方 $\downarrow$）

氧桥或硫桥 $\mu^2$　$— \ddot{\underset{..}{O}} — L^2 = L_2^1$

$\mu^3$　$— \ddot{O} — L^4 = L_2^1L^2$（O 下方 $\downarrow$）

$\mu^4$　$— O — L^6 = L_2^1L_2^2$（O 上方 $\uparrow$，下方 $\downarrow$）

羟基桥　$\mu^2$　$\leftarrow \overset{H}{\underset{..}{O}} — L^3 = L^1L^2$

**4. 分子片可按周期表形式排布**

(1) 含有相同价电子数 $i$ 的分子片称为等电子分子片(isoelectronic molecular frag ments)，以 $M^i$ 表示之。例如 $Cr(CO)_4$、$Mn(\eta^7\text{-}C_7H_7)$、$Fe(CO)_3$、CoCp、$Ni(PR_3)_2$、Cu(NO)等都是含有 14 个价电子的等电子片，可用 $M^{14}$ 表示之。

(2) $M^i$ 可排列成周期表形式如表 8-11，表 8-11 概括了极大数量的各种分子片。例如在 $M^{14}$ 下面包括 $A^{10}L^4$、$A^9L^5$、$A^8L^6$，$A^7T^7$、$A^6L^8$ 等，而其中每一个如 $A^8L^6$ 则包括 $A^8(CO)_3$、$A^8(PR_3)_3$、$A^8(PPh_3)_3$、$A^8(NH_3)_3$、$A^8(NO)_2$、$A^8(RCOO)_2$、

表 8-11 分子片 $M^i$ 的周期表

| 族 | IA | ⅡA | ⅢB | ⅣB | ⅤB | ⅥB | ⅦB | Ⅷ | | | ⅠB | ⅡB | ⅢA | ⅥA | ⅤA | ⅥA | ⅦA | ⅧA |
|---|---|---|---|---|---|---|---|---|---|---|---|---|---|---|---|---|---|---|
| $M^i$ | $M^1$ | $M^2$ | $M^3$ | $M^4$ | $M^5$ | $M^6$ | $M^7$ | $M^8$ | $M^9$ | $M^{10}$ | $M^1$ $M^{11}$ | $M^2$ $M^{12}$ | $M^3$ $M^{13}$ | $M^4$ $M^{14}$ | $M^5$ $M^{15}$ | $M^6$ $M^{16}$ | $M^7$ $M^{17}$ | $M^8$ $M^{18}$ |
| 1* | H | He | | | | | | | | | | | | | | | | |
| 2 | Li | Be | | | | | | | | | | | B | C | N | O | F | Ne |
| 3 | Na | Mg | | | | | | | | | | | Al | Si | P | S | Cl | A |
| | | $A^1L^1$ | | | | | | | | | | | $A^2L^1$ | $A^3L^1$ | $A^4L^1$ | $A^5L^1$ | $A^6L^1$ | $A^7L^1$ |
| | | | | | | | | | | | | | | | $A^3L^2$ | $A^4L^2$ | $A^4L^3$ | $A^4L^4$ |
| 4 | K | Ca | Sc | Ti | V | Cr | Mn | Fe | Co | Ni | Cu | Zn | Ga | Ge | As | Se | Br | Kr |
| 5 | Rb | Sr | Y | Zr | Nb | Mo | Tc | Ru | Rh | Pd | Ag | Cd | In | Sn | Sb | Te | I | Xe |
| 6 | Cs | Ba | La | Hf | Ta | W | Re | Os | Ir | Pt | Au | Hg | Tl | Pb | Bi | Po | At | Rn |
| | | | | $A^3L^1$ | $A^4L^1$ | $A^5L^1$ | $A^6L^1$ | $A^7L^1$ | $A^8L^1$ | $A^9L^1$ | $A^7L^4$ | $A^8L^4$ | $A^9L^4$ | $A^{10}L^4$ | $A^{11}L^4$ | $A^{11}L^5$ | $A^{11}L^6$ | $A^{10}L^8$ |
| | | | | | $A^3L^2$ | $A^4L^2$ | $A^5L^2$ | $A^6L^2$ | $A^7L^2$ | $A^8L^2$ | $A^6L^5$ | $A^7L^5$ | $A^8L^5$ | $A^9L^5$ | $A^{10}L^5$ | $A^{10}L^6$ | $A^{10}L^7$ | $A^9L^9$ |
| | | | | | | $A^3L^3$ | $A^4L^3$ | $A^5L^3$ | $A^6L^3$ | $A^7L^3$ | $A^5L^6$ | $A^6L^6$ | $A^7L^6$ | $A^8L^6$ | $A^9L^6$ | $A^9L^7$ | $A^9L^8$ | $A^8L^{10}$ |
| | | | | | | | $A^3L^4$ | $A^4L^4$ | $A^5L^4$ | $A^6L^4$ | $A^4L^7$ | $A^5L^7$ | $A^6L^7$ | $A^7L^7$ | $A^8L^7$ | $A^8L^8$ | $A^8L^9$ | $A^7L^{11}$ |
| | | | | | | | | $A^3L^5$ | $A^4L^5$ | $A^4L^6$ | $A^3L^8$ | $A^4L^8$ | $A^5L^8$ | $A^6L^8$ | $A^7L^8$ | $A^7L^9$ | $A^7L^{10}$ | $A^6L^{12}$ |

* 1,2,3,4,5,6,表示周期。

$A^8(\eta^3\text{-}C_3H_5)_2$、$A^8(C_6H_6)$、$A^8(C_6Me_6)$ $A^8Cp^-$、$A^8(B_6C_2H_8^{2-})$、$A^8(B_7C_2H_9^{2-})$、$A^8(B_{10}CSH_{10}^{2-})$等。以上各分子片中的 $A^8$ 又可以包括

$$
\begin{aligned}
A^8 = &\ Fe \quad Co^+ \quad Ni^{2+} \quad Cu^{3+} \quad Mn^- \quad HMn \quad H_2Cr \\
&\ Ru \quad Rh^+ \quad Pd^{2+} \quad Ag^{3+} \quad Tc^- \quad HTc \quad H_2Mo \\
&\ Os \quad Ir^+ \quad Pt^{2+} \quad Au^{3+} \quad Re^- \quad HRe \quad H_2W
\end{aligned}
$$

(3) 周期表中 Ge($3d^{10}4s^24p^2$)有 14 个价电子,与具有 4 个价电子的 Si($3s^23p^2$)同属 IVA 族,所以 $M^{14}$ 与 $M^4$ 可称准等电子分子片(pseudo-isoelectronic molecular fragments)或广义等电子分子片(generalized isoelectronic fragments)。推而广之,同属ⅢA、ⅤA、ⅥA、ⅦA 及 0 族的 $M^i$ 及 $M^{10+i}$ 分子片也都是广义等电子分子片。

霍夫曼根据分子片前线轨道的相似性把分子片 $CH_3$ 和 $Mn(CO)_5CH_2$ 和 $Fe(CO)_4$ 等称为等叶片相似性。我们着眼于价电子数 $i$ 相同或只相差 10,因此与等叶片的意思稍有差别。例如霍夫曼认为 $CH_2$、$Fe(CO)_4$ 和 $Ni(PR_3)_2$ 三个分子片都是等叶片的。我们按价电子数多少把这三个分子片表示为 $M^6$、$M^{16}$ 和 $M^{14}$,其中 $M^6$ 和 $M^{16}$ 是广义等电子分子片,但 $M^{14}$ 则不是。

## 5. 分子片的共价

仿照原子的共价 $V_j$ 是它的价轨道层中的空位数[(8-12)式],分子片的共价 $V_i$ 也可定义为它的中心原子的价轨道层中的空位数,即

$$V_i = 2O_i - i \tag{8-24}$$

(8-24)式的限制和(8-12)式相同,表 8-12 列出一些典型的分子片的共价。

由表 8-12 可见,如 $M^i$ 与 $M^{10+i}$ 的 $O_i$ 相差 5,则其价 $V_i$ 相等,这样的分子片可称为等价分子片(equivalent molecular fragments)。对比表 8-12 和表 8-13 可以看到,$IF_7$ 和 $Fe(CO)_3$ 虽然都是 $M^{14}$ 分子片,但因它们的 $O_i$ 不等($IF_7$ 为 7,$Fe(CO)_3$ 为 9),所以它们不是等价分子片。

**表 8-12　某些分子片的共价 $V_i$**

| $V_i$ | $M^i$ | 分子片举例 | 价轨道 | $(NVO)_i$ | $i$ |
|---|---|---|---|---|---|
| 1 | $M^7$ | $CH_3$, $NH_2$, OH, SH, $OCH_3$ | $sp^3$ | 4 | 7 |
| | $M^{17}$ | $Mn(CO)_5$, $Re(PR_3)_5$, $Co(CO)_4$ | $d^5sp^3$ | 9 | 17 |
| 2 | $M^6$ | $CH_2$, $CR_2$, NH, NR, $SiH_2$, PR | $sp^3$ | 4 | 6 |
| | $M^{16}$ | $Fe(CO)_4$, $Ru(PR_3)_4$, $W(CO)_5$, $Ni(PR_3)_3$, $HCo(CO)_3$, $HIr(PR_3)_3$ | $d^5sp^3$ | 9 | 16 |
| 3 | $M^5$ | CH, CR, SiR, $BH_2$ | $sp^3$ | 4 | 5 |
| | $M^{15}$ | NiCp, $Co(CO)_3$, $TaCp_2$ | $d^5sp^3$ | 9 | 15 |
| 4 | $M^4$ | BH, AlR | $sp^3$ | 4 | 4 |
| | $M^{14}$ | $Fe(CO)_3$, CoCp, $Os(PR_3)_3$, MoAcPy | $d^5sp^3$ | 9 | 14 |
| | $M^{12}$ | $MoCl_4^{2-}$, $ReCl_4^-$, $Cr(CH_3)_4^{2-}$ | $d^5sp^2$ | 8 | 12 |
| 5 | $M^{13}$ | $Ir(PR_3)_2$ | $d^5sp^3$ | 9 | 13 |
| 6 | $M^{12}$ | $Ru(PR_3)_2$ | $d^5sp^3$ | 9 | 12 |
| 7 | $M^{11}$ | $Re(PR_3)_2$ | $d^5sp^3$ | 9 | 11 |
| 8 | $M^{10}$ | $Cr(CO)_2$, $W(CO)_2$, VCp | $d^5sp^3$ | 9 | 10 |
| 9 | $M^9$ | $V(CO)_2$ | $d^5sp^3$ | 9 | 9 |
| 10 | $M^8$ | Cr(CO), W(CO) | $d^5sp^3$ | 9 | 8 |

## 6. 广义的“八隅律”

如果分子片的价电子数 $i$ 恰好等于它的价轨道数 $O_i$ 的两倍,则由(8-24)式得 $V_i=0$,即得到零价的或闭壳层的分子片,它能独立成为稳定分子,这一原理可以称为广义的“八隅律”。当 $i=8$,$O_i=4(sp^3)$时,这就是“八隅律”。当 $i=18$,$O_i=9(d^5sp^3)$时,这就是西奇威克提出的 EAN 规律或 18 电子规则。表 8-13 列出广义的“八隅律”的各种特例。

表 8-13　广义的“八偶律”

| 广义八隅律 | $M^i$ | $i$ | $O_i$ | 价轨道 | 举　例 |
| --- | --- | --- | --- | --- | --- |
| 2 电子规律 | $M^2$ | 2 | 1 | $s$ | LiH, LiR, $Li_2$ |
| 4 电子规律 | $M^4$ | 4 | 2 | $sp$ | $BeR_2$, R—Mg—Cl |
| 6 电子规律 | $M^6$ | 6 | 3 | $sp^2$ | $BEt_3$, $Y(CH_3)_3$, $La(Ph)_3$ |
| 8 电子规律(八偶律) | $M^8$ | 8 | 4 | $sp^3$ | $CH_4$, $NH_3$, $H_2O$, HF, $AlCl_4^-$ |
| 10 电子规律 | $M^{10}$ | 10 | 5 | $sp^3d$ | $PCl_5$, $SF_4$, $ClF_3$, $TeCl_4$, $SbF_4^-$, $BrF_3$, $ICl_2^-$, $XeF_2$ |
| 12 电子规律 | $M^{12}$ | 12 | 6 | $sp^3d^2$ | $SF_6$, $MoF_6$, $PF_6^-$, $SiF_6^{2-}$ |
| 14 电子规律 | $M^{14}$ | 14 | 4 | $sp^3d^3$ | $IF_7$ |
| | | | | $d^5sp$ | $AgI_2^-$, $AgCl_2^-$, $MeAuPPh_3$ |
| 16 电子规律 | $M^{16}$ | 16 | 8 | $d^5sp^2$ | $Cp_2ZrCl_2$, $Cp_2Cr$ |
| 18 电子规律 | $M^{18}$ | 18 | 9 | $d^5sp^3$ | $Ni(CO)_4$, $Fe(CO)_5$, $Cr(CO)_6$, $FeCp_2$, $Hg(CN)_4^{2-}$, $LaCp_3$ |

## 7. 分子的总价 $V$ 和分子片之间的键级 $B$

考虑分子的总价，从 $V$ 表示之，即

$$V = \sum_i^{\text{分子片}} V_i = \sum_i (2O_i - i) = 2\Sigma O_i - N \tag{8-25}$$

式中 $\Sigma O_i$ 表示分子中所有分子片的中心原子的价轨道的总数，$N$ 即(8-23)式中的价电子总数。

分子片之间的共价键数 $B$ 等于总价 $V$ 除以 2，即

$$B = \frac{1}{2}V = \sum_i O_i - \frac{1}{2}N \tag{8-26}$$

(8-26)式和(8-7)式的区别在于 $V^0$ 是分子中所有原子的总价，而 $V$ 是所有分子片的总价；$B^0$ 是分子中所有原子之间的共价键键级的总和，而 $B$ 只是分子片之间的共价键键级的总和，分子片内的键级就不算在内了。对于复杂分子，(8-26)式要比(8-7)式简便得多。

如果把(8-26)式应用到 $n$ 个分子片组成的过渡金属原子簇，且假定金属原子的价轨道数 $O_i = 9$，则(8-26)式可改写为

$$N = 2\Big(\sum_{i=1}^{n} O_i - B\Big) = 2(9n - B) \tag{8-27}$$

这就是唐敖庆提出的$(9n - L)$公式(参见第五章(5-62)式)，式中 $B$ 就是 $L$，而 $N$ 就是原子簇的价电子总数。

## 8. 应用举例——由原子簇的分子式预测结构式[①]

(1) $H_3Re_3(CO)_{10}^{2-}$

第一步　先由分子式计算价电子总数 $N$ 和价轨道总数 $\sum O_i$

$$N = 3\times1 + 3\times7 + 10\times2 + 2 = 46$$
$$\quad H_3 \qquad Re_3 \qquad (CO)_{10} \quad q$$
$$\sum O_i = 3\times9 = 27$$

第二步　由(8-26)式得

$$B = \sum O_i - \frac{1}{2}N = 27 - 46/2 = 4$$

即三个分子片共有四个键,因三原子环只有三个单键,其中一个必须是双键,如下图所示:

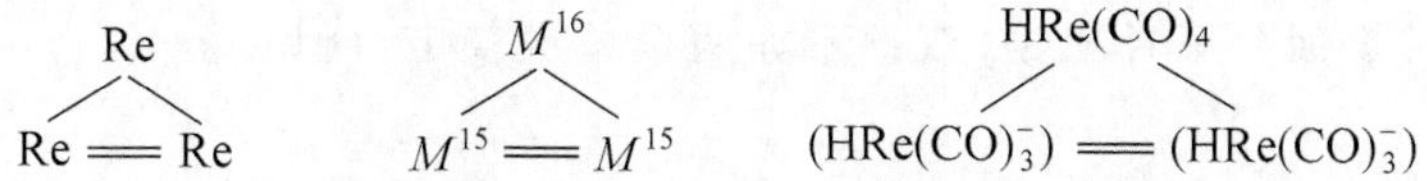

Re<br>Re ═ Re　　　$M^{16}$<br>$M^{15}$ ═ $M^{15}$　　　$HRe(CO)_4$<br>$(HRe(CO)_3^-)$ ═ $(HRe(CO)_3^-)$

实验测得两个 Re—Re 键长为 303 pm,一个 Re═Re 键长为 278 pm,与预测结果一致。

表 8-14 列出其他 Re 原子簇的 $N$,$\Sigma O_i$ 和 $B$ 值,预测的结构和实测键长。

**表 8-14　由计算的 B 值预测某些 Re 原子簇的结构**

| 分子式 | $N$ | $\Sigma O_i$ | $B$ | 结构式 | Re—Re 键长(单位:pm) |
|---|---|---|---|---|---|
| $HRe_3(CO)_{14}$ | 50 | 27 | 2 | 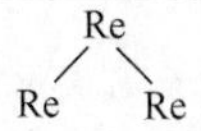 Re<br>/ \<br>Re　Re | 329 |
| $H_2Re_3(CO)_{12}$ | 48 | 27 | 3 | 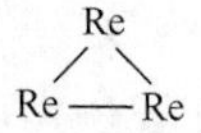 Re<br>/ \<br>Re — Re | 310 |
| $H_3Re_3(CO)_{10}^{2-}$ | 46 | 27 | 4 | 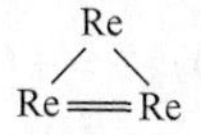 Re<br>/ \<br>Re ═ Re | 303<br>278 |
| $Re_3Cl_{12}^{3-}$ | 42 | 27 | 6 | 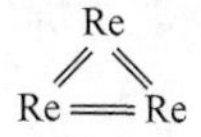 Re<br>// \\<br>Re ═ Re | 247 |
| $Re_3(CO)_{16}^{2-}$ | 62 | 36 | 5 | 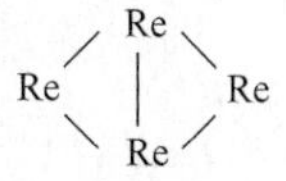 Re<br>Re　│　Re<br>Re | 299 |
| $H_4Re_4(CO)_{13}^{20}$ | 60 | 36 | 6 | 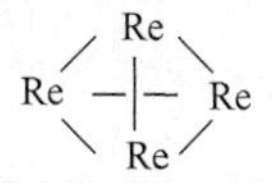 Re<br>Re —│— Re<br>Re | 309 |

① 徐光宪,分子科学与化学研究,1983(2),1—10。

(2) $Os_5(CO)_{19}$

$$N = 5\times 8 + 19\times 2 = 78, \Sigma O_i = 5\times 9 = 45,$$

$$B = \Sigma O_i - N/2 = 45 - 78/2 = 6$$

这一原子簇的分子片式(fragment formula)可写为

$$Os_5(CO)_{19} = [Os(CO)_4]_4[Os(CO)_3] = (M^{16})_4(M^{14})$$

$M^{14}$是4价的,$M^{16}$是2价的,分子片之间的键数$=B=6$。满足这些条件的分子片结构式只有二个,即

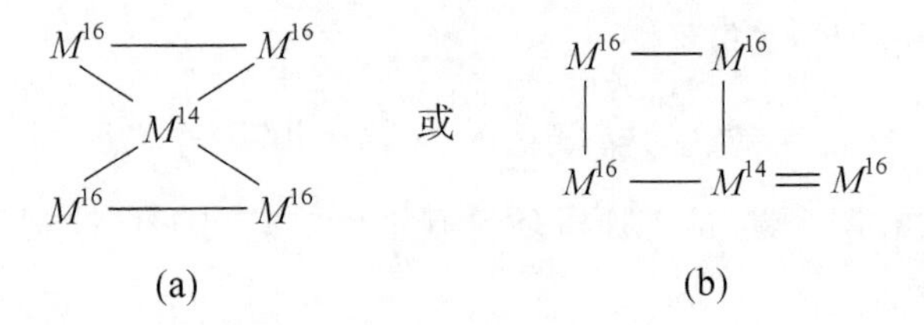


一般对过渡金属分子片来说,双键不如两个单键稳定,所以$Os_5(CO)_{19}$的可能结构是

$(OC)_4Os$ —— $Os(CO)_4$
$Os(CO)_3$
$(OC)_4Os$ —— $Os(CO)_4$

这一结构已为X射线衍射实验所证实。

(3) $Os_6(CO)_{21}$

$$N = 6\times 8 + 21\times 2 = 90, \Sigma O_i = 6\times 9 = 54,$$

$$B = \Sigma O_i - N/2 = 54 - 45 = 9$$

这一原子簇的分子片式可以写为

$$Os_6(CO)_{21} = [Os(CO)_4]_3[Os(CO)_3]_3 = (M^{16})_3(M^{14})_3$$

满足$M^{14}$是4价,$M^{16}$是2价的结构式只有三个,即

(a)　(b)　(c)

$(M^{16})_3(M^{14})_3$的三种可能结构式

在这三种结构式中,(b)和(c)都含有多重键,不如(a)稳定,所以 $Os(CO)_{21}$ 最可能的结构是

$Os(CO)_4$

$(OC)_3Os$ —— $Os(CO)_3$

$(OC)_4Os$ —— $Os(CO)_3$ —— $Os(CO)_4$

这一结构已为晶体衍射实验所证实。

(4) $Fe_5(CO)_{15}C$

$$N = 5\times 8 + 15\times 2 + 4 = 74,\ \Sigma O_i = 5\times 9 + 4\times 1 = 49,$$

$$B = \Sigma O_i - N/2 = 49 - 37 = 12$$

分子片式为　　$Fe_5(CO)_{15}C = [Fe(CO)_3]_5[C] = (M^{14})_5(M^4)$

$M^{14}$ 与 $M^4$ 都是 4 价分子片。下面的结构式满足 6 个分子片都是 4 价的要求,且分子片之间的键级数为 $B=12$。这一结构式是和实验测定的结果一致的。

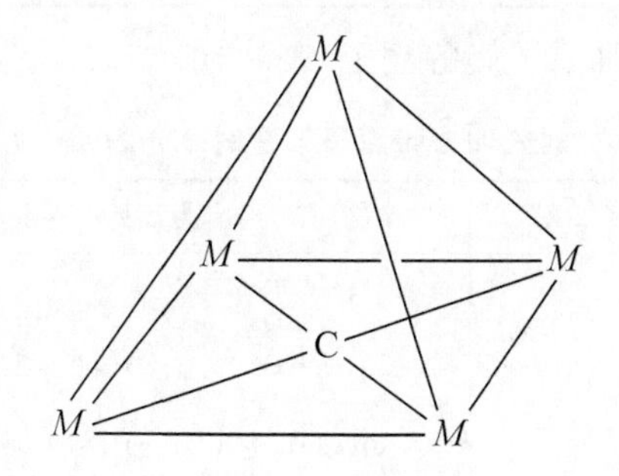


(5) $Co_6(CO)_{18}C_2$

$$N = 6\times 9 + 18\times 2 + 4\times 2 = 98,\ \Sigma O_i = 6\times 9 + 2\times 4 = 62$$

$$B = \Sigma O_i - N/2 = 62 - 49 = 13$$

分子片式:　　$Co_6(CO)_{18}C_2 = [Co(CO)_3]_6[C]_2 = (M^{15})_6(M^4)_2$

下列结构式满足上述要求并和实验测定结果一致。

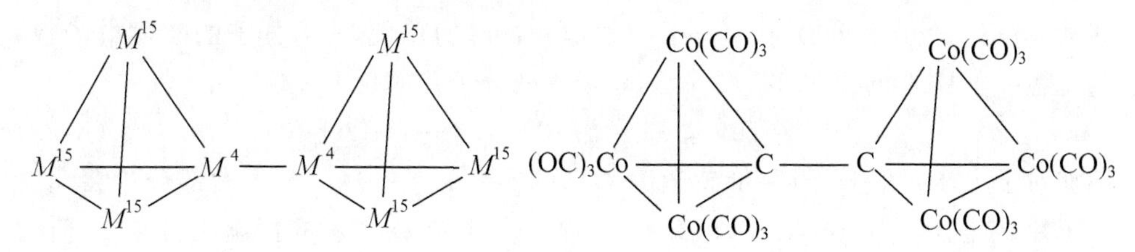

（6）某些正四面体原子簇的例子（表 8-15）

**表 8-15　四面体原子簇举例**（$B=\Sigma O_i-N/2=6$）

| 分子片式 | $N$ | $\Sigma O_i$ | 举例（有？号者为预见可能生成但未见报道的新原子簇） |
|---|---|---|---|
| $M_4^5$ | 20 | 16 | $P_4$，$As_4$，$C_4H_4$（?），$C_4R_4$ |
| $M_3^5M^{15}$ | 30 | 21 | $(RC)_3Co(CO)_3$，$(RC)_3NiCp$，$(RC)_3Co(NO)_2$（?） |
| $M_2^5M_2^{15}$ | 40 | 26 | $(RC)_2Co_2(CO)_6$，$(RC)_2Ni_2Cp_2$，$(RC)_2Pd_2Cp_2$（?） |
| | | | $(F_3CC)_2Co_2(CO)_6$，$(RC)_2Mn_2(CO)_8$（?） |
| $M^6M_3^{14}L_2^1$ | 50 | 31 | $H_2Ru_3(CO)_9S$，$H_2Fe_3(NO)_6Se$（?） |
| $M^5M_3^{15}$ | 50 | 31 | $H_3Ru_3(CO)_9C(CH_3)$，$Ni_3Cp_3C(CH_3)$（?） |
| | | | $Mn_3(CO)_{12}CR$（?），$Co_3(CO)_9P$（?） |
| $M^6M^{14}M_2^{15}$ | 50 | 31 | $FeCo_2(CO)_9S$，$CoNi_2Cp_3S$（?） |
| $M_4^{15}$ | 60 | 36 | $Fe_4Cp_4(CO)_4$，$Co_4(CO)_{12}$，$H_2Os_4(CO)_{12}^{2-}$（?） |
| | | | $H_4Ru_4(CO)_{12}$，$Ir_4(CO)_{12}$ |

（7）某些巢式四方锥原子簇的例子（表 8-16）

**表 8-16　巢式四方锥原子簇举例**（$B=\Sigma O_i-N/2=8$）

| 分子片式 | $N$ | $\Sigma O_i$ | 举例（有？号者为预见可能生成但未见报道的新原子簇） |
|---|---|---|---|
| $M^4M_4^5$ | 24 | 20 | $B_5H_9$，$C_2B_3H_7$ |
| $M^{14}M_4^5$ | 34 | 25 | $C_4H_4Fe(CO)_3$，$C_4H_4CoCp$，$B_4H_8Fe(CO)_3$ |
| $M_3^{14}M_2^6$ | 54 | 35 | $Fe_3(CO)_9S_2$，$(CoCp)_3S_2$（?），$(CoCp)_3Se_2$（?），<br>$(CoCp)_3C_2Ph_4$（?），$(CoCp)_3N_2R_2$（?），<br>$Os_3(CO)_9C_2R_2$，$Os_3(CO)_7(PPh_2)_2(C_6H_4)$ |

### 9. 分子的结构类型和($nxc\pi$)数

（1）分子结构的类型可以由 4 个数($nxc\pi$)来规定，其中 $n$ 为分子片数，$c$ 为循环数(number of cycles)，$\pi$ 为分子中 $\pi$ 键和 $\delta$ 键的总数，$x$ 为分子的超额电子数，它是各分子片的 $x_i$ 的总和，而 $x_i$ 则等于 4 减分子片的价 $V_i$，即

$$x=\Sigma x_i,\ x_i=4-V_i=4+i-2O_i \qquad (8\text{-}28)$$

例如对于主族元素分子片，价轨道为 $sp^3$，$O_i=4$，$x_i=i-4$。对于大部分过渡金属分子片，价轨道为 $d^5sp^3$，$O_i=9$，$x_i=i-14$。表 8-17 列出不同情况下计算 $x_i$ 值的公式。

表 8-17　计算 $x_i$ 值的公式

| | 分子中包含的分子片 | 中心原子价轨道 | $O_i$ | $x_i$ | 公　式 |
|---|---|---|---|---|---|
| 常 | 除碱金属外的主族元素分子片 | $sp^3$ | 4 | $x_i=i-4$ | (8-29) |
| 例 | 大部分过渡金属分子片 | $d^5sp^3$ | 9 | $x_i=i-14$ | (8-30) |
| 特 | 碱金属元素分子片 | $sp^2$ | 3 | $x_i=i-2$ | (8-31) |
| | $Cu_4[N(SiMe_3)_2]_4$，$Cu_4(CH_2SiMe_3)_4$ | $d^5sp^2$ | 8 | $x_i=i-12$ | (8-32) |
| 例 | $Ag(CN)_2^-$，Nb，Ta 卤素原子簇 | $d^5sp$ | 7 | $x_i=i-10$ | (8-33) |
| | $Mo_2(CH_2SiMe_3)$ | $d^5s$ | 6 | $x_i=i-8$ | (8-34) |

公式(8-29)至(8-34)随 $O_i$ 不同而不同，(8-28)式则是普遍适用的。

对于主族元素分子片 $M^i$，由(8-29)式得 $x_i=i-4$。所以 $M^4$、$M^5$、$M^6$、$M^7$ 分子片的 $x_i$ 依次等于 0、1、2、3，即以 $M^4$ 分子片为标准，$x_i$ 等于超过 $M^4$ 的价电子数，故称为超额电子数。对于过渡金属元素，由(8-30)式得 $x_i=i-14$，即以 $M^{14}$ 分子片为标准，$x_i$ 等于超过 $M^{14}$ 的价电子数。所以 $M^{15}$，$M^{16}$，$M^{17}$ 的 $x_i=1,2,3$。

由(8-28)式得

$$x=\sum_{i=1}^{n}x_i=\sum_{i=1}^{n}(4-V_i)=4n-V \tag{8-35}$$

联合(8-26)和(8-35)两式，得分子片之间的键数 $B$ 等于

$$B=\frac{1}{2}V=\frac{1}{2}(4n-x)=2n-x/2 \tag{8-36}$$

由(8-36)式可见，超额电子数每减少 2 个，分子片之间的键数要增加 1 个，即 $n$ 恒定时，$x$ 越小则 $B$ 越大，越容易形成簇状结构。事实上，$x=2,4,6$ 时，分别代表闭式、巢式和网式的三角多面体簇式结构。反之，$x$ 越大，越容易形成开放式的链状结构，详见下面的讨论。

(2) 全部无机和有机分子可分为单片分子($n=1$，如 $Co(NH_3)_6^{3+}$、$Ni(CO)_4$、$CH_4$、$SF_6$ 等)、多片分子(poly-fragment molecules，$n>1$)和复杂分子(complex molecules)。多片分子又可分为链(chains，$c=0$)、环(rings，$c=1$)、稠环(condensed rings，$c>1$)、多环网络(polycyclic networks，$c>1$)和簇(clusters，$c>1$)。复杂分子则为链、环、网络和簇的各种组合。

(3) 令 $B$ 等于分子片之间的键的数目，则对于含有 $n$ 个分子片的饱和链式分子 $M^7(M^6)_{n-2}M^7$ 有

$$N=6n+2,\ x=N-4n=2n+2,\ B=n-1=B_{\min} \tag{8-37}$$

对于其他类型的分子，

$$B=B_{\min}+c+\pi=n-1+c+\pi \tag{8-38}$$

联合(8-36)和(8-38)两式，得

$$c + \pi = n + 1 - x/2 \tag{8-39}$$

(8-39)式适用于除闭式三角多面体原子簇(close-Δ-polyhedral clusters，简称闭式原子簇)外的其他各种结构类型的分子。对于闭式原子簇，按照惠特规则或唐敖庆的拓扑规则，$x$ 应等于 2，而根据多面体的欧拉(Euler)定律

$$F + n = B + 2 \tag{8-40}$$

式中 $F$、$n$、$B$ 依次等于多面体的面数、顶点数和边数。对于三角多面体

$$3F = 2B \tag{8-41}$$

将(8-40)和(8-41)代入(8-36)和(8-38)两式，注意 $x=2$，$\pi=0$，得

$$B = 3n - 6,\ c = 2n - 5 \tag{8-42}$$

表 8-18 总结了含有 $n$ 个分子片的各种结构类型的分子的($xBc\pi$)值。

**表 8-18　各种结构类型的 $xBc\pi$ 值**

| 结 构 类 型 | $x$ | $B$ | $c$ | $\pi$ |
|---|---|---|---|---|
| 饱和链 | $2n+2$ | $n-1$ | 0 | 0 |
| 饱和环 | $2n$ | $n$ | 1 | 0 |
| 共轭多烯 | $n+2$ | $3n/2-1$ | 0 | $n/2$ |
| 共轭多炔 | 2 | $2n-1$ | 0 | $n$ |
| 轮烯(annulenes) | $n$ | $3n/2$ | 1 | $n/2$ |
| 闭式碳烷(如立方烷) | $n$ | $3n/2$ | $n/2+1$ | 0 |
| 闭式-Δ-多面体($i=0$) | 2 | $3n-6$ | $2n-5$ | 0 |
| 巢式-Δ-多面体($i=1$) | 4 | $2n-2$ | $n-1$ | 0 |
| 网式-Δ-多面体($i=2$) | 6 | $2n-3$ | $n-2$ | 0 |
| $j$ 戴帽-$i$-开式-Δ-多面体 | $2(1+i-j)$ | $2n-(1+i-j)$ | $n-i+j$ | 0 |

因为由(8-36)式可见，$B$ 是 $n$ 及 $x$ 的函数，所以只要用四个数($nxc\pi$)就可规定各种有机和无机分子的结构类型。这四个数之间有(8-39)式相关联，所以只有三个数是独立参数。

(4) 循环数 $c$ 的定义和计算公式　在含有 $n$ 个分子片的饱和分子中，分子片之间的键数 $B$ 减去链式分子的 $B_{\min}=n-1$ 所得的差值就是分子的循环数，即

$$c = B - B_{\min} = B - (n-1),\text{当 } \pi = 0 \text{ 时} \tag{8-43}$$

此式是和(8-38)式一致的。这一定义也和有机化学命名原则中的循环数一致。

对于不含 $\pi$ 键的闭式多面体原子簇(不限于三角面原子簇)，由(8-40)式得

$$F = B + 2 - n \tag{8-44}$$

联合(8-43)和(8-44)式，得

$$c = F - 1 \tag{8-45}$$

所以闭式多面体的循环数 $c$ 等于多面体的面数 $F$ 减 1。例如立方烷($C_8H_8$)具有(a)式结构，(b)式是它的拓扑投影。

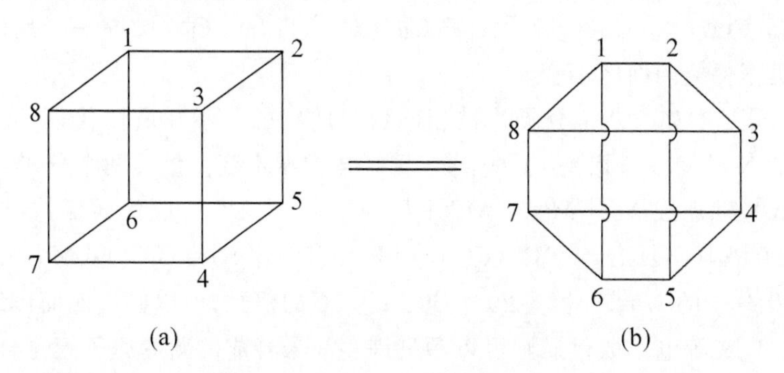


(a)　　(b)

按有机化学命名，它是五环辛烷，$c=5$。这一分子的 $n=8$，$B=12$，$F=6$，由(8-45)式得 $c=F-1=5$；由(8-43)式也得到

$$c = B - (n-1) = 12 - (8-1) = 5$$

**10. 结构类型与稳定性**

为了从分子轨道理论计算中验证表 8-18，我们用 Asbrink 等提出的自洽场近似分子轨道法 HAM/3 程序计算了一系列有代表性的各种结构类型的分子轨道能级，得到下列结果：

(1) 如果分子采取($nxc\pi$)规定的结构类型，则其价电子数 $N$ 等于成键轨道数的两倍，即成键轨道全充满，反键轨道全空，且最高填充轨道(HOMO)与最低空轨道(LUMO)之间有一定的间隔，这样的分子就能稳定存在。

(2) 如果分子采取的结构类型不符合($nxc\pi$)的规定，则价电子数 $N$ 大于或小于成键轨道数的两倍，这样的分子将失去或获得价电子以满足成键轨道数两倍的要求。如分子的价电子数不变，则将采取其他构型以改变成键轨道数，使之满足价电子数一半的要求。满足这一要求的构型就是($nxc\pi$)规定的类型。

(3) 有少数 $x$ 为奇数的特殊分子，它们的最高填充轨道上只有一个电子，这些分子通常不很稳定。

**11. 分子片取代规则**

组成分子的一个或几个分子片被别的相同数目的分子片所取代时，只要取代后($nxc\pi$)值不变，则分子的结构类型也不变，据此可得出两点推论：

(1) 等价分子片可以互相取代而不改变分子的结构类型。例如 $P_4$，$As_4$，

$(CR)_4$ 等为四片分子(tetra-fragment molecules),其通式为 $M_4^5$,总价电子数 $N=20$,$(nxc\pi)=(4,4,3,0)$,结构类型为正四面体。其中 $M^5$ 可被 $M^{15}=Co(CO)_3$,$FeCp(CO)$,$Ir(CO)_3$ 等分子片所取代,生成$(RC)_3[Co(CO)_3]$、$(PhC)_2[Co(CO)_3]_2$、$(RC)[Co(CO)_3]_3$、$[Co(CO)_3]_4$、$[FeCp(CO)]_4$、$[Ir(CO)_3]_4$ 等一系列四片分子,其结构类型保持四面体不变。

(2) 分子中如有几个分子片被相同数目的别的分子片所取代,只要分子的总价电子数 $N$ 不变或只相差 10 的倍数,则结构类型不变。例如两个分子片 $M^5$ 可被分子片 $M^4+M^6$ 或 $M^4+M^{16}$ 或 $M^{14}+M^6$ 或 $M^{14}+M^{16}$ 所取代而保持结构类型不变。如 $H_2Ru_3(CO)_9S=[HRu(CO)_3]_2[Ru(CO)_3][S]=(M^{15})_2(M^{14})(M^6)$,$N=50$,与 $M_4^5$ 分子的 $N=20$ 相差 30 个电子,为 10 的倍数,所以同属四面体结构类型。利用这一广义等电子取代规则可以预见许多尚未合成的新的原子簇化合物。

# §8-4 $(nxc\pi)$结构规则的应用

## 1. 分子结构类型的分类法

分子可分为单片分子($n=1$)和多片分子($n\geqslant 2$)。单片分子的$(nxc\pi)=(1,4,0,0)$。因为能单独稳定存在的单片分子都是零价分子片,所以 $V_i=0$,$x=x_i=4-V_i=4$,$c=0$,$\pi=0$。例如 $LiH$,$BEt_3$,$CH_4$,$PCl_5$,$SF_6$,$IF_7$,$Cp_2ZrCl_2$,$Ni(CO)_4$,$Cr(C_6H_6)_2$等。在这些单片分子中都只有一个中心原子,其余都是配体。在 $Cr(C_6H_6)_2$ 中,$C_6H_6$ 是一个配体。但单独研究 $C_6H_6$ 分子时,它是由 6 个$(CH)=M^5$ 分子片组成的分子,其$(nxc\pi)=(6613)$,详见第 2 节。

$n$ 个分子片联结起来可以有许多方式,其中最简单的是链式分子,它的键数最少,$B=B_{min}=n-1$,相应的 $x$ 值最大,由(8-35)及(8-36)式,

$$x=x_{max}=4n-2B_{min}=2n+2$$

以后每增加一个链,$x$ 就减 2。表 8-19 列出可能的$(n,x)$值和相应的结构类型。

也有少数例子 $x$ 可以采取负值或奇数,又表中所列环状或网络状分子也可以是含有 $\pi$ 键的链式分子。我们搜集了大量文献材料,整理了 $n$ 从 1 至 14 的各种$(nxc\pi)$结构类型。为节省篇幅计,只将 $n=2,3,4$ 的一些主要结构类型总结在表 8-20、表 8-21 及表 8-22 中。从表中可以看出分子片取代规则的应用,即 $M^i$ 分子片可被 $M^{10+i}$ 分子片所取代,两个 $M^i$ 分子片可被 $M^{i-1}$ 和 $M^{i+1}$ 取代等。只要价电子总数相等或相差 10 的倍数,其$(nxc\pi)$值不变,分子的结构类型就不变。这对设计尚未合成的新分子是很有帮助的。

**表 8-19　$(n,x)$值与结构类型**

| $n$ \ $x$ | 0 | 2 | 4 | 6 | 8 | 10 | 12 | 14 | 16 |
|---|---|---|---|---|---|---|---|---|---|
| 1 | | | $M$ | | | | | | |
| 2 | $M \equiv M$（四重键） | $M \equiv M$ | $M = M$ | $M - M$ | | | | | |
| 3 |  |  |  | 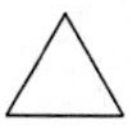 |  | | | | |
| 4 | 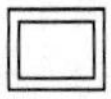 |  |  | 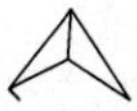 | 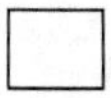 | 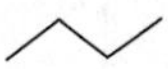 | | | |
| 5 | — | 闭式-Δ-簇 | 巢式-Δ-簇 | 网式-Δ-簇 |  等 | 环 | 链 | | |
| 6 | 戴帽闭式 | 闭式-Δ-簇 | 巢式-Δ-簇 | 网式-Δ-簇 | 网络 | 网络 | 环 | 链 | |
| 7 | 戴帽闭式 | 闭式-Δ-簇 | 巢式-Δ-簇 | 网式-Δ-簇 | 网络 | 网络 | 网络 | 环 | 链 |
| 8 | 戴帽闭式 | 闭式-Δ-簇 | 巢式-Δ-簇 | 网式-Δ-簇 | 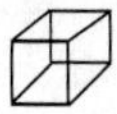 | 网络 | 网络 | 网络 | 环 |
| 9 | 戴帽闭式 | 闭式-Δ-簇 | 巢式-Δ-簇 | 网式-Δ-簇 | 网络 | 网络 | 网络 | 网络 | 网络 |

**表 8-20　双片分子的各种类型**

| $n\,x\,c\,\pi$ | 分子片式 | $N$ | 举例 |
|---|---|---|---|
| 2 6 0 0 | $M^7—M^7$ | 14 | Cl—Cl, $CH_3—CH_3$, $H_2N—NH_2$ |
| | $M^7—M^{17}$ | 24 | $(OC)_5Mn—GeMe_3$, $Cp(OC)_3W—SnMe_3$, $(OC)_5Mn—PbR_3$ |
| | $M^{17}—M^{17}$ | 34 | $Mn_2(CO)_{10}$, $Fe_2(CO)_9$, $Co_2(CO)_8$, $Cu_2(CO)_6$, $Mo_2Cp_2(CO)_6$ |
| 2 4 0 1 | $M^6=M^6$ | 12 | $CH_2=CH_2$, $H_2C=O$ |
| | $M^6=M^{16}$ | 22 | $CH_2=Fe(CO)_4$(不稳定) |
| | $M^{16}=M^{16}$ | 32 | $(OC)_4Fe=Fe(CO)_4$　　CpFe = FeCp（N=O 桥） |
| | $M^{15}=M^{17}$ | 32 | $(OC)_4Mn\overset{\leftarrow}{=}PR_2$ |
| 2 3 0 1.5 | $M^5\overset{\leftarrow}{=}M^6$ | 11 | NO |
| 2 2 0 2 | $M^5\equiv M^5$ | 10 | $HC\equiv CH$, $N\equiv N$, $HC\equiv N$ |
| | $M^4\overset{\leftarrow}{\equiv}M^6$ | 10 | $C\overset{\leftarrow}{\equiv}O$ |
| | $M^5\equiv M^{15}$ | 20 | $Cp(OC)_2W\equiv CR$ |
| | $M^{15}\equiv M^{15}$ | 30 | $(PR_3)_2Cl_2Re\equiv Recl_2(PR_3)_2$ |
| 2 0 0 3 | $M^{14}\equiv M^{14}$（四重键） | 28 | $Mo_2(CH_3COO)_4(Py)_2$ |

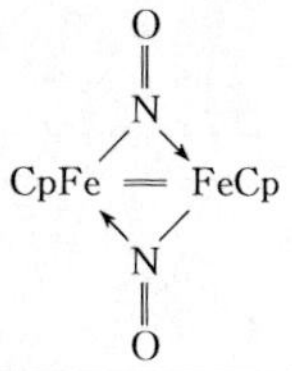

**表 8-21　三片分子的各种类型**

| $nxc\pi$ | 分子片式 | $N$ | 举　　例 |
|---|---|---|---|
| 3 8 0 0 | $M^7—M^6—M^7$ | 20 | $CH_3—CH_2—Cl$ |
| | $M^7—M^6—M^{17}$ | 30 | $H_3C—CH_2—Co(CO)_4$ |
| | $M^{17}—M^{16}—M^{17}$ | 50 | H<br>$(OC)_5Mn—Re—Re(CO)_5$<br>$(CO)_4$ |
| 3 6 1 0 | $M_3^6$ | 18 | 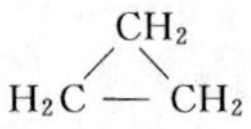 $CH_2$<br>$H_2C — CH_2$ |
| | $M_2^6M^{16}$ | 28 | 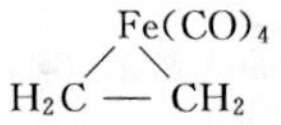 $Fe(CO)_4$<br>$H_2C — CH_2$ |
| | $M^{15}M^{16}M^{17}$ | 38 | 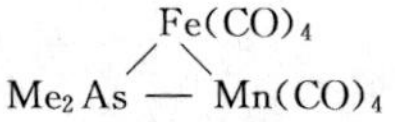 $Fe(CO)_4$<br>$Me_2As — Mn(CO)_4$ |
| | $M_3^{16}$ | 48 | 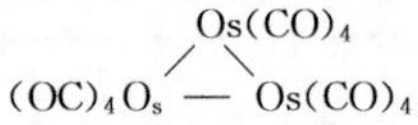 $Os(CO)_4$<br>$(OC)_4Os — Os(CO)_4$ |
| 3 4 1 1 | $M_2{}^5M^6$<br>$M_2^{15}M^{16}$ | 16<br>46 | 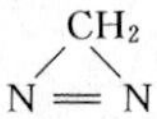 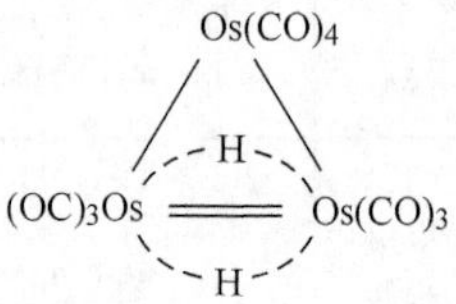 $CH_2$<br>$N = N$<br><br>$Os(CO)_4$<br>H<br>$(OC)_3Os = Os(CO)_3$<br>H |
| 3 2 1 2 | $M^{11}M_2^{15}$ | 44 | 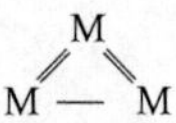 M<br>M — M<br>$Pt_3(CO)_6^{2-}$<br>$Pd_3(RNC)_5(\mu\text{-}SO_2)_2$ |
| 3 0 1 3 | $M_3^{14}$ | 42 |  $Pd_3(PPh_3)_3(CO)_3$<br>$Pt_3(RNC)_6$<br>$Pt_3(\mu_2\text{-}SO_2)_3(PPh_3)_3$ |

**表 8-22　四片分子的各种类型**

| $n\,x\,c\,\pi$ | 分子片式 | $N$ | 结　构 | 举　例 |
|---|---|---|---|---|
| 4 1 0 0 0 | $M_2^7M_2^6$<br>$M^7M_2^6M^{17}$<br>$M_2^{17}M_2^6$ | 26<br>36<br>46 |  | $CH_3CH_2CH_2OH$<br>$CH_3CH_2CH_2—Co(CO)_4$<br>$(OC)_4Co—CH_2—CH_2—Co(CO)_4$ |
| 4 8 1 0 | $M_4^6$<br>$M_4^{16}$ | 24<br>64 | | $C_4H_8$<br>$Pt_4(CH_3COO)_8$<br>$Cu_4(MeN—N—N—Me)_4$，Cu—Cu 键长 266 pm |
| 4 6 2 0 | $M_2^5M_2^6$<br>$M_2^{15}M_2^{16}$<br>$M_3^{15}M^7$ | 22<br>62<br>52 | 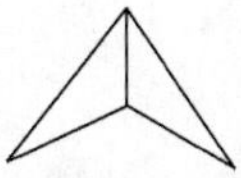 | $C_4H_6$(二环丁烷)<br>$Re_4(CO)_{16}{}^{2-}$<br>$[Re_3(CO)_{12}SnMe_2]^-$ |
| 4 6 1 1 | $M_2^5M_2^6$ | 22 | | 环丁烯 |
| 4 4 3 0 | $M_4^5$<br>$M_3^5M^{15}$<br>$M_2^5M_2^{15}$<br>$M^5M_3^{15}$<br><br>$M_4^{15}$ | 20<br>30<br>40<br>50<br><br>60 | 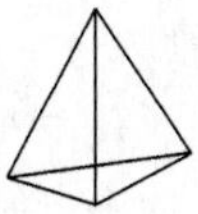 | $P_4$，$As_4$，$C_4R_4$<br>$(RC)_3Co(CO)_3$<br>$Co_2(CO)_6(C_2Ph_2)$<br>$Co_3(CO)_9(C—CH_3)$，<br>$H_2Ru_3(CO)_9S$<br>$Co_4(CO)_{12}$，$Cp_4Fe_4(CO)_4$，<br>$Ir_4(CO)_{12}$ |
| 4 4 1 2 | $M_4^5$ | 20 |  | HC—P<br>‖　　‖<br>P—　CH |
| 4 0 1 4 | $M_4^{12}$ | 48 |  | $Cu_4(CH_2SiMe_3)_4$<br>Cu═Cu　键长 242 pm |

## 2. 分子片取代规则的应用

(1) §8-3,11 节所述分子片的取代规则对于预见可能存在的新分子是很有用的，现以$(nx)=(66)$的一大类分子为例来说明分子片取代规则的应用。

$(nx)=(66)$的一类分子的分子片式是 $M_6^5$，价电子总数 $N=5\times6=30$，最典型的例子就是苯($C_6H_6$)。由(8-39)式得

$$c+\pi=n+1-\frac{x}{2}=6+1-\frac{6}{2}=4$$

所以 $c$ 和 $\pi$ 可以采取 5 组数值：$(c\pi)=(04)$；(13)，(22)，(31)，(40)，因而 $C_6H_6$ 可

以有下列各种同分异构体：

$$
(nxc\pi)=(6604)\begin{cases}CH_2=CH-C\equiv C-CH=CH_2\\ CH\equiv C-CH=CH-CH=CH_2\\ CH\equiv C-CH_2-CH_2-C\equiv CH\end{cases}
$$

$(nxc\pi)=(6613)$

$(nxc\pi)=(6622)$ 杜瓦(Dewar)苯

$(nxc\pi)=(6631)$ 盆式苯 或

$(nxc\pi)=(6640)$ 棱柱烷(primane)

(2) 各种无机苯分子：苯分子 $C_6H_6$ 属于$(nxc\pi)=(6613)$结构类型，价电子总数 $N=30$，分子片式为 $M_6^5$。根据分子片的取代规则，有三种取代方式：

(a) CH 分子片被别的 $M^5$ 分子片所取代，如 C—R、C—X、N、P 等，因而有 $N_3P_3$ 和 $N_2P_4$ 等分子。

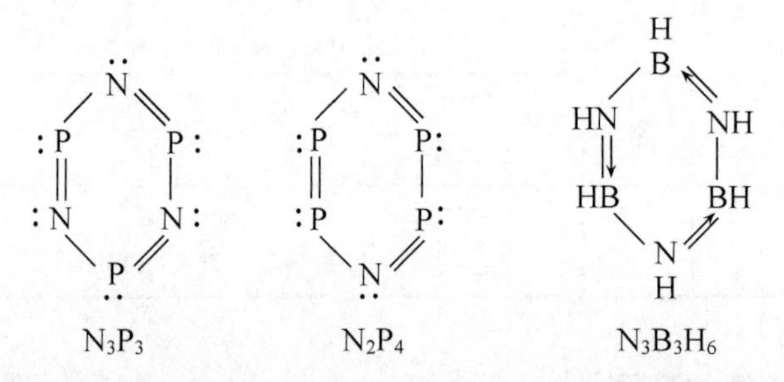

$N_3P_3$ $N_2P_4$ $N_3B_3H_6$

(b) 只要价电子总数 $N$ 不变或只相差 10 的倍数，$M_6^5$ 可被 $M_3^4M_3^6$ 或 $M_3^{14}M_3^{16}$ 等所取代，例如 $N_3B_3H_6=M_3^4M_3^6$，$[Fe(CO)_4Cd(bipy)]_3=M_3^{14}M_3^{16}(N=90)$等。

$[Fe(CO)_4Cd(bipy)]_3$ $(PCl_2)_3N_3$

(c) 在 $N_3P_3$ 分子中，$P_3$ 也可被$(PCl_2)_3$ 所取代，形成$(PCl_2)_3N_3$ 分子。$PCl_2$ 是 $M^7$ 分子片，但因 P 用 $sp^3d$ 杂化轨道，$O_i=5$，所以 $V_i=2O_i-i=2\times5-7=3$，$x_i=4-V_i=1$。在 $P_3N_3$ 分子中，P 是 $M^5$ 分子片，但因 P 用 $sp^2+p$ 轨道，$O_i=4$，所以 $V_i=2O_i-i=2\times4-5=3$，$x_i=4-V_i=1$。所以这两个分子片虽然价电子数不同，但共价数都是 3。这种等价的分子片可以互相取代而不改变$(nxc\pi)$值。

(3) 苯分子的异构化反应

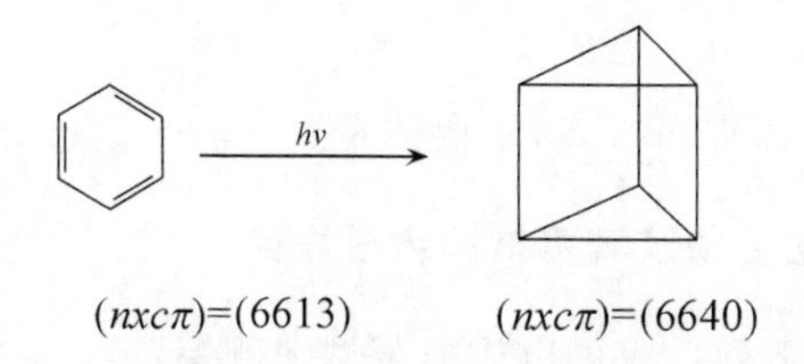


$(nxc\pi)=(6613)$　　$(nxc\pi)=(6640)$

对于第二周期元素 C、N、O 的化合物，一般生成 $\pi$ 键比生成张力很大的多环化合物稳定。但如果通过光照提供能量，则苯可异构化生成棱柱烷。与此类似，$N_3P_3$、$N_2P_4$、$N_3B_3H_6$ 和$[Fe(CO)_4Cd(bipy)]_3$。等属于$(nxc\pi)=(6613)$的分子，是否可以通过光化学反应变成$(nxc\pi)=(6640)$的棱柱烷式分子呢？这是值得一试的实验。尤其对于过渡金属分子片来说，双键结构不如多环簇合物结构稳定，所以$[Fe(CO)_4Cd(bipy)]_3$ 转化为棱柱烷式结构是可能的。事实上，$RhC(CO)_{15}^{2-}$ ($N=90$)的结构已被测定为三角棱柱形，其中 C 居于棱柱形的中心，作为一个提供 4 个电子的配体。所以这一分子的$(nxc\pi)=(6640)$，它的价电子总数 $N=90$，与 $C_6H_6$ 的 $N=30$ 相差 60，为 10 的倍数。$Co_6C(CO)_{12}S_2$ 也是三角棱柱形分子，C 在中心，二个 S 原子分别位于三角面的上面，与三个 Co 原子联结如下

S
Co　　Co
Co

所以 S 是提供 4 个电子的配体。因此

$$N=6\times9+4+12\times2+2\times4=90$$

$$(nxc\pi)=(6640)$$

(4) 苯的合成：已知苯可由乙炔通过催化剂聚合物成：

$$3HC\equiv CH \longrightarrow \text{(苯)}$$

与乙炔类似的 $M^{15}\equiv M^5$ 分子有

$$Cp(PR_3)_2ClTa\equiv CPh$$

这一分子能否通过催化反应聚合为类似苯的分子？

$$3L^{10}Ta \equiv CPh \longrightarrow$$ (环状三聚物：$L^{10}Ta$、PhC、CPh、$L^{10}Ta$、$TaL^{10}$、C—Ph)

上式中 $L^{10}=Cp(PR_3)_2Cl$。

这一类问题还可以提出很多，重要的是要实验来验证。

### 3. 预见新的原子簇化合物及其可能的合成途径

**例 1** 已知通过下列反应可以生成茂钴碳硼烷：

$$C_2B_{n-2}H_n \xrightarrow{2Na/C_{10}H_8} C_2B_{n-2}H_n^{2-} \xrightarrow{CpCo^{2+}} C_2B_{n-2}H_nCoCp \qquad (a)$$

$x=2$，闭式 $x=4$，巢式 $x=2$，闭式

上式中分子片 $CpCo^{2+}=M^{12}$ 是由下列反应获得的：

$$CoCl_2+LiC_5H_5+[O] \longrightarrow CpCo^{2+}+LiCl+Cl^-\ e^- \qquad (b)$$

根据广义等电子取代规则，带有二价正电荷的分子片 $CpCo^{2+}$ 可由下列等电子分子片来取代：

$CpCo^{2+}$，$Cp_2Ti^{2+}$，$(OC)_3Fe^{2+}$，$(C_6H_6)Fe^{2+}$

$CpRh^{2+}$，$Cp_2Zr^{2+}$，$(OC)_3Ru^{2+}$，$(C_6H_6)Ru^{2+}$

$CpIr^{2+}$，$Cp_2Hf^{2+}$，$(OC)_3Os^{2+}$，$(C_6H_6)Os^{2+}$

例如仿照(a)式有可能合成茂钛碳硼烷：

$$C_2B_{n-2}H_n^{2-}+Cp_2Ti^{2+} \longrightarrow C_2B_{n-2}H_nTiCp_2 \qquad (c)$$

$Cp_2Ti^{2+}$ 可由下列反应提供：

$$TiCl_3+2LiC_5H_5+[O] \longrightarrow Cp_2Ti^{2+}+2LiCl+Cl^-+e^- \qquad (d)$$

仿照已知的 $Cp_2ZrCl_2$ 的结构如图 8-3，可以猜想这一新化合物的结构如图 8-4。

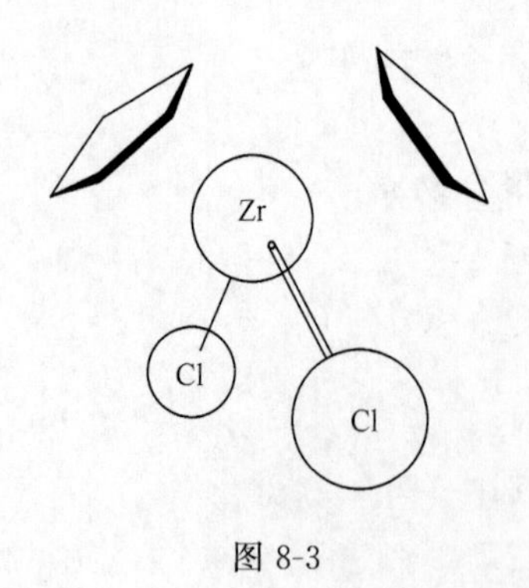

图 8-3

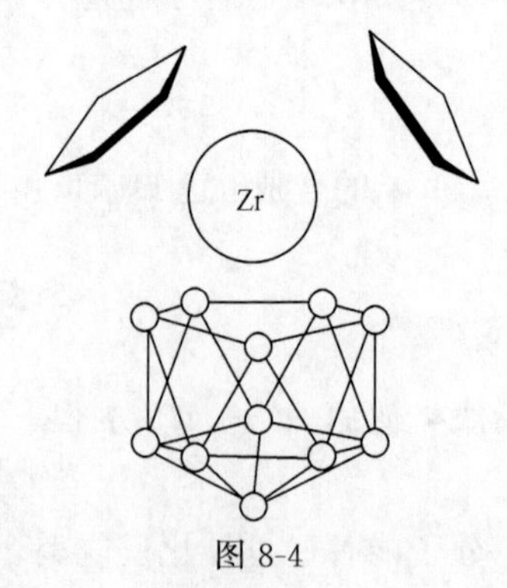

图 8-4

**例 2**　1980 年合成了$(CpFeCpFeCp)^{+}BF_4^{-}$，设计合成一个中性的三层夹心化合物。

$$(CpFeCpFeCp)^{+}=[M^{13}(C_5H_5)M^{13}]^{+}=(M^{13}M_5^5M^{13})^{+}=(7290)$$

如要得到一个中性的三层夹心化合物，则 $M_5^5$ 应改为 $M_4^5$，即

$$(M^{15}M_4^5M^{15})^0=(6270)=(CpFe(C_4H_4)FeCp)^0$$

已知有下列反应：

$$C_4H_2Cl_2\ (\text{二氯环丁二烯}) + (Na^+)_2Fe(CO)_4^{2-} \longrightarrow (C_4H_2)Fe(CO)_3 + 2NaCl + CO \qquad (e)$$

可设计类似反应

$$C_4H_2Cl_2 + 2Na^+CpFe(CO)_2^- \longrightarrow CpFe(C_4H_2)FeCp + 2NaCl + 4CO \qquad (f)$$

(f) 式中 $CpFe(CO)_2^-$ 可由下列已知反应获得：

$$2Fe(CO)_5+C_{10}H_{12}(\text{双环戊二烯})\longrightarrow[CpFe(CO)_2]_2+6CO$$
$$\downarrow 2Na$$
$$2Na^+CpFe(CO)_2^-$$

其他应用的例子还可举出很多，因限于篇幅，不再赘述。

## 问题与习题

1. 试确定下列化合物中各原子的氧化态：

(1) $H_2SO_5$　　(2) $H_2S_2O_8$

(3) $K_2C_2O_6$　　(4) $ReH_9^{2-}$

(5) $Mn(NO)_3(CO)$　　(6) $(NO)_2XeF_3$

(7) $HMn(CO)_5$　　(8) $Na_2S_2O_3$

(9) $Na_2S_2O_4$　　(10) $H_3PO_5$

(11) NO　(12) $Cr_2(CH_3)_8^{4-}$

(13) $HN_3$　(14) $Et_2O \rightarrow CrO_5$

(15) $Na_3CrO_8$　(16) $K_3VO_8$

2. 确定下列化合物中中心金属原子的共价 $V_j$ 并预测不成对电子数 $N_s$：

(1) $Mn(CH_3COO)_2$　(2) $MnCl_2Py_2$

(3) $Mn(CO)_2(PPh_3)_2$　(4) $ReCl_3(bipy)(NO)$

(5) $Mn(CN)_6^{3-}$　(6) $MnF_6^{2-}$

(7) $Cr(NO)_3(CO)$　(8) $Cr(CO)_2(NO)Cp$

(9) $Cr(terpy)_2$　(10) $MnCp_2$

(11) $Cr(acac)_3$　(12) $Cr(NH_3)_6^{2+}$

(13) CuO(晶体，$C. N.=4,4$)　(14) $MnBr_2$($C. N.=6,3$)

3. 计算下列分子或离子的$(nxc\pi)$值并预测它们的可能结构：

(1) $Mn_3(CO)_{14}^-$　(2) $HRe_3(CO)_{14}$

(3) $H_2Re_3(CO)_{12}^-$　(4) $H_3Re_4(CO)_{10}^{2-}$

(5) $Re_4(CO)_{16}^{2-}$　(6) $H_4Re_3(CO)_{13}$

(7) $Cu_4(CH_2SiMe_3)_4$　(8) $Co_4(CO)_{12}$

(9) $Cp_4Fe_4(CO)_4$　(10) $(RC)_3Co(CO)_3$

(11) $Os_3(CO)_{12}$　(12) $Co_3Cp_3(CO)_3$

(13) $C_2H_4Fe(CO)_4$　(14) $C_2H_5Co(CO)_4$

(15) $WCp(CO)_2(CR)$　(16) $Os_6(CO)_{18}$

(17) $B_4H_8Fe(CO)_3$　(18) $CrFe_4(CO)_{16}C$

(19) $[RhFe_4(CO)_{14}C]^-$　(20) $Re_3Cl_8$

(21) $Re_3Cl_{10}^-$　(22) $Re_3Cl_{11}^{2-}$

(23) $Re_3Cl_{12}^{3-}$　(24) $Co_6(CO)_{18}C_2$

(25) $Os_7(CO)_{21}$　(26) $Rh_7(CO)_{16}^{3-}$

(27) $C_4Ph_4Fe_3(CO)_8$　(28) $C_2B_4H_6Pb$

(29) $C_2B_4H_6Fe(CO)_3$　(30) $C_2B_4H_6GaMe$

(31) $SnFe_4(CO)_{16}$　(32) $(PR_2)_2Mn_2(CO)_8Pt(CO)$

4. 讨论$(nxc\pi)$分别为(3013)，(3212)，(3402)，(3411)，(3601)，(3610)，(3800)的分子结构类型并举例说明。(希望用尽可能多的例证给予说明，下列分子将有助于例子的选择：

$CH_2N_2$，$Pt_3(R—N\equiv C)_6$，$Pt_3(CO)_6^{2-}$，$Pd_3(R—N\equiv C)_5(\mu^2\text{-}SO_2)_2$，

$Pt(PMe_3)_2W(CO)_4Br(CR)$，$Pd_3(PEt_3)_3(\mu^2\text{-}Cl)(\mu^2\text{-}PPh_2)_2^+$，

$Pd_3(PPh_3)_3(CO)_3$，$H_2Os_3(CO)_{10}$，$Mn(CO)_5Re(CO)_4(CMe(OMe))$，

$C_2H_4Fe(CO)_4$，$Os_3(CO)_{12}$，$Co_3Cp_3(CO)_3$，$FeMn(CO)_8AsMe_2$，

$HRe_2Mn(CO)_{14}$，$C_2H_5Co(CO)_4$，$C_2H_4O$，$C_2H_4Pt(PPh_3)_3$，

$CO_2$，$N_2O$，$C_3H_4$，$Mo_3Cp_3(\mu^2\text{-}S)_3(\mu^3\text{-}S)$，$Pt(PPh_3)_2O_2$

$[Cu_3(\mu\text{-}Cl)(\mu^2\text{-}Cl)(Ph_2PCH_2PPh_2)_3]^+$

5. 试讨论$(nx)=(88)$，(86)，(84)这三种结构类型的各种可能结构，并尽量从文献中找到实例。

6. J. P. Fackler 和 J. D. Basil 在"非经典配位化合物"一文(见 M. H. Chisholm(ed), *Inorganic Chemistry Toward 21st Century*, ACS, 1983)中，曾引用了下面一个反应

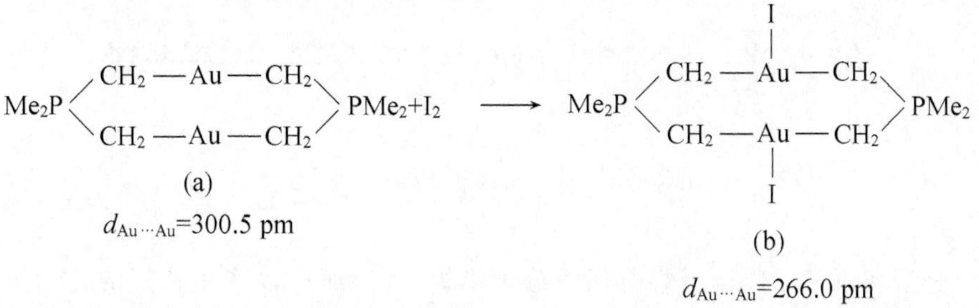

$$Me_2P\begin{matrix} CH_2-Au-CH_2 \\ CH_2-Au-CH_2 \end{matrix}PMe_2 + I_2 \longrightarrow Me_2P\begin{matrix} I \\ | \\ CH_2-Au-CH_2 \\ CH_2-Au-CH_2 \\ | \\ I \end{matrix}PMe_2$$

(a) $d_{Au\cdots Au}=300.5\ pm$

(b) $d_{Au\cdots Au}=266.0\ pm$

试标明结构式(a)、(b)中 Au、P 原子的氧化态和共价，你认为结构式(a)、(b)正确吗?

7. 试比较 $C_6H_5NH_2$ 和 $(\eta^6\text{-}C_6H_5NH_2)Cr(CO)_3$ 的碱性。

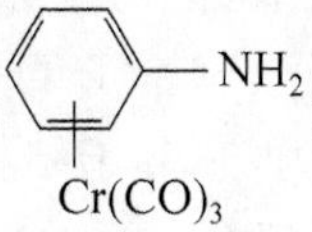

8. 试比较 $C_6H_5COOH$ 和 $(\eta^6\text{-}C_6H_5COOH)Cr(CO)_3$ 的酸性。

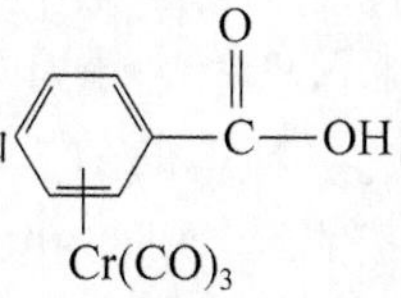

9. 为什么在下列反应中，只有环戊二烯($C_5H_6$)被选择性地氢化了? 试从电子结构的角度给出解释。

$$Re(CO)_2(C_5H_5)(C_5H_6)\xrightarrow{H_2}Re(CO)_2(C_5H_5)(C_5H_8)$$

10. 在 J. P. Collman 和 L. S. Hegedus 的《有机过渡金属的原理和应用》一书中有如下反应，请给出 $CH_4$ 消除反应的一个可能的机理。结构测定表明，产物中络合的 $C_6H_4$ 分子有三个等长的短 C—C 键，如何解释这一实验事实?

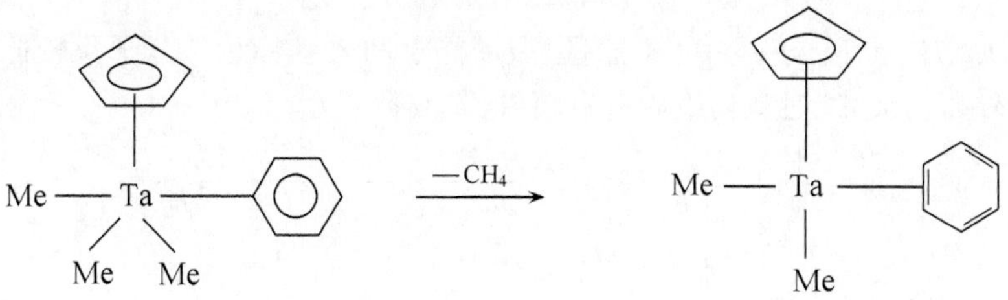

$$(\eta^5\text{-}C_5H_5)Ta(Me)_3(C_6H_5) \xrightarrow{-CH_4} (\eta^5\text{-}C_5H_5)Ta(Me)_2(C_6H_4)$$

# 第九章　分子光谱(一)双原子分子光谱

## §9-1　分子光谱概论

分子和原子一样也有它特征的分子能级图，因而可以产生特征的分子光谱。研究物质的分子光谱，可以了解分子中电子的运动，分子中各原子核的相对振动以及整个分子转动的情况，借以测定分子的电子能级，分子中原子核间的距离，振动的力常数以及分子的转动惯量等。研究物质的分子光谱还可以鉴别物质中所含的分子的成分、结构及含量。所以分子光谱是现代研究分子结构和进行定性与定量分析的重要方法之一，在科学研究和工业生产中都有广泛的应用。

如上所述，分子内部的运动方式有三种[①]，即电子相对于原子核的运动，各原子核的相对振动运动和整个分子的转动。这三种运动的能量都是量子化的，它们的能级图如图 9-1 所示。图中 $A$ 和 $B$ 是电子能级，在同一电子能级 $A$，分子的能量还要因振动能量的不同分为若干“支级”，称为振动能级。图中 $\upsilon''=0,1,2,\cdots$ 等即为电子能级 $A$ 的各振动能级，而 $\upsilon'=0,1,2,\cdots$ 等即为电子能级 $B$ 的各振动能级。当分子在同一电子能级和同一振动能级时，它的能量还要因转动能量的不同分为若干“分级”，称为转动能级，以 $J''=0,1,2,\cdots$（对 $A$）或 $J'=0,1,2,\cdots$（对 $B$）表示。所以在不考虑各种运动形式间的相互作用时，分子的能量近似等于下列三项之和：

$$E=E_{\mathrm{e}}+E_{\mathrm{v}}+E_{\mathrm{r}} \tag{9-1}$$

上式中 $E_{\mathrm{e}}$、$E_{\mathrm{v}}$ 和 $E_{\mathrm{r}}$ 分别为电子能量、振动能量和转动能量。分子从较低能级 $E''$ 跃迁到较高能级 $E'$ 时就要吸收电磁辐射，其波数 $\tilde{\nu}$ 为

$$\begin{aligned}\tilde{\nu}&=\frac{1}{\lambda}=\frac{E'-E''}{hc}=\frac{E'_{\mathrm{e}}-E''_{\mathrm{e}}}{hc}+\frac{E'_{\mathrm{v}}-E''_{\mathrm{v}}}{hc}+\frac{E'_{\mathrm{r}}-E''_{\mathrm{r}}}{hc}\\&=(T'-T'')+(G'-G'')+(F'-F'')\end{aligned} \tag{9-2}$$

上式中 $T=\dfrac{E}{hc}$ 称为谱项（单位为 $\mathrm{cm}^{-1}$），$T'$ 和 $T''$ 为电子谱项，$G'$ 和 $G''$ 为振动谱项，$F'$ 和 $F''$ 为转动谱项，谱项之差就是波数。

---

① 整个分子在空间的运动叫平移运动，它的能量是连续变化的，不产生光谱。核内运动因在普通实验条件下不发生变化，可以不考虑。分子中基团的内旋转能量比较小，可略而不计。

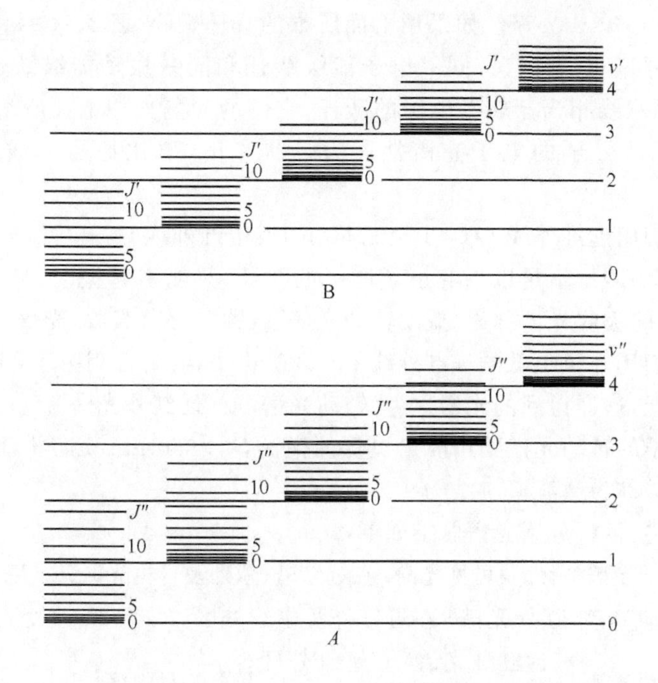


图 9-1　双原子分子的电子能级，振动能级和转动能级示意图

电子能级间的能量差一般在 1 至 20 eV 之间，如果是 5 eV，那么相当的波长和波数是

$$\lambda = \frac{1239.85}{5}\ \text{nm} = 248\ \text{nm} = 2480\ \text{Å}$$

$$\tilde{\nu} = 5 \times 8065.5 \approx 40330\ \text{cm}^{-1}$$

因此电子能级的跃迁产生的光谱位于紫外(波长小于 400 nm)及可见(波长 400 至 800 nm)光部分，这种分子光谱通常称为"电子光谱"或"紫外及可见光谱"。

在电子能级跃迁时不可避免地要产生振动能级的跃迁。振动能级的间隔一般在 0.05—1 eV 之间，如果是 0.1 eV，则为 5 eV 的电子能级间的 2%，所以电子能级跃迁不是产生一条波长为 250 nm 的线，而是产生一系列的线，波长间隔约为 250 nm×2%=5 nm。

实际上观察到的光谱要复杂得多，这是因为还有转动能级跃迁的缘故。转动能级的间隔一般小于 0.05 eV，可以小到 $10^{-4}$ eV 以下，如果是 0.005 eV，则为 5 eV的 0.1%，相当的波长间隔为 250 nm×0.1%=0.25 nm。

所以电子光谱一般包含有若干谱带系，不同的谱带系相当于不同的电子能级跃迁。一个谱带系(即同一电子能级跃迁，例如由能级 $A$ 跳到能级 $B$)含有若干谱带，不同的谱带相当于不同的振动能级跃迁。例如由 $v''=0$ 跳到 $v'=1$，或

由 $v'=0$ 跳到 $v'=2$ 等。如果用上面所举的具体数字，那么这些谱带间的间隔约为 5 nm。同一谱带内（即同一电子能级跃迁和同一振动能级跃迁）包含有若干光谱线，每一线相当于转动能级的跃迁，它们的间隔如用上面所举的数字约为 0.25 nm。因此分子的电子光谱常称为带状光谱，要比原子的线状光谱复杂得多。

如果我们用近红外线（$\lambda=1$ 至 2.5 μm）或中红外线（$\lambda=2.5$ 至 25 μm）照射分子，则辐射的能量不足以引起电子能级的跃迁，只能引起振动和转动能级的跃迁，这样得到的吸收光谱称为“振动转动光谱”或称“红外（吸收）光谱”。

如果我们用能量更低的远红外线（$\lambda=25$ 至 500 μm）照射分子，则只能引起转动能级的跃迁，这样得到的光谱称为“转动光谱”或“远红外光谱”。

有些分子的转动光谱要用能量更低的微波（$\lambda=350$ μm 至若干厘米）来研究，这种转动光谱称为微波谱。

综上所述，可将分子光谱总结如下：

分子光谱
- 电子光谱（紫外及可见光谱）在远紫外、紫外及可见光区，$E_e$、$E_v$ 和 $E_r$ 都改变。
- 振动光谱（红外光谱）在近红外及中红外区，$E_v$ 和 $E_r$ 改变。
- 转动光谱 {（远红外光谱）在远红外区；（微波谱）在微波区} 只有 $E_r$ 改变。

表 9-1 列出分子光谱的各光谱区及其波长范围。

**表 9-1 光谱区和波长范围**

| 光谱区 | $\lambda$ | $\tilde{\nu}/\text{cm}^{-1}$ | $E/\text{eV}$ |
|---|---|---|---|
| 微波 | 30—$10^{-1}$ cm | 0.033—10 | $4\times10^{-6}$—$1.2\times10^{-3}$ |
| 远红外 | 500—25 μm | 20—400 | $2.5\times10^{-3}$—$5\times10^{-2}$ |
| 中红外 | 25—2.5 μm | 400—4000 | $5\times10^{-2}$—$5\times10^{-1}$ |
| 近红外 | 2.5—1 μm | 4000—10000 | 0.5—1.24 |
| 可见 | 800—400 nm | $1.25\times10^{4}$—$2.5\times10^{4}$ | 1.55—3.1 |
| 近紫外 | 400—200 nm | $2.5\times10^{4}$—$5\times10^{4}$ | 3.1—6.2 |
| 远紫外 | 200—100 nm | $5\times10^{4}$—$1\times10^{5}$ | 6.2—12.4 |

常用单位换算关系为

$$\left.\begin{aligned} E &= \frac{1239.85}{(\lambda/\text{nm})}\text{eV} \\ E &= 1.23985\times10^{-4}(\tilde{\nu}/\text{cm}^{-1})\text{eV} \end{aligned}\right\} \tag{9-3}$$

图 9-2 示出 $CH_3Cl$ 的总吸收光谱，在可见及紫外区域（$\lambda>100$ nm）出现的谱

带是它的电子光谱。在近红外区($\lambda \approx 1 \sim 20 \mu m$)出现的狭而复杂谱带(图中只表示出几条简单的线,转动的精细结构没有画出)是它的振动-转动光谱。在微波($\lambda \approx 0.03 \sim 1$ em)区出现的一些谱线是它的转动光谱。以上各波段的光谱是用三种不同的仪器分别得到,然后凑合起来的。在可见及紫外区域用摄谱仪,在红外区用红外光谱仪,在微波区用微波谱仪得到的。

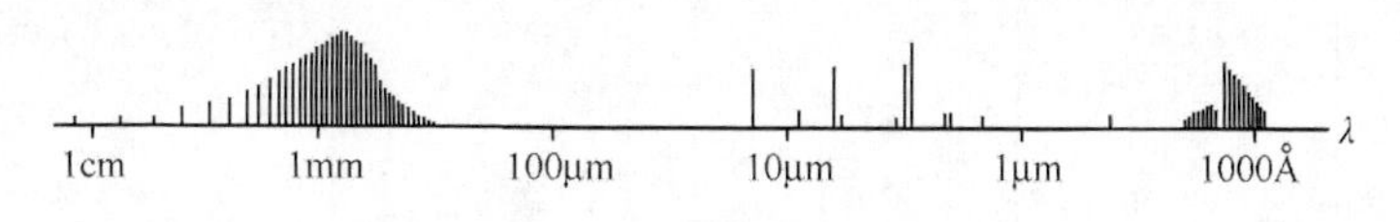


图 9-2　$CH_3Cl$ 的总吸收光谱

## §9-2　双原子分子的转动光谱

### 1. 一个例子——HCl 的转动光谱

在远红外区观测 HCl 的吸收光谱(图 9-3)得到一系列谱线,谱线间的距离随波数的增加稍稍缩短,但基本上是等距离的。表 9-2 列出 HCl 转动光谱各谱线的波数以及相邻谱线间的距离。一般双原子分子的远红外吸收光谱都具有这一特点。分析各谱线的波数得到下面的经验公式

$$\tilde{\nu} = am - bm^3, m = 1,2,\cdots \tag{9-4}$$

其中 $a,b$ 是二常数,$a \gg b$。对于 HCl,$a=20.79\ cm^{-1}$,$b=0.0016\ cm^{-1}$。

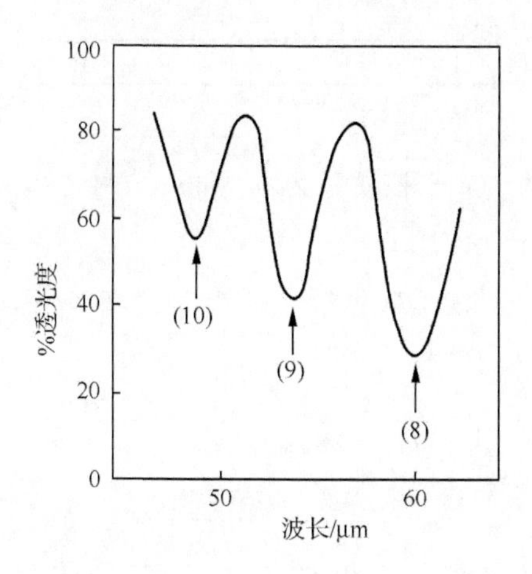


图 9-3　HCl 远红外吸收光谱的一部分(括号内数字为 $m$ 值)

表 9-2　HCl 的远红外吸收光谱

| $m$ | $\tilde{\nu}$(实验)/$cm^{-1}$ | $\Delta\tilde{\nu}$(实验) | $\tilde{\nu}$(计算)=20.68m | $\tilde{\nu}$(计算)=20.79m−0.0016$m^3$ |
|---|---|---|---|---|
| 1 | …… | | 20.68 | 20.76 |
| 2 | …… | | 41.36 | 41.57 |
| 3 | …… | | 62.04 | 62.38 |
| 4 | 83.03 | | 82.72 | 83.06 |
| 5 | 104.15 | 21.1 | 103.40 | 103.75 |
| 6 | 124.30 | 20.2 | 124.08 | 124.39 |
| 7 | 145.03 | 20.73 | 144.76 | 144.98 |
| 8 | 165.51 | 20.48 | 165.44 | 165.50 |
| 9 | 185.86 | 20.35 | 186.12 | 185.94 |
| 10 | 206.38 | 20.52 | 206.80 | 206.30 |
| 11 | 226.50 | 20.12 | 227.48 | 226.55 |

**2. 刚性转体模型**

在讨论双原子分子的转动运动与转动光谱的相互联系时,可以粗略地认为双原子分子是一个刚性转体,即假定

(1) 原子核是体积可以忽略不计的质点。

(2) 分子的核间距离 $r$ 不改变。

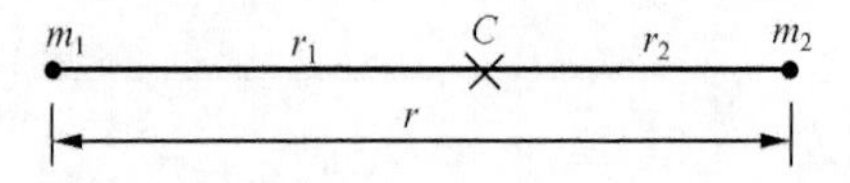


设双原子分子的两个原子核质量为 $m_1$ 和 $m_2$,两者间距离为 $r$,又质量中心至 $m_1$ 和 $m_2$ 的距离为 $r_1$ 和 $r_2$,则

$$r = r_1 + r_2 \qquad m_1 r_1 = m_2 r_2$$

所以

$$r_1 = \frac{m_2 r}{m_1 + m_2} \qquad r_2 = \frac{m_1 r}{m_1 + m_2} \tag{9-5}$$

体系的转动惯量

$$I = m_1 r_1^2 + m_2 r_2^2 = \frac{m_1 m_2}{m_1 + m_2} r^2 = \mu r^2 \tag{9-6}$$

其中 $\mu = \dfrac{m_1 m_2}{m_1 + m_2}$,称为分子的约化质量。

体系的动能

$$T = \frac{1}{2}I\omega^2 = \frac{p_\theta^2}{2I} \tag{9-7}$$

其中

$$p_\theta = I\omega \tag{9-8}$$

是角动量，因为转动是自由的，所以势能 $V = 0$，而体系的总能量即等于动能

$$E = T = \frac{p_\theta^2}{2I} \tag{9-9}$$

量子力学证明体系的角动量是量子化的，其值等于

$$p_\theta = \sqrt{J(J+1)}\,\frac{h}{2\pi}, \qquad J = 0,1,2,\cdots \tag{9-10}$$

代入(9-9)式得

$$E(J) = J(J+1)\,\frac{h^2}{8\pi^2 I} \tag{9-11}$$

谱项

$$F(J) = \frac{E(J)}{hc} = \frac{h}{8\pi^2 Ic}J(J+1) = BJ(J+1) \tag{9-12}$$

其中常数

$$B = \frac{h}{8\pi^2 Ic} \tag{9-13}$$

因为能级间的跃迁，伴随着光子的吸收和辐射，也就是体系能量变化时有电磁场的产生。非极性分子转动时，电场无变化，所以不吸收也不辐射光子。只有极性分子的转动能级改变时，才伴随着光子的吸收和辐射。因此有下列选律：(1)非极性分子($\mu = 0$)，$\Delta J = 0$ 没有转动光谱。(2)极性分子($\mu \neq 0$)，$\Delta J = \pm 1$。所以一些对称分子如 $H_2$，$O_2$，$CO_2$，$CH_4$ 和苯都没有纯的转动光谱。

分子由转动状态 $J$ 跃迁到 $J+1$ 时吸收辐射的波数为

$$\begin{aligned}\tilde{v}(J) &= F(J+1) - F(J) \\ &= B(J+2)(J+1) - BJ(J+1) \\ &= 2B(J+1),\ J = 0,1,2,\cdots\end{aligned} \tag{9-14}$$

因为转动能级间的距离很小，所以 HCl 气体分子就按照玻尔兹曼分布律处于各种不同的能级中。处于 $J = 0$ 的可以跃迁到 $J = 1$，处于 $J = 1$ 的跃迁到 $J = 2$，余类推，这样我们就得到一系列等距的谱线如图 9-4 所示。

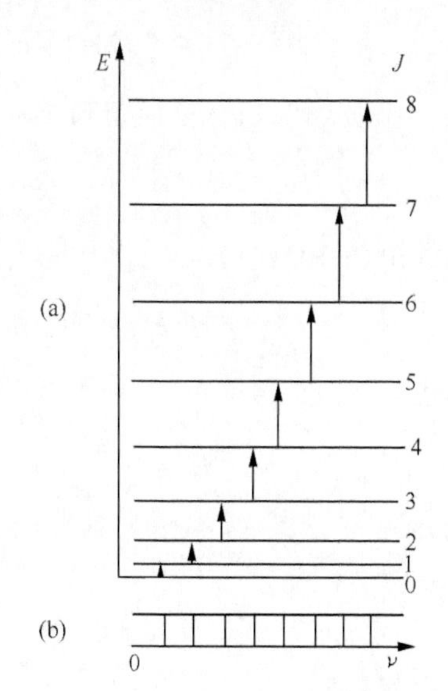


图 9-4　双原子分子的转动能级和转动光谱(刚性转子模型)

刚性转体模型的结果基本上与实验符合。但是它不能说明当 $J$ 的数值较大时谱线间距离有稍稍缩短的现象，所以刚性转体模型需要修正。

在刚性转体模型的两个假定中，应该认为第一个假定是正确的，因为电子质量很小，所以分子的质量集中在原子核，核的大小是 $10^{-12}$ 至 $10^{-18}$ cm，而核间距离是 $10^{-8}$ cm，对比起来可以把核看作质点。但第二个假定认为分子转动时核间距离不变是有问题的。因为转动时产生的离心力要使核间距离拉长，所以分子不是一个完全刚性的转体。

### 3. 非刚性转体模型

这一模型的假定是：

(1) 原子核是体积可以忽略不计的质点。

(2) 核间距离 $r$ 比无转动时的平衡距离 $r_e$ 略长。

首先求 $r$ 与 $r_e$ 的差值：转动运动的离心力 $f_1 = \mu\omega^2 r$，弹性力 $f_2 = -k(r - r_e)$，平衡时 $f_1 + f_2 = 0$，即

$$k(r - r_e) = \mu\omega^2 r = \mu\left(\frac{p_\theta}{I}\right)^2 \quad r = \frac{p_\theta^2}{\mu r^3}$$

所以

$$r - r_e = \frac{p_\theta^2}{\mu k r^3} \tag{9-15}$$

式中 $k$ 是力常数。

体系的总能量

$$E = T + V = \frac{p_\theta^2}{2\mu r^2} + \frac{k}{2}(r - r_e)^2$$

把(9-15)式代入，化简后得到

$$E = \frac{p_\theta^2}{2\mu r_e^2} - \frac{p_\theta^4}{2\mu^2 k r_e^6} \tag{9-16}$$

因为由(9-10)式得

$$p_\theta^2 = J(J+1)\frac{h^2}{4\pi^2}, \qquad J = 0,1,2,\cdots$$

所以

$$E = \frac{h^2}{8\pi^2 \mu r_e^2} J(J+1) - \frac{h^4}{32\pi^4 \mu^2 r_e^6 k} J^2(J+1)^2 \tag{9-17}$$

谱项

$$F(J) = \frac{E}{hc} = BJ(J+1) - DJ^2(J+1)^2 \tag{9-18}$$

式中

$$B = \frac{h}{8\pi^2 Ic}, \qquad D = \frac{h^2}{32\pi^4 \mu^2 r_e^6 ck}, I = \mu r_e^2$$

图 9-5 比较了非刚性转体模型和刚性转体模型的能级选律：

(1) 非极性分子：$\Delta J = 0$，没有纯转动光谱。

(2) 极性分子：$\Delta J = \pm 1$。

分子从能级 $J$ 跃迁到 $J+1$ 时所吸收的光子的波数

$$\tilde{\nu}(J) = F(J+1) - F(J) = 2B(J+1) - 4D(J+1)^3, \quad J = 0,1,2,\cdots \tag{9-19}$$

(9-19)式与经验公式(9-4)

$$\tilde{\nu}(m) = am - bm^2 \qquad m = 1,2,\cdots$$

比较得

$$a = 2B = \frac{h}{4\pi^2 Ic} \tag{9-20}$$

$$b = 4D = \frac{h^3}{8\pi^2 \mu^2 r_e^6 kc}$$

利用非刚性转体模型完满地说明了分子的转动和转动光谱的关系。

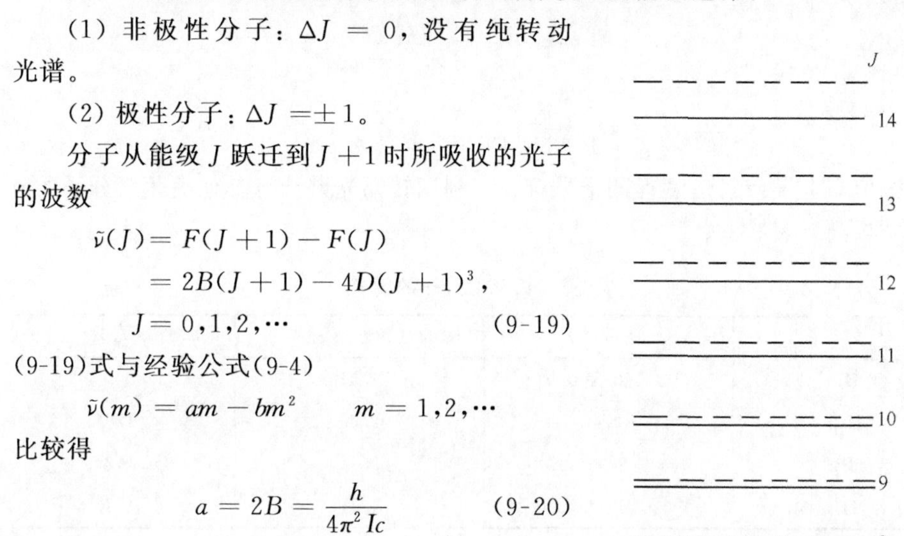


图 9-5　非刚性转子的能级图，虚线是刚性转子的

**4. 研究转动光谱得到的结果**

测得双原子分子的转动光谱数据之后，理论上可以利用(9-20)式计算分子的力常数 $k$ 和平衡距离 $r_e$①；但是由于 $D$ 的数值很小，一般不从转动光谱求 $k$。下面说明 $r_e$ 的具体计算法。

实验结果

$$\tilde{\nu} = 20.79\ \mathrm{m} - 0.0016\ \mathrm{m}^3$$

即

$$a = 20.79 \qquad b = 0.0016\ \mathrm{cm}^{-1}$$

代入(9-20)式得

$$B = \frac{a}{2} = 10.40\ \mathrm{cm}^{-1}$$

$$I = \frac{h}{8\pi^2 Bc} = 2.66 \times 10^{-40}\ \mathrm{g \cdot cm^2}$$

① 按定义 $r_e = \bar{r}$，是在振动中的核间距离的平均值，但从转动光谱得到的是 $\sqrt{\overline{r^2}}$，两者相差大约是几万分之一。

已知

$$I=\mu r_e^2 \text{ 和 } \mu=\frac{m_H m_{Cl}}{m_H+m_{Cl}}$$

所以

$$r_e = 1.28\times10^{-8}\,\text{cm} = 128\ \text{pm}$$

这一数值与电子衍射法测得的结果符合。利用转动光谱计算其他卤化氢分子的键长的结果列于表 9-3 中。

**表 9-3 卤化氢分子的键长**

| 分　子 | $B/\text{cm}^{-1}$ | $I/10^{-40}\text{g}\cdot\text{cm}^2$ | $r_e/\text{pm}$ |
|---|---|---|---|
| HF | 20.57 | 1.34 | 92 |
| HCl | 10.40 | 2.66 | 128 |
| HBr | 8.35 | 3.31 | 142 |
| HI | 6.42 | 4.31 | 162 |

从(9-20)式可以看出约化质量 $\mu$ 越小,转动光谱谱线的波数 $\tilde{\upsilon}$ 越大,一切氢化物的约化质量小于 H 原子质量,转动波数在远红外区,其他分子约化质量较大,它们的转动运动只能在微波谱中研究。

# §9-3 双原子分子的振动-转动光谱

## 1. 双原子分子的振动光谱

用分辨力低的红外光谱仪测得 HCl 的振动光谱有五个峰,其波数如表 9-4 所示,强度随波数增加而迅速下降。一般双原子分子的中红外和近红外光谱也有同样的特点,分析各谱线的波数得到下面的经验公式

$$\tilde{\nu}=av-bv^2 \qquad \nu=1,2,3,\cdots \tag{9-21}$$

**表 9-4 HCl 分子的中、近红外吸收谱带**

| $v$ | $\tilde{\nu}/\text{cm}^{-1}$(实验值) | $\Delta\tilde{\nu}$ | (计算值) $\tilde{\nu}=2937.36v-51.60v^2$ |
|---|---|---|---|
| 1 | 2885.9 | 2885.9 | 2885.70 |
| 2 | 5668.0 | 2782.1 | 5668.20 |
| 3 | 8346.9 | 2678.9 | 8347.50 |
| 4 | 10923.1 | 2576.1 | 10923.60 |
| 5 | 13396.5 | 2473.4 | 13396.50 |

(1) 谐振子模型：在讨论双原子分子的振动运动与振动光谱的关系时，可粗略地认为双原子分子是一个谐振子，两个原子核在键轴方向作简谐振动。令双原子分子的瞬时的核间距离 $r$ 与平衡距离 $r_e$ 之差值为 $\xi$，弹力常数为 $k$，则势能为

$$V = \frac{1}{2}k(r - r_e)^2 = \frac{1}{2}k\xi^2 \tag{9-22}$$

谐振子的薛定谔方程为

$$\frac{d^2\psi}{d\xi^2} + \frac{8\pi^2\mu}{h^2}\left(E - \frac{1}{2}k\xi^2\right)\psi = 0 \tag{9-23}$$

上式中 $\psi = \psi(\xi)$ 是谐振子的波函数，$\mu$ 是约化质量，$E$ 是谐振子的能量。解这一方程式，得

$$E(v) = \left(v + \frac{1}{2}\right)hc\tilde{\omega} \tag{9-24}$$

上式中 $v = 0,1,2,\cdots$，称为振动量子数；$\tilde{\omega}$ 为谐振子的振动频率(以波数 $cm^{-1}$ 表示)，它与弹力常数 $k$ 和约化质量 $\mu$ 的关系为

$$\tilde{\omega} = \frac{1}{2\pi c}\sqrt{\frac{k}{\mu}} \tag{9-25}$$

谱项为

$$G(v) = \frac{E_v}{hc} = \left(v + \frac{1}{2}\right)\tilde{\omega} \tag{9-26}$$

由量子力学导出选律如下：

(i) 非极性分子，$\Delta v = 0$，没有振动光谱

(ii) 对极性分子，$\Delta v = \pm 1$。

按照经典电动力学的观点，仅当分子的振动能够引起其偶极矩发生变化时，才能发射或吸收电磁波，凡是不改变分子偶极矩的振动都不能产生红外吸收(或发射)。这一规则不但对双原子分子成立，对多原子分子也适用。因此凡没有偶极矩的同核双原子分子，不能产生红外光谱。

体系从能级 $v$ 跃迁到能级 $v + 1$ 时吸收的光子的波数等于

$$\tilde{\nu} = G(v + 1) - G(v) = \tilde{\omega} \tag{9-27}$$

因此振动光谱似乎只应该有一条谱线，波数等于 $\tilde{\omega}$。与实验比较，它只能说明最强的一条线，对于其他几条弱线不能解释。所以这一模型需要修改。

谐振子的势能曲线是一抛物线，$V(r) = \frac{1}{2}k\xi^2$，随核间距的增加，势能与恢复力增加(图 9-6 虚线)。实际分子显然不是这样。当核间距增加时，重叠积分相应减小，当核间距增加到一定程度，核间的引力趋于零，势能趋于一常数(图 9-6 中实线)。只有在平衡点附近虚线和实线才比较接近。在常温下处于最低能级的分子数最多，所以谐振子模型能说明振动光谱的主要特征。

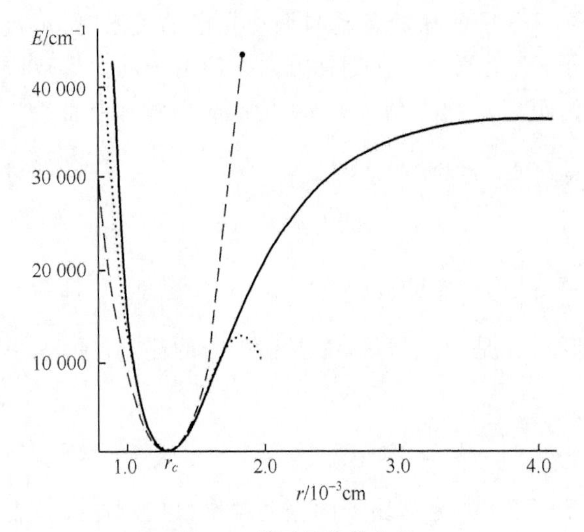


图 9-6 分子的势能曲线

——实际曲线– – –谐振子……三方抛物线

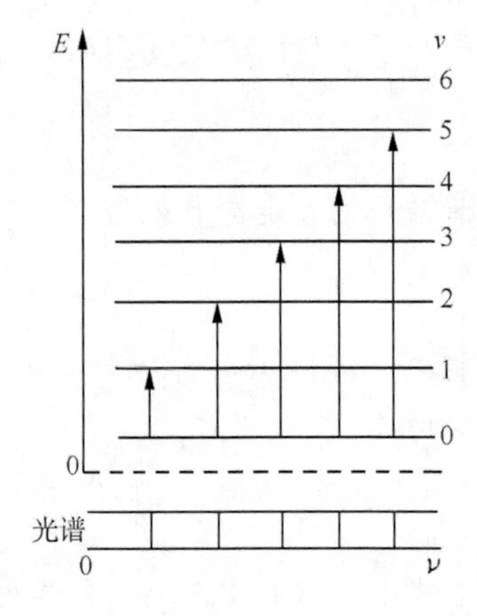


图 9-7 非谐振子的能级和光谱

(2) 非谐振子模型：由于 $\xi = r - r_e$ 很小，势能函数 $V(\xi)$ 可以在 $\xi = 0$ 近傍作泰勒展开：

$$V(\xi) = V_0 + \left.\frac{dV}{d\xi}\right|_{\xi=0}\xi + \frac{1}{2}\cdot\left.\frac{d^2V}{d\xi^2}\right|_{\xi=0}\xi^2 + \frac{1}{3!}\left.\frac{d^3V}{d\xi^3}\right|_{\xi=0}\xi^3 + \cdots \tag{9-28}$$

式中 $V_0$ 是 $\xi = 0$（即 $r = r_e$）时的势熊，即势能曲线的最低点，令这点为能量标度的零点，即令 $V_0 = V(r_e) = 0$，显然还有

$$\left.\frac{dV}{d\xi}\right|_{\xi=0} = 0$$

如令

$$\left.\begin{aligned} k &= \left.\frac{d^2V}{d\xi^2}\right|_{\xi=0} \\ c &= -\frac{1}{3!}\left.\frac{d^3V}{d\xi^3}\right|_{\xi=0} \end{aligned}\right\} \tag{9-29}$$

略去(9-28)式后边的高次项，则

$$V(\xi) = \frac{1}{2}k\xi^2 - c\xi^3 \tag{9-30}$$

由此可知非谐振子与谐振子的差别是势能函数有所不同，二者的哈密顿算符的差

$$\hat{\mathbf{H}}' = -c\xi^3 \tag{9-31}$$

是比较小的，因此可以将它看成是对谐振子体系一个微扰项。利用量子力学的微扰理论可以解得非谐振子的能量为

$$E(v) = \left(v + \frac{1}{2}\right)hc\tilde{\omega} - \left(v + \frac{1}{2}\right)^2 xhc\tilde{\omega} \tag{9-32}$$

上式中 $x$ 称为非谐性常数,其值很小,$x \ll 1$。例如 HCl 的 $x = 0.017$。于是谱项为

$$G(v) = \left(v + \frac{1}{2}\right)\tilde{\omega} - \left(v + \frac{1}{2}\right)^2 x\tilde{\omega} \tag{9-33}$$

选律为

(i) 非极性分子,$\Delta v = 0$,没有振动光谱。

(ii) 极性分子 $\Delta v = \pm 1, \pm 2 \pm 3, \cdots$。

体系从能级 $v = 0$ 跃迁到 $v = v$ 时,吸收的光子的频率等于

$$\begin{aligned}\tilde{\nu}(v) &= G(v) - G(0) \\ &= v(\tilde{\omega} - x\tilde{\omega}) - v^2 x\tilde{\omega} \\ v &= 1,2,3,\cdots\end{aligned} \tag{9-34}$$

表 9-5 列出按非谐振子模型预言的异核双原子分子的振动光谱,其能级图示于图 9-7。

**表 9-5　非谐振子模型预言的振动光谱**

| 吸收过程 | 谱带名称 | $\tilde{\nu}/\mathrm{cm}^{-1}$ | $\Delta\nu/\mathrm{cm}^{-1}$ | 强度 |
|---|---|---|---|---|
| $v=0\to1$ | 基频 | $\tilde{\omega}(1-2x)$ | $\tilde{\omega}-4\tilde{\omega}x$ | 最强 |
| $0\to2$ | 第一泛频 | $2\tilde{\omega}(1-3x)$ | $\tilde{\omega}-6\tilde{\omega}x$ | 较弱 |
| $0\to3$ | 第二泛频 | $3\tilde{\omega}(1-4x)$ | $\tilde{\omega}-8\tilde{\omega}x$ | 很弱 |
| $0\to4$ | 第三泛频 | $4\tilde{\omega}(1-5x)$ | | 很弱 |

将(9-34)式与经验公式

$$\tilde{v} = av - bv^2 \qquad v = 1,2,3,\cdots$$

比较得

$$a = \tilde{\omega} - x\tilde{\omega}, \qquad b = x\tilde{\omega} \tag{9-35}$$

且谱线间距随 $v$ 的增加减小。

利用非谐振子模型满意地说明了双原子分子的振动运动与其振动光谱的关系。

(3) 由振动光谱得到的结果把实验测出的 $a$ 和 $b$ 代入(9-35)式求 $\tilde{\omega}$,从而可以求力常数 $k$、同位素质量数和离解能等。

(i) 计算 HCl 的力常数 $k$。已知

$$\tilde{\nu}_{0\to1} = \tilde{\omega}(1-2x) = 2885.9\ \mathrm{cm}^{-1}$$

$$\tilde{\nu}_{0\to2} = 2\tilde{\omega}(1-3x) = 5668.0\ \mathrm{cm}^{-1}$$

$$\tilde{\nu}_{0\to3} = 3\tilde{\omega}(1-4x) = 8347.0\ \mathrm{cm}^{-1}$$

解之得

$$\tilde{\omega} = 2988.9\ \mathrm{cm}^{-1}, \quad \tilde{\omega}x = 51.65\ \mathrm{cm}^{-1}, x = 0.01723$$

将 $\tilde{\omega}$ 代入(9-25)式得 $k = 516\ \text{N} \cdot \text{m}^{-1}$ 。

力常数与键能、键长有关。一般地说,力常数越大,键能也越大,键长越短[①]。表 9-6 列出了卤化氢分子的振动频率、力常数、键能和键长。

**表 9-6 卤化氢分子的振动频率 $\tilde{\omega}$、力常数 $k$、键能 $D_0$ 和键长 $d$**

| 分子 | $\tilde{\omega}/\text{cm}^{-1}$ | $k/(\text{N} \cdot \text{m}^{-1})$ | $D_0/(\text{kJ} \cdot \text{mol}^{-1})$ | $d/\text{pm}$ |
|---|---|---|---|---|
| HF | 4141.3 | 959 | 565±4 | 91.8 |
| HCl | 2998.9 | 516 | 428.0±0.4 | 127.4 |
| HBr | 2649.7 | 411 | 362.3±0.4 | 140.8 |
| HI | 2309.5 | 314 | 294.6±0.4 | 160.8 |

(ii) 测定同位素的质量　不同同位素的双原子分子中的同种原子,质量不同,因而分子的约化质量亦不同。假定组成双原子分子后,分子的约化质量分别为 $\mu$ 和 $\mu'$,因此,原来是一条的振动谱线现在将分成两条,设相应的频率各为 $\tilde{\omega}$ 及 $\tilde{\omega}'$,因为 $k$ 主要与电子分布和核电荷有关,和核质量基本上无关,所以

$$\frac{\tilde{\omega}}{\tilde{\omega}'} = \frac{\dfrac{1}{2\pi c}\sqrt{\dfrac{k}{\mu}}}{\dfrac{1}{2\pi c}\sqrt{\dfrac{k}{\mu'}}} = \sqrt{\frac{\mu'}{\mu}}$$

已知 $\mu$ 即可求出 $\mu'$ 和同位素质量数。

(iii) 计算离解能　离解能 $D_0$ 的定义是把分子中化学键破坏而形成中性原子 A 和 B 所需的能量(图 9-8)。

设 $E_m$ 是分子的最高振动能级,则

$$D_0 = E_m - \left(\frac{1}{2}hc\tilde{\omega} - \frac{1}{4}hcx\tilde{\omega}\right) \approx E_m - \frac{1}{2}hc\tilde{\omega} \tag{9-36}$$

$$E_m = \left(v_m + \frac{1}{2}\right)hc\tilde{\omega} - \left(v_m + \frac{1}{2}\right)^2 xhc\tilde{\omega} \tag{9-37}$$

比 $E_m$ 低一级的振动能级的能量为

$$E_{m-1} = \left(v_m - \frac{1}{2}\right)hc\tilde{\omega} - \left(v_m - \frac{1}{2}\right)^2 xhc\tilde{\omega}$$

因为 $E_m$ 与 $E_{m-1}$ 非常接近,即

$$E_m \approx E_{m-1}$$

---

① 力常数 $k = -\left.\dfrac{d^2V}{d\xi^2}\right|_{\xi=0}$ 表征势能函数的曲率,键能则由势能函数曲线的深度决定,二者没有简单的关系。

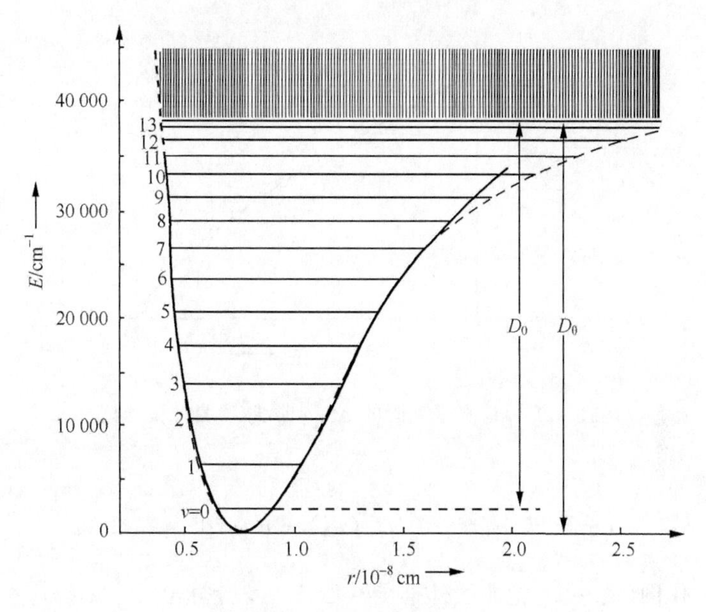


图 9-8　分子的振动能级

所以

$$hc\tilde{\omega} - 2v_m xhc\tilde{\omega} = 0$$

$$v_m = \frac{1}{2x} \tag{9-38}$$

代入(9-36)和(9-37)式得

$$D_0 = \frac{hc}{4x}\tilde{\omega} - \frac{1}{2}hc\tilde{\omega} \tag{9-39}$$

摩尔离解能等于

$$N_A D_0 = \frac{N_A hc}{4x}\tilde{\omega} - \frac{1}{2}N_A hc\tilde{\omega} \approx N_A \frac{hc\tilde{\omega}}{4x} \tag{9-40}$$

在上述计算过程中我们实际上使用了两个假定,(a)非谐振子模型对于任何能级都适合,(b) $E_m \simeq E_{m-1}$。显然假定(a)是不很正确的,非谐振子模型不适用于高能级,所以计算的结果要与实验值相差10%左右。

另外,如果从电子-振动-转动光谱数据中得到了各振动谱项 $G(v)$,可以用图解法求离解能。其原理是:作一函数 $\Delta G\left(\frac{2v-1}{2}\right)$,定义它等于

$$\Delta G\left(\frac{2v-1}{2}\right) = G(v) - G(v-1) \tag{9-41}$$

很容易看出

$$\sum_{v=1}^{v_m} \Delta G\left(\frac{2v-1}{2}\right) = G(v_m) - G(0)$$

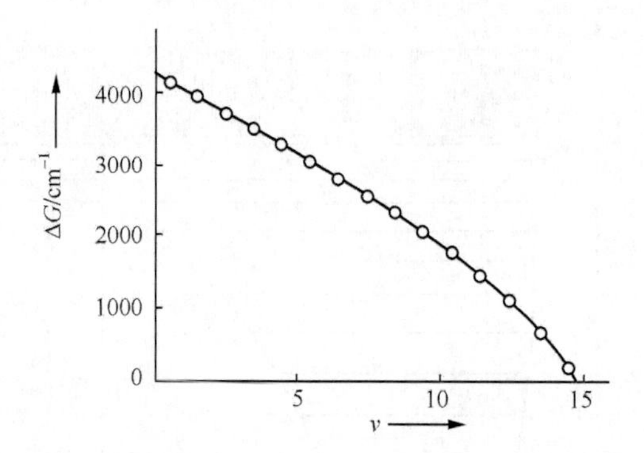


图 9-9　$H_2$ 在基态时的 $\Delta G$-$v$ 曲线(得自拉曼光谱)

所以离解能

$$D_0 = E_m - E_0 = hcG(v_m) - hcG(0) = hc\Sigma\Delta G \tag{9-42}$$

以 $\Delta G$ 对 $v$ 作图(图 9-9),把曲线外推交 $v$ 轴于 $v_m$,计算出 $\sum_{v=1}^{v_m}\Delta G(v)$,代入(9-42)式中即得 $D_0$。如果 $\Delta G(v) \sim v$ 曲线与 $v$ 轴渐近即不能得到准确结果,分子离子的离解

$$(AB)^+ \longrightarrow A^+ + B$$

常属于这种情况。

(iv) 摩斯(Morse)函数　势能函数 $V(r)$ 决定双原子分子的振动能级,实验上得到的势能函数具有三个性质

$$\left.\begin{aligned}&(a)\ \lim_{r\to\infty}V(r) = D_e\\&(b)\ V(r_e) = 0\\&(c)\ \lim_{r\to 0}V(r) = \infty\end{aligned}\right\} \tag{9-43}$$

摩斯建议用函数

$$V(r) = D_e[1 - e^{-\beta(r-r_e)}]^2 \tag{9-44}$$

来表示双原子分子的势能,这一函数称为摩斯函数,它满足(9-43)式的(a)和(b),$D_e$ 称为光谱学离解能,它与 $D_0$(称为热力学离解能)的差别是

$$D_0 = \lim_{r\to\infty}V(r) - \frac{1}{2}hc\tilde{\omega} \tag{9-45}$$

$$D_e = \lim_{r\to\infty}V(r)$$

即相差零点振动能。$\beta$ 为相当大的一个正数,典型值为 $2\times10^8\,\text{cm}^{-1}$。$D_e$ 和 $\beta$ 数值随分子不同而不同。

摩斯函数不满足(9-43)式的性质(c),因为

$$\lim_{r\to 0}V(r) = D_e[1 - e^{\beta r_e}]^2$$

但因 $\beta$ 是很大的数值，$V(0)$ 值也是很大的，如果 $\beta$ 选择得合适，虽然 $\lim\limits_{r\to\infty}V(r)\neq\infty$，它也只对高能级有影响。

摩斯函数的优点是代入薛定谔方程式可以准确地解出振动能量

$$\left.\begin{aligned}&E(v)=Ahc\left(v+\frac{1}{2}\right)-Bhc\left(v+\frac{1}{2}\right)^2\\&v=0,1,2,\cdots\end{aligned}\right\}\tag{9-46}$$

其中

$$A=\frac{\beta}{2\pi c}\sqrt{\frac{2D_e}{\mu}}\qquad B=\frac{h\beta^2}{8\pi^2\mu c}\tag{9-47}$$

与非谐振子模型的结果(9-32)式

$$E(v)=\tilde{\omega}hc\left(v+\frac{1}{2}\right)-\tilde{\omega}xhc\left(v+\frac{1}{2}\right)^2$$

$$v=0,1,2,\cdots$$

比较，得

$$A=\tilde{\omega}\qquad B=x\tilde{\omega}\tag{9-48}$$

实际上往往从振动光谱求出 $\tilde{\omega}$ 和 $x\tilde{\omega}$ 以后，代入(9-47)式求出 $D_e$ 和 $\beta$ 来决定分子的摩斯函数。

**2. 双原子分子的振动-转动光谱**

双原子分子振动能级改变时，一定伴随着转动能级的变化。分子的振动-转动能级由振动量子数 $v$ 和转动量子数 $J$ 所决定，如果略去转动能量中的转子的非刚性的校正项，则由(9-18)和(9-32)式可得振动量子数为 $v$、转动量子数为 $J$ 的能级的能量 $E(v,J)$ 为

$$\begin{aligned}E(v,J)&=E(v)+E(J)\\&=\left(v+\frac{1}{2}\right)hc\tilde{\omega}-\left(v+\frac{1}{2}\right)^2hcx\tilde{\omega}+B_vhcJ(J+1)\end{aligned}\tag{9-49}$$

上式中 $B_v$ 表示在振动量子数为 $v$ 时的 $B$ 值。$v$ 较大时，核间距离较大，$B$ 就较小，所以 $B_0>B_1>B_2>\cdots$。

对于电子角动量沿键轴方向的分量的总和等于零即 $\Sigma$ 态的分子，选律为

(1) 非极性分子 $\Delta v=0,\Delta J=0$，没有振动-转动光谱

(2) 极性分子 $\Delta v=\pm1,\pm2,\pm3,\cdots,\Delta J=\pm1$

分子从 $E(0,J)$ 跳到 $(1,J+1)$ 时(即 $\Delta v=+1,\Delta J=+1$)，吸收的光子的波数为

$$\left.\begin{aligned}&\tilde{\nu}_R=(1-2x)\tilde{\omega}+(B_0+B_1)(J+1)-(B_0-B_1)(J+1)^2\\&J=0,1,2,\cdots\end{aligned}\right\}\tag{9-50}$$

上式表示的一系列谱线叫做振动-转动光谱的基本谱带的 $R$ 支。

分子从 $E(0,J+1)$ 跳到 $E(1,J)$ 时(即 $\Delta v=+1,\Delta J=-1$),吸收的光子的波数为

$$\left.\begin{aligned}\tilde{\nu}_P &= (1-2x)\tilde{\omega}-(B_0+B_1)(J+1)-(B_0-B_1)(J+1)^2\\ J &= 0,1,2,\cdots\end{aligned}\right\}\tag{9-51}$$

上式表示的一系列谱线叫做振动-转动光谱的 $P$ 支。第一和第二泛频谱带也有 $R$ 支和 $P$ 支,只要把(9-50)和(9-51)式中的 $(1-2x)\tilde{\omega}$ 分别改为 $(1-3x)2\tilde{\omega}$ 和 $(1-4x)3\tilde{\omega}$ 即可。

如果令 $\tilde{\nu}_0=(1-2x)\tilde{\omega}, d=B_0+B_1, e=B_0-B_1, m=J+1$,则(9-50)和(9-51)式可以合写为

$$\tilde{\nu}=\tilde{\nu}_0+dm-em^2\left\{\begin{matrix}m=-1,-2,-3,\cdots(P\text{ 支})\\ m=1,2,3,\cdots(R\text{ 支})\end{matrix}\right\}\tag{9-52}$$

例如 HCl 的基本谱带各线的波数为

$$\tilde{\nu}=2885.90+20.577m-0.3034m^2\tag{9-53}$$

比较(9-52)和(9-53)两式,得

$$(1-2x)\tilde{\omega}=2885.90\ \text{cm}^{-1}$$

$$d=B_0+B_1=20.577\ \text{cm}^{-1}$$

$$e=B_0-B_1=0.3034\ \text{cm}^{-1}$$

所以

$$B_0=10.440\ \text{cm}^{-1}\qquad B_1=10.137\ \text{cm}^{-1}$$

再从第一泛频谱带的波数可求得 $(1-3x)2\tilde{\omega}$,从而计算 $x$ 及 $\tilde{\omega}$。因此从双原子分子的振动-转动光谱可以计算键长和力常数。

当 $m$ 较大(对 HCl 分子 $m>7$)时,(9-52)式需要再加一个校正项 $gm^3$,如果将转子的非刚性考虑在内,这一校正项可以很自然地导出。

式(9-52)说明,对于 $\Sigma$ 态分子其振动-转动光谱缺一条 $m=0$,即 $\Delta J=0$ 的线,这是因为对 $\Sigma$ 态分子 $\Delta J=0$ 的跃迁是禁阻的。

图 9-10(a)是从分辨率较低的红外光谱得到的 HCl 的基本谱带,其中 $R$ 支和 $P$ 支表现为两个宽的吸收峰。图 9-10(b)是用分辨率较高的红外光谱得到的基本谱带,$P$ 支和 $R$ 支的每一条线都能清楚地看出来。

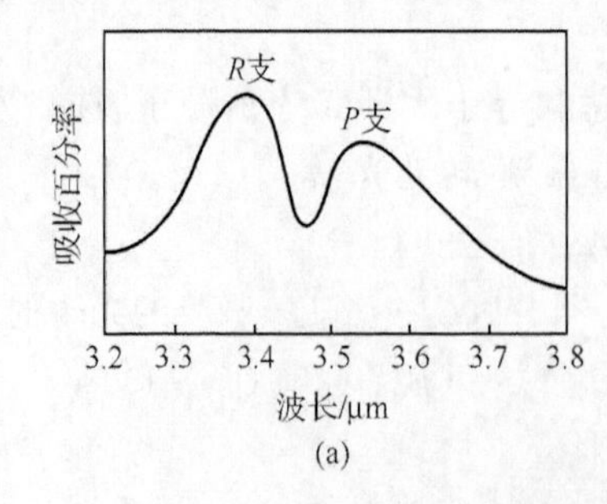

(a)

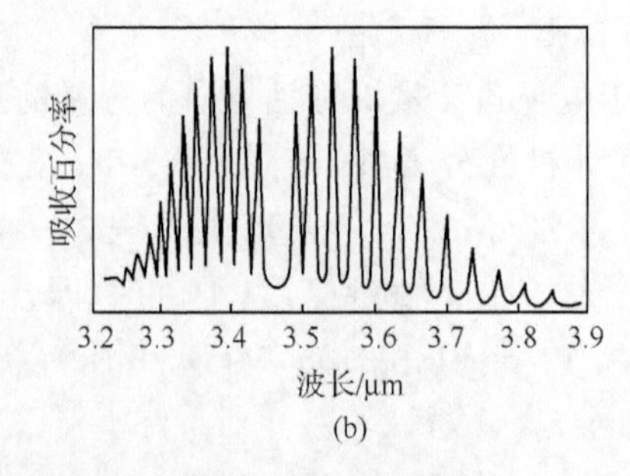

(b)

图 9-10 HCl 的振动-转动光谱的基本谱带

对于电子角动量沿键轴方向的分量总和不等于零(即 $\Pi$ 态,$\Delta$ 态等)的分子,选律为

(1) 非极性分子:$\Delta v = 0, \Delta J = 0$,没有振动-转动光谱

(2) 极性分子:$\Delta v = \pm 1, \pm 2, \cdots$

$$\Delta J = 0, \pm 1, \pm 2, \cdots$$

光谱学上分别称 $\Delta J = +2, +1, 0, -1, -2$ 的谱线系为 $S$、$R$、$Q$、$P$、$O$ 支。这里出现了从能级 $(0,J)$ 跳到 $(1,J)$ 的 $Q$ 支,它的谱线波数为

$$\left.\begin{aligned} \tilde{\nu} &= (1-2x)\tilde{\omega} + (B_1 - B_0)J(J+1) \\ J &= 1,2,3,\cdots \end{aligned}\right\} \tag{9-54}$$

所以 $Q$ 支实际上不是一条而是一系列谱线。NO 分子的基态 $\Lambda = 1$($\Pi$ 态),所以有强度很大的 $Q$ 支。

## §9-4　双原子分子的电子光谱

### 1. 双原子分子的电子能级和选律

(1) 分子的电子能级:原子中电子在球对称势场中运动,每个电子占据一定的原子轨道,有一定的轨道角动量。在双原子分子中电子在轴(核连线)对称的势场中运动,每个电子按照泡利原理和能量最低原理占据一定的分子轨道,各分子轨道上的电子只有轴方向的角动量分量有一定值,其大小等于 $m\hbar$,

$$m = 0, \pm 1, \pm 2, \cdots$$

因为电子运动的方向反转来,轨道的能量不变,所以 $m$ 和 $-m$ 即具有相同 $|m|$ 值的分子轨道的能量相等,但是具有不同 $|m|$ 值的分子轨道能量是不同的。令

$$\lambda = |m|$$

所以分子轨道的能量可以用 $\lambda$ 值来标志。光谱学上常以小写希腊字母 $\sigma$、$\pi$、$\delta$、… 表示 $\lambda = 0,1,2,\cdots$ 的分子轨道或状态,$\sigma$ 状态的角动量在核轴方向的分量等于 0,$\pi$ 态等于 $\pm\hbar$,$\delta$ 态等于 $\pm 2\hbar$ 等。

分子总轨道角动量的量子数用 $L$ 表示,它的轴分量等于 $M_L\hbar$

$$M_L = 0, \pm 1, \pm 2, \cdots, \pm L$$

$M_L$ 与分子中各电子 $m$ 值的关系为

$$M_L = \Sigma m$$

同样理由,$-M_L$ 和 $M_L$ 属同一能级,但具有不同 $|M_L|$ 值的状态能量是不同的。令

$$\Lambda = |M_L|$$

所以分子的电子能量可以用 $\Lambda$ 值标志。光谱学上常以大写希腊字母 $\Sigma$、$\Pi$、$\Delta$、… 表

示 $\Lambda = 0,1,2,\cdots$。$\Sigma$ 态总角动量在核轴方向的分量等于 0,$\Pi$ 态等于 $\pm\hbar$,$\Delta$ 态等于 $\pm 2\hbar$。

如分子中只含有 $\sigma$ 电子,则为 $\Sigma$ 态。如果除了 $\sigma$ 电子外还含有一个 $\pi$ 电子,则为 $\Pi$ 态。如果含有两个 $\pi$ 电子则分为两种情况:若一个电子占据 $m=+\hbar$ 的 $\pi$ 轨道,另一个电子占据 $m=-\hbar$ 的 $\pi$ 轨道,$M_L = m_1 + m_2 = 0$,所以是 $\Sigma$ 态;若两个电子占据同一 $\pi$ 轨道,$m_1 = m_2 = +\hbar$,(或 $-\hbar$)$M_L = 2\hbar$(或 $-2\hbar$),$\Lambda = |M_L| = 2$,所以是 $\Delta$ 态。

仔细研究电子光谱的精细结构可以发现多重性与原子光谱由于自旋轨道相互作用产生的多重结构相似。分子中电子的总自旋量子数用 $S$ 表示,$S$ 可以等于零,半整数或正整数,决定于分子中所含自旋未成对的电子数目(参看§3-5),总自旋角动量沿核轴方向的分量等于 $M_S\hbar$。分子光谱中常常用符号 $\Sigma$(不要与表示 $\Lambda=0$ 的 $\Sigma$ 搞混)代替 $M_S$,

$$\Sigma = \pm S, \pm(S-1), \cdots$$

共 $2S+1$ 个数值,与 $\Lambda$ 不同的是 $\Sigma$ 可正可负。

分子总角动量沿核轴方向的分量等于 $\Omega\hbar$,$\Omega$ 与 $\Lambda$ 和 $\Sigma$ 的关系是

$$\Omega = |\Lambda + \Sigma|, |\Lambda + \Sigma - 1|, \cdots, |\Lambda - \Sigma|$$

对于一个 $\Lambda \neq 0$ 的值,则有 $2S+1$ 个不同的 $\Lambda+\Sigma$ 值(若 $\Lambda \geqslant S$,有 $2S+1$ 个不同的 $\Omega$ 值)。由于 $\mathbf{S}$ 与由 $\boldsymbol{\Lambda}$ 产生的磁场的相互作用(自旋轨道相互作用),不同的 $\Lambda+\Sigma$ 对应于分子态的不同能级。这样一来,分子的一个给定的 $\Lambda \neq 0$ 的电子谱项分裂为 $2S+1$ 个支项。当 $\Lambda = 0$,如果没有外磁场,分子也没有转动,则自旋轨道相互作用等于零,能级没有多重分裂。一般把 $2S+1$ 注在 $\Lambda$ 符号左上角,即 $^{2S+1}\Lambda$,叫做光谱项,把 $\Lambda+\Sigma$ 注在 $\Lambda$ 符号右下角,即 $^{2S+1}\Lambda_{\Lambda+\Sigma}$,叫做光谱支项。无论 $\Lambda=0$ 或 $\Lambda \neq 0$,$2S+1$ 都称为光谱项的多重性。图 9-11 示出 $\Lambda=2$,$S=1$ 时矢量 $\boldsymbol{\Lambda}$ 和 $\mathbf{S}$ 的相对取向以及相应的能级图。$^3\Delta$ 是光谱项,$^3\Delta_1$,$^3\Delta_2$ 和 $^3\Delta_3$ 是光谱支项。

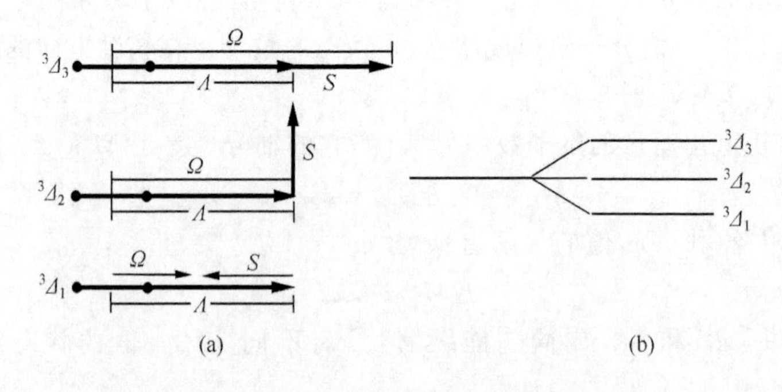


图 9-11　$^3\Delta$ 态的矢量图和能级图

对于$\Lambda < S$的情况,共有$2S+1$个$\Lambda+\Sigma$值,即有$2S+1$个支项,但只有$2\Lambda+1$个$\Omega$值。例如$\Lambda=1, S=\frac{3}{2}$的谱项$^4\Pi$有$^4\Pi_{5/2}$、$^4\Pi_{3/2}$、$^4\Pi_{1/2}$、$4\Pi_{-1/2}$四个光谱支项,其中有两个光谱支项的$\Omega$值相同。

对于$\Sigma$态还可按对称性分类,如果相对于一包含分子轴的平面对称就是"+"态,写作$\Sigma^+$;否则是"−"态,写作$\Sigma^-$。

对于同核双原子分子,因为有一对称中心,所以状态函数相对于它可以是对称的,也可以是反对称的。对称的在光谱项符号的右下角注一"$g$"字,反对称的注一"$u$"字,例如$\Sigma_g^+$、$^3\Pi_u$等。因为$g\times g=g, u\times u=g, g\times u=u$,所以只有当$u$型轨道上的电子数等于奇数时,才得到中心反对称的分子态($u$态或奇态),其余都是中心对称的分子态($g$态或偶态)。

表3-7列出一些双原子分子基态的光谱项。

(2) 分子中电子能级的跃迁:分子从一个电子态跃迁到另一电子态遵守的选律

(i) $\Delta S=0$

即各电子在跃迁过程中自旋的方向不能改变。这一选律对于重原子常常有例外。

(ii) $\Delta\Lambda=0, \pm 1$

(iii) $\Sigma^+ \longleftrightarrow \Sigma^+$　　$\Sigma^- \longleftrightarrow \Sigma^-$　　$\Sigma^+ \not\longleftrightarrow \Sigma^-$

(iv) $u \longleftrightarrow g$　　$u \not\longleftrightarrow u$　　$g \not\longleftrightarrow g$

在(iii)和(iv)式中,$\longleftrightarrow$表示允许的跃迁,$\not\longleftrightarrow$表示不允许的跃迁。所以这两式表示在跃迁时中心对称性必需改变,而节面对称性则不能改变。

氢分子基态的光谱项是$^1\Sigma_g^+$,吸收一个能量等于11.4 eV的光子跃迁到激发态$^1\Sigma_u^+$(电子排布是$(\sigma_g 1s)^1(\sigma_u^* 1s)^1$,也可以吸收一个能量为12.3 eV的电子跃迁到激发态$^1\Pi_u^+$,相应的谱线都在远紫外区。我们用分辨率不大的光谱仪可在远紫外区找到一些粗线(谱带组),它们的波数可用类似里德伯公式写出

$$\tilde{\nu}=A-\frac{B}{(n+\alpha)^2}, \quad n=1,2,\cdots$$

其中$A$,$B$和$\alpha$是常数。随$\tilde{\nu}$增大谱带组间的距离很快地减小,减小到与连续部分相接时即为离子化电势。$H_2$的$\sigma 1s$电子的离子化电势$I=\lim\limits_{n\to\infty}\tilde{\nu}_{1s}=15.13$ eV。HI的离子化电势等于10.38 eV。

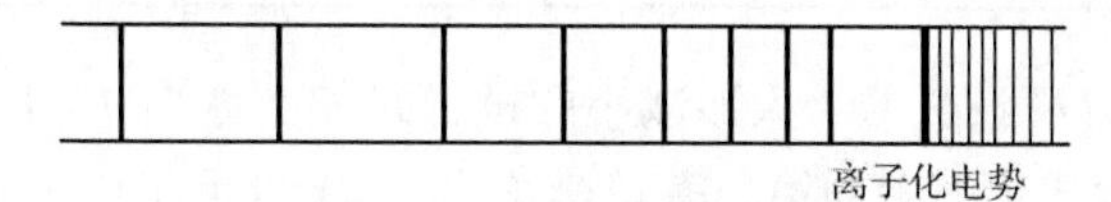


图9-12　$H_2$的里德伯带系

## 2. 电子-振动光谱

(1) 实验结果：在分子的电子光谱中除里德伯带系外，还包括有谱带距离改变较慢的带系，称为进行式带系。CO、$I_2$ 和 $S_2$ 分子只有一个强度足够大的进行式带系，而 PN 分子的发射光谱有几个进行式带系(图 9-13)。某些进行式带系的谱带距离(用波数表示)随波长增大而慢慢地减小，如果经过适当的平移，把每一进行式的第一条谱带重合，其他相当的谱带也都会重合起来。所以这些进行式带系中每一个所包含的谱带波数可用下面的经验公式来表示：

$$\tilde{\nu}(v'') = \tilde{\nu}v' - (a''v'' - b''v''^2), \qquad v'' = 0,1,2,\cdots \tag{9-55}$$

式中 $\tilde{\nu}_{v'}$ 和 $a''$，$b''$ 都是正的常数，且 $a'' \gg b''$。对于不同的进行式带系，$a''$ 和 $b''$ 相等。而 $\tilde{\nu}_{v'}$ 是不同的。对于 PN 的第二个进行式带系

$$\tilde{\nu} = 40786.8 - (1329.38v'' - 6.98v''^2) \tag{9-56}$$

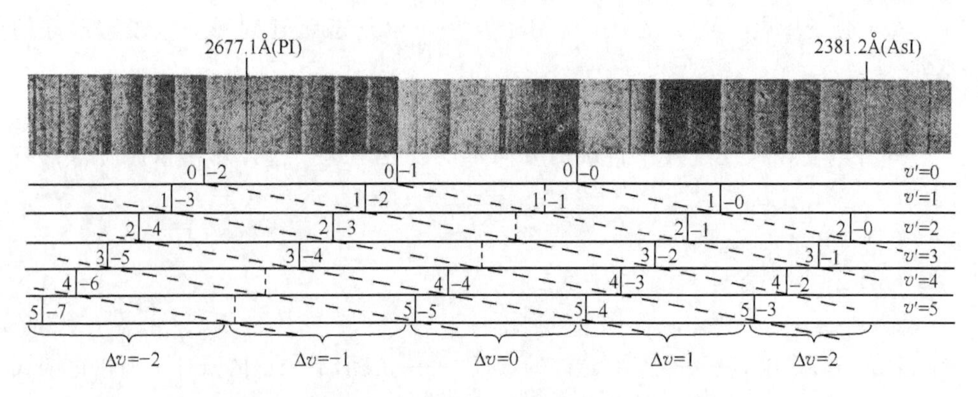


图 9-13 PN 分子的发射带状光谱

图下同一横行指出的谱线是一个 $v''$- 进行式带系，同一虚线联结的谱线是一个 $v'$- 进行式带系

表 9-7 列出观察值及用上式计算的结果。

**表 9-7 PN 光谱中 $v'=1$ 的 $v''$-进行式带系**

| $v''$ | $\tilde{\nu}$(实验值) | $\tilde{\nu}$(计算值) |
|---|---|---|
| 0 | 40 786.2 | 40 786.8 |
| 1 | 39 467.2 | 39 464.4 |
| 2 | 38 155.5 | 38 156.0 |
| 3 | 36 861.3 | 36 861.5 |

这些谱带距离随波长的增大而减小的进行式带系称为 $v''$- 进行式带系。

取各 $v''$- 进行式带系中的第一条谱带 ($v'' = 0$) 也可组成一个进行式带系，称为 $v'$- 进行式带系，$v'$- 进行式带系的特点是谱带间距离随波长增大而增大，各谱

带的波数可用下面经验公式表示：

$$\tilde{\nu}(v') = \tilde{\nu}_{00} + (a'v' - b'v'^2), \qquad v' = 0,1,2,\cdots \tag{9-57}$$

$\tilde{\nu}_{00}$ 和 $a'$、$b'$ 是正的常数，$a'$、$b'$ 与 $a''$、$b''$ 大小不相等。对于 PN 分子

$$\tilde{\nu}(v') = 39699.0 + (1094.80v' - 7.25v'^2) \tag{9-58}$$

表 9-8 列出实验值与用上式计算的结果。

**表 9-8　PN 光谱中的 $v'$-进行式($v''=0$)**

| $v'$ | $\tilde{\nu}$(实验) | $\tilde{\nu}$(计算) |
|---|---|---|
| 0 | 39 699.1 | 39 699.0 |
| 1 | 40 786.8 | 40 786.6 |
| 2 | 41 858.9 | 41 859.6 |
| 3 | 42 919.0 | 42 918.2 |
| 4 | 43 962.0 | 43 962.2 |
| 5 | 44 991.3 | 44 991.8 |
| 6 | 46 007.3 | 46 006.8 |
| 7 | 47 005.6 | 47 007.4 |
| 8 | 47 995.0 | 47 993.4 |
| 9 | 48 964.4 | 48 965.0 |

把(9-57)式代入(9-55)式得

$$\tilde{\nu}(v'v'') = \tilde{\nu}_{00} + (a'v' - b'v'^2) - (a''v'' - b''v''^2) \tag{9-59}$$

对于 PN 分子

$$\tilde{\nu} = 39699.0 + (1094.80v' - 7.25v'^2) - (1329.38v'' - 6.98v''^2) \tag{9-60}$$

式(9-59)表示所有进行式谱带组成的带系。当 $v' = v'' = 0$ 时，$\tilde{\nu} = \tilde{\nu}_{00}$，所以 $\tilde{\nu}_{00}$ 是带系中第一条谱带的波数，也是最强的一条，称为 0-0 带。在很多情形下可以找到几个这样的带系，分布在不同的光谱区（如 $N_2$ 分子），有时也相互重叠（如 CO 分子）。

(2) 理论解释：分子的电子能级距离比振动能级大得多，电子能级跃迁时一定伴随有分子振动能级的跳动。分子的电子-振动能量

$$E = E_e + \left(v + \frac{1}{2}\right)hc\tilde{\omega} - \left(v + \frac{1}{2}\right)^2 hcx\tilde{\omega} \tag{9-61}$$

分子从下一电子能级的振动能级跃迁到上一电子能级的振动能级吸收光子的波数等于

$$\tilde{\nu} = \frac{\Delta E_e}{hc} + \left[\left(v' + \frac{1}{2}\right)\tilde{\omega}' - \left(v' + \frac{1}{2}\right)^2 x'\tilde{\omega}'\right] - \left[\left(v'' + \frac{1}{2}\right)\tilde{\omega}'' - \left(v'' + \frac{1}{2}\right)^2 x''\tilde{\omega}''\right] \tag{9-62}$$

$\tilde{\omega}'$ 和 $\tilde{\omega}''$ 表示不同电子能级的振动频率,它们互不相等,上式重新排列,整理后得

$$\tilde{\nu} = \left\{ \frac{\Delta E_{\mathrm{e}}}{hc} + \left( \frac{1}{2}\tilde{\omega}' - \frac{1}{4}\tilde{\omega}'x' \right) - \left( \frac{1}{2}\tilde{\omega}'' - \frac{1}{4}\tilde{\omega}''x'' \right) \right\}$$
$$+ \{ (\tilde{\omega}' + \tilde{\omega}'x')v' - \tilde{\omega}'x'v'^2 \} - \{ (\tilde{\omega}'' + \tilde{\omega}''x'')v'' - \tilde{\omega}''x''v''^2 \} \tag{9-63}$$

与经验公式比较知

$$\tilde{\nu}_{00} = \frac{\Delta E_{\mathrm{e}}}{hc} + \left( \frac{1}{2}\tilde{\omega}' - \frac{1}{4}\tilde{\omega}'x' \right) - \left( \frac{1}{2}\tilde{\omega}'' - \frac{1}{4}\tilde{\omega}''x'' \right) \tag{9-64}$$

$$a' = \tilde{\omega}' + \tilde{\omega}'x' \qquad a'' = \tilde{\omega}'' + \tilde{\omega}''x'' \tag{9-65}$$

$$b' = \tilde{\omega}'x' \qquad b'' = \tilde{\omega}''x'' \tag{9-66}$$

选律:对于极性和非极性分子

$$\Delta S = 0, \quad \Delta\Lambda = 0, \pm 1, \quad \Delta v = 0, \pm 1, \pm 2, \cdots$$

对于 $\Sigma$ 状态,电子能级的跃迁

$$\Sigma^+ \longleftrightarrow \Sigma^+, \Sigma^- \longleftrightarrow \Sigma^-, u \longleftrightarrow g, \Delta v = 0, \pm 1, \pm 2, \cdots$$

图 9-14 画出分子从电子基态到激发态可能的跃迁,$v''$ 表基态的振动量子数,$v'$ 表激发态的振动量子数,从同一 $v''$ 能级出发的跃迁合为一个 $v'$ 进行式带系,却达同一 $v'$ 能级的跃迁合为一个 $v''$-进行式带系,从零列 ($v' = 0$) 各谱带的相对波数可以得到分子振劫谱项 $G(v'')$,从而计算分子的离解能。

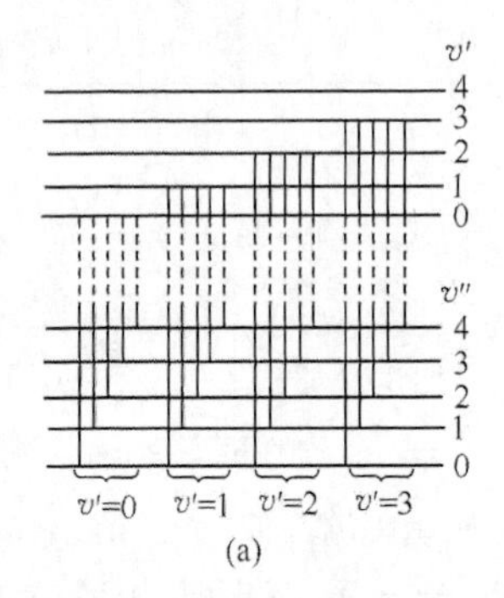


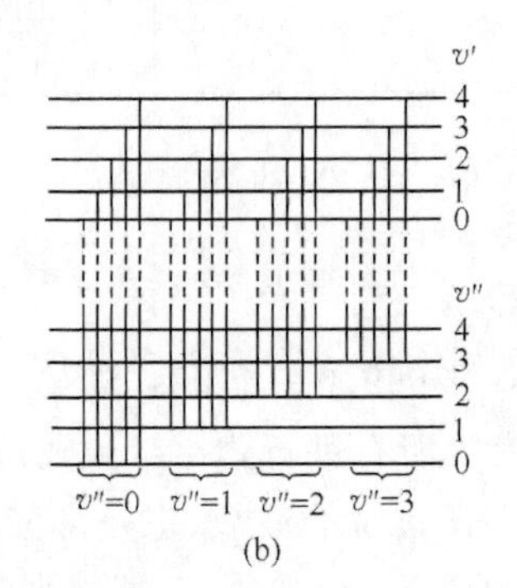


图 9-14 进行式带系的能级图

(a) $v''$- 进行式带系; (b) $v'$- 进行式带系

(3) 弗兰克-康登(Franck-Condon)原理:在一般情况(没有外界的扰动)分子处于基态 $v'' = 0$ 的几率最大,所以吸收光谱中与 $v'' = 0$ 相应的第一个 $v'$- 进行式带系的谱带最强,称为零谱带系。零谱带系各谱带的强度分布(图 9-15),有三种情况:① $v' = 0$ 带最强,随 $v'$ 增加光强很快减小。②开始时谱带强度随 $v''$ 而增加,增大到一个 $v''$ 值以后强度慢慢减小。③ $v'$ 小的谱带强度弱,随 $v'$ 增加强度增大,直到离解的连续区。

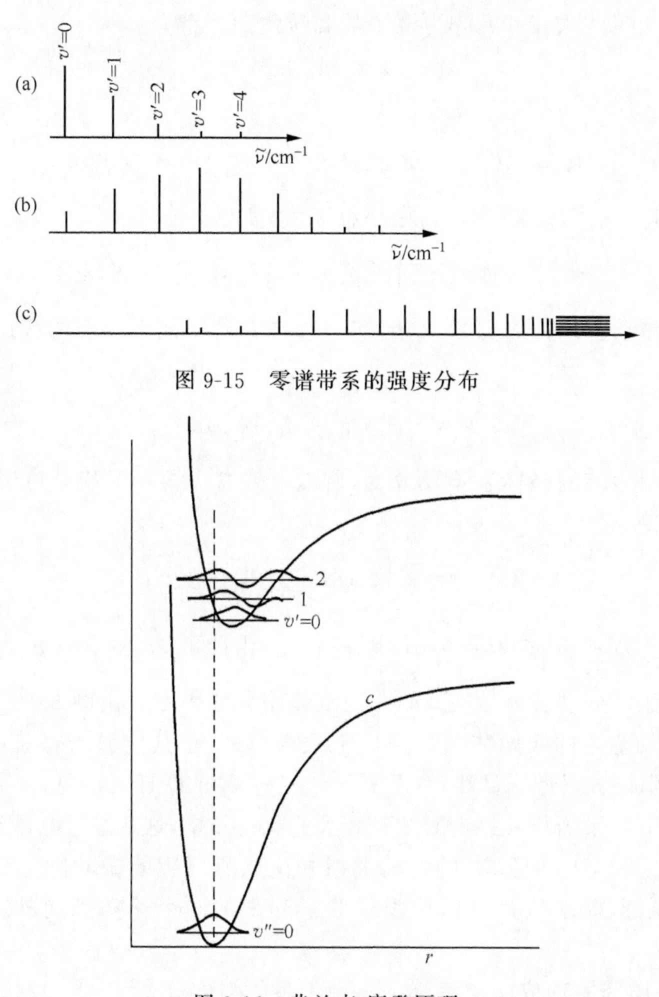


图 9-15　零谱带系的强度分布

图 9-16　弗兰克-康登原理

弗兰克-康登原理(图 9-16):弗兰克首先提出这一原理的基本思想(1925),康登用量子力学加以说明(1928)。他们认为:电子跃迁的过程是一个非常迅速的过程,跃迁后电子态虽有改变,但核的运动在这样短的时间内来不及跟上,保持着原状(原来的核间距和振动速度)。用图像表示,即从基态(下一电子能级的最低振动态 $v''=0$)画一垂线与上一电子能级的势能曲线相交,假定交于 $v'=v'_k$,则跃迁到振动态 $v'=v'_k$ 的可能性最大。

弗兰克-康登原理的证明如下:设始态和终态的总波函数分别为 $\psi''$ 和 $\psi'$,在忽略转动运动的情况下,总波函数可写成电子运动的波函数 $\psi_e$ 和振动运动的波函数 $\psi_v$ 的乘积。由状态 $\psi''$ 跃迁至 $\psi'$ 的几率正比于跃迁电偶极矩 $\mathbf{R}$ 的平方(参看 §10－1)

$$\mathbf{R}=\int\psi'^{*}\mathbf{M}\psi''d\tau$$

$\mathbf{M}$为体系的电偶极矩，可拆分为电子的和核的两个部分

$$\mathbf{M} = \mathbf{M}_e + \mathbf{M}_n$$

因此

$$\mathbf{R} = \int \psi_e'^* \psi_v'^* \mathbf{M}_e \psi_e'' \psi_v'' d\tau + \int \psi_e'^* \psi_v'^* \mathbf{M}_n \psi_e'' \psi_v'' d\tau$$

由于 $\mathbf{M}_n$ 与电子坐标无关，$\mathbf{M}_e$ 与核坐标无关，所以

$$\mathbf{R} = \int \psi_e'^* \mathbf{M}_e \psi_e'' d\tau_e \int \psi_v' \psi_v'' dr + \int \psi_v' \mathbf{M}_n \psi_v'' dr \int \psi_e'^* \psi_e'' d\tau_e$$

上式中用了振动波函数为实数及 $d\tau_n = dr$，注意到不同电子态的波函数 $\psi_e'$ 及 $\psi_e''$ 互相正交，于是

$$\mathbf{R} = \int \psi_e'^* \mathbf{M}_e \psi_e'' d\tau_e \int \psi_v' \psi_v'' dr$$

由于跃迁过程中核的坐标来不及改变，所以上式右边第一个积分可近似视为常数，记为 $\overline{\mathbf{R}}_e$，于是

$$\mathbf{R}_{v'' \to v'} = \overline{\mathbf{R}}_e \int \psi_v' \psi_v'' dr = \overline{\mathbf{R}}_e P_{FC}(v''v')$$

$P_{FC}(v''v') = \int \psi_v' \psi_v'' dr$ 称为弗兰克-康登因子。由此可见，振动态 $v''$ 至振动态 $v'$ 的跃迁几率正比于振动波函数 $\psi_v'$ 和 $\psi_v''$ 的重叠积分的平方。由图 9-16 可知，除 $v'$ 或 $v'' = 0$ 即振动基态的波函数在 $r = r_e$ 取极大以外，在其他振动态波函数极大出现在振动的极限位置附近。显然，对于 $v'' = 0 \longrightarrow v_k'$ 的跃迁，仅当振动 $v_k'$ 的极限位置与振动 $v'' = 0$ 的平衡位置接近时才有较大的跃迁几率，这就是过电子态 $\psi_e''$ 的平衡核间距 $r_e''$ 作一垂线与电子态 $\psi_e'$ 的势能曲线相交点所对应的振动态。对于 $v'' \neq 0$ 与 $v' \neq 0$ 间的跃迁，极限位置可以用垂线联系起来的两个振动态间的跃迁有最大的几率。

弗兰克-康登原理成功地解释了零谱带系的强度分布。

①当上下两个电子能级的势能曲线最低点的位置相近时，从 $v''=0$ 到 $v'=0$ 的跃迁可能最大，强度也越强。$v'>0$ 的状态跃迁较难，所以谱带强度随 $v'$ 增大迅速减小。②上下两个势能曲线最低点位置不同时，如果上面的平衡距离大，跃迁到振动态 $v'=0$ 的可能性就不是最大的，最大的可能是从 $A$ 到 $B$，所以相当于 $v'=B$ 的谱带最强。③如果上一电子能级的势能曲线平衡距离较大而且较平浅时，跃迁到可能性最大的能级已经是离解状态，所以谱带系的一端成为连续谱。利用连续谱的边界波数也可以计算分子的离解能。

用弗兰克-康登原理还可以解释发射光谱中，一个谱带系有两条强度最大的谱带的现象(图 9-18)，这是由于分子在上一电子态的 $AB$ 振动能级，核间距离停留在 $OA$、$OB$ 的时间最长。所以向下一电子态跃迁时跃迁到振动能级 $CD$ 和 $EF$ 的可能性最大，谱带系中出现两条强度最大的谱带。

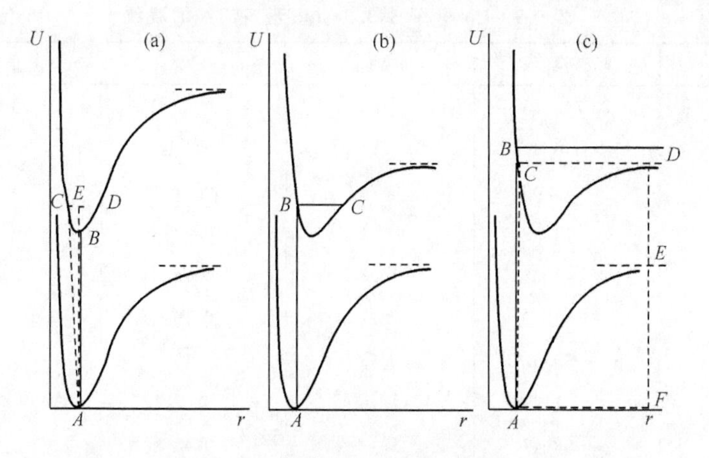


图 9-17　弗兰克-康登原理对零谱带系强度分布的解释

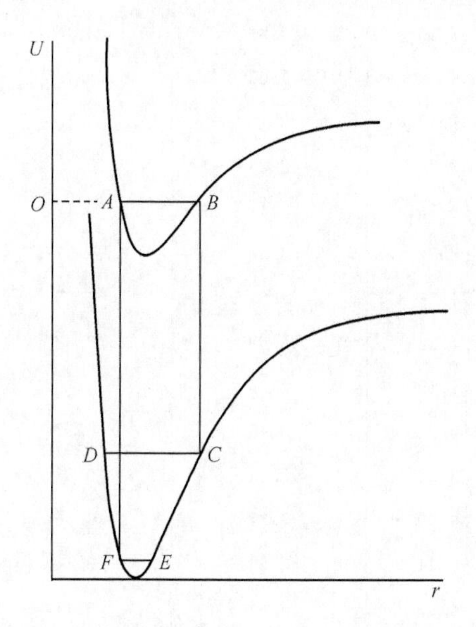


图 9-18　发射光谱强度分布的弗兰克-康登原理解释

### 3. 电子-振动-转动光谱

(1) 实验结果：用分辨率很高的光谱仪观察双原子分子的电子-振动光谱的谱带，发现每一条谱带都是由很多谱线组成，形状很像振动-转动光谱，表 9-9 列出 CN 分子 388. 34 nm 谱带中各谱线的波数，谱线间的距离以及距离的差值。由于相邻两谱线间的距离近于线性地增加，而距离的差值在误差范围内等于常数，所以

**表 9-9　CN 分子 388.34 nm 带各谱线的波数**　　(单位:$cm^{-1}$)

| $m$ | $\tilde{\nu}$(实验值) | $\Delta\tilde{\nu}$ | $\Delta^2\tilde{\nu}$ | $\tilde{\nu}$(计算值)按(9-68)式 |
|---|---|---|---|---|
| −24 | 25 744.73 | | | 25 744.43 |
| −23 | 45.34 | 0.61 | 0.13 | 45.11 |
| −22 | 46.08 | 0.74 | 0.17 | 45.91 |
| −21 | 46.99 | 0.91 | 0.12 | 46.85 |
| −20 | 48.02 | 1.03 | 0.14 | 47.92 |
| −19 | 49.19 | 1.17 | 0.16 | 49.14 |
| −18 | 50.52 | 1.33 | 0.13 | 50.49 |
| −17 | 51.98 | 1.46 | 0.03 | 51.98 |
| −16 | 53.47 | 1.49 | 0.43 | 53.60 |
| −15 | 55.39 | 1.92 | −0.05 | 55.35 |
| −14 | 57.26 | 1.87 | 0.16 | 57.25 |
| −13 | 59.29 | 2.03 | 0.15 | 59.26 |
| −12 | 61.47 | 2.18 | 0.10 | 61.42 |
| −11 | 63.75 | 2.28 | 0.13 | 63.72 |
| −10 | 66.16 | 2.41 | 0.15 | 66.14 |
| −9 | 68.72 | 2.56 | 0.07 | 68.71 |
| −8 | 71.53 | 2.63 | 0.25 | 71.41 |
| −7 | 74.23 | 2.88 | 0.08 | 74.24 |
| −6 | 77.19 | 2.96 | | 77.21 |
| −5 | 80.32 | 3.13 | 0.17 | 80.23 |
| −4 | 83.53 | 3.21 | 0.08 | 83.55 |
| −3 | 86.90 | 3.37 | 0.16 | 86.93 |
| −2 | 90.41 | 3.51 | 0.14 | 90.44 |
| −1 | 94.03 | 3.62 | 0.11 | 94.07 |
| 0 | | | | 97.85 |
| +1 | 25 801.81 | 3.99 | | 25 801.77 |
| +2 | 05.80 | 4.21 | 0.22 | 05.81 |
| +3 | 10.01 | 4.22 | 0.01 | 10.01 |
| +4 | 14.23 | 4.52 | 0.30 | 14.32 |
| +5 | 18.75 | | | 18.77 |
| +6 | (23.88)* | | | 23.37 |

续表

| $m$ | $\tilde{\nu}$(实验值) | $\Delta\tilde{\nu}$ | $\Delta^2\tilde{\nu}$ | $\tilde{\nu}$(计算值)按(9-68)式 |
|---|---|---|---|---|
| +7 | 28.06 | 4.96 | | 28.09 |
| +8 | 33.02 | 4.95 | | 32.94 |
| +9 | 37.97 | 5.16 | −0.01 | 37.94 |
| +10 | 43.13 | 5.27 | 0.21 | 43.07 |
| +11 | 48.04 | 5.37 | 0.11 | 48.34 |
| +12 | 53.77 | 5.51 | 0.10 | 53.74 |
| +13 | 59.28 | 5.62 | 0.14 | 59.26 |
| +14 | 64.90 | 5.70 | 0.11 | 64.93 |
| +15 | 70.60 | 6.09 | 0.08 | 70.74 |
| +16 | 76.69 | 6.04 | 0.39 | 76.68 |
| +17 | 82.73 | 6.18 | −0.05 | 82.75 |
| +18 | 88.91 | 6.31 | 0.14 | 88.96 |
| +19 | 95.22 | 6.41 | 0.13 | 95.30 |
| +20 | 25 901.63 | 6.63 | 0.10 | 25 901.78 |
| +21 | 08.26 | 6.69 | 0.22 | 08.40 |
| +22 | 14.95 | 6.91 | 0.06 | 15.15 |
| +23 | 21.86 | 6.97 | 0.22 | 22.03 |
| +24 | 28.83 | | 0.06 | 29.05 |

* 此线被另一线谱头所重叠。

同一谱带各谱线的波数可用公式：

$$\tilde{\nu} = c + dm + em^2 \tag{9-67}$$

表示，式中 $c$、$d$、$e$ 是常数。$m$=1,2,…各谱线合称 $R$ 支，$m$=−1,−2,…各谱线合称 $P$ 支，$m$=0 称为 $Q$ 支。对于 CN 分子的 388.34 nm 谱带

$$\tilde{\nu} = 25797.85 + 3.848m + 0.0675m^2 \tag{9-68}$$

(2) 理论解释：分子的转动能量比电子和振动能量小很多，当电子-振动能级跃迁时不可避免地有转动能级的跳动。

分子的总能量

$$E = E_e + E_v + B_v J(J+1)hc \tag{9-69}$$

分子能级跃迁时产生谱线的波

$$\tilde{\nu} = (T'_e - T''_e) + (G'_v - G''_v) + B'_v J'(J'+1) - B''_v J''(J''+1) \tag{9-70}$$

式中 $B'_v$ 和 $B''_v$ 分别是属于振动态 $v'$ 和 $v''$ 的转动常数，所以 $B'_v$ 和 $B''_v$ 不相等。对于选定的谱带系，$\Delta E_e$ 是常数，在同一谱带 $T'_e-T''_e$ 和 $G'_v-G''_v$ 都是常数，所以

$$\tilde{\nu}=\tilde{\nu}_0+B'_vJ'(J'+1)-B''_vJ''(J''+1) \tag{9-71}$$

$$\tilde{\nu}_0=(T'_e-T''_e)+(G'_v-G''_v)$$

选律

(i) 如果上下分子能级都是属于 Σ 电子态，则

$$\Delta J=\pm 1$$

没有 $Q$ 支。

(ii) 如果有一个电子态不是 Σ 态

$$\Delta J=0,\pm 1$$

出现 $Q$ 支。

$$P\ 支(\Delta J=-1)R\ 支(\Delta J=1)\ 和\ Q\ 支(\Delta J=0)$$

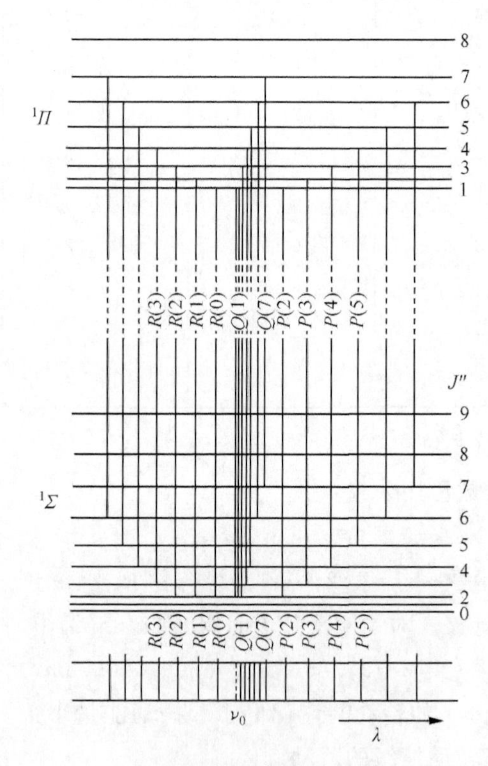


图 9-19　谱带的能级图

谱线波数依次为

$$\tilde{\nu}_P=\tilde{\nu}_0+B'_v(J-1)J-B''_v(J+1)J$$

$$= \tilde{\nu}_0 - (B'_v + B''_v)J + (B'_v - B''_v)J^2$$

$$J = 1,2,3,\cdots \tag{9-72}$$

$$\tilde{\nu}_R = \tilde{\nu}_0 + (B'_v + B''_v)J + (B'_v - B''_v)J^2$$

$$J = 0,1,2,\cdots \tag{9-73}$$

$$\tilde{\nu}_Q = \tilde{\nu}_0 + (B'_v - B''_v)J(J+1)$$

$$J = 1,2,\cdots \tag{9-74}$$

因为 $B'_v$ 和 $B''_v$ 数值相差很小，所以 $Q$ 支各谱线排列很紧密。

$P$ 支和 $R$ 支可用一个公式表示，即

$$\tilde{\nu} = \tilde{\nu}_0 + (B'_v + B''_v)m + (B'_v - B''_v)m^2 \tag{9-75}$$

$m=1,2,\cdots$ 为 $R$ 支，$m=-1,-2,\cdots$ 为 $P$ 支。上式与经验公式(9-67)式比较，得

$$d = B'_v + B''_v \qquad e = B'_v - B''_v \tag{9-76}$$

对于 CN 分子的 388.34 nm 谱带，$d=3.848\ \mathrm{cm^{-1}}$，$e=0.0675\ \mathrm{cm^{-1}}$，所以 $B'_v=1.9578\ \mathrm{cm^{-1}}$，$B''_v=1.8903\ \mathrm{cm^{-1}}$。

到这里为止，已经全部讨论了双原子分子结构、分子的内部运动和在各光谱区分子光谱的相互联系问题。

## §9-5　双原子分子的拉曼光谱

### 1. 拉曼散射

平行光投射于气体、液体或透明晶体的样品上，大部分依原来的方向透射而过，小部分则按照不同的角度散射开来，这种现象叫做光的散射，这是由于光子与物质分子互相碰撞的结果。如果碰撞是弹性的，光子与物质分子并不发生能量的交换，那么散射光的频率与入射光的相同，只是方向改变而已，这种散射叫瑞利(Rayleigh)散射。但也可能发生非弹性碰撞。在非弹性碰撞过程中，光子将一部分能量给予分子，使分子处于振动-转动(或纯转动)的激发态，而光子的频率则减小，即散射光的频率小于入射光。如果分子原来处在振动-转动(或纯转动)的激发状态，则与光子碰撞后，可能把能量给予光子，分子回到基态，而光子的频率增加。以上两种情况都可得到与入射光频率不同的散射谱线，频率的改变 $\Delta\nu$ 相应于分子的振动-转动(或纯转动)能级的改变，这一现象称为拉曼(Raman)散射，所得的光谱称为拉曼光谱。频率低于入射光的拉曼散射线称为斯托克斯(Stokes)线；频率高于入射光的拉晕散射线称为反斯托克斯线。由于通常情况下大部分分子都处于基态，所以斯托克斯线的强度比反斯托克斯线的强度大，在拉曼光谱中观察的是斯托克斯线。拉曼散射线与入射光线的频率关系示于图 9-20。拉曼散射过程中分子的能级跃迁如图 9-21 所示。图中虚线不是分子的能级，它只表示分子起始态的

能量加上光子的能量。因而不同频率 $\nu$ 的光线作激发线，都可以观察到拉曼散射线，其频率的差值 $\Delta\nu$ 是相同的，它是分子的振动-转动（或纯转动）能级跃迁的结果。但拉曼谱线的强度与图 9-21 中虚线是否接近分子的真正能级有关，即越接近者谱线强度越大。一般而言拉曼谱线的强度很小，瑞利散射强度约为入射光强度的 $10^{-5}$，而拉曼谱线的强度约为瑞利谱线的 $10^{-2}$，为了排除激发光的干扰，拉曼谱线一般均在垂直于入射光线的方向测量。

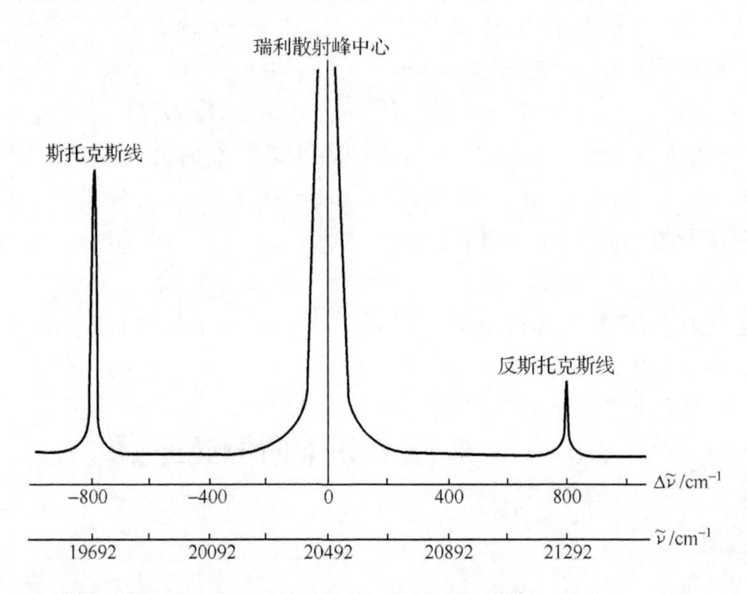


图 9-20　拉曼散射线与入射光线的频率关系，入射光为 $\lambda$=488.0 nmAr 离子激光

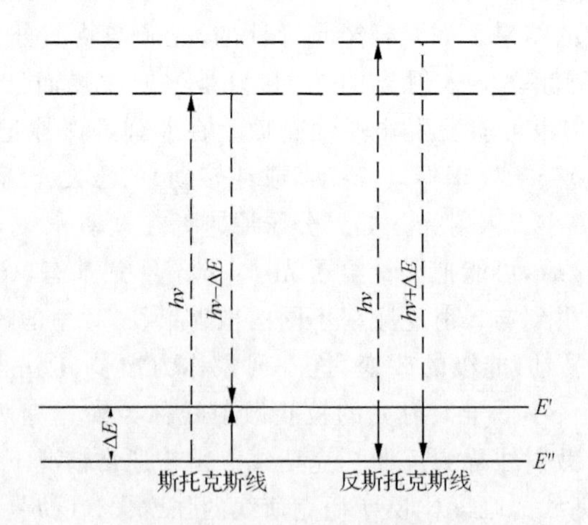


图 9-21　拉曼光谱的能级跃迁

拉曼光谱与荧光光谱有一个相同之点，即都含有与入射光频率相近的谱线，且都在垂直于入射光的方向观察，但产生这两种光谱的机制却截然不同。荧光现象是分子吸收一个光子跃迁到分子的电子激发态(可能处于该能级的不同振动-转动能级)，它或者发射出和吸收波长相同的光子(共振荧光)，或者通过与溶剂或晶体分子碰撞而失去振动能(称为振动弛豫)到达激发态能级的振动基态，然后发射一个光子回到电子能级基态的某一振动能级，这一过程经历的时间约为 $10^{-8}$ 秒。拉曼散射过程并不发射或吸收光子，而只是改变入射光的波长，这一过程非常快，约为 $10^{-15}$ 秒数量级。由于荧光现象只能吸收一定频率的光子才能发生，而拉曼现象可以在各种入射光频率下发生，因此可以选择合适的入射光频率以减小或消除可能有的荧光谱线的干扰。此外，荧光现象受溶剂或晶体影响，即通过与这些分子碰撞而退激，不发射光子(称为荧光猝灭)，而拉曼散射则不受环境影响。在强度方面，一般来说荧光谱线强度比拉曼谱线要大得多。

**2. 异核双原子分子的拉曼光谱**

(1) 实验结果：用分辨率小的拉曼光谱仪观测异核双原子分子的拉曼光谱只能得到一条最强的、与入射光频率相同的谱线——激发线(瑞利散射线)和一条强度较弱的、频率比入射光小的谱线——主拉曼线，两线间的距离(频率差)叫做大拉曼位移。表 9-10 列出一些异核双原子分子大拉曼位移的数据，并与这些分子的红外光谱的主吸收带频率比较。显然主拉曼线是入射光子与分子交换能量，改变了分子振动状态的结果。我们称这种拉曼谱为振动拉曼谱。

**表 9-10　一些异核双原子分子的振动拉曼位移和近红外谱主吸收带的位置**(单位：$cm^{-1}$)

| 分　子 | 大拉曼位移 | 近红外光谱的主吸收带 |
|---|---|---|
| HCl | 2886.0 | 2885.9 |
| HBr | 2558 | 2559.3 |
| HI | 2233 | 2230.1 |
| NO | 1877 | 1875.9 |
| CO | 2145 | 2143.2 |

如果改用分辨率大的拉曼光谱仪进行观测就会发现，在主拉曼线和激发线左右各有几条等距离的弱线，它们与主拉曼线或激发线间的距离叫做小拉曼位移。表 9-11 列出 HCl 分子的小拉曼位移各谱线的波数，这些波数可以用经验公式

$$\tilde{\nu} = \tilde{\nu}_0 \pm \left(\frac{3}{2} + m\right)p, \quad m = 0,1,2,\cdots \tag{9-77}$$

表示，$p$ 是一个常数，等于相邻谱线间的距离。对 HCl 分子 $p = 41.6\ \text{cm}^{-1}$。与 HCl 分子的远红外光谱数据（表 9-2）比较可知，这些谱线是入射光子与分子交换能量，改变了分子转动状态的结果。我们称这种拉曼谱为转动拉曼谱。图 9-22 示出 $^{12}C^{16}O$ 的转动拉曼光谱。

**表 9-11　HCl 的转动拉曼位移**

| $m$ | $\Delta\tilde{\nu}$(实验值) | $\Delta^2\tilde{\nu}$ | $\Delta\tilde{\nu}$(计算值) |
|---|---|---|---|
| 2 | +143.8 | 39.5 | 145.7 |
| 3 | +183.3 | 38.9 | 187.4 |
| 4 | +232.2 |  | 229.0 |
| 1 | −101.1 | 41.6 | 104.1 |
| 2 | −142.7 | 44.8 | 145.7 |
| 3 | −187.5 | 41.9 | 187.4 |
| 4 | −229.4 | 41.6 | 229.0 |
| 5 | −271.0 | 41.9 | 270.7 |
| 6 | −312.9 | 40.0 | 312.3 |
| 7 | −353.0 |  | 353.9 |

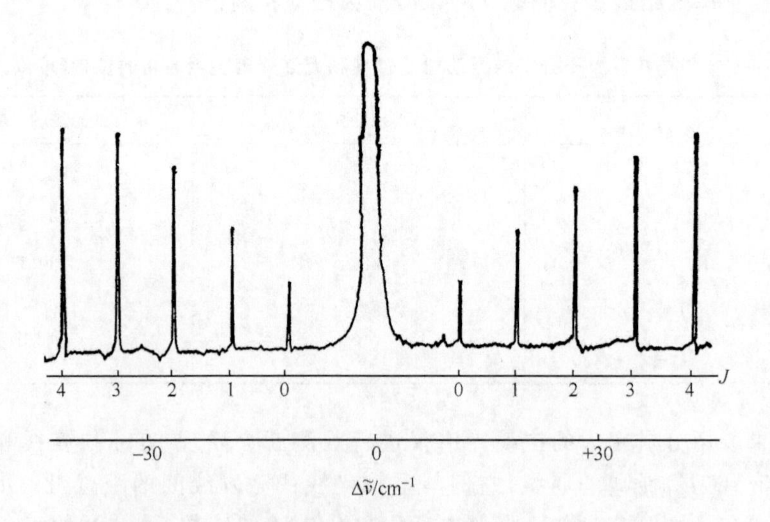


图 9-22　$^{12}C^{16}O$ 的转动拉曼光谱（激发线 $\lambda = 414.5$ nm）

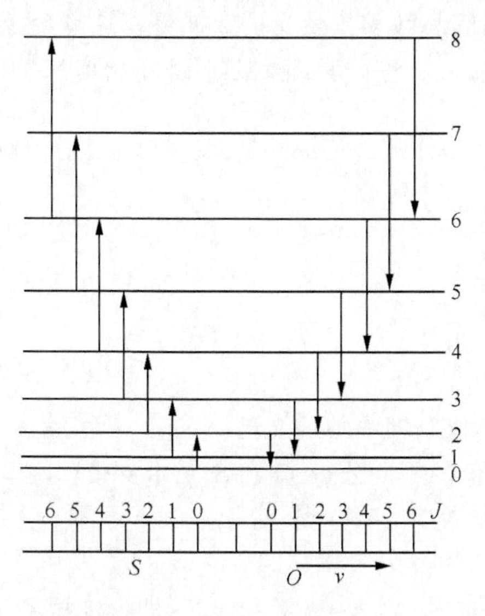


图 9-23　转动拉曼光谱

(2) 理论解释：

(i) 转动拉曼光谱：如果不考虑转动能量的校正项，双原子分子的转动谱项为

$$F(J) \approx BJ(J+1) \tag{9-78}$$

量子力学理论和实验都证明，仅当分子的运动改变分子的沿入射光方向的极化率时才能与入射光子发生能量交换，产生拉曼位移。对于双原子分子的转动拉曼光谱的选律是

$$\Delta J = 0, \pm 2 \tag{9-79}$$

在常温时大量分子可以按照玻尔兹曼定律分布在各转动能级，所以转动拉曼光谱是多线的。

$\Delta J = 0$，$Q$ 支，$\tilde{\nu}_Q = \tilde{\nu}_0$，即主拉曼线

$\Delta J = -2$，$O$ 支，$\tilde{\nu}_O = \tilde{\nu}_0 + 4B\left(J + \frac{3}{2}\right)$，$J = 0, 1, 2, 3, \cdots$

$\Delta J = 2$，$S$ 支，$\tilde{\nu}_S = \tilde{\nu}_0 - 4B\left(J + \frac{3}{2}\right)$，$J = 0, 1, 2, 3, \cdots$

$\tilde{\nu}_0$ 为激发线的波数。

$O$ 支和 $S$ 支的频率公式写在一起就是

$$\tilde{\nu} = \tilde{\nu}_0 \pm 4B\left(J + \frac{3}{2}\right), J = 0, 1, 2, \cdots \tag{9-80}$$

与经验公式比较

$$p = 4B \tag{9-81}$$

即 $O$ 支和 $S$ 支相邻谱线间距离为 $4B$，$O$ 支和 $S$ 支第一条谱线间的距离为 $12B$。

像远红外光谱一样，从转动拉曼光谱数据可以计算分子的键长等。

(ii) 振动拉曼光谱：双原子分子的振动-转动谱项等于

$$T(v,J)=\left(v+\frac{1}{2}\right)\tilde{\omega}-\left(v+\frac{1}{2}\right)^2 x\tilde{\omega}+BJ(J+1) \tag{9-82}$$

$$v,J=0,1,2,\cdots$$

选律：

$\Delta v=0,\pm 1,\pm 2,\cdots$

$\Delta J=0,\pm 2$

如 $\Delta v=0,\Delta J=0,\pm 2$，即纯转动光谱。

如 $\Delta v=1$，依 $\Delta J$ 值的不同分 $O$、$Q$ 和 $S$ 三个支带：

$$\Delta J=0, Q \text{ 支，对于 } v=0\rightarrow v=1$$

$$\tilde{\nu}=\tilde{\nu}_0-(\tilde{\omega}-2x\tilde{\omega}) \tag{9-83}$$

$$\Delta\tilde{\nu}=\tilde{\nu}-\tilde{\nu}_0=-(\tilde{\omega}-2x\tilde{\omega}) \text{ 即振动拉曼位移。}$$

$\Delta J=-2$，$O$ 支

$$\tilde{\nu}_O=\tilde{\nu}_0-(\tilde{\omega}-2x\tilde{\omega})+4B\left(J+\frac{3}{2}\right), J=0,1,2,\cdots \tag{9-84}$$

$\Delta J=2$，$S$ 支

$$\tilde{\nu}_S=\tilde{\nu}_0-(\tilde{\omega}-2x\tilde{\omega})-4B\left(J+\frac{3}{2}\right), J=0,1,2,\cdots \tag{9-85}$$

$O$ 支和 $S$ 支的频率公式合写在一起即

$$\tilde{\nu}=\{\tilde{\nu}_0-(\tilde{\omega}-2x\tilde{\omega})\}\pm 4B\left(J+\frac{3}{2}\right), J=0,1,2,\cdots$$

$O$ 支和 $S$ 支相邻谱线间距离为 $4B$，两支第一线间距离为 $12B$。

如 $\Delta v=2$，也有 $O$,$Q$ 和 $S$ 三个支带：

$$\Delta J=0, Q \text{ 支}, \tilde{\nu}=\tilde{\nu}_0-2(\tilde{\omega}-2x\tilde{\omega}) \tag{9-86}$$

$$\Delta J=-2, O \text{ 支}, \tilde{\nu}=\tilde{\nu}_0-2(\tilde{\omega}-2x\tilde{\omega})+4B\left(J+\frac{3}{2}\right) \tag{9-87}$$

$$\Delta J=2, S \text{ 支}, \tilde{\nu}=\tilde{\nu}_0-2(\tilde{\omega}-2x\tilde{\omega})-4B\left(J+\frac{3}{2}\right) \tag{9-88}$$

因为谱线很弱，不易观察到。

像红外光谱一样，也可以从振动拉曼光谱数据计算出核间距和离解能等。

**表 9-12　异核双原子分子的振动拉曼光谱与近红外谱**

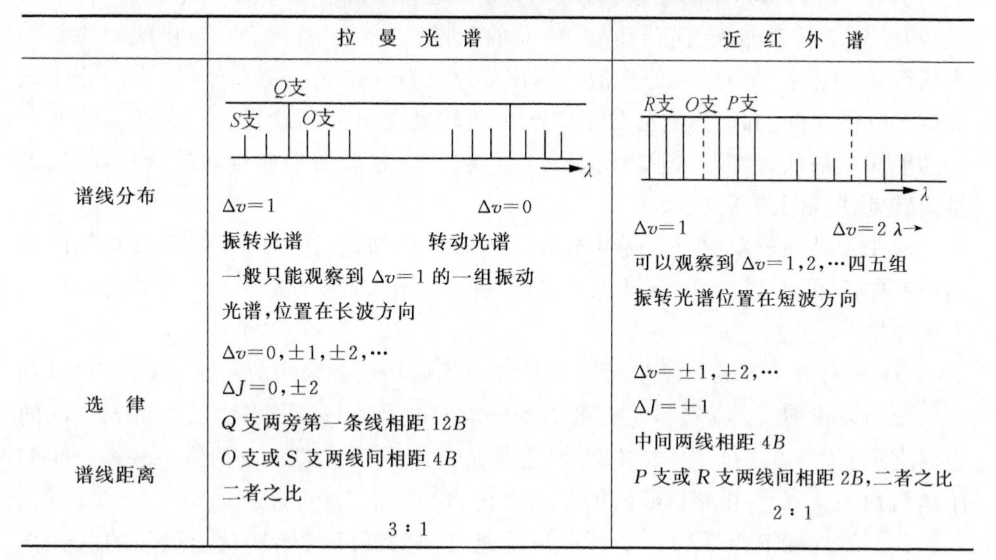


| | 拉曼光谱 | 近红外谱 |
|---|---|---|
| 谱线分布 | $\Delta v=1$　　$\Delta v=0$<br>振转光谱　　转动光谱<br>一般只能观察到 $\Delta v=1$ 的一组振动光谱,位置在长波方向 | $\Delta v=1$　　$\Delta v=2$ $\lambda\rightarrow$<br>可以观察到 $\Delta v=1,2,\cdots$ 四五组振转光谱位置在短波方向 |
| 选　律 | $\Delta v=0,\pm1,\pm2,\cdots$<br>$\Delta J=0,\pm2$ | $\Delta v=\pm1,\pm2,\cdots$<br>$\Delta J=\pm1$ |
| 谱线距离 | $Q$ 支两旁第一条线相距 $12B$<br>$O$ 支或 $S$ 支两线间相距 $4B$<br>二者之比<br>3 : 1 | 中间两线相距 $4B$<br>$P$ 支或 $R$ 支两线间相距 $2B$,二者之比<br>2 : 1 |

## 3. 同核双原子分子的拉曼光谱

同核双原子分子因为没有偶极矩,所以没有红外光谱。但双原子分子的振动会改变分子的极化率。例如,当键伸长时,电子离核比较远,受核的吸引比较弱,因而更易于极化。反之,当键缩短时,电子变得更难于极化。因此双原子分子的这种伸缩振动可以与入射光发生能量交换,使入射光发生拉曼位移。分子的转动(如绕垂直于入射光的 $C_2$ 轴)会使分子的极化率周期地变化,也可以使入射光发生拉曼位移。因此我们可以通过研究同核双原子分子的拉曼光谱获得它们的振动和转动能级方面的知识,测定其键长等。

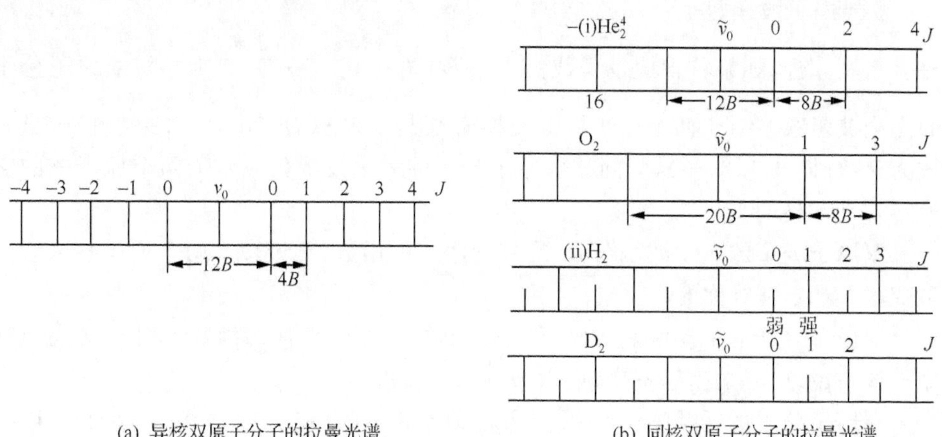


(a) 异核双原子分子的拉曼光谱　　(b) 同核双原子分子的拉曼光谱

图 9-24

(1) 实验结果：异核双原子分子的拉曼光谱包括单数 $J$ 转动能级(奇转动能级)和双数 $J$ 转动能级(偶转动能级)间的跃迁，$O$ 支与 $S$ 支第一条谱线间隔是 $O$ 支或 $S$ 支中相邻谱线距离的三倍。同核双原子分子的情形有些不同，有的分子缺少奇转动能级间的跃迁，有的分子则缺少偶转动能级间的跃迁。也有的虽然两种转动能级间的跃迁都有，但谱线的强度不同，或者是奇转动能级间的跃迁强，或者是偶转动能级间的跃迁强。

对于各种同核双原子分子的核自旋的研究得知，上述这种情况是核自旋的不同引起的。下面只讨论纯转动光谱，振动-转动光谱的情况类似。由实验总结出以下规律：

(i) 核自旋为零的分子缺奇转动能级间或偶转动能级间的跃迁。$^{12}C_2$、$^{4}He_2$(基态为$^1\Sigma_g$)属于前者，$O$ 支和 $S$ 支第一条谱线间的距离与 $O$ 支或 $S$ 支相邻谱线间的距离之比为 3∶2；$^{16}O_2$、$^{32}S_2$(基态为$^3\Sigma_g^-$)属于后者，$O$ 支和 $S$ 支的第一条谱线间的距离与 $O$ 支或 $S$ 支相邻谱线间的距离之比为 5∶2。

(ii) 核自旋不为零的分子的奇转动能级间的跃迁与偶转动能级间的跃迁强度不相等，例如 $D_2$ 的偶转动能级跃迁谱线较强，$H_2$ 的奇转动能级间的跃迁比较强。

(2) 理论解释：同核双原子分子的波函数 $\psi$ 等于下列五部分的乘积

$$\psi = \psi_N \cdot \psi_t \cdot \psi_r \cdot \psi_v \cdot \psi_e \tag{9-89}$$

上式中

$\psi_N$＝核自旋波函数

$\psi_t$＝平动波函数

$\psi_r$＝转动波函数

$\psi_v$＝振动波函数

$\psi_e$＝电子波函数

根据泡利原理，如果核自旋量子数为半整数$\left(即\frac{1}{2},\frac{3}{2},\frac{5}{2},\cdots\right)$，则同核双原子分子的完全波函数 $\psi$ 对于两个原子核的交换必须是反对称的。反之，如果核自旋量子数为整数(即 0,1,2,…)，则同核双原子分子的完全波函数 $\psi$ 对于两个原子核的交换必须是对称的。

双原子分子的振动波函数 $\psi_v$ 是核间距离的函数，对于交换两个原子核来说，$r$ 不变，所以 $\psi_v$ 是对称的。

双原子分子的平动波函数 $\psi_t$ 只是分子的质心的坐标的函数。对于交换两个原子核来说，质心的坐标不变，所以 $\psi_t$ 是对称的。

双原子分子的转动波函数 $\psi_r$ 是方向角 $\theta$ 和 $\varphi$ 的函数。为了求 $\psi_r$，我们可以把刚性转体的薛定谔方程写出来

$$\nabla^2\psi_r+\frac{8\pi^2\mu}{h_2}E\psi_r=0 \tag{9-90}$$

式中 $\mu$ 表示约化质量。这一方程与氢原子的薛定谔方程[(1-94)式]不同之处在于氢原子的势能 $V=-\frac{e^2}{4\pi\varepsilon_0 r}$，而刚性转体的势能 $V=0$。令

$$\psi_r=R(r)\Theta(\theta)\Phi(\phi)$$

代入(9-90)式，经变数分离后，得到 $R$、$\Theta$ 和 $\Phi$ 三个微分方程。因为势能只影响 $R$ 方程，与 $\Theta$ 及 $\Phi$ 无关。所以 $\psi_r$ 的角度部分是和氢原子的波函数的角度部分完全相同的。氢原子的波函数的角度部分用量子数 $l$ 和 $m$ 来表征，$\psi_r$ 则用量子数 $J$ 和 $M$ 以示区别，$J$ 即 $l$，$M$ 是 $m$。$J=0,1,2,3,4,\cdots$ 即相当于 $s,p,d,f,g,\cdots$ 等状态。

在第二章中曾经指出，$s$、$d$ 等状态对于质心是中心对称的，$p$、$f$ 等状态对于质心是中心反对称的。对于氢原子来说，质心即氢原子核。对于同核双原子分子来说，质心即两个原子核的连线的中点，所以交换两个原子核相当于相对于质心的坐标反演。由此得出结论：$J$ 为偶数的转动波函数 $\psi_r$(即 $s$、$d$ 等状态)对于两个原子核的交换是对称的，$J$ 为奇数的转动波函数 $\psi_r$(即 $p$、$f$ 等状态)对于两个原子核的交换是反对称的。

交换两个原子核对于电子波函数 $\psi_e$ 的影响决定于基态的对称性。基态为 $\Sigma^+$ 的分子，$\psi_e$ 是对称的；基态为 $\Sigma^-$ 的分子，$\psi_e$ 是反对称的。

(i) 核自旋等于零的同核双原子分子：凡是质子数和中子数都等于偶数的核(偶-偶核)，其核自旋都等于零。核自旋等于零的同核双原子分子的 $\psi_N$ 是对称的，分子的完全波函数 $\psi$ 必须是对称的，代入(9-89)式得到

| $\psi=$ | $\psi_N$ · | $\psi_t$ · | $\psi_v$ · | $\psi$ · | · $\psi_r$ |
|---|---|---|---|---|---|
| 对称= | 对称 · | 对称 · | 对称 · | $\{$($\Sigma^+$)对称 ·<br>($\Sigma^-$)反对称 · | 对称(偶 $J$)<br>反对称(奇 $J$) |

对于基为 $\Sigma^+$ 的分子(如 $^4He_2$、$^{12}C_2$ 等)，$\psi_e$ 是对称的，所以 $\psi_r$ 也必须是对称的，即 $J$ 只能是偶数。所以 $^4He_2$、$^{12}C_2$ 等分子的转动拉曼光谱只含偶转动态之间的跃迁谱线。对于基态为 $\Sigma^-$ 的分子如 $^{16}O_2$、$^{32}S_2$ 等，$\psi_e$ 是反对称的，所以 $\psi_r$ 也必须是反对称的，即 $J$ 只能取奇数。所以 $^{16}O_2$、$^{32}S_2$ 等分子的转动拉曼光谱只含奇转动态之间的跃迁谱线。

(ii) 核自旋不等于零的同核双原子分子：核自旋不等于零的分子的 $\psi_N$ 可以是对称的或反对称的。下面举 $H_2$ 和 $D_2$ 两个例子来讨论。

$H_2$ 分子的基态是 $^1\Sigma_g^+$，所以 $\psi_e$ 是对称的。$^1H$ 原子核只含有一个质子，核自旋 $I=\frac{1}{2}$，所以分子的完全波函数 $\psi$ 必须是反对称的。代入(9-89)式得到

| $\psi=$ | $\psi_{.}$ · | $\psi_{t}$ · | $\psi_{v}$ · | $\psi_{N}$ · | $\psi_{r}$ |
| --- | --- | --- | --- | --- | --- |
| 反对称＝ | 对称 · | 对称 · | 对称 · | (正氢)对称 · | 反对称(奇 $J$) |
| | | | | (仲氢)反对称 · | 对称(偶 $J$) |

(9-91)

$^{1}H$ 的核自旋 $I=\dfrac{1}{2}$，它的分量 $M_I=\pm\dfrac{1}{2}$，所以每一个氢核的核自旋波函数有两个可取的函数，即 $\phi_{\frac{1}{2}}$ 和 $\phi_{-\frac{1}{2}}$，而 $^{1}H_2$ 的核自旋波函数 $\psi_N$ 则有 $2\times2=4$ 个，它们是

$$\left.\begin{array}{ll}(\psi_N)_1=\phi_{\frac{1}{2}}(1)\phi_{\frac{1}{2}}(2) & \text{对称}\\ (\psi_N)_2=\phi_{-\frac{1}{2}}(1)\phi_{-\frac{1}{2}}(2) & \text{对称}\\ (\psi_N)_3=\phi_{\frac{1}{2}}(1)\phi_{-\frac{1}{2}}(2)+\phi_{\frac{1}{2}}(2)\phi_{-\frac{1}{2}}(1) & \text{对称}\\ (\psi_N)_4=\phi_{\frac{1}{2}}(1)\phi_{-\frac{1}{2}}(2)-\phi_{\frac{1}{2}}(2)\phi_{-\frac{1}{2}}(1) & \text{反对称}\end{array}\right\}\quad(9\text{-}92)$$

其中前三个核自旋波函数是对称的，最后一个是反对称的。

具有对称的 $\psi_N$ 的 $H_2$ 分子叫做正氢分子(简称正氢)，具有反对称的 $\psi_N$ 的 $H_2$ 分子叫做仲氢分子(简称仲氢)。从(9-91)式可见，正氢的 $\psi_r$ 必须是反对称的，所以正氢的转动拉曼光谱只有奇转动态之间的跃迁谱线；仲氢的 $\psi_r$ 必须是对称的，所以仲氢的转动拉曼光谱只有偶转动态之间的跃迁谱线。在常温下普通 $H_2$ 分子中正氢含量为仲氢的三倍，即正氢占 75%，仲氢占 25%。因为如(9-20)所示，正氢的状态有三个，而仲氢的状态只有一个，而每一状态存在的几率是相等的。因此在普通 $H_2$ 分子的转动拉曼光谱中单数 $J$ 和双数 $J$ 之间的跃迁都有，但前者的强度是后者的三倍。

$D_2$ 分子的基态也是 $^{1}\Sigma_g^{+}$，所以 $\psi_e$ 是对称的。D 原子核的核自旋 $I=1$，所以分子的完全波函数 $\psi$ 对于两个氘核的交换必须是对称的。代入(9-89)式得到

| $\psi=$ | $\psi_{.}$ · | $\psi_{t}$ · | $\psi_{v}$ · | $\psi_{N}$ · | $\psi_{r}$ |
| --- | --- | --- | --- | --- | --- |
| 对称＝ | 对称 · | 对称 · | 对称 · | (正重氢)对称 · | 对称(偶 $J$) |
| | | | | (仲重氢)反对称 · | 反对称(奇 $J$) |

(9-93)

D 核的核自旋 $I=1$，它的分量 $M_I=0,\pm1$，所以每一个 D 原子核的可能状态有三个，即 $\phi_1$、$\phi_0$ 和 $\phi_{-1}$，而 $D_2$ 的 $\psi_N$ 有 $3\times3=9$ 个：

$$\left.\begin{aligned}
(\psi_N)_1 &= \phi_0(1)\phi_0(2) && \text{对称}\\
(\psi_N)_2 &= \phi_1(1)\phi_1(2) && \text{对称}\\
(\psi_N)_3 &= \phi_{-1}(1)\phi_{-1}(2) && \text{对称}\\
(\psi_N)_4 &= \phi_1(1)\phi_0(2)+\phi_1(2)\phi_0(1) && \text{对称}\\
(\psi_N)_5 &= \phi_1(1)\phi_0(2)-\phi_1(2)\phi_0(1) && \text{反对称}\\
(\psi_N)_6 &= \phi_{-1}(1)\phi_0(2)+\phi_{-1}(2)\phi_0(1) && \text{对称}\\
(\psi_N)_7 &= \phi_{-1}(1)\phi_0(2)-\phi_{-1}(2)\phi_0(1) && \text{反对称}\\
(\psi_N)_8 &= \phi_1(1)\phi_{-1}(2)+\phi_1(2)\phi_{-1}(1) && \text{对称}\\
(\psi_N)_9 &= \phi_1(1)\phi_{-1}(2)-\phi_1(2)\phi_{-1}(1) && \text{反对称}
\end{aligned}\right\} \tag{9-94}$$

其中 6 个是对称的，3 个是反对称的。具有对称 $\psi_N$ 的 $D_2$ 分子叫做正重氢，它的 $\psi_r$ 必须是对称的，其转动拉曼光谱只有偶转动态之间的跃迁谱线；具有反对称 $\psi_N$ 的 $D_2$ 分子叫做仲重氢，它的 $\psi_r$ 必须是反对称的，其转动拉曼光谱只有奇转动态之间的跃迁谱线。在常温下 $D_2$ 分子中正重氢与仲重氢分子数之比为 6∶3=2∶1，所以 $D_2$ 分子的转动拉曼光谱中，双数 $J$ 跃迁的谱线强度为单数 $J$ 的 2 倍。

容易证明，核自旋 $I\neq 0$ 的同核双原子分子中，核自旋波函数 $\psi_N$ 为反对称的分子的数目 $N_{para}$ 和核自旋波函数 $\psi_N$ 为对称的分子的数目 $N_{orth}$ 之比为

$$\frac{N_{para}}{N_{orth}} = \frac{I}{I+1} \tag{9-95}$$

由转动拉曼光谱的双数 $J$ 跃迁谱线的强度与单数 $J$ 跃迁谱线的强度之比可以测定核自旋 $I$。

双原子分子的拉曼光谱和红外光谱各有特点，由于选律的限制，有些谱线只出现在某一种光谱中，所以为了寻找分子的全部振动和转动能级，需要用两种光谱配合进行研究。

## 参 考 书 目

1. G. Herzberg, *Molecular Spectra and Molecular Structure I. Spctra of Diatomic Molecules*, Van Nostrand Reinhold, New York, 1950. 中译本：王鼎昌译，《分子光谱与分子结构》，第一卷，双原子分子光谱，科学出版社，1983.
2. I. N. Levine, *Molecular Spectroscopy*, John Wiley & Sons, 1975. 中译本：徐广智、张建中、李碧钦译，《分子光谱学》，高等教育出版社，1985.
3. 郑一善，《分子光谱导论》，上海科学技术出版社，1963.
4. M. B. 伏肯斯坦著，张乾二等译，《分子的结构及物理性质》，科学出版社，1960.
5. C. N. Banwell, *Fundamentals of Molecular Spectroscopy*, McGrav. -Hill, 1968.
6. M. Karplus and R. N. Porter, *Atoms and Molecules*, Cambridge, 1970.
7. D. A. 朗著，顾本源等译《喇曼光谱学》，科学出版社，1983.
8. N. B. Colthup, L. H. Daly and S. E. Wiberley, *Introduction to Infrated and Raman*, *Spectros-*

*copy*, Academic, 1975.

9. C. J. H. Schutte, *Theory of Molecular Spectroscopy*, Vol. 1, *The Quantum Mechanics and Group Theory of Vibrating and Rotating Molecules*, North-Holland Pub. Co., 1976.

## 问题与习题

1. 双原子分子的转动角速度 $\omega=2\pi\nu_m$，此处 $\nu_m$ 等于机械转动频率。

   (1) 计算 HCl 分子在 $J=9$ 的状态的 $\nu_m$。

   (2) 计算 HCl 分子从 $J=9$ 的状态跃迁至 $J=8$ 的状态时发射的辐射的频率 $\nu$。

2. $^1H^{81}Br$ 的远红外光谱的邻近二线的间距为 16.9298 $cm^{-1}$，试计算 $^1H^{81}Br$ 的转动惯量和核间距离。已知 $^1H=1.0078$，$^{81}Br=80.9163$。

3. 若 $^1H^{79}Br$ 与 $^1H^{81}Br$ 具有相同的核间距离，计算 $^1H^{79}Br$ 的转动惯量。$^1H^{79}Br$ 和 $^1H^{81}Br$ 的远红外光谱的相应谱线的间距是多少？预言天然丰度的 HBr 的远红外光谱的谱形。已知 $^{79}Br=78.9183$，$^{79}Br$ 的丰度为 50.54%，$^{81}Br$ 的丰度为 49.46%。

4. 已知 HF 的键长为 91.680 pm，力常数为 965.7 $N\cdot m^{-1}$，$^{19}F=18.9984$（丰度为 100%），试计算在温度为 300 K 的平衡体系中，HF 在能级 $(v,J)$ $(v=0,1;J=0,1,2,3,\cdots)$ 上的分布，这种分布对其振动-转动光谱会产生什么影响？（忽略振动的非谐性与转子的非刚性。）

5. 在 $^1H^{37}Cl$ 气体的红外光谱中最强的谱带的各谱线的频率如下（单位：$cm^{-1}$）

| | | | |
|---|---|---|---|
| 2542.75 | 2725.90 | 2904.07 | 3027.84 |
| 2570.28 | 2750.13 | 2923.74 | 3042.80 |
| 2597.36 | 2773.82 | 2942.79 | 3057.06 |
| 2624.04 | 2797.01 | 2961.13 | 3070.55 |
| 2650.17 | 2819.56 | 2978.80 | 3083.33 |
| 2675.98 | 2841.56 | 2995.78 | 3095.39 |
| 2701.15 | 2863.06 | 3012.23 | 3106.76 |

   另外有两条较弱的谱带，其原线频率分别为 5663.91 $cm^{-1}$ 和 8341.02 $cm^{-1}$。上述三个谱带的频率之比约为 1：2：3，所以它们分别是基本谱带（$\nu=0\rightarrow1$）、第一泛音谱带（$\nu=0\rightarrow2$）和第二泛音谱带（$\nu=0\rightarrow3$）。

   (1) 试用下列经验公式表示基本谱带各线的频率：

$$\tilde{\nu}=\tilde{\nu}_0+am+bm^2\ (|m|\leqslant7)$$

   上式中 $\tilde{\nu}_0$ 为原线频率，$a$ 和 $b$ 为常数，$m$ 为正或负整数。试用递次求差法求常数 $a$、$b$ 和 $\tilde{\nu}_0$。

   (2) 如何用振动-转动光谱理论解释上式？

   (3) 求 $^1H^{37}Cl$ 的核间平衡距离 $r_e$。

   (4) 用最小二乘法求 $^1H^{37}Cl$ 的机械振动频率 $\tilde{\omega}$，非谐性系数 $x$ 和弹力常数 $k$。

   (5) 求光谱学离解能 $D_e$，零点振动能和热力学离解能 $D_0$。

   (6) 求摩斯势能曲线的常数 $\beta$，并绘出摩斯势能曲线。

   (7) 用最小二乘法拟合基本谱带各线的频率公式中的常数 $a$、$b$ 和 $g$，

$$\tilde{\nu}=\tilde{\nu}_0+am+bm^2+gm^3\ (|m|<12)$$

6. $O_2$ 有 $^3\Sigma_g^-$、$^1\Delta_g$ 和 $^1\Sigma_g^+$ 等形态，写出它们的电子组态，指出哪种是基态。

7. 讨论弗兰克-康登原理对谱带强度分布的影响。

# 第十章　分子光谱(二)多原子分子光谱

## §10－1　多原子分子光谱概论

多原子分子光谱是研究多原子分子的结构的重要工具，有关分子的能级、电子结构、几何构型的知识很多都得自它们的分子光谱。此外，分子光谱还是分析和鉴定样品组分的重要手段，在生产和科学研究中获得了广泛的应用。近20年来，测定分子光谱的仪器有了很大的发展，仪器准确度和分辨率大大提高，这不但扩大了它的应用范围，而且促进了分子光谱学本身的发展。

### 1. 多原子分子光谱的分类

多原子分子光谱和双原子分子光谱一样，也可以按照分子能级跃迁的不同，分为下列三种：

(1) 电子光谱：由于多原子分子的价电子的跃迁产生的分子光谱称为电子光谱。电子光谱在紫外及可见光区，仅有极少数分子的电子光谱延伸到近红外区，所以通常称电子光谱为紫外及可见光谱。研究分子对紫外及可见光吸收情况的称为紫外及可见吸收光谱，通常就简称为紫外及可见光谱；研究受激分子发射紫外及可见光情况的称为紫外及可见发射光谱，按照发光机制不同又细分为荧光光谱，磷光光谱和化学发光。由于电子跃迁常常伴随有分子振动和转动能级的改变，电子光谱往往有精细结构。如果仪器分辨率不高或存在其他使谱形展宽的原因，吸收(或发射)谱形为扩散的宽峰。

(2) 振动-转动光谱：由分子的振动-转动能级的跃迁产生的光谱称为振动-转动光谱。可用红外分光光度计(或称红外光谱仪)或拉曼光谱仪来研究，由前者得到的称为红外光谱，由后者得到的称为拉曼光谱。

(3) 转动光谱：由分子的转动能级跃迁产生的光谱称为转动光谱。多原子分子的转动能级跃迁一般在微波区，所以要用微波谱仪来研究。

### 2. 吸收定律、吸收曲线和振子强度

若一束波长为$\lambda$、强度为$I_0$的单色光垂直入射到浓度为$c$(单位为$mol/dm^3$)、厚度为$l$(单位为cm)的吸收物质上，透射光强度为$I$，则称

$$T = \frac{I}{I_0} \tag{10-1}$$

为透射率(transmittance),称

$$D = \lg \frac{I_0}{I} = -\lg T \tag{10-2}$$

为光密度(optical density)、吸光(absorbance)或消光(extinction),光密度 $D$ 与浓度 $c$、样品层厚度 $l$ 之间的关系为

$$D = \in cl \tag{10-3}$$

上式称为比尔-兰勃特(Beer-Lambert)定律,$\in$ 称为摩尔消光系数(molecular extinction coefficient)或摩尔吸收系数(molar absorptivity),其单位为 $dm^3 \cdot mol^{-1} \cdot cm^{-1}$。

物质对辐射的吸收性质用吸收曲线描写。曲线的横坐标表示波数 $\tilde{\nu}$、波长 $\lambda$ 或频率 $\nu$,纵坐标表示透射率 $T$、光密度 $D$、摩尔消光系数 $\in$ 或摩尔消光系数的对数 $\lg \in$。使用 $T$ 为纵坐标时吸收曲线的最低点是最大的吸收,使用 $D$、$\in$ 或 $\lg \in$ 为纵坐标的吸收曲线的最高点是最大的吸收。图 10-1 画出菲的紫外吸收曲线的 6 种表示方法,(a)、(c)和(e)的优点是弱吸收带展开得较宽,曲线(d)和(f)包括三种浓度的吸收曲线。

在用分子光谱研究分子结构时常用 $\in$-$\tilde{\nu}$ 图,这种图直接反映了吸收峰的位置即能量[以 $cm^{-1}$ 为单位,有些文献中称 $cm^{-1}$ 为凯塞(Kayser),记为 K,$1kK = 10^3 cm^{-1}$]和绝对强度。由于峰的宽窄不一样,在文献中常用振子强度(oscillator strength)表示峰的积分强度,$f$ 的定义是

$$f \equiv 4.32 \times 10^{-9} \int \in (\tilde{\nu}) d\tilde{\nu} \tag{10-4}$$

上式右边的积分就是所论峰的面积。当吸收峰呈高斯型时,即

$$\in (\tilde{\nu}) = \in_{max} \exp\left[-\frac{(\tilde{\nu} - \tilde{\nu}_{max})^2}{2\sigma^2}\right] \tag{10-5}$$

上式中 $\tilde{\nu}_{max}$ 和 $\in_{max}$ 分别为峰位和峰高,$\sigma$ 为表征峰宽的参数,于是

$$\int \in (\tilde{\nu}) d\tilde{\nu} = \sqrt{2\pi}\sigma \in_{max} \tag{10-6}$$

令 $\delta$ 为峰高一半处的宽度(full width at half maximum,缩写为 fwhm,简称半宽度)

$$\delta = \text{fwhm} = \sqrt{8 \ln 2}\sigma = 2.355\sigma \tag{10-7}$$

代入(10-6)式得

$$\int \in (\tilde{\nu}) d\tilde{\nu} = \sqrt{\frac{\pi}{4 \ln 2}} \in_{max} \delta = 1.0645 \in_{max} \delta \tag{10-8}$$

因此

$$f = 4.60 \times 10^{-9} \in_{max} \delta \tag{10-9}$$

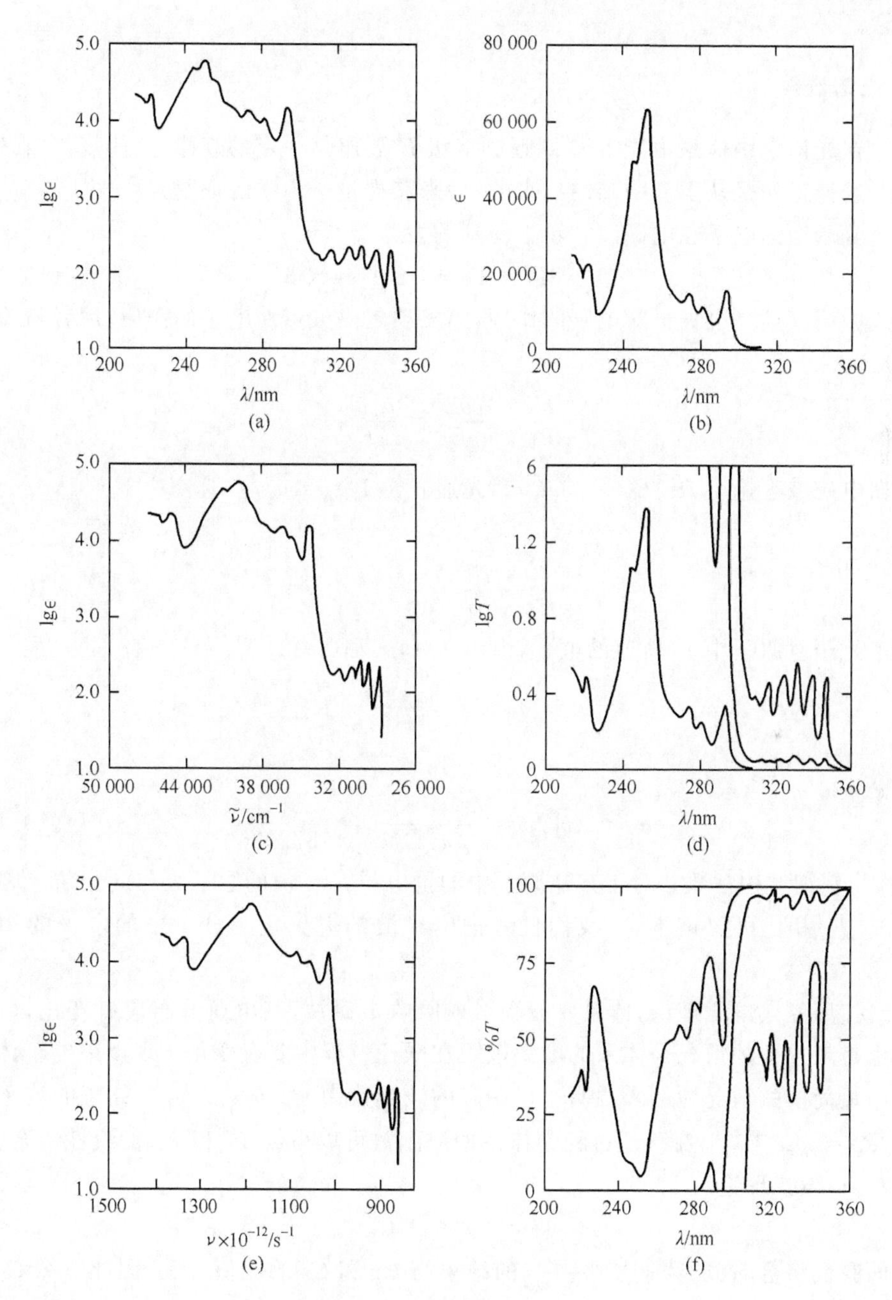


图 10-1　菲的紫外吸收曲线

在分析化学中用于比色测定的化合物的 $f$ 一般大于 $10^{-2}$，灵敏度高的接近于1，镧系元素离子的络合物的 $f$ 约为 $10^{-6}-10^{-7}$，$f$ 值的大小反映了与吸收峰相对应的跃迁的几率的大小。跃迁是否满足光谱选律是决定跃迁几率大小的最重要的因素。

### 3. 光谱选律

在光谱学中体系由能级 $E''$跃迁到能级 $E''$要服从一定的规律,这些规律叫做选律。选律最初是从实验中归纳出来的,后来获得量子力学的证明。

分子中的电子在电磁波波场中受到的力为

$$\mathbf{F} = \mathbf{F}_1 + \mathbf{F}_2 = e\mathbf{E} + e\mathbf{v} \times \mathbf{B} \tag{10-10}$$

上式中第一项是电矢量对电子的作用,第二项是磁矢量对电子的作用,后者与前者之比为

$$\frac{F_2}{F_1} = \frac{evB}{eE} = \frac{\mu_0 vH}{E}$$

根据电磁波理论,$\sqrt{\varepsilon\varepsilon_0}E = \sqrt{\mu\mu_0}H$,光速 $c = 1/\sqrt{\varepsilon_0\mu_0}$,在真空中 $\varepsilon = 1, \mu = 1$,所以

$$\frac{F_2}{F_1} = \frac{v}{c} \tag{10-11}$$

对于处于氢原子中 $1s$ 轨道的电子,由(1-151)式和(1-32)式

$$\sqrt{\bar{v}^2} = \frac{e^2}{(4\pi\varepsilon_0)\hbar}$$

即

$$\alpha = \sqrt{\bar{v}^2}/c = \frac{e^2}{(4\pi\varepsilon_0)\hbar c} = \frac{1}{137.036} \tag{10-12}$$

$\alpha$ 称为精细结构常数。对于其他原子中的价电子,$v/c$ 值的数量级与此相仿。因此 $F_2$ 与 $F_1$ 相比可忽略不计,我们仅考虑电磁波的电矢量与分子中的电子的相互作用。

按照经典电磁理论,体系要能辐射或吸收电磁波,其电荷分布应有变化,最简单也是最重要的情况是体系的电偶极矩在跃迁过程中要有变化。现以单电子体系这一最简单的情况为例来说明。设始态的波函数为 $\Psi_n = \psi_n e^{-iE_n t/\hbar}$,终态的波函数为 $\Psi_m = \psi_m e^{-iE_m t/\hbar}$,在跃迁过程中体系的波函数可以写成 $\Psi_n$ 和 $\Psi_m$ 的线性组合(见§7-1,微扰理论),

$$\Psi = C_1\Psi_n + C_2\Psi_m$$

下面我们将会看到,我们所要寻求的结果与 $C_1$ 和 $C_2$ 的比值无关,因此可令 $C_1 = C_2 = 1$。在空间某一点发现电子的几率密度为

$$\begin{aligned}\Psi^*\Psi &= (\Psi_n + \Psi_m)^*(\Psi_n + \Psi_m)\\ &= \psi_n^*\psi_n + \psi_m^*\psi_m + \psi_n^*\psi_m e^{i(E_n - E_m)t/\hbar} + \psi_m^*\psi_n e^{-i(E_n - E_m)t/\hbar}\end{aligned}$$

而体系的电偶极矩的期望值为

$$\overline{\mathbf{P}} \propto \int \Psi^* (-e\mathbf{r}) \Psi d\tau \propto \int \Psi^* (e\mathbf{r}) \Psi d\tau$$

$$= \int \psi_n^* e\mathbf{r}\psi_n d\tau + \int \psi_m^* e\mathbf{r}\psi_m d\tau$$

$$+ e^{i(E_n - E_m)t/\hbar} \int \psi_n^* e\mathbf{r}\psi_m d\tau + e^{-i(E_n - E_m)t/\hbar} \int \psi_m^* e\mathbf{r}\psi_n d\tau$$

上式中 $\mathbf{r}$ 为电子的位置矢量,等号右边第 1、2 项给出始态和终态的偶极矩,与时间无关,因此与电磁波的辐射和吸收无关;第 3、4 项给出偶极矩与时间相关的部分,积分号前的复数因子是一个振荡函数,振荡频率为

$$\nu = \frac{1}{2\pi} \frac{E_n - E_m}{\hbar} = \frac{E_n - E_m}{h} \tag{10-13}$$

振幅即振荡函数后的积分值。由此可见,偶极矩振荡幅度与量

$$\mathbf{R}_{nm} = \int \psi_m^* e\mathbf{r}\psi_n d\tau \tag{10-14}$$

成正比。$\mathbf{R}_{nm}$ 称始态 $\psi_n$ 与终态 $\psi_m$ 之间的跃迁电偶极矩。

以上讨论说明,仅当两个状态之间的跃迁电偶极矩不为零,它们之间的跃迁才伴随电磁波的发射和吸收。应用量子力学中含时间的微扰理论可以导出,单位时间内和单位辐射密度(即单位体积内和单位频宽中的辐射能)的电磁波作用下一个分子吸收一个光子的几率为

$$B_{n\to m} = \frac{8\pi^3}{3h^2} g_m R_{mn}^2 \tag{10-15}$$

上式中 $n$ 和 $m$ 指跃迁的始态 $n$(能量为 $E_n$)和终态 $m$(能量为 $E_m$),$g_m$ 为终态 $m$ 的简并度,$B_{n\to m}$称为爱因斯坦吸收跃迁系数。若分子最初处于激发态 $m$,在光的作用下跃迁到基态 $n$,则有

$$B_{m\to n} = \frac{8\pi^3}{3h^2} g_n R_{mn}^2 \tag{10-16}$$

$g_n$ 为状态 $n$ 的简并度,$B_{n\to m}$表示在单位辐射密度作用下单位时间内一个分子发射一个光子的几率,称为爱因斯坦受激辐射系数。应用热力学还可以从 $B_{m\to n}$ 和 $B_{n\to m}$导出处于激发态 $m$ 的分子自发发射光子跃迁到较低能级 $n$ 的几率 $A_{m\to n}$,

$$A_{m\to n} = \frac{64\pi^4 \tilde{\nu}_{mn}^3}{3h^2} g_n R_{mn}^2 \tag{10-17}$$

$A_{m\to n}$称为爱因斯坦自发辐射系数,$\tilde{\nu}_{mn}$ 为由能级 $m$ 跃迁到能级 $n$ 发射的辐射的波数。

由(10-15)、(10-16)及(10-17)式可以看出,跃迁几率正比于跃迁电偶极矩的平方 $R_{mn}^2$。如果 $R_{mn}^2$ 为零,跃迁几率就等于零,这时我们说该跃迁是禁阻的。所谓选律,就是为使跃迁偶极矩 $R_{mn}^2$ 不为零对于始态 $n$ 和终态 $m$ 的波函数中的量子数施加的限制条件。现在我们来讨论 $R_{mn}^2$ 不为零的条件。$\mathbf{R}_{mn}$ 的 $x$ 分量为

$$X_{mn} = -e\int \psi_m^* x \psi_n d\tau \tag{10-18}$$

根据第四章中所述的定理，仅当 $\psi_m$、$x$ 和 $\psi_n$ 所属的不可约表示 $\Gamma_1$、$\Gamma_2$ 和 $\Gamma_3$ 的直积表示 $\Gamma_1 \otimes \Gamma_2 \otimes \Gamma_3$ 为全对称表示或包含全对称表示时，积分(10-18)式才不为零。只需根据分子所属的点群和 $\psi_m$、$\psi_n$、$x$、$y$、$z$ 所属的不可约表示，就可以导出电偶极跃迁的选律来。

但有时候我们不必作任何计算便可判断积分(10-18)是否为零。因为 $x$ 是一个奇函数，乘积 $\psi_m^* \psi_n$ 必须是一个奇函数积分才不等于零，因此如果 $\psi_m^*$ 是中心对称的，$\psi_n$ 必须是中心反对称的，显然有 $g \leftarrow\!|\!\rightarrow g$，$u \leftarrow\!|\!\rightarrow u$ 和 $g \longleftrightarrow u$。对于氢原子则 $\psi_m^*$ 与 $\psi_n$ 的角量子数必须是一奇一偶，因此 $s$ 态与 $p$ 态间的跃迁是允许的，$s$ 态与 $d$ 态或 $p$ 态与 $f$ 态间的跃迁是禁阻的。

积分(10-18)式中的 $\psi_m^*$ 和 $\psi_n$ 应当包含自旋波函数，如果始态的自旋为 $\alpha$，终态的自旋为 $\beta$，因为自旋波函数 $\alpha$ 与 $\beta$ 是正交的，积分(10-18)为零。所以在跃迁过程中不允许改变分子的自旋多重性，即应有 $\Delta S = 0$。

有时一个跃迁按照光谱选律判断应该是禁阻的，但实际上仍观察到很小的跃迁几率，这是因为除了分子的电偶极矩与电磁波发生作用外，分子的磁偶极矩也与电磁波发生作用。分子的电四极矩在电场梯度改变时也有能量的吸收，它们分别称为磁偶极跃迁和电四极跃迁，它们比电偶极矩跃迁的几率小得多，若以振子强度表示，则对于允许跃迁近似有

$$\left.\begin{aligned} f(\text{电偶极矩}) &\approx 1 \\ f(\text{磁偶极矩}) &\approx 10^{-5} \\ f(\text{电四极矩}) &\approx 10^{-7} \end{aligned}\right\} \tag{10-19}$$

## §10-2 紫外及可见吸收光谱

### 1. 仪器

近紫外区及可见区(200—800 nm)是研究光谱最方便的区域，一般研究分子的吸收光谱，常用的仪器是紫外及可见分光光度计。依照光束数目不同分为单光束和双光束两种，如按记录方式不同可分为手录式和自动记录式，按照可测量的波长范围又分为紫外、可见及紫外可见三类。当波长小于 180 nm 时空气对紫外光有强烈吸收，需要在真空下测量，用于这一区域的光谱仪称为真空紫外光谱仪。

紫外和可见分光光度计大致由下列七部分组成：(1) 光源　在所测量的范围内有强而稳定的连续光谱，当波长为 320—1000 nm 时一般用钨丝灯，当波长为 165—360 nm 时一般用氢灯。(2) 单色器　其功能是将光源产生的连续光分成单

色光,光栅和棱镜均可作为单色器。如用棱镜分光,在可见光区可用光学玻璃的,在紫外区则要用石英棱镜。(3) 光学系统。(4) 样品池 紫外部分的样品池是石英的,可见区的样品池是光学玻璃的。(5) 检测器 最常用的有光电池、光电管和光电倍增管,检测器必须有良好的线性和满意的光谱响应,由于光电池灵敏度低,产生的信号难于放大,一般用于光电比色计和比较简单的可见分光光度计上。(6) 放大器和记录装置。(7) 电源。

国产 751 型可见-紫外分光光度计是一种单光束非记录式的分光光度计,其光路图如图 10-2 所示。在波长 200—320 nm 范围内以氢灯作紫外光源,在 320—1000 nm 范围内以钨灯作光源。

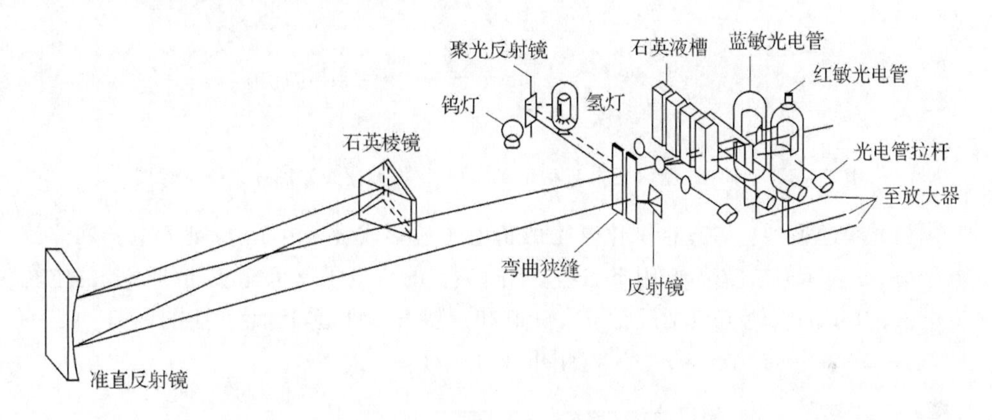


图 10-2 751 型可见-紫外分光光度计的光学系统

双光束记录式紫外-可见分光光度计可用卡瑞(Cary)-16 型作例子。从光源发出的光在进入狭缝 $S_3$ 前经棱镜 $P_1$ 和 $P_2$ 两次分光,$J$ 是一个半扇形转镜,以每分 60 转的速度旋转,在每转动一次中光轮流射入样品池和参考池,照射到同一检测器上,输出信号是一交变信号,其幅度与两个样品池的透射率的差成正比。通光参考池的透射率利用伺服系统调节狭缝以保持 100%,棱镜 $P_1$ 与 $P_2$ 用伺服电机带动按预定速度扫描,输出信号用 $X$-$Y$ 记录仪描出。双光束分光光度计的优点是通过样品和参考池的光束同时,这样可以减少由于电源起伏的影响,在比较短的时间内可以连续扫完一张谱,特别适合于做结构分析。

**2. 有机化合物的紫外及可见吸收光谱**

分子的紫外及可见吸收光谱是由电子能级的跃迁产生的(伴随有振动、转动能级的改变)。电子能级的跃迁主要是价电子的跃迁,因为内部电子能级很低,在一般条件下不易激发,因此我们按照价电子性质的不同来讨论各种紫外及可见吸收光谱。

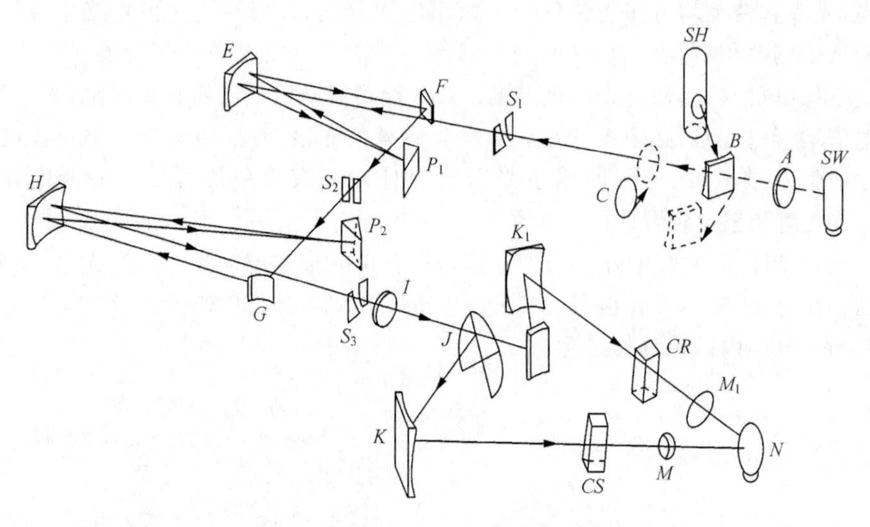


图 10-3　卡瑞-16 型双光束自动记录式紫外-可见分光光度计光路示意图

(1) 跃迁类型：基态有机化合物的价电子包括成键 $\sigma$ 电子、成键 $\pi$ 电子和非键电子(以 $n$ 表示)。在光的作用下，这些不同类型的价电子有可能跃迁到分子的空轨道上去。分子的空轨道包括反键 $\sigma^*$ 轨道和反键 $\pi^*$ 轨道，因此可能的跃迁为 $\sigma\rightarrow\sigma^*$，$\pi\rightarrow\pi^*$，$n\rightarrow\sigma^*$，$n\rightarrow\pi^*$ 等，如图 10-4 所示。

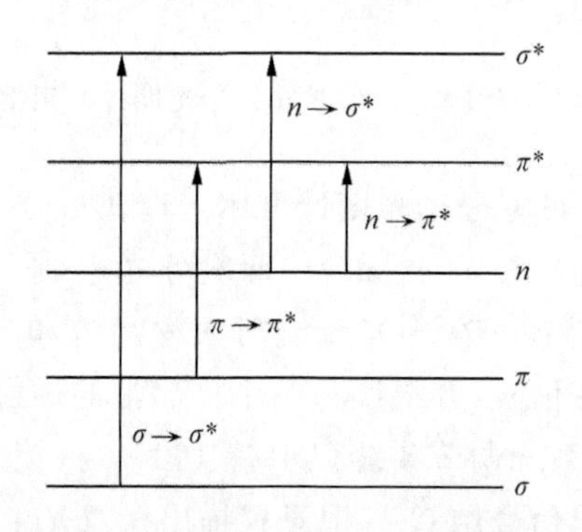


图 10-4　有机分子中的电子跃迁类型

(i) $\sigma\rightarrow\sigma^*$ 跃迁　$\sigma$ 电子最不易激发，$\sigma\rightarrow\sigma^*$ 跃迁一般需要很大的能量，所以这种谱带落在远紫外区($\lambda<150$ nm)。饱和烃中只含有 $\sigma$ 键，它们在远紫外区的吸收峰就属于这种跃迁。正己烷、正庚烷是常用的电子光谱实验的溶剂，在波长为 150—1000 nm 范围内都是透明的。

(ii) $n\rightarrow\sigma^*$ 跃迁　饱和烃的氧、氮、卤素、硫等的衍生物除含有 $\sigma$ 键外、在杂原子上还含有孤对 $p$ 电子，它们是非键的。非键电子比较容易激发，故 $n\rightarrow\sigma^*$ 跃迁波长较长，约在 200 nm 左右(表 10-1)。

**表 10-1 若干类有机化合物的紫外及可见吸收光谱**

| 化合物 | 跃迁 | $\lambda_{极大}$/nm | $\varepsilon_{极大}$(近似值) |
|---|---|---|---|
| $C_2H_6$ | $\sigma\to\sigma^*$ | 135 | |
| $H_2O$ | $n\to\sigma^*$ | 167 | 7000 |
| ROH | $n\to\sigma^*$ | 180—185 | 500 |
| RSH | $n\to\sigma^*$ | 190—200 | 1500 |
| | | 225—230 | 150 |
| RCl | $n\to\sigma^*$ | 170—175 | 300 |
| RBr | $n\to\sigma^*$ | 200—210 | 400 |
| RI | $n\to\sigma^*$ | 255—260 | 500 |
| $R_2O$ | $n\to\sigma^*$ | 180—185 | 3000 |
| $R_2S$ | $n\to\sigma^*$ | 210—215 | 1250 |
| | | 235—240 | 100 |
| RSSR | $n\to\sigma^*$ | 250 | 400 |
| $RNH_2$,$R_2NH$,$R_3N$ | $n\to\sigma^*$ | 190—200 | 2500—4000 |
| $C_2H_4$ | $n\to\pi$ | 163 | 15000 |
| | | 174 | 5500 |
| $C_2H_2$ | $n\to\pi^*$ | 173 | 6000(蒸汽) |
| R—C≡CH | $n\to\pi^*$ | 185 | 2200 |
| | | 223 | 160 |
| R—C≡C—R | $n\to\pi^*$ | 178 | 10000 |
| | | 196 | 2000 |
| C═C═C | $n\to\pi^*$ | 223 | 160 |
| | | 170—185 | 5000—$10^4$ |
| | | 230 | 600 |
| C═C═O | $n\to\pi^*$ | 380 | 20 |
| | $\pi\to\pi^*$ | 225 | 400 |
| RCOCl | $n\to\pi^*$ | 280 | 10—15 |
| $RCO_2H$,$RCO_2R'$ | $n\to\pi^*$ | 195—210 | 40—100 |
| $RCONH_2$ | $n\to\pi^*$ | 175 | 7000 |
| RCN | | <170 | |
| RCONHCOR | $n\to\pi^*$ | 230—240 | 80—100 |
| | $\pi\to\pi^*$ | 190—200 | 10000—15000 |
| $RNO_2$ | $n\to\pi^*$ | 270—280 | 20—30 |
| | $\pi\to\pi^*$ | 200—210 | 15000 |

续表

| 化合物 | 跃迁 | $\lambda_{极大}$/nm | $\epsilon_{极大}$(近似值) |
|---|---|---|---|
| RONO | $n\to\pi^*$ | 350 | 150 |
| | $\pi\to\pi^*$ | 220 | 1000 |
| RNO(单体) | $n\to\pi^*$ | 600—650 | 20 |
| | | 300 | 100 |
| RN ═NR | $n\to\pi^*$ | 350—370 | 10—15 |
| | $\pi\to\pi^*$ | <200 | |
| RCHO | $n\to\pi^*$ | 290 | 15 |
| | $\pi\to\pi^*$ | 185—195 | |
| $R_2CO$ | $n\to\pi^*$ | 270—290 | 10—20 |
| | $\pi\to\pi^*$ | 180—190 | 2000—10000 |
| RCOCOR | $n\to\pi^*$ | 420—460 | 10 |
| | | 280—285 | 20 |
| RSOR | $n\to\pi^*$ | 210—230 | 1500—2500 |
| $RSO_2R$ | | <190 | |

(iii) $\pi\to\pi^*$ 跃迁　不饱和烃中含有 $\pi$ 键，$\pi$ 电子比较容易激发到 $\pi^*$ 轨道上去，$\pi\to\pi^*$ 吸收带的波长比 $\sigma\to\sigma^*$ 吸收带的波长要长，但比 $n\to\sigma^*$ 吸收带的波长要短(也有例外)。含双键的基团如羰基、偶氮基、硝基等也有 $\pi\to\pi^*$ 跃迁谱带。如分子中存在共轭双键，则 $\pi\to\pi^*$ 跃迁谱带往长波方向移动，关于这一点下面还要详细讨论。

(iv) $n\to\pi^*$ 跃迁　如果在双键上连有杂原子(即 O、N、S、卤素原子等)且杂原子上有孤对电子，则处在非键轨道上的这种孤对电子可能跃迁到反键 $\pi^*$ 轨道上去，这种跃迁称为 $n\to\pi^*$ 跃迁。由图 10-4 可知这种跃迁的谱带的波长更长，通常都在 200 nm 以上。以丙酮为例，在紫外区观察到两个吸收峰，一个的 $\lambda_{极大}=188$ nm是一个强带；另一个的 $\lambda_{极大}=279$ nm，吸收很弱。第一个峰起源于 $\pi\to\pi^*$ 跃迁，第二个峰起源于 $n\to\pi^*$ 跃迁。

早在 19 世纪魏特(O. N. Witt)就认为有机化合物的颜色与—CH ═CH—、—C ═O、—N ═O、—N ═N—、$—NO_2$ 等基团的存在有关，并称这些基团为生色基。生色基可定义如下：凡是在饱和烃中引入一个含有 $\pi$ 键的基团，能使这一化合物的最大吸收波长 $\lambda_{极大}$ 落到石英分光光度计可以测量的范围(200—1000 nm)，那么这一基团就称为生色基。

(2) 共轭烯烃的 $\pi\to\pi^*$ 跃迁：如果分子中含有 $n$($n$ 为偶数)个共轭的 $\pi$ 电子，则最高占据轨道是 $\psi_{\frac{n}{2}}$，最低空轨道是 $\psi_{\frac{n}{2}+1}$，在光的作用下，电子从 $\psi_{\frac{n}{2}}$ 跃迁到

$\psi_{\frac{n}{2}+1}$，相应的谱带称为 $p$ 带(或称 $L_a$ 带)，这是共轭烯烃在长波方向的第一个谱带，也是最强的吸收带。按 HMO 理论，第 $i$ 个分子轨道的能量是

$$E_i = \alpha + 2\beta\cos\left(\frac{i\pi}{n+1}\right), \qquad i = 1,2,3,\cdots,n \tag{10-20}$$

由此可知第一吸收谱带的激发能为

$$\Delta E = 4\beta\sin\left[\frac{\pi}{2(n+1)}\right] \tag{10-21}$$

可见随着共轭双键数目的增加，第一吸收谱带向长波方向移动，吸收峰的波数与 $\sin\left[\frac{\pi}{2(n+1)}\right]$ 有线性关系。由实验拟合出第一吸收峰的波数与 $\sin\left[\frac{\pi}{2(n+1)}\right]$ 的关系为①

$$10^{-4}\tilde{\nu}_1 = 1.634 + 9.214\sin\left[\frac{\pi}{2(n+1)}\right](\text{cm}^{-1}) \tag{10-22}$$

由直线斜率求得 $\bar{\beta}=-2.856$ eV。上式可改写为

$$\lambda_1 = \frac{10^5}{163.4 + 921.4\sin[\pi/2(n+1)]}(\text{nm}) \tag{10-23}$$

表 10-2 给出了直链共轭多烯 H—(CH ═CH)$_k$—H $\left(k=\frac{n}{2}\right)$ 的电子光谱的第一吸收峰的波长实验值与用(10-23)式计算所得的值。由表 10-2 可知，当共轭双键的数目多于 7 个时，该化合物的第一吸收峰位于可见光区，也就是说该化合物是有颜色的。

**表 10-2　直链共轭多烯 H—(CH ═CH)$_k$—H 和 $CH_3$—(CH ═CH)$_k$—$CH_3$ 的第一吸收峰的波长和消光系数**

| $\pi$ 键数 $\kappa$ | $\pi$ 电子数 $n$ | H—(CH ═CH)$_k$—H | | $CH_3$—(CH ═CH)$_k$—$CH_3$ | | $\lambda_1$/nm(计算值) |
|---|---|---|---|---|---|---|
| | | $\lambda_1$/nm(实验值) | lg∈ | $\lambda_1$/nm(实验值) | lg∈ | |
| 1 | 2 | 162 | | 176 | 4.49 | 160.2 |
| 2 | 4 | 217 | 4.30 | 227 | 4.71 | 223.1 |
| 3 | 6 | 268 | 4.54 | 263 | 4.84 | 271.4 |
| 4 | 8 | 304 | | 299 | 4.95 | 309.2 |
| 5 | 10 | 334 | 5.08 | 326 | 5.03 | 339.5 |
| 6 | 12 | 364 | 5.14 | 352 | 5.09 | 364.3 |
| 7 | 14 | 390 | | | | 385.0 |
| 8 | 16 | 410 | 5.03 | 396 | 5.20 | 402.3 |
| 9 | 18 | 434 | | 413 | 5.24 | 417.6 |
| 10 | 20 | 447 | | 437 | 5.28 | 430.5 |

① 徐光宪，黎乐民，中国科学，1980 年第 2 期，136—151 页。

(3) 芳香烃的 $\pi \to \pi^*$ 跃迁：苯和简单的取代苯在紫外光区通常有三个吸收带。第一个带是弱带，摩尔消光系数为 $10^2$—$10^3$ 之间，从蒸汽或饱和烃溶液样品测得的紫外光谱可以清楚地看到这一谱带有振动的精细结构，这一谱带常称为 α 带(或 $L_b$ 带、$B$ 带)。第二个谱带是中强谱带摩尔消光系数约为 $10^4$ 左右，也有振动精细结构，通常称为 $p$ 带(或 $L_a$ 带、$K$ 带)。第三个谱带是强吸收带，$\in \geqslant 10^5$，结构比较简单，波长最短，通常称它为 β 带(或 $B_b$ 带、$E$ 带)。图 10-5 是苯的紫外吸收光谱，表 10-3 列出了三个谱带的特征和它的指认。这三个谱带都起源于 $\pi \to \pi^*$ 跃迁。

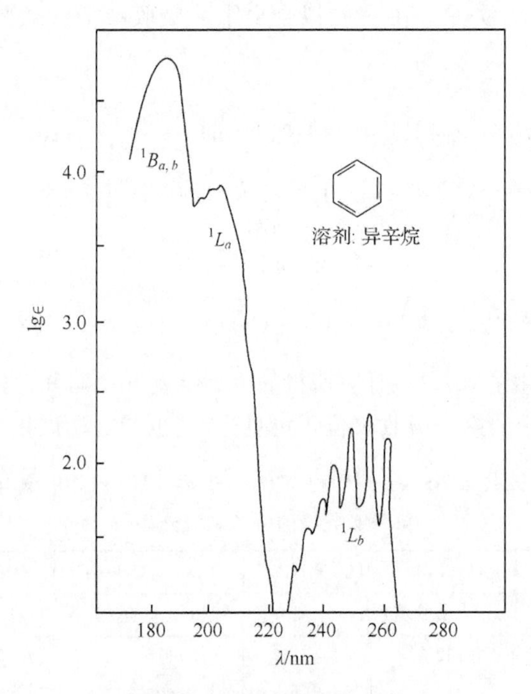


图 10-5 苯的紫外吸收光谱

**表 10-3 苯的紫外吸收带**

| 特征＼吸收带 | a | p | β |
|---|---|---|---|
| $\tilde{\nu}/\mathrm{cm}^{-1}$ | 38 900 | 49 500 | 54 400 |
| $\lambda_{极大}/\mathrm{nm}$ | 254 | 202 | 184 |
| $\in_{极大}$ | 204 | 7 400 | 46 000 |
| 谱带别名 | $^1L_b, B$ | $^1L_a, E_2$ | $^1B_b, E_1$ |
| 跃迁 | $^1A_{1g} \to {}^1B_{2u}$ | $^1A_{1g} \to {}^1B_{1u}$ | $^1A_{1g} \to {}^1E_{1u}$ |

按照简单的休克尔分子轨道理论，基态时苯的 6 个 $\pi$ 电子占据三个成键轨道，其电子组态为$(a_{2u})^2(e_{1g})^4$，如图 10-6(a)所示。在光的作用下，电子可从两个简并的 $e_{1g}$ 轨道之一跃迁到两个简并的空轨道 $e_{2u}$ 之一，共有四个可能跃迁，即 $\psi_2 \rightarrow \psi_4$，$\psi_2 \rightarrow \psi_5$，$\psi_3 \rightarrow \psi_4$ 和 $\psi_3 \rightarrow \psi_5$。第一激发态的电子组态为$(a_{2u})^2(e_{1g})^3(e_{2u})^1$，按轨道近似，这四种跃迁应当具有相同的能量。然而简单的休克尔分子轨道理论没有考虑电子间的相互作用。体系的真正波函数必须是描述状态而不是描述各轨道或电子组态。因此我们需要找出基态和第一激发态的电子组态所引出的状态。基态的各个轨道都是全充满的，轨道全充满的状态是全对称的，即只产生唯一的状态${}^1A_{1g}$，激发态的全充满轨道可以不考虑，因为这一部分总是全对称的。这样我们只需考虑$(e_g)^1(e_{2u})^1$ 的对称性，利用化直积表示为不可约表示的直和的方法，我们可以很快找出

$$E_{1g} \otimes E_{2u} = B_{1u} \oplus B_{2u} \oplus E_{1u}$$

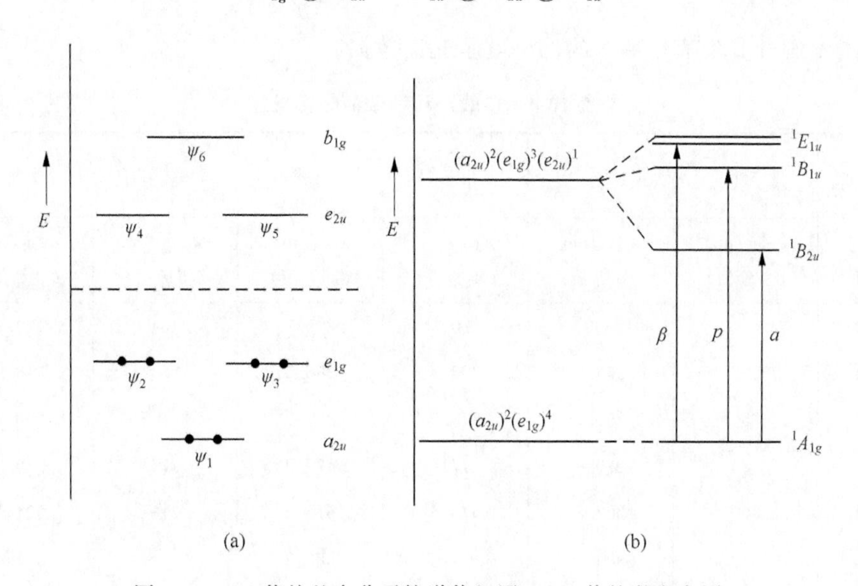


图 10-6 (a)苯的基态分子轨道能级图；(b) 苯的激发态图

上式说明，苯的第一激发态包括三个状态，其中 $E_{1u}$是二重简并态。这三个状态能量不同，如图 10-6 所示。${}^1A_{1g} \rightarrow {}^1B_{2u}$是禁阻跃迁，产生的 $\alpha$ 带强度较小。${}^1A_{1g} \rightarrow {}^1B_{1u}$也是禁阻跃迁，理应强度较小，因此对于 $p$ 带的指认尚有争论。${}^1A_{1g} \rightarrow {}^1E_{1u}$是允许跃迁，产生的 $\beta$ 带强度很大。

与直链共轭烯烃类似，芳香烃的电子光谱随着共轭体系的增长而向长波方向

移动。多联苯 H$-\!\!(C_6H_4)_n\!-$H 的 $p$ 带的 $\lambda_{极大}$ 可用下式表示①

$$\lambda_{极大}=\frac{10^3}{2.649+3.861\sin\frac{\pi}{4n+1}}\text{nm} \tag{10-24}$$

稠苯（$n$ 个稠合苯环）的 $p$ 带的 $\lambda_{极大}$ 可用下式表示

$$\lambda_{极大}=\frac{10^3}{-0.3875+8.883\sin\frac{\pi}{2n+5}}\text{nm} \tag{10-25}$$

而 $\beta$ 带的波长可表示为

$$\lambda_{极大}=\frac{10^3}{1.7172+6.567\sin\frac{\pi}{2n+5}}\text{nm} \tag{10-26}$$

表 10-4 列出多联苯和稠苯的部分电子光谱数据。

**表 10-4　多联苯和稠苯的光谱数据**

| | H$-\!\!(C_6H_4)_n\!-$H　$p$ 带 | | 稠苯 $p$ 带 | | 稠苯 $\beta$ 带 | |
|---|---|---|---|---|---|---|
| | $\lambda_{极大}$/nm（实验值） | $\lambda_{极大}$/nm（计算值） | $\lambda_{极大}$/nm（实验值） | $\lambda_{极大}$/nm（计算值） | $\lambda_{极大}$/nm（实验值） | $\lambda_{极大}$/nm（计算值） |
| 0 | — | — | 202 | 206.9 | 184 | 179.3 |
| 1 | 202 | 203.3 | 288.5 | 288.5 | 221 | 218.9 |
| 2 | 250 | 251.9 | 378.5 | 377.3 | 251.5 | 252.3 |
| 3 | 280 | 279.9 | 471 | 472.8 | 274 | 280.3 |
| 4 | 300 | 297.8 | 575.5 | 575.3 | 310 | 304.1 |
| 5 | 310 | 309.9 | | 685.2 | | 324.4 |
| 6 | 318 | 319.2 | | 803.3 | | 342.0 |

(4) $p$-$\pi$ 共轭和助色基：在共轭链的一端引入含有孤对 $p$ 电子的基团如 —$NH_2$、—$NR_2$、—OH、—OR、—SR、—Cl、—Br 等，可以产生 $p$-$\pi$ 共轭作用(形成多电子大 $\pi$ 键)从而使化合物的颜色加深(即 $\lambda_{极大}$ 向长波方向移动)，这样的基团叫做助色基。表 10-5 列出乙烯及苯环体系的助色效应，表中所列数值是助色基引入后 $\lambda_{极大}$ 增加的数值。

① 参看 412 页注①。

表 10-5　助色效应 $\Delta\lambda_{极大}$/nm

| 体　系 | 助　色　其　X | | | | |
|---|---|---|---|---|---|
| | —$NR_2$ | —OR | —SR | —Cl | —Br |
| X—C═C | 40 | 30 | 45 | 5 | |
| X—C═C—C═O | 95 | 50 | 85 | 20 | 30 |
| X—$C_6H_5$ | | | | | |
| β带 | 51 | 20 | 55 | 10 | 10 |
| α带 | 43 | 17 | 23 | 2 | 6 |

助色效应的机理可以用微扰理论来解释(图 10-7)。令 $E_x^0$ 表示取代基 **X** 的轨

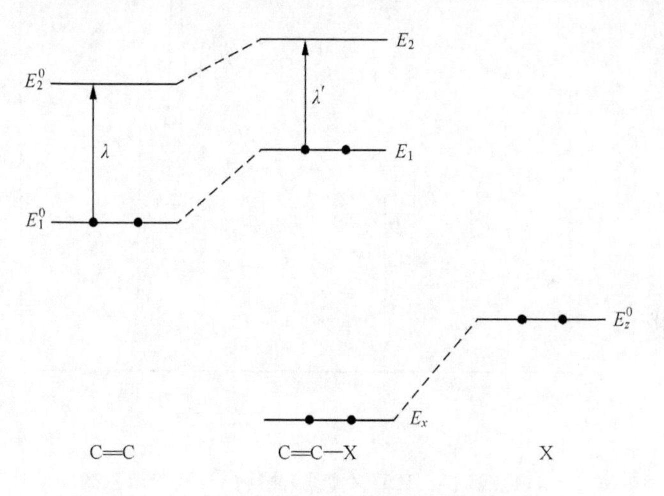


图 10-7　助色基引入后分子轨道的能级变化

道能级,$E_1^0$ 和 $E_2^0$ 表示没有取代基的乙烯分子轨道能级,这里

$$E_x^0 < E_1^0 < E_2^0$$

再以 $E_x$、$E_1$ 和 $E_2$ 分别表示乙烯取代物 $CH_2$ ═CH—X 分子中相应轨道的能级,根据微扰理论,

$$E_1 - E_1^0 > E_2 - E_2^0$$

即

$$E_2 - E_1 < E_2^0 - E_1^0$$

由此可见,乙烯取代物的第一激发能比乙烯的要小,因此当助色基引入时便出现吸收峰向长波方向移动的现象。

与此相反,如果在共轭链的一端引入吸电子基团如—$NO_2$、—NO、—CHO、

—COOH等,则取代物的吸收峰向短波方向移动,其机理也可以和上面一样进行解释。

(5) 影响光谱的外部因素:影响有机化合物电子光谱谱形的主要外部因素是温度和溶剂,两者的作用都很显著。

由于电子能级的跃迁往往伴随有振动和转动能级的改变,而仪器分辨率又不足以使这些靠得很近的能级一一分开,因而电子光谱一般都是宽峰。降低温度可以减少振动和转动的贡献,使单个的电子跃迁能够显示出来,这可以从图 10-8 所示的在 20℃和−185℃测得的反式二苯乙烯的两个谱清楚地看出来。

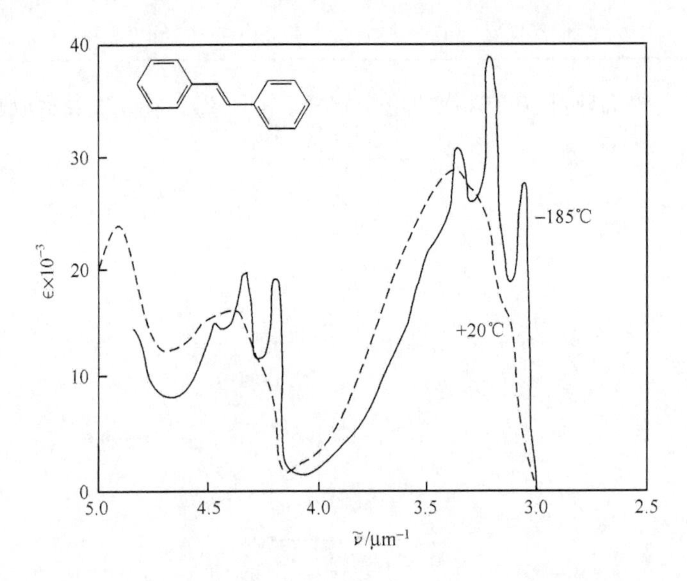


图 10-8　20℃(虚线)和−185℃(实线)测得的反式二苯乙烯的紫外光谱

溶剂:异戊烷-甲基环己烷(体积比为 5∶1)

溶剂对于光谱形状的影响很复杂。如将溶剂由非极性的换成极性的,最明显的影响是谱的精细结构变模糊甚至消失,苯酚在己烷中和在乙醇中的光谱明显地不同就是一个典型的例子(图 10-9)。所以在电子光谱实验中一般均采用己烷等非极性溶剂。为了观察电子光谱的精细结构,最好测量蒸汽样品。改变溶剂极性除了影响谱带的结构外,还可能影响吸收峰的位置。一般来说,随着所用的溶剂的极性增大,$n \rightarrow \sigma^*$ 跃迁谱带向蓝位移,$\pi \rightarrow \pi^*$ 跃迁谱带向红位移,这两个峰的距离变小。表 10-6 示出异丙叉基丙酮$\left( (CH_3)_2C{=}CH{-}C({=}O){-}CH_3 \right)$在不同溶剂中的吸收峰位置。

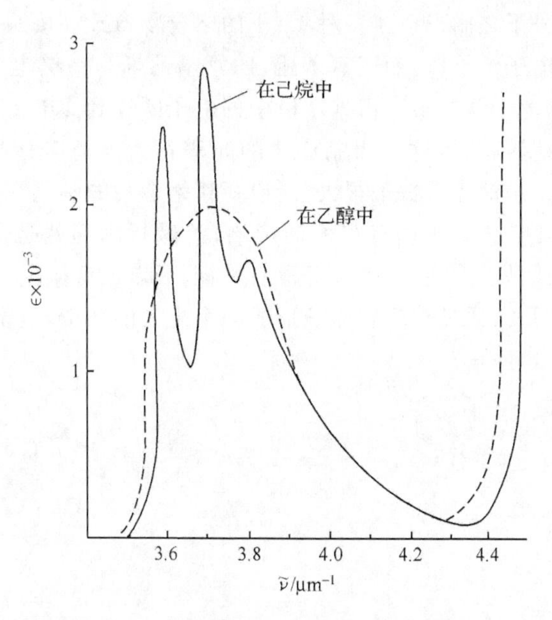


图 10-9　溶剂极性对苯酚的紫外光谱的影响

**表 10-6　溶剂极性对异丙叉基丙酮的紫外吸收光谱的影响**

| 溶　剂 | 介电常数 | $\lambda_{极大}$/nm | | 两峰距离/nm |
|---|---|---|---|---|
| | | $\pi \to \pi^*$ | $n \to \pi^*$ | |
| 正己烷 | 2 | 229.5 | 327 | 97.5 |
| 乙　醚 | 4 | 230 | 326 | 96 |
| 氯　仿 | 4.8 | 238 | 315 | 77 |
| 丁　醇 | 18 | 237 | 311 | 74 |
| 乙　醇 | 25 | 237 | 310 | 73 |
| 甲　醇 | 33 | 237 | 309 | 72 |
| 水 | 81 | 243 | 305 | 62 |

当溶剂分子能与样品分子形成氢键时,视样品分子基态和激发态与溶剂分子形成氢键的强度的相对大小,谱带向红或向蓝位移。此外,移动的方向还与跃迁类型有关。例如苯酚在异辛烷中的 $\pi \to \pi^*$ 跃迁谱带是在 250—280 nm 区间内,加入少量二氧六环后该峰向红位移。与此相反,二苯酮的 $\pi \to \pi^*$ 跃迁谱带在加入乙醇后向蓝位移,其中的 $n \to \pi^*$ 跃迁谱带也向蓝位移。

当溶剂分子能与样品分子生成分子络合物时,样品的紫外光谱会产生特殊的变化。例如将黄色的四氯苯醌溶液与无色的六甲基苯混合,所得溶液呈深红色。又如四氰基乙烯与各种芳香烃混合,也形成有特殊颜色的溶液。现在普遍认为这是由于两个组分分子之间形成了一种 1∶1 的络合物所致。按照分子轨道理论，这些芳香烃是一类电子给予体，而四氯苯醌、四氰基乙烯是一类电子接受体，当两者形成络合物时，给电子体的最高占据轨道中的电子跃迁到受电子体的空轨道上去，这一过程称为电荷转移，由这一机制产生的光谱称为电荷转移光谱，简称荷移光谱。荷移谱带的摩尔消光系数都很大，所以荷移络合物的颜色都很浓。

溶液 pH 对某些样品颜色有很大的影响，酸碱指示剂就是众所周知的例子。在酸性介质中酚酞是内酯式，三个苯环没有共轭，所以没有颜色。在碱性溶液中其中一个苯环变成醌式，通过中间碳原子形成一个更大的 $\pi$ 键，呈现出红色。

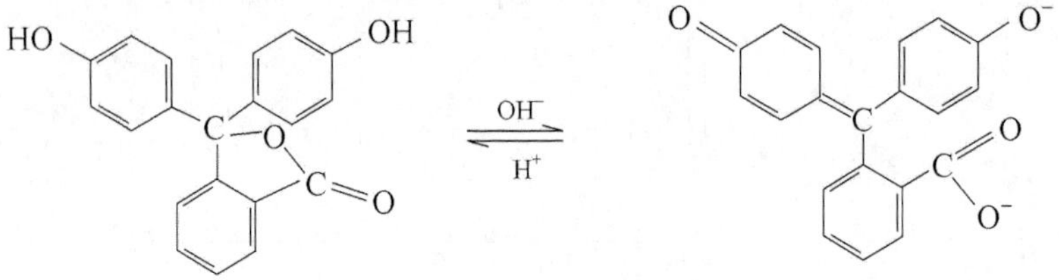

无色 $\underset{H^+}{\overset{OH^-}{\rightleftharpoons}}$ 红色

### 3. 紫外和可见吸收光谱的应用

紫外及可见吸收光谱在分析化学中有很多应用，这些应用大部分都基于在一个波长或不同波长时光密度的测定，因此称为紫外及可见分光光度法。这种方法有下列优点：（ⅰ）仪器比较简单，操作方便；（ⅱ）∈大，最高可达 $10^4$ 到 $10^5$（红外光谱的∈很少超过 $10^3$），因此容易在混合物中分析或检定含量很少的成分；（ⅲ）可用光电管或光电倍增管测光密度，因此准确度和灵敏度比红外光谱高。紫外及可见分光光度法适用于在 200—1000 nm 波长范围内有吸收峰的微量金属元素的分析，络合物的组成及稳定性研究，有机化合物的分析和鉴定，同分异构体的鉴别，以及作为测定分子结构的辅助方法等。兹举数例说明如下：

(1) 金属元素的比色分析或紫外分光光度法测定：例如用硫氰酸铵比色法测定三价铁，用铀试剂比色法测定铀，用分光光度法测定个别稀土的含量等。

(2) 络合物的组成和稳定常数的测定：因属络合物化学讨论的范围，这里不作介绍了。

(3) 果汁中维生素 C 含量的测定：取果汁样品分为两份，一份加入少量 KCN，使维生素 C 稳定，不被氧化；另一份加入 $CuSO_4$ 催化剂，使维生素 C 被空气所氧化。然后在它的 $\lambda_{极大}$ = 245 nm 的波长下测定两份样品的光密度，其差值就是维生素 C 的光密度值 $D$。如已知维生素 C 在 $\lambda$ = 245 nm 的摩尔消光系数∈和样品槽厚度 $l$，就很容易求算维生素 C 的浓度。

(4) 分子结构的推测：根据化合物的紫外及可见吸收光谱可以推测所含的功

能基。例如一个化合物在 220—800 nm 范围内透明(即$\in<1$),它可能是脂肪族碳氢化合物,胺、腈、醇、醚、羧酸、氯代烃和氟代烃,不含直链或环状共轭体系,没有醛基、酮基、溴或碘。如果在 210—250 nm 有吸收带,可能含有两个共轭单位;在 260—300 nm 有强吸收带,表示有 3 个到 5 个共轭单位;在 250—300 nm 有弱吸收带表示羰基的存在;在 250—300 nm 中有中强度(有一定的振动结构)吸收带是苯环的特征;如果化合物有颜色,则分子中所含的共轭的生色基和助色基的数目将大于 5。

由于分子对紫外及可见光的吸收性质基本上是分子中生色基和助色基的特性,不是整个分子的特性,所以仅仅从紫外及可见光谱是不能完全决定分子结构的,必须与其他化学的和物理化学的方法配合起来,才能得出可靠的结论。

**例 1**　除虫菊醇酮结构的测定(图 10-10)。

从除虫菊可以提取出除虫菊醇酮,用化学分析方法知道它含有一个酮基、一个羟基、一个戊环,三个 C═C 键,但整个分子的结构不清楚。后来有人观察除虫菊醇酮在 227 nm 处有一吸收峰($\in=28000$),加氢后(四氢除虫菊醇酮)吸收峰的位置几乎不变($\lambda=230$ nm),只是强度减弱了($\in=12000$)。这说明除虫菊醇酮有两个独立的共轭体系,加氢后一个共轭体系破坏了,但吸收峰在 $\lambda=230$ nm 左右的共轭体系仍未破坏。因此肯定除虫菊醇酮的结构式为

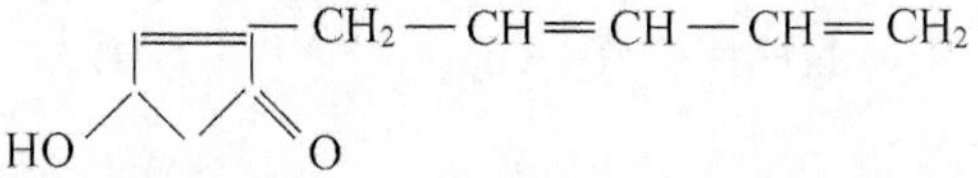

$$\text{(环戊烯酮环，HO, O)}-CH_2-CH=CH-CH=CH_2$$

(5) 互变异构体的判别

**例 2**　酮-烯醇互变异构体

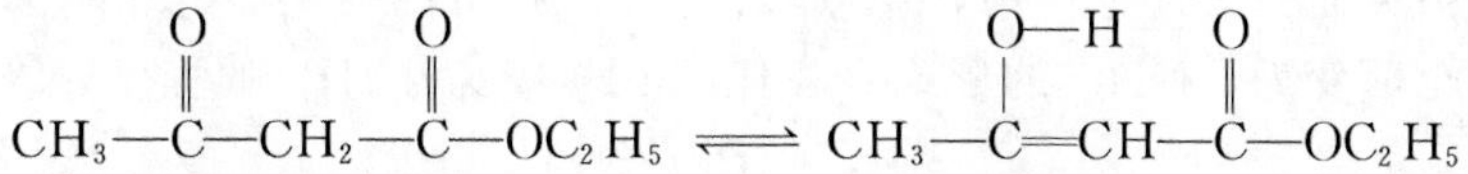

$$\underset{\substack{\text{酮式}\\ \lambda_{\text{极大}}=204\ \text{nm}\\ \text{(非共轭体系)}}}{CH_3-\overset{\overset{\displaystyle O}{\|}}{C}-CH_2-\overset{\overset{\displaystyle O}{\|}}{C}-OC_2H_5} \rightleftharpoons \underset{\substack{\text{烯醇式}\\ \lambda_{\text{极大}}=245\ \text{nm}\\ \text{(共轭体系)}}}{CH_3-\overset{\overset{\displaystyle O-H}{|}}{C}=CH-\overset{\overset{\displaystyle O}{\|}}{C}-OC_2H_5}$$

图 10-11 画出乙酰乙酸乙酯在不同溶剂内的吸收曲线。从图中可见在己烷溶剂中 $\lambda=245$ nm 附近的吸收峰的$\in$最大,即烯醇的百分含量最高,在水中$\in$最小,烯醇含量也最小。

(6) 酸碱电离常数的测定：利用分光光度法可测定某些有机酸或有机碱的电离常数。如果酸 HB 和它的共轭碱 $B^-$ 在适宜波长的$\in$相差很大,即可在酸碱滴定过程中利用光密度的测定,随时计算[HB]/[B]的比值,从而计算电离常数。许多芳香族羧酸如苦味酸的电离常数即可用此法测定。如果有机碱 B 和它的共轭酸

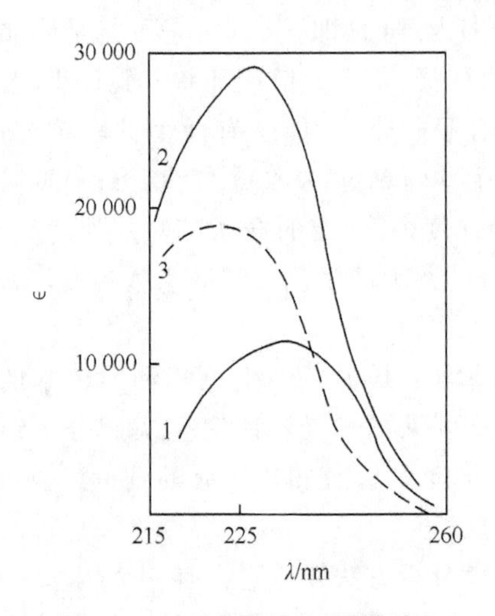


图 10-10　吸收曲线(乙醇溶液)

1—四氢除虫菊醇酮；2—除虫菊醇酮；3—曲线 2 与曲线 1 之差表示除虫菊醇酮中双烯的吸收

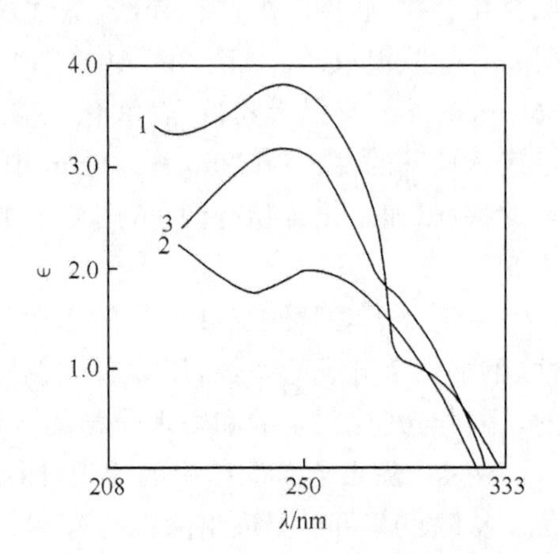


图 10-11　乙酰乙酸乙酯的吸收曲线

溶液：1—己烷；2—水；3—乙醇

$HB^+$ 的∈相差很大，也可用此法测定碱的电离常数。例如

$$NH_2—CH(COOH)—CH_2—C_6H_4—NH_2$$

在 pH=13 的溶液中，紫外区有两个吸收峰，一个在 $\lambda=285$ nm、$\in=1370$，另一个在 $\lambda=236.5$ nm、$\in=9800$。当 pH 降低，助色基$—NH_2$ 逐渐变为$—NH_3^+$，由于 $p$ 电子对的消失而失去助色作用，$\in_{285}$ 逐渐变弱。到 pH=1 时，$\in_{285}=45$，此时可认为分子已全部变为$—NH_3^+$ 的形式。在任意 pH，B 变为 $HB^+$ 的程度 $\alpha$ 等于

$$\alpha=\frac{1370-\in_{285}}{1370-45}$$

求得在不同 pH 的 $\alpha$ 后，即可计算 $K$

$$pK = pH+\lg\frac{\alpha}{1-\alpha}+\frac{0.5\sqrt{\mu}}{1+\sqrt{\mu}}$$

计算结果 $pK=4.55$。上式中最后一项为活度系数的校正，$\mu$ 为离子强度。

(7) 分子化合物的测定：分光光度法常可判别溶液中是否生成分子化合物并测定其含量。例如 $I_2$ 和 $Br_2$ 在饱和烃类溶液中是紫色的。但在苯溶液中却是褐色的，且在 $\lambda=300$nm 附近有一个特殊的吸收带，现已证明这一吸收带是由苯：卤素=1：1 的分子化合物产生的，并测得在 $CCl_4$ 溶液中它们的稳定常数等于

$$K_1=\frac{[C_6H_6\cdot I_2]}{[C_6H_6][I_2]}=1.72$$

$$K_2=\frac{[C_6H_6\cdot Br_2]}{[C_6H_6][Br_2]}=1.04$$

又如分光光度法可判别酮和醛在水溶液中是否生成水合物,并测定其含量,因为生成水合物后,羰基的 280 nm 的谱带就消失了。研究结果表明在 18°时,甲醛的水溶液有 99%形成水合物,乙醛有 60%而丙酮只有 1%。

## §10-3　红外光谱和拉曼光谱

### 1. 仪器

(1) 红外光谱仪:红外光谱仪一般包括辐射源、样品池、色散系统和辐射强度测定装置等几个部分。

辐射源的选择视所测波数范围而异。在近红外区使用钨丝灯;在中红外区使用能斯脱(Nernst)灯(用氧化钇稳定的氧化锆空心棒,可加热到 1500℃)、碳化硅棒(商品名 Globar)或镍铬合金丝灯;在远红外区使用高压汞弧灯。

样品池分固体、液体和气体三大类。固体样品经玛瑙研钵研碎后与 KBr 粉压成片进行测量,亦可用矿物油(商名 Nujol)调成糊状,涂在 NaCl、KBr 或 CsI 等晶体片上进行测量。液体样品可直接置于液体样品池中测量。液体样品池透光的两壁有两片平行的 NaCl 晶体、KBr 晶体或其他材料制成的窗。气体样品置于特制的气体样品槽中测量,按样品的浓度可选择不同的光路长度,最小为 10 cm,目前最长的长光路气体样品槽为 20 m(内部多次反射)。无论是气体、液体还是固体样品池,窗材料的选择都极为重要,表 10-7 中列出了最常用的窗材料和它们的透光范围。

**表 10-7　红外透明材料**

| 材　料 | 透明范围 | | 特　性 |
|---|---|---|---|
| | $cm^{-1}$ | $\mu m$ | |
| NaCl(岩盐) | >4000—625 | <2.5—16 | 溶于水,易潮解 |
| KBr | >4000—400 | <2.5—25 | 同 NaCl,贵 40% |
| $CaF_2$ | >4000—1000 | <2.5—10 | 不溶于水、酸和碱 |
| $BaF_2$ | >4000—750 | <2.5—13.3 | 同 $CaF_2$ |
| AgCl | >4000—450 | <2.5—22.2 | 不溶于水,溶于酸和 $NH_4Cl$ |
| CsI | >4000—180 | <2.5—55.6 | 价格比 NaCl 贵 14 倍 |
| KRS-5(TlBr/TlI) | >4000—250 | <2.5—40 | 不溶于水,折射率高,毒性大 |
| ZnS 多晶(Irtran-2) | >4000—700 | <2.5—14.3 | 不溶于水,耐用,比 NaCl 贵 15 倍 |
| 石英 | >4000—2850 | <2.5—3.5 | 不溶于水,耐用 |
| 聚乙烯 | 625—10 | 16—1000 | 最适合于远红外,便宜 |
| AgBr | >4000—285 | <2.5—35 | 不溶于水,反射损失大 |

色散系统常用的有棱镜和光栅两种。棱镜材料的选择与样品池窗的选择要求相同。由于多数红外棱镜材料都是潮解性的，不及光栅色散系统容易维护，所以目前大多数红外光谱仪都采用光栅分光。新式红外光谱仪都装有一组光栅，按扫描的波数范围自动更换。

检测器用于将红外辐射转变成一个正比于光强度的输出信号。在近红外区一般使用 PbS、PbSe 或 PbTe 检测器，在中红外区一般用热电偶、葛雷(Golay)池或电阻式辐射热测量计(如掺杂的硅片、锗片或 InSb 片)，在远红外区一般使用葛雷池或硫酸三甘肽(TGS)探头。

图 10-12 是国产 WFD-$J_3$ 型红外分光光度计的工作原理图。本仪器的主体包括光学、机械学和电子学三个系统。

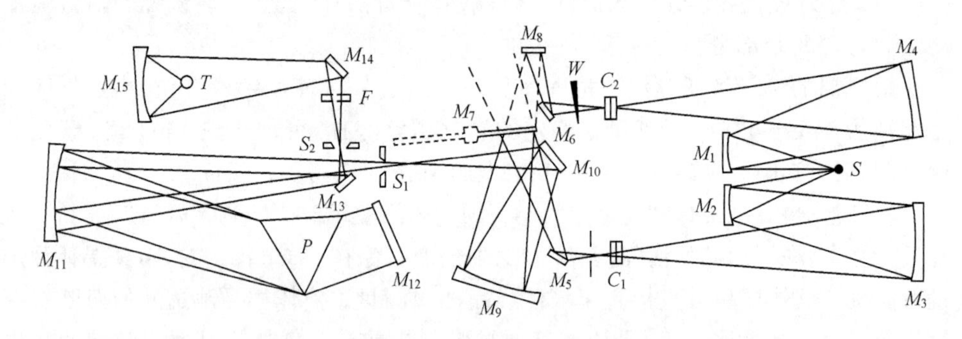


图 10-12　WFD-$J_3$ 型红外分光光度计光路图

$S$—光源；$S_1$—入射狭缝；$S_2$—出射狭缝；$C_1$—样品槽；$C_2$—参比槽；$P$—棱镜；$F$—滤光器；$T$—热电偶；$W$—减光器；$M_7$—光断续器；$M_{12}$—立托夫镜

由能斯脱红外光源 $S$ 发出的辐射经反射镜 $M_1$、$M_3$ 和 $M_2$、$M_4$ 后分裂成为两路分别通过样品池 $C_1$ 和参考池 $C_2$，它们再分别经过反射经 $M_5$、$M_7$ 和 $M_6$、$M_8$ 而在凹面镜 $M_9$ 重新会合。$M_7$ 是一个由马达带动的转动镜，称为光断续器，通过它让两束光轮流进入狭缝 $S_1$，并变成交流信号。在经过 $M_{11}$ 后变成平行光投射在棱镜 $P$ 上进行第一次分光，受 $M_{12}$ 反射后又回入棱镜 $P$ 进行第二次分光，色散后的光再经过 $M_{11}$、$M_{13}$、出射狭缝 $S_2$ 和偏转镜 $M_{14}$ 投射到凹面镜 $M_{15}$ 上，经它聚焦在热电偶 $T$ 上。检测器输出与转动镜频率相同的电信号，经电子学系统放大以后若两束光强度不相等，则其不平衡信号带动平衡马达，使其带动位于参考光路中的楔形光阑 $W$ 而改变参比光束的强度，直到两束光相等，此时楔形光阑的位置就代表了两束光的能量差，即样品的透过率。这一方法称为“光学零点”法。利用描图马达通过波长凸轮转动棱镜以改变波长，同时也带动记录装置(横坐标)进行记录。记录笔(纵坐标)的位置则与楔形光阑的位置对应。

由于光源在各个波长下辐射出的能量不相等，因此需要通过与波长凸轮连动的狭缝凸轮调节狭缝 $S_1$ 和 $S_2$ 的大小，以保持在整个波长范围内参比光束为 100%。

傅里叶变换红外光谱仪是 70 年代初出现的一种新型红外光谱仪,其基本部件是一个迈克尔逊(Michelson)干涉仪(图 10-13)。

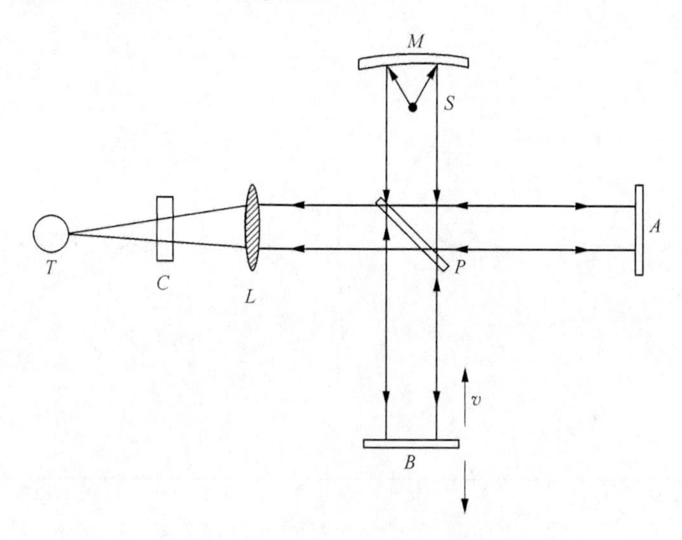


图 10-13　迈克尔逊干涉仪原理图

由光源 $S$ 发出的光经反射镜 $M$ 及准直系统投射到作 45°放置的分束器 $P$ 上,分束器将入射光分为两部分:一部分被它反射到固定镜 $A$ 上,反射回来后透过它射向样品池和检测器;另一部分透过它射到动镜 $B$ 上,反射回来后经它反射也投射到样品池和检测器上。动镜 $B$ 以速度 $v$ 作匀速往复运动,因此光束 $A$ 和 $B$ 有光程差,当光程差等于入射光波长的整数倍时,两束光干涉的结果互相加强,检测器输出的信号就大;两束光的光程差等于入射光半波长的奇数倍时,干涉的结果互相抵消,输出信号就小。如果入射光是波长为 $\lambda$ 的单色光,经过干涉仪后输出的信号为正弦信号,频率 $f=2v/\lambda$。如果入射光是连续光,则输出信号是无数正弦信号的叠加。如果以动镜 $B$ 的移动距离 $l=vt$ 为横坐标,以输出信号为纵坐标,所得的图称为干涉图[图 10-14(a)]。在光程差为零的点(一般是 $B$ 镜运动区间的中点)输出信号最大,因为在这点所有波长的光均同位相。因此原先的波长谱 $I=I(\lambda)$ 经过干涉仪后变换成了时间谱 $I=I(t)$,它包含了整个波长范围内被样品吸收情况的全部信息。输出信号直接送到数字计算机上进行快速傅里叶变换,将干涉图[即 $I(t)$ 谱]变换成寻常的光谱 $I(\lambda)$,如图 10-14(b)所示。这种光谱仪的最大优点是信噪比大,灵敏度高,分辨率也高。分辨率大约等于动镜移动范围的倒数,例如移动范围为 20 cm,分辨率约为 0.05 $cm^{-1}$。这种光谱仪特别适合于研究化学反应动力学,也可以与气相色谱仪或高压液相色谱仪连用,作为后者的检测器。

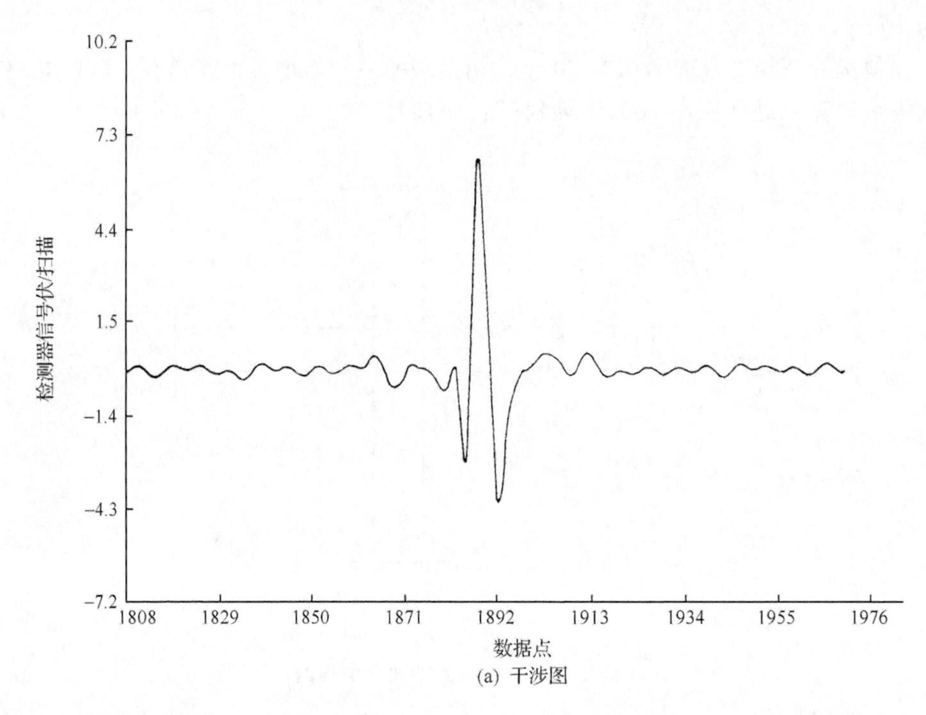


(a) 干涉图

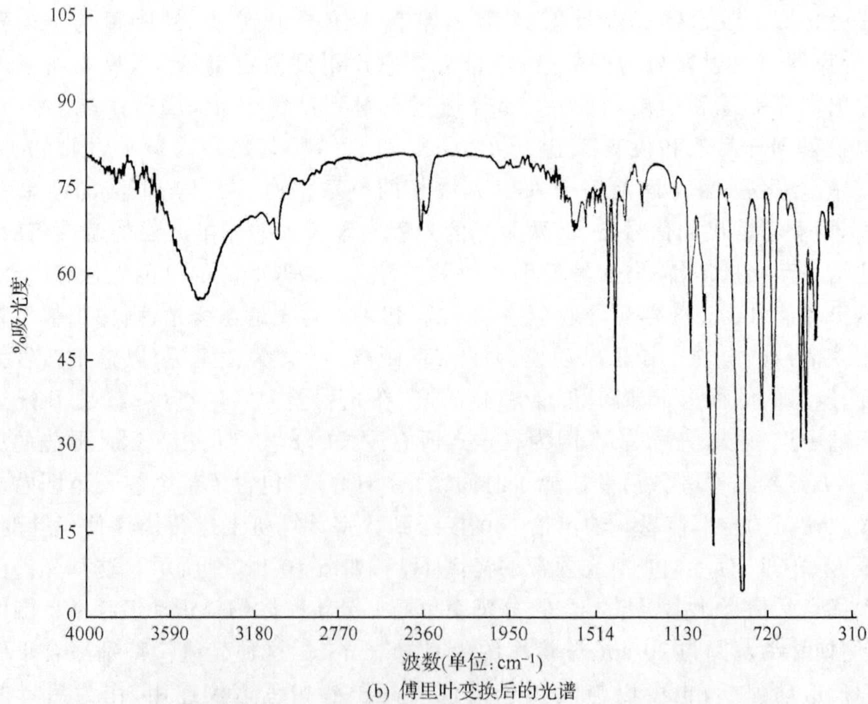


(b) 傅里叶变换后的光谱

图 10-14

(2) 拉曼光谱仪：图 10-15 是拉曼光谱的示意图。由于拉曼散射强度很弱，所以一般采用高强度的汞弧灯作光源，近年来越来越多地采用功率大，单色性好的激光(如 He-Ne 激光器)作光源。光从光源发出后用反射镜或棱镜聚光，垂直向上投射于样品，样品上方装有反射镜，使入射光多次穿过样品，以加强散射光强度。拉曼散射线沿入射光垂直方向射出，经棱镜或光栅分光后用光电倍增管记录。

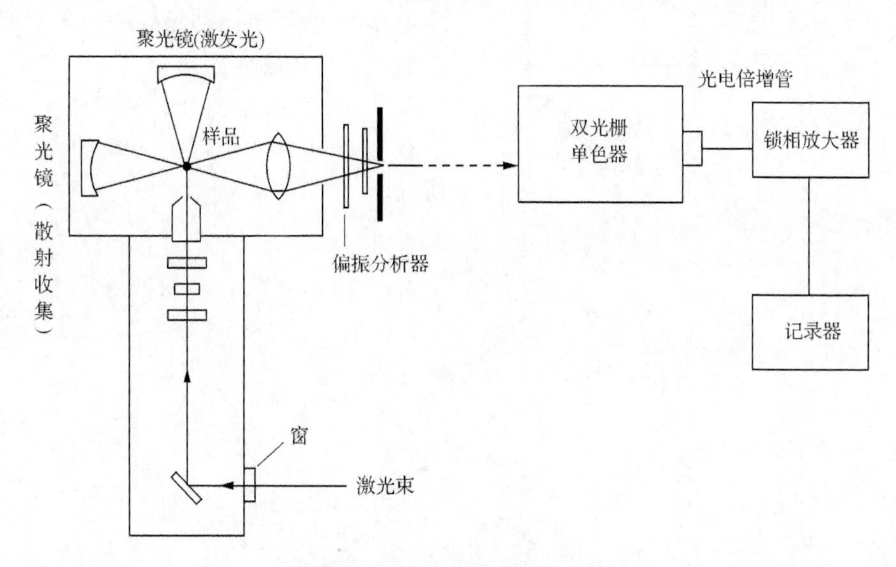


图 10-15　激光拉曼光谱示意图

常用的单色光波长为 632.81646 nm(He-Ne 激光)、487.9865 nm、514.527 nm(Ar 离子激光)和 647.100 nm(Kr 离子激光)，为了避免光分解或荧光激发，使用波长较长的单色光做光源是比较有利的。

**2. 多原子分子的振动能级和振动光谱**

多原子分子的中、近红外光谱和拉曼光谱是它们的振动-转动光谱，因此我们先讨论多原子分子的振动能级。

如果不考虑电子的运动，那么含有 $N$ 个原子的分子，其运动状态应由 $3N$ 个坐标来描写，因为每个原子有 $x$、$y$、$z$ 三个坐标。这 $3N$ 个坐标所描写的运动状态可以归结为分子质心的三个平移运动(质心向 $x$、$y$、$z$ 三个方向的移动)，整个分子绕着三个轴的转动运动(如系直线型分子，只有两种转动运动)和($3N$-6)个基本的振动运动(如系直线型分子，为 $3N$-5 个振动)。

这($3N$-6)或($3N$-5)个基本的振动运动称为简正振动，简正振动的频率称为简正频率。例如 $CO_2$ 是直线型分子，它有 $3N-5=3\times3-5=4$ 个简正振动如图 10-16所示。在图 10-16 的 $IV$ 式中⊕表示垂直于纸面的向上运动，⊖表示垂直于

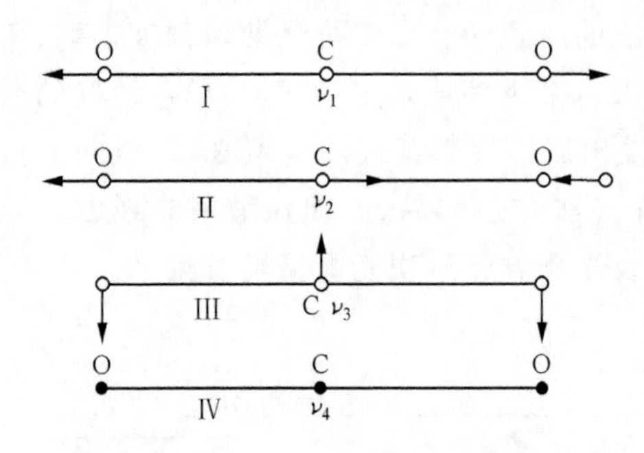


图 10-16　$CO_2$ 的简正振动

纸面的向下运动，所以振动Ⅲ和Ⅳ的频率相等，只是方向互相垂直而已，它们都是使 OCO 键角改变的弯曲振动。振动Ⅰ和Ⅱ都是使 CO 键键长改变的振动，叫做伸缩振动。要使键长伸缩比使键角改变需要更多的能量，所以伸缩振动的频率大于弯曲振动的频率。

又如 $SO_2$ 是非直线型的三原子分子，它有 $3N-6=3$ 种简正振动如图 10-17 所示。

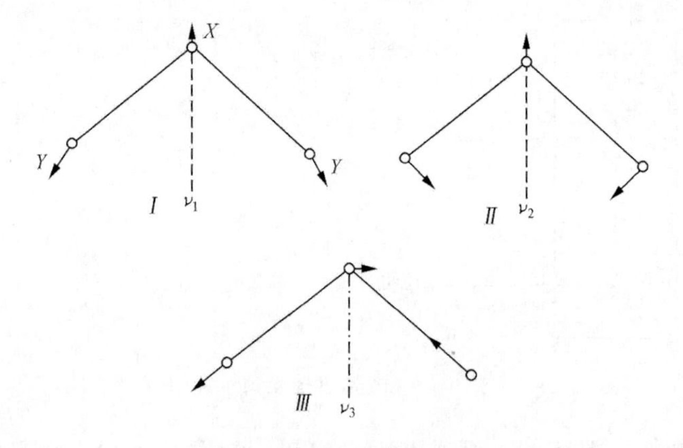


图 10-17　$SO_2$ 的简正振动

再如平面的 $H_2CO$ 分子有 $3\times4-6=6$ 种简正振动如图 10-18 所示。

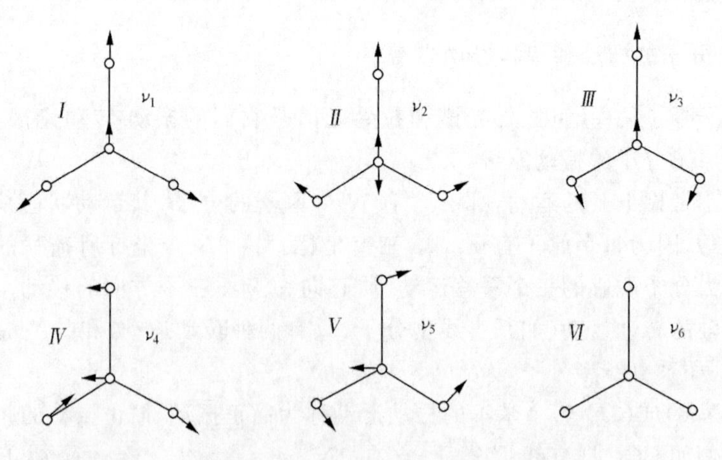


图 10-18　$H_2CO$ 的简正振动

不是所有简正振动的频率都能在红外光谱或拉曼光谱中观察到。实验结果和量子力学的理论都证明只有瞬间偶极矩有改变的那些简正振动才能在红外光谱中观察到，而在拉曼光谱中能观察到的简正振动必须伴随有极化率 $\alpha$ 的改变。

例如在 $CO_2$ 分子的振动 $I$ 中，两个 CO 键同时伸长，同时缩短，所以在振动过程中，分子的偶极矩始终等于零，因此 $\nu_1$ 不能在红外光谱中观察到。在振动Ⅱ中，一个 CO 键伸长，另一个 CO 键缩短，或相反，所以分子有瞬变偶极矩；在振动Ⅲ和Ⅳ中，分子发生弯曲，都有瞬变偶极矩；所以 $\nu_2$ 和 $\nu_3$ 都能在红外光谱中观察到。

另一方面，分子的极化率随着键长的伸缩而改变。在 $CO_2$ 分子的振动 $I$ 中，两个 CO 键的键长同时伸长或缩短，所以 $\alpha$ 在改变，因而 $\nu_1$ 可在拉曼光谱中观察到。在振动Ⅱ中，一个键伸长，另一个键缩短，极化率的改变正好抵消，所以 $\nu_2$ 不能在拉曼光谱中观察到。在振动Ⅲ和Ⅳ中，只有键角的改变没有键长的改变，$\alpha$ 的变化非常小，所以 $\nu_3$ 也不能在拉曼光谱中观察到。

由此可见，中、近红外光谱和拉曼光谱虽然都是分子的振动-转动-光谱，但它们是互相补充、互相配合的。

仔细研究红外光谱和拉曼光谱各谱线的频率，发现除简正频率 $\nu_1$、$\nu_2$、$\nu_3$、… 等外，还有倍频 $2\nu_1$、$3\nu_1$、$2\nu_2$、… 等，合频 $\nu_1+\nu_2$、$2\nu_2+\nu_3$、… 等，和差频 $\nu_1-\nu_2$、$2\nu_1-\nu_3$ 等。这是由于振动的非谐性质和各种振动之间的相互作用之故。在常温时分子大部分处在基态，非谐性和各种振动之间的相互作用都很小，所以倍频、合频和差频的强度较弱。拉曼光谱的倍频和合频只有简正频率强度的百分之几，红外光谱则可达 10%—20%，所以从拉曼光谱比较容易分辨出简正频率。此外拉曼光谱的位置随所用光源的波长而定，一般都在可见区，研究起来比红外光谱方便。但是拉曼光谱只适用于研究液体样品和单晶样品，气体密度太小，散射光弱，很多固体不能培养出适合于研究拉曼散射效应的足够大的晶体，结晶粉末有强反射，对拉曼线干扰很大。有些物质容易激发出荧光，而荧光强度比拉曼散射线的强度大得多，会产生干扰作用，这是拉曼光谱的缺点。红外光谱则不受这些限制。

### 3. 化学键的特征振动频率和键的力常数

比较分析各种分子的振动频率，我们发现同系物有一共同的频率(表 10-8)，具有相同功能基团的一系列化合物也有共同的频率，这一频率称为功能基团或化学键的特征振动频率(表 10-9)。

为什么分子的简正振动频率会与分子中的一个化学键或功能基团的存在相应，成为后者的特征频率呢？

**表 10-8　同系物的特征频率**　（单位：$cm^{-1}$）

| R | RSH | RCN | $RNH_2$ |
|---|---|---|---|
| $CH_3$ | 2572 | 2249 | 3372 |
| $C_2H_6$ | 2570 | 2243 | 3369 |
| $C_3H_7$ | 2575 | 2244 | 3377 |
| $C_4H_9$ | 2575 | 2240 | 3371 |
| $C_5H_{11}$ | 2573 | 2242 | — |
| 平　均 | 2573 | 2244 | 3372 |

**表 10-9　各种化学键和功能基的特征频率**

| 结 构 单 位 | $\tilde{\nu}/cm^{-1}$ | $\lambda/\mu m$ |
|---|---|---|
| 1. O—H | 3730—3500 | 2.68—2.84 |
| O—H(缔合) | 3520—3100 | 2.84—3.22(宽) |
| 2. N—H | 3550—3420 | 2.82—2.92 |
| N—H(缔合) | 3500—3100 | 2.86—3.23(宽) |
| 3. ≡C—H | 3310—3200 | 3.02—3.12 |
| $=CH_2$ | 3080±10 | 3.25±0.01 |
|  | 2975±10 | 3.36±0.01 |
| =C(—)—H | 3020±10 | 3.31±0.01 |
| (芳环)C—H | 3090—3000 | 3.24—3.33 |
| $—CH_3$ | 2960±15 | 3.36—3.39 |
|  | 2870±15 | 3.48—3.49 |
| $—CH_2—$ | 2926±5 | 3.41—3.43 |
|  | 2850±5 | 3.50—3.52 |
| —C(—)(—)—H | 2890 | 3.46 |
| 4. S—H | ～2580(弱) | ～3.88(弱) |
| 5. Si—H | ～2240 | ～4.46 |
| 6. C≡C | 2250—2150 | 4.44—4.65 |
| 7. C=C | 1650—1600 | 6.06—6.25 |
| 8. 苯环 | 1625—1575 | 6.15—6.35 |
|  | 1520—1480 | 6.58—6.75 |

续表

| 结 构 单 位 | $\tilde{\nu}/cm^{-1}$ | $\lambda/\mu m$ |
|---|---|---|
| 9. C≡N | 2400—2100 | 4.17—4.76 |
| 10. —N=C< | 1660—1610 | 6.02—6.21 |
| 11. >C—N< (—C(—)—N<) | ~1030 | ~9.71 |
| 12. C=O 酐类 | 1860—1800 | 5.38—5.56 |
| | 1800—1750 | 5.56—5.71 |
| C=O 酯类 | 1760—1720 | 5.68—5.81 |
| 醛类 | 1725—1715 | 5.78—5.97 |
| 酮类 | 1720—1705 | 5.81—5.86 |
| 脲基 | 1720—1670 | 5.81—5.99 |
| 酰胺类 | 1690—1650 | 5.92—6.06 |
| (1) R—CO—$NH_2$ | 1630—1620 | 6.13—6.17 |
| (2) R—CO—NHR′ | 1680—1640 | 5.95—6.10 |
| | 1570—1530 | 6.37—6.54 |
| (3) R—CO—NR′R″ | 1650 | 6.06 |
| 13. C—O 饱和醚类 | 1150—1070 | 8.70—9.35 |
| 14. —C(—)—F | 580—540 | 17.2—18.5 |
| | 1120—1010 | 8.93—9.90 |
| 15. C—Cl | 730—630 | 13.7—15.9 |
| 16. C—Br | 535—475 | 19.0—21.1 |
| 17. 其他 | | |
| $COO^-$ | 1630—1550 | 6.13—6.45 |
| | 1465—1400 | 6.89—7.14 |
| $CO_3^{2-}$ | 1470—1400 | 6.80—7.14 |
| | 880—810 | 11.4—12.3 |
| $CO_4^{2-}$ | 1530—1450 | 6.54—6.90 |
| —$NO_2$ | 1350—1300 | 7.41—7.69 |
| | 1560—1500 | 6.41—6.67 |
| $NO_3{}^-$ | 1410—1340 | 7.09—7.46 |
| | 860—800 | 11.6—12.5 |
| $FO_4^{3-}$ | 1100—1000 | 9.09—10.0 |

首先讨论含氢化学键X—H(X为O、N、C、S等)的情形。氢原子总在整个分子的一个端点,它的质量最轻,所以振幅最大,可以设想X—H的振动是氢原子相对于分子其余部分的振动,整个分子的振动频率决定于X—H键的力常数,同一化学键的力常数相同,所以X—H键在光谱中有一定的特征频率。

又如乙炔($C_2H_2$)分子有7种简正振动如图10-19所示,因为C原子比H原子的质量大,振幅小,Ⅰ、Ⅲ、Ⅳ和Ⅴ可以认为是H原子相对于C≡C部分的对称和反对称的伸缩振动和弯曲振动,频率的大小决定于C—H键的伸缩和弯曲力常数,Ⅱ可以看做是C≡C键的伸缩振动,因为在振动过程中C原子与H原子的相对位置近于不变,光谱中出现的频率与上面的分析相符合,两个C—H伸缩频率在3375和3287 $cm^{-1}$,两个C—H弯曲频率在612和880 $cm^{-1}$,一个C≡C伸缩频率在1974 $cm^{-1}$。[①]

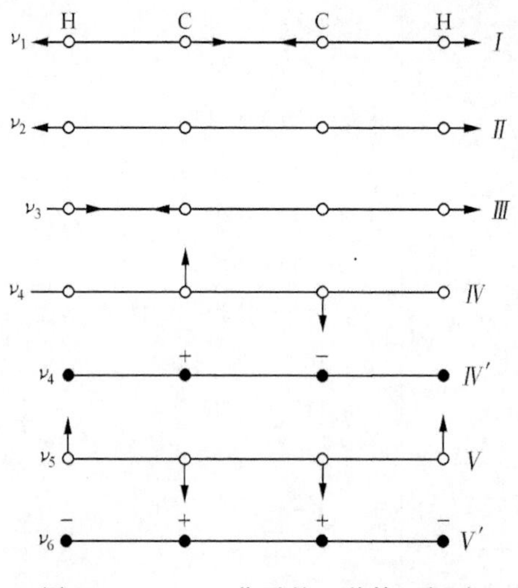


图10-19　$C_2H_2$分子的7种简正振动

质量相近的原子组成的结构中,如果各化学键的力常数相差很大,无论位于分子的内部或端部,在光谱中还是可以找到各化学键的特征频率。例如含有

—C—C═O 或—C—C≡N 结构的分子,光谱中出现C—C、C═O和C≡N的特

征频率。此外在链状分子内如果相邻化学键的力常数相近而成键原子质量很不相

同时,也有键的特征频率存在。例如 —C—S ,—C—Cl在16.67—14.29 μm,

15.38μm有吸收带。

① $\nu_3$和$\nu_4$是极性有改变的振动频率,在红外光谱中能观察到,$\nu_1$、$\nu_2$和$\nu_4$是对称振动频率,在拉曼光谱中能观察到,$\nu_4$的强度很弱。

在中、近红外光谱和拉曼光谱中也不是每条谱带或谱线都对应一个化学键的特征频率。键状分子有两个或两个以上的化学键，振动之间的相互作用使特征频率分裂，相互作用越大分裂越开。例如C较多的链状碳氢化合物没有C—C键的特征频率，因为它已经分裂为与C—C数目相等的许多条，分布在很宽的范围内。

**表 10-10　各种键和键角的伸缩和弯曲力常数**

| 键 | $k$ / kN·m$^{-1}$ | 键 | $k$ / kN·m$^{-1}$ | 键　角 | $k_\delta$ / kN·m$^{-1}$rad$^{-2}$ |
| --- | --- | --- | --- | --- | --- |
| ≡C—H→ | 0.585 | ═C═O | 1.55 | ≡C—H | $0.021\times r^2$CH |
| ═C—H | 0.51 | ＞C═O | 1.21 | ═C＜H<br>H | $0.030\times r^2$CH |
| —C—H<br>C—H<br>(自由基) | 0.479<br>0.409 | C═O($^1\Sigma$)<br>C═O($^3\Pi$)<br>═C═S<br>C═S($^1\Sigma$) | 1.853<br>1.182<br>0.75<br>0.822 | H<br>—C—H<br>H | $0.046\times r^2$CH |
| —C≡C— | 1.559 | —O—H | 0.766 | C═C＜H<br>H | $0.051\times r^2$CH |
| ＞C═C＜ | 0.96 | O—H<br>(自由基) | 0.712 | C—C≡ | $0.0155\times r^2$CC |
| —C—C≡ | 0.518 | ＞N—H<br>N—H(自由基) | 0.635<br>0.603 | O═C＜H | $0.15\times r^2$CH |
| —C—C— | 0.450 | —C—F | 0.596 | F—C≡H | $0.076\times r^2$CH |
| C—C<br>(自由基) | 0.925 | —C—Cl<br>C—Cl(自由基) | 0.364<br>0.387 | Cl—C≡H | $0.058\times r^2$CH |
| —C≡N | 1.773 | —C—Br | 0.313 | Br—C≡H | $0.058\times r^2$CH |
| C≡N<br>(自由基) | 1.588 | —C—I | 0.265 | I—C≡H | $0.042\times r^2$CH |

从红外光谱和拉曼光谱得到的简正振动频率可以计算分子中各化学键的伸缩力常数 $k$ 和弯曲力常数 $k_\delta$。例如 $CO_2$ 分子，设 C—O 键长为 $r$，伸缩和弯曲力常数分别为 $k$ 和 $k_\delta$，两个 C—O 键相互作用的常数为 $k_{12}$，再令 $\Delta r_1$、$\Delta r_2$ 和 $\delta$ 分别表示在振动过程中两个 C—O 键的键长和键角的变化量，按修正的价力场模型(modified valence-force-field model)，体系的势能为

$$2V = k[(\Delta r_1)^2 + (\Delta r_2)^2] + 2k_{12}(\Delta r_1)(\Delta r_2) + k_\delta \delta^2$$

可以证明，$CO_2$ 的三个基本频率 $\nu_1$、$\nu_2$ 和 $\nu_3$ 与力常数 $k$、$k_{12}$ 和 $k_\delta$ 的关系为

$$4\pi^2\nu_1^2 = (k + k_{12})/m_O$$

$$4\pi^2\nu_2^2 = 2(1 + 2m_O/m_C)k_\delta/m_O r^2$$

$$4\pi^2\nu_3^2 = (1 + 2m_O/m_C)(k - k_{12})$$

上式中 $m_O$ 和 $m_C$ 分别为氧和碳的相对原子质量，由实验知

$$\tilde{\nu}_1 = 1337\ \text{cm}^{-1}, \tilde{\nu}_2 = 667\ \text{cm}^{-1}, \tilde{\nu}_3 = 2349\ \text{cm}^{-1}$$

代入得

$$k = 1.55\ \text{kN}\cdot\text{m}^{-1}, k_{12} = 0.13\ \text{kN}\cdot\text{m}^{-1}$$

$$k_\delta = 0.057r^2\ \text{kN}\cdot\text{m}^{-1}\cdot\text{rad}^{-2} = 7.67\times10^{-22}\ \text{kN}\cdot\text{m}\cdot\text{rad}^{-2}(r = 116\ \text{pm})$$

比较各化学键的力常数得到以下规律：在不同的或同一分子中相同化学键的力常数在类似环境中有一定的数值。例如 C≡N 键在 HCN、ClCN、BrCN、ICN 分子中都与单键相邻，伸缩力常数 $k$ 等于 1.77 $\text{kN}\cdot\text{m}^{-1}$。C—H 键在 $C_2H_2$、HCN 分子中都与三键相邻，$k$=0.585 $\text{kN}\cdot\text{m}^{-1}$；在 $C_2H_4$ 和 $H_2CO$ 分子中，与双键相邻，$k$=0.51 $\text{kN}\cdot\text{m}^{-1}$；在乙烷中，与单键相邻，$k$=0.479 $\text{kN}\cdot\text{m}^{-1}$，表10-10 列出一些重要化学键的力常数 $k$ 和 $k_\delta$。力常数与键的电子云分布有密切联系，类似环境中键的力常数相等是类似结构中键的电子云分布相似的反映。

**4. 应用**

各种化合物在红外光谱和拉曼光谱中都有特征振动频率，这些光谱已成为鉴别功能基、测定分子结构的重要方法，尤其在研究天然产物的结构问题和碳氢化合物的定量分析方面有重要的应用。红外光谱与拉曼光谱研究的进展是与仪器的不断改进分不开的。例如现在用几毫克的样品在很短的时间内从红外光谱和拉曼光谱的吸收曲线便可了解结构和成分情况，可以代替很多(但不是全部)麻烦的化学操作。由于大量研究成果的积累，以及仪器不断地向简便、准确、快速方面改进，这两种光谱已经普遍地在工业上，尤其是石油工业和医药工业上使用。当然工业上的迫切需要也促使这些光谱方法更快地发展。

红外光谱和拉曼光谱的缺点是灵敏度差，对于含量小于1%的成分，除吸收很强的以外，一般不易测准或测出。所以它们不能用来研究痕量物质，这是它们

不如紫外及可见光谱的地方。此外，在拉曼光谱的样品中如含有电子激发能较低的杂质，会出现荧光现象。如前所述，荧光比拉曼散射线强度大得多，对后者的观察有干扰，所以拉曼光谱对样品纯度有相当高的要求，这也是缺点之一。

(1) 定性分析：化合物在红外区有相当复杂的吸收曲线，几乎没有两种化合物的吸收曲线是相同的，拉曼光谱也是如此。在鉴别化合物方面，中红外区最为有用。在 4000—1400 $cm^{-1}$ 区域称为"基团频率"区，对于功能基的鉴定最有价值，这将在下面(4)中讨论。1400—650 $cm^{-1}$ 区域称为"指纹区"，单键的伸缩振动频率和多原子体系的弯曲振动(骨架振动)频率都落在这一区间，对于分子结构的变化最为灵敏，对于化合物的鉴别也最为有用。近年来由于对纯化合物的光谱进行了广泛的研究，积累了大量数据，并已汇编成书出版(参阅本书附录 3)。人们可以把未知物的光谱与一系列已知物的光谱比较，辨认和证实未知物的结构。利用红外光谱和拉曼光谱辨认化合物，可以观察吸收带(或线)的位置、强度、形状等很多方面，比使用沸点或熔点单一地从温度上辨认准确得多，现在这种方法已广泛采用。在一些带有计算机的红外光谱仪上，谱的辨认工作是由计算机来完成的。成千上万种的纯化合物的红外光谱事先贮存在计算机的磁盘中，称为"谱库"，当仪器测出未知物的红外光谱后，计算机软件自动将标准谱从磁盘中调入计算机内存，按规定程序进行比较，这样可以很快知道未知物的成分。

(2) 定量分析：红外光谱的近红外区为基团频率区，谱形比较简单，但特征性强。另外，这一区域可以用石英做棱镜和样品池(参看表 10-7)，光源强度大，检测器灵敏度高，干扰少，最宜于做定量分析。例如甘油、肼、氟利昂、丙酮、发烟硝酸等中的水分含量的测定可在 2.76、1.90 或 1.40 $\mu m$ 等吸收峰上做。芳香胺也可以用类似的方法进行测定。

中红外区也可用于定量分析，但要注意选择合适的吸收峰。

如果混合物中各成分没有相互作用，整个光谱是各成分的叠加，利用这一原理可以作混合物的定量分析。

二元混合物。纯正丁烷和异丁烷的近红外吸收曲线在 8—11 $\mu m$ 区域有明显的不同，图 10-20 是不同比例正丁烷和异丁烷混合物在 8-11 $\mu m$ 区域的吸收曲线。异丁烷在 8.48 $\mu m$ 有一个正丁烷完全没有的强吸收带。从这一谱带的强度可以分析正和异丁烷在混合物中的含量，图 10-21 是混合物在 8.48 $\mu m$ 的透射率与异丁烷百分含量的关系(吸收层厚 15 cm，压力 36.7 kPa)，分析结果的准确性达 ±0.5%。若异丁烷含量较少，准确性还能更高。如果标准曲线已经作好，从样品制备到计算完成只需 15 分钟。

多元混合物。用近红外和综合散射光谱分析多元混合物的组成是很成功的。例如利用近红外光谱分析 5 种青霉素混合物的组成，测定疗效最高的青霉素 $G$ 的

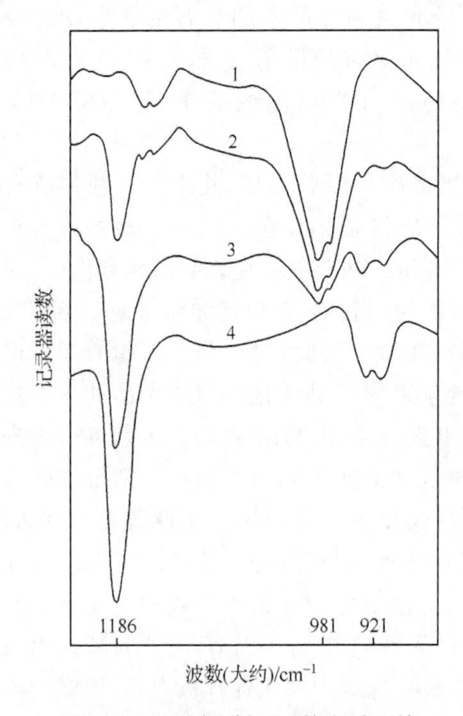


图 10-20 不同比例正丁烷和异丁烷混合物的红外光谱

1—99.4%正丁烷；2—30%异丁烷；3—70%异丁烷；4—99.7%异丁烷

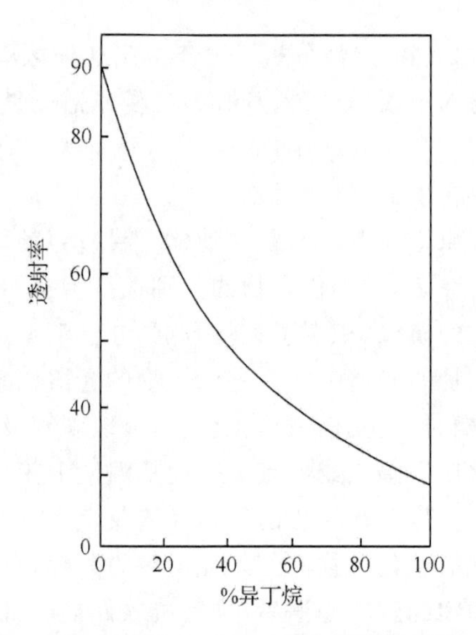


图 10-21 异丁烷含量与混合物透射率的关系

(λ=8.48 μm,吸收层厚度 15 cm,压力 36.7 kPa)

含量,准确性可达±2%。又如分析含 4 个碳原子的 7 种饱和与不饱和烃的混合物的组成,准确性达 1%。利用 9 种庚烷异构体的拉曼光谱的差异,也可同时分析它们的混合物的组成。

(3) 分子结构的测定：分子结构与分子光谱间的联系是研究了大量已知物质的光谱,经过分析总结出来的,所以有充分根据使用这些规律从未知物质的光谱判定其结构情况。

(a) 利用红外和拉曼光谱可以从化合物可能的结构中寻找最合适、最正确的一个,也可以判别分子或离子的类型。电子衍射实验说明 $Fe(CO)_5$ 具有三角双锥结构,属于点群 $D_{3h}$,后来测得它具有偶极矩 0.64 D,似乎表明它为四角锥结构,属于点群 $C_{4v}$。按照红外光谱和拉曼光谱选律分析表明,如果 $Fe(CO)_5$ 属于点群 $D_{3h}$,应该可以看到 13 条拉曼谱线,10 条红外谱线,另外还有 6 条谱线在红外和拉曼光谱中均可观察到。如果 $Fe(CO)_5$ 属于 $C_{4v}$点群,则应有 19 条拉曼谱线,13 条红外谱线,这 13 条红外谱线在拉曼光谱中也可以观察到。实验观察到 $Fe(CO)_5$

有 13 条拉曼谱线，9 条红外谱线(其中有 6 条与红外谱线重合)以及若干弱的红外谱线。说明 $Fe(CO)_5$ 应该属于点群 $D_{3h}$，具有三角双锥的立体结构[图 10-22(a)]。

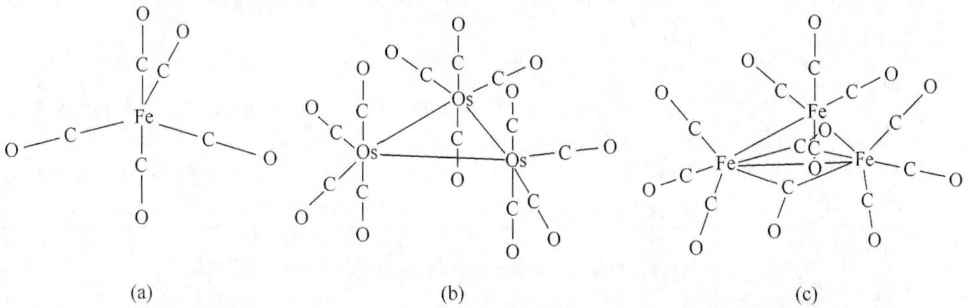

(a)　(b)　(c)

图 10-22　(a) $Fe(CO)_5$、(b) $Os_3(CO)_{12}$ 和(c) $Fe_3(CO)_{12}$ 的结构

在确定 $Fe_3(CO)_{12}$ 的结构方面，有一段有趣的历史。该化合物在固态时由于它的无序使它的结构问题多年来不得解决。最初的 X 射线衍射数据说明它与 $Os_3(CO)_{12}$ 结构类似[图 10-22(b)]，三个 Fe 原子以 Fe—Fe 金属键结合成等边三角形，没有通过羰基架桥。红外光谱观察到在 1800 $cm^{-1}$ 处有吸收峰，这本来是架桥的羰基存在的标志，但强度比较弱，当时认为这不是基频，而可能是其他振动的倍频或合频。后来的穆斯堡尔谱证明，其中的三个 Fe 原子只有两个是等价的，有一个不等价。直至 1969 年重新测定它的 X 射线衍射数据，才证实它的结构为三个 Fe 原子基本上排成等边三角形，其中有一个 Fe 原子是不通过羰基直接与另外两个 Fe 原子连接，该分子具有 $C_{2v}$ 的对称性。

TlOH 在水溶液中有未离解的分子，这些 TlOH 分子中 Tl 与 OH 是以共价结合的还是以电价结合的？这个问题可以用拉曼光谱来判断。如果是共价结合的，应该有一条明显的拉曼线，如果是电价结合拉曼线会很弱，甚至看不出来。实验证明 TlOH 水溶液的拉曼光谱没有拉曼线，未离解的 TlOH 是呈$(Tl^+)(OH^-)$离子对存在的。利用同样的原理，可以证实一价汞离子是以$(Hg—Hg)^{2+}$形式存在的。

(b) 异构体的鉴别　反式与顺式异构体的对称性不同，如果分子有对称中心，而双键跨在对称中心上，反式异构体的红外谱不出现 C═C 键的频率，如果双键不跨在分子的对称中心(或分子没有对称中心)反式的 C═C 频率比顺式高一些。另外烯醇式和酮式异构体的吸收也不相同，酮式有 C═O 基的吸收，烯醇式则有 C═C和 OH 的吸收。利用这些规律可以鉴别一些分子的结构，例如 α-pyridoine 有两种可能结构：

**表 10-11　红外光谱各区段对应的功能基**

| 区　段① | 功　能　基 |
| --- | --- |
| 3600—2500 (2.78—4.00) | C—H(s)②、O—H(s)、N—H(s) S—H(w)的伸缩振动，1600 $cm^{-1}$(6.6 μm)附近的倍频(s) |
| 2400—2100 (4.16—4.76) | C≡C、—C≡N、—$\overset{+}{N}$≡$\overset{-}{C}$、N≡$\overset{+}{N}$—、C—D、O—D、P—H、Si—H 的伸缩振动 |
| 2200—1900 (4.55—5.27) | C=C=C、C=C=O、—N=C=C、—N=C=S、—N=C=N—、$R_2C=\overset{+}{N}=N^-$、$CO_2$、$N_3^-$、—O—C≡N、—S—C≡N 的伸缩振动 |
| 1850—1750 (5.41—5.71) | 羧酸酐、酰基卤、酰基过氧化物、碳酸酯中 C=O 的伸缩振动 |
| 1780—1600 (5.61—6.22) | 酮、醛、羧酸、酯(包括内酯)、酰胺(包括内酰胺)中 C=O 的伸缩振动 |
| 1700—1500 (5.89—6.68) | C=C(包括烯类和芳香族)、C=N、—N=O、$—NO_2$(as)、$C=NR_2$ 等双键的伸缩振动 |
| 1650—1450 (6.06—6.89) | 胺、$NH_4^+$、酰胺中的 N—H 的弯曲振动，N=N 的伸缩振动(反式 1440—1410，顺式 1510) |
| 1450—1300 (6.89—7.69) | $sp^3$ 杂化的 C 上的 C—H 弯曲振动，$—NO_2$ 伸缩振动(sym)(1320—1380) |
| 1400—1300 (7.14—7.69) | 砜、磺酰胺、磺酸酯、磺酰卤的 S=O 伸缩振动(as)，S=O 对称伸缩振动在 1000—1200 |
| 1400—1250 (7.14—8.00) | O—H 弯曲振动，酰胺中 C—N 的伸缩振动 |
| 1300—1000 (7.69—10.00) | 醇、醚、缩醛、缩酮、酯、酸中的 C—O 弯曲或伸缩振动，胺中 C—N、硫酮中 C=S、P=O、C—F 的伸缩振动 |
| 1100—1000 9.09—10.00 | 亚砜的 S=O 伸缩振动，Si—O—、P—O—C、P—OH 的伸缩振动(或弯曲)，砜等中的 S=O 对称伸缩振动 |
| 1000—800 (10.00—12.50) | 烯中 C—H 弯曲振动(顺式 HC=CH 常在 690—700 附近，但变化不定) |
| 900—690 (11.11—14.49) | 芳基取代物峰(C—H 弯曲)，S—O 伸缩振动，$RNH_2$，$R_2NH$ 中的 N—H 弯曲振动 |
| 750—659 (13.33—14.39) | C—Cl 伸缩振动，$R_2CCl_2$ 850—795，C—Br600—500，C—I(500—200) |
| 650 以下 (15.38 以上) | 金属原子—配位原子伸缩振动和弯曲振动高频区峰的差频 |

注 ①　单位 $cm^{-1}$，括号内数字指波长(单位 μm)。

②　括号内 s——强，w——弱，m——中强，v——很，as——不对称，sym——对称的。

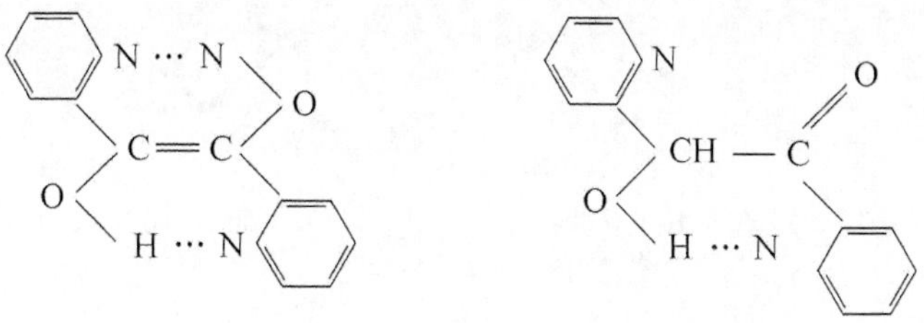

(Ⅰ) 烯二醇式　　　　　(Ⅱ) 羟酮式

如系(Ⅱ)式光谱中应有 C═O 键的振动频率,如系(Ⅰ)式则没有,只有受分子内氢键束缚的 OH 基的振动频率。实验测得在 $\lambda=3.64\ \mu m$ 有宽的吸收带,相当于受氢键影响的 OH 基频率,而 C═O 的频率则没有,所以结构应为(Ⅰ)式。这一结论和从化学反应所得结果符合。

(c) 推测未知物的功能基和化学键　当未知物的红外和拉曼光谱在现有标准图谱中找不到(该物质可能不常见、可能是新制备或新发现的),则需要仔细分析所得的图谱,推测该化合物可能含有的功能基和化学键,而未知物结构的确定往往还要其他实验手段,如质谱、核磁共振、衍射、化学分析、化学合成等相配合。

用红外光谱推测未知物的功能基和化学键的一般步骤是:首先分析 4000—1400 $cm^{-1}$范围的峰,这一范围即"基团频率"区,各种功能基在这一区域中的吸收峰比较稳定,比较容易辨认。1400—650 $cm^{-1}$为指纹区,C—C、C—O、C—N、C—X(卤素)等单键的伸缩振动以及键的弯曲振动吸收峰都在这一区域,由于各种振动的互相偶合,使得这些峰的频率变化比较大,特征性不强。另一方面就整体来说,这一区域的谱形对于分子结构的细微变化反应灵敏,结构很相近的化合物的图谱在这一区域可能有较大的差别,可以作为鉴别化合物的指纹。如果将影响振动频率的各种因素考虑在内,这一区域的吸收峰可以作为前一区域的补充佐证。

表 10-11 列出了红外光谱每一区段所对应的功能基,表 10-9 列出重要功能基的特征振动频率。

由于甲基—$CH_3$、次甲基—$CH_2$—和苯环在有机化合物中最为普遍,需要比较详细地讨论一下。—$CH_3$ 和—$CH_2$—基团的振动方式如图 10-23 所示。图10-24是正辛烷的红外光谱图。图中 2900 $cm^{-1}$ 附近是甲基和次甲基的伸缩振动峰;1460 $cm^{-1}$附近是甲基的不对称弯曲和次甲基的剪动峰;1380 $cm^{-1}$附近是甲基的对称弯曲振动峰,这一峰是甲基存在的特征。720 $cm^{-1}$是次甲基的摆动峰,这一峰比较弱,分子内含有 4 个以上直线排列的—$CH_2$—基时有这个峰。

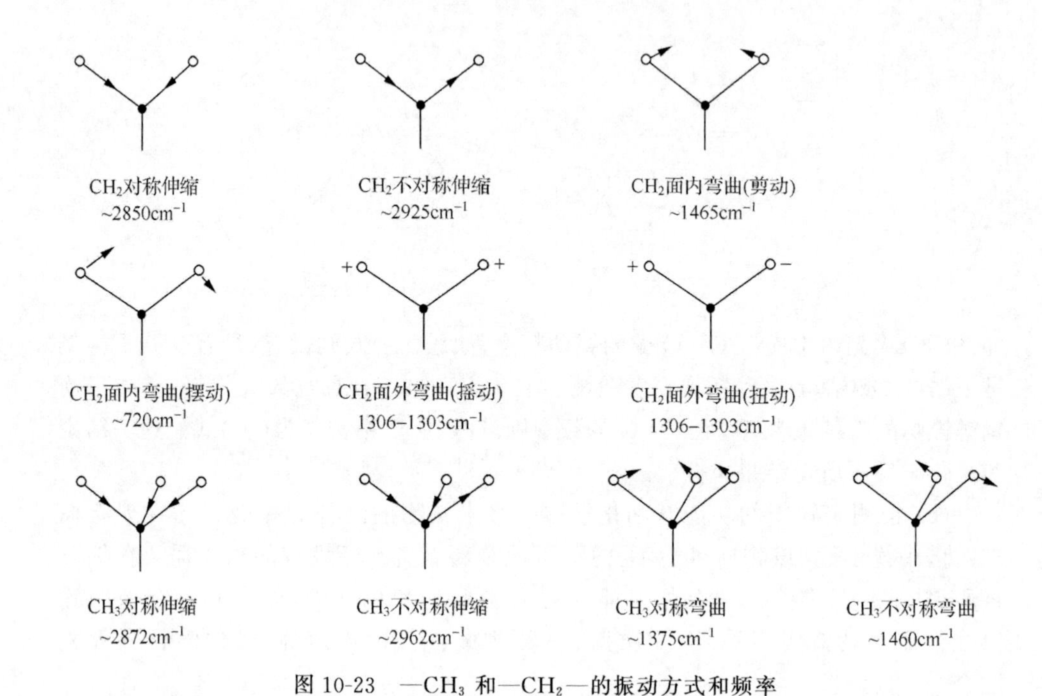


图 10-23　$—CH_3$ 和$—CH_2—$的振动方式和频率

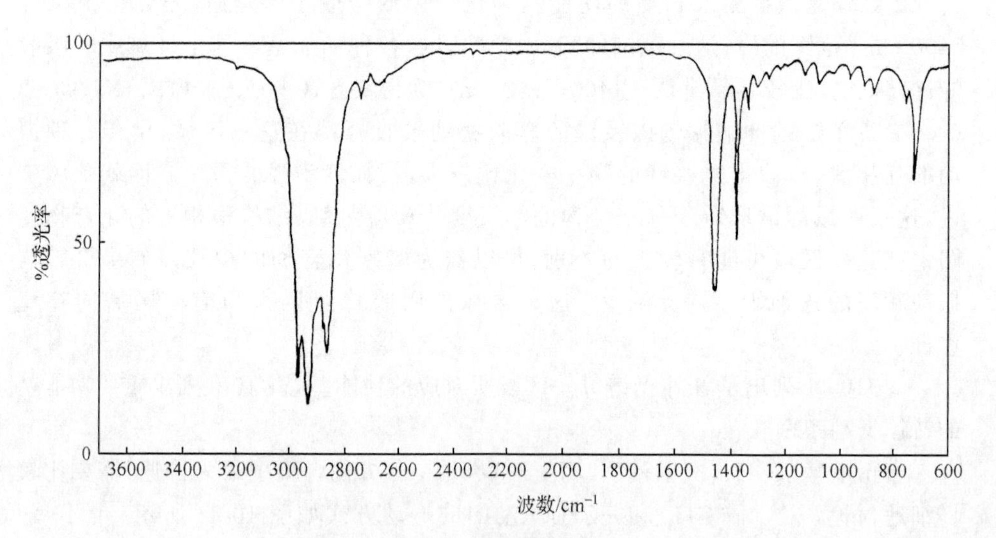


图 10-24　正辛烷的红外光谱

当$—CH_3$与 $\rangle C{=}O$、—S—和 Si 相连时，其对称弯曲频率移向较低的频率，分别为 1365—1350、1325 和 1250 $cm^{-1}$。$C{=}CH_2$ 的$=CH_2$ 伸缩振动频率移至 3020 $cm^{-1}$附近。

苯环的特征峰是 3030—3070(弱,C—H 伸缩)、1450—1500(中强,苯环骨架振动)、1580—1600(中强,苯环骨架振动)和 650—900 $cm^{-1}$(强,C—H 平面外弯曲)。在 1670—2000 $cm^{-1}$有若干弱峰是倍频峰和组合峰。当苯环上有取代基时,位于 1670—2000 $cm^{-1}$区间的弱峰与 650—900 $cm^{-1}$区间 C—H 的平面外弯曲振动峰的位置配合起来对于确定环上的取代数目和位置很有用处(图 10-25)。

| 取代位 | 5.0—6.0 μm 区段的合频 | 650—900 $cm^{-1}$ 区域 | 取代位 | 5.0—6.0 μm 区段的合频 | 650—900 $cm^{-1}$ 区域 |
|---|---|---|---|---|---|
| 单取代 | | 730—770 690(s) | 1, 2, 4 | | 805—825 870—885 |
| 1, 2 | | 730—770 | 1, 2, 3, 4 | | 800—810 |
| 1, 3 | | 750—810<br>690—710(s) | 1, 2, 4, 5 | | 855—870 |
| 1, 4 | | 810—840 | 1, 2, 3, 5 | | 840—850 |
| 1, 2, 3 | | 760—780<br>705—745(w) | 五取代 | | 870 |
| 1, 3, 6 | | 810—815<br>675—730(s) | 六取代 | | |
| | 2000 5.0   1667 $cm^{-1}$ 6.0 μm | | | 2000 5.0   1667 $cm^{-1}$ 6.0 μm | |

图 10-25 1670—2000 $cm^{-1}$区间的倍频峰与苯环取代方式的关系

图 10-26 是某个未知样品的红外光谱图。位于 3030,3060 和 3085 $cm^{-1}$的三个峰是苯环的 C—H 伸缩振动,1445,1495 和 1600 $cm^{-1}$的三个峰是苯环上 C—C 键的伸缩振动峰,690 $cm^{-1}$处的峰和 1667—2000 $cm^{-1}$的四个倍频峰说明苯环上有一个取代基,2930 $cm^{-1}$的峰是—$CH_2$—的伸缩振动,由于在 1380 $cm^{-1}$处没有

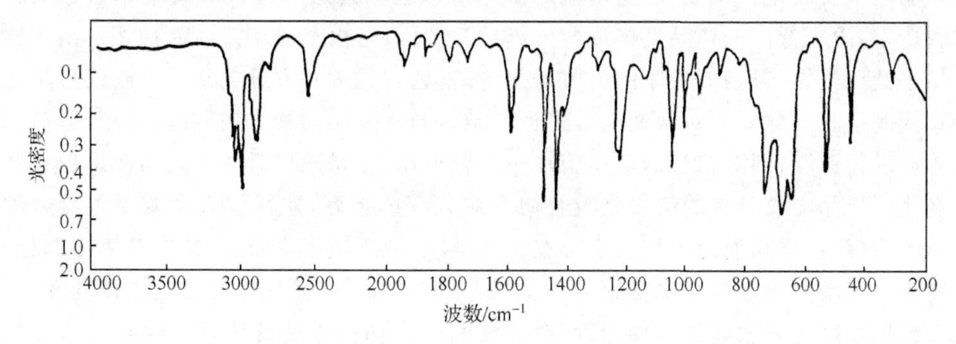


图 10-26 苯甲硫醇的红外光谱

较强的吸收峰,可以断定分子中没有甲基。在 2565 $cm^{-1}$处的一个较弱的峰是 S—H 伸缩振动峰,故可初步断定该化合物为苯甲硫醇 $C_6H_5CH_2SH$,质谱法测得其分子量为 124 与此相符,用核磁共振谱可进一步证实以上的推断。

最后还要指出,物质的状态、溶剂的极性以及氢键的形成对化合物的红外光谱有重要影响。一般来说,气态时的红外光谱能得到孤立分子的光谱,且常常可以看到转动的精细结构;液态时转动精细结构会消失,固态时由于晶格振动与分子振动的偶合会出现新的谱线,同一分子由于结晶不同,对称性也不同,谱形往往有差别。溶液的极性对于极性分子的光谱有重大影响,极性基团的振动频率会降低,但强度将增大。氢键的形成往往使 $\nu_{X-H}$(X=O,N,F)的振动频率下降,强度变大,峰变宽。所有这些因素都应加以注意。

总之,用红外光谱鉴定物质或推测化合物的结构是一项复杂而细致的工作,只有通过多看谱、多实践才能熟练掌握。为了确证推断的正确与否,还要用其他方法去核证。

## * §10-4 微 波 谱

### 1. 一般介绍

微波谱的范围一般指频率在 $10^3-3\times10^5$ MHz(波长 0.1—30 cm)的一段电磁辐射。微波谱的研究是由雷达技术的发展带动起来的,虽然历史不长,但是发展很快。微波谱的分辨本领很高($10^{-2}$ MHz),所以可以得到很准确的数据。

微波谱仪的方块图示于图 10-27。微波辐射源在 1970 年以前用速调管,由于其输出的微波是通过改变谐振腔尺寸调节的,因此变化范围很窄(约±10%),一台仪器要配备许多速调管。70 年代以后主要用返波管作微波辐射源,其振荡频率由电压控制,一只返波管就可以覆盖整个微波范围。微波辐射沿波导管送到样品池。样品池本身就是一个波导管,两端的窗用对微波辐射透明的云母或聚四氟乙烯膜制造,池内充低压的样品气体或蒸气,以防止吸收带由于分子碰撞而加宽。由于样品是低压气体,对微波功率的吸收是很少的(通常约为百万分之几),吸收信号不能直接测量。为此需要对微波信号进行调制。通常采用两种方法调制:(1)对微波信号源进行调制,即对信号源电压施加一正弦电压,于是输出微波辐射频率也作正弦变化。样品吸收微波的信号是吸收功率对频率的微商,这样就大大减小了噪声的影响。(2)在样品池内施加一个方波调制电场,由于斯塔克效应(见本节第 3 部分)使原来转动量子数为 $J$ 的能级分裂为$(2J+1)$个能级,这就使得吸收峰强度变小,方波的宽度与方波间的间隔相近,在方波间隔内和在方波持续时间内吸收信号显著变化,而噪声则无此效应,这就大大提高了信噪比。样品吸收信号经晶体检测器接收，输出正比于吸收强度的电信号，经锁相放大器放大后再行检波，送入显示器。

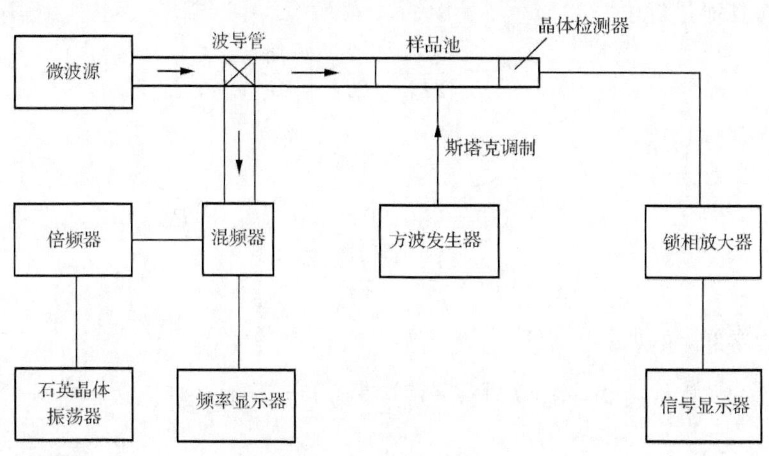


图 10-27　微波谱仪方块图

微波频率的测量应用拍频原理。标准频率由石英振荡器产生，经过倍频后与微波进行混频，改变倍频率并测出差频便可准确知道微波频率。用这种方法测量频率的准确度达 $10^{-2}$ MHz。

迄今为止微波谱都是研究物质(气体分子)的吸收谱。它是由分子的转动能级的跃迁而产生的。物质处于固态或液态时，它的分子聚集在一起，彼此间的相互作用很大，微波谱线有严重的相互干扰，不能进行分析研究。如果物质虽处在液态或固态，但其蒸气压超过 0.1 Pa，则可观察它的蒸气的微波谱。现在高温微波技术已被人们所掌握，所以微波谱的研究对象就大大扩大了。

### 2. 多原子分子的转动能级和转动光谱

双原子分子的转动能级决定于它的转动惯量。对于多原子分子来说，通过分子的某一轴线，就有一个对应的转动惯量，设通过分子质心，方向角为 $(\theta,\phi)$ 的轴线的转动惯量为 $I$，则

$$I = I(\theta,\phi) = \sum_{i=1}^{N} m_i r_i^2 \tag{10-27}$$

式中 $N$ 是分子内原子数，$m_i$ 是第 $i$ 个原子的质量，$r_i$ 是它至轴线的距离。如果拿 $\sqrt{\frac{1}{I}}$ 对 $(\theta,\phi)$ 作立体图，可得一椭圆体，它有三个互相垂直的主轴 $A$、$B$、$C$。对这三个主轴的转动惯量叫做主转动惯量，依次以 $I_A$、$I_B$、$I_C$ 表示，即

$$I_A = \sum_{i=1}^{N} m_i r_{Ai}^2 \qquad I_B = \sum_{i=1}^{N} m_i r_{Bi}^2 \qquad I_C = \sum_{i=1}^{N} m_i r_{Ci}^2 \tag{10-28}$$

分子沿三个主轴方向的角动量以 $P_A$、$P_B$、$P_C$ 表示，总角动量 $P$ 则等于

$$P^2 = P_A^2 + P_B^2 + P_C^2 \tag{10-29}$$

分子的转动能量等于

$$E_r = \frac{P_A^2}{2I_A} + \frac{P_B^2}{2I_B} + \frac{P_C^2}{2I_C} \tag{10-30}$$

下面讨论几种特例：

(1) 线型分子

$$I_A = 0 \quad I_B = I_C \quad P_A = 0 \quad P_B = P_C$$

$$E_r = \frac{P_B^2}{2I_B} + \frac{P_C^2}{2I_C} = \frac{P^2}{2I_B} \tag{10-31}$$

由量子力学知，角动量 $P$ 等于

$$P = \sqrt{J(J+1)}\frac{h}{2\pi} \qquad J = 0,1,2,\cdots \tag{10-32}$$

所以

$$E_r(J) = \frac{h^2}{8\pi^2 I_B}J(J+1) = hBJ(J+1) \tag{10-33}$$

上式中 $B$ 称为转动常数，它等于

$$B = \frac{h}{8\pi^2 I_B} \tag{10-34}$$

$J$ 称为转动量子数，它决定总角动量 $P$。总角动量 $P$ 是空间量子化的，它沿一固定 $Z$ 轴的分量等于

$$P_z = M\frac{h}{2\pi} \qquad M = 0, \pm 1, \cdots, \pm J \tag{10-35}$$

$M$ 称为磁量子数。所以每一 $J$ 能级有 $(2J+1)$ 个状态，换句话说，它是 $(2J+1)$ 重简并的。

线型分子的转动能级跃迁的选律是

$$\Delta J = \pm 1 \tag{10-36}$$

分子从转动能级 $J$，跃迁到 $(J+1)$ 时，吸收的电磁辐射的频率 $\nu$ 等于

$$\nu(J \to J+1) = \frac{E_r(J+1) - E_r(J)}{h} = 2B(J+1) \tag{10-37}$$

从转动谱线的频率 $\nu$，可由上式求 $B$。下面以 OCS 分子为例说明如何从 $B$ 求键长。

$m_1$ $m_2$ $m_3$
O —— C —— S
$\leftarrow r_{12} \rightarrow \leftarrow r_{23} \rightarrow$
$\leftarrow r_{13} \rightarrow$

已知 OCS 为线型分子，令原子的质量和原子间的距离如上图所示，则

$$I_B = \frac{m_1 m_2 r_{12}^2 + m_1 m_3 r_{13}^2 + m_2 m_3 r_{23}^2}{m_1 + m_2 + m_3} \tag{10-38}$$

(10-38)式中有两个未知数 $r_{12}$ 和 $r_{23}$(因 $r_{13}=r_{12}+r_{33}$)所以不能从单一的 $I_B$ 值求解。一般选用一对同位素分子如 $OC^{32}S$、$OC^{34}S$ 等。同位素分子的 $r_{12}$ 和 $r_{23}$ 相同,只是原子量不同,$I_B$ 不同,从两个 $I_B$ 的数值即可算出 $r_{12}$ 和 $r_{23}$,表 10-12 列出 OCS 分子的键长,键长数据的不符合是由于原子量不同引起零点振动频率改变产生的,这一效应使键长数据的准确性低于 0.1 pm。

**表 10-12　OCS 分子的键长**　(单位:pm)

| 所用同位素分子对 | $r_{CO}$ | $r_{CS}$ |
|---|---|---|
| $^{16}O\,^{12}C\,^{32}S$, $^{16}O\,^{12}C\,^{34}S$ | 116.47 | 155.76 |
| $^{16}O\,^{12}C\,^{32}S$, $^{16}O\,^{13}C\,^{32}S$ | 116.29 | 155.91 |
| $^{16}O\,^{12}C\,^{34}S$, $^{16}O\,^{13}C\,^{34}S$ | 116.25 | 155.94 |
| $^{16}O\,^{12}C\,^{32}S$, $^{18}O\,^{12}C\,^{32}S$ | 115.52 | 156.53 |

如考虑离心力的校正(即非刚性转子),则分子的转动能级等于

$$E(J) = h[BJ(J+1) - DJ^2(J+1)^2] \tag{10-39}$$

$D$ 是比 $B$ 小很多的常数。

$$\nu(J \rightarrow J+1) = 2B(J+1) - 4D(J+1)^3 \tag{10-40}$$

(2) 对称陀螺分子:对称陀螺分子是有一 $n(n>2)$ 重对称轴的分子,如 $NH_3$、$CHCl_3$ 等。令此 $n$ 重对称轴为 $A$ 轴,则

$$I_A \neq I_B = I_C \qquad P_A \neq P_B = P_C \tag{10-41}$$

$$E_r = \frac{P_A^2}{2I_A} + \frac{P_B^2}{2I_B} + \frac{P_C^2}{2I_C} = \frac{P^2}{2I_B} + P_A^2\left(\frac{1}{2I_A} - \frac{1}{2I_B}\right) \tag{10-42}$$

由量子力学知,

$$P = \sqrt{J(J+1)}\,\frac{h}{2\pi} \quad J = 0,1,2,\cdots \tag{10-43}$$

$$P_A = K\,\frac{h}{2\pi} \qquad K = 0, \pm 1, \pm 2, \cdots, \pm J \tag{10-44}$$

所以

$$E_r(J,K) = \frac{J(J+1)h^2}{8\pi^2 I_B} + \frac{h^2}{8\pi^2}\left(\frac{1}{I_A} - \frac{1}{I_B}\right)K^2 = hBJ(J+1) + h(A-B)K^2 \tag{10-45}$$

上式中,

$$A = \frac{h}{8\pi^2 I_A}, \quad B = \frac{h}{8\pi^2 I_B} \tag{10-46}$$

对称陀螺分子的转动能量取决于量子数 $J$ 和 $K$。对于给定的 $K^2$,$J$ 相对于空间固定

轴有 $2J+1$ 个可能的取向，此外，对于给定的 $J$,$K$ 和 $-K$ 是简并的，即

$$E_r(J,K)=E_r(J,-K) \tag{10-47}$$

所以每一 $J$ 能级是 $2(2J+1)$ 重简并的($K\neq0$) 或 $2J+1$ 重简并的($K=0$)。

对称陀螺分子的转动能级的跃迁选律是

$$\Delta J=\pm1,\ \Delta K=0 \tag{10-48}$$

分子从转动能级 $J$,跃迁到($J+1$) 时，吸收的电磁辐射的频率 $\nu$ 等于

$$\nu(J\rightarrow J+1)=2B(J+1) \tag{10-49}$$

从转动谱线的频率 $\nu$,可由上式求 $B$,下面以 $NF_3$ 为例，说明如何从 $B$ 求 N—F 键长 $l$ 与 FNF 键角 $\theta$。令 $m_1$ 和 $m_2$ 表示 F 和 N 的质量，则

$$I_B=m_1l^2(1-\cos\theta)+\frac{m_1m_2l^2}{3m_1+m_2}(1+2\cos\theta) \tag{10-50}$$

上式中有两个未知数 $l$ 和 $\theta$,所以也要选用一对同位素分子，如 $^{14}NF_3$ 和 $^{15}NF_3$ 分别求得 $B$ 值，才能联合解得 $l$ 和 $\theta$。表 10-13 列出一些对称陀螺分子的测定结果。

**表 10-13 几个对称陀螺分子的键长和键角**

| 分子 | 键长/pm | 键角 |
|---|---|---|
| $NH_3$ | 101.4 | 106°47′ |
| $NF_3$ | 137.1 | 120°9′ |
| $PH_3$ | 142.1 | 93°27′ |
| $PF_3$ | 155 | 102° |
| $P^{35}Cl_3$ | 204.3±0.3 | 100°6′±20′ |

如考虑离心力的校正(即非刚性转子)，则分子的转动能级等于

$$\begin{aligned}E_r(J,K)=&hBJ(J+1)+h(A-B)K^2-D_JhJ^2(J+1)^2\\&-D_KhK^4-D_{JK}hJ(J+1)K^2\end{aligned} \tag{10-51}$$

式中 $D_J$,$D_K$ 和 $D_{JK}$ 都是很小的校正值。

$$\nu(J,K\rightarrow J+1,K)=2B(J+1)-4D_J(J+1)^3-2D_{JK}K^2 \tag{10-52}$$

(3) 球形对称分子：如 $CH_4$,$CCl_4$ 等 $I_A=I_B=I_C$ 的分子称为球形对称分子，它们的偶极矩等于零，因此没有转动谱。

(4) 不对称陀螺分子：$I_A\neq I_B\neq I_C$ 的分子称为不对称陀螺分子，它的转动能级不能用简单的公式来表示，兹不详细讨论。

一般分子的转动常数 $B$ 约为 5000 MHz,相邻两线间的距离约为 10000 MHz,所以在微波谱中观察到的谱线数目是很少的。

### 3. 应用——斯塔克效应和偶极矩的测定

微波谱的分辨本领高，在测定分子结构常数，如键长键角可以得到比其他方法更准确的结果。由于同位素分子间的转动谱线相差几百个 MHz，远远大于微波谱的分辨能力，所以从微波谱的数据可以算得同位素量。此外从微波谱的斯塔克(Stark)效应可以准确地得到分子的偶极矩，从磁共振吸收求分子的磁矩，从超精细结构求核四极矩偶合常数，了解原子核周围电子云分布的对称性，分析一些气体混合物的组成，测定含量很小的杂质而不受强谱线的干扰，例如可以从 $1:10^5$(或 $10^6$)的组成中分析极少量的 $H_2O$ 或 $NH_3$。下面只重点地讨论利用斯塔克效应测定分子的偶极矩问题。

一般测定分子偶极矩的方法常受溶剂分子或对理想气体定律偏差的影响，利用微波谱从斯塔克效应测量物质蒸汽分子的偶极矩没有这些缺点，如果杂质的吸收不与被研究分子的特征谱线重合，少量杂质的存在对实验也无妨害。另外从微波谱还可计算不同振动态或不同同位素分子的偶极矩，准确度 1%。这一方法的原理如下：

物质的光谱线的频率在电场中有所移动的现象称为斯塔克效应。设 $m$ 和 $n$ 是相邻的两个转动能级，能量为 $E_m$ 和 $E_n$，由 $n\rightarrow m$ 跃迁时吸收谱线的频率为 $\nu$，即

$$h\nu = E_m - E_n$$

在强度为 $F$ 的电场中，$E_m$、$E_n$ 和 $\nu$ 分别变为 $E'_m$、$E'_n$ 和 $\nu'$ 而

$$h\nu' = E'_m - E'_n$$

$\nu'$ 和 $\nu$ 的差值 $\Delta\nu = \nu' - \nu$ 是斯塔克效应的度量。

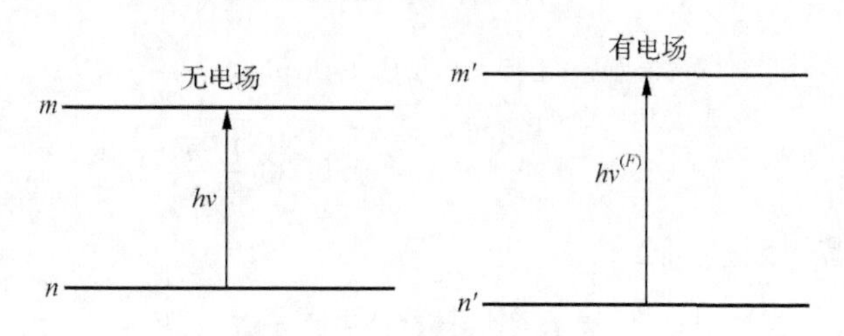


图 10-28　斯塔克效应

例如线型分子的转动能级 $E_r(J,M)$ 在无电场时如(10-33)式所示：

$$E_r(J,M) = E_r(J) = hBJ(J+1)$$

选律为 $\Delta J = \pm 1$。分子从 $J \rightarrow J+1$ 时吸收的微波频率 $\nu$ 如(10-37)式所示：

$$\nu(J,M \rightarrow J+1,M) = \nu(J \rightarrow J+1) = 2B(J+1)$$

在强度为 $F$ 的电场中，如分子的偶极矩为 $\mu$，则由于 $\mu$ 与 $F$ 的相互作用，转动能级变为

$$E_r'(J,M) = hBJ(J+1) + \frac{F^2\mu^2}{2Bh} \cdot \frac{J(J+1)-3M^2}{J(J+1)(2J-1)(2J+3)} \tag{10-53}$$

当 $J=M=0$ 时上式第二项为$\frac{0}{0}$的不定式,具体推算得

$$E_r'(0,0) = -\frac{F^2\mu^2}{6Bh} \tag{10-54}$$

如电场 $F$ 与微波辐射的电向量 $F_{mw}$ 恰恰互相垂直,则选律为

$$\Delta J = \pm 1,\ \Delta M = \pm 1 \tag{10-55}$$

但在一般情况下,$F$ 与 $F_{mw}$ 不相垂直,则选律为

$$\Delta J = \pm 1,\ \Delta M = 0 \tag{10-56}$$

此时分子从 $E_r'(J,M)$ 跃迁到 $E_r'(J+1,M)$ 时吸收的微波频率为

$$\nu'(J,M \to J+1,M) = 2B(J+1) + \frac{F^2\mu^2}{2Bh^2} \cdot \Delta \tag{10-57}$$

而斯塔克效应,即谱线频率的移动距离 $\Delta\nu$ 等于

$$\Delta\nu = \nu' - \nu = \frac{F^2\mu^2}{2Bh^2} \cdot \Delta \tag{10-58}$$

上式中

$$\Delta = \frac{(J+1)(J+2)-3M^2}{(J+1)(J+2)(2J+1)(2J+5)} - \frac{J(J+1)-3M^2}{J(J+1)(2J+1)(2J+3)} \tag{10-59}$$

当 $J=M=0$ 时,$\Delta$ 不能由上式计算,而是等于

$$\Delta = \frac{1\times 2-0}{1\times 2\times 1\times 5} - \left(-\frac{1}{3}\right) = \frac{1}{5} + \frac{1}{3} = 0.5333$$

$$\nu'(0.0 \to 1.0) = 2B + 0.5333\,\frac{F^2\mu_2}{2Bh^2}$$

$$\Delta\nu(0.0 \to 1.0) = 0.5333\,\frac{F^2\mu^2}{2Bh^2} \tag{10-60}$$

表 10-14 列出若干跃迁的 $\Delta$ 值。

**表 10-14　线型分子的 $\Delta$ 值**

| $M=$ | 0 | 1 | 2 | 3 |
|---|---|---|---|---|
| $J=0\to1$ | 0.5333 | | | |
| $J=1\to2$ | −0.1524 | 0.1238 | | |
| $J=2\to3$ | −0.0254 | −0.0071 | 0.0476 | |
| $J=3\to4$ | −0.0092 | −0.0056 | 0.0052 | 0.0288 |

图 10-29 画出线型分子的斯塔克效应。

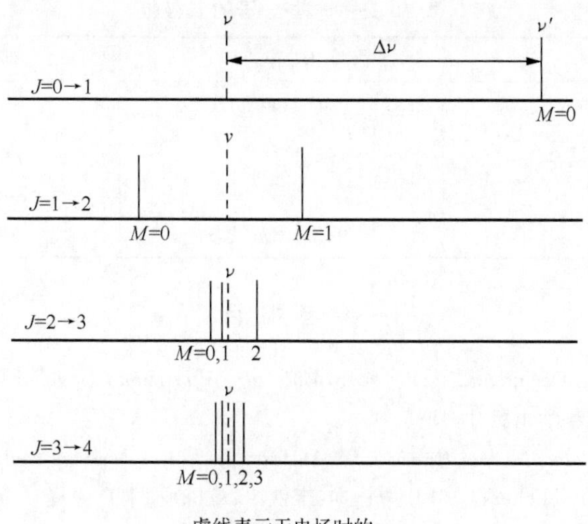


图 10-29　线型分子的斯塔克效应

对于对称陀螺分子,在强度为 $F$ 的电场中转动能级的改变量为

$$E'_{\mathrm{r}}(J,K,M)-E_{\mathrm{r}}(J,K,M)=-F\mu\frac{KM}{J(J+1)}$$
$$+\frac{F^2\mu^2}{2Bh}\left\{\frac{[3K^2-J(J+1)][3M^2-J(J+1)]}{J^2(J+1)^2(2J-1)(2J+3)}-\frac{MK^2}{J^3(J+1)^3}\right\}\quad(10\text{-}61)$$

$$E'_{\mathrm{r}}(0,0,0)-E_{\mathrm{r}}(0,0,0)=-\frac{F^2\mu^2}{6Bh}\quad(10\text{-}62)$$

在(10-61)式中第二项通常比第一项小很多,所以(10-61)式可近似地表为

$$E'_{\mathrm{r}}(J,K,M)-E_{\mathrm{r}}(J,K,M)=-F\mu\frac{KM}{J(J+1)},\ K\neq0,\ M\neq0\quad(10\text{-}63)$$

选律:

$$\Delta J=\pm1,\ \Delta K=0,\ \Delta M=0\quad(10\text{-}64)$$

斯塔克效应:

$$\Delta\nu(J,K,M\rightarrow J+1,K,M)=F\mu\cdot\frac{2KM}{J(J+1)(J+2)}\quad(10\text{-}65)$$

因为 $K$ 和 $M$ 可以独立地从 $-J$ 变到 $J$,所以对称陀螺分子的斯塔克效应有对称花样。

在已知电场 $F$ 的情况下,从实验测得 $\Delta\nu$,即可根据(10-58)式求线型分子的偶极矩,或(10-65)式求对称陀螺分子的偶极矩。表 10-15 列出用此法求得的若干分子的偶极矩。

表 10-15 一些分子的偶极矩

| 分子 | 振动状态 | 偶极矩/C·m |
|---|---|---|
| $^{16}O^{12}C^{32}S$ | 基态 | $2.442\times10^{-30}$ |
| $^{16}O^{13}C^{32}S$ | 基态 | $2.342\times10^{-30}$ |
| OCSe | 基态 | $2.315\times10^{-30}$ |
| OCSe | 最低伸缩激发态 | $2.342\times10^{-30}$ |

## 参 考 书 目

1. E. B. Wilson, J. C. Decius *and* P. C. Cross, *Molecular Vibration*, Dover, 1980。中译本：胡皆汉译，《分子振动》，科学出版社，1985.
2. J. I. Steinfeld, *Molecules and Radiation, An Introduction to Modern Molecular Spectroscopy* Harper & Row Publishers, 1974. 中译本：李铁津、蒋栋成、朱自强译，《分子和辐射——近代分子光谱学导论》，科学出版社，1983.
3. G. Herzberg, *Molecular Spectra and Molecular Structure* Ⅱ. *Infrared and Raman Spectra of Polyatomic Molecules*, Van Nostrand Reinhold, New York, 1945.
4. G. Herzberg, *Molecular Spectra and Molecular Structure* Ⅲ. *Electronic Spectra and Electronic Structure of Polyatomic Molecules*, Van Nostrand Reinhold, New York, 1966.
5. J. T. Clerc, E. Pretsch, et al., *Structural Analysis of Organic Compounds by Combined Application of Spectroscopic Methods*, Elsevier, 1981.
6. K. Nakamoto, *Infrared Spectra of Inorganic and Coordination Compounds*, 2nd ed., John Wiley, New York, 1971.
7. L. J. Bellamy, *Infrared Spectra of Complex Molecules*, Wiley, 1957. 中译本：黄维垣、聂崇实译，《复杂分子的红外光谱》，科学出版社，1975.
8. L. J. Bellamy, *The Infra-Red Spectra of Complex Molecules* Vol. Ⅱ, 2nd ed., Chapman and Hall, 1980.
9. 董近年，《红外光谱法》，石油化学工业出版社，1977.
10. 王宗明、何钦翔、孙殿卿，《实用红外光谱学》，石油化学工业出版社，1978.
11. 刘育亭，《共轭体系的简单分子轨道理论》，新疆人民出版社，1980.
12. R. M. 西尔弗斯坦、G. G. 巴勒斯、T. C. 莫里尔著，姚海文、马金石、黄骏雄译，《有机化合物光谱鉴定》，科学出版社，1982.
13. M. 奥钦、H. H. 雅费著，徐广智译，《对称性，轨道和光谱》，科学出版社，1980.
14. P. R. Griffiths, *Chemical Infrared Fourier Transform Spectroscopy*, Wiley, 1975.
15. A. B. P. Lever, *Inorganic Electronic Spectroscopy*, 2nd Ed., Elsevier, 1984.
16. W. Gordy and R. L. Cook, *Microwave Molecular Spectra*, J. Wiley & Sons, 1984.

## 问题与习题

1. 测得$^{16}O^{12}C^{32}S$的微波谱线的频率如下：

24325.92,36488.82,48651.64,60814.08 MHz,试求此分子的转动惯量 $I_B$。

2. 实验测得乙炔分子的红外光谱和拉曼光谱的频率如下表所示:

**$C_2H_2$ 分子的振动频率**

| $\tilde{\nu}$cm$^{-1}$ | 红外光谱 | | 拉曼光谱 |
|---|---|---|---|
| | 分支 | 强度 | |
| 612 | | | 很弱 |
| 729 | P,Q,R | 很强 | |
| 1328 | P,R | 强 | |
| 1956 | P,Q,R | 弱 | |
| 1974 | | | 很强 |
| 2702 | P,Q,R | 中 | |
| 3287 | P,R | 很强 | |
| 3374 | | | 强 |

(1) 从上表中指认图 10-19 所示 5 种简正频率并说明理由。

(2) 上表中其余 3 种频率是哪些简正频率的合频或倍频?

3. $N_2O$ 有一组间隔为 0.838 cm$^{-1}$ 的等距线组成的微波谱,而其振动频率为 2223.76,588.78 及 1284.91 cm$^{-1}$ 且均为红外及拉曼活性的,试推断 $N_2O$ 分子的结构。

4. $H_2O_2$ 分子曾假定有以下不同构型:

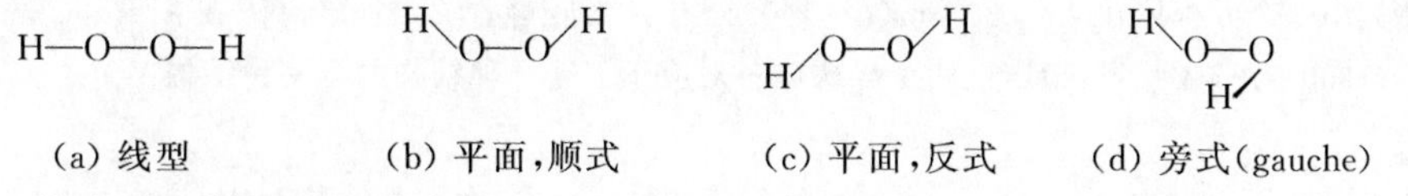


(a) 线型　　(b) 平面,顺式　　(c) 平面,反式　　(d) 旁式(gauche)

(1) 指出这四种构型所属的点群。

(2) 由在液态观察到的拉曼光谱以及在气态观察到的红外光谱数据如下:

**$H_2O_2$ 分子的振动光谱**(单位:cm$^{-1}$)

| 红外光谱 | 拉曼光谱 |
|---|---|
| 870　(中) | 877　(很强) |
| | 903　(很弱) |
| 1370　(强) | |
| | 1408　(弱) |
| | 1435　(弱) |
| 2869　(中) | |
| 3417　(强) | 3407　(弱) |

指出哪些种构型应被排除?

5. 化合物 A、B 和 C 是二甲苯的三个异构体。在 650—900 cm$^{-1}$ 区域它们的红外光谱如下:A

有两个吸收峰 767 和 692 $cm^{-1}$，B 有一个吸收峰 792 $gm^{-1}$，C 有一个吸收峰 742 $cm^{-1}$。指出哪个是邻二甲苯？哪个是间二甲苯？哪个是对二甲苯？

6. 某化合物的分子式为 $C_4H_5N$，其红外光谱仅有以下锐峰：3080，2960，2260，1865，1647，1418，960，935 $cm^{-1}$，其中 1865 $cm^{-1}$ 峰是弱峰。试推断其结构。

7. 某芳香族化合物的分子式为 $C_7H_8O$，其红外光谱吸收带如下：3040，1010，3380，2940，1460，690，740 $cm^{-1}$，没有以下谱带：1735，2720，1380，1182 $cm^{-1}$，指出上述存在的及不存在的谱带是什么振动并写出该化合物的结构。

8. 何谓光谱选律？它是怎样得到的？试导出一维方势箱中的粒子的电偶极跃迁的选律。

9. 何谓生色基？何谓助色基？试用分子轨道理论讨论生色基和助色基对物质颜色的影响。

10. 不饱和酮 $C_6H_{10}O$ 有两个异构体，即 $(CH_3)_2C{=}CH{-}\underset{\underset{O}{\|}}{C}{-}CH_3$ 和 $CH_2{=}\underset{\underset{CH_3}{|}}{C}{-}CH_2{-}\underset{\underset{O}{\|}}{C}{-}CH_3$，其中一个在 $\lambda=235$ nm 有一强吸收峰，$\varepsilon=12000$，另一个在 $\lambda>220$ nm 没有强吸收峰，在 $\lambda=235$ nm 处有强吸收峰的是哪一个异构体？

11. 某物质有下列两个异构体：

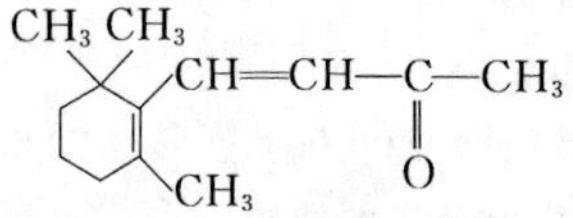

(结构Ⅰ：环己烯环上带 2 个 $CH_3$（偕二甲基）、$CH_3$ 及侧链 $CH{=}CH{-}\underset{\underset{O}{\|}}{C}{-}CH_3$，环内双键与侧链共轭)

结构Ⅰ

(结构Ⅱ：环己烯环上带 2 个 $CH_3$（偕二甲基）、$CH_3$ 及侧链 $CH{=}CH{-}\underset{\underset{O}{\|}}{C}{-}CH_3$，环内双键不与侧链共轭)

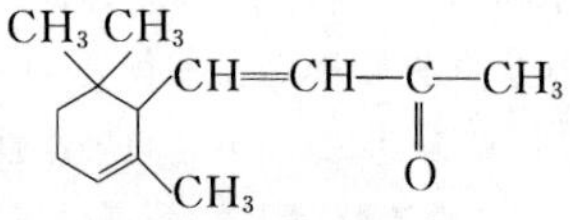

结构Ⅱ

其中一个异构体在 $\lambda=228$ nm($\varepsilon=14000$)有一吸收峰，另一个异构体在 $\lambda=296$ nm($\varepsilon=11000$)有一吸收峰，指出这两个异构体各对应于上述两种结构的哪一种结构。

# 第十一章　分子的电性、磁性、磁共振谱和光电子能谱

分子的电学性质和磁学性质是分子的两项重要的物理性质，它们与分子的结构有密切的关系。偶极矩和磁矩测量是早期研究分子结构的重要方法，一直沿用到今天。磁共振法诞生于本世纪40年代，近年来发展非常快，已经成为研究分子结构的强有力的工具。

## §11－1　偶极矩和分子结构

分子中电荷有一定的空间分布，表征电荷分布的两个最重要的物理量是偶极矩和极化率。本节中先介绍偶极矩和极化率的定义及测量方法，然后讨论它们和分子结构的关系。

### 1. 偶极矩和极化率

分子是由带正电荷的原子核和带负电荷的电子组成的。正负电荷的总值相等，所以整个分子呈电中性。但正负电荷的重心却可以重合，也可以不重合，前者称为非极性分子，例如 $H_2$、$CH_4$、$C_6H_6$ 等；后者称为极性分子，例如 HCl、$CHCl_3$、ROH 等。

分子极性的大小常用偶极矩 $\mu$ 来度量。偶极矩的概念是德拜(P. Debye)在1912年提出的。两个带电荷为 $+q$ 和 $-q$ 的质点，相距 $d$ 远，体系偶极矩的大小等于 $q$ 和 $d$ 的乘积(图11-1)

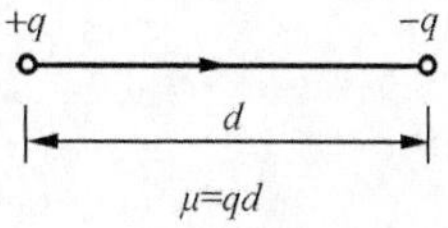

$$\mu = qd \tag{11-1}$$

+q　　-q　　d　　μ=qd

图11-1　分子的偶极矩

偶极矩是一个矢量，它的方向规定为从正到负。偶极矩的SI单位是库仑·米(C·m)。因为分子中原子间的距离的数量级约为 $10^{-10}$ m，电荷数量级为 $10^{-20}$ C，所以偶极矩的数量级是 $10^{-30}$ C·m。例如 $H_2O$ 的电偶极矩为 $6.17\times10^{-30}$ C·m。习惯上还用“德拜”为单位，记为 $D$，$1\ D=10^{-18}$ CGSE制单位，因为1CGSE制单位 $=3.3356\ 3\times10^{-12}$ C·m，所以 $1D=3.33563\times10^{-30}$ C·m。

如果把大量极性分子(如 $CHCl_3$)置于平行板电容器的两极板之间，那么电容器的极板之间就充满了极性的 $CHCl_3$ 分子。极性分子虽有永久偶极矩，但如果电容器极板之间没有电场，由于分子的热运动，偶极矩指向各方向的机遇是相同的[图11-2(a)]，所以大量分子的总的平均偶极矩还是等于零。如果对电容器充电，

使之在极板间产生电场，那么极性分子与电场之间就有相互作用的能量，其值为

$$\Delta E = \mu F \cos\theta \tag{11-2}$$

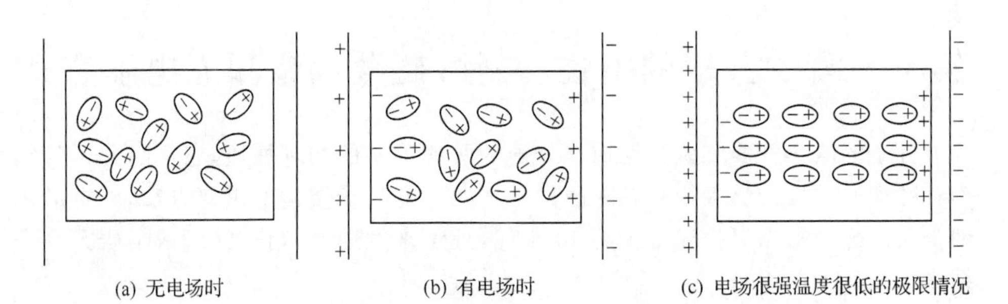

(a) 无电场时　(b) 有电场时　(c) 电场很强温度很低的极限情况

图 11-2　偶极分子的转向板化

上式中 $F$ 是分子所在位置的有效电场强度，$\theta$ 是偶极矩矢量与电场矢量间的夹角。$\Delta E$ 为正值表示能量升高，负值表示能量降低。所以当偶极矩与电场取相同方向，即 $\theta = 0°$ 时，体系的能量最高，为 $\Delta E = +\mu F$。取相反方向，即 $\theta = 180°$ 时，体系的能量最低，为 $\Delta E = -\mu F$。为了使能量最低，体系要反抗热运动，尽量使 $\theta$ 在 180° 左右[图 11-2(b)、(c)]。而热运动（即分子间的不断相互碰撞）则把转向过来的分子重新打乱，使 $\theta$ 取任意的角度。可以证明[①]，由于极性分子在电场中的转向而产生的平均偶极矩 $\bar{\mu}_1$ 与有效电场强度 $F$ 及永久偶极矩的平方成正比，与绝对温度 $T$ 成反比，具体表示式为

$$\bar{\mu}_1 = \frac{\mu^2}{3kT} \cdot F \tag{11-3}$$

上式中 $k$ 为玻尔兹曼(Boltzmann)常数。我们令

$$\alpha_\mu = \frac{\mu^2}{3kT} \tag{11-4}$$

则

$$\bar{\mu}_1 = \alpha_\mu F \tag{11-5}$$

$\alpha_\mu$ 称为转向极化率，它在数值上等于单位电场强度下($F=1$)由于极性分子的转向而产生的平均偶极矩 $\bar{\mu}_1$，其单位为 $C \cdot m^2/V$。[②]

上面讨论了极性分子在电场中的转向运动。现在要问，非极性分子在电场中有什么变化？非极性分子没有永久偶极矩，因此不存在转向问题。但是非极性分子也是由带正电荷的原子核和带负电荷的电子组成的，只是正电荷的中心与负电荷的中心恰相重合而已。在电场的作用下，分子的正电荷中心将略微向负极极板方向移动，负电荷中心则略微向正极移动，这样就能产生临时的偶极矩 $\bar{\mu}_2$，它和分

---

① 参看唐有祺《统计力学及其在物理化学中的应用》，112—115 页，科学出版社，1964 年。

② 极化率的 CGSE 制单位是 $cm^3$，1 CGSE 制单位 $= 1.11265 \times 10^{-16} C \cdot m^2/V$。

子所在位置的有效电场强度成正比

$$\bar{\mu}_2 = \alpha_d F \tag{11-6}$$

此处 $\alpha_d$ 称为分子的变形极化率。

分子在电场作用下的变形有两种情况，一种是分子骨架。(骨架是指分子中的各原子核和内层电子)发生变形。例如二氧化碳分子中的∠O—C—O 本来是 180°，永久偶极矩 $\mu=0$，但在电场作用下，电负性较大的氧原子可能微微偏向外加电场的正极，电负性较小的碳原子偏向负极，使∠O—C—O 小于 180°，从而产生诱导偶极矩。另一种变形情况是分子骨架不变，但价电子云对骨架发生相对移动。因此 $\alpha_d$ 是由两部分组成的

$$\alpha_d = \alpha_a + \alpha_e \tag{11-7}$$

$\alpha_a$ 表征第一种变形，称为原子极化率；$\alpha_e$ 表征第二种变形，称为电子极化率。两者都不随温度而改变。

上述两种变形极化的情况在极性分子中也会发生。因此极性分子在电场中产生的平均偶极矩 $\bar{\mu}$ 将是 $\bar{\mu}_1$ 和 $\bar{\mu}_2$ 两部分之和，即

$$\left.\begin{aligned} \mu &= \bar{\mu}_1 + \bar{\mu}_2 = \alpha_\mu F + \alpha_d F = \alpha F \\ \alpha &= \alpha_\mu + a_d = \frac{\mu^2}{3kT} + \alpha_a + \alpha_e \end{aligned}\right\} \tag{11-8}$$

上式中 $\alpha$ 称为极化率。对于极性分子，它等于转向和变形极化率之和。对于非极性分子，它等于变形极化率。

### 2. 极化率和介电常数的关系——克劳修斯-莫索第-德拜方程

上面介绍了偶极矩和极化率的关系，现在讨论如何测定极化率。极化率测定了，就可能测得偶极矩。

为了测定极化率，还是从电容器讲起。人们很早就发现在电容器的极板间填充不导电的物质(如上面讲的氯仿)以后，电容有所增加。一般比真空时大几倍到几十倍，有一类叫做铁电体的物质(如钛酸钡陶瓷)可使电容增加数千倍。如果极板上所荷电量不变，填充不导电的物质以后极板间的电势差就会减小。设 $C_0$ 为极板间真空时的电容，$C$ 是极板间有填充物存在时的电容，$C$ 与 $C_0$ 之比 $\varepsilon$ 称为填充物的介电常数

$$\varepsilon = \frac{C}{C_0} \tag{11-9}$$

因为

$$Q = CV$$

如果保持极板上电量 $Q$ 不变，显然 $\varepsilon$ 也等于

$$\varepsilon = \frac{V_0}{V} \tag{11-10}$$

一般 $\varepsilon$ 总是大于 1 的数值,没有量纲。对于真空,$\varepsilon=1$。对于空气,$\varepsilon=1.000583$(标准状态),很接近于 1。所以介电常数可以近似地表示为

$$\varepsilon \approx \frac{C}{C_{空气}} = \frac{V_{空气}}{V} \tag{11-11}$$

表 11-1 列出了一些液体的介电常数。

**表 11-1 一些液体的介电常数**

| 液体 | 温度 | 介电常数 | 液体 | 温度 | 介电常数 |
|---|---|---|---|---|---|
| 苯 | 25℃ | 2.2725 | 水 | 0℃ | 88.00 |
| 甲苯 | 25℃ | 2.378 | 水 | 25℃ | 79.45 |
| 氯仿 | 25℃ | 4.724 | 水 | 50℃ | 69.94 |
| 硝基苯 | 25℃ | 34.89 | 水 | 100℃ | 55.33 |

电容器填充不导电的物质以后极板间的电容减小的原因,就是由于填充物的分子在电场中的极化作用引起的。极化后产生的平均偶极矩 $\bar{\mu}$ 的方向和外加电场的方向相反,因而抵消了一部分外加电场。因此极化作用越大,介电常数也越大。可以证明,化合物的介电常数 $\varepsilon$ 与极化率 $\alpha$ 之间存在下式所示的关系:

$$\frac{\varepsilon-1}{\varepsilon+2}\frac{M}{d} = \frac{1}{4\pi\varepsilon_0}\cdot\frac{4}{3}\pi N_A d \tag{11-12}$$

这一关系称为克劳修斯-莫索第-德拜(Clausius-Mosotti-Debye)方程式。式中 $M$ 是分子量,$d$ 是在温度 $T$ 时的密度,$N_A$ 是阿伏加德罗常数,$\varepsilon_0$ 为真空介电常数,$\varepsilon_0=8.854188\times10^{-12}\mathrm{C\cdot N^{-1}\cdot m^{-2}}$。令

$$P = \frac{1}{4\pi\varepsilon_0}\cdot\frac{4}{3}\pi N_A\alpha \tag{11-13}$$

$P$ 称为摩尔极化度。显然摩尔极化度也和 $\alpha$ 一样,等于下列各部分的加和:

$$P = P_d + P_\mu = P_e + P_a + P_\mu \tag{11-14}$$

$P_d$、$P_e$、$P_a$ 和 $P_\mu$ 分别称为变形极化度、电子极化度、原子极化度和转向极化度,它们分别等于

$$\left.\begin{aligned} P_e &= \frac{1}{4\pi\varepsilon_0}\cdot\frac{4}{3}\pi N_A\alpha_e \\ P_a &= \frac{1}{4\pi\varepsilon_0}\cdot\frac{4}{3}\pi N_A\alpha_a \\ P_\mu &= \frac{1}{4\pi\varepsilon_0}\cdot\frac{4}{3}\pi N_A\cdot\frac{\mu^2}{3kT} \\ P_d &= P_e + P_a \end{aligned}\right\} \tag{11-15}$$

一般情况下 $P_a$ 约为 $P_e$ 的 5—15%,而 $P_\mu$ 的数值决定于 $\mu$ 和 $T$。把(11-13)和(11-14)式代入(11-12)式得

$$\frac{\varepsilon-1}{\varepsilon+2}\frac{M}{d}=P=P_{e}+P_{a}+P_{\mu} \tag{11-16}$$

(11-16)式的适用范围为非极性液体或极性溶质在非极性溶剂中的稀溶液。

对于非极性分子，$\mu=0$，所以

$$\frac{\varepsilon-1}{\varepsilon+2}\frac{M}{d}=P_{e}+P_{a} \tag{11-17}$$

在静电场或低频电场(频率$\nu$小于$10^{10}$ Hz)中极性分子的总极化度是电子极化度、原子极化度、转向极化度之和。在中频电场($\nu$在$10^{12}$到$10^{14}$ Hz之间)中因为电场的交变周期小于偶极矩的弛豫时间，极性分子的转向运动跟不上电场的变化，$P_{\mu}=0$，所以$P=P_{d}=P_{a}+P_{e}$。对于高频电场($\nu$大于$4\times10^{14}$ Hz，即在可见及紫外光区)，极性分子的转向和分子骨架的变形都跟不上电场的变化，$P_{a}=P_{\mu}=0$，所以$P=P_{e}$。图11-3画出摩尔极化度与电场频率间的关系。

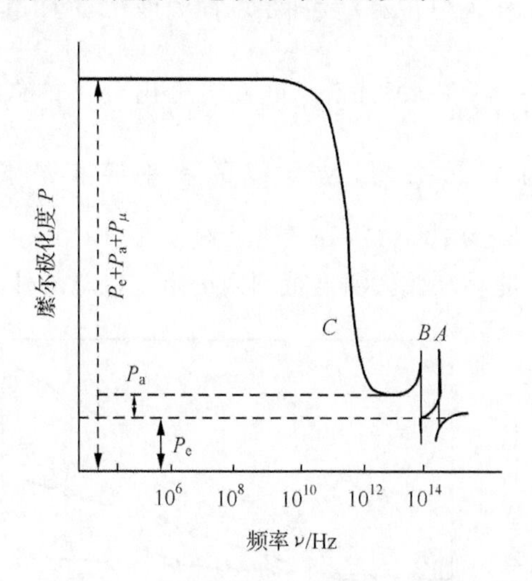


图11-3　摩尔极化度与电场频率的关系

根据光的电磁理论，在同一频率下透明物质的介电常数与折射率的关系为

$$\varepsilon=n^{2} \tag{11-18}$$

将(11-18)式代入(11-16)式，得

$$\frac{n^{2}-1}{n^{2}+2}\frac{M}{d}=P \tag{11-19}$$

因为只有在高频区测定折射率才有实现的可能，所以(11-19)式只适用于高频(可见及紫外光区)区域，此时测得的$P$是$P_{e}$。习惯上用$R$表示用折射法测得的$P_{e}$，即

$$\frac{n^{2}-1}{n^{2}+2}\frac{M}{d}=R\equiv P_{e}=\frac{1}{4\pi\varepsilon_{0}}\cdot\frac{4}{3}\pi N_{A}\alpha_{e} \tag{11-20}$$

$R$ 称为摩尔折射度。摩尔折射度的量纲与极化度相同，单位都是 $m^3 \cdot mol^{-1}$。

**3. 偶极矩测定法的原理**①

上面已经得到联系物质的宏观性质介电常数与分子的结构性质偶极矩之间的关系，即

$$\frac{\varepsilon-1}{\varepsilon+2}\frac{M}{d}=P=\frac{1}{4\pi\varepsilon_0}\cdot\frac{4}{3}\pi N_A\left(\alpha_d+\frac{\mu^2}{3kT}\right) \tag{11-21}$$

利用(11-21)式可以从测得的介电常数数据推算分子的偶极矩。下面讨论几种测定偶极矩的方法。

(1) 温度法：因为摩尔极化度 $P$ 与 $\frac{1}{T}$ 成正比，如果在不同温度下测定物质的介电常数 $\varepsilon$ 和密度 $d$，代入(11-21)式即得不同温度 $T$ 的 $P$ 值。以 $P$ 对 $\frac{1}{T}$ 作图为一直线，从直线斜率 $\frac{1}{4\pi\varepsilon_0}\cdot\frac{4}{3}\pi N_A\left(\frac{\mu^2}{3k}\right)$ 可直接算出分子的偶极矩。图 11-4 画出 HCl、HBr 和 HI 的 $P-\frac{1}{T}$ 图，从直线的斜率算得它们的偶极矩分别为 $3.44\times10^{-30}$ C · m，$2.94\times10^{-30}$ C · m 和 $1.274\times10^{-30}$ C · m。

温度法只适用于能够在较大温度范围内测定 $\varepsilon$ 和 $d$ 的体系。

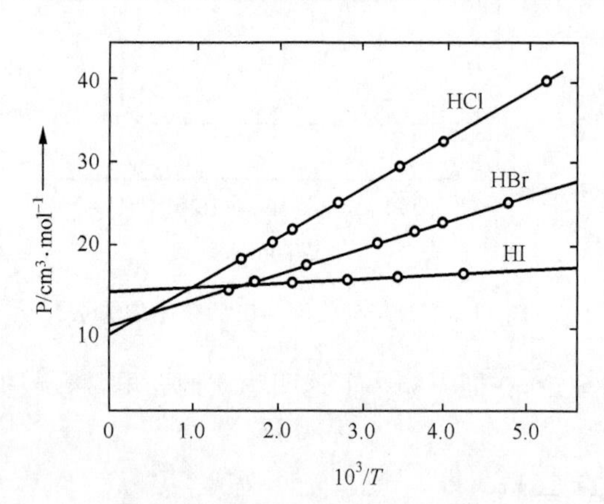


图 11-4 卤化氢分子的 $P-\frac{1}{T}$ 图

(2) 折射法：折射法的原理是在同一温度下测定物质的总的摩尔极化度和变形极化度 $P_d=P_a+P_e$，两者之差就是转向极化度 $P_\mu$，从 $P_\mu$ 即可算出偶极矩 $\mu$。

① 关于测定介电常数的实验方法——桥法，频拍法，共振法——可以参看孙承谔："偶极矩的测量"，化学通报，1957 年 5 月号，第 1—4 页。

因为 $P_\mu$ 是在同一频率(低频)$P$ 与 $P_d$ 之差，而 $P_d$ 应该从中频电场的极化度外推得到，所以实验上应该首先测定低频和中频电场的极化度。但是在中频(远红外区)电场中无论测分子的 $\varepsilon$ 或 $n$ 都是困难的，一般用两种近似方法来处理：

(a) 把物质对钠光 $D$ 线的摩尔折射度 $R_D$ 代替理论上需要的 $P_d$，从 $P$ 中减去 $R_D$，得到 $P_\mu$。

(b) 在可见光区的几个不同波长测定分子的摩尔折射度，外推至 $\lambda \to \infty$，认为 $R_\infty$① 即是理论上需要的 $P_e$，把 $P_a$ 略去不计或粗略地令它等于 5－15％ 的 $R_\infty$，加合起来，得到 $P_d$，再从 $P$ 中减去，得到 $P_\mu$。

折射法的两种近似计算虽然都不很严格，但是应用范围却很广，它可以在非极性溶剂的稀溶液中测定溶质的偶极矩。对于偶极矩大的分子，此法比较准确。例如 $\mu = 5\times10^{-30}$ C·m 时准确性可达 ±1％。如果 $\mu < 1\times10^{-30}$ C·m，$P_\mu$ 的大小与 $P_a$ 相近，折射法就不适用了。

在溶液中测定分子的偶极矩总要受溶质分子间的以及溶剂与溶质分子间的相互作用的影响。从测定不同浓度溶液中溶质的摩尔极化率和摩尔折射度外推至无穷稀释情形，前面一种相互作用的影响可以消除，但是后一种“溶剂效应”是不能除去的。

(3) 其他方法：其他测定偶极矩的方法还很多，比较准确的有：

(a) 分子射线法——将分子射线(分子束)垂直穿过一个很不均匀的电场，观察分子射线的分裂情形，其原理与施登-盖拉赫实验相似。这种方法适宜于研究不易挥发的物质如无机化合物的偶极矩。

(b) 利用微波谱的斯塔克效应——这种方法只适用于研究偶极矩 $> 0.3\times10^{-30}$ C·m 的气体分子，可准确到 0.25％。

#### 4. 偶极矩和分子结构

人们用各种方法测定了大量分子的偶极矩，总结出下列规律：

(1) 偶极矩的矢量加和规律：分子中每一化学键有一偶极矩，称为键矩，分子的偶极矩等于分子中所有键矩的矢量和。

表 11-2 至表 11-5 列出了键矩的数值，现以 H—O 键的键矩为例说明键矩的数值是怎样得来的。实验测得 $H_2O$ 的 $\mu = 6.17\times10^{-30}$ C·m，∠HOH＝105°，则根据矢量加和的假设，得

$$\mu = 2\mu_{\text{H-O}}\cos\frac{\theta}{2}$$

---

① $R_\infty = R_1R_2(\lambda_2^2-\lambda_1^2)/(\lambda_2^2R_1-\lambda_1^2R_2)$，式中 $R_1$、$R_2$ 是波长 $\lambda_1$、$\lambda_2$ 的摩尔折射度。

$$\mu_{\text{H-O}} = \frac{\mu}{2\cos\frac{\theta}{2}} = \frac{6.17\times10^{-30}\text{C}\cdot\text{m}}{2\cos52.50^\circ} = 5.07\times10^{-30}\text{C}\cdot\text{m}$$

(2) 键矩与电负性的关系：从表中还可看出键矩与电负性的差值 $\Delta x = x_B - x_A$ 有关。除少数例外，$\Delta x$ 越大，$\mu_{A-B}$ 也越大。键矩的方向一般由电负性较小的原子指向电负性较大的原子。表中键矩的正值表示由 A 指向 B，负值由 B 指向 A。相同原子间的键矩等于零，即

$$\mu_{A-A} = 0$$

(3) 分子偶极矩和对称性的关系：分子如具备下列三个条件之一，则为非极性分子(即 $\mu=0$ 的分子)：

(a) 有对称中心者，如属于点群 $C_{2h}$，$D_{2h}$，$D_{4h}$，$D_{6h}$，$D_{\infty h}$，$S_2$，$S_6$，$O_h$ 的分子。因为在有对称中心的分子中，分子的上下或左右或前后的键矩都一一对应，互相抵消，所以是非极性分子。

**表 11-2　共价单键的键矩**　　(单位：$10^{-30}$C·m)

| 键 A—B | 键矩 | $x_B - x_A$ | 键 A—B | 键矩 | $x_B - x_A$ |
|---|---|---|---|---|---|
| H—Sb | −0.27 | −0.3 | C—F | 4.70 | 1.5 |
| H—As | −0.33 | −0.1 | C—Cl | 4.87 | 0.5 |
| H—P | 1.20 | 0 | N—O | (1.00) | 0.5 |
| H—I | 1.27 | 0.3 | N—F | 0.567 | 1.0 |
| H—C | 1.33 | 0.4 | P—I | 0 | 0.3 |
| H—S | 2.27 | 0.4 | P—Br | 1.20 | 0.7 |
| H—Br | 2.60 | 0.7 | P—Cl | 2.70 | 0.9 |
| H—Cl | 3.60 | 0.9 | As—I | 2.60 | 0.4 |
| D—Cl | 3.64 | — | As—Br | 4.24 | 0.8 |
| H—N | 4.37 | 0.9 | As—Cl | 5.47 | 1.0 |
| D—N | 4.34 | — | As—F | 6.77 | 2.0 |
| H—O | 5.04 | 14 | Sb—I | 2.67 | 0.8 |
| D—O | 5.07 | — | Sb—Br | 6.34 | 1.0 |
| H—F | 6.47 | 1.9 | Sb—Cl | 8.67 | 1.2 |
| C—C | 0 | 0 | S=Cl | 2.33 | 0.5 |
| C—N | 0.73 | 0.5 | Cl—O | 2.33 | 0.5 |
| C—Te | 2.00 | −0.4 | I—Br | 4.00 | 0.4 |
| C—O | 2.47 | 1.0 | 1—Cl | 3.34 | 0.6 |
| C—Se | 2.67 | −0.1 | Br—Cl | 1.90 | 0.2 |
| C—S | 3.00 | 0 | Br—F | 4.34 | 1.2 |
| C—I | 3.97 | −0.1 | Cl—F | 2.94 | 1.0 |
| C—Br | 4.60 | 0.3 | | | |

**表 11-3　盐类和金属有机化合物中的键矩**　(单位：$10^{-30}$ C · m)

| 键 A—B | 键矩 | $x_B—x_A$ | 键 A—B | 键矩 | $x_B—x_A$ |
|---|---|---|---|---|---|
| Ge—Br | >7.0 | 1.1 | | | |
| Ge—Cl | >6.3 | 1.3 | | | |
| Sn—Cl | >10 | 1.3 | | | |
| Pb—I | >11 | | K—Cl | 35.4 | 2.2 |
| Pb—Br | >13 | | K—F | 24 | 3.2 |
| Pb—Cl | >13.3 | | Cs—Cl | 35.0 | 2.3 |
| Hg—Br | >11.7 | | Cs—F | 26 | 3.3 |
| Hg—Cl | >10.7 | | | | |
| AU—Br | >13.3 | | | | |
| Li—C | >4.7 | 1.5 | | | |

**表 11-4　配价键的键矩**　(单位：$10^{-30}$ C · m)

| 键 A→B | 键　矩 | 键 A→B | 键　矩 |
|---|---|---|---|
| N→O | 14.3 | Se→O | 10.3 |
| P→O | 9.0 | Te→O | 7.7 |
| P→S | 10.3 | N→B | 13 |
| P→Se | 10.7 | P→B | 14.7 |
| As→O | 14.0 | O→B | 12 |
| Sb→S | 15.0 | S→B | 12.7 |
| S→O | 9.3 | S→C | (16.7) |

**表 11-5　多重键的键矩**　(单位：$10^{-30}$ C · m)

| 键 A═B | 键　矩 | 键 A═B | 键　矩 |
|---|---|---|---|
| C═C | 0 | N═O | 6.7 |
| C═N | 3.0 | C≡C | 0 |
| C═O | 7.7 | C≡N | 11.7 |
| C═S | 8.7 | N≡C | 10 |

(b) 分子虽然没有对称中心，但有两个或两个以上的对称元素相交于一点者。例如 $CH_4$、$CCl_4$、$OsO_4$、$P_4$、$BCl_3$、$SO_3$、$PCl_5$、$S_8$、$TaF_8^3$、$IF_7$ 等。因此只有属于点群 $C_n$ 和 $C_{nv}$(包括 $C_{1v} \equiv C_s$)的分子才可能是极性分子[其中还要受条件(c)的限制]，属于其余对称点群的分子都是非极性分子。

(c) 经过四面体规律简化后具备前面两个条件之一者(见后)。

通过偶极矩的测定，有时候可以判别某些简单分子的几何构型。例如

$\mu(CO_2)=0$，$\mu(SO_2)\neq 0$，所以 $CO_2$ 有对称中心，是直线分子，$SO_2$ 没有对称中心，是三角形分子。又如 $\mu(BF_3)=0$，$\mu(NH_3)\neq 0$，所以 $BF_3$ 属 $D_{3h}$点群，是平面形分子；而 $NH_3$ 属 $C_{3v}$点群，是三角锥形分子。再如 $\begin{matrix}X \\ Y\end{matrix}\!\!>\!C=C\!<\!\!\begin{matrix}X \\ Y\end{matrix}$ 的顺反异构体常可借偶极矩是否等于零来判别。

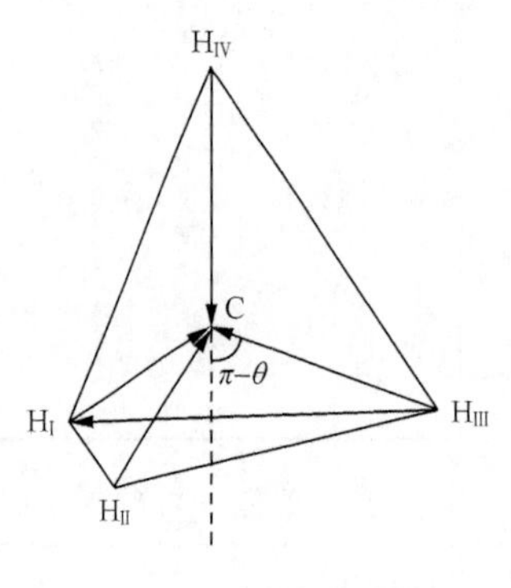


图 11-5　甲烷分子的偶极矩和四面体规律

(4) 四面体规律：图 11-5 绘出 $CH_4$ 分子，它有四个 C—H 键，键角都是 109°28′，键矩为 $\mu_{CH}$，方向如箭头所示。其中 $CH_I$、$CH_{II}$ 和 $CH_{III}$ 的矢量和，即甲基的偶极矩 $\mu$①等于

$$\mu = 3\mu_{CH}\cos(\pi-\theta)$$
$$= 3\mu_{CH}\cos(180° - 109°28') = \mu_{CH}$$

方向如虚箭头所示，即和 $CH_{IV}$ 键矩恰相抵消，所以 $CH_4$ 的 $\mu=0$。上式所示的结果叫做四面体规律，即甲基的偶极矩等于一个 C—H 键的键矩，它的方向与甲基的三重对称轴一致。下面讨论四面体规律的应用和限制。

(a) 四面体规律可以说明任何烷基 $C_nH_{2n+1}$ 的偶极矩都等于一个 C—H 键的键矩，因为从偶极矩的矢量加和来考虑，任何烷基都可简化为 $CH_3$ 基或 C—H 键矩。由此可以引出两个结论：

(i) 任何烷烃 $C_nH_{2n+2}$ 的 $\mu=0$；

(ii) 同系物的 $\mu$ 相同。

由表 11-6 可见，实验测得的同系物的偶极矩近似相等，但也有一些偏差，其原因在下面讨论。

(b) 诱导效应　表 11-7 列出一些卤代烷的偶极矩。从表中可以看出，卤代烷的偶极矩大小的变化有下列趋势：

$$\underset{\alpha}{CH_3}X < \underset{\beta}{CH_3}\underset{\alpha}{CH_2}X \sim \underset{\gamma}{CH_3}\underset{\beta}{CH_2}\underset{\alpha}{CH_2}X\cdots$$

这是因为卤素原子 X 有很大的电负性，它把 C—X 键的电子云拉向自己，使居于 $\alpha$ 位置的碳原子(即最邻近的碳原子)带有部分正电荷，可以把处于 $\beta$ 位置的甲基的电子云拉过来，从而增加偶极矩。像这一类由于电负性很大的卤素原子的诱导，使 $\alpha$ 碳原子的电负性增加(即拉电子云的能力增加)的现象，叫做“诱导作用”；由于诱导作用而引起的分子性质的改变(例如这里的偶极矩增加)，叫做“诱导效应”。

① 某一基团的偶极矩即指此基团包含的键矩的矢量和。

卤素原子的诱导作用可以通过碳链依次传递下去，其效应大致按公比为$\frac{1}{3}$的等比级数急剧减小。如以$\alpha$碳原子的诱导效应为1，则$\beta$碳原子为$\frac{1}{3}$，$\gamma$碳原子为$\frac{1}{9}$，$\delta$碳原子为$\frac{1}{27}$，…等。所以$CH_3CH_2X$的偶极矩比$CH_3X$大得多，$CH_3CH_2CH_2X$只比$CH_3CH_2X$略有增加，以后增加就更小了。又如拿卤代正丙烷和异丙烷来比较：

$$CH_3—CH_2—CH_2—X \qquad \overset{\beta}{C}H_3—\overset{\alpha}{C}H(—\beta CH_3)—X$$

在后一分子中有两个$\beta$-甲基，它们的电子云都可被$\alpha$碳原子拉过去，而在前一分子中只有一个$\beta$次甲基的电子云可被拉过去，所以后者的偶极矩比前者大。

**表 11-6　一些同系物的偶极矩**（在苯溶剂中，单位：$10^{-30}$C・m）

| R | OH | $CH_3CO$ | Br | CHO |
|---|---|---|---|---|
| $CH_3$ | 5.60 | 9.14 | 5.94(气) | 8.31 |
| $C_2H_5$ | 5.67 | 9.17 | 7.07 | 8.0 |
| $n$-$C_3H_7$ | 5.64 | 9.01 | 6.44 | 8.21 |
| $n$-$C_4H_9$ | 5.54 | 8.91 | 6.50 | 8.57 |
| $n$-$C_5H_{11}$ | 5.47 | 8.64 | 6.57 | — |
| $n$-$C_6H_{11}$ | 5.47 | 9.01 | 6.57 | 8.54 |
| $n$-$C_7H_{15}$ | 5.54 | 9.21 | 6.17 | 8.81 |
| $n$-$C_8H_{17}$ | 5.47 | — | 6.54 | — |
| $n$-$C_9H_{19}$ | 5.34 | 8.97 | 6.30 | — |
| $n$-$C_{10}H_{21}$ | 5.37 | — | 6.34 | — |

**表 11-7　一些气态卤代烷 RX 的偶极矩**　（单位：$10^{-30}$C・m）

| R \ X | F | Cl | Br | I |
|---|---|---|---|---|
| $CH_3$ | 6.04 | 6.24 | 6.00 | 5.47 |
| $C_2H_5$ | 6.40 | 6.84 | 6.70 | 6.24 |
| $n$-$C_3H_7$ | | 7.00 | 7.10 | 6.70 |
| $n$-$C_4H_9$ | | 7.00 | 6.84 | 6.94 |
| $n$-$C_5H_{11}$ | | 7.07 | 7.30 | |
| $n$-$C_7H_{13}$ | | | 7.17 | |
| $i$-$C_3H_7$ | | 7.17 | 7.30 | |
| $i$-$C_4H_9$ | | 6.80 | | |
| $s$-$C_4H_9$ | | 7.07 | | |
| $t$-$C_4H_9$ | | 7.10 | | |

(c) 四面体规律不适用于含有双键或叁键的分子,因为 $\pi$ 键与烷基有超共轭效应,引起电子云分布的改变,从而产生偶极矩。

(d) 键角改变产生的影响　如果 $CH_3Cl$ 和 $CHCl_3$ 具有严格的四面体构型,它们的 $\mu$ 应相等。但实验测得 $CH_3Cl$ 的 $\mu=6.24\times10^{-30}$ C · m,$CHCl_3$ 的 $\mu=3.37\times10^{-30}$ C · m 这是因为在 $CHCl_3$ 中三个 Cl 间的斥力大,所以∠ClCCl=112°,比正四面体的夹角 109°28′为大之故。

(5) 芳香化合物的位置异构体的偶极矩：简单的二基取代苯有三种异构体,如不考虑取代基的空间效应,它们的偶极矩为(图 11-6)

$$\mu_{邻}=\sqrt{\mu_1^2+\mu_2^2+\mu_1\mu_2},\mu_{间}=\sqrt{\mu_1^2+\mu_2^2-\mu_1\mu_2},\quad \mu_{对}=\mu_2-\mu_1$$

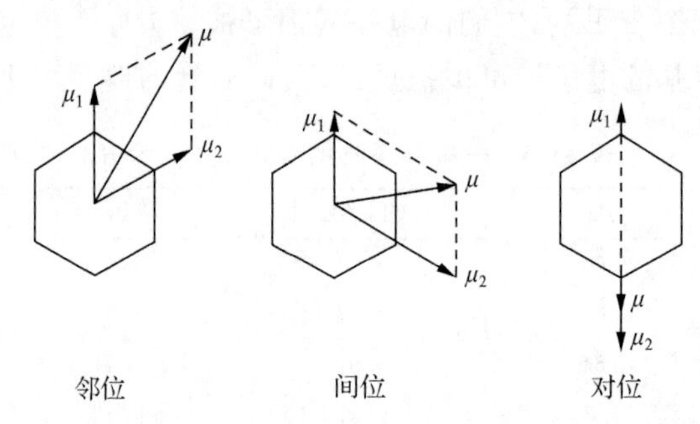


图 11-6　简单的二基取代苯的三种异构体的偶极矩

如果两个取代基相同,即 $\mu_1=\mu_2$,则

$$\mu_{邻}=\sqrt{3}\mu_1,\mu_{间}=\mu_1,\mu_{对}=0$$

所以从二基取代苯的偶极矩可以决定它是邻位、间位或对位异构体,表 11-8 列出一些简单的二基取代苯的偶极矩。

**表 11-8　一些二基取代苯的偶极矩**　　(单位:$10^{-30}$ C · m)

| 取代基 | | 邻位 | | 间位 | | 对位 | |
|---|---|---|---|---|---|---|---|
| 1 | 2 | 观测值 | 计算值 | 观测值 | 计算值 | 观测值 | 计算值 |
| $CH_3$ | $CH_3$ | 1.93 | 2.13 | 1.23 | 1.23 | 0 | 0 |
| $CH_3$ | F | 4.50 | 4.80 | 6.17 | 6.03 | 6.07 | 6.10 |
| $CH_3$ | Cl | 4.70 | 4.80 | 5.94 | 6.00 | 6.47 | 6.50 |
| $CH_3$ | Br | 4.80 | 4.64 | 5.84 | 5.87 | 6.54 | 6.37 |
| $CH_3$ | I | 4.04 | 3.87 | 5.27 | 5.07 | 5.70 | 5.40 |
| $CH_3$ | $NO_2$ | 12.3 | 12.7 | 13.8 | 13.9 | 14.8 | 14.6 |
| Cl | Cl | 7.37 | 9.14 | 4.94 | 5.27 | 0 | 0 |
| Br | Br | 7.0 | 8.97 | 4.87 | 5.14 | 0 | 0 |

## 5. 摩尔折射度与分子结构

摩尔折射度是在光的照射下分子中电子云对分子骨架发生相对运动产生的，严格地说是分子中价电子极化的结果。所以分子的摩尔折射度应该等于各化学键的折射度之和。表 11-9 和表 11-10 列出一些化学键对钠光 $D$ 线的折射度数据。

**表 11-9　一些共价键的折射度**　(单位:$10^{-6}$ $m^3$ · $mol^{-1}$)

| 键 | $R_D$ | 键 | $R_D$ | 键 | $R_D$ |
|---|---|---|---|---|---|
| C—H | 1.676 | C—F | 1.45 | O—H(醇) | 1.66 |
| C—C | 1.296 | C—Cl | 6.51 | O—H(酸) | 1.80 |
| C—C(环丙烷) | 1.50 | C—Br | 9.39 | S—H | 4.80 |
| C—C(环丁烷) | 1.38 | C—I | 14.61 | S—S | 8.11 |
| C—C(环戊烷) | 1.26 | C—O(醚) | 1.54 | S—O | 4.94 |
| C—C(环己烷) | 1.27 | C—O(缩醛) | 1.46 | N—H | 1.76 |
| C⩦C(苯环) | 2.69 | C=O | 3.32 | N—O | 2.43 |
| C=C | 4.17 | C=O(甲丙酮) | 3.49 | N=O | 4.00 |
| C≡C | 5.87 | C—S | 4.61 | N—N | 1.99 |
| | | C=S | 11.91 | N=N | 4.12 |
| | | C—N | 1.57 | | |
| | | C=N | 3.75 | | |
| | | C≡N | 4.82 | | |

**表 11-10　Si,Ge,Sn,Pb 化合物中键的折射度**　(单位:$10^{-6}$ $m^3$ · $mol^{-1}$)

| 键 | $R_D$ | 键 | $R_D$ | 键 | $R_D$ |
|---|---|---|---|---|---|
| Si—F | 1.7 | Ge—F | 1.3 | Sn—Cl | 8.91 |
| Si—Cl | 7.11 | Ge—Cl | 7.6 | Sn—Br | 12.00 |
| Si—Br | 10.8 | Ge—Br | 11.1 | Sn—I | 17.92 |
| Si—O | 1.80 | Ge—I | 16.7 | Sn—O | 3.84 |
| Si—N | 2.16 | Ge—N | 2.33 | Sn—C(芳香系化合物) | 3.78 |
| Si—C | 2.52 | Ge—O | 2.47 | Sn—C | 4.16 |
| Si—O(芳香系化合物) | 2.93 | Ge—C | 3.05 | Sn—Sn | 10.77 |
| Si—H | 3.17 | Ge—H | 3.44 | Pb—C | 5.26 |
| Si—Si | 5.89 | Ge—S | 7.02 | Hg—C | 7.21 |
| Si—S | 6.14 | | | | |

单键的折射度与双键的折射度之比约为 1∶2.4。

利用键的折射度的加和性可以初步推测和鉴别有机化合物的结构。例如有一纯化合物,化学式为 $C_3H_9N$,分子量为 59.11,密度为 757.4 kg · m$^3$,在同一温度下测得折射率 $n_D$ 为 1.40959,代入(11-20)式得

$$R_D(\text{实验值}) = \frac{(1.40959)^2 - 1}{(1.40959)^2 + 2} \times \frac{59.11 \times 10^{-3}}{757.4} = 19.32 \times 10^{-6} \text{m}^3 \cdot \text{mol}^{-1}$$

根据化学式,这一化合物可能是伯胺 $C_3H_7NH_2$,仲胺 $C_2H_5NHCH_3$,叔胺 $(CH_3)N$,利用表 11-9 所列的键的折射度计算

$$R_D(C_3H_7NH_2) = 19.41 \times 10^{-6} \text{ m}^3 \cdot \text{mol}^{-1}$$

$$R_D(C_2H_5NHCH_3) = 19.60 \times 10^{-6} \text{m}^3 \cdot \text{mol}^{-1}$$

$$R_D((CH_3)_3N) = 19.79 \times 10^{-6} \text{m}^3 \cdot \text{mol}^{-1}$$

所以此化合物是伯胺。但 $C_3H_7$ 是一个正丙基还是异丙基,表 11-9 的数据不能给出回答。因为这里只考虑到相邻原子间的相互作用,忽略了不相邻原子间的相互作用。对后面这种相互作用进行修正后,可以得出与实验一致的结果。

摩尔折射度的加和性不适用于包含共轭体系的分子。例如 1,3-丁二烯的 $R_D$。实验值比计算值偏大 $1.42 \times 10^{-6}$m$^3$ · mol$^{-1}$。这是因为共轭体系的化学键已经消除单键和双键的性质,价电子受到的束缚力小,容易极化的缘故。

聚集态的不同对摩尔折射度的影响很小,气态时比液态时高约 0—3%。

摩尔折射度一般不随温度变化。但如果温度改变时分子结构有变化(例如氢键的离解),则摩尔折射度随温度而改变。

几何异构体中顺式比反式的摩尔折射度小,这是由于顺式分子排列得比反式紧密的缘故。

折射度在化学上除了鉴别化合物、确定化合物的结构外,可以分析混合物的成分,测定浓度和纯度,计算分子的大小,测定分子量,研究氢键和推测络合物的结构。还可以根据已经确定的折射度与其他物理化学性质的关系推求其他物理化学性质(例如热力学性质),这是因为摩尔折射度与分子的热力学性质有平行的加和性,因而它们之间有线性关系。例如摩尔折射度 $R_D$ 与燃烧热 $Q$ 的关系为

$$Q = kR_D + C$$

式中 $k$ 和 $C$ 对于一系化合物是常数。由实验测得的燃烧热和折射度拟合出的几种同系物的经验公式为

烷属烃　$Q = 1.4089 \times 10^8 R_D - 59.75\text{kJ} \cdot \text{mol}^{-1}$

醇　类　$Q = 1.4115 \times 10^8 R_D - 463.55\text{kJ} \cdot \text{mol}^{-1}$

酸　类　$Q = 1.3997 \times 10^8 R_D - 922.63\text{kJ} \cdot \text{mol}^{-1}$

相关系数都在 0.9999 以上。利用上述关系可以由测得的未知物的折射度估计其燃烧热。

# §11-2　磁化率和分子结构

## 1. 磁化率及其测量

如有一物质置于磁感应强度为 $\mathbf{B}_0$ 的磁场中，则物质（常称磁介质）内部的磁感应强度等于

$$\mathbf{B} = \mathbf{B}_0 + \mathbf{B}' = \mu_0 \mathbf{H} + \mathbf{B}' \tag{11-22}$$

$\mathbf{B}'$是由于磁介质磁化产生的附加磁感应强度，$\mu_0$ 为真空磁导率，$\mu_0 = 4\pi \times 10^{-7}\,\mathrm{N \cdot A^{-2}}$，$\mathbf{H}$ 为磁场强度。在均匀的磁介质里，$\mathbf{B}'$的方向可以与 $\mathbf{B}_0$ 相同，也可以相反。$\mathbf{B}'$与 $\mathbf{B}_0$ 方向相同的磁介质称为顺磁质，$\mathbf{B}'$与 $\mathbf{B}_0$ 方向相反的磁介质称为反磁质（或称抗磁质）。一般反磁质和大多数顺磁质的 $B'$ 比 $B_0$ 要小。但是有不少种顺磁物质如 Fe、Co、Ni、Al-Ni-Co 合金、Pt-Co 合金、Sr 铁氧体、$SmCo_5$ 等，$B'$ 比 $B_0$ 大得多，除此之外它们还有一系列其他特性，所以另外分出来称为铁磁质，或永磁材料，其中 $SmCo_5$ 的永磁性要比碳钢大一个数量级。关于铁磁质的问题，本章不作讨论。

磁介质的磁化用磁化强度矢量 $\mathbf{M}$ 来描述，$\mathbf{M}$ 和 $\mathbf{H}$ 的关系是

$$\mathbf{M} = \kappa \mathbf{H} \tag{11-23}$$

$\kappa$ 称为磁化率。$\mathbf{B}'$与 $\mathbf{M}$ 的关系为

$$\mathbf{B}' = \mu_0 \mathbf{M} = \kappa \mu_0 \mathbf{H} \tag{11-24}$$

将(8-24)式代入(8-22)式得

$$\mathbf{B} = (1 + \kappa)\mu_0 \mathbf{H} \tag{11-25}$$

令

$$\mu = 1 + \kappa \tag{11-26}$$

则有

$$\mathbf{B} = \mu \mu_0 \mathbf{H} \tag{11-27}$$

$\mu$ 称为介质的（相对）磁导率。顺磁质的 $\mu > 1$，反磁质的 $\mu < 1$，真空的 $\mu = 1$。

在化学上常用比磁化率 $\chi$ 和摩尔磁化率 $\chi_m$ 表征物质的磁性，它们的定义是

$$\chi = \frac{\kappa}{d} \tag{11-28}$$

$$\chi_m = M \cdot \chi = \frac{\kappa M}{d} \tag{11-29}$$

此处 $d$ 是密度，$M$ 是物质的相对分子质量。$\chi$ 的单位是米$^3$/千克，$\chi_m$ 的单位是米$^3$/摩尔。在 CGSM 制单位中，$\chi$ 的单位是厘米$^3$/克，$\chi_m$ 的单位是厘米$^3$/摩尔，SI 单位与 CGSM 制单位的摩尔磁化率的换算关系为

$$1\mathrm{m}^3\cdot\mathrm{mol}^{-1}(\mathrm{SI})=\frac{10^6}{4\pi}\mathrm{cm}^3\cdot\mathrm{mol}^{-1}(\text{CGSM 制})$$

磁化率的测量方法很多,这里只讨论常用的一种,即古埃(Gouy)磁天平法。

把圆柱形样品管悬在两个磁极之间,一端位于极间磁场强度最大的区域($H$),另一端位于磁场强度很弱的区域($H_0$)。通常 $H_0$ 即为当地的地磁场强度,约为 40 $\mathrm{A\cdot m^{-1}}$,一般可以忽略不计。设 $S$ 为沿着样品管的坐标,定样品管的最低点为 $S$ 的零点,则磁场沿样品管作用在 $dS$ 长度的力

$$dF=\kappa\mu_0 H\frac{\partial H}{\partial S}A\,dS \tag{11-30}$$

式中 $A$ 为样品管的截面积。作用在整个样品管的总的力

$$F=\frac{1}{2}\kappa\mu_0 H^2 A \tag{11-31}$$

若被样品取代的磁化率 $\kappa'$,不能忽略不计,则

$$F=\frac{1}{2}(\kappa-\kappa')\mu_0 H^2 A \tag{11-32}$$

若样品上端所在位置的磁场强度 $H_0$ 也不能忽略不计,则

$$F=\frac{1}{2}(\kappa-\kappa')\mu_0(H^2-H_0^2)A \tag{11-33}$$

由于样品管本身构成一个空心的试样,因而总是受到磁场的作用力 $\delta$。一般样品管是由反磁性物质(如软质玻璃、石英等)组成,$\delta$ 为负值。于是观察到的力为

$$F=\frac{1}{2}(\kappa-\kappa')\mu_0(H^2-H_0^2)A+\delta \tag{11-34}$$

由此可以导出

$$\chi=\frac{\kappa' V+\beta(F-\delta)}{w} \tag{11-35}$$

其中

$$\beta=\frac{2V}{\mu_0 A(H^2-H_0^2)} \tag{11-36}$$

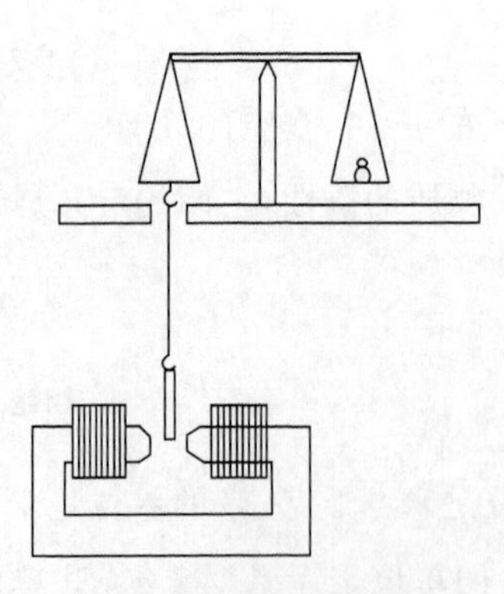

图 11-7　古埃磁天平示意图

$V$ 为样品体积,$w$ 为样品质量。若测定在空气中进行,空气的磁化率为 $\kappa'=+3.64\times10^{-7}$(SI 单位)$=+0.029\times10^{-6}$(CGSM 制单位)。如果在氢或氮气氛中测定,则 $\kappa'$ 可以略去不计。

测定磁化率时把样品悬在天平的一臂上(图 11-7)。设 $\Delta w$ 为加磁场前后砝码质量之差,显然 $F=g\Delta w$,此处 $g$ 是重力加速度。$\delta$ 可由不加样品时测出。已知 $V$、$H$、$H_0$、$\kappa'$ 和 $A$ 可按(11-35)和(11-36)式计算出 $\chi$。但更常用而且简单的办法是

利用已知磁化率的标准物质在指定的试管条件下用(11-35)式定出常数$\beta$,再用该$\beta$值去测定未知样品的磁化率。常用的标准物质有纯水、铂、$NiCl_2$水溶液、$(NH_4)_2Fe(SO_4)_2 \cdot 6H_2O$、$CuSO_4 \cdot 5H_2O$、$Hg[Co(NCS)_4]$等,它们的磁化率值及适用范围见表11-11。

一般使用的磁场强度为$4\times10^5-1.2\times10^6$ A/m(5000－15000 Oe,1A/m＝$4\pi\times10^{-3}$Oe)。对于顺磁性物质,可以使用分析天平或半微量天平。但对于精密的测量工作,特别是研究溶液样品的磁性,则需要半微量或微量天平。

**表11-11　用于磁化率测定的常用标准物质**

| 标准物质 | 比磁化率($m^3/kg$)* | 适用范围 |
|---|---|---|
| $H_2O$ | $-9.05\times10^{-9}$(20℃) | 测定反磁性物质 |
| Pt | $+12.20\times10^{-9}$(20℃) | 测定顺磁性物质 |
| $NiCl_2$水溶液 | $\frac{1.26\times10^{-4}}{T}\cdot\frac{y}{100}-9.05\times10^{-9}\left(1-\frac{y}{100}\right)$<br>$T$:绝对温度 $y$:$NiCl_2$质量百分数 | 测定顺磁性物质 |
| $(NH_4)_2Fe(SO_4)_2\cdot6H_2O$ | $+406\times10^{-9}$(20℃) | 测定顺磁性物质 |
| $CuSO_4\cdot5H_2O$ | $+74.4\times10^{-9}$(20℃) | 测定顺磁性物质 |
| $Hg[Co(NCS)_4]$ | $+206.6\times10^{-9}$(20℃) | 测定顺磁性物质 |

* 1 SI磁化率＝$1/4\pi$ CGSM制磁化率;1 $m^3/kg$(SI比磁化率)＝($10^3/4\pi$)$cm^3$/S(CGSM制比磁化率)。

## 2. 分子的磁矩

和原子的情况类似,分子的磁矩也是由分子中电子的轨道运动、电子的自旋运动以及原子核中核子的运动产生的,相应的磁矩分别称为电子的轨道磁矩、电子的自旋磁矩和核磁矩。核磁矩在数值上要比电子磁矩小三个数量级。虽然在研究分子磁能级的跃迁时核磁矩十分重要,但在通常的磁化率测量中可以忽略不计。分子的磁矩主要是电子运动的贡献。

大多数的稳定分子具有闭壳层结构,即它们具有相同数目的$\alpha$自旋和$\beta$自旋的电子,或者说,分子中所有的电子都是自旋成对的。这样的分子处于自旋单重态,它们没有永久磁矩。在外加磁场中,电子的自旋仍然俩俩偶合在一起,净的自旋磁矩仍为零。在外加磁场中,电子的轨道角动量绕磁场方向旋进(洛仑兹力),因而在磁场方向出现净的轨道磁矩,其方向与外加磁场的方向相反。这种磁矩是在磁场诱导下产生的,磁场撤除以后随即消失。闭壳层分子在外加磁场中产生诱导磁矩,宏观上表现出反磁性。因为一切分子中都具有闭壳层(如内层电子),所以一切分子都具有反磁性质。

若分子中有未成对电子(开壳层分子),则具有净的自旋磁矩。倘若未成对电子的轨道磁矩没有被"猝熄",还会有净的轨道磁矩。在§7-2中我们从群论的角度讨论了络合物中心离子的 $d$ 电子的轨道运动在什么情况下对总磁矩有贡献。在一般情况下,我们可以不做严格的群论推演而仅按下述条件判断未成对电子的轨道运动对分子的磁矩有无贡献:(1)未成对电子占据的是简并轨道的一个;(2)在与该未成对电子占据的轨道简并的诸轨道中,至少有一个没有与该电子自旋平行的电子占据;(3)上述两个简并轨道可以通过绕某轴旋转适当角度而彼此重叠。在这种情况下,未成对电子可以绕该轴作环流运动,因而具有净的轨道磁矩。开壳层分子的磁矩 $\boldsymbol{\mu}_m$ 等于未成对电子的自旋磁矩 $\boldsymbol{\mu}_S$ 和轨道磁矩 $\boldsymbol{\mu}_L$ 的矢量和

$$\boldsymbol{\mu}_m = \boldsymbol{\mu}_S + \boldsymbol{\mu}_L \tag{11-37}$$

$\boldsymbol{\mu}_m$ 在无外加磁场时就存在,它是开壳层分子的永久磁矩。外加磁场时,分子的永久磁矩受到一个正比于场强乘以场强梯度的磁场力的作用,它将反抗热运动而取向,沿磁场方向排列①,使磁场得到加强。这样一来,这样的物质在宏观上就表现出顺磁性。前面说过,一切物质都毫无例外地具有反磁性,顺磁性物质是因为其分子具有永久磁矩,其顺磁性超过了反磁性,净效果表现出具有顺磁性。

对于顺磁性分子,定义分子的磁矩 $\boldsymbol{\mu}_m$ 与分子的总角动量 $\mathbf{P}_J$ 之比为磁旋比,以,$\gamma$ 表示

$$\boldsymbol{\mu}_m = -\gamma \mathbf{P}_J \tag{11-38}$$

仿照(2-82)式,将 $\boldsymbol{\mu}_m$ 与 $\mathbf{P}_J$ 的关系写为

$$\boldsymbol{\mu}_m = -\frac{g\mu_B}{\hbar}\mathbf{P}_J$$

因此,磁旋比 $\gamma$ 与 $g$ 因子的关系为

$$\gamma = \frac{g\mu_B}{\hbar} = 8.7940237 \times 10^{10} g\mathrm{T}^{-1} \cdot \mathrm{s}^{-1} \tag{11-39}$$

于是

$$\mu_m = \gamma P_J = \gamma \sqrt{J(J+1)}\hbar = g\mu_B \sqrt{J(J+1)} \tag{11-40}$$

在 $L$-$S$ 偶合的情况下,$g$ 因子为

$$g = 1 + \frac{s(s+1) + J(J+1) - L(L+1)}{2J(J+1)} \tag{11-41}$$

设外加磁场的方向为 $z$ 轴正方向,磁矩沿磁场的分量为

$$\left.\begin{aligned} \mu_{mz} &= \gamma P_{Jz} = \gamma M_J \hbar = g\mu_B M_J \\ M_J &= -J, -J+1, \cdots, J-1, J \end{aligned}\right\} \tag{11-42}$$

磁矩与外加磁场 $\mathbf{B}$ 相互作用而增益的能量 $E(M_J)$ 等于

$$E(M_J) = -\mu_m \cdot \mathbf{B} = -\mu_{mz} B = -g\mu_B M_J B = -\gamma\hbar M_J \mu_0 H \tag{11-43}$$

---

① 分子的永久磁矩不可能准确地与外磁场平行,而是绕外磁场方向旋进。

总结上面的讨论可知，物质的摩尔磁化率可以写为顺磁磁化率 $\chi_\mu$ 和反磁磁化率 $\chi_0$ 之和，

$$\chi_M = \chi_0 + \chi_\mu \tag{11-44}$$

磁化率是物质的宏观性质，分子的磁矩是微观性质，下面讨论两者之间的关系。

如没有外加磁场，原子、离子或分子的磁矩指向各种方向的几率相同，所以平均磁矩 $\bar{\mu}_m=0$。在磁场中磁矩要顺着磁场转向，但热运动要扰乱这种转向。按波尔兹曼分布定律，在温度 $T$ 时，能量为 $E$ 的原子或分子总数为 $Ce^{-E/kT}$。由(11-43)式知，$\mu_m=-\dfrac{\partial E}{\partial B}$，所以平均磁矩为

$$\begin{aligned}\bar{\mu}_m &= \frac{\Sigma-\dfrac{\partial E}{\partial B}e^{-E/kT}}{\Sigma e^{-E/kT}}\\ &= \frac{\sum\limits_{M=-J}^{J} g\mu_B M_J e^{gM_J\mu_B B/kT}}{\sum\limits_{M=-J}^{J} e^{gM_J\mu_B/kT}}\end{aligned} \tag{11-45}$$

因为 $\mu_B=9.2741\times10^{-24}\,\mathrm{J\cdot T^{-1}}$，当 $B=0.1\ \mathrm{T}$(1000 Gs 时，$\mu_B B$ 只有 $9.273\times10^{-25}\,\mathrm{J}$，比起 $T=100\mathrm{K}$ 时的 $kT=1.38\times10^{-21}\,\mathrm{J}$ 来小很多，所以 $e^{gM_J\mu_B B/kT}$ 一项可以展开为幂级数，即

$$e^{gM_J\mu_B B/kT} = 1+\frac{gM_J\mu_B B}{kT}+\cdots$$

取前两项代入(11-45)式，注意到

$$\sum_{M_J=-J}^{J}1=2J+1,\ \sum_{M_J=-J}^{J}M_J=0,\ \sum_{M_J=-J}^{J}M_J^2=\frac{1}{3}J(J+1)(2J+1) \tag{11-46}$$

整理简化后得

$$\bar{\mu}_m = \frac{J(J+1)g^2\mu_B^2 B}{3kT} \tag{11-47}$$

摩尔顺磁化率 $\chi_\mu$ 等于在单位磁场强度下 1 摩尔平均磁矩之和，即

$$\chi_\mu = \frac{N_A\bar{\mu}_m}{H} = \frac{N_A J(J+1)g^2\mu_B^2\mu_0}{3kT} \tag{11-48}$$

将(11-40)式代入(11-48)式，得

$$\chi_\mu = \frac{N_A\mu_m^2\mu_0}{3kT} = \frac{C}{T} \tag{11-49}$$

即物质的摩尔顺磁磁化率与绝对温度成反比。这一关系是居里(P. Curie)在实验中首先发现的，所以称为居里定律，$C$ 称为居里常数。

大量实验事实证明，顺磁磁化率与温度的关系与(11-49)式稍有偏离，更精确的表达式是

$$\chi_{\mu} = \frac{N_{\mathrm{A}}\mu_m^2\mu_0}{3k(T-\Delta)} = \frac{C}{T-\Delta} \tag{11-50}$$

这一关系称为居里-外斯(Weiss)定律，$\Delta$ 称为外斯常数。

分子的摩尔反磁磁化率 $\chi_0$ 是由诱导磁矩产生的，它与温度的依赖关系很小。对于反磁性的气体，$\chi_0$ 与温度 $T$ 无关。非极性液体除在熔点和沸点附近外，$\chi_0$ 与 $T$ 的依赖关系很小。极性液体和固体的 $\chi_0$ 随温度的升高缓慢地增加。

总结起来，摩尔磁化率与磁矩间的关系为

$$\chi_{\mathrm{M}} = \chi_0 + \frac{N_{\mathrm{A}}\mu_m^2\mu_0}{3kT} \tag{11-51}$$

可见物质的摩尔磁化率与温度 $T^{-1}$ 有直线关系。测量不同温度下的 $\chi_{\mathrm{M}}$，以 $\chi_{\mathrm{M}}$ 对 $T^{-1}$ 作图得一直线，由直线斜率可算出组成该物质的磁矩 $\mu_m$。

物质的反磁磁化率 $\chi_0$ 与温度无关，且具有加和性，因此可以由分子式计算出来。若测得温度 $T$ 时的摩尔磁化率为 $\chi_{\mathrm{M}}$，由(11-51)式可计算出分子的磁矩，文献中常称为有效磁矩，以 $\mu_{\mathrm{eff}}$ 表示：

$$\left.\begin{aligned} \mu_{\mathrm{eff}} &= [(\chi_{\mathrm{M}}-\chi_0)T]^{\frac{1}{2}}\left(\frac{3k}{N_{\mathrm{A}}\mu_0}\right)^{\frac{1}{2}} \\ &= 1.3982\times10^{-21}(\chi'T)^{\frac{1}{2}}\ \mathrm{A\cdot m^2} \\ &= 797.7(\chi'T)^{\frac{1}{2}}\ \mathrm{B.M.} \\ \chi' &= \chi_{\mathrm{M}}-\chi_0 \end{aligned}\right\} \tag{11-52}$$

上式中 B. M. 为波尔磁子。实验上求得了 $\chi_{\mathrm{M}}$ 以后，利用反磁磁化率的加和性(见本节第 4 部分)根据物质(例如络合物)的分子式计算出摩尔反磁磁化率 $\chi_0$，代入(11-52)式，便可求得该物质的有效磁矩 $\mu_{\mathrm{eff}}$。

### 3. 顺磁磁化率和分子结构

从顺磁磁化率可以了解原子或分子中的电子排布，决定未成对的电子数。

(1) 稀土元素离子的磁矩：稀土元素离子一般是三价的，它们的电子组态为

$$\cdots(5s)^2(5p)^6(4f)^{0-14}(5d)^0(6s)^0$$

由于 $4f$ 轨道受到 $5s$ 和 $5p$ 轨道的屏蔽较好，受配位场的影响较小，因此稀土元素离子的总角动量可按 $L$-$S$ 偶合方案导出。此外，由于自旋-轨道偶合常数很大($10^3\mathrm{cm}^{-1}$数量级)，基态与第一激发态的能级差除 $Sm^{3+}$、$Eu^{2+}$ 外比 $kT$(常温下约 $200\mathrm{cm}^{-1}$)大许多倍，因此除 $Sm^{3+}$、$Eu^{3+}$ 外的稀土离子都处于基态，第一激发态实际上是空着的。这样一来，它们的朗德因子可按(11-41)式计算，磁矩可按(11-40)

式计算。对于 $Sm^{3+}$ 和 $Eu^{3+}$ 的计算，则需考虑常温下有一部分离子处于低激发能级（$J$ 值比较基态要高）的影响。图 11-8 示出三价稀土离子的磁矩的实验值和计算值，两者符合很好。

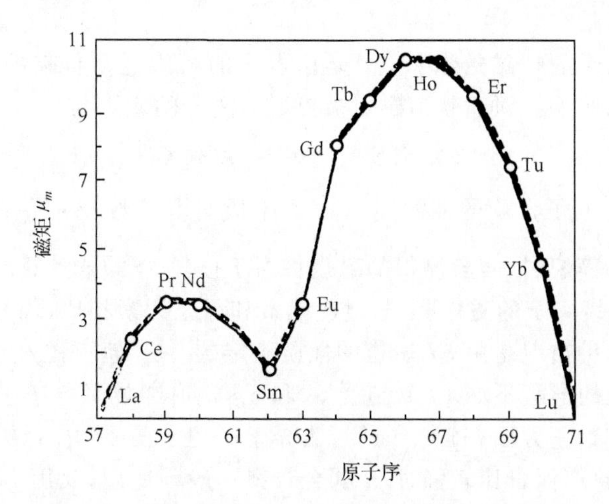


图 11-8　稀土离子（三价）的磁矩（虚线是计算值）

有些稀土元素也有二价和四价离子，它们的磁性服从“电子数相同的离子，其性质相似”的规律。例如 $Ce^{4+}$ 和 $La^{3+}$ 都没有 $4f$ 电子，同是反磁性。$Eu^{2+}$ 和 $Gd^{3+}$ 有 7 个 $4f$ 电子，$Eu^{2+}$ 的 $\chi_\mu=324.9\times10^{-9}\,m^3\cdot mol^{-1}$（20℃），$Gd^{3+}$ 的 $\chi_\mu=329.9\times10^{-9}\,m^3\cdot mol^{-1}$（25℃），相差很小。在 $EuCl_2$ 中测得 $Eu^{2+}$ 的磁矩为 7.9B. M.，与 $Gd^{3+}$ 相等。

(2) 过渡元素离子的磁矩：过渡元素的磁矩已在第七章中详细讨论过，我们曾经介绍了如何用群论方法预测在什么情况下 $d$ 电子的轨道运动对磁矩有贡献。利用前述规则，可以不必作严密的群论推导，推断出 $d$ 电子的轨道运动对磁矩有无贡献。

$d_{z^2}$ 轨道上的电子的轨道角动量在 $z$ 轴（外磁场方向）上的投影为零（$m=0$），所以对磁矩没有贡献。$d_{xy}$ 和 $d_{x^2-y^2}$ 轨道是由 $m=+2$ 和 $m=-2$ 的两个 $d$ 轨道线性组合而来的。如果生成化合物后 $d_{xy}$ 和 $d_{x^2-y^2}$ 这两个轨道的简并性被消除（例如在正四面体或正八面体络合物中），这两个轨道不能再组合，无论是 $d_{xy}$ 还是 $d_{x^2-y^2}$ 轨道上的电子的轨道角动量在 $z$ 轴上的投影均不能取确定值，也就是说轨道角动量被配位场所猝熄而对磁矩没有贡献。若形成化合物后 $d_{xy}$ 和 $d_{x^2-y^2}$ 轨道的简并性没有被消除，且仅在二者之一有未成对电子，则由于二者的线性组合得 $m=+2$ 和 $m=-2$ 的两个轨道，这两个 $d$ 轨道上的电子在 $z$ 轴上有确定的轨道角动量投影值，因而对磁矩有贡献。在上述情况下若 $d_{xy}$ 和 $d_{x^2-y^2}$ 各有一个电子，则组合后 $m=+2$ 轨道上的电子与 $m=-2$ 轨道上的电子的轨道运动对磁矩的贡献彼此抵消。$d_{xz}$和$d_{yz}$轨道($m=\pm1$)的情况也是这样。从上面的讨论我们可以得出以下结论:对于八面体络合物,$e$轨道上的电子的轨道运动对磁矩没有贡献,$t$轨道全充满和半充满时轨道磁矩也被猝熄。当$t$轨道有1、2、4、5个电子时,它们的轨道运动对磁矩会有贡献。

过渡元素离子的顺磁磁化率主要是由电子的自旋运动贡献的,电子的自旋运动不受配位场的影响。对于轨道磁矩被猝熄的离子的磁矩为

$$\mu_m = 2\sqrt{S(S+1)}\mu_{\rm B} = \sqrt{n(n+2)}\mu_{\rm B} \tag{11-53}$$

上式中因子2为电子自旋的朗德因子,$n$为未成对电子数,$S=\frac{n}{2}$。当轨道磁矩没有完全被配位场猝熄时,实验测得的磁矩将高于按(11-53)式计算的值。

(3) 锕系元素离子的磁矩[①]:与过渡元素和稀土元素相比,锕系元素的磁化学要复杂得多。这种情况是由$5f$轨道的性质决定的。$5f$轨道比$4f$轨道更为扩展,受$6s$和$6p$轨道的屏蔽不如$4f$轨道受$5s$和$5p$轨道屏蔽那样好,因而受配位场的影响比较大。在这一方面,$5f$电子的行为介于$d$电子与$4f$电子之间。另一方面,单电子的自旋-轨道偶合比较强,$L$-$S$偶合方案一般不适用,要用$j$-$j$偶合方案。$j$-$j$偶合的朗德因子$g$不能用(11-41)式计算,而要用别的公式[②]。

包含$f$电子的电子组态产生的谱项特别多,能级间距很小,常温下锕系元素离子并不都是处于基态。因此对于常温下测得的磁化率难于进行理论解释。显然,降低到液氦温度进行磁化率测量是很必要的,但目前超低温下锕系元素离子的磁化率数据很少。

(4) 分子的顺磁性:大部分分子中的电子自旋都是俩俩配对的,只有少数分子如$NO_2$、NO、$O_2$等以及自由基中有未成对电子。这些分子和自由基有顺磁性和永久磁矩。

分子的顺磁性全部或几乎全部是由电子的自旋运动贡献的。摩尔顺磁磁化率$\chi_\mu$和磁矩$\mu_m$也可以用(11-53)式和(11-49)式表示。例如$O_2$分子的$n=2$,利用(11-53)式和(11-49)式算得

$$\mu_m = \sqrt{8}\mu_{\rm B}$$

$$\chi_\mu T = \frac{8N_{\rm A}\mu_{\rm B}^2\mu_0}{3k} = 12.57\times10^{-6}\,{\rm m^3\cdot mol^{-1}\cdot K}$$

与室温下测得的$\chi_\mu T$的平均值$12.45\times10^{-6}\,{\rm m^3\cdot mol^{-1}K}$很符合。

**4. 反磁磁化率和分子结构**

帕斯卡(P. Pascal)总结和分析了大量有机化合物的摩尔磁化率,发现它具有

① 参看科·克勒尔《锕系元素化学》,88—98页,原子能出版社(1977)。

② 参看诸圣麟编《原子物理学》,173页,人民教育出版社(1979)。

加和性质。按照现代化学键理论来叙述帕斯卡的结论如下：每一化学键有一定的磁化率值，称为键的反磁磁化率，而有机分子的磁化率就是它所包含的各个化学键的磁化率的总和。表 11-12 和表 11-13 分别列出化学键和某些化学键组合（特别是有共轭作用或环状结构者）的反磁磁化率。

**表 11-12　化学键的反磁磁化率**　（单位：$10^{-9}\,m^3\cdot mol^{-1}$）

| 化学键 | $\chi$ | 化学键 | $\chi$ |
|---|---|---|---|
| C—H | −0.0557 | C—Se | −0.163 |
| N—H | −0.0601 | C—F | −0.098 |
| O—H | −0.0657 | C—Cl | −0.232 |
| Si—H | −0.0779 | C—Br | −0.352 |
| S—H | −0.131 | C—I | −0.528 |
| Se—H | −0.181 | C═C | −0.006 |
| C—C | −0.0377 | C═N | +0.0182 |
| C—N | −0.0421 | C═O | −0.0161 |
| C—O | −0.0478 | N≡N | +0.0182 |
| C—Si | −0.0603 | C≡C | −0.103 |
| C—S | −0.113 | C≡N | −0.116 |

**表 11-13　某些特殊化学键组合的反磁磁化率（不全）**　（单位：$10^{-9}\,m^3\cdot mol^{-1}$）

| 化学键组合 | $\chi$ | 化学键组合 | $\chi$ |
|---|---|---|---|
|   | −0.357 | C═C—C | +0.0126 |
| 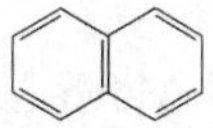  | −0.709 | C═C—C═C | +0.0829 |
| 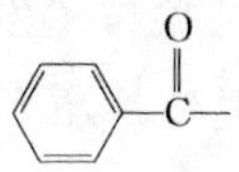  | −0.469 | C═C—C═O | −0.0767 |
| 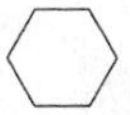 （环己烷） | −0.264 | —C(═O)—O—（羧酯或酯） | −0.1128 |

**例 1**

$$\chi(C_2H_5Br)=5\chi(C—H)+\chi(C—C)+\chi(C—Br)$$
$$=-(5\times0.0557+0.0377+0.352)\times10^{-9}\,m^3\cdot mol^{-1}$$
$$=-0.668\times10^{-9}\,m^3\cdot mol^{-1}$$
$$实验值=-0.670\times10^{-9}\,m^3\cdot mol^{-1}$$

**例 2** $\chi(C_6H_5\text{—}\overset{O}{\overset{\|}{C}}\text{—}Cl)=\chi(C_6H_5\text{—}\overset{O}{\overset{\|}{C}}\text{—})+5\chi(C\text{—}H)$①$+\chi(C\text{—}Cl)$

$$=-(0.469+5\times0.0557+0.232)\times10^{-9}\,m^3\cdot mol^{-1}$$

$$=-0.980\times10^{-9}\,m^3\cdot mol^{-1}$$

实验值 $=-0.979\times10^{-9}\,m^3\cdot mol^{-1}$

**例 3** $\chi(C_6H_5\text{—}F)=\chi(C_6H_6)+5\chi(C\text{—}H)+\chi(C\text{—}F)$

$$=-(0.357+5\times0.0557+0.098)\times10^{-9}\,m^3\cdot mol^{-1}$$

$$=-0.734\times10^{-9}\,m^3\cdot mol^{-1}$$

实验值 $=-0.734\times10^{-9}\,m^3\cdot mol^{-1}$

**例 4** $\chi(C_5H_{11}OH)=11\chi(C\text{—}H)+4\chi(C\text{—}C)+\chi(C\text{—}O)+\chi(O\text{—}H)$

$$=-(11\times0.0557+4\times0.0377+0.0478+0.0657)\times10^{-9}\,m^3\cdot mol^{-1}$$

$$=-0.877\times10^{-9}\,m^3\cdot mol^{-1}$$

实验值　正戊醇 $=-0.848\times10^{-9}\,m^3\cdot mol^{-1}$

异戊醇 $=-0.886\times10^{-9}\,m^3\cdot mol^{-1}$

在络合物磁化学的研究中,为了由测得的磁化率 $\chi_M$ 求出中心原子的有效磁矩 $\mu_{eff}$,需要对配位体及中心原子的反磁磁化率 $\chi_0$ 的贡献进行校正。有机配位体的反磁磁化率可用帕斯卡规则计算,无机配位体和中心原子的反磁化率可查表,有兴趣的读者可参阅参考书目 3—6。

## §11-3　核磁共振谱

核磁共振(NMR)现象是 1946 年布洛克(F. Bloch)和珀塞尔(E. M. Purcell)发现的,这一重大发现当即引起人们的极大重视。从那时以后,核磁共振技术发展异常迅速。目前核磁共振方法已广泛应用于物理学、化学、生物学、工程技术乃至临床诊断,它是研究分子结构的最有力的手段之一。

### 1. 核磁矩和核磁共振

在 §2-8 中我们简要地介绍了核自旋和核磁矩。我们知道,原子核是由质子和中子组成的,质子和中子都是自旋等于$\frac{1}{2}$的费米子,它们都具有与自旋运动相联系的磁矩。组成原子核的质子和中子都在核势场中作自旋运动和轨道运动,整个

① 指苯环上的 5 个 C—H 键。

原子核具有一定的角动量 $\mathbf{P}_I$ 称为核自旋，具有与核自旋相联系的磁矩 $\boldsymbol{\mu}_I$，称为核磁矩。对于原子、离子和分子，它们的磁矩主要是电子运动的贡献，电子带负电，因此磁矩的方向总是和角动量的方向相反的，本书和大多数文献和教科书一样，认为原子、离子和分子的磁旋比 $\gamma$ 及 $g$ 因子恒为正。因此，相应的表述磁矩和角动量的关系式(2-77)式、(2-80)式、(2-82)式及(11-38)式右边均冠以负号。原子核的磁矩与角动量的关系比较复杂，有些原子核的磁矩与角动量方向相同，有些则相反，而且 $g$ 因子目前还无法通过理论计算，只能靠实验测定。因此，对于原子核人们作了下述规定：如果核磁矩与核自旋的方向相同，则核磁矩为正，如果核磁矩与核自旋方向相反，则核磁矩为负。定义核磁矩与核自旋之比为核的磁旋比 $\gamma_I$

$$\boldsymbol{\mu}_I = \gamma_I \mathbf{P}_I \tag{11-54}$$

也可以写成其分量形式

$$\mu_{Iz} = \gamma_I \mathbf{P}_{Iz} = \gamma_I \hbar M_I \tag{11-55}$$

在核物理中通常用 $g_I$ 因子表示 $\boldsymbol{\mu}_I$ 与 $\mathbf{P}_I$ 的关系

$$\boldsymbol{\mu}_I = \frac{g_I \mu_N}{\hbar} \mathbf{P}_I \tag{11-56}$$

因此，原子核的磁旋比 $\gamma_I$ 与 $g$ 因子的关系为

$$\gamma_I = \frac{g_I \mu_N}{\hbar} = 4.789378 \times 10^7 g_I \mathrm{T}^{-1} \cdot \mathrm{S}^{-1} \tag{11-57}$$

此外，在核物理中通常用核磁矩在给定方向($z$ 方向)的最大投影表示核磁矩的大小，并以核磁子 $\mu_N$ 为单位。一般文献和书籍中所列的核磁矩就是指这个值。例如实验测得质子的磁矩 $\mu_{Pz}$ 为 $+2.793\mu_N$，中子的磁矩 $\mu_{nz} = -1.913\mu_N$，所以 $g_P = 5.586$，$g_n = -3.826$。

(11-43)式给出电子磁矩与外磁场相互作用而产生的磁能级。同样核磁矩与外磁场 $\mathbf{B}$ 相互作用产生的核磁能级 $E(M_I)$ 等于

$$E(M_I) = -\boldsymbol{\mu}_I \cdot \mathbf{B} = -g_I \mu_N M_I B = -\gamma_I \hbar M_I \mu_0 H \tag{11-58}$$

上式中 $M_I$ 是 $I$ 在外磁场 $\mathbf{B}$ 方向的分量，它等于 $I, I-1, I-2, \cdots, -I+1, -I$，共有$(2I+1)$个值。在适当频率的电磁波的辐射量子 $h\nu$ 的作用下，可以从一个核磁能级 $E(M_I)$ 跃迁到相邻的核磁能级 $E(M_I-1)$①，两者的能量差等于

$$\Delta E = h\nu = E(M_I - 1) - E(M_I) = g_I \mu_N B = \gamma_I \hbar \mu_0 H \tag{11-59}$$

或

$$\nu = \frac{g_I \mu_N B}{h} = \frac{\gamma_I B}{2\pi} \tag{11-60}$$

例如质子的 $g_I = 5.586$，在 1 特斯拉的磁场中，核磁能级间的能量差等于

① 跃迁选律 $\Delta M_I = \pm 1$。

$$\Delta E = g_I \mu_N B = 5.586 \times 5.0508 \times 10^{-27} \mathbf{J \cdot T^{-1}} \times 1\ \mathbf{T}$$
$$= 2.821 \times 10^{-26} \mathbf{J}$$

相应的辐射量子频率为

$$\nu = \frac{\Delta E}{h} = 42.57 \times 10^6\ \text{Hz} = 42.57\ \text{MHz}$$

这一频率称为质子在1特斯拉磁场下的核磁共振吸收频率。所以 $\nu$ 兆赫的质子磁共振谱仪的磁感应强度 $B$ 应为①

$$B = \frac{\nu(\text{MHz})}{42.57}\text{T} \tag{11-61}$$

例如60兆赫质子磁共振谱仪的 $B=1.409$ 特斯拉。其余重要原子核的核磁共振吸收频率如表11-14所示。这些频率都属于射频波谱的范围。

**表11-14 某些重要原子核的性质**

| 核 | $Z$ | $I$ | 共振吸收频率（单位:MHz） ($B$=1 T) | 同位素丰度% | 相对灵敏度* |
|---|---|---|---|---|---|
| $^{1}H$ | 1 | $\frac{1}{2}$ | 42.6 | 99.98 | 1.000 |
| $^{2}H$ | 1 | 1 | 6.5 | 0.016 | 0.0096 |
| $^{11}B$ | 5 | $\frac{3}{2}$ | 13.66 | 81.17 | 0.165 |
| $^{13}C$ | 6 | $\frac{1}{2}$ | 10.7 | 1.11 | 0.016 |
| $^{14}N$ | 7 | 1 | 3.1 | 99.63 | 0.0010 |
| $^{17}O$ | 8 | $\frac{5}{2}$ | 5.77 | 0.039 | 0.0291 |
| $^{19}F$ | 9 | $\frac{1}{2}$ | 40.1 | 100 | 0.834 |
| $^{20}Si$ | 14 | $\frac{1}{2}$ | 8.46 | 4.67 | 0.0785 |
| $^{31}P$ | 15 | $\frac{1}{2}$ | 17.2 | 100 | 0.066 |
| $^{35}Cl$ | 17 | $\frac{3}{2}$ | 4.72 | 75.4 | 0.0047 |

* 是在核子数目相等,磁场强度相同的情况下比较的。

处于较低能级 $\left(M_I = +\frac{1}{2}\right)$ 的质子可以吸收 $h\nu$ 而跃迁到较高能级 $\left(M_I = -\frac{1}{2}\right)$;反之,在较高能级的也可放出 $h\nu$ 而回到较低能级。如果两者的几率均等,就观察不到共振吸收的现象。但按照波尔兹曼分布定律,处于较低能级的核

① 目前某些书刊中还采用高斯(Gs)作磁感应强度单位,1 Gs=$10^{-4}$ T。

子数 $N\left(+\frac{1}{2}\right)$多于处于较高能级的核子数 $N\left(-\frac{1}{2}\right)$。若外加磁场为 1.4092 T（相当于 $\nu=60$ MHz），温度为 27℃(300 K)，则二者之比值为

$$\frac{N\left(+\frac{1}{2}\right)}{N\left(-\frac{1}{2}\right)}=\exp(\Delta E/kT)\approx 1+\frac{\Delta E}{kT}=1+\gamma_I\hbar\mu_0 H/kT=1.0000099 \tag{11-62}$$

在每一百万个氢核中，低能级的氢核数仅比高能级的多十个左右，而跃迁几率则与该状态的粒子数成正比，所以吸收和放出 $h\nu$ 的几率的比值也等于

$$\frac{W_{吸}}{W_{放}}=\frac{N\left(+\frac{1}{2}\right)}{N\left(-\frac{1}{2}\right)}\approx 1+\frac{\Delta E}{kT}=1.0000099 \tag{11-63}$$

因而总的说来，仍产生净的吸收现象。但若高能级的核没有其他途径回到低能级，就会很快达到饱和，不再有净的吸收，也就没有吸收谱。在兆赫频率范围内，由高能级回到低能级的自发辐射的几率接近于零，但可通过非辐射的途径回到低能级。这种通过非辐射的途径由高能级回到低能级的过程叫做弛豫(relaxation)。$W_{吸}/W_{放}$ 比值微弱地大于 1 以及弛豫过程的存在就是我们能观察到核磁共振吸收的原因。由(11-63)式还可看出，当磁场恒定时，$\Delta E$ 或共振吸收频率越小者，这一比值也越小，因此能观察到的共振吸收的相对灵敏度也越低。由表 11-14 可见，共振吸收频率最高的是$^1H$ 和$^{19}F$，它们的相对灵敏度也最高。此外，它们的同位素丰度高，绝对灵敏度也高。理论和实验都证明，核自旋为 0 和$\frac{1}{2}$的原子核没有电四极矩，因此不会受到其化学环境产生的电场梯度的作用而获得附加能量，这对核磁共振谱的解释特别有利。迄今 90%以上的核磁共振工作是质子核磁共振，其次是$^{19}F$ 和$^{13}C$ 的核磁共振。

**2. 弛豫过程**

弛豫过程有两种：

(1) 处于高能级的$\left(\text{即与外磁场反向的，}M_I=-\frac{1}{2}\right)$质子把它的能量转移到周围的分子(固体的晶格，液体则为周围的同类分子或溶剂分子)而转变成热运动。结果是高能级的质子数目有所减少。就全体核磁而言，总的能量下降了，因而被称为纵向弛豫，或自旋-晶格弛豫。一个体系通过纵向弛豫达到平衡状态需要一定的时间，其半衰期以 $T_1$ 表示。固体分子的热运动很受限制，$T_1$ 值很大，有时可达几小时。液体及气体的 $T_1$ 仅为 1 秒左右或更小。

(2) 另一种为横向弛豫，即处于高能级的质子把它的能量传给周围低能级的其他原子核，而使自己回到低能级，但其他核则到高能级。所以各种取向的核的总数并未改变，磁性核总能量也未改变，只是高能级的质子数有所降低而已。这种弛豫称为横向弛豫，又称自旋-自旋弛豫，其半衰期以 $T_2$ 表示。一般的气体及液体样品，$T_2$ 为一秒左右。固体样品中各核的相对位置比较固定，有利于核磁间能量的转移，所以 $T_2$ 特别小。同理，粘度大的液体的 $T_2$ 也较小。

对于每一个质子来说，它在高能级的平均停留时间取决于 $T_1$ 及 $T_2$ 中之较小者，即总的半衰期 $T$ 与 $T_1$ 及 $T_2$ 有如下关系：

$$\frac{1}{T} = \frac{1}{T_1} + \frac{1}{T_2} \tag{11-64}$$

弛豫时间对谱线宽度有很大的影响。根据测不准关系式

$$\Delta E \cdot \Delta t \sim h$$

因

$$\Delta E = h\nu$$

故

$$\Delta \nu \sim \frac{1}{\Delta t} \tag{11-65}$$

即谱线宽度(以赫为单位)与弛豫时间成反比。固体样品的 $T_2$ 值很小，所以谱线很宽。若欲得到高分辨的共振谱，就要配成溶液进行测试。粘度较大的溶液也要使谱线变宽。

谱线宽度一般用峰高一半处的宽度来度量。由弛豫作用引起的谱线加宽是自然宽度，不可能由仪器的改进使之变窄。但若仪器的磁场不均匀，也要使谱线加宽。样品管的旋转可以部分地克服磁场的不均匀，但不可能改善管轴方向的不均匀。

**3. 核磁共振谱仪**

现代核磁共振谱仪一般包含以下六个基本单元：

(1) 磁铁：用以产生高稳定度的固定磁场 $H_0$，$H_0$ 在样品空间必须是高度均匀的。永久磁铁虽然可用，但加工要求非常苛刻，而且要在恒温至±0.001℃下操作。电磁铁的磁场易于控制，但对于励磁电源要求极高。常温下电磁铁的磁场强度达到23.5 KGs[①](相当于100 MHz质子共振吸收频率)时，磁极材料处于磁饱和状态，磁场强度不能再提高。为此发展到用超导螺线管来产生强磁场的超导核磁

① 在高斯制和CGSM制单位中磁场强度的单位是奥斯特，奥斯特与磁感应强度单位高斯在数值和量纲上均相同，习惯上常用高斯作磁场强度单位。

谱仪。1961 年发现铌钛(NbTi)、铌三锡($Nb_3Sn$)等超导材料制成的螺线管浸在液氦(沸点 4.2 K)中能产生数万到十几万高斯的强磁场，因此目前已有 220，300，360，500，600 MHz 的谱仪。

(2) 射频发生器：用以产生射频电流。对于 60 MHz 的质子核磁共振谱仪，为了获得 0.1Hz 的谱线宽度，要求射频稳定度达 $2\times10^{-9}$。

(3) 射频发射线圈：用于向样品有效地发射射频电磁波。

(4) 核磁共振信号接收线圈。

(5) 信号放大和显示器：包括射频放大器、检波器、音频放大器和显示器(如示波器或记录仪)。

(6) 扫描发生器：核磁共振谱仪中可用两种方式扫描，一种是保持射频频率不变而改变磁场，称为磁场扫描法；另一种是保持磁场强度不变而改变射频频率，称为频率扫描法。实际上多采用磁场扫描法。磁场的扫描通过扫描线圈在固定磁场 $\mathbf{H}_0$ 上迭加一个慢速改变的扫描磁场 $\mathbf{H}_1$($H_1\ll H_0$)实现。图 11-9 是一个核磁共振谱仪的示意图。主磁场 $H_0$ 由磁铁产生，扫描线圈产生的扫描磁场 $\mathbf{H}_1$ 与 $\mathbf{H}_0$ 方向(令它的方向为 $z$)相同。与 $\mathbf{H}_0$ 垂直的方向($x$ 方向)放置射频发射线圈，该线圈由两部分组成，样品管插入其中以确保样品与射频单元的有效偶合。信号接收线圈环绕样品管作 $y$ 方向安置。扫描线圈、射频发射线圈和信号接收线圈三者互相垂直安置可以避免接受线圈受其余二者的干扰。当磁场强度 $\mathbf{H}=\mathbf{H}_0+\mathbf{H}_1$、射频频率 $\nu$ 以及所研究核的 $g_I$ 满足条件(11-60)式时便发生核磁共振吸收，在显示器上便记录到一个吸收峰。仪器有积分电路，可将峰下的面积积分出来以电压信号输出并记录下来。

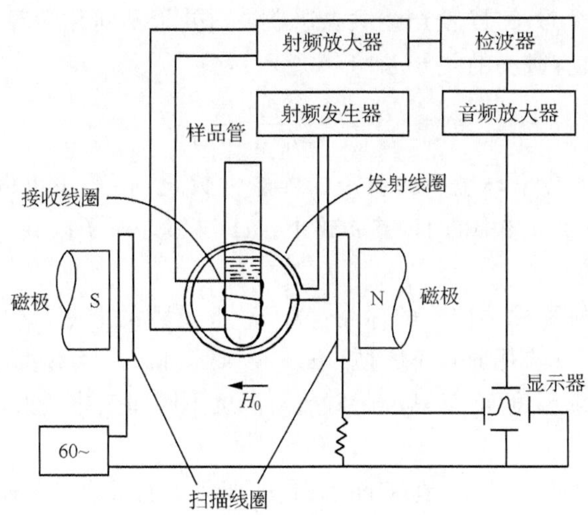


图 11-9　核磁共振谱仪示意图

核磁共振谱仪是一种高精密仪器,实际仪器要比上面叙述的复杂得多。

最常用的核磁共振谱仪是 60 MHz 的质子核磁共振谱仪,所用的磁场为 14092 Gs。此外还有 80、90、100、220、250、270、300、360 和 500,MHz 的核磁共振谱仪,高于 100 MHz 的仪器采用超导磁铁。新式的核磁共振谱仪可以在同一台仪器上测$^{1}H$、$^{13}C$、$^{19}F$和$^{31}P$等多种核的共振吸收,称为多探头核磁共振谱仪。20 世纪 70 年代以来由于快速傅里叶变换得以在计算机上实现,带有微处理机的脉冲傅里叶变换核磁共振谱仪也应运而生。这种仪器可使测量灵敏度提高两个数量级,测量时间大大缩短,特别适合于灵敏度低的$^{13}C$的核磁共振测量。

**4. 化学位移**

如果考察同一核素在不同的化学环境中的核磁共振谱就会发现,在不同的分子中或在同一分子的不同位置上的吸收峰的位置不同,这一现象称为化学位移。化学位移现象是由我国物理学家虞福春和普罗克特(W. G. Proctor)最先发现的。

(1) 化学位移产生的原因——屏蔽常数 $\sigma$ 分子中各原子核的磁矩与外磁场的相互作用要受到核外电子的屏蔽影响。如外磁场为 $H$,电子对核的屏蔽常数为 $\sigma$,则原子核感受到的有效磁场强度为$(1-\sigma)H$。所以(11-60)式所表示的核磁共振吸收频率 $\nu$ 是对裸露的原子核而言的。对于原子或分子中的原子核该式应改为

$$\nu=\frac{\gamma_I(1-\sigma)B}{2\pi}=\frac{\gamma_I\mu_0}{2\pi}(1-\sigma)H \tag{11-66}$$

$\sigma$ 通常为十万分之一的量级。由于不同分子中及同一分子的不同位置上屏蔽影响有所不同,当外磁场强度 $H$ 不变时,同一种原子核的共振吸收频率 $\nu$ 有微小的差异。若固定频率 $\nu$,改变 $H$ 使产生共振吸收,则处于不同化学环境的同一种核的共振磁场 $H$ 就会有微小的差异,如下式所示:

$$H=\frac{2\pi\nu}{\gamma_I\mu_0(1-\sigma)} \tag{11-67}$$

表 11-15 列出不同分子环境中的质子的屏蔽常数 $\sigma$。由表中可以看出,质子越裸露,$\sigma$ 越小。硫酸或磺酸中的 H,其 $\sigma$ 较小。H 与邻近原子以共价键结合者,如甲基中的 H,其 $\sigma$ 较大。

(2) 标准物质和化学位移的标度:表 11-15 所列的屏蔽常数 $\sigma$ 是以裸露质子为标准的,这在实际应用时很不方便。过去曾经采用水作为标准物质,但液体水中氢键的缔合程度随温度而变,其屏蔽常数随温度不同而变化很大,所以不是理想的标准物质。

现在最常用的标准物质是$(CH_3)_4Si$,即四甲基硅甲烷(tetramethylsilane,缩写 TMS)。这一化合物的 NMR 谱很简单,只有一个甲基的吸收峰,它的屏蔽常数比绝大多数分子的都大,用它作标准物定义的化学位移绝大部分都是正值。

**表 11-15　不同分子环境下质子的屏蔽常数 σ 和化学位移 δ**

| 分子环境 | $\sigma$(ppm) | $\delta=31.00-\sigma$(ppm) |
|---|---|---|
| 裸露质子 $H^+$ | 0.00 | 31.00 |
| $H_2SO_4$(浓) | 19.4 | 11.6 |
| $RSO_3H$ | 19.5±0.3 | 11.5∓0.3 |
| RCOOH | 20.0±1.5 | 11.0∓1.5 |
| ArCHO | 21.0±0.5 | 10.0∓0.5 |
| RCHO | 21.5±0.5 | 9.5∓0.5 |
| =CH—(芳环) | 23.5±1.5 | 7.5∓1.5 |
| $RCONH_2$ | 24.0±1.0 | 7.0∓1.0 |
| $X—CH_2—Y$ | 25.0±1.0 | 6.0∓0.5 |
| $—\overset{\vert}{C}=CH_2$ | 25.2±1.2 | 5.8∓1.2 |
| ArOH | 25.5±1.5 | 5.5∓1.5 |
| ROH | 26.1±0.7 | 4.9∓0.7 |
| $H_2O$ | 26.20 | 4.80 |
| $—\overset{\vert}{C}H—X$ | 27.0±1.5 | 4.0∓1.5 |
| $—\overset{\vert}{C}H—O$ | 27.3±0.4 | 3.7∓0.4 |
| $ArNH_2$ | 27.3±0.6 | 3.7∓0.6 |
| $—O—CH_3$ | 27.3±0.5 | 3.7∓0.5 |
| $—\overset{\vert}{C}H—Ar$ | 27.8±0.6 | 3.2∓0.6 |
| $—CH_2—Ar$ | 28.0±0.3 | 3.0∓0.3 |
| $—C\equiv C—H$ | 28.2±0.3 | 2.8∓0.3 |
| $—CH_2—\overset{O}{\overset{\Vert}{C}}—$ | 28.4±0.5 | 2.6∓0.5 |
| $Ar—CH_3$ | 28.8±0.2 | 2.2∓0.2 |
| $—\overset{\vert}{N}—CH_3$ | 28.9±0.3 | 2.1∓0.3 |
| $—\overset{O}{\overset{\Vert}{C}}—CH_3$ | 28.9±0.3 | 2.1∓0.3 |
| $—\overset{\vert}{C}H—$ | 29.1±0.3 | 1.9∓0.3 |

续表

| 分子环境 | $\sigma$(ppm) | $\delta=31.00-\sigma$(ppm) |
| --- | --- | --- |
| RSH | 29.2±0.3 | 1.8∓0.3 |
| $RNH_2$ | 29.7±0.3 | 1.3∓0.3 |
| $—CH_2—$ | 29.5±0.5 | 1.5∓0.5 |
| $—\overset{\vert}{\underset{\vert}{C}}—CH_3$ | 30.3±0.6 | 0.7∓0.6 |
| $R_2NH$ | 30.6±0.2 | 0.4∓0.2 |
| TMS | 31.00 | 0.00 |

设 TMS 的屏蔽常数为 $\sigma_{TMS}$，任何其他分子的屏蔽常数为 $\sigma_x$，则由(11-67)式

$$H_{TMS}=\frac{2\pi\nu}{\gamma_I\mu_0(1-\sigma_{TMS})} \tag{11-68}$$

$$H_x=\frac{2\pi\nu}{\gamma_I\mu_0(1-\sigma_x)} \tag{11-69}$$

我们定义

$$\begin{aligned}\delta&=\frac{H_{TMS}-H_x}{H_{TMS}}=1-\frac{H_x}{H_{TMS}}=1-\frac{1-\sigma_{TMS}}{1-\sigma_x}=\frac{\sigma_{TMS}-\sigma_x}{1-\sigma_x}\\&\approx\sigma_{TMS}-\sigma_x=(31.00-\sigma_x)\text{ppm}\end{aligned} \tag{11-70}$$

$\delta$ 称为质子化学位移，简称化学位移。表 11-15 的第三列列出不同分子环境下的质子化学位移。例如 $H_2O$ 的化学位移是 4.80 ppm，通常把 ppm 略去，记为 $\delta$4.80。

由(11-69)式可见，$\sigma_x$ 越大，$H_x$ 也越大，所以 $\delta$ 减少的方向是向高场移动的方向(upfield)，$\delta$ 增加的方向是向低场移动的方向(downfield)。

国际纯粹与应用化学协会(IUPAC)已建议所有核磁图谱均采用 $\delta$，且规定以 TMS 的 $\delta$ 为零，把零点放在图谱的右边，向左是 $\delta$ 增加的方向，即向低场移动的方向，也就是对质子屏蔽减少的方向($\sigma_x$ 减小的方向)。

如果保持磁场强度不变，采用频率扫描法，则由(11-67)式

$$\nu_{TMS}=\frac{\gamma_I\mu_0}{2\pi}(1-\sigma_{TMS})H \tag{11-71}$$

$$\nu_x=\frac{\gamma_I\mu_0}{2\pi}(1-\sigma_x)H \tag{11-72}$$

定义

$$\delta=\frac{\nu_x-\nu_{TMS}}{\nu_{TMS}}=\frac{\nu_x}{\nu_{TMS}}-1=\frac{\sigma_{TMS}-\sigma_x}{1-\sigma_{TMS}}\approx\sigma_{TMS}-\sigma_x \tag{11-73}$$

所以由(11-73)式定义的化学位移 $\delta$ 是和(11-71)式完全一致的。因 $\delta$ 和 $\Delta\nu=\nu_x-\nu_{TMS}$ 成正比，所以 NMR 谱图中有时以频率为横坐标，把 $\nu_{TMS}$ 作为零点，$\delta$ 增加的方

向就是频率增加的方向。

如前所述，固体样品的峰很宽，欲得高分辨的 NMR，须采用溶剂。溶剂本身最好不含氢。常用的溶剂有 $CCl_4$、$CS_2$、$CDCl_3$（氘代氯仿）。有些情况也采用苯、环己烷、$D_2O$（重水）等溶剂。标准物质 TMS 可与样品一想溶在溶剂中，称为内标准。外标准则置于另一样品管中，由于溶剂本身的磁感应作用，处于溶剂中的样品所受磁场与外加磁场不同。内标准与样品在同一溶剂中测定，可以抵消这个作用，因此内标准比外标准优越。

有些化合物只能用重水（$D_2O$）作溶剂，TMS 不溶于水，可用 4，4-二甲基-4-硅代戊基磺酸钠（sodium 4，4-dimethyl-4-silapentanesulfonate，简称 DSS）为内标准：

$$\begin{array}{c} CH_3 \\ | \\ CH_3—Si—CH_2CH_2CH_2SO_3Na \quad DSS \\ | \\ CH_3 \end{array}$$

它的甲基尖峰的 $\delta$ 几乎与 TMS 完全相同，都等于 0.00。另外还有许多溶剂本身也可作为内标准，见表 11-16。

**表 11-16　一些参考标准的化学位移(25℃)**

| 化合物 | 在 $CCl_4$ 溶液中的浓度 $W/V$ | $\delta$ | $\delta$ 的温度系数(单位：度$^{-1}$) |
|---|---|---|---|
| $Me_4Si$(TMS) | 3% | 0.000 | 0.000 |
| DSS | 1% | 0.00 | 0.00 |
| $C_6H_{12}$ | 2% | 1.435 | +0.00013 |
| $CH_3COCH_3$ | 3% | 2.099 | −0.00077 |
| 二氧六环（O　O 六元环） | 2% | 3.613 | −0.00042 |
| $CH_2Cl_2$ | 8% | 5.290 | −0.00063 |
| $CHCl_3$ | 18% | 7.316 | −0.00086 |

在 $^{13}C$ 核磁共振谱中常用的参考标准是 TMS 和 $CS_2$，对 $^{19}F$ 共振常采用 $CCl_3F$ 作标准，对 $^{31}P$ 共振常采用 $H_3PO_4$ 作标准。

(3) 化学位移的 $\tau$ 标度：在文献中还常使用另一个化学位移标度——$\tau$ 标度。定义

$$\tau = 10.00 - \delta \qquad (11\text{-}74)$$

在 $\tau$ 标度中，TMS 的 $\tau=10.00$，其他化合物中质子的 $\tau$ 大多在 0—10 之间，也有少数如 RCOOH、$RSO_3H$、金属氢化物超出此范围。表 11-17 列出若干化合物中质子的 $\tau$ 值。

**表 11-17　各种分子环境中质子的化学位移的 $\tau$ 标度的概值**

| X | $CH_3X$ | $R'CH_2X$ | $R'R''CHX$ |
|---|---|---|---|
| $-MgI$ | 11.3 | 10.62 | 10.20 |
| $-CH_3$ | 9.12 | 8.75 | 8.15 |
| $-CH_2OH$ | 8.86 | | |
| $-C(=O)-CH=CH-R$ | 8.14 | | |
| $-C(=O)-OC_2H_5$ | 8.05 | | |
| $-C(=O)-OR$ | 8.00 | 7.80 | |
| $-C(=O)-NH_2$ | 8.00 | 7.80 | |
| $-C\equiv N$ | 8.0 | 7.52 | 7.3 |
| $-S-CH_3$ | 7.94 | | |
| $-C(=O)-OH$ | 7.90 | 7.64 | 7.42 |
| $-C(=O)-R$ | 7.9 | 7.6 | 7.4 |
| $-NH_2$ | 7.85 | 7.50 | 7.13 |
| $-C(=O)-H$ | 7.83 | 7.80 | 7.62 |
| $-I$ | 7.83 | 6.88 | 7.56 |
| $-NR_2$ | 7.81 | 7.50 | 7.12 |
| $-C_6H_5$ | 7.66 | 7.38 | 7.13 |
| $-SR$ | 7.65 | 7.4 | |
| $-SH$ | 7.92 | 7.60 | 6.90 |
| $-S(=O)-$ | 7.5 | | 6.52 |
| $-S-C\equiv N$ | 7.39 | 7.02 | 6.42 |
| $-C(=O)-C_6H_5$ | 7.38 | | |

续表

| X | $CH_3X$ | $R'CH_2X$ | $R'R''CHX$ |
|---|---|---|---|
| —Br | 7.30 | 6.70 | |
| $-\underset{\underset{O}{\Vert}}{C}-Br$ | 7.15 | | |
| $-NH-C(=O)OR$ | 7.16 | 6.7 | 6.15 |
| —Cl | 7.00 | 6.56 | 5.98 |
| $-N^{\oplus}R_3$ | 6.67 | 6.60 | 6.50 |
| —OH | 6.62 | 6.42 | 6.12 |
| —OR | 6.70 | 6.60 | 6.47 |
| $-SO_3H$ | 6.38 | | |
| $-O-\underset{\underset{O}{\Vert}}{C}-R$ | 6.29 | 5.8 | 4.9 |
| $-O-C_6H_5$ | 6.27 | 6.10 | 6.0 |
| $-O-\underset{\underset{O}{\Vert}}{C}-C_6H_5$ | 6.00 | 5.68 | 4.8 |
| —F | 5.70 | 5.66 | 5.4 |
| $-O-\underset{\underset{O}{\Vert}}{C}-CF_3$ | 5.90 | 5.56 | |
| $-NO_2$ | 5.67 | 5.60 | 5.5 |

(4) 化学位移的一个例子——乙醇的质子核磁共振谱：图 11-10(a)是在低分辨率的核磁共振仪上测得的乙醇的质子磁共振谱。图中有三个峰，相应于 $\tau=8.86, 6.42$ 和 $5.20$。由表 11-17 可以查得前二峰分别属于 $CH_3CH_2OH$ 的 $CH_3$ 及 $CH_2$。由表 11-15 可查得 ROH 的 $\delta=4.9\mp0.7$，即 $\tau=5.1\pm0.7$，所以 $\tau=5.20$ 的峰应属于 OH。$CH_3$、$CH_2$、OH 峰下的面积比为 1∶2∶3，恰好和质子数成正比。

## 5. 自旋偶合

图 11-10(b)是乙醇的高分辨 NMR 谱。在此图中可以看出，$CH_3$ 峰实际上包含 3 个峰，$CH_2$ 峰实际上包含 4 个峰。这种分裂是由于质子之间的自旋相互作用

引起的，叫做自旋偶合或自旋分裂。$CH_3$ 上的两个质子在外加磁场中的自旋取向可以有+1、0、−1 三种组合(表 11-18)，而 $CH_3$ 的三个质子可以有 $+1\frac{1}{2}$、$+\frac{1}{2}$、$-\frac{1}{2}$、$-1\frac{1}{2}$共四种组合。因此 $CH_3$ 的质子除了受到外加磁场的影响外，还受到三种不同自旋取向的 $CH_2$ 质子的影响，因而 $CH_3$ 质子有三重峰。同理，$CH_2$ 的质子与四种不同自旋取向的 $CH_3$ 质子偶合就产生了四重峰。这些多重峰中每个小峰间的距离称为偶合常数。各小峰下的面积也与各种自旋取向组合的可能数目成正比。例如上述三重峰的面积成 1∶2∶1 之比，而四重峰面积成 1∶3∶3∶1 之比，与表 11-18 所列自旋取向的可能状态数相同。

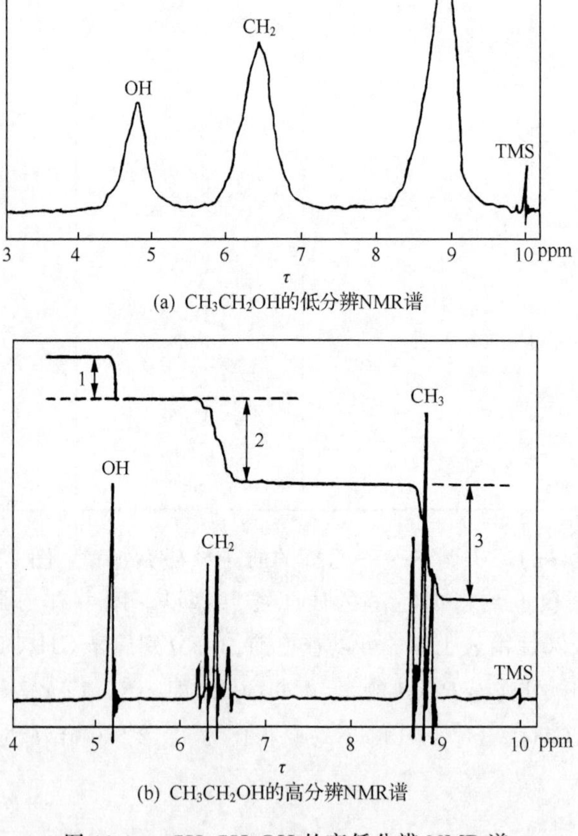


(a) $CH_3CH_2OH$的低分辨NMR谱

(b) $CH_3CH_2OH$的高分辨NMR谱

图 11-10　$CH_3CH_2OH$ 的高低分辨 NMR 谱

**表 11-18　$CH_2$ 和 $CH_3$ 质了的自旋取向**

| 总的自旋量子数的分量 | | 自旋取向 | 可能的状态数 |
|---|---|---|---|
| | +1 | →→ | 1 |
| $CH_2$ 质子 | 0 | ←→　→← | 2 |
| | −1 | ←← | 1 |
| | +3/2 | →→→ | 1 |
| | +1/2 | →→←　→←→　←→→ | 3 |
| $CH_3$ 质子 | −1/2 | →←←　←→←　←←→ | 3 |
| | −3/2 | ←←← | 1 |

质子之间的自旋偶合作用是通过化学键传递的。表 11-19 列出某些相隔三个键的偶合构型的偶合常数(以赫兹即周/秒为单位)。相隔四个或四个以上单键的氢,偶合常数基本上等于零,但有若干例外。

**表 11-19　某些构型的自旋-自旋偶合常数 $J$**

| 偶合构型 | $J$/Hz |
|---|---|
| H—C—C—H | 6—8 |
| H／C＝C／H (反式) | 15—18 |
| H／C＝C＼H (顺式) | 6—10 |
| H—C—O—H | 4.8 |
| H—C—S—H | 7.4 |
| 苯:邻位 | 8 |
| 间位 | 3 |
| 对位 | 0 |

一般说来,如果 AB 两组氢原子互相偶合,且偶合常数远小于化学位移,就产生与上述相类似的情况,即 A 组的多重峰数＝B 组的氢原子数加 1,而 B 组的多重峰数＝A 组的氢原子数加 1。这就是 $n+1$ 规律:有 $n$ 个相邻的氢时,则将显示 $n+1$ 个峰。当有不同的近邻时,一种有 $n$ 个,另一组有 $n'$ 个,则将显示 $(n+1)(n'+1)$ 个峰。若近邻的偶合常数相同,则可令其总数为 $n$,仍用 $n+1$ 规律计算分裂峰数。

由 $n+1$ 规律所得的复峰,其强度比例(即峰的面积的比例)为 1∶1(双峰),1∶2∶1(三重峰),1∶3∶3∶1(四重峰),1∶4∶6∶4∶1(五重峰)…等。换言之,比例数字为$(a+b)^n$展开后各项的系数。

讨论了多重峰的规律以后，细心的读者可能会提出问题：$CH_3CH_2OH$分子的OH邻近有$CH_2$，按$n+1$规律OH峰应分裂为三重，$CH_2$近邻有$CH_3$和OH，应分裂为(3+1)(1+1)=8重峰。事实上极纯的乙醇的OH确实是三重峰，$CH_2$确实是8重峰。但通常乙醇中含有极微量的$H^+$，就能发生下列交换反应

$$CH_3-CH_2-OH+\underline{H}^+ \rightleftharpoons CH_3-CH_2-\overset{+}{O}(\underline{H})-H \rightleftharpoons CH_3-CH_2-O\underline{H}+H^+$$

即一个乙醇分子的羟基氢与相邻分子的羟基氢发生交换，这种交换反应异常迅速，以至羟基氢的电子环境和它与相邻$CH_2$的氢的自旋相互作用平均化了，不再导致OH峰的分裂，也不再影响邻近$CH_2$峰的分裂，这样就得到图11-10(b)所示的NMR谱①。

**6. 核磁共振谱在化学中的应用**

如上所述，化学位移可以说明分子中各种功能基的存在，而自旋偶合则表现了各种功能基的相对排列位置。所以核磁共振谱在分子结构的测定和有机化学的研究中得到了广泛的应用。尤其在近20年来，由于广泛测定了各类有机化合物的核磁共振谱，积累了大量数据，所以核磁共振谱的测定已经成为有机化学研究中最重要的方法之一。此外在无机化学、物理化学等方面，也有不少应用。下面举几个例子说明。

(1) Feist酸：Feist酸($C_6H_6O_4$)是一个二元酸，根据化学反应的研究，曾经提出两个结构式，但不能肯定哪一个正确：

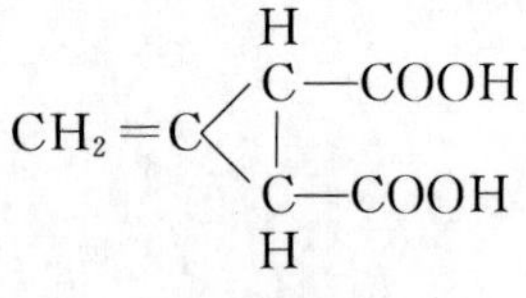

$$CH_2=C\begin{cases}\overset{H}{C}-COOH\\ |\\ \underset{H}{C}-COOH\end{cases} \qquad CH_3-C\begin{cases}C-COOH\\ \|\ \ |\\ \underset{H}{C}-COOH\end{cases}$$

(Ⅰ) 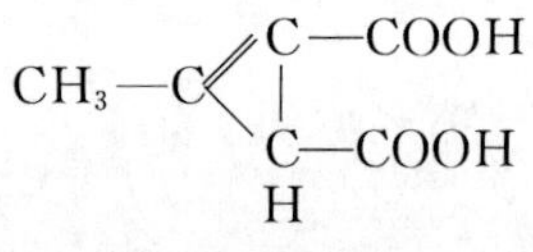 (Ⅱ)

后来应用了该化合的钠盐在重水中测定质子核磁共振谱，肯定了(Ⅰ)式是正确的。测定的方法是将Feist酸溶于含有过量的NaOD的重水中，由于中和作用而产生了两个分子HOD，这两个羟基的氢可以用作共振谱的比较标准。用这个溶液测得的质子磁共振谱，除了HOD的共振峰外，还出现其他两个共振峰，三个峰下面的面积基本上相等，表示每个峰含有的氢原子数相等(都是两个)，其一为$CH_2=$的

① 参看J. T. Arnold, *Phus. Rev.*, 102, 136(1956)。

共振峰，$\delta=5.5$，另一个为$-\overset{|}{\underset{|}{C}}H$的共振峰，$\delta=2.4$，完全符合（Ⅰ）式的结构，而且也跟后来用红外光谱、紫外光谱以及X射线衍射的研究结果一致。

(2) 测定互变异构体的组成：例如研究2,4-戊二酮的质子磁共振吸收，得到四个吸收峰，相应于下列互变异构体

$$CH_3-\underset{\underset{O}{\|}}{C}-CH_2-\underset{\underset{O}{\|}}{C}-CH_4 \rightleftharpoons CH_3-\underset{\underset{O}{\|}}{C}-CH=\underset{\underset{H-O}{|}}{C}-CH_3$$

中的四种不同的质子：$CH_3$，$CH_2$，CH，OH（按化学位移$\delta$增加的次序排列，后两种的强度相等）。比较$CH_2$峰和CH峰（或OH峰）的强度之比，得知酮式占15%，烯醇式占85%。对于3-甲-2,4-戊二酮，酮式占70%，烯醇式占30%。

(3) 判别氟化物的同分异构体：利用$^{19}F$的化学位移可以判断氟化物的同分异构体。例如$C_3Br_2F_6$可能有4种异构体如表11-20所示。

**表11-20 $C_3Br_2F_6$的同分异构体**

| 编号 | (1) | (2) | (3) | (4) |
|---|---|---|---|---|
| 异构体 | $CF_3-CBr_2-CF_3$ | $BrCF_2-CF_2-CF_2Br$ | $CF_3-CFBr-CF_2Br$ | $CF_3-CF_2-CFBr_2$ |
| $F^{19}$核磁共振吸收峰的数目 | 1 | 2 | 3 | 3 |
| 氟基种类 | $CF_3$ | 二种$CF_2$ | $CF_3:CF_2:CF$ | $CF_3:CF_2:CF$ |
| 强度比 | | | 3:2:1 | 3:2:1 |

实验测得待研究样品有3个峰，强度比为3:2:1，所以结构式应为(3)或(4)。进一步确定是(3)还是(4)式可与结构已知的六氟丙烷的$^{19}F$核磁共振谱比较，发现样品的$^{19}F$核磁共振谱和(3)′相似，因此确定上述氟化物的结构为(3)式。

$$CF_3-CHF-CHF_2 \quad (3)' \qquad\qquad CF_3-CF_2-CH_2F \quad (4)'$$

有机氟化物为数众多，已合成的达万种以上，但决定氟的有机物的结构很不容易，而$^{19}F$核磁共振法正好弥补了这一缺点。

此外，利用质子磁共振法还可测定分子中氢原子间的距离，弥补电子衍射法或X射线衍射法不易准确测定氢原子位置的缺陷。核磁共振法尚可用于定性、定量

分析，研究若干化学反应的动力学。在原子核物理方面，利用核磁共振法可以测定核磁矩。在工程技术方面，核磁共振法可以用来准确测定磁场强度 $H$，因而在粒子加速器、质谱仪、同位素的电磁分离器、能谱仪等重要仪器的制造工业有很大的用处。核磁共振法还可用于测量非常弱的磁场，例如地磁场，因而已成功地用于磁法采矿。最近核磁共振法用于临床诊断(如脑中的病变诊断)取得了成功。

**7. 镧系位移试剂**

应用镧系位移试剂(Lanthanide shift reagent)是近年来核磁共振谱学的一项重要进展。顺磁性离子能产生很大的局部磁场，使得邻近核产生很大的化学位移。然而并非所有顺磁性离子都能用于加大化学位移的目的。一般地说，顺磁性物质会减小自旋-晶格弛豫时间，因而增加谱线宽度。近年来有人发现，某些化合物，特别是顺磁性的稀土金属 $\beta$-二酮螯合物具有一种非常有趣的特性。这类络合物中稀土离子的配位数不饱和，具有路易斯碱性的醇，醚，酮，酯、亚砜，胺等有机分子能与之配位。稀土金属离子的局部磁场影响配位上去的有机分子上的氢的化学位移，离功能基最近的质子受影响最大，使得不同位置上的相似功能团上的氢的吸收峰拉开。这样，一些常规 NMR 谱仪上分辨不开的 $CH_2$ 基在加有这些物质后便可一一分开。具有这种作用的试剂称为位移试剂。常用的位移试剂有以下几种：

三(1,1,1,2,2,3,3-七氟-7,7,二甲基-4,6-辛二酮)合铕(或镨)，简称 $Eu(fod)_3$ 或 $Pr(fod)_3$ 结构式为

```
C3F7—C═CH—C—C(CH3)3        M=Eu,Pr
      |      ‖
      O      O
       \    /
        M/3
```

三(2,2,6,6,-四甲基-3,5-庚二酮)合铕(或镨)，简称 $Eu(thd)_3$ 或 $Pr(thd)_3$，结构式为

```
(CH3)3C—C═CH—C—C(CH3)3        M=Eu,Pr
         |      ‖
         O      O
          \    /
           M/3
```

其中铕的螯合物在核磁共振谱中产生“低场位移”，而镨的螯合物则产生“高场位移”。

以正戊醇

$$\overset{V_6}{CH_3}—\overset{V_5}{CH_2}—\overset{V_4}{CH_2}—\overset{V_3}{CH_2}—\overset{V_2}{CH_2}—\overset{V_1}{OH}$$

为例，加入10%左右(摩尔百分比)的位移试剂后，原来无法分辨的3、4、5位的三个亚甲基(—$CH_2$—)的吸收峰能清晰地分开(图11-11)。

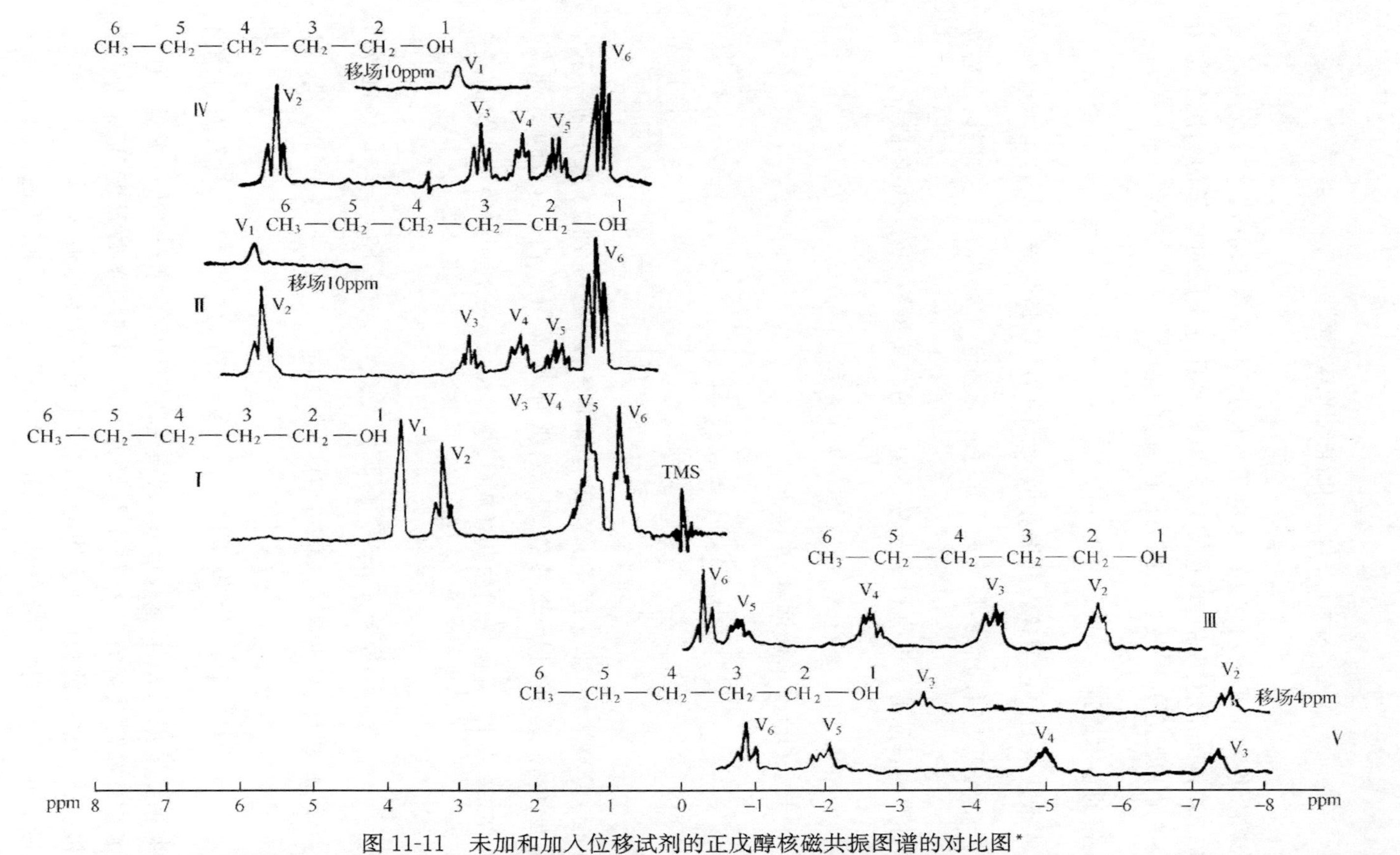


图 11-11　未加和加入位移试剂的正戊醇核磁共振图谱的对比图*

Ⅰ. 未加位移试剂的正戊醇图谱，内标试剂为 TMS(四甲基硅烷)，可见到 $V_3$、$V_4$、$V_5$ 的重叠蜂；Ⅱ. [Eu(fod)$_3$]/[正戊醇]=7.82%(摩尔百分比)，溶剂为 $CCl_4$，内标试剂为 TMS；Ⅲ. [Pr(fod)$_3$]/[正戊醇]=21.5%(摩尔百分比)，溶剂为 $CCl_4$，内标试剂为 TMS；Ⅳ. [Eu(thd)$_3$]/[正戊醇]=9.32%(摩尔百分比)，溶剂为 $CHCl_3$，内标试剂为 TMS；Ⅴ. [Pr(thd)$_3$]/[正戊醇]=7.64%(摩尔百分比)，溶剂为 $CS_2$，内标试剂为 TMS

* 图中横坐标为化学位移量，纵坐标为吸收强度相对值。（略）

# §11－4 顺磁共振谱

电子顺磁共振(简称 EPR)又称为电子自旋共振(简称 ESR),是 1944 年查沃斯基(E. K. Завойский)发现的,现已发展成为研究具有未成对电子的物质如自由基、某些络合物以及含有奇数电子的分子的有力工具。

**1. 顺磁共振的基本原理**

产生顺磁共振的原理与核磁共振相似,所不同的只是顺磁共振是由未成对电子的自旋产生的磁矩引起的共振吸收。电子的自旋量子数为 $S=\frac{1}{2}$,所以在磁场 $H$ 中有两种取向,即 $m_s=+\frac{1}{2}$ 和 $m_s-\frac{1}{2}$。电子的自旋磁矩在磁场中的能量为

$$E=-\boldsymbol{\mu}\cdot\mathbf{B}=g\mu_B\mu_0 Hm_s \tag{11-75}$$

相应于 $m_s=+\frac{1}{2}$ 和 $-\frac{1}{2}$ 的磁能级为

$$\left.\begin{aligned}E\left(+\frac{1}{2}\right)&=\frac{1}{2}g\mu_B\mu_0 H\\E\left(-\frac{1}{2}\right)&=-\frac{1}{2}g\mu_B\mu_0 H\end{aligned}\right\} \tag{11-76}$$

此处 $g$ 为光谱分裂常数,即 $g$ 因子。对于自由电子,$g=2.00232$。原子和分子中的未成对电子的 $g$ 值随所处的物理、化学环境而异。由(11-76)式可知,$E\left(-\frac{1}{2}\right)<E\left(+\frac{1}{2}\right)$。磁能级间的跃迁服从选律 $\Delta m_s=\pm1$,所以磁能级间的跃迁应满足

$$\Delta E=h\nu=E\left(+\frac{1}{2}\right)-E\left(-\frac{1}{2}\right)=g\mu_B\mu_0 H \tag{11-77}$$

上式中 $\nu$ 为吸收(或发射)辐射的频率。对于自由电子,以 $g=2.00232$ 代入上式,得

$$\nu=\frac{g\mu_B\mu_0 H}{h}=2.802\times10^{10}\mu_0 H \tag{11-78}$$

多数顺磁共振仪采用 0.34 特斯拉磁场,则顺磁共振吸收频率 $\nu=9527$ 兆赫。所以顺磁共振频率比核磁共振的高 2～3 个数量级,约为万兆赫的数量级,相应于毫米或厘米的波长区。这一波长区在无线电波谱学中通常称为微波区。

对于自由电子,当磁感应强度为 $B=0.34\text{T}$,温度为 $T=300\text{K}$ 时,按波尔兹曼分布定律可以算出处于高磁能级 $\left(m_s=+\frac{1}{2}\right)$ 和处于低磁能级 $\left(m_s=-\frac{1}{2}\right)$ 的电子

数之比

$$\frac{N\left(+\frac{1}{2}\right)}{N\left(-\frac{1}{2}\right)} = e^{-\Delta E/kT} = 0.9985$$

可见顺磁共振信号是微弱的，但比核磁共振信号强三个数量级，因此前者比后者灵敏度高得多。事实上顺磁共振是一种非常灵敏的分析手段，$10^{-11}$ kg/mol 的顺磁性物质都可以检测出来。

**2. 顺磁共振谱仪**

图 11-12 是顺磁共振谱仪的示意图。电磁铁产生的均匀而稳定的磁场，为了满足不同 $g$ 值下的测量要求，磁场强度做成可调的。

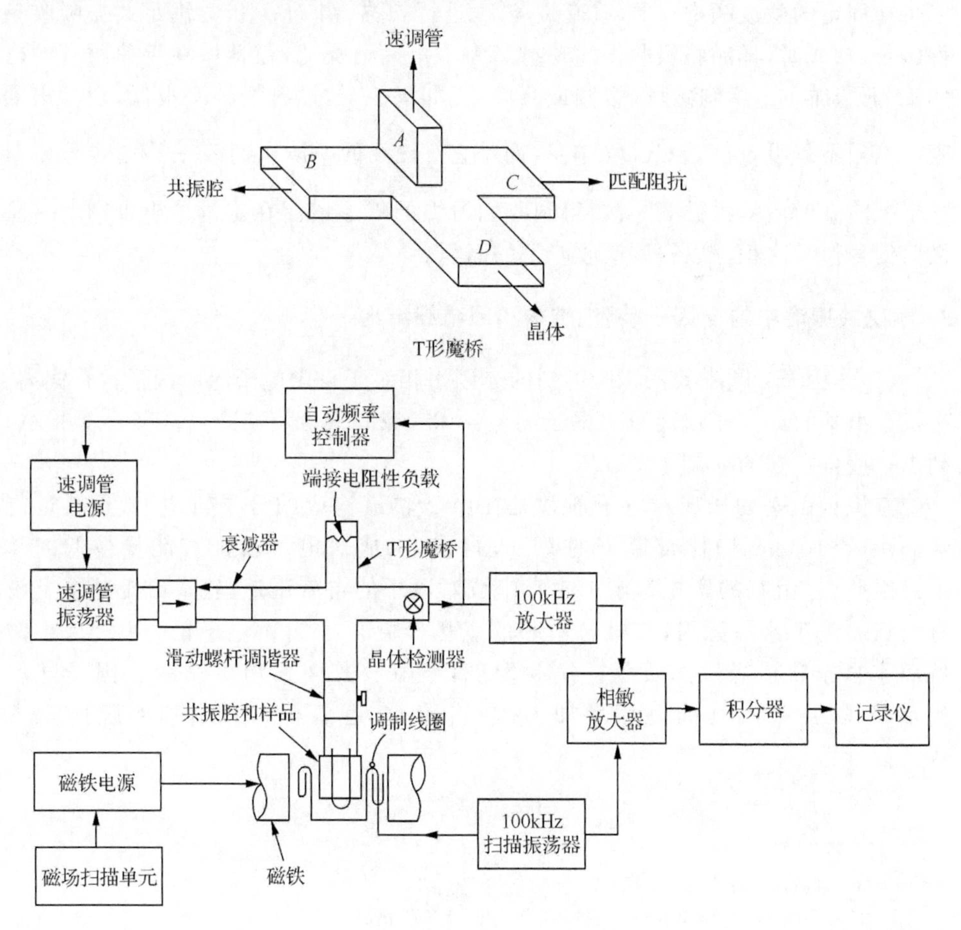


图 11-12　顺磁共振谱仪示意图

微波辐射用速调管产生，波长一般为 3.2cm（$X$ 波段）[①]和 8 毫米（$Q$ 波段），微波经波导管引出后进入微波电桥——“T 形魔桥”，魔桥的一臂 $B$ 接共振腔，样品就安放在共振腔中。进入共振腔的微波在其中形成驻波，驻波多次往返于腔体增加了样品对微波辐射的吸收。魔桥的另一臂 $C$ 为平衡负载，其值可调。与 $B$、$C$ 臂垂直的 $D$ 臂安放有一个半导体硅-钨晶体用来对吸收信号进行检波。在进行磁场扫描之前，调节平衡负载使其与样品腔阻抗相等，这时由速调管经魔桥的 $A$ 臂引来的微波等分进入 $B$ 和 $C$ 臂，没有微波功率进入 $D$ 臂，检波器无输出，此时微波电桥达到平衡。如果 $B$ 臂中的样品在扫描时对微波辐射有吸收，，则 $B$ 臂和 $C$ 臂阻抗不相等，魔桥平衡被破坏，微波功率将进入 $D$ 臂，于是在检波器上输出吸收信号，该信号经放大以后用示波器或记录仪显示出来。

在固定的微波频率 $\nu$ 下，改变磁场 $H$ 进行扫描，当 $H$、$\nu$ 和 $g$ 满足共振吸收条件(11-77)式时，样品将吸收微波辐射。为了提高信噪比，仪器中在慢速改变的磁场 $H$ 上迭加一个调制磁场(音频或高频)。如果 $H$ 扫描磁场频率很低，则输出的吸收信号不是吸收信号 $G(H)$ 本身，而是它对磁场的一阶微商 $\frac{dG(H)}{dH}$。也可以对这个一阶微商信号再微商一次，得到我们习惯的峰形谱。在定量分析中则对一阶微商信号作二次积分以得到吸收峰下的面积。

### 3. 顺磁共振谱中的 g 因子、精细结构和超精细结构

(1) $g$ 因子：顺磁共振实验得到的 $g$ 因子相对于自由电子的 $g$ 因子常有偏离。有机自由基的 $g$ 因子偏离自由电子的 $g = 2.00232$ 一般不超过 0.5%。表 11-21 列出一些自由基的 $g$ 因子。

有机自由基的未成对电子通常是在由 $p$ 轨道构成的分子轨道上，且轨道能级间距($>10^3\,cm^{-1}$)比常温下的 $kT$ 大得多，未成对电子占据着能量最低的轨道。因此，自由基的磁矩基本上来自未成对电子的自旋磁矩，轨道磁矩基本上没有贡献。由于这一原因，有机自由基的 $g$ 因子接近于自由电子的 $g$ 因子，小的偏离来自于轨道磁矩的贡献。实验发现，半醌及其卤素衍生物的 $g$ 因子随取代基 H<Cl<Br<I 的顺序增加，这与自旋-轨道偶合常数增加的顺序是一致的。

---

① 微波区按波长分为六个波段：

| | | | |
|---|---|---|---|
| $L$ 波段 | 76.9—19.35 cm | $S$ 波段 | 19.35—5.77 cm |
| $X$ 波段 | 5.77—2.75 cm | $K$ 波段 | 2.75—0.83 cm |
| $Q$ 波段 | 0.83—0.65 cm | $V$ 波段 | 0.65—0.53 cm |

表 11-21　一些自由基的 $g$ 值

| 自由基 | $g$ 值 |
|---|---|
| 甲基 | 2.00255 |
| 乙基 | 2.00260 |
| 异丙基 | 2.003 |
| 特丁基 | 2.003 |
| 乙烯基 | 2.00220 |
| 1,4-苯并半醌 | 2.00468 |
| 三苯基叔膦阳离子 | 2.00554 |
| 苯阴离子 | 2.00276 |
| 烯丙基 | 2.00254 |

虽然 $g$ 因子的大小与未成对电子所处的化学环境有关，和核磁共振谱中的化学位移有些类似，但很少用来作为未知自由基的鉴别手段。这是因为处于同一分子不同位置的磁性核有不同的化学位移，而含未成对电子的自由基只给出一个 $g$ 因子(设样品为液体)，所提供有关分子的结构信息不多。

过渡金属和镧系元素络合物的 $g$ 因子相对于自由电子的 $g$ 因子常常有较大的偏离。这是由于自旋-轨道耦合和晶体场对于轨道磁矩的猝熄两方面的原因造成的。如果晶体场将轨道磁矩完全猝熄，则 $g$ 因子接近于自由电子的 $g$ 因子。若晶体场对未成对电子的影响很小(例如镧系元素的 $4f$ 电子)，则 $g$ 因子接近于自由离子的 $g$ 因子，即

$$g = 1 + \frac{J(J+1) + S(S+1) - L(L+1)}{2J(J+1)}$$

表 11-22 列出若干过渡金属和镧系元素络合物的 $g$ 因子。

表 11-22　某些络合物的 $g$ 因子

| 离　子 | 化　合　物 | $g$ | $g_{/\!/}$ | $g_{\perp}$ |
|---|---|---|---|---|
| $V^{2+}$ | $(NH_4)_2V(SO_4)_2$ | 1.951 | — | — |
| $Cr^{3+}$ | $CsCr(SO_4)_2 \cdot 12H_2O$ | 1.98 | — | — |
| $Mn^{2+}$ | $(NH_4)_2Mn(SO_4)_2 \cdot 6H_2O$ | 2.00 | — | — |
| $Ni^{2+}$ | $K_2Ni(SO_4)_2 \cdot 6H_2O$ | 2.25 | — | — |
| $Ce^{3+}$ | $Ce(NO_3)_3(t=4.2K)$ | — | 0.25 | 1.84 |
| $Dy^{3+}$ | $Dy(N0_3)_3(t=4.2K)$ | — | 4.28 | 8.92 |
| $Tb^{3+}$ | 在 $LaCl_3$ 基体中($t=4.2$ K) | — | 17.78 | $<0.1$ |

许多固体样品的 $g$ 因子呈现出各向异性。若晶体有轴对称性，$g$ 因子的值与实验时轴向与磁场方向的夹角 $\theta$ 有关，记 $\theta = 0°$ 时得到的 $g$ 为 $g_{/\!/}$，$\theta = 90°$ 时得到的 $g$ 为 $g_{\perp}$，对于任意的 $\theta$ 值有

$$g^2 = g_{/\!/}^2 \cos^2\theta + g_{\perp}^2 \sin^2\theta$$

在溶液样品中，由于分子的杂乱运动，这种各向异性被平均掉了。

(2) 精细结构：由于分子中未成对电子的自旋-轨道耦合或自旋-自旋相互作用在电子顺磁共振谱中产生的多重峰称为精细结构。以电子组态为 $d^3$ 的过渡金属络合物为例，在正八面体环境中基态谱项分裂为 $^4A_{2g}+^4T_{2g}+^4T_{1g}$ 三个子项，自旋-轨道偶合作用不能使自旋四重简并的基态能级 $^4A_{2g}$ 分裂(证明从略)。在外加磁场下，$^4A_{2g}$分裂成 $M_J=\pm\frac{1}{2},\pm\frac{3}{2}$ 的四个等间距能级，符合 $\Delta M_J=\pm1$ 的跃迁有三个且能量相同，故只能观察到一个峰。若 $d^3$ 离子处于 $D_{4h}$ 环境中，则 $^4F$ 分裂为 $^4B_{1g}+^4A_{2g}+^4B_{2g}+2^4E_g$，自旋-轨道偶合将自旋四重简并的基态能级 $^4B_{1g}$ 分裂成二个二重简并的能级 $\Gamma_6\left(M_J=\pm\frac{1}{2}\right)$和 $\Gamma_7\left(M_J=\pm\frac{3}{2}\right)$①。外加磁场后，$\Gamma_6$ 分裂成 $M_J=-\frac{1}{2}$ 和 $+\frac{1}{2}$ 两个能级，$\Gamma_7$ 分裂为 $M_J=-\frac{3}{2}$ 和$+\frac{3}{2}$两个能级。符合选律的跃迁有三个：$-\frac{3}{2}\rightarrow-\frac{1}{2}$，$-\frac{1}{2}\rightarrow+\frac{1}{2}$，$+\frac{1}{2}\rightarrow+\frac{3}{2}$，能量各不相同。于是在顺磁共振谱上出现三重峰。

(3) 超精细结构：由于核磁矩的影响，电子顺磁共振有超精细结构。因为磁电子除了受外磁场的影响外，还受邻近原子核的磁矩产生的磁场的影响。设邻近有一个自旋为 $I$ 的原子核，它的磁矩在磁场中有 $(2I+1)$ 个不同的取向，因而磁电子的共振吸收频率将在(11-78)式所示的频率附近分裂为 $(2I+1)$ 个不同的频率。因为电子运动比核快，所以电子在 $m_s=-\frac{1}{2}$ 和 $m_s=+\frac{1}{2}$ 两个能级间跃迁时，$M_I$ 保持不变。换言之，跃迁选律为 $\Delta m_s=\pm1$，$\Delta M_I=0$。因此，若 $I=\frac{3}{2}$，则原来从 $m_s=-\frac{1}{2}$ 到 $m_s=+\frac{1}{2}$ 的跃迁频率 $\nu_0$ 就分裂为四个等距离的频率 $\nu_1$、$\nu_2$、$\nu_3$ 和 $\nu_4$。如果未成对电子同时受 $n$ 个自旋为 $I$ 的原子核影响，并且作用是等同的，则顺磁共振谱将分裂为 $(2nI+1)$ 条线。例如甲基($\cdot CH_3$)具有三个质子和一个碳核，后者($^{12}C$)无磁矩，故未成对电子只受三个质子的作用而得

$$(2nI+1)=\left(2\cdot3\cdot\frac{1}{2}+1\right)=4\text{ 条线}$$

下面举几个例子说明顺磁共振谱仪在化学中的应用。

(1) 决定未成对电子在分子中的位置：例如对苯半醌自由基的顺磁共振谱是5线[图 11-14(a)]，说明未成对电子受 5−1=4 个质子的影响，所以这一未成对电子不是局限在氧原子上，而是在整个苯环上运动，因此受苯坏上四个氢原手核的影响。一氯代对苯半醌自由基只有 3 个氢原子，所以谱线数是 4，二氯代苯半醌自由基的谱线数是 3，余类推，见图 11-14。

---

① $\Gamma_6$ 和 $\Gamma_7$ 是双值群 $D_4'$ 的两个二维表示。

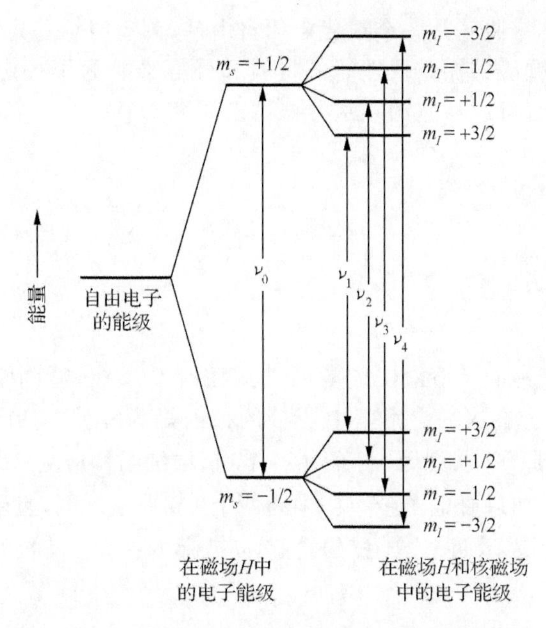


图 11-13　核磁矩引起的顺磁共振的超精细结构

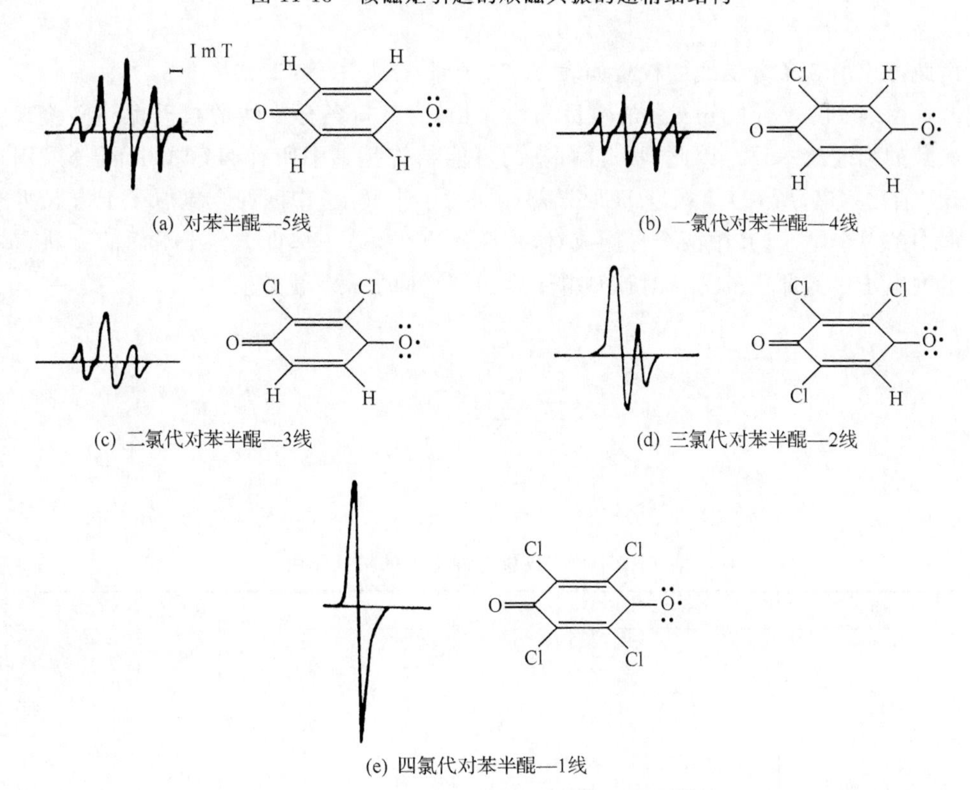


图 11-14　对苯半醌自由基的顺磁谱线数

又如二苯基苦味肼基是一个很稳定的自由基，固态时可稳定数年，溶液中可稳定数星期，常用于顺磁共振谱仪性能的检验和外标准。为了决定未成对电子是否在中间的氮原子上，可以从它的顺磁共振谱来研究。

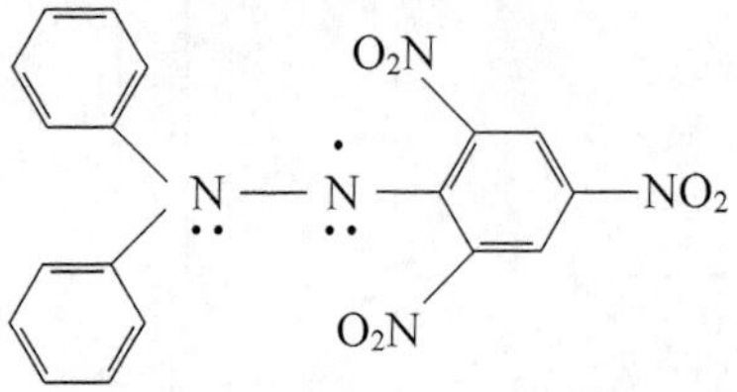

这一自由基在稀的苯溶液中的顺磁共振谱有 5 条线，峰间距为 1mT，强度比为 1∶2∶3∶2∶1。在这一自由基中，$^{12}C$ 的核磁矩为零，$^{14}N$ 和 $^{1}H$ 有磁矩。如果磁电子在中间 $^{14}N$ 原子上，则因 $^{14}N$ 的 $I=1$，超精细结构应为 $2I+1=3$ 条线，这与实验事实不符。如果磁电子分布在中间两个 $^{14}N$ 原子之间，且受两个 $^{14}N$ 核的影响，令 $I_1$ 和 $I_2$ 分别表示两个 $^{14}N$ 核的自旋，$I$ 表示这一对 $^{14}N$ 核的总自旋，则

$$I_1 = I_2 = 1$$

$$\begin{aligned} I &= I_1 + I_2, I_1 + I_2 - 1, I_1 - I_2 \\ &= 2,1,0 \end{aligned}$$

由此产生的 5 条分支线的权重如表 11-23 所示。

由表 11-23 可见分支线的数目和实验相符，且每条分支线的权重也和实验观察到的强度比一致。因此这一自由基的可能结构是其中所有 N 和 C 原子都采用 $sp^2$ 杂化轨道，所有 C、N、O、H 原子都在同一个平面上，中间两个氮原子上方长方框中的 3 个电子（其中两个自旋成对，一个磁电子）是在垂直于分子平面的 $\pi$ 轨道上的电子。氮原子的另一对孤对电子则在同平面的 $sp^2$ 轨道上。

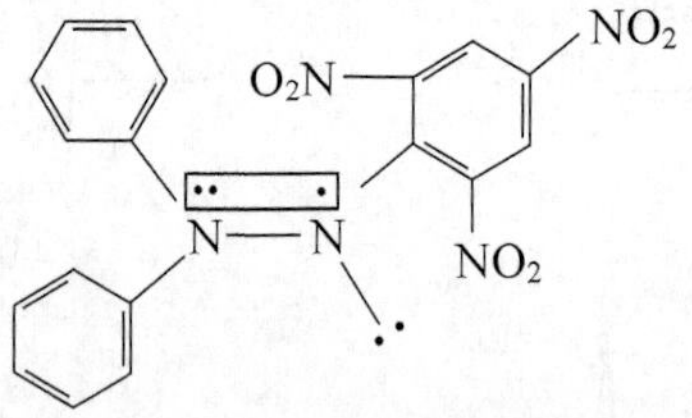

**表 11-23　双 $^{14}N$ 核与磁电子的相互作用**

| $M_I$ | $I=2$ | $I=1$ | $I=0$ | 磁能级分支线的权重 |
|---|---|---|---|---|
| 2 | ∨ | | | 1 |
| 1 | ∨ | ∨ | | 2 |
| 0 | ∨ | ∨ | ∨ | 3 |
| −1 | ∨ | ∨ | | 2 |
| −2 | ∨ | | | 1 |

为了进一步验证以上分析结果是否正确，可将中间氮原子换成$^{15}N$，$I_1=I_2=\frac{1}{2}$，$I=1,0$，谱线应为3条，强度比为1∶2∶1。

(2) 测定自由基浓度：顺磁共振谱的吸收峰强度(一阶微商谱对扫描磁场的二次积分)和磁电子即自由基的数目成正比，比例常数由仪器的实验条件决定，但和自由基样品的性质无关。因此在固定实验条件下，只要测定一个已知浓度的自由基样品，就能决定比例常数。

(3) 其他应用：对于包含自由基的有机反应历程的研究，以及有机化合物的辐射化学研究等，顺磁共振法是一个有力的工具。

在络合物研究方面，可以验明溶液中各种顺磁性离子的存在(如$Mn^{2+}$与丙二酸$H_2L$的各级络离子MnL、$MnL_3^{2-}$、$MnL_3^{4-}$、$MnHL^+$等)，如配位体的浓度改变，则各条谱线的强度也相应改变，由此可测定稳定常数。此外还可以为络合物中键的类型和性质提供很多线索。由共振峰的$H$和$\nu$可求得$g$因子值。络合物的$g$因子受自旋-轨道偶合和配位场的双重影响，由$g$值大小可以推测络合物分子的对称性，$d$轨道和$f$轨道参加成键的情况等。所以顺磁共振法已经成为深入研究络合物结构的重要工具。

顺磁共振还可以确定晶胞内顺磁性离子的数目以及晶格场的对称性。

总之，核磁和顺磁共振现象的发现迅速在化学、生物和其他科学技术领域得到了广泛的应用，解决了用其他实验方法不能解决的一些问题。由于化学研究的需要以及超高频技术的发展，大大推动了磁共振法的研究。目前在这一领域的研究工作已发展成为一门新兴的科学——磁共振学或无线电波谱学。这门边缘科学处于几门科学的交界点。因为它所观察的磁矩属于原子核物理或原子物理学的范围，研究的对象属于物质结构的范围，应用属于化学和生物学的范围，而实验技术则属于无线电学的范围。现代新兴的尖端科学技术常常是在若干科学部门的交界点上发展起来的。

## §11-5　光电子能谱(PES)

总结我们前面关于原子和分子的电子结构的讨论可知，用量子力学处理原子和分子问题第一步是将体系的薛定谔方程写出来，然后用适当的方法将薛定谔方程解出来，结果就得到描述电子运动的波函数和相应的能量。根据库普曼斯定理，由哈特利-福克自洽场方法计算出的原子或分子轨道能量$\epsilon_p$就等于在此轨道上运动的电子的垂直电离能$I_p$的负值。因此，如果能准确测定原子或分子的垂直电离能(定义见下文)，无疑将对于所用理论方法的正确性给出最直接的检验。原子或分子的内层轨道和价轨道的电离能可由光电子能谱实验给出，中性原子或分子的激发态轨道的电离能可从分子光谱实验得到。此外，光电子能谱实验还可以为我们提供其他的信息。正是由于这种原因，光电子能谱法从它一诞生就受到化学家的高度重视。

利用紫外光或 X 射线将电子从原子或分子中打出来，通过测量被打出的电子的能量和强度及角分布来研究物质的结构或物质的成分的方法，称为光电子能谱法或电子能谱法。按照激发光源的不同，光电子能谱法又分为紫外光电子能谱(UPS)和 X 射线光电子能谱(XPS)，前者打出原子或分子的价电子，后者不但能打出价电子，而且可以打出内层电子。内层电子基本上不参与形成化学键，在化合物中基本上保持其原子特性，故通过测量打出的内层电子可以进行化学分析。由于这一缘故，X 射线光电子能谱又被称为化学分析电子能谱(ESCA)。

原子或分子的内层(通常是 $K$ 层)的一个电子被 X 射线或快速电子打出以后，在该层留下一个空穴，外层电子将去填补这一空穴，释放的能量或者以特征 X 射线的形式辐射出去，或者将这一能量交给外层的另一个电子，后者被发射出来。这一现象称为俄歇(Auger)效应。由这一机制发射的电子称为俄歇电子。通过分析俄歇电子能谱来研究物质的结构与成分的方法称为俄歇电子能谱法。俄歇电子能谱与光电子能谱有密切关系，我们将它们放在一起讨论，并统称为电子能谱法。

光电效应早在上世纪末就发现了，俄歇效应是 1923 年发现的，由于精确测量电子能量的困难，将这两个现象应用于化学分析和结构研究迟至 60 年代初才获得成功。在这一领域内，英国人特纳(D. W. Turner)、苏联人维列索夫(Ф. И. Вилесов)和瑞典人齐格班(K. Siegbahn)等人做了开创性的工作。

**1. 仪器**

电子能谱仪包括激发源、单色器、样品室、电子能量分析器、电子检测器及数据处理系统等几部分组成。如图 11-15 示出瑞典乌普萨拉(Uppsma)大学使用的光电子能谱示意图。

理想的激发源应该强度大、单色性好。UPS 常用氦灯做光源，改变灯的几何形状和充气压力可获得强度大、自然宽度窄的 He Ⅰ线(21.22 eV)或 He Ⅱ线(40.8 eV)。XPS 常采用轻元素作 X 射线管的阳极材料，它们的 $2P_{3/2}-2P_{1/2}$ 自旋轨道分裂小，$1s$ 轨道上的空穴寿命长，因而发射的 $K_{\alpha_{1,2}}$ 线具有很窄的自然宽度。Al 和 Mg 的 $K_{\alpha_{1,2}}$ 线是最常用的激发线，有时也用其他元素的 X 射线(表 11-24)。

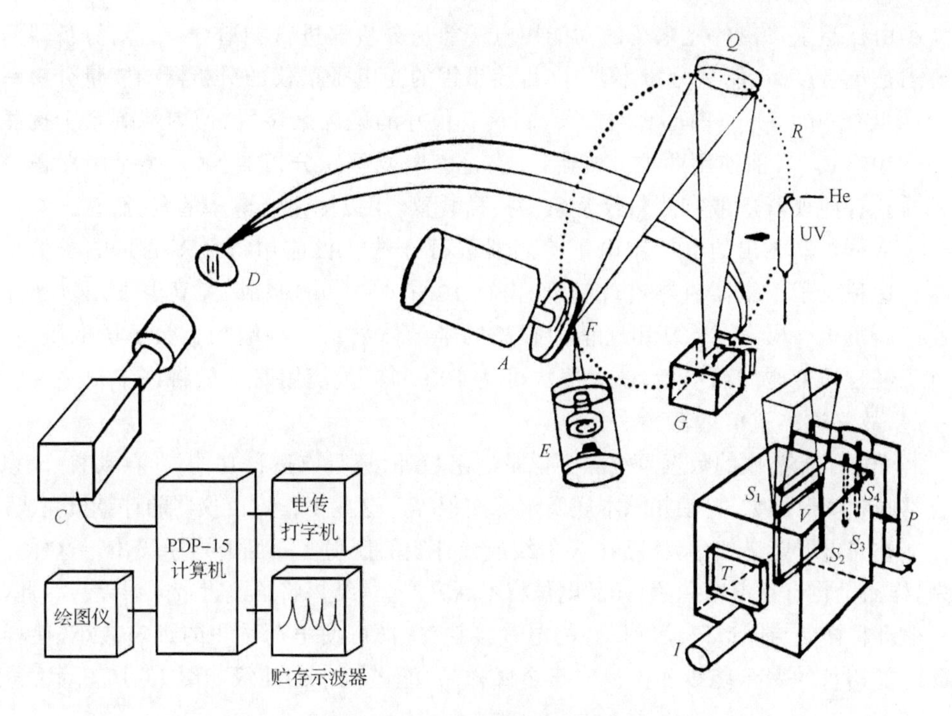


图 11-15　电子能谱仪示意图

$E$—电子枪；$A$—旋转阳极；$F$—焦点；$Q$—石英球面弯晶；UV—氦灯；$B$—罗兰(Rowland)圈；$S_1$、$S_2$、$S_3$、$S_4$—狭缝；$G$—气体样品室；$V$—有效照射气体体积；$T$—升温装置；$I$—气体入口；$P$—两级差压泵系统，其上加电子阻滞电压；$D$—多道板式检测器；$C$—电视录像机

**表 11-24　光电子能谱仪常用的 X 射线**

| X 射 线 | 能级跃迁 | 能 量/eV | 自然宽度/eV |
|---|---|---|---|
| Cu $K_{\alpha_1}$ | $2P_{3/2}\rightarrow 1S$ | 8048 | 2.5 |
| Ti $K_{\alpha_1}$ | $2P_{3/2}\rightarrow 1S$ | 4511 | 1.4 |
| Al $K_{\alpha_{1,2}}$ | $2P_{3/2},2P_{1/2}\rightarrow 1S$ | 1486.6 | 0.9 |
| Mg $K_{\alpha_{1,2}}$ | $2P_{3/2},2P_{1/2}\rightarrow 1S$ | 1253.6 | 0.8 |
| Na $K_{\alpha_{1,2}}$ | $2P_{3/2},2P_{1/2}\rightarrow 1S$ | 1041.0 | 0.7 |
| Si $K_{\alpha_{1,2}}$ | $2P_{3/2},2P_{1/2}\rightarrow 1S$ | 1739.5 | 1.0～1.2 |
| Zr $M_\zeta$ | $4P_{3/2}\rightarrow 3D_{5/2}$ | 151.4 | 0.77 |
| Y $M_\zeta$ | $4P_{3/2}\rightarrow 3D_{5/2}$ | 132.3 | 0.47 |

为了排除韧致辐射(见§12-4)、杂质 X 射线及阳极靶元素发射的非分析线的干扰，激发用 X 射线或紫外线还需要单色化。对于 X 射线一般采用石英弯晶做单色器，从合适的角度通过布拉格反射获得很窄(＜0.4eV)的单色 X 射线。

样品室要求真空度很高，这样可以避免光电子与残余气体作非弹性碰撞损失能量。由样品室至电子检测器真空度应＜$10^{-2}$ Pa。此外，样品与检测器应保持良好的电接触，使它们具有相同的费米能级(见§13-1)。

由样品室飞出的光电子的动能用电子能量分析器进行能谱分析。对分析器的要求是灵敏度高,能量分辨率要好(目前市售的光电子谱仪的分析器的能量分辨率为 0.1%～0.01%),内部真空度要高,具有很好的磁屏蔽装置,使内部剩余干扰磁场＜$10^{-8}$ T。目前使用两类分析器,一类是静电或静磁分析器,另一类是阻滞栅分析器。有些仪器还带有测角仪及角度扫描装置,用以测量光电子的角分布。

从分析器飞出的电子用电子检测器进行计数。目前用得最多的是电子倍增器。这种电子倍增器由掺铅玻璃管(内径 10—1000 μm)制成,经高温下用氢还原使表面覆盖一层发射次级电子能力很高的半导体材料。两端加上数千伏电压后,电子经与内壁碰撞而倍增,放大倍数可达 $10^6$—$10^8$。使用时一般将许多根并置在一起,故又称多道倍增器。

光电子能谱仪的数据系统除了记录谱函数外,还具有解谱功能,即自动找峰、拟合本底和峰形函数、自动扣除本底及求峰面积等。这些工作均由仪器的计算机完成。

在光电子能谱仪中,样品在 X 射线或紫外线的照射下不断有电子飞出。这样一来,样品上将有正电荷积累,样品电位将不断升高,其结果将给测量带来误差。为此,一般都将样品与能谱仪保持良好的电气接触,这样可使电荷堆积的影响减小,使样品与能谱仪的费米能级相同。对于金属样品,能谱仪中的能级如图 11-16 所示。

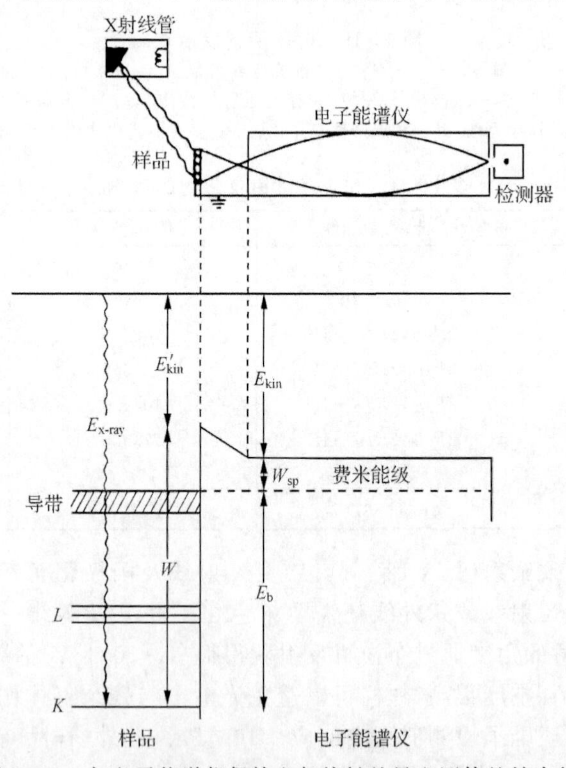


图 11-16　与电子能谱仪保持电气接触的导电固体的结合能

从金属样品表面飞出的电子具有的动能为

$$E'_{\text{kin}} = h\nu - E_{\text{b}}^{\text{v}}(k) = h\nu - E_{\text{b}}^{\text{F}}(k) - \phi_s$$

上式中 $E_{\text{b}}^{\text{v}}(k)$ 和 $E_{\text{b}}^{\text{F}}(k)$ 分别为第 $k$ 个能级上的电子相对于真空和相对于费米能级的结合能，$\phi_{\text{s}}$ 为样品的功函数。由于样品的功函数 $\phi_{\text{s}}$ 与能谱仪的功函数 $\phi_{\text{spect}}$ 可能不同，实际测得的动能为

$$E_{\text{kin}} = E'_{\text{kin}} - (\phi_{\text{spect}} - \phi_{\text{s}}) = h\nu - E_{\text{b}}^{\text{F}}(k) - \phi_{\text{spect}}$$

知道 $\phi_{\text{spect}}$ 就可利用上式计算出 $E_{\text{b}}^{\text{F}}(k)$。以真空为参考点的结合能则为

$$E_{\text{b}}^{\text{v}}(k) = E_{\text{b}}^{\text{F}}(k) + \phi_{\text{s}} \tag{11-79}$$

$\phi_{\text{s}}$ 与表面组成有关，一般为几个 eV。一般手册上给出的结合能值都是 $E_{\text{b}}^{\text{F}}$。对于相对测量，只需保持 $\phi_{\text{spect}}$ 不变就可以了。

**2. 紫外光电子能谱**

设激发源发射的光子能量为 $h\nu$，样品分子的第 $n$ 个分子轨道的电离能为 $I_{\text{n}}$，则电子从其中打出来以后具有动能 $E_n$，

$$E_n = h\nu - I_n \tag{11-80}$$

因为 $h\nu$ 是精确知道的，$E_n$ 可以精确地测量出来，所以原则上讲，我们可以用 UPS 求出分子的各级电离能 $I_n$。实际上，由于以下原因，电子能谱并不呈现为一个一个的单峰，而是有精细结构。

(1) 振动精细结构：分子中第 $n$ 个轨道的电离能 $I_n$ 等于从这个轨道电离掉一个电子得到的分子离子 $M^+$ 的能量 $E(M^+)$与分子的能量 $E(M)$之差，

$$I_n = E(M^+) - E(M) = (E'_{\text{e}} + E'_{\text{v}} + E'_{\text{r}}) - (E_{\text{e}} + E_{\text{v}} + E_{\text{r}}) \tag{11-81}$$

上式中 $E_{\text{e}}$、$E_{\text{v}}$ 和 $E_{\text{r}}$ 分别代表分子的电子能量，振动能量和转动能量。一般分子的振动能级间隔约为 0.05—1 eV，转动能级间隔约为 $10^{-3}$ eV 数量级。由于用于激发的 He Ⅰ线和 Hc Ⅱ线的自然宽度及电子能量分析器的分辨率约为 $10^{-3}$ eV 数量级，因此分子的转动能级间的跃迁一般不能分辨，可以不考虑激发过程中转动能级的变化。UPS 可以分辨气体样品的振动精细结构，但不易分辨固体样品的振动精细结构，这是由于固体样品中分子间的相互作用使能级加宽的缘故。

不论是分子还是分子离子，都可以处于不同的振动能级。令 $v$ 和 $v'$ 分别代表分子 M 和分子离子 $M^+$ 的振动量子数，$v, v' = 0, 1, 2\cdots$ 在室温下，M 一般处于电子能级 $E_{\text{e}}$ 的振动基态 ($v = 0$)，打出一个电子后形成的分子离子 $M^+$ 可以处于电子能级 $E'_{\text{e}}$ 的振动基态 ($v' = 0$)，也可以处于振动激发态 ($v' = 1, 2, \cdots$)。我们称 $v = 0 \rightarrow v' = 0$ 的电离过程为绝热电离过程，称相应的电离能为绝热电离能，以 $I_n^{(a)}$ 表示。由于电子的运动速度比原子核的振动速度约快二个数量级，因此在电离的瞬间核间距还来不及改变。根据弗兰克-康登原理(见 § 9 - 4)，从分子 M 的振动基态跃迁到振动极限核间距等于 M 的平衡核间距的 $M^+$ 的振动能级(图 11-17 中

的沿垂直线跃迁)的几率最大,这种跃迁称为弗兰克-康登跃迁,相应的电离能称为垂直电离能,以 $I_n^{(0)}$ 表示。这样一来,飞出的电子的能谱就出现振动精细结构

$$\begin{aligned} E_n &= h\nu - [E'_e + E'_v + E'_r - (E_e + E_v + E_r)] \\ &\approx h\nu - [(E'_e + E'_v) - (E_e + E_v)] \\ &= h\nu - [E'_e + E'_v(0) - E_e - E_v(0)] - [E'_v(v') - E'_v(0)] \\ &= h\nu - I_n^{(a)} - [E'_v(v') - E'_v(0)] \end{aligned} \tag{11-82}$$

由此可见,对应于振动精细结构的第一个小峰[①]的电离能为绝热电离能,对应于振动精细结构强度最大的小峰的电离能为垂直电离能,相邻小峰的能量差即分子离子的振动能级间距。

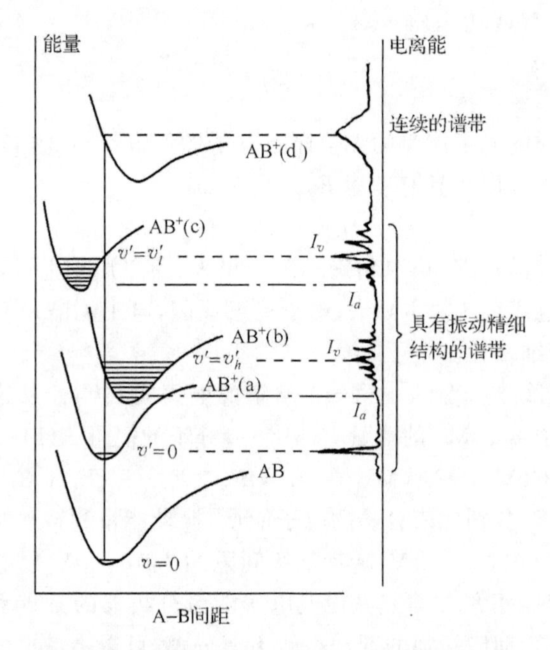


图 11-17 AB 的紫外光电子能谱与 AB 及 $AB^+$ 位能曲线的对应关系

分子离子的平衡核间距与被打出的电子所在的分子轨道的成键特性有关。若打出的是一个非键轨道上的电子,则分子离子的平衡核间距与键强度与原分子的基本上相等,此时 $v=0 \to v'=0$ 的跃迁为弗兰克-康登跃迁,跃迁几率最大。$v=0 \to v'=1,2,\cdots$ 的跃迁几率依次减小。在这种情况下振动精细结构比较简单,只呈现一个强峰(第一个峰)和 1—2 个弱峰,且强度依次减小[图 11-17(a)],振动能级

---

① 文献中光电子能谱有两种表示方法,一种是以峰强度对电离能(结合能)作图,另一种是以峰强度对电子动能作图。前者横坐标的正方向为电离能减少的方向,后者横坐标正方向为电子动能增加的方向。在两种情况下 $I_n^{(a)}$ 对应的都是振动精细结构中从右往左数的第一个小峰,即电离能最小(电子动能最大)的峰。

间距与原分子相近。若打出的电子是一个成键电子，则分子离子的平衡核间距比原分子的平衡核间距大，只有处于振动激发态 $v' = v'_k$ 的状态下振动极限核间距才和分子的平衡核间距相近。因此 $v = 0 \to v' = v'_k$ 的几率最大，$v = 0 \to v' = v'_k \pm 1$，$v'_k \pm 2$，… 的跃迁也有较大的几率。在这种情况下振动精细结构比较复杂，强度最大的峰不再是第一个峰。可以想见，打出的电子所在的分子轨道成键作用越强，$v'_k$ 就越大，振动能级间距也就越小[图 11-17(b)]。若打出的电子是一个反键电子，则分子离子的平衡核间距比原分子的平衡核间距要小，只有处于振动激发态 $v'_l$ 时振动极限核间距才和原分子的平衡核间距相近，因此 $v = 0 \to v' = v'_l$ 的几率最大，$v = 0 \to v' = v'_l \pm 1$，$v'_l \pm 2$，… 的跃迁也有比较大的几率。在这种情况下振动精细结构也比较复杂，强度最大的峰也不是第一个峰。可以预料，被打出的电子所在的分子轨道的反键作用愈强，$v'_l$ 就越大，振动能级间距就越大[图 11-17(c)]。若分子离子的平衡核间距与分子的平衡核间距差别太大时，$v'_k$ 或 $v'_l$ 很大，能级间距很小(这是由振动的非谐性引起的，见 § 9－3)，电子能谱仪已不能分辨，于是得到连续谱带[图 11-17(d)]。

根据光电子能谱的振动精细结构的形状和振动能级间距可以判断被打出的电子所在的分子轨道的成键特性。兹举 $N_2$ 为例予以说明，$N_2$ 的振动基频为 2345 $cm^{-1}$，其紫外光电子能谱见图 11-18，峰的指认情况与相应分子轨道的成键特性列于表 11-25，读者当不难论证表 11-25 所列的判断的正确性。

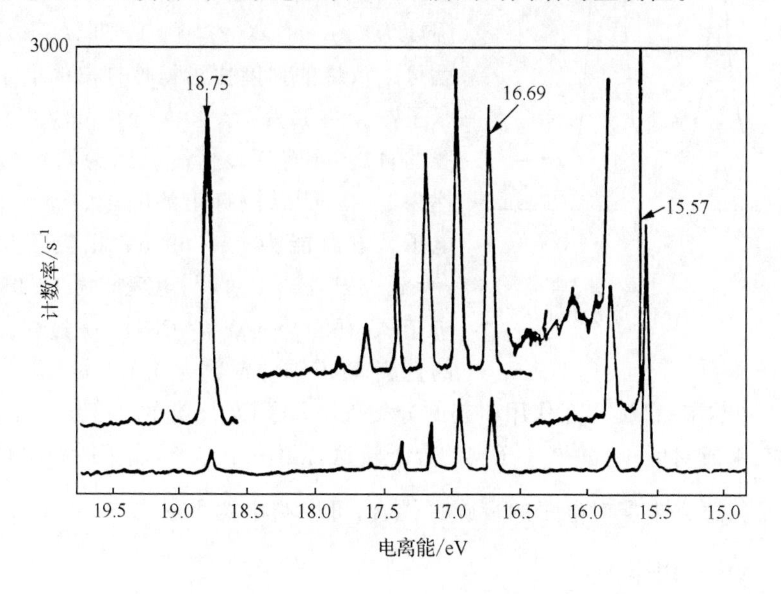


图 11-18　$N_2$ 的光电子能谱

表 11-25 $N_2$ 的 UPS 的指认与相应分子轨道的成键特性

| 垂直电离能/eV | 振动能级间距/$cm^{-1}$ | 分子轨道 | 成键特性 |
|---|---|---|---|
| 15.57 | 2100 | $\sigma_g 2p$ | 弱成健 |
| 16.69 | 1810 | $\pi_u 2p$ | 强成键 |
| 18.75 | 2390 | $\sigma_u^* 2s$ | 弱反键 |

由 $N$ 个原子组成的分子有 $3N-6$ 个(直线型分子为 $3N-5$ 个)振动方式,所以多原子分子的振动精细结构比双原子分子来得复杂,好在通常只涉及一种振动方式,还是可以辨认出来的。

(2) 自旋-轨道偶合:绝大多数分子是闭壳层分子。从闭壳层分子中移走一个电子以后,生成的分子离子是一个在某一分子轨道上有一空穴的开壳层分子。在该分子轨道上就有一个自旋未成对的电子,设其轨道量子数为 $l$,自旋-轨道耦合的结果将产生两种状态:$j_1=l+\frac{1}{2}$,$j_2=l-\frac{1}{2}$,它们具有不同的能量,其差值为自旋-轨道耦合常数。高分辨率的光电子能谱仪可以观察到这种自旋-轨道分裂并得出自旋-轨道耦合常数。因为自旋-轨道分裂产生的两个峰的相对强度为 $(2j_1+1):(2j_2+1)$,即 $(l+1):l$,这样就可以从峰的强度比求得被打出的电子的轨道量子数。图 11-19 示出 Ar 的 UPS 的第一条谱线的自旋-轨道分裂情况。因为两个峰的强度比为 2∶1,所以被打出的电子的 $l=1$,即 $3p$ 电子。电离能为 15.759 eV 相应于 $Ar(^1S_0)\rightarrow Ar^+(^2P_{3/2})+e$ 过程,电离能为 15.937 eV 相应于 $Ar(^1S_0)\rightarrow Ar^+(^2P_{1/2})+e$ 过程。$3p$ 电子的自旋-轨道耦合常数为 0.178 eV。

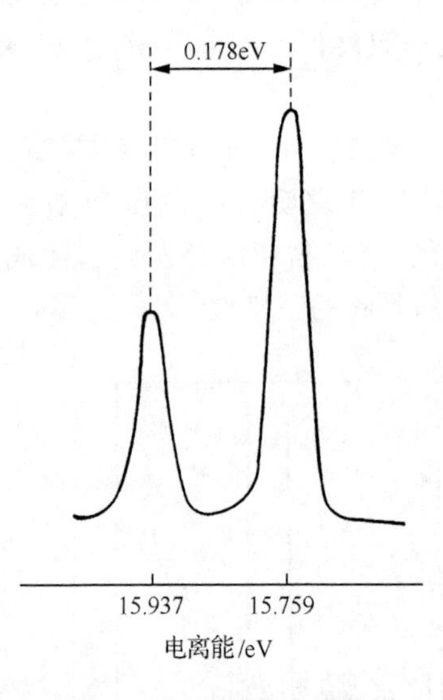


图 11-19 Ar 的光电子能谱

(3) 由自旋-自旋相互作用引起的分裂:对于像 $O_2$ 一类的开壳层分子,分子中本来就有未成对电子,如果从充满的分子轨道打出一个电子,剩下的一个自旋未配对的电子与原先未配对电子的自旋 $S$ 耦合,可以给出两个状态 $S+\frac{1}{2}$ 和 $S-\frac{1}{2}$。例如 $O_2$ 的电子组态为

$$KK(\sigma_g 2s)^2(\sigma_u^* 2s)^2(\sigma_g 2p)^2(\pi_\mu 2p)^4(\pi_g^* 2p)^2,$$

$^3\Sigma_g^-$ 态,$S=1$。若从 $\pi_u 2p$ 轨道上打出一个电子,剩下一个电子与两个 $\pi_g^* 2p$ 上的

各一个电子的自旋耦合，产生 $S=\frac{3}{2}$ 和 $S=\frac{1}{2}$ 两个状态，$^2\Pi_u$ 和 $^4\Pi_u$，同理，失去一个 $\sigma_g 2p$ 电子给出 $^2\Sigma_g^-$ 和 $^4\Sigma_g^-$ 两个状态，失去一个 $\sigma_u^* 2s$ 电子给出 $^2\Sigma_u^-$ 和 $^4\Sigma_u^-$ 两个状态，失去一个 $\sigma_g 2s$ 电子给出 $^2\Sigma_g^-$ 和 $^4\Sigma_g^-$ 两个状态。图 11-20 示出 $O_2$ 的光电子能谱。

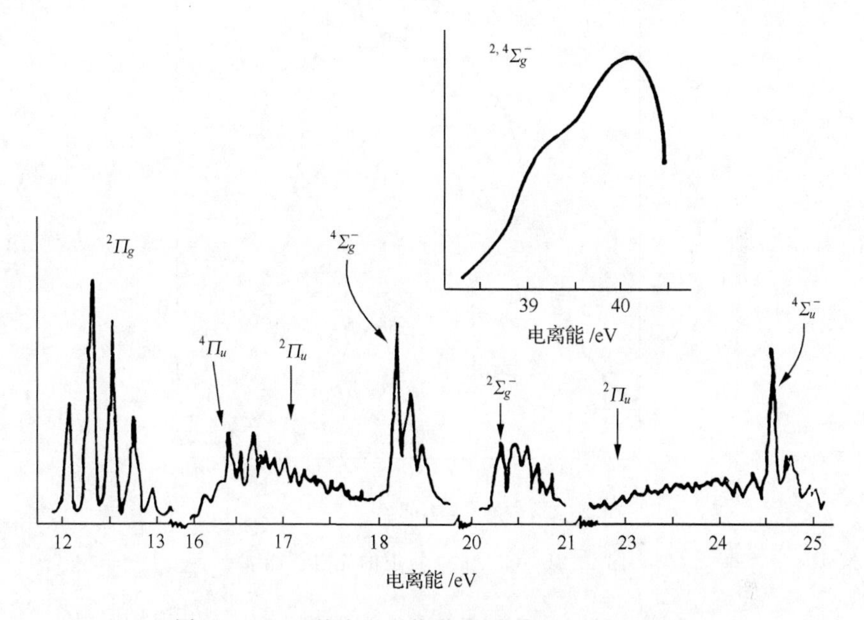


图 11-20 $O_2$ 的光电子能谱(激发线：He II，40.8eV)

(4) 姜-泰勒效应：任何处于简并电子态的非直线型分子体系都是不稳定的，它将发生某种畸变以降低其对称性，使简并消除。这一定理称为姜-泰勒定理，我们在§7-2已作详细叙述。从一个分子中打出一个电子以后，若生成的分子离子处于简并电子态(例如 $E$、$T_1$、$T_2$ 等)，根据姜-泰勒原理，这样的分子离子将发生畸变，即降低其对称性以消除简并电子态。这样一来，产物分子离子可以处于从这一简并电子态分裂成的非简并电子态中的任一个，于是在光电子能谱中观察到多重峰。以 $CH_4$ 为例，其对称性为 $T_d$，电子组态为 $(1a_1)^2(2a_1)^2(t_{2x})^2(t_{2y})^2(t_{2z})^2$ ①。若从简并的三个 $t_2$ 轨道之一(例如 $t_{2z}$) 打出一个电子以后，分子离子 $CH_4^+$ 的电子组态为 $(1a_1)^2(2a_1)^2(t_{2x})^2(t_{2y})^2(t_{2z})^1$，它处于 $^2T_2$ 态。处于这种三重简并电子态的正四面体分子是不稳定的，它将产生畸变。有人认为畸变为对称性为 $D_{2d}$ 的变形四面体，可能的电子组态有两种：$(1a_1)^2(1e)^4(1b_2)^1$ ($^2B_2$ 态)及 $(1a_1)^2(1e)^3$

① L. Oleari, *Tetrahedron*, 17, 171(1962).

$(1b_2)^2$ ($^2E$ 态)[①]。两状态的能量不同。紫外光电子能谱(图 11-21)中的两个宽峰即相应于 $^1A_1(CH_4, T_d) \to {}^2B_2(CH_4^+, D_{2d})$ 及 $^1A_1(CH_4, T_d) \to {}^2E(CH_4^+, D_{2d})$ 两个跃迁。

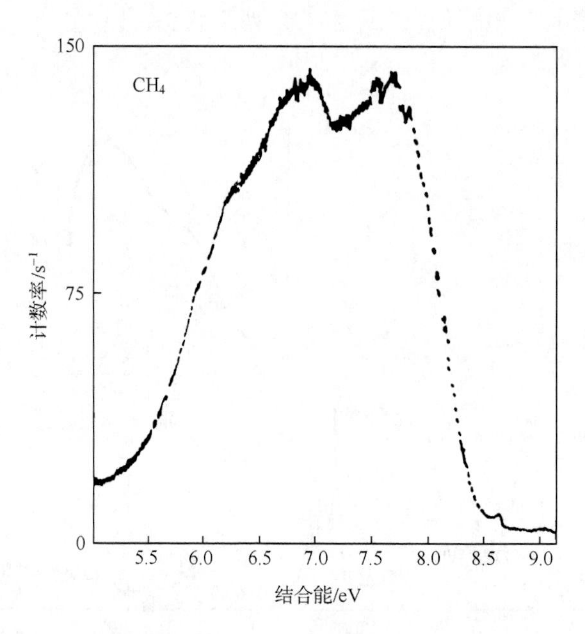


图 11-21 $CH_4$ 的 $t$ 轨道的光电子能谱

## 3. X 射线光电子能谱

用 X 射线作光源时内层电子比价层电子有更大的光电效应截面,因此 X 射线光电子能谱主要用来研究内层电子的结合能变化。内层电子又称为原子实电子,它们不参与形成化学键。因此化学环境的变化可以看成是对该原子的内层电子的一种微扰。利用实电子仍然保持其原子特性可以作为我们进行元素分析的依据,结合能的变化——化学位移——则可以作为研究原子化学环境的一项重要指标。由于光电子能谱仪的分辨率很高,化学位移对于化学环境的变化是很敏感的。

处于气体状态的原子的量子数为 $(n, l, j)$ 的电子的结合能 $E_{nlj}$ 为

$$E_{nlj} = T_{nlj}^{+} - T \tag{11-83}$$

上式中 $T_{nlj}^{+}$ 和 $T$ 分别表示电离掉 $\psi_{nlj}$ 轨道上的一个电子后生成的正离子的总能量和原子的总能量,按照库普曼斯定理,$E_{nlj}$ 近似等于轨道 $\psi_{nlj}$ 的本征值 $\varepsilon_{nlj}$ 的负值,即

① F. A. Grimm and J. Godoy, *Chem. Phys. Lett.*, 6, 336(1970).

$$E_{nlj} \simeq -\varepsilon_{nlj} \tag{11-84}$$

$E_{nlj}$ 与 $-\varepsilon_{nlj}$ 的差值

$$E_R = -\varepsilon_{nlj} - (T_{nlj}^+ - T) \tag{11-85}$$

称为松弛能。松弛能的存在是由于从原子中电离掉一个电子后，其余电子不能完全保持其原来的运动状态。对于实电子，松弛能 $E_R$ 不可忽略。$E_R$ 可以用理论计算。利用X射线光电子能谱求得绝热电离能 $T_{nlj}^+ - T$，并对松弛能影响进行校正，可以对于量子化学计算得到的 $\varepsilon_{nlj}$ 进行检验，这是X射线光电子能谱的重要用途之一。

如前所述，实电子在很大的程度上保持其原子特性，样品的X射线光电子能谱除了数值较小(由零至二、三十个电子伏特)的化学位移外基本上是组分原子的光电子能谱，不同元素的实电子的电离能相差较大，特别是轻元素(表11-26)，因此可以用来进行定性、定量分析。

**表11-26　第二,三周期元素的 *K* 层电子的电离能**　　(单位：eV)

| 元素 | Li | Be | B | C | N | O | F | Ne |
|---|---|---|---|---|---|---|---|---|
| 电离能 | 58 | 115 | 192 | 288 | 403 | 538 | 694 | 870.1 |
| 元素 | Na | Mg | Al | Si | P | S | Al | Ar |
| 电离能 | 1075 | 1308 | 1564 | 1844 | 2148 | 2476 | 2829 | 3206.3 |

在应用光电子能谱进行化学分析时，有一点特别值得注意。由于光电子能量比较小，它们在样品中的射程很短，只有表面很薄一层(约1—8 nm)发射的光电子才能能量无损失地到达探测器，因此必须保证表面与样品本体具有相同的化学组成。为此待测样品常常需要经过严格的清洁处理。对于一些表面活性很高的样品，仪器中残余空气的压力需要达到 $10^{-8}$ Pa。计算表明，如果压力为 $10^{-7}$ Pa，且假定 $O_2$ 分子每撞击表面一次即被吸附，则在50分钟内表面便覆盖上了一单分子层的 $O_2$。另一方面，利用光电子能谱对表面的高度敏感性可以对样品表面进行分析，这对催化剂的研究非常有价值。

原子的内层电子虽然不参与形成化学键，但原子结合成不同的分子时，内层电子的结合能也各不相同，分子中某一内层电子 $i$ 的结合能与自由原子中的内层电子 $i$ 的结合能的差定义该分子的化学位移 $\Delta E_{Bi}$，

$$\Delta E_{Bi} = E_i(M) - E_i(A) = [T_i^+(M) - T(M)] - [T_i^+(A) - T(A)] \tag{11-86}$$

对于分子和晶体，使结合能发生变化的原因有二：(1)当原子结合成分子时，原子的价电子发生转移和共享，价电子层的这种电荷变化会引起实电子能量的变化。一个均匀带电的球壳在其内产生的电位为

$$V_v = \frac{q_v e}{4\pi\varepsilon_0 r_v} \tag{11-87}$$

上式中 $q_v e$ 和 $r_v$ 为价电子层的电荷和平均半径。(2)分子中其他原子或晶体中所有原子对该原子的实电子的能量会产生影响,设第 $j$ 个原子的净电荷为 $q_j e$,至所论实电子 $i$ 的距离为 $r_{ij}$,则周围原子在实电子 $i$ 处建立的电位为

$$V = \sum_i q_j e/(4\pi\varepsilon_0 r_{ij}) \tag{11-88}$$

$V$ 称为分子势或晶体势。因此第 $i$ 个实电子的结合能的变化可写为①

$$\Delta E_{Bi} = \Delta\left(\frac{q_v e^2}{4\pi\varepsilon_0 r_v}\right) - \Delta\left(\sum_j \frac{q_j e^2}{4\pi\varepsilon_0 r_{ij}}\right) \tag{11-89}$$

根据鲍林的电负性标度,可以计算出每个原子上的净电荷,其规则如下:

(1) 写出分子式,注明原子的形式电荷 $Q$。所谓形式电荷,就是将每一个键中的成键电子平均分配于二成键原子后每个原子所能摊到的净电荷。

(2) 确定每个原子的部分离子特性 $I$,$I$ 可以通过对联系于原子的所有键的部分离子特性求和得到。键 A-B 在原子 B 上的部分离子特性按下式计算

$$I = \frac{\chi_A - \chi_B}{|\chi_A - \chi_B|}\{1 - \exp[-0.25(\chi_A - \chi_B)^2]\} \tag{11-90}$$

(3) 如果某一原子的形式电荷为+1,其电负性为

$$\chi(+1) = \chi(Z) + \frac{2}{3}[\chi(Z+1) - \chi(Z)] \tag{11-91}$$

若形式电荷为−1,其电负性为

$$\chi(-1) = \chi(Z) + \frac{2}{3}[\chi(Z-1) - \chi(Z)] \tag{11-92}$$

上述二式中 $\chi(Z)$、$\chi(Z+1)$ 和 $\chi(Z-1)$ 分别为原子序数为 $Z$、$Z+1$ 和 $Z-1$ 的元素的电负性。

(4) 原子上的净电荷为形式电荷与各键的部分离子特性之和

$$q = \Sigma I + Q \tag{11-93}$$

(5) 按照共振论,一个分子可能具有多种共振结构式,原子上的净电荷 $q$ 是所有这些共振结构的加权平均。

利用这种方法可以将化学位移 $\Delta E_B$ 与电负性关联起来,在没有更合理的计算方法以前,这种方法有一定价值。但由于共振结构式的写法和数目以及加权求平均都带有一定的任意性,应用时需要慎重。

分子中每个原子上的净电荷可以用分子轨道理论求得,目前近似分子轨道理论和从头计算方法都在应用,后者由于计算工作量很大,目前只用于小分子。

---

① 此外略去了松弛能 $E_R$ 的变化。

由此可见，光电子能谱的化学位移是一个十分重要的参数，它为量子化学的计算结果提供了一个直接的检验。在实际应用方面，化学位移可以用作结构鉴定。由于光电子能谱有很高的能量分辨率，通过测量化学位移可以判断原子在分子中的结合情况。图 11-22 是三氟乙酸乙酯的 C (1*s*) 光电子能谱，谱中有四个面积相同的峰，清楚地说明分子中有四个化学环境不同的碳原子。图 11-23 是 $B_5H_9$ 的 B (1*s*) 光电子能谱，谱中有两个峰，强度比为 4∶1，较小的峰的结合能比较小，说明分子中有四个硼原子处于相同的化学环境，另外一个硼原子处于不同的化学环境，其上有较高的电子密度，这与 $B_5H_9$ 有一个硼原子具有较高的亲核行为一致，由此推知其可能结构为五个硼原子排列成四方锥形。图 11-24 是反-硝酸二亚硝酸根·两个乙二胺合钴[$Co(NH_2CH_2CH_2NH_2)_2(NO_2)_2$]$NO_3$ 的 N (1*s*) 光电子能谱，谱中有三个峰，峰面积比为 4∶2∶1，据此很容易判明每个峰的归属，这种分析与原子的氧化态越高、实电子的结合能也越大的规律是一致的。

由上面的讨论可知在确定化合物的结构方面，光电子能谱与核磁共振在功能方面有些类似。但核磁共振仅限于仪器预选的几个核(如 $^1H$、$^{13}C$、$^{19}F$、$^{31}P$ 等)可以运用，而光电子能谱原则上可以判明每种元素的化学环境，因此具有更为广泛的适应性。目前已逐步建立一种官能团与电离能的相关图，随着仪器分辨率的提高和数据的积累，光电子能谱在测定分子结构方面将会发挥更大的作用。

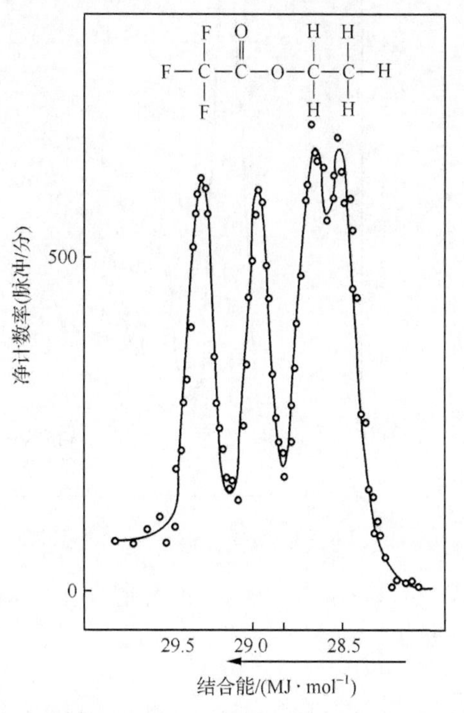


图 11-22　三氟乙酸乙酯的 C (1*s*) 光电子能谱

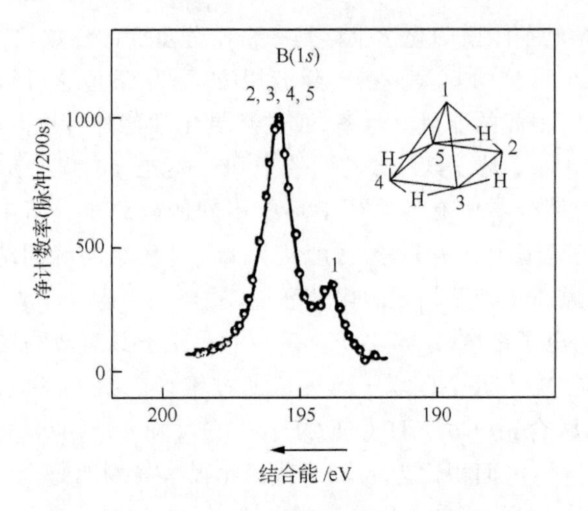


图 11-23 $B_5H_9$ 的 B(1s) 光电子能谱

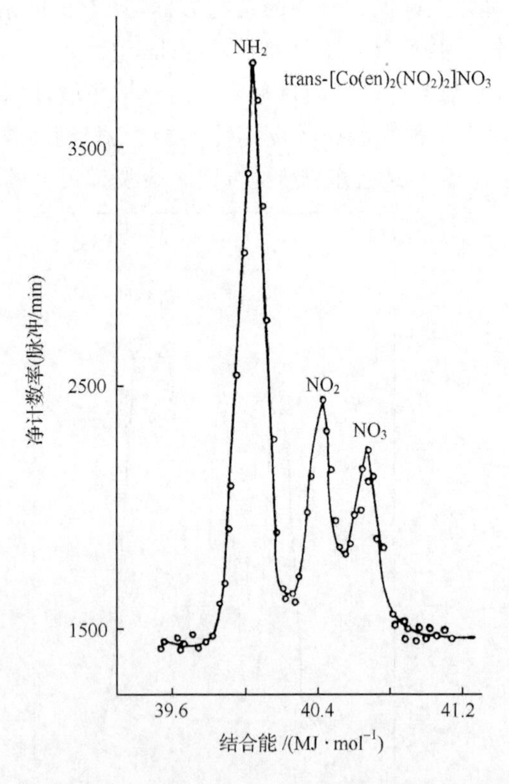


图 11-24 trans-$[Co(en)_2(NO_2)_2]NO_3$ 的 N(1s) 光电子能谱

**4. 俄歇电子能谱**

由于某种原因从原子的内层(如 $K$ 层)电离掉一个电子以后,在该壳层留下一个空位，该原子处于激发态。处于较高能级的电子将填补这个空位，并释放出能量。如果这部分能量以光的形式发射出去，这种退激过程称为辐射跃迁，发出的光称为特征 X 射线。如果退激过程不发射光子，而是将这部分交给另一电子，使这一电子电离出去，这种退激过程称为俄歇过程，发射出的电子称为俄歇电子。俄歇过程是一种无辐射跃迁。俄歇过程常用所涉及的三个空位所在的壳层命名。例如 $KL_{\text{I}}L_{\text{II}}$，意即最初在 $K$ 层有一空位，$L_{\text{I}}$ 支层的一个电子去填补这一空位，释放的能量将 $L_{\text{II}}$ 支层的一个电子发射出去。于是在 $L_{\text{I}}$ 和 $L_{\text{II}}$ 支层上各留下一个空位，如图 11-25所示，$KL_{\text{I}}L_{\text{II}}$ 俄歇过程发射的俄歇电子的能量为

$$E_A = E_K - (E_{L_{\text{I}}} - E_{L'_{\text{II}}}) - \phi \tag{11-94}$$

它与激发方式无关。上式中 $E_K$ 和 $E_{L_{\text{I}}}$ 分别为 $K$ 层电子和 $L_{\text{I}}$ 支壳层电子的结合能，$E'_{L_{\text{II}}}$ 为 $L$ 层上有一空位的离子的 $L_{\text{II}}$ 支壳层电子的结合能。$E'_{L_{\text{II}}}$ 可近似地算出

$$E'_{L_{\text{II}}} = E_{L_{\text{II}}}(Z + \Delta Z) \tag{11-95}$$

$\Delta Z$ 的值在 0 与 1 之间。目前已将俄歇电子能量的实验值汇编成表。

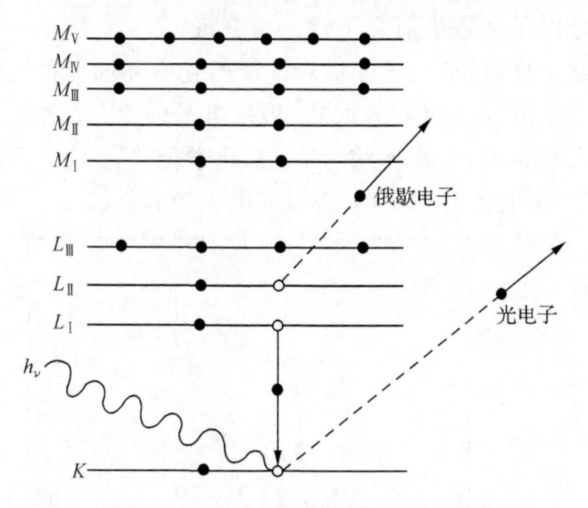


图 11-25　$KL_{\text{I}}L_{\text{II}}$ 俄歇过程示意图

俄歇过程和发射 X 射线是两个互相竞争的过程。对于 $K$ 层空位，发射光子的几率 $N_K$ 与发射俄歇电子的几率 $1 - N_K$ 的比值有下列经验关系

$$\frac{N_K}{1 - N_K} = (-6.4 + 3.4Z - 0.000103Z^3)^4 \times 10^{-8} \tag{11-96}$$

可见 Z 越小发射俄歇电子的几率越大。

发射俄歇电子的相对几率还与空位所在的壳层有关，由于辐射 X 射线的几率与跃迁能量的三次方成比例，而发射俄歇电子的几率与跃迁能量无关。因此当空位向外移动时，发射俄歇电子的几率越来越大。事实上除 $K$ 层外，俄歇过程总是占优势的。俄歇过程使空位数目倍增，最终原子所带的电荷可高达 $+22e$。

俄歇电子能谱的特点是谱复杂，这是因为俄歇过程的选律限制很宽，可能的跃

迁过程很多。对 $L\text{-}S$ 偶合其选律为 $\Delta L = \Delta S = \Delta J = 0, \Delta\pi = 1$。俄歇电子峰的位置固定，与激发辐射（如高速电子）的能量无关。俄歇电子峰一般都比光电子峰宽，峰处的本底很高，有时只是在连续的本底线上出现一个小的拐折。这是由于俄歇电子能量比较低，如 C 的 $KLL$ 俄歇电子能量为 266 eV，在这一区域有许多由于光电子和俄歇电子与束缚电子作非弹性散射飞出的能量连续的电子造成的本底。

在仪器方面，俄歇电子能谱仪与光电子能谱仪大体上相同，不同的地方有两点：(1)激发源不同。如前所述，俄歇电子能量与激发方式及激发辐射的能量无关，因此一般采用电子枪作激发源，能量约为 1000—3000 eV，这种激发源强度大，束流稳定，容易制作。(2)由于俄歇电子峰是在大的本底上出现的小峰，直接测量强度 $dN(E)/dt = I(E)$ 不易观察，一般测量 $dI(E)/dE$，即强度的一阶微商，为此在仪器设计上，常对分析器所加电压进行频率调制，经放大、相敏检波后与调制频率 $\omega$ 的倍频 $2\omega$ 比较，可以直接记录到 $dI(E)/dE$。

俄歇电子能量很低，在样品中射程很短，故分析的只是样品表面约 0.1 nm 的一薄层。因此俄歇电子能谱最适合于做表面分析。

与光电子能谱一样，俄歇电子能谱对原子的化学环境也很敏感，其化学位移稍小于前者。图 11-26 是 $Na_2S_2O_3$ 的 $KLL$ 俄歇电子能谱，氧化态为 +6 和 −2 的两个 S 原子的峰分开得很好，面积比约为 1∶1，化学位移为 4.6 eV，而相应的光电子能谱的化学位移对 1$s$ 电子为 7.0 eV，对 2$p$ 电子为 6.0 eV。

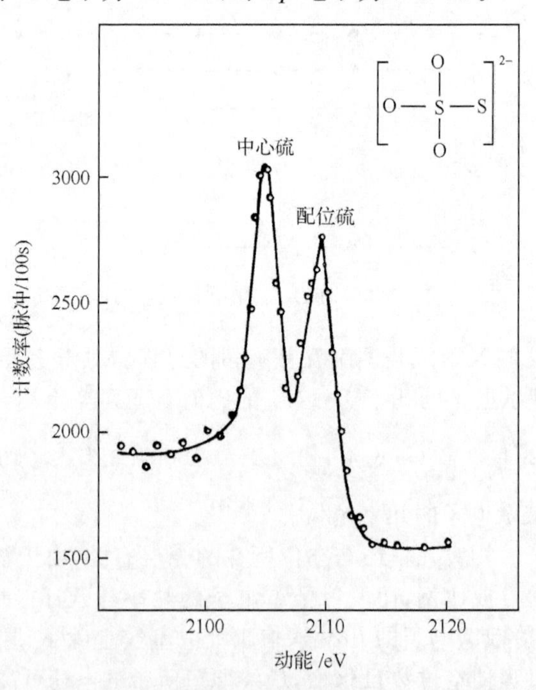


图 11-26 $Na_2S_2O_3$ 的 $KLL$ 俄歇电子能谱

图 11-27 为金属铝表面的俄歇电子能谱，其中(a)为 $Al_2O_3$ 的谱，(b)为 Al+$Al_2O_3$ 的谱，(c)为清洁的 Al 的谱。通过测定表面俄歇电子能谱可以了解表面的氧化，吸附等情况。

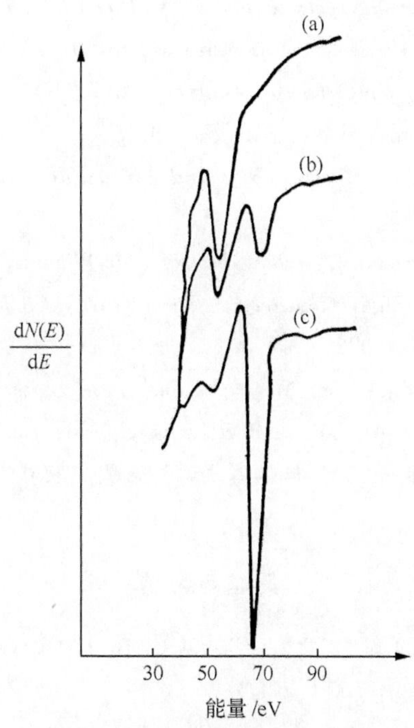


图 11-27　铝表面的俄歇电子能谱

## 参 考 书 目

1. J. W. Smith, *Electric Dipole Moments*, Butterworth, London, 1955.
2. Le Fèvre, *Dipole Moments*, Methuen, Landon, 1953.
3. P. W. Selwood, *Magnetochemistry*, Interscience, New York, 1956.
4. A. Weiss and H. Witte, *Magnetoehemie Grundlagen und Anwendungen*, Verlag Chemie GmbH, Weinheim/BergstraBe, 1973.
5. J. Lewis and R. G. Wilkins, *Modern Coordination Chemistry*, Interscience, New York, 1960.
6. 游效曾编著，《结构分析导论》，科学出版社，1980.
7. M. Mehring, *Principle of High Resolution NMR in Solids*, 2nd Ed., Springer, 1983.
8. 梁晓天编著，《核磁共振(高分辨氢谱的解释和应用)》，科学出版社，1976.
9. 徐广智编著，《高分辨核磁共振波谱解析》，科学出版社，1974.
10. C. P. Poole, Jr., *Electron Spin Resonance*, 2nd Ed., Wiley, New York, 1983.
11. J. E. Wertz and J. R. Bolten, *Electron Spin Resonance*, *Elementary Theory and Practical Applications*, McGraw-Hill, New York, 1972.
12. 徐广智，《电子自旋共振波谱基本原理》，科学出版社，1978.

13. 裘祖文,《电子自旋共振波谱》,科学出版社,1980.
14. N,M,Atherton,*Electron Spin Resonance*,*Theory and Applications*,Ellis Horwood,1973.
15. C. P. Slicher,*Principles of Magnetic Resonance*,*Springer*,1978.
16. J. H. D. Eland,*Photoelectron Spectroscopy——An Introduction to Ultraviolet Photoelectron Spectroscopy in the Gas Phase*,2nd Ed. ,Butterworth,1984.
17. J. H. Eland,*Photoelectron Spectroscopy*,Butterworth,1974.
18. 潘承璜,赵良仲,《电子能谱基础》,科学出版社,1981.
19. R. E. Ballard, *Photoelectron Spectroscopy and Molecular Orbital Theory*, Adam Hilger Ltd. ,Bristol,1978.
20. T. A. Carlson,*Photoelectron and Auger Spectroscopy*,Plenum,New York,1975.
21. A. D. Baker and D. Betteridge,*Photoelectron Spectroscopy*,*Chemical and Analytical*,Pergamon,Elmsford,New York,1972.
22. K. Siegbahn,et al. ,*ESCA*:*Atomic*,*Molecular and Solid State Structure Studied bg Means of Electron Spectroscopy*,Almquist and Wiksells,Uppsala,1967.
23. D. Briggs 等编著,桂琳琳、黄惠忠、郭国霖译,《X 射线与紫外光电子能谱》,北京大学出版社,1984.

## 问题与习题

1. 为什么 $CH_3X$ 与 $C_2H_5X$ 的偶极矩之差随 X=F,Cl,Br,I 的次序增大?
2. 指出下列分子哪些是极性分子,哪些不是?

(1) $(CH_3)_3CH$　　(2) $CH_3—CH═CH_2$
(3) $CH_3—C≡CH$　　(4) $(CH_3)_2CO$
(5) $CO_2$　　(6) $SO_2$
(7) $NO_2$　　(8) $H_2N—C_6H_4—NH_2$
(9) $HOOC—C_6H_4—COOH$　　(10) $SF_6$

3. 从下面所列数据说明如何决定 $C_6H_5CH_3$ 和 $C_6H_5NO_2$ 的偶极矩的方向。

| 分　子 | $\mu/(10^{-30}C\cdot m)$ | 分　子 | $\mu/(10^{-30}C\cdot m)$ |
|---|---|---|---|
| $C_6H_5Cl$ | 5.17 | $Cl—C_6H_4—CH_3$ | 6.34 |
| $C_6H_5CH_3$ | 1.33 | $O_2N—C_6H_4—CH_3$ | 14.7 |
| $C_6H_5NO_2$ | 13.2 | $Cl—C_6H_4—NO_2$ | 8.34 |

4. 已知 $C_6H_5Cl$ 和 $C_6H_5NO_2$ 的偶极矩分别为 $5.17\times10^{-30}C\cdot m$ 和 $13.2\times10^{-30}C\cdot m$,试计算下列三个化合物的偶极矩,它们的实验值为 $13.0\times10^{-30}C\cdot m$,$7.51\times10^{-30}C\cdot m$ 和 $11.3\times10^{-30}C\cdot m$,应如何解释?

$NO_2$ / $NO_2$　　　　Cl / Cl　　　　Cl / $NO_2$

(1)　　　　(2)　　　　(3)

5. 测得 $SO_2$ 气体在一大气压及不同温度下的介电常数如下：

| $T/K$ | 267.6 | 297.2 | 336.9 | 443.8 |
| --- | --- | --- | --- | --- |
| $\varepsilon$ | 1.009918 | 1.008120 | 1.006477 | 1.003911 |

假定 $SO_2$ 为理想气体，试求 $SO_2$ 的偶极矩。

6. 计算$[M(H_2O)_6]^{2+}$ (M=V, Mn, Co, Cu)的磁矩。

7. 试计算乙醛和氯代甲烷的摩尔磁化率，并从化学手册中查出它们的实验值，以资比较。

8. 用核磁共振法测得质子的共振吸收频率与磁感应强度比，$\nu/B=42.6\ \mathrm{MHz\cdot T^{-1}}$，(1)试求朗德因子 $g_p$；(2)磁旋比 $\gamma$；(3)已知质子的自旋等于$\frac{1}{2}$，试求它的磁矩(指最大分量)等于多少核磁子？等于多少 $\mathrm{J\cdot T^{-1}}$？

9. 用电子顺磁共振法测得电子的共振吸收频率与磁感应强度比 $\nu/B=28.003\mathrm{GHz\cdot T^{-1}}$，(1)试求朗德因子 $g_e$；(2)磁旋比；(3)已知电子的自旋为$\frac{1}{2}$，试求它的磁矩等于多少波尔磁子？多少 $\mathrm{J\cdot T^{-1}}$？

10. 试以化学位移 $\delta$ 为横坐标，吸收强度为纵坐标，示意画出 TMS、$H_2O$ 和苯的吸收峰，并在图上标出高场方向，低场方向，横坐标的 $\tau$ 标度。

11. 试计算$^{13}C$ 核在 1T 时核磁共振的吸收频率，为什么$^{13}C$ 核磁共振谱比质子核磁共振谱灵敏度低？

12. 43℃时测得乙酰丙酮的核磁共振谱在 $\delta=5.62$ 有一峰，峰面积 37 单位，在 $\delta=3.66$ 有一峰，峰面积 19.5 单位，其他峰与本题无关，试求烯醇式的百分含量。

13. 为什么核磁共振样品中应尽可能除去溶解的 $O_2$？

14. 有下列两个二腈基丁烯异构体

(1) $CH_3-CH=C(CH_2CN)(CN)$　　(2) $NC-CH=C(CH_2CN)(CH_3)$

在核磁共振谱上如何鉴别它们？

15. 甲基三氯硅甲烷($CH_3SiCl_2H$)与乙酸乙烯基酯($CH_3COOCH=CH_2$)加成产物可能是

(1) $CH_3-SiCl_2-CH_2-CH_2-O-C(=O)-CH_3$

(2) $CH_3-SiCl_2-CH(CH_3)-O-C(=O)-CH_3$

产物的核磁共振谱显示出两个三重峰和两个单峰，你认为产物是哪一个？

16. 从某化工产品中分离出一种杂质，元素分析给出实验式 $C_5H_8O_4$，质谱测定给出分子量为 132，根据其红外光谱推断，其可能结构式为

(1) $CH_2$—O　O—$CH_2$ ; C ; $CH_2$—O　O—$CH_2$

(2) $CH_2$—CH—O ; O　O　$CH_2$ ; $CH_2$—CH—O

(3) O H O ; $CH_2$　C　$CH_2$ ; O　O ; C ; $CH_3$

其$^1$H核磁共振谱上有三个峰,δ5.4,δ5.1,δ1.6,面积分别为14.0,60.0,45.0,三个峰均无分裂,试判断哪个结构式正确?

17. 有一台电子顺磁共振谱仪工作于雷达的 $K$ 波段 ($\lambda=0.857$ cm),其稳恒磁场应为多少高斯?磁电子的能级差 $\Delta E$ 为多少?

18. 下列各离子哪些能给出顺磁共振信号:

(1) $Ca^{2+}$　(2) $[Fe(H_2O)_6]^{2+}$　(3) $[Fe(CN)_6]^{4-}$

(4) $[Fe(CN)_6]^{3-}$　(5) $[Cu(H_2O)_4]^{2+}$　(6) $Eu(acac)_3$

(7) $(C_6H_5)_3C^+$　(8) $[Ag(NH_3)_2]^+$　(9) V

19. 推测苯负离子的顺磁共振谱,画出示意图。

20. 推测 $HO_2$·自由基的顺磁共振谱。

# 第十二章　晶体的点阵结构和 X 射线衍射法

处于固体状态的物质按其中的分子(或原子、离子)的空间排列的有序和无序分为晶体和无定形体两大类。所谓有序,是指固体分子(或原子、离子)在空间呈周期性的、有规律的排列。自然界中的固体绝大多数是结晶物质,因此对于晶体的研究具有极大的重要性。

晶体的性质是由晶体的化学组成及空间结构决定的。研究晶体的组成、结构和性质之间的关系的科学称为结晶化学,它是化学学科的一个重要分支。结晶化学包括晶体学(即几何结晶学)、X 射线结构分析、晶体化学和晶体物理学四部分内容,其中晶体物理学不属于本课程的内容,晶体化学将在第十三章和第十四章中叙述,本章仅扼要介绍前两部分内容。

## §12-1　晶体结构的周期性和点阵理论

### 1. 晶体结构的周期性

由 X 射线研究的结果得知,晶体是由在空间排列得很有规律的微粒(离子、原子或分子)组成的,晶体中微粒的排列是按照一定的方式不断重复的,这种性质叫做晶体结构的周期性。非结晶物质(无定形物质)的微粒在空间的排列一般没有周期性。

由于晶体结构的周期性,晶态物质具有很多与无定形物质不同的特性。首先晶体的各个部分的性质是相同的,也就是说晶体在宏观上是均匀的,这是组成晶体的单元——晶胞重复排列的直接结果。气体、液体和无定形物质也具有均匀性,这种均匀性是它们的微粒随机排列的平均效果,与晶体的均匀性产生的原因不同。其次,晶体一般具有各向异性的性质,即沿晶体的不同方向的电导率、热导率、折光指数、解理性等不一定相同。例如具有层状结构的石墨晶体在与层垂直的方向的电导率只有与层平行的方向的电导率的万分之一。气体、液体和无定形物质都不具有这种性质,它们是各向同性的。第三,晶体在宏观上表现出不同程度的对称性,它们在外形上一般比较齐整和规则。例如 NaCl 晶体呈立方体形,水晶晶体呈六角柱形等。然而并不是所有晶体都具有齐整和规则的外形,例如 $BaSO_4$ 沉淀是由大量细小晶体构成的,宏观上不显示对称性。由此可见,不能仅凭外形来判断一个物质是否是晶体。第四,晶体能使 X 射线发生衍射,而无定形物质则否。

有些物质如玻璃从熔融状态冷却下来时，微粒得不到充分的时间来做有规则的排列就冻结在无秩序的过冷液体状态中。这样冻结成的固体与晶体不同，它们没有固定的熔点，温度升高时它慢慢变软，最后变成液体。而晶体有一定的熔点，温度升高到熔点时，就不再上升，直到晶体完全融化后，温度才能继续上升。这点可以用周期性来解释，如图 12-1(b)，硅石晶体中每一硅原子周围的结构都是相同的，在一定的温度下，Si—O 键都能松脱开来。但石英玻璃中每一硅原子周围的结构不尽相同(无周期性)，Si—O 键的键长不同，键能也不同，不能在同一温度下松脱熔化。

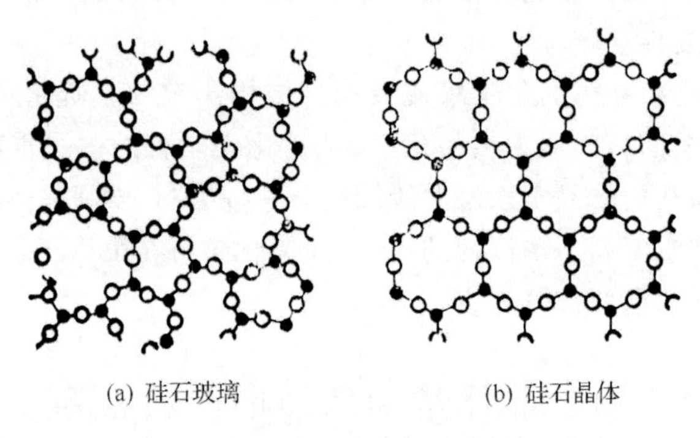


图 12-1　玻璃结构(a)与晶体结构(b)示意图
(黑点表示 Si，白圈表示 O)

类似玻璃的物质叫做玻璃体物质，例如松香、动物胶、橡胶(未晶化的橡胶)等。

某些物质例如炭黑，是由极微小的单晶体组成的，这些单晶体的海边只有几个或几十个晶胞的晶棱的长度，比起其他结晶物质的单晶体至少小千百倍以上，这种物质称为微晶物质。

玻璃体物质和微晶物质一般称为无定形物质。

所谓结晶物质与非结晶物质(无定形物质)，严格说来，应该说物质的结晶状态和非结晶状态，因为同一物质在不同条件下可以以结晶状态或非结晶状态存在。但习惯上仍称结晶物质和非结晶物质，因为某些物质在通常条件下常以结晶状态存在，而另一些物质在通常条件下常以无定形状态存在。

**2. 点阵和平移**

在讨论晶体的几何结构时，我们可以用一系列几何点在空间的排布来模拟晶体中微粒的排布规律。凡是由无数个没有大小、没有重量、不可分辨的几何点按照一定的重复规律排布得到的几何图形叫做点阵。用点阵的性质来探讨晶体的几何结构的理论叫做点阵理论。

图 12-2 绘出了一系列排列在一条直线上的无穷多的等距离的点，这一系列点

就叫做直线点阵。连接直线点阵的任何两个邻近点的向量 **a** 叫做“素向量”或“周期”。如果把整个点阵沿向量 **a** 的方向移动 $n\mathbf{a}$($n$ 为任意整数),结果图形就能复原,这种动作叫做“平移”。平移能使图形复原,所以是一种对称操作。例如将图 11-2中的 $A_0$ 点平移到 $A_1$ 点,同时 $A_1$ 点平移到 $A_2$ 点、$A_2$ 点平移到 $A_3$ 点、…,因为任何点都是不可分辨的,点的数目又无限大,平移后与原来的图形一样,所以称之为“复原”。

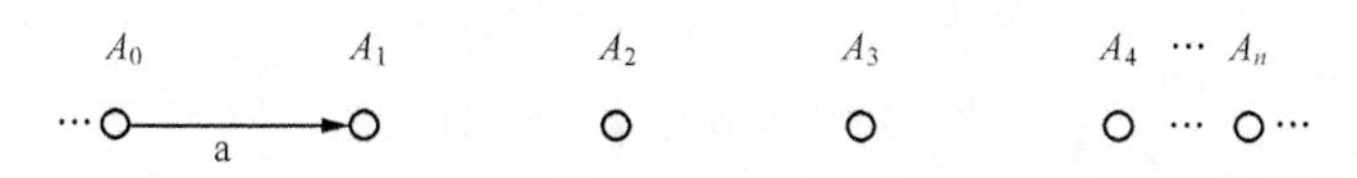


图 12-2　直线点阵

点阵经过平移后能够复原,是点阵的最基本的性质,任何一组点如平移后不能复原就不叫做点阵。所以点阵的定义可以表述如下:一组按连接其中任意两点的向量进行平移后而能复原的点称为点阵。因此点阵必须具备下列三种性质:

(1) 点阵包含的点的数目必须无限多。如图 11-2 中在 $A_n$ 的右边如果没有另外一个点,那么当 $A_{n-1}$ 平移到 $A_n$,$A_n$ 平移到 $A_{n+1}$ 后,所得的图形与原来图形就不同,也就是说不能复原,所以 $n$ 必须等于无穷大。同样在 $A_0$ 的左边的点也必须无限地延伸下去。

(2) 每个点阵点都必须处于相同的环境,否则无法通过平移复原。

(3) 点阵在平移方向上的周期相同,即在平移方向上的邻阵点之间的距离相同。

点阵的平移方式有无穷多种,例如图 11-2 所示的点阵可在向量 **a** 的方向移动 1 个 **a** 的距离来平移,也可以移动 2 个、3 个、…、$m$ 个 **a** 的距离来平移。凡是移动 1 个 **a** 的平移称为“素平移”,以符号 $T_1=\mathbf{a}$ 表示之。移动 2 个、3 个、…、$m$ 个 **a** 的平移分别以符号 $T_2=2\mathbf{a}$、$T_3=3\mathbf{a}$、…、$T_m=m\mathbf{a}$ 表示之,不难验证 $T_1$、$T_2$、…、$T_m$、…满足群的四个要求,它们组成阶次为∞的群,称为“平移群”,以 $T_m=m\mathbf{a}$($m=0,\pm1,\pm2,\cdots$)表示之。每一点阵都有它相应的平移群,所以平移群的特性常常能把点阵的性质表达出来。

按照点阵的分布情况,可以把点阵分为三类:

(1) 直线点阵:所有的点阵点都排列在一条直线上。平移群的符号为 $T_m=m\mathbf{a}$,$m=0,\pm1,\pm2,\cdots$(图 12-2)。

(2) 平面点阵:所有的点阵点都排列在一个平面内,平移群的符号为 $T_{mn}=m\mathbf{a}+n\mathbf{b}$,**a** 和 **b** 是两个不同方向直线点阵的周期,$m,n=0,\pm1,\pm2,\cdots$[图 12-3(a)]。

(3) 空间点阵:点阵点分布在三度空间,平移群符号为 $T_{mnp}=m\mathbf{a}+n\mathbf{b}+p\mathbf{c}$,**a**、**b** 和 **c** 是三个不共面且不同方向的直线点阵的周期,$m,n,p=0,\pm1,\pm2\cdots$[图 12-4(a)]。

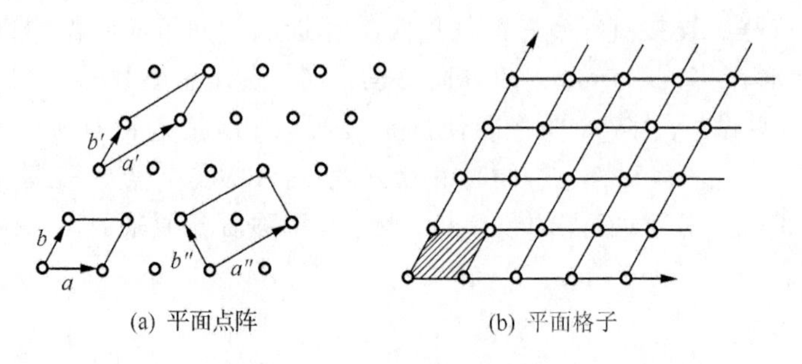


(a) 平面点阵 (b) 平面格子

图 12-3 平面点阵和平面格子

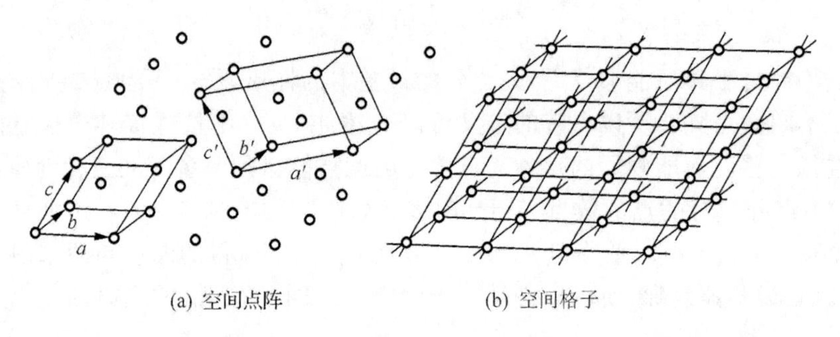


(a) 空间点阵 (b) 空间格子

图 12-4 空间点阵和空间格子

### 3. 点阵、素单位、复单位和格子

在平面点阵中选择一组平移向量的方式是很多的。如图 12-3(a)中 **a** 和 **b**,**a**′和 **b**′,**a**″和 **b**″,…等。以平移向量为边画出的平行四边形叫做平面点阵的"单位"。单位只包括一个点阵点者叫做"素单位"。例如 **a** 和 **b** 或 **a**′和 **b**′组成的单位的 4 个顶点都有一个点阵点,但是这种点阵点是 4 个邻近的单位所共有的,所以属于一个单位的点数应为$\frac{1}{4}\times 4=1$。但 **a**″和 **b**″组成的单位除 4 个顶点外,中心还有一个点阵点,所以这一单位共包含$\frac{1}{4}\times 4+1=2$ 个点阵点。凡是包含 2 个或更多个点阵点的单位叫做"复单位"。

构成素单位的两边的向量叫做"素向量",例如 **a** 和 **b** 或 **a**′和 **b**′等。这样一来,与上面平面点阵相应的平移群就有几种不同的写法

$$T_{mn} = m\mathbf{a} + n\mathbf{b} = m'\mathbf{a}' + n'\mathbf{b}' = \cdots$$

按照所选择的素向量把全部平面点阵点用直线连接起来所得的图形称为平面"格子"。图 12-3(b)就是相应于素向量 **a** 和 **b** 的平面格子。所以同一平面点阵可以人为地划分为几种不同的平面格子。那么哪一种划分方式最好呢?一般选择的原则是:(1) 素向量间的夹角最好是 90°,其次是 60°,再次为其他角度;(2) 素向量

的长度尽可能短一些；因此选取 **a** 和 **b** 为素向量比 **a′**和 **b′**好。

同样，在空间点阵中以一组平移向量 **a**、**b**、**c** 为边画出的平行六面体叫做空间点阵的单位，单位经平移后，把全部空间点阵点连接起来，就得到空间格子或晶格，如图 12-4(b)所示。每个单位的 8 个顶点上的点阵点是 8 个邻近单位共有的，所以每个单位包含$\frac{1}{8}\times8=1$个点阵点。在单位中心的点就全属于这个单位，在面上的点是 2 个邻近单位所共有的，每个单位摊到$\frac{1}{2}$个点阵点。在边线上的点是邻近 4 个单位共有的，每个单位摊到$\frac{1}{4}$个点阵点。空间单位所包含的点阵点数示意于图 12-5。

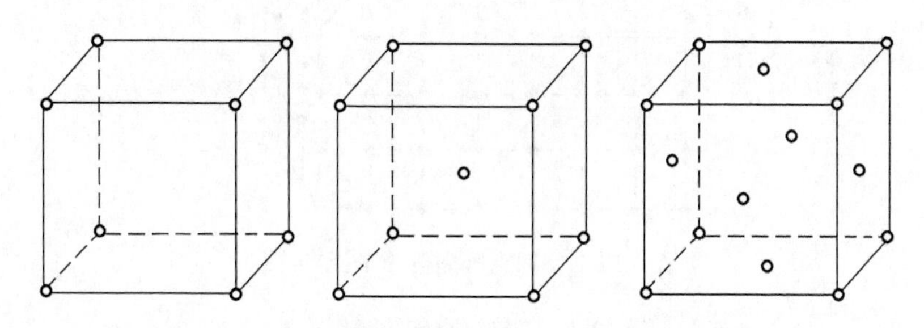

图 12-5　分别包含 1、2、4 个点阵点的三个单位

空间格子可将晶体结构截分为一个一个包含等同内容的基本单位，这种基本单位称为晶胞。晶胞是由三个素向量 **a**、**b**、**c** 为边的平行六面体，素向量的长度 $a$、$b$、$c$ 及它们两两间的夹角 $\alpha$、$\beta$、$\gamma$ 称为晶胞参数。整个晶体是由许多这种晶胞并置拼成的。

决定晶胞的三个素向量 **a**、**b**、**c** 构成三维空间的一组基向量。晶胞中的原子的位置可以用它在这三个方向的投影表示，称为分数坐标。例如体心立方晶胞中处于体心的原子的分数坐标为$\left(\frac{1}{2},\frac{1}{2},\frac{1}{2}\right)$。

**4. 点阵与晶体**

讨论了点阵以后，我们就可以给晶体下一个比较确切的定义了，即原子、离子或分子按点阵排布的物质叫做晶体。每个点阵点代表晶体中基本的“结构单元”。结构单元可以是离子、原子、分子或络离子等。例如氯化钠晶体中的 $Na^+$ 和 $Cl^-$，金刚石晶体中的 C 原子，萘晶体中的 $C_{10}H_8$ 分子，$K_4[Fe(CN)_6]$晶体中的 $K^+$ 和 $Fe(CN)_6^{4-}$ 等。

如前所述，点阵划分格子后所得到的单位，在晶体结构中就称为晶胞，它是晶体结构中最小的单位。如果了解晶胞中的原子，离子或分子的分布情况，通过平移就知道晶体中所有的原子、离子或分子是怎样排列的。

空间点阵可以从各个方向去划分成许多组平行的平面点阵。这些平面点阵组在晶体外形上就表现为晶面。平面点阵的交线是直线点阵,在晶体外形上就表现为晶棱,如图 12-6 所示。表 12-1 列出具体的晶体和抽象的点阵之间的对应关系。

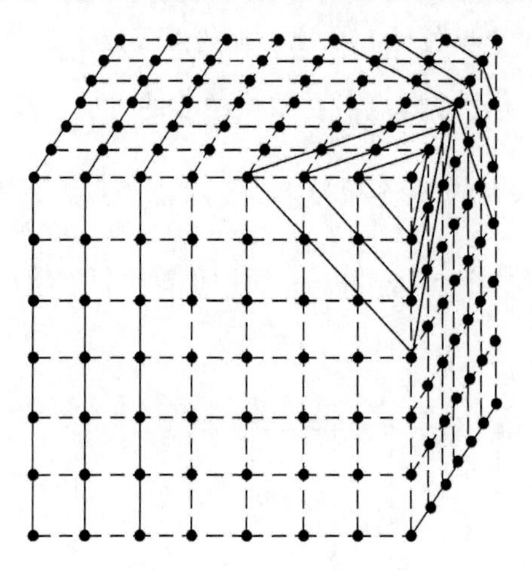

图 12-6　空间点阵划分为平面点阵组

**表 12-1　晶体与点阵的对应关系**

| 抽象的 | 空间点阵 | 点阵点 | 素单位 | 复单位 | 平面点阵 | 直线点阵 |
|---|---|---|---|---|---|---|
| 具体的 | 晶　体 | 结构单元 | 素晶胞 | 复晶胞 | 晶　面 | 晶　棱 |

严格地说,晶体不是点阵结构,因为:(1) 晶体外形不能是无限的。若以铜的晶体为例,铜的晶胞长度为 361 pm,以 1 mm 长的晶体计,则排列了 $2.8\times10^6$ 个晶胞。处于边缘的铜原子虽然不能通过平移来和其他铜原子重合。但是这种边缘上的铜原子的数目比起整个晶体中铜原子的数目来是很小的,整个晶体的铜原子数目非常巨大,可以近似地认为是点阵结构了。(2) 晶体中的微粒总是在作振动运动,这种振动运动使得微粒之间的距离时时在变化,这就破坏了结构的周期性。但是微粒的振幅比起晶体结构的周期来要小得多,可以忽略不计,因此可以将晶体视为具有周期性的结构。(3) 晶体在发育过程中可能会夹杂一些杂质,微粒在排列时可能不是绝对整齐,而会有缺陷和位错。因此用点阵理论来描述晶体只是一种较好的近似描述。

### 5. 表示晶面的记号和有关定律

(1) 晶面指标:为了描述晶面或空间点阵中划分出来的平面点阵的方向,一般采用密勒(Miller)指标($h^* k^* l^*$)来表示。选择一组把点阵划分为最好格子的平移向量 **a**、**b**、**c** 的方向 $A$、$B$、$C$ 为坐标轴。如有一平面点阵或晶面与 $A$、$B$、$C$ 轴交于

$M_1$、$M_2$、$M_3$ 三点(图 12-7),截长分别等于

$$\overline{OM_1} = h'a = 3a$$

$$\overline{OM_2} = k'b = 2b$$

$$\overline{OM_3} = l'c = c$$

因为点阵面必须通过点阵点,所以截长一定是单位向量的整数倍,即 $h'$、$k'$、$l'$ 必定是整数。这($h'$、$k'$、$l'$)三个整数可以作为表示晶面的指标。但如平面与 $A$ 轴平行,则 $h' = \infty$。为了避免用无穷大,密勒采取 $h'$、$k'$、$l'$ 的倒数的互质比($h^* k^* l^*$)

$$\frac{1}{h'} : \frac{1}{k'} : \frac{1}{l'} = h^* : k^* : l^*$$

表示晶面。($h^* k^* l^*$)就叫做密勒指标或晶面指标。例如图 12-7 的晶面 $M_1M_2M_3$ 的指标为

$$\frac{1}{3} : \frac{1}{2} : 1 = 2 : 3 : 6$$

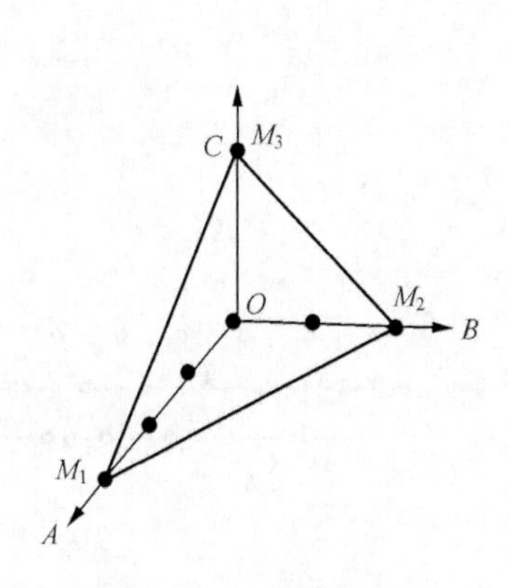


图 12-7　晶面指标

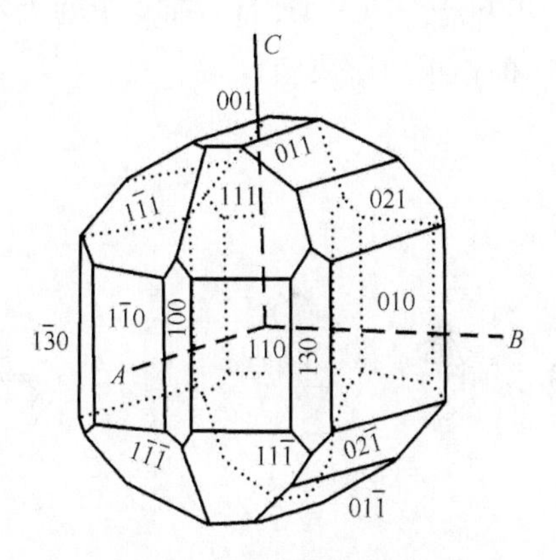


图 12-8　硫酸铵的晶面指标

所以 $M_1M_2M_3$ 晶面就叫做(236)晶面。图 12-8 和图 12-9 中标出了一些晶面的指标。从图 12-9 还可以看出,晶面指标越大,该种平面点阵上的点阵点密度越小,且相邻两平面点阵间的距离越小。在晶体上实际见到的晶面往往是点阵点密度较大的平面点阵,这种平面点阵的晶体微粒排列比较紧密,因而晶面较稳定,所以实际晶面常有较小的晶面指标,$h^*$、$k^*$、

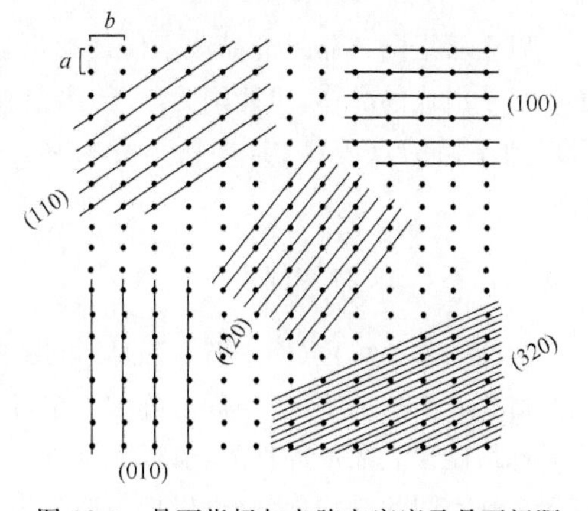


图 12-9　晶面指标与点阵点密度及晶面间距

$l^*$ 通常为 0、1、2 等数值，很少有大于 5 的。

(2) 有理指数定律：如上所述，晶面指标($h^* k^* l^*$)是简单的互质整数比，这一规律就叫做有理指数定律。有理指数定律是晶体具有点阵结构的必然结果。

(3) 晶面交角守恒定律：两个晶面的法线的交角简称晶面交角或晶面角。总结许多晶体的晶面角的测定的数据，发现同一品种的晶体，虽然在晶体外形上晶面的大小和形状极不一致，但是相应晶面间的交角是相等的。图 12-10(a)是一些石英晶体，相对应的晶面用同一符号表示。测得所有石英晶体的晶面交角均为

$$\angle ab = 141°47', \ \angle ac = 113°08', \ \angle bc = 120°00'$$

从点阵结构去解释，晶面角守恒定律是很自然的现象。因为晶面就是平面点阵，晶面角是平面点阵间的交角。某一品种的晶体具有一定的点阵结构，平面点阵间的角是固定的，所以晶面角守恒。如图 12-10(b)晶面 $aa$ 与 $bb$、$aa$ 与 $b'b'$，$a'a'$ 与 $bb$ 或 $a'a'$ 与 $b'b'$ 相互间的角度都是相等的。影响晶体生长的外界条件只能决定晶面的大小和层次的多少，而晶面交角的大小则是由组成晶体的微粒(原子、离子或分子)间的作用力所决定。

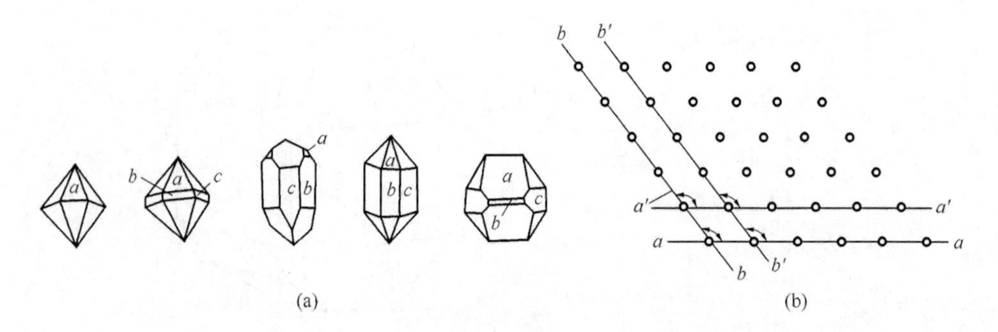


图 12-10 (a)一些石英晶体的外形，(b)晶面角守恒

以上所指同一品种的晶体不仅是指化学式相同。因为即使由相同的原子、离子或分子组成的晶体，可能因为原子、离子或分子间的排布不同，相互作用力不同，会得到不同的点阵结构，即所谓异构体。例如 $CaCO_3$ 晶体就有方解石和文石两种。

**6. 7 个晶系和 14 种空间点阵**

空间点阵的单位(即平行六面体)可用三边之长 $a$、$b$、$c$ 及交角。$\alpha$、$\beta$、$\gamma$ 来表示。根据边长和交角的不同，空间点阵的单位可分为 7 种，相应的晶胞也就有 7 种。因为晶胞最能代表晶体的性质，所以晶胞形状的不同可以作为晶体分类的根据。相应于 7 种不同的晶胞形状，可以把晶体分为 7 类，称为 7 个晶系。表 12-2 列出这 7

个晶系的名称和特征，其中立方晶系的对称性最高，称为高级晶族；六方、四方、三方晶系次之，称为中级晶族；正交、单斜、三斜晶系又次之，称为低级晶族。表中还列出特征对称元素。所谓特征对称元素，是晶体归入该晶系至少要具备的对称元素。特征对称元素可以帮助我们从晶体外形决定它所从属的晶系，其法如下：按表 12-2 从上到下的次序，先找有没有 4 个 $\underline{3}$，如有则属于立方晶系。如没有则找有无 $\underline{6}$ 或 $\bar{6}$，如有则属六方晶系。依此类推，最后才到三斜晶系。

**表 12-2　7 个晶系的特征**

| 晶　族 | 晶　系 | 晶　胞　特　征 | 特征对称元素 | 点　群 |
|---|---|---|---|---|
| 高级 | 立方 | $a=b=c$<br>$\alpha=\beta=\gamma=90°$ | 四个 $\underline{3}$ | $23, 43, m3,$<br>$\bar{4}3m, m3m$ |
| 中级 | 六方 | $a=b\neq c$<br>$\alpha=\beta=90°,\ \gamma=120°$ | $\underline{6}$ 或 $\bar{6}$ | $6, \bar{6}, 6/m, 6mm,$<br>$\bar{6}2m, 62, 6/mmm$ |
| | 四方 | $a=b\neq c$<br>$\alpha=\beta=\gamma=90°$ | $\underline{4}$ 或 $\bar{4}$ | $4, \bar{4}, 4/m, 4mm,$<br>$\bar{4}2m, 42, 4/mmm$ |
| | 三方 | $a=b=c$<br>$\alpha=\beta=\gamma\neq 90°$ | $\underline{3}$ 或 $\bar{3}$ | $3, \bar{3}, 3m, \bar{3}m, 32$ |
| 低级 | 正交 | $a\neq b\neq c$<br>$\alpha=\beta=\gamma=90°$ | 三个互相垂直的 $\underline{2}$ 或<br>两个互相垂直的 $m$ | $mm, 222, mmm$ |
| | 单斜 | $a\neq b\neq c$<br>$\alpha=\gamma=90°,\ \beta>90°$ | $\underline{2}$ 或 $m$ | $2, m, 2/m$ |
| | 三斜 | $a\neq b\neq c$<br>$\alpha\neq\beta\neq\gamma$ | 无 | $1, \bar{1}$ |

属于每一晶系的点阵，因其单位是素单位或复单位的不同，又可分为一种或几种型式，称为晶胞型式。例如立方晶系的点阵是具有立方形状的单位，但此单位可能是简单的素单位，或面心或体心的复单位。点阵单位的型式简单地以 $P$(Primitiv)表示，面心以 $F$(Flächenzentriert)表示，体心以 $I$(Innerzentriert)表示，底心以 $C$ 表示，侧心以 $A$ 或 $B$ 表示，其中 $A$、$B$、$C$ 表示在 **a**、**b**、**c** 方向的面心。空间点阵型式共有 14 种，称为布拉威(Bravais)空间点阵，如图 12-11 所示。

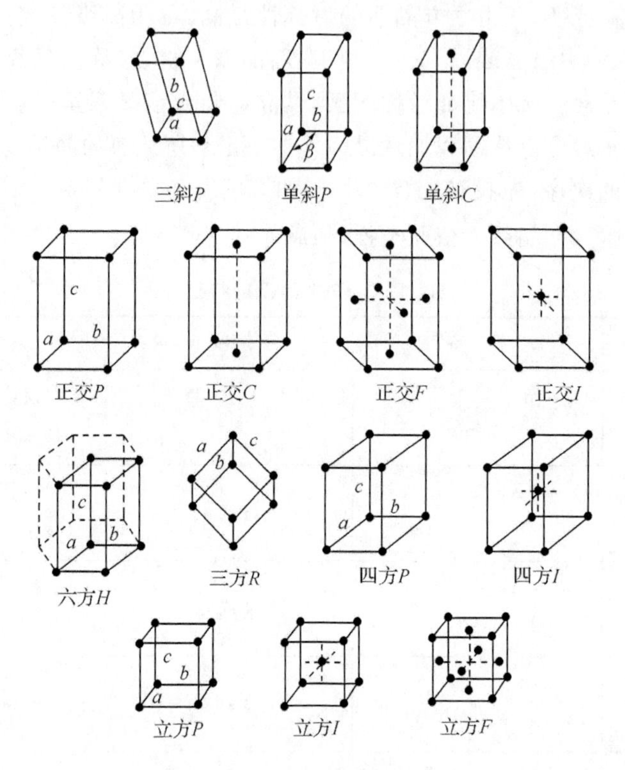


图 12-11　14 种布拉威空间点阵

## §12-2　晶体的宏观对称性和 32 个点群

晶体在外形上呈现的对称性称为晶体的宏观对称性。从宏观上看晶体是一种有限图形,因此晶体的宏观对称元素只能是与点对称操作相对应的对称元素。

### 1. 晶体的独立的宏观对称元素

晶体的宏观对称元素和分子的对称元素基本相同。例如图 12-12 示出某些晶体的旋转轴,图中轴的两端的▲表示三次轴 $C_3$,◆ 表示四次轴 $C_4$,⬮ 表示二次轴 $C_2$,余类推。图 12-13 示出某些晶体的对称面。

晶体的宏观对称元素和分子的对称元素虽然基本相同,但也略有差别。在分子中可以有 $C_5$、$C_7$、$C_\infty$ 等旋转轴,但在晶体中,由于受晶体结构的周期性的限制,只能有 $C_1$、$C_2$、$C_3$、$C_4$、$C_6$ 五种旋转轴,$C_5$ 和 $n > 6$ 的旋转轴都不存在,这一规律叫做晶体的对称性定律。因为 $n = 5$ 或 $n > 6$ 时晶体无法按点阵结构排列,而晶体总是符合点阵结构的。

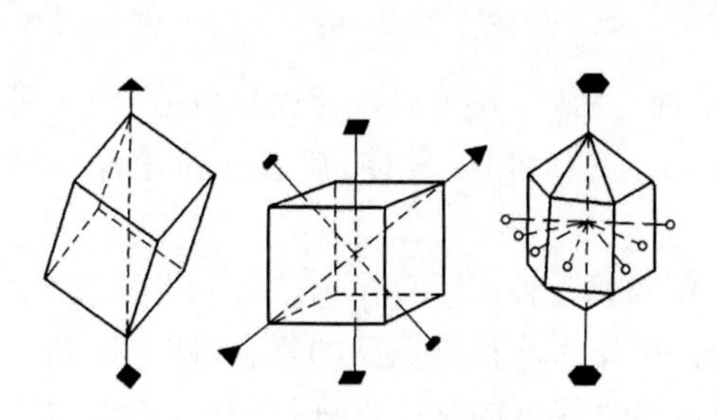

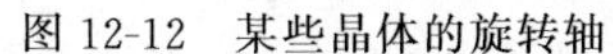

图 12-12　某些晶体的旋转轴

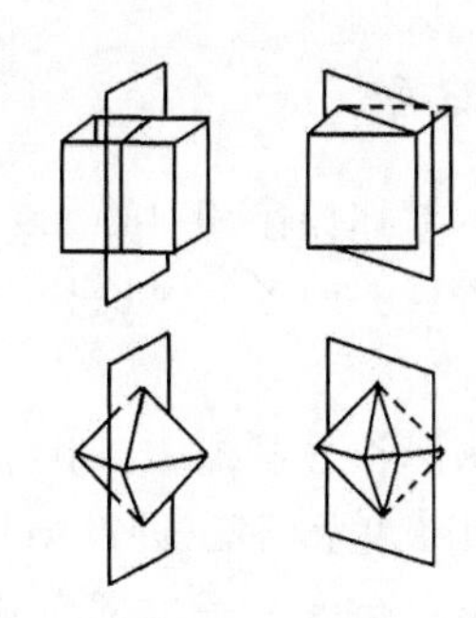

图 12-13　某些晶体的对称平面

在第四章中讲过基本的对称示素只有 $C_n$ 和 $\sigma$ 两类，现在 $C_n$ 只有 $C_1$、$C_2$、$C_3$、$C_4$、$C_6$ 五种，加上 $\sigma$ 共六种。$\sigma$ 与 $C_n$ 的复合是像转轴 $S_n$，其中 $n$ 为奇数时不是独立的。$S_2$ 即 $i$，$S_4$ 是独立的，$S_6=C_3+i$ 也不是独立的。所以晶体的独立的宏观对称元素共计八种，即 $C_1$，$C_2$，$C_3$，$C_4$，$C_6$，$\sigma$，$i$ 和 $S_4$。

## 2. 晶体的 32 个点群

晶体的独立的宏观对称元素总共有8种，这8种对称元素共有32种组合方式，这就是晶体的32个点群，如表12-3所示。其中只有 $C_n$ 而没有其他三种对称元素的共计11个(表中第1列)，有 $C_n$ 及 $i$ 者也是11个(表中第2、3列)，有 $C_n$ 及 $\sigma_h$ 者也有11个(表中第3、4列)，但后面两种11个中有8个是重复的，即既有 $i$ 又有 $\sigma_h$(表中第3列)。有 $C_n$ 及 $\sigma_v$ 者也是11个，其中有7个与前重复(表中第5列，重复者在括号内)。有 $C_n$ 及 $\sigma_d$ 者4个，其中重复者2个(表中第6列)。有 $C_n$ 及 $S_4$ 者2个，其中重复者1个(表中第7列)。

表 12-3　晶体的 32 个点群

| $C_n$ | $i$ | $i,\sigma_h$ | $\sigma_h$ | $\sigma_v$ | $\sigma_d$ | $S_4$ |
|---|---|---|---|---|---|---|
| $C_1$ | $S_2=C_i$ | | $C_{1h}=C_s$ | $(C_v=C_s)$ | | |
| $C_2$ | | $C_{2h}$ | | $C_{2v}$ | | $S_4$ |
| $C_3$ | $S_6=C_3i$ | | $C_{3h}$ | $C_{3v}$ | | |
| $C_4$ | | $C_{4h}$ | | $C_{4v}$ | | |
| $C_6$ | | $C_{6h}$ | | $C_{6v}$ | | |
| $D_2$ | | $D_{2h}$ | | $(D_{2h})$ | $D_{2d}$ | |
| $D_3$ | $D_{3d}$ | | $D_{3h}$ | $(D_{3h})$ | $(D_{3d})$ | |
| $D_4$ | | $D_{4h}$ | | $(D_{4h})$ | | |
| $D_6$ | | $D_{6h}$ | | $(D_{6h})$ | | |
| $T$ | | $T_h$ | | $(T_h)$ | $T_d$ | $(T_d)$ |
| $O$ | | $O_h$ | | $(O_h)$ | $(O_h)$ | |

### 3. 国际记号

表示对称操作和对称元素的符号系统有两种,一种叫做熊夫里符号,另一种叫做国际符号。前者在讨论分子结构和分子光谱时用得较多,后者在讨论晶体结构中用得较多。

在国际符号系统中,用 $\underline{1},\underline{2},\underline{3},\underline{4},\underline{6}$ 表示旋转轴 $C_1,C_2,C_3,C_4,C_6$。用 $m$ 表示反映面$\sigma$。用 $i$ 表示倒反(即反演)中心。复合操作为旋转与倒反的复合,即先绕某一直线旋转某一角度 $\alpha = 360°/n$,然后再通过该直线上的某一点进行倒反,或者先行倒反再作旋转,这一复合操作称为旋转倒反,赖以进行旋转倒反的直线称为反轴,以记号 $\bar{n}$ 表示。如记 $L\left(\dfrac{360°}{n}\right) = C_n$,则旋转倒反可表示为 $L\left(\dfrac{360°}{n}\right)I$。显然对于对称操作有

$$L(360°)I = C_1 i = i$$
$$L(180°)I = C_2 i = \sigma_h$$
$$L(120°)I = C_3 i = S_6^{-1}$$
$$L(90°)I = C_4 i = S_4^{-1}$$
$$L(60°)I = C_6 i = S_3^{-1}$$

因此对于对称元素 $\bar{n}$ 有

$$\bar{1} = i,\ \bar{2} = \sigma_h,\ \bar{3} = S_6,\ \bar{4} = S_4,\ \bar{6} = S_3$$

只有 $\bar{4}$ 是独立的对称元素。由此可见,在国际记号中,晶体的独立的对称元素为 $\underline{1}$,$\underline{2},\underline{3},\underline{4},\underline{6},i,m$ 和 $\bar{4}$。

上述 32 个晶体点群的国际符号按一定的次序表示出其中的各个对称元素。一个点群所具有的对称元素有时候有很多个,在国际符号系统中,只写出能够完全确定点群所需的对称元素的最小数目。在一般情况下点群的国际记号包含三位,也只有两位和一位的。每个位代表一个确定的方向,这个方向与该晶体所属晶系的点阵中的 **a**、**b**、**c** 有关。每个位所表示出的对称元素就是在该位相应的方向上出现的对称元素。在某一方向出现的旋转轴和反轴系指与这一方向平行的旋转轴和反轴;在某一方向出现的反映面系指与这一方向垂直的反映面。如果在某一方向同时出现旋转轴和反映面时,可以将旋转轴 $\underline{n}$ 写成分子,反映面 $m$ 写成分母。例如点群 $D_{2h}$ 有三个互相垂直的 $\underline{2}$ 轴和三个分别与它们垂直的反映面 $m$,还有一个倒反中心 $i$,其国际记号为 $\dfrac{2}{m}\dfrac{2}{m}\dfrac{2}{m}$,略作 $mmm$。各晶系的国际符号中三个位相应的方向列于表 12-4,32 个晶体点群的国际记号,熊夫里符号及所属晶系见表 12-5。

**表 12-4　各晶系的国际符号中三个位的方向**

| 晶　系 | 国际符号中三个位相应的方向 | | | 备　注 |
|---|---|---|---|---|
| 立方晶系 | a | a+b+c | a+b | |
| 六方晶系 | c | a | 2a+b | |
| 四方晶系 | c | a | a+b | |
| 三方晶系 | c | a | | 按六方晶胞 |
| 正交晶系 | a | b | c | |
| 单斜晶系 | b | | | |
| 三斜晶系 | a | | | |

**表 12-5　32 个晶体点群的符号和所属晶系**

| 晶　系 | 对称元素 | 国际符号 | | 熊夫里符号 |
|---|---|---|---|---|
| | | 完全符号 | 简化符号 | |
| 三斜 | $\underline{1}$ | $1$ | $1$ | $C_1$ |
| | $i$ | $\bar{1}$ | $\bar{1}$ | $C_i$ |
| 单斜 | $\underline{2}$ | $2$ | $2$ | $C_2$ |
| | $m$ | $m$ | $m$ | $C_3$ |
| | $\underline{2}, m, i$ | $\frac{2}{m}$ | $\frac{2}{m}$ | $C_{2h}$ |
| 正交 | $\underline{2}, 2m'$ | $mm2$ | $mm$ | $C_{2v}$ |
| | $3\,\underline{2}$ | $222$ | $222$ | $D_2$ |
| | $3\,\underline{2}, 3m, i$ | $\frac{2}{m}\frac{2}{m}\frac{2}{m}$ | $mmm$ | $D_{2h}$ |
| 三方 | $\underline{3}$ | $3$ | $3$ | $C_3$ |
| | $\bar{3}$ | $\bar{3}$ | $\bar{3}$ | $C_{3i}(S_6)$ |
| | $\underline{3}, 3m$ | $3m$ | $3m$ | $C_{3v}$ |
| | $\underline{3}, 3\,\underline{2}, 3m, i$ | $\bar{3}\,\frac{2}{m}$ | $\bar{3}m$ | $D_{3d}$ |
| | $\underline{3}, 3\,\underline{2}$ | $32$ | $32$ | $D_3$ |
| 四方 | $\underline{4}$ | $4$ | $4$ | $C_4$ |
| | $\bar{4}$ | $\bar{4}$ | $\bar{4}$ | $S_4$ |
| | $\underline{4}, m, i$ | $\frac{4}{m}$ | $\frac{4}{m}$ | $C_{4h}$ |
| | $\underline{4}, 4m$ | $4mm$ | $4mm$ | $C_{4v}$ |
| | $\bar{4}, 2\underline{2}, 2m$ | $\bar{4}2m$ | $\bar{4}2m$ | $D_{2d}$ |
| | $4, 4\underline{2}$ | $422$ | $42$ | $D_4$ |
| | $\underline{4}, 4\underline{2}, 5m, i$ | $\frac{4}{m}\frac{2}{m}\frac{2}{m}$ | $\frac{4}{m}mm$ | $D_{4h}$ |

续表

| 晶　系 | 对称元素 | 国际符号 | | 熊夫里符号 |
|---|---|---|---|---|
| | | 完全符号 | 简化符号 | |
| 六方 | $\underline{6}$ | $6$ | $6$ | $C_6$ |
| | $\bar{6}$ | $\bar{6}$ | $\bar{6}$ | $C_{3h}$ |
| | $\underline{6},m,i$ | $\frac{6}{m}$ | $\frac{6}{m}$ | $C_{6h}$ |
| | $\underline{6},6m$ | $6mm$ | $6mm$ | $C_{6v}$ |
| | $\underline{6},3\underline{2},4m$ | $\bar{6}2m$ | $\bar{6}2m$ | $D_{3h}$ |
| | $\underline{6},6\underline{2}$ | $622$ | $62$ | $D_6$ |
| | $\underline{6},6\underline{2},7m,i$ | $\frac{6}{m}\frac{2}{m}\frac{2}{m}$ | $\frac{6}{m}mm$ | $D_{6h}$ |
| 立方 | $4\underline{3},3\underline{2}$ | $23$ | $23$ | $T$ |
| | $4\underline{3},3\underline{2},3m,i$ | $\frac{2}{m}\bar{3}$ | $m3$ | $T_h$ |
| | $4\underline{3},3\bar{4},6m$ | $\bar{4}3m$ | $\bar{4}3m$ | $T_d$ |
| | $4\underline{3},3\underline{4},\underline{6}2$ | $432$ | $43$ | $O$ |
| | $4\underline{3},3\underline{4},6\underline{2},9m,i$ | $\frac{4}{m}\bar{3}\frac{2}{m}$ | $m3m$ | $O_h$ |

## §12-3　晶体的微观对称性和230个空间群

晶体的微观对称性就是指晶体结构中的对称性。除了前述各种宏观对称元素能在晶体结构中出现以外,还有与空间对称操作对应的对称元素——螺旋轴和滑移面,前者是旋转和平移的复合,后者是反映与平移的复合。空间操作——平移、螺旋旋转和滑移反映——的存在是晶体具有点阵结构的结果。

### 1. 螺旋轴和滑移面

螺旋旋转是绕某一轴旋转一个角度后,再沿此轴平移一个量而能使图形复原的对称操作。赖以进行螺旋旋转的轴称为螺旋轴。螺旋轴用 $n_m$ 表示,对应的操作是 $L(2\pi/n)T(m\mathbf{t})=c_nT(m\mathbf{t})$,其中 $m=\pm1,\pm2,\cdots,\pm(n-1)$,$\mathbf{t}=\boldsymbol{\tau}/n$,$\boldsymbol{\tau}$ 为点阵结构的平移群中与螺旋轴平行的素向量,$m\mathbf{t}=m\boldsymbol{\tau}/n$ 为平移量。显然,在螺旋旋转下空间每一个点都变动了,因此这是一种空间操作,而不是点操作。连续进行任意次螺旋旋转都会使图形复原,因此螺旋旋转的阶次是∞。由于$[L(2\pi/n)T(m\mathbf{t})]^n=T(m\boldsymbol{\tau})$,是一个平移,它应当包括在点阵的平移群中,因此螺旋轴必须与晶体的点阵结构相适应。在晶体结构中,可能有的螺旋轴有 $2_1$,$3_1$,$3_2$,$4_1$,$4_2$,$4_3$,$6_1$,$6_2$,$6_3$,$6_4$,$6_5$ 共11种。图12-14示出一种具有二重螺旋轴 $2_1$ 的对称图形。

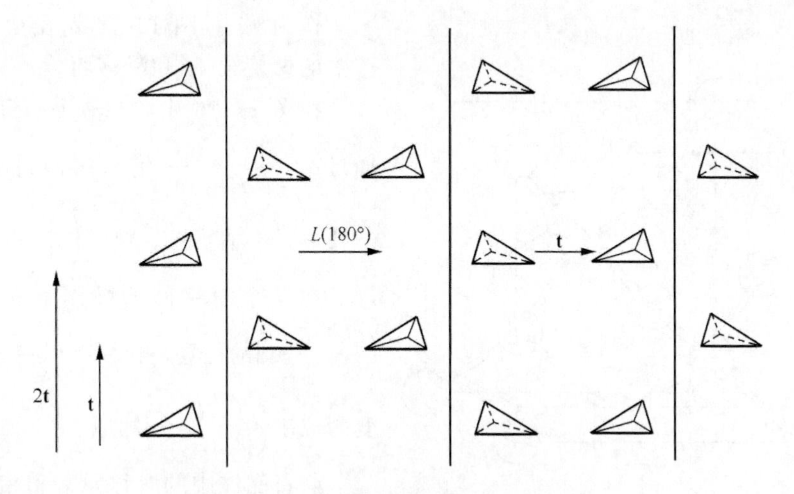


图 12-14 具有二重螺旋轴的对称图形

滑移反映是先相对于某一平面反映然后沿此平面上的某一直线平移而能使图形复原的对称操作。赖以进行滑移反映的平面称为滑移面。滑移反映操作是反映操作 $M$ 和平移操作 $T(\mathbf{t})$ 的复合操作 $MT(\mathbf{t})=\sigma T(\mathbf{t})$。显然 $[MT(\mathbf{t})]^2=T(2\mathbf{t})$，$2\mathbf{t}$ 为滑移方向的素向量，即 $2\mathbf{t}=\boldsymbol{\tau}$，$\boldsymbol{\tau}$ 必定属于点群的平移群。滑移反映的阶次也是 $\infty$。按照滑移面的平移量 $\mathbf{t}$ 等于空间点阵的素向量的 $\frac{1}{2}\mathbf{a}$，$\frac{1}{2}\mathbf{b}$，$\frac{1}{2}\mathbf{c}$，$\frac{1}{2}(\mathbf{a}+\mathbf{b})$，$\frac{1}{2}(\mathbf{b}+\mathbf{c})$，$\frac{1}{2}(\mathbf{a}+\mathbf{c})$，$\frac{1}{4}(\mathbf{a}\pm\mathbf{b})$，$\frac{1}{4}(\mathbf{b}\pm\mathbf{c})$，$\frac{1}{4}(\mathbf{a}\pm\mathbf{c})$ 而将滑移面记为 $a,b,c,n,n,n,d,d$ 和 $d$。图 12-15 示出能为滑移反映复原的对称图形。

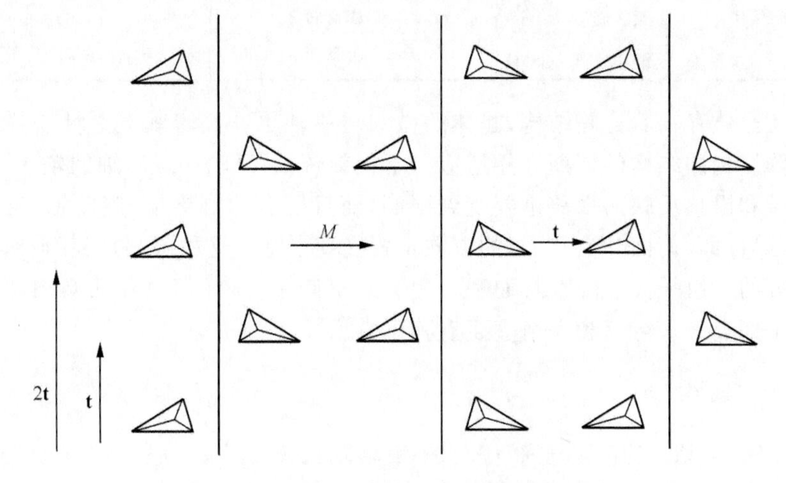


图 12-15 具有滑移面的对称图形

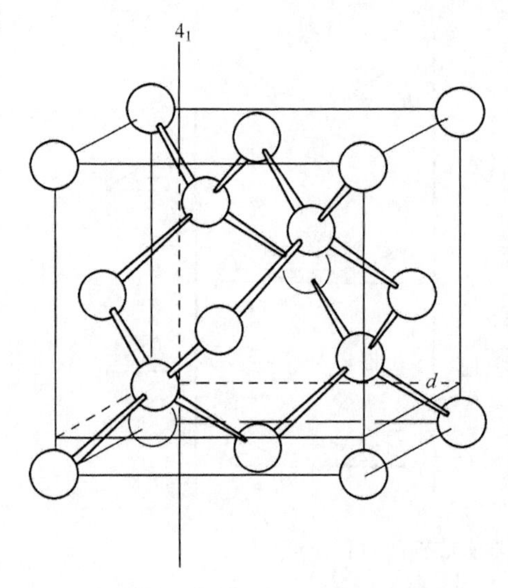


图 12-16 金刚石结构中的螺旋轴和滑移面

作为例子，图 12-16 示出金刚石晶体中的螺旋轴 $4_1$ 和滑移面。

在图 12-16 中，$4_1$ 轴平行于 **Z** 轴、通过 $x=\frac{1}{2}$、$y=\frac{1}{4}$的点，滑移面 $d$ 在 $z=\frac{1}{8}$处，与 $4_1$ 轴垂直。位于$\left(\frac{1}{4},\frac{1}{4},\frac{1}{4}\right)$的原子在这个滑移面的操作下先反映到$\left(\frac{1}{4},\frac{1}{4},0\right)$的位置，再平移 $T\left(\frac{1}{4},\frac{1}{4},0\right)$，变为位于$\left(\frac{1}{2},\frac{1}{2},0\right)$的原子。

兹将晶体中的对称元素和相应的对称操作总结于表 12-6 中。

**表 12-6 晶体中的微观对称元素和对称操作**

| 操作类型 | 对 称 操 作 | 对称元素 | 备 注 |
|---|---|---|---|
| 不动操作 | 恒等操作 $E$ | 点阵 | |
| 点操作 | 旋转 $L(2\pi/n)$<br>反映 $M$<br>倒反 $I$<br>旋转倒反 $L(2\pi/n)$ | 旋转轴 $\underline{n}$<br>镜 面 $m$<br>倒反中心<br>反 轴 $\bar{n}$ | $n=1,2,3,4,6$<br><br><br>只有 $\bar{4}$ 是独立的 |
| 空间操作 | 平移 $T$<br>螺旋旋转 $L\left(\frac{2\pi}{n}\right)T(m\mathbf{t})$<br>滑移反映 $MT(\mathbf{t})$ | 点阵<br>螺旋转 $n_m$<br>滑移面 $x$ | <br>$n=2,3,4,6;m\leqslant n-1$<br>$x=a,b,c,n,d$ |

由于晶体存在着点阵结构，晶体的微观对称性也和其宏观对称性一样要与晶体的点阵结构即结构的周期性相适应。不仅旋转轴、反轴和螺旋轴的轴次及平移、螺旋旋转和滑移反映的平移量要受到限制，而且所有的对称轴（旋转轴、反轴和螺旋轴）及对称面（镜面和滑移面）的取向也要受到限制。这种限制是：任何对称轴必须和点阵的一组平面点阵垂直而和一组直线点阵平行，任何对称面必须和点阵中的一组平面点阵平行而和一组直线点阵垂直。

**2. 230 个空间群**

综上所述，晶体的微观对称元素共有旋转轴、反轴、倒反中心、反映面、螺旋轴、滑移面及点阵本身，这些对称元素的组合结果可以产生、也只能产生 230 个组合方式，称为 230 个空间群。到现在为止，已知晶体的结构大都属于 230 种空间群中的 100

种,将近有 80 个空间群中一个例子也没有找到。从统计的结果知道,重要的空间群只有 30 个,其中特别重要的为数更少,只有 15—16 个。结构分析工作者经常遇到的就是这 30 个空间群(其中三斜 1,单斜 4,正交 6,四方 5,三方 4,六方 4,立方 6)。230 个空间群既可用国际记号表示,也可用熊夫里符号表示。属于同一点群的各种晶体可以隶属于若干个空间群,例如点群为 $C_{2h}-\frac{2}{m}$ 的各种晶体可以隶属于下列 6 个空间群

$$C_{2h}^1-P\frac{2}{m} \qquad C_{2h}^4-P\frac{2}{c}$$

$$C_{2h}^2-P\frac{2_1}{m} \qquad C_{2h}^5-P\frac{2_1}{c}$$

$$C_{2h}^3-C\frac{2}{m} \qquad C_{2h}^6-C\frac{2}{c}$$

前面的记号是空间群的熊夫里符号,后面的记号是国际符号。在国际记号中第一个大写字母表示点阵的型式。例如,$P\frac{2_1}{c}$ 空间群属单斜晶系,其晶胞型式为单斜简单点阵,$b$ 方向有二次螺旋轴 $2_1$ 及与它垂直的滑移面 $c\left(平移\frac{c}{2}\right)$。这是一种非常重要的空间群。特别是对有机晶体。

230 个空间群列于表 12-7 中。

**表 12-7　230 个空间群的记号**

| 熊夫里符号 | 国际记号 | |
|---|---|---|
| $C_I^1$ | $P_1$ | |
| $C_i^1$ | $P\bar{1}$ | |
| $C_s^1$ | $Pm$ | |
| $C_s^2$ | $Pc$ | |
| $C_s^3$ | $Cm$ | |
| $C_s^4$ | $Cc$ | |
| $C_2^1$ | $P2$ | |
| $C_2^2$ | $P2_1$ | |
| $C_2^3$ | $C2$ | |
| $C_{2h}^1$ | $P\frac{2}{m}$ | |
| $C_{2h}^2$ | $P\frac{2_1}{m}$ | |
| $C_{2h}^3$ | $C\frac{2}{m}$ | |
| $C_{2h}^4$ | $P\frac{2}{c}$ | |
| $C_{2h}^5$ | $P\frac{2_1}{c}$ | |
| $C_{2h}^6$ | $c\frac{2}{c}$ | |
| $C_{2v}^1$ | $Pmm2$ | $Pmm$ |
| $C_{2v}^2$ | $Pmc2_1$ | $Pmc$ |
| $C_{2v}^3$ | $Pcc2$ | $Pcc$ |
| $C_{2v}^4$ | $Pma2$ | $Pma$ |
| $C_{2v}^5$ | $Pca2_1$ | $Pca$ |
| $C_{2v}^6$ | $Pnc2$ | $Pnc$ |
| $C_{2v}^7$ | $Pmn2_1$ | $Pmm$ |
| $C_{2v}^8$ | $Pba2$ | $Pba$ |
| $C_{2v}^9$ | $Pna2_1$ | $Pna$ |
| $C_{2v}^{10}$ | $Pnn2$ | $Pnn$ |
| $C_{2v}^{11}$ | $Cmm2$ | $Cmm$ |
| $C_{2v}^{12}$ | $Cmc2_1$ | $Cmc$ |
| $C_{2v}^{13}$ | $Ccc2$ | $Ccc$ |
| $C_{2v}^{14}$ | $Amm2$ | $Amm$ |
| $C_{2v}^{15}$ | $Abm2$ | $Abm$ |
| $C_{2v}^{16}$ | $Ama2$ | $Ama$ |
| $C_{2v}^{17}$ | $Aba2$ | $Aba$ |
| $C_{2v}^{18}$ | $Fmm2$ | $Fmm$ |
| $C_{2v}^{19}$ | $Fdd2$ | $Fdd$ |
| $C_{2v}^{20}$ | $Imm2$ | $Imm$ |
| $C_{2v}^{21}$ | $Iba2$ | $Iba$ |
| $C_{2v}^{22}$ | $Ima2$ | $Ima$ |
| $D_2^1$ | $P222$ | |
| $D_2^2$ | $P222_1$ | |
| $D_2^3$ | $P2_12_12$ | |
| $D_2^4$ | $P2_12_12_1$ | |
| $D_2^5$ | $C222_1$ | |
| $D_2^6$ | $C222$ | |
| $D_2^7$ | $F222$ | |
| $D_2^8$ | $I222$ | |
| $D_2^9$ | $I2_12_12_1$ | |
| $D_{2h}^1$ | $P\frac{2}{m}\frac{2}{m}\frac{2}{m}$ | $Pmmm$ |
| $D_{2h}^2$ | $P\frac{2}{n}\frac{2}{n}\frac{2}{n}$ | $Pnnn$ |
| $D_{2h}^3$ | $P\frac{2}{c}\frac{2}{c}\frac{2}{m}$ | $Pccm$ |
| $D_{2h}^4$ | $P\frac{2}{b}\frac{2}{a}\frac{2}{n}$ | $Pban$ |
| $D_{2h}^5$ | $P\frac{2_1}{m}\frac{2}{m}\frac{2}{a}$ | $Pmma$ |
| $D_{2h}^6$ | $P\frac{2}{n}\frac{2_1}{n}\frac{2}{a}$ | $Pnna$ |
| $D_{2h}^7$ | $P\frac{2}{m}\frac{2}{n}\frac{2_1}{a}$ | $Pmna$ |
| $D_{2h}^8$ | $P\frac{2_1}{c}\frac{2}{c}\frac{2}{a}$ | $Pcca$ |
| $D_{2h}^9$ | $P\frac{2_1}{b}\frac{2_1}{a}\frac{2}{m}$ | $Pbam$ |
| $D_{2h}^{10}$ | $P\frac{2_1}{c}\frac{2_1}{c}\frac{2}{n}$ | $Pccn$ |
| $D_{2h}^{11}$ | $P\frac{2}{b}\frac{2_1}{c}\frac{2_1}{m}$ | $Pbcm$ |
| $D_{2h}^{12}$ | $P\frac{2_1}{n}\frac{2_1}{n}\frac{2}{m}$ | $Pnnm$ |
| $D_{2h}^{13}$ | $P\frac{2_1}{m}\frac{2_1}{m}\frac{2}{n}$ | $Pmmn$ |

续表

| | | |
|---|---|---|
| $D_{2h}^{14}$ | $P\frac{2_1}{b}\frac{2}{c}\frac{2_1}{n}$ | $Pbcn$ |
| $D_{2h}^{15}$ | $P\frac{2_1}{b}\frac{2_1}{c}\frac{2_1}{a}$ | $Pbca$ |
| $D_{2h}^{16}$ | $P\frac{2_1}{n}\frac{2_1}{m}\frac{2_1}{a}$ | $Pnma$ |
| $D_{2h}^{17}$ | $C\frac{2}{m}\frac{2}{c}\frac{2_1}{m}$ | $Cmcm$ |
| $D_{2h}^{18}$ | $C\frac{2}{m}\frac{2}{c}\frac{2_1}{a}$ | $Cmca$ |
| $D_{2h}^{19}$ | $C\frac{2}{m}\frac{2}{m}\frac{2}{m}$ | $Cmmm$ |
| $D_{2h}^{20}$ | $C\frac{2}{c}\frac{2}{c}\frac{2}{m}$ | $Cccm$ |
| $D_{2h}^{21}$ | $C\frac{2}{m}\frac{2}{m}\frac{2}{a}$ | $Cmma$ |
| $D_{2h}^{22}$ | $C\frac{2}{c}\frac{2}{c}\frac{2}{a}$ | $Ccca$ |
| $D_{2h}^{23}$ | $F\frac{2}{m}\frac{2}{m}\frac{2}{m}$ | $Fmmm$ |
| $D_{2h}^{24}$ | $F\frac{2}{d}\frac{2}{d}\frac{2}{d}$ | $Fddd$ |
| $D_{2h}^{25}$ | $I\frac{2}{m}\frac{2}{m}\frac{2}{m}$ | $Immm$ |
| $D_{2h}^{26}$ | $I\frac{2}{b}\frac{2}{a}\frac{2}{m}$ | $Ibam$ |
| $D_{2h}^{27}$ | $I\frac{2_1}{b}\frac{2_1}{c}\frac{2_1}{a}$ | $Ibca$ |
| $D_{2h}^{28}$ | $I\frac{2_1}{m}\frac{2_1}{m}\frac{2_1}{a}$ | $Imma$ |
| $S_4^1$ | $P\bar{4}$ | |
| $S_4^2$ | $I\bar{4}$ | |
| $C_4^1$ | $P4$ | |
| $C_4^2$ | $P4_1$ | |
| $C_4^3$ | $P4_2$ | |
| $C_4^4$ | $P4_3$ | |
| $C_4^5$ | $I4$ | |
| $C_4^6$ | $I4_1$ | |
| $C_{4h}^1$ | $P\frac{4}{m}$ | |
| $C_{4h}^2$ | $P\frac{4_2}{m}$ | |
| $C_{4h}^3$ | $P\frac{4}{n}$ | |
| $C_{4h}^4$ | $P\frac{4_2}{n}$ | |
| $C_{4h}^5$ | $I\frac{4}{m}$ | |
| $C_{4h}^6$ | $I\frac{4_1}{a}$ | |

| | | |
|---|---|---|
| $D_{2d}^1$ | $P\bar{4}2m$ | |
| $D_{2d}^2$ | $P\bar{4}2c$ | |
| $D_{2d}^3$ | $P\bar{4}2_1m$ | |
| $D_{2d}^4$ | $P\bar{4}2_1c$ | |
| $D_{2d}^5$ | $P\bar{4}m2$ | |
| $D_{2d}^6$ | $P\bar{4}c2$ | |
| $D_{2d}^7$ | $P\bar{4}b2$ | |
| $D_{2d}^8$ | $P\bar{4}n2$ | |
| $D_{2d}^9$ | $I\bar{4}m2$ | |
| $D_{2d}^{10}$ | $I\bar{4}c2$ | |
| $D_{2d}^{11}$ | $I\bar{4}2m$ | |
| $D_{2d}^{12}$ | $I\bar{4}2d$ | |
| $C_{4v}^1$ | $P4mm$ | $P4mm$ |
| $C_{4v}^2$ | $P4bm$ | $P4bm$ |
| $C_{4v}^3$ | $P4_2cm$ | $P4cm$ |
| $C_{4v}^4$ | $P4_2nm$ | $P4nm$ |
| $C_{4v}^5$ | $P4cc$ | $P4cc$ |
| $C_{4v}^6$ | $P4nc$ | $P4nc$ |
| $C_{4v}^7$ | $P4_2mc$ | $P4mc$ |
| $C_{4v}^8$ | $P4_2bc$ | $P4bc$ |
| $C_{4v}^9$ | $I4mm$ | $I4mm$ |
| $C_{4v}^{10}$ | $I4cm$ | $I4cm$ |
| $C_{4v}^{11}$ | $I4_1md$ | $I4md$ |
| $C_{4v}^{12}$ | $I4_1cd$ | $I4cd$ |
| $D_4^1$ | $P422$ | $P42$ |
| $D_4^2$ | $P42_12$ | $P42_1$ |
| $D_4^3$ | $P4_122$ | $P4_12$ |
| $D_4^4$ | $P4_12_12$ | $P4_12_1$ |
| $D_4^5$ | $P4_222$ | $P4_22$ |
| $D_4^6$ | $P4_22_12$ | $P4_22_1$ |
| $D_4^7$ | $P4_322$ | $P4_32$ |
| $D_4^8$ | $P4_32_12$ | $P4_32_1$ |
| $D_4^9$ | $I422$ | $I42$ |
| $D_4^{10}$ | $I4_122$ | $I4_12$ |

| | | |
|---|---|---|
| $D_{4h}^1$ | $P\frac{4}{m}\frac{2}{m}\frac{2}{m}$ | $P\frac{4}{m}mm$ |
| $D_{4h}^2$ | $P\frac{4}{m}\frac{2}{c}\frac{2}{c}$ | $P\frac{4}{m}cc$ |
| $D_{4h}^3$ | $P\frac{4}{n}\frac{2}{b}\frac{2}{m}$ | $P\frac{4}{n}bm$ |
| $D_{4h}^4$ | $P\frac{4}{n}\frac{2}{n}\frac{2}{c}$ | $P\frac{4}{n}nc$ |
| $D_{4h}^5$ | $P\frac{4}{m}\frac{2_1}{b}\frac{2}{m}$ | $P\frac{4}{m}bm$ |
| $D_{4h}^6$ | $P\frac{4}{m}\frac{2_1}{n}\frac{2}{c}$ | $P\frac{4}{m}nc$ |
| $D_{4h}^7$ | $P\frac{4}{n}\frac{2_1}{m}\frac{2}{m}$ | $P\frac{4}{n}mm$ |
| $D_{4h}^8$ | $P\frac{4}{n}\frac{2_1}{c}\frac{2}{c}$ | $P\frac{4}{n}cc$ |
| $D_{4h}^9$ | $P\frac{4_2}{m}\frac{2}{m}\frac{2}{c}$ | $P\frac{4}{m}mc$ |
| $D_{4h}^{10}$ | $P\frac{4_2}{m}\frac{2}{c}\frac{2}{m}$ | $P\frac{4}{m}cm$ |
| $D_{4h}^{11}$ | $P\frac{4_2}{n}\frac{2}{b}\frac{2}{c}$ | $P\frac{4}{n}bc$ |
| $D_{4h}^{12}$ | $P\frac{4_2}{n}\frac{2}{n}\frac{2}{m}$ | $P\frac{4}{n}nm$ |
| $D_{4h}^{13}$ | $P\frac{4_2}{m}\frac{2_1}{b}\frac{2}{c}$ | $P\frac{4}{m}bc$ |
| $D_{4h}^{14}$ | $P\frac{4_2}{m}\frac{2_1}{n}\frac{2}{m}$ | $P\frac{4}{m}nm$ |
| $D_{4h}^{15}$ | $P\frac{4_2}{n}\frac{2_1}{m}\frac{2}{c}$ | $P\frac{4}{n}mc$ |
| $D_{4h}^{16}$ | $P\frac{4_2}{n}\frac{2_1}{c}\frac{2}{m}$ | $P\frac{4}{n}cm$ |
| $D_{4h}^{17}$ | $I\frac{4}{m}\frac{2}{m}\frac{2}{m}$ | $I\frac{4}{m}mm$ |
| $D_{4h}^{18}$ | $I\frac{4}{m}\frac{2}{c}\frac{2}{m}$ | $I\frac{4}{m}cm$ |
| $D_{4h}^{19}$ | $I\frac{4_1}{a}\frac{2}{m}\frac{2}{d}$ | $I\frac{4}{a}md$ |
| $D_{4h}^{20}$ | $I\frac{4_1}{a}\frac{2}{c}\frac{2}{d}$ | $I\frac{4}{a}cd$ |
| $C_3^1$ | $P3$ | |
| $C_3^2$ | $P3_1$ | |
| $C_3^3$ | $P3_2$ | |
| $C_3^4$ | $R3$ | |
| $C_{3i}^1$ | $P\bar{3}$ | |
| $C_{3i}^2$ | $R\bar{3}$ | |
| $C_{3v}^1$ | $P3m1$ | $P3m$ |
| $C_{3v}^2$ | $P31m$ | |
| $C_{3v}^3$ | $P3c1$ | $P3c$ |
| $C_{3v}^4$ | $P31c$ | |

续表

| $C_{3v}^5$ | $R3m$ | |
|---|---|---|
| $C_{3v}^6$ | $R3c$ | |
| $D_3^1$ | $P312$ | |
| $D_3^2$ | $P321$ | $P32$ |
| $D_3^3$ | $P3_112$ | |
| $D_3^4$ | $P3_121$ | $P3_12$ |
| $D_3^5$ | $P3_212$ | |
| $D_3^6$ | $P3_221$ | $P3_22$ |
| $D_3^7$ | $R32$ | |
| $D_{3d}^1$ | $P\bar{3}1\frac{2}{m}$ | $P\bar{3}1m$ |
| $D_{3d}^2$ | $P\bar{3}1\frac{2}{c}$ | $P\bar{3}1c$ |
| $D_{3d}^3$ | $R\bar{3}\frac{2}{m}1$ | $P\bar{3}m$ |
| $D_{3d}^4$ | $P\bar{3}\frac{2}{c}1$ | $P\bar{3}c$ |
| $D_{3d}^5$ | $R\bar{3}\frac{2}{m}$ | $R\bar{3}m$ |
| $D_{3d}^6$ | $R\bar{3}\frac{2}{c}$ | $R\bar{3}c$ |
| $C_{3h}^1$ | $P\bar{6}$ | |
| $C_6^1$ | $P6$ | |
| $C_6^2$ | $P6_1$ | |
| $C_6^3$ | $P6_5$ | |
| $C_6^4$ | $P6_2$ | |
| $C_6^5$ | $P6_4$ | |
| $C_6^6$ | $P6_3$ | |
| $C_{6h}^1$ | $P\frac{6}{m}$ | |
| $C_{6h}^2$ | $P\frac{6_3}{m}$ | |
| $D_{3h}^1$ | $P\bar{6}m2$ | |
| $D_{3h}^2$ | $P\bar{6}c2$ | |
| $D_{3h}^3$ | $P\bar{6}2m$ | |
| $D_{3h}^4$ | $P\bar{6}2c$ | |

| $C_{6v}^1$ | $P6mm$ | $P6mm$ |
|---|---|---|
| $C_{6v}^2$ | $P6cc$ | $P6cc$ |
| $C_{6v}^3$ | $P6_3cm$ | $P6cm$ |
| $C_{6v}^4$ | $P6_3mc$ | $P6mc$ |
| $D_6^1$ | $P622$ | $P62$ |
| $D_6^2$ | $P6_122$ | $P6_12$ |
| $D_6^3$ | $P6_522$ | $P6_52$ |
| $D_6^4$ | $P6_222$ | $P6_22$ |
| $D_6^5$ | $P6_422$ | $P6_42$ |
| $D_6^6$ | $P6_322$ | $P6_32$ |
| $D_{6h}^1$ | $P\frac{6}{m}\frac{2}{m}\frac{2}{m}$ | $P\frac{6}{m}mm$ |
| $D_{6h}^2$ | $P\frac{6}{m}\frac{2}{c}\frac{2}{c}$ | $P\frac{6}{m}cc$ |
| $D_{6h}^3$ | $P\frac{6_3}{m}\frac{2}{c}\frac{2}{m}$ | $P\frac{6}{m}cm$ |
| $D_{6h}^4$ | $P\frac{6_3}{m}\frac{2}{m}\frac{2}{c}$ | $P\frac{6}{m}mc$ |
| $T^1$ | $P23$ | |
| $T^2$ | $F23$ | |
| $T^3$ | $I23$ | |
| $T^4$ | $P2_13$ | |
| $T^5$ | $I2_13$ | |
| $T_h^1$ | $P\frac{2}{m}\bar{3}$ | $Pm3$ |
| $T_h^2$ | $P\frac{2}{n}\bar{3}$ | $Pn3$ |
| $T_h^3$ | $F\frac{2}{m}\bar{3}$ | $Fm3$ |
| $T_h^4$ | $F\frac{2}{d}\bar{3}$ | $Fd3$ |
| $T_h^5$ | $I\frac{2}{m}\bar{3}$ | $Im3$ |
| $T_h^6$ | $P\frac{2_1}{a}\bar{3}$ | $Pa3$ |
| $T_h^7$ | $I\frac{2_1}{a}\bar{3}$ | $Ia3$ |

| $T_d^1$ | $P\bar{4}3m$ | |
|---|---|---|
| $T_d^2$ | $F\bar{4}3m$ | |
| $T_d^3$ | $I\bar{4}3m$ | |
| $T_d^4$ | $P\bar{4}3n$ | |
| $T_d^5$ | $F\bar{4}3c$ | |
| $T_d^6$ | $I\bar{4}3d$ | |
| $O^1$ | $P432$ | $P43$ |
| $O^2$ | $P4_232$ | $P4_23$ |
| $O^3$ | $F432$ | $F43$ |
| $O^4$ | $F4_132$ | $F4_13$ |
| $O^5$ | $I432$ | $I43$ |
| $O^6$ | $P4_332$ | $P4_33$ |
| $O^7$ | $P4_132$ | $P4_13$ |
| $O^8$ | $I4_132$ | $I4_13$ |
| $O_h^1$ | $P\frac{4}{m}\bar{3}\frac{2}{m}$ | $Pm3m$ |
| $O_b^2$ | $P\frac{4}{n}\bar{3}\frac{2}{n}$ | $Pn3n$ |
| $O_h^3$ | $P\frac{4_2}{m}\bar{3}\frac{2}{n}$ | $Pm3n$ |
| $O_h^4$ | $P\frac{4_2}{n}\bar{3}\frac{2}{m}$ | $Pn3m$ |
| $O_h^5$ | $F\frac{4}{m}\bar{3}\frac{2}{m}$ | $Fm3m$ |
| $O_h^6$ | $F\frac{4}{m}\bar{3}\frac{2}{c}$ | $Fm3c$ |
| $O_h^7$ | $F\frac{4_1}{d}\bar{3}\frac{2}{m}$ | $Fd3m$ |
| $O_h^8$ | $F\frac{4_1}{d}\bar{3}\frac{2}{c}$ | $Fd3c$ |
| $O_h^9$ | $I\frac{4}{m}\bar{3}\frac{2}{m}$ | $Im3m$ |
| $O_h^{10}$ | $I\frac{4_1}{a}\bar{3}\frac{2}{d}$ | $Ia3d$ |

## § 12 - 4　晶体对 X 射线的衍射

X 射线衍射法是研究物质结构的最重要的手段之一。晶体的结构和分子中原子的空间排布虽然可以通过光谱、磁共振谱、质谱等许多方法从不同的侧面进行研究，但最终要靠衍射法来确定和证实。衍射法包括 X 射线衍射、中子衍射和电子衍射，它们各有优点，但用得最广泛的还是 X 射线衍射法。

X 射线衍射法近二十年来有了很大的发展。在二十多年前这个方法被公认是难度大、费工费时的。例如维生素 $B_{12}$(分子式 $C_{63}H_{90}CoN_{14}O_{14}P$)的结构测定工作用了十个人十年的时间。现在用四圆衍射仪测定一个相当复杂的络合物的结构仅需一至数星期的时间,其进展之快由此可见一斑。

X 射线衍射法是一个比较专门的研究领域,本节仅作初步介绍。

**1. X 射线的产生**

在 $X$ 射线管内由炽热的钨丝发射出来的电子在管内高压电场(20—70kV)的加速下可以获得很大的动能。令高速电子打在铜、钼等金属制成的靶(作阳极)上,电子被急剧减速而发射电磁波,称为轫致辐射。这种光子的能量是连续分布的,光子能量等于电子动能一半左右者居多。例如电子动能为 50 keV 时,轫致 X 射线的最短波长为 24.8 pm,波长为 50pm 左右的最多。通常称这种连续 X 射线为白色 X 射线。此外还有一部分高速电子打中了靶材料的内层电子(通常是 $K$ 层电子),内层电子打出后,原子的其他层电子填充内层空穴也能发射 X 射线,其波长由靶极材料及涉及的跃迁能级决定。例如以 Cu 为阳极材料,若在其 $K$ 层上打出一个电子,$L$ 层的电子填充这一空穴时产生两条能量极相近的 X 射线 $K_{\alpha_1}$ 和 $K_{\alpha_2}$,相应的跃迁为 $^2P_{\frac{3}{2}} \rightarrow {}^2S_{\frac{1}{2}}$ (8.05 keV)和 $^2P_{\frac{1}{2}} \rightarrow {}^2S_{\frac{1}{2}}$ (8.03 keV),其强度比为 2 : 1,加权平均波长为 154.18 pm。这种单能的 X 射线称为特征 X 射线。特征 X 射线波长确定,强度大,常用于 X 射线衍射法中。除上面提到的 Cu 的 154.18 pm 的 X 射线外,结构分析中还常用到波长为 229.09 pm(Cr$K_\alpha$ 线)、193.73 pm(Fe$K_\alpha$ 线)、71.07 pm(Mo$K_\alpha$ 线)的 X 射线。

**2. 晶体对 X 射线的相干散射**

X 射线投射到晶体上,主要与晶体中的电子发生相互作用,除第一章曾介绍过的光电效应、康普顿效应(非相干散射)外,还可以发生相干散射,即散射的 X 射线与入射 X 射线有相同的波长(或频率)和相同的位相。相干散射起源于晶体中的电子在入射 X 射线的电磁场作用下受迫振动,其振动频率与位相和入射 X 射线相同,因此每一个电子都可视为发射次波的波源,这些波源是相干波源,由它们发出的次波会产生干涉现象。由于晶体具有点阵结构,由各晶胞散射的 X 射线在空间给定方向有固定的光程差 $\Delta$。当 $\Delta$ 等于波长的整数倍时,各次波之间有最大程度的相互加强。结晶学中将最大程度的加强称为衍射,发生最大程度的加强的方向称为衍射方向。沿衍射方向前进的波称为衍射波。测定衍射的方向可以决定晶胞的形状和大小。另一方面,在晶胞内电子呈现一定的、非周期性的分布,而入射的 X 射线的波长和电子间的距离在同一数量级。因此在晶胞内各原子或电子发出的次波也将产生干涉,这种干涉作用决定衍射的强度。通过测定衍射花样的强度可以确定晶胞中原子的位置。

**3. 衍射方向和晶胞参数**

X 射线投射到晶体中的原子时，原子中的电子随之振动，发出与入射 X 射线同样频率的次生 X 射线。在考虑衍射方向时，我们可以近似地将原子中的电子视为集中于一点上，因此每一个原子序数为 $Z$ 的原子相当于由 $Z$ 个电子(实际上少于 $Z$)波源合成的一个波源。如果原子排成点阵，它们发出的次波会发生干涉现象，下面我们来讨论衍射方向问题。

(1) 劳埃(Laue)方程：设有一个直线点阵，周期为 **a**，结构基元是点原子。波长为 $\lambda$ 的 X 射线沿与该点阵成 90°的方向入射[图 12-17(a)]。因每个点阵点相当于一个波源，衍射线与直线点阵间的夹角必须符合下列条件

$$\Delta = \text{光程差} = a\cos\alpha = h\lambda \tag{12-1}$$

$$h = 0, \pm 1, \pm 2, \cdots$$

与直线点阵成 $\alpha$ 角的轨迹是以直线点阵为轴的圆锥面。图 12-17(b)示出 $h=\pm 1$，$\pm 2$ 等四个圆锥面。一级衍射线都在 $h=1$ 或 $h=-1$ 两个圆锥面上，二级衍射线都在 $h=2$ 或 $h=-2$ 两个圆锥面上，零级衍射线则在垂直于直线点阵的平面上。

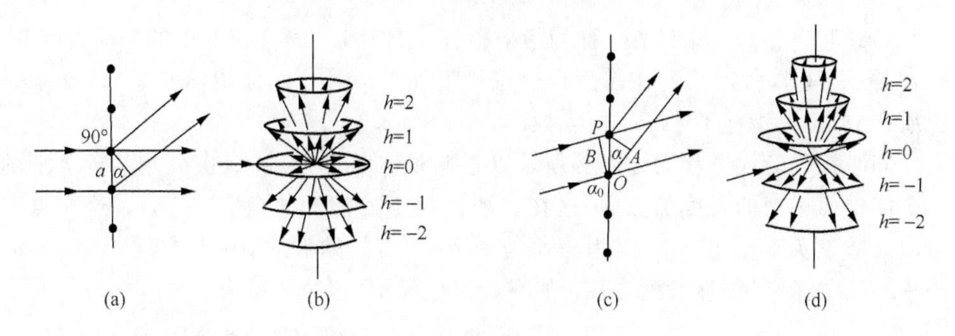


图 12-17　直线点阵的衍射

如果入射 X 射线与直线点阵不成直角，而成 $\alpha_0$ 角，如图 12-17(c)所示，则衍射条件为

$$\text{光程差} = \overline{OA} - \overline{PB} = a(\cos\alpha - \cos\alpha_0) = h\lambda \tag{12-2}$$

$$h = 0, \pm 1, \pm 2, \cdots$$

此时零级衍射线也在一圆锥面上(与点阵成 $\alpha_0$ 角的圆锥面，即图 12-17(d)中注明 $h=0$ 者)。

再考虑平面点阵的衍射。若平面点阵的周期为 **a** 和 **b**，入射 X 射线与 **a** 及 **b** 的交角分别为 $\alpha_0$ 及 $\beta_0$，则衍射角必须符合下列条件：

$$\left.\begin{aligned}a(\cos\alpha-\cos\alpha_0)&=h\lambda\\b(\cos\beta-\cos\beta_0)&=k\lambda\\h,k&=0,\pm1,\pm2,\cdots\end{aligned}\right\}\tag{12-3}$$

由于这两个直线点阵中散射的球面波互相干涉，所以平面点阵产生的衍射方向必须同时满足上述两个方程，显然这些方向就是与级次为 $h$ 和 $k$ 相应的圆锥面的交线的方向。

由上面的讨论可以推知，空间点阵产生衍射的方向必须同时满足下列三个方程(劳埃方程)：

$$\left.\begin{aligned}a(\cos\alpha-\cos\alpha_0)&=h\lambda\\b(\cos\beta-\cos\beta_0)&=k\lambda\\c(\cos\gamma-\cos\gamma_0)&=l\lambda\\h,k,l&=0,\pm1,\pm2,\pm3,\cdots\end{aligned}\right\}\tag{12-4}$$

设 $\mathbf{S}_0$ 和 $\mathbf{S}$ 是入射方向和出射方向的单位向量，上面三个方程可以写成向量形式：

$$\left.\begin{aligned}\mathbf{a}\cdot(\mathbf{S}-\mathbf{S}_0)&=h\lambda\\\mathbf{b}\cdot(\mathbf{S}-\mathbf{S}_0)&=k\lambda\\\mathbf{c}\cdot(\mathbf{S}-\mathbf{S}_0)&=l\lambda\end{aligned}\right\}\tag{12-5}$$

(12-4)式和(12-5)式中的 $hkl$ 称为衍射指标，它们和§12-1之5中的晶面指标 $h^*k^*l^*$ 意义不同，所以我们在晶面指标符号上加上 * 号。晶面指标 $h^*k^*l^*$ 必须是互质整数，衍射指标不限于互质整数。

同时符合劳埃方程的方向必须是以素向量 $\mathbf{a}$、$\mathbf{b}$、$\mathbf{c}$ 为轴，级次分别为 $h$、$k$、$l$ 的三个圆锥面相交的直线的方向，这在一般情况下不能巧合(图 12-18)。这一点也可以从数学关系看出来。因为根据立体解析几何的原理，三个方向余弦 $\cos\alpha$、$\cos\beta$、$\cos\gamma$ 之间存在着函数关系。如在直角坐标中，这一关系为

$$\cos^2\alpha+\cos^2\beta+\cos^2\gamma=1\tag{12-6}$$

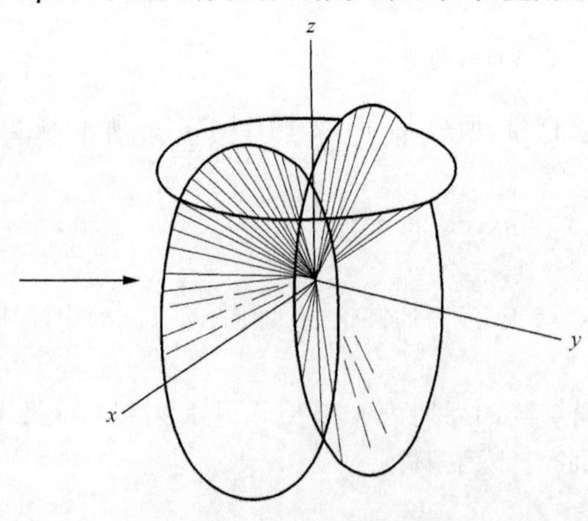

图 12-18 空间点阵的衍射

因此 $\alpha$、$\beta$、$\gamma$ 三个变数必须满足(12-4)和(12-6)四个方程。在一般条件下这一要求是不能满足的，即得不到衍射图。为了获得衍射图，必须增加一个变数，这有两个方法：(i)晶体不动(即 $\alpha_0$、$\beta_0$、$\gamma_0$ 固定)而改变波长，即用包含各种波长的白色 X 射线(劳埃法)；(ii)波长不变，即用单色 X 射线，但令晶体转动，即改变 $\alpha_0$、$\beta_0$、$\gamma_0$，则可在某些晶体角度上得

到衍射图(回转法)。

(2) 布拉格(Bragg)方程　表示空间点阵衍射条件的方程除了劳埃得到的(12-4)式以外,布拉格还得到另外一个非常简便的关系式,叫做布拉格方程:

$$2d\sin\theta = n\lambda \tag{12-7}$$

$$n = 1, 2, 3, \cdots$$

式中 $d$ 是两个平面点阵或晶面间的距离,$\theta$ 是入射 X 射线与晶面的夹角,也等于晶面与衍射线的夹角(证明见后),这一夹角称为布拉格角,$\lambda$ 为 X 射线的波长,$n$ 为衍射级次。

为了导出布拉格方程,我们首先证明,对于衍射指标为 $h=nh^*, k=nk^*, l=nl^*$ 的衍射波而言,晶体点阵中平面点阵组$(h^*k^*l^*)$中的每个点阵面是等程面或反射面。

取 $O$ 为原点,点阵的三个素向量为 **a**、**b**、**c**。取 **a**、**b**、**c** 为坐标轴,则晶面指标为$(h^*k^*l^*)$的平面点阵上的一个点阵点 $P$ 的位置可以用向量 **OP** 表征,

$$\mathbf{OP} = x\mathbf{a} + y\mathbf{b} + z\mathbf{c}$$

在衍射 $hkl$ 方向,$O$ 点与 $P$ 点的光程差 $\Delta$ 为(参看(12-5)式)

$$\begin{aligned}\Delta &= \mathbf{OP}\cdot(\mathbf{S}-\mathbf{S}_0)\\ &= x\mathbf{a}\cdot(\mathbf{S}-\mathbf{S}_0) + y\mathbf{b}\cdot(\mathbf{S}-\mathbf{S}_0) + z\mathbf{c}\cdot(\mathbf{S}-\mathbf{S}_0)\\ &= xh\lambda + yk\lambda + zl\lambda\end{aligned} \tag{12-8}$$

因为 $P$ 点是晶面$(h^*k^*l^*)$上的点阵点,故其坐标 $x$、$y$、$z$ 必为整数,而 $h,k,l$ 也都是整数,所以 $\Delta$ 必为波长的整数倍。因此,在满足劳埃方程的条件下,可以确保发生衍射。

晶面指标为$(h^*k^*l^*)$的平面点阵族满足方程

$$h^*x + k^*y + l^*z = N \tag{12-9}$$

因 $x$、$y$、$z$ 为整数,$h^*$、$k^*$、$l^*$ 为互质整数,所以 $N$ 必为整数。每一个 $N$ 值与该平面族的一个平面对应,$N=0$ 的平面通过原点。于是这一族平面的顺序是…,$-2$,$-1$,0,1,2,…。

设衍射指标$(hkl)$满足

$$h = nh^*,\ k = nk^*,\ l = nl^* \tag{12-10}$$

则在晶面指标为$(h^*k^*l^*)$的晶面族中与 $N$ 相应的特定晶面上的任一点阵点与原点的光程差(对衍射 $hkl$ 而言)为

$$\Delta = xh\lambda + yk\lambda + zl\lambda = n\lambda(h^*x + k^*y + l^*z) = nN\lambda \tag{12-11}$$

上式说明,在衍射 $h=nh^*, k=nk^*, l=nl^*$ 中,平面点阵 $h^*x+k^*y+l^*z=N$ 上的任一点阵点与原点的光程差 $\Delta$ 必为波长的整数倍。对于给定的 $n$ 值的衍射而言通过向一点阵面(以 $N$ 表征)上的点阵点的光程都是一样的。因此我们可以得出结论:对于衍射指标为 $h=nh^*, k=nk^*, l=nl^*$ 的衍射波而言,晶体点阵中平面点

阵组($h^* k^* l^*$)中的每个点阵面是等程面。在几何光学中只有反射面是等程面。因此在满足 $h=nh^*$,$k=nk^*$,$l=nl^*$ 的条件下,晶面($h^* k^* l^*$)对于入射 X 射线的作用相当于反射。例如(111)平面点阵可以作为 222、333、444、…等衍射的反射平面。必须指出,这种反射与几何光学中平面镜的反射实质上不同,前者只有对满足布拉格方程的入射 X 射线才起反射作用,而后者对任何角度的入射光均产生反射。

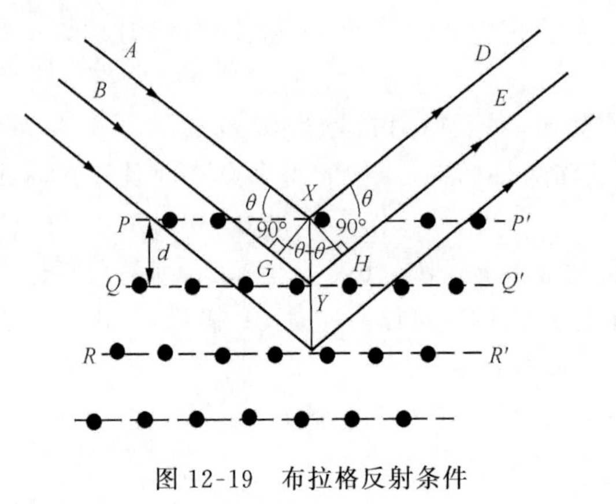


图 12-19 布拉格反射条件

现在考虑空间点阵的衍射。我们可以将空间点阵视为一组相互平行、间距相等的平面点阵。为了在 $nh^*$、$nk^*$、$nl^*$ 方向发生衍射,要求从相邻两层"反射"的 X 射线相互加强,由图 12-19 可知,若晶面之间的距离(称为晶面间距)为 $d_{n^* k^* l^*}$,入射 X 射线与晶面的夹角为 $\theta_{nh^*,nk^*,nl^*}$,这角也就是衍射线与晶面的夹角("反射"),则相邻两个平面 $PP'$ 和 $QQ'$ 的光程差 $\Delta$ 为

$$\Delta = \overline{GY} + \overline{YH} = 2\,\overline{XY}\sin\theta_{nh^*,nk^*,nl^*}$$

或

$$\Delta = 2d_{h^* k^* l^*}\sin\theta_{nh^*,nk^*,nl^*} \tag{12-12}$$

由(12-11)式可知,在发生 $nh^*$、$nk^*$,$nl^*$ 衍射时,第 $N$ 个点阵面与原点的光程差为 $nN\lambda$,第 $N+1$ 个点阵面与原点的光程差为 $n(N+1)\lambda$,第 $N+1$ 个点阵面与第 $N$ 个点阵面的光程差为

$$\Delta = n(N+1)\lambda - nN\lambda = n\lambda \tag{12-13}$$

联合式(12-12)和式(12-13)得

$$2d_{n^* k^* l^*}\sin\theta_{nh^*,nk^*,nl^*} = n\lambda \tag{12-14}$$

这就是布拉格方程。

带下标的布拉格方程(12-14)比不带下标的(12-7)式更清楚地表达了该方程的物理意义,这就是:当 X 射线以与晶面($h^* k^* l^*$)成满足布拉格方程(12-14)的角度 $\theta_{nh^*,nk^*,nl^*}$ 投射到晶体上时,在相应的反射角(等于入射角)的方向上可产生衍射,衍射指标 $hkl$ 满足 $h=nh^*$、$k=nk^*$、$l=nl^*$,$n$ 为一整数,$n=1,2,3,\cdots$ 的衍射分别为一级、二级、三级、…衍射,$n$ 就是 X 射线通过晶面族($h^* k^* l^*$)中相邻晶面的光程差的波数。从上面的推导可以知道,劳埃方程和布拉格方程实质上是相同的,只是从不同的角度考虑衍射,前者是将晶体点阵视为由三族互不平行的直线

点阵交织而成，后者则将晶体点阵视为一族互相平行、间距相等的平面点阵。布拉格方程比劳埃方程简单，用起来较为方便，知道衍射指标后就可以计算晶胞的大小。下面以立方晶系为例予以说明。

如图12-20所示，在立方晶系中有两个相邻的平行晶面$(h^* k^* l^*)$，其中一个晶面通过原点$O$，另一晶面在**a**、**b**、**c**三个互相垂直的轴上的截距为$\frac{a}{h^*}$、$\frac{b}{k^*}$、$\frac{c}{l^*}$。设晶面法线的方向角为$\alpha$、$\beta$、$\gamma$，则

$$d_{h^*,k^*,l^*} = \frac{a}{h^*}\cos\alpha = \frac{b}{k^*}\cos\beta = \frac{c}{l^*}\cos\gamma$$

又

$$\cos^2\alpha + \cos^2\beta + \cos^2\gamma = 1$$

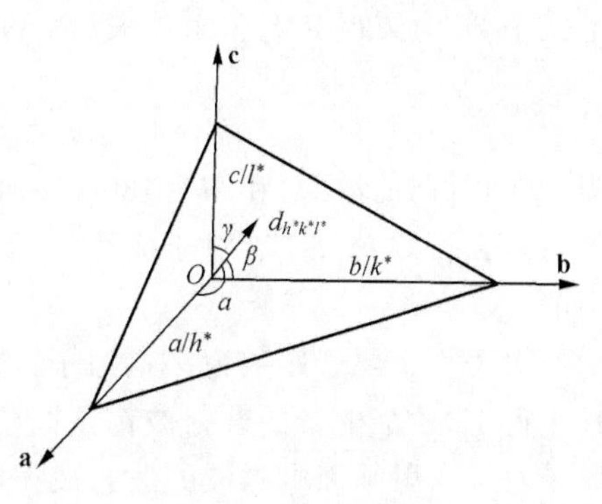


图12-20　晶面间距

从两式中消去$\alpha$、$\beta$、$\gamma$，得

$$d_{h^*k^*l^*} = \frac{1}{\sqrt{\left(\frac{h^*}{a}\right)^2 + \left(\frac{k^*}{b}\right)^2 + \left(\frac{l^*}{c}\right)^2}}$$

因为$a=b=c$，所以

$$d_{h^*k^*l^*} = \frac{a}{\sqrt{h^{*2} + k^{*2} + l^{*2}}} \tag{12-15}$$

将式(12-10)和式(12-15)代入式(12-14)得

$$\sin^2\theta_{hkl} = \frac{\lambda^2}{4a^2}(h^2 + k^2 + l^2) \tag{12-16}$$

**4. 衍射强度和晶胞中原子的分布**

在前面导出晶体对X射线的衍射方向时，我们的着眼点是晶体的周期性结构，即由晶体平移群的向量联系起来的结构基元组成的点阵。在这种意义上晶体无异于是X射线的一个衍射光栅。我们假定了结构基元的电子均集中于一点，整个结构基元对X射线的散射就等于这些电子散射的总和，它们之间不存在干涉作用。这一个假定实际上就认为了晶体的结构单元本身是没有结构的。实际上，由于用于衍射实验的X射线的波长与结构基元中电子之间的距离在同一数量级，结构基元中的电子发射的次波仍会发生干涉，这种作用决定衍射的相对强度。通过对衍射的相对强度的分析我们可以推出晶胞中原子(或离子)的种类、数目、位置。

(1) 原子的散射因子：原子对于X射线的散射基本上是核外电子的贡献。电子在外来电磁场的作用下作受迫振动并发射同频率的次波，即散射波。强度为$I_0$的非极化电磁派投射到电子上，被一个电子散射到离它$R$处的强度$I_e$由汤姆逊

(Thomson)公式给出，

$$I_e = \frac{r_e^2}{2R^2} I_0 (1 + \cos^2 2\theta) \tag{12-17}$$

上式中 $2\theta$ 为矢径 **R** 与入射波矢量 **k** 间的夹角，即散射角；$r_e$ 为经典电子半径

$$r_e = \frac{e^2}{4\pi\varepsilon_0 m_e c^2} = 2.817938 \times 10^{-15}\,\mathrm{m} \tag{12-18}$$

当 $2\theta=0°$(向前散射)和 $2\theta=180°$(反向散射)的强度最大。该式还说明，散射强度与入射强度之比 $I_e/I_0$ 对于实用的 $R$ 值(如 $10^{-2}-10^{-1}\,\mathrm{m}$)和任何 $2\theta$ 都是非常小的。

对于一个原子序数为 $Z$ 的原子，若它的 $Z$ 个电子间的距离比入射电磁波的波长小得多，$Z$ 个电子的散射波都是同位相的，在任何方向的散射都彼此加强，则该原子对于入射平面电磁波的散射波振幅(强度为振幅的平方)$E_a$ 应为单个电子的散射波的振幅的 $Z$ 倍，即

$$E_a = ZE_e = Z\left[\frac{r_e^2}{2R^2}(1 + \cos^2 2\theta)\right]^{\frac{1}{2}} E_0$$

$E_0$ 为入射电磁波振幅。实际上由于 X 射线的波长与原子半径相近，从原子的不同部分出来的散射波的位相不相同，干涉的结果使得实际的散射波振幅 $E_a$ 比由 $Z$ 个电子集中于一点产生的散射波总强度要小。定义

$$f \equiv \frac{E_a}{E_e} \tag{12-19}$$

为原子的散射因子(或称原子的结构因子、原子形状因子)。对于球形原子可以导出

$$f = \int_0^\infty \frac{4\pi r^2 \rho(r) \sin\mu r}{\mu r} dr \tag{12-20}$$

上式中

$$\mu = \frac{4\pi\sin\theta}{\lambda} \tag{12-21}$$

$\rho(r)$为原子中的电子密度。$f$ 随 $\sin\theta/\lambda$ 增加而下降，当 $2\theta=0$ 时 $f=Z$。$f$ 值非常重要，对于所有元素在所有 $\sin\theta$ 值下的 $f$ 均已测出并列成表格①。图 12-21 示出若干种原子的散射因子 $f$ 与原子序数 $Z$ 之比 $f/Z$ 随 $\sin\theta/\lambda$ 变化的情况。

(2) 晶体的结构因子　若晶胞包含的原子不止一个，诸原子向衍射方向发射的次波也存在着位相差(图 12-22)，因而也会发生干涉，其结果晶胞作为一个整体发射的次波(合成波)的振幅 $E_c$ 将不等于诸原子发射的次波的振幅的代数和，而是

① *International Tables of X-ray Crystallography*, Vol, 3, K. Lonsdale(ed.), Knyoch Press, Birmingham, 1962.

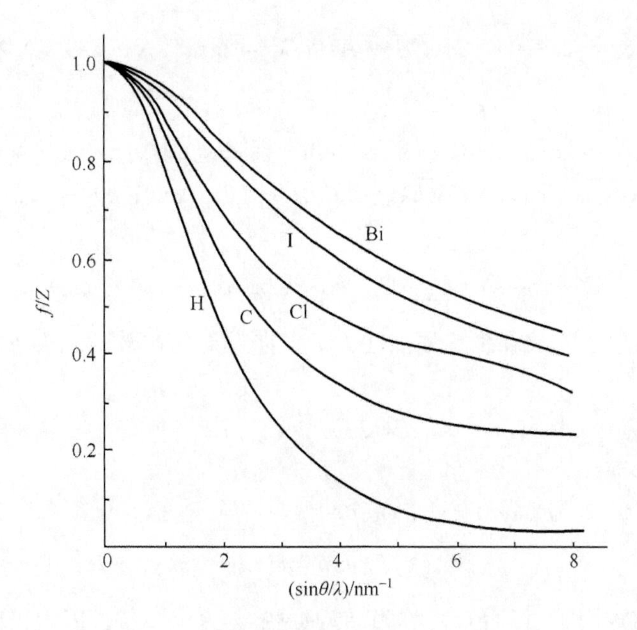


图 12-21　原子的散射因子随$\frac{\sin\theta}{\lambda}$的变化情况

等于振幅按矢量相加得的和。为此我们采用复数形式表示波。位于坐标原点的原子向衍射方向发射的次波可写为

$$E_{a0}\ \exp\ i[2\pi(\nu t - R_0/\lambda)]$$

若第 $j$ 个原子的次波与坐标原点上的原子的次波的位相差为 $\phi_j$，则原子 $j$ 的次波可写为

$$E_{aj}\ \exp\ i[2\pi(\nu t - R_0/\lambda) + \varphi_j]$$

合成波必有相同的频率，但位相待定，故可写为

$$E_c\ \exp\ i[2\pi(\nu t - R_0/\lambda) + \varphi]$$

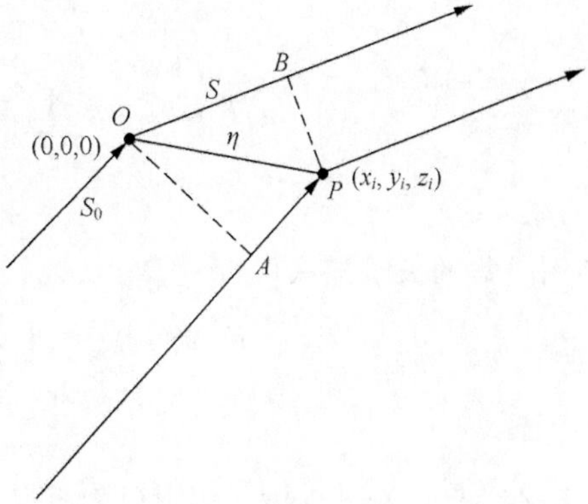

图 12-22　$P$ 点与 $O$ 点光程差

于是

$$E_c\ \exp\ i[2\pi(\nu t - R_0/\lambda) + \varphi] = \sum_j E_{aj}\ \exp\ i[2\pi(\nu t - R_0/\lambda) + \varphi_j]$$

或

$$E_c\ \exp\ (i\phi) = \sum_j E_{aj}\ \exp(i\phi_j)$$

第 $j$ 个原子与坐标原点上的原子的次波的位相差($hkl$ 方向)$\varphi_j$ 为

$$\begin{aligned}\varphi_j &= 2\pi\frac{\Delta_j}{\lambda} = 2\pi(\overline{OB}-\overline{AP})/\lambda = 2\pi(\mathbf{r}_j\cdot\mathbf{s}-\mathbf{r}_j\cdot\mathbf{s}_0)/\lambda \\ &= 2\pi\mathbf{r}_j\cdot(\mathbf{s}-\mathbf{s}_0)/\lambda \\ &= 2\pi[x_j\mathbf{a}\cdot(\mathbf{s}-\mathbf{s}_0)+y_j\mathbf{b}\cdot(\mathbf{s}-\mathbf{s}_0)+z_j\mathbf{c}\cdot(\mathbf{s}-\mathbf{s}_0)]/\lambda \\ &= 2\pi[x_jh\lambda+y_jk\lambda+z_jl\lambda]/\lambda = 2\pi(hx_j+ky_j+lz_j)\end{aligned}$$

所以

$$E_c\exp(i\phi) = \sum_j E_{aj}\exp i[2\pi(hx_j+ky_j+lz_j)]$$

两边除以自由电子安放在坐标原点向 $hkl$ 方向发射的次波的振幅 $E_e$ 注意到 $f_j=E_{aj}/E_e$，并记

$$|F(hkl)| = E_c/E_e$$

则

$$\begin{aligned}F(hkl) &= |F(hkl)|\exp(i\phi) \\ &= \sum_j f_j\exp[2\pi i(hx_j+ky_j+lz_j)]\end{aligned} \tag{12-22}$$

$F(hkl)$称为结构因子，$|F(hkl)|$称为结构振幅，$\varphi$ 为位相角。因为衍射强度与振幅的平方成正比，即

$$I\sim|F|^2$$

但

$$\begin{aligned}|F|^2 = F\cdot F^* &= \sum_j f_j\exp[2\pi i(hx_j+ky_j+lz_j)] \\ &\quad\cdot\sum_j f_j\exp[-2\pi i(hx_j+ky_j+lz_j)]\end{aligned}$$

利用复数的矢量加法可得

$$\begin{aligned}I(hkl)\sim|F(hkl)|^2 &= \Big[\sum_j f_j\cos2\pi(hx_j+ky_j+lz_j)\Big]^2 \\ &\quad+\Big[\sum_j f_j\sin2\pi(hx_j+ky_j+lz_j)\Big]^2\end{aligned} \tag{12-23}$$

(12-23)式是X射线衍射法中极为重要的公式，通过测定衍射的相对强度，利用这一公式可以定出晶胞内原子的种类、数目和位置。其法简述如下：先假定一个晶胞的结构，即给定诸原子的坐标 $x_j,y_j,z_j$，按该式计算各级衍射 $hkl$ 的相对强度，与实测的相对强度比较①，如不符，对诸原子位置进行修正，重复计算，直到计算值与实验值在误差范围内符合为止。这一方法称为“尝试法”。

(3) 系统消光　在推导劳埃方程和布拉格方程时我们实际上假定了所有的点阵点都在以素向量 **a**、**b**、**c** 为边的平行六面体的顶点上，换言之，**a**、**b**、**c** 是与点阵素

① 对于实测的衍射强度尚需进行若干校正后才能与计算值进行比较，这些校正是：温度因子、偏极化因子、洛伦兹(Lorentz)因子、吸收因子等。

单位相应的一套素向量。在这种情况下，满足劳埃方程或布拉格方程时所有点阵点发射的次波在衍射方向都互相加强。若由素向量 **a**、**b**、**c** 规定的单位不是素单位，而是复单位，那些不处于以 **a**、**b**、**c** 为边的平行六面体顶点的点阵点发射的次波有可能与处于平行六面体顶点的点阵点发射的次波干涉而使本应发生的衍射消失。以体心立方为例，处于体心的点阵点不是在以 **a**、**a**、**a** 为边的立方体的顶点上，其分数坐标为$\left(\frac{1}{2},\frac{1}{2},\frac{1}{2}\right)$，因此每个晶胞包含两个相同原子，坐标分别为(0,0,0)和$\left(\frac{1}{2},\frac{1}{2},\frac{1}{2}\right)$，按衍射强度公式(12-23)

$$\begin{aligned}I(hkl) \sim & \left[f\cos2\pi(0\cdot h+0\cdot k+0\cdot l)+f\cos2\pi\left(\frac{1}{2}h+\frac{1}{2}k+\frac{1}{2}l\right)\right]^2 \\ & +\left[f\sin2\pi(0\cdot h+0\cdot k+0\cdot l)+f\sin2\pi\left(\frac{1}{2}h+\frac{1}{2}k+\frac{1}{2}l\right)\right]^2 \\ = & f^2[1+\cos\pi(h+k+l)]^2+f^2[\sin\pi(h+k+l)]^2 \\ = & 2f^2[1+\cos\pi(h+k+l)]^2\end{aligned}$$

可见，如果 $\cos\pi(h+k+l)=-1$ 即 $h+k+l=$奇数时 $I(hkl)=0$。这说明由于体心上有一个原子，按劳埃公式或布拉格公式计算出的衍射方向 $hkl$ 中 $h+k+l=$奇数的衍射系统地消失了。

晶体结构中如果存在着带心的点阵、滑移面和螺旋轴时，晶体按衍射方程来说原应产生的一部分衍射会成群地或系统地消失，这种现象称为系统消光。根据系统消光，可以确定晶体的点阵型式和空间群。例如对于衍射指标类型为 $hkl$ 的消光情况与点阵型式的关系为

| | |
|---|---|
| $h+k+l=$ 奇数者不出现 | 体心点阵($I$) |
| $h+k=$ 奇数者不出现 | $C$ 面带心点阵($C$) |
| $k+l=$ 奇数者不出现 | $A$ 面带心点阵($A$) |
| $h+l=$ 奇数者不出现 | $B$ 面带心点阵($B$) |
| $h,k,l$ 奇偶混杂者不出现 | 面心点阵($F$) |
| 对 $hkl$ 无限止者 | 简单(不带心)点阵($P$) |

## §12-5　X 射线粉末法

### 1. 粉末法原理

用单色 X 射线对多晶体或粉末样品摄取衍射图的方法叫做粉末法。产生粉末图的原理如图 12-23 所示。设入射 X 射线与某一晶面($h^* k^* l^*$)成符合衍射条件的 $\theta$ 角，则在 $OP$ 方向产生衍射，$OP$ 与 X 射线的入射方向 $OO'$ 的夹角是 $2\theta$。样

品中有很多不同取向的小晶体，与入射 X 射线成 $\theta$ 角的点阵面也是非常多的，这许多点阵面产生的衍射线都与入射线成 $2\theta$ 角，它们的轨迹是以 $OO'$ 为轴张开 $4\theta$ 角的衍射圆锥面。这样的圆锥面与围成柱形的底片相交就得到一系列成对的弧线，如图 12-24 所示。

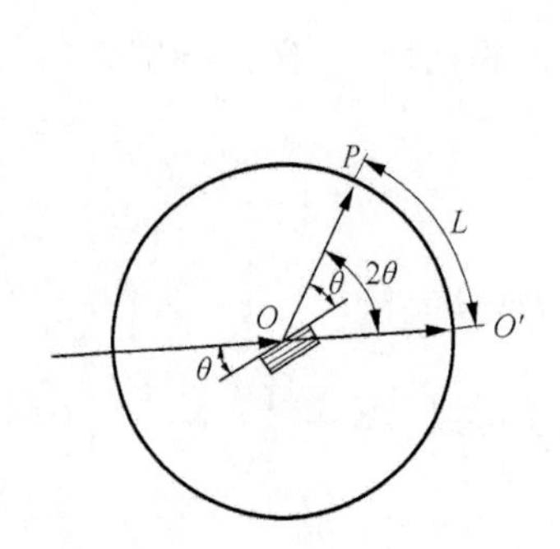


图 12-23 产生粉末图的原理

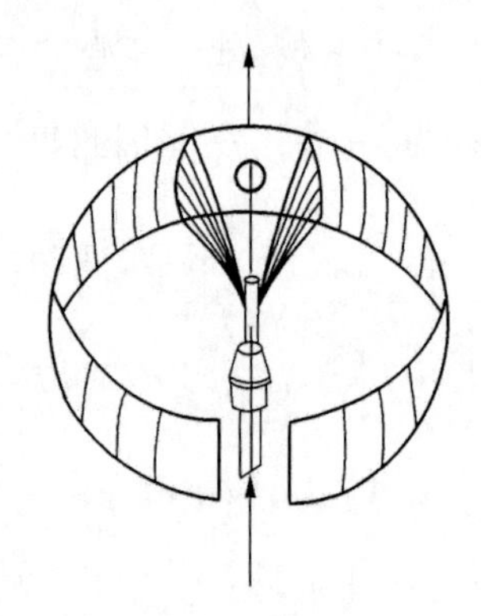

图 12-24 粉末法照相

拍摄粉末图时，感光底片安置的方法有对称式和不对称式两种(图 12-25)。图中 $L$ 为衍射弧线与 X 射线出口中心的距离，它与相机半径 $R$ 及衍射角 $\theta$ 的关系如下：

$$4R\theta = 2L, \quad \theta = \frac{L}{2R}(\text{以弧度表示}) \tag{12-24}$$

量得不同衍射线的 $L$(需对底片冲洗晾干后的收缩进行校正)，可以求出不同的衍射角 $\theta_{hkl}$，它与晶面间距 $d_{h^*k^*l^*}$ 的关系符合布拉格方程(12-14)：

$$2d_{h^*k^*l^*}\sin\theta_{hkl} = n\lambda$$

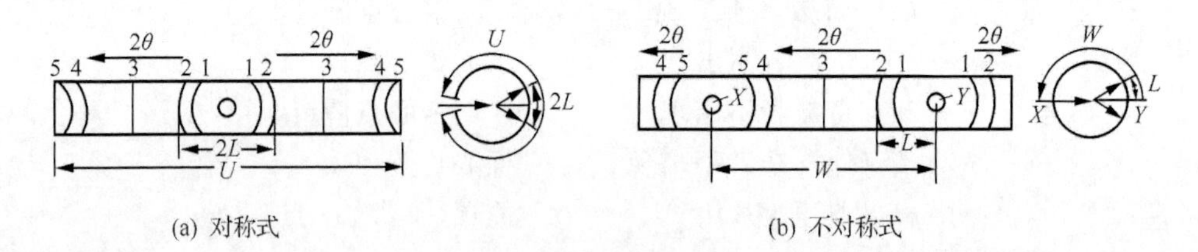


图 12-25 粉末照相法

在上节我们导出了在立方晶系中晶面间距 $d_{hkl}$ 和晶面指标($h^*\ k^*\ l^*$)之间的关系[(12-15)式]及衍射角 $\theta_{hkl}$ 和晶胞长度 $a$ 及衍射指标间的关系[(12-16)式]

$$\sin^2\theta_{hkl} = \left(\frac{\lambda}{2a}\right)^2(h^2+k^2+l^2)$$

对于四方和六方晶系，用类似的方法可以导出相应的公式：

四方晶系　$$\sin^2\theta_{hkl}=\left(\frac{\lambda}{2a}\right)^2\left[(h^2+k^2)+\frac{a^2}{c^2}l^2\right] \tag{12-25}$$

六方晶系　$$\sin^2\theta_{hkl}=\frac{1}{3}\left(\frac{\lambda}{a}\right)^2(h^2+hk+k^2)+\left(\frac{\lambda}{2c}\right)^2l^2 \tag{12-26}$$

关于这些公式的应用将在下面讨论。

除粉末照相机外，粉末衍射仪也是经常用来获取粉末衍射图的仪器，这种仪器备有测角仪，衍射 X 射线用适当的探测器(如盖革计数管，正比计数管和闪烁计数器)对光子进行计数，用这种仪器可以同时测出各衍射线的衍射角和衍射强度，而粉末照相法中衍射线的强度是通过测量粉末线的黑度确定的，因此衍射仪比粉末照相快速、准确，特别适合于做定量分析。

**2. 粉末法的应用**

(1) 立方晶系粉末线的指标化和点阵型式的确定：由(12-16)式可知立方晶系的 $\sin^2\theta_{hkl}$ 与$(h^2+k^2+l^2)$成正比。对于简单点阵 $P$，$hkl$ 除必须整数(包括零)外并无其他限制，它可采取 100，110，111，200，210，211，220，221，222，300，…等数值。表 12-8 列出相应的平方和$(h^2+k^2+l^2)$，并按平方和增加的顺序排列。对于体心点阵 $I$，$(h+k+l)=$奇数的衍射不出现，这是包含体心点阵点的点阵面“反射”线干涉的结果。对于面心点阵 $F$，$hkl$ 奇偶混合的不出现。

**表 12-8　立方点阵的衍射指标及其平方和**

| $h^2+k^2+l^2$ | $P$ | $I$ | $F$ | $h^2+k^2+l^2$ | $P$ | $I$ | $F$ |
|---|---|---|---|---|---|---|---|
| 1 | 100 | | | 14 | 321 | 321 | |
| 2 | 110 | 110 | | 15 | | | |
| 3 | 111 | | 111 | 16 | 400 | 400 | 400 |
| 4 | 200 | 200 | 200 | 17 | 410,322 | | |
| 5 | 210 | | | 18 | 411,330 | 411 | |
| 6 | 211 | 211 | | 19 | 331 | | 311 |
| 7 | | | | 20 | 420 | 420 | 420 |
| 8 | 220 | 220 | 220 | 21 | 421 | | |
| 9 | 300,221 | | | 22 | 332 | 332 | |
| 10 | 310 | 310 | | 23 | | | |
| 11 | 311 | | 311 | 24 | 422 | 422 | 422 |
| 12 | 222 | 222 | 222 | 25 | 500,432 | | |
| 13 | 320 | | | … | | | |

由表 12-8 可见，在三种点阵型式中，自中央至两端各对粉末线的 $\sin^2\theta$ 值按下列比例分布：

$P$： 1∶2∶3∶4∶5∶6∶8∶9∶10∶11∶12∶13∶…(缺 7、15、23 等)

$I$： 2：4：6：8：10：12：14：16：18：20：…

=1：2：3：4：5：6：7：8：9：10：…(不缺 7、15、23 等)

$F$： 3：4：8：11：12：16：19：20：24：…

这样根据实验测得的 $\sin^2\theta$ 的比值就可以决定点阵型式，并且可以确定每条粉末线的指标，即所谓指标化(图 12-26)①。指标确定后可根据(12-16)式计算晶胞周期 $a$，再从密度可以求得晶胞中所含的原子数。此外还可以根据粉末衍射线的分布及强度推测晶胞中的原子位置。一般对称性较高的晶体，特别是属于立方晶系的晶体，可用粉末法来测定晶体结构。但对于对称性较低的晶体，因为粉末衍射线很多，容易发生重叠，难于分析结果，所以应用不多。

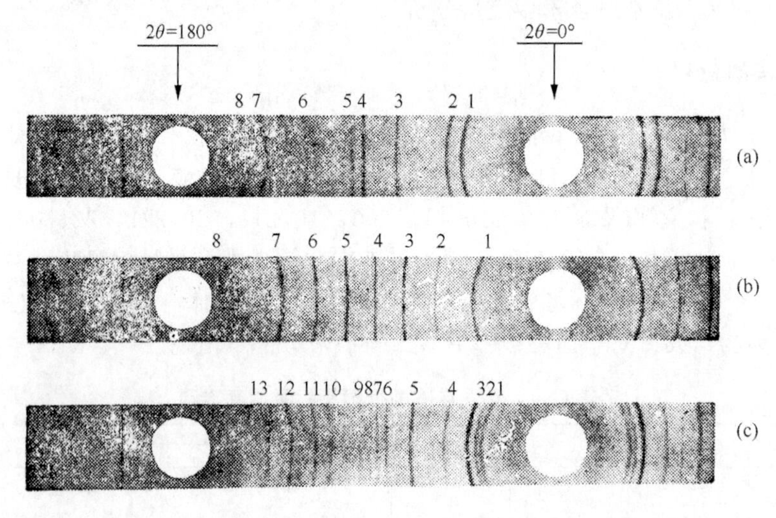


图 12-26　X 射线粉末图的指标化

(a) 铜，立方面心，指标化

| 线号 | 1 | 2 | 3 | 4 | 5 | 6 | 7 | 8 |
|---|---|---|---|---|---|---|---|---|
| 指标 | 111 | 200 | 220 | 311 | 222 | 400 | 331 | 420 |

(b) 钨，立方体心，指标化

| 线号 | 1 | 2 | 3 | 4 | 5 | 6 | 7 | 8 |
|---|---|---|---|---|---|---|---|---|
| 指标 | 110 | 220 | 211 | 220 | 310 | 222 | 321 | 400 |

(c) 锌，六方密堆积，指标化

| 线号 | 1 | 2 | 3 | 4 | 5 | 6 | 7 | 8 | 9 | 10 | 11 | 12 | 13 |
|---|---|---|---|---|---|---|---|---|---|---|---|---|---|
| 指标 | 002 | 100 | 101 | 102 | {103, 110 | 004 | 112 | 201 | 202 | 203 | {114, 105 | 211 | 212 |

① 对于六方密堆积点阵，衍射指标$(h+2k)$为 3 的倍数且 $l$ 为奇数的衍射消失。衍射角按(12-25)式计算，衍射线顺序及间距与轴率$\frac{c}{a}$有关。对 Zn 的$\frac{c}{a}=1.858$。参看 B. D. Cullity, *Elements of X-Ray Diffraction*, Chap. 10, Addison Wesley Publishing Company, Inc., 1956。

下面以钨为例，说明用粉末法测定晶体结构的方法。

用Cu靶的 $K_\alpha$ 线，$\lambda=154.18$pm，照相机直径 $2R=57.3$mm 拍摄钨的粉末图。从X射线出口处顺次量取衍射环线离出口处的距离 $L$（图12-25），由 $2R\theta=L$ 计算 $\theta$ 及 $\sin^2\theta$ 等，结果列于表12-9。

**表 12-9　钨的粉末衍射数据**

| 线号 | $L/mm$ | $\theta/(°)$ | $\sin^2\theta$ | $h^2+k^2+l^2$ | $hkl$ |
|---|---|---|---|---|---|
| 1 | 20.13 | 20.13 | 0.1184 | 2 | 110 |
| 2 | 29.13 | 29.13 | 0.2370 | 4 | 200 |
| 3 | 36.60 | 36.60 | 0.3555 | 6 | 211 |
| 4 | 43.51 | 43.51 | 0.4740 | 8 | 220 |
| 5 | 50.32 | 50.32 | 0.5923 | 10 | 310 |
| 6 | 57.46 | 57.46 | 0.7107 | 12 | 222 |
| 7 | 65.58 | 65.58 | 0.8290 | 14 | 321 |
| 8 | 76.79 | 76.79 | 0.9470 | 16 | 400 |

按照(12-16)式计算 $h^2+k^2+l^2$ 的比例

$$\begin{aligned}\sin^2\theta_1:\sin^2\theta_2:\sin^2\theta_3:\sin^2\theta:\cdots &= 0.1184:0.2370:0.3555:0.4740:\cdots\\ &=1:2:3:4:5:6:7:8\\ &=2:4:6:8:10:12:14:16\end{aligned}$$

按照 $h^2+k^2+l^2$ 的比例查表12-8确定钨属于立方体心点阵，然后可以对每条衍射环线指标化，进而计算晶胞常数 $a_0$。例如由线号1：

$$\sin^2 20.13° = \frac{154.18^2}{4a^2}(1^2+1^2+0^2)$$

由各条衍射环线算得 $a$ 的平均值为316.5pm。已知钨的密度 $\rho$ 为 $19.3\text{g/cm}^3$，可以算得晶胞中的原子数目

$$n=\frac{\rho V}{M}\cdot N_A=\frac{19.3\times(3.165\times10^{-8})^3}{183.92}\times6.022\times10^{23}\simeq2$$

立方体心点阵每个单位包含2个点阵点，因此每个点阵点代表的结构单元是一个钨原子，其分数坐标为000；$\frac{1}{2}\frac{1}{2}\frac{1}{2}$。这样就测定了钨的晶体结构。当然这是最简单的例子，一般晶体结构的分析要复杂得多。

(2) 定性分析　每一品种的晶体都有它特征的 $d/n$ 值

$$\frac{d}{n}=\frac{d_{h^*k^*l^*}}{n}=\frac{\lambda}{2\sin\theta_{hkl}}$$

及由原子性质和排布情况决定的衍射强度，这是利用粉末图作晶体的定性分析的根据。

哈那瓦特(Hanawalt)等最初收集了约1000种标准样品的粉末图，列成卡片，

根据三条最强的粉末衍射环线的 $d/n$ 值的大小次序排列，现在这种卡片（称为ASTM 卡片）已扩充到几万种。定性分析时先测定未知样品的粉末图的衍射环线的$d/n$值（卡片中简记为$d$）和相对强度（以最强线的相对强度为 100）。然后选三条强度最大的线去和卡片目录比较。与最强线的 $d/n$ 值接近的晶体可能有很多种，然后再找其中第二和第三强线的 $d/n$ 值也接近的晶体就只有少数几种了，然后把这几种晶体的粉末图卡找到，与未知样品核对。如果其中有一张和未知样品完全符合（对 $d$ 值允许有 $\pm 2$pm 的误差，对强度的符合要求比较宽），这样就可以确定未知样品是什么晶体。1972 年出版的新卡片索引的查找方法与此类似，只是依强度次序列出了 8 条线，这样在查找卡片索引时命中率就更高了。在混合物中各组分的含量与其衍射环线的强度大致成正比，因此根据粉末线的强度还可以测定混合物中组分的百分含量，但准确度不高，一般含量在 5%以下就不易测定。

此外粉末法还可用于无定形和晶态的鉴别，混合物和化合物的区别，物相分析，测定晶粒大小等（参看参考书目 1）。

## §12-6 测定气体分子结构的电子衍射法

### 1. X 射线衍射法与电子衍射法的比较

X 射线通过气体得到的衍射图和粉末晶体的衍射图相似，因为分子在气态时的取向是完全随机的，正像晶体粉末的许多微小晶体取向是随机的一样。但由于气体的密度小，它散射 X 射线的能力要比晶体小得多，为了得到一张气体分子的衍射图，曝光时间往往达几十小时之久。因此，用 X 射线衍射法研究气体分子的工作做得很少，值得提一下的是德拜曾在 1929 年研究了 $CCl_4$ 蒸气的 X 射线衍射，估计了 C—Cl 的距离，并证实 CHCl=CHCl 存在顺反异构体。

另一方面，我们在§1-2 曾讨论过电子射线也有波动性，它的波长 $\lambda$ 与电子射线的速度 $v$ 之间满足德布罗意关系式

$$\lambda=\frac{h}{p}=\frac{h}{\sqrt{2m\left(\frac{1}{2}mv^2\right)}}=\frac{h}{\sqrt{2m(eV)}} \tag{12-27}$$

上式中最后一个等号把电子的动能$\frac{1}{2}mv^2$ 和使电子获得这一动能的加速电场的电势 $V$ 联系了起来。这一式子未作相对论校正。如 $\lambda$ 以 pm 为单位，$V$ 以伏特为单位，(12-27)式可写为

$$\lambda=\frac{1226}{\sqrt{V}} \tag{12-28}$$

如 $V=40000$，则 $\lambda=6.13$pm，所以在 40000V 电场下加速所得的电子流与波长等

于6.13pm的X射线所得的衍射图相当。

电子射线与X射线有点显著不同：(1)电子射线的穿透能力要比X射线小很多。换言之原子散射电子射线的能力比散射X射线的能力大得多。对于固体来说，电子射线的穿透力小，于$10^{-5}$cm，而衍射用X射线的穿透力可达$10^{-1}$cm。因此X射线可用来研究晶体内部的结构，而电子射线则宜于研究薄膜或固体的结构。(2)电子射线受原子核和电子散射，换言之，电子的散射情况由电位分布决定，而X射线主要受电子散射，其散射情况决定于分子和晶体的电子密度分布。由于原子核对电子射线的散射能力比电子大得多，所以电子衍射给出的是原子核的位置，而X射线衍射给出的是高电子密度的位置，这就是为什么有时用这两种方法给出的数据有差异。轻元素对X射线的散射能力很弱，特别是轻元素与重元素共存时，轻元素的位置比较难于确定。而各种元素原子对电子的衍射能力差别不大，轻元素的衍射能力比重元素还大，因此特别适合于确定轻元素(如H)的位置。

电子衍射法主要用于测定气体分子中原子间的距离。由于原子对电子的散射能力要比对X射线的散射能力大约一万倍，所以用电子射线来摄取气体分子的衍射图所需的曝光时间很短，约一秒钟或不到一秒钟。

关于电子衍射仪的装置和实验方法，读者有兴趣可以参看化学通报1956年2月号的有关文章。

**2. 气体分子的衍射强度公式及其应用**

气体分子的电子衍射图是由维尔(Wierl)首先研究的，他得到下面的衍射强度公式：

$$\left.\begin{aligned} I_\alpha &= \sum_{j=1}^{n} A_j^2 + 2\sum_{j=1}^{n}\sum_{k>j}^{n} A_j A_k \frac{\sin r_{jk} s}{r_{jk} s} \\ s &= \frac{4\pi}{\lambda}\sin\frac{\alpha}{2} \end{aligned}\right\} \tag{12-29}$$

上式中

$\alpha$——衍射角(图12-27)；

$I_\alpha$——向角度$\alpha$衍射的电子射线的强度；

$r_{jk}$——原子$j$和原子$k$间的距离；

$n$——分子内原子的数目；

$A_j$——原子$j$的散射因子；

$A_k$——原子$k$的散射因子；

$\lambda$——电子射线的波长。

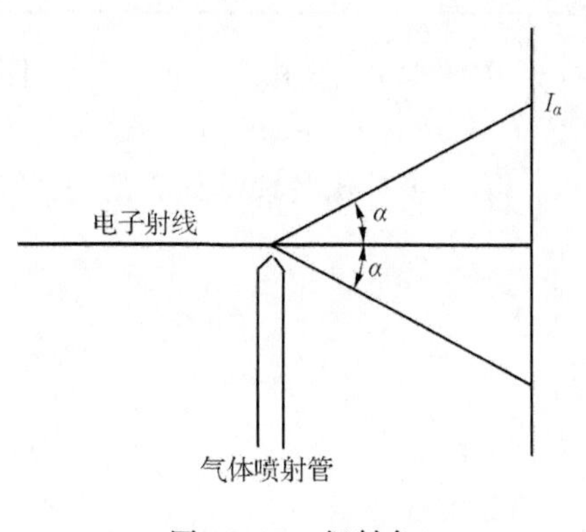

图12-27　衍射角

(12-29)式中原子的散射因子$A_j$决定

于原子的核电荷和核外电子云分布。对于离开原子核比较远的入射电子,同时受到原子核的吸引和电子云的推斥,两者的影响互相抵消了大部分,所以散射角很小。对于离开原子核比较近的入射电子,基本上只感受到原子核的作用力,因而散射到 $\alpha$ 比较大的方向去,此时 $A_j$ 近似地等于 $Z_j$,即原子 $j$ 的原子序数。所以(12-29)式在 $\alpha$ 不很小时可以写为

$$I_\alpha = \sum_{j=1}^{n} Z_j^2 + 2\sum_{j=1}^{n}\sum_{k>j}^{n} Z_j Z_k \frac{\sin r_{jk}s}{r_{jk}s} \tag{12-30}$$

**例** 从 $CS_2$ 的衍射图中测得强度最大时的 $s$ 值如下:

$$s_1 = 4.713\text{Å}^{-1}, s_2 = 8.698\text{Å}^{-1}, s_3 = 12.65\text{Å}^{-1}$$

试求 C—S 的距离。

**解**

第一步 写出 $CS_2$ 的衍射强度公式

$$I_\alpha = Z_C^2 + 2Z_S^2 + 4Z_C Z_S \frac{\sin rs}{rs} + 2Z_S^2 \frac{\sin r's}{r's}$$

在上式中 $r, r'$ 分别表示 C—S 和 S—S 的距离。如果 S—C—S 的夹角等于 180°,则 $r'=2r$,又 $Z_C=6, Z_S=16$,所以

$$I_\alpha = 6^2 + 2\times 16^2 + 4\times 6\times 16 \frac{\sin rs}{rs} + 2\times 16^2 \frac{\sin 2rs}{2rs}$$

或

$$I'_\alpha = \frac{I_\alpha - 6^2 - 2\times 16^2}{16\times 8} = \frac{2\sin 2rs + 3\sin rs}{rs}$$

第二步 令 $rs$ 为不同的数值,求相应的 $I'_\alpha$,如表 12-10 所示。

**表 12-10**

| $rs$ | 0 | $\frac{\pi}{2}$ | $\pi$ | $\frac{3\pi}{2}$ | $2\pi$ | $\frac{5\pi}{2}$ | $3\pi$ | … |
|---|---|---|---|---|---|---|---|---|
| $I'_\alpha$ | 7 | $\frac{6}{\pi}$ | 0 | $-\frac{2}{\pi}$ | 0 | $\frac{6}{5\pi}$ | 0 | … |

以 $I'_\alpha$ 对 $rs$ 作图(图 12-28),从图中找出 $I'_\alpha$ 最大时(此时 $I_\alpha$ 也最大)的 $rs$ 值如下:$(rs)_1=7.1, (rs)_2=13.5, (rs)_3=19.7$

第三步 比较理论计算的 $(rs)$ 值和实验测得的 $s$ 值,得到

$$r = \frac{(rs)_1}{s_1} = \frac{7.1}{4.713} = 1.51\text{Å}$$

$$r = \frac{(rs)_2}{s_2} = \frac{13.5}{8.698} = 1.55\text{Å}$$

$$r = \frac{(rs)_3}{s_3} = \frac{19.7}{12.65} = 1.56\text{Å}$$

$$\bar{r} = 1.54 \pm 0.02\text{Å}$$

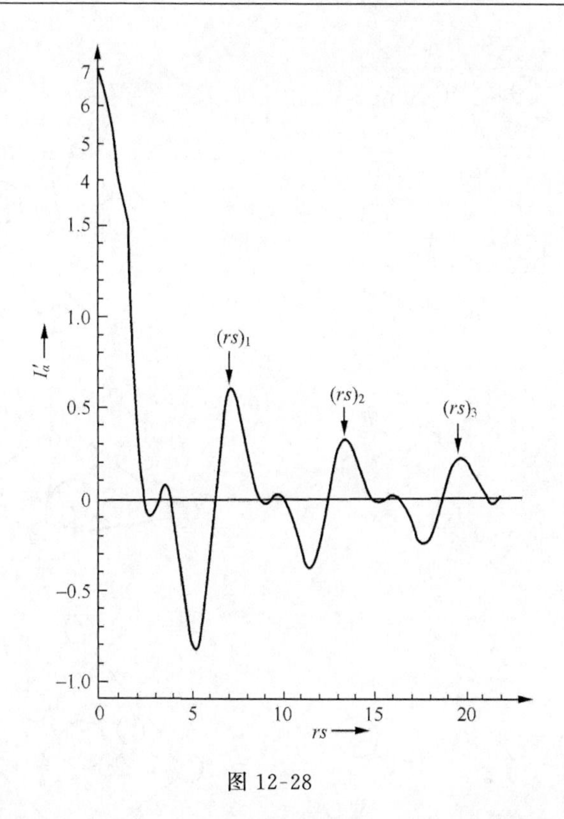


图 12-28

所以 C—S 的距离等于 154±2pm。如果这样的三个 $r$ 值相差很远，那么前面假定的 S—C—S 夹角等于 180°是错误的，应该另外假定夹角的数值，重新计算，直到求得相差不远的 $r$ 值为止。通常可以利用其他实验来决定分子的对称性，如 $CS_2$ 的偶极矩等于零，所以 S—C—S 的夹角是 180°。

**3. 电子衍射法测定气体分子几何结构的一些例子**

(1) 在无机化学中，有些化合物的分子式虽然知道，但不知道原子间是如何连接的。例如氧化二氮($N_2O$)分子中，氧原子是在中间呢还是在旁边？分子是直线型呢还是三角形？又如叠氮酸($HN_3$)分子的三个氮原是相连的呢还是中间有氢？电子衍射的研究结果测定了这些分子的几何结构[图 12-29(a)、(b)]，随后化学键理论说明了原子间的结合力的本质，这类悬而未决的结构问题才算解决了。

(2) 在乙烷及其衍生物中 C—C 单键究竟能不能自由旋转也是结构化学和有机化学中的重要问题之一。电子衍射法测定 1,2-二卤乙烷($CH_2X—CH_2X$)分子中两个卤素原子的位置是处于最远的距离即“反式”构像[图 12-3(c)]，因而指出绕 C—C 单键的键轴的分子内部的旋转不是完全自由的(经典有机化学认为单键能自由旋转，双键，叁键不能自由旋转)，而是受一定的势垒的阻碍。这种现象叫做

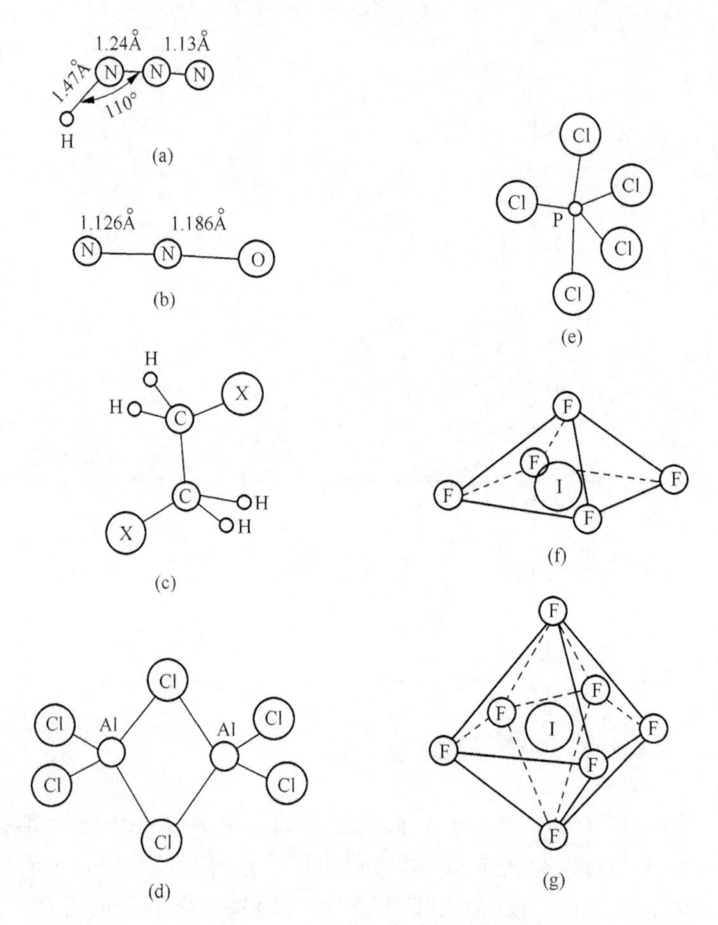


图 12-29 一些典型的分子构型

(a) 叠氮酸($HN_3$)；(b) 氧化二氮($N_2O$)；(c) 1,2 双卤代乙烷($CH_2X—CH_2X$)；(d) 氯化铝($Al_2Cl_6$)；(e) 五氯化磷($PCl_5$)；(f) $IF_5$；(g) $IF_7$

"阻碍内旋转"。阻碍内旋转在结构化学中是一个相当重要的问题。我国学者唐敖庆和他的共同工作者们在阻碍内旋转的理论方面有贡献。

(3) 许多无机化合物如三氯化铝、三氯化铁，氯化锂等，其实只知道他们的化学式依次是 $AlCl_3$、$FeCl_3$、$LiCl$，但不知道这些式子是否是它们的分子式。用电子衍射法研究这些化合物的气体分子，才知道它们原来是 $Al_2Cl_6$、$Fe_2Cl_6$、$Li_2Cl_2$。在 $Al_2Cl_6$ 分子中，两个铝原子通过两个氯原子联桥结合起来，形成 Al(—Cl→)(←Cl—)Al 的构型，另外四个氯原子则在与此平面垂直的平面上对称地排列着[图 12-29(d)]。$Fe_2Cl_6$ 分子的构型与此相似，只是把 Al 原子换成 Fe 原子，而键长有所不同而已。

(4) 五氯化磷($PCl_5$)分子是三角双锥,P 在锥的中心。三方平面内 P—Cl 为 204pm,中心到锥顶的 P—Cl 为 219pm。由此可知,$PCl_5$ 中的 5 个 P—Cl 键不是等同的,其中三个较强,两个较弱[图 12-29(e)]。$IF_5$ 分子属四方锥[图 12-29(f)]。$IF_7$ 分子为五角双锥[图 12-29(g)]。

(5) 磷的氧化物和砷的硫化物很相似,见图 12-30。$P_4$ 是四面体分子。P—P 为 221±2pm。$P_4O_6$ 是在 $P_4$ 四面体 6 个棱边方向加氧而成,可以看做是 $P_4$ 的演变结构。P—O 为 167pm,∠P—O—P 为 128.5±0.5°,∠O—P—O 为 98±2°。$P_4O_{10}$的结构可以看做是 $P_4O_6$ 的演变结构。P→O 为 139±2pm,P—O 为 162±2pm,∠P—O—P 为 123.5±0.1°。$As_4$ 也是四面体分子,As—As 为 244±3pm。雄黄($As_4S_4$)分子是在 $As_4$ 四面体 6 个棱边方向加 4 个 S 而成。As—S 为 223pm,As—As 为 249pm,∠As—S—As 为 101±4°,∠S—As—S 为 93°。雌黄($As_4S_6$)是 $As_4$ 四面体 6 个棱边方向加 S 而成。As—S 为 225±2pm,∠As—S—As 为 100±2°,∠S—As—S 为 114±2°。雄黄和雌黄构型相似,所以在较高温度下它们能相互转化。

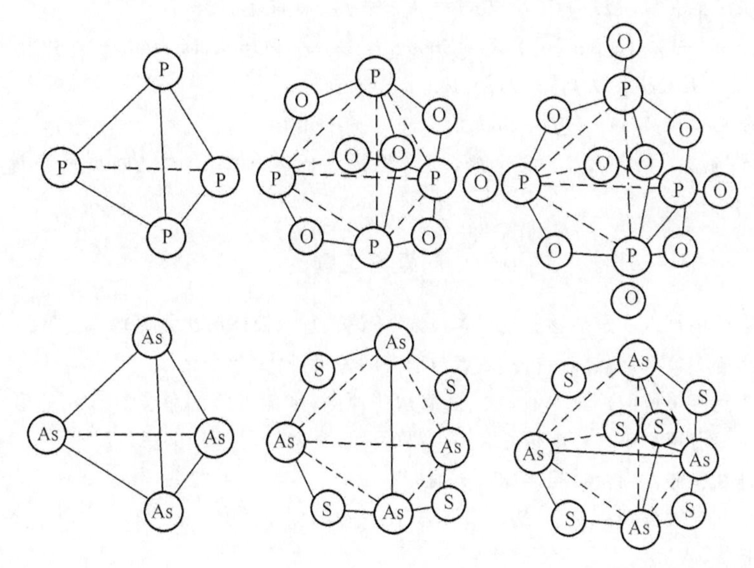


图 12-30 $P_4$、$P_4O_6$、$P_4O_{10}$及 $As_4$、$As_4S_4$、$As_4S_6$ 的分子构型

(6) 电子衍射法除了用来测定分子的整个结构外,还可以进行顺反型的鉴别,特别是在有重原子处于这些位置的情况下;通过简单的核间距分布函数的计算,一般可以直接鉴别出来。它还可以用来区别链状和环状两种构型。因环状构型的分子核间距的分布一般比较集中在短的核间距,而链状构型的分子便不可能有这样的分布情况。

除 X 射线衍射法和电子衍射法外,还可以用热中子进行衍射实验。各种元素散射中子的能力差别不大(相差不超过三倍),因此中子衍射法和电子衍射法一样适合于研究轻元素化合物的结构,例如金属氢化物的结构。中子的穿透能力大,和X射线一样可用于晶体样品的分析。中子衍射法需要强大的热能中子源(核反应堆)、挑选单色中子技术上比较复杂。因此一般尽量用X射线衍射法,必要时用中子衍射法确定H原子(实验上用D原子)的准确位置。限于篇幅,就不详细介绍了。

## 参考书目

1. 唐有祺,《结晶化学》,人民教育出版社,1957.
2. 唐有祺,《对称性原理》,科学出版社,1977.
3. 周公度,《晶体结构测定》,科学出版社,1981.
4. 游效曾,《结构分析导论》,科学出版社,1980.
5. A. И. Китаигородский 著,龚尧圭等译,《X射线结构分析》,科学出版社,1958.
6. H. P. Klug and L. E. Alexander, *X-Ray Diffraction Procedures*, Wiley, 1974.
7. M. J. Buerger, *Elementary Crystallography*, McGraw-Hill, 1978.
8. G. H. Stout and L. H. Jensen, *X-Ray Structure Determination*, Macmillan, 1968.
9. T. B. Rymer *Electron Diffraction*, Methuen, 1970.
10. G. E. Bacon, *Neutron Diffraction*, 2nd, ed., Oxford, 1962.
11. G. 本斯, A. M. 格莱泽著,俞文海,周贵恩译,《固体科学中的空间群》,高等教育出版社,1981.

## 问题与习题

1. 在空间点阵中是否一定能够选出素单位来(不论平行六面体形状如何)?
2. 什么是点阵?什么是点阵结构?后者与前者的关系是什么?
3. 划分正当点阵单位的原则是什么?根据这些原则,平面点阵的单位有哪几种形状和类型?论证其中只有矩形单位可有带心和不带心的两种类型。
4. 实际晶体在哪些方面对理想晶体有所偏离?
5. 四个晶面与晶轴分别相交于$(2a,3b,c)$$(a,b,c)$、$(6a,3b、3c)$及$(2a,-3b,-3c)$,写出它们各自的晶面指标。
6. 在正交单胞图上标出(100),(010),(001),(011),(101)及(111)晶面。
7. 与晶轴分别相交于$(a,2b,3c)$,$(2a,4b,6c)$,$(3a,6b,9c)$,…,$(na,2nb,3nc)$的一组晶面有何关系?
8. 若立方晶胞的边长为432 pm,晶面指标各为(111),(211)及(100)的三组晶面族的晶面间距各为多少?
9. 为什么晶体中不存在五重旋转轴及高于六重的旋转轴?
10. 为什么在14种空间点阵型式中有正交底心而无四方底心?有立方面心而无四方面心?
11. 设由实验已测定了金刚石具有如图12-16所示的单胞结构,试指出它所属的晶系、晶格型

式、国际符号所规定的三个方向上的微观对称元素，点群以及空间群。

12. $\alpha$-$Ni(H_2O)_6SO_4$ 晶体属四方晶系，$a=679.0$ pm，$c=1830.5$ pm，镍原子被六个氧原子所环绕(按对称性，三个一组地分成二组)，下面为由X射线衍射法求出的镍和三个氧原子的分数坐标，试计算以pm为单位这四个原子至原点的距离及Ni—O的平均键长。

| | $x$ | $y$ | $z$ |
|---|---|---|---|
| Ni | 0.2101 | 0.2101 | 0.0000 |
| O(1) | 0.1714 | −0.0489 | 0.0518 |
| O(2) | 0.4720 | 0.2449 | 0.0564 |
| O(3) | 0.3564 | 0.0641 | −0.0852 |

13. 衍射指标与晶面指标有何联系和区别？

14. 用直径为57.3 mm的相机测得铜粉末的衍射数据如下：

| 线号 | 1 | 2 | 3 | 4 | 5 | 6 | 7 | 8 |
|---|---|---|---|---|---|---|---|---|
| $L$/mm | 22.0 | 25.7 | 37.7 | 45.2 | 47.8 | 58.7 | 68.5 | 72.8 |

所用的X射线为$CuK_\alpha$线($\lambda=154.18$ pm)，铜的密度为8.92 g/cm$^3$，求(1)铜的点阵型式；(2)晶胞参数；(3)每个晶胞中所含的原子数目。

15. 计算NaCl晶体的结构因子。

16. 用$V=40000$伏的电子射线测得$CCl_4$蒸气的衍射图，其中强度最大的衍射角等于

$$\alpha_1 = 1°32'$$
$$\alpha_2 = 2°40'$$
$$\alpha_3 = 3°54'$$

由其他实验得知$CCl_4$为正四面体结构，求C−Cl键长。

17. 写出$C_6H_6$的衍射强度公式，假定$C_6H_6$的构型是平面正六边形，各键等长，又H的衍射可以忽略不计(因$Z_H$最小)。

18. 电子衍射装置的气体喷射管咀至照相底片的距离为$R=121,9$ mm，电子射线的德布罗意波长为6.06 pm，$SiCl_4$气体的衍射环纹由明暗相间的同心圆组成，衍射环纹的半径如下：

| | | | | | | | | |
|---|---|---|---|---|---|---|---|---|
| 亮环半径/mm： | 2.8 | 5.0* | 7.4 | 9.5 | 11.6* | 14.0 | 16.3* | 18.7 |
| 暗环半径/mm： | 3.9 | 6.3 | 8.5 | 10.6 | 12.9 | — | 17.5 | |

带*号的数字对应的环纹亮度最大。求Si−Cl键长和Cl−Cl间的距离。已知$SiCl_4$为正四面体构型。

19. 试求金刚石结构的空间利用率。

20. 已知金刚石的单位立方晶胞中八个碳原子的分数坐标$x,y,z$为：$(0,0,0)$，$\left(0,\frac{1}{2},\frac{1}{2}\right)$，$\left(\frac{1}{2},0,\frac{1}{2}\right)$，$\left(\frac{1}{2},\frac{1}{2},0\right)$，$\left(\frac{1}{4},\frac{1}{4},\frac{1}{4}\right)$，$\left(\frac{1}{4},\frac{3}{4},\frac{3}{4}\right)$，$\left(\frac{3}{4},\frac{1}{4},\frac{3}{4}\right)$，$\left(\frac{3}{4},\frac{3}{4},\frac{1}{4}\right)$。试按衍射指标$h,k,l$及散射因子$f$计算结构因子$F$。

# 第十三章　金属键与金属晶体的结构

## §13-1　金属的性质和金属键理论

### 1. 金属的性质

与非金属相比,金属具有以下特性:(1)致密的质块金属表面呈现一种特有的金属光泽。除铜和金以外,所有金属都是银白色的,粉末状金属则呈灰色或黑色。(2)金属具有延性和展性,在应力作用下虽然可以变形,但有很大的抗断裂性。(3)金属具有良好的导电性和导热性,电导和热导随原子序数呈周期性的变化,以铜、银和金的导电性为最好。随着温度的升高金属的导电性和导热性下降。金属与非金属在光学,机械和传导方面的迥然不同只在固态和液态时存在。

在晶体结构方面,金属晶体一般按密堆积的规则排布,配位数很高,一般为 8 和 12。除少数金属(即碱金属、碱土金属、铝和钪)以外,其余金属的密度均大于 5。习惯上将密度大于 5 的金属称为重金属,可见金属中的大部分是重金属。

金属的另外一个特点是形成合金。合金是金属混合物,金属固溶体和金属化合物的总称。金属固溶体与金属化合物的组成与金属的原子价没有关系,但和其中的价电子总数与原子总数之比有关。由此可见金属之间的化学键不同于一般的离子键和共价键,人们特称这种键为金属键。合金的性质与合金的组成和结构有密切关系,往往具有纯组分金属所不具备的优良性质。研究合金的组成、结构和性能的关系具有重大的实用价值。

某些金属表面具有很大的吸附活性,对许多化学反应具有催化作用,第Ⅷ族元素 Fe、Co、Ni、Ru、Rh、Pd、Os、Ir、Pt 被广泛用作催化剂就是人们最熟知的例子。

金属元素占已知元素总数的 80%,金属及合金自古以来就在人类的物质生产和生活中起着重大的作用。在科学发达的今天,人们虽然能够制造大量非金属材料如硅酸盐材料、高分子材料等,许多传统上使用金属材料的地方已被合成材料所代替,但金属和合金仍然是最重要的材料。弄清金属晶体中的化学键的本质和性质是当前材料科学的重大课题,也是结构化学的重要任务。

### 2. 金属键理论

用量子力学处理金属键问题和处理一般共价键问题一样,有两种方法或理论,即分子轨道理论和价键理论,下面对这两种理论分别进行介绍。

(1) 分子轨道理论：金属键可以说是多原子共价键的极限情况。图 13-1 绘出钠原子逐步形成金属钠晶体的过程和相应的价电子轨道（$3s$ 轨道）重叠情况及能级变化。当两个 Na 原子形成双原子分子 $Na_2$ 时，它们是以 $\sigma$ 键结合的。按照分子轨道理论，两个（$3s$）原子轨道的线性组合可以生成两个分子轨道，一个是成键的（$\sigma 3s$）轨道，其能量为 $E_1 < E(3s)$，另一个是反键（$\sigma^* 3s$）轨道，其能量为 $E_1^* > E(3s)$。两个价电子占据成键轨道，在图 13-1(b)中用两个小圆点表示。反键轨道则空着，所以键级等于 1。

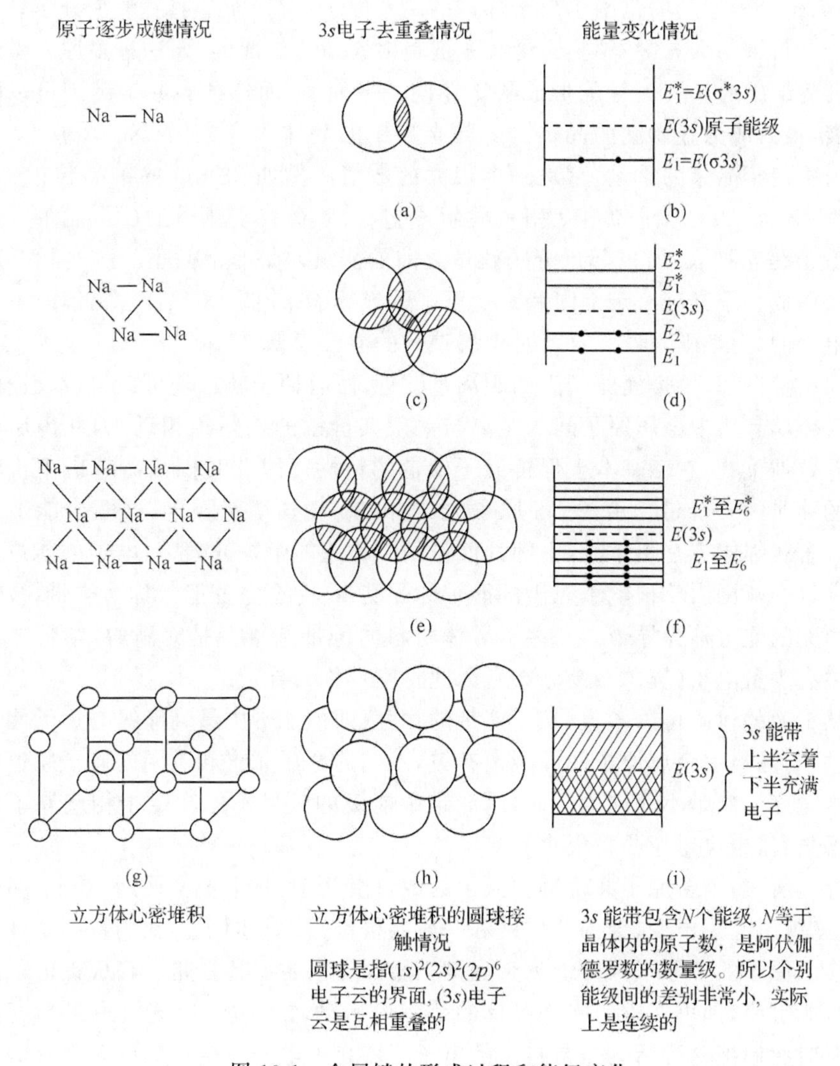


图 13-1　金属键的形成过程和能级变化

其次，当 4 个 Na 原子形成 $Na_4$ 时，4 个（$3s$）轨道能互相重叠，如图 13-1(c)所示。这4个轨道的线性组合可以生成4个分子轨道,其中两个成键,能量为$E_1$及$E_2$,$E_1<E(3s)$、$E_2<E(3s)$,两个反键,能量为$E_1^*$及$E_2^*$,$E_1^*>E(3s)$、$E_2^*>E(3s)$。4个价电子占据两个成键轨道,反键轨道则空着。再次,当12个原子形成$Na_{12}$时,12个(3$s$)轨道能互相重叠,并组合成12个分子轨道,其中6个成键,能量为$E_1$至$E_6$,6个反键,能量为$E_1^*$至$E_6^*$。随着能级数目的增加,能级之间的差值就逐渐减小,如图13-1(f)所示。在$Na_{12}$中12个价电子占据6个成键轨道,6个反键轨道则空着。这样形成的键不是一般的双原子共价键,而是多原子共价键,因为价电子运动的范围不限于邻近的两个原子近傍,而是遍及整个分子。这种多原子共价键与大$\pi$键不同,因为大$\pi$键是由$p$轨道组成的,而这种多原子键却是由$s$轨道组成的。大$\pi$键的形成限于在同一平面上,而这种多原子键则可以向立体发展,最后成为金属钠的晶体。一粒金属钠的晶体含有$N$个Na原子,$N$的具体数值决定于晶体的重量,它是一个很大的数值。例如23 mg的钠晶粒中$N=6\times10^{20}$。$N$个(3$s$)原子轨道互相重叠组成包含$N$个分子轨道的(3$s$)能带。由于$N$的数值是这样大,所以邻近分子轨道之间的能级差是非常微小的。实际上这$N$个能级构成一个具有一定上限和一定下限的连续能带[图13-1(i)],能带的下半是充满电子的,上半则空着。这就是金属结构的能带模型。

原则上讲,只要金属原子间的距离足够近,所有原子轨道均可以组成相应的能带。在金属晶格中金属原子间的距离与一般共价键的核间距相近,因此内层电子不能有效地重叠,它们基本上保持原子轨道的特性。因此我们只需考虑由价轨道组成的能带——价带。由于Na原子的3$s$和3$p$轨道能量相近,这两个能带部分重叠。若相邻能带互不重叠,中间的能量间隔称为能带隙或禁带,电子的能量不允许落在这个范围内。被电子充满的能带称为满带;完全空的能带称为空带;被电子部分填充的能带称为导带。一些半导体材料的价带基本上是充满的,禁带之上的空带中有少量电子(玻尔兹曼分布),因此将空带称为导带。

从上面的讨论可以知道,某一能带的宽度(即该能带中最高能级与最低能级的能量差)与晶格中金属原子间的距离有关,不同的金属元素和不同的原子轨道构成的能带宽度显然是不相同的。此外,能带中能级的数目不但决定于相应原子轨道的状态数目,也决定于晶粒大小。

综上所述,当多原子共价键中原子的数目由几个、几十个发展到$10^{20}$个那么多时,量变就引起了质变,键的性质就和一般共价键大大不同了。我们特称这种含有非常多的原子的多原子共价键为金属键。金属键的主要特征是:(1)成键电子的活动范围非常广,即可在整个宏观晶体的范围内运动,换言之,成键轨道是高度离域的。有时我们把这种活动非常自由的电子叫做自由电子。金属的许多特有的物理性质如导电性,导热性和金属光泽都和自由电子的存在分不开。(2)金属键没有饱和性和方向性,因为金属原子的价电子层的$s$电子云是球对称的,它可以在任意方向与任何数目的附近原子的价电子云重叠。因此金属原子或正离子(撇开金属原子的价电子不计就是正离子)的排列不受饱和性(它决定配位数)和方向性的限制,只要把金属正离子按最紧密的方式堆积起来,这样价电子云就能得到最大程度的重叠。这就是金属采取最紧密堆积结构和高配位数的原因。

(2) 价键理论：价键理论认为,金属原子以一定数目的价电子与周围原子的价电子配对形成化学键。按照泡令的意见,金属中是以单电子键和双电子键共振的方式存在于相邻原子之间。以金属锂晶体为例,

$$\begin{matrix} \mathrm{Li} : \mathrm{Li} \\ \mathrm{Li} : \mathrm{Li} \end{matrix} \longleftrightarrow \begin{matrix} \mathrm{Li}\ \mathrm{Li} \\ \ddot{\mathrm{Li}}\ \ddot{\mathrm{Li}} \end{matrix} \longleftrightarrow \begin{matrix} \mathrm{Li}\cdot \mathrm{Li}^- \\ \dot{\mathrm{Li}}^+\ \ddot{\mathrm{Li}} \end{matrix}$$

这样就可以解释金属晶体的配位数很高而价电子数很少仍可以通过共价键结合在一起以及电子在金属中可以自由运动的原因。

### 3. 金属中电子的运动

描述金属晶体中价电子运动的最简单的模型是自由电子模型,即认为金属中的价电子类似于理想气体分子,价电子之间没有相互作用。由价电子组成的气体——“电子气”——在金属晶体中受一恒定势场的作用可以在整块晶体内自由运动,但不能越出晶体表面。电子气不服从经典的统计规律,而服从量子统计法中的费米-狄拉克统计。索末斐在量子力学建立不久应用这一模型计算了电子气的热容量,解决了经典理论的困难。

然而金属中价电子的运动并不是完全自由的,它们的运动要受到晶格中正离子的周期性势场的影响。布洛赫(F · Bloch)和布里渊(L · Brillouin)深入研究了电子在晶格的周期性势场中运动的特性,他们的工作奠定了固体能带理论的基础。

(1)自由电子模型：如上所述,对于金属晶体中价电子的运动的最粗浅的看法是认为电子在晶体中受一恒定势场的作用自由运动。为计算方便起见,可令金属内部作用于电子的恒定势场为零,在金属表面势能由零突变为无限大。即认为电子绝对不能脱出金属表面。于是电子的势能可写为

$$V(x,y,z) = \begin{cases} 0, 0 < x,y,z < L \\ \infty, x,y,z < 0 \text{ 及 } x,y,z \geqslant L \end{cases} \tag{13-1}$$

上式 $L$ 为立方晶体的边长。假设电子之间没有相互作用,则单电子的薛定谔方程为

$$-\frac{\hbar^2}{2m_e}\nabla^2\psi(x,y,z) = E\psi(x,y,z) \tag{13-2}$$

这是三维方势箱中单粒子的薛定谔方程。令

$$\psi(x,y,z) = X(x)Y(y)Z(z)$$

用分离变量法解此方程,应用§1-2 的结果可得

$$\psi(x,y,z)=\sqrt{\frac{8}{L^3}}\sin\left(n_x\frac{\pi x}{L}\right)\sin\left(n_y\frac{\pi y}{L}\right)\sin\left(n_z\frac{\pi z}{L}\right) \tag{13-3}$$

$$E=\frac{h^2}{8m_e L^2}(n_x^2+n_y^2+n_z^2) \tag{13-4}$$

$$n_x,n_y,n_z=1,2,3,\cdots$$

令 s 为电子的德布罗童波的传播方向的单位矢量,则波矢量为

$$\mathbf{k}=\frac{2\pi}{\lambda}\mathbf{s} \tag{13-5}$$

利用德布罗意关系式(1-62)得

$$\mathbf{k}=\frac{2\pi p}{h}\mathbf{s}=\frac{2\pi\sqrt{2m_e E}}{h}\mathbf{s} \tag{13-6}$$

不难求得 **k** 的三个分量为

$$\left.\begin{aligned}k_x&=\pm n_x\frac{\pi}{L}\\k_y&=\pm n_y\frac{\pi}{L}\\k_z&=\pm n_z\frac{\pi}{L}\end{aligned}\right\} \tag{13-7}$$

于是(13-3)式可改写为

$$\psi(x,y,z)=\sqrt{\frac{8}{L^3}}\sin(k_x x)\sin(k_y y)\sin(k_z z) \tag{13-8}$$

(13-4)式可以写为

$$E=\frac{h^2}{8\pi^2 m_e}k^2 \tag{13-9}$$

上列诸式说明,允许的电子状态由一组正整数($n_x,n_y,n_z$)规定,电子的能量及动量只能取分立值。但对于一块具有宏观尺寸的金属,能级间隔是非常小的,$E$ 和 $k$ 接近于连续变化。图 13-2(a)表示 $E$ 和 $k$ 之间的关系。

现在我们来求能量在 $E$ 之下的状态的数目 $n(E)$. 若以 $n_x,n_y,n_z$ 为坐标轴,则电子的允许状态可以用该空间的一个点($n_x,n_y,n_z$)表示,每一个这样的点摊到一个单位的体积,这是由于 $n_x,n_y,n_z$ 只能取整数之故。能量在 $E$ 之下的状态位于半径

$$r=\sqrt{\frac{8m_e L^2}{h^2}E}=\frac{L}{h}\sqrt{8m_e E}$$

的球壳在第一象限的那一部分之内,因此能量在 $E$ 之下的状态数目 $n(E)$应等于这一部分的体积除以每一状态在该空间所占的体积

$$n(E)=\frac{4}{3}\pi r^3/(8\times 1)=\frac{4\pi V}{3h^3}(2m_e E)^{\frac{3}{2}} \tag{13-10}$$

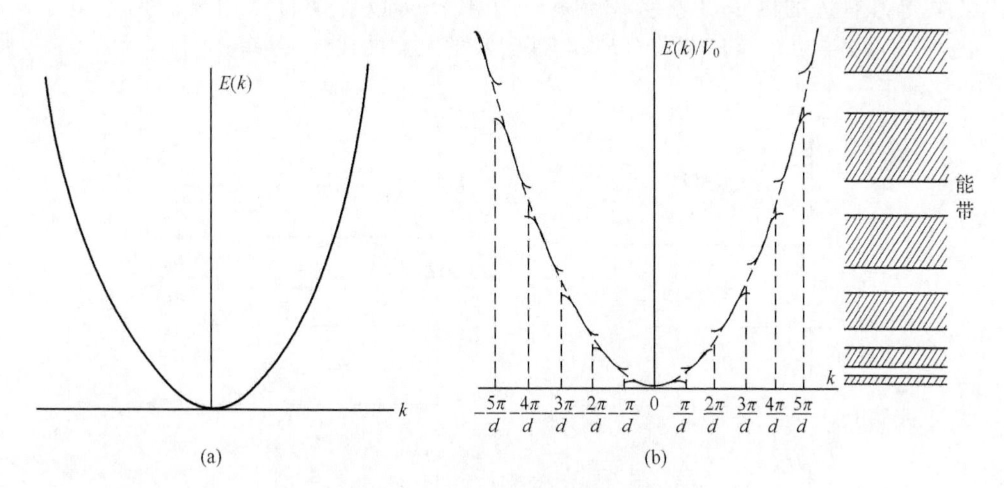


图 13-2　一维晶格的能量曲线

(a)自由电子；(b)受克朗尼希-朋奈势场影响的电子

上式中 $V=L^3$ 为晶体的体积。

定义单位能量间隔中的状态数目为状态密度 $\rho(E)$

$$\rho(E)=\frac{dn(E)}{dE}=2\pi V\left(\frac{2m_e}{h^2}\right)^{\frac{3}{2}}\sqrt{E} \tag{13-11}$$

上式说明，金属晶体中的自由电子的允许状态密度随 $E$ 增加而增加。

现在我们要问，达到热平衡时电子在这些状态中是怎样分布的？电子不同于经典粒子，不服从玻尔兹曼分布。电子是一种费米手，服从费米分布，即在热平衡时，电子处于能量为 $E$ 的状态的几率是

$$f(E)=\frac{1}{e^{(E-E_F)/k^T+1}} \tag{13-12}$$

上式中 $k$ 为玻尔兹曼常数，$T$ 为绝对温度，$E_F$ 称为费米能量。当 $E=E_F$ 时，$f(E_F)=\frac{1}{2}$。因此，对于能量等于费米能量 $E_F$ 的量子状态，其被电子填充的几率和不被填充的几率相等，均为$\frac{1}{2}$。从(13-12)式还可以看出，在 $T=0$ K 时，$f(E\leqslant E_F)=1$，$f(E>E_F)=0$，这就是说，费米能量是当温度为 0 K 时被电子占据的状态中能级最高的状态的能量，或者说，费米能级是 0 K 时电子的最高占据能级[①]。

在任意温度下，处于能量为 $E$ 至 $E+dE$ 范围内的电子数目为

$$dN=2f(E)\rho(E)dE=\frac{4\pi V}{h^3}(2m_e)^{\frac{3}{2}}E^{\frac{1}{2}}\frac{1}{e^{(E-E_F)/k^T+1}}dE \tag{13-13}$$

① $E_F$ 的值与温度有关，0 K 时的 $E_F$ 有 $E_F^0$ 表示。

上式等号右边的因子 2 是考虑到每一个状态可以容纳自旋相反的两个电子。图 13-3示出 $\rho(E)$、$f(E)$及 $2f(E)\rho(E)$与 $E$ 的关系曲线。

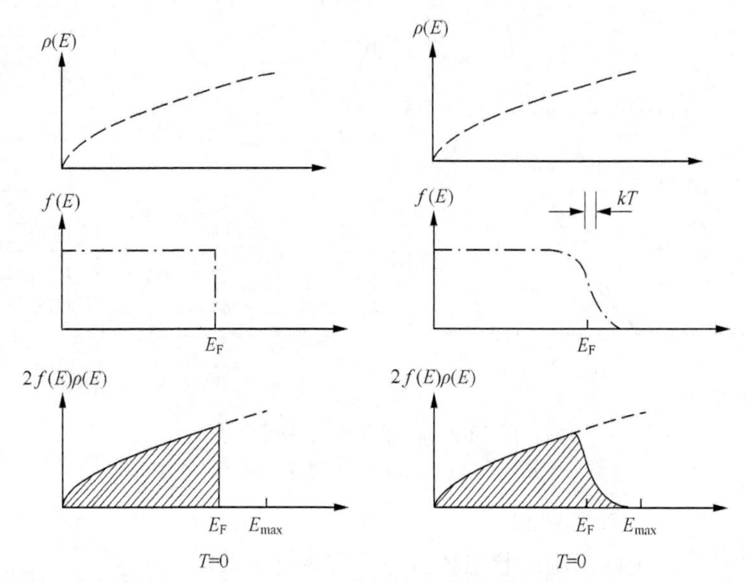


图 13-3　电子在能带宽度为 $E_{\max}$的未充满能带中的分布，阴影部分为填充能级

在 $T=0$ K 时，费米能级以下的所有状态能够容纳的电子数目为：

$$N = \int_0^{E_F} 2f(E)\rho(E)dE = \int_0^{E_F} 2\rho(E)dE = \frac{8\pi V}{3h^3}(2m_e E_F)^{\frac{3}{2}} \qquad (13\text{-}14)$$

反之，若已知 $T=0$ K 时体积 $V$ 中有 $N$ 个自由电子，则

$$E_F^0 = \frac{h^2}{8m_e}\left(\frac{3N}{\pi V}\right)^{2/3} \qquad (13\text{-}15)$$

利用(13-13)式还可以求出 $T=0$ K 时电子的平均动能$\overline{E}_{kin}$

$$\overline{E}_{kin} = \int_0^{E_F} 2f(E)\rho(E)EdE = \frac{3}{5}E_F^0 \qquad (13\text{-}16)$$

以锂为例，其密度为 0.534 $g \cdot cm^{-3}$，价电子数为 1，由此算得自由电子的密度为 $4.634\times10^{22}\ cm^{-3}$，利用(13-15)式算得 $E_F^0=4.704$ eV，按(13-16)式求出$\overline{E}_{kin}=2.822$ eV，这一能量相当于温度为 $3.275\times10^4$ K 时粒子的运动速度。由此可见，即使是在 0 K，金属中自由电子的运动速度也是非常之大的。

金属中自由电子的状态也可以用 **k** 空间中的点表示。所谓 **k** 空间，就是以 $k_x$，$k_y$ 和 $k_z$ 为坐标轴的空间，满足(13-7)式的点($k_x$，$k_y$，$k_z$)代表电子的一个允许状态。在 $k$ 空间，能量恰为 $E_F$ 的状态组成的曲面称为费米面，其半径为 $\sqrt{2m_eE_F}/\hbar$，在 0 K 时，费米面以内的状态全部被电子占据，在费米面之外没有电子。在 $T>0$ K 时，费米能级以下的一些电子(主要是 $E_F-kT$ 至 $E_F$ 之间的电子)被激发到费米能级以上的一些状态中，图 13-3 示出了这种情况。

(2) 非完全自由电子模型：当电子的德布罗意波在晶格中行进时，如果满足布喇格条件

$$n\lambda = 2d\sin\theta$$

时，要受到晶面的反射，因而不能通过晶体，这意味着波数为

$$k = n\frac{\pi}{d\sin\theta} \tag{13-17}$$

的电子在晶体中是不存在的，也就是说相应的状态是不允许的。对于一维情况，在 $E$ 对 $k$ 的图中就出现间断点，间断点对应的状态是不允许的[图 13-2(b)]。$k$ 由 $-\frac{\pi}{d}$ 至 $+\frac{\pi}{d}$（$d$ 为晶面间距）称为第一布里渊区，$k$ 由 $-2\frac{\pi}{d}$ 至 $-\frac{\pi}{d}$ 及由 $+\frac{\pi}{d}$ 至 $+2\frac{\pi}{d}$ 称为第二布里渊区…。由一个布里渊区进入另一布里渊区状态的能量发生跃变，于是形成能带结构。对于二维晶体，若与 $x$ 方向和 $y$ 方向垂直的晶面族的间距都是 $d$，则垂直投射于晶面的 $k$ 值满足

$$k = n\frac{\pi}{d}$$

的状态是不允许的，以 $\theta$ 角入射的波 $k$ 值满足(13-17)式是不允许的。显然这些不允许的 $k$ 值在 **k** 空间围成一个正方形的周边（图 13-4 的 $ABCD$）。除了这些晶面族以外，晶体中尚有别的晶面族，比如晶面指标为 110、间距为 $\sqrt{2}d$ 的晶面族，该晶面族决定另一组不允许的 $k$ 值，这些 $k$ 值在 **k** 空间围成第二个正方形的周边（图 13-4 的 $EFGH$），等等。此时 $ABCD$ 称为第一布里渊区，$AEB$、$BFC$、$CGD$ 及 $DHA$ 四个三角形称为第二布里渊区，等等。处于同一个布里渊区的能级组成一个能带。

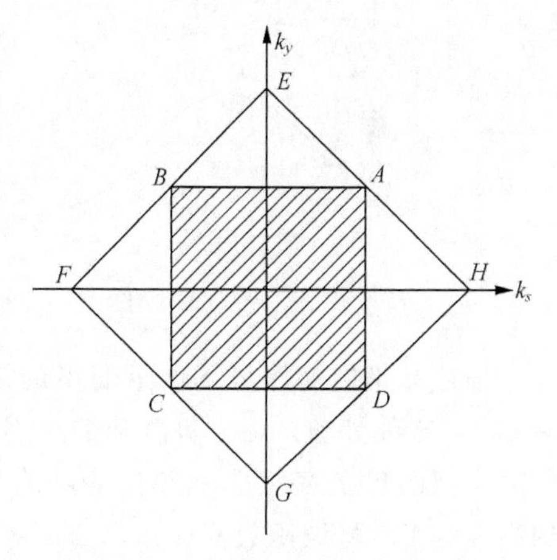


图 13-4　二维金属的第一和第二布里渊区（平面点阵素单位为正方形）

由此可见，由于金属晶体中有规则排列的正离子，电子的运动不是自由的，它们要受到晶格周期性势场的影响。描述金属中价电子运动的波函数不再是等幅平面波(13-3)式，而是称为布洛赫函数的调幅平面波。以一维情况为例，势能函数具有晶格的周期性，即

$$V(x) = V(x + nd) \tag{13-18}$$

上式中 $d$ 为一维晶体的晶胞长度，$n$ 为任意整数。布洛赫证明，电子在周期场中运动的波函数是晶格周期函数调幅的平面波

$$\psi_k(x) = u_k(x)e^{ikx} \tag{13-19}$$

且
$$u_k(x)=u_k(x+nd) \tag{13-20}$$
具有这种形式的波函数通常称为“布洛赫函数”。若 $k=0$,则
$$\psi_0(x)=u_0(x)$$
此即布洛赫函数的周期性因子,它描述电子在晶胞内的运动,而平面波因子 $e^{ikx}$ 描述电子的共有化运动。图 13-5 为晶体中波函数的示意图。(a)是沿某一列原子方向的势能曲线;(b)是某一本征态,其波函数是复数,图中只画出实数部分;(c)是布洛赫函数的周期性因子;(d)是平面波成分,同样只画出了实数部分。

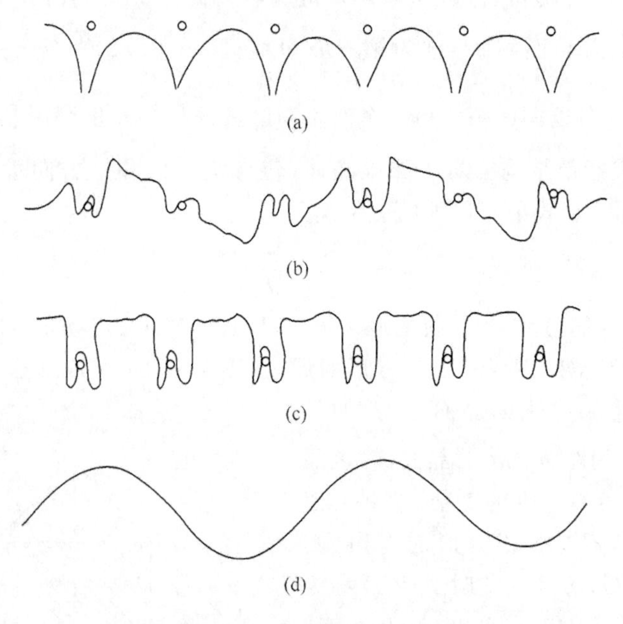


图 13-5　布洛赫波示意图

描述晶格周期性势场的最简单的模型是克朗尼希-朋奈模型(Kronig-Penney Model),这种势场是由方势阱和势垒周期性排列构成的,每个势阱的宽度是 $c$,相邻势阱间的势垒宽度是 $b$,晶体势场的周期是 $d=b+c$。取势阱的势能为零,势垒的高度为 $V_0$,将波函数写成布洛赫函数的形式,求解薛定谔方程,得到电子的能量 $E$ 与波数 $k$ 的关系如图 13-2(b)所示。当 $k$ 取下列值时 $E(k)$ 发生跃变:
$$k=\pm\frac{\pi}{d},\pm 2\frac{\pi}{d},\pm 3\frac{\pi}{d},\cdots$$
当 $k$ 在 $n\dfrac{\pi}{d}$ 与 $(n+1)\dfrac{\pi}{d}$ 间时,$E(k)$ 与自由电子模型的能量相同。于是电子的能量限制在一些区域中,这些电子允许取的能量区域称为能带,一个能带是由许许多多能级构成的,能带与能带之间被禁带隔开。在波矢空间,相应地表现为一个一个的布里渊区。

实际情况比克朗尼希-朋奈模型要复杂，价电子中 $s$、$p$ 和 $d$ 电子还有不同，它们各自组成自己的能带。在金属中，$s$ 能带和 $p$ 能带常常重叠在一起。

# §13－2　金属单质的三种典型结构和石墨的结构

## 1. 金属单质的三种典型结构

如前所述，金属键没有饱和性和方向性，因此金属单质的结构将采取最紧密堆积方式以降低体系的能量。现在我们来考虑等径圆球的密堆积问题。

一层等径圆球的最紧密堆积方式只有一种，如图 13-6 所示，即在每一球周围堆六个球，产生六个空隙。通过每一个球的球心并且垂直于密堆积层(密置层)的直线都是六重旋转轴$\underline{6}$. 密置层可按平面的六方格子进行划分，每个格子包含一个球和两个空隙。

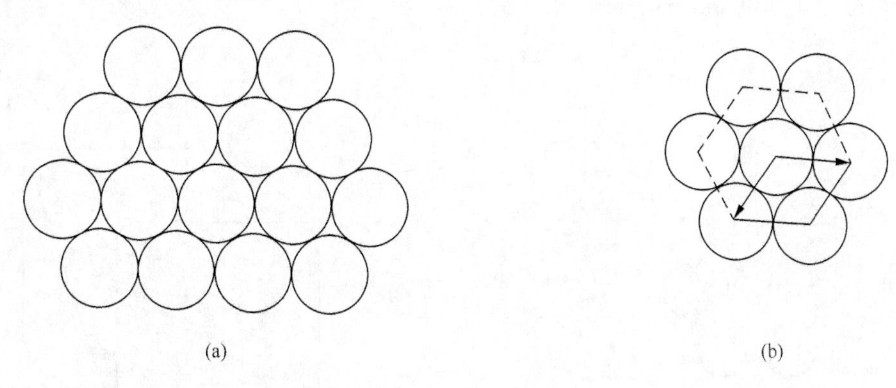

图 13-6　等径圆球的密置层(a)和从中划分出的平面六方格子(b)

两层等径圆球的最紧密堆积方式也只有一种，即在上述密置单层的一半空隙上面堆放球[图 13-7(a)]，此即密置双层。显然，两个密置单层之间的空隙分为两

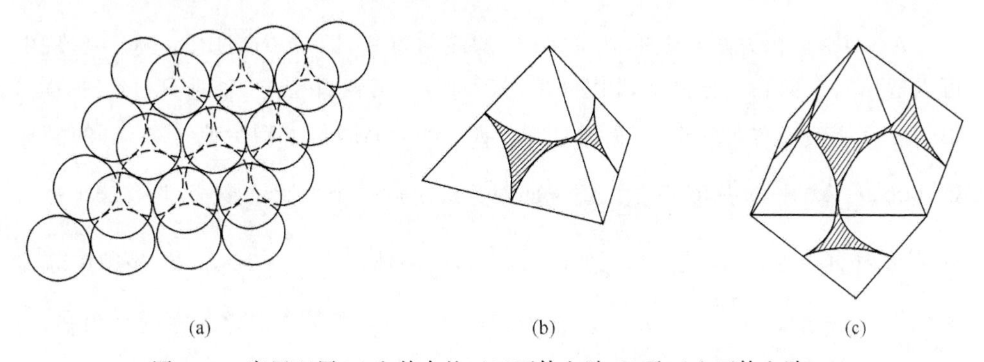

图 13-7　密置双层(a)和其中的正四面体空隙(b)及正八面体空隙(c)

类，一类空隙被四个等径圆球所包围，连接这四个圆球的球心构成一个正四面体，这种空隙称为正四面体空隙[图 13-7(b)]。另一类空隙被六个等径圆球所包围，连接这六个圆球的球心构成一个正八面体，这种空隙称为正八面体空隙[图 13-7(c)]。密置双层保留了密置单层的六重旋转轴$\underline{6}$，因此这种三维点阵结构仍可按平面六方格子划分，每个格子摊到两个圆球，两个正四面体空隙和一个正八面体空隙。

三层等径圆球的堆积方式有两种。第一种堆积方式是将球堆放在密置双层的正四面体空隙上面，结果第三层的位置与第一层相同，即第三层的投影与第一层重合，此时六重旋转轴仍然保留，这种堆积称为 $AB$ 堆积。第二种堆积方式是将球堆放在密置双层的正八面体空隙之上，结果第三层的位置与第一层错开，即第三层球的投影落在第一层球的一半空隙上(另一半空隙堆放第二层球)，此时六重旋转轴已经不存在，它降为三重旋转轴$\underline{3}$. 这种堆积称为 $ABC$ 堆积(图 13-8)。

等径圆球的空间密堆积型式有三种，即 A1、A2 和 A3 型。A1、A2、A3 为“晶体结构汇编”(Strukturbericht)中采用的符号。

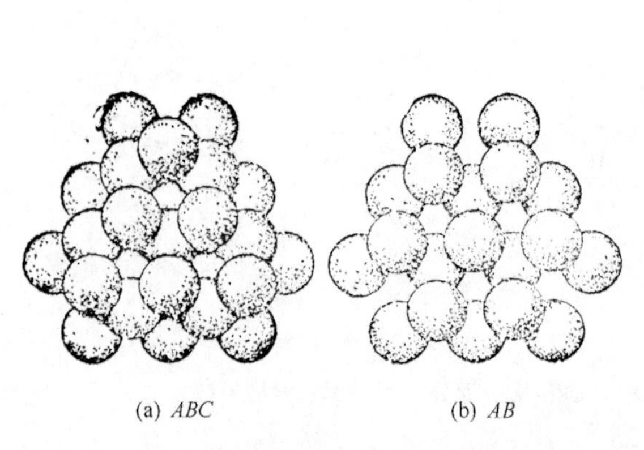


图 13-8　三层等径圆球的两种最密堆积方式

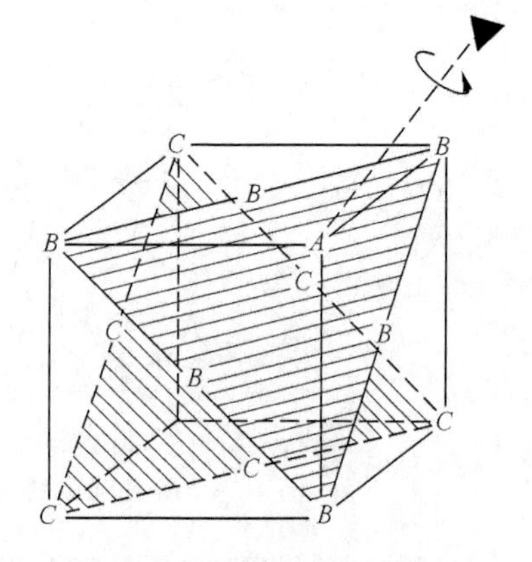


图 13-9　$ABG$ 堆积层与面心立方晶胞的关系

A1 型密堆积方式是上述 $ABC$ 堆积的简单重复，即 $ABG$ $ABC$ $ABC$ …，从中可以取出一个面心立方晶胞，如图 13-10(a)所示，各密置层与$\underline{3}$轴垂直(图 13-9)，$\underline{3}$轴与立方体的体对角线重合，共有四个$\underline{3}$轴。每个晶胞包含四个原子，它们的坐标是：000，$\frac{1}{2}\frac{1}{2}0$，$\frac{1}{2}0\ \frac{1}{2}$，$0\ \frac{1}{2}\frac{1}{2}$。位于面对角线上的三个球紧密接触，若令球半径为 $R$，则面对角线为 $4R$，晶胞边长为 $a=2\sqrt{2}R$，晶胞体积为 $a^3=16\sqrt{2}R^3$，晶胞中球占体积为 $4\cdot\frac{4}{3}\pi R^3=\frac{16}{3}\pi R^3$，定义晶胞中球占体积与晶胞体积之比为空间利用率，则 A1 型密堆积的空间利用率为 74.05%。在这种堆积中每一个球周围有 12 个球为邻,故配位数为 12。

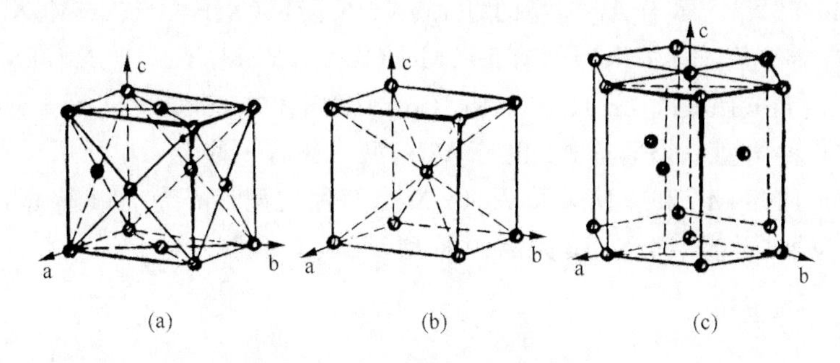


图 13-10　等径球的三种密堆积构型

A3 型密堆积方式是上述 $AB$ 堆积的重复,即 $AB\ AB\ AB\cdots$,即第 1、3、5、…层的投影彼此重合,第 2、4、6、…层的投影彼此重合。从中可以取出一个六方晶胞[图 13-10(c)],各密置层与 $\underline{c}$ 垂直。轴率 $c/a=2\sqrt{2/3}=1.633$. 一个晶胞包含两个原子,坐标为 000,$\frac{1}{3}\frac{2}{3}\frac{1}{2}$。每个原子有 12 个近邻,故配位数为 12。这也是一种最紧密堆积,空间利用率也是 74.05%。

图 13-11 示出 A1 和 A3 型结构的堆积侧面图。

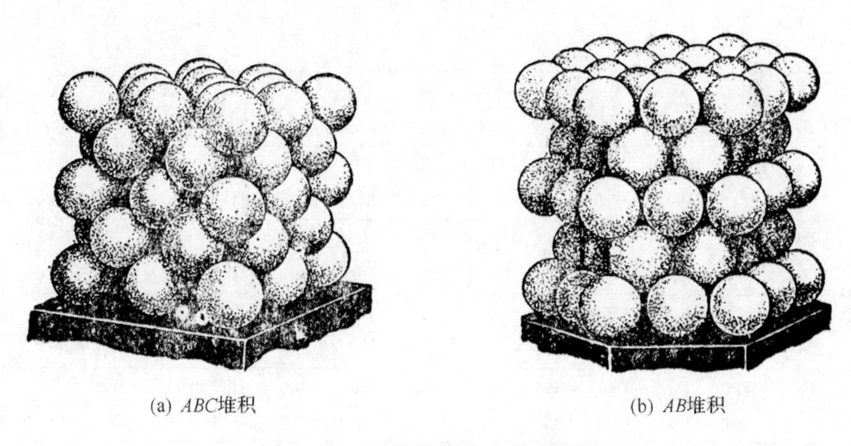

(a) $ABC$堆积　　(b) $AB$堆积

图 13-11　两种最密堆积的侧面图

除了 A1 和 A3 两种最密堆积构型外,还有一种密堆积方式,空间利用率低一点,是 68.02%。这种堆积是按正方形排列的,如图 13-1(h)所示,与这种密堆积相应的是立方体心晶胞[图 13-1(g)及图 13-10(b)]。原子坐标为 000,$\frac{1}{2}\frac{1}{2}\frac{1}{2}$。配位数为 8,但稍远距离还有 6 个原子,所以实际配位数应在 8 与 14 之间,立方体心密堆积构型在“晶体结构汇编”中用符号 A2 表示。

金属单质属于 A1 构型的有 Ca、Sr、A1、Cu，Ag、Au、Pt、Ir、Rh、Pd、Pb、Co、Ni、Fe、Pr、Yb、Th 等。属于 A2 构型的有 Li、Na、K、Rb、Cs、Ba、Ti、Zr、V、Nb、Ta、Cr、Mo、W、Fe 等。属于 A3 构型的有 Be、Mg、Ca、Sc、Y、La、Ce、Pr、Nd、Eu、Gd、Tb、Dy、Ho、Er、Tm、Lu、Ti、Zr、Hf、Tc、Re、Co、Ni、Ru、Os、Zn、Cd、Tl 等。有些金属单质可以有几种构型，如 Fe 有 A1 也有 A2 构型。还有一些金属单质属于别的构型，如 Mn 有 A12（α-Mn 和 β-Mn）及 A6（γ-Mn）两种构型，Ga 为 A11 构型，Sn 为 A4 构型，Sb 为 A7 构型，固态 Hg 为 A10 构型，等等。

**2. 金属原子半径**

利用 X 射线衍射法可以测定金属单质的结构。从金属晶体的晶胞参数可以求出两个邻近金属原子间的距离，它的一半就是原子半径。金属原子半径随配位数不同稍有变化。如以配位数为 12 的 A1 和 A3 构型的金属原子半径为 1.00，则配位数为 8 的 A2 构型的金属原子半径约为 0.97. 表 13-1 列出配位数为 12 的金属原子半径。

**表 13-1　配位数为 12 的金属原子半径**　　（单位：pm）

| Li | Be | | | | | | | | | | | | | |
|---|---|---|---|---|---|---|---|---|---|---|---|---|---|---|
| 152 | 111.3 | | | | | | | | | | | | | |
| Na | Mg | | | | | | | | | | | Al | | |
| 153.7 | 160 | | | | | | | | | | | 143.1 | | |
| K | Ca | Sc | Ti | V | Cr | Mn | Fe | Co | Ni | Cu | Zn | Ga | Ge | As |
| 227.2 | 197.3 | 160.6 | 144.8 | 132.1 | 124.9 | 124 | 124.1 | 125.3 | 124.6 | 127.8 | 133.2 | 122.1 | 122.5 | 124.8 |
| Rb | Sr | Y | Zr | Nb | Mo | Tc | Ru | Rh | Pd | Ag | Cd | In | Sn | Sb |
| 247.5 | 215.1 | 181 | 160 | 142.9 | 136.2 | 135.8 | 132.5 | 134.5 | 137.6 | 144.4 | 148.9 | 162.6 | 140.5 | 161 |
| Cs | Ba | 镧系 | Hf | Ta | W | Re | Os | Ir | Pt | Au | Hg | Tl | Pb | Bi |
| 265.4 | 217.3 | | 156.4 | 143 | 137.0 | 137.0 | 134 | 135.7 | 138 | 144.2 | 160 | 170.4 | 175.0 | 152 |
| Fr | Ra | 锕系 | 104 | 105 | 106 | 107 | 108 | 109 | | | | | | |
| 270 | 220 | | | | | | | | | | | | | |
| La | Ce | Pr | Nd | Pm | Sm | Eu | Gd | Tb | Dy | Ho | Er | Tm | Yb | Lu |
| 187.7 | 182.5 | 182.8 | 182.1 | 181.0 | 180.2 | 204.2 | 180.2 | 178.2 | 177.3 | 176.6 | 175.7 | 174.6 | 194.0 | 173.4 |
| Ac | Th | Pa | U | Np | Pu | Am | Cm | Bk | Cf | Es | Fm | Md | No | Lr |
| 187.8 | 179.8 | 160.6 | 138.5 | 131 | 151 | 184 | | | | | | | | |

金属原子半径在周期表中的变化规律如下：(1)在同一族中自上而下增加，这是由于电子云的层数增加之故。(2)在同一周期中，随着价电子数增加而减小，这是因为金属原子半径实际上是金属晶体中正离子的半径，正离子的价数愈高，则核对电子云的吸引力大，所以半径就小。(3)第二长周期的金属原子半径比第一长周期同族元素的半径大，这是第(1)条规定的正常情况。但是第三周期与第二周期的

同族元素半径却差不多，这是由于“镧系收缩”之故。(4)Ga、In、T1的半径分别比Zn、Cd、Hg大，是由于在Ga、In、T1中有$(ns)^2(np)^1$价电子，而在Zn、Cd、Hg中只有$(ns)^2$价电子，而$(np)$电子云比$(ns)$电子云伸展较广。(5)过渡金属元素的半径变化不规则，这是由于配位势场的影响引起的(见第七章)

**3. 石墨的结构**

石墨虽然不是金属，但具有金属光泽及良好的导电性和导热性，这与石墨的结构有关。石墨的晶体结构如图13-12所示，其中碳原子采用$sp^2$杂化轨道，彼此之间以$\sigma$键连接成为六角形的蜂巢状结构，键长为142 pm。此外每一碳原子还多一个$p$轨道和$p$电子，这些$p$轨道都与层平面垂直，因此是互相平行的，它们满足形成大$\pi$键的条件。因此，在石墨中存在着包含很多原子(数目与阿伏伽德罗数的数量级差不多)的特大$\pi$键，所以也有类似于金属键的性质。由于这种特大$\pi$键的形成，电子可以在整个石墨晶体的层平面上运动，这是石墨具有金属光泽和导电性的原因。层与层间的距离是340 pm，远较C—C键长为大，它们是以范德华引力互相结合起来的。范德华引力较弱，所以层与层之间可以滑移，这是石墨可以作为铅笔芯书写和作为润滑剂的原因。石墨易于解理成片状也是由于层与层之间结合较弱所致。所以在石墨晶体中同时含有共价键、类金属键和范德华引力三种键型。

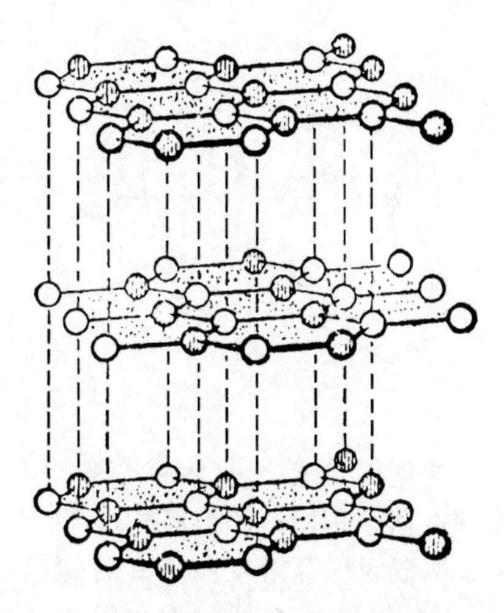

图13-12　石墨的结构

## §13-3　合金的结构

**1. 金属固溶体**

所谓金属固溶体，就是两种或多种金属或金属化合物相互溶解组成的均匀物相，其中组分的比例可以改变而不破坏均匀性。少数非金属单质如H、B、C、N等也可溶于某些金属，生成的固溶体仍然具有金属特性，这类固溶体也属于金属固溶体。用X射线衍射法研究确定，存在着三种结构类型不同的固溶体：置换固溶体、间隙固溶体、缺位固溶体。为简明起见，下面以二组分体系为例分别进行讨论。

(1) 置换固溶体：A、B两种金属生成的固溶体一般仍然保持A或B的结构型式，但其中一部分金属原子 A(或 B)的位置被另一种金属原子 B(或 A)统计性地取代，好像溶液一样的均匀，因此称为置换固溶体。在组成为 $A_xB_{1-x}$ 的置换固溶体里，原子 A 和 B 占据完全相同的位置，只是每个原子的位置上被原子 A 占据的几率为 $x$($x$ 是金属固溶体相中组分 A 的摩尔分数)，为原子 B 所占据的几率是 $1-x$。这样，每个原子相当于一个统计原子 $A_xB_{1-x}$。如图 13-13 所示。

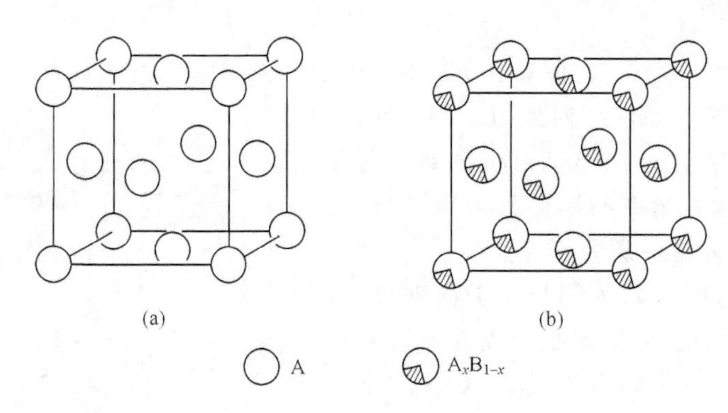


图 13-13　金属 A 与金属固溶体 $A_xB_{1-x}$ 的结构关系

两种金属 A 和 B 能否形成固溶体和固溶体存在的浓度范围取决于这两种金属是否性质相似，“相似者相溶”的规则在这儿也是适用的。根据现有的实验资料，对于构成无限互溶度所必要的(但显然不是充分的)条件可表述如下：

(i) 组分 A 和 B 具有相同的结构型式。假如组分金属是多晶型的，则只有在它们的同晶型变体之间出现无限互溶度。例如铁有 $\alpha$(A2 型)、$\beta$(A2 型)、$\gamma$(A1 型)和 $\delta$(A2 型)四种变体，钴有 $\alpha$(A3 型)和 $\beta$(A1 型)两种变体，只有 $\gamma$-Fe 和 $\beta$-Co 可以无限互溶。

(ii) 组分金属的原子半径相近，两者相差不能超过 10—15%。

(iii) 组分金属的电正性不能相差太多，否则倾向于生成金属化合物。显然，为了满足这个条件，组分金属应当属于周期表的同一族，或者相邻的族。Rb-Cs、Ag-Au，Nb-Ta 等无限互溶体系属于前者，高温下的 Fe($\gamma$-Fe，A1 型)和 Cr(A1 型)的无限互溶体系属于后者。

除上述因素外，溶剂金属的能带结构和其中的填充情况以及溶质金属的价电子数目对金属间的互溶度有重大的影响。按自由电子模型，金属晶体的能带中能级的数目是非常多的。但自由电子所能具有的最大能量是受限制的。如前所述，自由电子在晶体中的运动可用行进的平面波来描述。当波长 $\lambda$ 比晶面间的距离大很多时，自由电子可以穿过各晶面自由运动，当 $\lambda$ 与晶面距离相近时，晶面对于电子产生布拉格反射。由此可见 $\lambda$ 下限为

$$\lambda \geqslant 2d_{\max} \tag{13-21}$$

或

$$\frac{h}{\sqrt{2m_e E}} \geqslant 2d_{max} \tag{13-22}$$

以上两式中 $d_{max}$ 为晶格中的最大晶面距离，由(13-22)式可以求得电子可以允许的最高能量 $E_{max}$，

$$E_{max} = \frac{h^2}{8m_e d_{max}^2} \tag{13-23}$$

利用(13-13)式可以求得能量在 $E_{max}$ 以下的状态可以容纳的电子数目

$$N_{max} = \int_0^{E_{max}} \frac{4\pi V}{h^3}(2m_e)^{\frac{3}{2}} E^{\frac{1}{2}} \frac{1}{e^{(E-E_F)/kT}+1} dE \tag{13-24}$$

如果溶剂金属处于单质态时价电子数目小于 $N_{max}$，而溶入的金属可以提供更多的价电子，则依次用金属原子替代溶剂金属原子时，多出来的电子可以填充尚未充满的允许状态，体系能量可以降低，能溶入的溶质金属的量以电子总数等于 $N_{max}$ 为限。这就决定了溶质金属的溶解度。超过溶解度后，多余的电子不得不占据更高的能带(下一个布里渊区)中的能级中去，体系变得不稳定，溶解即告停止。以 Cu-Zn 合金为例，已知铜的密度为 8.92 g·cm$^{-3}$，单位体积中的价电数为 $8.45\times10^{22}$ cm$^{-3}$，由(13-15)式算出 $E_F=7.02$ eV，Cu 为立方面心晶格，晶胞周期为 $a=$ 362 pm，间距最大的晶面族是 111 面，$d_{max}=a/\sqrt{3}=209$ pm，代入(13-23)式得 $E_{max}=$ 8.61 eV，因 $E_F<E_{max}$，所以(13-24)式中的因子 $f(E)=1$，于是

$$N_{max} = \int_0^{E_{max}} \frac{4\pi V}{h^3}(2m_e)^{\frac{3}{2}} E^{\frac{1}{2}} dE = \frac{8\pi V}{3h^3}(2m_e E_{max})^{\frac{3}{2}}$$

将(13-23)式代入上式，得

$$N_{max} = \frac{\pi V}{3d_{max}^3} \tag{13-25}$$

将 $d_{max}=a/\sqrt{3}$ 代入上式，得

$$N_{max} = \frac{\sqrt{3}\pi V}{a^3}$$

因为每一个 Cu 晶胞中含有四个 Cu 原子，体积为 $V$ 的 Cu 中共有 $\frac{V}{a^3}\times 4$ 个 Cu 原子。因此，在 Cu 的能带中可以容纳的电子数与原子数之比为 $\sqrt{3}\pi : 4 = 1.36 : 1$。令 Zn 的溶解度为 $x$(摩尔分数)，Cu 的摩尔分数为 $1-x$，Zn 的价电子数是 2，Cu 的价电子数是 1，为了维持电子数与原子数之比为 1.36，只需使

$$\frac{(1-x)\times 1 + x \times 2}{1} = 1.36$$

解得 $x=0.36$，则 Zn 在 Cu 中的溶解度为 36%(摩尔百分数)。实验测得 Zn 在 Cu 中的溶解度为 37%，理论和实验符合较好。

若溶质不是Zn，而是Al、Ga、Ge、As等原子，它们的原子价$\nu$各为3、3、4和5，则可按下式计算溶解度

$$\frac{(1-x)\times 1+\nu\times x}{1}=1.36$$

得到上述四种金属在Cu中的溶解度各为18%、18%、12%和9%，与实验值(20.4%、20.4%、12%、6.9%)颇为符合。

(2) 间隙固溶体：一些原子半径比较小的非金属元素如H、B、C、N等溶入过渡金属中形成间隙固溶体。这些元素不置换作为溶剂的金属的原子，而是统计地填充在溶剂金属晶格的空隙中，如图13-14(a)所示。C溶于$\gamma$-Fe中生成的固溶体(奥氏体)就是一个为人们所熟知的例子。间隙固溶体不是组分元素间形成的化合物，其组成在一定范围内可变，具有明显的金属性。由于晶格的间隙中被这些非金属元素所填充，它们的电负性与金属的电负性相差不很悬殊，其中必有某种程度的共价键生成，使得间隙固溶体在外力作用下晶面间的滑移受到阻碍，其结果是它们的硬度比纯金属高，熔点也有明显提高。控制溶质元素的溶入量可以获得不同的硬度和熔点的合金。表13-2列出某些间隙固溶体的熔点和硬度。间隙固溶体的这些特性具有重大的实用价值。

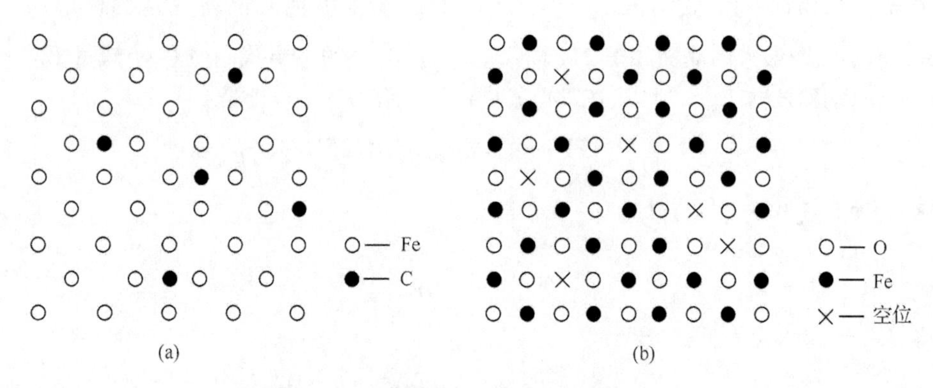


图13-14 间隙固溶体(a)和缺位固溶体(b)

**表13-2 一些间隙固溶体的熔点和硬度**

| 间隙固溶体 | 熔点/K | 硬度 |
|---|---|---|
| TiC | 3410 | 8—9 |
| HfC | 4160 | |
| $W_2C$ | 3130 | 9—10 |
| NbC | 3770 | 9 |
| TiN | 3220 | 8—9 |
| ZrN | 3255 | 8 |

(3) 缺位固溶体：这类固溶体一般是由被溶元素溶于金属化合物中生成的，如 Sb 溶于 NiSb 中的固溶体，溶入元素(Sb)占据着晶格的正常位置，但另一组分元素(此处是 Ni)的应占的某些位置是空着的[图 13-14(b)]。

**2. 金属互化物**

当合金组分的原子半径、原子电负性和价电子层结构以及单质的结构型式间差别增大时，则倾向于生成金属化合物物相。金属化合物物相的结构型式一般不同于纯组分金属的结构型式，各组分的原子一般分别占用不同的结构位置。例如 BaSe 具有 NaCl 型的结构，与单质 Se(灰硒，A8 构型)和 Ba(A2 构型)的结构型式完全不同，两种元素在结构中分别占用不同的结构位置。又如 $AuCu_3$ 的有序结构，如图 13-15 所示。其结构虽然具有与单质结构(A1 型)相似的晶胞大小，但结构中的四个位置业已分化为由 Cu 原子占用顶点位置，Au 原子占用三个面心位置。

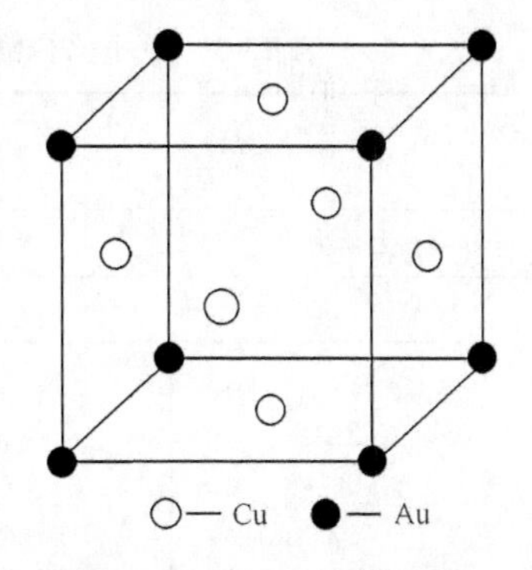


图 13-15　$AuCu_3$ 的结构

由此可见，金属化合物与金属固溶体在结构上的区别是前者为有序结构(称为超结构)，而后者为无序结构。超结构一般比无序结构具有较低的对称性或较大的单位。从无序结构转化为有序结构的过程称为有序化。反方向的过程称为无序化。这两种过程总称为有序-无序转化。由于从有序结构转变成无序结构是一个熵增加的过程，而生成金属化合物一般是内能减小的过程，因此高温有利于生成无序相，低温有利于生成有序相，转化温度为 $T_c$。当高温时的固溶体骤冷时，无序-有序转化来不及完成而被冻结在无序结构状态，这种状态从热力学上讲是不稳定的，经过加热(称为回火)后缓慢冷却可以转变为有序结构。

金属化合物物相一般有两种主要型式，一种是组成确定的金属化合物物相，另一种是组成可变的金属化合物物相。前者的组成 $A_mB_n$ 在不丧失均匀性的前提下没有变化的余地，后者则可在一个或大或小的范围内变化。能够生成组成可变的金属化合物物相是合金独有的化学性能。组成可变的金属化合物物相可以包括其极限化合物 $A_mB_n$ 在内，也可以不包括极限化合物 $A_mB_n$。组成确定的金属化合物 $A_mB_n$ 的物相与包括极限化合物 $A_mB_n$ 在内的组成可变的金属化合物物相一般在其组成-性质图(化学图)上与 $A_mB_n$ 的组成相应处有一奇点，这样的奇点称为道尔顿(Dalton)点，而在化学图上具有道尔顿点的物相称为道尔顿体物相。在各种组成可变的道尔顿体物相中，有些物相的临界温度 $T_c$ 比它们的熔点低。换言之，这些物相在从液相中析出时首先系以固溶体物相的形式存在，而在冷却至临界温度 $T_c$ 以下时才有可能以超结构的金属化合物物相的形式出现，这样的化合物物相称为库尔纳柯夫(KypHaKOB)化合物物相。而这样的临界温度亦可称为库尔纳柯夫点。组成可变但不包括其极限化合物 $A_mB_n$ 的金属化合物一般在其化学图上没有奇点,这样的金属化合物物相称为贝尔托莱(Berthollet)体物相。

在金属化合物中有一类化合物称为电子化合物,这类化合物是将第二类金属(包括 Be、Mg、Zn、Cd、Hg 及 A1、Ga、In、Si、Ge、Sn、Pb、As、Sb 等第三至第五主族金属)溶解于第一类金属(包括 Mn、Fe、Co、Ni、Rh、Pd、Ce、La、Pr、Cu、Ag、Au、Li、Na 等)所得的常以 $\beta$、$\gamma$、$\varepsilon$、$\eta$ 等命名的金属物相。这些物相的结构型式与溶剂及溶质金属的结构型式均不相同,其组成范围取决于价电子数 $N_{电子}$ 和原子数 $N_{原子}$ 之比,兹将若干电子化合物物相的近似化学式、结构型式和电子-原子比列于表 13-3 中。

**表 13-3　电子化合物物相的近似化学式、结构型式和电子-原子比**

| $\frac{N_{电子}}{N_{原子}}=\frac{3}{2}$ | | $\frac{N_{电子}}{N_{原子}}=\frac{21}{13}$ | $\frac{N_{电子}}{N_{原子}}=\frac{7}{4}$ |
|---|---|---|---|
| $\beta$ 化合物 | $\beta'$ 化合物 | $\gamma$ 化合物 | $\varepsilon$ 化合物 |
| 立方体心 | $\beta$-Mn 型* | $\gamma$-黄铜型** | A3 型 |
| CuBe | $Ag_3Al$ | $Cu_5Zn_8$ | $Cu_5Zn_3$ |
| CuZn | $Au_3Al$ | $Cu_5Cd_8$ | $Cu_5Cd_3$ |
| AgMg | $Cu_5Si$ | $Cu_9Al_4$ | $Cu_3Sn$ |
| AgZn | $CoZn_3$ | $Cu_9Ga_4$ | $Cu_3Ge$ |
| AgCd | | $Cu_9In_4$ | $Cu_3Si$ |
| AuZn | | $Cu_{31}Si_8$ | $AgZn_3$ |
| AuCd | | $Cu_{31}Sn_8$ | $AgCd_3$ |
| $Cu_3Al$ | | $Fe_5Zn_{21}$ | $Ag_3Sn$ |
| $Cu_3Ga$ | | $Co_5Zn_{21}$ | $Ag_5Al_3$ |
| $Cu_3Sn$ | | $Ni_5Zn_{21}$ | $Au_5Al_3$ |
| CoAl | | $Rh_5Zn_{21}$ | $AuZn_3$ |
| NiAl | | $Pd_5Zn_{21}$ | $AuCd_3$ |
| FeAl | | $Pt_5Zn_1$ | $Au_3Sn$ |
| | | $Ni_5Cd_{21}$ | |
| | | $Na_{31}Pb_8$ | |
| | | $Ag_5Zn_8$ | |
| | | $Au_5Zn_8$ | |

* 复杂的立方点阵,每个晶胞含有 20 个原子。

** 复杂的立方点阵,每个晶胞含有 52 个原子。

上述 $\beta$、$\gamma$、$\varepsilon$ 等金属化合物物相的电子-原子比是休姆-罗瑟里(W. Hume-Rothery)首先发现的,常称为休姆-罗瑟里规则。其原由可自金属的能带理论得到解释。以 $\beta$ 化合物为例,它是体心立方结构,其最大晶面间距为 110 面,$d_{最大}=a/\sqrt{2}$,$c$ 为晶格常数,代入(13-24)式得到体积

为 $V$ 的晶体中可以容纳的价电子数目为

$$N_{电子} = \frac{\pi V}{3}\left(\frac{\sqrt{2}}{a}\right)^3$$

而每个体心立方晶胞中含有的原子数为 2,故

$$N_{原子} = 2 \times \frac{V}{a^3}$$

因此

$$\frac{N_{电子}}{N_{原子}} = \frac{\frac{\pi V}{3}\left(\frac{\sqrt{2}}{a}\right)^3}{2 \times \frac{V}{a^3}} = \frac{\pi\sqrt{2}}{3} = 1.481$$

$\beta$ 化合物的电子-原子比的实验值为 1.48—1.50。

形成电子化合物的金属所表现的价电子数见表 13-4。

**表 13-4　形成电子化合物的金属的价电子数**

| 类　别 | 族　别 | 元　素 | 价电子数 |
|---|---|---|---|
| 第一类 | ⅦB,Ⅷ,镧系 | Mn,Fe,…镧系 | 0(1,2) |
| | ⅠB | Cu,Ag,Au | 1 |
| | ⅠA | Li,Na | 1 |
| 第二类 | ⅡA ⅡB | Be,Mg,Zn,Cd,Hg | 2 |
| | ⅢA | Al,Ga,In | 3 |
| | ⅣA | Si,Ge,Sn,Pb | 4 |
| | ⅤA | As,Sb | 5 |

## 参 考 书 目

1. 唐有祺,《结晶化学》,人民教育出版社,1957.
2. 周公度,《无机结构化学》,科学出版社,1982.
3. 谢有畅,邵美成,《结构化学》(下册),人民教育出肢社,1979.
4. 乌曼斯基等著,中国科学院金属研究所译,《金属学物理基础》,科学出版社,1958.
5. 方俊鑫、陆栋,《固体物理学》,上海科学技术出版社,1980.
6. N.F. 莫特、H·琼斯著,傅正元、马元德译,《金属与合金性质的理论》,科学出版社,1958.
7. H·琼斯著,朱兰、杨顺华译,《晶体中的布里渊区和电子态理论》,科学出版社,1965.
8. E. G. Derouane and A. A. Lucas,*Electronic Structure and Reactivity of Metal Surface*,Plenum,1976.
9. 戴礼智,《金属磁性材料》,上海人民出版社,1973.
10. 吉林大学化学系,《催化作用墓础》,科学出版社,1980.
11. R. C. Evans 著,胡玉才、戴寰、新民译,《结晶化学导论》,人民教育出版社,1981.

## 问题与习题

1. 何谓金属键？金属键有什么特性？它与离域 $\pi$ 键有何不同？
2. 金属为什么会呈现“金属光泽”？为什么除极薄的金属箔以外，金属是不透明的？
3. 导体、半导体及绝缘体的能带结构有什么差别？为什么金属的电阻率随温度升高而升高，而半导体和绝缘体的电阻率随温度升高而降低？
4. 试用金属键理论论证金属晶体采取密堆积方式，说明金属具有延展性的理由。
5. Engel 和 Brewer 归纳出两条关于金属结构的规则如下：(1)金属及合金的键能取决于每个金属原子拥有的可用于成键的未成对电子的平均数目。(2) 金属及合金结构只取决于每个原子拥有的、参与成键的 $s$ 电子和 $p$ 电子的平均数。会成键的 $s$ 电子和 $p$ 电子平均数为 $n$/原子，则

| | |
|---|---|
| $n < 1.5$ | 体心立方堆积($A2$) |
| $1.7 < n < 2.1$ | 六方密堆积($A3$) |
| $2.5 < n < 3.2$ | 立方密堆积($A1$) |
| $n \sim 4$ | 类金刚石结构 |

上面所述的每个原子拥有的平均未成对电子数和平均 $s$、$p$ 电子数系指处于“预备成键”状态，即基态或能量上有利的激发状态。略述这两条规则的理论基础。

6. 试用 Engel 和 Brewer 规则预言碱金属，碱土金属、铜分族和锌分族各金属的结构并与实验结果比较，如果不符，试说明可能的原因。
7. 试用 Engel 和 Brewer 规则说明金属的熔点的规律。
8. 计算 $A1$、$A2$ 和 $A3$ 型晶胞的空间利用率。
9. 找出 $A1$、$A2$ 和 $A3$ 三种堆积中球数、八面体空隙数与四面体空隙数之比。
10. 证明典型 $A3$ 结构的金属，共主轴 $c$ 与副轴 $a$ 长度之比(轴率)$\frac{c}{a}=2\sqrt{2/3}$。
11. 金属铜为 $A1$ 型结构，原子间最近接触距离为 255.6 pm，(1)试计算金属铜晶胞的参数和金属铜的密度；(2)画出(100)、(110)、(111)等晶面上原子的排布方式并计算各晶面上距离最近的原子间距。
12. 已知金的密度为 19.32 g/cm$^2$，价电子数为 1，试计算金的费米能量及 0 K 时电子的平均动能。
13. 银为 $A1$ 型结构，试根据自由电子模型预言汞，铟，锡，锑，铂在银中的溶解度。
14. 下列金属可以无限互溶，请查阅必要数据说明它们具有无限互溶的必要条件：

    (1) $\beta$-Co 和 $\gamma$-Fe

    (2) $\beta$-Ti 和 Cr

    (3) $\beta$-Ti 和 Mo

    (4) $\beta$-Ti 和 Ni

    (5) Nb 和 Ta

    (6) Cs 和 Rb

15. 下列金属只能有限互溶，说明原因：

(1) Cu 和 Sn

(2) Li 和 Pb

(3) Ag 和 Ga

(4) Mg 和 Sn

16. 金属化合物物相与金属固溶体物相有何不同？试从结构特征、组成特征和性能特征加以说明。

# 第十四章　离子键和离子型晶体的结构、离子极化和向共价型晶体的过渡

## §14-1　点阵能与波恩-哈伯热化学循环

点阵能(亦称晶格能)是一摩尔离子化合物中的正、负离子从无限远的气态结合为离子晶体时所放出的能量。以 NaCl 为例,其点阵能 $U$ 即下式的 $-\Delta H$

$$\mathrm{Na^+}\,(\text{气}) + \mathrm{Cl^-}\,(\text{气}) \longrightarrow \mathrm{NaCl}(\text{晶})$$

点阵能愈大表示离子晶体愈稳定。波恩和哈伯(F・Haber)曾设计了一个热化学循环来求得点阵能,兹以 NaCl 为例说明如下:

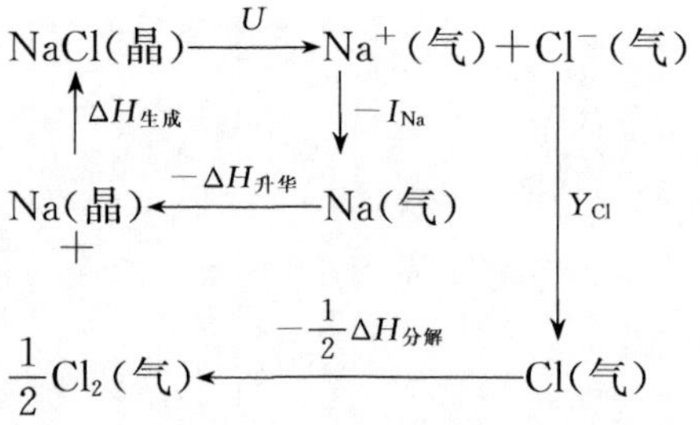

$$\begin{array}{ccccc}
\mathrm{NaCl}(\text{晶}) & \xrightarrow{U} & \mathrm{Na^+}(\text{气}) & + & \mathrm{Cl^-}(\text{气}) \\
\uparrow \Delta H_{\text{生成}} & & \downarrow -I_{\mathrm{Na}} & & \\
\mathrm{Na}(\text{晶}) & \xleftarrow{-\Delta H_{\text{升华}}} & \mathrm{Na}(\text{气}) & & \downarrow Y_{\mathrm{Cl}} \\
+ & & & & \\
\frac{1}{2}\mathrm{Cl_2}(\text{气}) & \xleftarrow{-\frac{1}{2}\Delta H_{\text{分解}}} & & & \mathrm{Cl}(\text{气})
\end{array}$$

根据热化学盖斯(Hess)定律

$$U = -\Delta H_{\text{生成}} + \Delta H_{\text{升华}} + \frac{1}{2}\Delta H_{\text{分解}} + I_{\mathrm{Na}} - Y_{\mathrm{Cl}} \tag{14-1}$$

$$= 410.9 + 108.8 + 120.9 + 494.5 - 365.7 = 769.4\ \mathrm{kJ\cdot mol^{-1}}$$

(14-1)式中的电子亲和能 $Y$ 的测定比较困难,实验误差也较大,所以点阵能不易准确求得。但如点阵能用别的方法求得后,就可以利用(14-1)式计算电子亲和能。

## §14-2　点阵能的理论计算

波恩和朗德(A. Landé)根据静电吸引理论导出了计算离子化合物的点阵能的理论公式。根据库仑定律,两个相距 $R$ 的异性点电荷 $+Z_1e$ 和 $-Z_2e$ 间的势能是

$$V_{\text{吸引}} = \frac{Z_1Z_2e^2}{4\pi\varepsilon_0 R}$$

事实上离子并非理想的点电荷,当两个离子相当接近时,他们的电子云之间将产生

推斥作用。此种推斥作用在 $R$ 相当大的时候可以忽略不计，但当 $R$ 接近平衡距离 $R_0$ 时则迅速增加。波思假定此势能与 $R$ 的 $n$ 次方成反比，即

$$V_{推斥} = \frac{B}{R^n}$$

式中 $B$ 为比例常数，$n$ 称为波恩指数，它可以从晶体的压缩系数求得。一般采取 $n=9$，或按照离子类型的不同，采取 5 至 12 的数值，如表 14-1 所示。

**表 14-1　波 恩 指 数**

| 离子的电子层结构类型 | He | Ne | Ar, $Cu^+$ | Kr, $Ag^+$ | Xe, $Au^+$ |
|---|---|---|---|---|---|
| $n$ | 5 | 7 | 9 | 10 | 12 |

如果正负离子属于不同的类型，则取其平均值，例如 NACl 的

$$n = \frac{1}{2}(7+9) = 8$$

因此正负离子间的势能 $V$ 与距离 $R$ 间的关系可以表示如下：

$$V = -\frac{Z_1 Z_2 e^2}{4\pi\varepsilon_0 R} + \frac{B}{R^n} \tag{14-2}$$

当 $R$ 等于离子间的平衡距离 $R_0$ 时，势能在最低点，它对于 $R$ 的微商等于零，即

$$\left(\frac{dV}{dR}\right)_{R=R_0} = \frac{Z_1 Z_2 e^2}{4\pi\varepsilon_0 R_0^2} - \frac{nB}{R_0^{n+1}} = 0 \tag{14-3}$$

由上式得到

$$B = \frac{Z_1 Z_2 e^2 R_0^{n-1}}{4\pi\varepsilon_0 n} \tag{14-4}$$

将(14-4)式代入(14-2)式并简化得

$$V_0 = \frac{Z_1 Z_2 e^2}{4\pi\varepsilon_0 R_0}\left(1-\frac{1}{n}\right) \tag{14-5}$$

从(14-5)式求得的 $V_0$ 是一对正负离子间的势能，还不是离子化合物的点阵能 $U$。因为在离子化合物中一个离子的周围有若干个异号离子，再远一些又有若干个同号离子，因此离子化合物的点阵能是许多对离子间的势能的代数和。例如在 NaCl 型离子化合物中，每一个离子被 6 个距离为 $R_0$ 的异号离子所包围，稍远一些有 12 个距离为$\sqrt{2}R_0$ 的同号离子，再远一些有 8 个距离为$\sqrt{3}R_0$ 的异号离子，……等等(图 14-1)。因此一摩尔离子化合物的点阵能为一摩尔离子化合物中所有离子对之间的势能的总和的负值，即

$$\begin{aligned} U &= \frac{N_A Z_1 Z_2 e^2}{4\pi\varepsilon_0}\left(1-\frac{1}{n}\right)\left[\frac{6}{R_0} - \frac{12}{\sqrt{2}R_0} + \frac{8}{\sqrt{3}R_0} - \frac{6}{\sqrt{4}R_0} + \frac{24}{\sqrt{5}R_0}\cdots\right] \\ &= \frac{AN_A Z_1 Z_2 e^2}{4\pi\varepsilon_0 R_0}\left(1-\frac{1}{n}\right) \end{aligned} \tag{14-6}$$

上式中 $N_A$ 为阿伏伽德罗数，$A$ 称为马德隆常数，因为马德隆(E. Madelung)用求无穷级数和的数学方法计算了各种构型的离子化合物的 $A$ 值，如表 14-2 所示。

**表 14-2 几种 AB 型及 $AB_2$ 型晶体构型的原子坐标和马德隆常数**

| 晶体构型 | 晶　系 | 配位比 | 原子坐标 | | 马德隆常数 A | 图号 |
|---|---|---|---|---|---|---|
| | | | A | B | | |
| NaCl | 立方 | 6∶6 | $0\,0\,0,\frac{1}{2}\frac{1}{2}0,$ $\frac{1}{2}0\frac{1}{2},0\frac{1}{2}\frac{1}{2}$ | $\frac{1}{2}\frac{1}{2}\frac{1}{2},\frac{1}{2}0\,0,$ $0\frac{1}{2}0,0\,0\frac{1}{2}$ | 1.748 | 14-1 |
| CsCl | 立方 | 8∶8 | $0\,0\,0$ | $\frac{1}{2}\frac{1}{2}\frac{1}{2}$ | 1.763 | 14-2 |
| 立方 ZnS | 立方 | 4∶4 | $0\,0\,0,\frac{1}{2}\frac{1}{2}0,$ $\frac{1}{2}0\frac{1}{2},0\frac{1}{2}\frac{1}{2}$ | $\frac{3}{4}\frac{1}{4}\frac{1}{4},\frac{1}{4}\frac{3}{4}\frac{1}{4},$ $\frac{1}{4}\frac{1}{4}\frac{3}{4},\frac{3}{4}\frac{3}{4}\frac{3}{4}$ | 1.638 | 14-3 |
| 六方 ZnS | 六方 | 4∶4 | $0\,0\,0,\frac{1}{3}\frac{2}{3}\frac{1}{2}$ | $0\,0\frac{3}{8},\frac{1}{3}\frac{2}{3}\frac{7}{8}$ | 1.641 | 14-4 |
| $CaF_2$ | 立方 | 8∶4 | $0\,0\,0,\frac{1}{2}\frac{1}{2}0,$ $\frac{1}{2}0\frac{1}{2},0\frac{1}{2}\frac{1}{2}$ | $\frac{1}{4}\frac{1}{4}\frac{1}{4},\frac{1}{4}\frac{3}{4}\frac{1}{4},$ $\frac{3}{4}\frac{1}{4}\frac{1}{4},\frac{3}{4}\frac{3}{4}\frac{1}{4},$ $\frac{1}{4}\frac{1}{4}\frac{3}{4},\frac{1}{4}\frac{3}{4}\frac{3}{4},$ $\frac{3}{4}\frac{1}{4}\frac{3}{4},\frac{3}{4}\frac{3}{4}\frac{3}{4}$ | 5.039 | 14-5 |
| 金红石 ($TiO_2$) | 四方 | 6∶3 | $0\,0\,0,\frac{1}{2}\frac{1}{2}\frac{1}{2}$ | $u^{*}u\,0,\bar{u}\,\bar{u}0,$ $\frac{1}{2}+u\,\frac{1}{2}-u\,\frac{1}{2},$ $\frac{1}{2}-u\,\frac{1}{2}+u\,\frac{1}{2}$ | 4.816 | 14-6 |

* $u$ 为一参数，不同化合物 $u$ 值不同。金红石的 $u=0.31$。

(14-6)式中的 $R_0$ 可由 X 射线衍射法求得，将 $N_A$，e，$\varepsilon_0$ 的数值代入，得

$$U=\frac{1.3894\times10^{-7}}{R_0}AZ_1Z_2\left(1-\frac{1}{n}\right)\text{kJ}\cdot\text{mol}^{-1} \tag{14-7}$$

例如 NaCl 晶体的 $R_0=279\ \text{pm}=2.79\times10^{-10}\,\text{m}$，$Z_1=Z_2=1$，$A=1.748$，$n=\frac{1}{2}(7+9)=8$，所以

$$U=\frac{1.3894\times10^{-7}\times1.748\times1\times1}{2.79\times10^{-10}}\left(1-\frac{1}{8}\right)=761.7\ \text{kJ}\cdot\text{mol}^{-1}$$

(14-6)或(14-7)式是计算点阵能的近似公式，在比较精确的计算中，还要考虑到范德

华引力和零点振动能，对于过渡金属元素的离子化合物还要考虑配位体势场的校正。

在表 14-3 中列出一些金属卤化物的点阵能，表中上一行的数值是由波恩-哈伯热化学循环，即(14-1)式求得，下一行的数值是理论计算值，即由(14-7)式求得。

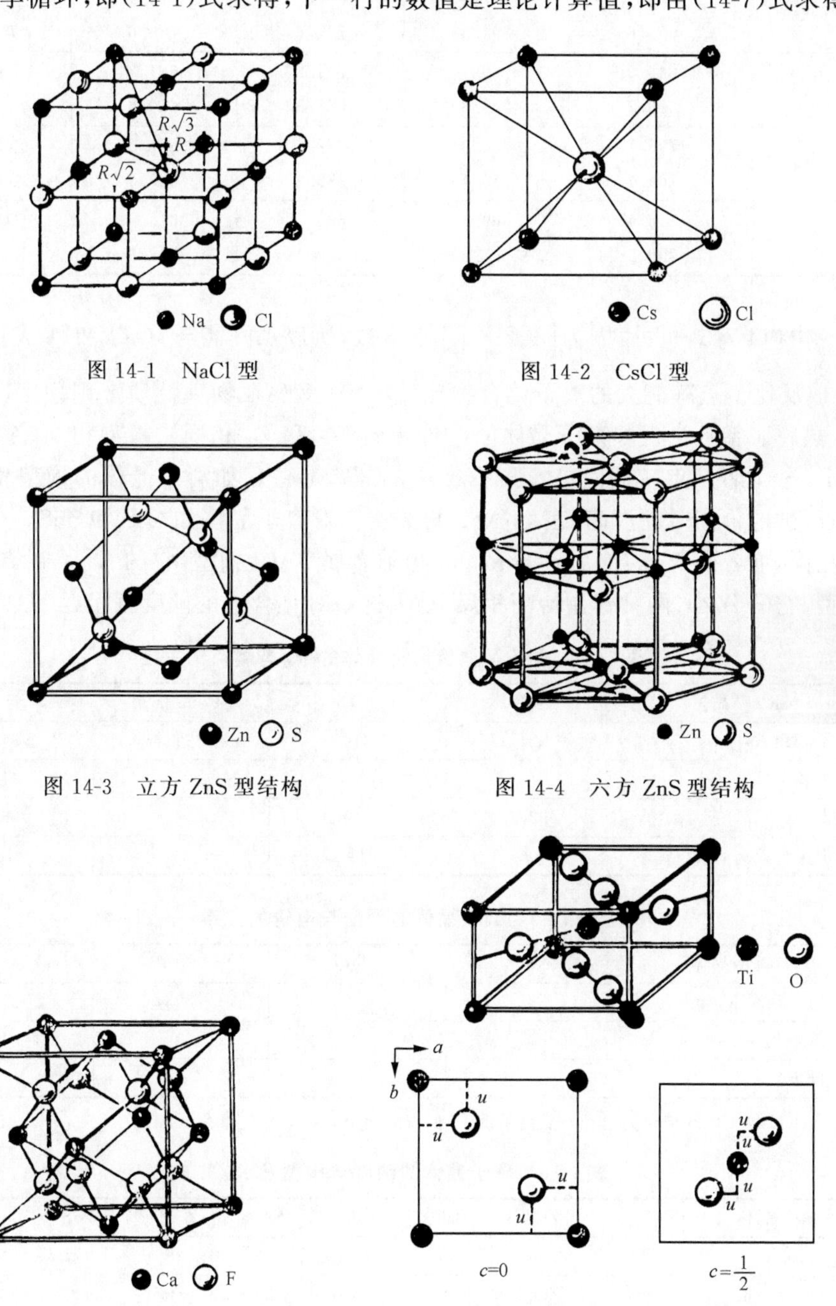


图 14-1　NaCl 型

图 14-2　CsCl 型

图 14-3　立方 ZnS 型结构

图 14-4　六方 ZnS 型结构

图 14-5　$CaF_2$ 型结构

图 14-6　金红石 $TiO_2$ 型结构

表 14-3　碱金属卤化物的点阵能　　(单位:$kJ \cdot mol^{-1}$)

| | Li | Na | K | Rb | Cs |
|---|---|---|---|---|---|
| F | 1015.9<br>999.6 | 907.1<br>894.5 | 802.5<br>791.6 | 772.4<br>755.6 | 736.4<br>718.0 |
| Cl | 843.9<br>803.7 | 769.4<br>749.8 | 704.2<br>682.8 | 681.2<br>659.8 | 657.7<br>618.0 |
| Br | 799.1<br>761.1 | 734.3<br>713.4 | 672.4<br>655.2 | 657.3<br>633.0 | 632.6<br>595.4 |
| I | 746.4<br>709.2 | 689.5<br>667.8 | 633.9<br>618.4 | 618.8<br>598.3 | 601.2<br>564.4 |

由(14-7)式可见,因为$\left(1-\frac{1}{n}\right)$几近常数,所以点阵能与 $Z_1Z_2$ 和 $A$ 成正比,与 $R_0$ 成反比。点阵能大的离子化合物比较稳定,反映在物理性质上则硬度高、熔点高、热膨胀系数小。如离子晶体的电价相同($Z_1$ 和 $Z_2$ 相同)、构型相同($A$ 相同),则 $R_0$ 较大者熔点较低而热膨胀系数较大(表 14-4)。如离子晶体的构型相同,$R_0$ 相近,则电价高时硬度高(表 14-5)。再如选一对离子晶体如 CaS 和 ZnS,它们的电价相同,前者的 $R_0$ 大而后者的 $R_0$ 小,但前者属 NaCl 构型,它的 $A$ 大,后者属 ZnS 构型,它的 $A$ 小,两种作用恰巧相反,结果这一对化合物的硬度就相近(表 14-6)。

表 14-4　同构型同价离子晶体的 $R_0$ 与熔点的关系

| NaCl 型晶体 | NaF | NaCl | NaBr | NaI |
|---|---|---|---|---|
| 离子间距 $R_0$/pm | 231 | 279 | 294 | 318 |
| $Z_1=Z_2$ | 1 | 1 | 1 | 1 |
| 熔点/℃ | 988 | 846 | 775 | 684 |
| 热膨胀系数 $\alpha_v \times 10^6/K^{-1}$ | 39 | 40 | 43 | 48 |

表 14-5　离子晶体的硬度与电价的关系*

| NaCl 型晶体 | NaF | MgO | ScN | TiC |
|---|---|---|---|---|
| 离子间距 $R_0$/pm | 231 | 210 | 223 | 223 |
| $Z_1=Z_2$ | 1 | 2 | 3 | 4 |
| 硬度 | 3.2 | 6.5 | 7—8 | 8—9 |

* ScN 和 TiC 的结合力已经不是离子键了,但点阵能公式还有一定意义。

表 14-6　离子晶体的硬度与构型及 $R_0$ 关系

| 离子晶体 | CaS | ZnS | BaO | CdS | SrTe | CdTe | BaS | CdSe |
|---|---|---|---|---|---|---|---|---|
| $R_0$/pm | 284 | 235 | 277 | 252 | 332 | 280 | 317 | 263 |
| 构　型 | NaCl | ZnS | NaCl | ZnS | NaCl | ZnS | NaCl | ZnS |
| 硬　度 | 4 | 4 | 3.3 | 3.2 | 2.8 | 2.8 | 3.0 | 3.0 |

# §14-3　离子半径

离子半径本来应该是指离子电子云分布的范围,但是按照量子力学计算,离子电子云的分布是无穷的,因此严格地说,一个离子的半径是不定的。一般所了解的离子半径的意义是这样的:离子晶体中正负离子中心之间的距离是正负离子的半径之和。如图 14-7 是 LiH 晶体中 $Li^+$ 和 $H^-$ 的电子云密度分布情况。正负离子中心之间的距离可以通过衍射法测得,但是正负离子的分界线在什么地方就难以判断,这给离子半径的确定造成一定困难。此外,随着晶体构型的不同,正负离子中心间距也不同,所以提到某一离子的半径时,还要说明是什么构型时的离子半径。一般常以 NaCl 构型的半径作为标准,对其余构型的半径应用一定的校正。求取离子半径常用的方法有两种:一种是从球形离子间堆积的几何观点来计算半径的哥希密特(Goldschmidt)法,另一种是考虑核对外层电子吸引力来计算半径的泡令法。用这两种方法求得的离子半径分别称为哥希密特离子半径和泡令晶体半径。本书中引用的离子半径数据一般是指泡令的晶体半径。

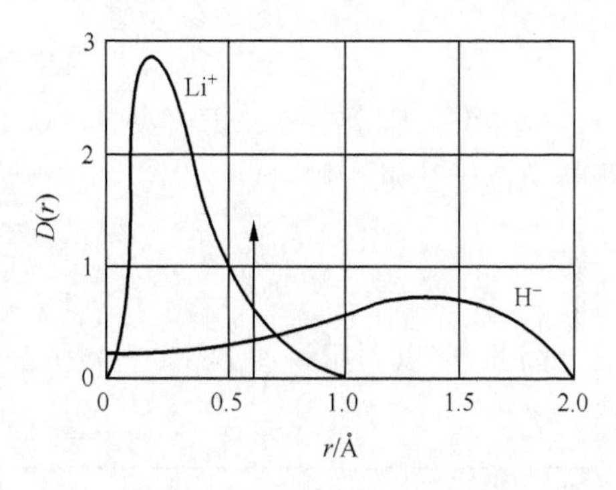


图 14-7　LiH 晶体中 $Li^+$ 与 $H^-$ 的电子分布,竖线处是泡令的 $Li^+$ 离子半径

## 1. 哥希密特离子半径

原子丢失电子生成正离子后,对外层电子的吸引力增大(因电子对核的屏蔽常数小了),因此正离子的半径一般比较小;反之负离子就较大。从 NaCl 型考虑如图 14-8。球形正负离子因为半径比不同而接触情况有三种。

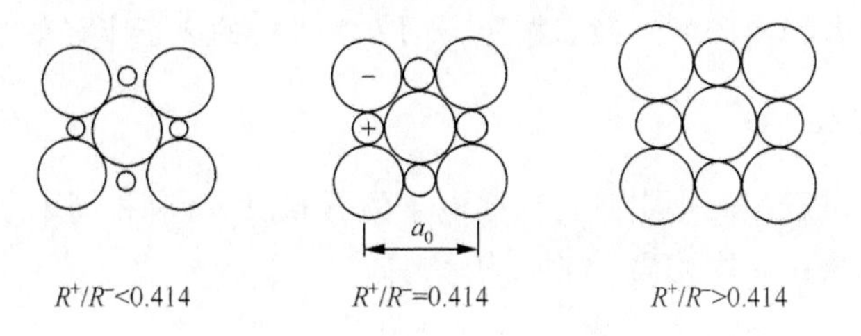


图 14-8　NaCl 型正负离子半径比与正离子接触情况

(1) 正负离子半径比 $R^+/R^-=0.414$:正离子和负离子接触,负离子与负离

子接触。若晶胞周期为 $a_0$,则

$$a_0 = 2(R^+ + R^-) \tag{14-8}$$

$$4R^- = \sqrt{2}a_0 \tag{14-9}$$

(2) 正负离子半径比 $R^+/R^- > 0.414$:正离子与负离子接触,负离子与负离子不接触。则

$$a_0 = 2(R^+ + R^-) \tag{14-10}$$

$$4R^- < \sqrt{2}a_0 \tag{14-11}$$

(3) 正负离子半径比 $R+/R^- < 0.414$:正离子和负离子不能紧密接触,负离子与负离子接触。则

$$a_0 > 2(R^+ + R^-) \tag{14-12}$$

$$4R^- = \sqrt{2}a_0 \tag{14-13}$$

因此,可以利用一些 NaCl 型离子晶体的晶胞周期 $a_0$ 求得离子半径(表 14-7)。

**表 14-7 一些 NaCl 型晶体的晶胞周期**

| 晶　体 | MgO | MnO | CaO | MgS | MnS | CaS |
|---|---|---|---|---|---|---|
| $a_0$/pm | 421 | 444 | 480 | 519 | 521 | 568 |

从表 14-7 可见,$R_{Mg^{2+}} < R_{Mn^{2+}} < R_{Ca^{2+}}$,$R_{S^{2-}} > R_{O^{2-}}$。因此 $S^{2-}$ 堆积的空隙比 $O^{2-}$ 堆积的空隙大。在氧化物中 MnO 的 $a_0$ 比 MgO 的大,说明 $Mn^{2+}$ 能够所 $O^{2-}$ 撑开。但是从硫化物看,MgS 与 MnS 的 $a_0$ 大小相似,说明 $Mn^{2+}$ 已不能把 $S^{2-}$ 撑开。所以 MnS 中负离子与负离子是接触的。按(14-13)式算得 $R_{S^{2+}} = 521\times\sqrt{2}/4 = 184$ pm。CaS、CaO、MnO 是正负离子接触的,利用(14-10)式,从已求的 $Rs^{2-}$ 和 CaS 的 $a_0$ 求得 $R_{Ca^{2+}} = (568/2) - 184 = 100$ pm;从 $R_{Ca^{2+}}$ 和 CaO 的 $a_0$ 求得 $R_{O^{2-}} = (480/2) - 100 = 140$ pm;从 $R_{O^{2-}}$ 和 MnO 的 $a_0$ 求得 $R_{Mn^{2+}} = (444/2) - 140 = 82$ pm。但是从 $R_{O^{2-}}$ 和 MgO 和 $a_0$ 不能求得 $R_{Mg^{2+}}$,因为尚无法确定在 MgO 中正负离子的接触情况。只能确定 $R_{Mg^{2+}} \leqslant (421/2) - 140 = 70$ pm。哥希密特等人用类似上述的方法推算得各种离子的半径。按照不同方法求得的离子半径的数值略有出入。

**2. 泡令晶体半径**

泡令认为离子的大小主要由外层电子的分布决定,对相同电子层的离子则与有效核电荷成反比。因此离子半径为

$$R_1 = \frac{C_n}{Z - \sigma} \tag{14-14}$$

(14-14)式中 $R_1$ 是单价离子半径,$C_n$ 是由外层电子的主量子数 $n$ 决定的常数,$Z$是原子序数,$\sigma$ 为屏蔽常数(§2-2),故 $Z-\sigma$ 是有效核电荷。例如:NaF 的离子间距

是 231 pm，$\sigma=4.52$，故 $Na^+$ 与 $F^-$ 的有效核电荷是 6.48 和 4.48。代入(14-14)式消去 $C_n$，得 $R_{Na^+}/R_{F^-}=4.48/6.48$，又 $R_{Na^+}+R_{F^-}=231$ pm，所以 $R_{Na^+}=95$ pm，$R_{F^-}=136$ pm，$C_n=95\times 6.48=616$pm。

用类似方法可以得到一系列单价半径 $R_1$，再用下式换算成多价晶体半径 $R_Z$：

$$R_Z = R_1 Z^{-2/(n-1)} \tag{14-15}$$

上式中 $n$ 为波恩指数。因为从(14-3)式可见，

$$\frac{1}{4\pi\varepsilon_0}\frac{Z_1 Z_2 e^2}{R_0^2} = \frac{nB}{R_0^{n+1}}$$

所以 $R_0^{n-1}$ 与 $Z_1Z_2$ 或 $Z^2$(当 $Z_1=Z_2$ 时)成反比，泡令假定 $R_Z^{n-1}$ 也与 $Z^2$ 成反比，这就是(14-15)式。泡令用(14-14)和(14-15)式计算得到的离子的晶体半径，称为泡令晶体半径。

### 3. 离子半径与配位数的关系

附录 7 列出了根据高分辨 X 射线衍射实验数据得到的离子半径。对于同一金属离子，配位数不同，半径也不同。若以配位数为 6(八面体构型)的离子半径为基准，配位数为其他值时的离子半径应乘以表 14-8 所示的系数(近似值)。例如 CsI 晶体属 CsCl 构型，配位数为 8。$Cs^+$ 与 $I^-$ 的泡令离子半径和为 385 pm，乘以 1.03 后为 397 pm，与实验测得 CsI 晶体的离子间距离 396 pm 基本一致。

**表 14-8　配位数与离子半径的关系**

| 配 位 数 | 12 | 8 | 6 | 4 |
|---|---|---|---|---|
| 离子半径系数 | 1.12 | 1.03 | 1.00(标准) | 0.94 |

### 4. 离子半径的规律性

离子半径有以下规律性：

(1) 周期表中同一周期的正离子的半径随价数增加而减小，例如 $Na^+ > Mg^{2+} > Al^{3+}$。

(2) 同族元素离子半径自上而下增加，例如 $Li^+ < Na^+ < K^+ < Rb^+ < Cs^+$；$F^- < Cl^- < Br^- < I^-$。

(3) 周期表中左上方和右下方的正离子对角线中，离子半径近似相等，例如 $Li^+$(60 pm)～$Mg^{2+}$(65 pm)；$Sc^{3+}$(81 pm)～$Zr^{4+}$(80 pm)；$Na^+$(95 pm)～$Ca^{2+}$(99 pm)。括弧内所引数据系泡令值，以下均同。

(4) 同一元素的正离子的电荷增加则半径减小，例如 $Fe^{2+}$(75 pm)$>$ $Fe^{3+}$(60 pm)。

(5) 负离子半径较大，约为 130～250 pm；正离子半径小，约为 10～170 pm。

(6) 镧系和锕系收缩：同价镧系或锕系元素的离子半径随原子序数 $Z$ 增加而减小。这是因为 $Z$ 每增加一个，$f$ 电子也增加一个，但 $f$ 电子对核的屏蔽常数 $\sigma$ 略小于 1(约为 0.98)，所以有效核电荷略有增加(约增加 $\Delta Z' = \Delta(Z-\sigma) = \Delta Z - \Delta\sigma = 1-0.98=0.02$)。有效核电荷增加则原子核对电子云的吸引力增加，所以离子半径减小。

### 5. 离子的堆积规则

在离子型晶体中只有当正负离子完全紧密接触时，晶体才是稳定的。在不同构型的离子晶体中，要使正负离子完全接触，则正负离子的半径比值 $R^+/R^-$ 必须满足一定的条件，如图 14-9 所示。由此可见，CsCl 构型的 $R^+/R^-$ 必须大于 0.732，如果小于此值，正负离子就不能完全接触，如要完全接触，只能采取 NaCl 构型。如 $R^+/R^-$ 小于 0.414，则只能采取配位数为 4 的 ZnS 构型，余类推。

| $R^+/R^-$ | 配位数 | 构型 | | |
|---|---|---|---|---|
| 0.155→0.255 | 3 | 三角形 |  |  |
| 0.255→0.414 | 4 | 四面体 | 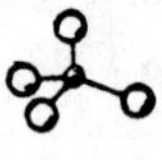 |  |
| 0.414→0.732 | 6 | 八面体 |  |  |
| 0.732→1.00 | 8 | 立方体 | 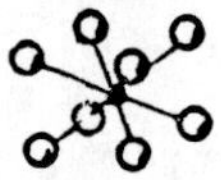 |  |
| 1.00 | 12 | 最密堆积 | 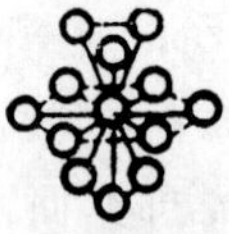 |  |

图 14-9 配位数和离子半径比的关系

## §14-4 离 子 极 化

### 1. 离子的极化率

在§11-1 中我们讨论了分子的极化，即分子在电场的影响下产生诱导偶极矩

$\overline{\mu}$，$\overline{\mu}$和有效电场强度 $F$ 成正比[(11-5)式]：

$$\overline{\mu} = \alpha F$$

$\alpha$ 称为极化率。同样，离子在电场的影响下也有极化作用。表 14-9 列出一些离子的极化率和离子半径。

**表 14-9　离子的极化率**

| 离子 | 极化率/$10^{-40}$ C·m²·V⁻¹ | 半径*/pm | 离子 | 极化率/$10^{-40}$ C·m²·V⁻¹ | 半径/pm | 离子 | 极化率/$10^{-40}$ C·m²·V⁻¹ | 半径/pm |
|---|---|---|---|---|---|---|---|---|
| $Li^+$ | 0.034 | 60 | $B^{3+}$ | 0.0033 | 20 | $F^-$ | 1.16 | 136 |
| $Na^+$ | 0.199 | 95 | $Al^{3+}$ | 0.058 | 50 | $Cl^-$ | 4.07 | 181 |
| $K^+$ | 0.923 | 133 | $Sc^{3+}$ | 0.318 | 81 | $Br^-$ | 5.31 | 195 |
| $Rb^+$ | 1.56 | 149 | $Y^{3+}$ | 0.61 | 93 | $I^-$ | 7.90 | 216 |
| $Cs^+$ | 2.69 | 169 | $La^{3+}$ | 1.16 | 104 | $O^{2-}$ | 4.32 | 140 |
| $Be^{2+}$ | 0.009 | 31 | $C^{4+}$ | 0.0014 | 15 | $S^{2-}$ | 11.3 | 184 |
| $Mg^{2+}$ | 0.105 | 65 | $Si^{4+}$ | 0.0184 | 41 | $Se^{2-}$ | 11.7 | 198 |
| $Ca^{2+}$ | 0.52 | 99 | $Ti^{4+}$ | 0.206 | 68 | $Te^{2-}$ | 15.6 | 221 |
| $Sr^{2+}$ | 0.96 | 113 | $Ce^{4+}$ | 0.81 | 101 | | | |
| $Ba^{2+}$ | 1.72 | 135 | | | | | | |

* 指泡令晶体半径。

由表 14-9 可见，(1)离子半径愈大，极化率也愈大。(2)负离子的极化率一般比正离子大。(3)正离子的价数愈高者极化率愈小。(4)负离子价数愈高者极化率愈大。在常见离子中 $S^{2-}$ 和 $I^-$ 是很易被极化的。(5)含有 $d^x$ 电子的正离子的极化率较大，且随 $x$ 增加而增加。例如含有 $d^{10}$ 电子的 $Ag^+$ 的极化率比半径相近的 $K^+$ 大。

## 2. 离子极化对晶体键型的影响

离子不但在外加电场作用下可以极化，而且在离子型晶体中，正负离子能互相极化。一个离子使另一离子极化的能力大致与$\frac{Z^2}{R}$成正比。由于正离子的极化率小，不易被极化，而负离子的半径大，极化正离子的能力又较小，所以离子键的极化主要是正离子使负离子极化。但对于含有 $d^{10}$ 电子的正离子来说，例如 $Ag^+$、$Zn^{2+}$、$Cd^{2+}$、$Hg^{2+}$等，比较容易被阴离子所极化，如果阴离子又是很易极化的 $I^-$、$S^{2-}$等，则正负离子相互极化，电子云产生较大的变形如图 14-10 右边所示，这时离子键就转变为共价键，而离子型晶体也就转变为共价型晶体了。离子极化后，正负离子就相互靠近，所以离子键由于高度极化转变为共价键后，键长将显著缩短。我们把实测晶体键长与离子半径之和比较，两者基本相等的是离子型晶体，显著缩短

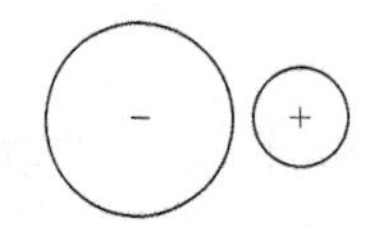

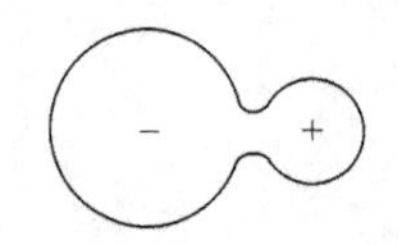

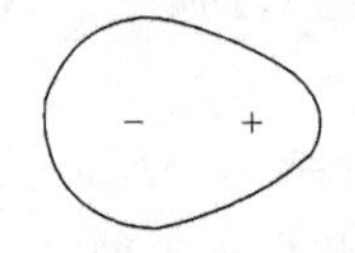


图 14-10　离子的极化

的是共价型晶体，缩短不很多的是过渡型晶体(表 14-10)。

**表 14-10　离子型与共价型晶体的判别**　　(键长单位：pm)

| 晶　体 | 实测键长 | 离子半径之和 | 键　型 | 晶　体 | 实测键长 | 离子半径之和 | 键　型 |
|---|---|---|---|---|---|---|---|
| NaF | 231 | 231 | 离子型 | AgF | 246 | 246 | 离子型 |
| MgO | 210 | 205 | 离子型 | AgCl | 277 | 294 | 过渡型 |
| AlN | 187 | 221 | 共价型 | AgBr | 288 | 309 | |
| SiC | 189 | 301 | 共价型 | AgI | 209 | 333 | 共价型 |

随着离子极化的加强，不但键长缩短，而且配位数也减小，这是因为共价键有饱和性之故。所以晶体构型不但决定于离子半径的比值 $R^+/R^-$，而且与极化程度也有关系。例如 AgF、AgCl、AgBr 均为配位数等于 6 的 NaCl 构型，而共价型的 AgI 则属于配位数等于 4 的 ZnS 构型。如果只从 $R^+/R^-$ 的比值(=0.58)来考虑，AgI 本来可以属于 NaCl 构型的。又如有 $d^{10}$ 电子的 $Cu^+$ 的四种卤化物：CuF($R^+/R^-=0.72$)，CuCl($R^+/R^-=0.53$)，CuBr($R^+/R^-=0.49$)，CuI($R^+/R^-=0.44$)，按半径比说，都应归于 NaCl 型，实际上都是立方 ZnS 型。

哥希密特指出，晶体的构型决定于下列三个因素：(1)晶体的化学组成如 AB 型，$AB_2$ 型，$A_mB_n$ 型，$ABO_3$ 型等。(2)离子半径比 $R^+/R^-$，或推广来说，结构单元的大小。(3)离子的极化程度，或推广来说，结构单元之间结合的键型。这一结论叫做哥希密特结晶化学定律。

### 3. 离子极化和无机化合物的溶解度

凡是以离子键结合的无机化合物一般是可溶于水的，因为水的介电常数很大(约等于 80)，正负离子间的吸引力在水中可以减小 80 倍，很容易受热运动的作用而互相分离，这就是离子型晶体溶解于水的过程。但如离子间有极化作用，则离子键就逐渐向共价键过渡，而共价型的无机晶体在水中是不溶解的，因为介电常数不会使共价键的结合力减弱。所以决定无机化合物的溶解度的重要因素之一是离子极化作用。

按照电子层结构类型的不同，离子可以分为三种类型：(1)第一类型是最外能级组充满或具有惰性气体原子的结构的离子，如 $Li^+$、$Na^+$、$Mg^{2+}$、$Al^{3+}$、$Sc^{3+}$、

$Si^{4+}$、$F^-$、$Cl^-$、$O^{2-}$，$S^{2-}$ 等。(2)第二类型是含有 $f^x$ 或锕系及镧系元素离子。(3)第三类型是含有 $d^x$ 或过渡金属离子。

第一和第二类型的正离子结构比较稳定，很不容易被阴离子所极化，所以这两类离子的硫化物可溶于水或稀酸中。对于这两类离子来说，主要作用是正离子使负离子极化。正离子使负离子极化的能力大致和 $Z^2/R$ 成正比。所以 $Z^2/R$ 的大小可以作为极化程度或溶解度大小的度量，因而也可以作为定性分析分组的根据。

定性分析第Ⅰ组即 $Z^2/R<0.02$ 的离子（$R$ 以 pm 为单位）（表 14-11），这类金属离子的极大部分盐类如硫化物，氢氧化物，碳酸盐，氯化物等都是可溶于水的。

**表 14-11　第Ⅰ组 $Z^2/R<0.02$**

| 离　子 | $Li^+$ | $Na^+$ | $K^+$ | $NH_4^+$ | $Rb^+$ | $Cs^+$ | $Fr^+$ |
|---|---|---|---|---|---|---|---|
| $R$/pm | 60 | 95 | 133 | 148 | 149 | 169 | 178 |
| $\frac{Z^2}{R}\times10^2$ | 1.67 | 1.05 | 0.75 | 0.68 | 0.67 | 0.59 | 0.56 |

只有很大的阴离子才可使之沉淀，这是因为特别大的阴离子很容易被极化，虽然阳离子的极化能力很小也可发生沉淀。例如 $BiI_4^-$，$SbI_4^-$，$MnO_4^-$，$SnCl_6^{2-}$ 可使 $Rb^+$，$Cs^+$，$Fr^+$ 沉淀；$PtCl_6^{2-}$，$Co(NO_2)_6^{3-}$，$HC_4H_4O_6^-$，$Bi(S_2O_3)_3^{3-}$ 可使 $K^+$，$NH_4^+$，$Rb^+$，$Cs^+$，$Fr^+$ 沉淀。

定性分析第Ⅱ组即 $0.07>\frac{Z^2}{R}>0.02$（表 14-12），这类金属离子的硫化物和氯化物溶于水，氢氧化物微溶于水，碳酸盐不溶于水。这一组金属离子可用 $(NH_4)_2CO_3$ 作为试剂，把它们沉淀下来。

**表 14-12　第Ⅱ组 $0.07>Z^2/R>0.02$**

| 离　子 | $Mg^{2+}$ | $Ca^{2+}$ | $Sr^{2+}$ | $Ba^{2+}$ | $Ra^{2+}$ |
|---|---|---|---|---|---|
| $R$/pm | 65 | 99 | 113 | 135 | 152 |
| $\frac{Z^2}{R}\times10^2$ | 6.2 | 4.04 | 3.54 | 2.96 | 2.63 |

定性分析第ⅢA 组即 $\frac{Z^2}{R}>0.07$（表 14-13），这类金属离子的氯化物溶于水，硫化物和氢氧化物不溶于水，但溶于稀酸。在系统定性分析的条件下，它们是作为氢氧化物沉淀下来的。

上面讲了第一类型和第二类型的离子，现在讨论第三类型的离子。这类离子的特征是最外能级组含有 $d$ 电子，含有 $d$ 电子的正离子容易被极化，如果负离子也是容易被极化的话（例如 $S^{2-}$），那么两种极化作用互相影响，极化效应大大加强，所以第三类离子的硫化物都是不溶于水的，它们构成定性分析的第ⅢB 组，第

Ⅳ组和第Ⅴ组。一般说来，正离子所含的 $d$ 电子愈多，则硫化物的溶解度愈小(表 14-14)。具有 $d^{10}s^2p^0$ 或 $d^{10}s^0p^0$ 结构的离子，电子层数愈多者(即原子序数大的)愈易被极化，所以它的硫化物的溶解度就愈小(表 14-15，表 14-16)。

**表 14-13 第ⅢA 组 $\frac{Z^2}{R}>0.07$**

| 离子 | $Be^{2+}$ | $Al^{3+}$ | $Sc^{3+}$ | $Y^{3+}$ | $La^{3+}$ | 三价镧系金属离子 | 三个锕系金属离子 |
|---|---|---|---|---|---|---|---|
| $R$/pm | 31 | 50 | 81 | 93 | 115 | 113—95 | 118—92 |
| $\frac{Z^2}{R}\times10^2$ | 12.9 | 18.0 | 11.1 | 9.7 | 7.8 | 8.0—9.5 | 7.6—9.8 |
| 离子 | $Ti^{4+}$ | $Zr^{4+}$ | $Hf^{4+}$ | $Ce^{4+}$ | $Th^{4+}$ | $Nb^{5+}$ | $Ta^{5+}$ |
| $R$/pm | 68 | 80 | 81 | 101 | 95 | (70) | (70) |
| $\frac{Z^2}{R}\times10^2$ | 23.6 | 20.0 | 19.7 | 15.9 | 16.8 | (35.7) | (35.7) |

**表 14-14 具有 $d^x$ 结构的阳离子的硫化物的溶解度**

| 离子 | $Mn^{2+}$ | $Fe^{2+}$ | $Co^{2+}$ | $Ni^{2+}$ | $Cu^{2+}$ |
|---|---|---|---|---|---|
| 结构 | $d^5$ | $d^6$ | $d^7$ | $d^8$ | $d^9$ |
| 溶解度/$mol\cdot dm^{-3}$ | $3\times10^{-8}$ | $3\times10^{-10}$ | $8\times10^{-12}$ | $6\times10^{-11}$ | $2\times10^{-19}$ |

**表 14-15 具有 $d^{10}s^2p^0$ 结构的阳离子的硫化物的溶解度**

| 族别 | VB | | | ⅣB | |
|---|---|---|---|---|---|
| 离子 | $As^{3+}$ | $Sb^{3+}$ | $Bi^{3+}$ | $Sn^{2+}$ | $Pb^{2+}$ |
| 所属周期 | 第四周期 | 第五周期 | 第六周期 | 第五周期 | 第六周期 |
| 溶解度/$mol\cdot dm^{-3}$ | $6\times10^{-7}$ | $8\times10^{-13}$ | $2\times10^{-15}$ | $9\times10^{-15}$ | $3\times10^{-15}$ |

**表 14-16 具有 $d^{10}s^0p^0$ 结构的阳离子的硫化物的溶解度**

| 族别 | ⅡA | | | ⅠA | |
|---|---|---|---|---|---|
| 离子 | $Zn^{2+}$ | $Cd^{2+}$ | $Hg^{2+}$ | $Cu^{+}$ | $Ag^{+}$ |
| 所属周期 | 第四周期 | 第五周期 | 第六周期 | 第四周期 | 第五周期 |
| 溶解度/$mol\cdot dm^{-3}$ | $3\times10^{-13}$ | $3\times10^{-14}$ | $6\times10^{-27}$ | $2\times10^{-17}$ | $6\times10^{-18}$ |

离子极化和无机物的颜色、熔点、沸点、生成热等物理化学性质都有密切的关系，因限于篇幅，不一一介绍了。

# §14－5　二元化合物的晶体结构

## 1. AB 型二元化合物

(1) AB 离子型晶体：决定 AB 型二元化合物的晶体构型有两个主要因素，即极化作用和半径比。碱金属和碱土金属离子属惰性气体原子的类型，且价数 $Z$ 不大，所以它们的化合物极大部分属于离子型晶体。这类 AB 离子型晶体 CsCl，NaCl，立方或六方 ZnS 四种构型。表 14-17 列出不同构型的离子晶体的半径比。这些比值极大部分符合图 14-9 所示的范围，但也有一些例外，因为决定构型的因素除半径比以外，还有其他因素，如范德华引力等。

**表 14-17　AB 型离子化合物的构型与半径比的关系**

| CsCl 型 $R^+/R^-$ 1—0.732 | | NaCl 型 $R^+/R^-$ 0.732—0.414 | | | | | | | | ZnS 型 $R^+/R^-$ 0.414—0.225 | |
|---|---|---|---|---|---|---|---|---|---|---|---|
| CsCl | 0.91 | KF | 1.00 | RbBr | 0.76 | SrSe | 0.66 | NaBr | 0.50 | MgTe | 0.37 |
| CsBr | 0.84 | SrO | 0.96 | BaSe | 0.75 | CaS | 0.61 | CaTe | 0.50 | BeO | 0.26 |
| CsI | 0.75 | BaO | 1/0.94 | NaF | 0.74 | KI | 0.60 | MgS | 0.49 | BeS | 0.20 |
| | | RbF | 0.89 | KCl | 0.73 | SrTe | 0.60 | NaI | 0.44 | BeSe | 0.18 |
| | | RbCl | 0.82 | SrS | 0.73 | MgO | 0.59 | LiCl | 0.43 | BeTe | 0.17 |
| | | BaS | 0.82 | RbI | 0.68 | LiF | 0.59 | MgSe | 0.41 | | |
| | | CuO | 0.80 | KBr | 0.68 | CaSe | 0.56 | LiBr | 0.40 | | |
| | | CsF | 1/0.80 | BaTe | 0.68 | NaCl | 0.54 | LiF | 0.35 | | |

(2) AB 共价型晶体：三价和四价正离子因极化能力 $Z^2/R$ 大，一价和二价的 $Cu^+$、$Ag^+$、$Zn^{2+}$、$Cd^{2+}$、$Hg^{2+}$ 因含有 $d^{10}$ 电子，易被极化，所以它们的 AB 型化合物大部分属于共价型晶体。AB 型共价型晶体的构型主要是立方和六方 ZnS 型。属于 ZnS 型的共价晶体的例子有：AlN，AlP，AlAs，AlSb；GaN，GaP，GaAs，GaSb；InN，InSb；C（金刚石），Si，Ge，Sn；SiC；CuF，CuCl，CuBr，CuI；AgI；ZnO，ZnS，ZnSe，ZnTe；CdO，CdS，CdSe，CdTe；HgS，HgSe，HgTe 等。

图 14-11 是 C(金刚石)的结构，其中每一个 C 原子与其余 4 个 C 原子以共价键相结合。单质硅、锗和 $\alpha$-锡的结构与金刚石类似。但共价键的性质逐渐减弱，金属键的性质逐渐增加。这种具有过渡键型的物质 Si、Ge 和 $\alpha$-Sn 可以作为半导体。$\alpha$ 锡也叫灰锡，通常是灰色的粉末，在 13.2℃以下能稳定存在，在此温度之上可转变为 $\beta$-锡或白锡，白锡具有金属性质，可以制成锡的器皿。锡器遇到很冷的天气

(远低于 13.2℃),就会变成灰锡,而变化一旦开始,则只要温度在 13.3℃以下,就能继续进行,直到器皿碎裂成为灰粉。这种转变由于灰锡的存在而加速,好像带有“传染性”。所以有人把这种现象叫做“锡的瘟疫”。

(3) NiAs 型:AB 型二元化合物的另一种类型是 NiAs 型(图 14-12),这一类型晶体的结合力本质已逐渐向金属键过渡。

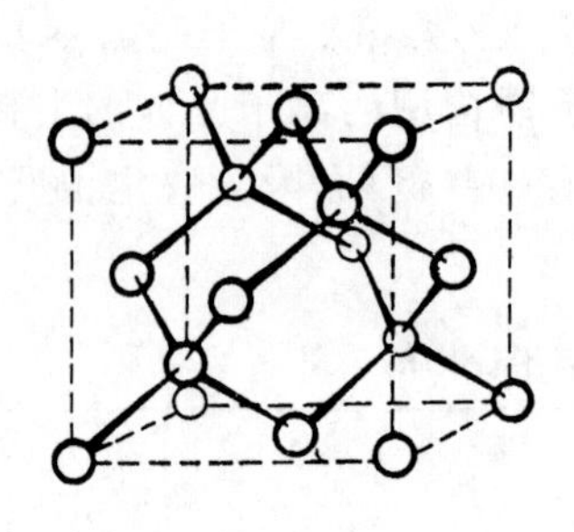

图 14-11 C(金刚石)的结构
(Si,Ge,α-Sn 与此相同)

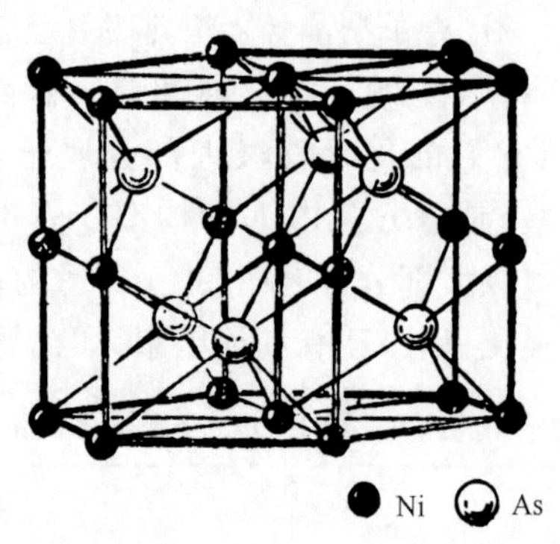


图 14-12 NiAs 型结构的六方晶胞

## 2. $AB_2$ 型二元化合物

(1) $AB_2$ 离子型晶体:$AB_2$ 型离子化合物主要是氟化物与氧化物,根据离子半径比的不同,分别属于 $CaF_2$ 型和金红石型(表 14-18)。

**表 14-18 $AB_2$ 型离子化合物的构型与半径比的关系**

| $CaF_2$ 型* $R^+/R^- > 0.732$ | | | | | | 金红石型 $R^+/R^- = 0.732-0.414$ | | | | | | | |
|---|---|---|---|---|---|---|---|---|---|---|---|---|---|
| $BaF_2$ | 1.05 | $CaF_2$ | 0.80 | $ZrF_2$ | 0.67 | $TeO_2$ | 0.67 | $ZnF_2$ | 0.62 | $MoO_2$ | 0.52 | $TiO_2$ | 0.48 |
| $PbF_2$ | 0.99 | $UO_2$ | 0.79 | $HfF_2$ | 0.67 | $MnF_2$ | 0.66 | $NiF_2$ | 0.59 | $WO_2$ | 0.52 | $VO_2$ | 0.46 |
| $SrF_2$ | 0.95 | $CeO_2$ | 0.77 | | | $PbO_2$ | 0.64 | $MgF_2$ | 0.58 | $OsO_2$ | 0.51 | $MnO_2$ | 0.39 |
| $HgF_2$ | 0.48 | $PrO_2$ | 0.76 | | | $FeF_2$ | 0.62 | $SnO_2$ | 0.56 | $IrO_2$ | 0.50 | $GeO_2$ | 0.36 |
| $ThO_2$ | 0.84 | $CdF_2$ | 0.74 | | | $CoF_2$ | 0.62 | $NbO_2$ | 0.52 | $RuO_2$ | 0.49 | | |

* $Li_2O$,$Na_2O$,$Li_2S$,$Na_2S$,$K_2S$,$Li_2Se$,$Na_2Se$,$K_2Se$,$Li_2Te$,$Na_2Te$,$K_2Te$ 等 $A_2B$ 型化合物为反 $CaF_2$ 型化合物。

(2) $AB_2$ 共价型晶体:$AB_2$ 共价型晶体有立方 $SiO_2$ 型(图 14-13)。配位比是 4∶2。它的结构很像立方 ZnS 型(图 14-3),只要把 ZnS 中 Zn 和 S 都换成 Si,在 Si 和 Si 连线的中心附近放上 O 原子,即得立方 $SiO_2$ 结构,$GeO_2$ 等属于立方 $SiO_2$ 型。

(3) $AB_2$ 混合键型晶体:有 $CdI_2$ 和 $CdCl_2$ 两种构型。$CdI_2$ 的晶体结构如

图 14-14所示，属六方晶系，配位比为 6∶3，是层状结构，正负离子都按等径球紧密堆积排列成层。$CdCl_2$ 晶体的结构与 $CdI_2$ 相似，但层的排列略有不同，属三方晶系。如以 $ABC$ 代表负离子的密堆积层的状态（见图 13-11），$abc$ 代表正离子的密堆积层的状态，则 $CdI_2$ 的排列方式为 $AcB, AcB, \cdots$，而 CdCl 晶体的排列方式则为 $AcB, CbA, BaC, \cdots$。正离子层处于负离子层之间，两者以离子键结合，但极化作用较强，尤其在 $CdI_2$ 中比在 $CdCl_2$ 中更多共价性的成分。负离子层与负离子层之间的距离较大，它们是以范德华引力相结合的。这种在同一晶体中含有两种或两种以上键型的晶体叫做混合键型的晶体[①]。

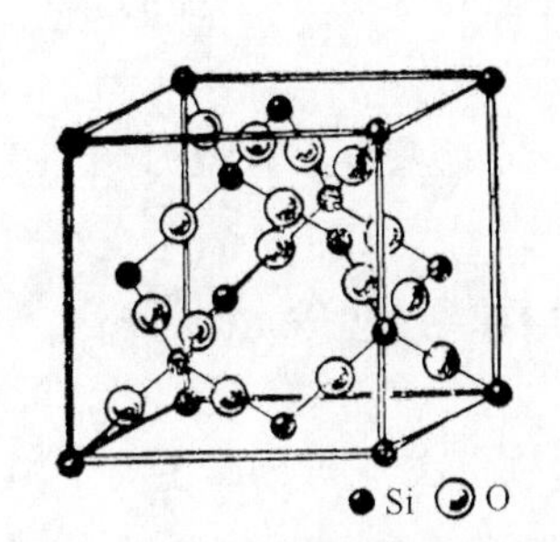


图 14-13　立方 $SiO_2$ 型结构

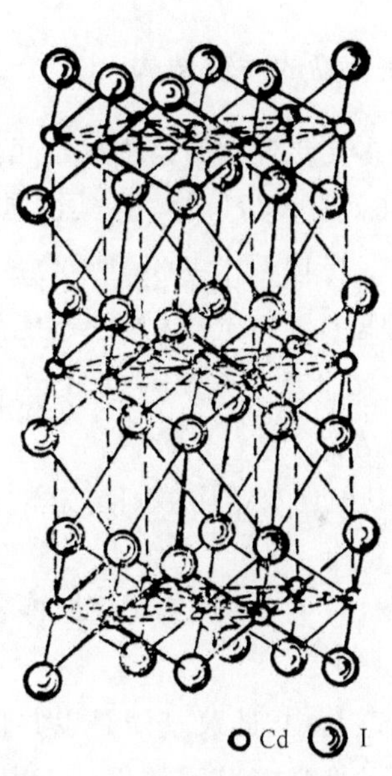


图 14-14　$CdI_2$ 的层状结构

属于 $CdCl_2$ 构型的晶体有 $MgCl_2$，$ZnCl_2$，$CdCl_2$，$CdBr_2$，$FeCl_2$，$CoCl_2$，$NiCl_2$，$NiBr_2$，$NiI_2$。属于 $CdI_2$ 构型的晶体有 $CaI_2$，$Ca(OH)_2$，$MgBr_2$，$MgI_2$，$Mg(OH)^2$，$CdI_2$；$MnF_2$，$Mn(OH)_2$，$FeBr_2$，$FeI_2$，$Fe(OH)_2$，$CoBr_2$，$CoI_2$，$Co(OH)_2$，$Ni(OH)_2$。

(4) $AB_2$ 分子型晶体：例如 $CO_2$ 见 § 15－3。

(5) 还有一些 $AB_2$ 型晶体，其中 $B_2$ 是一结构单元，例如 $C_2^{2-}$、$O_2^{2-}$、$O_2^-$、$S_2^{2-}$ 等。图 14-15 示出与 NaCl 相似的 $CaC_2$ 晶体，它是离子型晶体，但在结构单元 $[:C\equiv C:]^{2-}$ 中是以共价键结合起来的。

---

① 在结构单元内的键不作为一种键型。例如 NaCN 晶体的键型是离子性的，而不作为混合型的，虽然在结构单元$(C\equiv N)^-$中是以共键结合起来的。

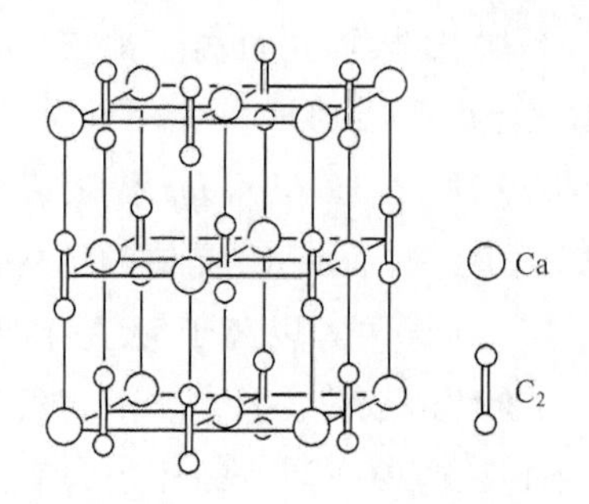


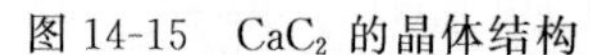
图 14-15　$CaC_2$ 的晶体结构

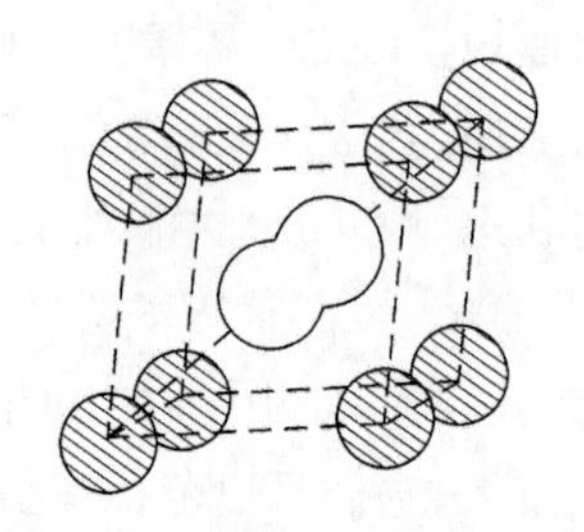
图 14-16　CsCN 结构

**3. 二元化合物的演变结构**

有些多元化合物的结构与二元化合物很相似,可认为是二元化合物的演变结构。

(1) CsCl 型：CsCN 是 CsCl 型的演变结构,如图 14-16。键型是离子性的,基团$[:C\equiv N:]^-$内部由共价键结合。在室温时$(C\equiv N)^-$能自由旋转,晶体属立方晶系。在较低温度时,$(C\equiv N)^{\cdot}$不能旋转,晶体属三方晶系。

(2) NaCl 型：方解石($CaCO_3$)结构属 NaCl 型,键型是离子性的,$CO_3^{2-}$ 内部以共价键结合。

(3) 其他还有结构可归结为立方 ZnS 型、六方 ZnS 型、金红石型的,不一一枚举。

## §14-6　硅酸盐晶体的结构与泡令规则

在硅酸盐中,硅氧基团是以共价结合的,而硅氧负离子与金属正离子则是以离子键结合的。硅氧基团如果是有限的结构单元,那么硅酸盐晶体是离子型的。硅氧基团如果是无限的链状或层状结构,那么硅酸盐晶体就是混合键型的。硅氧基团如果发展为立体结构,那么所得晶体就是共价型的 $SiO_2$(图 14-13)。硅氧基团中的硅有时能被 Al 取代(价数相应改变)。

**1. 含有有限硅氧基团的硅酸盐晶体**

正硅酸根 $SiO_4^{4-}$ 基团是正四面体结构,Si 用 $sp^3$ 杂化轨道,和 O 生成 4 个 Si→O $\sigma$ 配键,但氧上面的孤对 $p$ 电子还要与 Si 上面的空的 $d$ 轨道形成 $p\rightarrow d$ $\pi$ 配键(见§5-1),所以 Si→O 键有多重键的性质,表现在键长(161 pm)比共价单键半径之和(183 pm)为短。

在 $Si_2O_7^{6-}$ 中有一个氧与两个 Si 以 $\sigma$ 键相连 Si—O—Si,其余 6 个氧形成与上述相同的 Si→O 键。几何构型是共有一个顶点的两个正四面体。其余有限硅氧基团的成键情况见图 14-17(a)，几何构型见图 14-7(b)。

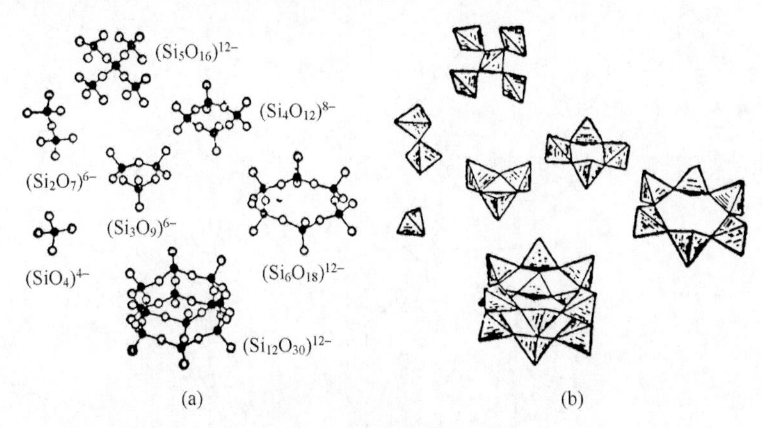


图 14-17　有限硅氧基团

(a) Si—O 键合情况；(b) 几何构型(硅氧四面体顶点的结合)

包含有限硅氧基团的硅酸盐晶体就是以图 14-17(b)所示的硅氧负离子与金属正离子按适当的几何位置以离子键结合而成的。例如图 14-18 示出镁橄榄石($Mg_2SiO_4$)的结构。又如图 14-19 示出绿柱石($Be_3Al_2Si_6O_{18}$)的结构。它是由$(Si_6O_{18})^{12-}$硅氧基团和 $Be^{2+}$ 及 $Al^{3+}$ 离子结合而成的。

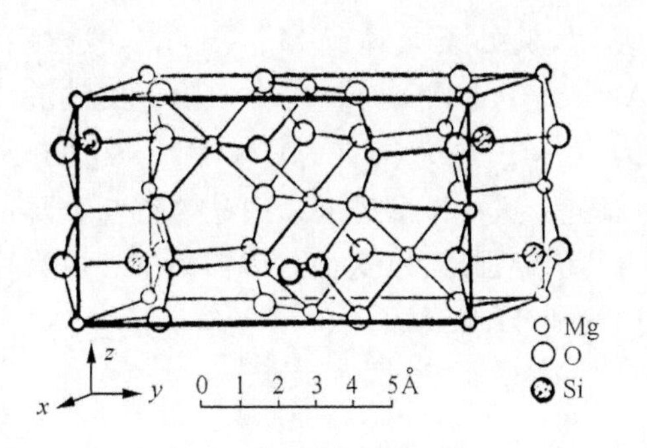


图 14-18　镁橄榄石 $Mg_2SiO_4$

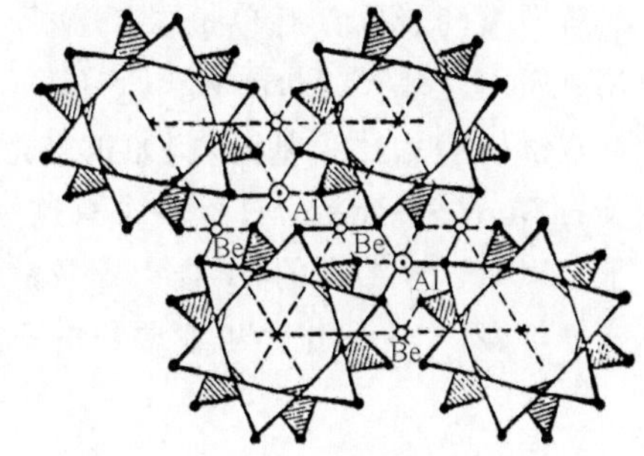


图 14-19　绿柱石 $Be_3Al_2Si_6O_{18}$($Si_6O_{18}^{12-}$ 与 $Be^{2+}$ 及 $Al^{3+}$ 结合而成)

**2. 链型硅酸盐**

链型硅酸盐就是含有链状硅氧基团的硅酸盐。链状硅氧基团有单链和双链两种：

单链$(SiO_3)_n^{2n-}$

双链$(Si_4O_{11})_n^{6n-}$虚线间表示一个$Si_4O_{11}^{6-}$

它们的几何构型的平面投影如图 14-20，图中 · 是 Si，○是 O，⊙表示 Si 的上面有 O，表示 $SiO_4$ 四面体，而不是平面结构。

辉石类硅酸盐含有单链$(SiO_3)_n^{2n-}$ 基团，例如顽火辉石 $Mg_2(SiO_3)_2$、透辉石 $CaMg(SiO_3)_2$、普通辉石(Mg,Fe,Ca)(Al,Fe)[(Si,Al)$O_3$]$_2$ 等。角闪石类硅酸盐含有双链$(Si_4O_{11})_n^{6n-}$ 基团，例如正交角闪石$(Mg,Fe)_7(Si_4O_{11})_2(OH)_2$，又如纤维蛇纹石 $Mg_6(Si_4O_{11})(OH)_6$ 也含有这一双链。这种链型硅酸盐中硅氧链与金属正离子是以离子键结合的，结合力不及链内共价键强，所以这类晶体容易劈裂成为柱体或纤维，例如一般作为工业原料的石棉就是纤维蛇纹石。

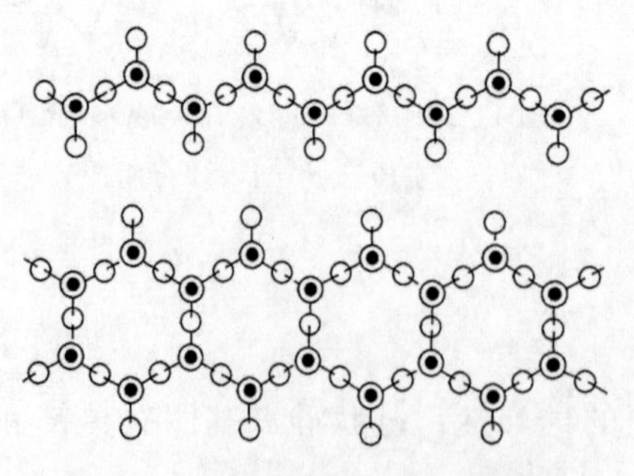
图 14-20 硅氧基团的单链和双链

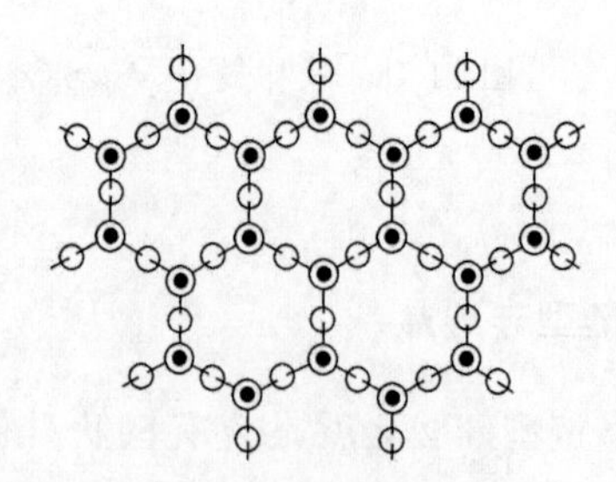
图 14-21 层型硅氧基团

### 3. 层型硅酸盐

层型硅酸盐就是含有层状硅氧基团的硅酸盐。层状硅氧基团的化学式是$(Si_2O_5)_n^{2n-}$，几何结构的平面投影图如图 14-21。云母类和高岭土类硅酸盐都含有$(Si_2O_5)_n^{2n-}$ 层，例如白云母 $KAl_2(AlSi_3O_{10})(OH)_2$、高岭土 $Al_2(Si_2O_5)(OH)_4$ 等。图 14-22 示出白云母的模型照片和投影图。

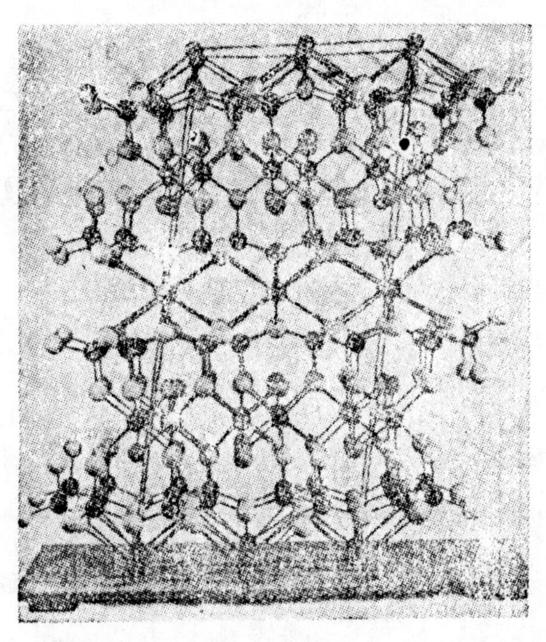

(a) 沿$a$轴观察模型

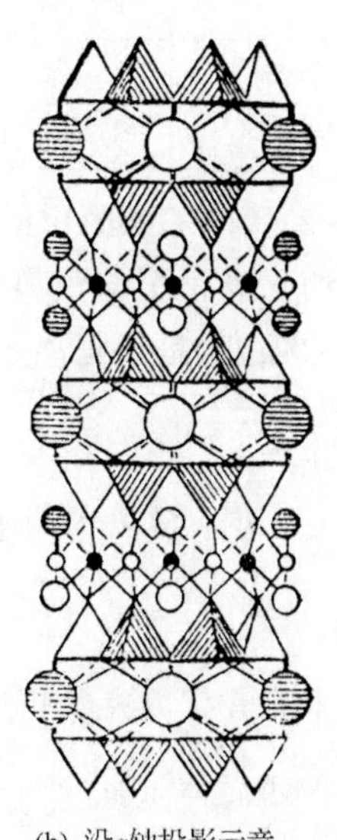

(b) 沿$a$轴投影示意

| | |
|---|---|
| K在0 | Al或Mg在1/2 |
| K在1/2 | Al或Mg在0 |
| (OH)在1/2 | Si在1/2 |
| (OH)在0 | Si在0 |

图 14-22　白云母 $KAl_2(OH)_2(Si_3Al)O_{10}$

### 4. 泡令规则

1928 年泡令在总结大量实验数据和分析由点阵能反映的原理的基础上，归纳和推引出关于离子化合物结构的五个规则，这些规则在结晶化学中具有重要的指导作用，人们称这些规则为泡令规则。兹将这五条规则简述如下：

(1)“在正离子的周围形成一负离子配位多面体，正离子-负离子距离取决于半径之和，而配位数取决于半径比”。这一关于配位多面体的性质的概括称为第一泡令规则。关于这一规则我们在 § 14 - 3 中已讨论过了。

在无机化合物中，氧化物和含氧酸盐最为常见，这些化合物中负离子是 $O^{2-}$。各种正离子的氧配位数列于表 14-19。

**表 14-19　正离子的氧离子配位数**

| 氧离子配位数 | 正离子 |
|---|---|
| 3 | $B^{3+}$,$C^{4+}$,$N^{5+}$ |
| 4 | $Be^{2+}$,$B^{3+}$,$Al^{3+}$,$Si^{4+}$,$P^{5+}$,$S^{6+}$,$Cl^{7+}$,$V^{5+}$,$Cr^{6+}$,$Mn^{7+}$,$Zn^{2+}$,$Ga^{3+}$,$Ge^{4+}$,$As^{5+}$,$Se^{6+}$ |
| 6 | $Li^{+}$,$Mg^{2+}$,$Al^{3+}$,$Sc^{6+}$,$Ti^{4+}$,$Cr^{3+}$,$Mn^{2+}$,$Fe^{2+}$,$Fe^{3+}$,$Co^{2+}$,$Ni^{2+}$,$Cu^{2+}$,$Zn^{2+}$,$Ga^{3+}$,$Nb^{5+}$,$Ta^{5+}$,$Sn^{4+}$ |
| 6—8 | $Na^{+}$,$Ca^{2+}$,$Sr^{2+}$,$Y^{3+}$,$Zr^{4+}$,$Cd^{2+}$,$Ba^{2+}$,$Ce^{4+}$,$Sm^{3+}-Lu^{3+}$,$Hf^{4+}$,$Th^{4+}$,$U^{4+}$ |
| 8—12 | $Na^{+}$,$K^{+}$,$Ca^{2+}$,$Rb^{+}$,$Sr^{2+}$,$Cs^{+}$,$Ba^{2+}$,$La^{3+}$,$Ce^{3+}-Sm^{3+}$,$Pb^{2+}$ |

(2)“在一个稳定的离子化合物结构中,每一负离子的电价等于或近乎等于从邻近的正离子至该负离子的各静电键的强度的总和”。所谓正离子至负离子的静电键的强度,是指正离子的电荷数 $w_+$ 与其配位数 $n_+$ 之比,以 $S$ 表示,

$$S=\frac{w_+}{n_+}$$

如以 $w_-$ 表示负离子的电荷数,按这一规则,

$$w_-=\sum_i S_i=\sum_i\frac{(w_+)_i}{(n_+)_i}$$

上式中 $i$ 指与负离子相连的第 $i$ 个键。以 $Si_2O_7^{6-}$ 为例,其构型为共有一个顶点的两个正四面体,每个 Si—O 键的静电键强度为 $S=\frac{4}{4}=1$,公共顶点处的氧原子的 $\sum_i S_i=2$,与其电价 $w_-=2$ 相等。焦硫酸根 $S_2O_7^{2-}$ 具有类似结构,每个 S—O 键的 $S=\frac{6}{4}=1.5$,公共顶点处的氧原子的 $\sum_i S_i=3$,比其电价 $w_-=2$ 大很多,由此可见 $Si_2O_7^{6-}$ 稳定,而 $S_2O_7^{2-}$ 不稳定。

以上规则称为第二泡令规则,一般称作电价规则。

(3)“在一个配位结构中,公用的棱,特别是公用的面的存在会降低这个结构的稳定性。就高电价与低配位的正离子来说,这个效应特别巨大”。这一规则的实质就在于,随着相邻两个配位多面体从公用一个顶点到公用一个棱(两个顶点),再到公用一个面(三个顶点),正离子间的距离逐渐减小,库仑斥力迅速增大,这样就导致结构不稳定。以配位四面体为例,两个四面体公用 1、2、3 个顶点时正离子距离的比为 1∶0.58∶0.33,对于八面配位体则为 1∶0.71∶0.58。在实测的结构中,公用面的八面配位体极少,公用面的四面配位体尚未发现,足见这类结构是很不稳定的。此称第三泡令规则。

(4)“在含有一种以上的正离子的晶体中,电价大、配位数低的那些正离子间倾向于不公用相互的配位多面体的几何元素”。这一规则是第三泡令规则的推论。

(5)“晶体中实质不同的组分的种数一般趋向于最小限度”。换言之，结构中一切化学上相同的负离子应具有化学上相仿的化学环境，这样即便按电价规则允许在负离子周围有若干种安排正离子的方式，但按第五泡令规则，其中可以实现的只有一种，而且这一种往往会适合于结构中其他相同的负离子。

应用泡令规则于硅酸盐的结构就会发现，初一看起来似乎是杂乱无章的硅酸盐类在结构上是很有规律的。这些规律是：(1)每一个硅原子的配位数为 4，存在于 $SiO_4$ 四面体中，其中 Si—O 键长为 160 pm，O 原子之间的距离为 260 pm。(2) 根据电价规则，$SiO_4$ 的每一个顶点，即 $O^{2-}$ 至多只能公用于两个这样的四面体之间。(3) 按第三泡令规则，两个像 $SiO_4$ 这样的四面体在结合时只能公用一个顶点。这样，无论是有限硅氧基团 $SiO_4^{4-}$、$Si_2O_7^{6-}$、$Si_3O_9^{6-}$、$Si_4O_{12}^{8-}$、$Si_6O_{18}^{12-}$、$Si_{12}O_{30}^{12-}$ 还是链型和层型硅酸盐，它们的结构间的内在联系就很清晰了。

## 参 考 书 目


1. 唐有祺，《结晶化学》，人民教育出版社，1957.
2. 周公度，《无机结构化学》，科学出版社，1982.
3. R. C. Evans 著，胡玉才、戴寰、新民译，《结晶化学导论》，人民教育出版社，1981.
4. A. F. Wells, *Structural lnorganic Chemistry*, 5th ed. , Oxford, 1984.
5. L. Pauling 著，卢嘉锡等译，《化学键的本性》，科学出版社，1962.
6. R. W. G. Wyckoff, *Crystal Structure*, 2nd ed. , Vol. I, 1963; Vol. Ⅱ, 1964, Wiley.
7. H. G. F. 温克勒编，邵克忠译，《晶体结构和晶体性质》，科学出版社，1960.


## 问题与习题

1. 由下列数据计算 KCl 的晶格能：

$$\Delta H_{生成} = -435.9\ \text{kJ/mol}$$
$$\Delta H_{升华}(金属\ K) = 89\ \text{kJ/mol}$$
$$\Delta H_{分解}(Cl—Cl) = 242\ \text{kJ/mol}$$
$$I(K) = 418.9\ \text{kJ/mol}$$
$$Y(Cl) = 348.6\ \text{kJ/mol}$$

2. 由下列数据计算氧原子接受两个电子变成 $O^{2-}$ 离子的电子亲和能 $Y$：

| | |
|---|---|
| MgO 的标准生成热 | $\Delta H_{生成} = -601.7$ kJ/mol |
| MgO 的晶格能 | $U = 3824$ kJ/mol |
| Mg(气) 的电离能 | $I_1 = 737.4$ kJ/mol, $I_2 = 1451$ kJ/mol |
| $O_2$(气) 的离解能 | $\Delta H_{分解} = 497$ kJ/mol |
| Mg 的升华热 | $\Delta H_{升华} = 146.4$ kJ/mol |

3. 对于一维 1-1 价离子晶体推导出马德隆常数的计算公式并求出其值。

4. 根据泡令单价离子半径公式

$$R_1 = \frac{C_n}{Z - \sigma}$$

计算 $K^+$、$Cl^-$、$Rb^+$，$Br^-$ 的离子半径，已知 KCl 的原子间距为 314 pm，RbBr 为 343 pm，惰性气体原子实对外层电子的屏蔽常数为

| 型 | He | Ne | Ar | Kr | Xe |
|---|---|---|---|---|---|
| $\sigma$ | 0.188 | 4.52 | 10.87 | 26.83 | 41.80 |

5. 由离子半径数据推测下列晶体的结构型式和正离子配位数：(1)CsBr；(2)BeS；(3)NaBr。
6. 从金属离子的极化角度考虑，HSAB 理论中的硬酸(即 a 类)金属离子与软酸(即 b 类)金属离子各有何特点？
7. 讨论 AgCl—AgBr—AgI 系列及 ZnS—CdS—HgS 系列颜色递变的规律。
8. 讨论离子极化与金属氢氧化物的碱性的关系。
9. 讨论以下水合阳离子的酸性：

| 水合离子中的 M | $pK_1$ | $pK_2$ | $pK_3$ |
|---|---|---|---|
| $Ca^{2+}$ | 12.6 | 22.8 | — |
| $Al^{3+}$ | 4.9 | 9.3 | 15.0 |
| $Fe^{3+}$ | 2.2 | 3.3 | $>12$ |
| $Tl^{3+}$ | 0.6 | 1.5 | 3.3 |

10. KI 晶体的空间利用率是多少？
11. 试述某些化合物(如 $CdI_2$、$CdCl_2$ 等)生成层状结构的晶体的原因。
12. 证明在二元离子晶体中，正负离子的配位数之比等于其电价之比，即

$$\frac{n_+}{n_-}=\frac{w_+}{w_-}$$

13. 当某种正离子与 $O^{2-}$ 离子的静电键强度 $S>1$，则该离子与 $O^{2-}$ 可形成络离子。根据这一原则哪些正离子可以与 $O^{2-}$ 形成络离子？
14. 试用电价规则解释下列各酸的酸性大小顺序：

$$HClO_4>H_2SO_4>H_3PO_4>H_2SiO_4$$

15. 对于 $AB_2$ 型化合物而言，为什么主要是氟化物和氧化物(A 为正离子，B 为负离子)？

# 第十五章　范德华引力和氢键,分子型和氢键型的晶体结构

## §15-1　范德华引力的本质

分子中相邻原子间存在强烈的吸引力,这种吸引力叫做化学键。化学键是决定分子的化学性质的主要因素。在物质的聚集态中,分子与分子间还存在着一种较弱的吸引力。这种吸引力是导致实际气体并不完全符合理想气体状态方程式的原因之一。范德华(van der Waals)早在1873年就已注意到这种力的存在,并考虑这种力的影响和分子本身占有体积的事实,提出了著名的范德华状态方程式。所以现在我们把分子间的作用力叫做范德华引力。范德华引力是决定物质的沸点、熔点、气化热、熔化热、溶解度、表面张力、粘度等物理化学性质的主要因素。

关于范德华引力的本质,直到40年以后才有人开始研究。1912年葛生(W. H. Keesom)提出范德华引力就是极性分子的偶极矩间的引力。1920—1921年德拜(P. Debye)认为除了极性分子间的作用力外,极性分子与非极性分子之间也有作用力,这是由于非极性分子被极化而产生诱导偶极矩之故。但是这两种作用力还不能说明为什么非极性分子之间也有吸引力。直到1930年伦敦(F. London)提出范德华引力的量子力学理论,人们才对这一作用力的本质有了较深的了解。

范德华引力的量子力学理论提出后的30年中,由于某些数学问题没有解决,所以一直未能作出全面的一般处理。唐敖庆和他的共同工作者从解决数学问题入手对范德华引力的理论作了全面处理,使葛生力,德拜力和伦敦力都能包括在他们的统一处理中。他们证明在二级近似处理中①分子间的吸引力是有加和性的,例如A、B和C三个分子,总的作用力即等于A—B、B—C和C—A三对作用力的加和。但在三级近似处理中,除了上述三对作用力外,还有属于A—B—C三个分子间一起相互作用的力存在。这种"三分手作用力"是前人所没有提出过的。目前关于分子间作用力的实验,还没有达到足以验证三分子作用力的理论的精确程度,但估计在将来可能会有应用。

---

① 用量子力学处理范德华引力,只能用近似解法,随着准确程度的增加,依此称为一级、二级、三级、……近似处理。

现在我们来分别讨论葛生力、德拜力和伦敦力的理论，唐敖庆的理论因为需要较深的数学，因此不在此介绍。

### 1. 静电力（葛生力）

葛生认为极性分子的永久偶极矩间有静电相互作用，作用力的性质与大小和它们的相对取向有关，相互作用的势能等于

$$V_{\mathrm{K}} = -\frac{\mu_1\mu_2}{(4\pi\varepsilon_0)R^3}f(\theta) \tag{15-1}$$

式中 $\theta$ 是把 $\boldsymbol{\mu}_2$ 的中心 $O_2$ 平移到 $O_1$ 时，$\boldsymbol{\mu}_1$ 和 $\boldsymbol{\mu}_2$ 的夹角。

$$f(\theta) = 2\cos\theta_1\cos\theta_2 - \sin\theta_1\sin\theta_2\cos(\phi_1-\phi_2) \tag{15-2}$$

上式中 $(\theta_1,\phi_1)$、$(\theta_2,\phi_2)$ 是偶极矩 $\boldsymbol{\mu}_1$ 和 $\boldsymbol{\mu}_2$ 的方向角，$R$ 是它们间的距离。按照 $\boldsymbol{\mu}_1$ 和 $\boldsymbol{\mu}_2$ 的不同取向，作用力可以是吸引的或排斥的。所以，如果 $\boldsymbol{\mu}_1$ 和 $\boldsymbol{\mu}_2$ 的各种相对方向出现的可能性相同，则势能的平均值 $E_{\mathrm{K}}=0$。事实上按照波尔兹曼定律，温度越低，$\boldsymbol{\mu}_1$ 和 $\boldsymbol{\mu}_2$ 在低势能的相对方向出现的可能性越大。平均势能为

$$E_{\mathrm{K}} = \langle V_{\mathrm{K}}(\theta)\exp[-V_{\mathrm{K}}(\theta)/kT]\rangle_\theta \tag{15-3}$$

上式中 $\langle\rangle_\theta$ 表示对角度 $\theta$ 取平均。当 $V_{\mathrm{K}} \ll kT$ 时，$\exp[-V_{\mathrm{K}}(\theta)/kT]\approx 1-V_{\mathrm{K}}(\theta)/kT$，(15-3)式成为

$$\begin{aligned} E_{\mathrm{K}} &= \langle V_{\mathrm{K}}(\theta)\rangle_\theta - \frac{1}{kT}\langle[V_{\mathrm{K}}(\theta)]^2\rangle_\theta \\ &= -\frac{\mu_1\mu_2}{(4\pi\varepsilon_0)R^3}\langle f(\theta)\rangle_\theta - \frac{\mu_1^2\mu_2^2}{(4\pi\varepsilon_0)^2R^6kT}\langle f^2(\theta)\rangle_\theta \end{aligned}$$

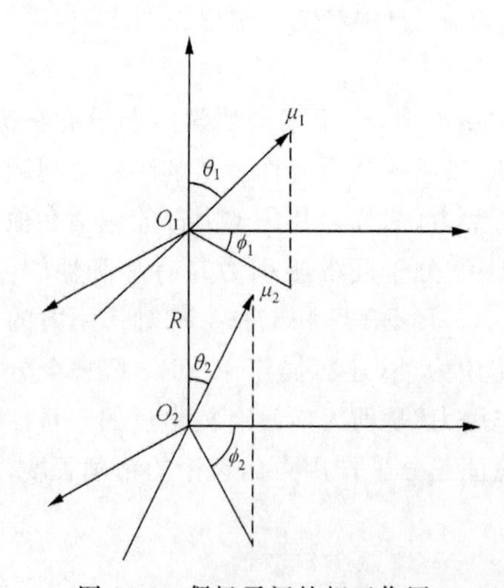

图 15-1　偶极子间的相互作用

上式中 $\langle f(\theta)\rangle_\theta=0$，$\langle f^2(\theta)\rangle_\theta=\frac{2}{2}$，所以

$$E_{\mathrm{K}} = -\frac{2}{3}\frac{\mu_1^2\mu_2^2}{(4\pi\varepsilon_0)^2kTR^6} \tag{15-4}$$

对于同类分子，$\mu_1=\mu_2=\mu$，所以

$$E_{\mathrm{K}} = -\frac{2}{3}\frac{\mu^4}{(4\pi\varepsilon_0)^2kTR^6} \tag{15-5}$$

由(15-4)式可见静电作用能与温度成反比，但实验证明气体方程式中范德华校正项与温度不成严格的反比关系，所以范德华引力中一定还包含有与温度无关的相互作用，德拜注意到一个分子的电荷分布要受其他分子电场的影响，因而提出诱导力。

**2. 诱导力**(德拜力)

在强度为 $F$ 的电场中,极化率为 $\alpha$ 的分子会产生诱导偶极矩

$$\mu_1 = \alpha F \tag{15-6}$$

诱导偶极矩与电场 $F$ 的相互作用能为

$$U = -\frac{1}{2}\alpha F^2 \tag{15-7}$$

偶极矩为 $\mu_1$ 的分子(Ⅰ)在相距 $R$,方向角为 $\theta_1$ 处产生的电场强度 $F$ 等于

$$F = \frac{1}{4\pi\varepsilon_0}\frac{\mu_1}{R^3}\sqrt{1+3\cos^2\theta_1} \tag{15-8}$$

它与极化率为 $\alpha_2$ 的分子(Ⅱ)的相互作用能为

$$U_{\text{Ⅰ}\to\text{Ⅱ}} = -\frac{1}{2}\alpha_2 F^2 = -\frac{1}{2}\frac{\alpha_2\mu_1^2}{(4\pi\varepsilon_0)^2 R^6}(1+3\cos^2\theta_1) \tag{15-9}$$

$U$ 永远是负值(吸引力),且与温度无关。对 $\theta_1$ 取平均值,得

$$E_{\text{Ⅰ}\to\text{Ⅱ}} = \langle U_{\text{Ⅰ}\to\text{Ⅱ}}\rangle_{\theta_1} = -\frac{\alpha_2\mu_1^2}{(4\pi\varepsilon_0)^2 R^6} \tag{15-10}$$

上式表示分子(Ⅰ)的偶极矩与分子(Ⅱ)的极化率的平均相互作用能。同样,分子(Ⅱ)的偶极矩 $\mu_2$ 与分子(Ⅰ)的极化率的平均相互作用能为

$$E_{\text{Ⅱ}\to\text{Ⅰ}} = \langle U_{\text{Ⅱ}\to\text{Ⅰ}}\rangle_{\theta_2} = -\frac{\alpha_1\mu_2^2}{(4\pi\varepsilon_0)^2 R^6} \tag{15-11}$$

两者的总和为

$$E_D = -\frac{(\alpha_1\mu_2^2 + \alpha_2\mu_1^2)}{(4\pi\varepsilon_0)^2 R^6} \tag{15-12}$$

对于同类分子,$\mu_1=\mu_2=\mu$,$\alpha_1=\alpha_2=\alpha$,所以

$$E_D = -\frac{2\alpha\mu^2}{(4\pi\varepsilon_0)^2 R^6} \tag{15-13}$$

**3. 色散力**(伦敦力)

惰性气体分子的电子云分布是球形对称的,偶极矩等于零,它们之间应该没有静电力和诱导力,但实验结果说明惰性气体分子间的范德华引力依然存在。此外,对极性分子来说,用(15-5)和(15-12)式计算出来的范德华引力要比实验值小得多,所以除了前两种力以外,一定还有第三种力在起作用。

1930 年伦敦用量子力学的近似计算法证明分子间存在着第三种作用力,它的作用能近似地等于

$$E_{\text{L}} = -\frac{3}{2}\left(\frac{I_1 I_2}{I_1+I_2}\right)\frac{\alpha_1\alpha_2}{(4\pi\varepsilon_0)^2 R^6} \tag{15-14}$$

上式中 $I_1$ 和 $I_2$ 是分子(Ⅰ)和分子(Ⅱ)的电离能,$\alpha_1$ 和 $\alpha_2$ 是它们的极化率,$R$ 是分子中心间的距离。(15-14)式只是 $E_L$ 的近似表示式,它的精确表示式非常复杂,其中包含的数学项与光的色散公式相似,这是色散力得名的由来。

对于同类分子而言,(15-14)式简化为

$$E_L = -\frac{3}{4}\frac{\alpha^2 I}{(4\pi\varepsilon_0)^2 R^6} \tag{15-15}$$

色散力产生的原因可简单解释如下:如果对原子或分子作瞬间摄影,会发现核与电子在各种不同相对位置的图像。分子具有瞬间的周期变化的偶极矩(对惰性气体分子来说,这种瞬变偶极矩的平均值等于零),伴随这种周期性变化的偶极矩有一同步的(同频率的)电场,它使邻近的分子极化,邻近分子的极化反过来又使瞬变偶极矩的变化幅度增加。色散力就是在这样的反复作用下产生的。

**4. 范德华引力中三种作用能所占的比例**

根据以上所述,分子间总的作用能 $E$ 等于

$$E = E_K + E_D + B_L = -\frac{1}{(4\pi\varepsilon_0)^2 R^6}\left\{\frac{2\mu_1^2\mu_2^2}{3kT} + \alpha_1\mu_2^2 + \alpha_2\mu_1^2 + \frac{3}{2}\frac{\alpha_1\alpha_2 I_1 I_2}{(I_1 + I_2)}\right\} \tag{15-16}$$

对同类分子来说

$$E = -\frac{2}{(4\pi\varepsilon_0)^2 R^6}\left\{\frac{\mu^4}{3kT} + \alpha\mu^2 + \frac{3}{8}\alpha^2 I\right\} \tag{15-17}$$

从表 15-1 可以看出三种作用力在某些物质中所占的比例。

**表 15-1 范德华引力的分配**

| 分 子 | 偶极矩/$10^{-30}$C·m | 极化率/$10^{-40}$C·m$^2$·V$^{-1}$ | $E_K$/kJ·mol$^{-1}$ | $E_D$/kJ·mol$^{-1}$ | $E_L$/kJ·mol$^{-1}$ | $E$/kJ·mol$^{-1}$ |
|---|---|---|---|---|---|---|
| Ar | 0 | 1.81 | 0.000 | 0.000 | 8.49 | 8.49 |
| CO | 0.40 | 2.21 | 0.003 | 0.008 | 8.74 | 8.75 |
| HI | 1.27 | 6.01 | 0.025 | 0.113 | 25.8 | 25.9 |
| HBr | 2.60 | 3.98 | 0.686 | 0.502 | 21.9 | 23.1 |
| HCl | 3.43 | 2.93 | 3.30 | 1.00 | 16.8 | 21.1 |
| $NH_3$ | 5.00 | 2.46 | 13.3 | 1.55 | 14.9 | 29.8 |
| $H_2O$ | 6.14 | 1.65 | 36.3 | 1.92 | 8.99 | 47.2 |

总起来说,范德华引力具有下面所述的一些特性:(1)这是永远存在于分子或原子间的一种作用力;(2)它是吸引的,作用能的大小数量级是几十个千焦每摩尔,约比化学键键能小一二个数量级;(3)与化学键不同,范德华引力一般是没有方向性和饱和性的;(4)范德华引力的作用范围约有几百个 pm;(5)从表 15-1 可见范德

华引力中最主要的是色散力($H_2O$ 分子的主要作用力是静电力),而色散力的大小与极化率的平方成正比。

## §15-2　非金属单质的晶体结构

金属单质的结构已在§13-2讨论过,现在讨论非金属单质的结构。属于周期系中第 $N$ 族非金属元素的单质晶体中,非金属原子的共价等于 $8-N$,即每一原子与 $8-N$ 个近邻原子以共价相结合(图 15-2),这一规律叫做 $8-N$ 规律。对于第一周期(H 和 He),应以 $2-N$ 代替 $8-N$。

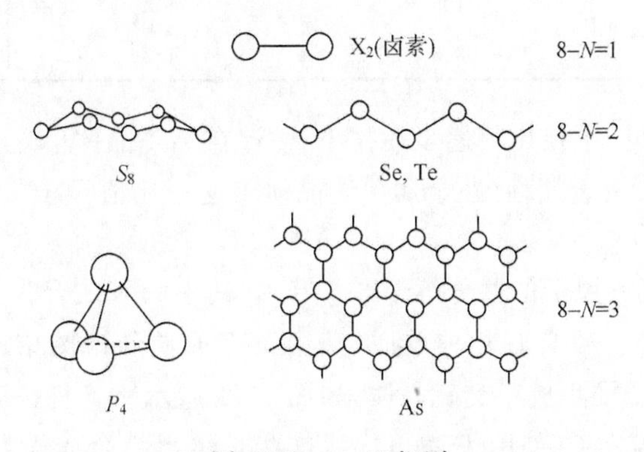


图 15-2　$8-N$ 规则

(1) 第 0 族惰性气体元素的共价等于 $8-8=0$,结构单元就是单原子分子。在惰性气体元素的晶体中,这些球形的单原子分子以最密堆积的方式排列起来,例如 He 是 A3 结构(图 13-8),Ne、Ar、Kr、Xe 是 Al 结构(图 13-8),单原子分子间是以范德华引力结合起来的,所以单原子分子的晶体是分子型晶体。在这些晶体中原子间距离的一半叫做范德华半径。范德华半径(单位:pm)的数值如下:

He　180,Ne　160,Ar　190,Kr　200,Xe　220

(2) 第Ⅶ族卤素原子和 H 的共价等于 $8-7=1$(对于 H,$2-1=1$),它们俩俩结合形成双原子分子 H—H,F—F,Cl—Cl,Br—Br,I—I,然后借范德华引力形成晶体。$H_2$ 比较接近球形,它采取 A3 的最密堆积方式。$Br_2$、$I_2$ 在晶体中的排列方式如图 15-3,这种构型在《晶体结构汇编》中称为 A14 型。$Cl_2$ 略有不同,属 A18 型,$F_2$ 未详。从 $F_2 \rightarrow Cl_2 \rightarrow Br_2 \rightarrow I_2$,极化率迅速增加,所以范德华引力也迅速增

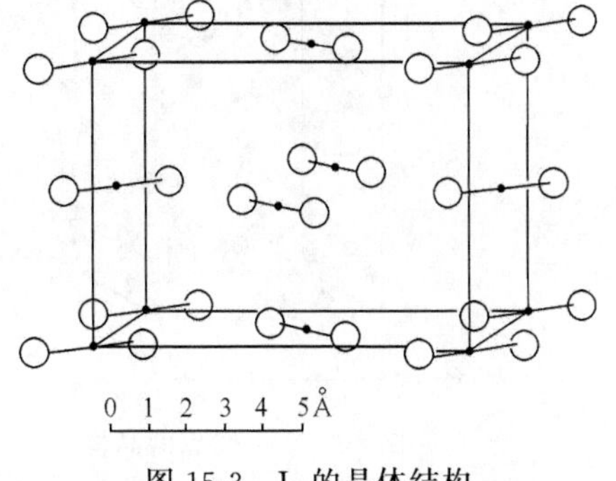


图 15-3　$I_2$ 的晶体结构

加，单质的熔点和沸点迅速升高。因此在室温时，$F_2$ 和 $Cl_2$ 是气体，$Br_2$ 是液体，而 $I_2$ 是固体。在这些晶体中不属于同一分子的两个最接近的原子间距离的一半称为范德华半径，而属于同一分子的原子间距离的一半则为共价半径。表 15-2 列出卤素原子的范德华半径、共价半径和它们的比值。

**表 15-2 卤素原子的范德华半径和共价半径** （单位：pm）

| 卤素原子 | 范德华半径 | 共价半径 | 比 值 |
|---|---|---|---|
| F | 135 | 72 | 1.88 |
| Cl | 180 | 99 | 1.82 |
| Br | 195 | 114 | 1.71 |
| I | 215 | 133 | 1.61 |

由表 15-2 可见，半径比值逐步在缩小，估计在 $At_2$ 晶体中这一比值还要小，晶体的键型就慢慢带有金属性（在金属单质晶体中这一比值等于 1）。在碘晶体也已带有金属光泽了。

(3) 第Ⅵ族氧族原子的共价等于 8－6＝2，其中的氧结合为 $O_2$，以 A1 最密堆积形成分子型晶体。硫有好几种单质，其中正交或单斜硫的结构单元是 $S_8$ 分子（图 15-2）。$S_8$ 分子堆积成正交硫晶体，如图 15-4 所示。弹性硫和硒、碲都是以共价结合成无限长链分子（如图 15-2），然后这些长链再结合成称为 A8 型的晶体如图 15-5。由硒→碲→钋，金属性逐步增加，到钋已是金属了。

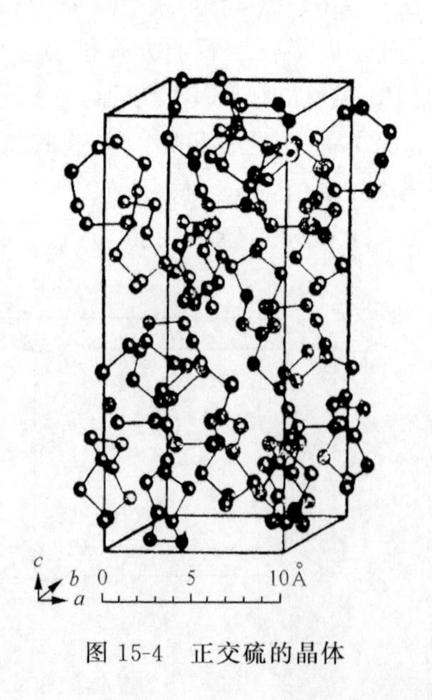


图 15-4 正交硫的晶体

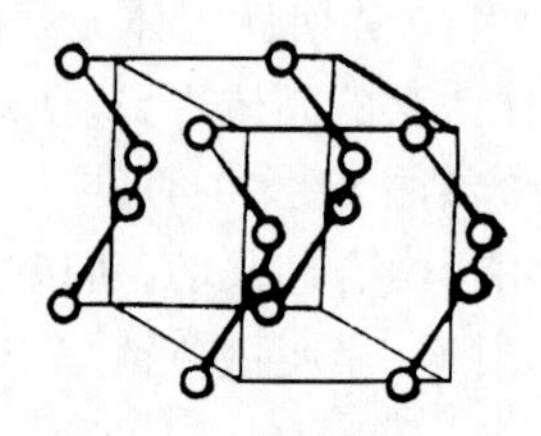

图 15-5 硒的晶体结构

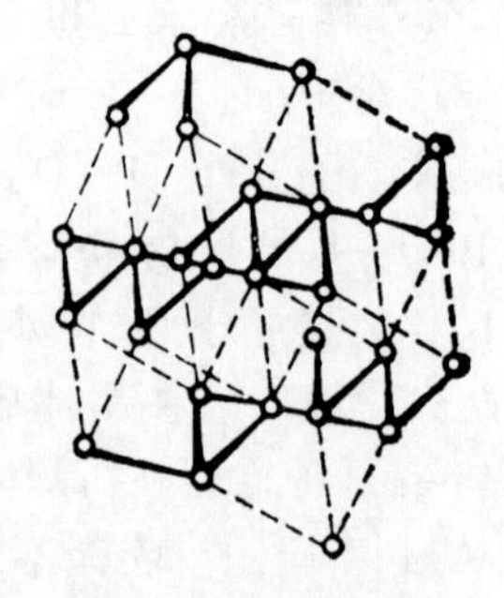

图 15-6 砷的晶体结构

(4) 第Ⅴ族氮族原子的共价等于 8－5＝3,其中氮结合成 N≡N 分子,以 A3 最密堆积形成分子型晶体。黄磷的结构单元是 $P_4$ 分子(图 15-2)。砷原子与三个邻近原子形成层状结构,如图 15-6 所示,图中表示的是投影图。实际上 As 有一对孤对电子,所以是四面体构型,用 $sp^3$ 杂化轨道成键。层与层间结合成称为 A7 型的晶体,如图 15-6 所示。锑和铋的结构与砷同,都是 A7 型,但从 As→Sb→Bi,层间原子间距离与层内原子间距离比值逐渐缩小,金属性逐渐加强,其中 Sb、Bi 已主要是金属单质了。

(5) 第Ⅳ族碳族的原子价等于 8－4＝4,所以能以共价构成立体结构即共价型晶体,如金刚石、硅、锗、α-锡,已在 § 14－5 中讨论过。这里金属性也是顺次增加的。

# § 15－3　分子型晶体的结构

以共价结合的有限分子,由于共价键的饱和性,彼此之间只能以范德华引力或氢键相结合,前者生成分子型晶体,后者生成氢键型晶体。例如 $CO_2$ 晶体、$SO_2$ 晶体、$SF_6$ 晶体以及极大部分有机化合物的晶体都是分子型的。对于分子型晶体,首先要知道分子本身的结构,这在前面已经详细讨论了。其次是分子堆积成晶体,分子堆积的构型与分子的形状有关,主要是使空隙尽量小。图 15-7 示出一些分子的形状。图 15-8 示出正烷烃晶体中从链的一端看过去的堆积情况。图 15-9 示出 $CO_2$ 晶体中的排列情况。氢键型晶体结构将在 § 15－6 中讨论。

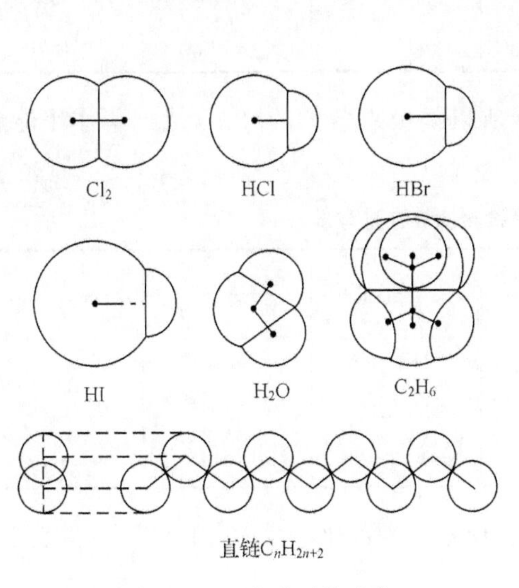


图 15-7　一些分子的形状

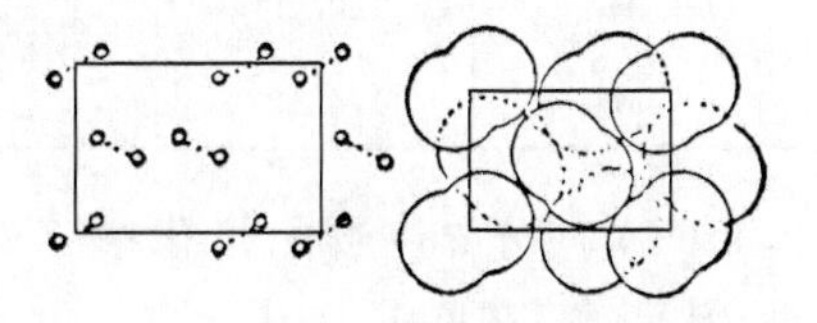

图 15-8　正烷烃 $C_{29}H_{60}$ 的晶体结构

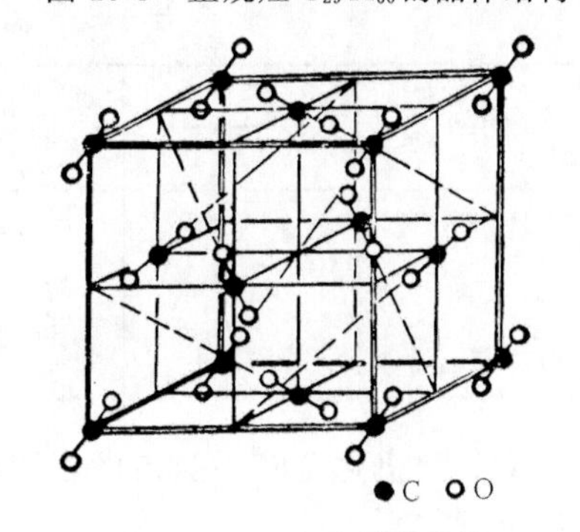


图 15-9　$CO_2$ 的晶体结构

# §15-4 范德华引力与物质的物理化学性质的关系

## 1. 范德华引力与物质的沸点和熔点

气体分子能够凝聚为液体和固体，是范德华引力作用的结果。分子间的范德华引力愈大，则愈不易气化，所以沸点愈高，气化热愈大。固体熔解为液体时也要部分地克服范德华引力，所以分子间范德华引力较大者，熔点也较高，熔化热较大。现在根据范德华作用能的公式来讨论某些物质的沸点和熔点的规律性。

(1) 同系物的沸点和熔点，随分子量的增大而增高。这是因为同系物的偶极矩相等，电离能也大致相等，所以范德华作用能的大小主要决定于极化率 $\alpha$ 的大小。我们知道摩尔折射度有加和性，所以极化率也有加和性，即在同系物中分子量愈大的极化率也愈大，因此沸点和熔点也愈高(见表 15-3)。

**表 15-3 $n$-$C_nH_{2n+2}$ 的沸点和熔点** (单位：℃)

| 分　子 | 沸　点 | 熔　点 | 分　子 | 沸　点 | 熔　点 |
|---|---|---|---|---|---|
| $n$-$C_5H_{12}$ | 36.07 | −129.7 | $n$-$C_{11}H_{24}$ | 195.88 | −25.6 |
| $n$-$C_6H_{14}$ | 68.74 | −95.3 | $n$-$C_{12}H_{26}$ | 216.28 | −9.6 |
| $n$-$C_7H_{16}$ | 98.43 | −90.6 | $n$-$C_{13}H_{28}$ | 235.47 | −5.3 |
| $n$-$C_8H_{18}$ | 125.66 | −59.8 | $n$-$C_{14}H_{30}$ | 253.59 | +6.2 |
| $n$-$C_9H_{20}$ | 150.79 | −53.5 | $n$-$C_{15}H_{32}$ | 270.74 | 9.9 |
| $n$-$C_{10}H_{22}$ | 174.12 | −29.7 | $n$-$C_{16}H_{34}$ | 287.05 | 18.15 |

(2) 同分异构物的极化率 $\alpha$ 相等，所以偶极矩愈大的分子，范德华作用能愈大，沸点愈高(见表 15-4)。

**表 15-4 同分异构物的偶极矩与沸点**

| 结构(Ⅰ) | $\frac{\mu}{10^{-30}C\cdot m}$ | 沸点/℃ | 结　构(Ⅱ) | $\frac{\mu}{10^{-30}C\cdot m}$ | 沸点/℃ |
|---|---|---|---|---|---|
| $C_2H_5NO_2$ | 10.6 | 113 | $C_2H_5ONO$ | 7.34 | 17 |
| $C_2H_5CN$ | 11.9 | 98 | $C_2H_5NC$ | 11.6 | 28 |
| 顺-二氯乙烯 | 6.75 | 60.5 | 反-二氯乙烯 | 0 | 47.7 |

(3) 有机化合物中氢被卤素取代后，偶极矩和极化率增大，沸点升高(见表 15-5 和表 15-6)。

**表 15-5　碳氢化合物和相应的卤代物的沸点和偶极矩**

| 化合物 | $\frac{\mu}{10^{-30}C\cdot m}$ | 沸点/℃ | 化合物 | $\frac{\mu}{10^{-30}C\cdot m}$ | 沸点/℃ |
|---|---|---|---|---|---|
| $CH_4$ | 0 | −164 | $CH_3Cl$ | 6.57 | −24.09 |
| $C_2H_6$ | 0 | −88.63 | $C_2H_5Cl$ | 6.60 | 12.5 |
| $n$-$C_3H_8$ | 0 | −44.5 | $C_2H_5CH_2Cl$ | 6.80 | 46.60 |
| 苯 $C_6H_6$ | 0 | 80.05 | $C_6H_5Cl$ | 5.27(苯中) | 132 |
| 苯 $C_{10}H_8$ | 0 | 217.9 | $C_{10}H_7Cl$ | 5.30(苯中) | 263 |

**表 15-6　不同卤代物的沸点和偶极矩**

| 化合物 | $\frac{\mu}{10^{-30}C\cdot m}$ | 沸点/℃ | 化合物 | $\frac{\mu}{10^{-30}C\cdot m}$ | 沸点/℃ |
|---|---|---|---|---|---|
| $CH_3Br$ | 5.897 | 4.5 | $CH_3I$ | 5.47 | 42.5 |
| $C_2H_5Br$ | 5.934 | 38.4 | $C_2H_5I$ | 5.427 | 72.3 |
| $C_2H_5CH_2Br$ | 5.961 | 71 | $C_2H_5CH_2I$ | 5.404 | 72.3 |
| $C_6H_5Br$ | 5.20(苯中) | 155.6 | $C_6H_5I$ | 4.30(苯中) | 188.45 |
| $C_{10}H_7Br$ | 5.27(苯中) | 281.1 | $C_{10}H_7I$ | 4.77(苯中) | 305 |

(4) 惰性气体和一些简单的对称分子只有色散力,气化热和沸点依原子量的增加稳定地按$\frac{\alpha}{R^3}$比例增加(见表 15-7)。

**表 15-7　惰性气体的沸点和气化热**

| 惰性气体 | 范德华方程式中的系数 $a$/dm$^6$·Pa·mol$^{-2}$ | 气化热/kJ·mol$^{-1}$ | 沸点/K |
|---|---|---|---|
| He | $0.0346\times10^5$ | — | 4 |
| Ne | $0.214\times10^5$ | 2.47 | 27 |
| Ar | $1.368\times10^5$ | 8.49 | 76 |
| Kr | $2.432\times10^5$ | 11.7 | 121 |
| Xe | $4.154\times10^5$ | — | 174 |

### 2. 熵效应与熔点的关系

物质的熔点的高低决定于熔解自由能 $\Delta G_{fus}$ 的大小,而

$$\Delta G_{fus} = \Delta H_{fus} - T\Delta S_{fus} \tag{15-18}$$

(15-18)式中 $\Delta H_{fus}$ 是熔化热,$\Delta S_{fus}$ 是熔化熵,前者与范德华作用能有关,后者与分子的对称性有关。如果两个分子的范德华作用能近似相等,那么其中对称性较高的分子,其熔化熵 $\Delta S_{fus}$ 较小,$\Delta G_{fus}$ 较大,所以熔点就较高。例如二硝基苯和二溴苯的三种位置的异构体中,对位的对称性较高,熔点也较高(见表 15-8)。

表 15-8 二硝基苯和溴苯的熔点 (单位:℃)

| | 邻 位 | 间 位 | 对 位 |
|---|---|---|---|
| 二硝基苯 | 118 | 89.57 | 175.4 |
| 二溴苯 | −6 | −7 | +87 |

分子对称性对于液体气化熵的影响较小(因在液体时分子的排列已经没有一定的次序了),所以熵效应对沸点并无多大影响(见表 15-9)。

表 15-9 一些化合物的熔点、熔化热、熔化熵、沸点和气化熵与分子对称性的关系

| 化合物 | 熔点/K | $\Delta H_{fus}$/$kJ\cdot mol^{-1}$ | $\Delta S_{fus}$/$J\cdot mol^{-1}\cdot K^{-1}$ | 沸点/K | $\Delta S_{vap}$/$J\cdot mol^{-1}\cdot K^{-1}$ |
|---|---|---|---|---|---|
| 环己二烯-1,3 | 178 | — | — | 354 | — |
| 环己二烯-1,4 | 223.4 | — | — | 361.8 | — |
| 邻-二甲苯 | 247.97 | 13.598 | 54.85 | 417.58 | 88.16 |
| 间-二甲苯 | 225.29 | 11.569 | 51.34 | 412.26 | 88.25 |
| 对-二甲苯 | 286.42 | 17.113 | 59.74 | 411.51 | 87.65 |
| *n*-戊烷 | 143.44 | 8.414 | 58.66 | 309.23 | 83.35 |
| 异-戊烷 | 116.27 | 5.573 | 45.52 | 301.01 | 81.21 |
| 四甲基甲烷 | 256.7 | 3.255 | 12.68 | 282.66 | 80.50 |

### 3. 范德华引力与溶解度

液体的互溶度以及固态、气态非电解质在液体中的溶解度都与范德华引力有密切的关系。以 $H_2$、$O_2$、$N_2$、卤素分子和惰性气体溶质为例,它们的溶解作用主要是由于溶质分子和溶剂分子间的色散力,而即使在极性溶剂中,诱导力的贡献也是很小的。因此溶质或溶剂(指同系物)的极化率增加,溶解度也增加,尤其当溶质和溶剂的极化率都增加时,这种效应更为显明(表 15-10)。

表 15-10 惰性气体的溶解度[在一个气压下溶液中所含溶质的摩尔分数,$10^4 n_B/(n_B+n_A)$]

| 惰性气体 | 极化率/$10^{-40}C\cdot m^2\cdot V^{-1}$ | 溶剂 | | | |
|---|---|---|---|---|---|
| | | $H_2O$(0℃) | 乙醇(0℃) | 丙酮(0℃) | 苯(7℃) |
| He | 0.225 | 0.137 | 0.599 | 0.684 | 0.507 |
| Ne | 0.436 | 0.174 | 0.857 | 1.15 | 0.801 |
| Ar | 1.813 | 0.414 | 6.54 | 8.09 | 7.81 |
| Kr | 2.737 | 0.888 | — | — | — |
| Xe | 4.451 | 1.94 | — | — | — |
| Rn | 6.029 | 4.14 | 211.2 | 254.9 | 638.1 |
| 偶极矩/$10^{-30}C\cdot m$ | | 6.14 | 5.67 | 9.51 | 0 |
| 极化率/$10^{-40}C\cdot m^2\cdot V^{-1}$ | | 1.65 | 5.89 | 7.33 | 12.09 |

溶剂分子的相互作用对于溶质的溶解度也有影响。气体分子溶于液体时,溶剂内首先要形成可以容纳气体分子的空穴,所需的能量与单位体积溶剂分子的聚合能成比例,如果溶剂是非极性的,也就是与$\frac{\alpha^2}{R^6}$成比例,所以极化率小的气体分子溶解度随溶剂极化率的增加而降低,例如 $H_2$、$N_2$ 等分子在 $CS_2$ 中的溶解度比在戊烷中为小,即系此故。

极性溶剂的聚合能主要是偶极间的相互作用,它比溶质与溶剂分子间诱导力大很多,所以非极性溶质在极性溶剂中的溶解度一般是很小的。

空气内 $O_2$ 含量占 21%,溶于水的空气内含氧 34%,这是由于单位体积的 $O_2$ 的极化率比 $N_2$ 大,两者的比例为 1∶0.77 之故。

## §15-5　氢键的本质

根据许多实验的结果,人们发现在有些化合物中,氢原子似乎可以同时和两个电负性很大而原子半径较小的原子(O、F、N 等)相结合,这种结合叫做氢键。例如,根据蒸气密度的测定,甲酸蒸气在 3℃时有 93%是以二聚分子$(HCOOH)_2$ 的形式存在的,它的结构由电子衍射法测得如图 15-10 所示。

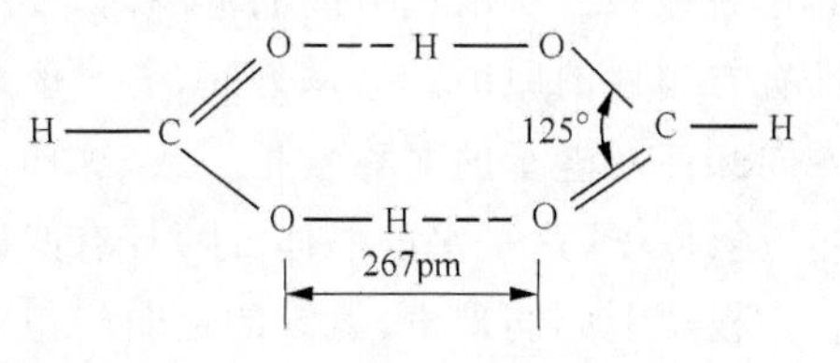

图 15-10　甲酸二聚分子的结构

由于 H 原子的核电荷最小,它对电子流的散射能力非常微弱,所以电子衍射法只能测定 O…O 间的距离,不能测定 H 原子的准确位置,但根据拉曼光谱和红外光谱可以间接估计 O—H 的距离,其结果为:O—H 的距离为 104 pm,H…O 的距离为 163 pm。

从甲酸二聚分子在不同温度的离解度,可以求得它的离解热 ΔH:

$$(HCOOH)_2 = 2HCOOH,\ \Delta H = 59.0\ kJ \cdot mol^{-1}$$

所以要破坏 O—H…O 中 H…O 的结合,需要$\frac{59.0}{2}=29.5\ kJ \cdot mol^{-1}$的能量,这个能量称为在甲酸二聚分子中氢键的键能。

氢键这一名词有两种不同的意义:第一种指 X—H…Y 的整个结构,例如说氢键的键长是指 X—Y 间的距离。第二种专指 H…Y 的结合,如说氢键的键能是指 H…Y 结合被破坏时所需之能量。

现在要问,氢键的结合力的本质是什么呢?西奇威克曾经建议,$H^+$ 可能有两个配键,正像 $Ag^+$ 可以和 $NH_3$ 分子结合成$[Ag(NH_3)_2]^+$一样。但是形成共价键必须有空的轨道,而氢只有一个稳固的(1*s*)轨道,它的(2*s*)或(2*p*)轨道的能量

(−328 kJ · $mol^{-1}$)要比(1*s*)轨道(−1313 kJ · $mol^{-1}$)高得多。此外,氢键的不对称性,即在 X—H…Y 中 X—H 的距离仅较正常的共价键的键长略长,而 H…Y 的距离要比正常的共价键的键长大得多;又破坏 H…Y 所需的能量即氢键键能一般在 40 kJ · $mol^{-1}$以下,而破坏 X—H 键所需的能量则在 $10^2-10^3$ kJ · $mol^{-1}$之间。这些以及其他实验事实都证明配键假设是错误的。

一般认为氢键 X—H…Y 中,X—H 基本是共价键,而 H…Y 则是一种强力的有方向性的范德华引力。因为 X—H 的偶极矩很大,H 的半径很小(其原子半径为 25pm)且又无内层电子,可以允许带有部分负电荷的 Y 原子充分接近它,产生相当强烈的吸引作用而形成氢键。这种吸引作用的能量一般在 40 kJ · $mol^{-1}$以下,比化学键的键能小得多,但和范德华引力的数量级相同,又因为这是一种偶极-偶极或偶极-离子的静电相互作用,所以我们把氢键归入范德华引力。

但是氢键有两个与一般的范德华引力不同的特点,即它的饱和性和方向性。氢键的饱和性表现在 X—H 只能和一个 Y 原子相结合,这是因为氢原子非常小,而 X 和 Y 都相当大,如果另有一个 Y 原子来接近它们,则它受 X 和 Y 的推斥力要比受 H 的吸引力来得大,所以 X—H 一般不能和两个 Y 原子结合①。又偶极矩 X—H 与 Y 的相互作用只有当 X—H…Y 在同一直线上时最强,因此时 X 与 Y 间的斥力最小。所以在可能的范围内,要尽量使 X—H…Y 在同一直线上,这是氢键具有方向性的原因。另一方面,Y 一般含有孤对电子,在可能的范围内要使氢键的方向和孤对电子的对称轴相一致,这样可以使 Y 原子中负电荷分布最多的部分最接近氢原子,这是水的晶体(冰)具有四面体结构的原因(图 15-16)。

根据上面的理论,氢键的强弱应与 X 及 Y 的电负性的大小有关。电负性愈大则氢键愈强;又与 Y 的半径大小也有关系,半径愈小则愈能接近 H—X,因此氢键也愈强。这些推论是和实验结果一致的。例如 F 的电负性最大而半径很小,所以 F—H…F 是最强的氢键,O—H…O 次之,O—H…N 又次之,N—H…N 更次之,而 C—H 一般不能构成氢键(但氯仿中的 $Cl_3C$—H 可以生成氢键,见下)。Cl 的电负性虽然颇大,但因它的原子半径也大,所以 O—H…Cl 很弱。同理 O—H…S 更弱,而 O—H…Br、O—H…Se、O—H…I 等的存在与否还没有肯定,即使存在的话也是非常微弱的。这里我们要注意原子 X 的电负性在很大的程度上与它连接的原子有关。例如 C 的电负性很小,C—H 一般不能构成氢键,但在 N≡C—H 中,与 N 相连的 C 却有相当大的电负性,所以 HCN 有缔合作用。因为 N≡C—H 本来是直线型的,而氢键 C—H…N 也以在同一直线上最为稳固,所以 HCN 三聚分子是具有直线结构的:

---

① 已发现一个 X—H 和两个 Y 结合成 X—H(…Y, …Y′) 的情况,但为数极少。

N≡C—H…N≡C—H…N≡C—H

又如在$(NH_3)_n$中氢键N—H…N很弱，但在$NH_4OH$中氢键N—H…O就要强得多，这有两个原因：(1)O代替了N；(2)带有正电荷的$H_4N^+$吸引电子的能力要比未带正电荷的$H_3N$来得大。

如用重氢D代替H，可以构成“重氢键”或“氘键”，例如在重水中之O—D…O键，二聚分子$(CH_3COOD)_2$中的O—D…O键等。

上面我们从偶极-偶极或偶极-离子间的静电相互作用的角度说明了氢键是一种比较强的、有方向性和饱和性的范德华引力。有人用分子轨道理论说明氢键是一种弱化学键。以X—H…Y为例，X—H间生成成键分子轨道$\sigma_{XH}$和反键分子轨道$\sigma_{XH}^*$，由于X的电负性比H大得多，所以$\sigma_{XH}$轨道偏向X一边，$\sigma_{XH}^*$轨道偏向H一边。设Y的$p$轨道(或$s$-$p$杂化轨道)上有一孤对电子，由于$\sigma_{XH}$、$\sigma_{XH}^*$、$p_Y$对称性相同，它们组合成三个分子轨道(图15-11)，$\sigma_{XHY}$是成键轨道，$\sigma_{XHY}^n$是非键轨道，$\sigma_{XHY}^*$是反键轨道。由于$\sigma_{XH}$偏向X一边，而$\sigma_{XH}^*$偏向H一边，所以$p$与$\sigma_{XH}$重叠少，与$\sigma_{XH}^*$

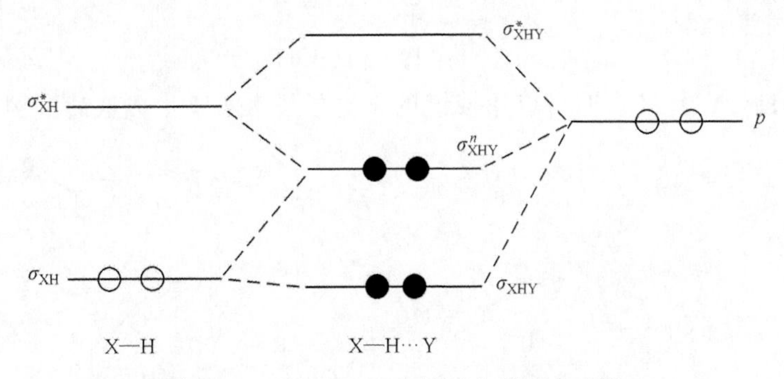


图15-11　X—H…Y中的四电子三中心键

重叠多，$\sigma_{XH}^*$对$\sigma_{XHY}^n$的能量降低作用比$\sigma_{XH}$对$\sigma_{XHY}^n$的能量升高作用要大，所以四个电子占据三中心的成键轨道$\sigma_{XHY}$及非键的$\sigma_{XHY}^n$比起占据$\sigma_{XH}$和$p$轨道在能量上有所降低，因此氢键得以形成。X电负性愈大，氢键X—H…Y就愈强，这可以从两方面来看，(1)X电负性愈大，$\sigma_{XH}$就愈偏向X一边，$\sigma_{XH}^*$就愈偏向H一边；(2)X电负性愈大，$\sigma_{XH}$和$\sigma_{XH}^*$能量降低愈多，因此$\sigma_{XH}$与$p$能量相差愈多，而$\sigma_{XH}^*$与$p$能量愈接近。这两个因素都有利于形成更稳固的氢键。从三中心键的角度来看氢键的饱和性和方向性是很必然的。有人[①]曾经计算了氢键O—H…O中各种因素的贡献，结果如下：

偶极-偶极相互作用　　$-33.4\ kJ \cdot mol^{-1}$

离域作用(共价成键)　　$-34.1\ kJ \cdot mol^{-1}$

① K. Morokuma, *J. Chem. Phys.*, 55, 1236(1971).

| | |
|---|---|
| 色散力作用能 | $-1.0\ kJ \cdot mol^{-1}$ |
| X—Y 排斥能 | $+41.2\ kJ \cdot mol^{-1}$ |
| 氢键键能计算值 | $-27.3\ kJ \cdot mol^{-1}$ |

实验值为$-25\ kJ \cdot mol^{-1}$。由于计算中第 2、3、4 项几乎彼此抵消，所以只考虑偶极-偶极的静电相互作用所得的结果与实验值也很接近。

从上面的讨论可知，氢键的方向性并不是很严格的，即 X—H…Y 并不一定严格地在一条直线上。例如，$NaHCO_3$ 晶体(图 15-13)中的 $HCO_3^-$ 通过氢键组成无

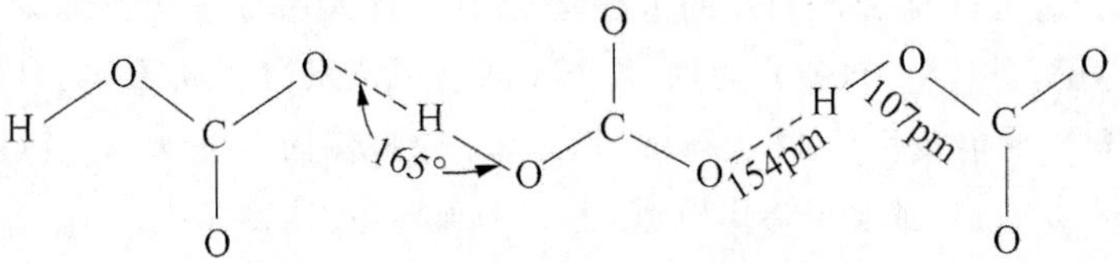

H—O—C(=O)—O…H—O—C(=O)—O…H—O—C(=O)—O
165°　154pm　107pm

限长链，其中的∠OHO＝165°。在甲醇中，二聚体$(CH_3—OH)_2$ 的氢键是弯的：

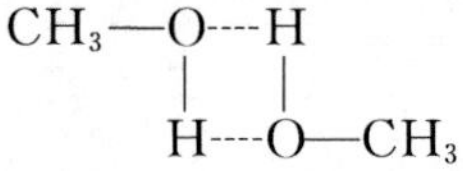

$CH_3$—O---H
　　|　　|
　　H---O—$CH_3$

此外，X—H…Y 中 Y 有时可以用成键的 π 电子与 X—H 生成氢键。例如

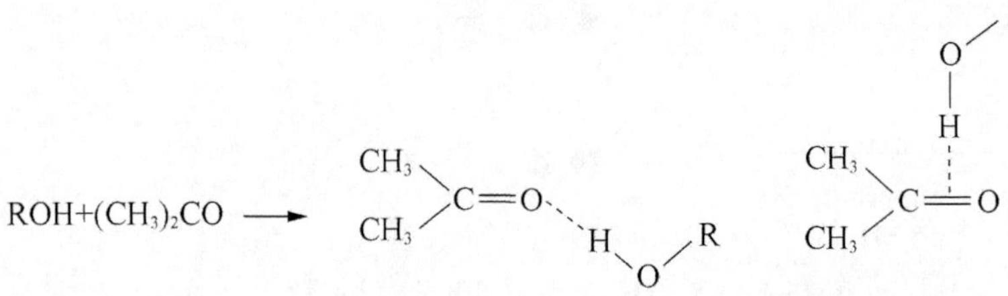

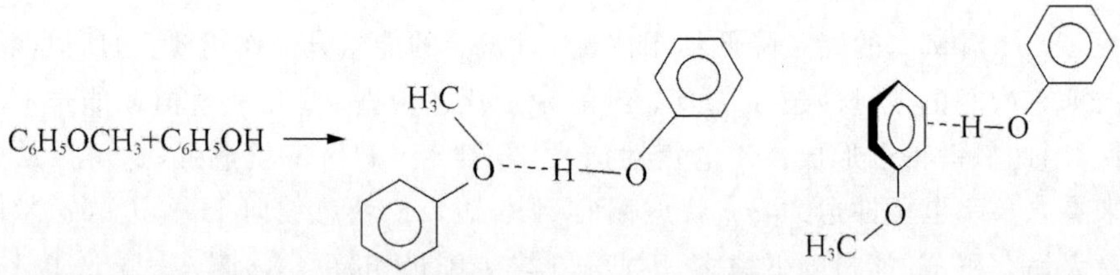

$ROH+(CH_3)_2CO \longrightarrow (CH_3)_2C=O\cdots H—O—R$　$(CH_3)_2C=O$ (π…H—O—R)

$C_6H_5OCH_3+C_6H_5OH \longrightarrow H_3C—O(C_6H_5)\cdots H—O—C_6H_5$　$H_3C—O—C_6H_4$ (π…H—O—$C_6H_5$)

总之，关于氢键的本质问题是一个很复杂的问题，现在还不能说已经搞清楚了。鉴于氢键在无机化学、有机化学及生命科学中的重要性，这一问题吸引了很多化学家的注意。

判断一个体系中是否有氢键生成，最强有力的手段是衍射法。用 X 射线衍射法测定 X—H…Y 的 X—Y 距离，如显著短于范德华半径之和，说明有氢键生成。由于氢原子散射 X 射线的能力很低，故氢原子的位置不易测准。若改用中子衍射法，由于氢原子散射热中子的能力与其他元素相当，氢原子位置可以准确测定。X

射线衍射法和中子衍射法都只适合于研究晶体样品,电子衍射法可用于气体样品中氢键的研究。除衍射法外,红外光谱和拉曼光谱也常用于氢键的研究。若 X—H…Y 形成氢键,则 X—H 的伸缩振动频率 $\nu_{X-H}$ 下降,峰变宽,强度增加,而 X—H 摆动振动频率增加。在$^1$H 核磁共振谱中,X—H 键上的 H 的化学位移改变(一般向低场方向移动)也可以作为氢键生成的证据。

表 15-11 列出已研究肯定的各种氢键,表 15-12 列出常见氢键的键长,表 15-13 列出常见氢键的键能。

**表 15-11　现已研究过的各种氢键**

| X—H \ Y | F | O | N | Cl | S |
|---|---|---|---|---|---|
| F—H | F—H…F | | | | |
| O—H | O—H…F | O—H…O | O—H…N | O—H…Cl | |
| N—H | N—H…F | N—H…O | N—H…N | N—H…Cl | N—H…S |
| Cl—H | | Cl—H…O | | | |
| S—H | | | | | |
| ≡C—H | | ≡C—H…O | ≡C—H…N | | |
| X—D…Y 如 O—D…O 等 | | | | | |

**表 15-12　常见氢键的键长**

| 氢　键 | 键长/pm | 化　合　物 |
|---|---|---|
| F—H…F | 270 | 固体 HF |
| | 255 | $(HF)_n$, $n \leqslant 5$(蒸气) |
| O—H…O | 276 | 冰 |
| | 270 | $C(CH_2OH)_4$ |
| | 270 | 邻位-$C_6H_4(OH)_2$ |
| | 267 | $(HCOOH)_2$ |
| | 261 | $NaHCO_3$ |
| | 243.6 | 磺基水杨酸 $C_7H_6O_6S \cdot 3H_2O$ |
| | 240 | $HBr \cdot 2H_2O$ |
| N—H…F | 276 | $NH_4HF_2$ |
| | 268 | $NH_4F$ |
| N—H…O | 286(平均值) | $CH_3CONH_2$ |
| N—H…N | 338 | $NH_3$ |
| | 319 | $NH_2NH_2$ |
| | 296 | $NH_4N_3$ |
| N—H…Cl | 310 | $NH_2NH_2 \cdot 2HCl$ |
| O—D…O | 276 | $(CH_3CCOD)_2$ |

表 15-13　常见氢键的键能

| 氢　键 | 键能/$kJ \cdot mol^{-1}$ | 化　合　物 |
|---|---|---|
| F—H…F | 28.0 | $(HF)_n$ |
| O—H…O | 18.8 | 冰,$H_2O_2$ |
| | 25.9 | $CH_3OH$,$C_2H_5OH$ |
| | 29.3 | $(HCOOH)_2$ |
| | 34.3 | $(CH_3COOH)_2$ |
| N—H…F | 20.9 | $NH_4F$ |
| N—H…N | 5.4 | $NH_3$ |
| O—H…Cl | 16.3 | 邻位 $C_6H_4(OH)Cl$(气) |
| C—H…N | 13.7 | $(HCN)_2$ |
| | 18.2 | $(HCN)_3$ |

除了表 15-11 所列的各种氢键外,还有一种很特殊的“氢键”,即 $KHF_2$ 和 $NaHF_2$ 等晶体中的$[F—H—F]^-$键和某些羧酸盐 $MHA_2$[如 $NaH(CH_3COO)_2$]中的$[A—H—A]^-$键。实验证明这类“氢键”的 H 位于两个 F(或两个 A)的连线的中点,人们称它们为“对称氢键”。在一般的氢键中 H 原子总是与一个原子比较接近,与另一个原子相距比较远,它们是“不对称氢键”。表 15-14 列出对称氢键$[F—H—F]^-$与液体$(HF)_n$ 中的正常氢键 F—H…F 性质的比较。

表 15-14　$[F—H—F]^-$键与 F—H…F 键的比较

| 结　构 | 化合物 | 键长(F…F 距离)/pm | 氢键键能/$kJ \cdot mol^{-1}$ | 特征振动频率/$cm^{-1}$ | 介电常数 |
|---|---|---|---|---|---|
| $[F—H—F]^-$ | $KHF_2$ | 226 | 113.0 | 1450 | 很小,与温度无关(非极性基团) |
| F—H…F | $(HF)_n$ | 255 | 28.0 | 3440 | 很大,与温度有关(极性基团) |
| HF 单分子 | HF | — | — | — | — |

从表 15-14 可见,对称氢键$[F—H—F]^-$的键能特别大(由此这个键能很难测准,不同作者估计的值相差很大,最高者据称达 252 $kJ \cdot mol^{-1}$),键长特别短,特征振动频率也完全不同。我们认为它根本不是氢键,而是一种特殊的三原子多电子共价键,类似于 $XeF_2$(Xe—F 键能 130±4 $kJ \cdot mol^{-1}$)中的三中心键。

最近的研究证明,虽然弱氢键一般都是不对称氢键,但强氢键并不一定都是对称氢键。例如在 $p$-$CH_3C_6H_4NH_3^+HF_2^-$ 中,F—F 距离为 226pm,与 $KHF_2$ 中的 F—F 距离相近,但却是不对称的,F—H 距离分别为 102.5 pm 和 123.5 pm。在磺基水杨酸 $C_7H_6O_6S \cdot 3H_2O$ 和 $HBr \cdot 2H_2O$ 中都有$[H_2O…H…OH_2]^+$离子,但前者是不对称的(O—H 距离分别为 109.5 和 134.1 pm),后者基本上是对称的(两个 O—H 距离相差小于 50 pm),两者的 O—O 距离都很短(分别为 243.6pm

和 240 pm),显然都是强氢键。有人认为,究竟生成对称氢键还是生成不对称氢键与环境的对称性有关。究竟对称氢键是由对称环境迫使形成的还是不对称氢键是由低对称性晶体环境诱导产生的仍然是有争议的。

## §15-6 分子间氢键及分子内氢键和氢键型晶体

氢键可以分为分子间氢键和分子内氢键两大类。一个分子的 X—H 键和另一个分子的 Y 相结合而成的氢键叫做分子间氢键。一个分子的 X—H 键与它内部的 Y 相结合而成的氢键叫做分子内氢键。

### 1. 分子间氢键

分子间氢键可分为同类分子间的氢键和不同类分子间的氢键两大类。同类分子间的氢键又可分为二聚分子中的氢键和多聚分子中的氢键两大类,后者又分为链状结构、环状结构、层状结构和立体结构四种,兹分述如下:

二聚分子中的氢键的典型例子是二聚甲酸$(HCOOH)_2$中的氢键(图 15-10)。一般羧酸如 $CH_3COOH$、$C_6H_5COOH$ 等都能借氢键结合成二聚分子$(RCOOH)_2$。

多聚分子中氢键的链状结构可举固体氟化氢为例子,X 射线衍射研究证明,它的结构如图 15-12 所示。

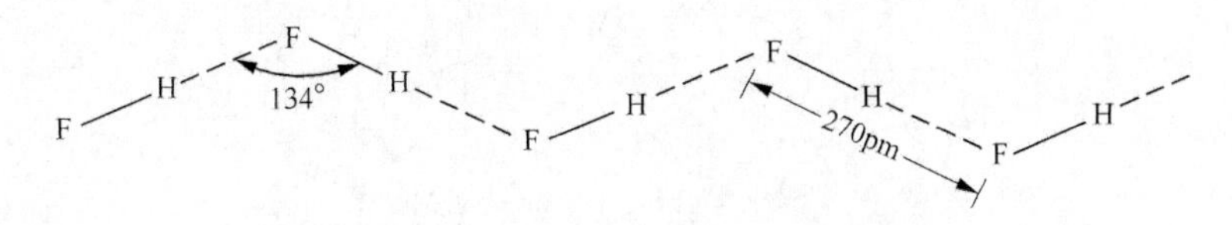


图 15-12 固体氟化氢$[(HF)_n]$的链状结构

在氢键 F—H…F 中 H…F 的键轴就是 F 的孤对电子云的对称轴,所以氢键间的夹角 134°实际上是 F 的孤对电子和成键电子(F—H 键)的杂化轨道间的夹角。

电子衍射的研究证明,氟化氢气体中也有多聚分子$(HF)_n$ 存在,$n$ 大约在 5 以下,F—H…F 之键长为 255 pm,F…F…F 间夹角为 140±5°。根据红外光谱研究结果证明,除链状$(HF)_n$ 外,还有$(HF)_6$ 环状六聚分子存在。

在 $NaHCO_3$ 结晶中,$HCO_3^-$ 由氢键结合成无限长的链状负离子团(图 15-13)。在长链负离子的两旁是 $Na^+$ 离子,它们由于离子间的引力结合成晶体。

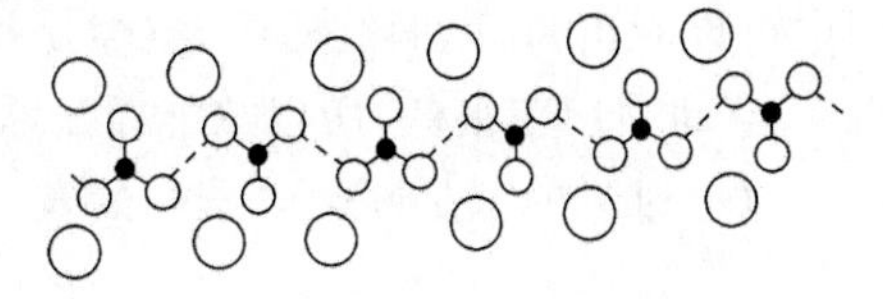

图 15-13 $NaHCO_3$ 的结构

大圆代表 $Na^+$,●代表 C,o…o 代表 O—H…O 氢键

图 15-14(a)示出在硼酸($H_3BO_3$)结晶中由氢键结合起来的层状结构,图中●表

示硼原子，○表示氧原子，两个氧原子以氢键结合，其中氢原子没有画出来。图15-14(b)示出图15-14(a)中两个 $H_3BO_3$ 单元的明细结构，图中也画出了H原子，从图中可以清楚地看出硼酸分子间的氢键结合。

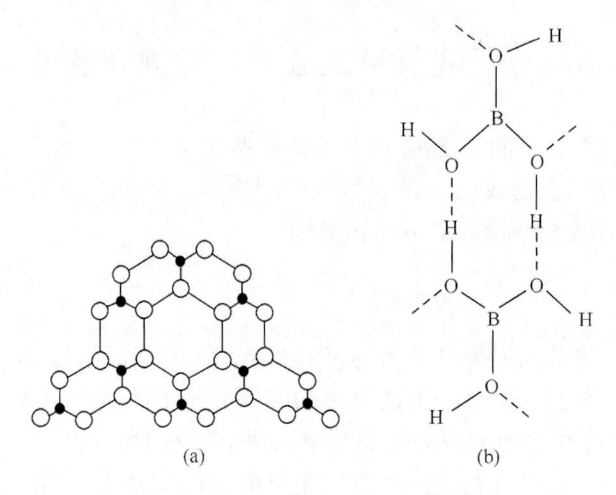

(a)　　(b)

图 15-14　硼酸($H_3BO_3$)的层状结构

图15-15示出α-和β-间苯二酚 $C_6H_4(OH)_2$ 的层状结构。

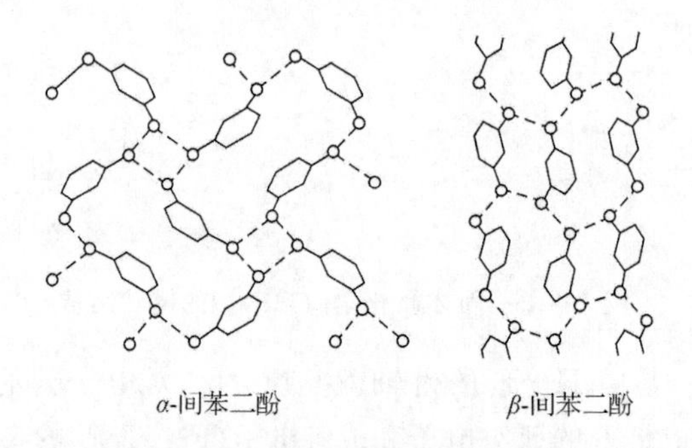

α-间苯二酚　　β-间苯二酚

图 15-15　间苯二酚结构中的氢键

多聚分子中氢键的立体结构的例子是冰。图15-16示出冰中氢键结构的四面体构型，图中大圈是氧，小圈是氢。图15-17绘出冰中水分子的分布的示意图。从图中可以看出，在冰的结构中，空隙是相当多的，这是因为四面体结构的配位数只有4，空间利用率很低，所以冰能浮于水面。

以上讨论的都是同类分子间的氢键。在不同分子间也可形成氢键，例如

$$C_6H_5-C\begin{matrix}\diagup O\\ \diagdown O-H\cdots O=C\begin{matrix}\diagup CH_3\\ \diagdown CH_3\end{matrix}\end{matrix}$$

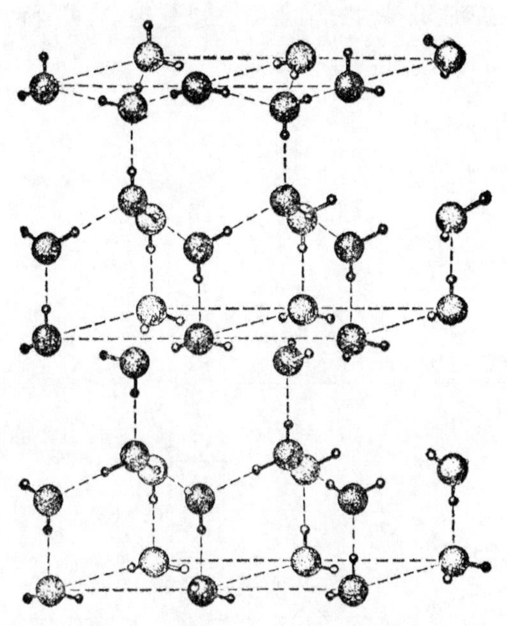

图 15-16　冰中氢键结构的四面体构型

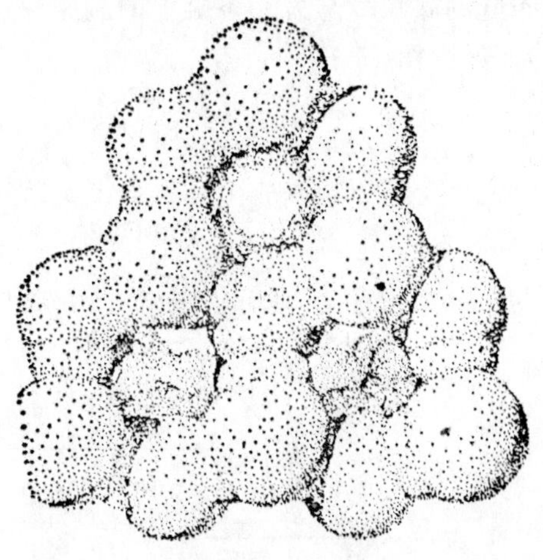

图 15-17　冰中水分子的分布示意图

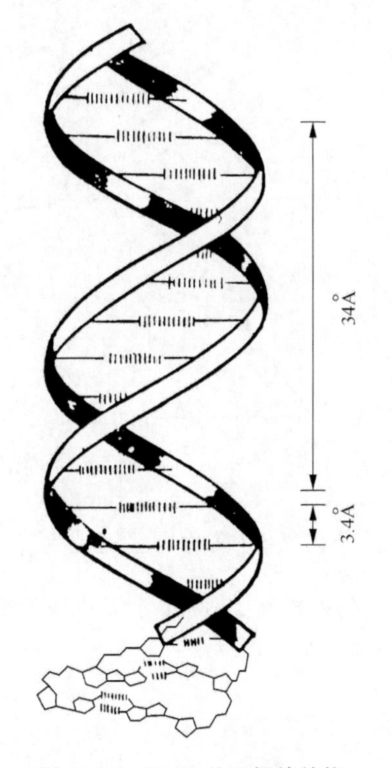


图 15-18　DNA 的双螺旋结构

氢键在脱氧核糖核酸(DNA)的双螺旋结构(图 15-18)中起着重要的作用①。按照沃岑(J. D. Watson)和克里克(F. Crick)的意见,DNA 是由两条多核苷酸链组成,每条多核苷酸链都是以其磷酸脱氧核糖基形成的长链为基本骨架,以右手螺旋的方式围绕同一根中心轴线向前盘旋,但两条链的走向相反。这两条链通过内侧的碱基间的氢键牢固地并联起来。氢键只能在一条链中的嘌呤碱与另一条链中的嘧啶碱间生成,否则,若两个嘧啶碱相配,则由于链间距离过大而不能生成氢键,若两个嘌呤碱相配,则由于链间距离过小,也不能生成氢键。实际上是由一条链上的鸟嘌呤与另一条链上的胞嘧啶形成碱基对,一

① 近来有人对 DNA 的双螺旋结构提出了怀疑,认为两条多核苷酸链组成一条"拉链",它们也是靠碱基对的氢键结合的。参看化学通报,1981 年,第 3 期,64 页。

条链的腺嘌呤与另一条链上的胸腺嘧啶形成碱基对。前者含三个氢键,后者含两个氢键(图 15-19)。

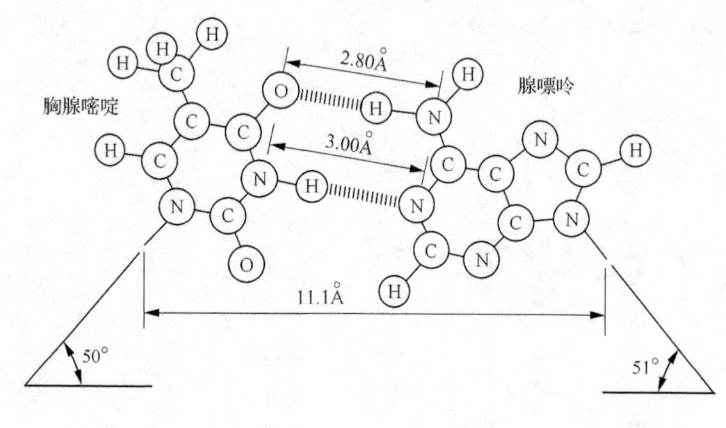


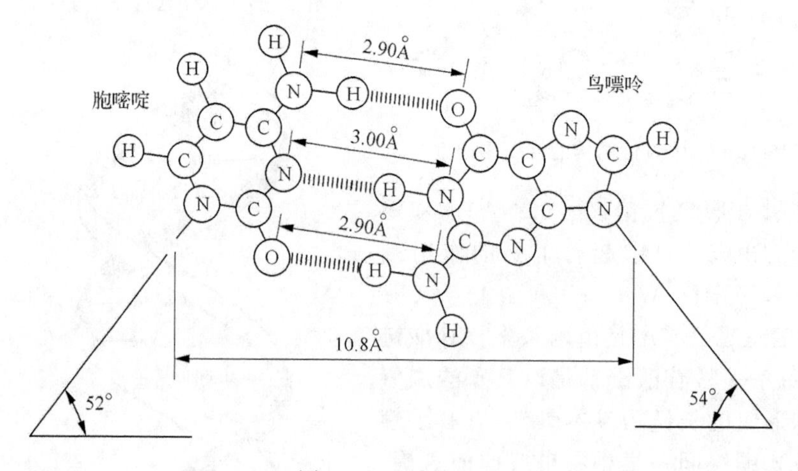


图 15-19　碱基配对

**2. 分子内氢键**(简称内氢键)

在某些分子,例如邻位硝基苯酚中的羟基 O—H 可与硝基的氧原子生成分子内氢键,如下式所示:

由于受环状结构中其他原子的键角的限制,所以分子内氢键 X—H…Y 不能在同一直线上,一般键角约为 150°左右。

在苯酚的邻位上有—COOH、—$NO_2$、—NO、—$CONH_2$、—$COCH_3$ 和—Cl 等取代基的化合物都能形成内氢键，如下面前三式。内氢键也存在于含氮化合物中，如下面的第四式。

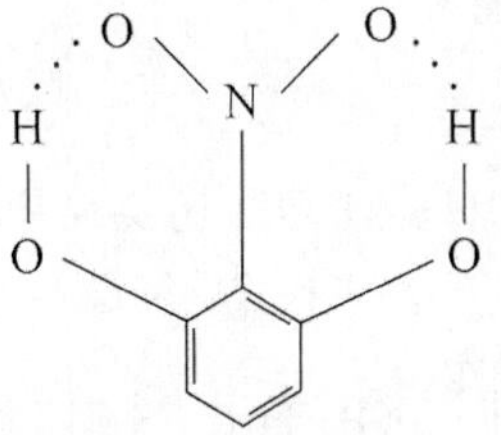

$C_6H_3(OH)_2NO_2$

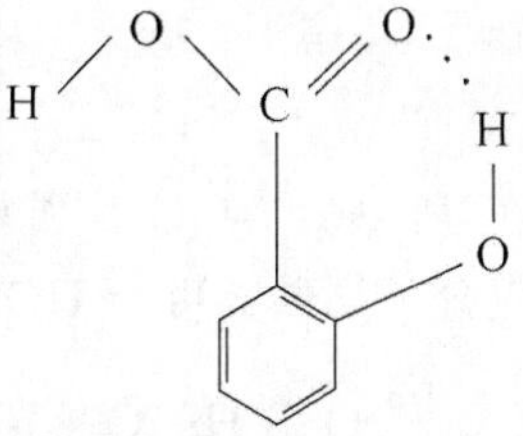

$C_6H_4(OH)COOH$

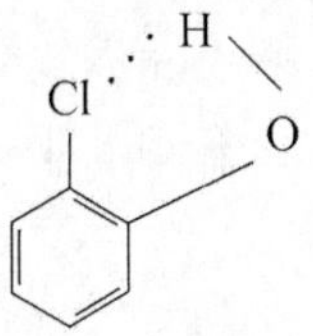

$C_6H_4(OH)Cl$

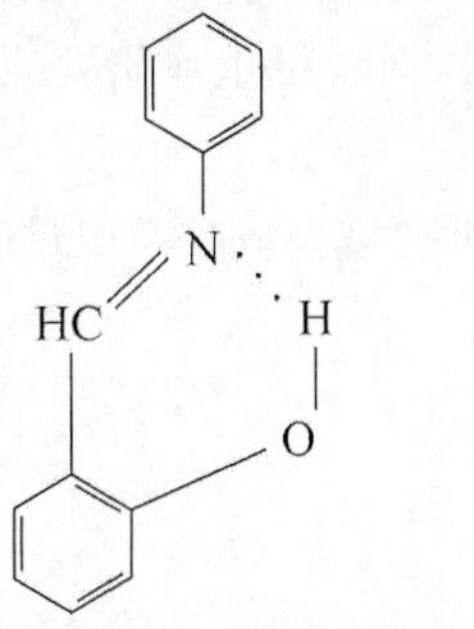

$C_6H_4(OH)CH{=}NC_6H_5$

另有一种内氢键 X—H⋯Y，其中 Y 与 X 并无其他化学键把它们联结起来。例如 $NH_3 \cdot H_2O$ 分子中，$NH_4^+$ 和 $OH^-$ 基团是以氢键联结起来的，在氨的水溶液中存在着下式所示的复杂平衡关系

$$H_3N + H_2O \rightleftharpoons H{-}\overset{\displaystyle H}{\underset{\displaystyle H}{N}}\cdots H{-}O{-}H \rightleftharpoons H{-}\overset{\displaystyle H}{\underset{\displaystyle H}{N}}{-}H\cdots O{-}H$$

$$\rightleftharpoons \left[H{-}\overset{\displaystyle H}{\underset{\displaystyle H}{N}}{-}H\right]^+ + [O{-}H]^-$$

其中以第三式为主要形式，因此 $NH_3 \cdot H_2O$ 是弱碱。同样，$RNH_3OH$、$R_2NH_2OH$、$R_3NHOH$ 也都是弱碱，因为都可以生成 N—H⋯O 氢键，例如

$$R{-}\overset{\displaystyle R}{\underset{\displaystyle R}{N}}{-}H\cdots O{-}H$$

但在 $R_4NOH$ 中，所有与氮原子联结的氢原子都被烷基 R 所替代，不可能生成 N—H…O 氢键，只能以离解的

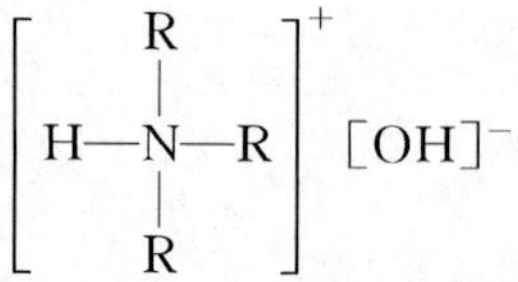

$$\left[\begin{array}{c} R \\ | \\ H—N—R \\ | \\ R \end{array}\right]^+ [OH]^-$$

形式存在，所以 $R_4NOH$ 是强碱，其碱性甚至比 NaOH 或 KOH 还要强一些。

含氧分子如醚类可与 HCl 结合成锌盐，其中含有 O—H…Cl 氢键：

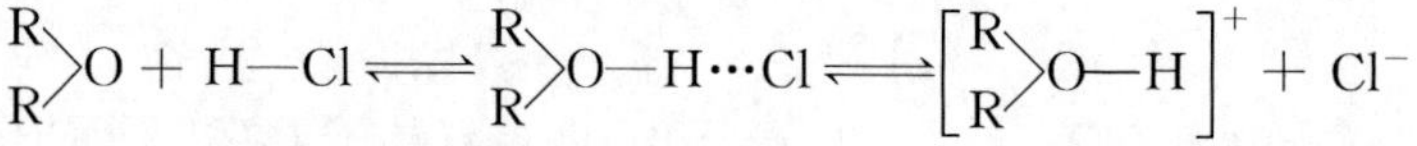

$$\begin{array}{c}R\\R\end{array}\!\!>O + H—Cl \rightleftharpoons \begin{array}{c}R\\R\end{array}\!\!>O—H\cdots Cl \rightleftharpoons \left[\begin{array}{c}R\\R\end{array}\!\!>O—H\right]^+ + Cl^-$$

由于存在上述反应，醚类溶剂可把 HCl 从盐酸溶液中萃取过来。如盐酸溶液中含有 $FeCl_3$，两者可生成络合氢酸 $HFeCl_4$：

$$FeCl_3 + HCl \rightleftharpoons HFeCl_4$$

而乙醚可把络合氢酸萃取过来，形成下式所示的锌盐，其中也含有 O—H…Cl 氢键：

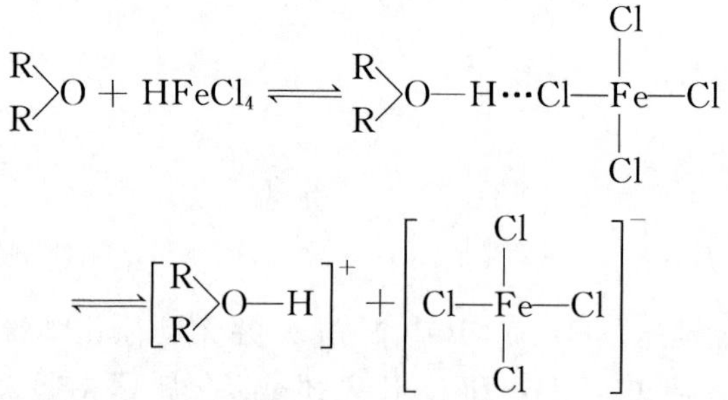

$$\begin{array}{c}R\\R\end{array}\!\!>O + HFeCl_4 \rightleftharpoons \begin{array}{c}R\\R\end{array}\!\!>O—H\cdots \begin{array}{c} Cl \\ | \\ Cl—Fe—Cl \\ | \\ Cl \end{array}$$

$$\rightleftharpoons \left[\begin{array}{c}R\\R\end{array}\!\!>O—H\right]^+ + \left[\begin{array}{c} Cl \\ | \\ Cl—Fe—Cl \\ | \\ Cl \end{array}\right]^-$$

这种用有机溶剂从水溶液中萃取某些无机盐类的方法，在分析化学和无机制备方面有广泛的应用。

## §15-7　氢键的形成对于化合物的物理和化学性质的影响

### 1. 对沸点和熔点的影响

分子间氢键的形成使沸点和熔点升高。因为要使液体气化，必须破坏大部分分手间的氢键，需要较多的能量，要使晶体熔化，也要破坏一部分分子间的氢键，所以沸点和熔点都比没有氢键的同类化合物为高。

例如周期表第六族的氢化物中，$H_2Te$、$H_2Se$、$H_2S$ 的沸点和熔点都顺次降低，这是可以理解的，因为沸点和熔点主要决定于分子间的范德华引力。而在这些化合物中主要的范德华引力是色散力，色散力的大小在类似的化合物中随原子序的增加而增加。这里 S 的原子序最小，所以 $H_2S$ 分子间的色散力最小，它的沸点和

熔点最低。根据这个道理,从图 15-20 中用外推法估计 $H_2O$ 的沸点和熔点应该在 $-80°$和$-100°$左右,但是实际测得的沸点(100°)和熔点(0°)要高得多,这就是因为氢键存在的缘故。

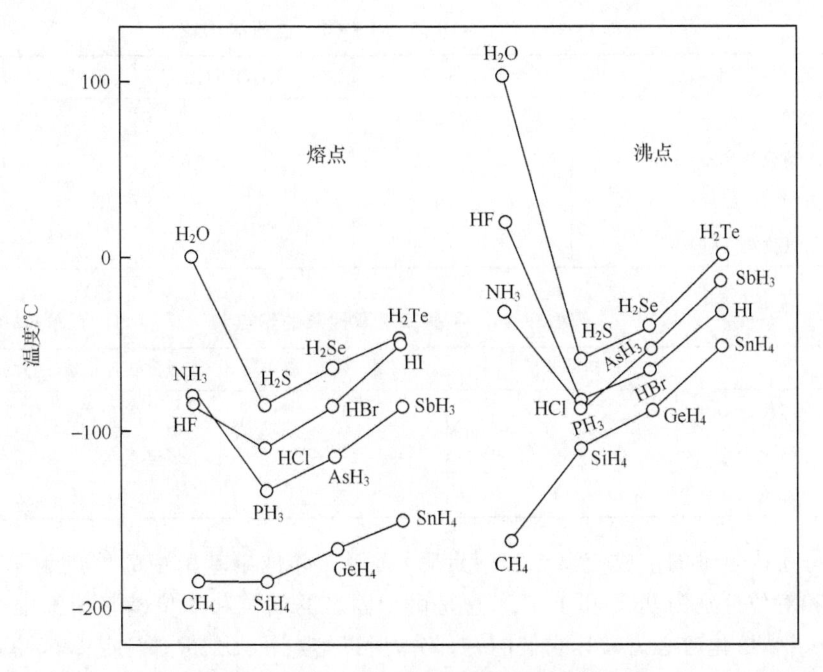


图 15-20　同族元素与氢的化合物的熔点和沸点

$NH_3$ 和 HF 的沸点和熔点也比图中由外推法估计的数值为高,但是估计值和实验值的差异没有像 $H_2O$ 那么大。对 $NH_3$ 来说,差异较小的原因是氢键 N—H…N 要比 O—H…O 弱得多,对 HF 来说,虽然 F—H…F 键要比 O—H…O 键强,但是每个 $H_2O$ 分子有两个氢键,每个 HF 只有一个氢键,所以差异不及 $H_2O$ 大。甲烷分子间并无氢键,所以它的沸点和熔点都很低。凡是与熔点及沸点有关的性质,例如熔化热、气化热、蒸气压等的变化情形,都与上面所讨论的情形相似。

在醇类的结晶中 ROH 由氢键结合而成链状结构(图 15-21),要使这种晶体变

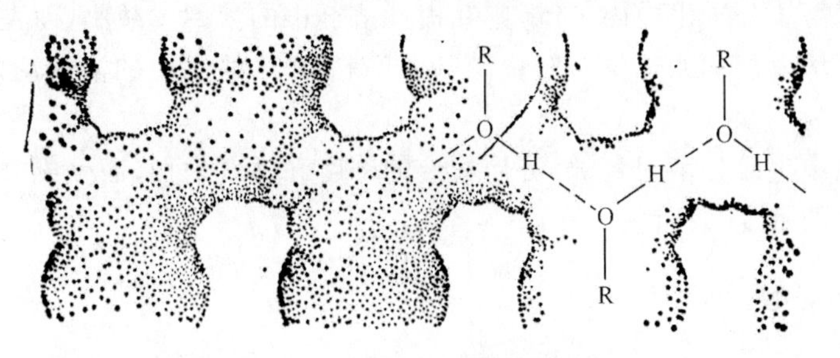


图 15-21　醇类结晶的链状结构

为液体毋需破坏很多的氢键,但变为气体时,氢键需全部破坏,所以醇类的熔化热和熔点接近正常,而沸点及气化热则特别高。表 15-15 列出 $C_2H_5OH$ 与 $CH_3OCH_3$ 性质的比较,前者含有氢键,后者不含氢键。

**表 15-15 $C_2H_5OH$ 与 $CH_3OCH_3$ 性质的比较**

| | $C_2H_5OH$ | $CH_3OCH_3$ | 差 额 |
|---|---|---|---|
| 熔点/℃ | −112 | −138 | 26 |
| 摩尔熔化热/$(kJ \cdot mol^{-1})$ | 4.81 | 3.97 | 0.84 |
| 沸点/℃ | 78 | −24 | 102 |
| 摩尔气化热/$(kJ \cdot mol^{-1})$ | 42.6 | 18.6 | 24.0 |

**表 15-16 某些二基取代苯的熔点** (单位:℃)

| | 硝基苯酚 | 水 杨 酸 | 氯 苯 酚 |
|---|---|---|---|
| 邻位 | 45 | 159 | $7(\alpha),0(\beta),4.1(\gamma)$ |
| 间位 | 96 | 201.3 | 32.8 |
| 对位 | 114 | 213 | 43 |

分子内氢键的生成使沸点和熔点降低,例如邻位硝基苯酚的熔点为 45℃,而间位和对位分别为 96℃和 114℃,这是由于固态的间位和对位硝基苯酚中存在分子间氢键,熔化时必需破坏它们的一部分,所以熔点较高。但邻位硝基苯酚中已经构成内氢键,不能再构成分子间氢键了,所以熔点较低。

其他与熔点和沸点有关的性质如蒸气压、气化热、熔化热等也有类似情形,例如 OH 在邻位硝基苯酚中由于形成内氢键使分子螯合,不能再形成分子间氢键,所以邻位硝基苯酚的蒸气压比间位和对位异构体高很多,可借水蒸气蒸馏法与后两者分离。

**2. 对溶解度、溶液密度和粘度的影响**

在极性溶剂中,如果溶质分子与溶剂分子之间可以生成氢键,则溶质的溶解度增大。如果溶质分子生成内氢键,则在极性溶剂中的溶解度减小,而在非极性溶剂中的溶解度增大。例如邻位与对位硝基苯酚在 20℃的水中的溶解度之比为 0.39 而在苯中则为 1.93。

在溶液中生成分子间氢键,可使溶液的密度和粘度增加,而生成分子内氢键不会增加溶液的密度和粘度。

**3. 对酸性的影响**

如苯甲酸的电离常数为 $K$,则在邻位、间位、对位上代有羟基时,电离常数依次为 15.9$K$、1.26$K$ 和 0.44$K$，如左右两边邻位上各取代一羟基，则电离常数为 800$K$。这是由于邻位上的羟基可与苯甲酸根生成氢键之故。

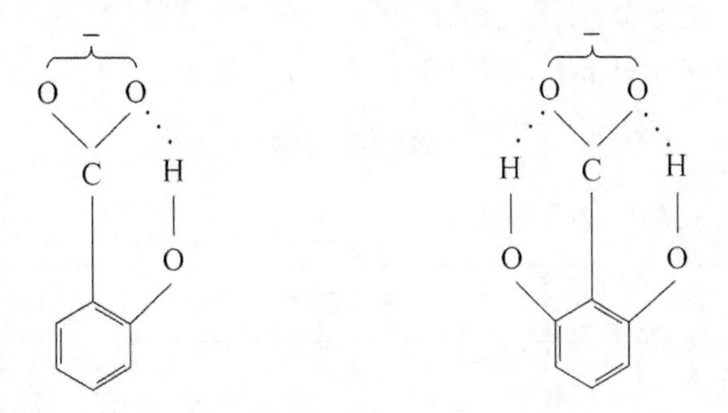


**4. 对介电常数的影响**

介电常数大的液体，如水（$\varepsilon=80$）、HCN（$\varepsilon=95$）、甲醇（$\varepsilon=33$）等，都是由氢键结合的链状多聚分子组成的。

**5. 对红外光谱和拉曼光谱中 O—H 键或 N—H 键的特征振动频率的影响**

O—H 键的特征振动频率 $\nu$ 在 3500—3730 $cm^{-1}$ 之间，形成 O—H…Y 氢键后，H 被 Y 拉过去，O—H 键的长度略有增加（约 5%），强度略有减弱，特征振动频率将减少到 3100—3500 $cm^{-1}$。这一减少的数值 $\Delta\nu$ 可以作为氢键强弱的度量，N—H 键的 $\nu=3420$—3550 $cm^{-1}$，形成氢键 N—H…Y 后，$\nu=3100$—3500 $cm^{-1}$，减少的差值 $\Delta\nu$ 同样可以作为氢键强弱的度量。红外光谱现在是判别氢键存在与否和研究氢键强弱的主要方法。

## 参 考 书 目

1. W. Kauzman, *Quantum Chemistry*, Academic, 1957.
2. J. O. Hirschfelder, C. F. Curfiss and R. B. Bird, *Molecular Theory of Gases and Liquids*, Part Ⅲ, Wiley, 1954.
3. T. Kihara, *Intermolecular Forces*, Wiley, 1978.
4. G. C. Maitland, *Intermolecular Forces, Their Origins and Determination*, Claredon, 1981.
5. D. Hadzi, *Hydrogen Bonding*, Pergamon, 1959.
6. G. C. Pimentel and A. L. McClellan, *The Hydrogen Bond*, Freeman, 1960.
7. W. C. Hamilton and J. A. Ibers, *Hydrogen Bonding in Solids*, Benjamin, 1968.
8. P. Schuster, G. Zundel and C. Sandorfy, ed., *The Hydrogen Bond*, *Vol.* Ⅰ, *Theory*; *Vol.* Ⅱ, *Structure and Spectroscopy*; *Vol.* Ⅲ, *Dynamics, Thermodynamics and Special Systems*, North Holland, 1976.
9. J. O. Hirschfelder, ed., *Advances in Chemical Physics*, *Vol.* 12, *Intermolecular Forces*, Wi-

ley, 1978.
10. 唐敖庆,江元生,东北人民大学自然科学学报,1,280(1955);
唐敖庆,曾成,化学学报,21,213(1955);
唐敖庆,孙家钟,科学记录,1,219(1957);2,135(1958).

## 问题与习题

1. 解释下面三个异构体沸点差异的原因。

| 异构体 | 沸点/℃ | 偶极矩/$10^{-30}$C·m |
|---|---|---|
| 顺-二氯乙烯 | 60.5 | 6.30 |
| 反-二氯乙烯 | 47.7 | 0 |
| 1,1-二氯乙烯 | 35 | 3.94 |

2. 下列表中列出一些烷烃的沸点和熔点(单位:℃),请解释:
(1) 正烷烃的沸点随碳原子数增加而稳定地升高,而熔点的升高是跳跃式的原因。
(2) 戊烷的沸点随支链的增多而降低,熔点却增高的原因。

| 化合物 | 沸点 | 熔点 | 熔点差 | 异构体 | 沸点 | 熔点 |
|---|---|---|---|---|---|---|
| $n$-$C_5H_{12}$ | 36.07 | −129.7 | | $n$-$C_5H_{12}$ | 36.07 | −129.7 |
| $n$-$C_6H_{14}$ | 68.74 | −95.3 | 34.4 | $(H_3C)_2CH$-$C_2H_5$ | 28 | −98.2 |
| $n$-$C_7H_{16}$ | 98.43 | −90.6 | 4.7 | $(CH_3)_4C$ | 9.5 | −20.0 |
| $n$-$C_8H_{18}$ | 125.66 | −59.8 | 30.8 | | | |
| $n$-$C_9H_{20}$ | 150.79 | −53.5 | 6.5 | | | |
| $n$-$C_{10}H_{22}$ | 174.12 | −29.7 | 23.8 | | | |

3. 讨论异构体中支链对粘度的影响。
4. 为什么 $C_2H_5OH$ 的粘度大于 $C_2H_5F$? 为什么甘油 $C_3H_5(OH)_3$ 的粘度很大?
5. 讨论类似化合物互溶的原因。
6. 下列化合物中有否氢键存在? 如果存在的话,是分子间氢键还是分子内氢键? 用什么方法可以证明?
(1)$NH_3$;(2) $C_6H_6$,(3) HCN,(4)$C_2H_6$,(5) $CF_3H$,(6)$CH_3CHO$,(7) $CH_3COOH$,
(8) $CH_3CH_2OH$,(9) $H_2C_2O_4$(草酸),(10) HO—⟨苯环⟩—CHO, (11) 邻羟基苯甲醛(苯环上 —CHO 与邻位 —OH)
7. 讨论氢键对于液体介电常数的影响。为什么氢氰酸的介电常数特别大?
8. 下表列出邻位卤代苯甲酸的电离常数 $K'$ 与苯甲酸电离常数之比,试解释为什么邻-氟代苯甲酸的 $K'$ 最小。

| 卤　素 | F | Cl | Br | I |
|---|---|---|---|---|
| $K'/K$ | 8.61 | 18.2 | 22.3 | 21.9 |

9. 在核磁共振图谱中，羟基的峰比较宽。一般说来，R—OH(醇)的范围是在0.5～4.5ppm，Ar—OH(酚)的范围是在4.5～10ppm，在非极性溶剂中羧酸生成二聚体$(RCOOH)_2$，其中—OH的氢的化学位移在9～13ppm之间，而R—SH及Ar—SH的峰位范围比较窄，在1—4ppm之间，请解释其原因。

10. 有两个含羟基的化合物，其中一个的—OH的氢的化学位移与浓度关系不大，另一个则随样品浓度改变有较显著变化，哪一个生成分子内氢键？哪一个生成分子间氢键？

11. 某含羟基的化合物的红外光谱图上在3200～3600 $cm^{-1}$范围内有两个吸收峰，样品浓度高时只见到低波数的一个峰，随着样品浓度减小，该峰逐渐下降，高波数的峰逐渐增大。样品浓度足够小时，只见到高波数的峰，解释这一现象。

# 附　录

## 附录 1　常用物理常数

1. 真空中的光速

$$c = 2.99792458 \times 10^{8}\ \mathrm{m \cdot s^{-1}}$$

2. 普朗克常数

$$h = 6.626176 \times 10^{-34}\ \mathrm{J \cdot s}$$

$$\hbar = h/2\pi = 1.0545887 \times 10^{-34}\ \mathrm{J \cdot s}$$

$$= 6.582173 \times 10^{-22}\ \mathrm{MeV \cdot s}$$

3. 玻尔兹曼常数

$$k = 1.380662 \times 10^{-23}\ \mathrm{J \cdot K^{-1}}$$

$$= 0.861735 \times 10^{-10}\ \mathrm{MeV \cdot K^{-1}}$$

$$= 0.695030\ \mathrm{cm^{-1} \cdot K^{-1}}$$

4. 阿伏伽德罗常数

$$N_{\mathrm{A}} = 6.022045 \times 10^{23}\ \mathrm{mol^{-1}}$$

5. 基本电荷

$$e = 1.6021892 \times 10^{-19}\ \mathrm{C}$$

6. 电子静止质量

$$m_{\mathrm{e}} = 9.109534 \times 10^{-31}\ \mathrm{kg}$$

$$= 5.4858026 \times 10^{-4}\ \mathrm{u}$$

7. 里德伯常数

$$R_{\infty} = e^2/8\pi\varepsilon_0 a_0 hc = 1.097373177 \times 10^{7}\ \mathrm{m^{-1}}$$

$$P_{\mathrm{H}} = R_{\infty}/(1 + m_{\mathrm{e}}/m_{\mathrm{p}}) = 1.09677576 \times 10^{7}\ \mathrm{m^{-1}}$$

8. 玻尔半径

$$a_0 = 4\pi\varepsilon_0 \hbar^2/m_{\mathrm{e}} e^2 = 0.52917706 \times 10^{-10}\ \mathrm{m}$$

9. 精细结构常数

$$\alpha = e^2/4\pi\varepsilon_0 \hbar c = 1/137.036$$

10. 电子的康普顿波长

$$\lambda_{\mathrm{C}} = h/m_{\mathrm{e}} c = 2.4263 \times 10^{-12}\ \mathrm{m}$$

11.(经典)电子半径

$$r_{\mathrm{e}} = e^2/4\pi\varepsilon_0 m_{\mathrm{e}} c^2 = 2.817938 \times 10^{-15}\ \mathrm{m}$$

12. 玻尔磁子

$$\mu_{\mathrm{B}} = e\hbar/2m_{\mathrm{e}} = 9.274078 \times 10^{-24}\ \mathrm{A \cdot m^2 (J \cdot T^{-1})}$$

13. 电子的 $g$ 因子

$$g_e = 2.002319$$

14. 质子静止质量

$$m_p = 1.6726485 \times 10^{-27}\ \mathrm{kg} = 1.007276470\ \mathrm{u}$$

15. 中子静止质量

$$m_n = 1.6749543 \times 10^{-27}\ \mathrm{kg} = 1.008665012\ \mathrm{u}$$

16. 质子的 $g$ 因子

$$g_p = 5.5854$$

17. 核磁子

$$\mu_N = e\hbar/2m_p = 5.050824 \times 10^{-27}\ \mathrm{A \cdot m^2 (J \cdot T^{-1})}$$

18. 原子质量单位

$$m_u = 1.6605655 \times 10^{-27}\ \mathrm{kg} = 1\ \mathrm{u}$$

19. 真空介电常数

$$\varepsilon_0 = 1/\mu_0 c^2 = 8.854187818 \times 10^{-12}\ \mathrm{F \cdot m^{-1} (C^2 \cdot N^{-1} \cdot m^{-2})}$$

20. 真空磁导率

$$\mu_0 = 4\pi \times 10^{-7}\ \mathrm{H \cdot m^{-1}}$$

21. 能量单位转换因数

$$1\ \mathrm{eV} = 1.6021892 \times 10^{-19}\ \mathrm{J}$$

$$1\ \mathrm{kcal \cdot mol^{-1}} = 4.184\ \mathrm{kJ \cdot mol^{-1}}$$

1 eV/粒子 $= 96.485\ \mathrm{kJ \cdot mol^{-1}}$

能量为1 eV 的光子的波数 $= 8065.47835\ \mathrm{cm^{-1}}$

能量为1 eV 的光子的波长 $= 1239.852\ \mathrm{nm}$

22. 其他转换因子

$$1\ \mathrm{Debye} = 3.3356 \times 10^{-30}\ \mathrm{C \cdot m}$$

1 CGSE 制 极化率(1 $\mathrm{cm^3}$) $= 1.11265 \times 10^{-16}\ \mathrm{C \cdot m^2 \cdot V^{-1}}$

1 CGSE 制 摩尔极化度(1 $\mathrm{cm^3 \cdot mol^{-1}}$) $= 10^{-6}\ \mathrm{m^3 \cdot mol^{-1}}$

1 CGSE 制 摩尔折射度(1 $\mathrm{cm^3 \cdot mol^{-1}}$) $= 10^{-6}\ \mathrm{m^3 \cdot mol^{-1}}$

# 附录 2　化学上重要的点群的特征标表

1. 无轴群

| $C_1$ | $E$ |
|---|---|
| $A$ | 1 |

| $C_s$ | $E$ | $\sigma_h$ | | |
|---|---|---|---|---|
| $A'$ | 1 | 1 | $x$, $y$, $R_z$ | $x^2$, $y^2$, $z^2$, $xy$ |
| $A''$ | 1 | $-1$ | $z$, $R_x$, $R_y$ | $yz$　$xz$ |

| $C_i$ | $E$ | $i$ | | |
|---|---|---|---|---|
| $A_g$ | 1 | 1 | $R_x$, $R_y$, $R_z$ | $x^2$, $y^2$, $z^2$ $xy$, $xz$, $yz$ |
| $A_u$ | 1 | $-1$ | $x$, $y$, $z$ | |

2. $C_n$ 群

| $C_2$ | $E$ | $C_2$ | | |
|---|---|---|---|---|
| $A$ | 1 | 1 | $z$, $R_z$ | $x^2$, $y^2$, $z^2$, $xy$ |
| $B$ | 1 | $-1$ | $x$, $y$, $R_x$, $R_y$ | $yz$, $xz$ |

| $C_3$ | $E$ | $C_3$ | $C_3^2$ | | $\varepsilon=\exp(2\pi i/3)$ |
|---|---|---|---|---|---|
| $A$ | 1 | 1 | 1 | $z$, $R_z$ | $x^2+y^2$, $z^2$ |
| $E$ | 1 | $\varepsilon$ | $\varepsilon^*$ | $(x,y)(R_x,R_y)$ | $(x^2-y^2,xy)(yz,xz)$ |
| | 1 | $\varepsilon^*$ | $\varepsilon$ | | |

| $C_4$ | $E$ | $C_4$ | $C_2$ | $C_4^3$ | | |
|---|---|---|---|---|---|---|
| $A$ | 1 | 1 | 1 | 1 | $z$, $R_z$ | $x^2+y^2$, $z^2$ |
| $B$ | 1 | $-1$ | 1 | $-1$ | | $x^2-y^2$, $xy$ |
| $E$ | 1 | $i$ | $-1$ | $-i$ | $(x,y)(R_x,R_y)$ | $(yz,xz)$ |
| | 1 | $-i$ | $-1$ | $i$ | | |

| $C_5$ | $E$ | $C_5$ | $C_5^2$ | $C_5^3$ | $C_5^4$ | | $\varepsilon=\exp(2\pi i/5)$ |
|---|---|---|---|---|---|---|---|
| $A$ | 1 | 1 | 1 | 1 | 1 | $z$, $R_z$ | $x^2+y^2$, $z^2$ |
| $E_1$ | 1 | $\varepsilon$ | $\varepsilon^2$ | $\varepsilon^{2*}$ | $\varepsilon^*$ | $(x,y)(R_x,R_y)$ | $(yz,xz)$ |
| | 1 | $\varepsilon^*$ | $\varepsilon^{2*}$ | $\varepsilon^2$ | $\varepsilon$ | | |
| $E_2$ | 1 | $\varepsilon^2$ | $\varepsilon^*$ | $\varepsilon$ | $\varepsilon^{2*}$ | | $(x^2-y^2,xy)$ |
| | 1 | $\varepsilon^{2*}$ | $\varepsilon$ | $\varepsilon^*$ | $\varepsilon^2$ | | |

| $C_6$ | $E$ | $C_6$ | $C_3$ | $C_2$ | $C_3^2$ | $C_6^5$ | | $\varepsilon=\exp(2\pi i/6)$ |
|---|---|---|---|---|---|---|---|---|
| $A$ | 1 | 1 | 1 | 1 | 1 | 1 | $z$, $R_z$ | $x^2+y^2$, $z^2$ |
| $B$ | 1 | $-1$ | 1 | $-1$ | 1 | $-1$ | | |
| $E_1$ | 1 | $\varepsilon$ | $-\varepsilon^*$ | $-1$ | $-\varepsilon$ | $\varepsilon^*$ | $(x,y)$ | $(xz,yz)$ |
| | 1 | $\varepsilon^*$ | $-\varepsilon$ | $-1$ | $-\varepsilon^*$ | $\varepsilon$ | $(R_x,R_y)$ | |
| $E_2$ | 1 | $-\varepsilon^*$ | $-\varepsilon$ | 1 | $-\varepsilon^*$ | $-\varepsilon$ | | $(x^2-y^2,xy)$ |
| | 1 | $-\varepsilon$ | $-\varepsilon^*$ | 1 | $-\varepsilon$ | $-\varepsilon^*$ | | |

| $C_7$ | $E$ | $C_7$ | $C_7^2$ | $C_7^3$ | $C_7^4$ | $C_7^5$ | $C_7^6$ | | $\varepsilon=\exp(2\pi i/7)$ |
|---|---|---|---|---|---|---|---|---|---|
| $A$ | 1 | 1 | 1 | 1 | 1 | 1 | 1 | $z$, $R_z$ | $x^2+y^2$, $z^2$ |
| $E_1$ | 1 | $\varepsilon$ | $\varepsilon^2$ | $\varepsilon^3$ | $\varepsilon^{3*}$ | $\varepsilon^{2*}$ | $\varepsilon^*$ | $(x,y)$ | $(xz,yz)$ |
| | 1 | $\varepsilon^*$ | $\varepsilon^{2*}$ | $\varepsilon^{3*}$ | $\varepsilon^3$ | $\varepsilon^2$ | $\varepsilon$ | $(R_x,R_y)$ | |
| $E_2$ | 1 | $\varepsilon^2$ | $\varepsilon^{3*}$ | $\varepsilon^*$ | $\varepsilon$ | $\varepsilon^3$ | $\varepsilon^{1*}$ | | $(x^2-y^2,xy)$ |
| | 1 | $\varepsilon^{2*}$ | $\varepsilon^3$ | $\varepsilon$ | $\varepsilon^*$ | $\varepsilon^{3*}$ | $\varepsilon^2$ | | |
| $E_3$ | 1 | $\varepsilon^3$ | $\varepsilon^*$ | $\varepsilon^2$ | $\varepsilon^{2*}$ | $\varepsilon$ | $\varepsilon^{3*}$ | | |
| | 1 | $\varepsilon^{3*}$ | $\varepsilon$ | $\varepsilon^{2*}$ | $\varepsilon^2$ | $\varepsilon^*$ | $\varepsilon^3$ | | |

| $C_8$ | $E$ | $C_8$ | $C_4$ | $C_2$ | $C_4^3$ | $C_8^3$ | $C_8^5$ | $C_8^7$ | | $\varepsilon=\exp(2\pi i/8)$ |
|---|---|---|---|---|---|---|---|---|---|---|
| $A$ | 1 | 1 | 1 | 1 | 1 | 1 | 1 | 1 | $z$, $R_z$ | $x^2+y^2$, $z^2$ |
| $B$ | 1 | −1 | 1 | 1 | 1 | −1 | −1 | −1 | | |
| $E_1$ | 1 | $\varepsilon$ | $i$ | −1 | $-i$ | $-\varepsilon^*$ | $-\varepsilon$ | $\varepsilon^*$ | $(x,y)$ | $(xz,yz)$ |
| | 1 | $\varepsilon^*$ | $-i$ | −1 | $i$ | $-\varepsilon$ | $-\varepsilon^*$ | $\varepsilon$ | $(R_x,R_y)$ | |
| $E_2$ | 1 | $i$ | −1 | 1 | −1 | $-i$ | $i$ | $-i$ | | $(x^2-y^2,xy)$ |
| | 1 | $-i$ | −1 | 1 | −1 | $i$ | $-i$ | $i$ | | |
| $E_3$ | 1 | $-\varepsilon$ | $i$ | −1 | $-i$ | $\varepsilon^*$ | $\varepsilon$ | $-\varepsilon^*$ | | |
| | 1 | $-\varepsilon^*$ | $-i$ | −1 | $i$ | $\varepsilon$ | $\varepsilon^*$ | $-\varepsilon$ | | |

3. $D_n$ 群

| $D_2$ | $E$ | $C_2(z)$ | $C_2(y)$ | $C_2(x)$ | | |
|---|---|---|---|---|---|---|
| $A$ | 1 | 1 | 1 | 1 | | $x^2,y^2,z^2$ |
| $B_1$ | 1 | 1 | −1 | −1 | $z,R_z$ | $xy$ |
| $B_2$ | 1 | −1 | 1 | −1 | $y,R_y$ | $xz$ |
| $B_3$ | 1 | −1 | −1 | 1 | $x,R_x$ | $yz$ |

| $D_3$ | $E$ | $2C_3$ | $3C_2$ | | |
|---|---|---|---|---|---|
| $A$ | 1 | 1 | 1 | | $x^2+y^2,z^2$ |
| $A_2$ | 1 | 1 | −1 | $z,R_z$ | |
| $E$ | 2 | −1 | 0 | $(x,y)(R_x,R_y)$ | $(x^2-y^2,xy)(xz,yz)$ |

| $D_4$ | $E$ | $2C_4$ | $C_2(=C_4^2)$ | $2C_2'$ | $2C_2''$ | | |
|---|---|---|---|---|---|---|---|
| $A_1$ | 1 | 1 | 1 | 1 | 1 | | $x^2+y^2,z^2$ |
| $A_2$ | 1 | 1 | 1 | −1 | −1 | $z,R_z$ | |
| $B_1$ | 1 | −1 | 1 | 1 | −1 | | $x^2-y^2$ |
| $B_2$ | 1 | −1 | 1 | −1 | 1 | | $xy$ |
| $E$ | 2 | 0 | −2 | 0 | 0 | $(x,y)(R_x,R_y)$ | $(xz,yz)$ |

| $D_5$ | $E$ | $2C_5$ | $2C_5^2$ | $5C_2$ | | |
|---|---|---|---|---|---|---|
| $A_1$ | 1 | 1 | 1 | 1 | | $x^2+y^2,z^2$ |
| $A_2$ | 1 | 1 | 1 | −1 | $z,R_z$ | |
| $E_1$ | 2 | 2cos72° | 2cos144° | 0 | $(x,y)(R_x,R_y)$ | $(xz,yz)$ |
| $E_2$ | 2 | 2cos144° | 2cos72° | 0 | | $(x^2-y^2,xy)$ |

| $D_6$ | $E$ | $2C_6$ | $2C_3$ | $C_2$ | $3C_2'$ | $3C_2''$ | | |
|---|---|---|---|---|---|---|---|---|
| $A_1$ | 1 | 1 | 1 | 1 | 1 | 1 | | $x^2+y^2,z^2$ |
| $A_2$ | 1 | 1 | 1 | 1 | −1 | −1 | $z,R_z$ | |
| $B_1$ | 1 | −1 | 1 | −1 | 1 | −1 | | |
| $B_2$ | 1 | −1 | 1 | −1 | −1 | 1 | | |
| $E_1$ | 2 | 1 | −1 | −2 | 0 | 0 | $(x,y)(R_x,R_y)$ | $(xz,yz)$ |
| $E_2$ | 2 | −1 | −1 | 2 | 0 | 0 | | $(x^2-y^2,xy)$ |

4. $C_{nv}$群

| $C_{2v}$ | $E$ | $C_2$ | $\sigma_v(xz)$ | $\sigma_v'(yz)$ | | |
|---|---|---|---|---|---|---|
| $A_1$ | 1 | 1 | 1 | 1 | $z$ | $x^2,y^2,z^2$ |
| $A_2$ | 1 | 1 | −1 | −1 | $R_z$ | $xy$ |
| $B_1$ | 1 | −1 | 1 | −1 | $x,R_y$ | $xz$ |
| $B_2$ | 1 | −1 | −1 | 1 | $y,R_x$ | $yz$ |

| $C_{3v}$ | $E$ | $2C_3$ | $3\sigma_v$ | | |
|---|---|---|---|---|---|
| $A_1$ | 1 | 1 | 1 | $z$ | $x^2+y^2,z^2$ |
| $A_2$ | 1 | 1 | −1 | $R_z$ | |
| $E$ | 2 | −1 | 0 | $(x,y)(R_x,R_y)$ | $(x^2-y^2,xy)(xz,yz)$ |

| $C_{4v}$ | $E$ | $2C_4$ | $C_2$ | $2\sigma_v$ | $2\sigma_d$ | | |
|---|---|---|---|---|---|---|---|
| $A_1$ | 1 | 1 | 1 | 1 | 1 | $z$ | $x^2+y^2,z^2$ |
| $A_2$ | 1 | 1 | 1 | −1 | −1 | $R_z$ | |
| $B_1$ | 1 | −1 | 1 | 1 | −1 | | $x^2-y^2$ |
| $B_2$ | 1 | −1 | 1 | −1 | 1 | | $xy$ |
| $E$ | 2 | 0 | −2 | 0 | 0 | $(x,y)(R_x,R_y)$ | $(xz,yz)$ |

| $C_{5v}$ | $E$ | $2C_5$ | $2C_5^2$ | $5\sigma_v$ | | |
|---|---|---|---|---|---|---|
| $A_1$ | 1 | 1 | 1 | −1 | $z$ | $x^2+y^2,z^2$ |
| $A_2$ | 1 | 1 | 1 | −1 | $R_z$ | |
| $E_1$ | 2 | 2cos72° | 2cos144° | 0 | $(x,y)(R_x,R_y)$ | $(xz,yz)$ |
| $E_2$ | 2 | 2cos144° | 2cos72° | 0 | | $(x^2-y^2,xy)$ |

| $D_{6v}$ | $E$ | $2C_6$ | $2C_3$ | $C_2$ | $2\sigma_v$ | $3\sigma_d$ | | |
|---|---|---|---|---|---|---|---|---|
| $A_1$ | 1 | 1 | 1 | 1 | 1 | 1 | $z$ | $x^2+y^2,z^2$ |
| $A_2$ | 1 | 1 | 1 | 1 | −1 | −1 | $R_z$ | |
| $B_1$ | 1 | −1 | 1 | −1 | 1 | −1 | | |
| $B_2$ | 1 | −1 | 1 | −1 | −1 | 1 | | |
| $E_1$ | 2 | 1 | −1 | −2 | 0 | 0 | $(x,y)(R_x,R_y)$ | $(xz,yz)$ |
| $E_2$ | 2 | −1 | −1 | 2 | 0 | 0 | | $(x^2-y^2,xy)$ |

5. $C_{nh}$ 群

| $C_{2h}$ | $E$ | $C_2$ | $i$ | $\sigma_h$ | | |
|---|---|---|---|---|---|---|
| $A_g$ | 1 | 1 | 1 | 1 | $R_z$ | $x^2,y^2,z^2,xy$ |
| $B_g$ | 1 | $-1$ | 1 | $-1$ | $R_x,R_y$ | $xz,yz$ |
| $A_u$ | 1 | 1 | $-1$ | $-1$ | $z$ | |
| $B_u$ | 1 | $-1$ | $-1$ | 1 | $x,y$ | |

| $C_{3h}$ | $E$ | $C_3$ | $C_3^2$ | $\sigma_h$ | $S_3$ | $S_3^5$ | | $\varepsilon=\exp(2\pi i/3)$ |
|---|---|---|---|---|---|---|---|---|
| $A'$ | 1 | 1 | 1 | 1 | 1 | 1 | $R_z$ | $x^2+y^2,z^2$ |
| $E'$ | 1 | $\varepsilon$ | $\varepsilon^*$ | 1 | $\varepsilon$ | $\varepsilon^*$ | $(x,y)$ | $(x^2-y^2,xy)$ |
| | 1 | $\varepsilon^*$ | $\varepsilon$ | 1 | $\varepsilon^*$ | $\varepsilon$ | | |
| $A''$ | 1 | 1 | 1 | $-1$ | $-1$ | $-1$ | $z$ | |
| $E''$ | 1 | $\varepsilon$ | $\varepsilon^*$ | $-1$ | $-\varepsilon$ | $-\varepsilon^*$ | $(R_x,R_y)$ | $(xz,yz)$ |
| | 1 | $\varepsilon^*$ | $\varepsilon$ | $-1$ | $-\varepsilon^*$ | $-\varepsilon$ | | |

| $C_{4h}$ | $E$ | $C_4$ | $C_2$ | $C_4^3$ | $i$ | $S_4^3$ | $\sigma_h$ | $S_4$ | | |
|---|---|---|---|---|---|---|---|---|---|---|
| $A_g$ | 1 | 1 | 1 | 1 | 1 | 1 | 1 | 1 | $R_z$ | $x^2+y^2,\ z^2$ |
| $B_g$ | 1 | $-1$ | 1 | $-1$ | 1 | $-1$ | 1 | $-1$ | | $x^2-y^2,xy$ |
| $E_g$ | 1 | $i$ | $-1$ | $-i$ | 1 | $i$ | $-1$ | $-i$ | $(R_x,R_y)$ | $(xz,yz)$ |
| | 1 | $-i$ | $-1$ | $i$ | 1 | $-i$ | $-1$ | $i$ | | |
| $A_u$ | 1 | 1 | 1 | 1 | $-1$ | $-1$ | $-1$ | $-1$ | $z$ | |
| $B_u$ | 1 | $-1$ | 1 | $-1$ | $-1$ | 1 | $-1$ | 1 | | |
| $E_u$ | 1 | $i$ | $-1$ | $-i$ | $-1$ | $-i$ | 1 | $i$ | $(x,y)$ | |
| | 1 | $-i$ | $-1$ | $i$ | $-1$ | $i$ | 1 | $-i$ | | |

| $C_{5h}$ | $E$ | $C_5$ | $C_5^2$ | $C_5^3$ | $C_5^4$ | $\sigma_h$ | $S_5$ | $S_5^7$ | $S_5^3$ | $S_5^9$ | | $\varepsilon=\exp(2\pi i/5)$ |
|---|---|---|---|---|---|---|---|---|---|---|---|---|
| $A'$ | 1 | 1 | 1 | 1 | 1 | 1 | 1 | 1 | 1 | 1 | $R_z$ | $x^2+y^2,\ z^2$ |
| $E_1'$ | 1 | $\varepsilon$ | $\varepsilon^2$ | $\varepsilon^{2*}$ | $\varepsilon^*$ | 1 | $\varepsilon$ | $\varepsilon^2$ | $\varepsilon^{2*}$ | $\varepsilon^*$ | $(x,y)$ | |
| | 1 | $\varepsilon^*$ | $\varepsilon^{2*}$ | $\varepsilon^2$ | $\varepsilon$ | 1 | $\varepsilon^*$ | $\varepsilon^{2*}$ | $\varepsilon^2$ | $\varepsilon$ | | |
| $E_2'$ | 1 | $\varepsilon^2$ | $\varepsilon^*$ | $\varepsilon$ | $\varepsilon^{2*}$ | 1 | $\varepsilon^2$ | $\varepsilon^*$ | $\varepsilon$ | $\varepsilon^{2*}$ | | $(x^2-y^2,xy)$ |
| | 1 | $\varepsilon^{2*}$ | $\varepsilon$ | $\varepsilon^*$ | $\varepsilon^2$ | 1 | $\varepsilon^{2*}$ | $\varepsilon$ | $\varepsilon^*$ | $\varepsilon^2$ | | |
| $A''$ | 1 | 1 | 1 | 1 | 1 | $-1$ | $-1$ | $-1$ | $-1$ | $-1$ | $z$ | |
| $E_1''$ | 1 | $\varepsilon$ | $\varepsilon^2$ | $\varepsilon^{2*}$ | $\varepsilon^*$ | $-1$ | $-\varepsilon$ | $-\varepsilon^2$ | $-\varepsilon^{2*}$ | $-\varepsilon^*$ | $(R_x,R_y)$ | $(xz,yz)$ |
| | 1 | $\varepsilon^*$ | $\varepsilon^{2*}$ | $\varepsilon^2$ | $\varepsilon$ | $-1$ | $-\varepsilon^*$ | $-\varepsilon^{2*}$ | $-\varepsilon^2$ | $-\varepsilon$ | | |
| $E_2''$ | 1 | $\varepsilon^2$ | $\varepsilon^*$ | $\varepsilon$ | $\varepsilon^{2*}$ | $-1$ | $-\varepsilon^2$ | $-\varepsilon^*$ | $-\varepsilon$ | $\varepsilon^{2*}$ | | |
| | 1 | $\varepsilon^{2*}$ | $\varepsilon$ | $\varepsilon^*$ | $\varepsilon^2$ | $-1$ | $-\varepsilon^{2*}$ | $-\varepsilon$ | $-\varepsilon^*$ | $-\varepsilon^2$ | | |

| $C_{6h}$ | $E$ | $C_6$ | $C_3$ | $C_2$ | $C_3^2$ | $C_6^5$ | $i$ | $S_3^5$ | $S_6^5$ | $\sigma_h$ | $S_6$ | $S_3$ | | $\varepsilon=\exp(2\pi i/6)$ |
|---|---|---|---|---|---|---|---|---|---|---|---|---|---|---|
| $A_g$ | 1 | 1 | 1 | 1 | 1 | 1 | 1 | 1 | 1 | 1 | 1 | 1 | $R_z$ | $x^2+y^2, z^2$ |
| $B_g$ | 1 | −1 | 1 | −1 | 1 | −1 | 1 | −1 | 1 | −1 | 1 | −1 | | |
| $E_{1g}$ | 1 | $\varepsilon$ | $-\varepsilon^*$ | −1 | $-\varepsilon$ | $\varepsilon^*$ | 1 | $\varepsilon$ | $-\varepsilon^*$ | −1 | $-\varepsilon$ | $\varepsilon^*$ | $(R_x, R_y)$ | $(xz, yz)$ |
| | 1 | $\varepsilon^*$ | $-\varepsilon$ | −1 | $-\varepsilon^*$ | $\varepsilon$ | 1 | $\varepsilon^*$ | $-\varepsilon$ | −1 | $-\varepsilon^*$ | $\varepsilon$ | | |
| $E_{2g}$ | 1 | $-\varepsilon^*$ | $-\varepsilon$ | 1 | $-\varepsilon^*$ | $-\varepsilon$ | 1 | $-\varepsilon^*$ | $-\varepsilon$ | 1 | $-\varepsilon^*$ | $-\varepsilon$ | | $(x^2-y^2, xy)$ |
| | 1 | $-\varepsilon$ | $-\varepsilon^*$ | 1 | $-\varepsilon$ | $-\varepsilon$ | 1 | $-\varepsilon$ | $-\varepsilon^*$ | 1 | $-\varepsilon$ | $-\varepsilon^*$ | | |
| $A_u$ | 1 | 1 | 1 | 1 | 1 | 1 | −1 | −1 | −1 | −1 | −1 | −1 | $z$ | |
| $B_u$ | 1 | −1 | 1 | −1 | 1 | −1 | −1 | 1 | −1 | 1 | −1 | 1 | | |
| $E_{1u}$ | 1 | $\varepsilon$ | $-\varepsilon^*$ | −1 | $-\varepsilon$ | $\varepsilon^*$ | −1 | $-\varepsilon$ | $\varepsilon^*$ | 1 | $\varepsilon$ | $-\varepsilon^*$ | $(x, y)$ | |
| | 1 | $\varepsilon^*$ | $-\varepsilon$ | −1 | $-\varepsilon^*$ | $\varepsilon$ | −1 | $-\varepsilon^*$ | $\varepsilon$ | 1 | $\varepsilon^*$ | $-\varepsilon$ | | |
| $E_{2u}$ | 1 | $-\varepsilon^*$ | $-\varepsilon$ | 1 | $-\varepsilon^*$ | $-\varepsilon$ | −1 | $\varepsilon^*$ | $\varepsilon$ | −1 | $\varepsilon^*$ | $\varepsilon$ | | |
| | 1 | $-\varepsilon$ | $-\varepsilon^*$ | 1 | $-\varepsilon$ | $-\varepsilon^*$ | −1 | $\varepsilon$ | $\varepsilon^*$ | −1 | $\varepsilon$ | $\varepsilon^*$ | | |

6. $D_{nh}$群

| $D_{2h}$ | $E$ | $C_2(z)$ | $C_2(y)$ | $C_2(x)$ | $i$ | $\sigma(xy)$ | $\sigma(xz)$ | $\sigma(yz)$ | | |
|---|---|---|---|---|---|---|---|---|---|---|
| $A_g$ | 1 | 1 | 1 | 1 | 1 | 1 | 1 | 1 | | $x^2, y^2, z^2$ |
| $B_{1g}$ | 1 | 1 | −1 | −1 | 1 | 1 | −1 | −1 | $R_z$ | $xy$ |
| $B_{2g}$ | 1 | −1 | 1 | −1 | 1 | −1 | 1 | −1 | $R_y$ | $xz$ |
| $B_{3g}$ | 1 | −1 | −1 | 1 | 1 | −1 | −1 | 1 | $R_x$ | $yz$ |
| $A_u$ | 1 | 1 | 1 | 1 | −1 | −1 | −1 | −1 | | |
| $B_{1u}$ | 1 | 1 | −1 | −1 | −1 | −1 | 1 | 1 | $z$ | |
| $B_{2u}$ | 1 | −1 | 1 | −1 | −1 | 1 | −1 | 1 | $y$ | |
| $B_{3u}$ | 1 | −1 | −1 | 1 | −1 | 1 | 1 | −1 | $x$ | |

| $D_{3h}$ | $E$ | $2C_3$ | $3C_2$ | $\sigma_h$ | $2S_3$ | $3\sigma_v$ | | |
|---|---|---|---|---|---|---|---|---|
| $A_1'$ | 1 | 1 | 1 | 1 | 1 | 1 | | $x^2+y^2, z^2$ |
| $A_2'$ | 1 | 1 | −1 | 1 | 1 | −1 | $R_z$ | |
| $E'$ | 2 | −1 | 0 | 2 | −1 | 0 | $(x, y)$ | $(x^2-y^2, xy)$ |
| $A_1''$ | 1 | 1 | 1 | −1 | −1 | −1 | | |
| $A_2''$ | 1 | 1 | −1 | −1 | −1 | 1 | $z$ | |
| $E''$ | 2 | −1 | 0 | −2 | 1 | 0 | $(R_x, R_y)$ | $(xz, yz)$ |

| $D_{4h}$ | $E$ | $2C_4$ | $C_2$ | $2C'_2$ | $2C''_2$ | $i$ | $2S_4$ | $\sigma_h$ | $2\sigma_v$ | $2\sigma_d$ | | |
|---|---|---|---|---|---|---|---|---|---|---|---|---|
| $A_{1g}$ | 1 | 1 | 1 | 1 | 1 | 1 | 1 | 1 | 1 | 1 | | $x^2+y^2, z^2$ |
| $A_{2g}$ | 1 | 1 | 1 | −1 | −1 | 1 | 1 | 1 | −1 | −1 | $R_z$ | |
| $B_{1g}$ | 1 | −1 | 1 | 1 | −1 | 1 | −1 | 1 | 1 | −1 | | $x^2-y^2$ |
| $B_{2g}$ | 1 | −1 | 1 | −1 | 1 | 1 | −1 | 1 | −1 | 1 | | $xy$ |
| $E_g$ | 2 | 0 | −2 | 0 | 0 | 2 | 0 | −2 | 0 | 0 | $(R_x, R_y)$ | $(xz, yz)$ |
| $A_{1u}$ | 1 | 1 | 1 | 1 | 1 | −1 | −1 | −1 | −1 | −1 | | |
| $A_{2u}$ | 1 | 1 | 1 | −1 | −1 | −1 | −1 | −1 | 1 | 1 | $z$ | |
| $B_{1u}$ | 1 | −1 | 1 | 1 | −1 | −1 | 1 | −1 | −1 | 1 | | |
| $B_{2u}$ | 1 | −1 | 1 | −1 | 1 | −1 | 1 | −1 | 1 | −1 | | |
| $E_u$ | 2 | 0 | −2 | 0 | 0 | −2 | 0 | 2 | 0 | 0 | $(x, y)$ | |

| $D_{5h}$ | $E$ | $2C_5$ | $2C_5^2$ | $5C_2$ | $\sigma_h$ | $2S_5$ | $2S_5^3$ | $5\sigma_v$ | | |
|---|---|---|---|---|---|---|---|---|---|---|
| $A'_1$ | 1 | 1 | 1 | 1 | 1 | 1 | 1 | 1 | | $x^2+y^2, z^2$ |
| $A'_2$ | 1 | 1 | 1 | −1 | 1 | 1 | 1 | −1 | $R_z$ | |
| $E'_1$ | 2 | 2cos72° | 2cos144° | 0 | 2 | 2cos72° | 2cos144° | 0 | $(x, y)$ | |
| $E'_2$ | 2 | 2cos144° | 2cos72° | 0 | 2 | 2cos144° | 2cos72° | 0 | | $(x^2-y^2, xy)$ |
| $A''_1$ | 1 | 1 | 1 | 1 | −1 | −1 | −1 | −1 | | |
| $A''_2$ | 1 | 1 | 1 | −1 | −1 | −1 | −1 | 1 | $z$ | |
| $E''_1$ | 2 | 2cos72° | 2cos144° | 0 | −2 | −2cos72° | −2cos144° | 0 | $(R_x, R_y)$ | $(xz, yz)$ |
| $E''_2$ | 2 | 2cos144° | 2cos72° | 0 | −2 | −2cos144° | −2cos72° | 0 | | |

| $D_{6h}$ | $E$ | $2C_6$ | $2C_3$ | $C_2$ | $3C_2$ | $3C''_2$ | $i$ | $2S_3$ | $2S_6$ | $\sigma_h$ | $3\sigma_d$ | $3\sigma_v$ | | |
|---|---|---|---|---|---|---|---|---|---|---|---|---|---|---|
| $A_{1g}$ | 1 | 1 | 1 | 1 | 1 | 1 | 1 | 1 | 1 | 1 | 1 | 1 | | $x^2+y^2, z^2$ |
| $A_{2g}$ | 1 | 1 | 1 | 1 | −1 | −1 | 1 | 1 | 1 | 1 | −1 | −1 | $R_z$ | |
| $B_{1g}$ | 1 | −1 | 1 | −1 | 1 | −1 | 1 | −1 | 1 | −1 | 1 | −1 | | |
| $B_{2g}$ | 1 | −1 | 1 | −1 | −1 | 1 | 1 | −1 | 1 | −1 | −1 | 1 | | |
| $E_{1g}$ | 2 | 1 | −1 | −2 | 0 | 0 | 2 | 1 | −1 | −2 | 0 | 0 | $(R_x, R_y)$ | $(xz, yz)$ |
| $E_{2g}$ | 2 | −1 | −1 | 2 | 0 | 0 | 2 | −1 | −1 | 2 | 0 | 0 | | $(x^2-y^2, xy)$ |
| $A_{1u}$ | 1 | 1 | 1 | 1 | 1 | 1 | −1 | −1 | −1 | −1 | −1 | −1 | | |
| $A_{2u}$ | 1 | 1 | 1 | 1 | −1 | −1 | −1 | −1 | −1 | −1 | 1 | 1 | $z$ | |
| $B_{1u}$ | 1 | −1 | 1 | −1 | 1 | −1 | −1 | 1 | −1 | 1 | −1 | 1 | | |
| $B_{2u}$ | 1 | −1 | 1 | −1 | −1 | 1 | −1 | 1 | −1 | 1 | 1 | −1 | | |
| $E_{1u}$ | 2 | 1 | −1 | −2 | 0 | 0 | −2 | −1 | 1 | 2 | 0 | 0 | $(x, y)$ | |
| $E_{2u}$ | 2 | −1 | −1 | 2 | 0 | 0 | −2 | 1 | 1 | −2 | 0 | 0 | | |

| $D_{8h}$ | $E$ | $2C_8$ | $2C_8^3$ | $2C_4$ | $C_2$ | $4C_2'$ | $4C_2''$ | $i$ | $2S_8$ | $2S_8^3$ | $2S_4$ | $\sigma_h$ | $4\sigma_d$ | $4\sigma_v$ | | |
|---|---|---|---|---|---|---|---|---|---|---|---|---|---|---|---|---|
| $A_{1g}$ | 1 | 1 | 1 | 1 | 1 | 1 | 1 | 1 | 1 | 1 | 1 | 1 | 1 | 1 | | $x^2+y^2, z^2$ |
| $A_{2g}$ | 1 | 1 | 1 | 1 | 1 | −1 | −1 | 1 | 1 | 1 | 1 | 1 | 1 | −1 | $R_z$ | |
| $B_{1g}$ | 1 | −1 | −1 | 1 | 1 | 1 | −1 | 1 | −1 | −1 | 1 | 1 | 1 | −1 | | |
| $B_{2g}$ | 1 | −1 | −1 | 1 | 1 | −1 | 1 | 1 | −1 | −1 | 1 | 1 | −1 | 1 | | |
| $E_{1g}$ | 2 | $\sqrt{2}$ | $-\sqrt{2}$ | 0 | −2 | 0 | 0 | 2 | $\sqrt{2}$ | $-\sqrt{2}$ | 0 | −2 | 0 | 0 | $(R_x, R_y)$ | $(xz, yz)$ |
| $E_{2g}$ | 2 | 0 | 0 | −2 | 2 | 0 | 0 | 2 | 0 | 0 | −2 | 2 | 0 | 0 | | $(x^2-y^2, xy)$ |
| $E_{3g}$ | 2 | $-\sqrt{2}$ | $\sqrt{2}$ | 0 | −2 | 0 | 0 | 2 | $-\sqrt{2}$ | $\sqrt{2}$ | 0 | −2 | 0 | 0 | | |
| $A_{1u}$ | 1 | 1 | 1 | 1 | 1 | 1 | 1 | −1 | −1 | −1 | −1 | −1 | −1 | −1 | | |
| $A_{2u}$ | 1 | 1 | 1 | 1 | 1 | −1 | −1 | −1 | −1 | −1 | −1 | −1 | 1 | 1 | $z$ | |
| $B_{1u}$ | 1 | −1 | −1 | 1 | 1 | 1 | −1 | −1 | 1 | 1 | −1 | −1 | −1 | 1 | | |
| $B_{2u}$ | 1 | −1 | −1 | 1 | 1 | −1 | 1 | −1 | 1 | 1 | −1 | −1 | 1 | −1 | | |
| $E_{1u}$ | 2 | $\sqrt{2}$ | $-\sqrt{2}$ | 0 | −2 | 0 | 0 | −2 | $-\sqrt{2}$ | $\sqrt{2}$ | 0 | 2 | 0 | 0 | $(x, y)$ | |
| $E_{2u}$ | 2 | 0 | 0 | −2 | 2 | 0 | 0 | −2 | 0 | 0 | 2 | −2 | 0 | 0 | | |
| $E_{3u}$ | 2 | $-\sqrt{2}$ | $\sqrt{2}$ | 0 | −2 | 0 | 0 | −2 | $\sqrt{2}$ | $-\sqrt{2}$ | 0 | 2 | 0 | 0 | | |

7. $D_{nd}$群

| $D_{2d}$ | $E$ | $2S_4$ | $C_2$ | $2C_2'$ | $2\sigma_d$ | | |
|---|---|---|---|---|---|---|---|
| $A_1$ | 1 | 1 | 1 | 1 | 1 | | $x^2+y^2, z^2$ |
| $A_2$ | 1 | 1 | 1 | −1 | −1 | $R_z$ | |
| $B_1$ | 1 | −1 | 1 | 1 | −1 | | $x^2-y^2$ |
| $B_2$ | 1 | −1 | 1 | −1 | 1 | $z$ | $xy$ |
| $E$ | 2 | 0 | −2 | 0 | 0 | $(x, y)$; $(R_x, R_y)$ | $(xz, yz)$ |

| $D_{3d}$ | $E$ | $2C_3$ | $3C_2$ | $i$ | $3S_6$ | $3\sigma_d$ | | |
|---|---|---|---|---|---|---|---|---|
| $A_{1g}$ | 1 | 1 | 1 | 1 | 1 | 1 | | $x^2+y^2, z^2$ |
| $A_{2g}$ | 1 | 1 | −1 | 1 | 1 | −1 | $R_z$ | |
| $E_g$ | 2 | −1 | 0 | 2 | −1 | 0 | $R_x, R_y$ | $(x^2-y^2, xy), (xz, yz)$ |
| $A_{1u}$ | 1 | 1 | 1 | −1 | −1 | −1 | | |
| $A_{2u}$ | 1 | 1 | −1 | −1 | −1 | 1 | $z$ | |
| $E_u$ | 2 | −1 | 0 | −2 | 1 | 0 | $(x, y)$ | |

| $D_{4d}$ | $E$ | $2S_3$ | $2C_4$ | $2S_8^3$ | $C_2$ | $4C_2'$ | $4\sigma_d$ | | |
|---|---|---|---|---|---|---|---|---|---|
| $A_1$ | 1 | 1 | 1 | 1 | 1 | 1 | 1 | | $x^2+y^2, z^2$ |
| $A_2$ | 1 | 1 | 1 | 1 | 1 | −1 | −1 | $R_z$ | |
| $B_1$ | 1 | −1 | 1 | −1 | 1 | 1 | −1 | | |
| $B_2$ | 1 | −1 | 1 | −1 | 1 | −1 | 1 | $z$ | |
| $E_1$ | 2 | $\sqrt{2}$ | 0 | $-\sqrt{2}$ | −2 | 0 | 0 | $(x, y)$ | |
| $E_2$ | 2 | 0 | −2 | 0 | 2 | 0 | 0 | | $(x^2-y^2, xy)$ |
| $E_3$ | 2 | $-\sqrt{2}$ | 0 | $\sqrt{2}$ | −2 | 0 | 0 | $(R_x, R_y)$ | $(xy, yz)$ |

| $D_{5d}$ | $E$ | $2C_5$ | $2C_5^2$ | $5C_2$ | $i$ | $2S_{10}^3$ | $2S_{10}$ | $5\sigma_d$ | | |
|---|---|---|---|---|---|---|---|---|---|---|
| $A_{1g}$ | 1 | 1 | 1 | 1 | 1 | 1 | 1 | 1 | | $x^2+y^2, z^2$ |
| $A_{2g}$ | 1 | 1 | 1 | −1 | 1 | 1 | 1 | −1 | $R_z$ | |
| $E_{1g}$ | 2 | 2cos72° | 2cos144° | 0 | 2 | 2cos72° | 2cos144° | 0 | $(R_x, R_y)$ | $(xz, yz)$ |
| $E_{2g}$ | 2 | 2cos144° | 2cos72° | 0 | 2 | 2cos144° | 2cos72° | 0 | | $(x^2-y^2, xy)$ |
| $A_{1u}$ | 1 | 1 | 1 | 1 | −1 | −1 | −1 | −1 | | |
| $A_{2u}$ | 1 | 1 | 1 | −1 | −1 | −1 | −1 | 1 | $z$ | |
| $E_{1u}$ | 2 | 2cos72° | 2cos144° | 0 | −2 | −2cos72° | −2cos144° | 0 | $(x, y)$ | |
| $E_{2u}$ | 2 | 2cos144° | 2cos72° | 0 | −2 | −2cos144° | −2cos72° | 0 | | |

| $D_{6d}$ | $E$ | $2S_{12}$ | $2C_6$ | $2S_4$ | $2C_3$ | $2S_{12}^5$ | $C_2$ | $6C_2'$ | $6\sigma_d$ | | |
|---|---|---|---|---|---|---|---|---|---|---|---|
| $A_1$ | 1 | 1 | 1 | 1 | 1 | 1 | 1 | 1 | 1 | | $x^2+y^2, z^2$ |
| $A_2$ | 1 | 1 | 1 | 1 | 1 | 1 | 1 | −1 | −1 | $R_z$ | |
| $B_1$ | 1 | −1 | 1 | −1 | 1 | −1 | 1 | 1 | −1 | | |
| $B_2$ | 1 | −1 | 1 | −1 | 1 | −1 | 1 | −1 | 1 | $z$ | |
| $E_1$ | 2 | $\sqrt{3}$ | 1 | 0 | −1 | $-\sqrt{3}$ | −2 | 0 | 0 | $(x, y)$ | |
| $E_2$ | 2 | 1 | −1 | −2 | −1 | 1 | 2 | 0 | 0 | | $(x^2-y^2, xy)$ |
| $E_3$ | 2 | 0 | −2 | 0 | 2 | 0 | −2 | 0 | 0 | | |
| $E_4$ | 2 | −1 | −1 | 2 | −1 | −1 | 2 | 0 | 0 | | |
| $E_5$ | 2 | $-\sqrt{3}$ | 1 | 0 | −1 | $\sqrt{3}$ | −2 | 0 | 0 | $(R_x, R_y)$ | $(xz, yz)$ |

8. $S_n$ 群

| $S_4$ | $E$ | $S_4$ | $C_2$ | $S_4^3$ | | |
|---|---|---|---|---|---|---|
| $A$ | 1 | 1 | 1 | 1 | $R_z$ | $x^2+y^2, z^2$ |
| $B$ | 1 | −1 | 1 | −1 | $z$ | $x^2-y^2, xy$ |
| $E$ | $\left\{\begin{matrix}1 \\ 1\end{matrix}\right.$ | $\begin{matrix}i \\ -i\end{matrix}$ | $\begin{matrix}-1 \\ -1\end{matrix}$ | $\left.\begin{matrix}-i \\ i\end{matrix}\right\}$ | $(x, y); (R_x, R_y)$ | $(xz, yz)$ |

| $S_6$ | $E$ | $C_3$ | $C_3^2$ | $i$ | $S_6^5$ | $S_6$ | | $\varepsilon=\exp(2\pi i/3)$ |
|---|---|---|---|---|---|---|---|---|
| $A_g$ | 1 | 1 | 1 | 1 | 1 | 1 | $R_z$ | $x^2+y^2, z^2$ |
| $E_g$ | $\left\{\begin{matrix}1 \\ 1\end{matrix}\right.$ | $\begin{matrix}\varepsilon \\ \varepsilon^*\end{matrix}$ | $\begin{matrix}\varepsilon^* \\ \varepsilon\end{matrix}$ | $\begin{matrix}1 \\ 1\end{matrix}$ | $\begin{matrix}\varepsilon \\ \varepsilon^*\end{matrix}$ | $\left.\begin{matrix}\varepsilon^* \\ \varepsilon\end{matrix}\right\}$ | $(R_x, R_y)$ | $(x^2-y^2, xy)$ $(xz, yz)$ |
| $A_u$ | 1 | 1 | 1 | −1 | −1 | −1 | $z$ | |
| $E_u$ | $\left\{\begin{matrix}1 \\ 1\end{matrix}\right.$ | $\begin{matrix}\varepsilon \\ \varepsilon^*\end{matrix}$ | $\begin{matrix}\varepsilon^* \\ \varepsilon\end{matrix}$ | $\begin{matrix}-1 \\ -1\end{matrix}$ | $\begin{matrix}-\varepsilon \\ -\varepsilon^*\end{matrix}$ | $\left.\begin{matrix}-\varepsilon^* \\ -\varepsilon\end{matrix}\right\}$ | $(x, y)$ | |

| $S_8$ | $E$ | $S_8$ | $C_4$ | $S_8^3$ | $C_2$ | $S_8^5$ | $S_4^3$ | $S_8^7$ | | $\varepsilon=\exp(2\pi i/8)$ |
|---|---|---|---|---|---|---|---|---|---|---|
| $A$ | 1 | 1 | 1 | 1 | 1 | 1 | 1 | 1 | $R_z$ | $x^2+y^2, z^2$ |
| $B$ | 1 | $-1$ | 1 | $-1$ | 1 | $-1$ | 1 | $-1$ | $z$ | |
| $E_1$ | 1 | $\varepsilon$ | $i$ | $-\varepsilon^*$ | $-1$ | $-\varepsilon$ | $-i$ | $\varepsilon^*$ | $(x,y)$; | |
| | 1 | $\varepsilon^*$ | $-i$ | $-\varepsilon$ | $-1$ | $-\varepsilon^*$ | $i$ | $\varepsilon$ | $(R_x,R_y)$ | |
| $E_2$ | 1 | $i$ | $-1$ | $-i$ | 1 | $i$ | $-1$ | $-i$ | | $(x^2-y^2, xy)$ |
| | 1 | $-i$ | $-1$ | $i$ | 1 | $-i$ | $-1$ | $i$ | | |
| $E_3$ | 1 | $-\varepsilon^*$ | $-i$ | $\varepsilon$ | $-1$ | $\varepsilon^*$ | $i$ | $-\varepsilon$ | | $(xz, yz)$ |
| | 1 | $-\varepsilon$ | $i$ | $\varepsilon^*$ | $-1$ | $\varepsilon$ | $-i$ | $-\varepsilon^*$ | | |

9. 立方体群

| $T$ | $E$ | $4C_3$ | $4C_3^2$ | $3C_2$ | | $\varepsilon=\exp(2\pi i/3)$ |
|---|---|---|---|---|---|---|
| $A$ | 1 | 1 | 1 | 1 | | $x^2+y^2+z^2$ |
| $E$ | 1 | $\varepsilon$ | $\varepsilon^*$ | 1 | | $(2z^2-x^2-y^2,$ |
| | 1 | $\varepsilon^*$ | $\varepsilon$ | 1 | | $x^2-y^2)$ |
| $T$ | 3 | 0 | 0 | $-1$ | $(R_x,R_y,R_z)$; $(x,y,z)$ | $(xy, xz, yz)$ |

| $T_h$ | $E$ | $4C_3$ | $4C_3^2$ | $3C_2$ | $i$ | $4S_6$ | $4S_6^5$ | $3\sigma_h$ | | $\varepsilon=\exp(2\pi i/3)$ |
|---|---|---|---|---|---|---|---|---|---|---|
| $A_g$ | 1 | 1 | 1 | 1 | 1 | 1 | 1 | 1 | | $x^2+y^2+z^2$ |
| $A_u$ | 1 | 1 | 1 | 1 | $-1$ | $-1$ | $-1$ | $-1$ | | |
| $E_g$ | 1 | $\varepsilon$ | $\varepsilon^*$ | 1 | 1 | $\varepsilon$ | $\varepsilon^*$ | 1 | | $(2z^2-x^2-y^2, x^2-y^2)$ |
| | 1 | $\varepsilon^*$ | $\varepsilon$ | 1 | 1 | $\varepsilon^*$ | $\varepsilon$ | 1 | | |
| $E_u$ | 1 | $\varepsilon$ | $\varepsilon^*$ | 1 | $-1$ | $-\varepsilon$ | $-\varepsilon^*$ | $-1$ | | |
| | 1 | $\varepsilon^*$ | $\varepsilon$ | 1 | $-1$ | $-\varepsilon^*$ | $-\varepsilon$ | $-1$ | | |
| $T_g$ | 3 | 0 | 0 | $-1$ | 1 | 0 | 0 | $-1$ | $(R_x,R_y,R_z)$ | $(xz, yz, xy)$ |
| $T_u$ | 3 | 0 | 0 | $-1$ | $-1$ | 0 | 0 | 1 | $(x,y,z)$ | |

| $T_d$ | $E$ | $8C_3$ | $3C_2$ | $6S_4$ | $6\sigma_d$ | | |
|---|---|---|---|---|---|---|---|
| $A_1$ | 1 | 1 | 1 | 1 | 1 | | $x^2+y^2+z^2$ |
| $A_2$ | 1 | 1 | 1 | $-1$ | $-1$ | | |
| $E$ | 2 | $-1$ | 2 | 0 | 0 | | $(2z^2-x^2-y^2, x^2-y^2)$ |
| $T_1$ | 3 | 0 | $-1$ | 1 | $-1$ | $(R_x,R_y,R_z)$ | |
| $T_2$ | 3 | 0 | $-1$ | $-1$ | 1 | $(x,y,z)$ | $(xy, xz, yz)$ |

| $O$ | $E$ | $6C_4$ | $3C_2(=C_4^2)$ | $8C_3$ | $6C_2$ | | |
|---|---|---|---|---|---|---|---|
| $A_1$ | 1 | 1 | 1 | 1 | 1 | | $x^2+y^2+z^2$ |
| $A_2$ | 1 | $-1$ | 1 | 1 | $-1$ | | |
| $E$ | 2 | 0 | 2 | $-1$ | 0 | | $(2z^2-x^2-y^2, x^2-y^2)$ |
| $T_1$ | 3 | 1 | $-1$ | 0 | $-1$ | $(R_x,R_y,R_z)$; $(x,y,z)$ | |
| $T_2$ | 3 | $-1$ | $-1$ | 0 | 1 | | $(xy, xz, yz)$ |

| $O_h$ | $E$ | $8C_3$ | $6C_2$ | $6C_4$ | $3C_2(=C_4^2)$ | $i$ | $6S_4$ | $8S_6$ | $3\sigma_h$ | $6\sigma_d$ | | |
|---|---|---|---|---|---|---|---|---|---|---|---|---|
| $A_{1g}$ | 1 | 1 | 1 | 1 | 1 | 1 | 1 | 1 | 1 | 1 | | $x^2+y^2+z^2$ |
| $A_{2g}$ | 1 | 1 | −1 | −1 | 1 | 1 | −1 | 1 | 1 | −1 | | |
| $E_g$ | 2 | −1 | 0 | 0 | 2 | 2 | 0 | −1 | 2 | 0 | | $(2z^2-x^2-y^2, x^2-y^2)$ |
| $T_{1g}$ | 3 | 0 | −1 | 1 | −1 | 3 | 1 | 0 | −1 | −1 | $(R_x, R_y, R_z)$ | |
| $T_{2g}$ | 3 | 0 | 1 | −1 | −1 | 3 | −1 | 0 | −1 | 1 | | $(xz, yz, xy)$ |
| $A_{1u}$ | 1 | 1 | 1 | 1 | 1 | −1 | −1 | −1 | −1 | −1 | | |
| $A_{2u}$ | 1 | 1 | −1 | −1 | 1 | −1 | 1 | −1 | −1 | 1 | | |
| $E_u$ | 2 | −1 | 0 | 0 | 2 | −2 | 0 | 1 | −2 | 0 | | |
| $T_{1u}$ | 3 | 0 | −1 | 1 | −1 | −3 | −1 | 0 | 1 | 1 | $(x, y, z)$ | |
| $T_{2u}$ | 3 | 0 | 1 | −1 | −1 | −3 | 1 | 0 | 1 | −1 | | |

10. 线型分子的 $C_{\infty v}$ 群和 $D_{\infty h}$ 群

| $C_{\infty v}$ | $E$ | $2C_\infty^\Phi$ | … | $\infty\sigma_v$ | | |
|---|---|---|---|---|---|---|
| $A_1 \equiv \Sigma^+$ | 1 | 1 | … | 1 | $z$ | $x^2+y^2, z^2$ |
| $A_2 \equiv \Sigma^-$ | 1 | 1 | … | −1 | $R_z$ | |
| $E_1 \equiv \Pi$ | 2 | $2\cos\Phi$ | … | 0 | $(x, y)$; $(R_x, R_y)$ | $(xz, yz)$ |
| $E_2 \equiv \Delta$ | 2 | $2\cos 2\Phi$ | … | 0 | | $(x^2-y^2, xy)$ |
| $E_3 \equiv \Phi$ | 2 | $2\cos 3\Phi$ | … | 0 | | |
| … | … | … | … | … | | |

| $D_{\infty h}$ | $E$ | $2C_\infty^\Phi$ | … | $\infty\sigma_v$ | $i$ | $2S_\infty^\Phi$ | … | $\infty C_2$ | | |
|---|---|---|---|---|---|---|---|---|---|---|
| $\Sigma_g^+$ | 1 | 1 | … | 1 | 1 | 1 | … | 1 | | $x^2+y^2, z^2$ |
| $\Sigma_g^-$ | 1 | 1 | … | −1 | 1 | 1 | … | −1 | $R_z$ | |
| $\Pi_g$ | 2 | $2\cos\Phi$ | … | 0 | 2 | $-2\cos\Phi$ | … | 0 | $(R_x, R_y)$ | $(xz, yz)$ |
| $\Delta_g$ | 2 | $2\cos 2\Phi$ | … | 0 | 2 | $2\cos 2\Phi$ | … | 0 | | $(x^2-y^2, xy)$ |
| … | … | … | … | … | … | … | … | … | | |
| $\Sigma_u^+$ | 1 | 1 | … | 1 | −1 | −1 | … | −1 | $z$ | |
| $\Sigma_u^-$ | 1 | 1 | … | −1 | −1 | −1 | … | 1 | | |
| $\Pi_u$ | 2 | $2\cos\Phi$ | … | 0 | −2 | $2\cos\Phi$ | … | 0 | $(x, y)$ | |
| $\Delta_u$ | 2 | $2\cos 2\Phi$ | … | 0 | −2 | $-2\cos 2\Phi$ | … | 0 | | |
| … | … | … | … | … | … | … | … | … | | |

11. 二十面体群*

| $I_h$ | $E$ | $12C_5$ | $12C_5^2$ | $20C_3$ | $15C_2$ | $i$ | $12S_{10}$ | $12S_{10}^3$ | $20S_6$ | $15\sigma$ | | |
|---|---|---|---|---|---|---|---|---|---|---|---|---|
| $A_g$ | 1 | 1 | 1 | 1 | 1 | 1 | 1 | 1 | 1 | 1 | | $x^2+y^2+z^2$ |
| $T_{1g}$ | 3 | $\frac{1}{2}(1+\sqrt{5})$ | $\frac{1}{2}(1-\sqrt{5})$ | 0 | $-1$ | 3 | $\frac{1}{2}(1-\sqrt{5})$ | $\frac{1}{2}(1+\sqrt{5})$ | 0 | $-1$ | $(R_x, R_y, R_z)$ | |
| $T_{2g}$ | 3 | $\frac{1}{2}(1-\sqrt{5})$ | $\frac{1}{2}(1+\sqrt{5})$ | 0 | $-1$ | 3 | $\frac{1}{2}(1+\sqrt{5})$ | $\frac{1}{2}(1-\sqrt{5})$ | 0 | $-1$ | | |
| $C_g$ | 4 | $-1$ | $-1$ | 1 | 0 | 4 | $-1$ | $-1$ | 1 | 0 | | |
| $H_g$ | 5 | 0 | 0 | $-1$ | 1 | 5 | 0 | 0 | $-1$ | 1 | | $(2z^2-x^2-y^2, x^2-y^2, xy, yz, zx)$ |
| $A_u$ | 1 | 1 | 1 | 1 | 1 | $-1$ | $-1$ | $-1$ | $-1$ | $-1$ | | |
| $T_{1u}$ | 3 | $\frac{1}{2}(1+\sqrt{5})$ | $\frac{1}{2}(1-\sqrt{5})$ | 0 | $-1$ | $-3$ | $-\frac{1}{2}(1-\sqrt{5})$ | $-\frac{1}{2}(1+\sqrt{5})$ | 0 | 1 | $(x, y, z)$ | |
| $T_{2u}$ | 3 | $\frac{1}{2}(1-\sqrt{5})$ | $\frac{1}{2}(1+\sqrt{5})$ | 0 | $-1$ | $-3$ | $-\frac{1}{2}(1+\sqrt{5})$ | $-\frac{1}{2}(1-\sqrt{5})$ | 0 | 1 | | |
| $C_u$ | 4 | $-1$ | $-1$ | 1 | 0 | $-4$ | 1 | 1 | $-1$ | 0 | | |
| $H_u$ | 5 | 0 | 0 | $-1$ | 1 | $-5$ | 0 | 0 | 1 | $-1$ | | |

* 对于纯转动群 $I$，左上角方框内是特征标表；当然，下标 $g$ 应该去掉，并且 $(x,y,z)$ 被指定为 $T_1$ 表示的基。

# 附录 3 何处查阅有关结构化学的数据

1. 晶体结构数据

[1] Landolt-Börnstein, *Numerical Data and Functional Relationships in Science and Technology*, *New series*,（以下简称 *LB*，*New Series*），Group Ⅲ，*Crystal and Solid physics*，Vol. 7a(1973)，7b (1975)，7e (1976)，7f (1977)，7g (1974)，*Crystal gtructure Data of Inorganic Compounds*；Vol. 5a，5b，(1971)，*Organic Crystals*，Springer-Verlag.

[2] R. W. G. Wyckoff, *Crystal Structure*, 2nd, ed. Vol. 1(1963)，Vol. 2 (1964) Interscience, New York.

[3] J. D. H. Donnay and H. M. Ondik, *Crystal Data*, *Determinative Tables*, 3rd ed., Vol. 1, *Organic Compounds*；Vol. 2，*Inorganic Compounds*，U. S. Department of Commerce, National Bureau of Standards and Joint Committee on Powder Diffraction Standards (1972).

[4] *Powder Diffraction File* (1973), *Search Manual*, *Hanawalt Method*, Joint Committee on Powder Diffraction Standards，Pennsylvania (1973).

[5] *Powder Diffraction File* (1977)，*Search Manual*，*Fink Method*，Joint Committee on Powder Diffraction Standards，Pennsylvania (1977).

[6] W. F. NcClune，*Powder Diffraction File Inorganic Volume*，*Organic Volume*，JCPDS-ICDD, 1983.

整套书已出版32卷。

[7] *Strukturbericht*, Band Ⅰ—Ⅶ, (1913—1941).

[8] *Structure Reports*, Vol. 8—44 (1942—1978), N. V. A. Oosthoek's Uitgevers Mij, Utrecht.

[9] I. S. Kasper and K. Lonsdale(eds.), *International Tables for X-Ray Crystallography*, Vol. 1—4, 1974.

2. 分子结构和键长、键角数据

[1] *LB*, *New Series*, Group Ⅱ, *Atomic and Molecular Physics*, Vol. 7, *Structure Data of Free Polyatomic Molecules*, Springer-Verlag (1976).

[2] H. J. M. Bowen, et al., *Tables of Interatomic Distances and Configuration in Molecules and Ions* (The Chemical Society, Special Publication No. 11, 1958), Supplement (Special Publication No. 18, 1965), London.

[3] P. W. Allen and L. E. Sullon, *Acta Crystallogrophia*, 3, 46(1950).

[4] A. F. Wells, *Structural Inorganic Chemistry*, 5th ed, Clarendon Press, Oxford (1984).

[5] International Union of Crystallography, *Molecular Structure and Dimensions*, Vol. 1, *Bibliography of General Organic Crystals*, 1935—1969; Vol. 2, *Bibliography of Complexes and Organometallic Structures*, 1935—1969; Vol. 3, *Bibliography* 1969—1971; Vol. 4, *Bibliography* 1971—1972; Vol. 5, 1972—1973; Vol. 6, 1973—1974; Vol. 7, 1974—1975; Vol. 8, 1975—1976; Vol. 9, 1976—1977; Vol. 19, 1977—1978; Vol. 11, 1978—1979; Vol. 12, 1979—1980; Vol. 13, 1980—1981.

3. 偶极矩数据

[1] A. A. Maryott and F. Buckley *Tables of Dielectric Constants and Electronic Dipole Moments of Substances in the Gaseous State*, National Bureau of Standards, Circular No. 537(1953).

[2] A. L. McClellan, *Tables of Experimental Dipole Moments*, Freeman, San Francisco (1963).

[3] Landolt-Börnstein, *Zahlen Werte und Funktionen ans Physik*, *Chemie*, *Astronomic*, *Geophysik und Technik* (以下简称 LB), Bard I,Teil 1, Teil 3, Springer-Verlag (1951).

[4] *LB*, *New Series*, Group 11, Vol, 4(1967), Vol, 6(1974), Vol. 10 (*in preparation*), Springer-Verlag.

[5] R. D. Nelson Jr., D. R. Lide, Jr., and A. A. Maryott, *Selected Values of Electric Dipole Moments for Molecules in the Gas Phase*, National Bureau of Standards, Washington, D. C.(1967).

4. 键能和分子中键的离解能数据

[1] T. L. Cottrel, *The Strengths of Chemical Bonds*, 2nd ed., Butterworths, London (1958).

[2] G. Herzberg, *Spectra of Diatomic Molecules*, Van Nostrand (1950).

[3] G. Herzberg, *Infrared and Raman Spectra of Polyatomic Molecules*, Van Nostrand (1945).

[4] *LB*, Baitd I, Teil 3 (1951), Springer-Verlag.

[5] J. E. Huheey, *Inorganic Chemistry*, *Principles of Structure and Reactivity*, 2nd ed., Harper & Row, New York (1978). *pp*. 839—851.

5. 原子能级

[1] C. E. Moore, *Atomic Energy Levels*, National Bureau of Standards, Circular 467, Vol. 1, H—V (1949); Vol. 2 Cr—Nb (1952), Vol. 3 (1958).

[2] St. Bashkin and J. O. Stoner, Jr., *Atomic Energy-Levels and Grotrian Diagrams*, Vol. I—IV, North-Holland (1981).

6. 分子的对称性类型

[1] *LB*, Band I, Teil 3 (1951) Springer-Verlag.

7. 分子的红外光谱数据

[1] *The Sadtler Standard Infrared Spectra*, Sadtler Research Laboratories, Inc., Heyden & Sons Ltd., London (1978).

[2] J. W. Robinson, Ed., *Handbook of Spectroscopy*, Vol. 1—2, CRC Press (1974).

[3] J. Grasselli, Ed., *Atlas of Spectral and Physical Constants for Organic Compounds*, CRC Press(1973); 2nd ed., Vol. I—V (1975).

[4] R. A. Nyquist and R. O. Kagel, *Infrared Spectra of Inorganic Compounds*. (3800—45$cm^{-1}$), Academic Press, New York-London (1971).

[5] *DMS Infrared Atlas*, Butterworths/'Verlag Chemic (1972).

[6] D. O. Hummel, *Infrared Analysis of Polymers*, *Resins and Additives*, *An Atlas*, Vol. 1—2, Wiley Interscience (1969).

[7] H. A. Szymanshi, *Infrared Band Handbook*, Plenum Press, New York (1963); Supplements 1 and 2(1964); Supplements 3 and 4 (1966).

[8] K. Nakamato, *Infrared Spectra of Inorganic and Coordination Compounds*, 2nd ed., John Wiley, New York (1971).

[9] C. J. Pouchert *The Aldrich Library of Infrared Spectra*, 3rd Ed., Aldrich Chemical Co., 1981.

8. 分子的紫外及可见吸收光谱数据

[1] L. Lang, *Absorption Spectra in the Ultra Violet and Visible. Region*, Vol. 1—20, Academic Press, New York (1961—1976).

[2] W. W. Simons, Ed., *The Sadtler Handbook. of Ultraviolet Spectra*, Sadtler Research Laboratories, Inc. (1979).

[3] J. P. Phillips, H. Feuer, P. M. Laughton and S. Thyagarajan, *Organic Electron Spectral Data*, Vol. I—XIII (1946—1971).

[4] H. M. Hershenson, *Ultraviolet and Visible Absorption Spectra Index*, Academic Press (1951, 1961, 1966).

[5] K. Yamaguch, *Spectral Data of Natural Products*, Vol. 1, Elsevier (1970).

[6] K. Hirayama, *Handbook of Ultraviolet and Visible Absorption Spectra of Organic Com-*

*pounds*, Plenum Press, New York (1967).

[7] 见 7 之[2]、[3].

9. 核磁共振数据

[1] W. W. Simons, Ed., *The Sadtler Handbook of Proton NMR Spectra*, Sadtler Research Laboratories, Inc., (1979).

[2] E. Breitmaier, G. Haas and W. Voelter, *Atlas of Carbon*-13 *NMK Data*, Vol. 1—2 Heyden Press (1979).

[3] 见 7 之[2]、[3].

[4] W. *Bremser*, et al., *Chemical Shift Ranges in Carbon*-13 *NMR Spectroscopy*, Chemie Verlag, 1982,

10. 电子顺磁共振和磁化率数据

[1] *LB*, Band Ⅱ, Teil 9; Springer-Verlag. (1962).

[2] *LB*, *New Seriers*, Group Ⅱ, Vol. 1 (1965), *Magnetic Properties of free Radicals*; Vol. 9a(1977), 9b (1977), $9c_1$ (1979), $9c_2$ (1979), $9d_1$ (1980), $9d_2$ (1980), Supplements and Extensions to Vol. Ⅱ/1; Vol. 2 (1966), *Magnetic Properties of Coordination and Organomatallic Transition Metal Compounds*; Vol. 8 (1976), 10 (1979), 11 (1981), 12 (*in Preperation*); Supplements to Vol. Ⅱ/2, Springer-Verlag.

11. 质谱数据

[1] *Eight Peak Index of Mass Spectra*, 2nd ed., Mass Spectrometry Centre, Reading (1974).

[2] E. Stenhagen, S. Abrahansson and F. W. Mclafferty, *Registry of Mass Spectral Data*, Vol. 1—4, John Wiley & Sons (1974).

[3] 见 7 之[2]、[3].

[4] S. R. Heller and G. W. A. Milne, *Mass Spectral Data Base*, MSGPO, 1980.

[5] A. CorMu and R. Marsot, "*Compilation of Mass Spectral Data*", 2nd. Ed., Vol. 1 and 2, Heyden, 1979.

12. 光电子谱和俄歇电子谱数据

[1] J. W. Robinson Ed., *Handbook of Spectroscopy*, Vol. 1, CRC Press (1974).

[2] G. E. McGuire, *Auger Electron Spectroscopy*, *Reference Manual* (*A Book of Standard Spectra for Identification and Interpretation of AES Data*), Plenum Press, New York-London (1979).

[3] T. A. Carlson, *Photoelectron and Auger Spectroscopy*, Plenum Press, New York (1975).

13. 穆斯堡尔谱数据

[1] *Mössbauer Effect Data Index*, 1958—1965, 1966—1968, 1969 年以后每年一卷, IFI/Plenum, New York-Washington-London.

14. 介电常数

[1] *LB*, Band Ⅱ, Tell 6 (1959), Springer-Verlag.

[2] 见 3 之[1].

15. 折射率数据

[1] *LB*, Band Ⅱ, Tell 8 (1962), Springer-Verlag.

[2] *Handbook of Chemistry and Physics*, 58th ed., (1977—1978), 61th ed., (1980—1981), CRC Press.

16. 旋光度数据

[1] *LB*, Band Ⅱ, Teil 8 (1962), Springer-Verlage.

[2] L. Meites, *Handbook of Analytical Chemistry*, Table 6—44 t 至 h Table 6—50 (Pages 6-241—6-270) 1963.

17. 各种谱数据

[1] J. W. Robinson: *CRC Handbook of Spectroscopy*, Vol. 1—3, 1981.

# 附录 4 结构化学中的常用缩写

| | |
|---|---|
| AAS | atomic absorption spectrometry 原子吸收光谱法 |
| ab initio | 自洽场原子轨道线性组合分子轨道法,非经验计算法,从头计算法 |
| AES | (1)atomic emission spectrometry 原子发射光谱法;(2)Auger electron spectroscopy 俄歇电子能谱法 |
| AFS | atomic fluorescence spectrometry 原子荧光光谱法 |
| AIM | atoms-in-molecules method 分子中的原子法 |
| AMO | alternant-molecular-orbital method 交替分子轨道法 |
| AO | atomic orbital 原子轨道 |
| AOM | angular overlap model ($\Xi$ method) 角重叠模型 |
| bcc | body-centered cubic 体心立方 |
| BFS | beam-foil spectroscopy 束箔光谱学 |
| CAMD | computer added molecular design 计算机辅助分子设计 |
| ccp | cubic close packing 立方密堆积 |
| CD | circular dichroism 圆二色性 |
| CFSE | crystal field stabilization energy 晶体场稳定化能 |
| CFT | crystal field theory 晶体场理论 |
| CNDO | complete neglect of differential overlap 微分重叠全忽略近似 |
| CT | charge transfer 电荷转移,荷移 |
| EAN | effective atomic number 有效原子序数 |
| EHMO | extended Hückel molecular orbital theory 推广的休克尔分子轨道理论 |
| EM | electronic microscope 电子显微镜 |
| ELDOR | electron double resonance 电子-电子双共振 |
| ENDOR | electron nuclear double resonance 电子-核双共振 |
| EPA | electron pair acceptor 电子对受体 |
| EPD | electron pair donor 电子对给体 |
| EPR | electron para magnetic resonance 电子顺磁共振(即 ESR) |

| | |
|---|---|
| ESCA | electron spectroscopy for chemical analysis 化学分析电子能谱学 |
| ESR | electron spin resonance 电子自旋共振(即 EPR) |
| EXAFS | extended X-ray absorption fine structure 外延 X 射线吸收精细结构谱 |
| fcc | face-centered cubic 面心立方 |
| FEMO | free-electron molecular orbital method 自由电子分子轨道法 |
| FIR | far infrared 远红外(谱) |
| fod | heptafluoro-7,7-dimethyl octane-4,6-dione 七氟-7,7-二甲基辛-4,6-二酮(一种合成镧系位移试剂的配体) |
| FT-IR | Fourier transform infrared spectrometer 傅里叶变换红外光谱仪 |
| FWHM | full width at half maximum 半高全宽度,半宽度 |
| GTO | Gaussian type orbital 高斯型轨道 |
| hcp | hexagonal close packing 六方密堆积 |
| HMO | Hückel molecular orbital theory 休克尔分子轨道理论 |
| HOMO | highest occupied molecular orbital 最高被占据分子轨道 |
| HSAB | theory of hard and soft acids and bases 硬软酸碱理论 |
| INDO | intermediate neglect of differential overlap 微分重叠中级忽略近似 |
| INDOR | internuclear double resonance 核间双共振 |
| IP | ionization potential 电离势 |
| IR | infrared 红外(谱) |
| IRS | infrared spectroscopy 红外光谱学 |
| LCAO | linear combination of atomic orbital 原子轨道线性组合 |
| LCAO-MO | linear combination of atomic orbitals-molecular,orbital theory 原子轨道线性组合分子轨道理论 |
| LCBO | linear combination of bond orbitals 键轨道线性组合 |
| LCVO | linear combination of valence orbitals 价轨道线性组合 |
| LEED | low energy electron diffraction 低能电子衍射 |
| LEPR | laser paramagnetic resonance absorption 激光顺磁共振吸收 |
| LFER | linear free energy relationship 线性自由能关系 |
| LFSE | ligand field stabilization energy 配位场稳定化能 |
| LFT | ligand field theory 配位场理论 |
| LR | laser Raman 激光拉曼(谱) |
| LUMO | lowest unoccupied molecular orbital 最低空轨道 |
| MCD | magnetic circular dichroism 磁圆二色性 |
| MIR | middle infrared 中红外(谱) |
| MO | molecular orbital 分子轨道 |
| MORD | magnetic optical rotatory dispersion 磁致旋光色散 |
| MRD | magnetic rotatory dispersion 磁致旋光色散 |
| MS | mass spectroscopy 质谱法 |

| | |
|---|---|
| NDDO | neglect of diatomic differential overlap 忽略双原子微分重叠近似 |
| NMR | nuclear magnetic resonance 核磁共振 |
| NPSO | nonpaired spatial orbitals 未配对空间轨道法 |
| NQR | nuclear quadrupole resonance 核四极共振 |
| ORD | optical rotatory dispersion 旋光色散 |
| PES | photoelectron spectroscopy 光电子能谱法 |
| PESIS | photoelectron spectroscopy of innershell electrons 内层电子光电子能谱法 |
| PESOS | photoelectron spectroscopy of outershell electrons 外层电子光电子能谱法 |
| PMO | perturbated molecular orbital theory 微扰分子轨道理论 |
| PNDO | partial neglect of differential overlap 微分重叠部分忽略近似 |
| PPP | Pariser-Parr-Pople approximation 帕里瑟-帕尔-波普尔近似 |
| RRE | resonance Raman effect 共振拉曼效应 |
| SALC | symmetry-adapted linear combination 对称性匹配的线性组合 |
| SCF | self-consistent-field 自洽场 |
| SCF MO | self-consistent-field molecular orbital theory 自洽场分子轨道理论 |
| SCF-LCAO-MO | 自洽场原子轨道线性组合分子轨道法 |
| SEM | scanning electron microscopy 扫描电子显微镜 |
| STO | Slater type orbitals 斯莱特型轨道 |
| SZO | slater-Zener orbital 斯莱特-齐纳轨道 |
| TASO | terminal atom symmetry orbitals 端原子对称性轨道 |
| thd | tetramethyl heptan dione 四甲基庚二酮 |
| UV | ultraviolet 紫外(光谱) |
| UV-PES | ultraviolet photoelectron spectroscopy 紫外光电子能谱 |
| UPS | 同 UV-PES |
| UV-Vis | ultra violet-visible spectroscopy 紫外-可见光谱 |
| VB | valence bond theory 价键理论 |
| VSEPR | valence shell electron pair repulsion model 价层电子对互斥模型 |
| VIP | vertical ionization potential 垂直电离电位,垂直电离能 |
| XPS | X-ray photoelectron spectroscopy X 射线光电子能谱法 |
| XRF | X-ray fluorescence X 射线荧光 |
| ZDO | zero differential overlap approximation 零微分重叠近似 |

# 附录 5 正交曲线坐标系

为了求解薛定谔方程,需要根据体系的对称性和边界条件选择合适的坐标系,使得薛定谔方程在所选的坐标系中可以进行变量分离。下面给出几组正交坐标系与笛卡儿坐标系的变换关系及体积元 $d\tau$、拉普拉斯算符 $\nabla^2$ 的表达式。

1. 圆柱坐标

$$x = \rho\cos\varphi$$
$$y = \rho\sin\varphi$$
$$z = z$$
$$\mathrm{d}\tau = \rho\mathrm{d}\rho\mathrm{d}z\mathrm{d}\varphi$$
$$\nabla^2 = \frac{1}{\rho}\frac{\partial}{\partial\rho}\left(\rho\frac{\partial}{\partial\rho}\right) + \frac{1}{\rho^2}\frac{\partial^2}{\partial\varphi^2} + \frac{\partial^2}{\partial z^2}$$

2. 球极坐标

$$x = r\sin\theta\cos\varphi$$
$$y = r\sin\theta\sin\varphi$$
$$z = r\cos\theta$$
$$\mathrm{d}\tau = r^2\sin\theta\mathrm{d}r\mathrm{d}\theta\mathrm{d}\varphi$$
$$\nabla^2 = \frac{1}{r^2}\frac{\partial}{\partial r}\left(r^2\frac{\partial}{\partial r}\right) + \frac{1}{r^2\sin\theta}\frac{\partial}{\partial\theta}\left(\sin\theta\frac{\partial}{\partial\theta}\right) + \frac{1}{r^2\sin\theta^2}\frac{\partial^2}{\partial\varphi^2}$$

3. 共焦椭圆坐标(长球)

$$x = a\sqrt{\xi^2 - 1}\sqrt{1 - \eta^2}\cos\varphi$$
$$y = a\sqrt{\xi^2 - 1}\sqrt{1 - \eta^2}\sin\varphi$$
$$z = a\xi\eta$$

$\xi$ 和 $\eta$ 用离开点$(0,0,-a)$和点$(0,0,a)$的距离 $r_A$ 和 $r_B$ 来表示时由下式给出

$$\xi = \frac{r_A + r_B}{2a}$$
$$\eta = \frac{r_A - r_B}{2a}$$
$$\mathrm{d}\tau = a^3(\xi^2 - \eta^2)\mathrm{d}\xi\mathrm{d}\eta\mathrm{d}\varphi$$
$$\nabla^2 = \frac{1}{a^2(\xi^2 - \eta^2)}\left\{\frac{\partial}{\partial\xi}\left[(\xi^2 - 1)\frac{\partial}{\partial\xi}\right] + \frac{\partial}{\partial\eta}\left[(1 - \eta^2)\frac{\partial}{\partial\eta}\right] + \frac{\xi^2 - \eta^2}{(\xi^2 - 1)(1 - \eta^2)}\frac{\partial^2}{\partial\varphi^2}\right\}$$

# 附录 6　氢分子离子的精确解及 $\sigma$、$\pi$、$\delta$ 轨道

1927 年布劳($\phi$. Burrau)指出,在共焦椭圆坐标系中,$H_2^+$ 的薛定谔方程(3-3)式可以分离变量。在共焦椭圆坐标系中,空间任意一点 $P$ 的位置由三个坐标 $\xi$、$\eta$、$\varphi$ 表示,如图 A-1 所示。$\xi$、$\eta$ 和 $\varphi$ 的定义如下:

$$\left.\begin{aligned}\xi &= \frac{r_A + r_B}{R}\\ \eta &= \frac{r_A - r_B}{R}\end{aligned}\right\} \tag{A-1}$$

上式中 $1 \leqslant \xi < \infty$, $-1 \leqslant \eta \leqslant 1$. 方位角 $\varphi$ 定义为 $P$ 点绕 $AB$ 转过的角度,$0 \leqslant \varphi \leqslant 2\pi$. 显然,$\xi$= 常数描述一个以 $A$、$B$ 为焦点的旋转椭球面,$\eta$= 常数描述一个以 $A$、$B$ 为焦点的旋转双曲面,$\varphi$= 常数描述一个半平面。如果取 $H_2^+$ 的两个 H 原子核作为两个焦点,核间距离 $R$ 就是图 A-1 中的 $R$. 由(A-1)式可得

$$\frac{1}{r_A}+\frac{1}{r_B}=\frac{4\xi}{(\xi^2-\eta^2)R} \tag{A-2}$$

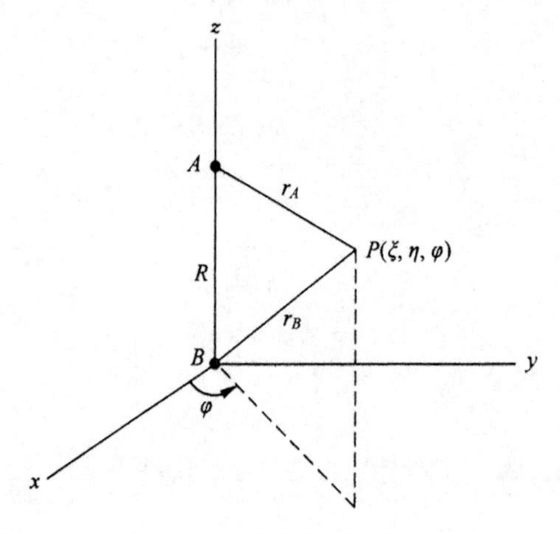


图 A-1　共焦椭圆坐标

令 $E_e$ 为电子的动能和势能之和，即

$$E_e=E-\frac{1}{R} \tag{A-3}$$

在共焦椭圆坐标系中$\nabla^2$的表达式为

$$\nabla^2=\frac{4}{R^2(\xi^2-\eta^2)}\left\{\frac{\partial}{\partial\xi}\left[(\xi^2-1)\frac{\partial}{\partial\xi}\right]+\frac{\partial}{\partial\eta}\left[(1-\eta^2)\frac{\partial}{\partial\eta}\right]+\frac{\xi^2-\eta^2}{(\xi^2-1)(1-\eta^2)}\frac{\partial^2}{\partial\varphi^2}\right\} \tag{A-4}$$

$H_2^+$ 的薛定谔方程(3-3)式就成为

$$\left\{\frac{\partial}{\partial\xi}\left[(\xi^2-1)\frac{\partial}{\partial\xi}\right]+\frac{\partial}{\partial\eta}\left[(1-\eta^2)\frac{\partial}{\partial\eta}\right]+\left(\frac{1}{\xi^2-1}+\frac{1}{1-\eta^2}\right)\frac{\partial^2}{\partial\varphi^2}\right.$$
$$\left.+2R^2\left[\frac{E_e}{4}(\xi^2-\eta^2)+\frac{\xi}{R}\right]\right\}\psi(\xi,\eta,\varphi)=0 \tag{A-5}$$

设 $H_2^+$ 的波函数可表示为

$$\psi(\xi,\eta,\varphi)=\Xi(\xi)H(\eta)\Phi(\varphi) \tag{A-6}$$

于是(A-5)式可以分解为三个方程

$$\left\{\frac{d}{d\xi}\left[(\xi^2-1)\frac{d}{d\xi}\right]-\varepsilon\xi^2+2R\xi-\frac{m^2}{\xi^2-1}+\mu\right\}\Xi(\xi)=0 \tag{A-7}$$

$$\left\{\frac{d}{d\eta}\left[(1-\eta^2)\frac{d}{d\eta}\right]+\varepsilon\eta^2-\frac{m^2}{1-\eta^2}-\mu\right\}H(\eta)=0 \tag{A-8}$$

$$\left\{\frac{d^2}{d\varphi^2}+m^2\right\}\Phi(\varphi)=0 \tag{A-9}$$

参数 $m$ 和 $\mu$ 为变量分离常数，$\varepsilon$ 定义为

$$\varepsilon=-\frac{1}{2}R^2E_e \tag{A-10}$$

为了使方程(A-7)、(A-8)及(A-9)式有合理解，参数 $m$、$\mu$ 和 $\varepsilon$ 就不能取任意值，而只能取某些特定值。$\Phi$ 方程(A-9)式在形式上与氢原子的 $\Phi$ 方程相同，其解为

$$\left.\begin{array}{l}\Phi(\varphi)=\frac{1}{\sqrt{2\pi}}e^{im\varphi}\\ m=0,\pm1,\pm2,\cdots\end{array}\right\}\qquad\text{(A-11)}$$

将 $m$ 代入(A-8)式,可以求出为使 $H(\eta)$ 成为可接受的波函数所要求的 $\varepsilon$ 和 $\mu$ 之间的关系,然后代入(A-7)式,可以求出 $\varepsilon$,从而求出 $E_e$。

利用这一方法布劳和其他人都得到 $r_{AB}$ 的平衡值为 2.00a. u. 或 106 pm,总能量 $E$ 为 $-0.602$——$-0.603$a. u. 。温德(H. Wind)[①]用此法求得 $R=2.00$a. u. 时 $H_2^+$ 的总能量 $E=E_e+\frac{1}{R}=-0.6026342$a. u$=-16.398$ eV,由此求得 $D_e=2.7928$ eV,与实验值完全符合。夏特(J. L. Schaad)和希克斯(W. V. Hicks)[②]求得 $E(R)$ 在 $R=1.9972$ a. u. 处有一最低点,也与实验值完全相符。

由(A-7)和(A-8)两式可以看出,$m$ 以 $m^2$ 的形式出现在该二方程中,故 $m$ 与 $-m$ 对应的状态具有相同的能量。令

$$\left.\begin{array}{l}\lambda=|m|\\ \lambda=0,1,2,3,\cdots\end{array}\right\}\qquad\text{(A-12)}$$

除 $\lambda=0$ 外,对于给定的 $\lambda$,$m$ 可取 $\pm\lambda$. 由此可知,$H_2^+$ 的能量是量子化的,电子的运动状态可以用量子数 $m$ 来刻画,$m=\pm\lambda$,$\lambda$ 可取值 0,1,2,3,⋯等整数,相应的波函数(分子轨道)分别称为 $\sigma,\pi,\delta,\phi,\cdots$ 轨道。除 $\sigma$ 轨道为非简并轨道外,其余轨道都是二重简并的。

现在我们来考察 $H_2^+$ 轨道 $\psi(\xi,\eta,\varphi)$ 的角度部分 $\Phi(\varphi)$. 当 $\lambda=0$ 时,$m=0$,于是

$$\Phi_0(\varphi)=\frac{1}{\sqrt{2\pi}}\qquad\text{(A-13)}$$

当 $\lambda=1,2,3,\cdots$ 时,$m$ 可取 $\pm\lambda$ 两个值,由复波函数(A-11)式经线性组合可得实波函数

$$\left.\begin{array}{l}\Phi_\alpha(\varphi)=\frac{1}{\sqrt{2\pi}}\cos\lambda\varphi\\ \Phi_\beta(\varphi)=\frac{1}{\sqrt{2\pi}}\sin\lambda\varphi\end{array}\right\}\qquad\text{(A-14)}$$

图 A-2 画出了 $\sigma$、$\pi$、$\delta$ 轨道在垂直于键轴的平面上的角度分布。

由图 A-2 可知,$\sigma$ 电子云对于键轴是圆柱形对称的,$\pi$ 电子云有一个通过键轴的节平面,且为对称面,$\delta$ 电子云有两个过键轴的节平面,且均为对称面。由于 $\Phi$ 方程(A-9)式与组成分子的两个原子的核电荷无关,故上述关于 $H_2^+$ 分子轨道的角度部分的讨论以及关于 $\sigma$、$\pi$、$\delta$ 等分子轨道的概念可以推广到任何双原子分子。

如果选定笛卡儿坐标系的 $z$ 轴与 $R$ 重合,则球极坐标的 $\varphi$ 角定义与共焦椭圆坐标系的 $\varphi$ 角定义相同。电子轨道运动的角动量在 $z$ 方向(即沿分子轴 $R$ 的方向)的投影 $L_z$ 的算符为 $-i\hbar\frac{\partial}{\partial\varphi}$[参看(1-158)式]。以 $\hat{L}_z$ 作用于(A-11)式,得电子的轨道角动量沿 $R$ 方向的分量为

$$L_z=m\hbar,\ m=0,\pm1\pm2,\cdots\qquad\text{(A-15)}$$

---

① H. Wind, *J. Chem. Phys.*, **42**, 2371(1965).

② J. L. Schaad and W. Y. Hicks, *J, Chem. Phys.*, **53**, 851(1970).

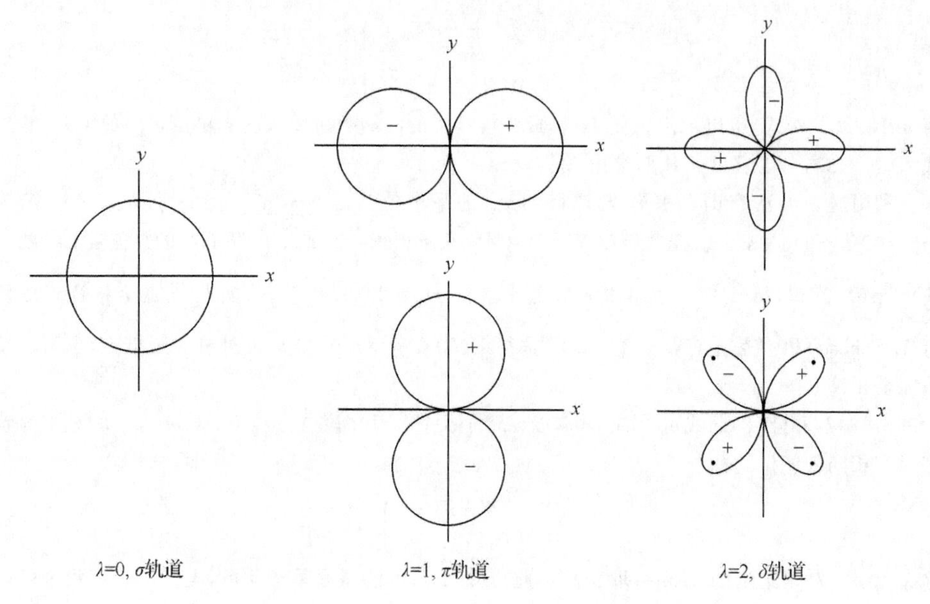


图 A-2 双原子分子的 $\sigma$、$\pi$ 和 $\delta$ 轨道示意图

而角动量本身无确定值，它绕分子轴作旋进。于是我们得知，$\sigma$、$\pi$、$\delta$、$\varphi$、…电子的轨道角动量在键轴上的投影分别为 $0\hbar$、$1\hbar$、$2\hbar$、$3\hbar$、…。

$H_2^+$ 属于点群 $D_{\infty h}$，基态属于 $\Sigma_g^+$ 表示，自旋多重性 $S=2$，故 $H_2^+$ 的基态为 $^2\Sigma_g^+$。事实上，分子轨道 $\sigma$、$\pi$、$\delta$、…即来源于 $D_{\infty h}$（同核双原子分子）或 $C_{\infty h}$（异核双原子分子）群的不可约表示的名字。

# 附录 7 离子半径、共价半径、金属原子半径及范德华半径

元素的范德华半径、共价半径和金属原子半径列于表 A 中。范德华半径数据取自 A. Bondi, *J. Phys. Chem*, **68**, 441(1964)。共价半径和金属原子半径数据取自 *Lange's Handbook of Chemistry*, 13th ed., MeGraw-Hill, 1985.

元素的离子半径列于表 B 中。这些数据取自 R. D. Shannon, *Acta Crystallogr.*, A32, 751(1976). 这些数据是分析上千个高分辨 X-射线衍射数据获得的，是目前最好的离子半径数据。其中 $\gamma_F=119$ pm; $\gamma_{O^{2-}}=126$ pm。与通常的 Pauling 半径及 Goldschmidt 的结晶半径相比，正离子半径约大 14pm，负离子半径约小 14pm。

# A. 离子半径

| 离子 | 配位数 | 半径 |
|---|---|---|
| $Ac^{+3}$ | 6 | 126 |
| $Ag^{+1}$ | 2 | 81 |
| | 4 | 114 |
| | 4SQ | 116 |
| | 5 | 123 |
| | 6 | 129 |
| | 7 | 136 |
| | 8 | 142 |
| $Ag^{+2}$ | 4SQ | 93 |
| | 6 | 108 |
| $Ag^{+3}$ | 4SQ | 81 |
| | 6 | 89 |
| $Al^{+3}$ | 4 | 53 |
| | 5 | 62 |
| | 6 | 67.5 |
| $Am^{+2}$ | 7 | 135 |
| | 8 | 140 |
| | 9 | 145 |
| $Am^{+3}$ | 6 | 111.5 |
| | 8 | 123 |
| $Am^{+4}$ | 6 | 99 |
| | 8 | 109 |
| $As^{+3}$ | 6 | 72 |
| $As^{+5}$ | 4 | 47.5 |
| | 6 | 60 |
| $At^{+7}$ | 6 | 76 |
| $Au^{+1}$ | 6 | 151 |
| $Au^{+3}$ | 4SQ | 82 |
| $Au^{+5}$ | 6 | 71 |
| $B^{+3}$ | 3 | 15 |
| | 4 | 25 |
| | 6 | 41 |
| $Ba^{+2}$ | 6 | 149 |
| | 7 | 152 |
| | 8 | 156 |
| | 9 | 161 |
| | 10 | 166 |
| | 11 | 171 |
| | 12 | 175 |
| $Be^{+2}$ | 3 | 30 |
| | 4 | 41 |
| | 6 | 59 |
| $Bi^{+3}$ | 5 | 110 |
| | 6 | 117 |
| | 8 | 131 |
| $Bi^{+5}$ | 6 | 90 |
| $Bk^{+3}$ | 6 | 110 |
| $Bk^{+4}$ | 6 | 97 |
| | 8 | 107 |
| $Br^{-1}$ | 6 | 182 |
| $Br^{+3}$ | 4SQ | 73 |
| $Br^{+5}$ | 3PY | 45 |
| $Br^{+7}$ | 4 | 39 |
| | 6 | 53 |
| $C^{+4}$ | 3 | 6 |
| | 4 | 29 |
| | 6 | 30 |
| $Ca^{+2}$ | 6 | 114 |
| | 7 | 120 |
| | 8 | 120 |
| | 9 | 132 |
| | 10 | 137 |
| | 12 | 148 |
| $Cd^{+2}$ | 4 | 92 |
| | 5 | 101 |
| | 6 | 109 |
| | 7 | 117 |
| | 8 | 124 |
| | 12 | 145 |
| $Ce^{+3}$ | 6 | 115 |
| | 7 | 121 |
| | 8 | 128.3 |
| | 9 | 133.6 |
| | 10 | 139 |
| | 12 | 148 |
| $Ce^{+4}$ | 6 | 101 |
| | 8 | 111 |
| | 10 | 121 |
| | 12 | 128 |
| $Cf^{+3}$ | 6 | 109 |
| $Cf^{+4}$ | 6 | 96.1 |
| | 8 | 106 |
| $Cl^{-1}$ | 6 | 167 |
| $Cl^{+5}$ | 3PY | 26 |
| $Cl^{+7}$ | 4 | 22 |
| | 6 | 41 |
| $Cm^{+3}$ | 6 | 111 |
| $Cm^{+4}$ | 6 | 99 |
| | 8 | 109 |
| $Co^{+2}$ | 4HS | 72 |
| | 5 | 81 |
| | 6LS | 79 |
| | HS | 88.5 |
| | 8 | 104 |
| $Co^{+3}$ | 6LS | 68.5 |
| | HS | 75 |
| $Co^{+4}$ | 4 | 54 |
| | 6HS | 67 |
| $Cr^{+2}$ | 6LS | 87 |
| | HS | 94 |
| $Cr^{+3}$ | 6 | 75.5 |
| $Cr^{+4}$ | 4 | 55 |
| | 6 | 69 |
| $Cr^{+5}$ | 4 | 48.5 |
| | 6 | 63 |
| | 8 | 71 |
| $Cr^{+6}$ | 4 | 40 |
| | 6 | 58 |

续表

| 离子 | 配位数 | 半径 |
|---|---|---|
| $Cs^{+1}$ | 6 | 181 |
| | 8 | 188 |
| | 9 | 192 |
| | 10 | 195 |
| | 11 | 199 |
| | 12 | 202 |
| $Cu^{+1}$ | 2 | 60 |
| | 4 | 74 |
| | 6 | 91 |
| $Cu^{+2}$ | 4 | 71 |
| | 4SQ | 71 |
| | 5 | 79 |
| | 6 | 87 |
| $Cu^{+3}$ | 6LS | 68 |
| $D^{+1}$ | 2 | 4 |
| $Dy^{+2}$ | 6 | 121 |
| | 7 | 127 |
| | 8 | 133 |
| $Dy^{+3}$ | 6 | 105.2 |
| | 7 | 111 |
| | 8 | 116.7 |
| | 9 | 122.3 |
| $Er^{+3}$ | 6 | 103 |
| | 7 | 108.5 |
| | 8 | 114.4 |
| | 9 | 120.2 |
| $Eu^{+2}$ | 6 | 131 |
| | 7 | 134 |
| | 8 | 139 |
| | 9 | 144 |
| | 10 | 149 |
| $Eu^{+3}$ | 6 | 108.7 |
| | 7 | 115 |
| | 8 | 120.6 |
| | 9 | 126 |
| $F^{-1}$ | 2 | 114.5 |
| | 3 | 116 |
| | 4 | 117 |
| | 6 | 119 |
| $F^{+7}$ | 6 | 22 |
| $Fe^{+2}$ | 4HS | 77 |
| | 4SQ HS | 78 |
| | 6LS | 75 |
| | HS | 92 |
| | 8HS | 106 |
| $Fe^{+3}$ | 4HS | 63 |
| | 5 | 72 |
| | 6LS | 69 |
| | HS | 78.5 |
| | 8HS | 92 |
| $Fe^{+4}$ | 6 | 72.5 |
| $Fe^{+6}$ | 4 | 39 |
| $Fr^{+1}$ | 6 | 194 |
| $Ga^{+3}$ | 4 | 61 |
| | 5 | 69 |
| | 6 | 76 |
| $Gd^{+3}$ | 6 | 107.8 |
| | 7 | 114 |
| | 8 | 119.3 |
| | 9 | 124.7 |
| $Ge^{+2}$ | 6 | 87 |
| $Ge^{+4}$ | 4 | 53 |
| | 6 | 67 |
| $H^{+1}$ | 1 | −24 |
| | 2 | −4 |
| $Hf^{+4}$ | 4 | 72 |
| | 6 | 85 |
| | 7 | 90 |
| | 8 | 97 |
| $Hg^{+1}$ | 3 | 111 |
| | 6 | 133 |
| $Hg^{+2}$ | 2 | 83 |
| | 4 | 110 |
| | 6 | 116 |
| | 8 | 128 |
| $Ho^{+3}$ | 6 | 104.1 |
| | 8 | 115.5 |
| | 9 | 121.2 |
| | 10 | 126 |
| $I^{-1}$ | 6 | 206 |
| $I^{+5}$ | 3PY | 58 |
| | 6 | 109 |
| $I^{+7}$ | 4 | 56 |
| | 6 | 67 |
| $In^{+3}$ | 4 | 76 |
| | 6 | 94 |
| | 8 | 106 |
| $Ir^{+3}$ | 6 | 82 |
| $Ir^{+4}$ | 6 | 76.5 |
| $Ir^{+5}$ | 6 | 71 |
| $K^{+1}$ | 4 | 151 |
| | 6 | 152 |
| | 7 | 160 |
| | 8 | 165 |
| | 9 | 169 |
| | 10 | 173 |
| | 12 | 178 |
| $La^{+3}$ | 6 | 117.2 |
| | 7 | 124 |
| | 8 | 130 |
| | 9 | 135.6 |
| | 10 | 141 |
| | 12 | 150 |
| $Li^{+1}$ | 4 | 73 |
| | 6 | 90 |
| | 8 | 106 |
| $Lu^{+3}$ | 6 | 100.1 |
| | 8 | 111.7 |
| | 9 | 117.2 |
| $Mg^{+2}$ | 4 | 71 |
| | 5 | 80 |
| | 6 | 86 |
| | 8 | 103 |
| $Mn^{+2}$ | 4HS | 80 |
| | 5HS | 89 |
| | 6LS | 81 |
| | HS | 97 |
| | 7HS | 104 |

续表

| 离子 | 配位数 | 半径 | 离子 | 配位数 | 半径 | 离子 | 配位数 | 半径 |
|---|---|---|---|---|---|---|---|---|
| | 8 | 110 | | 8 | 124.9 | | 8 | 115 |
| $Mn^{+3}$ | 5 | 72 | | 9 | 130.3 | $Pa^{+5}$ | 6 | 92 |
| | 6LS | 72 | | 12 | 141 | | 8 | 105 |
| | HS | 78.5 | $Ni^{+2}$ | 4 | 69 | | 9 | 109 |
| $Mn^{+4}$ | 4 | 53 | | 4SQ | 63 | $Pb^{+2}$ | 4PY | 112 |
| | 6 | 67 | | 5 | 77 | | 6 | 133 |
| $Mn^{+5}$ | 4 | 47 | | 6 | 83 | | 7 | 137 |
| $Mn^{+6}$ | 4 | 39.5 | $Ni^{+3}$ | 6LS | 70 | | 8 | 143 |
| $Mn^{+7}$ | 4 | 39 | | HS | 74 | | 9 | 149 |
| | 6 | 60 | $Ni^{+4}$ | 6LS | 62 | | 10 | 154 |
| $Mo^{+3}$ | 6 | 83 | $No^{+2}$ | 6 | 124 | | 11 | 159 |
| $Mo^{+4}$ | 6 | 79 | $Np^{+2}$ | 6 | 124 | | 12 | 163 |
| $Mo^{+5}$ | 4 | 60 | $Np^{+3}$ | 6 | 115 | $Pb^{+4}$ | 4 | 79 |
| | 6 | 75 | $Np^{+4}$ | 6 | 101 | | 5 | 87 |
| $Mo^{+6}$ | 4 | 55 | | 8 | 112 | | 6 | 91.5 |
| | 5 | 64 | $Np^{+5}$ | 6 | 89 | | 8 | 108 |
| | 6 | 73 | $Np^{+6}$ | 6 | 86 | $Pd^{+1}$ | 2 | 73 |
| | 7 | 87 | $Np^{+7}$ | 6 | 85 | $Pd^{+2}$ | 4SQ | 78 |
| $N^{-3}$ | 4 | 132 | $O^{-2}$ | 2 | 121 | | 6 | 100 |
| $N^{+3}$ | 6 | 30 | | 3 | 122 | $Pd^{+3}$ | 6 | 90 |
| $N^{+5}$ | 3 | 4.4 | | 4 | 124 | $Pd^{+4}$ | 6 | 75.5 |
| | 6 | 27 | | 6 | 126 | $Pm^{+3}$ | 6 | 111 |
| $Na^{+1}$ | 4 | 113 | | 8 | 128 | | 8 | 123.3 |
| | 5 | 114 | $OH^{-1}$ | 2 | 118 | | 9 | 128.4 |
| | 6 | 116 | | 3 | 120 | $Po^{+4}$ | 6 | 108 |
| | 7 | 126 | | 4 | 121 | | 8 | 122 |
| | 8 | 132 | | 6 | 123 | $Po^{+2}$ | 6 | 81 |
| | 9 | 138 | $Os^{+4}$ | 6 | 77 | $Pr^{+2}$ | 6 | 113 |
| | 12 | 153 | $Os^{+5}$ | 6 | 71.5 | | 8 | 126.6 |
| $Nb^{+3}$ | 6 | 86 | $Os^{+6}$ | 5 | 63 | | 9 | 131.9 |
| $Nb^{+4}$ | 6 | 82 | | 6 | 68.5 | $Pr^{+4}$ | 6 | 99 |
| | 8 | 93 | $Os^{+7}$ | 6 | 66.5 | | 8 | 110 |
| $Nb^{+5}$ | 4 | 62 | $Os^{+8}$ | 4 | 53 | $Pt^{+2}$ | 4SQ | 74 |
| | 6 | 78 | $P^{+3}$ | 6 | 58 | | 6 | 94 |
| | 7 | 83 | $P^{+5}$ | 4 | 31 | $Pt^{+4}$ | 6 | 76.5 |
| | 8 | 88 | | 5 | 43 | $Pt^{+5}$ | 6 | 71 |
| $Nd^{+2}$ | 8 | 143 | | 6 | 52 | $Pu^{+3}$ | 6 | 114 |
| | 9 | 149 | $Pa^{+5}$ | 6 | 118 | $Pu^{+4}$ | 6 | 100 |
| $Nd^{+3}$ | 6 | 112.3 | $Pa^{+4}$ | 6 | 104 | | 8 | 110 |

续表

| 离子 | 配位数 | 半径 | 离子 | 配位数 | 半径 | 离子 | 配位数 | 半径 |
|---|---|---|---|---|---|---|---|---|
| $Pu^{+5}$ | 6 | 88 | $Si^{+4}$ | 4 | 40 | | 6 | 111 |
| $Pu^{+6}$ | 6 | 85 | | 6 | 54 | $Te^{+6}$ | 4 | 57 |
| $Ra^{+2}$ | 8 | 162 | $Sm^{+2}$ | 7 | 136 | | 6 | 70 |
| | 12 | 184 | | 8 | 141 | $Th^{+4}$ | 6 | 108 |
| $Rb^{+1}$ | 6 | 166 | | 9 | 146 | | 8 | 119 |
| | 7 | 170 | $Sm^{+3}$ | 6 | 109.8 | | 9 | 123 |
| | 8 | 175 | | 7 | 116 | | 10 | 127 |
| | 9 | 177 | | 8 | 121.9 | | 11 | 132 |
| | 10 | 180 | | 9 | 127.2 | | 12 | 135 |
| | 11 | 183 | | 12 | 138 | $Ti^{+2}$ | 6 | 100 |
| | 12 | 186 | $Sn^{+4}$ | 4 | 69 | $Ti^{+3}$ | 6 | 81 |
| | 14 | 197 | | 5 | 76 | $Ti^{+4}$ | 4 | 56 |
| $Re^{+4}$ | 6 | 77 | | 6 | 83 | | 5 | 65 |
| $Re^{+5}$ | 6 | 72 | | 7 | 89 | | 6 | 74.5 |
| $Re^{+6}$ | 6 | 69 | | 8 | 95 | | 8 | 88 |
| $Re^{+7}$ | 4 | 52 | $Sr^{+2}$ | 6 | 132 | $Tl^{+1}$ | 6 | 164 |
| | 6 | 67 | | 7 | 135 | | 8 | 173 |
| $Rh^{+3}$ | 6 | 80.5 | | 8 | 140 | | 12 | 184 |
| $Rh^{+4}$ | 6 | 74 | | 9 | 145 | $Tl^{+3}$ | 4 | 89 |
| $Rh^{+5}$ | 6 | 69 | | 10 | 150 | | 6 | 102.5 |
| $Ru^{+3}$ | 6 | 82 | | 12 | 158 | | 8 | 112 |
| $Ru^{+4}$ | 6 | 76 | $Ta^{+3}$ | 6 | 86 | $Tm^{+2}$ | 6 | 117 |
| $Ru^{+5}$ | 6 | 70.5 | $Ta^{+4}$ | 6 | 82 | | 7 | 123 |
| $Ru^{+7}$ | 4 | 52 | $Ta^{+5}$ | 6 | 78 | $Tm^{+3}$ | 6 | 102 |
| $Ru^{+8}$ | 4 | 50 | | 7 | 83 | | 8 | 113.4 |
| $S^{-2}$ | 6 | 170 | | 8 | 88 | | 9 | 119.2 |
| $S^{+4}$ | 6 | 51 | $Tb^{+3}$ | 6 | 106.3 | $U^{+3}$ | 6 | 116.5 |
| $S^{+8}$ | 4 | 26 | | 7 | 112 | $U^{+4}$ | 6 | 103 |
| | 6 | 43 | | 8 | 118 | | 7 | 109 |
| $Sb^{+3}$ | 4PY | 90 | | 9 | 123.5 | | 8 | 114 |
| | 5 | 94 | $Tb^{+4}$ | 6 | 90 | | 9 | 119 |
| | 6 | 90 | | 8 | 102 | | 12 | 131 |
| $Sb^{+5}$ | 6 | 74 | $Tc^{+4}$ | 6 | 78.5 | $U^{+5}$ | 6 | 90 |
| $Sc^{+3}$ | 6 | 88.5 | $Tc^{+5}$ | 6 | 74 | | 7 | 98 |
| | 8 | 101 | $Tc^{+7}$ | 4 | 51 | $U^{+6}$ | 2 | 59 |
| $Se^{-2}$ | 6 | 184 | | 6 | 70 | | 4 | 66 |
| $Se^{+4}$ | 6 | 64 | $Te^{-2}$ | 6 | 207 | | 6 | 87 |
| $Se^{+8}$ | 4 | 42 | $Te^{+4}$ | 3 | 66 | | 7 | 95 |
| | 6 | 56 | | 4 | 80 | | 8 | 100 |

续表

| 离子 | 配位数 | 半径 | 离子 | 配位数 | 半径 | 离子 | 配位数 | 半径 |
|---|---|---|---|---|---|---|---|---|
| $V^{+2}$ | 6 | 93 | | 6 | 74 | | 8 | 112.5 |
| $V^{+3}$ | 6 | 78 | $Xe^{+8}$ | 4 | 54 | | 9 | 118.2 |
| $V^{+4}$ | 5 | 67 | | 6 | 62 | $Zn^{+2}$ | 4 | 74 |
| | 6 | 72 | $Y^{+3}$ | 6 | 104 | | 5 | 82 |
| | 8 | 86 | | 7 | 110 | | 6 | 88 |
| $V^{+5}$ | 4 | 49.5 | | 8 | 115.9 | | 8 | 104 |
| | 5 | 60 | | 9 | 121.5 | $Zr^{+4}$ | 4 | 73 |
| | 6 | 68 | $Yb^{+2}$ | 6 | 116 | | 5 | 80 |
| $W^{+4}$ | 6 | 80 | | 7 | 122 | | 6 | 86 |
| $W^{+5}$ | 6 | 76 | | 8 | 128 | | 7 | 92 |
| $W^{+6}$ | 4 | 56 | $Yb^{+3}$ | 6 | 100.8 | | 8 | 98 |
| | 5 | 65 | | 7 | 106.5 | | 9 | 103 |

注:①配位数栏中所指的几何构型如下:4SQ—平面正方形,3PY—三角锥形,4—正四面体形,其他数字对于几何构形不同没有区别。

②HS为高自旋,LS为低自旋。

# B. 范德华半径、共价半

$r_V$　范德华半径

$r_c$　共价半径(单键)

$r_m$　金属原子半径，若有几种变体，则以 α，β，γ，…表示由低温到高温的各种变体. 表中所列 $r_m$ 为配位数为 12 的数值.

| | | | | | | | | | |
|---|---|---|---|---|---|---|---|---|---|
| $r_V$<br>$r_c$<br>$r_m$ | H<br>120—145<br>37.1 | | | | | | | | |
| $r_V$<br>$r_c$<br>$r_m$ | Li<br>180<br>123<br>152 | Ba<br>89<br>(α)113 | | | | | | | |
| $r_V$<br>$r_c$<br>$r_m$ | Na<br>230<br>157<br>153.7 | Mg<br>170<br>136<br>160 | | | | | | | |
| $r_V$<br>$r_c$<br>$r_m$ | K<br>280<br>202.5<br>227.2 | Ca<br>174<br>(α)197.3<br>(β)193.9 | Sc<br>144<br>160.6 | Ti<br>132<br>(α)144.8<br>(β)143.2 | V<br>122<br>132.1 | Cr<br>117<br>(α)124.9<br>(β)130.5 | Mn<br>117<br>(α)124<br>(β)136.6<br>(γ)133.4 | Fe<br>116.5<br>(α)124.1<br>(β)128.9<br>(γ)127 | Co<br>116<br>125.3 |
| $r_V$<br>$r_c$<br>$r_m$ | Rb<br>216<br>247.5 | Sr<br>192<br>(α)215.1<br>(β)216<br>(γ)210 | Y<br>162<br>181 | Zr<br>145<br>160 | Nb<br>134<br>142.9 | Mo<br>129<br>136.2 | Tc<br>135.8 | Ru<br>124<br>132.5 | Rh<br>125<br>134.5 |
| $r_V$<br>$r_c$<br>$r_m$ | Cs<br>235<br>261.4 | Ba<br>198<br>217.3 | La—Lu<br>镧系 | Hf<br>144<br>(α)156.4 | Ta<br>134<br>143 | W<br>130<br>137.0 | Re<br>128<br>137.0 | Os<br>126<br>134 | Ir<br>126<br>135.7 |
| $r_V$<br>$r_c$<br>$r_m$ | Fr<br>270 | Ra<br>220 | Ac—Lr<br>锕系 | 104 | 105 | 106 | 107 | 108 | 109 |

| | La | Ce | Pr | Nd | Pm | Sm | Eu |
|---|---|---|---|---|---|---|---|
| 镧　系 | 169<br>187.7 | 164.6<br>182.5 | 164.8<br>182.8 | 164.2<br>182.1 | 181.0 | 166<br>180.2 | 185.0<br>204.2 |
| | **Ac** | **Th** | **Pa** | **U** | **Np** | **Pu** | **Am** |
| 锕　系 | 187.8 | (α)179.8<br>(β)178 | 160.6 | 190<br>(α)138.5<br>(β)153 | (α)131<br>(β)138<br>(γ)152 | (γ)151<br>(δ)164<br>(ε)158 | 184 |

# 径和金属原子半径(单位:pm)

| | | | | | | | | | |
|---|---|---|---|---|---|---|---|---|---|
| | | | | | | | | He<br>180 | $r_V$<br>$r_c$<br>$r_m$ |
| | | | B<br>88<br>83 | C<br>165—170<br>77 | N<br>155<br>70 | O<br>150<br>66 | F<br>150—160<br>64 | Ne<br>160<br>131 | $r_V$<br>$r_c$<br>$r_m$ |
| | | | Al<br>125<br>143.1 | Si<br>210<br>117 | P<br>185<br>110 | S<br>180<br>104 | Cl<br>170—190<br>99 | Ar<br>190<br>174 | $r_V$<br>$r_c$<br>$r_m$ |
| Ni<br>160<br>115<br>124.6 | Cu<br>140<br>117<br>127.8 | Zn<br>140<br>125<br>133.2 | Ga<br>190<br>125<br>122.1 | Ge<br>122<br>122.5 | As<br>(185)<br>121<br>124.8 | Se<br>190<br>117 | Br<br>180—200<br>114.2 | Kr<br>200<br>189 | $r_V$<br>$r_c$<br>$r_m$ |
| Pd<br>(163)<br>128<br>137.6 | Mg<br>170<br>134<br>144.4 | Cd<br>160<br>141<br>148.9 | In<br>190<br>150<br>162.6 | Sn<br>220<br>140<br>140.5 | Sb<br>(220)<br>141 | Te<br>210<br>137<br>143.2 | I<br>195—215<br>133.3 | Xe<br>220<br>209 | $r_V$<br>$r_c$<br>$r_m$ |
| Pt<br>170—180<br>129<br>138 | Au<br>170<br>134<br>144.2 | Hg<br>150<br>144<br>160 | Tl<br>200<br>155<br>(α)170.4<br>(β)188.1 | Pb<br>200<br>154<br>175.0 | Bi<br>152<br>154.7 | Po<br>153<br>(α)167<br>(β)168 | At | Ru<br>214 | $r_V$<br>$r_c$<br>$r_m$ |
| | | | | | | | | | $r_V$<br>$r_c$<br>$r_m$ |

| | | | | | | | | |
|---|---|---|---|---|---|---|---|---|
| Gd<br>161.4<br>180.2 | Tb<br>159.2<br>178.2 | Dy<br>158.9<br>177.3 | Ho<br>158.0<br>176.6 | Er<br>156.7<br>175.7 | Tm<br>156.2<br>174.6 | Yb<br>169.9<br>194.0 | Lu<br>155.7<br>173.4 | $r_V$<br>$r_c$<br>$r_m$ |
| Cm | Bk | Cf | Es | Fm | Md | No | Lr | $r_V$<br>$r_c$<br>$r_m$ |

# 中外文人名对照表

| 外文名 | 中文名 |
|---|---|
| Alder, K. | 阿尔德 |
| Allred, A. L. | 阿尔里德 |
| Auger, P. | 俄歇 |
| Balmer, J. J. | 巴尔麦 |
| Bauer, S. H. | 鲍尔 |
| Beer, A. | 比尔 |
| Berthollet, C. C. L. | 贝尔托莱 |
| Berzelius, J. J. B. | 柏采留斯 |
| Berthe, H. | 贝特 |
| Биберман, Л. | 毕柏曼 |
| Bloch, F. | 布洛赫 |
| Boltzmann, L. | 玻尔兹曼 |
| Bohr, N. | 玻尔 |
| Born, M. | 玻恩 |
| Brachtt, F. S. | 布喇开 |
| Bragg, W. L. | 布拉格 |
| Bravais, A. | 布拉威 |
| Brillouin, L. | 布里渊 |
| Brockway, L. O. | 布罗克韦 |
| Burrau, Ø. | 布劳 |
| Бутлеров, A. M. | 布特列洛夫 |
| Claisen, L. | 克莱森 |
| Clausius, R. | 克劳修斯 |
| Compton, A. H. | 康普顿 |
| Condon, E. U. | 康登 |
| Cope, A. C. | 柯普 |
| Cotton, F. A. | 科顿 |
| Coulson, C. A. | 柯尔孙 |
| Crick, F. | 克里克 |
| Curie, P. | 居里 |
| Dalton, J. | 道尔顿 |
| Davisson, C. J. | 戴维逊 |
| de Broglie, L. | 德布罗依 |
| Debye, P. | 德拜 |
| Diels, O. | 狄尔斯 |
| Dirac, P. A. M. | 狄拉克 |
| Donohue, J. | 多诺休 |
| Einstein, A. | 爱因斯坦 |
| Фабрикант, B. | 法布里坎特 |
| Fermi, H. | 费米 |
| Fizeau, A. H. L. | 菲佐 |
| Фок, B. A. | 福克 |
| Fourier, J. B. J. B. | 付利叶 |
| Franck, J. | 夫兰克 |
| Frankland | 富兰克兰特 |
| Fukui, K. | 福井谦一 |
| Gauss, K. | 高斯 |
| Gell-Mann, M. | 盖尔曼 |
| Gerlach, W. | 盖拉赫 |
| Germer, L. S. | 革末 |
| Gillespie, R. J. | 吉斯利皮 |
| Goldschmidt, V. M. | 哥希密特 |
| Gordon, W. | 戈登 |
| Goudsmid, S. A. | 古兹密特 |
| Gouy, L. G. | 古埃 |
| Haber, F. | 哈伯 |
| Hartree, D. R. | 哈特里 |
| Heisenberg, W. | 海森堡 |

Heitler, W. 海特勒
Hermite, C. 厄米
Hertz, G. 赫兹
Herzberg, G. 赫兹伯
Hicks, W. V. 希克斯
Hoffmann, R. 霍夫曼
Hückel, E. 休克尔
Hultgren, R. 哈尔特格林
Hume-Rothery, W. 休姆-罗塞里
Hund, F. 洪特
Huyghens, C. 惠更斯
Иоффе, А. Ф. 约飞
Keesom, W. H. 葛生
Kekulé, F. A. 凯库勒
Kolbe, A. W. H. 柯尔柏
Koopmans, T. A. 库普曼斯
Kronig, R. 克朗尼希
Куриаков, Н. С. 库尔纳柯夫
Laguerre, E. 拉盖尔
Lambert, J. H. 兰勃特
Landé, A. 朗德
Laplace, M. P. S. 拉普拉斯
Laue, M. von 劳埃
Legendre, A. M. 勒让德
Lipscomb, W. N. 利普斯康
London, F. 伦敦
Longuet-Higgins, H. C. 朗奎特-希金斯
Lorentz, H. A. 洛伦兹
Lyman, T. 赖曼
Madelung, E. 马德隆
Maxwell, J. C. 麦克斯韦
Meyer, J. L. 曼尔
Michelson, A. A. 迈克尔逊
Miller, W, H. 密勒
Millikan, R. A. 密立根
Moffitt, W. E. 莫菲特
Morley, E. W. 摩利
Morse, P. M. 摩斯
Moseley, H. G. 莫塞莱
Mosotti 莫索第
Mulliken, R. S. 慕利肯
Natta, G. 纳塔
Newton, I. 牛顿
Nyholm, R. S. 尼霍姆
Oppenheimer, J. R. 奥本海默
Orgel, L. E. 欧格尔
Pariser, R. 帕里瑟
Parr, R. G. 帕尔
Pascal, P. 帕斯卡
Paschen, F. 帕邢
Pauli, W. 泡利
Pauling, L. 泡令
Pearson, R. G. 皮尔逊
Penney, W. G. 朋奈
Pfund, H. A. 奋特
Pitzer, K. S. 皮策
Plank, M. 普朗克
Pople, J. A. 波普尔
Powell, H. M. 鲍威尔
Proctor, W. G. 普罗克特
Purcell, E. M. 珀塞尔
Racah, G. 拉卡
Raman, C. V. 拉曼
Rayleigh, J. W. S. 瑞利
Rochow, E. G. 罗乔
Russell, H. N. 罗素
Rutherford, E. 卢瑟福
Rydberg, J. R. 里德伯

| | |
|---|---|
| Saunders, F. A. | 桑德斯 |
| Schaad, J. L. | 夏特 |
| Schönflies, A. M. | 熊夫里 |
| Schrödinger, E. | 薛定谔 |
| Sidgwick, N. V. | 西奇威克 |
| Siegbahn, K. | 齐格班 |
| Slater, J. C. | 斯莱特 |
| Sommerfeld, A. | 索末菲 |
| Stark, J. | 斯塔克 |
| Stern, O. | 史特恩 |
| Сущкин, Н. | 苏式金 |
| Thomson, J. J. | 汤姆生 |
| Turner, D. W. | 特纳 |
| Uhlenbeck, G. | 乌伦贝克 |
| Unsöld, A. | 恩晓 |
| Urey, H. C. | 尤莱 |
| van der Waals, J. C. | 范德华 |
| van Vleck, J. H. | 范夫利克 |
| Вилесов, Ф. И. | 维列索夫 |
| Волъв, Ю. В. | 乌尔夫 |
| Wade, K. | 惠特 |
| Watson, J. D. | 沃森 |
| Weiss | 韦斯 |
| Wheland, G. W. | 惠兰德 |
| Wind, H. | 温德 |
| Witt, O. N. | 威特 |
| Woodward, R. B. | 伍德沃德 |
| Завойский, Е. К. | 查沃斯基 |
| Zeeman, P. | 塞曼 |
| Zeise, W. C. | 蔡则 |
| Zener, C. | 齐纳 |
| Ziegler, K. | 齐格勒 |